전기자기학

권기진 저

도서출판 기한재

머리말

전기 · 전자 · 통신기술 분야에서 전기자기학은 가장 기본이고 필수적인 교과목이지만 매우 이해하기가 어려운 학문으로 생각되어 대학 교육 현장에서 강의를 하시는 교수님들과 학생들이 가장 힘들어 하고 있는 교과목으로 인식되고 있습니다. 저자인 저도 대학교에서 가장 힘들어 하였던 교과목으로 추억되고 있습니다. 저에게 전기자기학을 강의해 주신 문재덕 교수님께서는 "전기자기학은 머리 속에서 상상을 하며 모델을 만들고 이를 계속 수정하여 가며 자신만의 개념 정리를 하여야 하며, 수식에 대한 풀이보다는 수식의 물리적 의미를 이해하는 것이 중요하다"라고 말씀하셨던 기억이 납니다. 현재는 제가 학생들에게 전기자기학을 강의하면서 전기자기학의 다양한 수식에 대한 물리적 개념과 이론에 대한 학생 자신들만의 모델을 정립하고 많은 상상의 나래를 펼칠 수 있도록 가르치며 노력하고 있습니다. 어려웠습니다.

강의를 하면서 학생들이 가장 어려워했던 것이 수식의 전개 과정, 이론과 수식의 물리적 개념, 공식의 정리, 관련 예제 및 연습문제의 풀이였고, 산업기사 및 기사를 대비하기 위하여 새로운 자격증 대비 교재를 구입하여 대학의 수업과 자격증 대비를 별개로 준비하여야 하는 것 등이 있었습니다. 이를 보완하기 위하여 수년간 강의를 하면서 조금씩 그렸던 그림, 수식 전개 과정, 물리적 개념 설명 내용 등 미흡하지만 준비하였던 것을 전자기학 교재로 편집하였습니다.

본 교재에서는 이론과 관련된 물리적 개념을 설명하기 위하여 다양한 그림과 예를 들어 설명하여 학생들이 자신만의 모델을 머리 속에 정립하여 상상할 수 있도록 하였습니다. 그리고, 수식의 전개과정을 요약하여 나타내지 않고 전체 수식 전개 과정을 최대한 나타내었고, 수식의 물리적 개념을 쉽게 설명하기 위하여 노력하였으며, 수식 전개와 관련된 기초 수학과 관련내용을 같이 병행하여 나타내어 수식 전개 과정의 내용을 자가 학습이 가능하도록 편집하였습니다. 또한, 이론 및 수식과 관련된 요약정리, 예제 및 연습문제를 풍부하게 제시하였고, 문제 풀이의 전 과정을 나타내어 산업기사 및 기사의 자격증 대비를 본 교재로 병행할 수 있도록 하였습니다. 강의 교재 및 많은 참고 서적들을 참고하였습니다. 최선을 다 하였습니다.

그러나, 교재에 대한 많은 경험도 없고 강의를 하면서 느낀 점을 가지고 교재를 편집하였기 때문에 아직 미흡한 점이 많은 교재입니다. 선배 제현 및 독자들의 많은 충고와 조언을 바탕으로 지속적으로 수정, 보완하여 전기자기학에 입문하는 학생들에게 좋은 교재가 될 수 있도록 지속적으로 노력을 경주하겠습니다.

끝으로 많이 부족하고 미흡한 본 교재를 책답게 편집하여 출판하여 주신 도서출판 기한재의 김형근 사장님과 홍현동 부장님 등 임직원 여러분들께 감사의 말씀을 드립니다. 또한, 본 교재를 위하여 많은 도움을 주신 김충년 선배님에게도 심심한 감사의 말씀을 드립니다. 그리고, 2018년 10월 10일 뇌출혈로 쓰러져 병원에서 마비와 언어 재활치료에 힘쓰고 있는 귀엽고 사랑스러운 아내, 병원에서 며느리의 병간호를 하루도 빠짐없이 하시는 든든한 부모님, 의경으로 군 생활을 하는 책임감 있는 아들, 오랜 기간 동안 엄마 없이 혼자 꿋꿋하게 중학교 학교생활을 하며 집안일을 챙기고 있는 의젓하고, 상냥하고, 배려심 많고, 귀여운 딸, 가족 모두에게 감사를 드립니다. 고맙습니다.

삶이 많이 힘들었습니다. 지금도 힘들어 하고 있습니다. 교재의 그림과 내용을 작성하면서 몰두한 순간, 순간들이 삶이 힘들다는 것을 조금이나마 잊게 해 주었습니다. 그리고, 힘들고 아파할 때 떠나지 않고 누군가 옆에 있어 준다는 것만으로도 삶의 희망이 되고 버틸 수 있는 힘이 됨을 .....

저자씀

목차

제1장 벡터

제2장 진공 중의 정전계

제3장 도체계와 정전용량

제4장 유전체

제10장 전자유도 현상과 인덕턴스

제11장 전자계

제1장 벡터

1-1 벡터란?

일반적으로 물리량이나 기하학 등에서 다루는 다양한 에너지의 양을 표현하는 방법으로는 크게 2가지로 구분하여 나타내고 있으며, 크기를 표현하는 스칼라(scalar)량과 크기와 방향을 표현하는 벡터(vector)량이 많이 쓰이고 있다. 전자기학의 다양한 법칙들은 벡디 연산이 포힘된 많은 수식들로 표현이 되어 있다. 따라서, 전자기학에서 활용되는 다양한 원리와 법칙들이 무엇을 나타내고 있는 지를 이해하기 위하여서는 벡터 연산을 이해하여야 한다.

1.1.1 스칼라(scalar)량

스칼라량은 우리가 가장 일반적으로 사용하는 수학적 표현 방법으로 크기(magnitude)만을 가지고 수학적 성질을 표현하는 방법이다. 스칼라량의 예로는 길이, 온도, 시간, 전압, 저항, 속력, 일, 전하, 전류, 전력 등이 있으며, 크기만으로 물리량을 표현하는 것을 나타낸다. 일반적으로 스칼라량은 보통 이탤릭체 문자 또는 선분 기호를 붙여 A, $\overline{A}$, $\overline{OP}$와 같이 표현하거나, 벡터의 절대값인 $|\boldsymbol{A}|$의 형태로도 표현할 수 있다.

1.1.2 벡터(vector)량

벡터량은 스칼라량과 같이 크기만을 가지고 수학적인 특성을 표현할 수 없을 경우, 크기(magnitude)와 방향(direction)을 가지고 나타내는 것을 말한다 벡터량의 예로는 힘(중력, 선기력, 사기력), 속도, 가속도, 전계, 자계, 회전력 등이 있으며, 크기와 방향을 같이 나타내어야 물리량을 이해할 수 있다. 벡터량은 굵은 고딕체 문자나 화살표를 이용하여 $\boldsymbol{A}$, $\vec{A}$, $\overrightarrow{OP}$와 같이 일반적으로 표현한다. 그리고, 벡터의 크기를 나타낼 때는 A, $|A|$와 같이 이탤릭체 문자 또는 절대값을 이용하여 표현한다.

예제 1.1	
▣ 다음 중에서 벡터량을 나타내는 것은 무엇인가? ① 속력 ② 온도 ③ 시간 ④ 속도	
풀이	◉ 스칼라량: 길이, 온도, 시간, 전압, 저항, 속력, 일, 전하, 전류, 전력, 체적, 전위, 자위 등 ◉ 벡터량: 힘(중력, 전기력, 자기력), 속도, 가속도, 전계, 자계, 회전력, 변위 등 ☞ ④

1.1.3 벡터의 표시

임의의 점 O에서 점 P로 이동한 벡터 $\boldsymbol{A}$ 또는 $\overrightarrow{OP}$를 그림으로 표시할 경우, 그림 1-1과 같이 시점(initial point)인 O점에서 종점(final point)인 P점으로 이어지는 화살표로 나타낼 수 있다.

벡터 $\boldsymbol{A}$의 크기는 벡터 $\boldsymbol{A}$의 화살표 길이가 되며, $|A|$ 또는 A로 표현할 수 있다. 또한, 벡터 $\boldsymbol{A}$의 좌표값이 a, b로 주어진 경우에는 피타고라스의 정리에 의하여 벡터의 크기는 $\sqrt{a^2+b^2}$이 된다. 그리고, θ는 벡터 $\boldsymbol{A}$의 방향을 나타낸다.

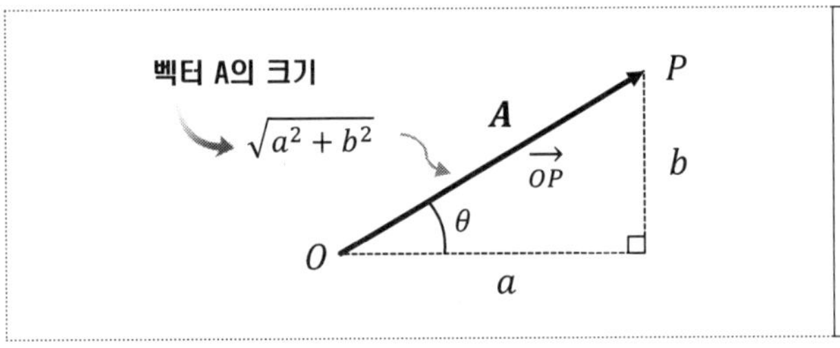

■ 벡터 $\boldsymbol{A}$의 표시
☞ $|A|$는 크기를 나타내고, 수식으로 표현하면 $\sqrt{a^2+b^2}$
☞ θ는 방향을 나타냄

그림 1-1 벡터의 표시

1.1.4 벡터의 상등

일반적으로 두 개의 벡터 $\boldsymbol{A}$, 벡터 $\boldsymbol{B}$가 같아지기 위해서는 벡터의 크기와 방향이 모두 같을 경우 두 벡터가 같으며 $\boldsymbol{A} = \boldsymbol{B}$로 표현한다. 이것을 벡터의 상등이라고 한다. 그림 1-2에 벡터의 상등 즉, 두 벡터가 같은 경우를 나타내었다. 그리고, 벡터에서 방향이 같아지기 위해서는 벡터의 위치에 관계가 없다. 즉, 벡터의 크기가 같고, 벡터를 평행 이동시켜 포개지게 되면 위치에 무관하게 같은 방향으로 고려하여 모든 벡터는 같다고 할 수 있다.

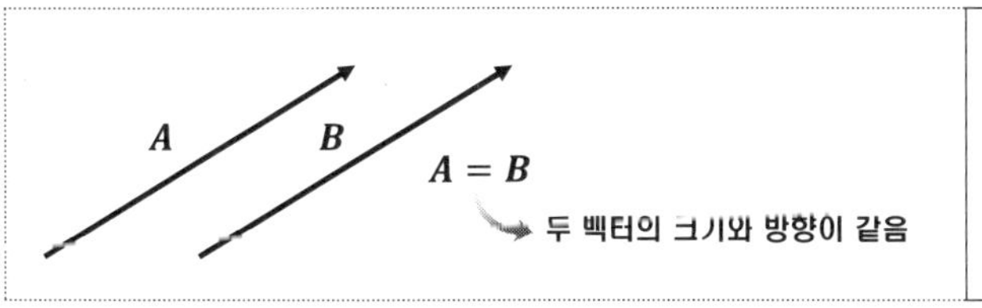

■ 벡터 A와 벡터 B의 상등($A=B$)
☞ 벡터의 크기인 $|A|$, $|B|$가 같음
☞ 위치에 관계없이 방향이 같음

그림 1-2 벡터의 상등

1.1.5 역벡터

그림 1-3과 같이 두 개의 벡터 A, B 중에서 두개의 벡터의 크기가 같고, 벡터 A와 벡터 B의 방향이 반대인 것을 역벡터라고 한다. 그리고, 벡터에서 방향을 표현할 때 방향이 반대인 것을 나타내는 방법으로 음(−)의 부호를 사용하여 나타낸다.

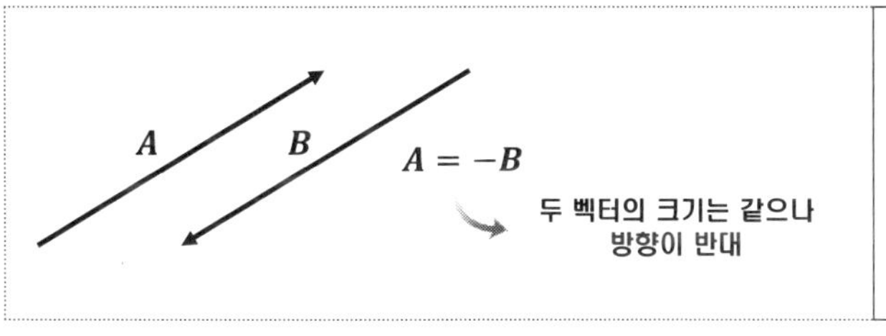

■ 벡터 A와 벡터 B의 역벡터 ($A=-B$)
☞ 벡터의 크기인 $|A|$, $|B|$가 같음
☞ 화살표의 방향이 반대임(음(−)의 부호로 표시)

그림 1-3 벡터의 역벡터

예제 1.2

■ 그림에서 $\overrightarrow{oa}=A$, $\overrightarrow{ob}=B$, $\overrightarrow{oc}=C$ 라고 할 때, 다음의 각각을 벡터 A, B, C를 이용하여 나타내시오.

① $\overrightarrow{bo}$
② $\overrightarrow{co}$
③ $\overrightarrow{bc}$

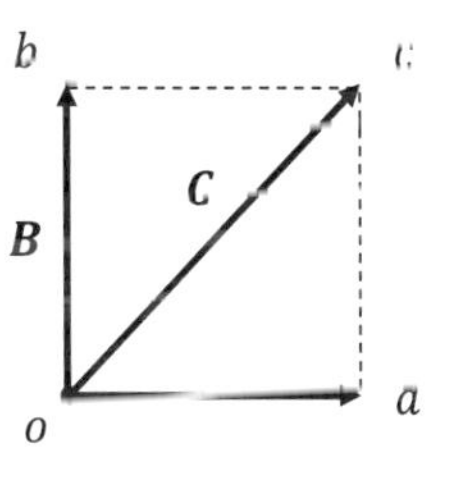

풀이

① 벡터 $\overrightarrow{bo}$는 $\overrightarrow{ob}=B$의 역벡터이다. 그러므로 $\overrightarrow{bo}=-B$가 된다.
② 벡터 $\overrightarrow{co}$는 $\overrightarrow{oc}=C$의 역벡터이다. 그러므로 $\overrightarrow{co}=-C$가 된다.
③ 벡터 $\overrightarrow{bc}$는 벡터 $\overrightarrow{oa}=A$를 평행이동하면 크기와 방향이 같아 벡터의 상등에 의하여 $\overrightarrow{bc}=\overrightarrow{oa}=A$가 된다.

1-2 벡터의 종류

1.2.1 단위벡터

벡터 중에서 크기가 1이고 방향만을 가지고 있는 것을 단위벡터(unit vector)라 한다. 벡터 $\boldsymbol{A}$를 단위벡터 $\boldsymbol{a}$를 활용하여 수식으로 표현하면 아래와 같다.

$\boldsymbol{A} = \lvert A \rvert \boldsymbol{a} = A\boldsymbol{a}$	■ 벡터 $\boldsymbol{A}$의 표시 ☞ $\lvert A \rvert$, A는 크기를 나타냄 ☞ $\boldsymbol{a}$는 크기가 1이고, 벡터 $\boldsymbol{A}$의 방향을 가진 벡터(단위벡터)

즉, 벡터 $\boldsymbol{A}$는 크기(성분: component)가 A이고, 방향은 $\boldsymbol{a}$이라는 것을 의미하며, 크기와 단위벡터의 곱인 $A\boldsymbol{a}$로 표현할 수 있다. 그림 1-4는 단위벡터의 기본개념에 대하여 설명한 것이다.

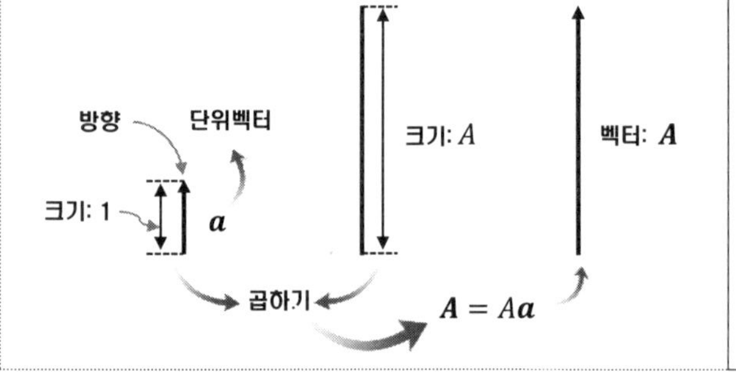

■ 단위벡터 $\boldsymbol{a}$의 표시
☞ 단위벡터 $\boldsymbol{a}$는 크기가 1이고, 벡터 $\boldsymbol{A}$의 방향을 가진 벡터
☞ $\lvert A \rvert$, A는 벡터의 크기를 나타냄
☞ $A \cdot 1 = A$
☞ 벡터 $\boldsymbol{A} = A\boldsymbol{a}$로 표시

그림 1-4 단위벡터의 개념

1.2.2 기본벡터

상기의 단위벡터를 직교좌표계, 공간좌표계에 적용하는 경우를 생각하여 보자. 각 좌표계의 축을 x, y, z라 하면, x축의 방향으로 크기가 1인 단위벡터를 $\boldsymbol{i}$(또는 $\boldsymbol{a}_x$), y축의 방향으로 크기가 1인 단위벡터를 $\boldsymbol{j}$(또는 $\boldsymbol{a}_y$), z축의 방향으로 크기가 1인 단위벡터를 $\boldsymbol{k}$(또는 $\boldsymbol{a}_z$)

라고 할 때 이를 좌표계에서의 기본벡터(fundamental vector)라 한다. 아래 그림 1-5는 직교좌표계와 공간좌표계에서의 기본벡터를 나타낸 것이다. 그리고, 좌표계에서 기본벡터 $\boldsymbol{i}$, $\boldsymbol{j}$, $\boldsymbol{k}$가 이루는 각도 θ는 $90°$가 된다.

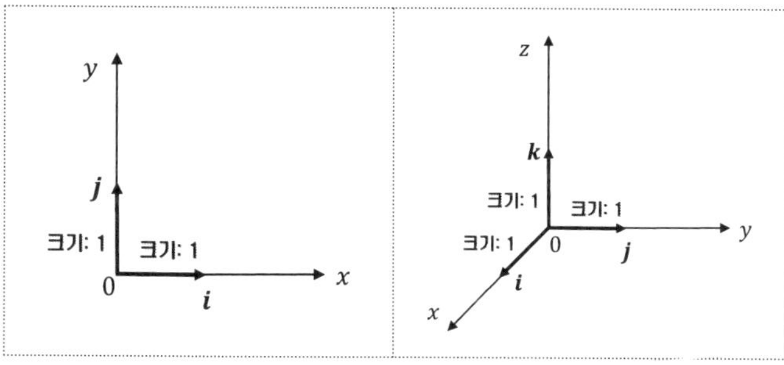

■ 기본벡터 $\boldsymbol{i}$, $\boldsymbol{j}$, $\boldsymbol{k}$의 표시
☞ $\boldsymbol{i}$는 x축 방향의 단위 벡터
☞ $\boldsymbol{j}$는 y축 방향의 단위 벡터
☞ $\boldsymbol{k}$는 z축 방향의 단위 벡터
☞ 단위벡터이기 때문에 크기는 1

그림 1-5 직교좌표계, 공간좌표계의 기본벡터

1.2.3 법선벡터

폐곡면으로 둘러싸인 평면 S에 대하여 수직 방향으로 크기가 1인 벡터를 법선벡터(normal vector)라고 한다. 법선벡터의 방향은 평면 S를 그림 1-6과 같이 오른나사 방향으로 진행시켰을 경우, 진행방향을 법선벡터의 +방향으로 하여 $+\boldsymbol{n}$으로 표시한다. 그러나, 오른나사의 진행방향과 반대의 법선벡터는 방향이 반대이기 때문에 −방향을 나타내어 $-\boldsymbol{n}$으로 표시한다.

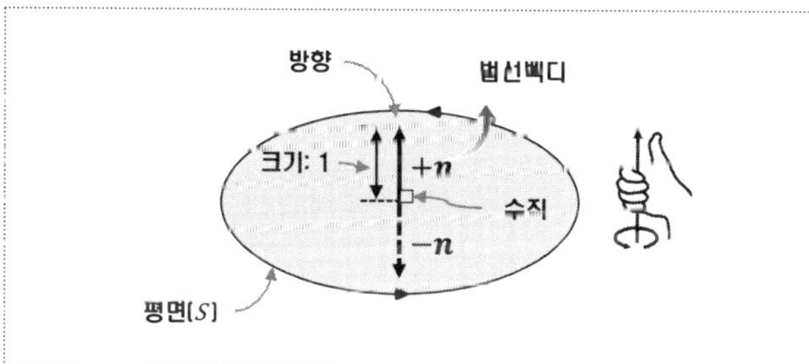

■ 법선벡터 $\boldsymbol{n}$의 표시
☞ $\boldsymbol{n}$은 크기가 1이고 평면 S에 수직인 방향
☞ 방향은 평면을 오른나사로 회전하였을 때, 진행방향을 +방향으로 하고 반대방향은 −방향으로 함

그림 1-6 법선벡터의 개념

1.2.4 위치벡터

직교좌표계 또는 공간좌표계에서 원점과 공간상의 임의의 한 점을 잇는 벡터를 표현할 경

우, 공간상의 한 점의 위치를 나타내는 것을 위치벡터(position vector)라 한다. 그림 1-7과 같이 직교좌표계의 한 점을 $A(x_1, y_1)$라 하면, 이 한 점의 위치를 표시하는 위치벡터는 x축 방향의 기본벡터 $\boldsymbol{i}$와 y축 방향의 기본벡터 $\boldsymbol{j}$를 사용하여 $\boldsymbol{A} = x_1\boldsymbol{i} + y_1\boldsymbol{j}$로 표시할 수 있다.

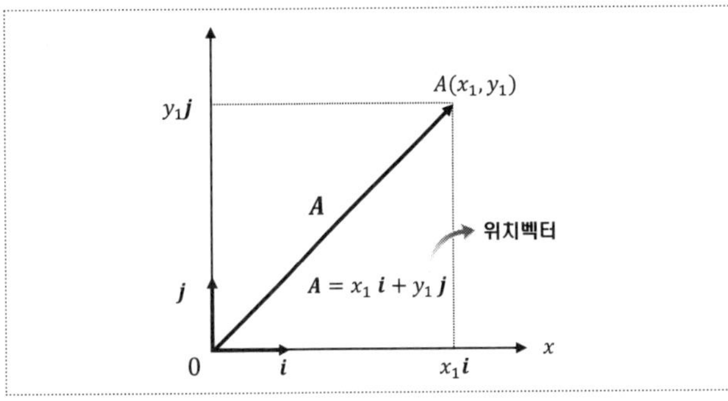

■ 위치벡터 $\boldsymbol{A}$의 표시
- ☞ 직교좌표계의 원점과 공간의 한점 $A(x_1, y_1)$를 잇는 벡터
- ☞ 기본벡터 $\boldsymbol{i}$, $\boldsymbol{j}$를 사용하여 표시
- ☞ $\boldsymbol{A} = x_1\boldsymbol{i} + y_1\boldsymbol{j}$로 표시
- ☞ 위치벡터 $\boldsymbol{A}$의 크기를 수식으로 표현하면 $\sqrt{x_1^2 + y_1^2}$

그림 1-7 위치벡터의 개념

1-3 벡터의 기하학적 연산

1.3.1 벡터의 합과 차

두 개의 벡터 $\boldsymbol{A}$와 $\boldsymbol{B}$를 더할 경우, 그림 1-8과 같이 $\boldsymbol{A} + \boldsymbol{B}$는 먼저 한 벡터의 시작점을 다른 벡터의 끝점으로 평행 이동하여 시점과 끝점이 연속이 되도록 하여 구할 수 있다. 그리고, 두 개의 벡터 $\boldsymbol{A}$와 $\boldsymbol{B}$가 각각 한 변을 이루는 평행사변형을 작도하여 대각선으로 두 벡터의 합을 표현할 수 있다.

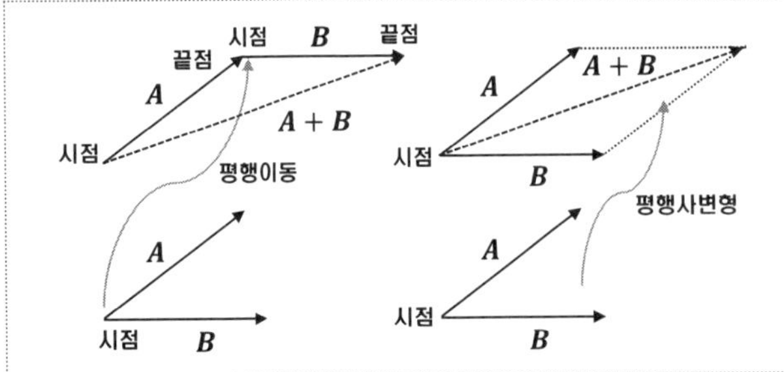

■ 벡터 $\boldsymbol{A}$와 벡터 $\boldsymbol{B}$의 합($\boldsymbol{A} + \boldsymbol{B}$)
- ☞ 평행이동: 벡터 $\boldsymbol{B}$를 평행 이동하여 표시
- ☞ 평행사변형: 두 벡터 $\boldsymbol{A}$와 $\boldsymbol{B}$를 한 변으로 하는 평행사변형의 대각선으로 표시

그림 1-8 벡터의 합

두 개의 벡터 $\boldsymbol{A}$와 $\boldsymbol{B}$에서 차를 구할 경우, 그림 1-9와 같이 $\boldsymbol{A}-\boldsymbol{B}$에서 음(−)의 부호가 붙은 벡터 $-\boldsymbol{B}$는 벡터 $\boldsymbol{B}$의 역벡터를 나타내기 때문에 크기는 같고 방향이 반대인 역벡터를 취하여 두 벡터를 시점과 끝점이 연속이 되도록 더하면 $\boldsymbol{A}-\boldsymbol{B}=\boldsymbol{A}+(-\boldsymbol{B})$가 된다. 그리고, 다른 방법으로는 역벡터 $-\boldsymbol{B}$를 구하여 각 벡터 $\boldsymbol{A}$와 $-\boldsymbol{B}$가 이루는 평행사변형을 작도하여 대각선 방향을 구하면 된다.

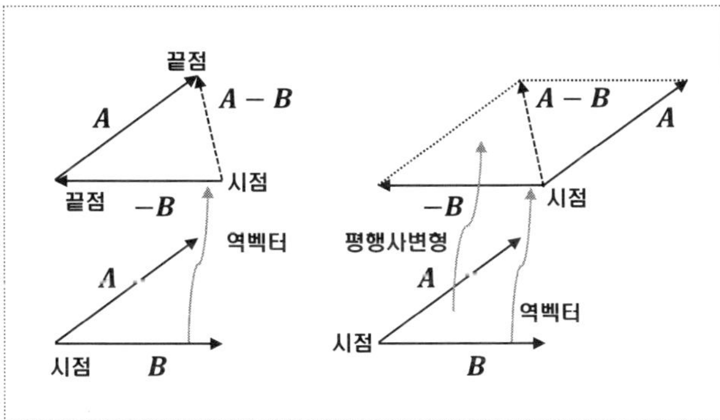

■ 벡터 $\boldsymbol{A}$와 벡터 $\boldsymbol{B}$의 차($\boldsymbol{A}-\boldsymbol{B}$)

☞ 평행이동: 벡터 $-\boldsymbol{B}$를 평행 이동하여 표시

☞ 평행사변형: 두 벡터 $\boldsymbol{A}$와 $-\boldsymbol{B}$를 한 변으로 하는 평행사변형의 대각선으로 표시

그림 1-9 벡터의 차

1.3.2 벡터의 합과 차에 대한 교환법칙

두 개의 벡터 $\boldsymbol{A}$와 $\boldsymbol{B}$를 더할 경우, 합한 벡터를 $\boldsymbol{C}$라고 하면 $\boldsymbol{A}+\boldsymbol{B}$와 $\boldsymbol{B}+\boldsymbol{A}$는 그림 1-10과 같이 크기와 방향이 동일하여 교환법칙이 성립한다.

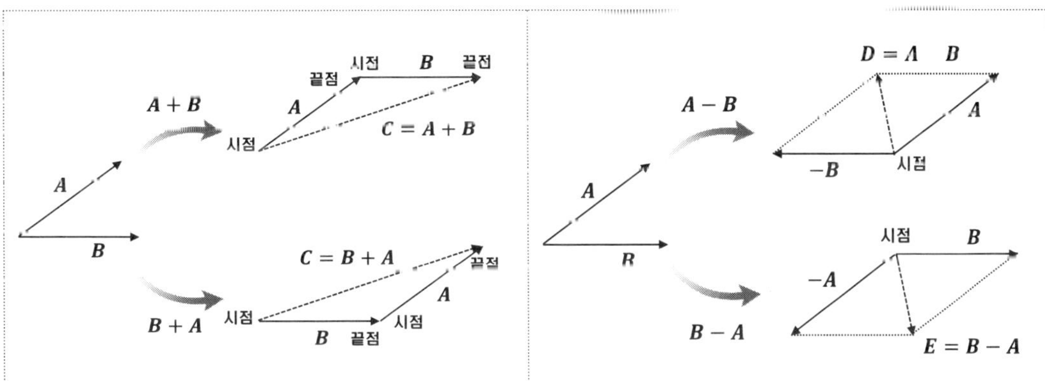

그림 1-10 벡터의 합과 차에 대한 교환법칙

두 개의 벡터 합에 대한 교환법칙인 $\boldsymbol{A}+\boldsymbol{B}$와 $\boldsymbol{B}+\boldsymbol{A}$를 수식으로 표현하면 다음과 같다.

$\boldsymbol{C}=\boldsymbol{A}+\boldsymbol{B}=\boldsymbol{B}+\boldsymbol{A}$	■ 두 벡터의 합 ☞ 교환법칙이 성립

그러나, 두 개의 벡터 $\boldsymbol{A}$와 $\boldsymbol{B}$에 대한 차의 경우를 생각해 보자. $\boldsymbol{A}-\boldsymbol{B}$의 결과를 벡터 $\boldsymbol{D}$라 하고, $\boldsymbol{B}-\boldsymbol{A}$의 결과를 벡터 $\boldsymbol{E}$라 하면, 그림 1-10과 같이 두 벡터 $\boldsymbol{D}$와 $\boldsymbol{E}$는 서로 크기는 같으나 방향이 반대인 것을 알 수 있다. 즉 벡터의 차에서는 교환법칙이 성립하지 않는다. 이를 수식으로 표현하면 다음과 같다.

$\boldsymbol{D}=\boldsymbol{A}-\boldsymbol{B},\ \boldsymbol{E}=\boldsymbol{B}-\boldsymbol{A}$ $\boldsymbol{D}\neq\boldsymbol{E}\quad\therefore \boldsymbol{D}=-\boldsymbol{E}$	■ 두 벡터의 차 ☞ 교환법칙이 성립 않음

예제 1.3

▣ 그림에서 $\overrightarrow{oa}=\boldsymbol{A}$, $\overrightarrow{ob}=\boldsymbol{B}$, $\overrightarrow{oc}=\boldsymbol{C}$ 라고 할 때, 다음의 각각을 벡터 $\boldsymbol{A}$, $\boldsymbol{B}$, $\boldsymbol{C}$ 를 이용하여 나타내시오.

① $\overrightarrow{bc}$

② $\overrightarrow{ca}$

③ $\overrightarrow{oc}$

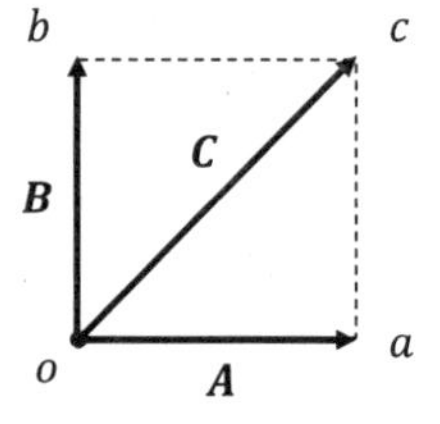

풀이

① 벡터 $\overrightarrow{bc}$는 벡터의 합인 $\overrightarrow{bo}+\overrightarrow{oc}$로 나타낼 수 있다. 벡터 $\overrightarrow{bo}$는 벡터 $\boldsymbol{B}$의 역벡터이다. 그러므로 $\overrightarrow{bo}=-\boldsymbol{B}$가 된다.
그리고, 벡터 $\overrightarrow{oc}=\boldsymbol{C}$이기 때문에 벡터 $\overrightarrow{bc}$는 $\overrightarrow{bc}=-\boldsymbol{B}+\boldsymbol{C}$가 된다.

② 벡터 $\overrightarrow{ca}$는 벡터의 합인 $\overrightarrow{co}+\overrightarrow{oa}$로 나타낼 수 있다. 벡터 $\overrightarrow{co}$는 벡터 $\boldsymbol{C}$의 역벡터이다. 그러므로 $\overrightarrow{co}=-\boldsymbol{C}$가 된다.
그리고, 벡터 $\overrightarrow{oa}=\boldsymbol{A}$이기 때문에 벡터 $\overrightarrow{ca}$는 $\overrightarrow{ca}=-\boldsymbol{C}+\boldsymbol{A}$가 된다.

③ 벡터 $\overrightarrow{oc}$는 벡터 $\overrightarrow{oc}=\boldsymbol{C}$이며, 이를 벡터 $\boldsymbol{A}$와 벡터 $\boldsymbol{B}$를 이용하여 나타내면, 벡터의 합인 $\overrightarrow{oa}+\overrightarrow{ac}$로 나타낼 수 있다.
여기서, $\overrightarrow{oa}=\boldsymbol{A}$ 그리고 벡터 $\overrightarrow{ac}$는 벡터 $\overrightarrow{ob}$를 평행이동하면 크기와 방향이 같아 벡터의 상등이 된다. 즉, 벡터 $\overrightarrow{ac}=\boldsymbol{B}$가 되어 $\overrightarrow{oc}=\boldsymbol{C}=\boldsymbol{A}+\boldsymbol{B}$가 된다.

1-4 좌표계에서 벡터의 성분

1.4.1 직교좌표계의 벡터 성분 표시

그림 1-11과 같이 2차원 직교좌표계에서 벡터를 해석하여 보자. x, y축에 대한 각 방향의 성분(component)을 A_x, A_y라 하고, 각 축의 기본벡터를 $\boldsymbol{i}$, $\boldsymbol{j}$라고 할 때, 공간에 존재하는 벡터 $\boldsymbol{A}$는 아래 수식과 같이 표현할 수 있다.

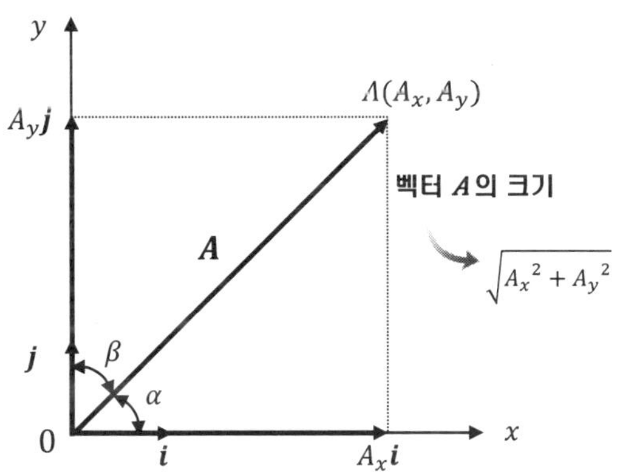

■ 벡터 $\boldsymbol{A}$의 표시

☞ $\boldsymbol{A} = A_x\boldsymbol{i} + A_y\boldsymbol{j}$

■ 벡터 $\boldsymbol{A}$의 크기

☞ $|\boldsymbol{A}| = A = \sqrt{A_x^2 + A_y^2}$

■ 벡터 $\boldsymbol{A}$의 방향 여현(cosine)

☞ $\cos\alpha = \dfrac{A_x}{A} = l$

$\cos\beta = \dfrac{A_y}{A} = m$

■ 벡터 $\boldsymbol{A}$의 단위벡터 $\boldsymbol{a}$의 표시

☞ $\boldsymbol{a} = \dfrac{\boldsymbol{A}}{A} = \dfrac{A_x}{A}\boldsymbol{i} + \dfrac{A_y}{A}\boldsymbol{j}$

그림 1-11 직교좌표계에서 벡터의 표시

$$\boldsymbol{A} = A_x\boldsymbol{i} + A_y\boldsymbol{j}$$

■ x, y 직교좌표계의 벡터 표시

그리고, 벡터 $\boldsymbol{A}$의 크기는 피타고라스의 정리(Pythagolas's theorem)에 의하여 다음과 같이 구할 수 있다.

$$|\boldsymbol{A}| = A = \sqrt{A_x^2 + A_y^2}$$

■ 벡터 $\boldsymbol{A}$의 크기: $|A|$

여기서, 벡터 $\boldsymbol{A}$가 x, y축과 이루는 각을 각각 α, β라고 하면 벡터 $\boldsymbol{A}$에 대한 방향여현(방향코사인 값: $\cos\alpha$, $\cos\beta$)을 구하면 아래와 같이 구할 수 있다.

$$\cos\alpha = \frac{A_x}{A} = l,\ \cos\beta = \frac{A_y}{A} = m$$

■ 벡터 **A**의 방향 여현

☞ 벡터 **A**의 l값이 크면 α각이 작음 즉, x축에 기울어진 벡터

여기서 l, m을 x, y축과 이루는 각인 α, β에 대한 방향여현(directional cosine)이라 한다. 상기 방향여현의 물리적 의미를 살펴보면 방향여현인 $l(\cos\alpha)$ 값이 크다면 x축과 벡터 **A**가 이루는 각도인 α는 코사인 값과 각도는 반비례 관계가 있어 작아지게 된다. 따라서, 각도 α값이 작다는 것은 벡터 **A**가 x축에 가깝게 기울어진 벡터라고 하는 것을 알 수 있다. 즉, 방향여현은 벡터 **A**가 x축과 y축에 얼마나 기울어져 있는지 그 정도를 나타낸다. 방향여현 l값은 벡터 **A**와 x축 사이의 기울어진 각도를 의미하며, 방향여현 m값은 벡터 **A**와 y축 사이의 기울어진 각도를 의미한다. 그리고, 방향 여현은 다음의 관계가 성립한다.

$$l^2 + m^2 = \frac{A_x^2}{A^2} + \frac{A_y^2}{A^2} = \frac{A_x^2 + A_y^2}{A^2} = \frac{(\sqrt{A_x^2 + A_y^2})^2}{A^2}$$

$$= \frac{A^2}{A^2} = 1$$

$$\therefore \cos^2\alpha + \cos^2\beta = 1$$

■ 방향 여현의 관계

☞ $\cos\alpha = \frac{A_x}{A} = l,\ \cos\beta = \frac{A_y}{A} = m$

■ 벡터 **A**의 크기

☞ $|\mathbf{A}| = A = \sqrt{A_x^2 + A_y^2}$

벡터 **A**의 단위벡터를 **a**라고 하면 다음과 같이 표현될 수 있다.

$$\mathbf{a} = \frac{\mathbf{A}}{A} = \frac{A_x}{A}\mathbf{i} + \frac{A_y}{A}\mathbf{j} = \cos\alpha\,\mathbf{i} + \cos\beta\,\mathbf{j} = l\mathbf{i} + m\mathbf{j}$$

■ 단위벡터 **a**

☞ $\mathbf{a} = \frac{\mathbf{A}}{A}$

그러므로, 방향여현은 벡터 **A**가 x, y축과 이루는 각도를 나타내며, 벡터 **A**가 x축과 y축에 얼마나 기울어졌는지를 나타낸다는 것을 알 수 있다.

1.4.2 3차원 공간좌표계의 벡터 성분 표시

그림 1-12와 같이 3차원 공간좌표계에서 공간 벡터를 해석하여 보자. x, y, z축에 대한 각 방향의 성분을 A_x, A_y, A_z라 하고, 각 축의 기본벡터를 **i**, **j**, **k**라고 할 때, 공간에 존재

하는 벡터 $\boldsymbol{A}$는 다음과 같이 표현할 수 있다.

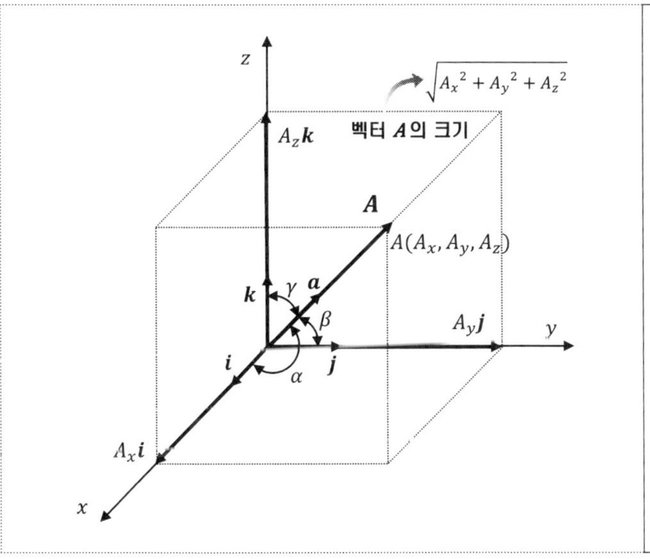

■ 벡터 $\boldsymbol{A}$의 표시

☞ $\boldsymbol{A} = A_x\boldsymbol{i} + A_y\boldsymbol{j} + A_z\boldsymbol{k}$

■ 벡터 $\boldsymbol{A}$의 크기

☞ $|\boldsymbol{A}| = A = \sqrt{A_x^2 + A_y^2 + A_z^2}$

■ 벡터 $\boldsymbol{A}$의 방향 여현

☞ $\cos\alpha = \dfrac{A_x}{A} = l$

$\cos\beta = \dfrac{A_y}{A} = m$

$\cos\gamma = \dfrac{A_z}{A} = n$

■ 벡터 $\boldsymbol{A}$의 단위벡터 $\boldsymbol{a}$의 표시

☞ $\boldsymbol{a} = \dfrac{\boldsymbol{A}}{A} = \dfrac{A_x}{A}\boldsymbol{i} + \dfrac{A_y}{A}\boldsymbol{j} + \dfrac{A_z}{A}\boldsymbol{k}$

그림 1-12 공간좌표계에서 벡터의 표시

$\boldsymbol{A} = A_x\boldsymbol{i} + A_y\boldsymbol{j} + A_z\boldsymbol{k}$	■ x, y, z 공간좌표계의 벡터 표시

그리고, 벡터 $\boldsymbol{A}$의 크기는 피타고라스의 정리(Pythagolas's theorem)에 의하여 다음과 같이 구할 수 있다.

$\lvert\boldsymbol{A}\rvert = A = \sqrt{A_x^2 + A_y^2 + A_z^2}$	■ 벡터 $\boldsymbol{A}$의 크기 $\lvert A\rvert$

여기서, 벡터 $\boldsymbol{A}$가 x, y, z축과 이루는 각을 각각 α, β, γ라고 하면 벡터 $\boldsymbol{A}$에 대한 방향 여현(방향코사인 값: $\cos\alpha$, $\cos\beta$, $\cos\gamma$)을 구하면 아래 수식과 같이 구할 수 있다. 여기서 l, m, n을 x, y, z축과 이루는 각인 α, β, γ에 대한 방향여현(directional cosine)이라 한다. 방향여현 l값은 벡터 $\boldsymbol{A}$와 x축 사이의 기울어진 각도를 나타내고, 방향여현 m값은 벡터 $\boldsymbol{A}$와 y축 사이의 기울어진 각도를 의미하며. 방향여현 n값은 벡터 $\boldsymbol{A}$와 z축 사이의 기울어진 각도를 의미한다.

$$\cos\alpha = \frac{A_x}{A} = l,\ \cos\beta = \frac{A_y}{A} = m,\ \ \cos\gamma = \frac{A_z}{A} = n$$

■ 벡터 $\boldsymbol{A}$의 여현

☞ 벡터 $\boldsymbol{A}$의 m값이 작으면 β각이 큼. 즉 y축에서 많이 떨어진 벡터

상기 방향여현의 물리적 의미를 살펴보면 방향여현인 $m(\cos\beta)$ 값이 작다면 y축과 벡터 $\boldsymbol{A}$가 이루는 각도 β는 코사인 값과 각도는 반비례 관계가 있어 커지게 된다. 따라서, 각도 β값이 크다는 것은 벡터 $\boldsymbol{A}$가 y축에서 멀리 떨어진 벡터라고 하는 것을 알 수 있다. 즉, 방향여현은 벡터 $\boldsymbol{A}$가 x축, y축, z축에 얼마나 기울어져 있는지 그 정도를 나타낸다. 그리고, 방향 여현은 다음의 관계가 성립한다.

$$l^2 + m^2 + n^2 = \frac{A_x^2}{A^2} + \frac{A_y^2}{A^2} + \frac{A_z^2}{A^2} = \frac{A_x^2 + A_y^2 + A_z^2}{A^2}$$
$$= \frac{(\sqrt{A_x^2 + A_y^2 + A_z^2})^2}{A^2} = \frac{A^2}{A^2} = 1$$
$$\therefore \cos^2\alpha + \cos^2\beta + \cos^2\gamma = 1$$

■ 방향 여현의 관계

■ 벡터 $\boldsymbol{A}$의 크기

☞ $|\boldsymbol{A}| = A = \sqrt{A_x^2 + A_y^2 + A_z^2}$

벡터 $\boldsymbol{A}$의 단위벡터를 $\boldsymbol{a}$라고 하면 다음과 같이 표현될 수 있다.

$$\boldsymbol{a} = \frac{\boldsymbol{A}}{A} = \frac{A_x}{A}\boldsymbol{i} + \frac{A_y}{A}\boldsymbol{j} + \frac{A_z}{A}\boldsymbol{k}$$
$$= \cos\alpha\,\boldsymbol{i} + \cos\beta\,\boldsymbol{j} + \cos\gamma\,\boldsymbol{k} = l\boldsymbol{i} + m\boldsymbol{j} + n\boldsymbol{k}$$

■ 단위벡터 $\boldsymbol{a}$

☞ $\boldsymbol{a} = \dfrac{\boldsymbol{A}}{A}$

그러므로, 방향여현은 벡터 $\boldsymbol{A}$가 x, y, z축과 이루는 각도를 나타내며, 벡터 $\boldsymbol{A}$가 x축, y축, z축에 얼마나 기울어졌는지를 나타낸다는 것을 알 수 있다.

예제 1.4

▣ 원점에서 공간상의 임의의 점 $A(2, 2, 1)$으로 향하는 벡터 $\boldsymbol{A}$의 크기와 단위벡터 $\boldsymbol{a}$를 구하시오

풀이

◉ 공간좌표계의 위치벡터로 표현하면 $\boldsymbol{A} = 2\boldsymbol{i} + 2\boldsymbol{j} + 1\boldsymbol{k}$가 되며, 벡터 $\boldsymbol{A}$의 크기는 피타고라스의 정리에 의하여 $A = \sqrt{2^2 + 2^2 + 1^2} = \sqrt{9} = 3$

그러므로, 단위벡터 $\boldsymbol{a}$는 $\boldsymbol{a} = \dfrac{\boldsymbol{A}}{A} = \dfrac{A_x}{A}\boldsymbol{i} + \dfrac{A_y}{A}\boldsymbol{j} + \dfrac{A_z}{A}\boldsymbol{k} = \dfrac{2}{3}\boldsymbol{i} + \dfrac{2}{3}\boldsymbol{j} + \dfrac{1}{3}\boldsymbol{k}$

1-5 벡터의 연산

1.5.1 벡터의 실수배 연산

공간좌표의 한 점인 $A(A_x, A_y, A_z)$의 위치벡터는 $\boldsymbol{A} = A_x\boldsymbol{i} + A_y\boldsymbol{j} + A_z\boldsymbol{k}$이며, 이 벡터에 실수 m을 곱한 벡터를 벡터 $\boldsymbol{B}$라고 한다면 벡터 $\boldsymbol{B}$의 실수배에 대한 연산은 실수 m을 벡터 $\boldsymbol{A}$의 각 방향에 대한 성분에 곱한 값과 같음을 알 수 있다.

$$\begin{aligned}\boldsymbol{B} &= m\boldsymbol{A} = m(A_x\boldsymbol{i} + A_y\boldsymbol{j} + A_z\boldsymbol{k}) \\ &= mA_x\boldsymbol{i} + mA_y\boldsymbol{j} + mA_z\boldsymbol{k}\end{aligned}$$

■ 벡터의 실수배

1.5.2 벡터의 합과 차 연산

두개의 벡터 $\boldsymbol{A}$, $\boldsymbol{B}$가 공간좌표계에 위치하고 있을 때, 각각의 좌표가 $A(A_x, A_y, A_z)$, $B(B_x, B_y, B_z)$라고 한다면 두 벡터 $\boldsymbol{A}$와 $\boldsymbol{B}$를 위치벡터로 나타내면 다음과 같다.

$$\boldsymbol{A} = A_x\boldsymbol{i} + A_y\boldsymbol{j} + A_z\boldsymbol{k},\ \ \boldsymbol{B} = B_x\boldsymbol{i} + B_y\boldsymbol{j} + B_z\boldsymbol{k}$$

■ 공간좌표계에서 두 벡터
☞ 위치벡터로 표시

상기 두 벡터 $\boldsymbol{A}$와 $\boldsymbol{B}$를 이용하여 합과 차를 표현하면 다음 수식과 같다.

$$\begin{aligned}\boldsymbol{A} \pm \boldsymbol{B} &= (A_x\boldsymbol{i} + A_y\boldsymbol{j} + A_z\boldsymbol{k}) \pm (B_x\boldsymbol{i} + B_y\boldsymbol{j} + B_z\boldsymbol{k}) \\ &= (A_x \pm B_x)\boldsymbol{i} + (A_y \pm B_y)\boldsymbol{j} + (A_z \pm B_z)\boldsymbol{k}\end{aligned}$$

■ 두 벡터의 합과 차
☞ 각 방향에 대한 벡터의 성분을 합 또는 차를 취함

두 벡터의 합과 차는 기본 벡터인 $\boldsymbol{i}$, $\boldsymbol{j}$, $\boldsymbol{k}$의 각 방향에 대한 성분을 합 또는 차를 취하여 각각의 기본벡터를 곱한 값으로 표현됨을 알 수 있다. 그리고, 벡터의 합과 관련하여서는 다음의 분배법칙, 교환법칙, 결합법칙이 성립한다.

▶ 분배법칙: $m(\boldsymbol{A}+\boldsymbol{B})=m\boldsymbol{A}+m\boldsymbol{B}$ ▶ 교환법칙: $\boldsymbol{A}+\boldsymbol{B}=\boldsymbol{B}+\boldsymbol{A}$ ▶ 결합법칙: $(\boldsymbol{A}+\boldsymbol{B})+\boldsymbol{C}=\boldsymbol{A}+(\boldsymbol{B}+\boldsymbol{C})$	■ 벡터 연산의 기본 성질

예제 1.5

▣ 어떤 물체에 $\boldsymbol{F}_1=-3i+4j-5\boldsymbol{k}$와 $\boldsymbol{F}_2=6i+3j-2\boldsymbol{k}$의 힘이 작용하고 있다. 이 물체에 힘 $\boldsymbol{F}_3$을 추가했을 때 세 힘이 평형이 되기 위한 $\boldsymbol{F}_3$를 구하시오	
풀이	◉ 세 힘이 평형이 되기 위한 조건: $\boldsymbol{F}_1+\boldsymbol{F}_2+\boldsymbol{F}_3=0$에서 $\boldsymbol{F}_3=-(\boldsymbol{F}_1+\boldsymbol{F}_2)=-[(-3i+4j-5\boldsymbol{k})+(6i+3j-2\boldsymbol{k})]$ $=-(3i+7j-7\boldsymbol{k})=-3i-7j+7\boldsymbol{k}$

1-6 벡터의 곱

두 벡터 $\boldsymbol{A}$와 $\boldsymbol{B}$의 곱(product)에는 스칼라적(scalar product: $\boldsymbol{A}\cdot\boldsymbol{B}$)과 벡터적(vector product: $\boldsymbol{A}\times\boldsymbol{B}$)으로 나눌 수 있다. 스칼라적인 $\boldsymbol{A}\cdot\boldsymbol{B}$는 그 계산 결과가 크기 만을 나타내는 스칼라 값으로 나타나며, 벡터적인 $\boldsymbol{A}\times\boldsymbol{B}$는 그 계산 결과가 크기와 방향을 나타내는 벡터 값으로 나타난다. 아래에서 두가지 곱(적)의 해석과 물리적 의미를 살펴보자.

1.6.1 스칼라적

두 벡터 $\boldsymbol{A}$와 $\boldsymbol{B}$가 있다고 할 때 곱(product)의 결과가 스칼라인 경우를 스칼라적(또는 내적(inner product))이라고 하며, $\boldsymbol{A}\cdot\boldsymbol{B}$로 표현한다. 두 벡터 $\boldsymbol{A}$와 $\boldsymbol{B}$가 이루는 각도를 θ라고 하였을 때, 아래 수식은 스칼라적의 표시와 의미를 나타낸 것이다.

$\boldsymbol{A}\cdot\boldsymbol{B}=\lvert\boldsymbol{A}\rvert\lvert\boldsymbol{B}\rvert\cos\theta=AB\cos\theta$	■ 벡터의 내적 표시 ☞ θ가 90°인 경우 $\boldsymbol{A}\cdot\boldsymbol{B}=\lvert\boldsymbol{A}\rvert\lvert\boldsymbol{B}\rvert\cos 90^\circ=0$ ☞ θ가 0°인 경우 $\boldsymbol{A}\cdot\boldsymbol{B}=\lvert\boldsymbol{A}\rvert\lvert\boldsymbol{B}\rvert\cos 0^\circ=AB$

그림 1-13에서 스칼라적 $\boldsymbol{A} \cdot \boldsymbol{B}$는 벡터 $\boldsymbol{A}$에 대한 벡터 $\boldsymbol{B}$ 방향의 성분($|\boldsymbol{A}|\cos\theta$)으로 표현한 값과 벡터 $\boldsymbol{B}$의 크기를 곱한 값으로 나타낼 수 있다. 그리고, 스칼라적 $\boldsymbol{A} \cdot \boldsymbol{B}$는 $\boldsymbol{B} \cdot \boldsymbol{A}$와 동일한 값을 가지기 때문에 교환법칙이 성립된다. 스칼라적은 일반적으로 물체에 힘 $\boldsymbol{F}$를 인가하여 거리 $\boldsymbol{S}$방향으로 이동시킬 경우, 물체에 인가하는 일의 양을 나타내는 것으로 일 W는 $W = \boldsymbol{F} \cdot \boldsymbol{S} = FS\cos\theta$으로 생각할 수 있다. 즉, 물체에 인가하는 힘의 방향이 이동시키고자 하는 거리의 방향과 일치($\cos 0^\circ = 1$)될 때 일의 양이 최대가 된다는 것을 알 수 있다. 만약 물체에 가하는 힘 방향이 수직(위 방향)인 경우는 한 일의 양이 0이 된다.

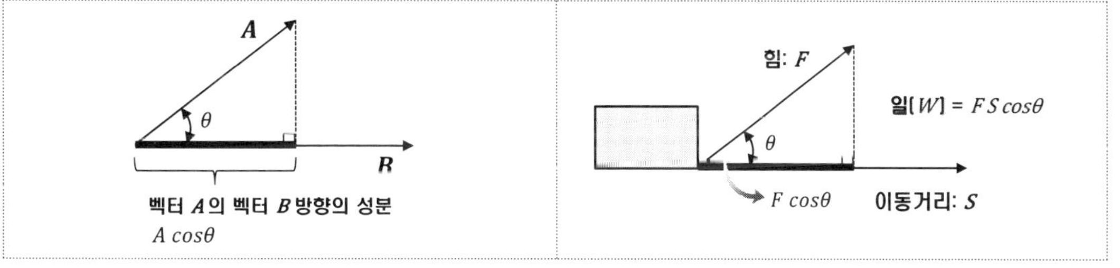

그림 1-13 스칼라적의 물리학적 의미

두 벡터 $\boldsymbol{A}$와 $\boldsymbol{B}$를 위치벡터로 표시한 다음, 두 벡터의 스칼라적 $\boldsymbol{A} \cdot \boldsymbol{B}$를 계산하면 아래 수식과 같다.

$\boldsymbol{A} = A_x\boldsymbol{i} + A_y\boldsymbol{j} + A_z\boldsymbol{k},\ \boldsymbol{B} = B_x\boldsymbol{i} + B_y\boldsymbol{j} + B_z\boldsymbol{k}$	■ 두 벡터의 표시 ☞ 위치벡터로 표시
$\boldsymbol{A} \cdot \boldsymbol{B}$ $= (A_x\boldsymbol{i} + A_y\boldsymbol{j} + A_z\boldsymbol{k}) \cdot (B_x\boldsymbol{i} + B_y\boldsymbol{j} + B_z\boldsymbol{k})$ $= (A_xB_x)\boldsymbol{i} \cdot \boldsymbol{i} + (A_xB_y)\boldsymbol{i} \cdot \boldsymbol{j} + (A_xB_z)\boldsymbol{i} \cdot \boldsymbol{k}$ $+ (A_yB_x)\boldsymbol{j} \cdot \boldsymbol{i} + (A_yB_y)\boldsymbol{j} \cdot \boldsymbol{j} + (A_yB_z)\boldsymbol{j} \cdot \boldsymbol{k}$ $+ (A_zB_x)\boldsymbol{k} \cdot \boldsymbol{i} + (A_zB_y)\boldsymbol{k} \cdot \boldsymbol{j} + (A_zB_z)\boldsymbol{k} \cdot \boldsymbol{k}$ $\therefore \boldsymbol{A} \cdot \boldsymbol{B}$ $= (A_x\boldsymbol{i} + A_y\boldsymbol{j} + A_z\boldsymbol{k}) \cdot (B_x\boldsymbol{i} + B_y\boldsymbol{j} + B_z\boldsymbol{k})$ $= A_xB_x + A_yB_y + A_zB_z$	■ 기본벡터의 내적 표시 ☞ $\boldsymbol{i} \cdot \boldsymbol{i} = \lvert\boldsymbol{i}\rvert\lvert\boldsymbol{i}\rvert\cos 0^\circ = 1 \cdot 1 \cdot 1 = 1$ $\boldsymbol{j} \cdot \boldsymbol{j} = \lvert\boldsymbol{j}\rvert\lvert\boldsymbol{j}\rvert\cos 0^\circ = 1 \cdot 1 \cdot 1 = 1$ $\boldsymbol{k} \cdot \boldsymbol{k} = \lvert\boldsymbol{k}\rvert\lvert\boldsymbol{k}\rvert\cos 0^\circ = 1 \cdot 1 \cdot 1 = 1$ $\therefore \boldsymbol{i} \cdot \boldsymbol{i} = \boldsymbol{j} \cdot \boldsymbol{j} = \boldsymbol{k} \cdot \boldsymbol{k} = 1$ ☞ $\boldsymbol{i} \cdot \boldsymbol{j} = \lvert\boldsymbol{i}\rvert\lvert\boldsymbol{j}\rvert\cos 90^\circ = 1 \cdot 1 \cdot 0 = 0$ $\boldsymbol{j} \cdot \boldsymbol{i} = \lvert\boldsymbol{j}\rvert\lvert\boldsymbol{i}\rvert\cos 90^\circ = 1 \cdot 1 \cdot 0 = 0$ $\boldsymbol{i} \cdot \boldsymbol{k} = \lvert\boldsymbol{i}\rvert\lvert\boldsymbol{k}\rvert\cos 90^\circ = 1 \cdot 1 \cdot 0 = 0$ $\therefore \boldsymbol{i} \cdot \boldsymbol{j} = \boldsymbol{j} \cdot \boldsymbol{k} = \boldsymbol{k} \cdot \boldsymbol{i}$ $= \boldsymbol{j} \cdot \boldsymbol{i} = \boldsymbol{k} \cdot \boldsymbol{j} = \boldsymbol{i} \cdot \boldsymbol{k} = 0$

스칼라적인 $\boldsymbol{A} \cdot \boldsymbol{B}$의 연산을 하면 상기 수식과 같이 두 벡터의 각 기본벡터에 해당되는

성분의 곱을 합한 것으로 나타낼 수 있으며, 연산 결과 또한 스칼라 값을 가진다. 그리고, 같은 축방향의 기본벡터 스칼라적은 $\boldsymbol{i} \cdot \boldsymbol{i} = \boldsymbol{j} \cdot \boldsymbol{j} = \boldsymbol{k} \cdot \boldsymbol{k} = 1$임을 알 수 있고, 다른 축방향의 기본벡터 스칼라적은 $\boldsymbol{i} \cdot \boldsymbol{j} = \boldsymbol{j} \cdot \boldsymbol{k} = \boldsymbol{k} \cdot \boldsymbol{i} = \boldsymbol{j} \cdot \boldsymbol{i} = \boldsymbol{k} \cdot \boldsymbol{j} = \boldsymbol{i} \cdot \boldsymbol{k} = 0$임을 알 수 있다.

예제 1.6

▣ 두 벡터 $\boldsymbol{A} = -7\boldsymbol{i} - 1\boldsymbol{j}$, $\boldsymbol{B} = -3\boldsymbol{i} - 4\boldsymbol{j}$가 이루는 각도는 얼마인가?

풀이

◉ 벡터의 스칼라적: $\boldsymbol{A} \cdot \boldsymbol{B} = |\boldsymbol{A}||\boldsymbol{B}|\cos\theta = AB\cos\theta$에서

$$\cos\theta = \frac{\boldsymbol{A} \cdot \boldsymbol{B}}{AB} = \frac{A_xB_x + A_yB_y}{\sqrt{A_x^2 + A_y^2}\sqrt{B_x^2 + B_y^2}} = \frac{(-7)\times(-3) + (-1)\times(-4)}{\sqrt{(-7)^2 + (-1)^2}\sqrt{(-3)^2 + (-4)^2}}$$

$$= \frac{25}{\sqrt{50}\times 5} = \frac{25}{25\sqrt{2}} = \frac{1}{\sqrt{2}}$$

$$\therefore \theta = \cos^{-1}\frac{1}{\sqrt{2}} = 45^\circ$$

예제 1.7

▣ $\boldsymbol{A} = \boldsymbol{i} - \boldsymbol{j} + 3\boldsymbol{k}$, $\boldsymbol{B} = \boldsymbol{i} + a\boldsymbol{k}$일 때 벡터 $\boldsymbol{A}$가 수직이 되기 위한 a의 값은? (단, $\boldsymbol{i}$, $\boldsymbol{j}$, $\boldsymbol{k}$는 x, y, z 방향의 기본 벡터이다.)

풀이

◉ 벡터의 스칼라적 $\boldsymbol{A} \cdot \boldsymbol{B} = |\boldsymbol{A}||\boldsymbol{B}|\cos\theta = AB\cos\theta$에서 θ가 90° (수직)인 경우, $\boldsymbol{A} \cdot \boldsymbol{B} = 0$이다.

◉ $\boldsymbol{A} \perp \boldsymbol{B}$ 되기 위한 조건: $\boldsymbol{A} \cdot \boldsymbol{B} = |\boldsymbol{A}||\boldsymbol{B}|\cos 90^\circ = 0$ 즉, $\boldsymbol{A} \cdot \boldsymbol{B} = 0$

◉ $\boldsymbol{A} \cdot \boldsymbol{B} = (1\times 1) + [(-1)\times 0] + (3\times a) = 0$에서 $1 + 3a = 0$이므로 $\therefore a = -\frac{1}{3}$

1.6.2 벡터적

두 벡터 $\boldsymbol{A}$와 $\boldsymbol{B}$가 있다고 할 때, 곱(product)의 결과가 벡터인 경우를 벡터적(또는 외적(outer product))이라고 하며, $\boldsymbol{A} \times \boldsymbol{B}$로 표현한다. 두 벡터 $\boldsymbol{A}$와 $\boldsymbol{B}$가 이루는 각도를 θ라고 하였을 때, 아래 수식은 벡터적의 표시와 의미를 나타낸 것이다.

$$\boldsymbol{A} \times \boldsymbol{B} = |\boldsymbol{A} \times \boldsymbol{B}|\,\boldsymbol{n} = AB\sin\theta\,\boldsymbol{n}$$

■ 벡터의 외적 표시

☞ θ가 90°인 경우

$|\boldsymbol{A} \times \boldsymbol{B}| = |\boldsymbol{A}||\boldsymbol{B}|\sin 90^\circ = AB$

☞ θ가 0°인 경우

$|\boldsymbol{A} \times \boldsymbol{B}| = |\boldsymbol{A}||\boldsymbol{B}|\sin 0^\circ = 0$

여기서 벡터 $\boldsymbol{n}$은 두 벡터 $\boldsymbol{A}$와 $\boldsymbol{B}$가 이루는 면에 수직(법선)이며, 방향은 벡터 $\boldsymbol{A}$에서 벡터 $\boldsymbol{B}$로 회전하는 오른나사의 방향을 나타내고 있으며, 크기가 1인 단위벡터(법선벡터)를 의미한다. 그리고, A는 벡터 $\boldsymbol{A}$의 길이를 나타내고 $B\sin\theta$는 벡터 $\boldsymbol{B}$가 벡터 $\boldsymbol{A}$와 만나는 삼각형의 높이를 나타낸다. 따라서, $AB\sin\theta$ 또는 $|\boldsymbol{A}\times\boldsymbol{B}|$는 평행사변형의 면적(크기)을 나타낸다. 그리고, 벡터 $\boldsymbol{n}$은 평행사변형의 면에 수직인 법선벡터를 나타내고 있다.

또한, 그림 1-14에서 벡터적인 $\boldsymbol{A}\times\boldsymbol{B}$와 $\boldsymbol{B}\times\boldsymbol{A}$의 차이점을 살펴보면, 벡터적 $\boldsymbol{A}\times\boldsymbol{B}$와 $\boldsymbol{B}\times\boldsymbol{A}$는 평행사변형 면적의 크기는 동일하나, 평행사변형에 수직인 단위벡터 $\boldsymbol{n}$의 방향이 반대라서 동일한 값이 아니다. 따라서, $\boldsymbol{A}\times\boldsymbol{B}\neq\boldsymbol{B}\times\boldsymbol{A}$이며, $\boldsymbol{A}\times\boldsymbol{B}=-\boldsymbol{B}\times\boldsymbol{A}$임을 알 수 있다.

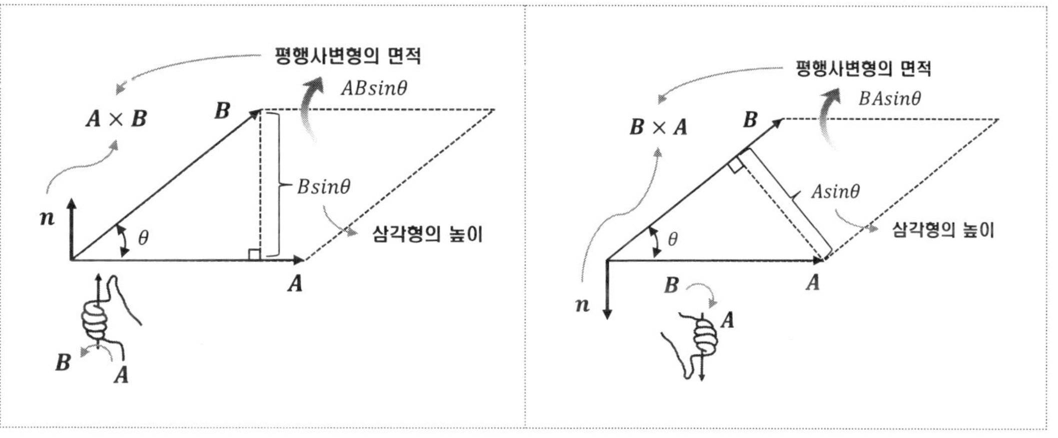

그림 1-14 벡터적의 물리학적 의미

두 벡터 $\boldsymbol{A}$와 $\boldsymbol{B}$에 대하여 공간좌표계에서 벡터적을 계산하면 다음과 같다.

$$\boldsymbol{A}=A_x\boldsymbol{i}+A_y\boldsymbol{j}+A_z\boldsymbol{k},\ \boldsymbol{B}=B_x\boldsymbol{i}+B_y\boldsymbol{j}+B_z\boldsymbol{k}$$

■ 두 벡터의 표시

☞ 위치벡터로 표시

$$\begin{aligned}&\boldsymbol{A}\times\boldsymbol{B}\\&=(A_x\boldsymbol{i}+A_y\boldsymbol{j}+A_z\boldsymbol{k})\times(B_x\boldsymbol{i}+B_y\boldsymbol{j}+B_z\boldsymbol{k})\\&=(A_xB_x)\boldsymbol{i}\times\boldsymbol{i}+(A_xB_y)\boldsymbol{i}\times\boldsymbol{j}+(A_xB_z)\boldsymbol{i}\times\boldsymbol{k}\\&\ +(A_yB_x)\boldsymbol{j}\times\boldsymbol{i}+(A_yB_y)\boldsymbol{j}\times\boldsymbol{j}+(A_yB_z)\boldsymbol{j}\times\boldsymbol{k}\\&\ +(A_zB_x)\boldsymbol{k}\times\boldsymbol{i}+(A_zB_y)\boldsymbol{k}\times\boldsymbol{j}+(A_zB_z)\boldsymbol{k}\times\boldsymbol{k}\end{aligned}$$

■ 기본벡터의 외적 표시

☞ $\boldsymbol{i}\times\boldsymbol{i}=|\boldsymbol{i}||\boldsymbol{i}|\sin0^\circ=1\cdot1\cdot0=0$

$\boldsymbol{j}\times\boldsymbol{j}=|\boldsymbol{j}||\boldsymbol{j}|\sin0^\circ=1\cdot1\cdot0=0$

$\boldsymbol{k}\times\boldsymbol{k}=|\boldsymbol{k}||\boldsymbol{k}|\sin0^\circ=1\cdot1\cdot0=0$

☞ $\boldsymbol{i}\times\boldsymbol{j}=\boldsymbol{k},\ \boldsymbol{j}\times\boldsymbol{k}=\boldsymbol{i},\ \boldsymbol{k}\times\boldsymbol{i}=\boldsymbol{j}$

$\boldsymbol{j}\times\boldsymbol{i}=-\boldsymbol{k},\boldsymbol{k}\times\boldsymbol{j}=-\boldsymbol{i},\boldsymbol{i}\times\boldsymbol{k}=-\boldsymbol{j}$

$$
\begin{aligned}
&\boldsymbol{A}\times\boldsymbol{B}\\
&=(A_x\boldsymbol{i}+A_y\boldsymbol{j}+A_z\boldsymbol{k})\times(B_x\boldsymbol{i}+B_y\boldsymbol{j}+B_z\boldsymbol{k})\\
&=(A_xB_x)0+(A_xB_y)\boldsymbol{k}+(A_xB_z)-\boldsymbol{j}\\
&\ +(A_yB_x)-\boldsymbol{k}+(A_yB_y)0+(A_yB_z)\boldsymbol{i}\\
&\ +(A_zB_x)\boldsymbol{j}+(A_zB_y)-\boldsymbol{i}+(A_zB_z)0
\end{aligned}
$$

$$
\begin{aligned}
&\therefore \boldsymbol{A}\times\boldsymbol{B}\\
&=(A_x\boldsymbol{i}+A_y\boldsymbol{j}+A_z\boldsymbol{k})\times(B_x\boldsymbol{i}+B_y\boldsymbol{j}+B_z\boldsymbol{k})\\
&=(A_yB_z-A_zB_y)\boldsymbol{i}+(A_zB_x-A_xB_z)\boldsymbol{j}\\
&\ +(A_xB_y-A_yB_x)\boldsymbol{k}\\
&=\begin{vmatrix} \boldsymbol{i} & \boldsymbol{j} & \boldsymbol{k}\\ A_x & A_y & A_z\\ B_x & B_y & B_z \end{vmatrix}
\end{aligned}
$$

■ 기본벡터의 외적 표시

☞ $\boldsymbol{i}\times\boldsymbol{i}=|\boldsymbol{i}||\boldsymbol{i}|\sin 0^\circ=1\cdot 1\cdot 0=0$

$\boldsymbol{j}\times\boldsymbol{j}=|\boldsymbol{j}||\boldsymbol{j}|\sin 0^\circ=1\cdot 1\cdot 0=0$

$\boldsymbol{k}\times\boldsymbol{k}=|\boldsymbol{k}||\boldsymbol{k}|\sin 0^\circ=1\cdot 1\cdot 0=0$

☞ $\boldsymbol{i}\times\boldsymbol{j}=\boldsymbol{k},\ \boldsymbol{j}\times\boldsymbol{k}=\boldsymbol{i},\ \boldsymbol{k}\times\boldsymbol{i}=\boldsymbol{j}$

$\boldsymbol{j}\times\boldsymbol{i}=-\boldsymbol{k},\boldsymbol{k}\times\boldsymbol{j}=-\boldsymbol{i},\boldsymbol{i}\times\boldsymbol{k}=-\boldsymbol{j}$

■ 기본벡터의 외적 표시 방법

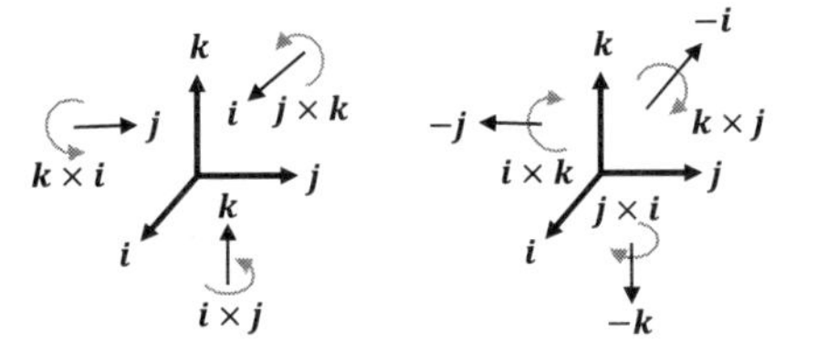

두 벡터 $\boldsymbol{A}$와 $\boldsymbol{B}$에 대하여 벡터적인 $\boldsymbol{A}\times\boldsymbol{B}$를 구한 결과는 행렬식 형태로 표현됨을 알 수 있다.

예제 1.8

▣ 벡터 $\boldsymbol{A}=2\boldsymbol{i}-6\boldsymbol{j}-3\boldsymbol{k}$와 $\boldsymbol{B}=4\boldsymbol{i}+3\boldsymbol{j}-\boldsymbol{k}$에 수직한 단위 벡터는?

풀이

◉ 수직한 벡터는 벡터의 외적에서 평행사변형의 면과 수직을 이루는 벡터를 뜻한다.
그러므로, $\boldsymbol{A}\times\boldsymbol{B}=|\boldsymbol{A}||\boldsymbol{B}|\sin\theta\,\boldsymbol{n}=AB\sin\theta\,\boldsymbol{n}$에서 법선벡터 $\boldsymbol{n}$을 구하면 된다.

◉ $\boldsymbol{A}\times\boldsymbol{B}=|\boldsymbol{A}\times\boldsymbol{B}|\boldsymbol{n}$ ($\boldsymbol{n}$: 법선벡터, $\boldsymbol{A}$와 $\boldsymbol{B}$의 수직인 단위벡터)에서 법선벡터는

$$
\boldsymbol{n}=\frac{\boldsymbol{A}\times\boldsymbol{B}}{|\boldsymbol{A}\times\boldsymbol{B}|}=\frac{\begin{vmatrix} \boldsymbol{i} & \boldsymbol{j} & \boldsymbol{k}\\ 2 & -6 & -3\\ 4 & 3 & -1 \end{vmatrix}}{|\boldsymbol{A}\times\boldsymbol{B}|}
$$

$$
=\frac{15\boldsymbol{i}-10\boldsymbol{j}+30\boldsymbol{k}}{\sqrt{15^2+(-10)^2+30^2}}
$$

$$
=\frac{1}{35}(15\boldsymbol{i}-10\boldsymbol{j}+30\boldsymbol{k})=\frac{3}{7}\boldsymbol{i}-\frac{2}{7}\boldsymbol{j}+\frac{6}{7}\boldsymbol{k}
$$

◉ 법선벡터 $\boldsymbol{n}$의 부(−)의 벡터도 벡터 $\boldsymbol{A}$와 $\boldsymbol{B}$에 수직이기 때문에

$$
\therefore\ \boldsymbol{n}=\pm\left(\frac{3}{7}\boldsymbol{i}-\frac{2}{7}\boldsymbol{j}+\frac{6}{7}\boldsymbol{k}\right)
$$

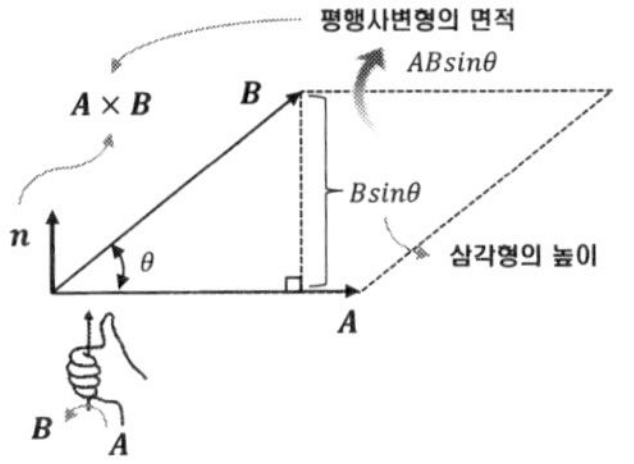

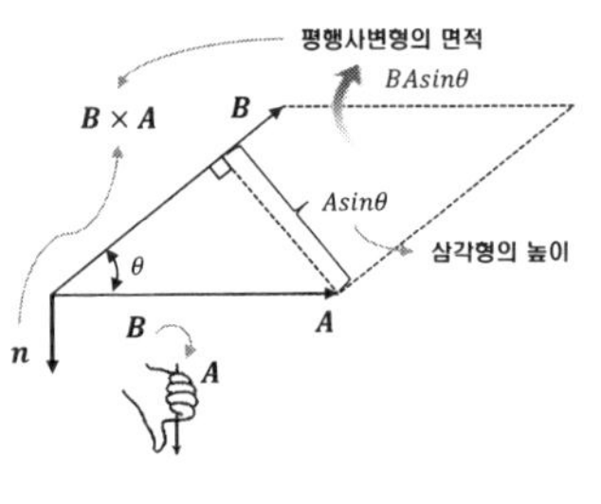

예제 1.9	
▣ $\boldsymbol{A}=10\boldsymbol{i}-10\boldsymbol{j}+5\boldsymbol{k}$, $\boldsymbol{B}=4\boldsymbol{i}-2\boldsymbol{j}+5\boldsymbol{k}$는 어떤 평행사변형의 두 변을 표시하는 벡터이다. 이 평행사변형의 면적의 크기를 구하시오 (단, $\boldsymbol{i}$: x축 방향의 기본벡터, $\boldsymbol{j}$: y축 방향의 기본벡터, $\boldsymbol{k}$: z축 방향의 기본벡터이며 좌표계는 공간좌표계이다.)	
풀이	◉ 평행사변형의 면적은 벡터의 외적에 대한 물리적 개념이다. 즉, 두 벡터가 이루는 외적의 크기가 평행사변형의 면적이 되어 $\lvert \boldsymbol{A}\times\boldsymbol{B}\rvert$를 구하면 된다. ◉ $\boldsymbol{A}\times\boldsymbol{B}=\begin{vmatrix} \boldsymbol{i} & \boldsymbol{j} & \boldsymbol{k} \\ 10 & -10 & 5 \\ 4 & -2 & 5 \end{vmatrix}=-40\boldsymbol{i}-30\boldsymbol{j}+20\boldsymbol{k}$ ◉ 크기 $\lvert \boldsymbol{A}\times\boldsymbol{B}\rvert=\sqrt{(-40)^2+(-30)^2+20^2}=\sqrt{2900}=10\sqrt{29}\fallingdotseq 54$

1-7 벡터의 미분

벡터의 미분연산자인 ∇(나블라(nabla) 또는 델(del))의 의미를 살펴본다. 그리고, 벡터의 미분연산자 ∇를 이용하여 벡터의 기울기 ∇V, 벡터의 스칼라적을 취한 $\nabla \cdot \boldsymbol{E}$(발산)와 벡터의 벡터적을 이용한 $\nabla\times\boldsymbol{H}$(회전)에 대하여 알아본다.

1.7.1 벡터의 미분연산자

벡터의 미분연산에는 x, y, z축 방향으로의 변화율과 방향을 나타낼 수 있는 미분연산자를 사용하여 표현할 수 있다. 아래 수식을 벡터의 미분연산자라고 하며, 나블라(nabla) 또는 델(del)이라고 한다.

$$\nabla=\frac{\partial}{\partial x}\boldsymbol{i}+\frac{\partial}{\partial y}\boldsymbol{j}+\frac{\partial}{\partial z}\boldsymbol{k}$$

■ 벡터의 미분연산자: 나블라, 델
☞ ∇
☞ x, y, z축 방향의 변화율과 방향을 의미

1.7.2 벡터의 기울기

스칼라 함수 $V(x,y,z)$의 공간에서 한 점 (x,y,z)에 대하여 벡터 미분연산자를 이용하여 미분을 구하면 다음과 같다.

$$\nabla V = (\frac{\partial}{\partial x}\boldsymbol{i} + \frac{\partial}{\partial y}\boldsymbol{j} + \frac{\partial}{\partial z}\boldsymbol{k})\, V$$
$$= \frac{\partial V}{\partial x}\boldsymbol{i} + \frac{\partial V}{\partial y}\boldsymbol{j} + \frac{\partial V}{\partial z}\boldsymbol{k}$$

■ 스칼라함수의 벡터 미분연산
☞ 스칼라함수 $V(x, y, z)$의 x, y, z축 방향의 변화량(기울기)과 방향

상기 수식은 스칼라 함수 $V(x, y, z)$의 x, y, z에 대한 각 방향의 거리에 대한 변화율인 기울기(gradient)를 나타내고 있다. 따라서, 상기 수식을 물리적 의미를 이용하여 다시 표현하면 다음과 같다.

$$\nabla V = grad\, V$$

■ 스칼라함수의 벡터 미분연산
☞ 미분의 의미가 변화량(기울기)을 구하기 때문에 gradient라 함

아래 그림 1-15는 벡터의 기울기에 대한 물리적 의미를 나타낸 그림이다. 그림에서 등고선을 보면 어느 방향으로 올라가면 쉽고 어려운 지를 상식적으로 알 수 있다. 즉, 등고선 그림에서 좌측의 동그라미 표시 부분의 등고선이 조밀하다는 것은 기울기가 급하다는 것을 의미하며 $\nabla V = grad\, V$ 값이 크다는 것을 나타낸다.

그리고, 3차원으로 표현한 그림에서 왼편 동그라미 표시 부분은 경사가 급격하여 $\nabla V = grad\, V$의 값이 크다는 것을 알 수 있다. 따라서, 상기 수식은 임의의 공간에서 산의 경사, 위치에너지, 전위 등의 변화 정도를 알 수 있는 공식임을 알 수 있다.

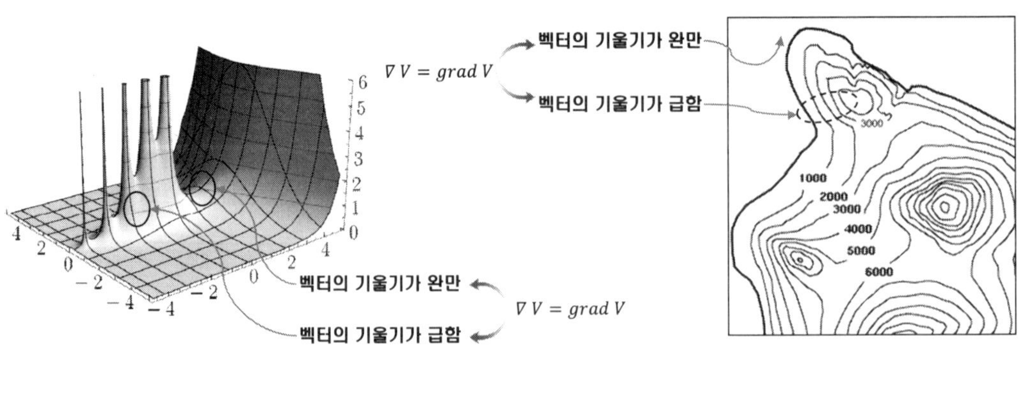

그림 1-15 벡터의 기울기에 대한 물리학적 의미

예제 1.10	
▣ 전위함수 $V=x^2+y^2$ [V]일 때, 점 (2,1)에서 전위경도를 구하시오.	
풀이	◉ 전위경도는 $\nabla V = grad\, V$에서 $\nabla V = (\frac{\partial}{\partial x}i + \frac{\partial}{\partial y}j)\, V = \frac{\partial V}{\partial x}i + \frac{\partial V}{\partial y}j$ 인으로 $\nabla V = \frac{\partial(x^2+y^2)}{\partial x}i + \frac{\partial(x^2+y^2)}{\partial y}j = 2xi + 2yj$ ◉ 점 (2,1)을 상기 수식에 대입하면 $\therefore \nabla V = grad\, V = 4i + 2j$

1.7.3 벡터의 발산

미분연산자(∇, nabla)와 임의의 벡터 $\boldsymbol{E} = E_x\boldsymbol{i} + E_y\boldsymbol{j} + E_z\boldsymbol{k}$와의 스칼라적에 대한 계산은 아래와 같다.

$$\nabla \cdot \boldsymbol{E} = (\frac{\partial}{\partial x}i + \frac{\partial}{\partial y}j + \frac{\partial}{\partial z}k) \cdot (E_x i + E_y j + E_z k) = \frac{\partial E_x}{\partial x} + \frac{\partial E_y}{\partial y} + \frac{\partial E_z}{\partial z}$$

■ 기본벡터의 내적 표시

☞ $i \cdot i = |i||i|\cos 0° = 1 \cdot 1 \cdot 1 = 1$
$j \cdot j = |j||j|\cos 0° = 1 \cdot 1 \cdot 1 = 1$
$k \cdot k = |k||k|\cos 0° = 1 \cdot 1 \cdot 1 = 1$
$\therefore i \cdot i = j \cdot j = k \cdot k = 1$

☞ $i \cdot j = |i||j|\cos 90° = 1 \cdot 1 \cdot 0 = 0$
$j \cdot i = |j||i|\cos 90° = 1 \cdot 1 \cdot 0 = 0$
$i \cdot k = |i||k|\cos 90° = 1 \cdot 1 \cdot 0 = 0$
$\therefore i \cdot j = j \cdot k = k \cdot i = j \cdot i = k \cdot j = i \cdot k = 0$

상기 수식은 예로 +전하를 가지는 단위체적(단위체적 전하밀도)에서 전계인 벡터 $\boldsymbol{E}$가 x, y, z축의 각 방향으로 발산(divergence)되는 선속 수(전기력선의 수)를 의미한다. 따라서, 상기 수식을 다시 표현하면 다음과 같다.

$$\nabla \cdot \boldsymbol{E} - div\, \boldsymbol{E}$$

■ 벡터의 발산

☞ 단위체적 전하에서 발산되는 전기력선의 수(전속수)를 나타냄

☞ 추후 발산 정리에서 유도됨

상기 수식을 벡터 $\boldsymbol{E}$의 발산이라 하며, 벡터 $\boldsymbol{E}$는 벡터량이지만, $\nabla \cdot \boldsymbol{E} = div\, \boldsymbol{E}$는 스칼라량이 된다. 벡터 $\boldsymbol{E}$의 발산($\nabla \cdot \boldsymbol{E} = div\, \boldsymbol{E}$)의 물리적 의미를 수식으로 표현하면 다음과 같다. 그리고, 그림 1-16에 물리적 의미를 나타내었다.

$$\nabla \cdot \boldsymbol{E} = div\ \boldsymbol{E} = \lim_{\Delta v \to 0} \frac{\oint_s \boldsymbol{E} \cdot d\boldsymbol{S}}{\Delta v}$$

■ 벡터의 발산

☞ 가우스정리: $N = \oint_s \boldsymbol{E} \cdot d\boldsymbol{S} = \frac{Q}{\epsilon_0}$

☞ $\lim_{\Delta v \to 0}$: 단위체적으로 체적 줄임

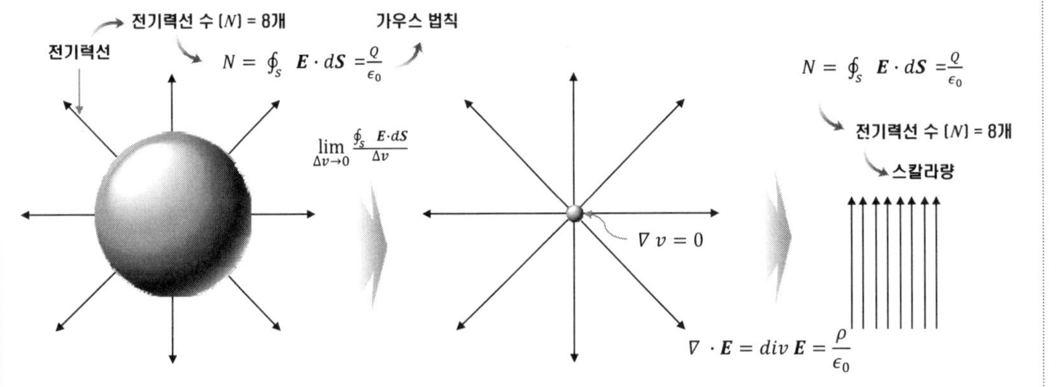

그림 1-16 벡터의 발산에 대한 물리학적 의미

그림 1-16에서 $+1[C]$의 전하에서 임의의 폐곡면(향후 가우스면)으로 나오는 전기력선의 총수(N)를 계산하기 위하여 $+1[C]$ 전하의 체적(큰 구모양)을 0($\lim_{\Delta v \to 0}$)에 가깝게 줄이게 (작은 구 모양) 되면 단위체적 전하밀도($\rho[C/m^3]$)가 되며, 이 단위체적 전하밀도에서 발산되는 전기력선의 총수를 알 수 있다는 것이다. 즉, $1[C/m^3]$의 단위체적 전하밀도에서 발산되는 전기력선의 수가 8개가 나온다고 한다면, 만약 16개의 전기력선이 임의의 폐곡면에서 발산되었다면 가우스면 내부에는 $2[C/m^3]$의 단위체적 전하밀도를 가지는 전하가 존재한다는 것을 알 수 있다. 따라서, $\nabla \cdot \boldsymbol{E} = div\ \boldsymbol{E}$는 공간 전하 분포에서 발산되는 전기력선의 수를 계산하기 위하여 이용한다.

예제 1.11

■ 전계 $\boldsymbol{E} = 3x^2\boldsymbol{i} + 2xy^2\boldsymbol{j} + x^2yz\boldsymbol{k}$의 $div\boldsymbol{E}$는 얼마인가?

풀이

◉ $div\boldsymbol{E} = \nabla \cdot \boldsymbol{E} = \left(\frac{\partial}{\partial x}\boldsymbol{i} + \frac{\partial}{\partial y}\boldsymbol{j} + \frac{\partial}{\partial z}\boldsymbol{k}\right) \cdot (E_x\boldsymbol{i} + E_y\boldsymbol{j} + E_z\boldsymbol{k})$

$$= \frac{\partial E_x}{\partial x} + \frac{\partial E_y}{\partial y} + \frac{\partial E_z}{\partial z} = \frac{\partial}{\partial x}(3x^2) + \frac{\partial}{\partial y}(2xy^2) + \frac{\partial}{\partial z}(x^2yz)$$

$$= 6x + 4xy + x^2y$$

예제 1.12	
■ 전계 $\boldsymbol{E} = 2e^{3x}\sin 5y\boldsymbol{i} - e^{3x}\cos 5y\boldsymbol{j} + 3ze^{4z}\boldsymbol{k}$일 때, 점$(x=0,\ y=0,\ z=0)$에서 발산은?	
풀이	◉ $div\boldsymbol{E} = \nabla \cdot \boldsymbol{E} = \frac{\partial}{\partial x}E_x + \frac{\partial}{\partial y}E_y + \frac{\partial}{\partial z}E_z$ $= \frac{\partial}{\partial x}(2e^{3x}\sin 5y) + \frac{\partial}{\partial y}(-e^{3x}\cos 5y) + \frac{\partial}{\partial z}(3ze^{4z})$ $= 6e^{3x}\sin 5y + 5e^{3x}\sin 5y + 3(e^{4z} + 4ze^{4z})$ $= 11e^{3x}\sin 5y + 3(1+4z)e^{4z}$에 점$(0,0,0)$을 대입하면 $\therefore\ div\boldsymbol{E} = 3$

1.7.4 벡터의 회전

미분연산자(∇, nabla)와 임의의 벡터 $\boldsymbol{H} = H_x\boldsymbol{i} + H_y\boldsymbol{j} + H_z\boldsymbol{k}$와의 벡터적에 대한 계산은 아래와 같다.

$$
\begin{aligned}
&\nabla \times \boldsymbol{H} \\
&= (\frac{\partial}{\partial x}\boldsymbol{i} + \frac{\partial}{\partial y}\boldsymbol{j} + \frac{\partial}{\partial z}\boldsymbol{k}) \times (H_x\boldsymbol{i} + H_y\boldsymbol{j} + H_z\boldsymbol{k}) \\
&= (\frac{\partial H_z}{\partial y} - \frac{\partial H_y}{\partial z})\boldsymbol{i} + (\frac{\partial H_x}{\partial z} - \frac{\partial H_z}{\partial x})\boldsymbol{j} + (\frac{\partial H_y}{\partial x} - \frac{\partial H_x}{\partial y})\boldsymbol{k} \\
&= \begin{vmatrix} \boldsymbol{i} & \boldsymbol{j} & \boldsymbol{k} \\ \frac{\partial}{\partial x} & \frac{\partial}{\partial y} & \frac{\partial}{\partial z} \\ H_x & H_y & H_z \end{vmatrix}
\end{aligned}
$$

■ 기본벡터의 외적 표시

☞

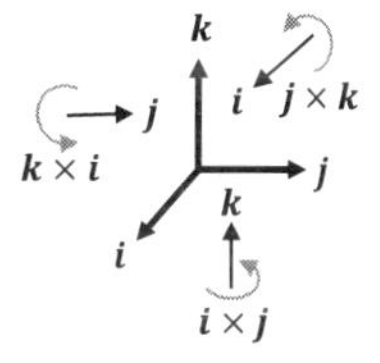

☞

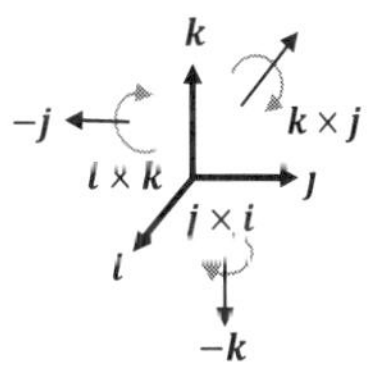

상기 관계식은 벡터 $\boldsymbol{H}$방향으로 그려진 자기력선이 전류 주위를 회전(rotation, curl)하는 것을 의미한다. 상기 수식을 다시 표현하면 다음과 같다.

$$\nabla \times \boldsymbol{H} = rot\ \boldsymbol{H} = curl\ \boldsymbol{H}$$

■ 벡터의 회전 표시

☞ 도선에 흐르는 전류 주위에 회전하는 자기력선의 세기를 나타냄

☞ 추후 스토크스 정리에서 유도됨

상기 수식을 벡터 $\boldsymbol{H}$의 회전이라 하며, 벡터 $\boldsymbol{H}$는 벡터량이며, $\nabla \times \boldsymbol{H} = rot\ \boldsymbol{H} = curl\ \boldsymbol{H}$는 벡터량이 된다. 벡터 $\boldsymbol{H}$의 회전($\nabla \times \boldsymbol{H} = rot\ \boldsymbol{H} = curl\ \boldsymbol{H}$)의 물리적 의미를 수식으로 표현하면 다음과 같다. 그리고, 그림 1-17에 물리적 의미를 나타내었다.

$$\nabla \times \boldsymbol{H} = rot\ \boldsymbol{H} = \lim_{\Delta S \to 0} \frac{\oint_c \boldsymbol{H} \cdot dl}{\Delta S}$$

■ 벡터의 회전의 물리적 의미

☞ 암페어의 주회적분의 법칙

$$I = \oint_c \boldsymbol{H} \cdot dl$$

☞ $\lim_{\Delta S \to 0}$: 단위면적으로 면적 줄임

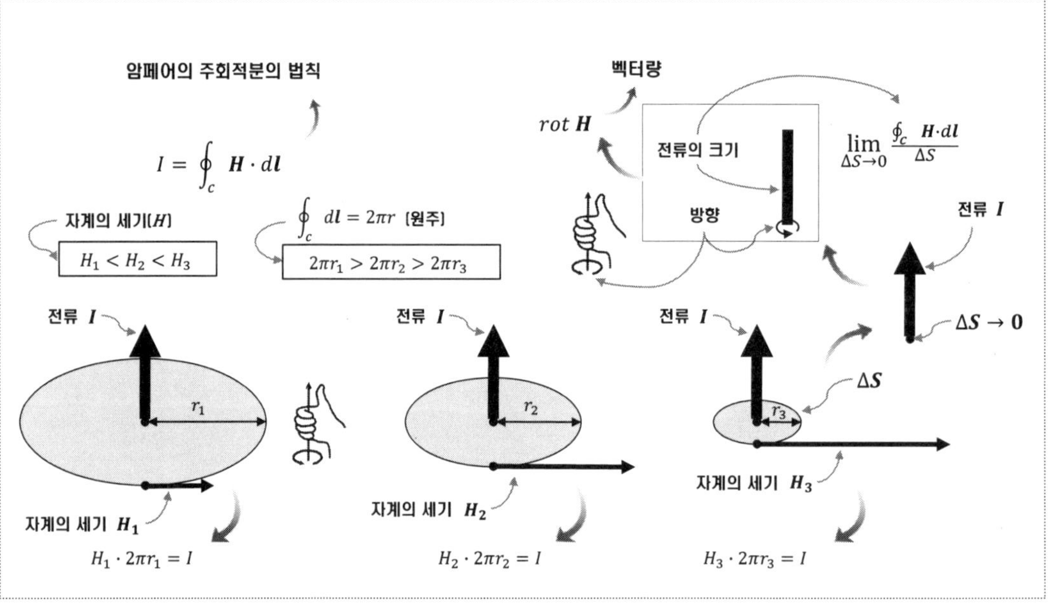

그림 1-17 벡터의 회전에 대한 물리학적 의미

그림 1-17에서 $1[A]$의 전류가 도선을 타고 전류가 흐르게 된다면 암페어의 오른나사법칙에 의하여 도선 주위에 회전하는 자계 $\boldsymbol{H}$가 형성된다. 전류가 흐르는 도선 주위에 회전하는 자계 $\boldsymbol{H}$와 거리 r(실제는 원주 길이 $2\pi r$) 사이의 관계를 살펴보자. 만약 전류가 흐르는 도선 주위의 거리 r을 $r_1 > r_2 > r_3$인 점에서 자계의 세기 H_1, H_2, H_3라 한다면, 전류가 흐르는 도선 주위의 한 점인 r_1에서는 도선과 거리가 가장 멀기 때문에 자계의 세기 H_1은 줄어들게 된다. 그러나, 도선과 거리 r_1이 멀면 반지름이 커지게 되어 원주의 길이 $2\pi r_1$은 커지게 된다. 또한, 전류가 흐르는 도선 주위의 한 점인 r_3에서는 도선과 거리가 가장 가깝기

때문에 자계의 세기 H_3는 커진다. 그러나, 도선과 거리 r_3가 가까우면 반지름이 작아지게 되어 원주의 길이 $2\pi r_3$는 작아지게 된다.

이제 공간상의 어떠한 점에서 자계의 세기 H와 원주의 길이 $2\pi r$의 곱에 대하여 고려하여보자. 공간상의 어떠한 점에서 자계의 세기 H와 원주의 길이 $2\pi r$을 곱한 값은 항상 일정한 값을 가지며, 그 값은 도선에 흐르는 전류의 세기 $1[A]$로 일정하다. 이를 향후 암페어의 주회적분의 법칙이라 한다.

그림 1-17에서 전류의 세기 $1[A]$를 길이 $1[m]$의 막대(스칼라량)로 표현한다고 가정하자. 그리고, 도선과 공간상의 반지름이 이루는 원의 면적을 줄여 $0(\lim_{\Delta S \to 0})$이 되게 한다면 도선 주위를 회전하는 자계의 방향만 남게 되어서 암페어의 오른나사 법칙에 의하여 주위를 회전(벡터량)하는 자계 $\boldsymbol{H}$의 방향을 밑에 표시할 수 있다.

이것이 벡터 $\boldsymbol{H}$의 회전($\nabla \times \boldsymbol{H} = rot\ \boldsymbol{H} = curl\ \boldsymbol{H}$)에 대한 물리적 의미라 할 수 있다. 즉, 전류의 세기가 $2[A]$이라면, 길이 $2[m]$의 막대(스칼라량)로 표현하고 암페어의 오른나사 법칙에 의하여 주위를 회전(벡터량)하는 자계 $\boldsymbol{H}$의 방향을 밑에 표시하게 된다면 막대 길이의 크기로 주위에 회전하는 자계의 세기를 알 수 있다. 따라서, $\nabla \times \boldsymbol{H} = rot\ \boldsymbol{H} = curl\ \boldsymbol{H}$는 전류에 의하여 회전하는 자기력선의 세기와 방향을 수식화하기 위하여 이용한다.

예제 1.13

▣ 벡터 $\boldsymbol{H} = xy\boldsymbol{i} + yz\boldsymbol{j} + xz\boldsymbol{k}$일 때, 점 $(2, 3, 4)$에서 회전을 구하시오.

풀이

◉ 벡터의 회전은 $\nabla \times \boldsymbol{H} = rot\ \boldsymbol{H}$임으로

$$\nabla \times \boldsymbol{H} = (\frac{\partial}{\partial x}\boldsymbol{i} + \frac{\partial}{\partial y}\boldsymbol{j} + \frac{\partial}{\partial z}\boldsymbol{k}) \times (H_x\boldsymbol{i} + H_y\boldsymbol{j} + H_z\boldsymbol{k})$$

$$= (\frac{\partial H_z}{\partial y} - \frac{\partial H_y}{\partial z})\boldsymbol{i} + (\frac{\partial H_x}{\partial z} - \frac{\partial H_z}{\partial x})\boldsymbol{j} + (\frac{\partial H_y}{\partial x} - \frac{\partial H_x}{\partial y})\boldsymbol{k} = \begin{vmatrix} \boldsymbol{i} & \boldsymbol{j} & \boldsymbol{k} \\ \frac{\partial}{\partial x} & \frac{\partial}{\partial y} & \frac{\partial}{\partial z} \\ H_x & H_y & H_z \end{vmatrix}$$

◉ 상기 수식에서

$$\nabla \times \boldsymbol{H} = (\frac{\partial(xz)}{\partial y} - \frac{\partial(yz)}{\partial z})\boldsymbol{i} + (\frac{\partial(xy)}{\partial z} - \frac{\partial(xz)}{\partial x})\boldsymbol{j} + (\frac{\partial(yz)}{\partial x} - \frac{\partial(xy)}{\partial y})\boldsymbol{k}$$
$$= (0-y)\boldsymbol{i} + (0-z)\boldsymbol{j} + (0-x)\boldsymbol{k} = -y\boldsymbol{i} - z\boldsymbol{j} - x\boldsymbol{k}$$

◉ 점 $(2, 3, 4)$를 상기 수식에 대입하면 $\therefore \nabla \times \boldsymbol{H} = -2\boldsymbol{i} - 3\boldsymbol{j} - 4\boldsymbol{k}$

1.7.5 라플라시안

스칼라 함수 $V(x, y, z)$의 공간에서 한 점 (x, y, z)에 대한 2차 미분연산 $\nabla \cdot \nabla$을 구하면 다음과 같다.

$\nabla \cdot \nabla V$ $= (\frac{\partial}{\partial x}i + \frac{\partial}{\partial y}j + \frac{\partial}{\partial z}k) \cdot (\frac{\partial}{\partial x}i + \frac{\partial}{\partial y}j + \frac{\partial}{\partial z}k)\, V$ $= \frac{\partial^2 V}{\partial x^2} + \frac{\partial^2 V}{\partial y^2} + \frac{\partial^2 V}{\partial z^2} = \nabla^2 V$	■ 라플라시안 ∇^2 ☞ 기울기에 대한 발산을 의미 전위의 기울기(전위차)가 크면 발산되는 전기력선의 수가 많음을 나타냄(그림 1-18 참조)

그리고, $\nabla \cdot \nabla$ 대신에 $div\ grad$를 사용하기도 한다. 여기서, ∇^2을 라플라시안(Laplacian) 또는 라플라스 연산자(Laplace operator)라 하며, Δ(delta)로도 표시한다. ∇^2은 2차 미분연산자의 일종으로 물리적 의미는 기울기에 대한 발산을 나타낸다.

$\nabla \cdot \nabla = \nabla^2 = \frac{\partial^2}{\partial x^2} + \frac{\partial^2}{\partial y^2} + \frac{\partial^2}{\partial z^2}$	■ 라플라시안 ☞ 기울기의 발산을 의미

라플라시안은 물리학 또는 화학에서 벡터장의 포텐셜을 이용하여 벡터장의 특성을 나타낼 경우에 사용되고 있다. 전기장의 포텐셜인 전기 포텐셜에 라플라스 연산자를 취하면 전하밀도를 유전율의 상수로 나눈 값이 된다. 공간 전하밀도와 전위의 관계식을 포아송 방정식(Poisson's equation)이라 한다. 즉, 공간 전하분포에 대한 전위를 계산할 때 사용한다. 아래 수식은 포아송 방정식을 나타낸 것이다.

$\nabla^2 V = -\frac{\rho}{\epsilon_0}$	■ 포아송 방정식(Poisson' s equation) ☞ 전하밀도가 공간적으로 분포하고 있을 때 그 내부의 임의의 점에서 전위를 결정 ☞ 전위의 기울기(전위차)가 크면 발산되는 전기력선의 수가 많으며 이는 단위체적 전하밀도가 큰 전하가 공간에 존재하고 있음을 나타냄(그림 1-18 참조)

그림 1-18은 포아송 방정식의 물리적 의미를 나타낸 것이다. 포아송 방정식은 공간상에 전하밀도가 분포하고 있을 때 공간 내부의 임의의 점에서 전위를 결정하는 수식이다. 그림 1-18과 같이 단위체적 전하밀도 $\rho[C/m^3]$가 각각 $2[C/m^3]$, $1[C/m^3]$이 존재하여 전위 $V[V]$를 나타낸다고 하자. 그리고, 전위 $V[V]$에 대하여 라플라시안 ∇^2을 구한다는 것은 2차 미분연산이기 때문에, 먼저 $\nabla V = grad\, V$를 구하면 두 단위체적 전하밀도에 의하여 발생하는 전위차(기울기)를 알 수 있다. 즉, 단위체적 전하밀도가 $2[C/m^3]$인 경우, 전위차가

크며, $1[C/m^3]$인 경우는 전위차가 작다는 것을 알 수 있다. 그리고, $\nabla \cdot \nabla V$를 구하면, $2[C/m^3]$에서 발산하는 전기력선의 수는 많으며, $1[C/m^3]$에서 발산하는 전기력선의 수는 적다는 것을 알 수 있다. 따라서, 공간상에 전위차가 크다면 단위체적 전하밀도가 높은 전하가 존재한다는 것을 알 수 있다. −의 표시는 전위차가 있는 공간상에 전계의 방향과 반대 방향으로 이동하는 것을 의미한다.

상기 내용을 그림 1-18과 같이 폭포에 비유한다면 왼쪽의 폭포 그림에서 폭포 위쪽에 물의 양(단위체적 전하밀도)이 많다고 한다면 낙하하는 물의 양(발산하는 전기력선 수)이 많을 것이며 낙하하는 물의 양이 많아 위치에너지(전위 차)가 크다는 것을 알 수 있다. 반대로 오른쪽의 폭포 그림에서 폭포의 위쪽 물의 양(단위체적 전하밀도)이 적다고 한다면 낙하하는 물의 양(발산하는 전기력선 수)이 적어지며 낙하하는 물의 양이 적어질수록 위치에너지(전위 차)가 작아지게 됨을 알 수 있다.

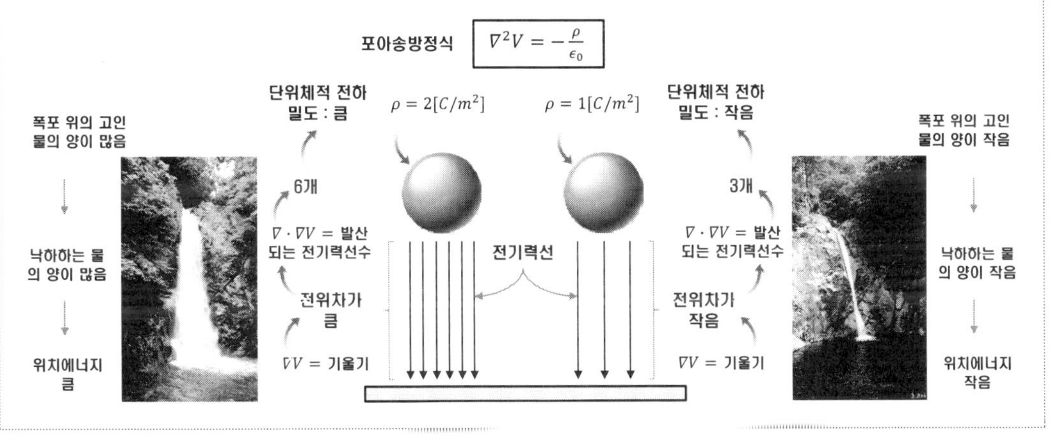

그림 1-18 포아송방정식의 물리학적 의미

포아송 방정식에서 전하분포가 없는 영역에서 한 점의 전위 V를 생각한다면, 그 점에서는 전하가 없기($\rho = 0$) 때문에 포아송 방정식은 아래 수식으로 표현될 수 있다. 이 수식을 라플라스 방정식(Laplace's equation)이라고 한다.

$\nabla^2 V = 0$	■ 라플라스 방정식(Laplace' s equation) ☞ 전하분포가 없는 영역에서 한 점의 전위 V를 생각하면, 그 점에 전하가 없으므로 ($\rho = 0$) 전위 V의 관계식은 좌측과 같음

예제 1.14

■ 자유공간 중의 전위계에서 $V=5(x^2+2y^2-3z^2)$일 때 점 $P(2, 0, -3)$에서의 전하밀도 ρ의 값은?

풀이

◉ Poisson의 방정식 $\nabla^2 V = -\frac{\rho}{\epsilon_0}$에 대입하면

▶ x에 대한 2차 미분: $\frac{\partial^2}{\partial x^2}(5x^2+10y^2-15z^2) \rightarrow (10x)' \rightarrow 10$

▶ y에 대한 2차 미분: $\frac{\partial^2}{\partial y^2}(5x^2+10y^2-15z^2) \rightarrow (20y)' \rightarrow 20$

▶ z에 대한 2차 미분: $\frac{\partial^2}{\partial z^2}(5x^2+10y^2-15z^2) \rightarrow (-30z)' \rightarrow -30$

◉ $\nabla^2 V = -\frac{\rho}{\epsilon_0}$에서 앞에서 구한 값을 대입하면, $10+20-30 = -\frac{\rho}{\epsilon_0} \rightarrow -\frac{\rho}{\epsilon_0}=0$

$\therefore$ 체적전하밀도 $\rho = 0$

예제 1.15

■ 어떤 공간의 비유전율은 2.0이고 전위 V는 다음 식 $V(x, y) = \frac{1}{x}+2xy^2$으로 주어진다고 한다. 점 $\left(\frac{1}{2}, 2\right)$에서의 전하밀도 ρ는 약 몇 $[pC/m^3]$인가?

풀이

◉ Poisson의 방정식 $\nabla^2 V = -\frac{\rho}{\epsilon}$에 대입하면

▶ x에 대한 2차 미분: $\frac{\partial^2}{\partial x^2}(x^{-1}+2xy^2) \rightarrow (-x^{-2}+2y^2)' \rightarrow 2x^{-3}$이고 $x=\frac{1}{2}$이므로

$\therefore 2\times\frac{1}{x^3}=2\times\frac{1}{1/8}=2\times 8=16$

▶ y에 대한 2차 미분: $\frac{\partial^2}{\partial y^2}(x^{-1}+2xy^2) \rightarrow (4xy)' \rightarrow 4x$이고 $x=\frac{1}{2}$이므로

$\therefore 4x=4\times\frac{1}{2}=2$

◉ 두 결과 값을 합친 전체 값은 18이기 때문에 Poisson의 방정식은 $\nabla^2 V=18$

◉ $\nabla^2 V = -\frac{\rho}{\epsilon}$에 $\nabla^2 V=18$을 대입하여 체적전하밀도를 구하면

$$\begin{aligned}\rho &= -\epsilon(\nabla^2 V) = -\epsilon(18) = -18\epsilon = -18\epsilon_0\epsilon_s \\ &= -18\times 8.854\times 10^{-12}\times 2 \fallingdotseq -320\times 10^{-12} \\ &= -320\ [pC/m^3]\end{aligned}$$

연습문제

1. 다음 중에서 벡터의 표현 방법이 틀린 것은?

① $\boldsymbol{i} \cdot \boldsymbol{i} = \boldsymbol{j} \cdot \boldsymbol{j} = \boldsymbol{k} \cdot \boldsymbol{k} = 0$ ② $\boldsymbol{i} \cdot \boldsymbol{j} = \boldsymbol{j} \cdot \boldsymbol{k} = \boldsymbol{k} \cdot \boldsymbol{i} = 0$

③ $\boldsymbol{A} \cdot \boldsymbol{B} = AB\cos\theta$ ④ $\boldsymbol{i} \times \boldsymbol{i} = \boldsymbol{j} \times \boldsymbol{j} = \boldsymbol{k} \times \boldsymbol{k} = 0$

☞ $\boldsymbol{i} \cdot \boldsymbol{j} = \boldsymbol{j} \cdot \boldsymbol{k} = \boldsymbol{k} \cdot \boldsymbol{i} = \boldsymbol{j} \cdot \boldsymbol{i} = \boldsymbol{j} \cdot \boldsymbol{k} = \boldsymbol{i} \cdot \boldsymbol{k} = 0$

☞ $\boldsymbol{A} \cdot \boldsymbol{B} = AB\cos\theta$

☞ $\boldsymbol{i} \times \boldsymbol{i} = |\boldsymbol{i}||\boldsymbol{i}|\sin 0° = 1 \cdot 1 \cdot 0 = 0$, $\boldsymbol{j} \times \boldsymbol{j} = |\boldsymbol{j}||\boldsymbol{j}|\sin 0° = 1 \cdot 1 \cdot 0 = 0$,
$\boldsymbol{k} \times \boldsymbol{k} = |\boldsymbol{k}||\boldsymbol{k}|\sin 0° = 1 \cdot 1 \cdot 0 = 0$

정답 ①

2. 다음 중에서 벡터의 계산이 옳지 않은 것은?

① $\boldsymbol{i} \cdot \boldsymbol{i} = \boldsymbol{j} \cdot \boldsymbol{j} = \boldsymbol{k} \cdot \boldsymbol{k} = 1$ ② $\boldsymbol{i} \cdot \boldsymbol{j} = \boldsymbol{j} \cdot \boldsymbol{k} = \boldsymbol{k} \cdot \boldsymbol{i} = 0$

③ $\boldsymbol{i} \times \boldsymbol{i} = \boldsymbol{j} \times \boldsymbol{j} = \boldsymbol{k} \times \boldsymbol{k} = 1$ ④ $|\boldsymbol{A} \times \boldsymbol{B}| = AB\sin\theta$

☞ $\boldsymbol{i} \cdot \boldsymbol{i} = \boldsymbol{j} \cdot \boldsymbol{j} = \boldsymbol{k} \cdot \boldsymbol{k} = 1$

☞ $\boldsymbol{i} \cdot \boldsymbol{j} = \boldsymbol{j} \cdot \boldsymbol{k} = \boldsymbol{k} \cdot \boldsymbol{i} = \boldsymbol{j} \cdot \boldsymbol{i} = \boldsymbol{j} \cdot \boldsymbol{k} = \boldsymbol{i} \cdot \boldsymbol{k} = 0$

☞ $\boldsymbol{i} \times \boldsymbol{i} = |\boldsymbol{i}||\boldsymbol{i}|\sin 0° = 1 \cdot 1 \cdot 0 = 0$, $\boldsymbol{j} \times \boldsymbol{j} = |\boldsymbol{j}||\boldsymbol{j}|\sin 0° = 1 \cdot 1 \cdot 0 = 0$,
$\boldsymbol{k} \times \boldsymbol{k} = |\boldsymbol{k}||\boldsymbol{k}|\sin 0° = 1 \cdot 1 \cdot 0 = 0$

☞ $\boldsymbol{A} \times \boldsymbol{B} = |\boldsymbol{A} \times \boldsymbol{B}|\boldsymbol{n} = AB\sin\theta\,\boldsymbol{n}$

정답 ③

3. 세 단위 벡터간의 벡터 곱(vector product)과 관계없는 것은?

① $\boldsymbol{i} \times \boldsymbol{j} = -\boldsymbol{j} \times \boldsymbol{i} = \boldsymbol{k}$ ② $\boldsymbol{k} \times \boldsymbol{i} = -\boldsymbol{i} \times \boldsymbol{k} = \boldsymbol{j}$

③ $\boldsymbol{i} \times \boldsymbol{i} = \boldsymbol{j} \times \boldsymbol{j} = \boldsymbol{k} \times \boldsymbol{k} = 0$ ④ $\boldsymbol{i} \times \boldsymbol{j} = 0$

☞ $\boldsymbol{i} \times \boldsymbol{j} = -\boldsymbol{j} \times \boldsymbol{i} = \boldsymbol{k}$

☞ $\boldsymbol{k} \times \boldsymbol{i} = -\boldsymbol{i} \times \boldsymbol{k} = \boldsymbol{j}$

☞ $\boldsymbol{i} \times \boldsymbol{i} = 0$, $\boldsymbol{j} \times \boldsymbol{j} = 0$, $\boldsymbol{k} \times \boldsymbol{k} = 0$

☞ $\boldsymbol{i} \times \boldsymbol{j} = \boldsymbol{k}$

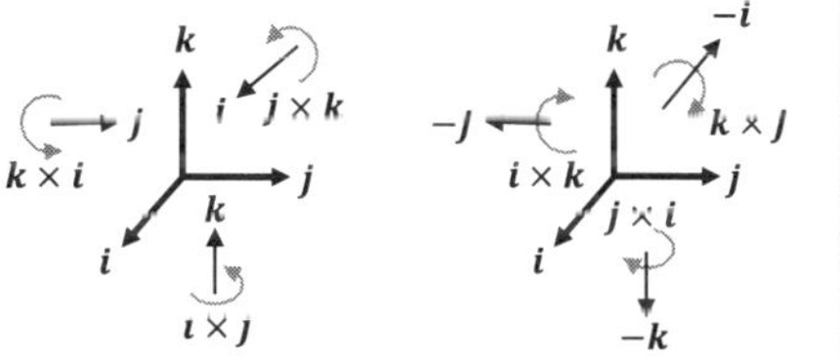

정답 ④

4. 벡터의 미분 연산자 ▽와 벡터 $\boldsymbol{A}$와의 벡터적과 관계없는 것은?

① $curl\boldsymbol{A}$ ② $\nabla \times \boldsymbol{A}$ ③ $div\ \boldsymbol{A}$ ④ $rot\boldsymbol{A}$

☞ $\nabla \cdot \boldsymbol{A} = div\ \boldsymbol{A}$

☞ $rot\boldsymbol{A} = \nabla \times \boldsymbol{A} = curl\boldsymbol{A}$

정답 ③

5. $\boldsymbol{A} = 2i - 5j + 3\boldsymbol{k}$일 때 $\boldsymbol{k} \times \boldsymbol{A}$를 구한 것 중 옳은 것은?

① $-5i + 2j$　② $5i - 2j$　③ $-5i - 2j$　④ $5i + 2j$

☞ $\boldsymbol{k} \times \boldsymbol{A} = \boldsymbol{k} \times (2i - 5j + 3\boldsymbol{k}) = 2(\boldsymbol{k} \times i) - 5(\boldsymbol{k} \times j) + 3(\boldsymbol{k} \times \boldsymbol{k}) = 2j + 5i$ ☞ $\boldsymbol{k} \times i = j$, $\boldsymbol{k} \times j = -i$, $\boldsymbol{k} \times \boldsymbol{k} = 0$	정답 ④

6. 위치 함수로 주어지는 벡터량이 $\boldsymbol{E} = E_x i + E_y j + E_z \boldsymbol{k}$ 나블라($\triangledown$)와의 내적 $\triangledown \cdot \boldsymbol{E}$와 같은 의미를 갖는 것은?

① $\dfrac{\partial E_x}{\partial x} + \dfrac{\partial E_y}{\partial y} + \dfrac{\partial E_z}{\partial z}$　② $\displaystyle\int \frac{\partial}{\partial x} + \int \frac{\partial E_y}{\partial y} + \frac{\partial E_z}{\partial z}\boldsymbol{k}$

③ $\displaystyle\int \frac{\partial E_x}{\partial x} + \int \frac{\partial E_y}{\partial y} + \frac{\partial E_z}{\partial z}\boldsymbol{k}$　④ $\dfrac{\partial E}{\partial x} + \dfrac{\partial E}{\partial y} + \dfrac{\partial E}{\partial z}$

☞ $\triangledown \cdot \boldsymbol{E}$ $= (\dfrac{\partial}{\partial x}i + \dfrac{\partial}{\partial y}j + \dfrac{\partial}{\partial z}\boldsymbol{k}) \cdot (E_x i + E_y j + E_z \boldsymbol{k}) = \dfrac{\partial E_x}{\partial x} + \dfrac{\partial E_y}{\partial y} + \dfrac{\partial E_z}{\partial z}$	정답 ①

7. 평형 사변형의 대각선이 벡터 $\boldsymbol{A} = 4i + 2j - 3\boldsymbol{k}$ 및 $\boldsymbol{B} = -2i + 2j + 3\boldsymbol{k}$로 표시될 때 두 변을 표시하는 벡터는 얼마인가? (단, i, j, $\boldsymbol{k}$는 x, y, z축 방향의 단위 벡터이다.)

☞ 평행 사변형의 두변 벡터는 각각

▶ $\dfrac{\boldsymbol{A}}{2} + \dfrac{\boldsymbol{B}}{2} = (2i + j - \dfrac{3}{2}\boldsymbol{k}) + (-i + j + \dfrac{3}{2}\boldsymbol{k}) = i + 2j$

▶ $\dfrac{\boldsymbol{A}}{2} - \dfrac{\boldsymbol{B}}{2} = (2i + j - \dfrac{3}{2}\boldsymbol{k}) - (-i + j + \dfrac{3}{2}\boldsymbol{k}) = 3i - 3\boldsymbol{k}$

8. 두 벡터 $\boldsymbol{A} = i + 4j + 3\boldsymbol{k}$, $\boldsymbol{B} = 4i + 2j - 4\boldsymbol{k}$는 서로 어떠한 관계가 있는가?

☞ 벡터의 스칼라적: $\boldsymbol{A} \cdot \boldsymbol{B} = |\boldsymbol{A}||\boldsymbol{B}|\cos\theta = AB\cos\theta$에서

$$\boldsymbol{A} \cdot \boldsymbol{B} = |\boldsymbol{A}||\boldsymbol{B}|\cos\theta = AB\cos\theta$$

$$\cos\theta = \frac{\boldsymbol{A} \cdot \boldsymbol{B}}{AB} = \frac{A_xB_x + A_yB_y + A_zB_z}{\sqrt{A_x^2 + A_y^2 + A_z^2}\sqrt{B_x^2 + B_y^2 + B_z^2}}$$

$$= \frac{(1 \times 4) + (4 \times 2) + (3 \times (-4))}{\sqrt{(1)^2 + (4)^2 + (3)^2}\sqrt{(4)^2 + (2)^2 + (-4)^2}}$$

$$= \frac{0}{6\sqrt{26}} = 0$$

$\therefore\ \theta = \cos^{-1}0 = 90°$ (수직관계)

9. 두 벡터 $\boldsymbol{A} = A_x \boldsymbol{i} + 2\boldsymbol{j}$, $\boldsymbol{B} = 3\boldsymbol{i} - 3\boldsymbol{j} - \boldsymbol{k}$가 서로 직교하기 위한 A_x의 값을 구하시오.

☞ 벡터의 스칼라적: $\boldsymbol{A} \cdot \boldsymbol{B} = |\boldsymbol{A}||\boldsymbol{B}|\cos\theta = AB\cos\theta$에서

$\boldsymbol{A} \cdot \boldsymbol{B} = |\boldsymbol{A}||\boldsymbol{B}|\cos\theta = AB\cos\theta$

$\cos\theta = \cos 90^\circ = 0 = \dfrac{\boldsymbol{A} \cdot \boldsymbol{B}}{AB}$

$\therefore\ \boldsymbol{A} \cdot \boldsymbol{B} = 0$

$\therefore\ \boldsymbol{A} \cdot \boldsymbol{B} = 0 = A_xB_x + A_yB_y + A_zB_z = A_x \times 3 + 2 \times (-3) + 0 \times (-1) = 3A_x - 6$

$\therefore 3A_x = 6\ \ \therefore A_x = 2$

10. 두 벡터 $\boldsymbol{A} = 2\boldsymbol{i} + 4\boldsymbol{j}$, $\boldsymbol{B} = 6\boldsymbol{j} - 4\boldsymbol{k}$가 이루는 각도는 얼마인가?

☞ 벡터의 스칼라적

$\boldsymbol{A} \cdot \boldsymbol{B} = A_xB_x + A_yB_y + A_zB_z = 2 \times 0 + 4 \times 6 + 0 \times (-4) = 24$

$|\boldsymbol{A}| = A = \sqrt{2^2 + 4^2} = \sqrt{20}$, $|\boldsymbol{B}| = B = \sqrt{6^2 + (-4)^2} = \sqrt{52}$

$\cos\theta = \dfrac{\boldsymbol{A} \cdot \boldsymbol{B}}{AB} = \dfrac{24}{\sqrt{20} \times \sqrt{52}} = 0.744$

$\therefore\ \theta = \cos^{-1} 0.744 = 41.92^\circ$

11. 임의의 점에서 전계가 $\boldsymbol{E} = E_x \boldsymbol{i} + E_y \boldsymbol{j} + E_z \boldsymbol{k}$ 일 때, $\dfrac{\partial E_x}{\partial x} + \dfrac{\partial E_y}{\partial y} + \dfrac{\partial E_z}{\partial z}$ 로 표시되면 이는 무엇을 나타내는 것인가?

☞ $\nabla \cdot \boldsymbol{E} = (\dfrac{\partial}{\partial x}\boldsymbol{i} + \dfrac{\partial}{\partial y}\boldsymbol{j} + \dfrac{\partial}{\partial z}\boldsymbol{k}) \cdot (E_x\boldsymbol{i} + E_y\boldsymbol{j} + E_z\boldsymbol{k}) = \dfrac{\partial E_x}{\partial x} + \dfrac{\partial E_y}{\partial y} + \dfrac{\partial E_z}{\partial z}$

☞ 벡터의 발산 정리: $\nabla \cdot \boldsymbol{E} = div\ \boldsymbol{E}$

12. 임의의 점에서 전계가 $\boldsymbol{E} = E_x \boldsymbol{i} + E_y \boldsymbol{j} + E_z \boldsymbol{k}$ 일 때, $\nabla \cdot \boldsymbol{E} = div\ \boldsymbol{E}$를 표현 수식을 나타내시오

☞ 벡터의 발산 정리:

$$\nabla \cdot \boldsymbol{E} = (\frac{\partial}{\partial x}\boldsymbol{i} + \frac{\partial}{\partial y}\boldsymbol{j} + \frac{\partial}{\partial z}\boldsymbol{k}) \cdot (E_x\boldsymbol{i} + E_y\boldsymbol{j} + E_z\boldsymbol{k})$$
$$= \frac{\partial E_x}{\partial x} + \frac{\partial E_y}{\partial y} + \frac{\partial E_z}{\partial z}$$

$\nabla \cdot \boldsymbol{E} = div\ \boldsymbol{E}$

13. $f = x^2 + y^2 + z^2$일 때 $\nabla \times \nabla f$의 값을 구하시오.

☞ $\nabla \times \nabla f = rot(grad f) = \begin{vmatrix} \boldsymbol{i} & \boldsymbol{j} & \boldsymbol{k} \\ \frac{\partial}{\partial x} & \frac{\partial}{\partial y} & \frac{\partial}{\partial z} \\ \frac{\partial f}{\partial x} & \frac{\partial f}{\partial y} & \frac{\partial f}{\partial z} \end{vmatrix} = \begin{vmatrix} \boldsymbol{i} & \boldsymbol{j} & \boldsymbol{k} \\ \frac{\partial}{\partial x} & \frac{\partial}{\partial y} & \frac{\partial}{\partial z} \\ 2x & 2y & 2z \end{vmatrix} = 0$

☞ 스칼라값(상수)은 회전하지 못한다.

14. $f = xyz$, $\boldsymbol{A} = x\boldsymbol{i} + y\boldsymbol{j} + z\boldsymbol{k}$일 때 점 $(1, 1, 1)$에서의 $\nabla \cdot f\boldsymbol{A} = div\ (f\boldsymbol{A})$를 구하시오.

☞ 벡터공식: $\nabla \cdot f\boldsymbol{A} = div\ (f\boldsymbol{A}) = \nabla \cdot (fA_x\boldsymbol{i} + fA_y\boldsymbol{j} + fA_z\boldsymbol{k}) = \boldsymbol{A}\ grad f + f\ div \boldsymbol{A}$에서

☞ $\boldsymbol{A} \cdot grad f = (x\boldsymbol{i} + y\boldsymbol{j} + z\boldsymbol{k}) \cdot \left\{\boldsymbol{i}\frac{\partial(xyz)}{\partial x} + \boldsymbol{j}\frac{\partial(xyz)}{\partial y} + \boldsymbol{k}\frac{\partial(xyz)}{\partial z}\right\} = xyz + xyz + xyz = 3xyz$

$\rightarrow [\boldsymbol{A} \cdot grad f]_{x=1, y=1, z=1} = 3$

☞ $f div \boldsymbol{A} = xyz \nabla \cdot \boldsymbol{A} = xyz\left(\boldsymbol{i}\frac{\partial}{\partial x} + \boldsymbol{j}\frac{\partial}{\partial y} + \boldsymbol{k}\frac{\partial}{\partial z}\right) \cdot (x\boldsymbol{i} + y\boldsymbol{j} + z\boldsymbol{k})$

$= xyz\left(\frac{\partial x}{\partial x} + \frac{\partial y}{\partial y} + \frac{\partial z}{\partial z}\right) = 3xyz$

☞ 각 값을 대입하면 $[f div \boldsymbol{A}]_{x=1, y=1, z=1} = 3$이므로

$\therefore [div(f\boldsymbol{A})]_{x=1, y=1, z=1} = 3 + 3 = 6$

15. 전류 분포가 벡터 자기 포텐셜 $\boldsymbol{H} = 2yz^2\boldsymbol{i} + y^2x\boldsymbol{j} + 4xyz\boldsymbol{k}$ $[Wb/m]$를 발생시킬 때, 점(-1, 2, 5)에서 자속밀도 $\boldsymbol{B}$ $[T]$는?

☞ 벡터의 회전에서

$\boldsymbol{B} = \nabla \times \boldsymbol{H} = rot \boldsymbol{H}$

$= (\frac{\partial}{\partial x}\boldsymbol{i} + \frac{\partial}{\partial y}\boldsymbol{j} + \frac{\partial}{\partial z}\boldsymbol{k}) \times (H_x\boldsymbol{i} + H_y\boldsymbol{j} + H_z\boldsymbol{k})$

$= (\frac{\partial H_z}{\partial y} - \frac{\partial H_y}{\partial z})\boldsymbol{i} + (\frac{\partial H_x}{\partial z} - \frac{\partial H_z}{\partial x})\boldsymbol{j} + (\frac{\partial H_y}{\partial x} - \frac{\partial H_x}{\partial y})\boldsymbol{k}$

$= \begin{vmatrix} \boldsymbol{i} & \boldsymbol{j} & \boldsymbol{k} \\ \frac{\partial}{\partial x} & \frac{\partial}{\partial y} & \frac{\partial}{\partial z} \\ H_x & H_y & H_z \end{vmatrix}$

$= \begin{vmatrix} \boldsymbol{i} & \boldsymbol{j} & \boldsymbol{k} \\ \frac{\partial}{\partial x} & \frac{\partial}{\partial y} & \frac{\partial}{\partial z} \\ 2yz^2 & y^2x & 4xyz \end{vmatrix} = (\frac{\partial(4xyz)}{\partial y} - \frac{\partial(y^2x)}{\partial z})\boldsymbol{i} + (\frac{\partial(2yz^2)}{\partial z} - \frac{\partial(4xyz)}{\partial x})\boldsymbol{j} + (\frac{\partial(y^2x)}{\partial x} - \frac{\partial(2yz^2)}{\partial y})\boldsymbol{k}$

$= (4xz - 0)\boldsymbol{i} + (4yz - 4yz)\boldsymbol{j} + (y^2 - 2z^2)\boldsymbol{k}$

$= 4xz\boldsymbol{i} + (y^2 - 2z^2)\boldsymbol{k}$

$\therefore 4 \times (-1) \times (5)\boldsymbol{i} + (2^2 - 2 \times 5^2)\boldsymbol{k} = -20\boldsymbol{i} - 46j$

16. $\nabla^2\left(\frac{1}{r}\right)$의 값은 얼마인지 구하시오. (단, $r=\sqrt{x^2+y^2+z^2}$ 이다.)

☞ 여기서 x, y, z는 임의의 스칼라 값이므로

$$\nabla^2\left(\frac{1}{r}\right)=\frac{\partial^2\left(\frac{1}{r}\right)}{\partial x^2}+\frac{\partial^2\left(\frac{1}{r}\right)}{\partial y^2}+\frac{\partial^2\left(\frac{1}{r}\right)}{\partial z^2}$$ 에서

☞ x의 2차 편미분을 구하면 다음과 같다.

$$\frac{\partial^2\left(\frac{1}{r}\right)}{\partial x^2}=\frac{\partial}{\partial x}\left(\frac{(x^2+y^2+z^2)^{-\frac{1}{2}}}{\partial x}\right)=\frac{\partial}{\partial x}\left(-\frac{1}{2}(x^2+y^2+z^2)^{-\frac{3}{2}}\cdot 2x\right)$$

$$=\frac{\partial}{\partial x}\left(-(x^2+y^2+z^2)^{-\frac{3}{2}}\cdot x\right)=-(x^2+y^2+z^2)^{-\frac{3}{2}}-\left(-\frac{3}{2}x(x^2+y^2+z^2)^{-\frac{5}{2}}\cdot 2x\right)$$

$$=-(x^2+y^2+z^2)^{-\frac{3}{2}}+3x^2(x^2+y^2+z^2)^{-\frac{5}{2}}$$

☞ y의 2차 편미분을 x의 2차 편미분형태로 구하면 다음과 같다.

$$\frac{\partial^2\left(\frac{1}{r}\right)}{\partial y^2}=-(x^2+y^2+z^2)^{-\frac{3}{2}}+3y^2(x^2+y^2+z^2)^{-\frac{5}{2}}$$

☞ z의 2차 편미분을 x의 2차 편미분형태로 구하면 다음과 같다.

$$\frac{\partial^2\left(\frac{1}{r}\right)}{\partial z^2}=-(x^2+y^2+z^2)^{-\frac{3}{2}}+3z^2(x^2+y^2+z^2)^{-\frac{5}{2}}$$

☞ 결과를 모두 더하면

앞부분: $-3(x^2+y^2+z^2)^{-\frac{3}{2}}$

뒤부분: $3x^2(x^2+y^2+z^2)^{-\frac{5}{2}}+3y^2(x^2+y^2+z^2)^{-\frac{5}{2}}+3z^2(x^2+y^2+z^2)^{-\frac{5}{2}}$

$-3(x^2+y^2+z^2)(x^2+y^2+z^2)^{-\frac{5}{2}}-3(x^2+y^2+z^2)^{-\frac{3}{2}}$

$$\therefore \nabla^2\left(\frac{1}{r}\right)=-3(x^2+y^2+z^2)^{-\frac{3}{2}}+3(x^2+y^2+z^2)^{-\frac{3}{2}}=0$$

17. 전위함수가 $V=x^2+y^2\,[V]$인 자유 공간 내에서 전하밀도 $\rho\,[C/m^2]$의 값은?

☞ 포아송 방정식에 의하여

$$\nabla^2 V=-\frac{\rho}{\epsilon_0},\quad \nabla\cdot\nabla=\nabla^2=\frac{\partial^2}{\partial x^2}+\frac{\partial^2}{\partial y^2}+\frac{\partial^2}{\partial z^2}$$

$$\nabla^2 V=\frac{\partial^2}{\partial x^2}(x^2+y^2)+\frac{\partial^2}{\partial y^2}(x^2+y^2)=2+2=4=-\frac{\rho}{\varepsilon_0}$$

$$\therefore \rho=-4\epsilon_0=-4\times 8.854\times 10^{-12}=-3.54\times 10^{-11}$$

18. 전위분포가 $V=2x^2+3y^2+z^2[V]$일 경우, 공간의 전하밀도 $\rho[C/m^3]$의 값은?

☞ 포아송 방정식에 의하여

$$\nabla^2 V = -\frac{\rho}{\epsilon_0},\ \nabla \cdot \nabla = \nabla^2 = \frac{\partial^2}{\partial x^2}+\frac{\partial^2}{\partial y^2}+\frac{\partial^2}{\partial z^2}$$

$$\nabla^2 V = \frac{\partial^2}{\partial x^2}(2x^2+3y^2+z^2)+\frac{\partial^2}{\partial y^2}(2x^2+3y^2+z^2)++\frac{\partial^2}{\partial z^2}(2x^2+3y^2+z^2) = 4+6+2 = 12$$

$\therefore 12 = -\frac{\rho}{\epsilon_0}$ $\therefore$ 체적전하밀도 $\rho = -12\epsilon_0$

☞ $\frac{\partial^2}{\partial x^2}(2x^2+3y^2+z^2) \rightarrow (4x)' \rightarrow 4,\quad \frac{\partial^2}{\partial y^2}(2x^2+3y^2+z^2) \rightarrow (6y)' \rightarrow 6$

$\frac{\partial^2}{\partial z^2}(2x^2+3y^2+z^2) \rightarrow (2z)' \rightarrow 2$

19. V를 임의의 스칼라라 할 때 $grad\,V$에 대한 직각 좌표에 있어서의 표현이 올바른 것은?

① $\frac{\partial V}{\partial x}+\frac{\partial V}{\partial y}+\frac{\partial V}{\partial z}$
② $\boldsymbol{i}\frac{\partial V}{\partial x}+\boldsymbol{j}\frac{\partial V}{\partial y}+\boldsymbol{k}\frac{\partial V}{\partial z}$

③ $\frac{\partial^2 V}{\partial x^2}+\frac{\partial^2 V}{\partial y^2}+\frac{\partial^2 V}{\partial z^2}$
④ $\boldsymbol{i}\frac{\partial^2 V}{\partial x^2}+\boldsymbol{j}\frac{\partial^2 V}{\partial y^2}+\boldsymbol{k}\frac{\partial^2 V}{\partial z^2}$

☞ $grad\,V = \nabla V = (\boldsymbol{i}\frac{\partial}{\partial x}+\boldsymbol{j}\frac{\partial}{\partial y}+\boldsymbol{k}\frac{\partial}{\partial z})V = \boldsymbol{i}\frac{\partial V}{\partial x}+\boldsymbol{j}\frac{\partial V}{\partial y}+\boldsymbol{k}\frac{\partial V}{\partial z}$

☞ $div\,A = \nabla \cdot A = (\boldsymbol{i}\frac{\partial}{\partial x}+\boldsymbol{j}\frac{\partial}{\partial y}+\boldsymbol{k}\frac{\partial}{\partial z}) \cdot (\boldsymbol{i}A_x+\boldsymbol{j}A_y+\boldsymbol{k}A_z)$

$= \frac{\partial A_x}{\partial x}+\frac{\partial A_y}{\partial y}+\frac{\partial A_z}{\partial z}$

☞ $rot\boldsymbol{A} = \nabla \times \boldsymbol{A} = \begin{vmatrix} \boldsymbol{i} & \boldsymbol{j} & \boldsymbol{k} \\ \frac{\partial}{\partial x} & \frac{\partial}{\partial y} & \frac{\partial}{\partial z} \\ A_x & A_y & A_z \end{vmatrix} = \boldsymbol{i}(\frac{\partial A_x}{\partial y}-\frac{\partial A_y}{\partial z})+\boldsymbol{j}(\frac{\partial A_x}{\partial z}-\frac{\partial A_z}{\partial x})$

$+\boldsymbol{k}(\frac{\partial A_y}{\partial x}-\frac{\partial A_x}{\partial y})$

☞ $\nabla^2 V = \frac{\partial^2 V}{\partial x^2}+\frac{\partial^2 V}{\partial y^2}+\frac{\partial^2 V}{\partial z^2} = div(grad\,V)$

정답 ②

제2장 진공 중의 정전계

2-1 대전 현상

2.1.1 마찰전기

고대 그리스인들은 송진이 화석화된 호박을 명주나 모피로 마찰하게 되면 작은 실 조각을 잡아당기는 현상을 발견하였다. 이와 같이 두 가지의 서로 다른 종류의 물체를 서로 마찰하게 되면, 마찰된 물체는 주위의 가벼운 물체를 잡아당기는 힘이 발생하게 된다. 이와 같이 이종의 물체가 마찰에 의하여 발생하는 전기를 마찰전기(triboelectricity)라 한다. 이때 물체가 전기를 띠는 현상을 대전(electrification)이라 하며, 대전된 물체가 갖는 전기량을 전하(electric charge)라고 한다. 전하는 +전하를 띠는 정전하와 −전하를 띠는 부전하의 두 가지로 나눌 수 있다.

정전하와 부전하 사이에는 상호간에 힘이 발생한다. 일반적으로 동종 전하 사이에는 반발력이 작용하며, 이종 전하 사이에서는 흡인력이 작용한다. 마찰전기에 의하여 물체가 대전되는 이유는 중성인 두 가지 물체가 마찰에 의한 에너지를 받아 두 가지 물체 중에서 한 물체 내부의 전자가 에너지를 받아 자유롭게 이동할 수 있기 때문이다. 전자 이동에 의하여 전자를 받은 물체는 부전하로 대전되며, 전자를 잃은 물체는 정전하로 대전되기 때문이다. 아래 그림 2-1은 마찰전기에 대한 개념을 나타낸 것이다.

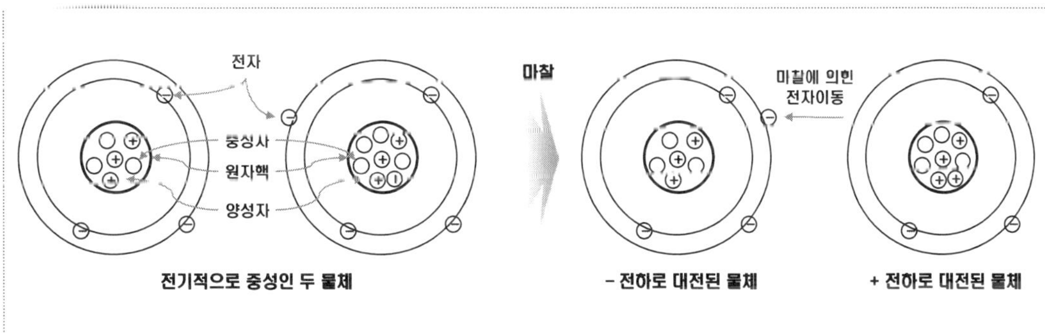

그림 2-1 마찰전기에 의한 전자의 이동(대전 현상)

패러디는 두 가지의 물질을 서로 마찰하였을 때, 그 물체에 전자가 이동하여 대전되는 상태를 물체의 대전서열로 나타내었으며, 이를 패러디의 정전서열이라 한다. 이와 같이 마찰에 의하여 상대적으로 전자가 이동할 수 있는 정도를 나타낸 것이 아래의 마찰 전기계열(tribo-electricity series)이라고도 한다.

(+ 대전) 모피-유리-운모-비단-무명-목재-호박-수지-금속-유황-고무-에보나이트 (- 대전)

예로 모피와 호박을 마찰하게 되면, 마찰에 의한 에너지를 받아 모피의 전자가 호박으로 이동하게 되어 모피는 +전하로 대전되고 호박은 모피의 전자를 받아 −전하로 대전된다. 그리고, 호박과 유황을 마찰시키게 되면 마찰에 의한 에너지를 받아 호박의 전자가 유황으로 이동하게 되어 호박은 +전하로 대전되고 유황은 호박의 전자를 받아 −전하로 대전된다. 즉, 왼쪽에 있는 물체는 전자를 잃기 쉬운 물체이고 오른쪽에 있는 물체는 전자를 받기 쉬운 물질임을 나타내고 있다.

2.1.2 물질의 분류

물질을 전기적인 성질에 따라 도체, 반도체 부도체로 분류할 수 있다. 모든 물질들은 원자로 구성되어 있으며, 원자는 양전하와 전하를 띠지 않는 중성자로 구성된 원자핵과 원자핵 주위를 돌고 있는 음전하인 전자로 구성되어 있다. +전하를 띠는 원자핵과 −전하를 가지는 전자 사이에는 흡인력이 작용하여 전자는 원자핵에 구속되어 일정궤도를 돌고 있다. 전자와 원자핵 사이의 흡인력의 차이(에너지 갭)인 전자의 이동 정도에 따라 물체들을 도체, 반도체, 부도체로 분류할 수 있다.

도체(conductor)는 원자핵과 전자의 구속력이 약하여 원자와 원자 사이를 자유롭게 이동할 수 있는 전자인 자유전자(free electron)를 많이 가지고 있는 물질이며, 도선으로 많이 활용하는 구리와 은 등의 금속이 이에 해당된다.

반도체(semiconductor)는 양전하인 정공을 가진 P형 반도체와 음전하인 전자를 가진 N형 반도체로 나눌 수 있으며, P형 반도체의 정공과 N형 반도체의 전자가 약간의 외부 에너지에 의하여 원자와 원자 사이를 자유롭게 이동할 수 있는 물질을 말한다. 반도체로는 4족 반도체인 실리콘(Si)이 가장 많이 사용되며, 실리콘(Si)에 P형 반도체인 붕소(B)와 N형 반도체인 인(P)의 불순물을 확산시켜 사용하고 있다. 이외에 반도체 재료로는 게르마늄(Ge), 3-5족 화합물 반도체인 갈륨비소($GaAs$) 등이 있다.

부도체(nonconductor)는 원자핵과 전자의 구속력이 매우 강하여 외부에서 많은 에너지를 인가하여도 원자와 원자 사이를 자유롭게 이동할 수 있는 전자가 발생하지 않는 물질을 말한다. 이러한 전자를 구속전자 또는 속박전자(bounded electron)라 한다. 공기, 고무, 플라스틱 등이 여기에 해당되며, 절연체(insulator) 또는 유전체(dielectric)라 한다. 물론 원자핵과 전자의 구속력 이상의 외부 에너지를 인가하면 구속전자가 이동하게 되며, 이를 절연파괴라 한다. 자연현상의 대표적인 절연파괴의 예로는 공기인 절연체에 전자가 이동하는 번개 현상이라 할 수 있다.

2.1.3 정전유도

대전되지 않은 도체에 대전된 물체를 근접시키면 그림 2-2와 같이 대전체의 전하에 의하여 반대 전하가 흡인력이 작용하여 잡아 당겨지게 되고, 반대쪽에는 대전체와 같은 전하가 존재하게 되는 현상이 발생한다. 이와 같이 전하가 분리되는 현상을 정전유도(electrostatic induction) 현상이라 한다. +전하로 대전된 대전체를 도체 가까이 가져가면 도체 내에 있는 자유전자는 대전체의 양전하로 부터 인력을 받아 대전체 쪽으로 끌려 대전체 가까운 쪽에는 −전하가 유도되고, 먼 쪽에는 전자를 빼앗겨서 +전하가 유도된다. 도체인 경우에는 도체 내에 많은 자유전자가 존재하여 외부 대전체에 의하여 쉽게 +전하와 −전하로 분리가 이루어진다. 그리고, 대전체를 멀리하게 되면 전자들이 원자핵 궤도로 다시 찾아가서 중성인 도체로 돌아가게 된다.

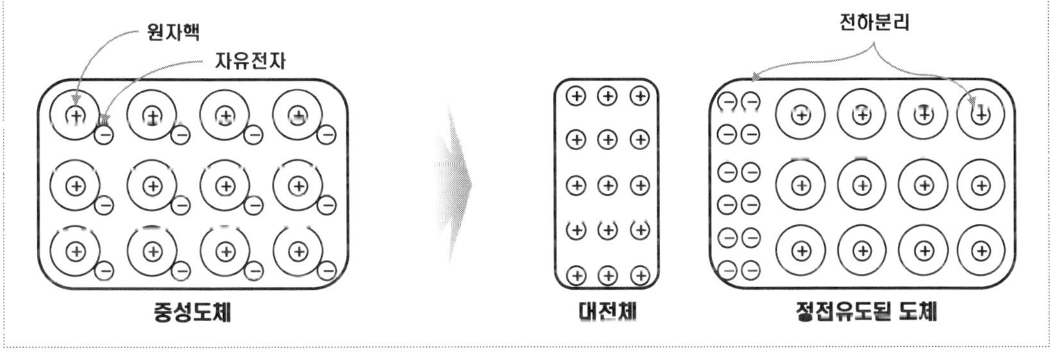

그림 2-2 도체의 정전유도 현상

그러나, 절연체인 경우에는 원자핵과 전자 사이에 작용하는 구속력이 상당히 커서 쉽게 전하분리가 이루어지지 않고 원자핵 주위를 도는 전자의 궤도가 왜곡(구형태의 전자궤도에서 럭비공 형태의 전자궤도)되어 그림 2-3과 같이 전자와 원자핵 사이의 상대적인 변위가 발생하여 물체에서 전하를 띠는 것으로 나타나는 것을 전기분극 또는 유전분극이라 한다.

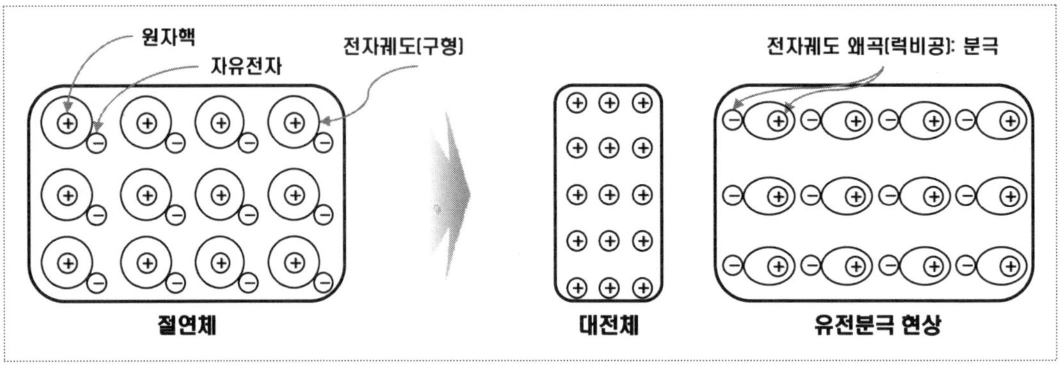

그림 2-3 절연체의 유전분극 현상

2-2 원자의 구조

2.2.1 원자의 발견

그리스 철학자 데모크리토스는 자연의 모든 물질을 쪼개면 더 이상 쪼갤 수 없는 작은 알갱이가 나온다고 말하였다. 그리고 그것을 아톰(atom, 그리스어로 더 이상 쪼갤 수 없다는 뜻)이라고 불렀다. 이후, 영국의 물리학자 J. J. 톰슨은 1897년 전자(electron)를 발견하였으며, 이를 바탕으로 1904년 건포도 푸딩 모형이라는 원자모델을 제창하였다. 건포도 푸딩 모형은 푸딩 같은 원자 내부에 건포도 전자들이 듬성듬성 박혀있는 모형을 말한다.

그의 제자인 러더퍼드는 원자 내부에 핵이 존재한다는 것을 발견하였으며, 아직까지 원자핵이 양성자(proton)로만 이뤄졌다고 생각하였다. 전자와 양성자의 수를 맞춰 원자 자체를 중성으로 만들 수 있었기 때문에 원자핵은 양성자로만 구성되어 있다고 보았으며, 이러한 논리를 바탕으로 그는 전자가 양성자로 이뤄진 원자핵 주위를 도는 새로운 원자모델을 만들어 1911년 5월 7일 맨체스터 철학협회에 발표하였다. 러더퍼드 모델의 결정적인 약점은 맥스웰 전자기 이론에 따르면 원운동 하는 전자는 가속되기 때문에 반드시 전자기파를 내보내야만 한다. 그렇게 되면 전자는 에너지를 잃고 점차 핵으로 빨려 들어가야 한다는 것과 원자의 무게가 양성자의 무게를 모두 합한 것보다 훨씬 무겁다는 사실이다.

1913년 러더퍼드의 제자인 덴마크 출신의 닐스 보어는 원자의 전자궤도에는 안정된 궤도가 존재하여 전자가 이를 도는 한 에너지를 잃지 않고 운동할 수 있으며, 다른 궤도로 옮길 때에만 전자기파를 방출하고 에너지를 잃는다고 설명하였다. 보어는 양자론을 도입함으로써 러더퍼드의 고민을 해결하였고, 전자는 플랑크 상수의 정수배가 되는 안정된 궤도에서만 존재하기 때문에 원자핵으로 빨려 들어가는 일이 없다. 또한 원소들이 왜 저마다 독특한 분광 스펙트럼을 가지는 것도 설명하였다. 러더퍼드의 원자모델은 러더퍼드-보어의 원자모델로 학자들 사이에서 각광을 받았으나, 러더퍼드와 보어의 원자모델은 여전히 원자량의 문제를 해결하지 못하였다.

이후, 1930년 러더퍼드의 지도를 받은 영국의 물리학자 채드윅이 중성자(neutron)를 발견함으로써 원자량에 대한 문제를 해결하였으며, 원자의 질량은 양성자와 중성자의 무게를 합한 것으로 설명되었다. 그림 2-4에 원자모형에 대한 설명을 그림으로 나타내었다.

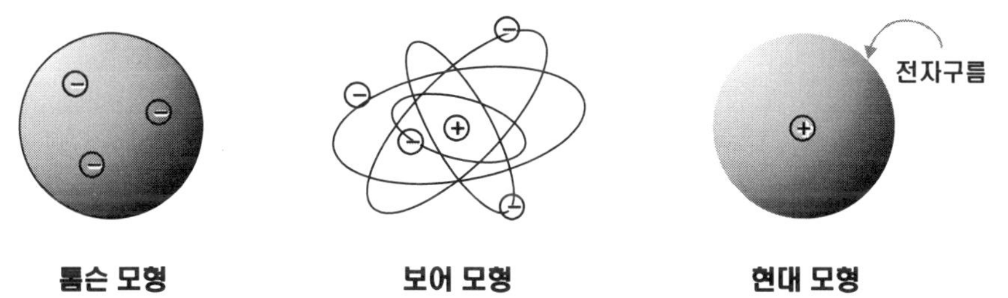

그림 2-4 다양한 원자 모형

아래는 상기의 원자모형에 대한 내용을 요약 정리한 것이다.

- 돌턴의 원자모형: 단단하고 쪼갤 수 없는 공 모양의 입자
- 톰슨의 원자모형: 구형으로 전자들이 양전하 속에 묻혀 전체적으로 중성인 입자
- 러더퍼드의 원자모형: 원자 중심에 (+)전하를 띤 원자핵이 있고 그 주위에 전자들이 핵 주위를 회전
- 보어의 원자모형: 전자가 원자핵을 중심으로 일정한 에너지 준위의 원 궤도(전자껍질)를 따라 회전, 이러한 원자 모형은 수소 원자에는 잘 적용되나 많은 전자를 가진 원자의 적용에는 한계점
- 현대적 원자모형(전자구름 모형): 전자들의 위치와 운동량을 동시에 정확히 측정할 수 없다는 불확정성 원리에 따라 전자의 운동을 수학적으로 해석하여 전자의 에너지와 분포 확률을 점 밀도로 표현

2.2.2 원자의 구조

물질을 구성하는 기본은 원자이며, 전자기학을 공부하는 기본이 되는 것이 원자구조의 이해이다. 원자는 원자핵과 원자핵 주위의 일정궤도를 회전하는 전자로 구성되어 있으며, 원자핵은 +전하를 띠는 양성자(proton)와 전하를 띠지 않는 중성자(neutron)로 구성되어 있다. 그리고, 원자핵 주위를 몇 개의 전자(electron)가 일정궤도를 그리며 회전하고 있다. −전하를 띠는 전자는 크기가 원자핵에 비하여 매우 작지만 전하량은 양성자의 전하량과 동일하다. 아래 그림 2-5는 원자의 구조를 나타낸 것이다.

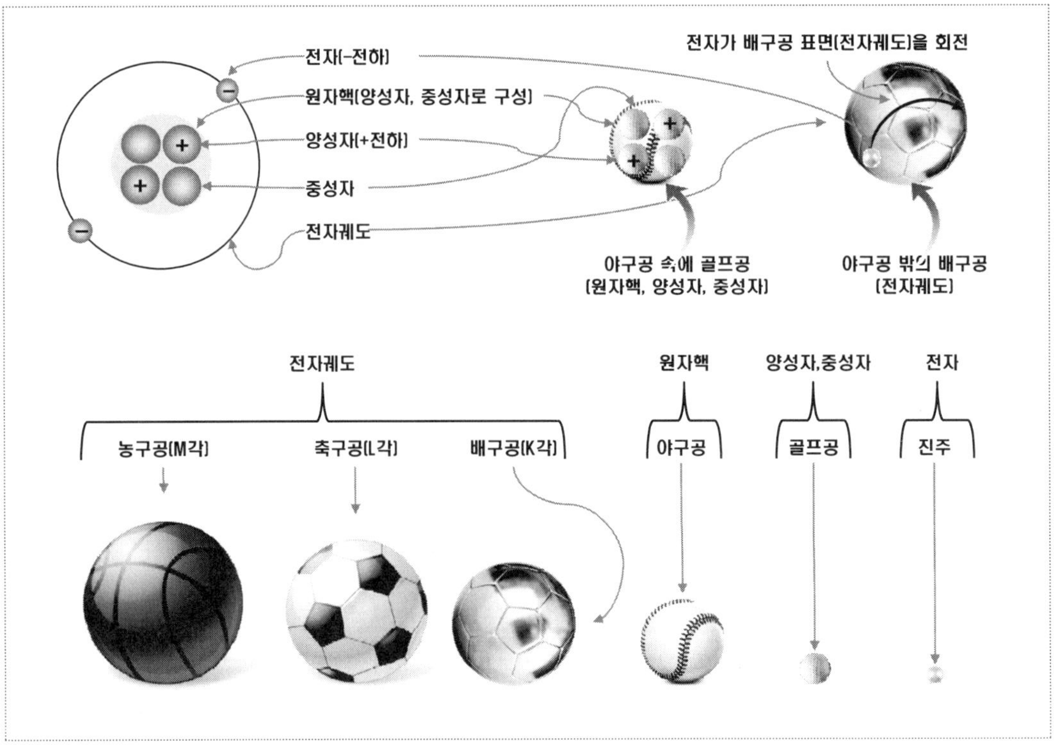

그림 2-5 원자의 구조 예

원자 구조를 쉽게 설명하기 위하여 다양한 공을 이용하였다. 야구공(원자핵) 속에 골프공(양성자, 중성자)이 들어가 있는 구조가 원자핵의 구조이며, 전자궤도는 야구공(원자핵)보다 큰 배구공(전자궤도)이 감싸고 있는 구조이며, 배구공(전자궤도) 표면을 진주(전자)가 회전하고 있는 형태가 기본적인 원자구조이다. 그리고, 배구공(K각)에 전자 2개가 차면 3번째 전자는 배구공(K각)보다 큰 축구공(L각)에 전자가 채워진다. 다음은 앞에서 살펴본 원자모형을 이용하여 원자를 구성하는 물질에 대하여 원자의 구조를 요약하였다.

- 원자는 중심에 원자핵과 주위를 회전하는 전자로 구성되어 있고, 원자핵은 양성자(proton)와 중성자(neutron)로 구성되어 있다. 원자핵의 양성자수는 원자번호, 전자의 수와 동일하다. (예: 수소의 원자번호는 1, 양성자수 1, 전자수 1)
- 양성자: 질량($1.6724\times10^{-27}[kg]$), 전하량($+1.602\times10^{-19}[C]$)
- 중성자: 질량($1.6724\times10^{-27}[kg]$), 전하량(없음)
- 전자: 질량($9.109\times10^{-31}[kg]$), 전하량($-1.602\times10^{-19}[C]$)
- 중성의 원자: 양자수와 전자수가 같아 전체적으로 전하를 가지지 않은 상태의 원자
- 대전된 상태: 열 또는 빛에 의하여 최외각 전자가 원자핵의 인력으로부터 이탈되어 전체적으로 (+)의 전하로 대전, 반대로 전자의 유입인 경우는 (−)의 전하로 대전

다음은 원자모형에 의하여 표시되는 주기율표를 예로 들어 원자번호, 질량수, 중성자수에 대하여 요약하였다.

- 원자번호: 원자핵 속에 있는 양성자수의 수를 원자번호라 한다. 현재 양성자수가 1개인 수소부터 양성자수가 103개인 로렌슘(Lr)까지 103종의 원소가 주기율표에 실려 있다.
  원자 번호 = 양성자수 = 전자수
- 질량수: 원자핵을 구성하는 양성자수와 중성자수의 합이며, 원자의 상대적인 질량을 비교할 수 있다.
  질량수 = 양성자수 + 중성자수
- 원자 표시의 예: 질량수가 23이고 원자번호 11번인 나트륨의 원자 표시 $^{23}_{11}Na$
  전자수: 11개, 양성자수: 11개, 중성자수: (23 11=12)개

예제 2.1

▣ 다음 원자모형에 대한 설명 중 잘못된 것은?

① 양성자: 질량($1.6724\times10^{-27}[kg]$), 전하량($+1.602\times10^{-19}[C]$)
② 중성자: 질량($1.6724\times10^{-27}[kg]$), 전하량(없음)
③ 전자: 질량($9.109\times10^{-31}[kg]$), 전하량($-1.602\times10^{-19}[C]$)
④ 중성의 원자: 양자수와 중성자수가 같아 전체적으로 전하를 가지지 않은 상태의 원자

풀이
◉ 중성인 원자는 양성자수와 전자수가 같아야 한다.
☞ ④

예제 2.2	
■ 질량수가 23이고 원자번호가 11인 Na 원자에 대한 설명 중 잘못된 것은? ① 중성자수: 11개 ② 전자수: 11개 ③ 원자이름: 나트륨 ④ 양성자수: 11개	
풀이	◉ 질량수는 양성자수(전자수) + 중성자수이기 때문에 중성자수는 질량수 - 양성자수가 되어 $23-11=12$가 된다. ☞ ①

2.2.3 원자의 전자궤도

물질은 원자(atom)라는 아주 작은 입자로 구성되어 있고, 이 원자는 +전하를 띄는 양성자와 전하가 없는 중성자(원자핵의 질량에 관여) 그리고, −전하를 띄고 있는 전자로 구성되어 있다. 원자의 구조는 양성자와 중성자로 구성된 원자핵을 중심으로 전자들이 일정한 궤도를 돌고 있는 형태이다. 이와 같은 궤도를 전자껍질(주양자수)이라 하며, 전자껍질에는 궤도함수인 오비탈(orbital)이 존재한다. 그리고 전자껍질인 주양자수에 따라 각각 다른 오비탈의 개수를 가진다. 즉, 멀리서 전자껍질을 보면 하나의 선(주양자수)으로 구성되어 있으나, 세부적으로 전자껍질을 보면 여러 개의 띠 형태(오비탈)로 구성되어 있다. 다음은 그림 2-6, 2-7은 원자의 전자궤도에 관한 사항을 요약한 것이다.

- ■ 전자껍질: 핵 주위에 불연속적인 에너지 준위의 원 궤도가 존재하고, 이 전자 궤도를 전자껍질이라 한다. $n=1,2,3,4$에 대응하는 껍질 부호를 각각 K, L, M, N …으로 나타낸다.
- ■ 핵에서 가까운 전자껍질 일수록 에너지가 낮다. ($K<L<M<N$ …)
- ■ 전자가 전자껍질을 바꿀 때는 특정한 에너지를 흡수 또는 방출하며 방출할 때에는 복사선을 낸다.
- ■ 궤도함수(오비탈(orbital)): 어떤 에너지 준위에 있는 전자가 핵 주위에서 발견될 수 있는 확률적 공간 영역(오비탈) 또는 그 공간 영역을 나타내는 함수로 궤도 함수라고도 한다.
- ■ 오비탈의 종류: s, p, d, f, g 등이 있으며, 주양자수가 n인 전자껍질에는 n가지 종류의 오비탈이 존재한다.
- ■ 오비탈의 수: s 오비탈은 1개, p 오비탈은 3개, d 오비탈은 5개, f 오비탈은 7개의 동등한 에너지의 세분된 오비탈로 나누어진다. 그리고 각 세분된 오비탈에는 최대로 전자가 2개(파울리의 배타원리)씩 포함될 수 있다.

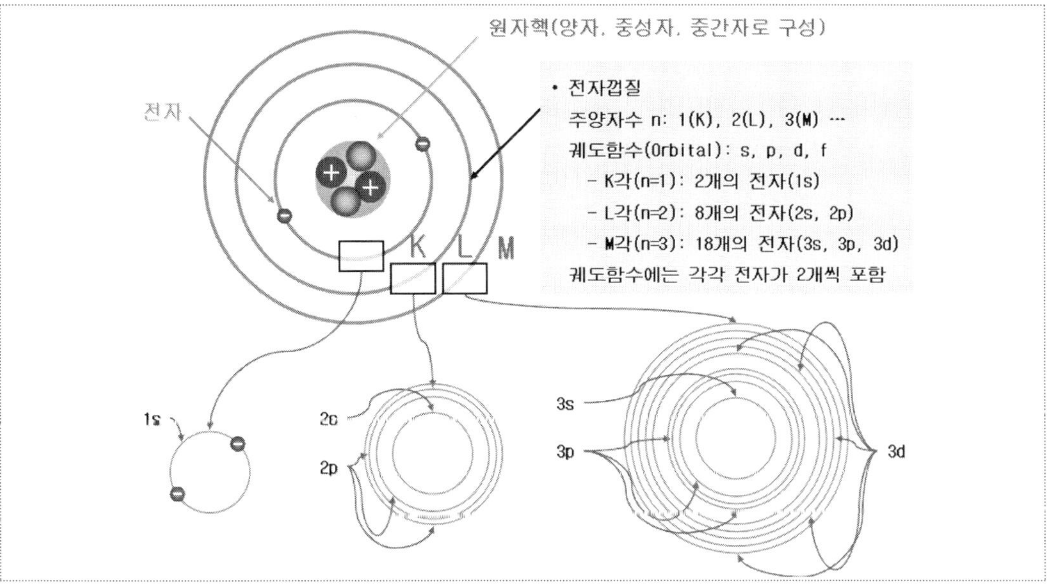

그림 2-6 원자의 전자궤도

전자껍질	K(n=1)	L(n=2)	M(n=3)	N(n=4)
오비탈종류(전자부껍질)	1s	2s 2p	3s 3p 3d	4s 4p 4d 4f
오비탈의 수	1	1 3	1 3 5	1 3 5 7
오비탈의 총수(n^2)	1	1+3=4	1+3+5=9	1+3+5+7=16
수용 전자수	2	2 6	2 6 10	2 6 10 14
전자껍질 당 최대전자수	2	2+6=8	2+6+10=18	2+6+10+14=32

그림 2-7 원자의 전자궤도 요약

각 전자궤도는 일정한 수의 전자들이 채워져 있으며, 궤도 중에서 가장 바깥쪽 궤도를 돌고 있는 전자를 최외각 전자라 하며, 최외각 전자가 8개로 모두 채워질 경우, 화학적으로 안정한 상태가 된다. 최외각 전자의 수가 같은 원자들은 물리적, 화학적으로 유사한 성질을 나타낸다. 이와 같이 최외각 전자의 개수에 따라 원자를 분류한 표를 원소의 주기율표라 한다. 그림 2-8에 원소의 주기율표를 나타내었다.

구리와 같은 도전체는 최외각 전자가 1개이며, 부도체인 경우 대부분의 원자들의 최외각 전자는 8개로 전부 채워져 안정한 상태로 되어 있다.

같은 주기에서 원자번호가 증가하면, 원자의 크기는 감소한다. 이것은 원자번호의 증가로 양성자 수가 증가하게 되고, 양성자수의 증가는 전자껍질이 받는 인력을 증가시키게 되어 결국, 전자껍질이 원자핵 가까이 끌려가게 되어 원자의 크기가 감소하게 된다. 같은 족에서 원자번호가 증가하면, 원자의 크기는 증가한다. 전자 궤도는 주기가 하나 증가할 때마다 주양자수(n)가 하나씩 증가하게 되고 따라서, 전자껍질이 증가하게 되어 원자의 크기는 증가한다.

	1족	2족	3족	4족	5족	6족	7족	8족	9족	10족	11족	12족	13족	14족	15족	16족	17족	18족
1주기	H																	He
2주기	Li	Be											B	C	N	O	F	Ne
3주기	Na	Mg											Al	Si	P	S	Cl	Ar
4주기	K	Ca	Sc	Ti	V	Cr	Mn	Fe	Co	Ni	Cu	Zn	Ga	Ge	As	Se	Br	Kr
5주기	Rb	Sr	Y	Zr	Nb	Mo	Tc	Ru	Rh	Pd	Ag	Cd	In	Sn	Sb	Te	I	Xe
6주기	Cs	Ba	*La	Hf	Ta	W	Re	Os	Ir	Pt	Au	Hg	Tl	Pb	Bi	Po	At	Rn
7주기	Fr	Ra	*Ac	Rf	Db	Sg	Bh	Hs	Mt	Uun	Uuu	Uub	Uut	Uuq	Uup	Uuh	Uus	Uuo

란탄계열	*La	Ce	Pr	Nd	Pm	Sm	Eu	Gd	Tb	Dy	Ho	Er	Tm	Yb	Lu
악티늄계열	*Ac	Th	Pa	U	Np	Pu	Am	Cm	Bk	Cf	Es	Fm	Md	No	Lr

전형원소
전이원소
금속
준금속
비금속
양쪽성원소
원자번호 104~118

■ 준금속: 금속과 비금속의 구분이 명확하지 않으며, 위치상으로는 금속과 비금속의 경계에 위치한다. 금속과 비금속의 성질을 모두 가지고 있음

■ 양쪽성 원소: 위치상으로는 전이원소와 비금속 원소 사이에 위치하며, 산과도 염기와도 모두 반응하여 수소 기체를 발생시킨다. 산화물, 수산화물은 양쪽성이 있어 산과도 염기와도 반응하여 염과 물을 생성

그림 2-8 원소의 주기율표

전자가 외부에서 에너지를 받아 전자껍질 사이를 이동하거나 궤도함수 사이를 이동할 경우, 주양자수(n)가 적은 껍질에서 주양자수가 큰 껍질로 이동을 하면 에너지를 흡수하게 되고, 이때는 들뜬 상태(여기 상태)가 된다. 반대로 주양자수가 큰 껍질에서 주양자수가 적은 껍질로 전자가 이동을 하게 되면 에너지를 방출하고 안정한 상태(기저 상태)가 된다. 이러한 경우는 모두 원자의 껍질 내에서 전자가 이동하는 것이기 때문에 이온화 과정과는 다른 문제이다. 양이온이 된다는 것은 최외각 전자를 원자에서 완전히 제거해야 한다. 이때 흡수하는 에너지는 껍질 사이를 이동하는 데 필요한 에너지보다 더 큰 에너지를 필요로 한다. 이 에너지가 바로 이온화 에너지이다.

그림 2-9는 원자의 에너지 밴드를 나타낸 것이다. 그림에서 실리콘은 원자번호 14번인 4족 원소로서 최외각 전자(가전자대, valence band))가 4개이다. 이들 4개의 전자는 실리콘의 물리적, 화학적 성질에 직접 영향을 미치며 이웃 원자와 공유결합(covalent bonds)을 형성한

다. 외부에서 에너지(열 또는 전계)를 가하면 에너지의 영향을 받아 공유결합이 깨어지면서, 더 높은 에너지 준위로 이동(여기 상태, 전도대(conduction band))하게 된다. 그리고, 완전히 원자핵의 구속력에서 벗어나 자유롭게 격자 사이를 이동할 수 있는 자유전자(free electron)가 된다. 최외각 전지에서 자유전자로 빠져나간 자리는 정공(hole)으로 구성되며, 외부에서 전자를 받을 수 있기 때문에 전기 전도에 기여한다.

또한, 실리콘 원자가 다수 존재하는 결정 구조에서는 원자 상호간에 작용하는 전기적인 힘에 의하여 전자궤도가 변형되어 높이(에너지 준위)가 다른 수많은 궤도로 이루어진 궤도 폭의 에너지 밴드(energy band)가 형성된다.

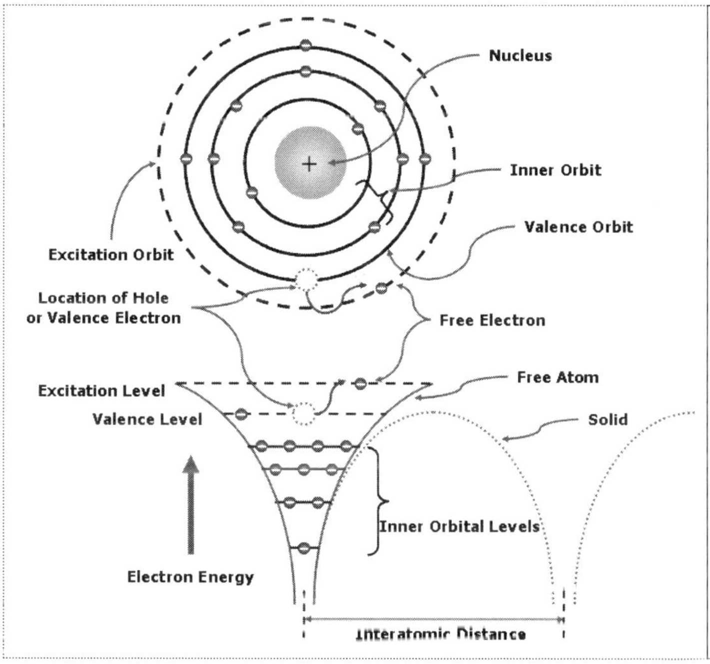

■ 원자의 에너지 밴드
☞ 전도대: conduction band, excitation level
☞ 가전자대: valence band, valence level
☞ 자유전자: free electron

그림 2-9 원자의 에너지 밴드

예제 2.3

▣ 원자번호가 15인 원소의 가전자 수는 얼마인가?

① 8개　② 2개　③ 5개　④ 10개

풀이 ◉ K각에 전자 2개, L각에 전자 8개, M각에 전자 5개로 최외각전자수는 5개이다.
☞ ③

예제 2.4

■ 다음 설명 중 잘못된 것은?

① 원자핵은 양성자, 중성자, 중간자로 구성

② 원자의 양성자수와 전자수는 같다.

③ 원자의 질량수는 양성자수 + 중성자수

④ 각 궤도에 전자가 모두 채워질 경우 화학적으로 불안정

풀이

◉ 각 전자 궤도에 전자가 모두 채워지게 되면 화학적으로 안정한 상태가 된다.

☞ ④

예제 2.5

■ 다음 설명 중에서 틀린 것은?

① 중성자는 전하량이 없다.

② He은 전자수가 2개이다.

③ 양성자와 전자의 전하량의 크기는 같다.

④ 이종 전하간(+전하와 -전하)에는 반발력이 작용

풀이

◉ 이종 전하간에는 흡인력, 동종 전하간에는 반발력이 작용한다.

☞ ④

예제 2.6

■ 다음 원자궤도에 대한 설명 중 잘못된 것은?

① 전자껍질: 핵 주위에 불연속적인 에너지 준위의 원 궤도가 존재하고, 이 전자 궤도를 전자껍질이라 한다

② 핵에서 가까운 전자껍질 일수록 에너지가 높다.

③ 전자가 전자껍질을 바꿀 때는 특정한 에너지를 흡수 또는 방출하며 방출할 때에는 복사선을 낸다.

④ 오비탈의 종류: s, p, d, f, g 등이 있으며, 주양자수가 n인 전자껍질에는 n가지 종류의 오비탈이 존재한다.

풀이

◉ 원자핵에서 가까운 전자껍질 일수록 에너지가 낮다. ($K < L < M < N$ ⋯)

☞ ②

예제 2.7

■ 반도체인 실리콘(Si)의 최외각전자는 몇 개인가?

① 2개　　② 3개　　③ 4개　　④ 5개

풀이

◉ 실리콘(Si)의 원자번호는 14번이기 때문에 전자수가 14개이다. K각에 전자 2개, L각에 전자 8개, M각에 전자 4개로 최외각 전자수는 4개이며 공유결합을 이루고 있다.

☞ ③

2.2.4 원자구조의 전자기학 활용

+전하를 띠는 양성자와 전하가 없는 중성자로 이루어진 원자핵 주위를 일정 궤도로 -전하를 가진 전자가 회전운동을 하고 있는 것이 가장 기본적인 원자구조이며, 양성자와 전자의 전하량이 같아 중성을 이루고 있다.

여기에 마찰에너지 또는 전기에너지를 인가하여 일정궤도를 돌고 있는 전자가 이동하여 전자가 하나 줄어들게 되면 +전하로 대전되고, 이동된 전자를 받은 물질은 -전하로 대전된다. 이와 같이 대전에 의하여 발생한 +전하와 -전하가 전자기학의 전계 부분의 기초를 설명하고 있다. 그리고, 동종 전하 및 이종 전하 간에 작용하는 힘을 쿨롱력이라 하고, 이 쿨롱력에 의하여 전계의 세기, 전위 등과 관련된 식을 유도하고 있다.

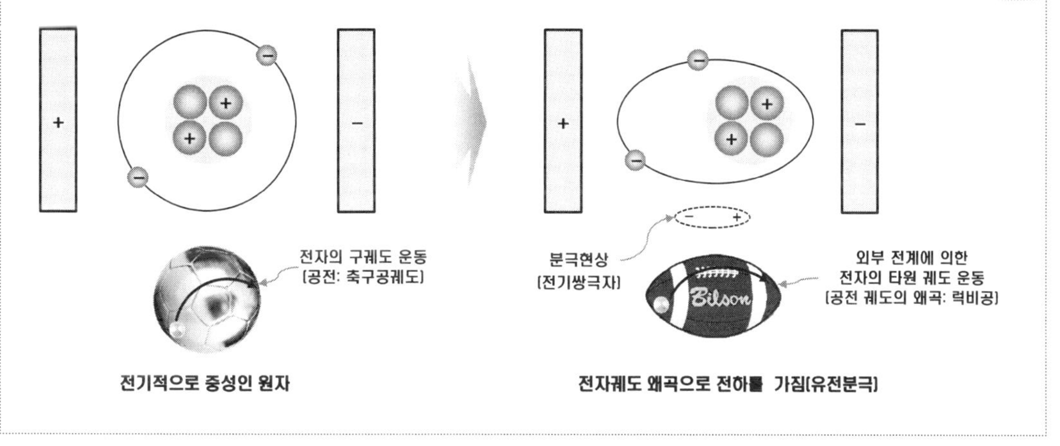

그림 2-10 유전체의 전자궤도 왜곡현상(분극현상)

그림 2-10과 같이 물질 내부의 전자가 외부의 마찰에너지 또는 전기에너지에 의하여 구형의 전자궤도를 돌고 있는 궤도에서 벗어나 공간으로 이동하지 못하고(이를 부도체 또는 유전체라 한다.) 외부의 에너지의 영향을 받아 전자궤도의 왜곡현상이 발생하여 구형(축구공)의 전자궤도가 타원형(럭비공)의 전자궤도로 바뀌게 되어 +전하와 -전하가 변위되어 분리된 것으로 보이는 것을 분극현상이라 한다. 이러한 분극 현상에 의하여 +전하와 -전하가 쿨롱력에 의하여 결합되지 못하고 매우 가깝게 위치하고 있는 것으로 생각할 수 있어 이를 전기쌍극자라 한다.

아래 그림 2-11과 같이 전자는 원자핵 주위를 회전하고 있기 때문에 이러한 전자의 이동은 전류의 흐름(전자이동 방향의 반대 방향)으로 생각할 수 있다.

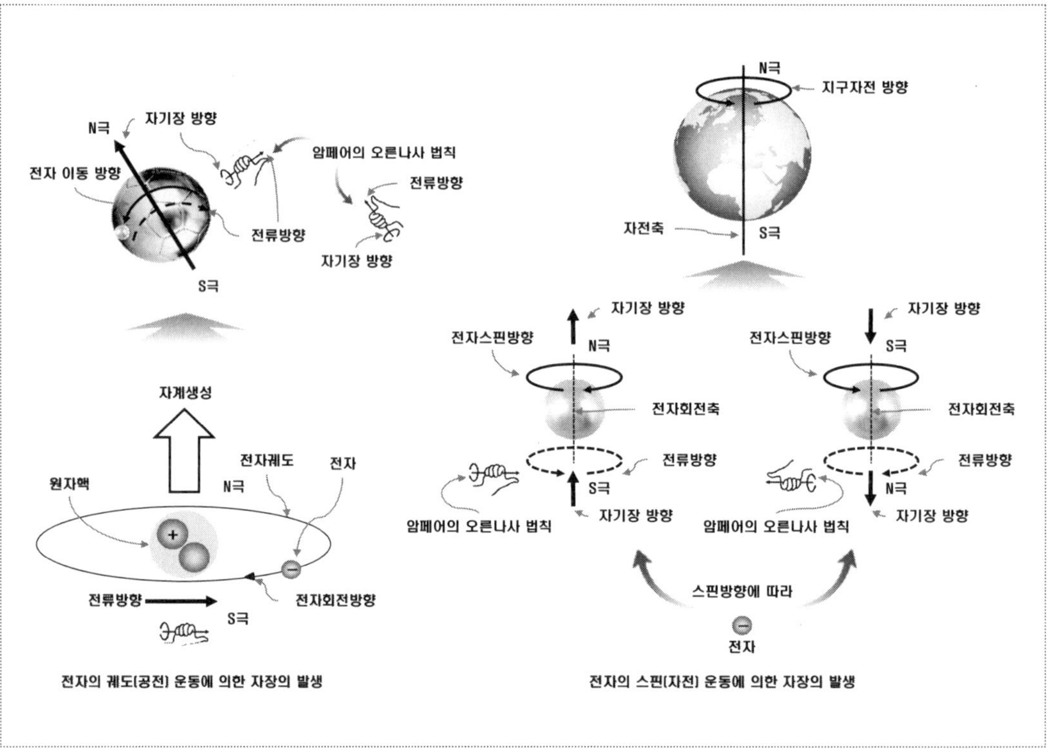

그림 2-11 전자에 의한 자화 원리

즉, 원자핵(야구공) 주위를 일정한 전자궤도(배구공) 표면에서 전자가 회전(공전)하고 있기 때문에 전자의 이동은 전류가 흐른다고 생각할 수 있다. 그리고, 암페어의 오른나사 법칙(향후 자계부분에서 언급)에 의하여 전류(엄지손가락 방향)가 흐르면 주위에 회전하는 자계(나머지 손을 잡는 방향)가 발생하게 되어 자성을 띠게 된다.

또한, 전자는 원자핵 주위를 배구공 표면의 일정궤도로 회전하면서 전자 스스로 회전(스핀 또는 자전)운동을 한다. 따라서, 전자가 회전(스핀 또는 자전)하게 되면 이러한 전자의 회전이 전자의 이동으로 생각할 수 있어 전자의 회전 방향과 반대 방향으로 전류가 흐른다고 생각할 수 있다. 그러므로, 전류의 흐름은 암페어의 오른나사 법칙에 의하여 전류가 흐르면 주위에 회전하는 자계가 발생하게 되어 자성을 띠게 된다. 이것은 지구의 자전운동에 의하여 남극과 북극의 자기장이 형성되는 것과 같다고 볼 수 있다. 이것을 자기 쌍극자 또는 자구라고 하며, N극(+자하), S극(−자하)을 발생시켜 전자기학의 자계 부분의 기초를 설명하고 있다. 그리고, 동종 전하(자하) 및 이종 전하(자하) 간에 작용하는 힘을 쿨롱력이라 하고, 이 쿨롱력에 의하여 전계(자계)의 세기, 전위, 자위 등과 관련된 식을 유도하고 있다.

2-3 쿨롱의 법칙

쿨롱(Charles-Augustin de Coulomb, 1736-1806, 프랑스, 물리학자)은 1785년 전기력을 측정할 민감한 기구를 발명하였고, 두 전하 간에 작용하는 힘은 전하의 곱에 비례하고 거리의 제곱에 반비례한다는 쿨롱의 법칙(Coulomb's law)을 발표하였다. 아래 수식은 쿨롱의 법칙에 대한 관계를 수식으로 표현한 것이다.

$$\boldsymbol{F} = K\frac{Q_1 Q_2}{r^2} r_0 [N]$$

■ 쿨롱의 법칙
☞ 전하: $Q_1[C]$, $Q_2[C]$
☞ 거리: $r[m]$, 비례상수: K
☞ 거리 방향 단위벡터: $\boldsymbol{r_0}$

여기서 K는 비례상수이고, $Q_1[C]$, $Q_2[C]$는 두 대전체의 전하량을 나타내고 있으며, $r[m]$은 두 대전체 사이의 거리를 나타내고 있다. 그리고 $\boldsymbol{r_0}$는 거리 $r[m]$ 방향의 단위벡터, $\boldsymbol{F}[N]$는 벡터량인 쿨롱의 힘을 나타내고 있으며, 정전기력이라 한다. 즉, 쿨롱의 힘은 두 대전체가 가지는 전하량의 곱에 비례하여 커지나, 두 전하 사이의 거리의 제곱에 반비례하여 급격히 줄어든다는 것을 알 수 있다. 그림 2-12는 쿨롱의 법칙에 대한 설명을 그림으로 표현한 것이다.

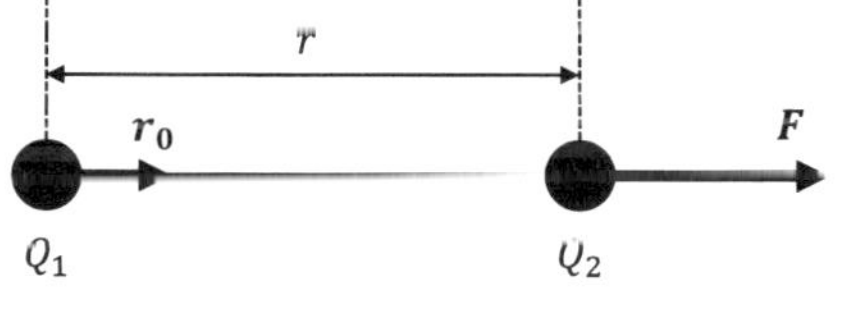

■ 쿨롱의 법칙
☞ $\boldsymbol{F} = K\frac{Q_1 Q_2}{r^2} r_0 [N]$
☞ 벡터량을 표시

그림 2-12 정전계에서 쿨롱의 법칙

그리고, 두 대전체의 전하의 종류에 따라 쿨롱의 법칙에서 작용하는 힘의 방향은 다르게 나타난다. 그림 2-13과 같이 동종의 전하(+전하와 +전하 또는 −전하와 −전하) 사이에는 반발력이 작용하며, 이종의 전하(+전하와 −전하) 사이에는 흡인력이 작용하고, 그 힘의 방향은 두 대전체의 전하를 연결한 직선상에 작용하며 그 힘의 크기는 쿨롱의 법칙에 따른다.

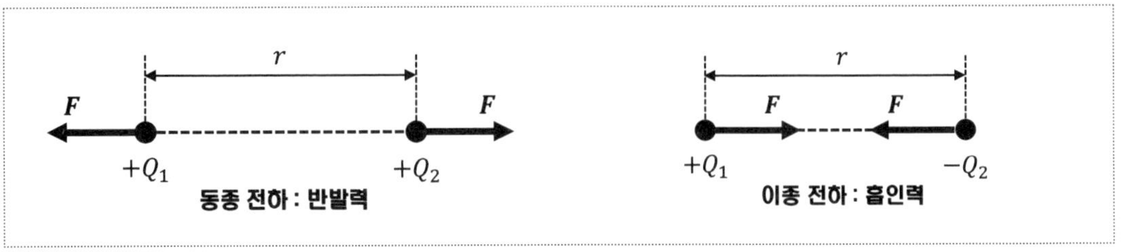

그림 2-13 쿨롱의 법칙(전하간의 작용하는 힘)

쿨롱의 법칙에 의한 두 대전체 사이에 작용하는 힘에 대하여 요약하여 보면 다음과 같다.

■ 두 대전체의 점전하에 작용하는 힘은 두 전하의 전하량 곱에 비례한다.
■ 두 대전체의 점전하에 작용하는 힘은 두 전하 사이의 거리의 제곱에 반비례한다.
■ 두 대전체가 동종 전하를 가지고 있으면 반발력이 작용하고, 이종 전하를 가지고 있으면 흡인력이 작용한다.
■ 두 대전체에 작용하는 힘은 두 대전체가 존재하는 매질 종류에 따라 다르게 나타난다.
■ 두 대전체에 작용하는 힘은 벡터량이며, 그 방향은 두 대전체를 연결하는 직선 방향으로 작용한다.

여기서 비례상수 K는 전하가 위치하는 매질과 사용하는 단위계에 의하여 정하여지는 것으로 다음과 같이 표현될 수 있다.

$K = \dfrac{1}{4\pi\epsilon_0}$	■ 쿨롱의 법칙에서 비례상수 ☞ 진공 중의 유전율: $\epsilon_0 = 8.854 \times 10^{-12} [F/m]$ ☞ 단위가 $[F/m]$로 향후 정전용량 $C[F]$와 관련이 있음 ☞ 유전율(ϵ(epsilon))은 비유전율(ϵ_s)과 진공 중의 유전율(ϵ_0)의 곱으로 표현: $\epsilon = \epsilon_s \epsilon_0$

여기서, ϵ_0는 진공 중의 유전율(dielectric constant)을 나타내고 있으며, 이를 수식으로 표현하면 다음과 같다.

$$\epsilon_0 = \frac{1}{\mu_0 v_0^2} = \frac{10^7}{4\pi v_0^2} = \frac{10^7}{4\pi(3\times10^8)^2} = 8.854\times10^{-12}[F/m]$$

■ 진공 중의 유전율

☞ 광속: $v_0 = c \fallingdotseq 3\times10^8[m/s]$

☞ 진공 중의 투자율: $\mu_0 = 4\pi\times10^{-7}[H/m]$

☞ 진공 중의 유전율(ϵ_0)과 진공 중의 투자율(μ_0(mu)) 사이의 관계는 향후 전자파에서 광속을 나타냄. $c = \frac{1}{\sqrt{\epsilon_0\mu_0}} = 3\times10^8\,[m/s]$

여기서, $v_0 = c \fallingdotseq 3\times10^8[m/s]$는 광속을 나타내고 있다. 진공 중의 유전율 값을 대입하여 비례상수 K값을 구하면 다음과 같다.

$$K = \frac{1}{4\pi\epsilon_0} = 9\times10^9$$

■ 쿨롱의 법칙에서 비례상수

☞ 진공 중의 유전율을 포함 계산

그러므로, 쿨롱의 법칙을 벡터량으로 다시 표현하면 다음과 같다.

$$\boldsymbol{F} = \frac{Q_1Q_2}{4\pi\epsilon_0 r^2}\boldsymbol{r}_0 = 9\times10^9\frac{Q_1Q_2}{r^2}\boldsymbol{r}_0[N]$$

■ 쿨롱의 법칙

☞ 비례상수 K 값 반영, 벡터표시

예제 2.8

▣ 그림과 같이 $Q_A = 4\times10^{-6}\,[C]$, $Q_B = 2\times10^{-6}\,[C]$, $Q_C = 5\times10^{-6}\,[C]$의 전하를 가진 작은 도체구 A, B, C가 진공 중에서 일직선상에 놓여질 때 B구에 작용하는 힘[N]을 구하라.

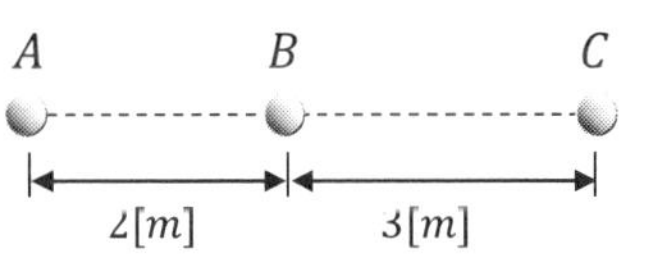

풀이

◉ 도체구 A가 도체구 B에 작용하는 힘

$$F_1 = \frac{1}{4\pi\epsilon_0}\frac{Q_AQ_B}{r^2} = 9\times10^9\times\frac{4\times2\times10^{-12}}{2^2} = 1.8\times10^{-2}[N]$$

◉ 도체구 C가 도체구 B에 작용하는 힘

$$F_2 = \frac{1}{4\pi\epsilon_0}\frac{Q_BQ_C}{r^2} = 9\times10^9\times\frac{2\times5\times10^{-12}}{3^2} = 1\times10^{-2}[N]$$

◉ 도체구 B가 받는 힘 F의 합성력($\boldsymbol{F} = \boldsymbol{F}_1 + \boldsymbol{F}_2$)이므로 $F = F_1 - F_2 = (1.8-1)\times10^{-2} = 0.8\times10^{-2}[N]$, 힘의 방향은 도체구 B에서 도체구 C의 방향으로 작용한다.

예제 2.9

▣ 진공 중에서 같은 전기량 $+1[C]$의 대전체 두 개가 약 몇 $[m]$ 떨어져 있을 때 각 대전체에 작용하는 척력이 $1[N]$이 되는가?

풀이

◉ 쿨롱의 법칙 $F=9\times 10^9 \times \dfrac{Q_1 Q_2}{r^2}[N]$에서 거리는

$$r^2 = \frac{9\times 10^9 \times Q^2}{F} = \frac{9\times 10^9 \times 1^2}{1} \rightarrow \therefore r = 9.5\times 10^4[m]$$

예제 2.10

▣ 서로 같은 2개의 구 도체에 동일양의 전하를 대전시킨 후 $20[cm]$ 떨어뜨린 결과 구 도체에 서로 $6\times 10^{-4}[N]$의 반발력이 작용한다. 구 도체에 주어진 전하$[C]$는 얼마인가?

풀이

◉ 쿨롱의 법칙 $F = 9\times 10^9 \dfrac{Q_1 Q_2}{r^2} = 9\times 10^9 \dfrac{Q^2}{r^2}$에서

$Q^2 = \dfrac{Fr^2}{9\times 10^9}$이므로, 전하량을 구하면 다음과 같다.

$$Q = \sqrt{\frac{Fr^2}{9\times 10^9}} = \sqrt{\frac{6\times 10^{-4}\times (20\times 10^{-2})^2}{9\times 10^9}} = \sqrt{2.67\times 10^{-15}} \fallingdotseq 5.2\times 10^{-8}[C]$$

예제 2.11

▣ $+10[nC]$의 점전하로부터 $100[mm]$ 떨어진 거리에 $+100[pC]$의 점전하가 놓인 경우 이 전하에 작용하는 힘의 크기는 몇 $[nN]$인가?

풀이

◉ 쿨롱의 법칙에서

$$F = \frac{Q_1 Q_2}{4\pi \epsilon_0 r^2} = 9\times 10^9 \times \frac{10\times 10^{-9}\times 100\times 10^{-12}}{(100\times 10^{-3})^2} = 900\times 10^{-9}[N] = 900[nN]$$

예제 2.12

▣ 점 $(0, 1)[m]$되는 곳에 $-2\times 10^{-9}[C]$의 점전하가 있을 때 점 $(2, 0)[m]$에 있는 $1[C]$에 작용하는 힘은 몇 $[N]$인가?

풀이

◉ 쿨롱의 법칙에서

▶ $r = (2-0)\boldsymbol{i} + (0-1)\boldsymbol{j} = 2\boldsymbol{i} - 1\boldsymbol{j}$

거리 크기 $r = \sqrt{2^2+(-1)^2} = \sqrt{5}[m]$, 거리 단위벡터 $\boldsymbol{r_0} = \dfrac{1}{\sqrt{5}}(2\boldsymbol{a_x} - \boldsymbol{a_y})$.

▶ 쿨롱의 힘 $\boldsymbol{F} = \dfrac{Q_1 Q_2}{4\pi\epsilon_0 r^2}\boldsymbol{r_0}$에서

$$\therefore\ F = 9\times 10^9 \times \frac{-2\times 10^{-9}\times 1}{(\sqrt{5})^2}\times \frac{1}{\sqrt{5}}(2\boldsymbol{i}-1\boldsymbol{j}) = -\frac{36}{5\sqrt{5}}\boldsymbol{i} + \frac{18}{5\sqrt{5}}\boldsymbol{j}\ [N]$$

2-4 전계

두 개의 대전체가 존재하면 전하의 종류에 따라 반발력과 흡인력이 작용하게 되며, 이와 같이 두 대전체의 전하에 의하여 힘이 발생하게 된다. 따라서, 전기적인 힘이 미치는 공간을 전계(electric field) 또는 전기장이라 한다. 전하가 공간에 정지되어 있는 상태에서의 전계를 정전계(electrostatic field)라고 한다.

정전계는 전하가 존재하고 있는 공간의 매질의 상태에 따라 다르게 나타낼 수 있다. 본 장에서는 진공인 매질에 국한하여 생각하기로 한다.

2.4.1 전계의 세기

쿨롱의 법칙에서 두 전하에 의하여 발생하는 힘의 크기에 대한 기준을 결정하기 위하여 Q_1[C], Q_2[C]의 두 전하 중에서 예를 들어 $Q_2 = 1[C]$으로 기준을 정하여 $1[C]$에 대하여 상대 전하의 크기에 따른 힘의 크기를 측정할 수 있다. 이를 전계의 세기(intensity of electric field)라 한다. 그림 2-14는 전계의 세기에 대한 개념을 설명한 것이다.

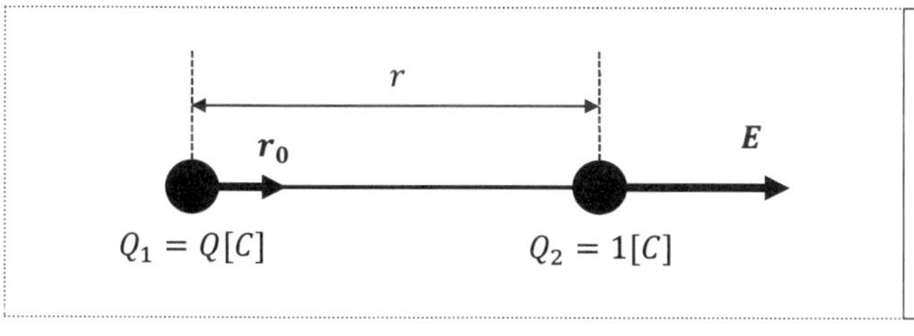

■ 전계의 세기

☞ $\boldsymbol{E}\,(=\boldsymbol{F}) = \dfrac{Q}{4\pi\epsilon_0 r^2} r_0 [N]$

그림 2-14 전계의 세기

즉, 전계 내에서 임의의 한 점에 단위 전하인 $1[C]$을 놓았을 때, 상대 전하에 의하여 작용하는 힘의 크기(또는 전기력)를 전계의 세기라 한다. 전계의 세기도 쿨롱의 법칙에서 쿨롱력과 동일하게 벡터량을 나타내고 있다.

쿨롱의 법칙에서 $Q_2 = 1[C]$인 단위 전하를 두었다고 생각한다면 쿨롱의 법칙에서 쿨롱력인 $\boldsymbol{F} = 9 \times 10^9 \dfrac{Q_1 Q_2}{r^2} r_0 [N]$에서 $Q_2 = 1[C]$을 대입하여 이를 수식으로 나타내면 다음과 같다.

$\boldsymbol{F}=\dfrac{Q_1 \cdot 1}{4\pi\epsilon_0 r^2}=9\times10^9\dfrac{Q_1 \cdot 1}{r^2}\boldsymbol{r}_0[N]$ $\Rightarrow \boldsymbol{E}=\dfrac{Q}{4\pi\epsilon_0 r^2}\boldsymbol{r}_0=9\times10^9\dfrac{Q}{r^2}\boldsymbol{r}_0[V/m]$	■ 쿨롱의 법칙에서 유도된 전계의 세기 ☞ 단위 전하 $1[C]$이 받는 힘의 크기를 전계의 세기라 함

상기의 전계의 세기에 대한 정의를 사용하면, 전계 내의 한 점에 단위 전하 $1[C]$을 놓았을 때, 이 단위 전하에 의하여 원래의 한 점에서의 전계에 영향을 미치게 되어 전계의 결정에 문제가 발생하게 된다. 따라서, 매우 작은 미소 전하량을 가지는 전하를 두어 이에 작용하는 힘을 단위 전하로 환산하면 된다. 그러므로, 전계 내의 한 점에 원래의 전계를 변화시키지 않는 매우 작은 미소 전하(ΔQ[C])을 놓았을 경우, 이 미소전하에 작용하는 힘($\Delta F[N]$)을 계산하면 다음과 같다.

$E=\lim_{\Delta Q\to 0}\dfrac{\Delta F}{\Delta Q}[N/C]$	■ 미소전하에 작용하는 힘

상기 수식에서 단위전하 $1[C]$이 놓인 전계 내에서 $\Delta Q \to Q$로 변화시키면, 단위 전하 $1[C]$에 의하여 형성된 전계 내의 공간에서 전하 $Q[C]$이 존재하게 되며, 쿨롱의 법칙에 의하여 쿨롱력인 힘 $F[N]$가 발생함을 알 수 있다. 따라서, 상기 수식의 결과를 다시 표현하면 다음과 같다.

$E=\dfrac{F}{Q}[N/C] \;\Rightarrow F=QE[N]$	■ 쿨롱력, 전하 및 전계의 세기 사이의 관계식

쿨롱력이 벡터량이기 때문에 전계의 세기 또한 벡터량이 되기 때문에 이를 다시 표현하면 다음과 같다.

$\boldsymbol{F}=Q\boldsymbol{E}\,[N]$	■ 쿨롱력의 벡터적 표현

상기의 전계의 세기에 해당되는 단위를 환산하여 보면 다음과 같다. 일반적으로 전계의 세기의 단위는 $[N/C]$보다 $[V/m]$를 사용하고 있다.

E의 단위 $= \frac{[N]}{[C]} = \frac{[N \cdot m]}{[C \cdot m]} = \frac{[J \cdot m]}{[C \cdot m]} = \frac{[V]}{[m]}$	■ 전계의 다양한 단위 ☞ 전위 단위를 포함

그림 2-15와 같이 $Q_1[C]$, $Q_2[C]$의 두 개의 전하가 점 a와 점 b에 있고, 두 개의 전하에 의하여 존재하는 전계 내에 단위전하 $1[C]$을 임의의 위치인 점 0에 놓았을 경우, 단위전하에 작용하는 전계의 세기 $\boldsymbol{E}$[V/m]를 구하면 다음과 같다. 여기서, 전계 $\boldsymbol{E}_a$의 단위벡터를 $\boldsymbol{r}_a$, 전계 $\boldsymbol{E}_b$의 단위벡터를 $\boldsymbol{r}_b$라고 하였다.

$\boldsymbol{E} = \boldsymbol{E}_a + \boldsymbol{E}_b = \frac{1}{4\pi\epsilon_0}\frac{Q_1}{r_1}\boldsymbol{r}_a + \frac{1}{4\pi\epsilon_0}\frac{Q_2}{r_2}\boldsymbol{r}_b$	■ 전계의 세기에 대한 벡터 합

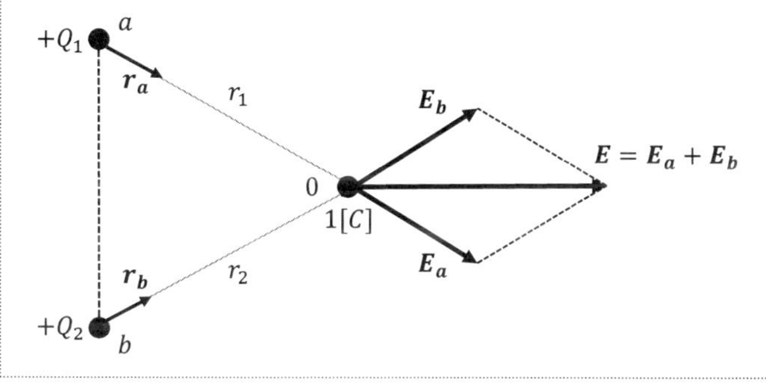

■ 전계의 세기에 대한 벡터 합
☞ $\boldsymbol{E} = \boldsymbol{E}_a + \boldsymbol{E}_b$

그림 2-15 전계의 세기에 대한 벡터 표현

예제 2.13

■ 진공 내의 점 $(3, 0, 0)[m]$에 $4\times10^{-9}[C]$이 전하가 있다. 이때에 점 $(6, 4, 0)[m]$인 전계의 세기$[V/m]$ 및 전계의 방향을 표시하는 단위 벡터는?

풀이

◉ 그림과 같이 전하 $4\times10^{-9}[C]$이 존재하는 점 A와 점 P 사이의 거리 $r = \sqrt{3^2+4^2} = 5\ [m]$

◉ P점의 전계의 세기

$$E = 9\times10^9\times\frac{4\times10^{-9}}{5^2} = \frac{36}{25} = 1.44[V/m]$$

◉ 전계의 방향을 표시하는 단위벡터 r_0는

$$r_0 = \frac{E}{E} = \frac{r}{r} = \frac{3i+4j}{5} = \frac{1}{5}(3i+4j)$$

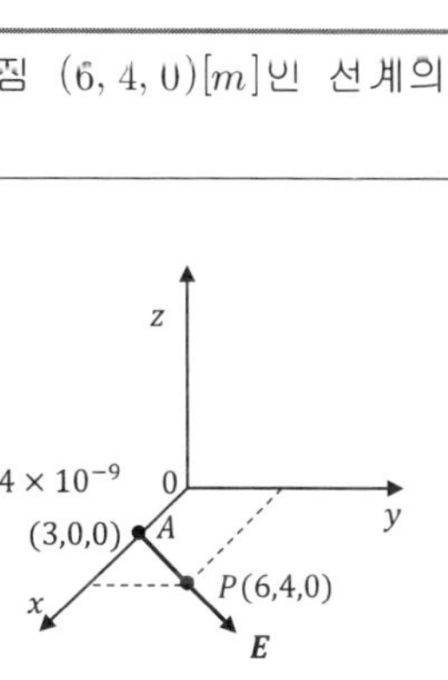

예제 2.14

▣ 진공 중에 놓인 $1[\mu C]$의 점전하에서 $3[m]$되는 점의 전계$[V/m]$는?

풀이

◉ 전계의 세기 $E=\dfrac{Q}{4\pi\epsilon_0 r^2} = 9\times 10^9\times\dfrac{1\times 10^{-6}}{3^2} = 10^3\ [V/m]$

예제 2.15

▣ 진공 중에서 원점의 전하 $0.3[\mu C]$에 의한 점 $(1,\ -2,\ 2)\ [m]$의 x성분에 대한 전계는 몇 $[V/m]$인가?

풀이

◉ $\boldsymbol{r} = \boldsymbol{i}-2\boldsymbol{j}+2\boldsymbol{k}$에서 크기 $r=\sqrt{1^2+(-2)^2+2^2}=3$,

거리 $\boldsymbol{r} = \boldsymbol{i}-2\boldsymbol{j}+2\boldsymbol{k}$ 벡터를 단위벡터로 표현하면 $\boldsymbol{r}_0=\dfrac{1}{3}(\boldsymbol{i}-2\boldsymbol{j}+2\boldsymbol{k})$

◉ 전계 $\boldsymbol{E} = 9\times 10^9\dfrac{Q}{r^2}\boldsymbol{r}_0 = 9\times 10^9\times\dfrac{0.3\times 10^{-6}}{3^2}\times\left(\dfrac{\boldsymbol{i}-2\boldsymbol{j}+2\boldsymbol{k}}{3}\right)= 100\boldsymbol{i}-200\boldsymbol{j}+200\boldsymbol{k}$

x성분인 전계는 $E_x = 100\ [V/m]$가 된다.

예제 2.16

▣ 전하 $q_1=6\times 10^{-8}[C]$, $q_2=-12\times 10^{-8}[C]$의 두 전하가 서로 $100[cm]$떨어져 있을 때 전계 세기가 0이 되는 점은?

풀이

◉ 전하의 부호가 다르므로 전계의 세기가 0이 되는 점은 그림과 같이 전하의 절대값이 작은 쪽의 외부인 점 P가 된다. 즉, q_1으로부터 왼쪽이 된다.

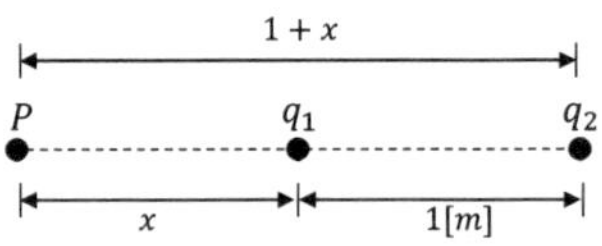

▶ 전계 $E=\dfrac{1}{4\pi\epsilon_0}\left[\dfrac{6\times 10^{-8}}{x^2}-\dfrac{12\times 10^{-8}}{(x+1)^2}\right]=0$

$\rightarrow\ \dfrac{6\times 10^{-8}}{x^2}=\dfrac{12\times 10^{-8}}{(x+1)^2}$

▶ 거리는 $2x^2=(x+1)^2\ \rightarrow\ \sqrt{2}x=x+1$에서

$\therefore$ 거리 $x=\dfrac{1}{\sqrt{2}-1} = 2.41\ [m]$

예제 2.17

▣ 질량 $m = 10^{-10}\ [kg]$이고 전하량 $q=10^{-8}\ [C]$인 전하가 전기장에 의해 가속되어 운동하고 있다. 이때 가속도 $\boldsymbol{a}=10^2\boldsymbol{i}+10^3\boldsymbol{j}\ [m/\mathrm{sec}^2]$라 하면 전기장의 세기 $\boldsymbol{E}$는 몇 $[V/m]$인가?

풀이

◉ 힘 $\boldsymbol{F}=q\boldsymbol{E}=m\boldsymbol{a}\ [N]$에서

$\therefore$ 전계 $\boldsymbol{E}=\dfrac{m}{q}\boldsymbol{a} = \dfrac{10^{-10}}{10^{-8}}\times(10^2\boldsymbol{i}+10^3\boldsymbol{j}) = \boldsymbol{i}+10\boldsymbol{j}\ [V/m]$

2.4.2 전기력선

전계의 분포를 알기 위하여 전계 내에서 $+1[C]$이 받는 전계의 크기와 방향을 그린 가상의 선을 전기력선(line of electric force)이라고 한다. 그리고, 전계의 세기가 크다면 전기력선이 많다는 것을 의미하며 이를 단위면적당의 전기력선의 수인 전기력선 밀도를 기본으로 전계의 세기를 상대적으로 알 수 있다. 전기력선의 밀도를 이용하여 전계를 수식으로 표현하면 다음과 같다. 즉, 단위 면적 $S[m^2]$당 전기력선의 수 $N[개, lines]$이 많으면 전계의 세기가 크다는 것을 알 수 있다. 이를 수식으로 나타내면 다음과 같다.

$$E[V/m] = \frac{N}{S}[개/m^2], \quad N = ES[개]$$

■ 전계의 세기
☞ 단위면적당 전기력선의 수

그림 2-16에 단위 면적 $S[m^2]$당 전기력선의 수 $N[lines]$가 많으면 전계의 세기가 크다는 것을 그림으로 나타내었다.

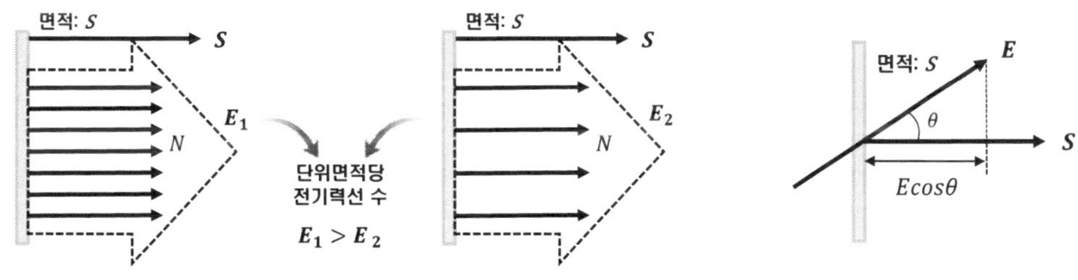

그림 2-16 전기력선의 개념

그리고, 전계 벡터 $\boldsymbol{E}$가 면적 $S[m^2]$에 수직 또는 각도 $\theta°$로 입사한 경우의 전기력선 수를 구하여 보자. 면적 $S[m^2]$에 수직($\theta = 0°$)으로 전계가 통과할 경우, 전계 벡터 $\boldsymbol{E}$와 표면에서 나오는 면적 벡터 $\boldsymbol{S}$ 사이에 이루는 각도가 평행하기 때문에 두 벡터의 내적을 구하면 다음과 같이 표현할 수 있다.

$$N = \boldsymbol{E} \cdot \boldsymbol{S} = ES\cos\theta = ES$$

■ 전계와 면벡터가 평행인 전기력선수
☞ $\cos\theta = \cos 0° = 1$

그리고, 전계 벡터 $\boldsymbol{E}$가 면적 $S[m^2]$에 수직이 아닌 일정한 각도 $\theta°$를 이루어 전계가 통과할 경우에는 다음과 같이 전기력선의 수를 계산할 수 있다.

$N = \boldsymbol{E} \cdot \boldsymbol{S} = ES\cos\theta$	■ 전계와 면벡터가 일정 각도를 가진 전기력선수 ☞ $\cos\theta$ 값 반영

따라서, 전기력선의 수는 전계가 어떠한 면을 수직으로 관통하는(수직이 아닐 경우 이를 면에 수직인 벡터의 성분으로 변환시킨) 벡터의 전체 전기력선의 수를 의미하고 있다.

아래 그림 2-17과 같이 평면 뿐 만아니라 곡면 등 다양한 형태의 면에 대한 전기력선의 수를 계산하기 위하여서는 미소면적 dS와 미소 면적에 수직인 면 벡터 $d\boldsymbol{S}$를 이용하여 이 미소 단면을 통과하는 전계 $\boldsymbol{E}$와 면 벡터 $d\boldsymbol{S}$, 전계 $\boldsymbol{E}$가 이루는 각 θ의 벡터 내적으로 미소 면적에 대한 미소 전기력선 수 dN을 구할 수 있다.

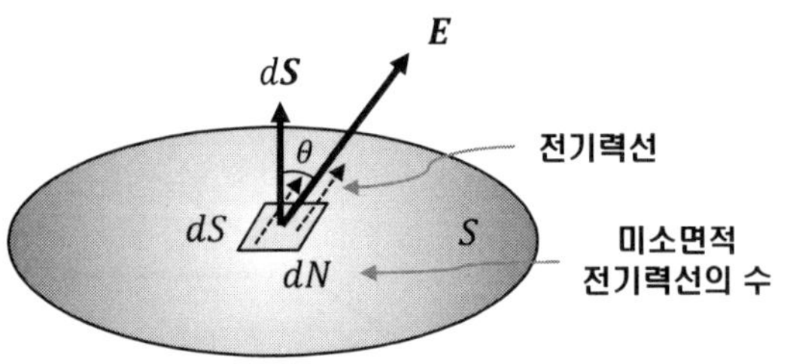

■ 미소면적의 전기력선 수
☞ $dN = \boldsymbol{E} \cdot d\boldsymbol{S} = EdS\cos\theta$

그림 2-17 미소면적의 전기력선 수

그리고, 이 dN을 적분하여 전체 면적에 대한 총 전기력선의 수를 계산할 수 있다. 이를 수식으로 표현하면 다음과 같다.

$N = \int dN = \int_S \boldsymbol{E} \cdot d\boldsymbol{S} = \int_S E\,dS\cos\theta$[개]	■ 총 전기력선 수 ☞ 적분을 통한 전체면적

그림 2-18과 같이 점전하 $Q[C]$을 중심으로 반지름 $r = 1[m]$인 단위구의 표면(향후 가우스면이 됨)에 가해지는 전계의 세기를 구하면 다음과 같다.

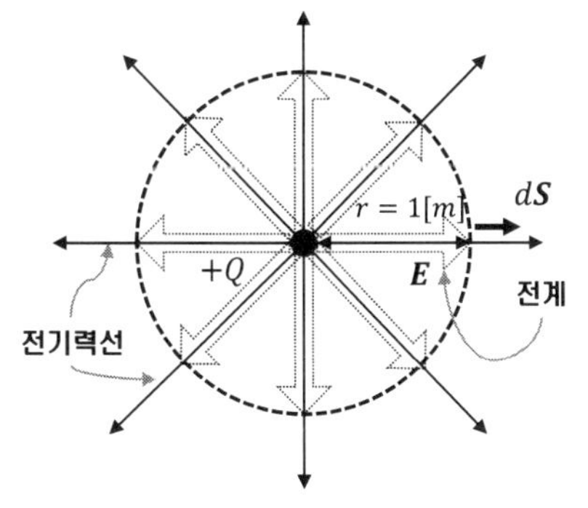

■ 단위구의 전기력선 수

☞ $E = \dfrac{Q}{4\pi\epsilon_0(1)^2} = \dfrac{Q}{4\pi\epsilon_0}[V/m]$

☞ $N = \int_S \boldsymbol{E} \cdot d\boldsymbol{S} = \int_S E dS \cos\theta = \int_S E dS \cos 0^o$

$= E\int_S dS = E\,4\pi(1)^2 = \dfrac{Q}{4\pi\epsilon_0} 4\pi = \dfrac{Q}{\epsilon_0}$[개]

☞ 구의 면적: $4\pi r^2$

그림 2-18 점전하 $Q[C]$에서 반지름 $1[m]$ 구의 전기력선 수

상기 수식에서 $Q[C]$를 단위 전하인 $1[C]$으로 대치하면 단위 전하인 $1[C]$에서 나오는 전기력선의 수를 계산할 수 있다.

$$N = \frac{1}{\epsilon_0} = \frac{1}{8.854 \times 10^{-12}} = 112,943,302,462[\text{개}]$$

■ 단위전하 $1[C]$에서 나오는 전기력선의 수

그림 2-19에 전하의 종류별 전기력선의 모양을 나타낸 것이다.

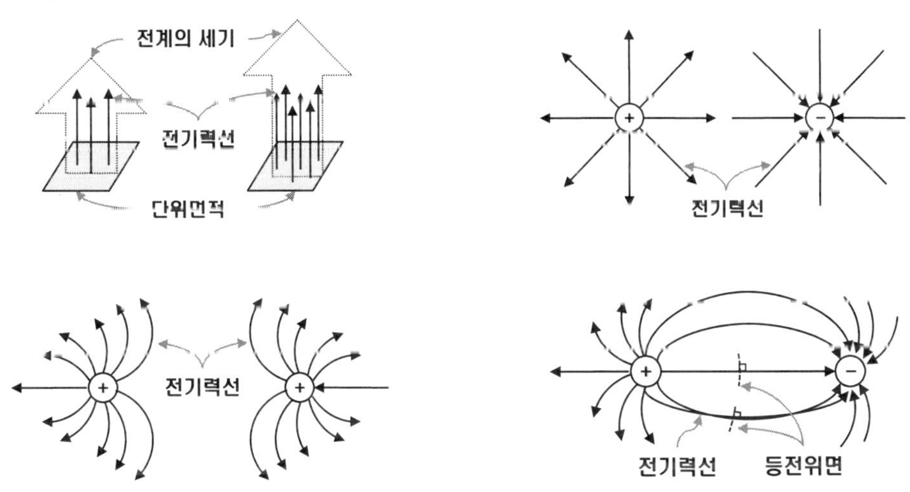

그림 2-19 전기력선의 모양

이종 전하에서는 전기력선이 +전하에서 −전하로 이어져 있어 흡인력이 작용함을 알 수 있으며, 동종전하(+전하, +전하)에서는 전기력선이 밖으로 튀어나와 서로 충돌이 발생하여 반발력이 작용함을 알 수 있다. 또한, 단위면적당 전기력선의 수가 많다는 것은 전계의 세기가 세다는 것을 나타낸다. 그리고, 전기력선은 다음과 같은 성질을 가지고 있다.

■ 전기력선은 정(+)전하에서 나와서 부(−)전하로 들어간다. −전하가 없으면 무한대로 전파된다.
■ 전기력선은 서로 교차하지 않으며, 전기력선의 방향은 전계의 방향을 나타낸다.(전기력선의 접선방향은 그 점의 전계의 방향과 같다.)
■ 전기력선의 밀도(단위면적당 전기력선의 수)는 전계의 세기와 같다.
■ $Q[C]$의 전하에서 전속 수는 Q[개]가 발생한다.
■ 단위 전하($1[C]$)에서는 $\frac{1}{\epsilon_0} = 36\pi \times 10^9$개의 전기력선이 발생한다.

→ $Q[C]$의 전하에서는 $N = \frac{Q}{\epsilon_0}$개의 전기력선이 발생이 발생한다.

■ 전기력선 총수: $\frac{dN}{dS} = E$에서 $dN = E \cdot dS$의 식으로 부터 양변을 면적 적분하면

진공 중에서 전기력선수:

$$N = \oint_S \boldsymbol{E} \cdot d\boldsymbol{S} = \frac{Q}{4\pi\epsilon_o r^2} \times 4\pi r^2 = \frac{Q}{\epsilon_o} = 113 \times 10^9 Q = 36\pi \times 10^9 Q[\text{개}]$$

일반 매질 중에서 전기력선수: $N = \frac{Q}{\epsilon_0 \epsilon_s} = 36\pi \times 10^9 Q \times \frac{1}{\epsilon_s}[\text{개}]$

■ 전기력선은 도체 표면에서 수직으로 출입한다.
■ 전기력선은 도체 내부를 관통할 수 없다. 즉 표면에서만 발산한다.
■ 전기력선은 서로 반발하며, 교차하지 않는다.
■ 전기력선은 자신만으로 폐곡선이 되는 일은 없다. ($\nabla \cdot E = 0$)
■ 전기력선은 등전위면과 수직으로 교차한다.
■ 전기력선은 전위가 높은 곳에서 낮은 곳으로 향하며, 등전위면과 직교한다. 전기력선은 전위가 높은 곳에서 낮은 곳으로 향한다. ($E = -grad\,V$)
■ 전하가 존재하지 않으면 전기력선의 발생과 소멸이 없고 연속적이다.
■ 전기력선은 무한원점에서 끝나거나, 무한원점에서 오는 것이 있다.
■ 무한 원점에 있는 전하까지 합하면 전하의 총량은 "0"이다.

예제 2.18

■ 전기력선의 성질 중 옳지 않은 것은?

① 전기력선은 단위 전하에서 $\frac{1}{\epsilon_0}$개(진공 중)가 출입한다.

② 전기력선은 도체 내부에서 연속적이다.

③ 전기력선 밀도는 전계의 세기와 같다.

④ 전기력선은 등전위면에 수직이다.

풀이

◉ 도체 내부에서는 전기력선, 전하, 전계의 세기 모두 0이다.

☞ ②

예제 2.19

■ 다음 중 전기력선의 일반적인 성질로 옳지 않은 것은?

① 전기력선은 부전하에서 시작하여 정전하에서 그친다.

② 전기력선은 그 자신만으로 폐곡선이 되는 일은 없다.

③ 전기력선은 전위가 높은 점에서 낮은 점으로 향한다.

④ 도체 내부에는 전기력선이 없다.

풀이

◉ 전기력선은 정전하에서 시작하여 부전하에서 그친다.

☞ ①

예제 2.20

■ 전기력선의 성질에 대한 설명 중 옳지 않은 것은?

① 전기력선의 방향은 그 점의 전계의 방향과 같다.

② 단위전하에서는 반드시 1개의 전기력선이 출입한다.

③ 전하가 없는 곳에서는 전기력선은 반드시 연속적이다.

④ 전기력선은 도체 표면과는 직교한다.

풀이

◉ 단위 전하 $\pm 1\,[C]$에서는 $\frac{1}{\epsilon_0}$개의 전기력선 출입한다.

☞ ②

예제 2.21

■ 어떤 폐곡면 내에 $+8\,[\mu C]$의 전하와 $-3\,[\mu C]$의 전하가 있을 경우, 이 폐곡면에서 나오는 전기력선의 총수는 얼마인가?

풀이

◉ 전기력선의 수 N

$$N = \frac{1}{\epsilon_0}\sum_{i=1}^{n} Q_i = \frac{(8-3)\times 10^{-6}}{8.854\times 10^{-12}} = 5.65\times 10^{5}\,[\text{개}]$$

2.4.3 전기력선 방정식

그림 2-20과 같이 직교좌표계에서 전기력선 상의 임의의 한 점에서 전계 $\boldsymbol{E}(\boldsymbol{E}=E_x\boldsymbol{i}+E_y\boldsymbol{j})$와 전기력선의 미소 접선 벡터 $dl(dl=d_x\boldsymbol{i}+d_y\boldsymbol{j})$이라고 하면, 전기력선의 접선 방향과 전계의 세기 방향은 항상 일치한다. 즉 전기력선의 접선방향과 전계의 세기의 방향은 평행($\boldsymbol{E} \mathbin{/\!/} dl$)이기 때문에 두 벡터의 벡터적 $\boldsymbol{E}\times dl$ 을 구하면 항상 0이 된다.

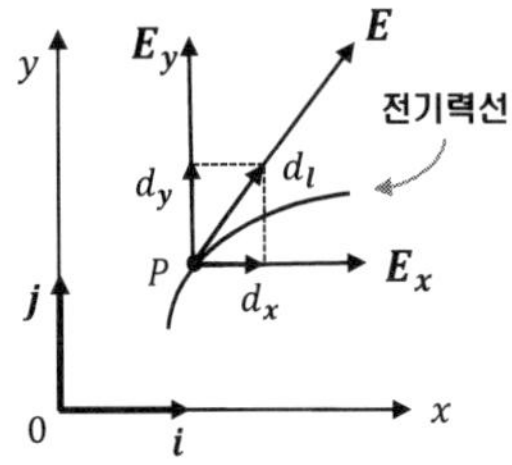

■ 전기력선과 전계 세기의 벡터 적

☞ $\boldsymbol{E}\times dl = Edl\,\sin\theta\,\boldsymbol{n} = Edl\sin 0^\circ\boldsymbol{n} = 0$

그림 2-20 직교좌표계에서 전기력선

전계 $\boldsymbol{E}(\boldsymbol{E}=E_x\boldsymbol{i}+E_y\boldsymbol{j})$와 전기력선의 미소 접선 벡터 $dl(dl=d_x\boldsymbol{i}+d_y\boldsymbol{j})$의 벡터적 $\boldsymbol{E}\times dl$ 을 구하면 아래 수식과 같다.

$$\boldsymbol{E}=E_x\boldsymbol{i}+E_y\boldsymbol{j}$$

$$dl=d_x\boldsymbol{i}+d_y\boldsymbol{j}$$

$$\begin{aligned}\boldsymbol{E}\times dl &= E_x d_x(\boldsymbol{i}\times\boldsymbol{i})+E_x d_y(\boldsymbol{i}\times\boldsymbol{j})\\ &\quad +E_y d_x(\boldsymbol{j}\times\boldsymbol{i})+E_y d_y(\boldsymbol{j}\times\boldsymbol{j})\\ &= E_x d_y\boldsymbol{k}-E_y d_x\boldsymbol{k}=0\end{aligned}$$

$$\therefore\ E_x d_y - E_y d_x = 0 \quad\Rightarrow\quad E_x d_y = E_y d_x$$

$$\therefore\ \frac{d_x}{E_x}=\frac{d_y}{E_y}$$

■ 기본 벡터의 외적 표시

☞ $\boldsymbol{i}\times\boldsymbol{i}=|\boldsymbol{i}||\boldsymbol{i}|\sin 0^\circ = 1\cdot 1\cdot 0 = 0$

$\boldsymbol{j}\times\boldsymbol{j}=|\boldsymbol{j}||\boldsymbol{j}|\sin 0^\circ = 1\cdot 1\cdot 0 = 0$

$\boldsymbol{k}\times\boldsymbol{k}=|\boldsymbol{k}||\boldsymbol{k}|\sin 0^\circ = 1\cdot 1\cdot 0 = 0$

☞ $\boldsymbol{i}\times\boldsymbol{j}=\boldsymbol{k},\ \boldsymbol{j}\times\boldsymbol{k}=\boldsymbol{i},\ \boldsymbol{k}\times\boldsymbol{i}=\boldsymbol{j}$

$\boldsymbol{j}\times\boldsymbol{i}=-\boldsymbol{k},\boldsymbol{k}\times\boldsymbol{j}=-\boldsymbol{i},\boldsymbol{i}\times\boldsymbol{k}=-\boldsymbol{j}$

상기 수식을 직교좌표계에서의 전기력선 방정식이라고 한다. 그리고, 아래 수식은 공간좌표계에서 전기력선 상의 임의의 한 점에서의 전계 $\boldsymbol{E}(\boldsymbol{E}=E_x\boldsymbol{i}+E_y\boldsymbol{j}+E_z\boldsymbol{k})$와 전기력선의 미소 접선 벡터 $dl(dl=d_x\boldsymbol{i}+d_y\boldsymbol{j}+d_z\boldsymbol{k})$이라고 할 때, 두 벡터의 벡터적 $\boldsymbol{E}\times dl$ 을 구한

것으로 공간좌표계에서의 전기력선 방정식이라 한다.

$$\boldsymbol{E} = E_x\boldsymbol{i} + E_y\boldsymbol{j} + E_z\boldsymbol{k}$$

$$dl = d_x\boldsymbol{i} + d_y\boldsymbol{j} + d_z\boldsymbol{k}$$

$$\begin{aligned}
&\boldsymbol{E}\times dl \\
&= (E_x\boldsymbol{i} + E_y\boldsymbol{j} + E_z\boldsymbol{k})\times(d_x\boldsymbol{i} + d_y\boldsymbol{j} + d_z\boldsymbol{k}) \\
&= (E_xd_x)\boldsymbol{i}\times\boldsymbol{i} + (E_xd_y)\boldsymbol{i}\times\boldsymbol{j} + (E_xd_z)\boldsymbol{i}\times\boldsymbol{k} \\
&\quad + (E_yd_x)\boldsymbol{j}\times\boldsymbol{i} + (E_yd_y)\boldsymbol{j}\times\boldsymbol{j} + (E_yd_z)\boldsymbol{j}\times\boldsymbol{k} \\
&\quad + (E_zd_x)\boldsymbol{k}\times\boldsymbol{i} + (E_zd_y)\boldsymbol{k}\times\boldsymbol{j} + (E_zd_z)\boldsymbol{k}\times\boldsymbol{k} \\
&= (E_xd_x)0 + (E_xd_y)\boldsymbol{k} + (E_xd_z) - \boldsymbol{j} \\
&\quad + (E_yd_x) - \boldsymbol{k} + (E_yd_y)0 + (E_yd_z)\boldsymbol{i} \\
&\quad + (E_zd_x)\boldsymbol{j} + (E_zd_y)\quad \boldsymbol{i} + (E_zd_z)0 \\
&= (E_yd_z - E_zd_y)\boldsymbol{i} + (E_zd_x - E_xd_z)\boldsymbol{j} \\
&\quad + (E_xd_y - E_yd_x)\boldsymbol{k}
\end{aligned}$$

$$\therefore E_yd_z - E_zd_y = 0 \qquad \therefore E_zd_x - E_xd_z = 0$$

$$E_yd_z = E_zd_y \qquad E_zd_x = E_xd_z$$

$$\frac{d_y}{E_y} = \frac{d_z}{E_z} \qquad \frac{d_z}{E_z} = \frac{d_x}{E_x}$$

$$\therefore E_xd_y - E_yd_x = 0$$

$$E_xd_y = E_yd_x$$

$$\frac{d_x}{E_x} = \frac{d_y}{E_y}$$

$$\therefore \frac{d_x}{E_x} = \frac{d_y}{E_y} = \frac{d_z}{E_z}$$

■ 기본 벡터의 외적 표시

☞ $\boldsymbol{i}\times\boldsymbol{i} = |\boldsymbol{i}||\boldsymbol{i}|\sin 0^\circ = 1 \cdot 1 \cdot 0 = 0$

$\boldsymbol{j}\times\boldsymbol{j} = |\boldsymbol{j}||\boldsymbol{j}|\sin 0^\circ = 1 \cdot 1 \cdot 0 = 0$

$\boldsymbol{k}\times\boldsymbol{k} = |\boldsymbol{k}||\boldsymbol{k}|\sin 0^\circ = 1 \cdot 1 \cdot 0 = 0$

☞ $\boldsymbol{i}\times\boldsymbol{j} = \boldsymbol{k},\ \boldsymbol{j}\times\boldsymbol{k} = \boldsymbol{i},\ \boldsymbol{k}\times\boldsymbol{i} = \boldsymbol{j}$

$\boldsymbol{j}\times\boldsymbol{i} = -\boldsymbol{k}, \boldsymbol{k}\times\boldsymbol{j} = -\boldsymbol{i}, \boldsymbol{i}\times\boldsymbol{k} = -\boldsymbol{j}$

■ 기본 벡터의 외적 표시 방법

☞

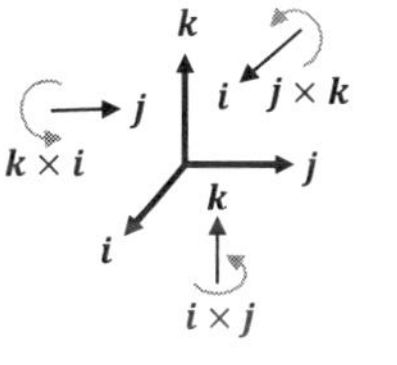

☞

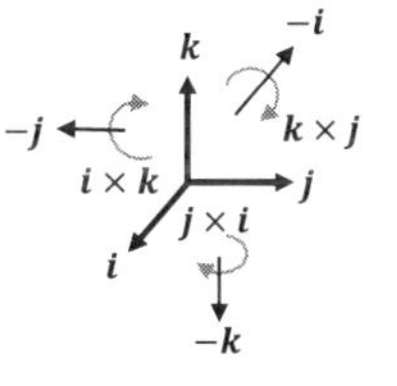

따라서, 상기 수식의 전기력선 방정식을 좌표계별로 나타내면 다음과 같다.

▶ x, y 좌표계 전기력선 방정식: $\dfrac{dx}{E_x} = \dfrac{dy}{E_y}$

▶ x, y, z 좌표계 전기력선 방정식: $\dfrac{dx}{E_x} = \dfrac{dy}{E_y} = \dfrac{dz}{E_z}$

■ 좌표계에 따른 전기력선 방정식

예제 2.22

▣ $\boldsymbol{E} = \dfrac{3x}{x^2+y^2}\boldsymbol{i} + \dfrac{3y}{x^2+y^2}\boldsymbol{j}\,[V/m]$일 때, 점 $(4, 3, 0)$을 지나는 전기력선의 방정식은?

풀이

◉ 전기력선 방정식

▶ 전기력선 방정식 $\dfrac{dx}{E_x} = \dfrac{dy}{E_y}$에서

$\dfrac{dx}{\dfrac{3x}{(x^2+y^2)}} = \dfrac{dy}{\dfrac{3y}{(x^2+y^2)}}$, $\dfrac{dx}{x} = \dfrac{dy}{y}$의 양변을 적분하면

▶ $\ln x + \ln K_1 = \ln y + \ln K_2 \;\rightarrow\; \ln\dfrac{x}{y} \;= \ln \mathrm{K}' \;\rightarrow\; \dfrac{x}{y} = K' = \dfrac{4}{3}$

▶ $\dfrac{x}{y} = K' = \dfrac{4}{3}$에서 x, y의 값은 $\therefore\ x = \dfrac{4}{3}y$, $y = \dfrac{3}{4}x$

예제 2.23

▣ $\boldsymbol{E} = 4x\boldsymbol{i} - 4y\boldsymbol{j}$일 때 점 $(1, 2)$를 지나는 전기력선의 방정식은?

풀이

◉ 전기력선 방정식

▶ $\boldsymbol{E} = E_x\boldsymbol{i} + E_y\boldsymbol{j} = 4x\boldsymbol{i} - 4y\boldsymbol{j}$에서

$E_x = 4x$, $E_y = -4y$이므로 전기력선 방정식 $\dfrac{dx}{E_x} = \dfrac{dy}{E_y}$에 대입하면

$\dfrac{dx}{4x} = \dfrac{dy}{-4y} \;\rightarrow\; \dfrac{dx}{x} = -\dfrac{dy}{y}$가 된다.

▶ 이 식의 양변을 적분하면($\int \dfrac{1}{\pi}dx = \ln x$이용)

$\ln x = -\ln y + \ln k \rightarrow \ln x + \ln y = \ln k \;\rightarrow\; xy = k$

▶ $xy = k$에 $x = 1, y = 2$을 대입하면 $k = 2$에서

$\therefore\ xy = 2$

2.4.4 전속과 전속밀도

진공 중에서 $Q[C]$의 전하에서 발생하는 전기력선의 수는 $\dfrac{Q}{\epsilon_0}$[개]이다. 전기력선의 수는 전하량 $Q[C]$와 진공 중의 유전율 ϵ_0와 관련이 있다. 진공 중의 유전율 ϵ_0는 일정한 값을 가지고 있으나, 실제는 진공이 아닌 다양한 매질 속에서 전기력선의 수를 구할 수 있다. 따라서, 매질의 종류에 따른 유전율($\epsilon = \epsilon_0\epsilon_s$)은 진공 중의 유전율 ϵ_0와 비유전율 ϵ_s의 곱으로 구성되어 있다. 만약 $Q[C]$의 전하에서 나오는 전기력선의 수를 구하면 다음과 같다.

$N = \frac{Q}{\epsilon} = \frac{Q}{\epsilon_0\epsilon_s} = \frac{Q}{\epsilon_s \times 8.854 \times 10^{-12}}$ [개]	■ 전하 $Q[C]$의 전기력선수 ☞ 다양한 매질: 비유전율 ϵ_s

비유전율 ϵ_s값은 매질에 따라 변화하기 때문에 전기력선의 수 N은 매질에 따라 변화하게 된다. 따라서, 매질에 따라 변화하지 않는 일정한 전기력선의 수를 도입할 필요가 있다. 이와 같이 매질의 종류에 무관하게 전하에서 나오는 전기력선의 수를 하나의 가상선으로 표현한 물리량으로 전속(electric flux)이 있다.

그림 2-21에 전속의 개념을 설명한 것을 나타내었다. $Q = 1\,[C]$의 전하에서 매질의 영향을 포함한 전기력선의 수를 하나의 가상선(묶음, 1Φ(phi))으로 표현한 것이다.

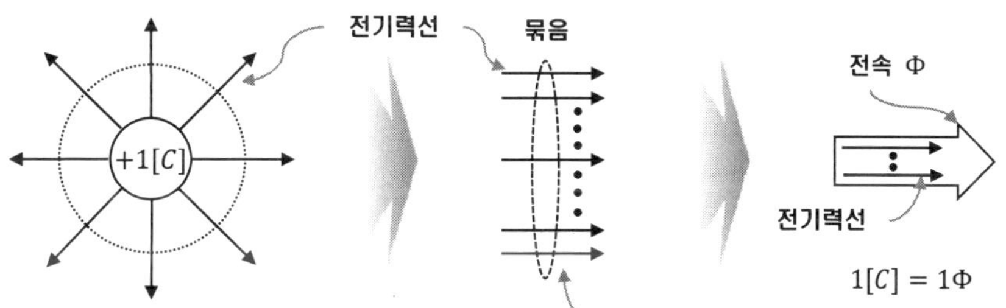

그림 2-21 전속의 개념

그리고, $Q = 1\,[C]$의 전하에서 나오는 전기력선의 수를 구하면 다음과 같다.

$N = \frac{1}{\epsilon_0\epsilon_s} = \frac{1}{\epsilon_s \times 8.854 \times 10^{-12}} = \frac{112,943,302,462}{\epsilon_s}$ [개]	■ 전하 $Q=1[C]$ 전기력선수 ☞ 다양한 매질: 비유전율 ϵ_s

비유전율 ϵ_s에 따라 전기력선의 수가 변화하지만, 비유전율 ϵ_s값의 변화를 반영한 전기력선의 수를 하나의 묶음으로 생각한다면 이를 하나의 가상선으로 표현한 것이 전속 Φ이라 할 수 있다. 즉, 다음 식으로 표현할 수 있다.

$1\Phi = 1[C]$　　$\therefore \Phi = Q[C]$

■ 전속 Φ(phi)

☞ 공기($\epsilon_s = 1$) 중에서 $1[C]$의 전하에서는 나오는 전기력선의 수는 112,943,302,462[개]의 전기력선이 나오며, 이를 하나로 묶은 것은 전속이라 함

☞ 파 20개를 하나로 묶어 파 1단으로 파는 것과 같은 의미임

그리고, 단위 면적 $S[m^2]$에 대하여 가상의 선인 전속 Φ가 몇 개인가를 나타내는 단위면적당 전속 수를 전속밀도(dielectric flux density) $D[C/m^2]$라 한다. 이를 수식으로 표현하면 다음과 같다.

$$D = \frac{\Phi}{S} = \frac{Q}{S}[C/m^2]$$

■ 전속밀도 D

☞ 단위면적당 전속수를 의미함

☞ 이는 인구 밀도와 같은 개념으로 단위면적당 인구수와 같은 의미임

그림 2-22와 같이 진공 중에 전하 $+Q$[C]를 두고 거리 r[m]인 지점의 구면상에서 전계의 세기 E와 전속밀도 D를 구하면 아래와 같다.

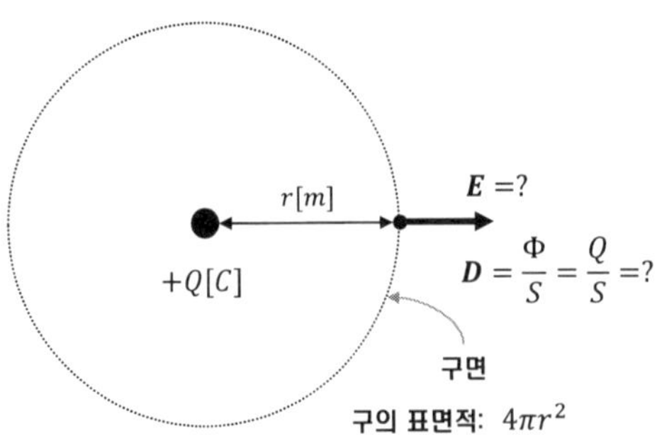

■ $1[C]$ 전하에서 $r[m]$ 떨어진 점의 전계와 전속밀도

☞ $E = \dfrac{Q}{4\pi\epsilon_0 r^2}[V/m]$

☞ $D = \dfrac{\Phi}{S} = \dfrac{Q}{S} = \dfrac{Q}{4\pi r^2}[C/m^2]$

☞ $D = \epsilon_0 E[C/m^2]$

그림 2-22 점전하 $Q[C]$에서 거리 $r[m]$에 대한 전계의 세기와 전속밀도

상기 수식에서 전계 E와 전속밀도 D 사이의 관계를 살펴보면, 다음의 관계가 성립한다.

$$D = \epsilon_0 E\,[C/m^2],\quad E = \frac{D}{\epsilon_0}\,[V/m]$$

■ 전계와 전속밀도 사이의 관계
☞ $D = \epsilon_0 E[C/m^2]$

그리고, 전계 E와 전속밀도 D는 벡터량이기 때문에 이를 벡터로 표시하면 다음과 같다.

$$\boldsymbol{D} = \epsilon_0 \boldsymbol{E}\,[C/m^2]$$

■ 전계와 전속밀도 사이의 벡터 관계
☞ $\boldsymbol{D} = \epsilon_0 \boldsymbol{E}\,[C/m^2]$

예제 2.24

■ 진공 중에 놓인 $Q[C]$의 전하에서 발산되는 전기력선 수는?

① $\dfrac{Q}{\epsilon_0}$　② $\dfrac{Q}{2\pi\epsilon_0}$　③ $\dfrac{Q}{4\pi\epsilon_0}$　④ 0

풀이

◉ 전기력선 수와 전기력선 밀도는 매질과 전하에 모두 관계되므로 전기력선수는 $N = \int_s \boldsymbol{E} \cdot d\boldsymbol{S} = \dfrac{Q}{\epsilon} = \dfrac{Q}{\epsilon_0 \epsilon_s}$ 에서

▶ 매질(유전체)에서 전기력선 수: $\dfrac{Q}{\epsilon_0 \epsilon_s}$

▶ 진공 또는 공기 중($\epsilon_s = 1$) 전기력선수: $\dfrac{Q}{\epsilon_0}$

▶ $Q[C]$의 전하에서 전속선의 수는 Q개가 나온다.

☞ ①

예제 2.25

■ $5[C]$의 전하가 비유전율 $\epsilon_s = 2.5$인 매질 내에 있다고 한다면, 이 전하에서 나오는 전체 전기력선의 수는?

풀이

◉ 전하 $Q[C]$으로부터 나오는 전기력선의 수

$$\therefore\ N = \frac{Q}{\epsilon} = \frac{Q}{\epsilon_0 \epsilon_s} = \frac{5}{2.5\,\epsilon_0} = \frac{2}{\epsilon_0}\,[\text{개}]$$

2-5 전위

2.5.1 전계 중의 일

그림 2-23에서는 진공 중에 전하 $+Q_1[C]$에 의하여 전계 E가 발생하는 전기장 속에서 전하 $Q[C]$를 전계의 반대방향으로 미소거리 $dr[m]$ 만큼 이동시키기 위하여 필요한 일 $dW[J]$ 를 나타낸 것이다. 이를 수식으로 표현하면 아래와 같다.

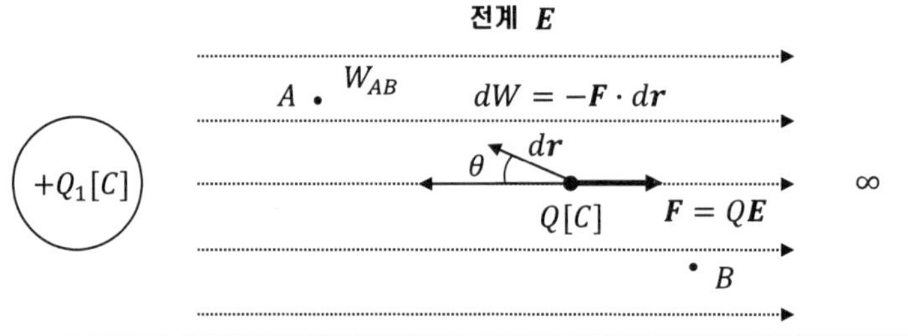

그림 2-23 전하를 이동시키기 위한 일

$$dW = -\boldsymbol{F} \cdot d\boldsymbol{r} = -Fdr\cos\theta\,[J]$$

■ 전하 $Q[C]$을 전계의 반대방향으로 $dr[m]$이동시키기 위한 일 $dW[J]$
☞ $dW = -\boldsymbol{F} \cdot d\boldsymbol{r} = -Fdr\cos\theta\,[J]$

수식에서 부(−)의 의미는 전하 $Q[C]$가 전하 $+Q_1[C]$에 의하여 전계의 방향으로 힘을 받는 것을 거슬러 반대 방향으로 힘을 주어 거리 $dr[m]$ 만큼 이동시키는 일을 한다는 것을 의미한다. 즉, 전하 $Q[C]$가 거리 $dr[m]$ 만큼 이동하게 되면 에너지를 얻는다는 것(전위가 증가)을 나타낸다.

상기 수식에서 점 B에서 점 A까지 이동시키는데 필요한 일 W를 구하면 다음 수식과 같다.

$$W_{AB} = \int_B^A dW = -\int_B^A \boldsymbol{F} \cdot d\boldsymbol{r} = -\int_B^A Fdr\cos\theta\,[J]$$

■ 전하 $Q[C]$을 점 B에서 점 A로 이동시는 데 필요한 일
☞ 벡터의 스칼라 적

상기 수식에서 쿨롱력인 $\boldsymbol{F}$를 전계의 세기 $\boldsymbol{E}$의 수식으로 표현하기 위하여 $\boldsymbol{F}=Q\boldsymbol{E}$의 수식을 대입하면 다음과 같다.

$$W_{AB}=\int_B^A dW=-\int_B^A \boldsymbol{F}\cdot dr$$
$$=-Q\int_B^A \boldsymbol{E}\cdot dr=-Q\int_B^A E\,dr\cos\theta\,[J]$$

■ 전하 $Q[C]$을 점 B에서 점 A로 이동시는 데 필요한 일
☞ 쿨롱력을 전계의 세기로 표현
☞ $\boldsymbol{F}=Q\boldsymbol{E}$

그리고, 상기 수식을 활용하여 ∞ 점에서 점 B까지 이동시키는데 필요한 일 W_B를 구하면 다음과 같다.

$$W_B=\int_\infty^B dW=-\int_\infty^B \boldsymbol{F}\cdot dr$$
$$=-Q\int_\infty^B \boldsymbol{E}\cdot dr=-Q\int_\infty^B E\,dr\cos\theta\,[J]$$

■ 전하 $Q[C]$을 ∞ 점에서 점 B로 이동시는 데 필요한 일
☞ 쿨롱력을 전계의 세기로 표현
☞ $\boldsymbol{F}=Q\boldsymbol{E}$

또한, 상기 수식을 활용하여 ∞ 점에서 점 A까지 이동시키는데 필요한 일 W_A를 구하면 다음과 같다.

$$W_A=\int_\infty^A dW=-\int_\infty^A \boldsymbol{F}\cdot dr$$
$$=-Q\int_\infty^A \boldsymbol{E}\cdot dr=-Q\int_\infty^A E\,dr\cos\theta\,[J]$$

■ 전하 $Q[C]$을 ∞ 점에서 점 A로 이동시는 데 필요한 일
☞ 쿨롱력을 전계의 세기로 표현
☞ $\boldsymbol{F}=Q\boldsymbol{E}$

상기 수식의 일 W_A와 일 W_B를 이용하여 전하 $Q[C]$을 점 B에서 점 A까지 이동시키는데 필요한 일 W_{AB}를 구하면 다음과 같다.

$$W_{AB}=W_A-W_B$$
$$=-\int_B^A \boldsymbol{F}\cdot dr=-Q\int_B^A \boldsymbol{E}\cdot dr\,[J]$$

■ 전하 $Q[C]$을 점 B에서 점 A로 이동시는 데 필요한 일
☞ 쿨롱력을 전계의 세기로 표현

상기 W_A 수식에서 $Q[C]$ 대신에 $+1[C]$의 단위 전하를 대치하여 생각한 것을 전위

(electric potential)라 한다. 즉, 전하 $+Q_1[C]$에 의하여 전계가 형성되어 있는 전기장에서 전계의 방향을 거슬러 $+1[C]$의 단위 전하를 임의의 점 A 점까지 이동시키는 데 필요한 일을 전위라 한다.

$$V_A = W_A = -\int_{\infty}^{A} \boldsymbol{F} \cdot d\boldsymbol{r} = -\int_{\infty}^{A} \boldsymbol{E} \cdot d\boldsymbol{r}$$
$$= -\int_{\infty}^{A} E dr \cos\theta \, [V], [J/C]$$

■ 전하 $+1[C]$을 ∞ 점에서 점 A로 이동시는 데 필요한 일을 전위로 표현
☞ $V_A = W_A$

전위의 단위는 $[J/C]$과 $[V]$의 두가지가 사용되나, 일반적으로 $[V]$단위를 사용한다. 그리고, 일 W와 전위 V와의 관계를 살펴보면 다음과 같다.

$$W = -Q\int_{B}^{A} \boldsymbol{E} \cdot d\boldsymbol{r} = QV[J]$$
$$\therefore\ W = QV$$

■ 일과 전위 사이의 관계
☞ $W = QV$

예제 2.26

■ 정전계와 반대방향으로 전하를 $2[m]$ 이동시키는데 $240[J]$의 에너지가 소모되었다. 이 두 점 사이의 전위차가 $60[V]$이면 전하의 전기량은 몇 $[C]$인가?

풀이 ◉ 일 $W = QV[J]$에서 $\therefore$ 전기량 $Q = \dfrac{W}{V} = \dfrac{240}{60} = 4\,[C]$

예제 2.27

■ 평등 전계내에서 $5[C]$의 전하를 $30[cm]$ 이동시키는데 $120[J]$의 일이 소요되었다. 전계의 세기는 몇 $[V/m]$인가?

풀이 ◉ 일 $W = QV = Q \cdot Er$에서 $\therefore$ 전계 $E = \dfrac{W}{Q \cdot r} = \dfrac{120}{5 \times 30 \times 10^{-2}} = 80\,[V/m]$

예제 2.28

■ $\boldsymbol{E} = i + 2j + 3\boldsymbol{k}\,[V/m]$로 표시되는 전계가 있다. $0.01\,[\mu C]$의 전하를 원점으로부터 $r = 3i\,[m]$로 움직이는데 요하는 일 $[J]$은 얼마인가?

풀이 ◉ 일 $W = \boldsymbol{F} \cdot \boldsymbol{r} = Q\boldsymbol{E} \cdot \boldsymbol{r} = 0.01 \times 10^{-6}(\boldsymbol{i} + 2\boldsymbol{j} + 3\boldsymbol{k}) \cdot (3\boldsymbol{i})$
$= 0.01 \times 10^{-6}(3) = 0.03 \times 10^{-6} = 3 \times 10^{-8}\,[J]$

2.5.2 전위차

전위차(electric potential difference)는 그림 2-24와 같이 전하 $+Q_1[C]$이 형성하는 전계의 공간 내에서 임의의 한 점 B에서 다른 한 점 A로 $+1[C]$의 단위 전하를 이동시키는 데 필요한 일을 말한다. 즉, 상기의 수식 W_{AB}에서 Q를 $+1[C]$의 단위 전하로 생각한 것이 두 점(점 A와 점 B) 사이의 전위차 V_{AB}로 표현할 수 있다.

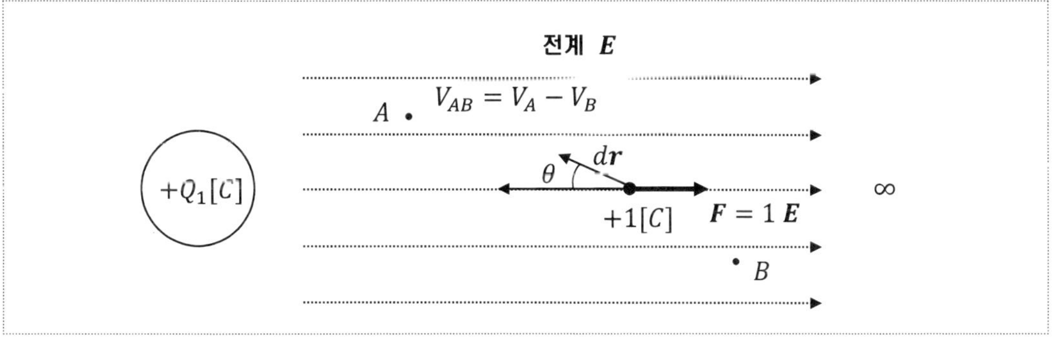

그림 2-24 전위차

전위차 V_{AB}를 수식으로 표현하면 다음과 같다.

$$V_{AB} = V_A - V_B[V]$$

$$V_{AB} = -\int_B^A \boldsymbol{E} \cdot d\boldsymbol{r} = -\int_B^A E dr \cos\theta [V]$$

■ 전위차 V_{AB}

☞ $V_{AB} = V_A - V_B[V]$

전위차 V_{AB}는 점 B에서 점 A로 이동시키는 위치의 변화만을 나타내고 있기 때문에 경로에는 무관하게 일정한 값을 가지고 있으며, 이를 보존계(conservative field)라고 한다.

이것은 출발점에서 시작하여 다른 여러 위치를 거쳐 다시 출발점에 도착하게 되면 에너지의 흡수나 방출 없이 에너지 즉, 한 일은 0으로 되는 공간을 말한다. 그림 2-25는 보존계의 전위차에 대한 개념을 설명한 것이다.

출발점인 점 B에서 점 A로 이동시킨 다음 다시 점 A에서 점 B로 이동시켜 다시 출발점으로 도착한 경우에 대하여 전위차를 구하여 보자. 점 B에서 점 A로 이동시키는 전위차 V_{AB}와 점 A에서 점 B로 이동시키는 전위차 V_{BA}를 구하면 아래 수식과 같다.

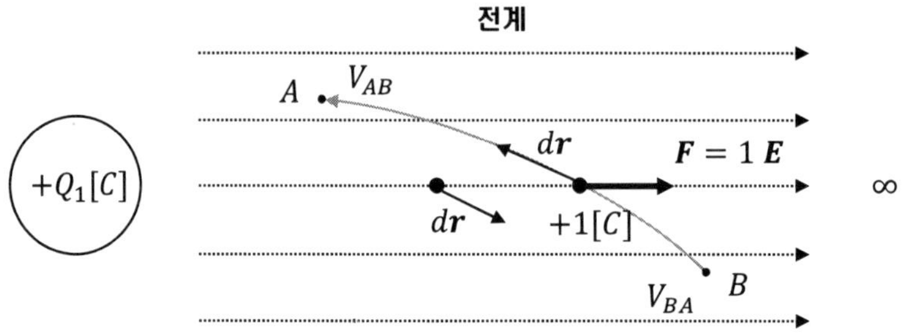

그림 2-25 보존계의 전위차

$$V_{AB} = V_A - V_B = -\int_B^A \boldsymbol{E} \cdot dr\,[V]$$

$$V_{BA} = V_B - V_A = -\int_A^B \boldsymbol{E} \cdot dr = \int_B^A \boldsymbol{E} \cdot dr\,[V]$$

■ 전위차 V_{AB}와 V_{BA}

보존계이기 때문에 점 B에서 점 A로 이동시키는 전위차 V_{AB}와 점 A에서 점 B로 이동시키는 전위차 V_{BA}를 출발 위치에서 시작하여 출발 위치에 되돌아 왔기 때문에 각 이동별 전위차는 다음 수식으로 나타낼 수 있다.

$$V_{AB} + V_{BA} = 0$$

$$-\int_B^A \boldsymbol{E} \cdot dr + \int_B^A \boldsymbol{E} \cdot dr = 0$$

$$\int_B^A \boldsymbol{E} \cdot dr = \int_B^A \boldsymbol{E} \cdot dr$$

■ 전위차 V_{AB}에서 V_{BA}로 이동

☞ $V_{AB} + V_{BA} = 0$

따라서, 점 B에서 점 A로 이동시키는 전위차 V_{AB}와 점 A에서 점 B로 이동시키는 전위차 V_{BA}는 같음을 알 수 있다.

즉, 단위 전하 $+1[C]$의 전하가 전하 $+Q_1[C]$에 의하여 형성된 전계 내를 일주(출발점에서 시작하여 다시 출발점으로 도착, 주회적분의 의미)하게 되면 한 일은 0이 되며, 전위차는 0으로 된다는 것을 의미한다.

이것을 수식으로 표현하면 아래와 같다.

$$\oint_c \boldsymbol{E} \cdot dr = 0$$

■ 단위전하를 전계 내에서 일주

☞ $\oint_c \boldsymbol{E} \cdot dr = 0$

상기 수식은 선적분을 나타내고 있으며, 이를 면적분 형태로 바꿀 수 있다. 선적분을 면적분으로 변환 또는 면적분을 선적분으로 변환하는 아래의 스토크스의 정리(Stoke's theorem)를 이용하여 상기 수식을 다시 풀면 다음과 같다.

$$\oint_c \boldsymbol{A} \cdot dr = \int_S rot\, \boldsymbol{A} \cdot \boldsymbol{n} dS$$

■ 스토크스의 정리

☞ 선적분과 면적분을 상호변환

$$\oint_c \boldsymbol{E} \cdot dr = 0$$

$$\oint_c \boldsymbol{E} \cdot dr = \int_S rot\, \boldsymbol{E} \cdot \boldsymbol{n} dS = \int_S (\nabla \times \boldsymbol{E}) \cdot \boldsymbol{n} dS = 0$$

■ 벡터의 회전

☞ $\nabla \times \boldsymbol{E} = rot\, \boldsymbol{E} = curl\, \boldsymbol{E}$

☞ $\nabla \times \boldsymbol{H} = rot\, \boldsymbol{H} = curl\, \boldsymbol{H}$

상기 수식에서 면적의 적분 값인 $\boldsymbol{n}dS$는 0이 될 수가 없기 때문에 아래 수식으로 표현할 수 있다.

$$rot\, \boldsymbol{E} = \nabla \times \boldsymbol{E} = 0$$

■ 전계의 회전

☞ 전계는 회전하지 않음을 의미

☞ 전계는 발산하는 물리량

상기 수식의 물리적 의미는 벡터의 회전(rotation, curl) 값이 0이라는 것은 벡터인 전계 $\boldsymbol{E}$는 회전하지 않는다는 것을 나타내고 있다. 실제로 벡터인 전계 $\boldsymbol{E}$는 회전하는 것이 아니라 발산(divergence)을 하는 물리량이다. 전계 $\boldsymbol{E}$는 +전하인 경우, 외부로 전기력선이 면에 수직으로 나오는 것이지 회전하는 것은 아니라는 것을 뜻한다. 그림 2-26은 전계의 회전에 대한 개념을 나타낸 것이다. 전계는 전하에서 전기력선이 나오는(발산하는) 것이지 전기력선은 회전하지 않는다. 그러나, 자계에서는 도선에 흐르는 전류 I에 의하여 도선 주위에 암페어의 오른나사 법칙에 의하여 회전하는 자계 $\boldsymbol{H}$가 발생하며 이를 벡터의 회전이라 한다.

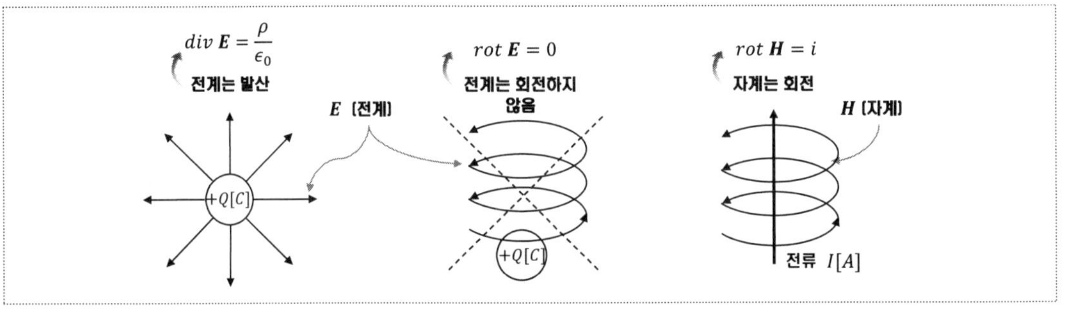

그림 2-26 전계의 발산과 회전에 대한 개념

예제 2.29

▣ $50\,[V/m]$인 평등전계 중의 $80\,[V]$되는 A점에서의 전계 방향으로 $80\,[cm]$ 떨어진 B점의 전위는 몇 $[V]$인가?

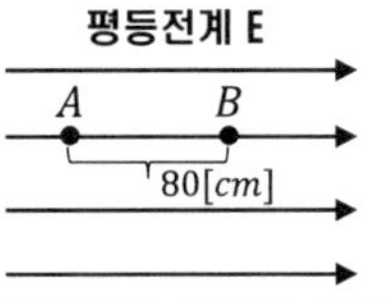

풀이

◉ 전위차 $V_{BA} = V_B - V_A = -\int_A^B \boldsymbol{E} \cdot dr = -\int_0^{0.8} \boldsymbol{E} \cdot dr = -[50\,r]_0^{0.8} = -40\,[V]$

◉ $E = 50\,[V/m]$, $V_A = 80\,[V]$, $V_{BA} = -40\,[V]$에서

$\therefore$ B점 전위 $V_B = V_A + V_{BA} = 80 - 40 = 40\,[V]$

예제 2.30

▣ $30\,[V/m]$ 전계 내의 $60\,[V]$되는 점에서 $1[C]$의 전하를 전계 방향으로 $70\,[cm]$ 이동한 경우, 그 점의 전위는 몇 $[V]$인가?

풀이

◉ 전위차

$$V_{BA} = V_B - V_A = -\int_A^B \boldsymbol{E} \cdot dr = -\int_0^{0.7} \boldsymbol{E} \cdot dr = -[30\,r]_0^{0.7} = -21\,[V]$$

◉ B점의 전위 V_B를 구하기 위하여 우선 $V_A = 60\,[V]$, $V_{BA} = -21\,[V]$이므로

$V_{BA} = V_B - V_A$에서 $\therefore$ $V_B = V_A + V_{BA} = 60 - 21 = 39\,[V]$

예제 2.31

▣ 시간적으로 변화하지 않는, 보존적(conservative)인 전하가 비회전성이라는 의미를 나타낸 식은?

① $\nabla E = 0$ ② $\nabla \cdot \boldsymbol{E} = 0$ ③ $\nabla \times \boldsymbol{E} = 0$ ④ $\nabla^2 E = 0$

풀이

◉ $\oint_c \boldsymbol{E} \cdot dr = 0$, $rot\boldsymbol{E} = \nabla \times \boldsymbol{E} = 0$

☞ ③

2.5.3 전위

그림 2-27과 같이 진공 중에 전하 $+Q[C]$을 두게 되면 전계 $\boldsymbol{E}$가 형성되고, 이 공간에서 거리 $r[m]$인 지점의 구면상에서 전위 $V[V]$를 구하여 보자. 전계의 세기 $\boldsymbol{E}$와 거리 벡터 $d\boldsymbol{r}$이 평행하다고 한다면 $\boldsymbol{E}\cdot d\boldsymbol{r}$은 벡터의 내적을 나타내고 있으므로 $\boldsymbol{E}\cdot d\boldsymbol{r}=|\boldsymbol{E}||d\boldsymbol{r}|\cos\theta$가 된다. 여기서, 두 벡터가 이루는 각 θ는 두 벡터 $\boldsymbol{E}$와 $d\boldsymbol{r}$이 평행하기 때문에 θ가 0°이며, $\cos 0^\circ=1$이기 때문에 $\int_{\infty}^{r} Edr$로 나타낼 수 있다.

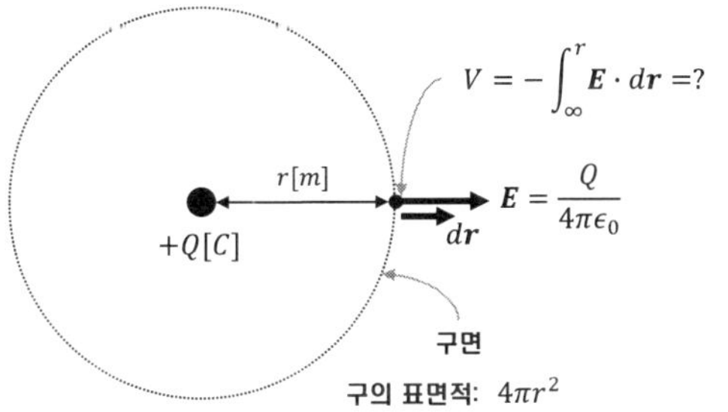

■ 쿨롱의 법칙

☞ $\boldsymbol{E}=\dfrac{Q}{4\pi\epsilon_0 r^2}\boldsymbol{r}_0[V/m]$

■ 전위 V

☞ $V=-\int_{\infty}^{r}\boldsymbol{E}\cdot d\boldsymbol{r}=-\int_{\infty}^{r}Edr$

☞ 벡터 $\boldsymbol{E}$와 벡터 $d\boldsymbol{r}$은 평행함으로 두 벡터의 내적은 $\boldsymbol{E}\cdot d\boldsymbol{r}=|\boldsymbol{E}||d\boldsymbol{r}|\cos\theta$에서 θ가 0°이고 $\cos 0^\circ=1$이기 때문에 $\int_{\infty}^{r}Edr$로 나타낼 수 있음

그림 2-27 $+Q[C]$에서 거리 $r[m]$의 전위

상기 수식을 활용하여 전위 $V[V]$를 구하면 다음과 같다.

$$
\begin{aligned}
V&=-\int_{\infty}^{r}\boldsymbol{E}\cdot d\boldsymbol{r}=-\int_{\infty}^{r}Edr\\
&=-\frac{Q}{4\pi\epsilon_0}\int_{\infty}^{r}\frac{1}{r^2}dr\\
&=-\frac{Q}{4\pi\epsilon_0}\left(-\frac{1}{r}\right)=\frac{Q}{4\pi\epsilon_0 r}[V]
\end{aligned}
$$

■ 적분공식

☞ $\int_{\infty}^{r}\frac{1}{r^2}dr=\int_{\infty}^{r}r^{-2}dr$

$=-[r^{-1}]_{\infty}^{r}=-[\frac{1}{r}]_{\infty}^{r}$

$=-(\frac{1}{r}-\frac{1}{\infty})=-\frac{1}{r}$

☞ $\int x^n dx=\dfrac{x^{n+1}}{n+1}$의 적분공식에서

$\int r^{-2}dr=\dfrac{r^{-2+1}}{-2+1}=-r^{-1}=-\dfrac{1}{r}$

예제 2.32

■ 한 변의 길이가 $a[m]$인 정사각형 A, B, C, D의 각 정점에 각각 $Q[C]$의 전하를 놓을 때 정사각형 중심 O의 전위는 몇 $[V]$인가?

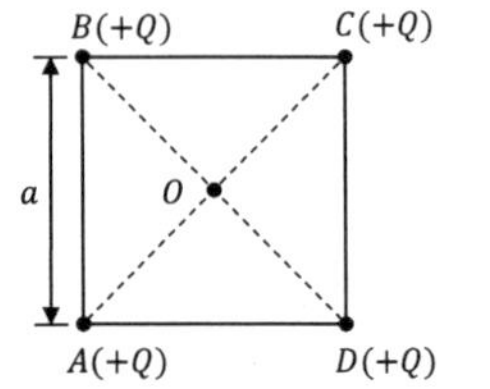

풀이	◉ 거리 $r=\frac{1}{\sqrt{2}}a[m]$이므로 A점 전위 $V_A=\frac{Q}{4\pi\epsilon_0\left(\frac{a}{\sqrt{2}}\right)}=\frac{Q}{2\sqrt{2}\pi\epsilon_0 a}[V]$ ▶ B, C, D점의 전위도 같으므로 중앙점에서 전위 $V_0=4V_A=\frac{\sqrt{2}Q}{\pi\epsilon_0 a}[V]$

예제 2.33

■ 한 변의 길이가 $\sqrt{2}[m]$되는 정사각형의 4개의 정점에 $+10^{-9}[C]$의 점전하가 각각 있을 때 이 사각형의 중심에서의 전위 $[V]$를 구하여라. (단, $\frac{1}{4\pi\epsilon_0}=9\times10^9$이다.)

풀이	◉ $10^{-9}[C]$인 점전하의 전위: $V'=\frac{Q}{4\pi\epsilon_0 r}=9\times10^9\times\frac{Q}{r}=9\times10^9\times\frac{10^{-9}}{1}=9[V]$ ◉ 정사각형 중심 전위: $V=4V'=4\times9=36[V]$

예제 2.34

■ 공기 중 원점의 점전하에서 $0.5[m]$, $2[m]$ 거리의 전위가 각각 $30[V]$, $15[V]$일 때, $1[m]$ 거리인 점의 전위 $[V]$는 얼마인가?

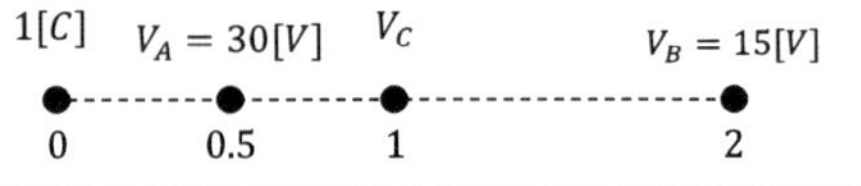

풀이	◉ 전위 V_A와 전위 V_B 사이의 전위차를 V_{AB}라 하면 $V_{AB}=15[V]$가 된다. ▶ 전위 V_A와 전위 V_C 사이의 전위차 $V_{AC}=V_A-V_C$를 $x[V]$ ▶ 전위 V_C와 전위 V_B 사이의 전위차 $V_{CB}=V_C-V_B$를 $y[V]$ ▶ 전위차 V_{AB}를 수식으로 나타내면 $V_{AB}=V_{AC}+V_{CB}=x+y=15[V]$ …① ◉ 전위 $V_r=\frac{Q}{4\pi\epsilon_0 r}$ 공식에서 전위차 V_{CB}를 구하면 전위 V_C와 전위 V_B 사이의 거리가 $1[m]$ 이므로 $V_{CB}=y=\frac{1}{4\pi\epsilon_0\times1}=\frac{1}{4\pi\epsilon_0}[V]$ …② ◉ 전위 $V_r=\frac{Q}{4\pi\epsilon_0 r}$ 공식에서 전위차 V_{AC}를 구하면 전위 V_A와 전위 V_C 사이의 거리가 $0.5[m]$ 이므로 $V_{AC}=x=\frac{1}{4\pi\epsilon_0\times0.5}=2\frac{1}{4\pi\epsilon_0}=2y[V]$ …③ ◉ 상기수식 ①에 수식 ②, ③을 대입하여 풀면 $15=x+y=2y+y=3y$ $\therefore y=\frac{15}{3}=5[V]$, $\therefore x=2y=2\times5=10[V]$ V_C의 전위는 전위차 $V_{AC}=V_A-V_C$에서 $V_C=V_A-V_{AC}=V_A-x=30-10=20[V]$

2-6 등전위면과 전위경도

2.6.1 등전위면

전위가 같은 점들을 이어서 만들어진 하나의 면을 등전위면이라 한다. 그림 2-28과 같이 점전하 $Q[C]$에서 $r[m]$ 떨어진 점의 전위는 $V = \dfrac{Q}{4\pi\epsilon_0 r}[V]$이기 때문에 등전위면은 동일한 $r[m]$인 지점에 무수히 많은 동심구면이 된다. 다음은 등전위면의 성질을 나타낸 것이다.

■ 등전위면은 폐곡면이다.
■ 전기력선은 등전위면에 항상 직교한다.
■ 두 개의 서로 다른 등전위면은 서로 교차하지 않는다.
■ 등전위면이 좁을수록 전계와 전기력선의 밀도가 크다.
■ 등전위면에서는 전하의 이동이 없으므로 등전위면에서의 일은 0이다.

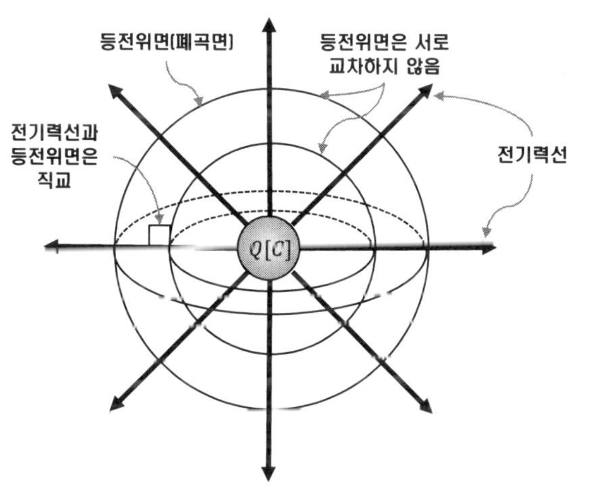

■ 등전위면의 성질
☞ 등전위면은 폐곡면
☞ 전기력선은 등전위면에 항상 직교
☞ 등전위면은 서로 교차하지 않음

그림 2-28 등전위면의 성질과 전기력선

전계의 세기 $\boldsymbol{E}$와 전위 V는 선적분의 관계가 있어 전계의 세기 $\boldsymbol{E}$를 안다고 하면 전위 V를 다음과 같이 구할 수 있다. 거리 벡터인 변수를 $d\boldsymbol{r}$에서 $d\boldsymbol{l}$로 바꾸어 나타내었다.

$V = -\int \boldsymbol{E} \cdot dl$	■ $+1[C]$ 전하를 A점까지의 이동 시키는 데 필요한 일(전위) ☞ $V_A = -\int_{\infty}^{A} \boldsymbol{E} \cdot dr$ $= -\int_{\infty}^{A} Edr\cos\theta\,[V], [J/C]$

또한, 상기 수식에서 일정한 전계 $\boldsymbol{E}$와 미소거리 벡터 dl에 대하여 미소 전위 dV를 구하면 아래 수식과 같다.

$dV = -\boldsymbol{E} \cdot dl$	■ 미소 전위 dV

상기 수식에서 전하 $Q[C]$가 등전위면을 따라 이동할 때, 등전위면에서는 전위 V가 같으므로 전하 $Q[C]$가 한 일의 량은 0이 된다.

$dV = -\boldsymbol{E} \cdot dl = -Edl\cos\theta = 0$	■ 벡터의 내적 ☞ $\boldsymbol{A} \cdot \boldsymbol{B} = \lvert\boldsymbol{A}\rvert\lvert\boldsymbol{B}\rvert\cos\theta = AB\cos\theta$ ■ dV의 해석 ☞ $dV = -Edl\cos\theta = 0$의 수식에서 dV가 0이 되기 위한 조건은 $E \neq 0$, $dl \neq 0$이기 때문에 $\cos\theta = 0$이 되어야 한다. ☞ 그러므로, $\cos\theta = 0$이 성립하기 위해서는 $\theta = 90°$가 되어야 한다. ☞ 즉, 전기력선과 등전위면의 방향은 수직임을 나타냄

상기 수식에서 $dV = -Edl\cos\theta = 0$의 수식에서 성립되기 위하여 dV가 0이 되기 위한 조건을 살펴보면, 전계는 일정한 값을 가지고 있으므로 $E \neq 0$이 되고, 등전위면에서 이동한 미소거리는 $dl \neq 0$이기 때문에 $\cos\theta = 0$이 되어야만 한다.

그러므로, $\cos\theta = 0$이 성립하기 위해서는 전계 $\boldsymbol{E}$와 등전위면 상을 이동한 미소거리 dl 사이의 각도인 θ가 $\theta = 90°$가 되어야 한다. 즉, 전계의 방향(전기력선의 방향)과 등전위면은 수직으로 교차한다는 것을 나타낸다.

그리고, 두 개의 등전위면이 교차하게 된다면, 등전위인 전위가 같은 값이 두 개가 존재한다는 것 또는 교차한다는 것은 모순이 발생한다. 따라서 등전위면은 교차하지 않는다.

예제 2.35

▣ 등전위면(equipotential surface)에 대한 설명으로 옳은 것은?

① 전기력선은 등전위면과 평행하게 지나간다.

② 전하를 갖고 등전위면에 따라 이동하면 일이 생긴다.

③ 다른 전위의 등전위면은 서로 교차한다.

④ 정전하가 만드는 전계의 등전위면은 동심구면이다.

풀이	◉ 등전위면은 폐곡선이다. ◉ 전기력선은 등전위면과 항상 직교한다. ◉ 두 개의 서로 다른 등전위면은 서로 교차하지 않는다. ☞ ④

예제 2.36

▣ 다음은 도체의 전하 분포가 등전위 분포를 이루는 것과 관계되는 사항들이다. 관계없는 것은?

① 도체 표면에서 나가는 전기력선은 표면에 수직이다.

② 도체 내부의 전계는 0이다.

③ 전기력선은 도체 중을 통과할 수 없다.

④ 전계의 세기는 그 점에서의 전기력선 밀도와 같다.

풀이	◉ ④ 항은 전기력선 밀도와 전계 세기와의 관계를 나타낸 전기력선의 성질에 관한 것이다. ☞ ④

2.6.2 전위경도

임의의 점에서 전위 $V[V]$값을 알고 있을 경우, 이를 활용하여 전계의 세기 $\boldsymbol{E}$를 구하여 보자. 앞에서 구한 dV에 대한 수식을 다시 쓰면 아래와 같다.

$dV = -\boldsymbol{E} \cdot dl = -E\,dl\cos\theta = 0$	■ 미소전위 dV ☞ $dV = -E\,dl\cos\theta = 0$에서 $E\cos\theta = E_l$

그림 2-29와 같이 상기 수식에서 전계 $\boldsymbol{E}$와 미소거리 벡터 $\boldsymbol{dl}$에 대하여 사이 각이 θ라고 하고 전계 $\boldsymbol{E}$에 대한 미소거리 벡터 $\boldsymbol{dl}$ 방향의 성분을 E_l 이라고 한다면, $E_l = E\cos\theta$가 되므로 미소전위 dV는 $dV = -E\,dl\cos\theta = -E_l\,dl$이 된다. 그러므로 $E_l = -\dfrac{dV}{dl}$의 수식을 구할 수 있다.

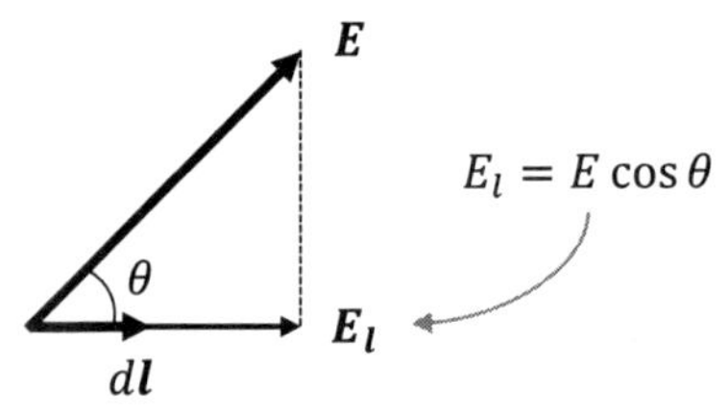

■ 미소전위 dV

☞ $dV = -E\,dl\cos\theta = 0$에서 $E\cos\theta = E_l$

■ dl 방향의 전계 E_l

☞ $dV = -E\,dl\cos\theta = -E_l\,dl$

☞ $\therefore E_l = -\dfrac{dV}{dl}$

그림 2-29 전계 $\boldsymbol{E}$ 의 미소거리 벡터 $\boldsymbol{dl}$ 방향의 성분

그러므로, 아래 수식의 의미는 단위길이에 대한 전위의 변화율을 나타내고 있다.

$$E_l = -\frac{dV}{dl}$$

■ dl 방향의 전계 E_l

☞ 단위길이당 전위의 변화율을 나타냄

상기 수식을 공간 좌표계에서의 전계의 세기 $\boldsymbol{E}$를 x, y, z방향의 성분으로 E_x, E_y, E_z 형태로 나타내면 전계의 각 방향에 대한 성분을 표시하면 아래 수식과 같다.

$$E_x = -\frac{\partial V}{\partial x},\ E_y = -\frac{\partial V}{\partial y},\ E_z = -\frac{\partial V}{\partial z}$$

■ dl 방향의 전계 E_l

☞ $E_l = -\dfrac{dV}{dl}$

그리고 전계의 세기 $\boldsymbol{E}$를 x, y, z방향의 성분으로 벡터 형태로 표현하면 상기 수식은 다음과 같다.

$$\begin{aligned} \boldsymbol{E} &= E_x \boldsymbol{i} + E_y \boldsymbol{j} + E_z \boldsymbol{k} \\ &= -\left(\frac{\partial V}{\partial x}\boldsymbol{i} + \frac{\partial V}{\partial y}\boldsymbol{j} + \frac{\partial V}{\partial z}\boldsymbol{k}\right) \\ &= -\left(\frac{\partial}{\partial x}\boldsymbol{i} + \frac{\partial}{\partial y}\boldsymbol{j} + \frac{\partial}{\partial z}\boldsymbol{k}\right) V \\ &= -\nabla V = -\mathrm{grad}\, V \end{aligned}$$

■ 전계 $\boldsymbol{E}$의 x, y, z방향의 성분

☞ $E_x = -\dfrac{\partial V}{\partial x}$, $E_y = -\dfrac{\partial V}{\partial y}$, $E_z = -\dfrac{\partial V}{\partial z}$

■ 벡터의 미분연산자(del, nabla)

☞ $\nabla = \dfrac{\partial}{\partial x}i + \dfrac{\partial}{\partial y}j + \dfrac{\partial}{\partial z}\boldsymbol{k}$

상기 수식은 전계의 세기 $\boldsymbol{E}$와 전위경도(전위의 기울기) $grad\,V$와의 관계식을 나타낸 것이다. 상기 수식을 이용하여 전위 V를 이용하여 전계의 세기 $\boldsymbol{E}$를 구할 수 있다.

$$\boldsymbol{E} = -\nabla V = -\mathrm{grad}\, V$$

■ $\boldsymbol{E} = -\nabla V = -grad\,V$ 의 의미

☞ 전위차(전위의 기울기, 전위경도)가 크면 전계의 세기 $\boldsymbol{E}$는 커짐을 나타냄

☞ 전계 $\boldsymbol{E}$와 전위경도의 방향이 반대

상기 수식은 전위경도(전위의 기울기)가 크다는 것은 같은 거리를 기준으로 전위차가 크다는 것을 나타내고 있으며, 이것은 전계의 세기 $\boldsymbol{E}$가 커짐을 나타내고 있다. 그리고, 방향이 음(−)이라고 하는 것은 전계의 방향과 전위경도의 방향이 반대라는 것을 나타내고 있다.

아래 그림 2-30은 상기 전위경도에 대한 수식의 물리적 개념을 설명한 것이다.

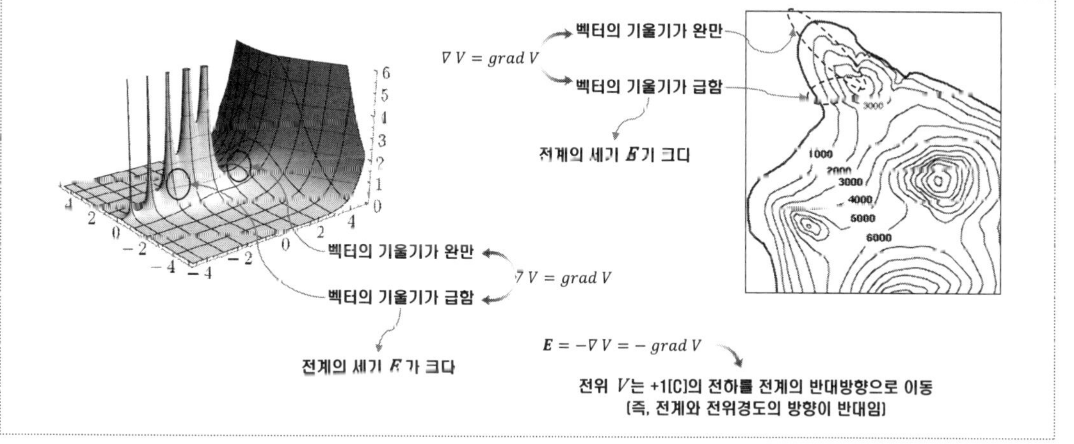

그림 2-30 전위경도의 물리적 개념

그림 2-30에서 등고선을 보면 어느 방향으로 올라가면 쉽고 어려운 지를 상식적으로 알

수 있다. 즉, 등고선 그림에서 좌측의 동그라미 표시 부분이 등고선이 조밀하다는 것은 기울기가 급하다는 것을 의미하며 $\nabla V = grad\,V$ 값이 크다는 것을 나타낸다.

그리고, 3차원으로 표현한 그림에서 왼편 동그라미 표시 부분은 경사가 급격하여 $\nabla V = grad\,V$의 값이 크다는 것을 알 수 있다. 따라서, 상기 수식은 임의의 공간에서 산의 경사, 위치에너지, 전위 등의 변화 정도를 알 수 있는 공식임을 알 수 있다.

예제 2.37

▣ 전위분포가 $V=6x+3\,[V]$로 주어졌을 때 전계의 세기는 몇 $[V/m]$인가?

풀이

◉ 전위경도를 이용한 전계

$$\boldsymbol{E} = -grad\,V = -\nabla V = -\left(\frac{\partial V}{\partial x}\boldsymbol{a}_x + \frac{\partial V}{\partial y}\boldsymbol{a}_y + \frac{\partial V}{\partial z}\boldsymbol{a}_z\right) = -6\boldsymbol{a}_x$$

예제 2.38

▣ 전위 분포가 $V = 12x + 7y^2$로 주어질 때 $(x=5,\ y=3)$에서 전계의 세기는 얼마인가?

풀이

◉ 전위경도를 이용한 전계

▶ 전위함수를 이용한 전계

$$\boldsymbol{E} = -grad\,V = -\left(\frac{\partial}{\partial x}\boldsymbol{i} + \frac{\partial}{\partial y}\boldsymbol{j} + \frac{\partial}{\partial z}\boldsymbol{k}\right)(12x + 7y^2) = -12\boldsymbol{i} - 14y\boldsymbol{j}$$

▶ $x=5,\ y=3$을 대입하여 풀면 ∴ 전계 $\boldsymbol{E} = -12\boldsymbol{i} - 14\times 3\boldsymbol{j} = -12\boldsymbol{i} - 42\boldsymbol{j}$

예제 2.39

▣ $V(x, y, z) = 3x^2y - y^3z^2$에 대하여 $grad\,V$의 점 $(1,\ -2,\ -1)$에서의 값을 구하면?

풀이

◉ 전위경도를 이용한 전계

▶ 전위경도 $grad\,V = \left(\frac{\partial}{\partial x}\boldsymbol{i} + \frac{\partial}{\partial y}\boldsymbol{j} + \frac{\partial}{\partial z}\boldsymbol{k}\right)V$

$$= \left\{\frac{\partial}{\partial x}(3x^2y - y^3z^2)\boldsymbol{i} + \frac{\partial}{\partial y}(3x^2y - y^3z^2)\boldsymbol{j} + \frac{\partial}{\partial z}(3x^2y - y^3z^2)\boldsymbol{k}\right\}$$

$$= \{6xy\boldsymbol{i} + (3x^2 - 3y^2z^2)\boldsymbol{j} - 2y^3z\boldsymbol{k}\}$$

▶ $x=1,\ y=-2,\ z=-1$을 대입하면 ∴ 전위경도는 $grad\,V = -12\boldsymbol{i} - 9\boldsymbol{j} - 16\boldsymbol{k}$

예제 2.40

▣ $V = x^2\,[V]$로 주어지는 전위분포일 때 $x = 20\,[cm]$인 점의 전계는?

풀이

◉ 전위경도를 이용한 전계 $\boldsymbol{E} = -grad\,V = -\nabla V = -\left(\frac{\partial V}{\partial x}\boldsymbol{a}_x + \frac{\partial V}{\partial y}\boldsymbol{a}_y + \frac{\partial V}{\partial z}\boldsymbol{a}_z\right)$에서 x 성분만 존재 ∴ 전계 $\boldsymbol{E} = -\frac{\partial V}{\partial x}\boldsymbol{a}_x = -\frac{\partial x^2}{\partial x}\boldsymbol{a}_x = -2x\boldsymbol{a}_x = -2\times 0.2\boldsymbol{a}_x = -0.4\boldsymbol{a}_x\ [V/m]$

전계는 $-x$방향으로 $0.4[V/m]$만큼 발생한다.

2-7 가우스 법칙

2.7.1 입체각

입체각(solid angle, 단위: sr, steradian) ω는 2차원의 평면각(단위: radian)을 3차원 공간으로 확장한 것을 나타낸다. 그림 2-31과 같이 $1[steradian]$은 구의 중심을 정점으로 하는 반경 r의 구 표면적 S에서 그 구의 반경 r을 한 변으로 하는 정사각형의 면적 r^2과 같은 원의 면적 $S=r^2$을 갖는 공간적인 각(입체각)을 의미하고, 이를 입체각 $\omega=1[sr]$라 한다.

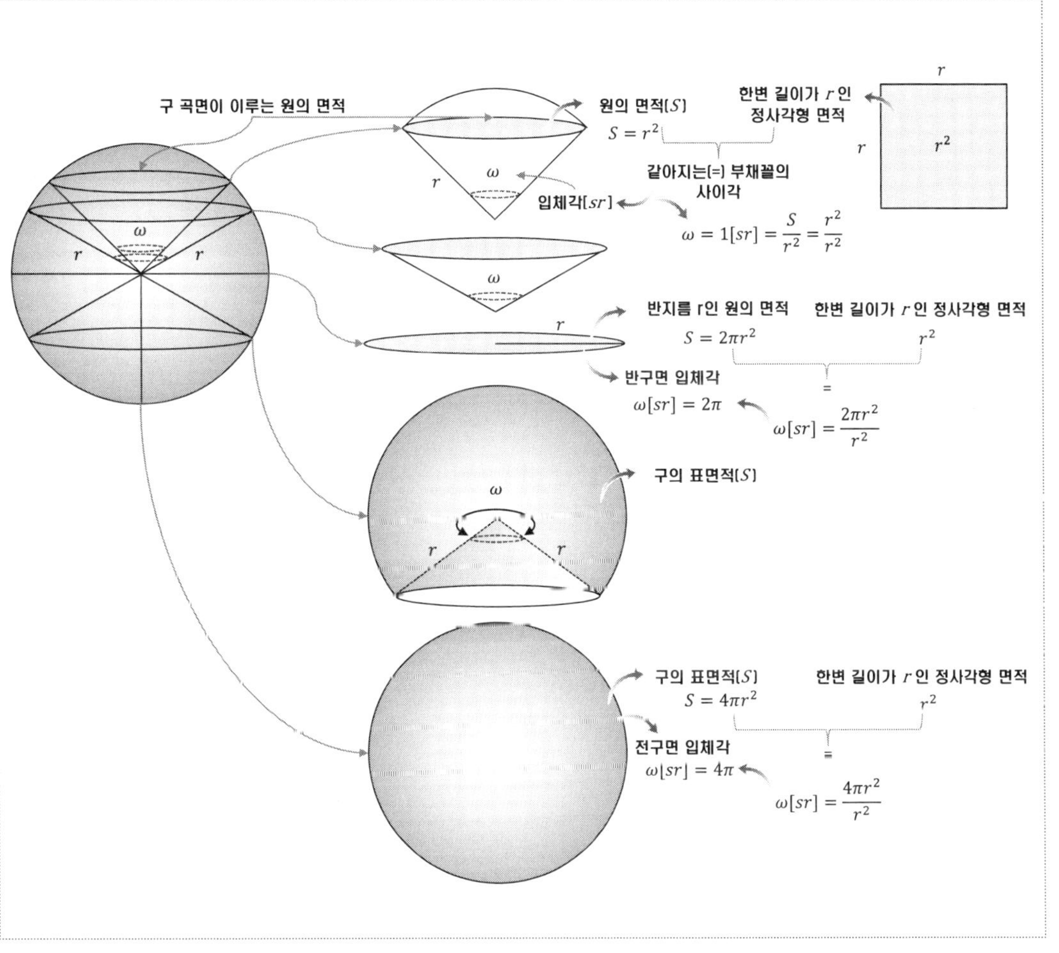

그림 2-31 입체각의 개념

상기 입체각 $\omega = 1[sr]$의 정의인 구의 반지름 r이 이루는 원의 면적 S와 한 변의 길이가 r인 정사각형의 면적 r^2이 같다 라는 것을 수식으로 표현하면 아래 수식과 같다.

$$\omega = \frac{S}{r^2}\ [sr]$$	■ 입체각의 정의를 공식으로 표현 ☞ $1[sr] = \frac{S(\text{원의 면적})}{r^2} = \frac{r^2}{r^2}$ ☞ $\omega = \frac{S}{r^2}\ [sr]$

그리고, 상기의 입체각을 구하는 공식을 사용하여 반구면과 전구면에 대한 입체각을 구하여보자. 반구면일 경우, 그림 2-31과 같이 반지름 r인 원의 면적은 $S = 2\pi r^2$이 되고 이 값이 한 변의 길이가 r인 정사각형의 면적 r^2과 같아지는 부채꼴 모양의 공간적인 각(입체각) ω를 구하면 아래 수식과 같다.

$$\omega = \frac{S}{r^2} = \frac{2\pi r^2}{r^2} = 2\pi\ [sr]$$	■ 반지름 r인 원의 면적 ☞ $S = 2\pi r^2$ ■ 반구면의 입체각 ☞ $\omega = 2\pi\ [sr]$

그림 2-31에서 전구면일 경우, 반지름 r인 구의 전체 표면적을 나타내고 있어 구의 표면적인 $S = 4\pi r^2$이 되고 이 값이 한 변의 길이가 r인 정사각형의 면적 r^2과 같아지는 부채꼴 모양의 공간적인 각(입체각) ω를 구하면 다음과 같다.

$$\omega = \frac{S}{r^2} = \frac{4\pi r^2}{r^2} = 4\pi\ [sr]$$	■ 반지름 r인 구의 표면적 ☞ $S = 4\pi r^2$ ■ 전구면의 입체각 ☞ $\omega = 4\pi\ [sr]$

아래 그림 2-32와 같이 입체각의 공식을 벡터 형태로 바꾸기 위하여 점 0를 중심으로 임의의 방향으로 만들어진 미소면적 dS를 생각하여 보자. 이 미소면적 dS를 원의 중심 방향으로 반지름 r인 구면에 투영한 미소면적을 dS'라 한다면, dS'는 $dS' = dS\cos\theta$로 표시할 수 있다.

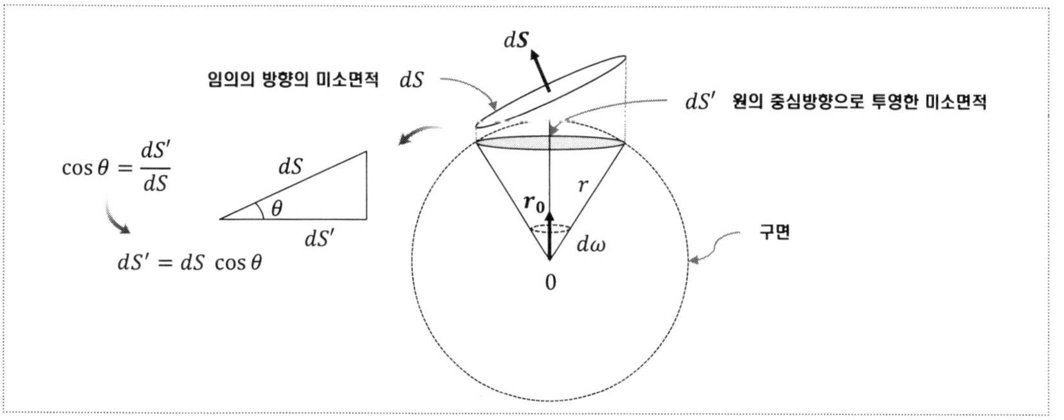

그림 2-32 입체각의 벡터 표시

상기의 $dS' = dS\cos\theta$를 이용하여 미소 입체각 $d\omega$는 입체각 공식에 의하여 다음과 같다.

$$\omega = \frac{S}{r^2}\ [sr]$$

$$d\omega = \frac{dS'}{r^2} = \frac{dS\cos\theta}{r^2} = \frac{1\,dS\cos\theta}{r^2}$$

$$= \frac{\boldsymbol{r}_0 \cdot d\boldsymbol{S}}{r^2}\ [sr]$$

■ 입체각의 공식

☞ $\omega = \dfrac{S}{r^2}\ [sr]$

■ 벡터의 내적

☞ $\boldsymbol{A} \cdot \boldsymbol{B} = |\boldsymbol{A}||\boldsymbol{B}|\cos\theta = AB\cos\theta$

여기서 $\boldsymbol{r}_0$는 반지름 r방향의 단위벡터이고, $d\boldsymbol{S}$는 면벡터로 미소면적 dS면에 수직한 법선벡터를 나타낸다. 그리고, 아래 수식은 입체각을 구하는 일반적인 공식을 나타낸 것이다.

$$\omega = 2\pi(1-\cos\theta)\ [sr]$$

단, θ(평면각): 전체각의 1/2의 각

■ 입체각의 일반 공식

☞ 전구면: $360° \Rightarrow \theta = 180° \Rightarrow \omega = 4\pi\ [sr]$

☞ 반구면: $180° \Rightarrow \theta = 90° \Rightarrow \omega = 2\pi\ [sr]$

예제 2.41

■ 무한 평면 S 위의 한 점 P가 있다. S가 P점에 대해서 이루는 입체각 ω는?

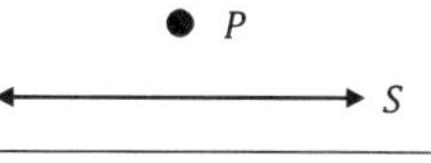

풀이	◉ $\omega = 2\pi(1-\cos\theta)$에서 무한평면에서 cos90°가 되어 입체각은 $\omega = 2\pi$가 된다.

2.7.2 가우스 법칙

가우스(K. F. Gauss)는 점전하 $Q[C]$(또는 임의의 전하 분포)와 전속밀도 $D[C/m^2]$(또는 전계의 세기 $E[V/m]$) 사이의 관계를 전하의 분포 상태와 관계없이 표현할 수 있는 수학적 해석을 하였다. 이를 가우스 법칙(Gauss's law)이라 한다. 그림 2-33과 같이 전체 전하량이 $Q[C]$인 다수의 점전하가 임의의 형태로 배치되어 있고, 다수의 점전하가 임의의 폐곡면으로 둘러 싸여 있다고 하자. 그리고, 이 폐곡면의 미소면적을 dS라 하고, 이 미소면적 dS를 통과하는 미소전속을 $d\Phi$라 한다면 전속밀도 D의 정의인 단위면적당 전속수 즉, $D=\dfrac{d\Phi}{dS}$를 활용하여 전체 전하량 Q를 구하면 아래 수식으로 표현할 수 있다.

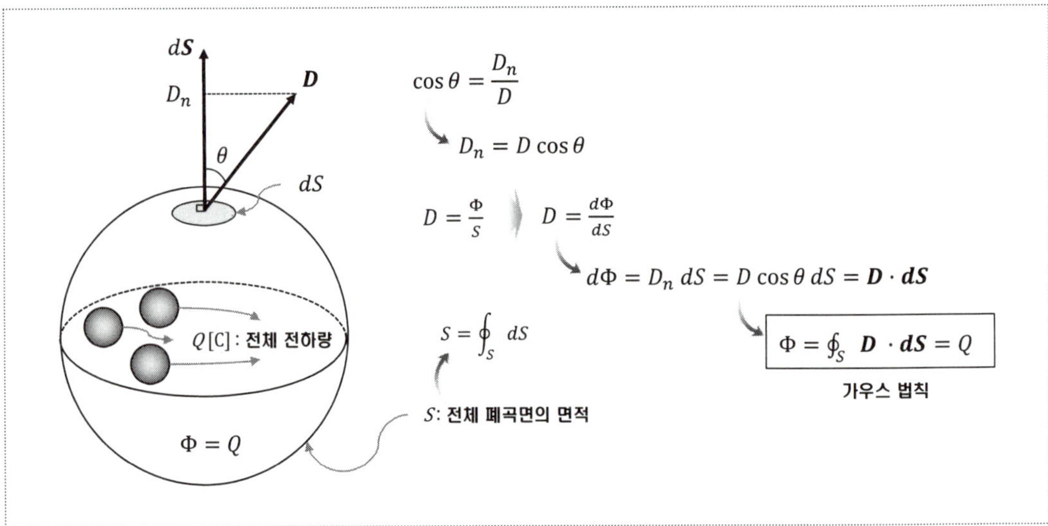

그림 2-33 가우스 법칙

$$d\Phi = \boldsymbol{D} \cdot d\boldsymbol{S}$$

$$\Phi = \oint_S d\Phi = \oint_S \boldsymbol{D} \cdot d\boldsymbol{S}$$

$$\therefore \Phi = \oint_S d\Phi = \oint_S \boldsymbol{D} \cdot d\boldsymbol{S} = Q$$

$$\therefore \oint_S \boldsymbol{D} \cdot d\boldsymbol{S} = Q = \Phi$$

■ 전속밀도 D: 단위면적당 전속수

☞ $D=\dfrac{\Phi}{S}=\dfrac{Q}{S}[C/m^2]$, $\Phi=Q$

☞ $D=\dfrac{d\Phi}{dS}$, $\therefore d\Phi = D dS$

■ 전속 Φ

☞ 전속 Φ는 매질과 무관하게 전하 $Q[C]$일 때, Q개의 전속선이 나옴을 의미

☞ $\Phi = Q[C]$

상기 수식과 같이 임의의 폐곡면 $S[m^2]$에 대한 전속 밀도 $D[C/m^2]$와 전하량 $Q[C]$사이의 관계를 가우스 법칙이라 한다. 특히, 상기 수식을 가우스 법칙의 적분형이라고 한다.

가우스 법칙의 물리적 개념을 살펴보면, 임의의 폐곡면에서 나오는 전속의 총수는 폐곡면 내에 있는 전체 전하량과 같다는 것을 나타내고 있다. 즉, 전속선의 개수를 알면 내부의 전하량을 알 수 있다는 뜻이다. 그리고, 전속밀도 $D[C/m^2]$와 전하량 $Q[C]$ 사이의 관계를 나타낸 상기의 수식을 전계 $E[V/m]$와 전하량 $Q[C]$사이의 관계로 다시 가우스 법칙을 표현하면 아래 수식과 같다.

$$\oint_S \boldsymbol{D} \cdot d\boldsymbol{S} = Q = \Phi$$

$$\oint_S \boldsymbol{D} \cdot d\boldsymbol{S} = \oint_S \epsilon_0 \boldsymbol{E} \cdot d\boldsymbol{S} = \epsilon_0 \oint_S \boldsymbol{E} \cdot d\boldsymbol{S} = Q$$

$$\therefore \oint_S \boldsymbol{E} \cdot d\boldsymbol{S} = \frac{Q}{\epsilon_0} \qquad \therefore \oint_S \boldsymbol{E} \cdot d\boldsymbol{S} = \frac{Q}{\epsilon_0} = N$$

■ 전속밀도 D, 전계 E와의 관계

☞ $\boldsymbol{D} = \epsilon_0 \boldsymbol{E}$

■ 진기력신수 N

☞ $N[lines] = \oint_S \boldsymbol{E} \cdot d\boldsymbol{S} = \frac{Q}{\epsilon_0}$

아래 그림 2-34는 가우스 법칙의 수식에 대한 물리적 개념을 나타낸 것이다. 진공 중에서 임의의 폐곡면에서 나오는 전기력선의 총수는 임의의 폐곡면 내부에 있는 전체 전하량의 $\frac{1}{\epsilon_0}$배와 같다는 것을 나타내고 있다.

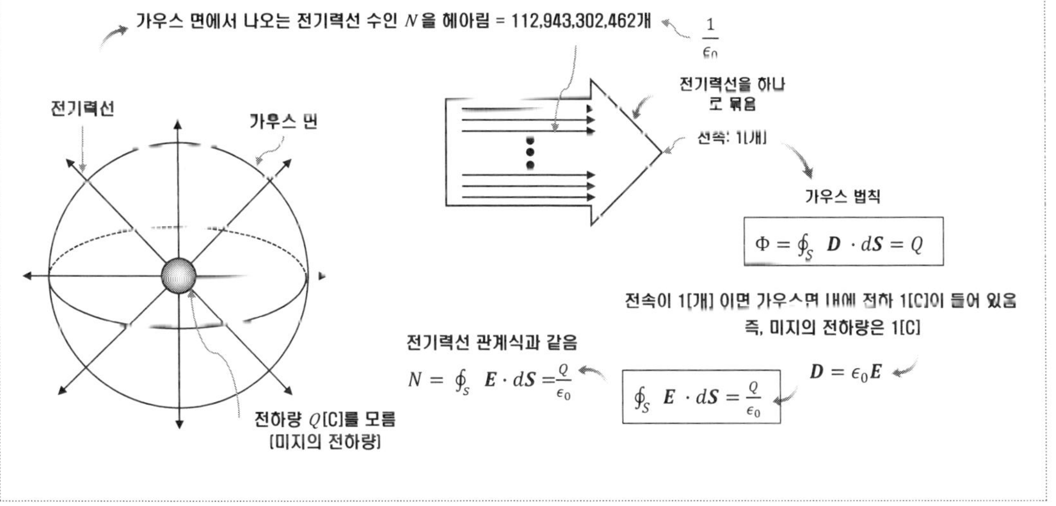

그림 2-34 가우스 법칙의 물리적 개념

폐곡면 내에 다수의 점전하가 분포하고 있을 경우, 전하 $Q[C]$은 다양한 형태인 점, 선, 면 및 체적 전하분포들로 구성될 수가 있으며, 이에 대한 전체 전하량 $Q[C]$를 표현하는 방법은 아래와 같다.

다수 점전하 분포: $Q[C] = \sum Q_n$ 선전하 분포: $Q[C] = \int_l \lambda\, dl$ 면전하 분포: $Q[C] = \int_S \sigma\, dS$ 체적전하 분포: $Q[C] = \int_v \rho\, dv$	■ 전, 선, 면, 체적전하 표시 ☞ 선전하밀도(λ: lambda): $\lambda\,[C/m]$ ☞ 면전하밀도(σ: sigma): $\sigma\,[C/m^2]$ ☞ 체적전하밀도(ρ: rho): $\rho\,[C/m^3]$

2.7.3 입체각을 통한 가우스 법칙의 증명

그림 2-35는 입체각을 이용하여 가우스 법칙을 증명한 것을 나타낸 것이다. 점전하 $Q[C]$이 있는 점에서 $r[m]$떨어진 지점에 미소면적 dS를 취하면 이 미소면적 dS를 관통하는 미소전속 $d\Phi$를 전속밀도 $\boldsymbol{D}$와의 관계를 수식으로 나타내면, $d\Phi = \boldsymbol{D} \cdot d\boldsymbol{S}$가 되고, 전속밀도 $\boldsymbol{D}$와 전계 $\boldsymbol{E}$사이의 관계는 $\boldsymbol{D} = \epsilon_0 \boldsymbol{E}$이 된다.

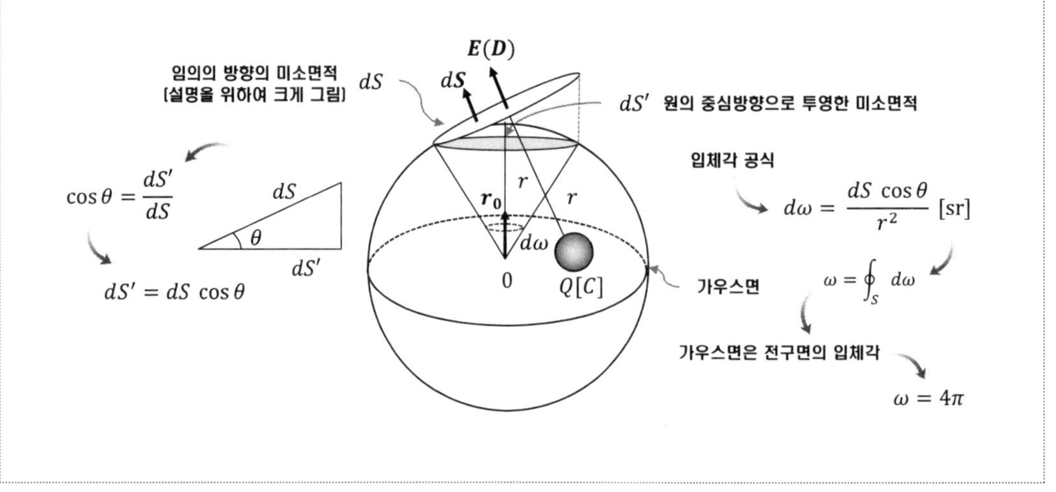

그림 2-35 입체각을 통한 가우스 법칙

이를 이용하여 폐곡면에서 나오는 전 전속선의 수 Φ를 구하면 다음과 같다.

$$\Phi = \oint_S \boldsymbol{D} \cdot d\boldsymbol{S} = \oint_S \epsilon_0 \boldsymbol{E} \cdot d\boldsymbol{S}$$
$$= \epsilon_0 \oint_S \boldsymbol{E} \cdot d\boldsymbol{S}$$
$$= \epsilon_0 \oint_S E\, dS\, \cos\theta$$
$$= \epsilon_0 \oint_S \frac{Q}{4\pi\epsilon_0 r^2}\, dS\, \cos\theta$$
$$= \epsilon_0 \oint_S \frac{Q}{4\pi\epsilon_0} \frac{dS\cos\theta}{r^2}$$
$$= \frac{Q}{4\pi} \oint_S dw$$
$$\therefore\ \Phi = \frac{Q}{4\pi} \oint_S dw = \frac{Q}{4\pi} 4\pi = Q[C]$$
$$\therefore\ \Phi = \oint_S \boldsymbol{D} \cdot d\boldsymbol{S} = Q[C]$$

■ 전속밀도 D와 전계 E와의 관계

☞ $\boldsymbol{D} = \epsilon_0 \boldsymbol{E}$

■ 벡터의 내적

☞ $\boldsymbol{A} \cdot \boldsymbol{B} = |\boldsymbol{A}||\boldsymbol{B}|\cos\theta = AB\cos\theta$

■ 전계 E

☞ $E = \dfrac{Q}{4\pi\epsilon_0 r^2}$

■ 입체각의 공식

☞ $\omega = \dfrac{S}{r^2}\ [sr]$

☞ $d\omega = \dfrac{dS'}{r^2} = \dfrac{dS\cos\theta}{r^2}\ [sr]$

■ 가우스면(전구면)의 입체각

☞ 전구면의 입체각: $\omega = 4\pi\ [sr]$

☞ $\therefore \oint_S d\omega = 4\pi$

즉, 상기 수식의 결과를 활용하여 전기력선 수 $N[lines]$을 구하면 다음과 같다.

$$N[lines] = \frac{Q}{\epsilon_0} = \frac{\Phi}{\epsilon_0} = \frac{1}{\epsilon_0} \oint_S \boldsymbol{D} \cdot d\boldsymbol{S}$$
$$= \oint_S \frac{\boldsymbol{D}}{\epsilon_0} \cdot d\boldsymbol{S}$$
$$= \oint_S \boldsymbol{E} \cdot d\boldsymbol{S}$$

■ 전기력선 수 N

☞ $N[lines] = \oint_S \boldsymbol{E} \cdot d\boldsymbol{S} = \dfrac{Q}{\epsilon_0}$

■ 전속과 전하와의 관계

☞ $\Phi = Q$

상기 수식은 입체각을 이용하여 계산한 결과이며, 상기 수식을 통하여 가우스 법칙이 성립함을 알 수 있다. 따라서 가우스 법칙을 다시 표현하면 다음과 같다.

전속의 총수 계산: $\oint_S \boldsymbol{D} \cdot d\boldsymbol{S} = Q = \Phi$

전기력선 총수 계산: $\oint_S \boldsymbol{E} \cdot d\boldsymbol{S} = \dfrac{Q}{\epsilon_0} = N$

■ 가우스 법칙

☞ 전속밀도 D와 전하량 Q의 관계

☞ 전계세기 E와 전하량 Q의 관계

예제 2.42

▣ 폐곡면을 통하여 나가는 전기력선의 총 수는 그 내부에 있는 점전하의 대수합의 몇 배와 같은가?

① $\frac{1}{4\pi\epsilon_0}$ ② $\frac{1}{2\pi\epsilon_0}$ ③ $\frac{1}{\pi\epsilon_0}$ ④ $\frac{1}{\epsilon_0}$

풀이	◉ 가우스의 정리 $\int_s E \cdot dS = \frac{1}{\epsilon_o} \times \sum_{i=1}^{n} Q_i$ ☞ ④

예제 2.43

▣ 진공 중에서 폐곡면을 통하여 나가는 전력선의 총 수는 그 내부에 있는 정전하의 대수적 합의 몇 배가 되는가?

① ϵ_0 ② $\frac{1}{\epsilon_0}$ ③ ϵ_0^2 ④ 1

풀이	◉ 가우스의 정리에 의하여 ▶ 단위전하($1[C]$)에서는 $\frac{1}{\epsilon_0} = 36\pi \times 10^9$개의 전기력선이 발생한다. ▶ $Q[C]$의 전하에서 $N = Q/\epsilon_0$개의 전기력선이 발생한다. ▶ $Q[C]$의 전하에서 전속선의 수는 Q개가 나온다. ☞ ②

예제 2.44

▣ 유전율 $\epsilon_0\epsilon_s$의 유전체 내에 있는 전하 Q에서 나오는 전기력선 수는?

① Q개 ② $\frac{Q}{\epsilon_0\epsilon_s}$개 ③ $\frac{Q}{\epsilon_0}$개 ④ $\frac{Q}{\epsilon_s}$개

풀이	◉ 전기력선 수와 전기력선 밀도는 매질과 전하에 관계되므로 가우스 정리 $\int_s E \cdot dS = \frac{Q}{\epsilon} = \frac{Q}{\epsilon_o\epsilon_s}$에서 ▶ 매질(유전체)에서 전기력선 수: $\frac{Q}{\epsilon_0\epsilon_s}$ ▶ 진공 또는 공기 중($\epsilon_s = 1$) 전기력선수: $\frac{Q}{\epsilon_0}$ ▶ $Q[C]$의 전하에서 전속선의 수는 Q개가 나온다. ☞ ②

2-8 도체의 성질과 전하 분포

가우스 법칙을 이용하여 다양한 형태의 도체에 대한 전하분포 및 전계를 구하기 위하여서는 도체의 성질과 전하분포에 대하여 알면 쉽게 해석할 수 있다. 이에 대하여 알아보자.

2.8.1 도체의 성질

도체 표면은 등전위면이고 도체 내부의 전위는 도체 표면의 전위와 같다. 즉 등전위면을 이루고 있다. 이것은 도체의 성질 중에서 도체는 많은 자유전자를 가지고 있기 때문에 쉽게 이동이 가능하나 전위차가 없어 정전상태를 유지한다는 것을 뜻한다.

그림 2-36에 도체의 성질을 나타내었다. 도체 내부의 전계의 세기는 0이다. 이것은 도체가 등전위면을 이루고 있기 때문에 전위차가 존재하지 않아 전계의 세기는 0이라는 것을 의미한다.

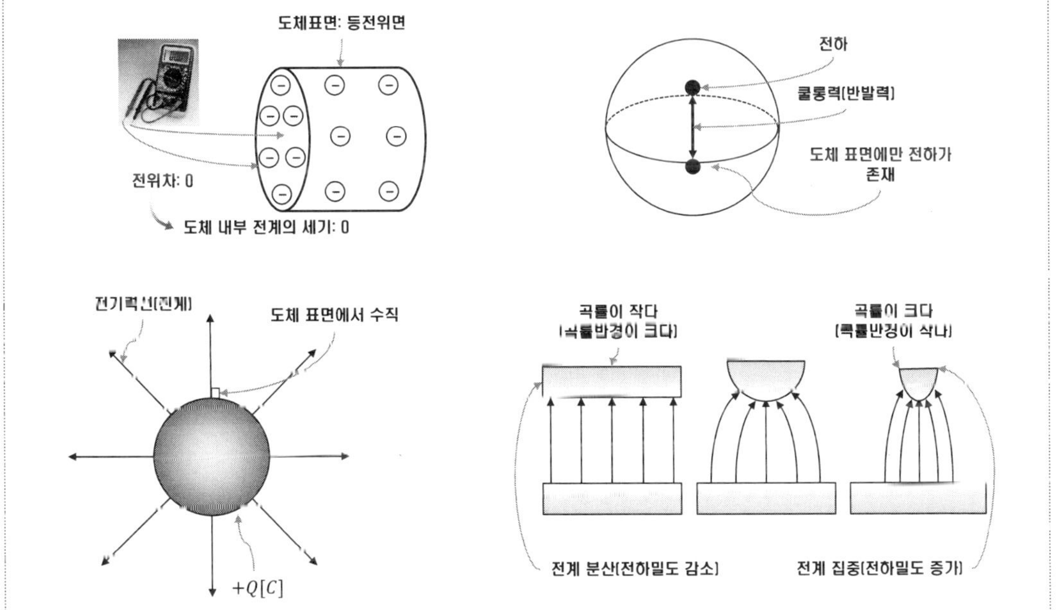

그림 2-36 도체의 성질

그리고, 현실적으로 도체 내부에는 전하가 존재하지 않고 도체의 표면에만 존재한다. 이것은 도체가 많은 자유전자를 가지고 있으며, 이 자유전자는 음(－)의 전하를 띠고 있어 쿨롱력에 의하여 전하 상호간에 서로 밀어 내기 때문에 도체의 내부에는 자유전자가 존재하지 못한다는 것을 말한다. 따라서 도체 내부에는 전하가 존재할 수 없다. 그러나, 이상적으로 전하분포가 균일하다고 가정하여 전하분포 및 전계의 세기를 구하기도 한다.

도체 표면에서 전계의 방향은 도체 표면에 항상 수직이 된다. 이것은 도체 표면은 등전위면이고 등전위면에 수직으로 전기력선이 나오기 때문에 항상 수직이 된다.

또한, 도체 표면에서 전하밀도는 곡률이 클수록(뾰족할수록, 곡률 반경이 작을수록) 높다. 반대로 곡률이 작을수록(평판일수록, 곡률 반경이 클수록) 전하분포는 낮다. 이것은 곡률이 크면(뾰족하다면) 여기에 전계가 집중되기 때문에 전하분포가 높다는 것을 말한다.

예제 2.45

▣ 대전도체 표면의 전하밀도는 도체 표면의 모양에 따라 어떻게 되는가?

① 곡률이 크면 작아진다. ② 곡률이 크면 커진다.
③ 평면일 때 가장 크다. ④ 표면 모양에 무관하다.

풀이

◉ 곡률반경 작다: 곡률 크다. 전계, 전하밀도 크다.
◉ 곡률반경 크다: 곡률 작다. 전계, 전하밀도 작다.
☞ ②

예제 2.46

▣ 대전도체의 내부 전위는?

① 항상 0이다. ② 도체표면 전위와 동일하다.
③ 대지전압과 전하의 곱으로 표시한다. ④ 공기의 유전율이 같다.

풀이

◉ 대전도체 내부에는 전계(전기력선)가 없다. 즉, 전위차가 발생하지 않는다. 따라서 내부의 전위와 표면 전위는 같다(도체는 등전위이다).
☞ ②

2.8.2 중공 도체의 성질

그림 2-37과 같이 도체 내부가 비어 있는 중공 도체의 경우, 전하 분포를 살펴보자. 중공부에 전하가 없는 도체에서 전하는 도체 외부에만 분포한다. 내부가 비어 있는 구도체 형태의 중공 도체에 ＋전하를 중공 도체에 대전시키게 되면 ＋전하들 사이의 쿨롱력이 작용하여 도체 내부인 중공에는 전하가 존재할 수 없으며 가장 먼 곳인 도체 표면에 ＋전하가 존재하게 된다는 것을 말한다.

그리고, 만약 중공부에 +전하를 두게 되면, 도체 내부 표면에는 도체의 대전현상(정전유도)에 의하여 중공부 가까이에는 중공부 도체의 전하의 반대에 해당되는 −전하가 존재하게 되고 중공부 도체의 외부 표면에는 중공부 도체와 동일한 +전하가 분포하게 된다.

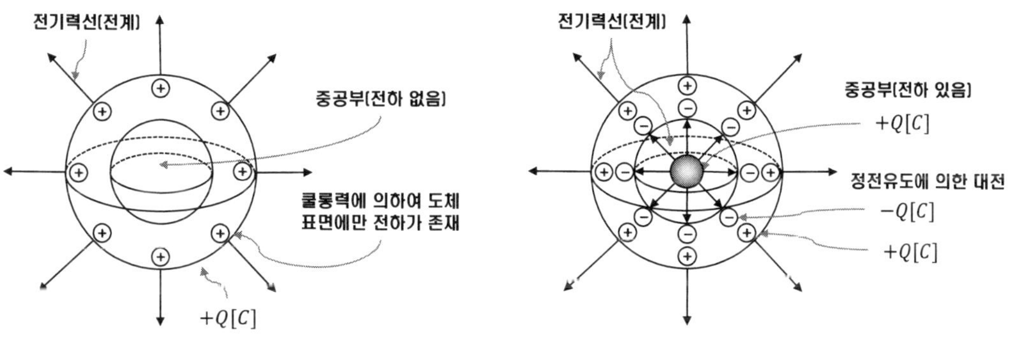

그림 2-37 중공 도체의 성질

예제 2.47

■ 다음 정전계에 대한 설명 중 틀린 것은?

① 도체에 주어진 전하는 도체 표면에만 분포한다.

② 중공도체에 준 전하는 외부 표면에만 분포하고 내면에는 존재하지 않는다.

③ 단위 전하에서 나오는 전기력선의 수는 $\dfrac{1}{\epsilon_0}$개이다.

④ 전기력선은 전하가 없는 곳에서 서로 교차한다.

풀이

◉ 전계가 0이 아닌 곳에서는 2개의 전기력선은 교차하지 않는다.

☞ ④

예제 2.48

■ 도체에 정(+)의 전하를 주었을 때 다음 중 옳지 않은 것은?

① 도체 표면에서 수직으로 전기력선이 발산한다.

② 도체 내에 있는 공동면에도 전하가 분포한다.

③ 도체 외측 측면에만 전하가 분포한다.

④ 도체 표면의 곡률 반지름이 작은 곳에 전하가 많이 모인다.

풀이

◉ 도체 내에 있는 공동면에는 전하가 분포하지 않는다.

☞ ②

2-9 가우스 법칙의 계산 예

가우스 법칙을 이용하여 다양한 형태의 도체에 대한 전하 분포 및 전계를 구하기 위하여서는 다양한 고려 조건을 검토하여야 한다. 우선 가우스 법칙을 다시 나타내면 다음과 같다.

$$\oint_S \boldsymbol{D} \cdot d\boldsymbol{S} = Q = \Phi$$

$$\oint_S \boldsymbol{E} \cdot d\boldsymbol{S} = \frac{Q}{\epsilon_0} = N$$

■ 가우스 법칙

☞ 전속밀도 D와 전하량 Q의 관계

☞ 전계의 세기E와 전하량 Q의 관계

■ 가우스 법칙에서 전계 E 및 전속밀도 D

☞ $E = \frac{Q}{4\pi\epsilon_0 r^2}[V/m]$

☞ $D = \frac{Q}{4\pi r^2}[C/m^2]$

상기 가우스 법칙의 수식에서 전계 $\boldsymbol{E}$와 전속밀도 $\boldsymbol{D}$를 살펴보면, 전계 $\boldsymbol{E}$는 진공 중의 유전율 ϵ_0에 반비례하는 값을 나타낸다. 추후에 유전율 값인 ϵ으로 대치되며 $\epsilon = \epsilon_0\epsilon_s$로 유전체에 따라 다른 특성을 가지는 비유전율 값인 ϵ_s에 의하여 전계 $\boldsymbol{E}$는 유전체의 매질에 따라 변화하는 특성을 가지고 있다. 그러나, 전속밀도 $\boldsymbol{D}$는 유전율 값인 ϵ에 무관하여 유전체의 매질에 따라 변화하지 않고 일정한 값을 나타낸다. 따라서, 가우스 법칙을 적용할 경우 전계의 세기 $\boldsymbol{E}$ 보다 전속 밀도 $\boldsymbol{D}$로 해석하는 것이 간편하다.

또한, 가우스 법칙을 적용하기 위하여서는 전하 분포가 대칭적인 구조를 이루어야 면적분을 수행하기가 편리하다. 따라서, 주로 점 대칭 전하의 경우는 구 형태의 가우스 면을 사용하고 있으며, 축 대칭 전하의 경우는 도체의 형태에 따라서 원통형의 가우스 면을 사용하기도 한다.

그리고, 가우스 법칙은 벡터의 내적을 사용하고 있으므로 $\oint_S \boldsymbol{D} \cdot d\boldsymbol{S} = Q = \Phi$에서 전속밀도 $\boldsymbol{D}$와 가우스 면의 미소면적 $d\boldsymbol{S}$ 사이의 벡터가 이루는 각은 $\cos\theta$ 값을 가지고 있으므로 아래의 조건을 이용하여 풀이한다.

전속밀도 $\boldsymbol{D}$는 가우스 면의 면 벡터 $d\boldsymbol{S}$와 수직인 90° 의 방향이거나 접선(평행)인 0° 의 방향을 고려하여 계산한다. 그리고, 가우스 면 $d\boldsymbol{S}$ 위에서 $\boldsymbol{D} \cdot d\boldsymbol{S}$가 0이 아니면 전속밀도 $\boldsymbol{D}$는 일정한 값을 가진다. 이러한 조건을 활용하여 다양한 모양의 대전체에 대하여 전계 $\boldsymbol{E}$와 전속밀도 $\boldsymbol{D}$를 구할 수 있다. 아래 수식은 가우스 법칙을 다시 나타낸 수식이다.

$$\oint_S \boldsymbol{D} \cdot d\boldsymbol{S} = Q = \Phi$$

■ 벡터의 내적 표시

☞ $\boldsymbol{A} \cdot \boldsymbol{B} = |\boldsymbol{A}||\boldsymbol{B}|\cos\theta = AB\cos\theta$

☞ 수직: θ가 $90°$ 인 경우

$\boldsymbol{A} \cdot \boldsymbol{B} = |\boldsymbol{A}||\boldsymbol{B}|\cos 90° = 0$

☞ 접선(평행): θ가 $0°$ 인 경우

$\boldsymbol{A} \cdot \boldsymbol{B} = |\boldsymbol{A}||\boldsymbol{B}|\cos 0° = AB$

2.9.1 구체의 전계와 전위

2.9.1.1 구체 상에 균일하게 대전된 구체

그림 2-38과 같이 전하 $Q[C]$가 도체 내부까지 균일하게 대전된 반지름 $a[m]$의 구체에 대한 전계의 세기 $E[V/m]$와 전위 $V[V]$를 구하여 보자.

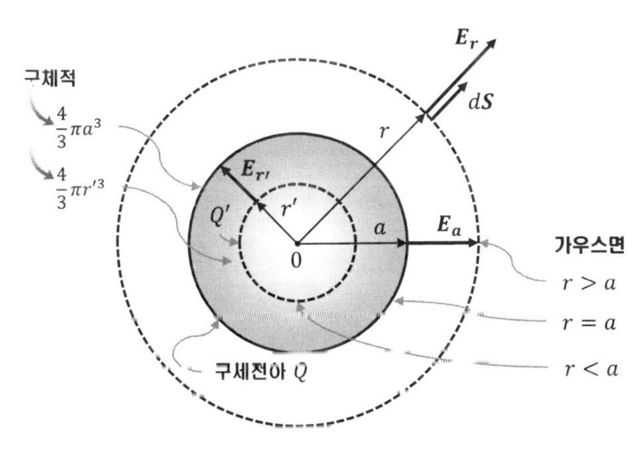

■ 균일하게 대전된 구체의 전계

☞ 반지름 $a[m]$인 구체에 $Q[C]$으로 균일하게 대전된 구체

■ 가우스 면을 3가지로 나누어서 각각에 대한 전계를 구함

☞ 구체의 반지름 $a[m]$보다 큰 반지름 $r[m]$인 경우

☞ 반지름 $a[m]$와 동일한 경우

☞ 반지름 $a[m]$보다 작은 $r'[m]$인 경우)

그림 2-38 균일하게 대전된 구체의 전계

(1) 균일하게 대전된 구체 외부의 전계 (r > a인 경우)

구체의 반지름 $a[m]$보다 더 큰 반지름 $r[m]$인 가우스 면을 생각해 보자. 반지름 $r[m]$인 가우스 면의 내부에 균일하게 대전된 전하량 $Q[C]$를 가지는 구체에 대하여 가우스 정

리 $\oint_S \boldsymbol{E_r} \cdot d\boldsymbol{S} = \frac{Q}{\epsilon_0}$에 의하여 구체 외부에 대한 전계 $\boldsymbol{E_r}$은 다음과 같이 구할 수 있다.

$$\oint_S \boldsymbol{E_r} \cdot d\boldsymbol{S} = \frac{Q}{\epsilon_0}$$

$$\oint_S \boldsymbol{E_r} \cdot d\boldsymbol{S} = E_r \oint_S dS = E_r \times 4\pi r^2$$

$$E_r \times 4\pi r^2 = \frac{Q}{\epsilon_0} \quad \therefore E_r = \frac{Q}{4\pi\epsilon_0 r^2}[V/m]$$

■ 가우스 법칙을 적용

☞ $\oint_S \boldsymbol{E_r} \cdot d\boldsymbol{S}$ 에서 벡터 $\boldsymbol{E_r}$과 벡터 $d\boldsymbol{S}$는 평행함으로 두 벡터의 내적은 $|\boldsymbol{E_r}| \cdot |d\boldsymbol{S}| \cos\theta$에서 θ가 $0°$이므로 $E_r \oint_S dS$ 로 나타낼 수 있음

☞ $\oint_S dS$ 는 반지름 $r[m]$인 구의 표면적이기 때문에 $4\pi r^2$으로 계산됨

☞ 그러므로, 전계는 $E_r \propto \frac{1}{r^2}$

전계 $\boldsymbol{E_r}$을 이용하여 전위 V_r을 다음과 같이 구할 수 있다. $1[C]$의 전하를 무한 원점에서 거리 $r[m]$인 지점까지 이동시킬 때 필요한 일은 아래 수식으로 나타낼 수 있다.

$$V_r = -\int_\infty^r \boldsymbol{E_r} \cdot d\boldsymbol{r} = -\int_\infty^r \frac{Q}{4\pi\epsilon_0 r^2} dr$$

$$= -\frac{Q}{4\pi\epsilon_0} \int_\infty^r \frac{1}{r^2} dr$$

$$= -\frac{Q}{4\pi\epsilon_0} \times -\frac{1}{r} = \frac{Q}{4\pi\epsilon_0 r}[V]$$

■ 전위의 공식을 적용

☞ $\int_\infty^r \boldsymbol{E_r} \cdot d\boldsymbol{r}$에서 벡터 $\boldsymbol{E_r}$과 벡터 $d\boldsymbol{r}$은 평행함으로 두 벡터의 내적은 $|\boldsymbol{E_r}| \cdot |d\boldsymbol{r}| \cos\theta$에서 θ가 $0°$이고, $\int_\infty^r E_r dr$로 나타낼 수 있음

■ 적분공식

☞ $\int x^n dx = \frac{x^{n+1}}{n+1}$의 적분공식에서

☞ $\int r^{-2} dr = \frac{r^{-2+1}}{-2+1} = -r^{-1} = -\frac{1}{r}$

☞ $\int_\infty^r \frac{1}{r^2} dr = \int_\infty^r r^{-2} dr = -[r^{-1}]_\infty^r$

$= -\left[\frac{1}{r}\right]_\infty^r = -(\frac{1}{r} - \frac{1}{\infty}) = -\frac{1}{r}$

■ 그러므로, 전위는 $V_r \propto \frac{1}{r}$

(2) 균일하게 대전된 구체 표면의 전계 (r = a인 경우)

구체의 반지름 $a[m]$와 동일한 반지름 $r[m]$인 가우스 면을 생각해 보자. 반지름 $r[m]$인 가우스 면은 구체 표면에 해당되는 전계를 구하는 것과 같다. 아래와 같이 구할 수 있다.

$$\oint_S \boldsymbol{E}_a \cdot d\boldsymbol{S} = \frac{Q}{\epsilon_0}$$

$$\oint_S \boldsymbol{E}_a \cdot d\boldsymbol{S} = E_a \oint_S dS = E_a \times 4\pi a^2$$

$$E_a \times 4\pi a^2 = \frac{Q}{\epsilon_0} \quad \therefore E_a = \frac{Q}{4\pi\epsilon_0 a^2}[V/m]$$

■ 가우스 법칙을 적용

☞ $\oint_S \boldsymbol{E}_a \cdot d\boldsymbol{S}$ 에서 $\boldsymbol{E}_a$와 벡터 $d\boldsymbol{S}$는 평행함으로 두 벡터의 내적은 $|\boldsymbol{E}_a| \cdot |d\boldsymbol{S}| \cos\theta$에서 θ가 $0°$이므로 $E_a \oint_S dS$ 로 나타낼 수 있음

☞ $\oint_S dS$ 는 빈지름 $a[m]$인 구의 표면적이기 때문에 $4\pi a^2$으로 계산

☞ 그러므로, 반지름 $a[m]$인 구체 표면의 전계는 $E_a = \frac{Q}{4\pi\epsilon_0 a^2}[V/m]$

$$V_a = \int_\infty^a \boldsymbol{E}_a \cdot d\boldsymbol{r} = -\int_\infty^a \frac{Q}{4\pi\epsilon_0 a^2} dr$$

$$= -\frac{Q}{4\pi\epsilon_0}\int_\infty^a \frac{1}{r^2} dr$$

$$= -\frac{Q}{4\pi\epsilon_0} \times -\frac{1}{a} = \frac{Q}{4\pi\epsilon_0 a}[V]$$

■ 전위의 공식을 적용

☞ $\int_\infty^a \boldsymbol{E}_a \cdot d\boldsymbol{r}$에서 벡터 $\boldsymbol{E}_a$와 벡터 $d\boldsymbol{r}$은 평행함으로 두 벡터의 내적은 $|\boldsymbol{E}_a| \cdot |dr| \cos\theta$에서 θ가 $0°$이고, $\int_\infty^a E_a dr$로 나타낼 수 있음

☞ 적분구간인 ∞에서 a까지 적분을 위하여 $E_a = \frac{Q}{4\pi\epsilon_0 a^2}$를 $E_a = \frac{Q}{4\pi\epsilon_0 r^2}$으로 변경

■ 적분공식

☞ $\int x^n dx = \frac{x^{n+1}}{n+1}$의 적분공식에서

☞ $\int r^{-2} dr = \frac{r^{-2+1}}{-2+1} = -r^{-1} - \frac{1}{r}$

☞ $\int_\infty^a \frac{1}{r^2} dr = \int_\infty^a r^{-2} dr = -[r^{-1}]_\infty^a$

$$= -\left[\frac{1}{r}\right]_\infty^a = -\left(\frac{1}{a} - \frac{1}{\infty}\right) = -\frac{1}{a}$$

■ 그러므로, 전위는 $V_a = \frac{Q}{4\pi\epsilon_0 a}[V]$

(3) 균일하게 대전된 구체 내부의 전계 (r < a인 경우)

구체의 반지름 $a[m]$보다 작은 반지름 $r[m]$인 가우스 면을 생각해 보자. 이때 반지름을 $r'[m]$라고 한다면 반지름 $r'[m]$의 가우스 면은 구체 반지름 $a[m]$보다 작아 구체 내부에 존재하고 있으며, 구체 전하가 균일하게 대전되어 있기 때문에 체적에 비례한 전하량을 나타내고 있다. 따라서, 체적 변화에 따른 전하량의 변화를 비례식으로 표현하면 다음과 같다.

$$Q : \frac{4}{3}\pi a^3 = Q' : \frac{4}{3}\pi r'^3$$

$$Q' = \frac{\frac{4}{3}\pi r'^3}{\frac{4}{3}\pi a^3} Q = \frac{r'^3}{a^3} Q[C]$$

■ 체적 변화에 대한 전하량 변화를 비례식으로 나타냄

☞ 구체의 반지름 $a[m]$ 보다 작은 반지름 $r[m]$인 가우스 면의 반지름을 $r'[m]$로 함

상기 체적의 변화에 따른 전하량의 변화를 비례식을 이용하여 가우스 법칙을 적용하면 아래 수식과 같다.

$$\oint_S \boldsymbol{E}_{r'} \cdot d\boldsymbol{S} = \frac{Q'}{\epsilon_0}$$

$$\oint_S \boldsymbol{E}_{r'} \cdot d\boldsymbol{S} = E_{r'} \oint_S dS = E_{r'} \times 4\pi r'^2$$

$$E_{r'} \times 4\pi r'^2 = \frac{Q'}{\epsilon_0}$$

$$E_{r'} = \frac{Q'}{4\pi\epsilon_0 r'^2}[V/m]$$

$$\therefore\ E_{r'} = \frac{\frac{r'^3}{a^3}Q}{4\pi\epsilon_0 r'^2} = \frac{r'Q}{4\pi\epsilon_0 a^3}[V/m]$$

■ 가우스 법칙을 적용

☞ $\oint_S \boldsymbol{E}_{r'} \cdot d\boldsymbol{S}$ 에서 $\boldsymbol{E}_{r'}$와 벡터 $d\boldsymbol{S}$는 평행함으로 두 벡터의 내적은 $|\boldsymbol{E}_{r'}| \cdot |d\boldsymbol{S}| \cos\theta$에서 θ가 $0°$ 이므로 $E_{r'} \oint_S dS$ 로 나타낼 수 있음

☞ $\oint_S dS$ 는 반지름 $r'[m]$인 구의 표면적이기 때문에 $4\pi r'^2$으로 계산

☞ 상기에서 구한 $Q' = \frac{r'^3}{a^3}Q$의 값을 대입하여 풀이

☞ 그러므로, 전계는 $E_{r'} \propto r'$

구체 내부의 전위 $V_{r'}$를 구하기 위하여서는 구체 표면의 전위 V_a와 구체 내부에 전하가 균일하게 분포하고 있기 때문에 구체 내부의 한 점 r'인 지점의 전위를 $V_{ar'}$라고 한다면 구체 내부의 전위 $V_{r'}$는 구체 표면의 전위 V_a와 구체 내부의 한 점 r'인 지점의 전위를 $V_{ar'}$

의 합으로 나타낼 수 있다. 이를 수식으로 표현하면 다음과 같다.

$V_{r'} = V_a + V_{ar'} = -\int_{\infty}^{a} \boldsymbol{E_a} \cdot d\boldsymbol{r} - \int_{a}^{r'} \boldsymbol{E_{r'}} \cdot d\boldsymbol{r}$ $= \dfrac{Q}{4\pi\epsilon_0 a} - \dfrac{Q}{4\pi\epsilon_0 a^3}\int_a^{r'} r dr$ $= \dfrac{Q}{4\pi\epsilon_0 a} - \dfrac{Q}{4\pi\epsilon_0 a^3}(\dfrac{r'^2 - a^2}{2})$ $= \dfrac{Q}{4\pi\epsilon_0 a}[1-(\dfrac{r'^2 - a^2}{2a^2})]$ $= \dfrac{Q}{4\pi\epsilon_0 a}[1-(\dfrac{r'^2}{2a^2} - \dfrac{1}{2})] = \dfrac{Q}{4\pi\epsilon_0 a}(\dfrac{3}{2} - \dfrac{r'^2}{2a^2})$ $= \dfrac{3Q}{8\pi\epsilon_0 a} - \dfrac{Qr'^2}{8\pi\epsilon_0 a^3}[V]$	■ $V_a = -\int_{\infty}^{a} \boldsymbol{E_a} \cdot d\boldsymbol{r} = \dfrac{Q}{4\pi\epsilon_0 a}$이고 ■ $V_{ar'} = -\int_a^{r'} \boldsymbol{E_{r'}} \cdot d\boldsymbol{r}$에서 벡터 $\boldsymbol{E_{r'}}$와 벡터 $d\boldsymbol{r}$은 평행함으로 두 벡터의 내적은 $\|\boldsymbol{E_{r'}}\| \cdot \|d\boldsymbol{r}\| \cos\theta$에서 θ가 $0°$이고, $\int_a^{r'} E_{r'} dr$로 나타낼 수 있음 ■ 적분공식 ☞ $\int x^n dx = \dfrac{x^{n+1}}{n+1}$의 적분공식에서 ☞ $\int_a^{r'} r dr = \left[\dfrac{1}{2}r^2\right]_a^{r'} = \dfrac{r'^2 - a^2}{2}$을 대입 ■ 그러므로, 전위는 $V_{r'} \propto r'^2$

상기 수식에서 구체의 중심인 $r' = 0$에 대한 전위 V_o를 구하면 다음과 같다.

$V_o = \dfrac{3Q}{8\pi\epsilon_0 a}[V]$	■ 구체 중심의 전위 ☞ $r' = 0$를 대입

상기에서 구한 전계와 전위를 거리에 따라 그래프로 나타내면 그림 2-39와 같다.

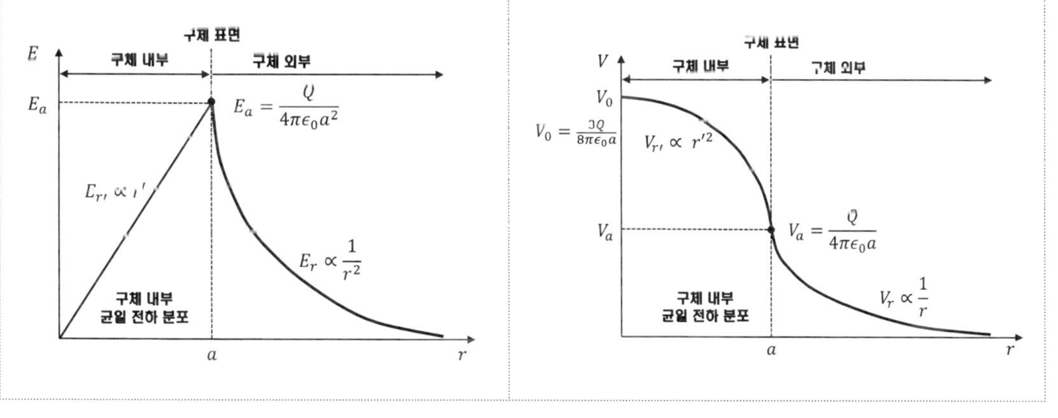

그림 2-39 균일하게 대전된 구체의 전계와 전위 분포 그래프

2.9.1.2 구체 표면에만 대전된 구체

그림 2-40과 같이 전하 $Q[C]$이 구체의 표면에만 대전된 반지름 $a[m]$의 구체에 대한 전계의 세기 $E[V/m]$와 전위 $V[V]$를 구하여 보자.

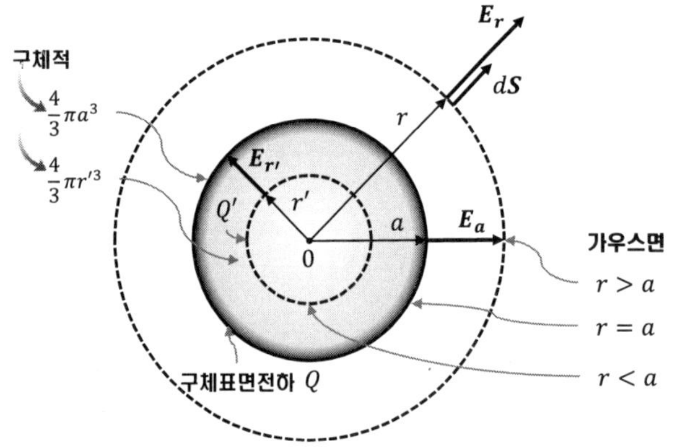

■ 표면에만 대전된 구체의 전계
☞ 반지름 $a[m]$인 구체에 $Q[C]$으로 표면에만 대전된 구체
■ 가우스 면을 3가지로 나누어서 각각에 대한 전계를 구함
☞ 구체의 반지름 $a[m]$보다 큰 반지름 $r[m]$인 경우
☞ 반지름 $a[m]$와 동일한 경우
☞ 반지름 $a[m]$보다 작은 $r'[m]$인 경우)

그림 2-40 구체 표면에만 대전된 구체의 전계

구체의 반지름 $a[m]$보다 더 큰 반지름 $r[m]$인 가우스 면을 생각하여 전계와 전위를 구하는 것은 상기의 도체 내부까지 균일하게 대전된 구체에서 구한 값과 같다. 그리고, 구체의 반지름 $a[m]$와 동일한 반지름 $r[m]$인 가우스 면을 이용한 구체 표면에 해당되는 전계와 전위를 구하는 것은 상기의 도체 내부까지 균일하게 대전된 구체에서 구한 값과 같다.

그러나, 구체의 반지름 $a[m]$보다 작은 반지름 $r[m]$인 가우스 면을 생각해 보자. 이때 반지름을 $r'[m]$라고 한다면 반지름 $r'[m]$의 가우스 면은 구체 반지름 $a[m]$보다 작아 구체 내부에 존재하고 있으며, 구체 표면에만 대전되어 있어 구체 내부에서는 전하가 존재하지 않는다. 따라서, 구체 내부에서는 전하가 존재하지 않기 때문에 구체 내부의 전계 $E_{r'}$는 0이 된다. 또한, 구체 내부의 전위 $V_{r'}$를 구하기 위하여서는 구체 내부의 전위 $V_{r'}$는 구체 표면의 전위 V_a와 구체 내부의 한 점 r'인 지점의 전위 $V_{ar'}$의 합으로 나타낼 수 있다. 구체 표면의 전위 V_a와 구체 내부에 전하가 없으므로 구체 내부의 한 점 r'인 지점의 전위 $V_{ar'} = 0$이 된다. 따라서, 구체 내부의 전위 $V_{r'} = V_a$가 된다. 아래 표 2-1은 구체 표면에만 대전된 구체에 대한 전계와 전위를 구한 것을 요약하여 나타낸 것이다.

표 2-1 구체 표면에만 대전된 구체의 전계와 전위

가우스 면	전계	전위
구체구 외부 ($r>a$)	$E_r = \dfrac{Q}{4\pi\epsilon_0 r^2}[V/m]$	$V_r = \dfrac{Q}{4\pi\epsilon_0 r}[V]$
구체구 표면 ($r=a$)	$E_a = \dfrac{Q}{4\pi\epsilon_0 a^2}[V/m]$	$V_a = \dfrac{Q}{4\pi\epsilon_0 a}[V]$
구체구 내부 ($r<a$, r')	구체 내부에는 전하가 존재하기 않기 때문에 $E_{r'}=0$	$V_{r'} = V_a + V_{ar'} = V_a \ (\because V_{ar'}=0)$ $V_{r'} = V_a = \dfrac{Q}{4\pi\epsilon_0 a}[V]$

상기에서 구한 전계와 전위를 거리에 따라 그래프로 나타내면 그림 2-41과 같다.

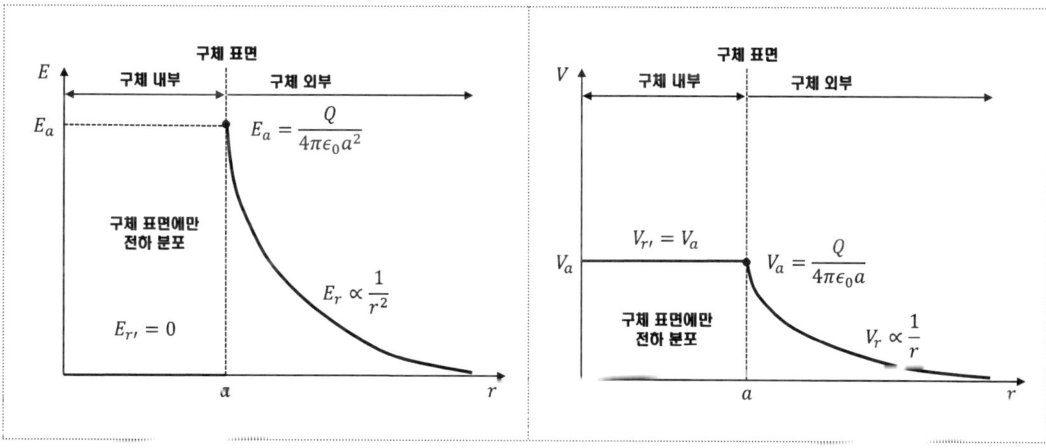

그림 2-41 구체 표면에만 대전된 구체의 전계와 전위 분포 그래프

예제 2.49

▣ 절연내력 $300[kV/m]$인 공기 중에 놓여진 직경 $1[m]$의 구도체에 줄 수 있는 최대 전하는 얼마인가?

풀이

◉ 전계 $E = \dfrac{Q}{4\pi\epsilon_0 r^2} = 300\times 10^3$에서

$\therefore$ 전하 $Q = (4\pi\epsilon_0 r^2)\times(300\times 10^3) = \dfrac{1}{9\times 10^9}\times 0.5^2\times 300\times 10^3 \fallingdotseq 8.33\times 10^{-6}\,[C]$

예제 2.50

■ 균일하게 대전된 구대칭 전하에 의한 전계 E와 반경 r 사이의 관계는?

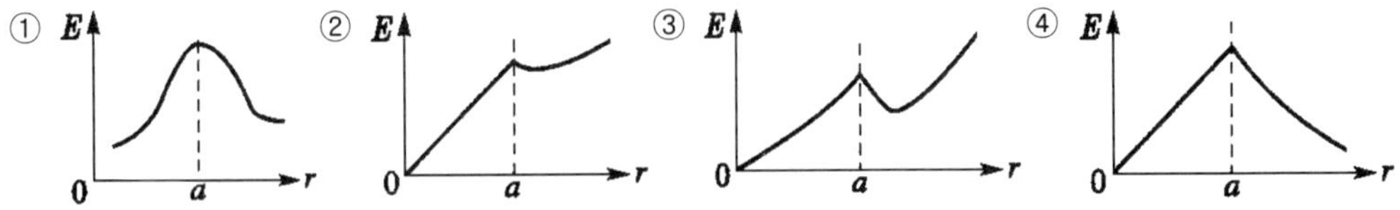

풀이

◉ 체적 변화에 따른 전하량의 변화를 비례식으로 표현

▶ 구대칭에 의한 전계는 내부에서 $E = \frac{rQ}{4\pi\epsilon_0 a^3}[V/m]$로 거리에 비례

▶ 구대칭에 의한 전계는 외부에서 $E = \frac{Q}{4\pi\epsilon_0 r^2}[V/m]$로 거리의 제곱에 반비례

☞ ④

예제 2.51

■ 진공 중에서 $Q[C]$의 전하가 반지름 $a[m]$인 구에 내부까지 균일하게 분포되어 있는 경우 구의 중심으로부터 $a/2$인 거리에 있는 점의 전계의 세기 $[V/m]$는 얼마인가?

풀이

◉ 체적 변화에 따른 전하량의 변화를 비례식으로 표현

▶ 반지름 $\frac{a}{2}[m]$인 구의 전하를 Q'라 하면 $Q' = \frac{\frac{4}{3}\pi(\frac{a}{2})^3}{\frac{4}{3}\pi a^3}Q = \frac{1}{8}Q$

▶ 가우스 법칙 $E_{r'} \times 4\pi r'^2 = \frac{Q'}{\epsilon_0}$에서 $E_{r'} \times 4\pi(\frac{a}{2})^2 = \frac{Q'}{\epsilon_0} = \frac{Q}{8\epsilon_0}$ $\therefore E_{r'} = \frac{Q}{8\pi\epsilon_0 a^2}[V/m]$

▶ 또는 $E_{r'} = \frac{\frac{r'^3}{a^3}Q}{4\pi\epsilon_0 r'^2} = \frac{r'Q}{4\pi\epsilon_0 a^3} = \frac{(\frac{a}{2})Q}{4\pi\epsilon_0 a^3} = \frac{Q}{8\pi\epsilon_0 a^2}[V/m]$

예제 2.52

■ 반지름 $a[m]$인 구도체에 $Q[C]$의 전하가 주어졌을 때 구심에 $5a[m]$ 되는 점의 전위 $[V]$는 얼마인가?

풀이

◉ 구도체의 전하 또는 구대칭 전하는 구 밖에서 볼 때는 중심에 점전하로 생각할 수 있다.

▶ 전위 $V = \frac{Q}{4\pi\epsilon_0 r}[V]$에서 $r = 5a$를 대입하면

$\therefore$ 전위 $V = \frac{Q}{4\pi\epsilon_0(5a)} = \frac{1}{20\pi\epsilon_0} \cdot \frac{Q}{a}[V]$

【구체의 전계와 전위 요약 정리】

<table>
<tr><th colspan="2" rowspan="2">구분</th><th colspan="3">관련내용</th></tr>
<tr><th>$r > a$(외부)</th><th>$r = a$(표면)</th><th>$r < a$(내부)</th></tr>
<tr><td rowspan="4">구 도체</td><td rowspan="2">균일</td>
<td>$E_r = \dfrac{Q}{4\pi\epsilon_0 r^2}[V/m]$
119 $V_r = \dfrac{Q}{4\pi\epsilon_0 r}[V]$</td>
<td>$E_a = \dfrac{Q}{4\pi\epsilon_0 a^2}[V/m]$
$V_a = \dfrac{Q}{4\pi\epsilon_0 a}[V]$</td>
<td>$E_{r'} = \dfrac{r'Q}{4\pi\epsilon_0 a^3}[V/m]$
$V_r' = \dfrac{3Q}{8\pi\epsilon_0 a} - \dfrac{Qr'^2}{8\pi\epsilon_0 a^3}[V]$
$V_o = \dfrac{3Q}{8\pi\epsilon_0 a}[V]$</td></tr>
<tr><td colspan="3">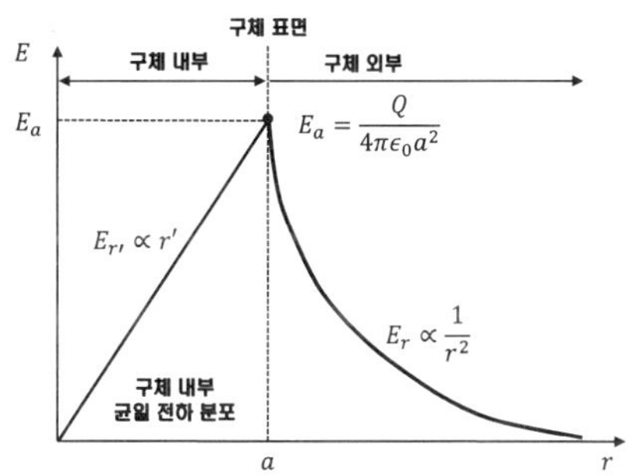

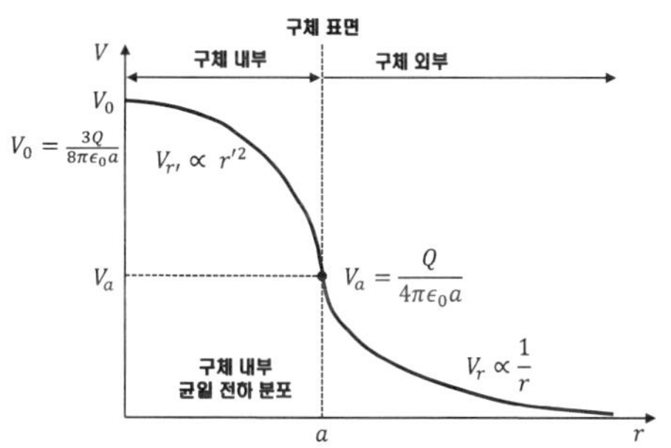
</td></tr>
<tr><td rowspan="2">표면만</td>
<td>$E_r = \dfrac{Q}{4\pi\epsilon_0 r^2}[V/m]$
$V_r = \dfrac{Q}{4\pi\epsilon_0 r}[V]$</td>
<td>$E_a = \dfrac{Q}{4\pi\epsilon_0 a^2}[V/m]$
$V_a = \dfrac{Q}{4\pi\epsilon_0 a}[V]$</td>
<td>$E_{r'} = 0$
$V_{r'} = V_a = \dfrac{Q}{4\pi\epsilon_0 a}[V]$</td></tr>
<tr><td colspan="3">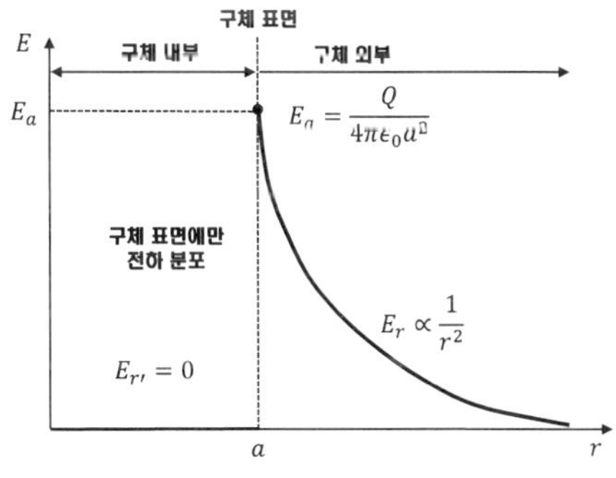

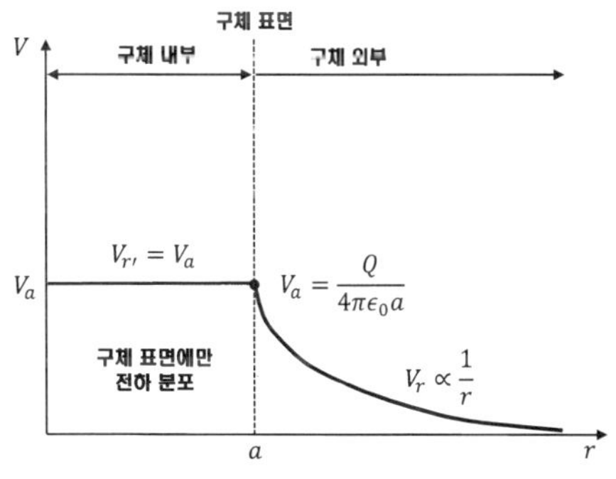
</td></tr>
</table>

2.9.2 무한 원통형 대전체의 전계와 전위

2.9.2.1 균일하게 대전된 무한 원통형 대전체

그림 2-42와 같이 반지름 $a[m]$이고, 선전하 밀도가 $\lambda[C/m]$로 균일하게 대전된 무한 원통형 대전체에 대하여 전계의 세기와 전위를 구하여 보자. 가우스 법칙을 이용하여 전계와 전위를 구하기 위하여 반지름 $r[m]$, 길이 $l[m]$인 원통형 가우스 면을 이용하여 해석하여 보자.

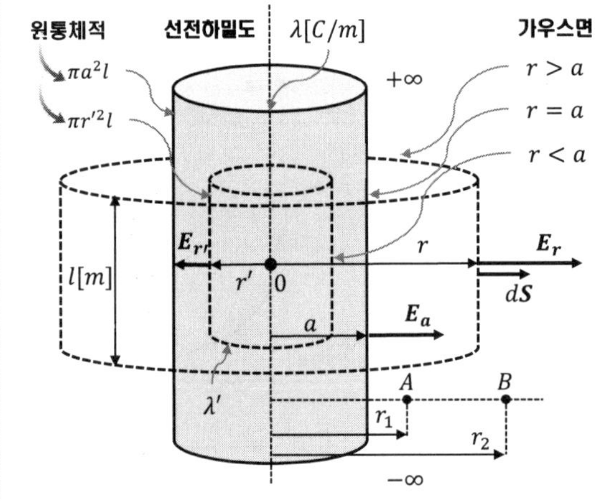

■ 균일하게 대전된 무한 원통형 대전체
☞ 반지름 $a[m]$인 선전하 밀도 $\lambda[C/m]$로 균일하게 대전된 원통 도체
■ 가우스 면이 반지름 $r[m]$, 길이 $l[m]$인 원통형 가우스 면으로 3가지로 나누어서 각각에 대한 전계를 구함
☞ 구체의 반지름 $a[m]$보다 큰 반지름 $r[m]$인 경우
☞ 반지름 $a[m]$와 동일한 경우
☞ 반지름 $a[m]$보다 작은 $r'[m]$인 경우

그림 2-42 균일하게 대전된 무한 원통형 대전체의 전계

(1) 균일하게 대전된 무한 원통형 대전체 외부의 전계($r > a$인 경우)

무한 원통형 대전체의 반지름 $a[m]$보다 더 큰 반지름 $r[m]$이고 길이 $l[m]$인 원통형 가우스 면을 이용하여 해석하여 보자. 원통형 가우스 표면의 내부 전하량은 선전하 밀도 $\lambda[C/m]$와 원통의 길이 $l[m]$의 곱으로 나타낼 수 있다. 즉, 원통형 가우스 표면의 내부 전하량은 $Q = \lambda l[C]$이다. 이를 활용하여 가우스 정리 $\oint_S \boldsymbol{E_r} \cdot d\boldsymbol{S} = \frac{Q}{\epsilon_0}$에 의하여 무한 원통형 대전체의 외부에 대한 전계 $\boldsymbol{E_r}$은 다음과 같이 구할 수 있다.

$$\oint_S \boldsymbol{E}_r \cdot d\boldsymbol{S} = \frac{Q}{\epsilon_0} = \frac{\lambda l}{\epsilon_0}$$

$$\oint_S \boldsymbol{E}_r \cdot d\boldsymbol{S} = E_r \oint_S dS = E_r \times 2\pi r l$$

$$E_r \times 2\pi r l = \frac{\lambda l}{\epsilon_0}$$

$$\therefore E_r = \frac{\lambda}{2\pi\epsilon_0 r}[V/m]$$

■ 가우스 법칙을 적용

☞ 원통형 가우스 표면의 내부 전하량은 선전하 밀도 $\lambda[C/m]$와 원통의 길이 $l[m]$의 곱으로 나타낼 수 있다. 즉, $Q = \lambda l[C]$이다.

☞ $\oint_S \boldsymbol{E}_r \cdot d\boldsymbol{S}$ 에서 벡터 $\boldsymbol{E}_r$과 벡터 $d\boldsymbol{S}$는 평행함으로 두 벡터의 내적은 $|\boldsymbol{E}_r| \cdot |d\boldsymbol{S}| \cos\theta$에서 θ가 $0°$ 이므로 $E_r \oint_S dS$ 로 나타낼 수 있음

☞ $\oint_S dS$ 는 반지름 $r[m]$인 원통의 표면적이기 때문에 $2\pi r \times l$으로 계산됨

■ 그러므로, 전계는 $E_r \propto \frac{1}{r}$

전계 $\boldsymbol{E}_r$을 이용하여 전위 V_r을 다음과 같이 구할 수 있다. $1[C]$의 전하를 무한 원점에서 거리 $r[m]$인 지점까지 이동시킬 때 필요한 일은 아래 수식으로 나타낼 수 있다.

$$V_r = -\int_\infty^r \boldsymbol{E}_r \cdot d\boldsymbol{r} = -\int_\infty^r \frac{\lambda}{2\pi\epsilon_0 r} dr$$

$$= -\frac{\lambda}{2\pi\epsilon_0}\int_\infty^r \frac{1}{r} dr = -\frac{\lambda}{2\pi\epsilon_0} \times (\ln r - \ln\infty)$$

$$-\frac{\lambda}{2\pi\epsilon_0}(\ln\infty - \ln r) = \infty[V]$$

■ 전위의 공식을 적용

☞ $\int_\infty^r \boldsymbol{E}_r \cdot d\boldsymbol{r}$ 에서 벡터 $\boldsymbol{E}_r$과 벡터 $d\boldsymbol{r}$은 평행함으로 두 벡터의 내적은 $|\boldsymbol{E}_r| \cdot |d\boldsymbol{r}| \cos\theta$에서 θ가 $0°$ 이고, $\int_\infty^r E_r dr$로 나타낼 수 있음

■ 적분공식

☞ $\int \frac{1}{x} dx = \ln x$의 적분공식에서

☞ $\int_\infty^r \frac{1}{r} dr = [\ln r]_\infty^r = \ln r - \ln\infty$로 나타낼 수 있음

■ $V_r = \infty$의 의미는 원통형 대전체의 길이가 무한대(∞)로 설정하였기 때문이다.

■ 그러므로, 전위는 $V_r = \infty$

그림 2-42에서와 같이 원통의 중심에서 $r_1[m]$ 거리의 점 A와 $r_2[m]$ 거리의 점 B라고 할 때, 점 A, B 사이의 전위차 V_{AB}를 구하면 다음과 같다.

$$V_{AB} = -\frac{\lambda}{2\pi\epsilon_0}\int_{B=r_2}^{A=r_1}\frac{1}{r}dr$$
$$= -\frac{\lambda}{2\pi\epsilon_0}\times(\ln r_1 - \ln r_2)$$
$$= \frac{\lambda}{2\pi\epsilon_0}(\ln r_2 - \ln r_1) = \frac{\lambda}{2\pi\epsilon_0}\ln\frac{r_2}{r_1}[V]$$

■ 적분공식

☞ $\int\frac{1}{x}dx = \ln x$의 적분공식에서

☞ $\int_{r_2}^{r_1}\frac{1}{r}dr = [\ln r]_{r_2}^{r_1} = \ln r_1 - \ln r_2$로 나타낼 수 있음

■ 로그함수 정의: $\ln\frac{x}{y} = \ln x - \ln y$

(2) 균일하게 대전된 무한 원통형 대전체 표면의 전계(r = a인 경우)

무한 원통형 대전체의 반지름 $a[m]$와 동일한 반지름 $r[m]$이고, 길이 $l[m]$인 원통형 가우스 면을 생각해 보자. 반지름 $r[m]$인 가우스 면은 무한 원통형 대전체의 표면에 해당되는 전계를 구하는 것과 같다. 전계와 전위를 구하면 아래 수식과 같다.

$$\oint_S \boldsymbol{E_a}\cdot d\boldsymbol{S} = \frac{Q}{\epsilon_0} = \frac{\lambda l}{\epsilon_0}$$
$$\oint_S \boldsymbol{E_a}\cdot d\boldsymbol{S} = E_a\oint_S dS = E_a\times 2\pi al$$
$$E_a\times 2\pi al = \frac{\lambda l}{\epsilon_0}$$
$$\therefore E_a = \frac{\lambda}{2\pi\epsilon_0 a}[V/m]$$

■ 가우스 법칙을 적용

☞ 원통형 가우스 표면의 내부 전하량은 선전하밀도 $\lambda[C/m]$와 원통의 길이 $l[m]$의 곱으로 나타낼 수 있다. 즉, $Q=\lambda l[C]$이다.

☞ $\oint_S \boldsymbol{E_a}\cdot d\boldsymbol{S}$ 에서 벡터 $\boldsymbol{E_a}$와 벡터 $d\boldsymbol{S}$는 평행함으로 두 벡터의 내적은 $|\boldsymbol{E_a}|\cdot|d\boldsymbol{S}|\cos\theta$에서 θ가 $0°$이므로 $E_a\oint_S dS$ 로 나타낼 수 있음

☞ $\oint_S dS$ 는 반지름 $a[m]$인 원통의 표면적이기 때문에 $2\pi a\times l$으로 계산됨

☞ 그러므로, 반지름 $a[m]$인 원통 표면의 전계는 $E_a = \frac{\lambda}{2\pi\epsilon_0 a}[V/m]$

$$V_a = -\int_{\infty}^{a} \boldsymbol{E_a} \cdot d\boldsymbol{r} = -\int_{\infty}^{a} \frac{\lambda}{2\pi\epsilon_0 r} dr$$

$$= -\frac{\lambda}{2\pi\epsilon_0}\int_{\infty}^{a}\frac{1}{r}dr$$

$$= -\frac{\lambda}{2\pi\epsilon_0}\times(\ln a - \ln\infty)$$

$$= \frac{\lambda}{2\pi\epsilon_0}(\ln\infty - \ln a) = \infty\,[V]$$

■ 전위의 공식을 적용

☞ $\int_{\infty}^{a} \boldsymbol{E_a} \cdot d\boldsymbol{r}$에서 벡터 $\boldsymbol{E_a}$와 벡터 $d\boldsymbol{r}$은 평행함으로 두 벡터의 내적은 $|\boldsymbol{E_a}| \cdot |d\boldsymbol{r}|\cos\theta$에서 θ가 $0°$이고, $\int_{\infty}^{a} E_a dr$로 나타낼 수 있음

■ 적분공식

☞ $\int \frac{1}{x}dx = \ln x$의 적분공식에서

☞ $\int_{\infty}^{a}\frac{1}{r}dr = [\ln r]_{\infty}^{a} = \ln a - \ln\infty$로 나타낼 수 있음

■ $V_a = \infty$의 의미는 원통형 대전체의 길이가 무한대(∞)로 설정하였기 때문이다.

■ 그러므로, 전위는 $V_a = \infty$

(3) 균일하게 대전된 무한 원통형 대전체 내부의 전계(r < a인 경우)

무한 원통형 대전체의 반지름 $a[m]$보다 작은 반지름 $r[m]$이고, 길이 $l[m]$인 원통형 가우스 면을 생각해 보자. 이때 반지름을 $r'[m]$라고 한다면 반지름 $r'[m]$이고, 길이 $l[m]$인 원통형인 가우스 면은 무한 원통형 대전체의 반지름 $a[m]$보다 작아 무한 원통형 대전체의 내부에 존재하고 있으며, 무한 원통형 대전체의 전하가 균일하게 대전되어 있기 때문에 체적에 비례한 전하량을 나타내고 있다. 따라서, 체적 변화에 따른 선전하 밀도의 변화를 비례식으로 표현하면 다음과 같다.

$$\lambda : \pi a^2 l = \lambda' : \pi r'^2 l$$

$$\lambda' = \frac{\pi r'^2 l}{\pi a^2 l}\lambda = \frac{r'^2}{a^2}\lambda\,[C]$$

■ 체적 변화에 대한 선전하 밀도 변화

☞ 반지름 $a[m]$ 보다 작은 반지름 $r[m]$인 무한 원통형 대전체의 가우스 면 반지름을 $r'[m]$로 함

☞ 무한 원통형 대전체의 원통 체적은 밑넓이(πa^2) × 높이(l)

☞ 가우스 면의 원통 체적은 밑넓이($\pi r'^2$) × 높이(l)

상기 체적의 변화에 따른 선전하 밀도의 변화를 비례식으로 구한 값을 가우스 법칙에 적용하면 아래 수식과 같다.

$\oint_S \boldsymbol{E}_{r'} \cdot d\boldsymbol{S} = \frac{\lambda' l}{\epsilon_0}$ $\oint_S \boldsymbol{E}_{r'} \cdot d\boldsymbol{S} = E_{r'} \oint_S dS = E_{r'} \times 2\pi r' l$ $E_{r'} \times 2\pi r' l = \frac{\lambda' l}{\epsilon_0}$ $E_{r'} = \frac{\lambda' l}{2\pi\epsilon_0 r' l} \quad \therefore E_{r'} = \frac{\lambda'}{2\pi\epsilon_0 r'} [V/m]$ $E_{r'} = \frac{\frac{r'^2}{a^2}\lambda}{2\pi\epsilon_0 r'} = \frac{r'\lambda}{2\pi\epsilon_0 a^2} [V/m]$	■ 가우스 법칙을 적용 ☞ $\oint_S \boldsymbol{E}_{r'} \cdot d\boldsymbol{S}$ 에서 벡터 $\boldsymbol{E}_{r'}$와 벡터 $d\boldsymbol{S}$는 평행함으로 두 벡터의 내적은 $\lvert\boldsymbol{E}_{r'}\rvert \cdot \lvert d\boldsymbol{S}\rvert \cos\theta$에서 θ가 $0°$이므로 $E_{r'} \oint_S dS$ 로 나타냄 ☞ $\oint_S dS$ 는 반지름 $r'[m]$인 원통 표면적이기 때문에 $2\pi r' \times l$으로 계산 ☞ $\lambda' = \frac{r'^2}{a^2}\lambda$의 값을 대입 ■ 그러므로, 전계는 $E_{r'} \propto r'$

무한 원통형 대전체 내부의 전위 $V_{r'}$를 구하기 위하여서는 무한 원통형 대전체 표면의 전위 V_a와 무한 원통형 대전체 내부에 전하가 균일하게 분포하고 있기 때문에 무한 원통형 대전체 내부의 한 점 r'인 지점의 전위를 $V_{ar'}$라고 한다면 무한 원통형 대전체 내부의 전위 $V_{r'}$는 무한 원통형 대전체 표면의 전위 V_a와 무한 원통형 대전체 내부의 한 점 r'인 지점의 전위 $V_{ar'}$의 합으로 나타낼 수 있다. 이를 수식으로 표현하면 다음과 같다.

$V_{r'} = V_a + V_{ar'}$ $= -\int_\infty^a \boldsymbol{E_a} \cdot d\boldsymbol{r} - \int_a^{r'} \boldsymbol{E}_{r'} \cdot d\boldsymbol{r}$ $= \infty - \frac{\lambda}{2\pi\epsilon_0 a^2}\int_a^{r'} r dr = \infty [V]$	■ 전위의 공식을 적용 ☞ $V_a = -\int_\infty^a \boldsymbol{E_a} \cdot d\boldsymbol{r} = \infty$이고 ☞ $V_{ar'} = -\int_a^{r'} \boldsymbol{E}_{r'} \cdot d\boldsymbol{r}$에서 벡터 $\boldsymbol{E}_{r'}$와 벡터 $d\boldsymbol{r}$은 평행함으로 두 벡터의 내적은 $\lvert\boldsymbol{E}_{r'}\rvert \cdot \lvert d\boldsymbol{r}\rvert \cos\theta$에서 θ가 $0°$이고, $\int_a^{r'} E_{r'} dr$로 나타냄 ☞ 그리고, $\infty - \frac{\lambda}{2\pi\epsilon_0 a^2}\int_a^{r'} r dr$의 수식은 적분의 계산과 무관하게 결과는 ∞가 된다 ■ 그러므로, 전위는 $V_{r'} = \infty$

상기에서 구한 전계와 전위를 거리에 따라 그래프로 나타내면 그림 2-43과 같다.

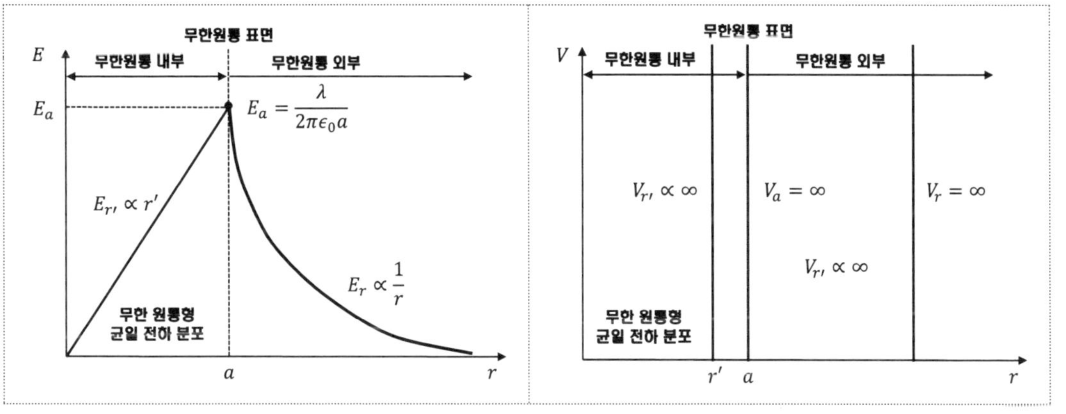

그림 2-43 균일하게 대전된 무한 원통형 대전체의 전계와 전위 그래프

2.9.2.2 무한 원통 표면에만 대전된 무한 원통형 대전체

그림 2-44와 같이 반지름 $a[m]$이고, 선전하 밀도가 $\lambda[C/m]$로 무한 원통 표면에만 대전된 무한 원통형 대전체에 대하여 전계의 세기와 전위를 구하여 보자. 가우스 법칙을 이용하여 전계와 전위를 구하기 위하여 반지름 $r[m]$, 길이 $l[m]$인 원통형의 가우스 면을 이용하여 해석하여 보자.

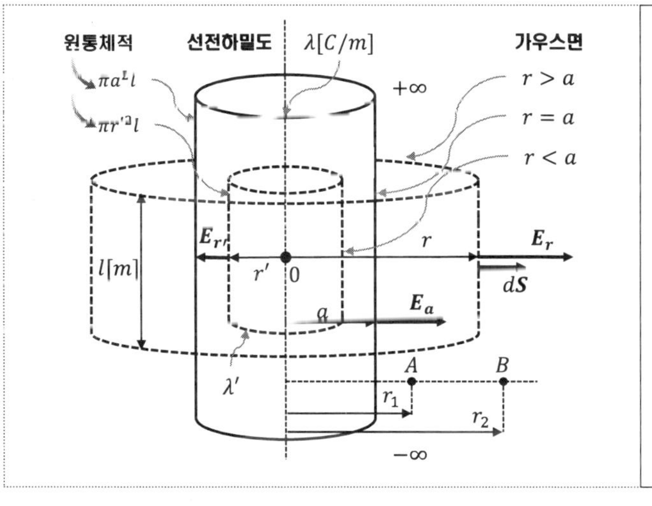

- ■ 표면에만 대전된 무한 원통형 대전체
  - ☞ 반지름 $a[m]$인 선전하 밀도 $\lambda[C/m]$로 균일하게 대전된 원통 도체
- ■ 가우스 면이 반지름 $r[m]$, 길이 $l[m]$인 원통형 가우스 면으로 3가지로 나누어서 각각에 대한 전계를 구함
  - ☞ 구체의 반지름 $a[m]$보다 큰 반지름 $r[m]$인 경우
  - ☞ 반지름 $a[m]$와 동일한 경우
  - ☞ 반지름 $a[m]$보다 작은 $r'[m]$인 경우

그림 2-44 무한 원통 표면에만 대전된 무한 원통형 대전체의 전계

무한 원통형 대전체의 반지름 $a[m]$보다 더 큰 반지름 $r[m]$인 가우스 면을 생각하여 전계와 전위를 구하는 것은 상기의 도체 내부까지 균일하게 대전된 무한 원통형 대전체에서 구한 값과 같다.

그리고, 무한 원통형 대전체의 반지름 $a[m]$와 동일한 반지름 $r[m]$인 가우스 면을 이용한 무한 원통형 대전체 표면에 해당되는 전계와 전위를 구하는 것은 상기의 도체 내부까지 균일하게 대전된 무한 원통형 대전체에서 구한 값과 같다.

그러나, 무한 원통형 대전체의 반지름 $a[m]$보다 작은 반지름 $r[m]$인 가우스 면을 생각해 보자. 이때 반지름을 $r'[m]$라고 한다면 반지름 $r'[m]$이고, 길이 $l[m]$의 원통형 가우스 면은 무한 원통형 대전체 반지름 $a[m]$보다 작아 무한 원통형 대전체 내부에 존재하고 있으며, 무한 원통형 대전체 표면에만 대전되어 있어 무한 원통형 대전체 내부에서는 전하가 존재하지 않는다.

따라서, 무한 원통형 대전체 내부에서는 전하가 존재하지 않기 때문에 무한 원통형 대전체 내부의 전계 $E_{r'}$는 0이 된다. 또한, 무한 원통형 대전체 내부의 전위 $V_{r'}$를 구하기 위하여서는 무한 원통형 대전체 내부의 전위 $V_{r'}$는 무한 원통형 대전체 표면의 전위 V_a와 무한 원통형 대전체 내부의 한 점 r'인 지점의 전위 $V_{ar'}$의 합으로 나타낼 수 있다. 무한 원통형 대전체 표면의 전위 V_a와 무한 원통형 대전체 내부에 전하가 없으므로 무한 원통형 대전체 내부의 한 점 r'인 지점의 전위 $V_{ar'}=0$이 된다. 따라서, $V_{r'}=V_a$가 된다. 아래 표 2는 무한 원통형 대전체 표면에만 대전된 무한 원통형 대전체에 대한 전계와 전위를 구한 것을 요약하여 나타낸 것이다.

표 2-2 원통 도체 표면에만 대전된 원통형 도체의 전계와 전위

가우스 면	전계	전위
무한 원통 외부 $(r>a)$	$E_r=\dfrac{\lambda}{2\pi\epsilon_0 r}[V/m]$	$V_r=\infty[V]$
무한 원통 표면 $(r=a)$	$E_a=\dfrac{\lambda}{2\pi\epsilon_0 a}[V/m]$	$V_a=\infty[V]$
무한 원통 내부 $(r<a,\ r')$	무한 원통형 대전체 내부에는 전하가 존재하기 않기 때문에 $E_{r'}=0$	$V_{r'}=V_a+V_{ar'}=V_a\ (\because V_{ar'}=0)$ $V_{r'}=V_a=\infty[V]$

상기에서 구한 무한 원통형 대전체 표면에만 대전된 무한 원통형 대전체 전계와 전위를 거리에 따라 그래프로 나타내면 그림 2-45와 같다.

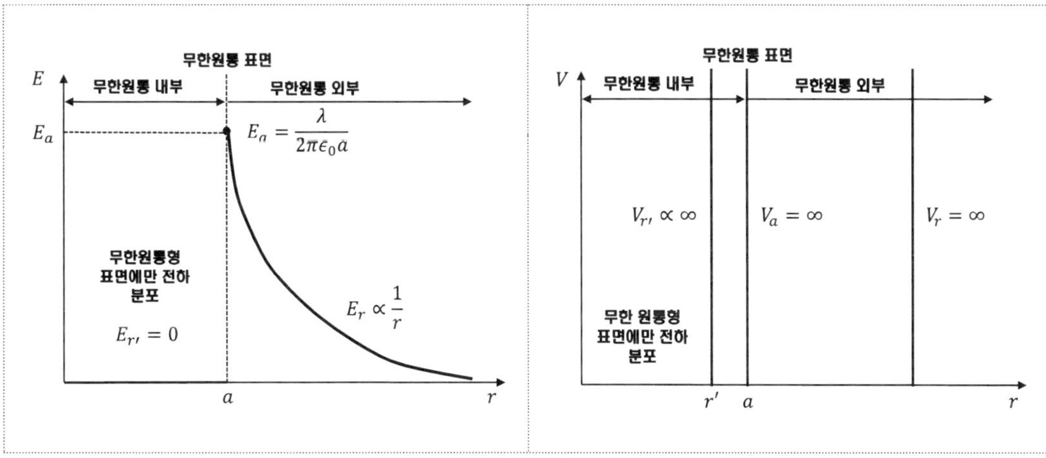

그림 2-45 무한 원통 표면에만 대전된 무한 원통형 대전체의 전계와 전위 그래프

예제 2.53

■ z축 상에 있는 무한히 긴 균일 선전하로부터 $2[m]$거리에 있는 점의 전계의 세기가 $1.8\times10^4[V/m]$일 때의 선전하 밀도는 몇 $[\mu C/m]$인가?

풀이

◉ 전계 $E=\frac{\lambda}{2\pi\epsilon_0 r}$에서

∴ 선전하 밀도 $\lambda=2\pi\epsilon r\cdot E=2\pi\times8.855\times10^{-12}\times2\times1.8\times10^4$

$=2\times10^{-6}\,[C/m]=2\,[\mu C/m]$

예제 2.54

■ 반지름 a인 원주 대전체에 전하가 균등하게 분포되어 있을 때 원주 대전체의 내외 전계의 세기 및 축으로부터의 거리와 관계되는 그래프는?

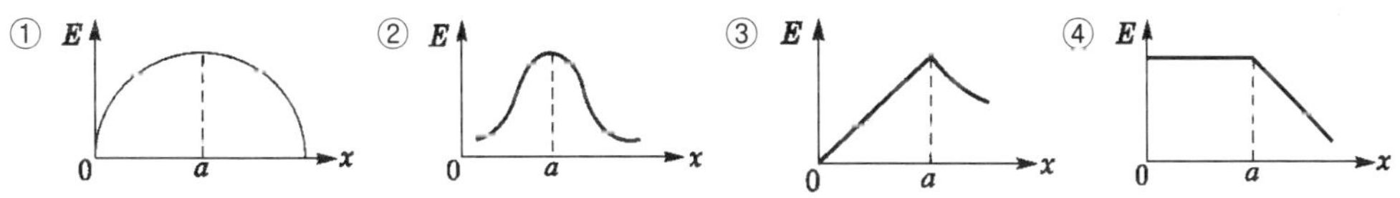

풀이

◉ 원주 대전체에 전하가 균등하게 분포된 경우

▶ 원주 외부 전계: $E_o=\frac{\lambda}{2\pi\epsilon_0 r}\propto\frac{1}{r}$로 거리 r에 반비례,

▶ 원주 내부 전계: $E_i=\frac{r\lambda}{2\pi\epsilon_0 a^2}\propto r$로 거리 r에 비례.

☞ ③

예제 2.55

▣ 진공 중에 놓여있는 무한 직선 전하(선전하밀도 : $\lambda[C/m]$)로부터 거리가 각각 $r_1[m]$, $r_2[m]$ 떨어진 두 점 사이의 전위차는 몇 $[V]$인가? (단, $r_2 > r_1$이다.)

풀이

◉ 무한 원통 대전체를 멀리서 보게 되면 무한 직선도체로 생각할 수 있으므로

▶ 무한 직선에서 전계 $E=\dfrac{\lambda}{2\pi\epsilon_0 r}[V/m]$

▶ 전위차 $V_{12} = -\displaystyle\int_{r_2}^{r_1} \boldsymbol{E}\cdot dl = \int_{r_1}^{r_2} \boldsymbol{E}\cdot dl = \dfrac{\lambda}{2\pi\epsilon_0}[\ln r]_{r_1}^{r_2} = \dfrac{\lambda}{2\pi\epsilon_0}\ln\dfrac{r_2}{r_1}[V]$

예제 2.56

▣ 그림과 같이 반지름 $a[m]$인 무한장 평행 도체 A, B가 간격 $d[m]$로 놓여있고, 단위길이당 선전하밀도가 각각 $+\lambda$, $-\lambda$의 전하가 균일하게 분포되어 있다. A, B 도체간의 전위차는 몇 $[V]$인가? (단, $d \gg a$이다.)

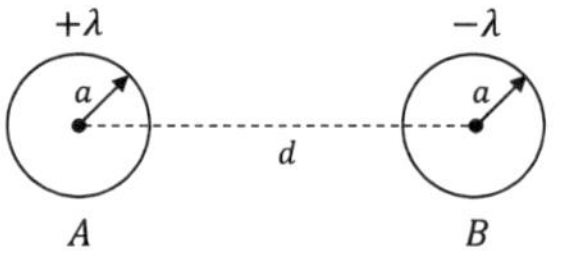

풀이

◉ 무한 원통 대전체를 멀리서 보게 되면 무한 직선도체로 생각할 수 있으므로

▶ P점에서의 전계의 세기

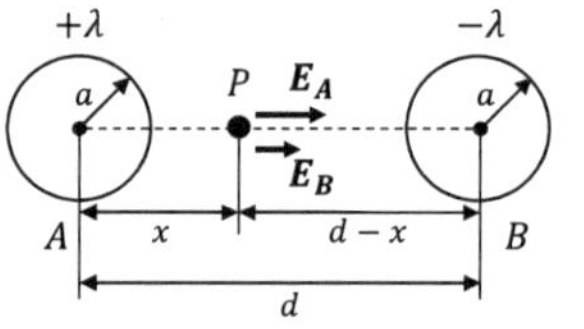

$$E = E_A + E_B = \frac{\lambda}{2\pi\epsilon_0 x} + \frac{\lambda}{2\pi\epsilon_0(d-x)}$$

$$= \frac{\lambda}{2\pi\epsilon_0}\left(\frac{1}{x} + \frac{1}{d-x}\right)$$

▶ 도체간 전위차 V_{AB}

$$V_{AB} = -\int_{d-a}^{a} E dx = \frac{\lambda}{2\pi\epsilon_0}\left(\int_a^{d-a}\frac{1}{x}dx + \int_a^{d-a}\frac{1}{d-x}dx\right)$$

$$= \frac{\lambda}{2\pi\epsilon_0}\left([\ln x]_a^{d-a} + [-\ln(d-x)]_a^{d-a}\right) = \frac{\lambda}{\pi\epsilon_0}\ln\frac{d-a}{a} \fallingdotseq \frac{\lambda}{\pi\epsilon_0}\ln\frac{d}{a}$$

($\because d \gg a$에 의해 $d-a \fallingdotseq d$)

예제 2.57

▣ 진공 중에 선전하 밀도가 $\lambda[C/m]$, 반경이 $a[m]$인 아주 긴 직선원통전하가 있다. 원통중심축으로부터 $a/2[m]$인 거리에 있는 점의 전계의 세기 $[V/m]$는 얼마인가?

풀이

◉ 원주에 전하가 골고루 분포된 경우,

▶ 원주 외부 전계: $E_o = \dfrac{\lambda}{2\pi\epsilon_0 r} \propto \dfrac{1}{r}$로 거리 r에 반비례

▶ 원주 내부 전계: $E_i = \dfrac{r\lambda}{2\pi\epsilon_0 a^2} \propto r$로 거리 r에 비례

$$\therefore\ E_i = \frac{r\lambda}{2\pi\epsilon_0 a^2} = \frac{\frac{a}{2}\lambda}{2\pi\epsilon_0 a^2} = \frac{\lambda}{4\pi\epsilon_0 a}[V/m]$$

【무한 원통형 대전체의 전계와 전위 요약 정리】

<table>
<tr><th colspan="2" rowspan="2">구분</th><th colspan="3">관련내용</th></tr>
<tr><th>$r>a$(외부)</th><th>$r=a$(표면)</th><th>$r<a$(내부)</th></tr>
<tr><td rowspan="4">무한 원통 도체</td><td rowspan="2">균일</td><td>$E_r = \frac{\lambda}{2\pi\epsilon_0 r}[V/m]$
$V_r = \infty[V]$
$V_{AB} = \frac{\lambda}{2\pi\epsilon_0}\ln\frac{r_2}{r_1}[V]$</td><td>$E_a = \frac{\lambda}{2\pi\epsilon_0 a}[V/m]$
$V_a = \infty[V]$</td><td>$E_{r'} = \frac{r'\lambda}{2\pi\epsilon_0 a^2}[V/m]$
$V_r' = \infty[V]$</td></tr>
<tr><td colspan="3">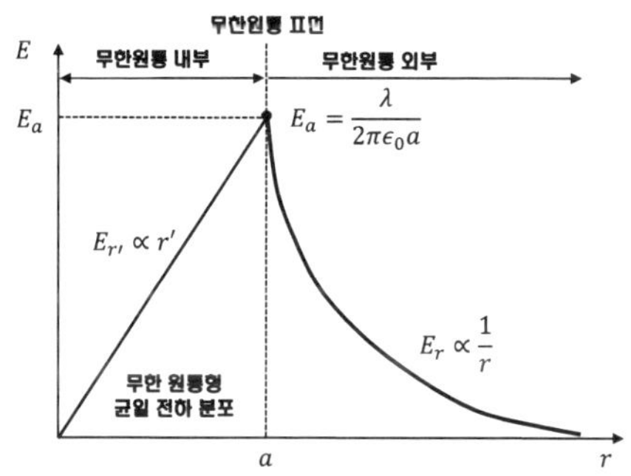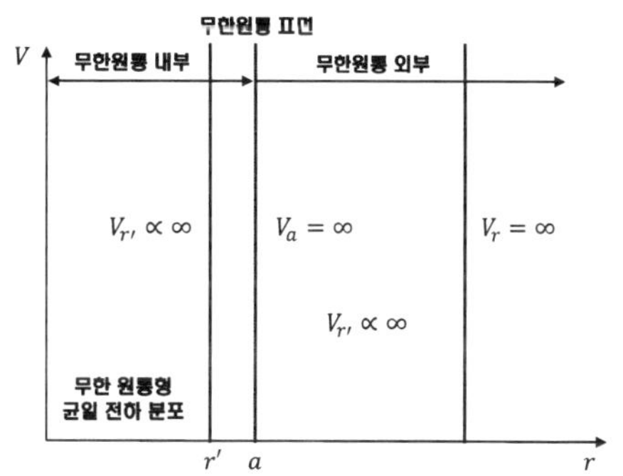</td></tr>
<tr><td rowspan="2">표면만</td><td>$E_r = \frac{\lambda}{2\pi\epsilon_0 r}[V/m]$
$V_r = \infty[V]$</td><td>$E_a = \frac{\lambda}{2\pi\epsilon_0 a}[V/m]$
$V_a = \infty[V]$</td><td>$E_{r'} = 0$
$V_{r'} = V_a = \infty[V]$</td></tr>
<tr><td colspan="3">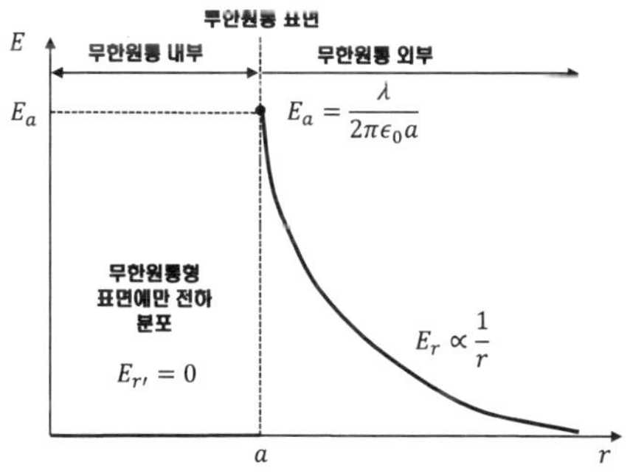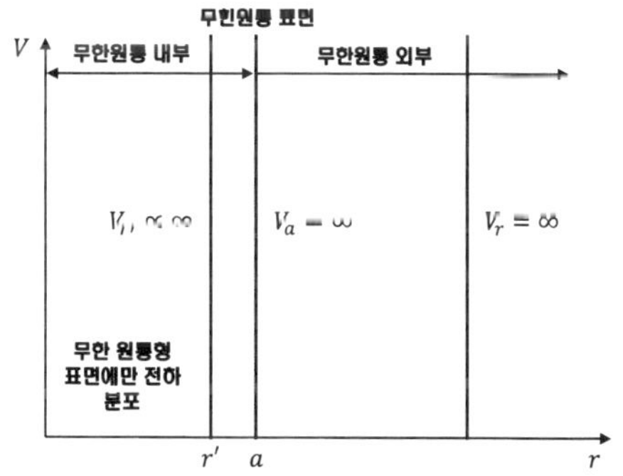</td></tr>
</table>

2.9.3 무한 평판형 대전체의 전계와 전위

2.9.3.1 한 장의 무한 평판형 대전체

그림 2-46과 같이 면전하 밀도가 $\sigma[C/m^2]$로 균일하게 대전된 무한 평판형 대전체에 대하여 전계의 세기와 전위를 구하여 보자. 가우스 법칙을 이용하여 전계와 전위를 구하기 위하여 가우스 면의 원통 표면적이 $S[m^2]$이고, 길이 $1[m]$인 원통형 가우스 면을 이용하여 해석하여 보자.

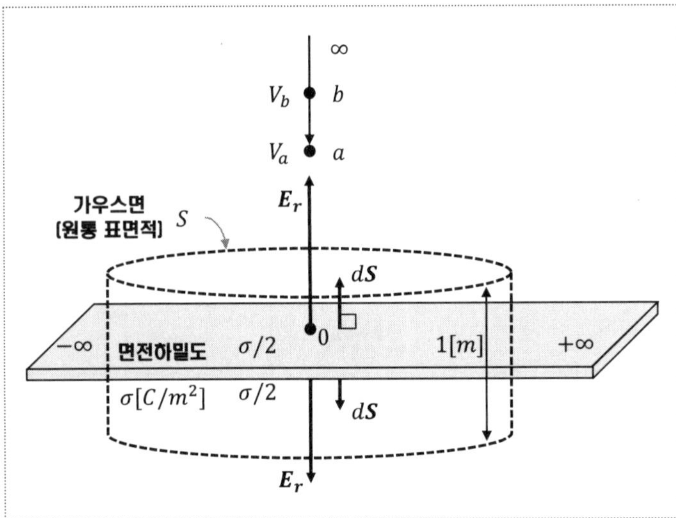

■ 무한평면형 대전체의 전계
- ☞ 면전하 밀도 $\sigma[C/m^2]$로 대전
- ☞ $Q=\sigma S[C]$로 $Q[C]$으로 균일하게 대전

■ 가우스 면
- ☞ 원통의 면적 $S[m^2]$
- ☞ 원통의 높이 $1[m]$
- ☞ $S[m^2] \gg 1[m]$

그림 2-46 한 장의 무한 평판형 대전체의 전계

무한 평판형 대전체에서 원통 표면적이 $S[m^2]$이고 원통의 높이가 $1[m]$보다 상당히 크다고 가정하자. 이것은 가우스 면의 높이에 대한 영향을 줄이고, 원통 표면적 $S[m^2]$로 나아가는 전계에 대하여서만 고려하고자 하는 의미이다. 실제 무한 평판형의 대전체인 경우, 무한 평판형의 대전체 전체가 등전위면이기 때문에 무한 평판의 위와 아래 방향으로만 전계가 형성된다고 생각할 수 있다. 무한 평판형 대전체에 면전하 밀도 $\sigma[C/m^2]$으로 대전되어 있다고 한다면 무한 평판형 대전체의 위쪽과 아래쪽 면에 각각 면전하밀도 $\frac{\sigma}{2}[C/m^2]$씩 대전되어 있다고 생각할 수 있다. 원통형 가우스 면 입장에서 고려하면 원통의 가우스 면의 위쪽 면인 원통 표면적이 $S[m^2]$에서 전계 $\boldsymbol{E}_r$이 나오고, 원통의 가우스 면의 아래쪽 면인 원

통 표면적이 $S[m^2]$에서 전계 $\boldsymbol{E_r}$이 나오게 된다. 이에 대한 사항을 고려하여 가우스 법칙을 적용하여 무한 평판형 대전체에서 전계와 전위를 구하여 보면 아래 수식과 같다.

$$\oint_S \boldsymbol{E_r} \cdot d\boldsymbol{S} = \frac{Q}{\epsilon_0} = \frac{\sigma S}{\epsilon_0}$$

$$\oint_S \boldsymbol{E_r} \cdot d\boldsymbol{S} = E_r \oint_S dS = E_r \times 2S$$

$$E_r \times 2S = \frac{\sigma S}{\epsilon_0}$$

$$\therefore E_r = \frac{\sigma}{2\epsilon_0}[V/m]$$

■ 가우스 법칙을 적용

☞ 원통형 가우스 표면의 내부 전하량은 면전하 밀도 $\sigma[C/m^2]$와 원통의 면적 $S[m^2]$의 곱으로 나타낼 수 있다. 즉, $Q = \sigma S[C]$이다.

☞ $\oint_S \boldsymbol{E_r} \cdot d\boldsymbol{S}$ 에서 벡터 $\boldsymbol{E_r}$과 벡터 $d\boldsymbol{S}$는 평행함으로 두 벡터의 내적은 $|\boldsymbol{E_r}| \cdot |d\boldsymbol{S}| \cos\theta$에서 θ가 $0°$ 이므로 $E_r \oint_S dS$ 로 나타냄

☞ $\oint_S dS$ 는 면적 S를 가지는 원통을 가우스면으로 설정하였기 때문에 원통의 전체 면적은 $2S$로 계산됨(원통 높이 $1[m]$를 원통 표면적 S의 크기보다 작도록 가우스면을 설정하여 면적은 $2S$가 됨)

■ 그러므로, 전계는 E_r은 거리 $r[m]$에 무관

☞ 이를 평등전계라고 함

상기 수식에서 전계 $\boldsymbol{E_r}$을 이용하여 ∞점에서 a점까지의 전위 V_a를 구하면 아래 수식과 같다.

$$V_a = -\int_{\infty}^{a} \boldsymbol{E_r} \cdot d\boldsymbol{r} = -E_r \int_{\infty}^{a} dr$$

$$= -\frac{\sigma}{2\epsilon_o}\int_{\infty}^{a} dr$$

$$= -\frac{\sigma}{2\epsilon_o} \times [r]_{\infty}^{a} = -\frac{\sigma}{2\epsilon_o}(a - \infty)$$

$$= \frac{\sigma}{2\epsilon_o}(\infty - a) = \infty[V]$$

■ 전위의 공식을 적용

☞ $-\int_{\infty}^{a} \boldsymbol{E_r} \cdot d\boldsymbol{r}$에서 벡터 $\boldsymbol{E_r}$과 벡터 $d\boldsymbol{r}$은 평행함으로 두 벡터의 내적은 $|\boldsymbol{E_r}| \cdot |d\boldsymbol{r}| \cos\theta$에서 θ가 $0°$ 이고, $\int_{\infty}^{a} E_r dr$로 나타낼 수 있음

☞ 그리고, 계산결과인 전위는 $V_a = \infty[V]$

☞ 즉, 무한 평면 전하에서는 무한대의 전하가 존재함으로 전위는 무한대가 됨

그림 2-46에서 b점과 a점 사이의 전위차 V_{ab}를 구하면 아래 수식과 같은 전위차가 되어 무한대가 아닌 유한한 전위값을 가진다.

$$V_{ab} = -\int_b^a \boldsymbol{E_r} \cdot d\boldsymbol{r} = -E_r\int_b^a dr$$
$$= -\frac{\sigma}{2\epsilon_o}\int_b^a dr = -\frac{\sigma}{2\epsilon_o}\times[r]_b^a$$
$$= -\frac{\sigma}{2\epsilon_o}(a-b) = \frac{\sigma}{2\epsilon_o}(b-a)[V]$$

■ 전위의 공식을 적용

☞ $-\int_\infty^a \boldsymbol{E_r}\cdot d\boldsymbol{r}$에서 벡터 $\boldsymbol{E_r}$과 벡터 $d\boldsymbol{r}$은 평행함으로 두 벡터의 내적은 $|\boldsymbol{E_r}|\cdot|d\boldsymbol{r}|\cos\theta$에서 θ가 0°이고, $\int_\infty^a E_r dr$로 나타낼 수 있음

2.9.3.2 두 장의 무한 평판형 대전체

그림 2-47과 같이 A 평면도체는 면전하 밀도가 $+\sigma[C/m^2]$로 균일하게 대전된 무한 평판형 대전체이고 B 평면도체는 면전하 밀도가 $-\sigma[C/m^2]$로 균일하게 대전된 무한 평판형 대전체로 두 장의 무한 평면도체가 마주보고 있는 경우에 대하여 전계의 세기와 전위를 구하여 보자.

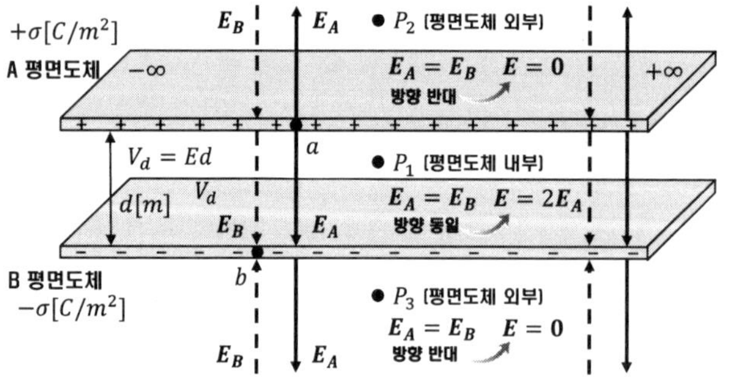

■ A 평면도체의 면전하 밀도가 $+\sigma[C/m^2]$ 대전

☞ a점에서 밖으로 발산되는 전계 $\boldsymbol{E_A}$ 발생

■ B 평면도체의 면전하 밀도가 $-\sigma[C/m^2]$ 대전

☞ b점으로 발산(모이는)되는 전계 $\boldsymbol{E_B}$ 발생

■ 두 장의 무한 평판형 도체 외부의 전계의 세기 $\boldsymbol{E_A}$와 $\boldsymbol{E_B}$는 크기가 같고 방향이 반대이기 때문에 서로 상쇄

■ 두 장의 무한 평판형 도체 내부에만 전계가 존재하며 전계의 세기는 $\boldsymbol{E_A}+\boldsymbol{E_B}$이고 $\boldsymbol{E_A}=\boldsymbol{E_B}$

그림 2-47 두 장의 무한 평판형 대전체의 전계

A 평면도체는 면전하 밀도가 $+\sigma[C/m^2]$인 a점에서 발산되는 전계 $\boldsymbol{E_A}$와 B 평면도체는 면전하 밀도가 $-\sigma[C/m^2]$인 b점으로 발산(모이는)되는 전계 $\boldsymbol{E_B}$를 살펴보면 점 P_2와 점 P_3에서의 전계는 전계 $\boldsymbol{E_A}$와 전계 $\boldsymbol{E_B}$의 방향이 반대이고 크기가 같아 서로 상쇄되어 전계는 존재하지 않는다. 그러나, 점 P_1에서의 전계는 전계 $\boldsymbol{E_A}$와 전계 $\boldsymbol{E_B}$의 방향이 같고 크기가 같기 때문에 2배의 전계의 세기를 나타내게 된다. 아래에 이를 수식으로 나타내었다.

$$E_A = \frac{\sigma}{2\epsilon_0}[V/m]$$

$$E_B = \frac{\sigma}{2\epsilon_0}[V/m]$$

$$E = E_A + E_B = \frac{\sigma}{2\epsilon_0} + \frac{\sigma}{2\epsilon_0} = \frac{\sigma}{\epsilon_0}[V/m]$$

■ 한 장의 무한 평판형 대전체에서의 전계

☞ $E_r = \frac{\sigma}{2\epsilon_0}[V/m]$

■ 두 장의 무한 평판형 대전체에서의 전계

☞ $E = \frac{\sigma}{\epsilon_0}[V/m]$

■ 그러므로, 전계는 $E[V/m]$는 거리 $r[m]$에 무관

☞ 이를 평등전계라고 함

그림 2-47과 같이 상기 수식에서 구한 전계를 이용하여 거리 $d[m]$만큼 떨어진 두 장의 무한 평판형 도체 사이의 전위 V_d를 구하면 아래 수식과 같다.

$$V_d = -\int_d^0 \boldsymbol{E} \cdot d\boldsymbol{r} = -E\int_d^0 dr$$

$$= -\frac{\sigma}{\epsilon_o}\int_d^0 dr$$

$$= -\frac{\sigma}{\epsilon_o}\times[r]_d^0 = -\frac{\sigma}{\epsilon_o}(0-d)$$

$$= \frac{\sigma}{\epsilon_o}d = E\,d[V]$$

■ 전위의 공식을 적용

☞ $-\int_d^0 \boldsymbol{E} \cdot d\boldsymbol{r}$에서 벡터 $\boldsymbol{E}$와 벡터 $d\boldsymbol{r}$은 평행함으로 두 벡터의 내적은 $|\boldsymbol{E}| \cdot |d\boldsymbol{r}|\cos\theta$에서 θ가 $0°$이고, $\int_d^0 Edr$로 나타낼 수 있음

■ 두 장의 무한 평판형 대전체에서의 전계

☞ $E = \frac{\sigma}{\epsilon_0}[V/m]$ $\because D = \epsilon_0 E = \sigma[C/m^2]$

■ 두 장의 무한 평판형 대전체에서의 전위

☞ $V = E\,d[V]$

☞ 두 장의 무한 평판형 대전체는 콘덴서 구조를 나타내고 있어 상기 수식은 콘덴서의 정전용량 계산 등에 사용되는 수식으로 활용

예제 2.58

▣ 무한히 넓은 평면에 면전하 밀도 $\sigma[C/m^2]$의 전하가 분포되어 있는 경우 전기력선은 면에 수직으로 나와 평행하게 발산한다. 이 평면의 전계의 세기 $[V/m]$는 얼마인가?

풀이

◉ 무한 평면 전하에서는 전계가 수직으로 발산한다.

무한 평면에 그림과 같이 가우스 평면을 취하여 가우스 정리를 적용

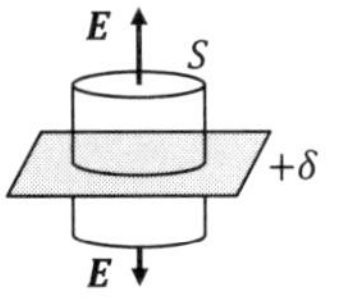

$\oint \boldsymbol{E} \cdot d\boldsymbol{S} = \frac{Q}{\epsilon_0} = \frac{\sigma S}{\epsilon_0} \rightarrow E \cdot 2S = \frac{\sigma S}{\epsilon_0}$에서

$\therefore$ 전계 $E = \frac{\sigma}{2\epsilon_0}[V/m]$

예제 2.59

▣ 무한 평면 전하에 의한 전계의 크기는?

① 거리에 관계없다. ② 거리에 비례한다. ③ 거리의 제곱에 비례한다. ④ 거리에 반비례한다.

풀이

◉ 무한 평면의 경우는 전하로부터 나오는 전기력선이 상하 방향으로 나오므로 표면 전계는

$E = \frac{\sigma}{2\epsilon_0}[V/m]$로 거리에 관계가 없다.

☞ ①

예제 2.60

▣ 무한 평행한 평판 전극 사이의 전위차 $V[V]$는 얼마인가? (단, 평행판 전하 밀도 $\sigma[C/m^2]$, 판간 거리 $d[m]$라 한다.)

풀이

◉ 무한 평면 도체 사이

▶ 전계

㉮ 평판 내측: $E = \frac{\sigma}{\epsilon_0}[V/m]$ → 무한평면 도체 사이에서 전계는 거리와 무관하다.

㉯ 평판 외측(외부): $E=0$

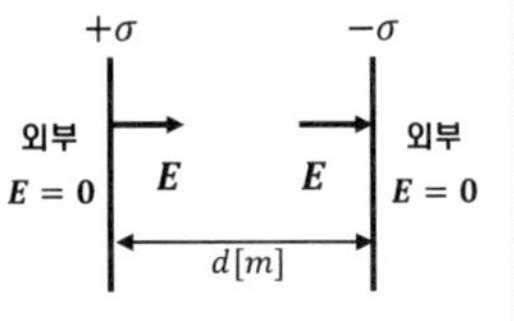

▶ 전위: $V = -\int_d^0 \frac{\sigma}{\epsilon_0} dr = \frac{\sigma}{\epsilon_0} d[V]$, $V = Ed = \frac{\sigma}{\epsilon_0} d[V]$

예제 2.61

▣ 무한장 선전하와 무한 평면 전하에서 $r[m]$ 떨어진 점의 전위는 각각 얼마인가? (단, ρ_L은 선전하밀도, ρ_s는 평면 전하 밀도이다.)

① 무한직선 : $\frac{\rho_L}{2\pi\epsilon_0}[V]$, 무한평면도체 : $\frac{\rho_s}{\epsilon}[V]$ ② 무한직선: $\frac{\rho_L}{\epsilon}[V]$, 무한평면도체 : $\infty[V]$

③ 무한직선 : $\frac{\rho_L}{4\pi\epsilon_0}[V]$, 무한평면도체 : $\frac{\rho_s}{2\pi\epsilon_0}[V]$ ④ 무한직선 : $\infty[V]$, 무한평면도체 : $\infty[V]$

풀이

◉ 전하로부터 거리가 멀어짐에 따라 전계 E는 감소하나 무한 선전하, 평면전하로 인한 임의의 점에서의 전위 V는 ∞가 된다.

☞ ④

[구도체, 무한 원통형 대전체, 무한 평판형 대전체의 전계와 전위 요약 정리]

구분		관련내용		
		$r > a$(외부)	$r = a$(표면)	$r < a$(내부)
구도체	균일 전하 분포	$E_r = \dfrac{Q}{4\pi\epsilon_0 r^2}[V/m]$ $V_r = \dfrac{Q}{4\pi\epsilon_0 r}[V]$	$E_a = \dfrac{Q}{4\pi\epsilon_0 a^2}[V/m]$ $V_a = \dfrac{Q}{4\pi\epsilon_0 a}[V]$	$E_{r'} = \dfrac{r'Q}{4\pi\epsilon_0 a^3}[V/m]$ $V_r' = \dfrac{3Q}{8\pi\epsilon_0 a} - \dfrac{Qr'^2}{8\pi\epsilon_0 a^3}[V]$ $V_o = \dfrac{3Q}{8\pi\epsilon_0 a}[V]$
구도체	표면만 전하 분포	$E_r = \dfrac{Q}{4\pi\epsilon_0 r^2}[V/m]$ $V_r = \dfrac{Q}{4\pi\epsilon_0 r}[V]$	$E_a = \dfrac{Q}{4\pi\epsilon_0 a^2}[V/m]$ $V_a = \dfrac{Q}{4\pi\epsilon_0 a}[V]$	$E_{r'} = 0$ $V_{r'} = V_a = \dfrac{Q}{4\pi\epsilon_0 a}[V]$
무한 원통	균일 전하 분포	$E_r = \dfrac{\lambda}{2\pi\epsilon_0 r}[V/m]$ $V_r = \infty[V]$ $V_{AB} = \dfrac{\lambda}{2\pi\epsilon_0}\ln\dfrac{r_2}{r_1}[V]$	$E_a = \dfrac{\lambda}{2\pi\epsilon_0 a}[V/m]$ $V_a = \infty[V]$	$E_{r'} = \dfrac{r'\lambda}{2\pi\epsilon_0 a^2}[V/m]$ $V_r' = \infty[V]$
무한 원통	표면만 전하 분포	$E_r = \dfrac{\lambda}{2\pi\epsilon_0 r}[V/m]$ $V_r = \infty[V]$	$E_a = \dfrac{\lambda}{2\pi\epsilon_0 a}[V/m]$ $V_a = \infty[V]$	$E_{r'} = 0$ $V_{r'} = V_a = \infty[V]$
한 장의 무한평면		$E_r = \dfrac{\sigma}{2\epsilon_0}[V/m]$, 평등전계		$V_a = \infty[V]$ $V_{ab} = \dfrac{\sigma}{2\epsilon_o}(b-a)[V]$
두 장의 무한평면		$E = \dfrac{\sigma}{\epsilon_0}[V/m]$, 평등전계		도체내부: $E = \dfrac{\sigma}{\epsilon_0}[V/m]$ 도체외부: $E = 0$ $V_d = \dfrac{\sigma}{\epsilon_0}d = Ed[V]$

2.9.4 동심 도체구의 전계와 전위

2.9.4.1 내부 구도체에 전하가 있고 외부 구도체에 전하가 없는 경우

그림 2-48과 같이 내부 구도체 A에 $+Q[C]$의 전하를 주고, 외부 구도체 B에 $0[C]$으로 전하를 주지 않았을 경우 동심 구도체의 전계와 전위를 구하여 보자.

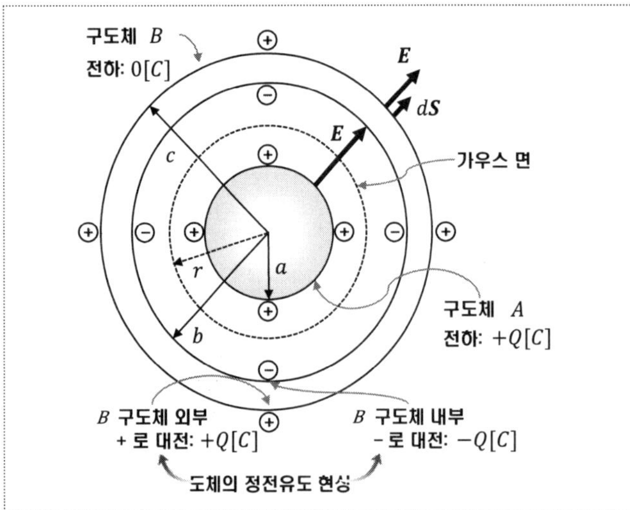

■ 내부 구도체 A: $+Q[C]$ 대전
☞ 동일 전하간 쿨롱력에 의하여 내부 구도체의 외측에만 전하가 존재
☞ a점에서 밖으로 발산되는 전계 $\boldsymbol{E}$ 발생
■ 외부 구도체 B: $0[C]$ 대전
■ 도체의 정전유도 현상
☞ 외부 도체구의 내측 $-Q[C]$
☞ 외부 도체구의 외측 $+Q[C]$

그림 2-48 내부 구도체에 전하가 있고 외부 구도체에 전하가 없는 경우의 전계

내부 구도체 A에 $+Q[C]$의 전하를 주게 되면, 도체의 정전유도 현상에 의하여 외부 구도체 B의 내측에는 $-Q[C]$의 전하가 대전되고, 외측에는 $+Q[C]$의 전하가 대전된다. 동심 구도체의 전계와 전위를 구하기 위하여서는 구 형태의 가우스 면을 취하여 전계의 세기와 전위를 구할 수 있다.

(1) 외부 구도체 B의 외측 전계 (r ≥ c인 경우)

가우스 면을 외부 구도체 B의 외측인 $r \geq c$가 되게 하면, 내부 구도체 A의 $+Q[C]$와 외부 구도체 B의 내측에는 $-Q[C]$의 대전 전하와 외측에는 $+Q[C]$의 대전 전하가 존재하여 가우스 면의 전체 전하는 $+Q[C]$로 나타나게 된다. 이를 활용하여 가우스 법칙 $\oint_S \boldsymbol{E} \cdot d\boldsymbol{S} = \dfrac{Q}{\epsilon_0}$에 의하여 외부 구도체 B의 외측에 대한 전계 $\boldsymbol{E}$는 다음의 아래 수식과 같이 구할 수 있다.

$$\oint_S \boldsymbol{E} \cdot d\boldsymbol{S} = \frac{Q}{\epsilon_0}$$

$$\oint_S \boldsymbol{E} \cdot d\boldsymbol{S} = E\oint_S dS = E \times 4\pi r^2$$

$$E \times 4\pi r^2 = \frac{Q}{\epsilon_0} \quad \therefore E = \frac{Q}{4\pi\epsilon_0 r^2}[V/m]$$

$$\therefore D = \frac{Q}{4\pi r^2}[C/m^2]$$

■ 가우스 법칙을 적용

☞ $\oint_S \boldsymbol{E} \cdot d\boldsymbol{S}$ 에서 벡터 $\boldsymbol{E}$와 벡터 $d\boldsymbol{S}$는 평행함으로 두 벡터의 내적은 $|\boldsymbol{E}| \cdot |d\boldsymbol{S}| \cos\theta$에서 θ가 $0°$ 이므로 $E\oint_S dS$ 로 나타낼 수 있음

☞ $\oint_S dS$ 는 반지름 $r[m]$인 구의 표면적이기 때문에 $4\pi r^2$으로 계산됨

☞ 그러므로, 전계는 $E_r \propto \frac{1}{r^2}$

☞ $D = \epsilon_0 E$

전계 $\boldsymbol{E}$를 이용하여 전위 V를 다음과 같이 구할 수 있다. $1\,[C]$의 전하를 무한 원점에서 거리 $r[m]$인 지점까지 이동시킬 때 필요한 일을 나타내는 전위를 아래 수식으로 구할 수 있다.

$$V = -\int_{\infty}^{r} \boldsymbol{E} \cdot d\boldsymbol{r} = -\int_{\infty}^{r} \frac{Q}{4\pi\epsilon_0 r^2} dr$$

$$= -\frac{Q}{4\pi\epsilon_0}\int_{\infty}^{r} \frac{1}{r^2} dr$$

$$= -\frac{Q}{4\pi\epsilon_0} \times -\frac{1}{r} = \frac{Q}{4\pi\epsilon_0 r}[V]$$

■ 전위의 공식을 적용

☞ $\int_{\infty}^{r} \boldsymbol{E} \cdot d\boldsymbol{r}$에서 벡터 $\boldsymbol{E}$와 벡터 $d\boldsymbol{r}$은 평행함으로 두 벡터의 내적은 $|\boldsymbol{E}| \cdot |d\boldsymbol{r}| \cos\theta$에서 θ가 $0°$ 이고, $\int_{\infty}^{r} E\,dr$로 나타낼 수 있음

■ 적분공식

☞ $\int x^n dx = \frac{x^{n+1}}{n+1}$의 적분공식에서

☞ $\int r^{-2} dr = \frac{r^{-2+1}}{-2+1} = -r^{-1} = -\frac{1}{r}$

☞ $\int_{\infty}^{r} \frac{1}{r^2} dr = \int_{\infty}^{r} r^{-2} dr = -\left[r^{-1}\right]_{\infty}^{r}$

$$= -\left[\frac{1}{r}\right]_{\infty}^{r} = -\left(\frac{1}{r} - \frac{1}{\infty}\right) = -\frac{1}{r}$$

■ 그러므로, 전위는 $V_r \propto \frac{1}{r}$

그리고, 외부 구도체 B의 외측 표면의 전계를 구하기 위하여 상기 수식에서 $r=c$를 대입하면 전계 $\boldsymbol{E_c}$와 전위 V_c는 아래 수식으로 구할 수 있다.

$E_c = \dfrac{Q}{4\pi\epsilon_0 c^2}[V/m]$ $\therefore\ D_c = \dfrac{Q}{4\pi c^2}[C/m^2]$ $V_c = \dfrac{Q}{4\pi\epsilon_0 c}[V]$	■ $r=c$인 경우 전계, 전속밀도와 전위 ☞ $E = \dfrac{Q}{4\pi\epsilon_0 r^2}[V/m]$ ☞ $D = \dfrac{Q}{4\pi r^2}[C/m^2]$ ☞ $V = \dfrac{Q}{4\pi\epsilon_0 r}[V]$

(2) 외부 구도체 B의 도체 외측과 내측 사이 전계 (b < r < c인 경우)

가우스 면을 외부 구도체 B의 도체 외측과 내측의 사이인 $b<r<c$를 취하면 내부 구도체 A의 전하 $+Q[C]$와 내부 구도체 A의 정전유도에 의하여 대전된 외부 구도체 B의 내측에 $-Q[C]$의 대전 전하가 존재하게 되어 두 전하가 서로 상쇄되어 가우스 면 내부에서는 전하가 존재하지 않으며, 또한 외부로 나오는 전기력선이 존재하지 않게 되기 때문에 전계 $\boldsymbol{E_{bc}}$는 0이 되며, 전위 V_{bc}도 0이 된다.

$E_{bc} = 0[V/m]$ $\therefore\ D_{bc} = 0[C/m^2]$ $V_{bc} = 0[V]$	■ $b<r<c$인 경우 전계, 전속밀도와 전위 ☞ 가우스면 내부에 전하가 상쇄되어 전하가 존재하지 않음

(3) 외부 구도체 B와 내부 구도체 A의 사이 전계 (a ≤ r ≤ b인 경우)

가우스 면을 외부 구도체 B의 내측과 내부 구도체 A의 외측인 $a \le r \le b$가 되게 하면, 가우스 면 내부에 존재하는 전하는 내부 구도체 A의 전하인 $+Q[C]$만이 존재한다. 따라서, 가우스 법칙 $\oint_S \boldsymbol{E} \cdot d\boldsymbol{S} = \dfrac{Q}{\epsilon_0}$에 의하여 구도체 사이의 전계 $\boldsymbol{E_{ab}}$는 다음과 같이 구할 수 있다.

$$\oint_S \boldsymbol{E}_{ab} \cdot d\boldsymbol{S} = \frac{Q}{\epsilon_0}$$

$$\oint_S \boldsymbol{E}_{ab} \cdot d\boldsymbol{S} = E_{ab}\oint_S dS = E_{ab} \times 4\pi r^2$$

$$E_{ab} \times 4\pi r^2 = \frac{Q}{\epsilon_0} \quad \therefore E_{ab} = \frac{Q}{4\pi\epsilon_0 r^2}[V/m]$$

$$\therefore D_{ab} = \frac{Q}{4\pi r^2}[C/m^2]$$

■ 가우스 법칙을 적용

☞ $\oint_S \boldsymbol{E} \cdot d\boldsymbol{S}$ 에서 벡터 $\boldsymbol{E}$와 벡터 $d\boldsymbol{S}$는 평행함으로 두 벡터의 내적은 $|\boldsymbol{E}| \cdot |d\boldsymbol{S}| \cos\theta$에서 θ가 $0°$이므로 $E\oint_S dS$ 로 나타낼 수 있음

☞ $\oint_S dS$ 는 반지름 $r[m]$인 구의 표면적이기 때문에 $4\pi r^2$으로 계산됨

☞ 그러므로, 전계는 $E_r \propto \frac{1}{r^2}$

☞ $D = \epsilon_0 E$

전계 $\boldsymbol{E}_{ab}$를 이용하여 전위 V_{ab}를 다음과 같이 구할 수 있다. $1[C]$의 전하를 점 b에서 점 a인 지점까지 이동시킬 때 필요한 일을 나타내는 전위를 아래 수식으로 구할 수 있다.

$$V_{ab} = -\int_b^a \boldsymbol{E}_{ab} \cdot d\boldsymbol{r} = -\int_b^a \frac{Q}{4\pi\epsilon_0 r^2} dr$$

$$= -\frac{Q}{4\pi\epsilon_0}\int_b^a \frac{1}{r^2} dr$$

$$= -\frac{Q}{4\pi\epsilon_0} \times \left[-\frac{1}{r}\right]_b^a$$

$$= -\frac{Q}{4\pi\epsilon_0}\left(-\frac{1}{a} + \frac{1}{b}\right)$$

$$= \frac{Q}{4\pi\epsilon_0}\left(\frac{1}{a} - \frac{1}{b}\right)[V]$$

■ 전위의 공식을 적용

☞ $\int_\infty^r \boldsymbol{E} \cdot d\boldsymbol{r}$에서 벡터 $\boldsymbol{E}$와 벡터 $d\boldsymbol{r}$은 평행함으로 두 벡터의 내적은 $|\boldsymbol{E}| \cdot |d\boldsymbol{r}| \cos\theta$에서 θ가 $0°$이고, $\int_\infty^r E dr$로 나타낼 수 있음

■ 적분공식

☞ $\int x^n dx = \frac{x^{n+1}}{n+1}$의 적분공식에서

☞ $\int r^{-2} dr = \frac{r^{-2+1}}{-2+1} = -r^{-1} = -\frac{1}{r}$

☞ $\int_b^a \frac{1}{r^2} dr = \int_b^a r^{-2} dr = -[r^{-1}]_b^a$

$= -\left[\frac{1}{r}\right]_b^a = -\left(\frac{1}{a} - \frac{1}{b}\right) = -\frac{1}{a} + \frac{1}{b}$

(4) 내부 구도체 A의 표면 전계 (a = r인 경우)

가우스 면을 내부 구도체 A의 외측 표면인 $r=a$가 되게 하면 가우스 면에는 내부 구도체 A의 전하 $+Q[C]$인 존재한다. 따라서, 가우스 정리 $\oint_S \boldsymbol{E} \cdot d\boldsymbol{S} = \frac{Q}{\epsilon_0}$에 의하여 내부 구도체 A의 표면에 대한 전계 $\boldsymbol{E_a}$는 다음과 같이 구할 수 있다.

$$\oint_S \boldsymbol{E}_a \cdot d\boldsymbol{S} = \frac{Q}{\epsilon_0}$$

$$\oint_S \boldsymbol{E}_a \cdot d\boldsymbol{S} = E_a \oint_S dS = E_a \times 4\pi a^2$$

$$E_a \times 4\pi a^2 = \frac{Q}{\epsilon_0} \quad \therefore E_a = \frac{Q}{4\pi\epsilon_0 a^2}[V/m]$$

$$\therefore D_a = \frac{Q}{4\pi a^2}[C/m^2]$$

■ 가우스 법칙을 적용

☞ $\oint_S \boldsymbol{E} \cdot d\boldsymbol{S}$ 에서 벡터 $\boldsymbol{E}$와 벡터 $d\boldsymbol{S}$는 평행함으로 두 벡터의 내적은 $|\boldsymbol{E}| \cdot |d\boldsymbol{S}| \cos\theta$에서 θ가 $0°$이므로 $E\oint_S dS$ 로 나타낼 수 있음

☞ $\oint_S dS$ 는 반지름 $r[m]$인 구의 표면적이기 때문에 $4\pi r^2$으로 계산됨

☞ 그러므로, 전계는 $E_r \propto \frac{1}{r^2}$

☞ $D = \epsilon_0 E$

전계 $\boldsymbol{E_a}$를 이용하여 전위 V_a를 다음과 같이 구할 수 있다. $1[C]$의 전하를 무한대에서 점 a인 지점까지 이동시킬 때 필요한 일, 즉 전위는 앞에서 구한 수식을 이용하여 전위 $V_a = V_c + V_{bc} + V_{ab}$로 나타낼 수 있으므로 아래 수식으로 표현된다.

$$\begin{aligned} V_a &= V_c + V_{bc} + V_{ab} \\ &= \frac{Q}{4\pi\epsilon_0 c} + 0 + \frac{Q}{4\pi\epsilon_0}\left(\frac{1}{a} - \frac{1}{b}\right) \\ &= \frac{Q}{4\pi\epsilon_0}\left(\frac{1}{a} - \frac{1}{b} + \frac{1}{c}\right)[V] \end{aligned}$$

■ 전위 V_a

☞ $V_a = V_c + V_{bc} + V_{ab}$

☞ $V_c = \frac{Q}{4\pi\epsilon_0 c}[V]$

☞ $V_{bc} = 0[V]$

☞ $V_{ab} = \frac{Q}{4\pi\epsilon_0}\left(\frac{1}{a} - \frac{1}{b}\right)[V]$

그리고, 내부 구도체 A의 내부에는 전하가 존재하지 않기 때문에 전계와 전위는 0이 된다.

2.9.4.2 내부 구도체에 전하가 없고 외부 구도체에 전하가 있는 경우

그림 2-49와 같이 내부 구도체 A에 $0[C]$으로 전하를 주지 않고, 외부 구도체 B에 $+Q[C]$의 전하를 주었을 경우 동심 구도체의 전계와 전위를 구하여 보자.

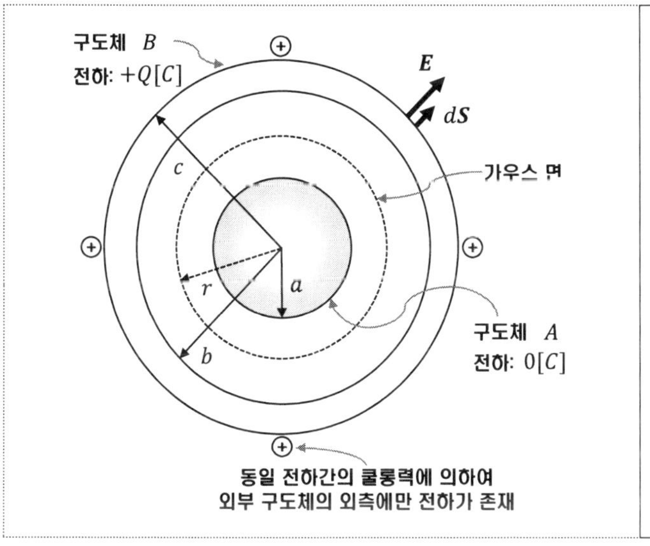

- ■ 내부 구도체 A: $0[C]$ 대전
- ■ 외부 구도체 B: $+Q[C]$ 내선
  - ☞ 동일 전하간 쿨롱력에 의하여 외부 구도체의 외측에만 전하 존재
  - ☞ c점에서 밖으로 발산되는 전계 $\boldsymbol{E}$가 발생
- ■ 도체의 정전유도 현상: 없음

그림 2-49 내부 구도체에 전하가 없고 외부 구도체에 전하가 있는 경우의 전계

외부 구도체 B에 $+Q[C]$의 전하를 주게 되면, 동종 전하 사이의 반발력인 쿨롱력에 의하여 외부 구도체 B의 외측에만 전하가 존재하게 된다. 그리고, 외부 구도체 B의 외측에서 전기력선이 외부로 나오게 된다. 따라서, 외부 구도체 B의 내측과 내부 구도체 A에는 전하가 존재하지 않는다. 동심 구도체의 전계와 전위를 구하기 위하여서는 구 형태의 가우스 면을 취하여 전계의 세기와 전위를 구할 수 있다.

(1) 외부 구도체 B의 외측 전계 (r ≥ c인 경우)

가우스 면을 외부 구도체 B의 외측인 $r \geq c$가 되게 하면, 내부 구도체 A와 외부 구도체 B의 내측에는 전하가 존재하지 않고, 외부 구도체 B의 외측에는 $+Q[C]$의 대전 전하가 존재하여 가우스 면의 전체 전하는 $+Q[C]$로 나타나게 된다. 이를 활용하여 가우스 법칙 $\oint_S \boldsymbol{E} \cdot d\boldsymbol{S} = \frac{Q}{\epsilon_0}$에 의하여 외부 구도체 B의 외측에 대한 전계 $\boldsymbol{E}$는 다음과 같은 수식으로 구할 수 있다.

$$\oint_S \boldsymbol{E} \cdot d\boldsymbol{S} = \frac{Q}{\epsilon_0}$$

$$\oint_S \boldsymbol{E} \cdot d\boldsymbol{S} = E\oint_S dS = E \times 4\pi r^2$$

$$E \times 4\pi r^2 = \frac{Q}{\epsilon_0} \quad \therefore E = \frac{Q}{4\pi\epsilon_0 r^2}[V/m]$$

$$\therefore D = \frac{Q}{4\pi r^2}[C/m^2]$$

■ 가우스 법칙을 적용

☞ $\oint_S \boldsymbol{E} \cdot d\boldsymbol{S}$ 에서 벡터 $\boldsymbol{E}$와 벡터 $d\boldsymbol{S}$는 평행함으로 두 벡터의 내적은 $|\boldsymbol{E}| \cdot |d\boldsymbol{S}|\cos\theta$에서 θ가 $0°$이므로 $E\oint_S dS$ 로 나타낼 수 있음

☞ $\oint_S dS$ 는 반지름 $r[m]$인 구의 표면적이기 때문에 $4\pi r^2$으로 계산됨

☞ 그러므로, 전계는 $E_r \propto \frac{1}{r^2}$

☞ $D = \epsilon_0 E$

전계 $\boldsymbol{E}$를 이용하여 전위 V를 다음과 같이 구할 수 있다. $1[C]$의 전하를 무한 원점에서 거리 $r[m]$인 지점까지 이동시킬 때 필요한 일을 나타내는 전위를 아래 수식으로 구할 수 있다.

$$V = -\int_\infty^r \boldsymbol{E} \cdot d\boldsymbol{r} = -\int_\infty^r \frac{Q}{4\pi\epsilon_0 r^2}dr$$

$$= -\frac{Q}{4\pi\epsilon_0}\int_\infty^r \frac{1}{r^2}dr$$

$$= -\frac{Q}{4\pi\epsilon_0} \times -\frac{1}{r} = \frac{Q}{4\pi\epsilon_0 r}[V]$$

■ 전위의 공식을 적용

☞ $\int_\infty^r \boldsymbol{E} \cdot d\boldsymbol{r}$에서 벡터 $\boldsymbol{E}$와 벡터 $d\boldsymbol{r}$은 평행함으로 두 벡터의 내적은 $|\boldsymbol{E}| \cdot |d\boldsymbol{r}|\cos\theta$에서 θ가 $0°$이고, $\int_\infty^r E dr$로 나타낼 수 있음

■ 적분공식

☞ $\int x^n dx = \frac{x^{n+1}}{n+1}$의 적분공식에서

☞ $\int r^{-2}dr = \frac{r^{-2+1}}{-2+1} = -r^{-1} = -\frac{1}{r}$

☞ $\int_\infty^r \frac{1}{r^2}dr = \int_\infty^r r^{-2}dr = -[r^{-1}]_\infty^r$

$$= -\left[\frac{1}{r}\right]_\infty^r = -\left(\frac{1}{r} - \frac{1}{\infty}\right) = -\frac{1}{r}$$

■ 그러므로, 전위는 $V_r \propto \frac{1}{r}$

그리고, 외부 구도체 B의 외측 표면의 전계를 구하기 위하여 상기 수식에서 $r=c$를 대입하면 전계 $\boldsymbol{E}_c$와 전위 V_c는 아래 수식으로 구할 수 있다.

$$E_c = \frac{Q}{4\pi\epsilon_0 c^2}[V/m]$$

$$\therefore D_c = \frac{Q}{4\pi c^2}[C/m^2]$$

$$V_c = \frac{Q}{4\pi\epsilon_0 c}[V]$$

■ $r=c$인 경우 전계, 전속밀도와 전위

☞ $E = \frac{Q}{4\pi\epsilon_0 r^2}[V/m]$

☞ $D = \frac{Q}{4\pi r^2}[C/m^2]$

☞ $V = \frac{Q}{4\pi\epsilon_0 r}[V]$

(2) 외부 구도체 B의 도체 외측과 내측 사이 전계 (b < r < c인 경우)

가우스 면을 외부 구도체 B의 도체 외측과 내측의 사이인 $b<r<c$를 취하면 외부 구도체 B의 외측만 전하가 존재하여 이 구간에서는 전하가 존재하지 않는다. 따라서, 가우스 면 내부에서는 전하가 존재하지 않기 때문에 전계 $\boldsymbol{E}_{bc}$는 0이 되며, 전위 V_{bc}도 0이 된다.

$$E_{bc} = 0[V/m]$$

$$\therefore D_{bc} = 0[C/m^2]$$

$$V_{bc} = 0[V]$$

■ $b<r<c$인 경우 전계, 전속밀도와 전위

☞ 가우스 면 내부에 전하가 존재하지 않음

(3) 외부 구도체 B와 내부 구도체 A의 사이 전계 (a ≤ r ≤ b인 경우)

가우스 면을 외부 구도체 B의 내측과 내부 구도체 A의 외측인 $a \le r \le b$가 되게 하면, 가우스 면의 내부에 전하가 존재하지 않기 때문에 전계 $\boldsymbol{E}_{ab}$는 0이 되며, 전위 V_{ab}도 0이 된다.

$$E_{ab} = 0[V/m]$$

$$\therefore D_{ab} = 0[C/m^2]$$

$$V_{ab} = 0[V]$$

■ $a \le r \le b$인 경우 전계, 전속밀도와 전위

☞ 가우스 면 내부에 전하가 존재하지 않음

(4) 내부 구도체 A의 표면 전계 (a = r인 경우)

가우스 면을 내부 구도체 A의 외측 표면인 $r=a$가 되게 하면 가우스 면의 내부에는 전하가 존재하지 않기 때문에 전계 $\boldsymbol{E}_a$는 0이 되나, $1[C]$의 전하를 무한대에서 점 a인 지점까지 이동시킬 때 필요한 일, 즉 전위는 앞에서 구한 수식을 이용하여 전위 $V_a = V_c + V_{bc} + V_{ab}$로 나타낼 수 있으므로 아래 수식으로 표현된다.

$$E_a = 0[V/m] \quad \therefore D_a = 0[C/m^2]$$

$$V_a = V_c + V_{bc} + V_{ab} = \frac{Q}{4\pi\epsilon_0 c} + 0 + 0 = \frac{Q}{4\pi\epsilon_0 c}[V]$$

■ $r=a$인 경우 전계, 전속밀도와 전위
☞ 가우스 면 내부에 전하가 없음
■ 전위 V_a
☞ $V_a = V_c + V_{bc} + V_{ab}$
☞ $V_c = \frac{Q}{4\pi\epsilon_0 c}[V]$, $V_{bc} = 0[V]$, $V_{ab} = 0[V]$

그리고, 내부 구도체 A의 내부에 전하가 존재하지 않기 때문에 전계와 전위는 0이 된다.

2.9.4.3 내부 구도체에 전하가 있고 외부 구도체에 반대 전하가 있는 경우

그림 2-50과 같이 내부 구도체 A에 $+Q[C]$의 전하를 주고, 외부 구도체 B에 반대 전하인 $-Q[C]$의 전하를 주었을 경우 동심 구도체의 전계와 전위를 구하여 보자.

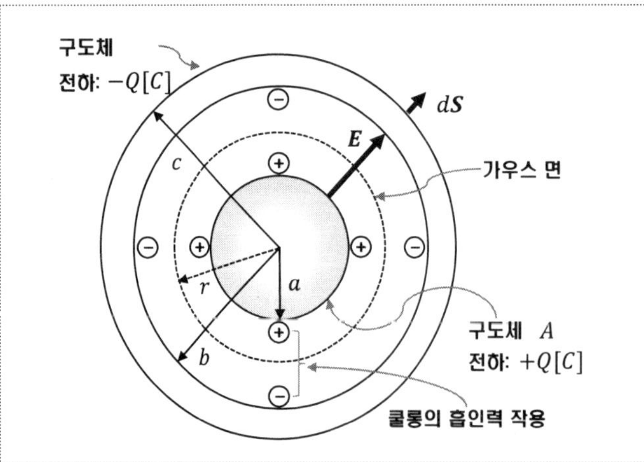

■ 내부 구도체 A: $+Q[C]$ 대전
☞ 동일 전하간 쿨롱력에 의하여 내부 구도체의 외측에만 전하 존재
☞ a점에서 밖으로 발산되는 전계 $\boldsymbol{E}$ 발생하여 b점에 도달
■ 외부 구도체 B: $-Q[C]$ 대전
☞ 이종 전하간 쿨롱력에 의하여 외부 구도체의 내측에만 전하 손새
■ 도체의 정전유도 현상: 없음

그림 2-50 내부 구도체에 전하가 있고 외부 구도체에 반대 전하가 있는 경우의 전계

내부 구도체 A에 $+Q[C]$의 전하를 주게 되면, 동종 전하 사이의 반발력인 쿨롱력에 의하여 내부 구도체 A의 외측에만 +전하가 존재하게 된다. 그리고, 외부 구도체 B에 $-Q[C]$의 전하를 주게 되면, 동종 전하 사이의 반발력인 쿨롱력과 내부 구도체 A에 $+Q[C]$의 전하에 의하여 흡인력이 발생하여 외부 구도체 B의 내측에만 −전하가 존재하게 된다. 동심 구도체의 전계와 전위를 구하기 위하여서는 구 형태의 가우스 면을 취하여 전계의 세기와 전위를 구할 수 있다.

(1) 외부 구도체 B의 외측 전계 (r ≥ c인 경우)

가우스 면을 외부 구도체 B의 외측인 $r \geq c$가 되게 하면, 내부 구도체 A와 외부 구도체 B의 내측에는 전하가 상쇄되어 전하가 존재하지 않기 때문에 전계 $\boldsymbol{E}$는 0이 되며, 전위 V도 0이 된다. 또한, 외부 구도체 B의 외측 표면인 $r=c$에서도 전하가 존재하지 않기 때문에 전계 $\boldsymbol{E_c}$는 0이 되며, 전위 V_c도 0이 된다.

$E=0[V/m]$ $\therefore D=0[C/m^2]$ $V=0[V]$	■ $r \geq c$인 경우 전계, 전속밀도와 전위 ☞ 가우스 면 내부에 전하가 없음

$E_c=0[V/m]$ $\therefore D_c=0[C/m^2]$ $V_c=0[V]$	■ $r=c$인 경우 전계, 전속밀도와 전위 ☞ 가우스 면 내부에 전하가 없음

(2) 외부 구도체 B의 도체 외측과 내측 사이 전계 (b < r < c인 경우)

가우스 면을 외부 구도체 B의 도체 외측과 내측의 사이인 $b<r<c$를 취하면 내부 구도체 A와 외부 구도체 B의 내측에는 전하가 상쇄되어 전하가 존재하지 않기 때문에 전계 $\boldsymbol{E_{bc}}$는 0이 되며, 전위 V_{bc}도 0이 된다.

$E_{bc}=0[V/m]$ $\therefore D_{bc}=0[C/m^2]$ $V_{bc}=0[V]$	■ $b<r<c$인 경우 전계, 전속밀도와 전위 ☞ 가우스 면 내부에 전하가 없음

(3) 외부 구도체 B와 내부 구도체 A 사이 전계 (a ≤ r ≤ b인 경우)

가우스 면을 외부 구도체 B의 내측과 내부 구도체 A의 외측인 $a \le r \le b$가 되게 하면, 가우스 면 내부에 내부 구도체 A의 전하인 $+Q[C]$가 존재하게 된다. 이를 활용하여 가우스 법칙 $\oint_S \boldsymbol{E} \cdot d\boldsymbol{S} = \frac{Q}{\epsilon_0}$에 의하여 전계 $\boldsymbol{E_{ab}}$는 다음과 같이 구할 수 있다.

$$\oint_S \boldsymbol{E_{ab}} \cdot d\boldsymbol{S} = \frac{Q}{\epsilon_0}$$

$$\oint_S \boldsymbol{E_{ab}} \cdot d\boldsymbol{S} = E_{ab}\oint_S dS = E_{ab} \times 4\pi r^2$$

$$E_{ab} \times 4\pi r^2 = \frac{Q}{\epsilon_0} \quad \therefore E_{ab} = \frac{Q}{4\pi\epsilon_0 r^2}[V/m]$$

$$\therefore D_{ab} = \frac{Q}{4\pi r^2}[C/m^2]$$

■ 가우스 법칙을 적용

☞ $\oint_S \boldsymbol{E} \cdot d\boldsymbol{S}$ 에서 벡터 $\boldsymbol{E}$와 벡터 $d\boldsymbol{S}$는 평행함으로 두 벡터의 내적은 $|\boldsymbol{E}| \cdot |d\boldsymbol{S}|\cos\theta$에서 θ가 $0°$이므로 $E\oint_S dS$ 로 나타낼 수 있음

☞ $\oint_S dS$ 는 반지름 $r[m]$인 구의 표면적이기 때문에 $4\pi r^2$으로 계산됨

☞ 그러므로, 전계는 $E_r \propto \frac{1}{r^2}$, $D = \epsilon_0 E$

전계 $\boldsymbol{E_{ab}}$를 이용하여 전위 V_{ab}를 다음과 같이 구할 수 있다. $1[C]$의 전하를 점 b에서 점 a인 지점까지 이동시킬 때 필요한 일을 나타내는 전위를 아래 수식으로 구할 수 있다.

$$V_{ab} = -\int_b^a \boldsymbol{E_{ab}} \cdot d\boldsymbol{r} = -\int_b^a \frac{Q}{4\pi\epsilon_0 r^2}dr$$

$$= -\frac{Q}{4\pi\epsilon_0}\int_b^a \frac{1}{r^2}dr$$

$$= -\frac{Q}{4\pi\epsilon_0} \times \left[-\frac{1}{r}\right]_b^a$$

$$= -\frac{Q}{4\pi\epsilon_0}(-\frac{1}{a} + \frac{1}{b})$$

$$= \frac{Q}{4\pi\epsilon_0}(\frac{1}{a} - \frac{1}{b})[V]$$

■ 전위의 공식을 적용

☞ $\int_\infty^r \boldsymbol{E} \cdot d\boldsymbol{r}$에서 벡터 $\boldsymbol{E}$와 벡터 $d\boldsymbol{r}$은 평행함으로 두 벡터의 내적은 $|\boldsymbol{E}| \cdot |d\boldsymbol{r}|\cos\theta$에서 θ가 $0°$이고, $\int_\infty^r E dr$로 나타낼 수 있음

■ 적분공식

☞ $\int x^n dx = \frac{x^{n+1}}{n+1}$의 적분공식에서

☞ $\int r^{-2}dr = \frac{r^{-2+1}}{-2+1} = -r^{-1} = -\frac{1}{r}$

☞ $\int_b^a \frac{1}{r^2}dr = \int_b^a r^{-2}dr = -[r^{-1}]_b^a$

$= -\left[\frac{1}{r}\right]_b^a = -(\frac{1}{a} - \frac{1}{b}) = -\frac{1}{a} + \frac{1}{b}$

(4) 내부 구도체 A의 표면 전계 (a = r인 경우)

가우스 면을 내부 구도체 A의 외측 표면인 $r=a$가 되게 하면 가우스 면에는 내부 구도체 A의 전하 $+Q[C]$인 존재한다. 따라서, 가우스 법칙 $\oint_S \boldsymbol{E} \cdot d\boldsymbol{S} = \frac{Q}{\epsilon_0}$에 의하여 내부 구도체 A의 표면에 대한 전계 $\boldsymbol{E_a}$는 다음과 같이 구할 수 있다.

$$\oint_S \boldsymbol{E_a} \cdot d\boldsymbol{S} = \frac{Q}{\epsilon_0}$$

$$\oint_S \boldsymbol{E_a} \cdot d\boldsymbol{S} = E_a \oint_S dS = E_a \times 4\pi a^2$$

$$E_a \times 4\pi a^2 = \frac{Q}{\epsilon_0} \quad \therefore E_a = \frac{Q}{4\pi\epsilon_0 a^2}[V/m]$$

$$\therefore D_a = \frac{Q}{4\pi a^2}[C/m^2]$$

■ 가우스 법칙을 적용

☞ $\oint_S \boldsymbol{E} \cdot d\boldsymbol{S}$ 에서 벡터 $\boldsymbol{E}$와 벡터 $d\boldsymbol{S}$는 평행함으로 두 벡터의 내적은 $|\boldsymbol{E}| \cdot |d\boldsymbol{S}|\cos\theta$에서 θ가 $0°$이므로 $E\oint_S dS$ 로 나타낼 수 있음

☞ $\oint_S dS$ 는 반지름 $r[m]$인 구의 표면적이기 때문에 $4\pi r^2$으로 계산됨

☞ 그러므로, 전계는 $E_r \propto \frac{1}{r^2}$

☞ $D = \epsilon_0 E$

전계 $\boldsymbol{E_a}$를 이용하여 전위 V_a를 다음과 같이 구할 수 있다. $1[C]$의 전하를 무한대에서 점 a인 지점까지 이동시킬 때 필요한 일, 즉 전위는 앞에서 구한 수식을 이용하여 전위 $V_a = V_c + V_{bc} + V_{ab}$로 나타낼 수 있으므로 아래 수식으로 표현된다.

$$\begin{aligned} V_a &= V_c + V_{bc} + V_{ab} \\ &= \frac{Q}{4\pi\epsilon_0 c} + 0 + \frac{Q}{4\pi\epsilon_0}\left(\frac{1}{a} - \frac{1}{b}\right) \\ &= \frac{Q}{4\pi\epsilon_0}\left(\frac{1}{a} - \frac{1}{b} + \frac{1}{c}\right)[V] \end{aligned}$$

■ 전위 V_a

☞ $V_a = V_c + V_{bc} + V_{ab}$

☞ $V_c = 0[V]$

☞ $V_{bc} = 0[V]$

☞ $V_{ab} = \frac{Q}{4\pi\epsilon_0}\left(\frac{1}{a} - \frac{1}{b}\right)[V]$

그리고, 내부 구도체 A의 내부에는 전하가 존재하지 않기 때문에 전계와 전위는 0이 된다.

예제 2.62

▣ 진공 중에 반경 $2[cm]$인 도체구 A와 내외반경이 $4[cm]$ 및 $5[cm]$인 도체구 B를 동심으로 놓고 도체구 A에 $Q_A = 2\times10^{-10}[C]$의 전하를 대전시키고 도체구 B의 전하는 $0[C]$으로 했을 때 도체구 A의 전위는 몇 $[V]$인가?

풀이

◉ 전위 $V = \dfrac{Q}{4\pi\epsilon_0}\left(\dfrac{1}{a} - \dfrac{1}{b} + \dfrac{1}{c}\right)$

$$= \frac{2\times10^{-10}}{4\pi\epsilon_0}\left(\frac{1}{0.02} - \frac{1}{0.04} + \frac{1}{0.05}\right) = 81\,[V]$$

예제 2.63

▣ 그림과 같은 중공 도체 중심에 점전하가 있을 때 도체 내외의 전하 밀도를 나타내는 것은?

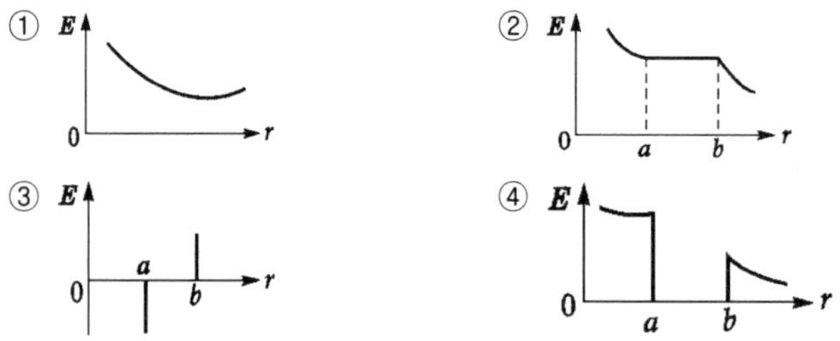

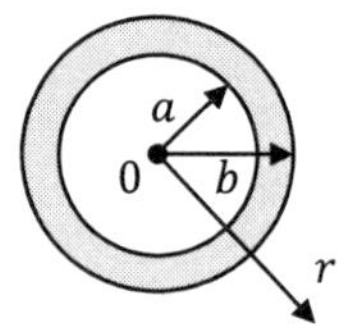

풀이

◉ 중공도체는 전기적으로 중성이므로 도체내의 총 전하의 합은 0

◉ 중공도체 내면에는 정전유도 현상에 의해 중심점의 ⊕점전하에 의해 ⊖전하가 유도되고, 외면에는 ⊕전하가 유기된다.

☞ ③

예제 2.64

▣ 그림과 같은 2동심 구도체에서 도체 1의 전하가 $Q_1 = 4\pi\epsilon_0\,[C]$, 도체 2의 전하가 $Q=0$일 때 도체 1의 전위는 몇 $[V]$인가? (단, $a = 10\,[cm]$, $b = 15[cm]$, $c = 20[cm]$라 함)

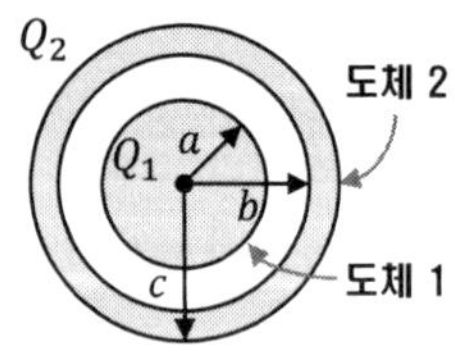

풀이

◉ 동심 구도체의 전위 $V = \dfrac{Q}{4\pi\epsilon_0}\left(\dfrac{1}{a} - \dfrac{1}{b} + \dfrac{1}{c}\right)$에서

▶ 도체 1의 전위 V_1은

$$V_1 = \frac{4\pi\epsilon_0}{4\pi\epsilon_0}\left(\frac{1}{a} - \frac{1}{b} + \frac{1}{c}\right) = \frac{4\pi\epsilon_0}{4\pi\epsilon_0}\left(\frac{1}{0.1} - \frac{1}{0.15} + \frac{1}{0.2}\right)$$

$$= \left(\frac{3}{0.3} - \frac{2}{0.3} + \frac{1.5}{0.3}\right) = \frac{25}{3} = 8.33\,[V]$$

【동심 구도체의 전계와 전위 요약 정리】

구분	관련내용		
	내부 도체 A: $+Q[C]$ 외부 도체 B: $0[C]$	내부 도체 A: $0[C]$ 외부 도체 B: $+Q[C]$	내부 도체 A: $+Q[C]$ 외부 도체 B: $-Q[C]$
$r \geq c$	$E=\frac{Q}{4\pi\epsilon_0 r^2}$ $D=\frac{Q}{4\pi r^2}$ $V=\frac{Q}{4\pi\epsilon_0 r}$	$E=\frac{Q}{4\pi\epsilon_0 r^2}$ $D=\frac{Q}{4\pi r^2}$ $V=\frac{Q}{4\pi\epsilon_0 r}$	$E=0$ $D=0$ $V=0$
	$E_c=\frac{Q}{4\pi\epsilon_0 c^2}$ $D_c=\frac{Q}{4\pi c^2}$ $V_c=\frac{Q}{4\pi\epsilon_0 c}$	$E_c=\frac{Q}{4\pi\epsilon_0 c^2}$ $D_c=\frac{Q}{4\pi c^2}$ $V_c=\frac{Q}{4\pi\epsilon_0 c}$	$E_c=0$ $D_c=0$ $V_c=0$
$c > r > b$	$E_{bc}=0$ $D_{bc}=0$ $V_{bc}=0$	$E_{bc}=0$ $D_{bc}=0$ $V_{bc}=0$	$E_{bc}=0$ $D_{bc}=0$ $V_{bc}=0$
$b \geq r \geq a$	$E_{ab}=\frac{Q}{4\pi\epsilon_0 r^2}$ $D_{ab}=\frac{Q}{4\pi r^2}$ $V_{ab}=\frac{Q}{4\pi\epsilon_0}(\frac{1}{a}-\frac{1}{b})$	$E_{ab}=0$ $D_{ab}=0$ $V_{ab}=0$	$E_{ab}=\frac{Q}{4\pi\epsilon_0 r^2}$ $D_{ab}=\frac{Q}{4\pi r^2}$ $V_{ab}=\frac{Q}{4\pi\epsilon_0}(\frac{1}{a}-\frac{1}{b})$
$r=a$	$E_a=\frac{Q}{4\pi\epsilon_0 a^2}$ $D_a=\frac{Q}{4\pi a^2}$ $V_a=\frac{Q}{4\pi\epsilon_0}(\frac{1}{a}-\frac{1}{b}+\frac{1}{c})$	$E_a=0$ $D_a=0$ $V_a=\frac{Q}{4\pi\epsilon_0 c}$	$E_a=\frac{Q}{4\pi\epsilon_0 a^2}$ $D_a=\frac{Q}{4\pi a^2}$ $V_a=\frac{Q}{4\pi\epsilon_0}(\frac{1}{a}-\frac{1}{b}+\frac{1}{c})$

2-10 도체 표면에 작용하는 힘

그림 2-51과 같이 구도체 표면에 전하가 주어졌을 경우, 동종 전하 사이의 쿨롱력에 의하여 반발력이 작용하여 도체 내부에는 전하가 존재하지 않고 구도체 표면에 전하가 존재하고 서로 미는 힘인 반발력이 외부로 작용하게 된다. 이러한 힘을 정전응력(electrostatic stress)이라 한다.

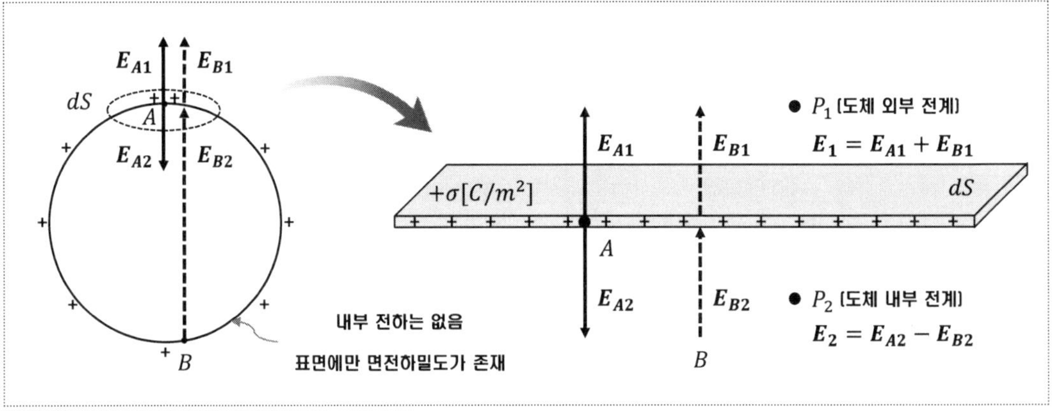

그림 2-51 도체 표면에 작용하는 힘

점 A에서 면전하 밀도 $+\sigma[C/m^2]$를 가지고 있다고 할 때, 도체 외부로 향하는 전계 벡터 $\boldsymbol{E}_{A1}$의 크기는 $E_{A1} = \dfrac{\sigma}{2\epsilon_0}[V/m]$이고, 도체 내부로 향하는 전계 벡터 $\boldsymbol{E}_{A2}$의 크기는 $E_{A2} = \dfrac{\sigma}{2\epsilon_0}[V/m]$로 전계 $\boldsymbol{E}_{A1}$와 전계 $\boldsymbol{E}_{A2}$는 크기는 같고 방향이 반대인 벡터이다.

점 B에서 표면 도체구의 내부를 지나 반대편의 미소면적 dS의 표면까지 영향을 미치는 전계 벡터 $\boldsymbol{E}_{B2}$의 크기는 $E_{B2} = \dfrac{\sigma}{2\epsilon_0}[V/m]$이고, 도체구의 표면을 뚫고 외부로 향하는 전계 벡터 $\boldsymbol{E}_{B1}$의 크기는 $E_{B1} = \dfrac{\sigma}{2\epsilon_0}[V/m]$이라서, 전계 $\boldsymbol{E}_{B1}$과 $\boldsymbol{E}_{B2}$는 크기와 방향이 같은 벡터이다.

그러므로 도체 외부의 P_1점에서의 합성 전계 $\boldsymbol{E}_1$은 $\boldsymbol{E}_1 = \boldsymbol{E}_{A1} + \boldsymbol{E}_{B1}$로 나타낼 수 있고, 도체 내부의 P_2점에서의 합성 전계 $\boldsymbol{E}_2$는 $\boldsymbol{E}_2 = \boldsymbol{E}_{A2} - \boldsymbol{E}_{B2} = 0$으로 나타낼 수 있다. 이를

수식으로 표현하면 다음과 같다.

$$E_1 = E_{A1} + E_{B1} = \frac{\sigma}{2\epsilon_0} + \frac{\sigma}{2\epsilon_0} = \frac{\sigma}{\epsilon_0}$$

$$E_2 = E_{A2} - E_{B2} = \frac{\sigma}{2\epsilon_0} - \frac{\sigma}{2\epsilon_0} = 0$$

■ 무한 평판형 대전체에서의 전계

☞ $E = \frac{\sigma}{2\epsilon_0}[V/m]$

■ P_1점의 전계 E_1: 벡터 합의 크기

■ P_2점의 전계 E_2: 벡터 차의 크기

쿨롱의 법칙에서 쿨롱력과 전계 사이의 관계식인 $F = QE$를 이용하여 미소면적 dS에 받는 힘의 크기를 dF라고 한다면 미소면적 dS에 영향을 미치는 전계는 E_{B1}이다. 즉 E_{B1}에 의하여 미소면적 dS를 밀어내는 반발력이 작용한다. 이를 수식으로 표현하면 다음과 같다.

$$F = QE\,[N]$$

$$dF = (\sigma dS)E_{B1} = \sigma dS\frac{\sigma}{2\epsilon_0} = \frac{\sigma^2 dS}{2\epsilon_0}$$

■ 쿨롱의 법칙: 힘과 전계사이의 관계

☞ $F = QE$

■ 미소 면적 $dS[m^2]$의 전하량 $Q[C]$는 면전하밀도가 $\sigma[C/m^2]$이기 때문에 $Q = \sigma dS[C]$이다.

도체 표면에서 동종전하 사이에 쿨롱력에 의하여 서로 미는 힘인 반발력이 작용하고 있어 상기 수식을 활용하여 도체 표면이 받는 힘인 정전응력을 구하여 보자. 단위면적당 작용하는 힘의 크기를 $f[N/m^2]$라고 한다면 $f = \frac{dF}{dS}[N/m^2]$의 관계가 성립한다. 이 힘 $f[N/m^2]$를 정전응력이라 한다.

$$f = \frac{dF}{dS} = \frac{\sigma^2}{2\epsilon_0}[N/m^2]$$

$$\sigma = D = \epsilon_0 E \qquad E = \frac{D}{\epsilon_0}$$

$$f = \frac{\sigma^2}{2\epsilon_0} = \frac{D^2}{2\epsilon_0} = \frac{1}{2}\epsilon_0 E^2 = \frac{1}{2}DE\,[N/m^2]$$

■ 단위면적당 작용하는 힘: 정전응력

☞ $f = \frac{dF}{dS}$

■ 전속밀도 $D[C/m^2]$와 면전하 밀도 $\sigma[C/m^2]$는 같은 의미

☞ $D = \epsilon_0 E$, $D = \sigma$

■ $F \propto \sigma^2$, $F \propto E^2$로 표면전하의 종류와는 무관하며 항상 도체 외부로 향하는 반발력인 정전응력이 존재

상기의 정전응력에 대한 수식은 3장에서 다루게 될 정전용량의 내용 중에서 평행평판 콘덴서 사이에 단위체적당 축적되는 정전에너지 밀도 $\omega[J/m^3]$와 같은 수식을 나타내고 있다. 아래는 다음에 배울 정전에너지 밀도의 수식을 나타낸 것이다.

$\omega = \frac{1}{2}\epsilon_0 E^2 = \frac{1}{2}\frac{D^2}{\epsilon_0} = \frac{1}{2}DE[J/m^3]$	■ 단위체적당 정전에너지 밀도 ☞ $[\frac{J}{m^3}] = [\frac{Nm}{m^3}] = [\frac{N}{m^2}]$ ☞ 정전응력과 같음

예제 2.65

▣ 매질이 공기인 경우에 방전이 $10[kV/mm]$의 전계에서 발생한다고 할 때 도체 표면에 작용하는 힘은 몇 $[N/m^2]$인가?

풀이

◉ 단위 면적당 작용력은

▶ $f = \frac{1}{2}\epsilon_0 E^2 = \frac{1}{2} \times 8.854 \times 10^{-12} \times (10 \times 10^6)^2 = 4.427 \times 10^2 [N/m^2]$

예제 2.66

▣ 무한히 넓은 2개의 평행판 도체의 간격이 $d[m]$이며 그 전위차는 $V[V]$이다. 도체판의 단위 면적에 작용하는 힘 $[N/m^2]$은 얼마인가? (단, 유전율은 ϵ_0이다.)

풀이

◉ 단위 면적당 작용력(도체 표면 정전응력)은 $f = \frac{1}{2}\epsilon_0 E^2$이고,

전계 $E = \frac{V}{d}$를 활용하여 대입하면 $\therefore f = \frac{1}{2}\epsilon_0 E^2 = \frac{1}{2}\epsilon_0 (\frac{V}{d})^2 [N/m^2]$

예제 2.67

▣ 전위가 $V = 2x + y[V]$일 때 자유공간 중의 $0 \leq x \leq 1$, $0 \leq y \leq 1$, $0 \leq z \leq 1$의 공간에 저장되는 전계의 에너지는 약 몇 $[J]$인가?

풀이

◉ 전계와 전위사이의 관계식인 $\boldsymbol{E} = -grad\,V$을 이용하면

▶ $\boldsymbol{E} = -grad\,V = -(2\boldsymbol{i} + \boldsymbol{j})$에서

전계 $E^2 = (-2\boldsymbol{i} - \boldsymbol{j}) \cdot (-2\boldsymbol{i} - \boldsymbol{j}) = 5[V]$

▶ 공간에서 전계 에너지

$W = \frac{1}{2}\epsilon_0 E^2 = \frac{1}{2} \times 8.854 \times 10^{-12} \times 5 = 2.214 \times 10^{-11} [J]$

2-11 전기쌍극자의 전위와 전계의 세기

2.11.1 전기쌍극자와 전기쌍극자 모멘트

전기 쌍극자는 그림 2-52와 같이 $+Q[C]$ 전하와 $-Q[C]$ 전하가 아주 가까이에서 거리 $d[m]$만큼 떨어져 있는 경우, $+Q[C]$, $-Q[C]$가 구성하는 한 쌍의 전하를 전기쌍극자(electric dipole)라고 한다.

일반적으로 쿨롱의 법칙에 의하면 $+Q[C]$ 전하와 $-Q[C]$ 전하가 아주 가까이에 있으면, 흡인력이 작용하여 두 전하가 접촉하는 것이 일반적이나 여기서는 접촉하지 않고 아주 미세한 거리를 두고 떨어져 있는 것을 말한다.

향후 유전체의 분극현상과 관련이 있는 것이다. 원자 구조에서 분극 현상에 의하여 원자핵(양성자)과 전자의 궤도가 왜곡되어 +전하를 띤 원자핵(양성자)과 −전하를 띤 전자가 서로 미세한 거리를 두고 존재하는 것을 의미한다. 전기쌍극자 모멘트를 $\boldsymbol{M}[C \cdot m]$이라고 하면, $\boldsymbol{M}$은 벡터량으로 정의되어 $\boldsymbol{M} = Q\boldsymbol{d}\,[C \cdot m]$의 식으로 표현된다. 방향은 $-Q[C]$ 전하에서 $+Q[C]$ 전하 방향으로 진행하며, 크기는 $M = Qd$의 크기를 가지는 값이다.

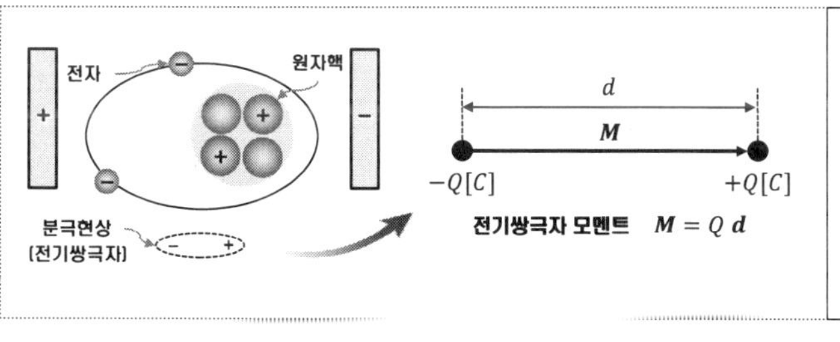

■ 전기쌍극자 모멘트

☞ $\boldsymbol{M} = Q\boldsymbol{d}\,[C \cdot m]$

☞ $\boldsymbol{M}$은 벡터량

☞ 방향은 $-Q[C]$에서 $+Q[C]$ 쪽으로 진행

그림 2-52 전기쌍극자와 전기쌍극자 모멘트

2.11.2 전기쌍극자에 의한 전위 및 전계

상기에서 살펴본 전기쌍극자의 개념을 활용하여 전기쌍극자에 의한 전위 및 전계를 구하여 보자. 그림 2-53과 같이 $+Q[C]$ 전하와 $-Q[C]$ 전하가 아주 가까이에 거리 $d[m]$만큼 떨어져 있는 전기쌍극자를 생각하여 보자.

점 S에 위치한 $+Q[C]$에서 거리 $r_1[m]$, 점 U에 위치한 $-Q[C]$에서 거리 $r_2[m]$ 떨어진 점 P에서의 전위 $V[V]$와 전계의 세기 $E[V/m]$를 구하여 보자.

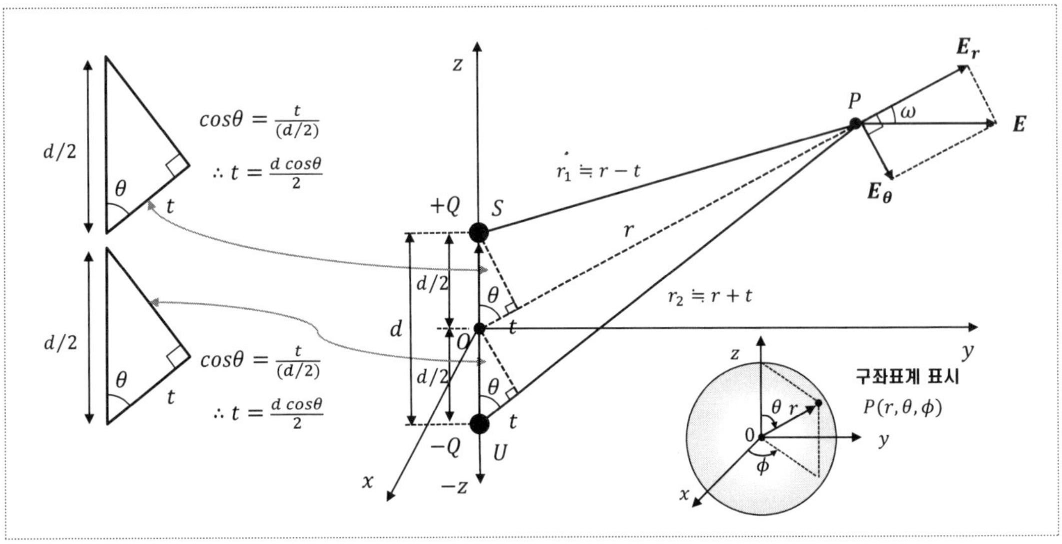

그림 2-53 전기쌍극자에 의한 전위 및 전계의 세기

그림 2-53에서 점 S와 점 P사이의 전위를 V_{SP}라고 하고, 점 U와 점 P사이의 전위를 V_{UP}라고 하면 $+Q[C]$ 전하와 $-Q[C]$ 전하로 이루어진 전기쌍극자에서 의한 점 P의 전위 $V[V]$를 구하면 다음과 같다.

$$V = V_{SP} + V_{UP}$$
$$= \frac{Q}{4\pi\epsilon_0 r_1} + \frac{-Q}{4\pi\epsilon_0 r_2} = \frac{Q}{4\pi\epsilon_0}\left(\frac{1}{r_1} - \frac{1}{r_2}\right)[V]$$

■ 전위 공식

☞ $V = \frac{Q}{4\pi\epsilon_0 r}[V]$

그리고, 전기쌍극자의 중점인 점 O에서 점 P사이의 거리를 $r[m]$이라고 하고, $+Q[C]$ 전하와 $-Q[C]$ 전하 사이의 미소 거리 d는 $r \gg d$이고, 거리 r_1과 거리 r, 거리 r_2와 거리 r 사이의 미소 거리 차를 t라고 한다면, 거리 $r_1[m]$, 거리 $r_2[m]$는 각각 다음과 같이 나타낼 수 있다. 또한, 그림에서 거리 d와 t 사이의 관계를 살펴보면 다음과 같다.

$$r_1 \fallingdotseq r - t \qquad r_2 \fallingdotseq r + t$$
$$t = \frac{d}{2}\cos\theta$$

■ 거리 r_1, r_2 표현

☞ $r_1 \fallingdotseq r - t \qquad r_2 \fallingdotseq r + t$

■ 미소거리 차 t

☞ $t = \frac{d}{2}\cos\theta$

상기 거리 $r_1[m]$, 거리 $r_2[m]$의 수식과 거리 d와 t 사이의 관계를 대입하여 전위 $V[V]$를 구하면 다음과 같다.

$$V = \frac{Q}{4\pi\epsilon_0}\left(\frac{1}{r_1} - \frac{1}{r_2}\right) = \frac{Q}{4\pi\epsilon_0}\left(\frac{1}{r-t} - \frac{1}{r+t}\right)$$
$$= \frac{Q}{4\pi\epsilon_0}\left(\frac{(r+t)-(r-t)}{(r-t)(r+t)}\right) = \frac{Q}{4\pi\epsilon_0}\left(\frac{2t}{r^2-t^2}\right)$$
$$= \frac{Q}{4\pi\epsilon_0}\left(\frac{2(\frac{d}{2}\cos\theta)}{r^2-(\frac{d}{2}\cos\theta)^2}\right)$$
$$= \frac{Q}{4\pi\epsilon_0}\left(\frac{d\cos\theta}{r^2}\right) = \frac{Qd\cos\theta}{4\pi\epsilon_0 r^2}[V]$$

■ 다양한 변수의 정의
☞ $r_1 \fallingdotseq r-t \qquad r_2 \fallingdotseq r+t$
☞ $t = \frac{d}{2}\cos\theta$
☞ $r^2 - (\frac{d}{2}\cos\theta)^2 \fallingdotseq r^2 \quad (\because r \gg d)$

그리고, 상기 수식에서 전기쌍극자 크기 수식인 $M = Qd$을 활용하면 다음 수식과 같다.

$$V = \frac{M\cos\theta}{4\pi\epsilon_0 r^2}[V]$$

■ $M = Qd\,[C \cdot m]$
■ 전기 쌍극자($+Q$, $-Q$)의 전위
☞ $V \propto \frac{1}{r^2}$, 거리의 제곱에 반비례
■ 구 전하의 전위
☞ $V \propto \frac{1}{r}$, 거리에 반비례
■ 전기쌍극자에서의 전위는 거리가 멀어질수록 급격하게 감소하게 됨을 알 수 있음
■ 아주 멀리서 보게 되면 전기 쌍극자는 전하가 0($+Q$와 $-Q$의 전하가 상쇄)으로 보임

전기쌍극자의 중점인 점 O를 원점으로 하는 점 P는 직각좌표가 아닌 구좌표로 변환시켜 나타낼 수 있다. 따라서, 구좌표는 $(r,\ \theta,\ \phi)$ 함수로 표현되기 때문에 점 P에서 전위 V를 이용하여 전계 E를 구하기 위하여서는 그림 2-53과 같이 전계 E의 r 방향 성분인 E_r과 E_r에 수직한 θ 방향의 성분인 E_θ의 성분으로 분리하여 생각할 수 있다. ϕ 방향 성분은 변화가 없어 0으로 하여 고려하지 않는다. 그리고, 전계의 세기 E와 전위경도인 $grad\,V$와의 관계식인 $\boldsymbol{E} = -grad\,V = -\nabla V$ 를 활용하여 전계 $\boldsymbol{E}$를 아래와 같이 구할 수 있다.

<table>
<tr>
<td>

$$\boldsymbol{E} = -grad\,V = -\nabla V$$
$$= -(\frac{\partial V}{\partial r}\boldsymbol{a}_r + \frac{\partial V}{r\partial\theta}\boldsymbol{a}_\theta) = E_r\boldsymbol{a}_r + E_\theta\boldsymbol{a}_\theta\,[V/m]$$

$$E_r = -\frac{\partial V}{\partial r} = -\frac{\partial}{\partial r}(\frac{M\cos\theta}{4\pi\epsilon_0 r^2})$$
$$= -\frac{M\cos\theta}{4\pi\epsilon_0}\frac{\partial}{\partial r}(\frac{1}{r^2})$$
$$= -\frac{M\cos\theta}{4\pi\epsilon_0}(-2\frac{1}{r^3})$$
$$= \frac{M\cos\theta}{2\pi\epsilon_0 r^3}\,[V/m]$$

$$E_\theta = -\frac{\partial V}{r\partial\theta} = -\frac{\partial}{r\partial\theta}(\frac{M\cos\theta}{4\pi\epsilon_0 r^2})$$
$$= -\frac{1}{r}\frac{M}{4\pi\epsilon_0 r^2}\frac{\partial}{\partial r}(\cos\theta)$$
$$= -\frac{M}{4\pi\epsilon_0 r^3}(-\sin\theta)$$
$$= \frac{M\sin\theta}{4\pi\epsilon_0 r^3}\,[V/m]$$

</td>
<td>

■ 전계 세기와 전위 경도 사이의 관계

☞ $\boldsymbol{E} = -grad\,V = -\nabla V$

☞ 따라서 전계 E를 구하기 위하여서는 전위경도 ∇V를 구하여야 함

■ 전위 V는 거리 r과 각 θ에 따라 변화(ϕ는 일정)

☞ 직각좌표계로는 구할 수 없기 때문에 이를 원통좌표계 또는 구좌표계로 변화시켜야 함

☞ $|\nabla V| = \frac{dV}{dl}$ $\therefore dV = \nabla V \cdot dl$

■ 직각좌표계(x, y, z)에서의 전위경도 표시

☞ $dV = \frac{\partial V}{\partial x}dx + \frac{\partial V}{\partial y}dy + \frac{\partial V}{\partial z}dz$
$dl = dx\boldsymbol{i} + dy\boldsymbol{j} + dz\boldsymbol{k}$
$\therefore \nabla V = \frac{\partial V}{\partial x}\boldsymbol{i} + \frac{\partial V}{\partial y}\boldsymbol{j} + \frac{\partial V}{\partial z}\boldsymbol{k}$

■ 구좌표계(x, θ, ϕ)에서의 전위경도 표시(아래 수식에서 ϕ 관련은 제외)

☞ $dV = \frac{\partial V}{\partial r}dr + \frac{\partial V}{\partial \theta}d\theta + \frac{\partial V}{\partial \varnothing}d\varnothing$
$dl = dr\boldsymbol{a}_r + rd\theta\boldsymbol{a}_\theta + r sin\theta d\varnothing\,\boldsymbol{a}_\varnothing$
$\therefore \nabla V = \frac{\partial V}{\partial r}\boldsymbol{a}_r + \frac{\partial V}{r\partial\theta}\boldsymbol{a}_\theta + \frac{\partial V}{r\sin\theta\partial\varnothing}\boldsymbol{a}_\varnothing$

■ 미분

☞ $y = x^n \Rightarrow y' = nx^{n-1}$

☞ $y = \frac{1}{r^2} = r^{-2}$
$y' = -2r^{-2-1} = -2r^{-3} = -2\frac{1}{r^3}$

☞ $y = \cos x \Rightarrow y' = -\sin x$

</td>
</tr>
</table>

상기에서 구한 값을 활용하여 전계의 세기 $\boldsymbol{E}$를 구하여 보자. 전계 세기의 크기인 E는 r 방향에 대한 전계 $\boldsymbol{E}_r$과 θ 방향에 대한 전계 $\boldsymbol{E}_\theta$의 벡터 합으로 생각할 수 있고, 합성 전계 $\boldsymbol{E}$와 r 방향에 대한 전계 $\boldsymbol{E}_r$이 이루는 방향각을 ω라 한다면, 그림에서 $\tan\omega = \frac{E_\theta}{E_r}$로 구할 수 있다. 따라서, 다음과 같이 구할 수 있다.

$E = \sqrt{E_r^2 + E_\theta^2}$ $= \sqrt{(\frac{M\cos\theta}{2\pi\epsilon_0 r^3})^2 + (\frac{M\sin\theta}{4\pi\epsilon_0 r^3})^2}$ $= \sqrt{\frac{M^2\cos^2\theta}{2^2\pi^2\epsilon_0^2(r^3)^2} + \frac{M^2\sin^2\theta}{4^2\pi^2\epsilon_0^2(r^3)^2}}$ $= \sqrt{\frac{M^2}{4^2\pi^2\epsilon_0^2(r^3)^2}(4\cos^2\theta + \sin^2\theta)}$ $= \frac{M}{4\pi\epsilon_0 r^3}\sqrt{(4\cos^2\theta + \sin^2\theta)}$ $= \frac{M}{4\pi\epsilon_0 r^3}\sqrt{(3\cos^2\theta + \cos^2\theta + \sin^2\theta)}$ $= \frac{M}{4\pi\epsilon_0 r^3}\sqrt{(1 + 3\cos^2\theta)}$ $\tan\omega = \frac{E_\theta}{E_r} = \frac{\frac{M\sin\theta}{4\pi\epsilon_0 r^3}}{\frac{M\cos\theta}{2\pi\epsilon_0 r^3}} = \frac{\sin\theta}{2\cos\theta} = \frac{1}{2}\tan\theta$	■ 벡터 $\boldsymbol{A}$의 크기 ☞ $\lvert\boldsymbol{A}\rvert = A = \sqrt{A_x^2 + A_y^2 + A_z^2}$ ■ 삼각함수 공식 ☞ $\cos^2\theta + \sin^2\theta = 1$ ☞ $\frac{\sin\theta}{\cos\theta} = \tan\theta$ ■ 전기쌍극자의 전계 ☞ $E \propto \frac{1}{r^3}$, 거리의 세제곱에 반비례 ■ 구 전하의 전계 ☞ $E \propto \frac{1}{r^2}$, 거리의 제곱에 반비례 ■ 전기쌍극자에서의 전계는 거리가 멀어질수록 더욱 더 급격하게 감소하게 됨을 알 수 있음 ■ 아주 멀리서 보게 되면 전기 쌍극자는 전하가 0($+Q$와 $-Q$의 전하가 상쇄)으로 보임

예제 2.68

▣ 쌍극자 모멘트 $4\pi\epsilon_0[C\cdot m]$의 전기쌍극자에서 전기쌍극자와 60°의 각도로 거리 $1[cm]$의 위치에 있는 공기 중의 한 점의 전위 $[V]$는 얼마인가?

풀이	◉ 전기쌍극자 전위 $V = \frac{M\cos\theta}{4\pi\epsilon_0 r^2}$에서 전기쌍극자 모멘트 $M = 4\pi\epsilon_0[C\cdot m]$, 거리 $r = 1\times10^{-2}[m]$, $\theta = 60°$를 대입하면 ∴ 전위는 $V = \frac{M\cos\theta}{4\pi\epsilon_0 r^2} = \frac{(4\pi\epsilon_0)\cos 60°}{4\pi\epsilon_0\times(1\times10^{-2})^2} = \frac{0.5}{10^{-4}} = 5{,}000[V]$

예제 2.69

▣ 쌍극자의 중심을 좌표 원점으로 하여 쌍극자 모멘트 방향을 x축, 이와 직각 방향을 y축으로 할 때 원점에서 같은 거리 r만큼 떨어진 점의 y 방향의 전계의 세기가 가장 작은 점은 x축과 몇 도의 각을 이룰 때 인가?

풀이	◉ 전기쌍극자 전계 $E = \frac{M}{4\pi\epsilon_0 r^3}\sqrt{1 + 3\cos^2\theta}\,[V/m]$에서 ▶ $\theta = 0°$일 때 전계는 최대이고, $\theta = 90°$일 때 전계는 최소이기 때문에 ∴ $\theta = 90°$

2-12 전기이중층의 전위

2.12.1 전기이중층

전기이중층(electric double layer)은 그림 2-54와 같이 앞에서 살펴본 전기쌍극자가 얇은 판의 양면에 무수히 많이 존재하고 있는 것을 말한다.

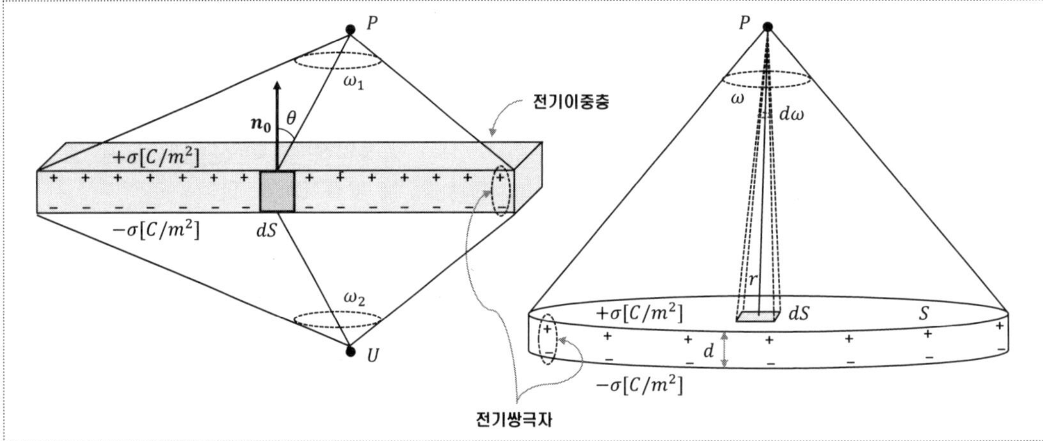

그림 2-54 전기이중층의 전위

2.12.2 전기이중층의 전위

상기 그림 2-54와 같이 두께가 $d[m]$인 얇은 판의 양면에 면전하 밀도 $\pm\sigma[C/m^2]$인 전기이중층에서 미소면적을 $dS[m^2]$라고 한다면, 이 미소면적 $dS[m^2]$에 대한 점 P의 전위 $dV[V]$는 다음과 같이 구할 수 있다.

$$dV = \frac{1}{4\pi\epsilon_0}\frac{(\sigma dS)dcos\theta}{r^2} = \frac{\sigma d}{4\pi\epsilon_0}\frac{dS\cos\theta}{r^2}$$

$$dV = \frac{\sigma d}{4\pi\epsilon_0}d\omega$$

■ 전기쌍극자의 전위

☞ $V = \frac{Mcos\theta}{4\pi\epsilon_0 r^2}[V]$

■ 전기쌍극자 모멘트: $M = Qd[C \cdot m]$

■ 전체 전하량: $Q = \sigma S$

■ 입체각: $d\omega = \frac{dS\cos\theta}{r^2}$

면전하 밀도 $\sigma[C/m^2]$가 면 전체에 걸쳐서 일정하다고 한다면, 단위면적당 전기이중층의 모멘트를 M_d이라고 한다면, $M_d = \sigma\, d[C/m]$로 생각할 수 있다. 단위면적당 전기이중층의 모멘트 M_d를 전기이중층의 세기(intensity of electric double layer)라 한다. 그리고, 전기이중층의 세기 $M_d = \sigma\, d\,[C/m]$를 상기 식에 적용하여 풀면 다음과 같다.

$$dV = \frac{\sigma d}{4\pi\epsilon_0}d\omega = \frac{M_d}{4\pi\epsilon_0}d\omega$$

$$V = \frac{M_d}{4\pi\epsilon_0}\int d\omega = \frac{M_d}{4\pi\epsilon_0}\omega\,[V]$$

■ 전기이중층의 세기: $M_d = \sigma\, d\,[C/m]$

■ 전기이중층의 전위 V는 거리에 무관하고 입체각인 ω에 의하여서 만 결정($V \propto \omega$)

입체각 ω는 면의 경계가 정해지면 면의 모양에는 무관하기 때문에 면이 어떠한 모양을 가지고 있더라도 항상 같은 전위를 가지게 된다. 그림 2-54에서 점 P의 전위는 $+\sigma[C/m^2]$의 면전하를 가진 면을 보고 있기 때문에 정(+)의 전위를 나타내고 있다. 그리고, 점 U의 전위는 $-\sigma[C/m^2]$의 면전하를 가진 면을 보고 있기 때문에 음(−)의 전위를 나타내고 있다. 아래 수식은 점 P의 전위 V_P와 점 U의 전위 V_U를 나타낸 것이다.

$$V_P = \frac{M_d}{4\pi\epsilon_0}\omega_1\,[V]$$

$$V_U = -\frac{M_d}{4\pi\epsilon_0}\omega_2\,[V]$$

■ 전기이중층의 전위 V는 거리에 무관하고 입체각인 ω에 의하여서 만 결정($V \propto \omega$)

점 P와 점 U를 전기이중층에 무한히 가까이 접근 시킬 때, 점 P와 점 U 사이의 전기이중층의 전위차 V_{PU}를 구하면 다음과 같다.

$$V_{PU} = V_P - V_U = \frac{M_d}{4\pi\epsilon_0}\omega_1 - \left(-\frac{M_d}{4\pi\epsilon_0}\omega_2\right)$$

$$= \frac{M_d}{4\pi\epsilon_0}(\omega_1 + \omega_2)$$

$$\omega_1 = 2\pi \quad \omega_2 = 2\pi$$

$$\therefore V_{PU} = \frac{M_d}{4\pi\epsilon_0}(2\pi + 2\pi) = \frac{M_d}{\epsilon_0}[V]$$

■ 점 P가 전기이중층에 가까이 접근하면 반구면을 이루고 있기 때문에 입체각은 ω_1은 2π가 됨

■ 점 U가 전기이중층에 가까이 접근하면 반구면을 이루고 있기 때문에 입체각은 ω_2은 2π가 된다.

■ $\omega_1 = 2\pi$, $\omega_2 = 2\pi$, $\omega = 2\pi(1-\cos\theta)$

예제 2.70

■ 반지름 $a[m]$인 원판형 전기이중층(세기 M_d)의 축상 x되는 거리에 있는 점 P(정전하측)의 전위 $V_P[V]$와 전계 $E_P[V/m]$는 얼마인가?

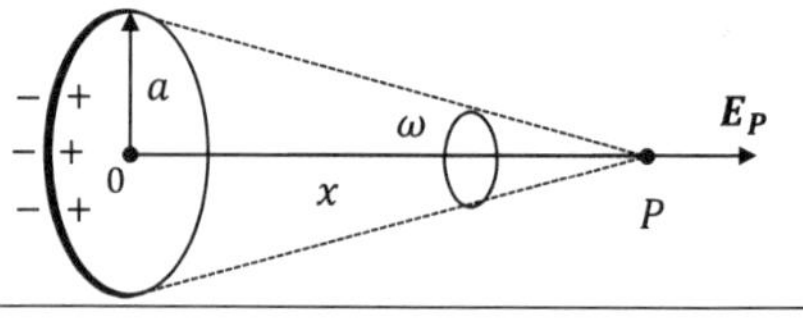

풀이

◉ 점 P의 전위 $V_P = \dfrac{M_d}{4\pi\epsilon_0}\omega\,[V]$, 입체각 공식 $\omega = 2\pi(1-\cos\theta)\,[sr]$에서

▶ 점 P에서 원판도체를 본 입체각 ω는

$\omega = 2\pi(1-\cos\theta) = 2\pi\left(1-\dfrac{x}{\sqrt{a^2+x^2}}\right)$가 되므로

▶ 전위 $V_P = \dfrac{M_d}{4\pi\epsilon_0}\cdot 2\pi\left(1-\dfrac{x}{\sqrt{a^2+x^2}}\right) = \dfrac{M_d}{2\epsilon_0}\left(1-\dfrac{x}{\sqrt{a^2+x^2}}\right)[V]$

▶ 점 P의 x축 방향 전계

$$E_P = -\frac{\partial V_P}{\partial x} = \frac{M_d}{2\epsilon_0}\cdot\frac{a^2}{(a^2+x^2)^{3/2}}\,[V/m]$$

【도체표면에 작용하는 힘, 전기쌍극자, 전기이중층 요약 정리】

구분	관련내용	
도체 표면에 작용하는 힘	도체외부: $F = \dfrac{\sigma^2}{2\epsilon_0} = \dfrac{D^2}{2\epsilon_0} = \dfrac{1}{2}\epsilon_0 E^2 = \dfrac{1}{2}DE[N/m^2]$	▶도체내부: $E=0$ ▶도체외부: $E = \dfrac{\sigma}{\epsilon_0}[V/m]$
전기 쌍극자	$V_r = \dfrac{Qd\cos\theta}{4\pi\epsilon_0 r^2}[V]$, $V_r = \dfrac{M\cos\theta}{4\pi\epsilon_0 r^2}[V]$, $M = Qd$ $\boldsymbol{E} = -grad\,V = -(\dfrac{\partial V}{\partial r}\boldsymbol{a}_r + \dfrac{\partial V}{r\partial\theta}\boldsymbol{a}_\theta) = E_r\boldsymbol{a}_r + E_\theta\boldsymbol{a}_\theta\,[V/m]$ $E_r = -\dfrac{\partial V}{\partial r} = \dfrac{M\cos\theta}{2\pi\epsilon_0 r^3}\,[V/m]$ $E_\theta = -\dfrac{\partial V}{r\partial\theta} = \dfrac{M\sin\theta}{4\pi\epsilon_0 r^3}\,[V/m]$ $E = \sqrt{E_r^2+E_\theta^2} = \dfrac{M}{4\pi\epsilon_0 r^3}\sqrt{(1+3\cos^2\theta)}$ $\tan\omega = \dfrac{E_\theta}{E_r} = \dfrac{1}{2}\tan\theta$	▶전위, 전계 급격히 감소 ▶ $V \propto \dfrac{1}{r^2}$ ▶ $E \propto \dfrac{1}{r^3}$ ▶ M: 전기쌍극자모멘트
전기 이중층	$V = \dfrac{M_d}{4\pi\epsilon_0}\displaystyle\int d\omega = \dfrac{M_d}{4\pi\epsilon_0}\omega\,[V]$ $V_{PU} = \dfrac{M_d}{4\pi\epsilon_0}(2\pi+2\pi) = \dfrac{M_d}{\epsilon_0}[V]$	▶전기이중층의 전위 V는 거리에는 무관, 입체각 ω에 의하여서만 결정, $V \propto \omega$ ▶ M_d: 전기이중층의 세기

【가우스 법칙 계산의 전체 정리】

<table>
<tr><th colspan="2" rowspan="2">구분</th><th colspan="3">관련내용</th></tr>
<tr><th>$r > a$(외부)</th><th>$r = a$(표면)</th><th>$r < a$(내부)</th></tr>
<tr><td rowspan="2">구
도체</td><td>균
일</td><td>$E_r = \frac{Q}{4\pi\epsilon_0 r^2}[V/m]$
$V_r = \frac{Q}{4\pi\epsilon_0 r}[V]$</td><td>$E_a = \frac{Q}{4\pi\epsilon_0 a^2}[V/m]$
$V_a = \frac{Q}{4\pi\epsilon_0 a}[V]$</td><td>$E_{r'} = \frac{r'Q}{4\pi\epsilon_0 a^3}[V/m]$
$V_r' = \frac{3Q}{8\pi\epsilon_0 a} - \frac{Qr'^2}{8\pi\epsilon_0 a^3}[V]$
$V_o = \frac{3Q}{8\pi\epsilon_0 a}[V]$</td></tr>
<tr><td>표
면
민</td><td>$E_r = \frac{Q}{4\pi\epsilon_0 r^2}[V/m]$
$V_r = \frac{Q}{4\pi\epsilon_0 r}[V]$</td><td>$E_a = \frac{Q}{4\pi\epsilon_0 a^2}[V/m]$
$V_a = \frac{Q}{4\pi\epsilon_0 a}[V]$</td><td>$E_{r'} = 0$
$V_{r'} = V_a - \frac{Q}{4\pi\epsilon_0 a}[V]$</td></tr>
<tr><td rowspan="2">무한
원통</td><td>균
일</td><td>$E_r = \frac{\lambda}{2\pi\epsilon_0 r}[V/m]$
$V_r = \infty[V]$
$V_{AB} = \frac{\lambda}{2\pi\epsilon_0}\ln\frac{r_2}{r_1}[V]$</td><td>$E_a = \frac{\lambda}{2\pi\epsilon_0 a}[V/m]$
$V_a = \infty[V]$</td><td>$E_{r'} = \frac{r'\lambda}{2\pi\epsilon_0 a^2}[V/m]$
$V_r' = \infty[V]$</td></tr>
<tr><td>표
면
만</td><td>$E_r = \frac{\lambda}{2\pi\epsilon_0 r}[V/m]$
$V_r = \infty[V]$</td><td>$E_a = \frac{\lambda}{2\pi\epsilon_0 a}[V/m]$
$V_a = \infty[V]$</td><td>$E_{r'} = 0$
$V_{r'} = V_a = \infty[V]$</td></tr>
<tr><td colspan="2">한 장의
무한평면</td><td colspan="2">$E_r = \frac{\sigma}{2\epsilon_0}[V/m]$, 평등전계</td><td>$V_a = \infty[V]$
$V_{ab} = \frac{\sigma}{2\varepsilon_o}(b-a)[V]$</td></tr>
<tr><td colspan="2">두 장의
무한평면</td><td colspan="2">$E = \frac{\sigma}{\epsilon_0}[V/m]$, 평등전계</td><td>도체내부: $E = \frac{\sigma}{\epsilon_0}[V/m]$
도체외부: $E = 0$</td></tr>
<tr><td colspan="2">도체표면에
작용하는
힘</td><td colspan="2">도체외부: $F = \frac{\sigma^2}{2\epsilon_0} = \frac{D^2}{2\epsilon_0} = \frac{1}{2}\epsilon_0 E^2 = \frac{1}{2}DE[N/m^2]$</td><td>도체내부: $E = 0$
도체외부: $E = \frac{\sigma}{\epsilon_0}[V/m]$</td></tr>
<tr><td colspan="2">전기
쌍극자</td><td colspan="2">$V_r = \frac{Qd\cos\theta}{4\pi\epsilon_0 r^2}[V]$, $V_r = \frac{M\cos\theta}{4\pi\epsilon_0 r^2}[V]$, $M = Qd$
$\boldsymbol{E} = -grad\,V = -(\frac{\partial V}{\partial r}\boldsymbol{a}_r + \frac{\partial V}{r\partial\theta}\boldsymbol{a}_\theta) = E_r\boldsymbol{a}_r + E_\theta\boldsymbol{a}_\theta[V/m]$
$E_r = -\frac{\partial V}{\partial r} = \frac{M\cos\theta}{2\pi\varepsilon_0 r^3}[V/m]$
$E_\theta = -\frac{\partial V}{r\partial\theta} = \frac{M\sin\theta}{4\pi\varepsilon_0 r^3}[V/m]$
$E = \sqrt{E_r^2 + E_\theta^2} = \frac{M}{4\pi\varepsilon_0 r^3}\sqrt{(1+3\cos^2\theta)}$ $\tan\varnothing = \frac{E_\theta}{E_r} = \frac{1}{2}\tan\theta$</td><td>전위, 전계 급격히 감수
$V \propto \frac{1}{r^2}$
$E \propto \frac{1}{r^3}$
$M = Qd[C \cdot m]$</td></tr>
<tr><td colspan="2">전기
이중층</td><td colspan="2">$V = \frac{M_d}{4\pi\epsilon_0}\int d\omega = \frac{M_d}{4\pi\epsilon_0}\omega[V]$
$V_{PU} = \frac{M_d}{4\pi\epsilon_0}(2\pi + 2\pi) = \frac{M_d}{\epsilon_0}[V]$</td><td>전기이중층의 전위 V는 거리에는 무관, 입체각 ω에 의하여서만 결정, $V \propto \omega$, $M_d = \sigma d[C/m]$</td></tr>
</table>

2-13 벡터계의 발산

2.13.1 전속 및 전기력선의 발산

앞에서 살펴본 가우스 법칙의 적분형을 가우스 법칙의 미분형으로 변환시켜 유도하여 보자. 진공 중에 단위체적당 전하밀도 $\rho[C/m^3]$를 가지는 전하 $Q[C]$가 있다고 하면, 전하 $Q[C]$를 미소체적 $\triangle v$를 가진 미소 폐곡면 $\triangle S$를 이용하면, 이 폐곡면 내의 전하는 $\rho\triangle v[C]$이 되어 다음 수식으로 표현할 수 있다.

$$\oint_{\triangle S} \boldsymbol{D} \cdot d\boldsymbol{S} = \triangle Q = \rho \triangle v$$

■ 가우스 법칙의 적분형

☞ $\oint_S \boldsymbol{D} \cdot d\boldsymbol{S} = Q$

■ 미소 폐곡면 내 미소전하 $\triangle Q[C]$

☞ $\triangle Q = \rho \triangle v$

상기 수식의 미소전하를 가지는 체적을 단위체적으로 생각하고, 이 단위체적을 극한값으로 하면 하나의 작은 점으로 생각할 수 있다. 이를 수식으로 표현하면 다음과 같다.

$$\lim_{\triangle v \to 0} \frac{\oint_{\triangle S} \boldsymbol{D} \cdot d\boldsymbol{S}}{\triangle v} = \lim_{\triangle v \to 0} \frac{\rho \triangle v}{\triangle v} = \rho$$

■ 벡터의 발산

☞ $\nabla \cdot \boldsymbol{E} = div\ \boldsymbol{E} = \lim_{\Delta v \to 0} \frac{\oint_S \boldsymbol{E} \cdot d\boldsymbol{S}}{\Delta v}$

상기 수식은 1장의 벡터에서 살펴본 벡터의 발산과 같은 수식이다. 즉, 수식 좌변항의 물리적 의미는 미소체적 $\triangle v$에서 단위체적당 발산(divergence)하는 전속수를 나타내고 있다. 이는 수식의 우변항의 의미인 단위체적당 전하량(공간 전하밀도) $\rho[C/m^3]$와 같다는 것을 말한다.

즉, 공간 전하밀도 $\rho[C/m^3]$의 크기가 크면 공간 전하 $Q[C]$의 크기가 크며, 전하 $Q[C]$가 크면 전하에서 외부로 나오는(발산되는) 전기력선(전속)의 수가 많아진다는 것을 나타내고 있다. 따라서, 가우스 법칙은 폐곡면에서 외부로 나오는 전기력선(전속)의 수가 많으면 폐곡면 내부에 큰 전하량이 들어있다는 것을 알 수 있다는 것과 동일한 개념이다. 따라서,

상기 수식을 벡터의 발산으로 전속밀도 $\boldsymbol{D}$를 사용하여 표현하면 아래 수식과 같다.

$$\lim_{\Delta v \to 0} \frac{\oint_{\Delta S} \boldsymbol{D} \cdot d\boldsymbol{S}}{\Delta v} = \nabla \cdot \boldsymbol{D} = div\,\boldsymbol{D} = \rho$$

■ 가우스 법칙의 적분형

☞ $\oint_S \boldsymbol{D} \cdot d\boldsymbol{S} = Q$

■ 가우스 법칙의 미분형

☞ $\nabla \cdot \boldsymbol{D} = div\,\boldsymbol{D} = \rho$

그리고, 상기 수식의 전속밀도 $\boldsymbol{D}$를 전계 $\boldsymbol{E}$로 다시 나타내면 다음과 같다. 이 수식을 가우스 법칙의 미분형이라 한다.

$$\nabla \cdot (\epsilon_0 \boldsymbol{E}) = div\,(\epsilon_0 \boldsymbol{E}) = \rho$$

$$\therefore \nabla \cdot \boldsymbol{E} = div\,\boldsymbol{E} = \frac{\rho}{\epsilon_0}$$

■ 전속밀도와 전계의 관계

☞ $\boldsymbol{D} = \epsilon_0 \boldsymbol{E}$

■ 가우스 법칙의 적분형

☞ $\oint_S \boldsymbol{E} \cdot d\boldsymbol{S} = \frac{Q}{\epsilon_0}$

■ 가우스 법칙의 미분형

☞ $\nabla \cdot \boldsymbol{E} = div\,\boldsymbol{E} = \frac{\rho}{\epsilon_0}$

그리고, 가우스 법칙의 미분형의 물리적 개념을 다시 살펴보면 아래 그림 2-55와 같다.

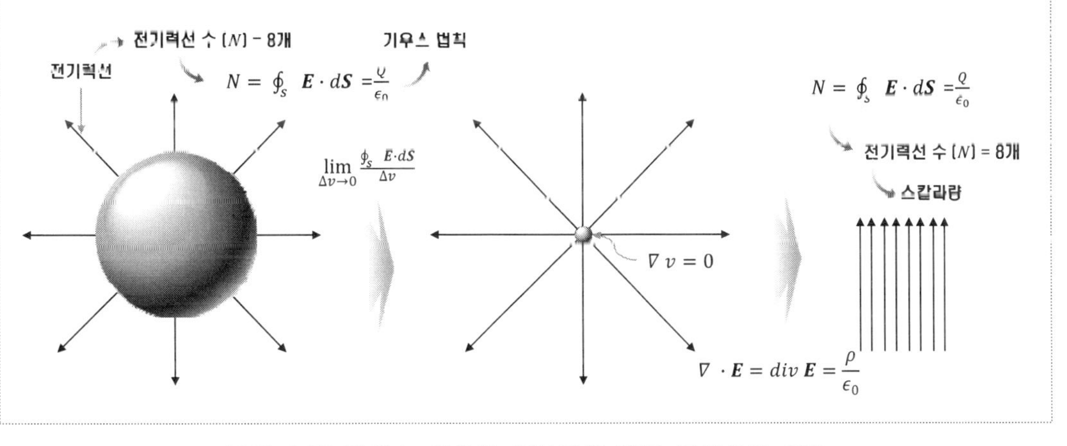

그림 2-55 가우스 법칙의 미분형에 대한 물리학적 의미

상기 수식에서 폐곡면 내에 전하가 존재하지 않는다고 하면 공간 전하밀도 $\rho\,[C/m^3]$는 0이 되어 아래 수식으로 표현할 수 있다.

$$\nabla \cdot \boldsymbol{E} = div\,\boldsymbol{E} = 0$$

■ 폐곡면에 전하가 없을 경우

☞ $\dfrac{\rho}{\epsilon_0} = 0$

상기 수식에서 공간 전하밀도가 없다는 것은 외부로 발산되는 전기력선이 없다는 것이 아니라 발산의 원천인 전하가 없기 때문에 전기력선의 새로운 발생이나 소멸이 없는 연속이라는 것을 나타낸다. 여기서, 연속이라는 것은 가우스 면의 폐곡면에 들어가는 전기력선의 수와 나오는 전기력선의 수가 같다는 것을 의미하고 있다. 즉, 전기력선의 수가 일정하다는 것을 나타낸다.

2.13.2 발산 정리

앞에서 살펴본 가우스 법칙의 미분형인 발산의 개념을 이용하여 모든 벡터계에서 성립하는 면적분을 체적적분으로 변환이 가능한 발산 정리에 대하여 살펴보자. 가우스 법칙을 다시 쓰면 아래와 같다.

$$\oint_S \boldsymbol{D} \cdot d\boldsymbol{S} = Q$$

■ 가우스 법칙의 적분형

☞ $\oint_S \boldsymbol{D} \cdot d\boldsymbol{S} = Q$

가우스 법칙에서 전하량 $Q[C]$를 체적 전하밀도 $\rho\,[C/m^3]$로 표현하면 다음과 같다.

$$Q = \int_v dQ = \int_v \rho\, dv$$

■ 미소 폐곡면 내 미소전하 $\triangle Q[C]$, $dQ[C]$

☞ $\triangle Q = \rho \triangle v \quad \therefore dQ = \rho\, dv$

가우스 법칙의 적분형 수식에 상기 수식의 전하량 $Q[C]$를 체적 전하밀도로 표현한 $\rho\,[C/m^3]$을 이용하여 다시 쓰면 아래와 같다.

$$\oint_S \boldsymbol{D} \cdot d\boldsymbol{S} = Q = \int_v \rho dv = \int_v div\, \boldsymbol{D} dv$$

▶ 발산 정리

$$\therefore \oint_S \boldsymbol{D} \cdot d\boldsymbol{S} = \int_v div\, \boldsymbol{D} dv$$

▶ 가우스 법칙의 미분형

$$\therefore \nabla \cdot \boldsymbol{D} = div \boldsymbol{D} = \rho$$

$$\therefore \nabla \cdot \boldsymbol{E} = div\, \boldsymbol{E} = \frac{\rho}{\epsilon_0}$$

■ 가우스 법칙의 적분형

☞ $\oint_S \boldsymbol{D} \cdot d\boldsymbol{S} = Q$

■ 선하량 Q

☞ $Q = \int_v \rho dv$

■ 가우스 법칙의 미분형

☞ $\nabla \cdot \boldsymbol{D} = div \boldsymbol{D} = \rho$

■ 벡터의 미분연산자: 나블라, 델

☞ $\nabla = \frac{\partial}{\partial x}\boldsymbol{i} + \frac{\partial}{\partial y}\boldsymbol{j} + \frac{\partial}{\partial z}\boldsymbol{k}$

■ 발산 정리(면적분, 체적적분 변환)

☞ $\oint_S \boldsymbol{D} \cdot d\boldsymbol{S} = \int_v div\, \boldsymbol{D} dv$

상기 수식을 살펴보면 수식의 좌변은 면적분이고, 수식의 우변은 체적적분을 나타내고 있다. 즉, 면적분을 체적적분으로 변환하는 공식으로 모든 벡터계에서 성립하며, 이를 발산 정리라고 한다. 즉, 발산 정리는 단위체적에서 외부로 나오는(발산) 전속밀도를 미소 체적에 대하여 전체 체적으로 적분한 것은 폐곡면을 통과하여 외부로 나오는 전기력선(전속) 수와 같다는 것을 나타낸다. 이와 유사한 수식으로 선적분을 면적분으로 변환하는 공식인 스토크스의 정리(Stoke's theorem)가 있다. 상기 수식의 전속밀도 $\boldsymbol{D}$를 전계 $\boldsymbol{E}$로 다시 표현하면 다음과 같다.

$$\oint_S \boldsymbol{E} \cdot d\boldsymbol{S} = \int_v div\, \boldsymbol{E} dv \quad \therefore \nabla \cdot \boldsymbol{E} = div\, \boldsymbol{E} = \frac{\rho}{\epsilon_0}$$

■ 전속밀도 $\boldsymbol{D}$를 전계 $\boldsymbol{E}$로 표현

아래 표 2-3은 가우스 법칙의 적분형과 미분형을 전속밀도 $\boldsymbol{D}$와 전계 $\boldsymbol{E}$를 이용하여 표현한 수식을 각각 나타낸 것이다.

표 2-3 가우스 법칙의 적분형과 미분형

구분	가우스 법칙의 적분형	가우스 법칙의 미분형
전속밀도	$\oint_S \boldsymbol{D} \cdot d\boldsymbol{S} = Q$	$\nabla \cdot \boldsymbol{D} = div \boldsymbol{D} = \rho$
전계의 세기	$\oint_S \boldsymbol{E} \cdot d\boldsymbol{S} = \frac{Q}{\epsilon_0}$	$\nabla \cdot \boldsymbol{E} = div\, \boldsymbol{E} = \frac{\rho}{\epsilon_0}$

예제 2.71

■ 전속 밀도 $\boldsymbol{D} = 3x\boldsymbol{i} + 2y\boldsymbol{j} + z\boldsymbol{k}\,[C/m^2]$를 발생하는 전하 분포에서 $1\,[mm^3]$ 내의 전하는 얼마인가?

풀이

◉ 가우스 법칙의 미분형 $\nabla \cdot \boldsymbol{D} = div\boldsymbol{D} = \rho$에서

▶ 전하밀도 $\rho_v = div\boldsymbol{D} = \dfrac{\partial D_x}{\partial x} + \dfrac{\partial D_y}{\partial y} + \dfrac{\partial D_z}{\partial z} = 3+2+1 = 6\ [C/m^3]$.

▶ 체적 $1\,[mm^3]$내의 전하량 $[nC]$은 $\rho\Delta v = 6\times 10^{-9}\,[C] = 6\,[nC]$

예제 2.72

■ 다음 식 중 옳지 않은 것은?

① $V_\rho = \int_0^\infty \boldsymbol{E}\cdot dl$　　② $\boldsymbol{E} = -grad\,V$

③ $grad\,V = \dfrac{\partial V}{\partial x}\boldsymbol{i} + \dfrac{\partial V}{\partial y}\boldsymbol{j} + \dfrac{\partial V}{\partial z}\boldsymbol{k}$　　④ $\int_s \boldsymbol{E}\cdot d\boldsymbol{S} = Q$

풀이

◉ 전기력선 밀도(전계)의 면적 적분을 나타내는 식

$\oint \boldsymbol{E}\cdot d\boldsymbol{S}$는 전기력선의 수를 나타내는 가우스 법칙으로 $\oint_s \boldsymbol{E}\cdot d\boldsymbol{S} = \dfrac{Q}{\epsilon_0}$

☞ ④

예제 2.73

■ 가우스의 선속 정리에 해당되는 것은?

① $\int_s \boldsymbol{E}\cdot \boldsymbol{n}dS = \int_s div\boldsymbol{E}dv$　　② $\int_v \boldsymbol{E}\cdot \boldsymbol{n}dS = \int_s div\boldsymbol{E}dv$

③ $\int_s \boldsymbol{E}\cdot \boldsymbol{n}dS = \int_v div\boldsymbol{E}dv$　　④ $\int_s div\boldsymbol{E}d\boldsymbol{S} = \int_v \boldsymbol{E}\cdot \boldsymbol{n}dv$

풀이

◉ 가우스 정리는 미소 체적에서 발산되는 전기력선의 총합은 폐곡면을 통하여 나오는 전기력선 수와 같다. $\int_s \boldsymbol{E}\cdot d\boldsymbol{S} = \int_v div\boldsymbol{E}dv$, $\int_s \boldsymbol{E}\cdot \boldsymbol{n}dS = \int_v div\boldsymbol{E}dv$

☞ ③

예제 2.74

■ 다음 중 전계 $\boldsymbol{E}$가 보전적(conservative)인 것과 관계되지 않는 것은?

① $\oint_c \boldsymbol{E}\cdot dl = 0$　② $\boldsymbol{E} = -grad\,V$　③ $rot\,\boldsymbol{E} = 0$　④ $div\,\boldsymbol{E} = 0$

풀이

◉ $div\boldsymbol{E} = \dfrac{\rho}{\epsilon_0}$,　$div\boldsymbol{E} = 0$은 보전장에 대한 설명이 아닌 연속에 대한 의미임

☞ ④

2-14 포아송 방정식과 라플라스 방정식

공간 전하밀도와 전계 사이의 관계식인 가우스 법칙의 미분형을 다시 쓰면 다음과 같다.

$$\nabla \cdot \boldsymbol{E} = div\,\boldsymbol{E} = \frac{\rho}{\epsilon_0}$$

■ 가우스 법칙의 미분형

☞ $\nabla \cdot \boldsymbol{E} = div\,\boldsymbol{E} = \frac{\rho}{\epsilon_0}$

그리고, 전위와 전계의 관계식을 다시 쓰면 다음과 같다.

$$\boldsymbol{E} = -\nabla V = -grad\,V$$

■ $\boldsymbol{E} = -\nabla V = -grad\,V$ 의 의미

☞ 전위차(전위의 기울기, 전위경도)가 크게 되면 전계의 세기 $\boldsymbol{E}$는 커짐을 나타냄

☞ 전계 $\boldsymbol{E}$와 전위경도의 방향이 반대

상기의 두 식을 이용하여 다음의 라플라시안(Laplacian)에 대한 관계식을 유도할 수 있다.

$$\nabla \cdot (-\nabla V) = div(-grad\,V) = \frac{\rho}{\epsilon_0}$$

$$\therefore \nabla \cdot \nabla V = div\,grad\,V = -\frac{\rho}{\epsilon_0}$$

$$\therefore \nabla^2 V = -\frac{\rho}{\epsilon_0}$$

■ 가우스 법칙의 미분형

☞ $\nabla \cdot \boldsymbol{E} = div\,\boldsymbol{E} = \frac{\rho}{\epsilon_0}$

■ 라플라시안((Laplacian)

☞ $\nabla \cdot \nabla = \nabla^2 = \frac{\partial^2}{\partial x^2} + \frac{\partial^2}{\partial y^2} + \frac{\partial^2}{\partial z^2}$

라플라시안은 물리학 또는 화학에서 벡터장의 포텐셜을 이용하여 벡터장의 특성을 나타낼 경우에 사용되고 있다. 전기장의 포텐셜인 전기 포텐셜에 라플라스 연산자를 취하면 전하밀도를 유전율의 상수로 나눈 값이 된다. 상기 수식은 공간에 공간 전하밀도가 분포하고 있을 때, 그 내부의 임의의 점에서 전위를 구하는 식으로 공간 전하밀도와 전위 사이의 관계식을 포아송방정식(Poisson's equation)이라 한다.

$\nabla^2 V = -\frac{\rho}{\epsilon_0}$	■ 포아송 방정식(Poisson' s equation) ☞ 전하밀도가 공간적으로 분포하고 있을 때 그 내부의 임의의 점에서 전위를 결정

그리고, 전하분포 영역이 아닌 한 점의 전위 V를 생각하면, 그 점에 전하가 없으므로 체적 전하밀도 $\rho[C/m^3]=0$이 되어 상기 수식은 다음과 같다. 이 수식을 라플라스 방정식(Laplace's equation)이라 한다.

$\nabla^2 V = 0$	■ 라플라스 방정식(Laplace' s equation) ☞ 전하분포 영역 이외의 한 점의 전위 V를 생각하면, 그 점에 전하가 없으므로 ($\rho=0$) 전위 V의 관계식은 좌측과 같음

예제 2.75

▣ 진공 내에서 전위 함수 $V=x^2+y^2$와 같이 주어질 때 점 $(2,2,0)[m]$에서 체적 전하밀도 $\rho[C/m^3]$를 구하면 얼마인가?

풀이

◉ 전위와 전하 밀도의 관계를 나타내는 포아송의 방정식 $\nabla^2 V = -\frac{\rho}{\epsilon_0}$에서

▶ $\nabla^2 V = \frac{\partial^2(x^2+y^2)}{\partial x^2} + \frac{\partial^2(x^2+y^2)}{\partial y^2} + \frac{\partial^2(x^2+y^2)}{\partial z^2} = 2+2+0 = -\frac{\rho}{\epsilon_0}$

▶ 체적전하밀도 $\rho = -4\epsilon_0 = -4\times 8.855\times 10^{-12}[C/m^3]$

예제 2.76

▣ 전위 V가 단지 x만의 함수이며 $x=0$에서 $V=0$이고, $x=d$일 때 $V=V_0$인 경계 조건을 갖는다고 한다. 라플라스 방정식에 의한 V의 해는 어떻게 되는가?

풀이

◉ 라플라스 방정식에서 V가 x만의 함수이므로

▶ $\nabla^2 V = \frac{\partial^2 V}{\partial x^2} = 0$에서 V는 x의 1차 함수이어야만 2계 미분의 결과가 0이 됨

▶ $V=Ax+B$에 $x=0$을 대입하면 전위는 $V=0$이 되므로 B도 $B=0$이 된다.

▶ $x=d$일 때 전위는 $V=V_0$가 되므로 $A=\frac{V_0}{d}$가 된다.

∴ 전위 $V=\frac{V_0}{d}x$

예제 2.77

▣ 어떤 공간의 비유전율은 2.0이고 전위 V는 $V(x, y) = \frac{1}{x} + 2xy^2$이라고 한다. 점 $\left(\frac{1}{2}, 2\right)$에서의 전하밀도 ρ는 약 몇 $[pC/m^3]$인가?

풀이

◉ Poisson의 방정식 $\nabla^2 V = -\frac{\rho}{\epsilon}$에 대입하면

▶ x에 대한 미분 $\frac{\partial^2}{\partial x^2}(x^{-1} + 2xy^2) \rightarrow (-x^{-2} + 2y^2)' \rightarrow 2x^{-3}$이고 $x = \frac{1}{2}$이므로

$\therefore 2 \times \frac{1}{x^3} = 2 \times \frac{1}{1/8} = 2 \times 8 = 16$

▶ y에 대한 미분 $\frac{\partial^2}{\partial y^2}(x^{-1} + 2xy^2) \rightarrow (4xy)' \rightarrow 4x$이고 $x = \frac{1}{2}$이므로 $\therefore 4x = 4 \times \frac{1}{2} = 2$

▶ 두 결과 값을 합친 전체 값은 $\nabla^2 V = 18$이므로

$\therefore$ 체적 전하밀도는 $\rho = -\epsilon(\nabla^2 V) = -\epsilon(18) = -18\epsilon = -18\epsilon_0\epsilon_s$

$= -8.855 \times 10^{-12} \times 2 \times 18 \fallingdotseq -320 \times 10^{-12} = -320\ [pC/m^3]$

예제 2.78

▣ 두 장의 평행평면 도체판으로 만든 2극판 내에서 도체간의 전위 분포는 $V = V_0\left(\frac{x}{d}\right)^{\frac{4}{3}}$으로 나타내어진다. 판간 공간의 전하밀도의 분포는 몇 $[C/m^3]$인가?

풀이

◉ Poisson의 방정식 $\nabla^2 V = -\frac{\rho}{\epsilon_0}$에서

▶ $\nabla^2 V = \frac{\partial^2}{\partial x^2}\left\{V_0\left(\frac{x}{d}\right)^{\frac{4}{3}}\right\} = \frac{4}{9}\frac{1}{d^2}V_0\left(\frac{x}{d}\right)^{-\frac{2}{3}}$

▶ 체적 전하밀도 $\rho = -\epsilon_0(\nabla^2 V) = -\frac{4}{9}\frac{\epsilon_0 V_0}{d^2}\left(\frac{x}{d}\right)^{-\frac{2}{3}}$

예제 2.79

▣ 전위 분포가 $V = 2x^2 + 3y^2 + z^2\,[V]$의 식으로 표시되는 공간의 전하밀도 $\rho[C/m^3]$는 얼마인가?

풀이

◉ Poisson의 방정식 $\nabla^2 V = -\frac{\rho}{\epsilon_0}$에서

▶ $\nabla^2 V = \frac{\partial^2 V}{\partial x^2} + \frac{\partial^2 V}{\partial y^2} + \frac{\partial^2 V}{\partial z^2} = 4 + 6 + 2 = -\frac{\rho}{\epsilon_0}$

▶ 체적전하밀도 $\rho = -12\epsilon_0\,[C/m^3]$

연 습 문 제

1. 전기력선의 기본 성질에 관한 설명으로 옳지 않은 것은?

① 전기력선의 방향은 그 점의 전계의 방향과 일치한다.

② 전기력선은 전위가 높은 점에서 낮은 점으로 향한다.

③ 전기력선은 그 자신만의 폐곡선이 된다.

④ 전계가 0이 아닌 곳에서 전기력선은 도체 표면에 수직으로 만난다.

☞ 전기력선의 성질 ▶ 전기력선은 정전하에서 시작하여 부전하에서 그친다. ▶ 전하가 없는 곳에서는 전기력선이 발생, 소멸이 없고 연속적이다. ▶ 전위가 높은 점에서 낮은 점으로 향한다. ▶ 그 자신만으로 폐곡선이 되는 일은 없다. ▶ 전계가 0이 아닌 곳에서는 2개의 전기력선은 교차하지 않는다. ▶ 도체 내부에는 전기력선이 없다. ▶ 수직 단면의 전기력선 밀도는 전계의 세기이고(1[개/m^2] = 1[N/C]), 전기력선의 접선 방향은 전계의 방향이다. ▶ 도체면(등전위면)에서 전기력선은 수직으로 출입한다. ▶ 단위 전하 $\pm 1\,[C]$에서는 $\frac{1}{\epsilon_0}$개의 전기력선 출입	정답 ③

2. 정전계 내에 도체가 존재하는 경우에 대한 설명으로 다음 중 옳지 않은 것은?

① 도체의 표면은 등전위면이다.

② 도체 내부에는 전계가 존재하지 않는다.

③ 도체 내부의 유도전계는 외부 전계와 크기는 같다.

④ 도체에 전하를 대전시킬 수 없어 전하는 모두 도체 표면에만 존재한다.

☞ 도체표면과 내부의 전위는 동일하고(등전위), 표면은 등전위면이다. ☞ 도체 내부의 전계의 세기는 "0"이다. ☞ 전하는 도체 내부에는 존재하지 않고, 도체 표면에만 분포한다. ☞ 도체 면에서의 전계의 세기는 도체 표면에 항상 수직이다. ☞ 도체 표면에서의 전하밀도는 곡률이 클수록 높다. 즉, 곡률반경이 작을수록 높다. ☞ 중공부에 전하가 없고, 대전 도체라면 전하는 도체 외부 표면에만 분포한다. ☞ 중공부에 전하를 두면 도체 내부 표면에 동량 이부호, 도체 외부 표면에는 동량 동부호의 전하가 분포한다.	정답 ④

3. 정전계에서 도체에 주어지는 전하의 대전 상태에 관한 설명으로 옳지 않은 것은?

① 전하는 도체의 표면에만 분포하고 내부에는 존재하지 않는다.

② 도체 표면은 등전위면을 형성한다.

③ 전계는 도체 표면에 수직이다.

④ 표면 전하밀도는 곡률 반지름이 작으면 작다.

해설	정답
☞ 곡률반경 작다: 곡률 크다. 전계, 전하밀도 크다. ☞ 곡률반경 크다: 곡률 작다. 전계, 전하밀도 작다.	정답 ④

4. 거리 r에 반비례 하는 전계의 세기를 주는 대전체는?

① 점전하 ② 구전하 ③ 전기쌍극자 ④ 선전하

해설	정답
☞ 점(구)전하에 의한 전계 $E=\dfrac{Q}{4\pi\epsilon_0 r^2} \propto \dfrac{1}{r^2}$ ☞ 선전하에 의한 전계 $E=\dfrac{\lambda}{2\pi\epsilon_0 r} \propto \dfrac{1}{r}$ ☞ 면전하에 의한 전계 $E=\dfrac{\rho}{2\epsilon_0}$, 거리와 무관 ☞ 전기 쌍극자에 의한 전계 $E=\dfrac{M\sqrt{1+3\cos^2\theta}}{4\pi\epsilon_0 r^3} \propto \dfrac{1}{r^3}$	정답 ④

5. 전계 $\boldsymbol{E}$와 전위 V사이의 관계, 즉 $\boldsymbol{E} = -grad\,V$에 관한 설명으로 잘못된 것은?

① 전계는 전위가 일정한 면에 수직이다.

② 전계의 방향은 전위가 감소하는 방향으로 향한다.

③ 전계의 전기력선은 연속적이다.

④ 전계의 전기력선은 폐곡면을 이루지 않는다.

해설	정답
☞ $grad\,V$ 의미 : 전위 V가 단위길이당 최대로 변하하는 방향과 그 크기를 나타낸다. 단위길이당 전위의 최대 변화를 갖는 방향은 등전위면과 수직(직각)방향이다.($\boldsymbol{E}$와 등전위면은 직교한다고 할 수 있다.) ☞ $\boldsymbol{E}=-\nabla V$에서 −부호는 감소하는 방향을 의미한다. ☞ 전계의 전기력선은 (+)전하에서 시작하여 (−)전하에서 끝나므로 전하가 존재할 때에는 비연속적이다. ☞ 양변에 $curl$을 취하면 $curl\,\boldsymbol{E} = -curl\,grad\,V=0$($curl\,grad$는 벡터 성질에서 항상 0)이고, 전계 $\boldsymbol{E}$ 벡터는 비회전성, 즉 폐곡선을 이루지 않는다.	정답 ③

6. 다음 중에서 틀린 것은?

① 가우스의 정리 : $div\boldsymbol{D} = \rho$ ② 푸아송의 방정식 : $\nabla^2 V = \frac{\rho}{\epsilon}$

③ 라플라스의 방정식 : $\nabla^2 V = 0$ ④ 발산 정리 : $\oint_s \boldsymbol{A} \cdot d\boldsymbol{S} = \int_v div\boldsymbol{A}dv$

☞ 포아송 방정식 $\boldsymbol{E} = div(-grad\, V) = -\nabla^2 V = \frac{\rho}{\epsilon}$ 에서 $\nabla^2 V = -\frac{\rho}{\epsilon}$	정답 ②

7. 전기 쌍극자로부터 임의 점의 거리가 r이라 할 때 전계의 세기는 다음 중 어느 것에 비례하는가?

① $1/r^3$에 비례 ② r^3에 비례 ③ $1/r^2$에 비례 ④ $1/r$에 비례

☞ 전기 쌍극자에 의한 전위: $V = \frac{M\cos\theta}{4\pi\epsilon_0 r^2}[V]$, → $V \propto \frac{1}{r^2}$ ☞ 전기 쌍극자에 의한 전계: $E = \frac{M\sqrt{1+3\cos^2\theta}}{4\pi\epsilon_0 r^3}[V/m]$ → $E \propto \frac{1}{r^3}$	정답 ①

8. 두 개의 똑같은 작은 도체구를 접촉하여 대전시킨 후 $1[m]$ 거리에 떼어 놓았더니 작은 도체구는 서로 $9\times10^{-3}[N]$의 힘으로 반발했다. 각 전하는 몇 $[C]$인가?

☞ 쿨롱의 힘 $F = 9\times10^9 \frac{Q_1 Q_2}{r^2} = 9\times10^9 \frac{Q^2}{r^2}$ 에서 $Q^2 = \frac{Fr^2}{9\times10^9}$ 이므로

∴ 전하량 $Q = \sqrt{\frac{Fr^2}{9\times10^9}} = \sqrt{\frac{9\times10^{-3}\times1^2}{9\times10^9}} = 1\times10^{-6}[C]$

9. 진공 중에 전하량 $3\times10^{-6}[C]$인 두 개의 대전체가 서로 떨어져 있고, 상호간에 작용하는 힘이 $9\times10^{-3}[N]$일 때 이들 사이에 거리는 몇 $[m]$인가?

☞ 쿨롱의 법칙 $F = 9\times10^9 \times \frac{Q_1 Q_2}{r^2}[N]$에서 거리는

$r^2 = 9\times10^9 \times \frac{Q^2}{F} = 9\times10^9 \times \frac{(3\times10^{-6})^2}{9\times10^{-3}} = 9$에서 ∴ $r = 3[m]$

10. 한 변의 길이가 $2[m]$되는 정삼각형의 3정점 A, B, C에 $10^{-4}[C]$의 점전하가 있다. 점 B에 작용하는 힘은 몇 $[N]$인가?

☞ 점 A에 있는 전하의 작용력 F_1은

$$F_1 = \frac{1}{4\pi\epsilon_0}\frac{Q_1Q_2}{r^2} = 9\times10^9\times\frac{10^{-8}}{2^2} = 22.5\ [N]$$

☞ 점 B에 있는 전하의 작용력 F_2는 F_1과 크기는 같고 방향은 그림과 같다.

☞ 힘의 크기는

$$F = \sqrt{F_1^2 + F_2^2 + 2F_1F_2\cos\theta}$$
$$= \sqrt{22.5^2 + 22.5^2 + (2\times22.5\times22.5\times\cos60°)} = 38.97 ≒ 39[N]$$

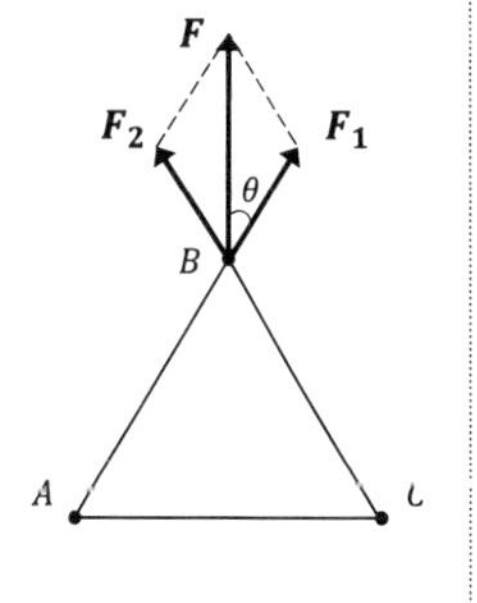

11. 점 $P(1, 2, 3)[m]$와 $Q(2, 0, 5)[m]$에 각각 $4\times10^{-4}[C]$과 $-2\times10^{-5}[C]$의 점전하가 있을 때 점 P에 작용하는 힘은 몇 $[N]$인가?

☞ 쿨롱의 힘 $\boldsymbol{F} = \frac{Q_1Q_2}{4\pi\epsilon_0 r^2}\boldsymbol{r}$에서

☞ 거리벡터 $\boldsymbol{r} = (1,\ 2,\ 3) - (2, 0, 5)$
$= (-1, 2,\ -2) = -\boldsymbol{i} + 2\boldsymbol{j} - 2\boldsymbol{k}$

☞ 힘 $\boldsymbol{F} = 9\times10^9\times\frac{-2\times10^{-5}\times4\times10^{-4}}{[\sqrt{(-1)^2+2^2+(-2)^2}]^2}$

$$\times\frac{-\boldsymbol{i}+2\boldsymbol{j}-2\boldsymbol{k}}{\sqrt{(-1)^2+2^2+(-2)^2}}$$

$$= -\frac{8}{3}(-\boldsymbol{i}+2\boldsymbol{j}-2\boldsymbol{k}) = \frac{8}{3}(\boldsymbol{i}-2\boldsymbol{j}+2\boldsymbol{k})\ [N]$$

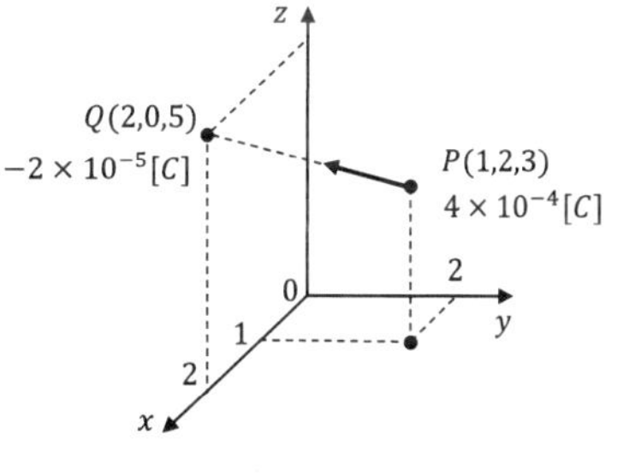

12. 점 $(-2, 1, 5)[m]$와 점 $(1, 3, -1)[m]$에 각각 위치해 있는 점전하 $1[\mu C]$과 $4[\mu C]$에 의해 발생된 전위장 내에 저장된 정전 에너지는 약 몇 $[mJ]$인가?

☞ 정전 에너지 $W = F\cdot r[J]$에 쿨롱의 힘 $F = \frac{Q_1Q_2}{4\pi\epsilon_0 r^2}$을 대입하면 $W = \frac{Q_1Q_2}{4\pi\epsilon_0 r^2}\times r$

☞ x축 거리: $-2-1 = -3$, y축 거리: $1-3 = -2$, z축 거리: $5-(-1) = 6$

거리 크기 $= \sqrt{3^2+2^2+6^2} = 7\ [m]$

☞ $W = 9\times10^9\times\frac{1\times10^{-6}\times4\times10^{-6}}{7^2}\times7 = 5.14\ [mJ]$

13. $\boldsymbol{E} = 2x\boldsymbol{i} + 4y\boldsymbol{j} + z\boldsymbol{k}\,[V/m]$일 때, 직선 경로를 따라 $0.5\,[C]$의 전하를 점 (4, 1, 2)에서 점 (2, 3, 2)까지 이동시키는데 요하는 일은 몇 $[J]$인가?

☞ 일 $W = -\int_0^r QE \cdot dr = -0.5\left\{\int_4^2 2x \cdot dx + \int_1^3 4y \cdot dy + \int_2^2 z \cdot dz\right\}$

$= -0.5\left\{[x^2]_4^2 + [2y^2]_1^3\right\} = -2\,[J]$

14. 길이 $l\,[m]$인 동축 원통 도체의 내외원통에 각각 $+\lambda$, $-\lambda\,[C/m]$의 전하가 분포되어 있다. 내외 원통 사이에 유전율 ϵ인 유전체가 채워져 있을 때 전계의 세기는 몇 $[V/m]$인가?

☞ 전위차 $V = -\int_b^a \boldsymbol{E} \cdot dl = -\int_b^a \frac{\lambda}{2\pi\epsilon_0 r} dl = \frac{\lambda}{2\pi\epsilon_0}[\ln r]_a^b = \frac{\lambda}{2\pi\epsilon_0} \ln\frac{b}{a}\,[V]$

☞ 선전하 $\lambda = \dfrac{2\pi\epsilon_0 V}{\ln\frac{b}{a}}$

☞ 원통 내의 전계의 세기는 $E = \dfrac{\lambda}{2\pi\epsilon_0 r}$에 선전하 $\lambda = \dfrac{2\pi\epsilon_0 V}{\ln\frac{b}{a}}$를 대입하면

∴ 전계 $E = \dfrac{\lambda}{2\pi\epsilon_0 r} = \dfrac{1}{2\pi\epsilon_0 r} \times \dfrac{2\pi\epsilon_0 V}{\ln\frac{b}{a}} = \dfrac{V}{r \cdot \ln\frac{b}{a}}\,[V/m]$

15. 그림과 같이 $q_1 = 6 \times 10^{-8}[C]$, $q_2 = -12 \times 10^{-8}[C]$의 두 전하가 서로 $10[cm]$떨어져 있을 때 전계 세기가 0이 되는 점은?

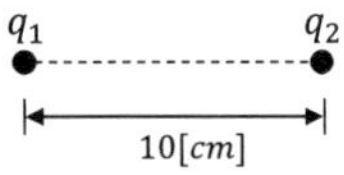

☞ 전하의 부호가 다르므로 전계의 세기가 0이 되는 점은 그림과 같이 전하의 절대값이 작은 쪽의 외부가 된다. 즉, q_1으로부터 왼쪽이 된다.

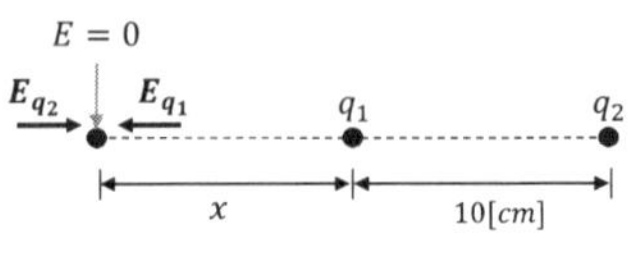

☞ 전계 $E = \dfrac{1}{4\pi\epsilon_0}\left[\dfrac{6 \times 10^{-8}}{x^2} - \dfrac{12 \times 10^{-8}}{(x+0.1)^2}\right] = 0$

$\rightarrow \dfrac{6 \times 10^{-8}}{x^2} = \dfrac{12 \times 10^{-8}}{(x+0.1)^2}$

☞ 거리는 $2x^2 = (x+0.1)^2 \rightarrow \sqrt{2}x = x + 0.1$에서

∴ 거리 $x = \dfrac{0.1}{\sqrt{2}-1} \fallingdotseq 0.241\,[m] = 24.1\,[cm]$

16. 공기 중에 그림과 같이 가느다란 전선으로 반경 $a[m]$인 원형코일을 만들고, 이것에 전하 $Q[C]$가 균일하게 분포하고 있을 때 원형코일의 중심축 상에서 중심으로부터 거리 $x[m]$만큼 떨어진 P점의 전계의 세기는 몇 $[V/m]$인가?

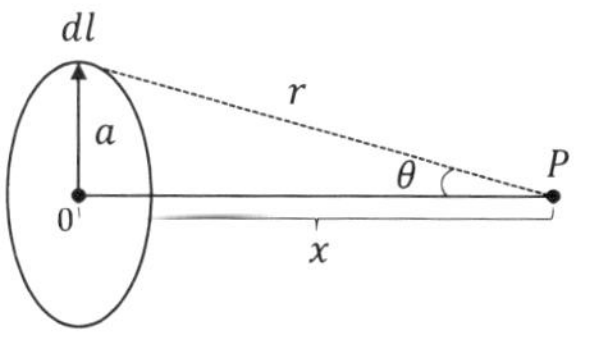

☞ $dE_x = dE\cos\theta = \dfrac{dQ}{4\pi\epsilon_0 r^2} \cdot \dfrac{x}{r} = \dfrac{xdQ}{4\pi\epsilon_0 r^3}$ 에 $r = \sqrt{a^2+x^2}$, $dQ = \dfrac{Q}{2\pi a}dl$ 을 대입하면

전계 $E_x = \dfrac{x \cdot \dfrac{Q}{2\pi a}dl}{4\pi\epsilon_0(\sqrt{a^2+x^2})^3} = \dfrac{xQ}{8\pi^2\epsilon_0 a(a^2+x^2)^{\frac{3}{2}}} \cdot dl$가 된다.

☞ 이 전계식을 적분하면 전계는 다음과 같다.

$$E = \int_0^{2\pi a} E_x = \frac{xQ}{8\pi^2\epsilon_0 a(a^2+x^2)^{\frac{3}{2}}} \int_0^{2\pi a} dl = \frac{xQ}{4\pi\epsilon_0(a^2+x^2)^{\frac{3}{2}}} [V/m]$$

17. 그림과 같이 $+1[\mu C]$, $+2[\mu C]$의 두 점전하가 진공 중에서 $1[m]$ 떨어져 있을 때 이 두 점전하를 연결하는 선상에서 전계의 세기가 0이 되는 점은?

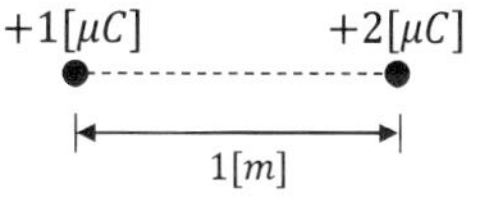

☞ 쿨롱의 힘 $9\times10^9 \times \dfrac{1\times10^{-6}}{x^2} = 9\times10^9 \times \dfrac{2\times10^{-6}}{(1-x)^2}$ 에서

$\dfrac{1}{x^2} = \dfrac{2}{(1-x)^2}$ 이므로 $(1-x)^2 = 2x^2$

→ $1-2x+x^2 = 2x^2$에서 x^2+2x-1

☞ 근의 공식 이용 $\dfrac{-b\pm\sqrt{b^2-4ac}}{2a}$

∴ $\dfrac{-2\pm\sqrt{2^2+4}}{2} = \dfrac{-2+2\sqrt{2}}{2} = -1\pm\sqrt{2}\,[m]$

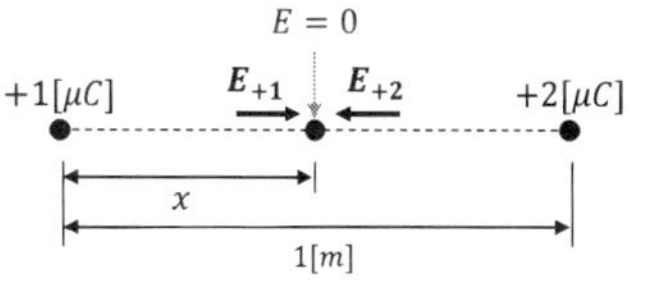

18. 그림과 같이 진공 중에 서로 평행인 무한 길이 두 직선 전하 A, B가 있다. A, B간의 거리는 $d[m]$, A, B의 신진하 밀도를 각각 $\rho_1[C/m]$, $\rho_2[C/m]$라고 할 때 A, B를 연결하는 직선상에서 A로부터 $d/3\,[m]$인 점의 전계의 세기가 0이었다. 이때 점 B의 선전하 밀도 ρ_2와 점 A의 선전하 밀도 ρ_1과의 관계식은?

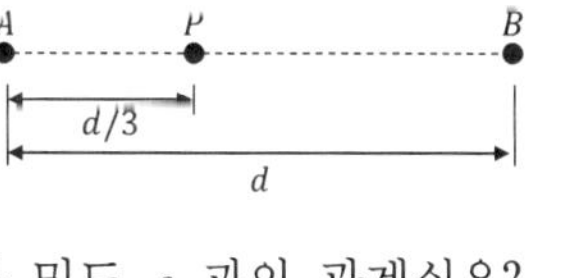

☞ 도선에서 전계 $\dfrac{\rho_1}{2\pi\epsilon_0\left(\dfrac{d}{3}\right)} = \dfrac{\rho_2}{2\pi\epsilon_0\left(\dfrac{2d}{3}\right)}$ 에서 $\rho_1 = \dfrac{\rho_2}{2}$ 이므로 ∴ $\rho_2 = 2\rho_1$

19. 그림과 같이 반지름 $a[m]$인 원형도선에 전하가 선밀도 $\lambda[C/m]$로 균일하게 분포되어 있다. 그 중심에 수직한 z축상의 한 점 P의 전계의 세기는?

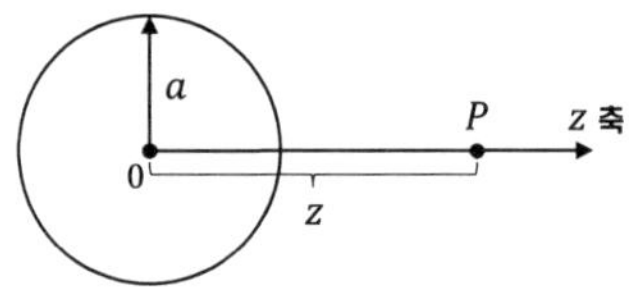

☞ 미소부분 dl에 대한 P점의 전위 $dV=\dfrac{dQ}{4\pi\epsilon_0 r}$에

$dl = adQ,\ dQ=\lambda dl = \lambda adQ$을 대입하면 전위는

$$dV=\frac{dQ}{4\pi\epsilon_0 r} = \frac{\lambda adQ}{4\pi\epsilon_0\sqrt{a^2+z^2}}$$

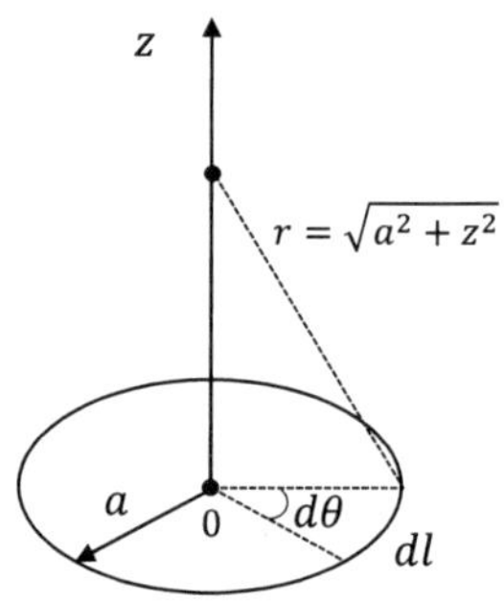

☞ P점 전위 $V=\displaystyle\int_0^{2\pi} dV = \frac{\lambda a}{4\pi\epsilon_0\sqrt{a^2+z^2}}\int_0^{2\pi} dQ$

$$= \frac{\lambda a}{2\epsilon_0\sqrt{a^2+z^2}}\,[V]$$

☞ 전계는 z방향이므로

$$\boldsymbol{E} = E_z = -\frac{\partial V}{\partial z} = -\frac{\partial}{\partial z}\left[\frac{\lambda a}{2\varepsilon_0\sqrt{a^2+z^2}}\right]$$

$$= \frac{\lambda a}{2\epsilon_0}\cdot\frac{z}{(a^2+z^2)^{\frac{3}{2}}}\,[V/m]$$

20. 점전하에 의한 전위가 함수 $V=\dfrac{10}{x^2+y^2}$일 때, 점 (2, 1)에서의 전위 경도는 몇 $[V/m]$인가? (단, V의 단위는 $[V]$, $(x,\ y)$의 단위는 $[m]$이다.)

☞ 전위경도 $grad\,V=\dfrac{\partial V}{\partial x}\boldsymbol{i}+\dfrac{\partial V}{\partial y}\boldsymbol{j}+\dfrac{\partial V}{\partial z}\boldsymbol{k}$

$$\frac{\partial V}{\partial x}=\frac{\partial}{\partial x}\left(\frac{10}{x^2+y^2}\right)=\frac{-10\cdot 2x}{(x^2+y^2)^2}=\frac{-20x}{(x^2+y^2)^2}$$

$$\frac{\partial V}{\partial y}=\frac{\partial}{\partial y}\left(\frac{10}{x^2+y^2}\right)=\frac{-20y}{(x^2+y^2)^2}$$

$\dfrac{\partial V}{\partial z}=0$ 함수 V는 z의 함수가 아니다.

☞ $grad\,V=-\dfrac{20}{(x^2+y^2)^2}(x\boldsymbol{i}+y\boldsymbol{j})$에 $x=2,\ y=1$을 대입하면

∴ 전위경도 $[grad\,V]_{y=1}^{x=2}=\dfrac{-20}{(2^2+1^2)^2}(2\boldsymbol{i}+\boldsymbol{j}) = -\dfrac{4}{5}(2\boldsymbol{i}+\boldsymbol{j})=-\dfrac{4}{5}\sqrt{2^2+1^2}\angle\tan^{-1}0.5$

$$=\frac{4}{5}\sqrt{2^2+1^2}\angle\tan^{-1}(0.5+180^\circ) = 1.79\angle 206^\circ\ [V/m]$$

21. 그림과 같이 $+q[C/m]$, $+q[C/m]$로 대전된 두 도선이 $d[m]$의 간격으로 평행 가설되었을 때 이 두 도선 간에서 전위 경도가 최소가 되는 점은?

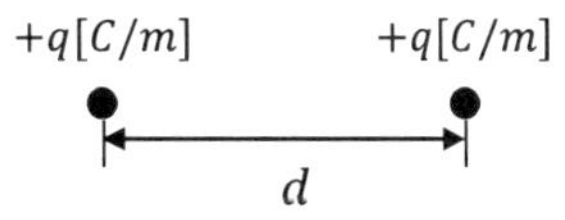

☞ 도선에서 $x[m]$ 떨어진 점 P의 전계는

$$E=\frac{q}{2\pi\epsilon_0 x}-\frac{q}{2\pi\epsilon_0(d-x)}=\frac{q}{2\pi\epsilon_0}(\frac{1}{x}-\frac{1}{d-x})$$

☞ E가 최소가 되기 위한 조건은 $\frac{\partial E}{\partial x}=0$

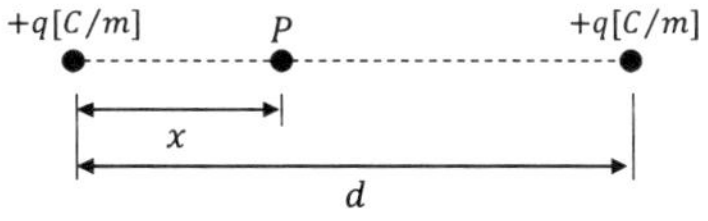

$$\frac{\partial E}{\partial x}=\frac{q}{2\pi\epsilon_0}[-\frac{1}{x^2}+\frac{1}{(d-x)^2}]=0$$에서

$$\frac{1}{x^2}=\frac{1}{(d-x)^2} \rightarrow x^2=(d-x)^2 \rightarrow x=d-x$$

$\rightarrow 2x=d$이므로 ∴ 거리 $x=\frac{d}{2}[m]$

22. 전위 함수가 $V=x^2+y^2\ [V]$인 자유 공간 내의 전하 밀도$[C/m^3]$는 얼마인가?

☞ 포아송의 방정식 $\nabla^2 V=-\frac{\rho}{\epsilon_0}$에서

$$\nabla^2 V=\frac{\partial^2(x^2+y^2)}{\partial x^2}+\frac{\partial^2(x^2+y^2)}{\partial y^2}+\frac{\partial^2(x^2+y^2)}{\partial z^2}=2+2+0=-\frac{\rho}{\epsilon_0}$$

☞ 체적전하밀도 $\rho=-4\epsilon_0=-4\times 8.855\times 10^{-12}=-35.4\times 10^{-12}\ [C/m^3]$

23. 반경이 $a=10[cm]$인 구의 표면 전하밀도를 $\rho=10^{-10}[C/m^2]$이 되도록 하는 구의 전위 $V[V]$는 얼마인가?

☞ 전위 $V=E\cdot d$에 전계 $E=\frac{\sigma}{\epsilon_0}$를 대입

∴ 전위 $V=E\cdot d=\frac{\sigma}{\epsilon_0}\times d=\frac{10^{-10}}{8.855\times 10^{-12}}\times 10\times 10^{-2}\fallingdotseq 1.13\,[V]$

24. 원점에 전하 $0.01\,[\mu C]$이 있을 때 두 점 $A(0,2,0)[m]$와 $B(0,0,3)[m]$간의 전위차 V_{AB}는 몇 $[V]$인가?

☞ 전위차 $V_{AB}=\frac{Q}{4\pi\epsilon_0}\left(\frac{1}{a}-\frac{1}{b}\right)=9\times 10^9\times 0.01\times 10^{-6}\left(\frac{1}{2}-\frac{1}{3}\right)=1.5\times 10=15\,[V]$

제3장 도체계와 정전용량

3-1 도체계

진공 중에 n개의 도체가 다양한 형태로 존재할 경우, 각 도체의 전위와 각 도체간의 정전용량을 계산하기가 매우 어렵다. 이를 해결하기 위한 방법으로 도체 전체를 1개의 도체계(system of conductor)로 취급하여 생각하면 쉽게 풀이가 가능하다.

도체계의 n개의 도체가 각각 다른 전하 $Q_1, Q_2, \cdots Q_n[C]$일 때, n개 도체의 전위를 각각 $V_1, V_2, \cdots V_n[V]$라 하자. 그리고, 다른 전하가 $Q_1', Q_2', \cdots Q_n'[C]$일 때의 전위를 각각 $V_1', V_2', \cdots V_n'[V]$라 한다면, $Q_1+Q_1', Q_2+Q_2', \cdots Q_n+Q_n'[C]$의 전하 존재할 경우, 전위는 $V_1+V_1', V_2+V_2', \cdots V_n+V_n'[V]$으로 된다. 이와 같이 도체계 내의 다양한 전하와 전위분포를 1개의 도체계로 생각한 것을 중첩의 정리(principle of superposition)라 한다. 이를 활용하여 전위계수, 용량계수 및 유도계수를 계산하여 보자.

3.1.1 전위 계수

아래 그림 3-1과 같이 진공 중에 n개의 도체로 구성된 도체계가 있다고 가정하고, 각 도체를 도체 1, 도체 2, $\cdots$, 도체 n이라고 하자.

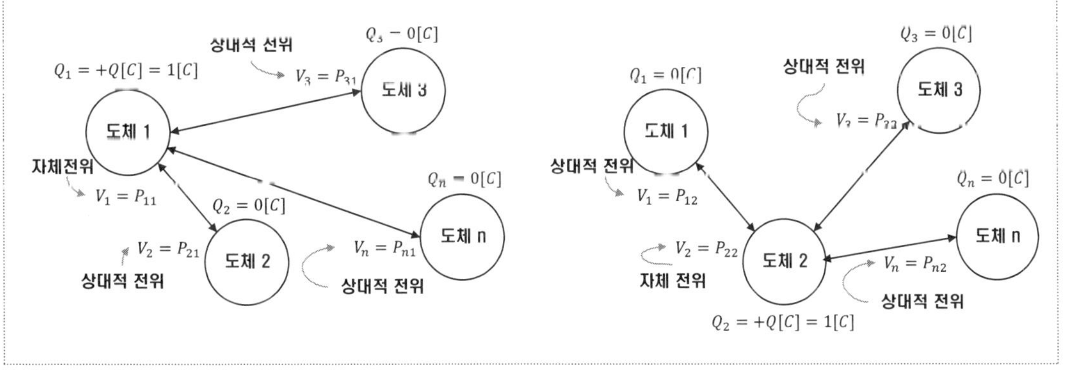

그림 3-1 도체계의 전위계수

그림 3-1에서와 같이 각 도체 중에서 도체 1에만 $+1[C]$으로 대전시키고 나머지 도체들은 $0[C]$으로 대전시키지 않은 상태라고 하자. 그리고, 도체 1, 도체 2, 도체 3, · · ·, 도체 n의 전위를 각각 $V_1 = P_{11}$, $V_2 = P_{21}$, $V_3 = P_{31}$, · · ·, $V_n = P_{n1}$라고 생각하자.

또한, 도체 1에만 $+1[C]$을 준 상태에서 도체 1에만 전하 $+Q_1[C]$으로 대전시키고, 나머지 도체의 전하는 $0[C]$으로 한다면, $+Q_1[C]$으로 대전된 도체 1에 의한 다른 도체의 전위는 중첩의 정리에 의하여 아래 수식과 같이 구할 수 있다.

$$V_1 = P_{11}Q_1,\ V_2 = P_{21}Q_1,\ \cdots,\ V_n = P_{n1}Q_1$$

■ 반지름 $a[m]$의 구체에 $Q[C]$의 전하가 있을 경우 전위

☞ $V = \frac{Q}{4\pi\epsilon_0 a} = \frac{1}{C}Q = PQ[V]$

■ 반지름 $a[m]$의 구체에 $1[C]$의 전하가 있을 경우 전위

☞ $V = \frac{1}{4\pi\varepsilon_0 a} = \frac{1}{C} = P[V]$

■ 전위계수 P_{ij}

☞ $P = \frac{V}{Q}[V/C][daraf]$

☞ P_{ij}: 도체 j에만 $1[C]$을 주었을 경우 도체 i의 전위

그리고, 동일한 방법으로 도체 2에만 $+1[C]$을 준 상태에서 도체 2에만 $+Q_2[C]$으로 대전시키고, 나머지 도체의 전하는 $0[C]$으로 한다면, $+Q_2[C]$으로 대전된 도체 2에 의한 다른 도체의 전위는 역시 중첩의 정리에 의하여 아래 수식과 같이 구할 수 있다.

$$V_1 = P_{12}Q_2,\ V_2 = P_{22}Q_2,\ \cdots,\ V_n = P_{n2}Q_2$$

■ 전위계수 P_{ij}

☞ $P = \frac{V}{Q}[V/C][daraf]$

그리고, 동일한 방법으로 도체 n에만 $+1[C]$을 준 상태에서 도체 n에만 $+Q_n[C]$으로 대전시키고, 나머지 도체의 전하는 $0[C]$으로 한다면, $+Q_n[C]$으로 대전된 도체 n에 의한 다른 도체의 전위는 중첩의 정리에 의하여 아래 수식과 같이 구할 수 있다.

$$V_1 = P_{1n}Q_n,\ V_2 = P_{2n}Q_n,\ \cdots,\ V_n = P_{nn}Q_n$$

■ 전위계수 P_{ij}

☞ $P = \frac{V}{Q}[V/C]\,[daraf]$

또한, 한 도체에만 $+Q[C]$전하로 대전시키지 않고 각각의 도체에 $Q_1, Q_2, \cdot\cdot\cdot Q_n[C]$의 전하를 동시에 전하를 주어 대전시키면, 각 도체의 전위 $V_1, V_2, \cdot\cdot\cdot V_n[V]$은 중첩의 정리에 의하여 상기 한 도체에만 각각 $Q_1, Q_2, \cdot\cdot\cdot Q_n[C]$을 주었을 때의 전위와 전하의 관계식에 대하여 이를 전체적으로 합한 것으로 생각할 수 있다. 이를 수식으로 나타내면 아래 수식과 같다.

$$\begin{aligned} V_1 &- P_{11}Q_1 + P_{12}Q_2 + P_{13}Q_3 + \cdots + P_{1n}Q_n \\ V_2 &= P_{21}Q_1 + P_{22}Q_2 + P_{23}Q_3 + \cdots + P_{2n}Q_n \\ &\vdots \\ V_n &= P_{n1}Q_1 + P_{n2}Q_2 + P_{n3}Q_3 + \cdots + P_{nn}Q_n \end{aligned}$$

■ 전위계수 P_{ij}

☞ $P = \frac{V}{Q}[V/C]\,[daraf]$

상기 수식을 행렬식으로 표현하면 다음과 같다.

$$\begin{bmatrix} V_1 \\ V_2 \\ \vdots \\ V_n \end{bmatrix} = \begin{bmatrix} P_{11} & P_{12} & P_{13} & \cdots & P_{1n} \\ P_{21} & P_{22} & P_{23} & \cdots & P_{2n} \\ & & \vdots & & \\ P_{n1} & P_{n2} & P_{n3} & \cdots & P_{nn} \end{bmatrix} \begin{bmatrix} Q_1 \\ Q_2 \\ \vdots \\ Q_n \end{bmatrix}$$

■ 전위계수 P_{ij}

☞ $P = \frac{V}{Q}[V/C]\,[daraf]$

그리고, 상기의 수식을 행렬식이 아닌 아래의 수식으로도 표현할 수 있다.

$$V_i = \sum_{j=1}^{n} P_{ij}Q_j$$

■ 전위계수 P_{ij}

☞ $P = \frac{V}{Q}[V/C],\ [daraf] = \frac{1}{C}$

☞ 정전용량 $C[farad]$의 역수

여기서 P_{ij} 즉, $P_{11}, P_{12}, P_{13}, \cdots, P_{nn}$을 전위계수(coefficient of potential)이라고 한다. 전위계수 P_{ij}는 도체 j에만 $+1[C]$을 주었을 때 도체 i에 발생하는 전위를 나타내고 있다. 전위계수 P는 $P = \frac{V}{Q}[V/C]$으로 전위계수의 단위는 $[V/C]$, $[1/F]$이 된다. 그리고, 정전

용량의 단위가 $1[C/V] = 1[F, farad]$로 되기 때문에 전위계수는 정전용량의 단위에 대한 역수가 된다. 따라서, $[1/F]$을 다라프(daraf), 또는 엘라스턴스(elastance)라 한다.

$P = \dfrac{V}{Q} = \dfrac{[V]}{[C]} = \dfrac{1}{[F]}(daraf)$	■ 전위계수의 단위 ☞ 대전된 전하 사이의 전위분포

그리고, 전위계수는 다음 아래와 같은 성질이 있다.

$P_{11} > P_{21},\ \ P_{11} > 0,\ \ P_{21} > 0$	■ 도체 1에 대전 전하가 있으므로 전위계수 P_{11}이 가장 높은 전위를 나타냄 ☞ $P_{11} > P_{21}$ ■ 도체 1에 대전 전하가 있으므로 무한 원점에서 0 전위를 나타냄 ☞ $P_{11} > 0,\ P_{21} > 0$
$P_{11} = P_{21}$	■ 도체 1 내부(전하 $+Q[C]$)에 도체 2(전하 $0[C]$)가 놓여져 있을 경우, 등전위면이 됨, 완전포위를 나타냄 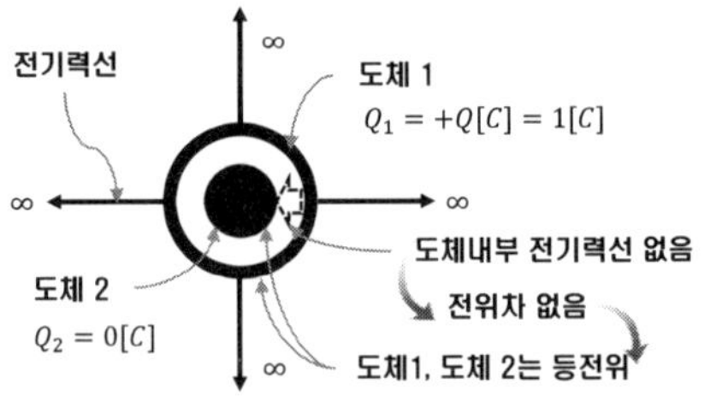

상기의 전위계수를 고려한 사항을 활용하여 다음의 전위계수에 대한 성질을 알 수 있다.

▶ $P_{11} > 0, P_{22} > 0 \ \Rightarrow\ P_{ii} > 0, P_{jj} > 0$ ▶ $P_{12} \geq 0, P_{21} \geq 0 \ \Rightarrow\ P_{ij} \geq 0, P_{ji} \geq 0$ ▶ $P_{12} = P_{21} \ \Rightarrow\ P_{ij} = P_{ji}$ ▶ $P_{11} \geq P_{21} = P_{12} \ \Rightarrow\ P_{ii} \geq P_{ji} = P_{ij}$	■ 전위계수의 성질 ☞ 전위계수는 반드시 + 값 ☞ $P_{ii} > 0,\ P_{ji} \geq 0, P_{ij} = P_{ji}, P_{ii} \geq P_{ji}$ ☞ $P_{12} = P_{21}$: 등전위면을 의미 ☞ $P_{11} = P_{21}$: 도체 1이 도체 2 완전포위 ☞ $P_{22} = P_{12}$: 도체 2가 도체 1 완전포위

예제 3.1

■ 전위계수에 대한 설명 중 틀린 것은?

① 도체 주위의 매질에 따라 정해지는 상수이다.

② 도체의 크기와는 관계가 없다.

③ 전위계수는 도체 상호간의 배치상태에 따라 정해지는 상수이다.

④ 전위계수의 단위는 $[1/F]$이다.

풀이

◉ 전위계수는 $+1[C]$이 만드는 전위 및 전위의 크기를 결정하는 상수

◉ $P=\dfrac{1}{C}=\dfrac{V}{Q}[V/C]$, $[1/F]$, [daraf] 등이 쓰이며, 도체 주위 매질, 도체 크기, 배치에 따라 정해지는 상수

☞ ②

예제 3.2

■ 2개의 도체를 $+Q[C]$과 $-Q[C]$으로 대전했을 때 이 두 도체간의 정전용량을 전위계수로 표시하면 어떻게 되는가?

풀이

◉ $V_1=P_{11}Q_1+P_{12}Q_2$, $V_2=P_{21}Q_1+P_{22}Q_2$에서 $Q_1=+Q[C]$, $Q_2=-Q[C]$을 대입하면 $V_1=P_{11}Q-P_{12}Q$, $V_2=P_{21}Q-P_{22}Q$ 그리고, 등전위면이기 때문에 $P_{12}=P_{21}$이다.

∴ 전위차 $V_1-V_2=(P_{11}-2P_{12}+P_{22})Q$

▶ 전위계수 $P=P_{11}-2P_{12}+P_{22}$

▶ 정전용량을 전위계수로 표현 $C=\dfrac{1}{P}=\dfrac{Q}{V_1-V_2}=\dfrac{1}{P_{11}-2P_{12}+P_{22}}[F]$

예제 3.3

■ 도체 2를 Q로 대전된 도체 1에 접속하면 도체 2가 얻는 전하를 전위 계수로 표시하면 얼마나 되는가? (단, P_{11}, P_{12}, P_{21}, P_{22}는 전위 계수이다.)

① $\dfrac{P_{11}-P_{12}}{P_{11}-2P_{12}+P_{22}}Q$ ② $-\dfrac{P_{11}-P_{12}}{P_{11}-2P_{12}+P_{22}}Q$ ③ $\dfrac{P_{11}-P_{12}}{P_{11}+2P_{12}+P_{22}}Q$ ④ $-\dfrac{P_{11}-P_{12}}{P_{11}+2P_{12}+P_{22}}Q$

풀이

◉ $V_1=P_{11}Q_1+P_{12}Q_2$, $V_2=P_{21}Q_1+P_{22}Q_2$에서
등전위면이기 때문에 $P_{12}=P_{21}$, 도체 1과 도체 2를 접속하면 V_1-V_2
도체 1에 도체 2를 접속하였을 때 도체 2가 얻는 전하를 Q_2라고 하면
도체 1의 전하는 $Q_1=Q-Q_2$ 이를 상기 수식에 대입하면

◉ $V_1=V_2$에서 $P_{11}(Q-Q_2)+P_{12}Q_2=P_{21}(Q-Q_2)+P_{22}Q_2$, $P_{12}=P_{21}$ 라고 하면

$(P_{11}-P_{12})Q=(P_{11}+P_{22}-2P_{12})Q_2$에서 ∴ $Q_2=\dfrac{P_{11}-P_{12}}{P_{11}+P_{22}-2P_{12}}Q$

☞ ①

3.1.2 용량계수 및 유도계수

아래 그림 3-2와 같이 진공 중에 n개의 도체가 구성된 도체계가 있다고 가정하자. 이 상태에서 도체 1에만 $+1[V]$로 하고, 나머지 도체의 전위는 $0[V]$으로 한다면, 도체 1의 전하를 $Q_1 = q_{11}$ 그리고, 도체 2, 도체 3, · · ·, 도체 n에 유도되는 전하를 각각 $Q_2 = q_{21}$, $Q_3 = q_{31}$, · · ·, $Q_n = q_{n1}$라고 생각하자.

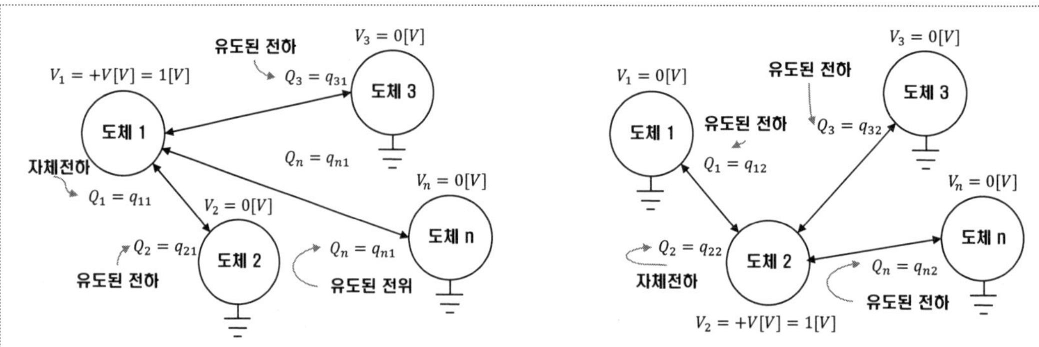

그림 3-2 도체계의 용량계수 및 유도계수

그리고, 도체 1에만 $+1[V]$을 인가한 상태에서 도체 1에만 $+V[V]$로 전위를 주고, 나머지 도체의 전위는 $0[V]$으로 한다면, $+V[V]$의 전위를 가진 도체 1에 의한 다른 도체의 전하는 중첩의 정리에 의하여 아래 수식과 같이 구할 수 있다.

$$Q_1 = q_{11} V_1,\ Q_2 = q_{21} V_1,\ \cdots,\ Q_n = q_{n1} V_1$$

■ 반지름 $a[m]$의 구체에 $Q[C]$의 전하가 있을 경우, 전위

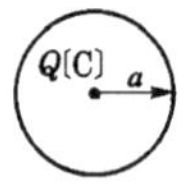

☞ $V = \dfrac{Q}{4\pi\epsilon_0 a}$

☞ $\therefore\ Q = 4\pi\epsilon_0 a\, V = CV[C]$

■ 반지름 $a[m]$의 구체에 $1[V]$의 전위를 인가하였을 때 전하

☞ $1 = \dfrac{Q}{4\pi\epsilon_0 a} \Rightarrow Q = 4\pi\epsilon_0 a = C = q$

■ 용량계수 및 유도계수 q_{ij}

☞ $q = \dfrac{Q}{V} = \dfrac{[C]}{[V]} = [F]\ (farad)$

그리고, 동일한 방법으로 도체 2에만 $+1[V]$을 인가한 상태에서 도체 2에만 $+V[V]$로 전위를 주고, 나머지 도체의 전위는 $0[V]$으로 한다면, $+V[V]$의 전위를 가진 도체 2에 의한 다른 도체의 전하는 역시 중첩의 정리에 의하여 아래 수식과 같이 구할 수 있다.

$$Q_1 = q_{12} V_2,\ Q_2 = q_{22} V_2,\ \cdots,\ Q_n = q_{n2} V_2$$

■ 용량계수 및 유도계수 q_{ij}

☞ $q = \dfrac{Q}{V} = \dfrac{[C]}{[V]} = [F]\,(farad)$

그리고, 동일한 방법으로 도체 n에만 $+1[V]$을 인가한 상태에서 도체 n에만 $+V[V]$로 전위를 주고, 나머지 도체의 전위는 $0[V]$로 한다면, $+V[V]$의 전위를 가진 도체 n에 의한 다른 도체의 전하는 역시 중첩의 정리에 의하여 아래 수식과 같이 구할 수 있다.

$$Q_n = q_{1n} V_n,\ Q_2 = q_{2n} V_n,\ \cdots,\ Q_n = q_{nn} V_n$$

■ 용량계수 및 유도계수 q_{ij}

☞ $q = \dfrac{Q}{V} = \dfrac{[C]}{[V]} = [F]\,(farad)$

또한, 한 도체에만 $+V[V]$의 전위를 주지 않고, 각각의 도체에 $V_1, V_2, \cdot\cdot\cdot V_n[V]$의 전위를 동시에 인가하면, 각 도체의 전하 $Q_1, Q_2, \cdot\cdot\cdot Q_n[C]$은 중첩의 정리에 의하여 상기 한 도체에만 각각 $V_1, V_2, \cdot\cdot\cdot V_n[V]$의 전위를 주었을 때의 전하와 전위의 관계식에 대하여 이를 전체적으로 합한 것으로 생각할 수 있다. 이를 수식으로 나타내면 아래 수식과 같다.

$$\begin{aligned}
Q_1 &= q_{11} V_1 + q_{12} V_2 + q_{13} V_3 + \cdots + q_{1n} V_n \\
Q_2 &= q_{21} V_1 + q_{22} V_2 + q_{23} V_3 + \cdots + q_{2n} V_n \\
&\vdots \\
Q_n &= q_{n1} V_1 + q_{n2} V_2 + q_{n3} V_3 + \cdots + q_{nn} V_n
\end{aligned}$$

■ 용량계수 및 유도계수 q_{ij}

☞ $q = \dfrac{Q}{V} = \dfrac{[C]}{[V]} = [F]\,(farad)$

상기 수식을 행렬식으로 표현하면 다음과 같다.

$$\begin{bmatrix} Q_1 \\ Q_2 \\ \vdots \\ Q_n \end{bmatrix} = \begin{bmatrix} q_{11} & q_{12} & q_{13} & \cdots & q_{1n} \\ q_{21} & q_{22} & q_{23} & \cdots & q_{2n} \\ & & \vdots & & \\ q_{n1} & q_{n2} & q_{n3} & \cdots & q_{nn} \end{bmatrix} \begin{bmatrix} V_1 \\ V_2 \\ \vdots \\ V_n \end{bmatrix}$$

■ 용량계수 및 유도계수 q_{ij}

☞ $q = \dfrac{Q}{V} = \dfrac{[C]}{[V]} = [F]\,(farad)$

그리고, 상기 수식의 행렬식을 역행렬로 나타내면 아래의 수식으로 표현할 수 있다.

$$\begin{bmatrix} Q_1 \\ Q_2 \\ \vdots \\ Q_n \end{bmatrix} = \begin{bmatrix} P_{11} & P_{12} & P_{13} & \cdots & P_{1n} \\ P_{21} & P_{22} & P_{23} & \cdots & P_{2n} \\ & & \vdots & & \\ P_{n1} & P_{n2} & P_{n3} & \cdots & P_{nn} \end{bmatrix}^{-1} \begin{bmatrix} V_1 \\ V_2 \\ \vdots \\ V_n \end{bmatrix}$$

■ 용량계수 및 유도계수 q_{ij}

☞ $q = \frac{Q}{V} = \frac{[C]}{[V]} = [F]\,(farad)$

■ 전위계수 P_{ij}

☞ $P = \frac{V}{Q}\,[V/C]\,[daraf]$

그리고, 상기의 수식을 행렬식이 아닌 아래의 수식으로도 표현할 수 있다.

$$Q_i = \sum_{j=1}^{n} q_{ij} V_j$$

■ 용량계수 및 유도계수 q_{ij}

☞ $q = \frac{Q}{V} = \frac{[C]}{[V]} = [F]\,(farad)$

☞ 정전용량 $C[farad]$

여기서 q_{ii}는 도체 i에만 $+1[V]$로 전위를 인가하고, 다른 도체에 전위를 인가하지 않은 $0[V]$전위로 하였을 때, 도체 i에 발생하는 전하를 나타내는 것으로 용량계수(coefficient of capacity)라 한다. 용량계수 q는 $q = \frac{Q}{V}[C/V]$로 용량계수의 단위는 $[C/V]$, $[F]$가 된다.

그리고, q_{ij}는 도체 j에만 $+1[V]$로 전위를 인가하고, 다른 도체에 전위를 인가하지 않은 $0[V]$의 전위로 하였을 때, 도체 i에 유도된 전하를 나타내며 이를 유도계수(coefficient of induction)라 한다.

또한, 용량계수 및 유도계수 q의 단위는 단위전위당의 발생하는 전하량을 나타내고 있어 아래와 같이 나타낼 수 있다.

$$q = \frac{Q}{V} = \frac{[C]}{[V]} = [F]\,(farad)$$

■ 용량계수 및 유도계수의 단위

☞ 정전용량의 단위

상기 수식은 콘덴서의 정전용량 C를 나타내고 있다. 그리고, 용량계수에 대한 성질을 살펴보면 다음 아래와 같다.

$q_{11},\ q_{22},\ q_{33},\ \cdot\cdot\cdot\ q_{nn} > 0$

▶ 용량계수: $q_{ii} > 0$

■ 용량계수

☞ 도체 자신에 전위가 인가되어 축적되는 전하를 나타냄

☞ 선하는 항상 0보다 큰 + 값을 가짐

그리고, 유도계수에 대한 성질을 살펴보면 다음 아래와 같다.

$q_{21},\ q_{31},\ q_{41},\ \cdot\cdot\cdot\ q_{n1} \le 0$

▶ 유도계수: $q_{ij} \le 0$

$\therefore q_{ij} = q_{ji} \le 0$

■ 유도 계수

☞ 한 도체 전위가 인가되면 전하가 축적되고(용량계수), 이 전하 옆에 다른 도체가 있으면 정전유도에 의하여 대진되기 때문에 유도된 전하는 항상 − 값을 가짐

☞ 도체 사이 거리가 무한대일 경우, 유도되는 전하가 없어 유도전하는 0이 됨

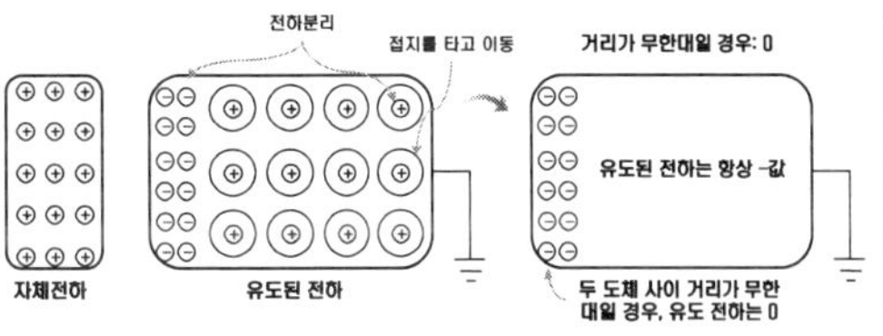

또한, 용량계수와 유도계수 사이의 관계를 살펴보면 다음과 같은 성질이 성립한다.

$q_{11} \ge -(q_{21} + q_{31} + \cdot\cdot\cdot + q_{n1})$

▶ 용량계수 ≥ 유도계수

$\therefore\ q_{11} + q_{21} + q_{31} + \cdot\cdot\cdot + q_{n1} \ge 0$

■ 용량계수와 유도계수와의 관계

☞ 한 도체에 전하(+ 값)가 있으면 전하가 없는 다른 도체를 정전유도(− 값)를 시키기 때문에 유도전하와 같은 값이거나 작은 값을 나타냄

상기의 전위계수의 성질인 $P_{12} - P_{21} \Rightarrow P_{ij} = P_{ji}$의 관계가 성립하기 때문에 유도계수도 아래 수식과 같은 성질을 만족한다.

$q_{12} = q_{21} \Rightarrow q_{ij} = q_{ji}$

■ 전위계수의 성질

☞ $P_{12} = P_{21} \Rightarrow P_{ij} = P_{ji}$

예제 3.4

▣ 도체계에서 각 도체의 전위 $V_1, V_2, \cdots\cdots$으로 하기 위한 각 도체의 유도계수와 용량계수에 대한 설명으로 옳은 것은?

① q_{11}, q_{22}, q_{33} 등을 유도계수라 한다. ② q_{21}, q_{31}, q_{41} 등을 용량계수라 한다.

③ 일반적으로 유도계수 ≤ 0이다. ④ 용량계수와 유도계수의 단위는 모두 $[V/C]$이다.

풀이

◉ $q_{11}, q_{22}, q_{33} \cdots\cdots > 0$: 용량계수$(q_{ii}) > 0$

◉ $q_{12}, q_{21}, q_{31} \cdots\cdots \leq 0$: 유도계수$(q_{ij}) \leq 0$

◉ 용량계수와 유도계수의 단위는 $[C/V]$

☞ ③

예제 3.5

▣ $1[C]$의 정전하를 각각 대전시켰을 때 도체 1의 전위는 $5[V]$, 도체 2의 전위는 $12[V]$로 되는 두 도체가 있다. 도체 1에만 $1[C]$을 대전하였을 때 도체 2의 전위는 $0.5[V]$로 된다면 이 두 도체간의 정전용량 $[F]$은 얼마인가?

풀이

◉ $V_1 = P_{11}Q_1 + P_{12}Q_2\,[V]$, $V_2 = P_{21}Q_1 + P_{22}Q_2\,[V]$에서

▶ $Q_1 = Q_2 = 1\,[C]$인 경우, 각 전위

$V_1 = P_{11} + P_{12} = 5\,[V] \qquad V_2 = P_{21} + P_{22} = 12\,[V]$

▶ $Q_1 = 1\,[C]$, $Q_2 = 0$인 경우, 도체 2의 전위

$V_2 = P_{21} = 0.5\,[V]$를 $P_{21} + P_{22} = 12$에 대입

$0.5 + P_{22} = 12 \rightarrow \therefore P_{22} = 11.5\,[1/F]$

▶ P_{12}는 P_{21}과 같으므로 $\therefore P_{12} = P_{21} = 0.5\,[1/F]$

▶ $P_{12} = 0.5\,[1/F]$를 $P_{11} + P_{12} = 5\,[V]$에 대입하면

$P_{11} + 0.5 = 5\,[V] \rightarrow \therefore P_{11} = 4.5\,[1/F]$

▶ 전위계수로 표시한 정전용량

$C = \dfrac{Q}{V_1 - V_2} = \dfrac{1}{P_{11} - 2P_{12} + P_{22}}\,[F]$에서 $\therefore C = \dfrac{1}{4.5 - (2 \times 0.5) + 11.5} = 0.07\,[F]$

3.1.3 정전차폐

아래 그림 3-3과 같이 도체 1에 전하가 주어져 있으며, 대전된 도체 1을 도체 2가 완전히 둘러싸고 있으면서 도체 2가 접지가 되어 있지 않은 경우, 도체 3의 전위는 도체 2의 정전유도에 의하여 전계가 발생하여 도체 3에 정전유도를 발생시키게 된다. 그러나, 도체 1에 전

하가 주어져 있으며, 대전된 도체 1을 도체 2가 완전히 둘러싸고 접지가 되어 있는 경우에는 V_2가 $V_2 = 0[V]$이 되어 도체 1의 대전된 전하가 도체 3에 정전유도를 시키지 못하는 상태가 된다. 이를 정전차폐(electrostatic shielding)라 한다.

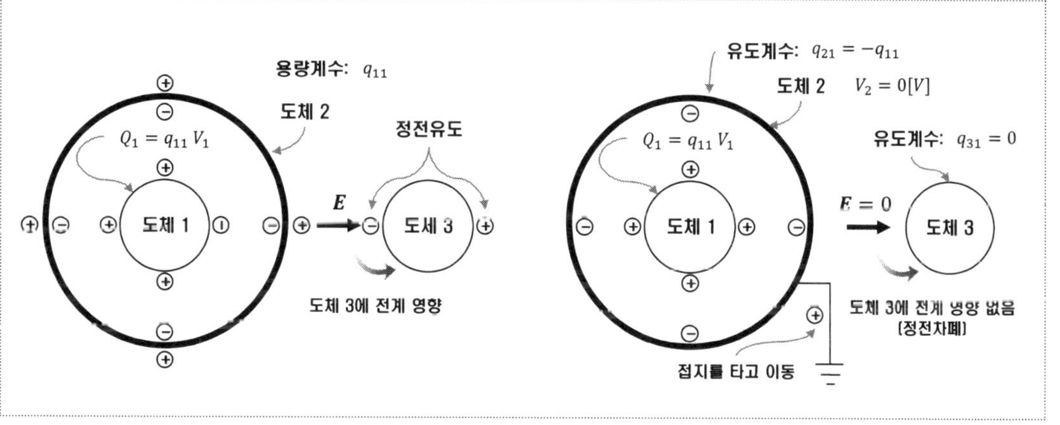

그림 3-3 정전차폐

정전차폐가 되면 도체 1과 도체 3이 서로 영향을 미치지 못하는 이유를 용량계수와 유도계수의 관계식을 이용하여 살펴보자. 아래 수식은 상기의 정전차폐 그림을 수식 형태로 나타낸 것이다.

$$
\begin{aligned}
Q_1 &= q_{11} V_1 + q_{12} V_2 + q_{13} V_3 \\
Q_2 &= q_{21} V_1 + q_{22} V_2 + q_{23} V_3 \\
Q_3 &= q_{31} V_1 + q_{32} V_2 + q_{33} V_3
\end{aligned}
$$

■ 용량계수 및 유도계수 성질

☞ $q_{12} = q_{21} \Rightarrow q_{ij} = q_{ji}$

☞ $q_{ij} = q_{ji} \leq 0$

상기 수식에서 도체 1에 전위 V_1을 $V_1 = 1[V]$로 하여 전하 $Q_1[C]$이 되도록 하고, 도체 2를 접지(정전차폐)시키면 $V_2 = 0[V]$이 된다. 그리고, $V_3 = 0[V]$이 되어 다음 수식으로 다시 표현할 수 있다.

$$
\begin{aligned}
Q_1 &= q_{11} \times 1 + q_{12} \times 0 + q_{13} \times 0 \\
Q_2 &= -Q_1 = q_{21} \times 1 + q_{22} \times 0 + q_{23} \times 0 \\
Q_3 &= 0 = q_{31} \times 1 + q_{32} \times 0 + q_{33} \times 0
\end{aligned}
$$

■ 도체 2가 정전차폐($V_2 = 0$)시 유도 전하량

☞ $Q_2 = -Q_1, \; Q_3 = 0$

상기 수식을 정리하여 나타내면 다음과 같다.

$$Q_1 = q_{11}$$
$$Q_1 = -q_{21} \quad \therefore -q_{21} = -q_{12} = q_{11}$$
$$Q_3 = q_{31} = q_{13} = 0$$

■ 도체 2 정전차폐시 용량계수 및 유도계수 값

☞ $Q_1 = q_{11} = -q_{21} = -q_{12}$

☞ $q_{31} = q_{13} = 0$

그리고, 각 도체에 V_1, V_2, V_3의 전위를 인가하였을 때, 도체 2의 정전차폐 시 용량 및 유도계수의 값을 상기 수식을 대입하여 다시 쓰면 다음과 같다.

$$Q_1 = q_{11}V_1 - q_{11}V_2 + 0$$
$$Q_2 = -q_{11}V_1 + q_{22}V_2 + q_{23}V_3$$
$$Q_3 = 0 + q_{32}V_2 + q_{33}V_3$$

■ 정전차폐: V_2가 일정($V_2 = 0$)

☞ Q_1은 V_3에 무관

☞ Q_3는 V_1에 무관

상기 수식에서 V_2가 일정한 전위($V_2 = 0[V]$: 정전차폐)라면, Q_1은 V_3에 무관하고, Q_3는 V_1에 무관하다는 것을 나타낸다. 따라서, 도체 1이 $+Q[C]$으로 대전이 되어도 도체 3에는 아무런 영향을 미치지 못한다는 것을 알 수 있다. 즉 정전차폐가 됨을 알 수 있다.

예제 3.6

▣ 3개의 도체 a, b, c가 있다. 도체 c를 a로 정전 차폐하였을 때의 조건은?

① b의 전하는 c의 전위와 관계있다. ② a, b 사이의 유도 계수는 0이다.
③ b, c 사이의 유도 계수는 0이다. ④ c의 전하는 b의 전위와 관계있다.

풀이

◉ 도체 c의 전하는 접지도체 a 때문에 도체 b에 전혀 유도되지 않는다.

☞ ③

예제 3.7

▣ 도체계에서 임의의 도체를 일정 전위(영전위)의 도체로 완전 포위하면 내외 공간의 전계를 완전히 차단할 수 있다. 이것을 무엇이라 하는가?

① 표피 효과 ② 핀치 효과 ③ 전자 차폐 ④ 정전 차폐

풀이

◉ 임의의 도체를 접지된 도체로 완전히 포위하면 외부에서 유도되는 전하를 차단할 수 있다. 이것을 정전 차폐라고 한다.

☞ ④

예제 3.8

■ 그림과 같이 도체 1을 도체 2로 포위하여 도체 2를 일정 전위로 유지하고, 도체 1과 도체 2의 외측에 도체 3이 있을 때 용량계수 및 유도계수의 성질 중 맞는 것은?

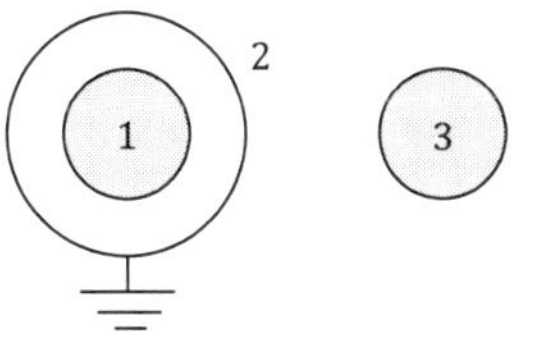

① $q_{21} = -q_{11}$ ② $q_{31} = q_{11}$ ③ $q_{13} = -q_{11}$ ④ $q_{23} = q_{11}$

풀이

◉ 영전위(접지)의 도체 2가 도체 1을 싸고 있는 경우

▶ $q_{21} = -q_{11}$, $q_{31} = 0$

▶ $V_2 = 0$

▶ $Q_1 = q_{11} V_1 [C]$, $Q_2 = q_{21} V_1 + q_{23} V_3 [C]$, $Q_3 = +q_{33} V_3 [C]$

☞ ①

3-2 정전용량

진공 중에 도체에 전하가 인가되면 이 도체에는 전위가 발생하게 된다. 또한, 도체 외부의 상태가 변화하지 않게 되면 도체에 인가된 전하 $Q[C]$와 전위 $V[V]$ 사이의 관계는 항상 일정한 값을 가지게 된다. 이를 수식으로 표현하면 다음과 같다.

$$Q = CV \quad \therefore C = \frac{Q}{V}[C/V]$$

■ 반지름 $a[m]$의 구체에 $Q[C]$의 전하가 있을 경우, 전위

☞ 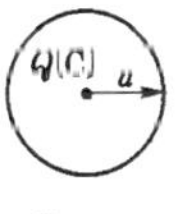

$$V = \frac{Q}{4\pi\epsilon_0 a}$$

☞ $Q = 4\pi\epsilon_0 a V = CV[C]$

상기 수식에서 C는 비례상수이며, 절연 도체의 전하를 축적할 수 있는 능력의 정도를 표시하는 것으로 정전용량(electrostatic capacity) 또는 커패시턴스(capacitance)라 한다.

정전용량 또는 커패시턴스의 단위는 $[C/V]$이나 일반적으로 패러드($farad$, $[F]$)를 사용하고 있으며, 단위 $1[F]$는 일반적으로 상당히 큰 단위이기 때문에 보조단위로 $[\mu F]$, $[pF]$의 단위를 주로 사용하고 있다. 또한, 전위계수에서 알아본 바와 같이 전위계수는 정전용량의 단위에 대한 역수가 된다. 따라서, 정전용량의 역수는 $[1/F]$를 다라프(daraf), 또는 엘라

스턴스(elastance)를 사용한다. 아래는 정전용량의 단위를 나타낸 것이다.

$$1[\mu F] = 10^{-6}[F], \quad 1[pF] = 10^{-12}[F]$$

■ 정전용량의 단위
☞ *farad*, $[F]$, $[\mu F]$, $[pF]$

진공 중에 놓여진 두 도체의 전하가 각각 $+Q[C]$, $-Q[C]$일 경우, 두 도체 사이의 전압차를 $V_{AB}[V]$라 하면, 두 도체 사이에 정전용량은 다음 수식으로 구할 수 있다.

$$C_{AB} = \frac{Q}{V_{AB}}[F]$$

■ 두 도체 사이의 정전용량
☞ 두 도체: $\pm Q[C]$의 전하

상기 수식에서 한 도체와 영전위(무한 원점) 사이의 정전용량은 $C = \frac{Q}{V}[F]$가 된다. 이를 이용하여 다양한 형태의 정전용량을 계산하여 보자.

3-3 정전용량의 계산

3.3.1 도체구의 정전용량

그림 3-4와 같이 반지름 $a[m]$인 도체구가 $+Q[C]$으로 대전되어 있다고 하였을 경우 도체구의 정전용량을 살펴보자.

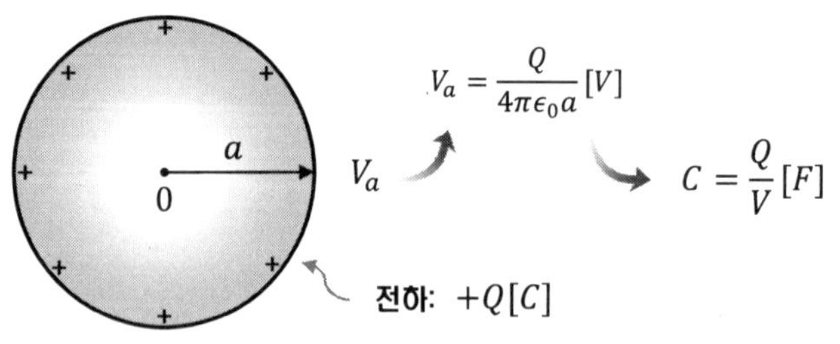

그림 3-4 도체구의 정전용량

우선 도체구 표면의 전위는 2장에서 살펴본 가우스 법칙의 계산 예에서 도체구 표면의 전위에 관한 식을 이용하면 된다. 따라서, 정전용량 C는 다음과 같이 나타낼 수 있다.

$$V_a = \frac{Q}{4\pi\epsilon_0 a}[V]$$

$$C = \frac{Q}{V_a}$$

$$V_a = \frac{Q}{4\pi\epsilon_0 a} \Rightarrow \therefore C = \frac{Q}{V_a} = 4\pi\epsilon_0 a[F]$$

■ $+Q[C]$으로 대전된 도체구 표면의 전위

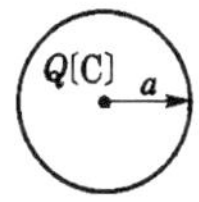

☞ $V_a = \frac{Q}{4\pi\epsilon_0 a}[V]$

■ 두 도체 사이의 정전용량

☞ $C = \frac{Q}{V}$

도체구의 정전용량 $C[F]$는 $C \propto a$의 관계가 성립함으로 도체구의 반지름이 증가하게 되면 정전용량도 증가함을 알 수 있다.

예제 3.9

▣ 반지름 $1[cm]$인 고립 도체구의 정전용량은?

① 약 $0.1[\mu F]$　② 약 $1[F]$　③ 약 $1[pF]$　④ 약 $1[\mu F]$

풀이

◉ 구도체의 전위 $V = \frac{Q}{4\pi\epsilon_0 a}$ 에서 $Q = 4\pi\epsilon_0 a V = CV[C]$

따라서, 구도체 정전용량 $C = 4\pi\epsilon_0 a[F]$에서

$\therefore C = 4\pi \times 8.855 \times 10^{-12} \times 1 \times 10^{-2} = 0.11 \times 10^{-11} = 1.1 \times 10^{-12}[F] \fallingdotseq 1[pF]$

☞ ③

예제 3.10

▣ 고립 도체구의 정전용량이 $50[pF]$일 때 이 도체구의 반경은 몇 $[cm]$인가?

① 5　② 25　③ 45　④ 85

풀이

◉ 정전용량 $C = 4\pi\epsilon_0 a\,[F]$에서

$\therefore$ 반경 $a = \frac{C}{4\pi\epsilon_0} = 9 \times 10^9 \times 50 \times 10^{-12} = 0.45\,[m] = 45[cm]$

☞ ③

3.3.2 두 개의 동심 도체구 사이의 정전용량

그림 3-5와 같이 반지름 $a[m]$인 도체구가 $+Q[C]$으로 대전되어 있고, 외부 도체의 두께는 $c-b[m]$이고 반지름 $b[m]$인 외부의 동심 도체구가 $-Q[C]$으로 대전되어 있다고 하였을 경우, 두 개의 동심 도체구 사이의 정전용량을 살펴보자.

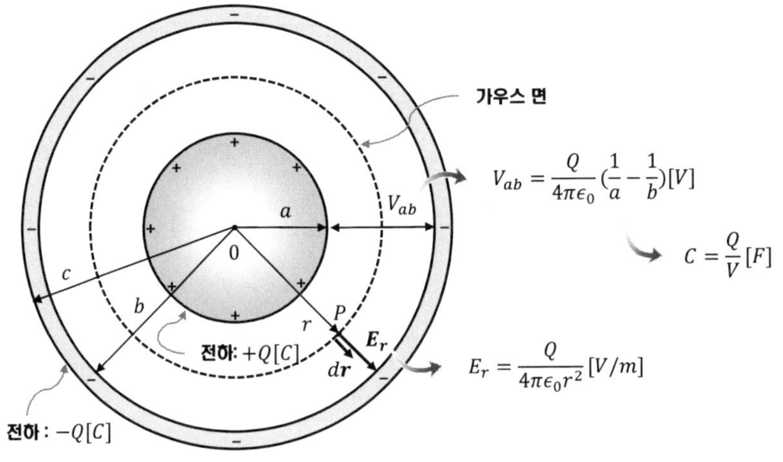

그림 3-5 두 개의 동심 도체구 사이의 정전용량

우선 반지름 $a[m]$이고, $+Q[C]$으로 대전된 내부 도체구에서 거리 $r[m]$ 떨어진 점의 전계는 2장에서 살펴본 가우스 법칙의 계산 예에서 도체구 외부의 전계에 관한 식을 구한 것을 이용하면 된다. 아래에 전계의 수식을 나타내었다.

$$E_r = \frac{Q}{4\pi\epsilon_0 r^2}[V/m]$$

■ 반지름 $a[m]$이고, $+Q[C]$으로 대전된 도체구 외부의 전계

☞ 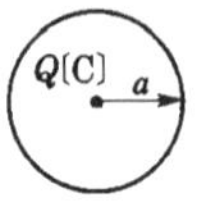

$$E_r = \frac{Q}{4\pi\epsilon_0 r^2}[V/m]$$

상기의 전계에 관한 수식을 활용하여 내부 도체와 외부 도체 사이의 전위차 $V_{ab}[V]$를 구하면 아래 수식과 같다.

$$V_{ab} = -\int_b^a \boldsymbol{E_r} \cdot dr$$
$$= -\int_b^a E_r dr cos\theta = -\int_b^a E_r dr$$
$$= -\frac{Q}{4\pi\epsilon_0}\int_b^a \frac{1}{r^2}dr$$
$$= -\frac{Q}{4\pi\epsilon_0}(-(\frac{1}{a}-\frac{1}{b}))$$
$$= \frac{Q}{4\pi\epsilon_0}(\frac{1}{a}-\frac{1}{b})\,[V/m]$$

■ $\int_b^a \boldsymbol{E_r} \cdot d\boldsymbol{r}$에서 벡터 $\boldsymbol{E_r}$과 벡터 $d\boldsymbol{r}$는 평행함으로 두 벡터이 내적은 $|\boldsymbol{E_r}| \cdot |d\boldsymbol{r}| \cos\theta$에서 θ가 $0°$ 이므로 $E_r\int_b^a dr$로 나타냄

■ 적분공식

☞ $\int x^n dx = \frac{x^{n+1}}{n+1}$의 적분공식에서

☞ $\int r^{-2}dr - \frac{r^{-2+1}}{-2+1} = r^{-1} - -\frac{1}{r}$

☞ $\int_b^a \frac{1}{r^2}dr = \int_b^a r^{-2}dr = -[r^{-1}]_b^a$
$= -\left[\frac{1}{r}\right]_b^a = -(\frac{1}{a}-\frac{1}{b})$

따라서, 두 개의 동심 도체구 사이의 정전용량 $C[F]$는 다음과 같이 나타낼 수 있다.

$$C = \frac{Q}{V_{ab}}$$
$$V_{ab} = \frac{Q}{4\pi\epsilon_0}(\frac{1}{a}-\frac{1}{b})$$
$$\therefore C = \frac{Q}{V_{ab}} = \frac{4\pi\epsilon_0}{(\frac{1}{a}-\frac{1}{b})} = \frac{4\pi\epsilon_0}{\frac{b-a}{ab}} = 4\pi\epsilon_0\frac{ab}{b-a}[F]$$

■ 정전용량 $C[F]$는 동심구의 반지름 a, b에 의하여 결정

☞ $C \propto \frac{ab}{b-a}$

예제 3.11

■ 동심 구형 콘덴서의 내외 반지름을 각각 2배로 하면 정전용량을 몇 배가 되는가?

① 1배 ② 2배 ③ 3배 ④ 4배

풀이

◉ 정전용량 $C = \frac{4\pi\epsilon_0 ab}{b-a}[F]$에서 내외구의 반지름을 2배로 늘린 경우의 정전용량을 C'라 하면 $\therefore C' = \frac{4\pi\epsilon_0(2a)(2b)}{(2b-2a)} = \frac{4\pi\epsilon_0 ab}{b-a}\times 2 = 2C$, 즉 2배가 된다.

☞ ②

예제 3.12	
▣ 내구의 반지름 $a=10[cm]$, 외구의 반지름 $b=20[cm]$인 동심구 콘덴서의 용량 $[pF]$을 구하면 얼마인가?	
풀이	◉ 동심구의 정전용량 $C=\dfrac{4\pi\epsilon_0 ab}{b-a}=\dfrac{\frac{1}{9\times10^9}\times0.1\times0.2}{0.2-0.1}$ $=\dfrac{2\times10^{-10}}{9}=2.22\times10^{-11}=22.2\times10^{-12}[F]=22.22[pF]$

3.3.3 무한 평행평판 도체의 정전용량

그림 3-6과 같이 면적이 $S[m^2]$인 무한 평행평판 도체에 면전하 밀도를 각각 $+\sigma[C/m^3]$, $-\sigma[C/m^3]$로 대전시키고, 두 무한 평행평판 도체의 이격 거리가 $d[m]$(단, $S\gg d$)인 무한 평행평판 도체의 정전용량을 살펴보자.

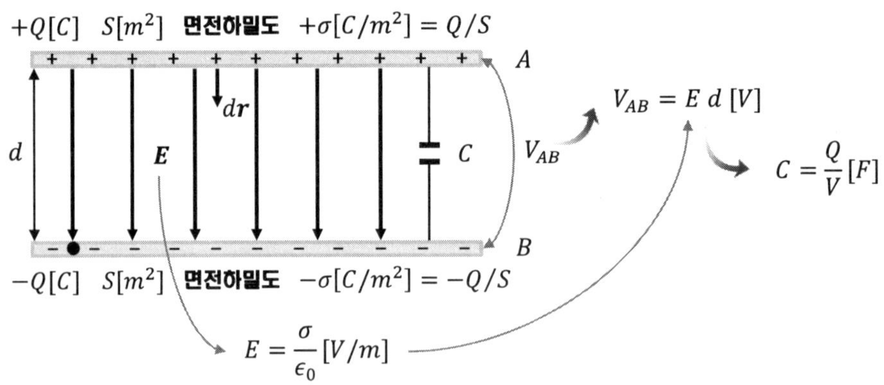

그림 3-6 무한 평행평판 도체의 정전용량

우선 면적이 $S[m^2]$이고, 면전하 밀도를 각각 $+\sigma[C/m^3]$, $-\sigma[C/m^3]$로 대전시킨 두 장의 무한 평행평판 도체 사이의 전계는 2장에서 살펴본 가우스 법칙의 계산 예에서 전계에 관한 식을 구한 것을 이용하면 된다. 아래에 전계의 수식을 나타내었다.

$E = \frac{\sigma}{\epsilon_0}[V/m]$	■ 두장의 무한 평행평판 도체의 전계 ☞ $E = \frac{\sigma}{\epsilon_0}[V/m]$

상기의 전계에 관한 수식을 활용하여 무한 평행평판 도체 사이의 전위차 $V_{ab}[V]$를 구하면 아래 수식과 같다.

$E = \frac{\sigma}{\epsilon_0} = \frac{\frac{Q}{S}}{\epsilon_0} = \frac{Q}{\epsilon_0 S}[V/m]$ $V_{AB} = -\int_B^A \boldsymbol{E} \cdot d\boldsymbol{r} = -\int_d^0 Edr = -E\int_d^0 dr$ $= -E(-d) = Ed[V]$	■ $\int_B^A \boldsymbol{E} \cdot d\boldsymbol{r}$에서 벡터 $\boldsymbol{E}$와 벡터 $d\boldsymbol{r}$는 평행함으로 두 벡터의 내적은 $\lvert\boldsymbol{E}\rvert \cdot \lvert d\boldsymbol{r}\rvert \cos\theta$에서 θ가 $0°$ 이므로 $E\int_B^A dr$로 나타냄 ■ 적분공식 ☞ $\int x^n dx = \frac{x^{n+1}}{n+1}$의 적분공식에서 ☞ $\int 1\, dr = \int r^0 dr = \frac{r^{-0+1}}{-0+1} = r$ ☞ $\int_d^0 dr = [r]_d^0 = (0-d)$

따라서, 무한 평행평판 도체 사이의 정전용량 $C[F]$와 단위 면적당 정전용량 $C_0[F]$를 각각 구하면 다음과 같이 나타낼 수 있다.

$C = \frac{Q}{V_{AB}}$ $V_{AB} = Ed = \frac{Q}{\epsilon_0 S}d$ $\Rightarrow C = \frac{Q}{V_{AB}} = \frac{\epsilon_0 S}{d}[F]$ $C_0 = \frac{\epsilon_0}{d}[F/m^2]$	■ 무한 평행평판 도체의 정전용량 C는 면적 S와 진공 중의 유전율 ϵ_0에 비례하고, 평면도체 사이의 거리 d에 반비례 ☞ $C = \frac{\epsilon_0 S}{d}$ ☞ 콘덴서 정전용량 계산의 중요한 수식 ■ 무한 평행평판 도체의 정전용량 C_0는 단위 면적당 정전용량을 나타냄

예제 3.13

▣ 평행판 콘덴서의 극간 거리를 $\frac{1}{2}$로 줄이면 콘덴서 용량은 처음 값에 비해 어떻게 되는가?

풀이

◉ 정전용량 $C=\frac{\epsilon S}{d}[F]$에서 극간 거리를 1/2로 줄이면

정전용량은 $C'=\frac{\epsilon S}{\frac{d}{2}}=2\frac{\epsilon S}{d}[F]=2C[F]$

∴ 콘덴서의 정전용량은 2배로 증가 된다.

예제 3.14

▣ 평행판 콘덴서의 양극판 면적을 3배로 하고 간격을 $\frac{1}{2}$배로 하면 정전용량은 처음의 몇 배가 되는가?

풀이

◉ 면적 S_1, 간격 d_1인 평행판 콘덴서의 정전용량 C_1은 $C_1=\frac{\epsilon_0}{d_1}S_1$이라 하면

극간거리 $d=\frac{1}{2}d_1$, 면적을 $S=3S_1$할 경우 정전용량 $C=\frac{\epsilon_0}{\frac{1}{2}d_1}\cdot 3S_1=6\frac{\epsilon_0}{d_1}S_1=6C_1$

∴ 정전용량은 6배로 증가한다.

예제 3.15

▣ 평행판 전극의 단위 면적당 정전용량이 $C_0=200[pF]$일 때 두 극판 사이에 전위차 2,000[V]를 가하면 이 전극판 사이의 전계의 세기는 약 몇 [V/m]인가?

풀이

◉ 정전용량 수식 $C=\frac{Q}{V_{AB}}=\frac{\epsilon_0 S}{d}[F]$에서

단위 면적당 정전용량 $C_0=200\times10^{-12}[F/m]$, 전위차 $V=2000[V]$이므로

◉ 상기 수식에서 단위 면적당 정전용량 C_0는 $S=1$일 때이기 때문에 $C_0=\frac{\epsilon_0}{d}[F/m^2]$에서

전극 간극은 $d=\frac{\epsilon_0}{C_0}$로 변환할 수 있다.

∴ 전계 $E=\frac{V}{d}=\frac{C_0 V}{\epsilon_0}=\frac{200\times10^{-12}\times2000}{8.855\times10^{-12}}=45.2\times10^3[V/m]$

3.3.4 무한 동축 원통 도체의 정전용량

그림 3-7과 같이 무한 길이의 동축 원통 도체에서 반지름 $a[m]$인 내부 원통 도체에 선전하 밀도 $+\lambda[C/m^2]$가 대전되어 있고, 반지름 $b[m]$인 외부 원통 도체에 선전하 밀도

$-\lambda[C/m^2]$로 대전되어 있다고 하자. 무한 길이 동축 원통 도체의 정전용량을 살펴보자.

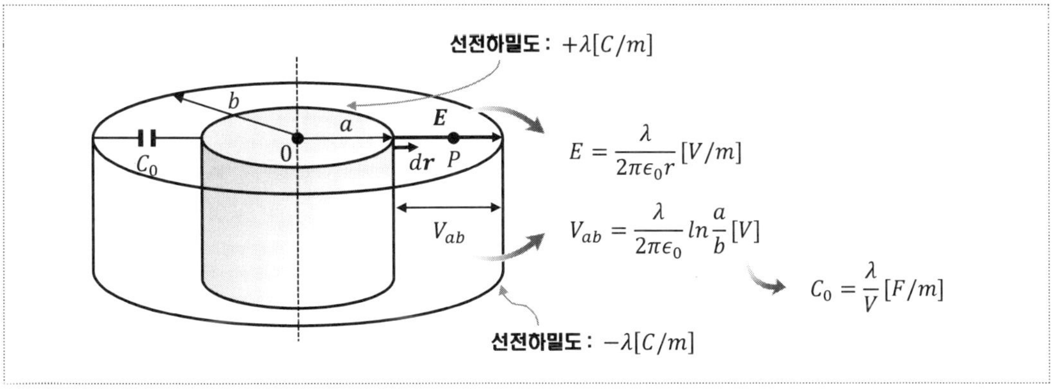

그림 3-7 무한 동축 원통 도체의 정전용량

우선 길이가 무한대인 원통 도체의 선전하 밀도가 $+\lambda[C/m]$일 때 원통 도체 외부의 전계는 2장에서 살펴본 가우스 법칙의 계산 예에서 전계에 관한 식을 구한 것을 이용하면 된다. 아래에 전계의 수식을 나타내었다.

$$E=\frac{\lambda}{2\pi\epsilon_0 r}[V/m]$$

■ 무한 원통 도체의 전계

☞ $E=\frac{\lambda}{2\pi\epsilon_0 r}[V/m]$

상기의 전계에 관한 수식을 활용하여 무한 원통 도체의 전위차 $V_{ab}[V]$를 구하면 아래 수식과 같다.

$$V_{ab}=-\int_b^a \boldsymbol{E}\cdot d\boldsymbol{r}=-\int_b^a Edr=-E\int_b^a dr$$
$$=\frac{\lambda}{2\pi\epsilon_0}\int_b^a \frac{1}{r}dr[V]$$
$$=-\frac{\lambda}{2\pi\epsilon_0}\int_b^a \frac{1}{r}dr=-\frac{\lambda}{2\pi\epsilon_0}(\ln a-\ln b)$$
$$=\frac{\lambda}{2\pi\epsilon_0}(\ln b-\ln a)=\frac{\lambda}{2\pi\epsilon_0}\ln\frac{b}{a}[V]$$

■ $\int_b^a \boldsymbol{E}\cdot d\boldsymbol{r}$에서 벡터 $\boldsymbol{E}$와 벡터 dr는 평행함으로 두 벡터의 내적은 $|\boldsymbol{E}|\cdot|d\boldsymbol{r}|\cos\theta$에서 θ가 $0°$이므로 $E\int_b^a dr$로 나타냄

■ $\int\frac{1}{x}dx=\ln x$의 적분공식을 활용

☞ $\int_b^a\frac{1}{r}dr=[\ln r]_b^a=(\ln a-\ln b)=\ln\frac{a}{b}$

따라서, 무한 원통 도체의 단위 길이당 정전용량 $C_0[F/m]$는 다음과 같이 나타낼 수 있다.

$$C_0 = \frac{\lambda}{V_{ab}}$$

$$V_{ab} = \frac{\lambda}{2\pi\epsilon_0}\ln\frac{b}{a}$$

$$\therefore\ C_0 = \frac{\lambda}{V_{ab}} = \frac{2\pi\epsilon_0}{\ln\frac{b}{a}}[F/m]$$

■ 무한 동축 원통 도체의 정전용량 C_0는 단위 길이당 정전용량을 나타냄

예제 3.16

▣ 반지름 $1[cm]$와 $2[cm]$인 동심 원통의 길이가 $50[cm]$일 때 이것의 정전용량은 약 몇 $[pF]$인가? (단, 내원통에 $+\lambda\,[C/m]$, 외원통에 $-\lambda[C/m]$인 전하를 준다고 한다.)

풀이

◉ 동심 원통의 단위길이당 정전용량은 $C_0 = \frac{\lambda}{V_{ab}} = \frac{2\pi\epsilon_0}{\ln\frac{b}{a}}[F/m]$에서

길이를 $l[m]$라고 한다면 동심 원통의 정전용량은

$$C = \frac{2\pi\epsilon_0}{\ln\frac{b}{a}}l = \frac{2\pi\epsilon_0\times 50\times 10^{-2}}{\ln\frac{2\times 10^{-2}}{1\times 10^{-2}}} = 4\times 10^{-11}\,[F] = 40\,[pF]$$

3.3.5 무한 평행 원통 도체의 정전용량

그림 3-8과 같이 무한 길이의 동축 원통 도체 A, 도체 B의 두 도체가 평행하게 있다고 하자. 도체 A의 원통 도체는 반지름 $a[m]$이고 선전하 밀도 $+\lambda[C/m^2]$가 대전되어 있고, 또 다른 도체 B의 원통 도체는 반지름 $a[m]$이고 선전하 밀도 $-\lambda[C/m^2]$가 대전되어 있으며, 두 원통 도체의 중심점 사이의 이격 거리가 $d[m]$로 떨어져 있다.

그리고, 도체 A에서 거리 $r[m]$만큼 떨어진 지점인 점 P에서 도체 A에 의하여 형성된 전계 E_A와 도체 B에서 거리 $d-r[m]$만큼 떨어진 지점인 점 P에서 도체 B에 의하여 형성된 전계를 E_B라고 하였을 때, 무한 길이의 평행 원통 도체의 정전용량을 살펴보자.

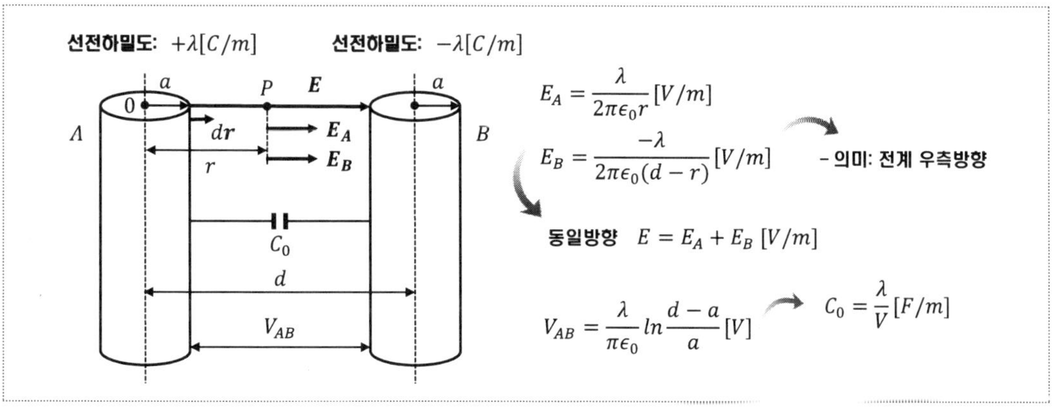

그림 3-8 무한 평행 원통 도체의 정전용량

우선 길이가 무한대인 원통 도체의 선전하 밀도가 $+\lambda[C/m]$일 때 원통 도체 외부의 전계는 2장에서 살펴본 가우스 정리의 계산 예에서 전계에 관한 식을 구한 것을 이용하면 된다. 아래에 전계의 수식을 나타내었다.

$$E = \frac{\lambda}{2\pi\epsilon_0 r}[V/m]$$

■ 무한 원통 도체의 전계

☞ $E = \frac{\lambda}{2\pi\epsilon_0 r}[V/m]$

그리고, 무한 원통 도체 A에 의한 전계 E_A와 무한 원통 도체 B에 의한 전계 E_B를 상기 수식을 활용하여 다시 나타내면 다음과 같다.

$$E_A = \frac{\lambda}{2\pi\epsilon_0 r}[V/m]$$

$$E_B = \frac{-\lambda}{2\pi\epsilon_0 (d-r)}[V/m]$$

■ 도체 A의 전계

☞ $E_A = \frac{\lambda}{2\pi\epsilon_0 r}[V/m]$

■ 도체 B의 전계

☞ $E_B = \frac{-\lambda}{2\pi\epsilon_0 (d-r)}[V/m]$

또한, 도체 A에 의한 전계 E_A의 방향($+\lambda[C/m]$에 의하여 원통 도체에서 나가는 방향)과 무한 원통 도체 B에 의한 전계 E_B의 방향($-\lambda[C/m]$에 의하여 원통 도체 쪽으로 들어오는 방향)은 동일한 방향임으로 두 전계를 합한 합성 전계 E를 구하면 다음 수식과 같다.

$$E = E_A + E_B = \frac{\lambda}{2\pi\epsilon_0 r} + \frac{\lambda}{2\pi\epsilon_0 (d-r)} [V/m]$$

■ 합성전계 $\boldsymbol{E}$

☞ $\boldsymbol{E} = \boldsymbol{E_A} + \boldsymbol{E_B}$

☞ 동일 방향이기 때문에 벡터합

상기의 전계의 수식을 활용하여 무한 평행 원통 도체의 전위차 $V_{AB}[V]$를 구하면 아래 수식과 같다.

$$\begin{aligned}
V_{AB} \\
&= -\int_B^A \boldsymbol{E} \cdot d\boldsymbol{r} = -\int_{d-a}^{a} E dr = -E\int_{d-a}^{a} dr \\
&= -\frac{\lambda}{2\pi\epsilon_0}\left(\int_{d-a}^{a} \frac{1}{r} dr + \int_{d-a}^{a} \frac{1}{d-r} dr\right) \\
&= -\frac{\lambda}{2\pi\epsilon_0}[\ln a - \ln(d-a) - \ln(d-a) + \ln a] \\
&= \frac{\lambda}{2\pi\epsilon_0}[-\ln a + \ln(d-a) + \ln(d-a) - \ln a] \\
&= \frac{\lambda}{2\pi\epsilon_0}(2\ln(d-a) - 2\ln a) \\
&= \frac{\lambda}{2\pi\epsilon_0}\left(2\ln\frac{d-a}{a}\right) \\
&= \frac{\lambda}{\pi\epsilon_0}\ln\frac{d-a}{a}[V]
\end{aligned}$$

■ $\int_B^A \boldsymbol{E} \cdot d\boldsymbol{r}$에서 벡터 $\boldsymbol{E}$와 벡터 $d\boldsymbol{r}$는 평행함으로 두 벡터의 내적은 $|\boldsymbol{E}| \cdot |d\boldsymbol{r}| \cos\theta$에서 θ가 $0°$ 이므로 $E\int_B^A dr$로 나타냄

■ $\int \frac{1}{x} dx = \ln x$의 적분공식을 활용

☞ $\int_{d-a}^{a} \frac{1}{r} dr = [\ln r]_{d-a}^{a} = (\ln a - \ln(d-a))$

☞ $\int_{d-a}^{a} \frac{1}{d-r} dr = [-\ln(d-r)]_{d-a}^{a}$
$= (-\ln(d-a) + \ln(d-(d-a)))$
$= (-\ln(d-a) + \ln a)$

☞ $\ln a - \ln b = \ln\frac{a}{b}$

따라서, 무한 평행 원통 도체의 단위길이당 정전용량 $C_0[F/m]$는 다음과 같이 나타낼 수 있다.

$$C_0 = \frac{\lambda}{V_{AB}}$$

$$V_{AB} = \frac{\lambda}{\pi\epsilon_0}\ln\frac{d-a}{a}$$

$$\Rightarrow C_0 = \frac{\lambda}{V_{AB}} = \frac{\pi\epsilon_0}{\ln\frac{d-a}{a}}[F/m]$$

$d \gg a$ 라면, $C_0 = \dfrac{\pi\epsilon_0}{\ln\frac{d}{a}}[F/m]$

■ 정전용량 C_0는 평행원통 도체의 단위길이당 정전용량을 나타냄

그리고, 그림 3-9와 같이 상기 무한 평행 원통 도체의 단위 길이당 정전용량 $C_0[F/m]$ 수식을 활용하여 가공전선 A와 대지 사이의 정전용량 $C_n[F/m]$을 구하여 보자.

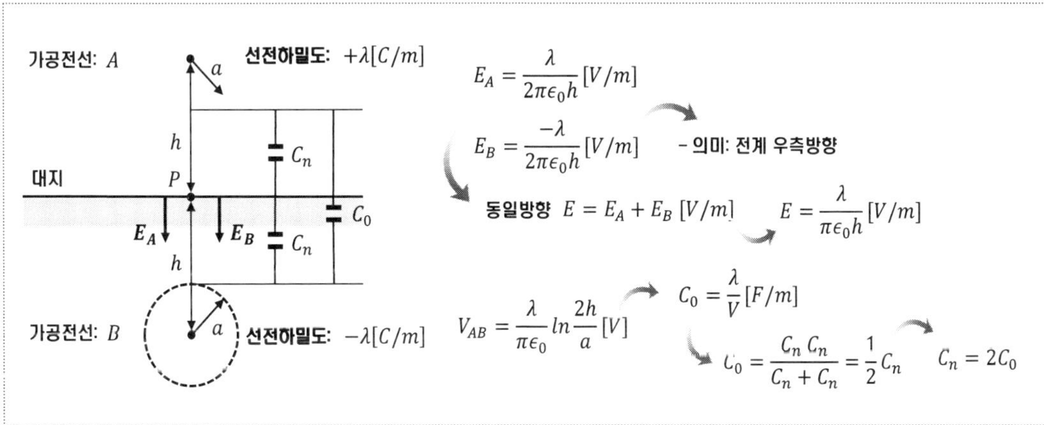

그림 3-9 가공전선과 대지사이의 정전용량

상기의 무한 평행 원통 도체의 전위차 $V_{AB}[V]$와 단위 길이당 선간 정전용량 $C_0[F/m]$를 구한 수식을 활용하여 가공전선과 대지 사이의 정전용량인 작용정전용량 값 $C_n[F/m]$을 구하면 다음과 같다.

$$V_{AB} = \frac{\lambda}{\pi\epsilon_0}\ln\frac{2h}{a}[V],\ (2h \gg a)$$

$$C_0 = \frac{\pi\epsilon_0}{\ln\frac{2h}{a}}[F/m],\ \ (2h \gg a)$$

▶ 콘덴서 C_n이 직렬연결

$$\therefore C_n = 2C_0$$

$$\therefore C_n = \frac{2\pi\epsilon_0}{\ln\frac{2h}{a}} = \frac{2\pi\epsilon_0 \log_{10} e}{\log_{10}\frac{2h}{a}}$$

$$= \frac{2.413\times 10^{-11}}{\log_{10}\frac{2h}{a}}[F/m],\ (h \gg a)$$

■ 무한 평행원통도체의 전위와 단위길이당 정전용량

☞ $V_{AB} = \frac{\lambda}{\pi\epsilon_0}\ln\frac{d-a}{a}[V]$

☞ $C_0 = \frac{\pi\epsilon_0}{\ln\frac{d}{a}}[F/m],\ (d \gg a)$

■ 로그함수의 성질

☞ $\ln x = \log_e x = \frac{\log_{10}x}{\log_{10}e}$

☞ $\ln\frac{d}{a} = \log_e\frac{d}{a} = \frac{\log_{10}\frac{d}{a}}{\log_{10}e}$

■ 작용 정전 용량값

☞ $C_n = \frac{0.02413}{\log_{10}\frac{2h}{a}}[\mu F/km]$

상기 무한 평행 원통 도체의 단위 길이당 선간 정전용량 $C_0[F/m]$와 가공전선과 대지 사이의 정전용량 $C_n[F/m]$ 사이의 관계를 살펴보면, $C_0[F/m]$는 정전용량 $C_n[F/m]$의 직렬 접속과 동일하기 때문에 $C_n = 2C_0$가 된다(다음에 정전용량의 직렬연결에 대하여 배운다. 정전용량의 직렬연결은 저항의 병렬연결과 같음).

따라서, 정전 용량값 $C_n[F/m]$은 상기의 수식으로 나타낼 수 있다. 여기서 가공전선과 대지 사이의 정전용량 $C_n[F/m]$을 선로 정수의 작용정전용량이라 한다. 이 수식은 전력공학의 선로정수의 작용정전용량 값에서 사용되어진다.

예제 3.17

▣ 반지름 $a[m]$, 선간 거리 $d[m]$인 평행 도선간의 정전용량 $[F/m]$은? (단, $d \gg a$이다.)

① $\dfrac{2\pi\epsilon_0}{\ln\dfrac{d}{a}}$　② $\dfrac{1}{2\pi\epsilon_0 \ln\dfrac{d}{a}}$　③ $\dfrac{1}{2\epsilon_0 \ln\dfrac{d}{a}}$　④ $\dfrac{\pi\epsilon_0}{\ln\dfrac{d}{a}}$

풀이

◉ 평행도선의 정전용량

$$C = \frac{\lambda}{V} = \frac{\lambda}{-\int_{d-a}^{a} E dr} = \frac{\lambda}{\frac{-\lambda}{2\pi\epsilon_0}\int_{d-a}^{a}\left(\frac{1}{r}+\frac{1}{d-r}\right)dr} = \frac{\pi\epsilon_0}{\ln\frac{d-a}{a}} \fallingdotseq \frac{\pi\epsilon_0}{\ln\frac{d}{a}}$$

☞ ④

예제 3.18

▣ 지면에 평행으로 높이 $h[m]$에 가설된 반지름 $a[m]$이 직선도체가 있다. 대지 정전용량은 몇 $[F/m]$인가? (단, $h \gg a$이다.)

① $\dfrac{4\pi\epsilon_0}{\ln\dfrac{2h}{a}}$　② $\dfrac{2\pi\epsilon_0}{\ln\dfrac{2h}{a}}$　③ $\dfrac{4\pi\epsilon_0}{\ln\dfrac{a}{2h}}$　④ $\dfrac{2\pi\epsilon_0}{\ln\dfrac{a}{2h}}$

풀이

◉ 전위: $V = -\int \boldsymbol{E}\cdot dr = -\int_{2h-a}^{a} \frac{q}{2\pi\epsilon_o r} dr$

$$= \frac{q}{2\pi\epsilon_o}\ln\frac{2h-a}{a} \fallingdotseq \frac{q}{2\pi\epsilon_o}\ln\frac{2h}{a}\,[V],\ (h \gg a)$$

◉ 정전용량: $C = \dfrac{q}{V} = \dfrac{2\pi\epsilon_0}{\ln\dfrac{2h}{a}}[F/m]$

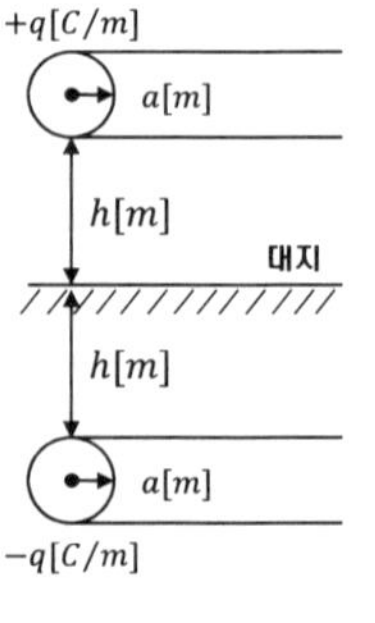

☞ ②

【정전용량의 요약 정리】

구분	관련내용	
도체구 정전용량	$V_a = \frac{Q}{4\pi\epsilon_0 a}[V]$	$C = \frac{Q}{V_a}$ $V_a = \frac{Q}{4\pi\epsilon_0 a} \Rightarrow C = \frac{Q}{V_a} = 4\pi\epsilon_0 a[F]$
두 개의 동심 도체구 정전용량	$V_{ab} = \frac{Q}{4\pi\epsilon_0}(\frac{1}{a} - \frac{1}{b})\,[V/m]$	$C = \frac{Q}{V_{ab}} = \frac{4\pi\epsilon_0}{(\frac{1}{a} - \frac{1}{b})}$ $= \frac{4\pi\epsilon_0}{\frac{b-a}{ab}} = 4\pi\epsilon_0 \frac{ab}{b-a}[F]$
평행 평판 도체 정전용량	$V_{AB} = Ed[V]$	$C = \frac{Q}{V_{AB}} = \frac{\epsilon_0 S}{d}[F]$ $C_0 = \frac{\epsilon_0}{d}[F/m^2]$
동축 원통 도체 정전용량	$V_{ab} = \frac{\lambda}{2\pi\epsilon_0}\ln\frac{b}{a}[V]$	$C_0 = \frac{\lambda}{V_{ab}} = \frac{2\pi\epsilon_0}{\ln\frac{b}{a}}[F/m]$
평행 원통 도체 정전용량	$V_{AB} = \frac{\lambda}{\pi\epsilon_0}\ln\frac{d-a}{a}[V]$	$C_0 = \frac{\lambda}{V_{AB}} = \frac{\pi\epsilon_0}{\ln\frac{d-a}{a}}\,[F/m]$ $C_0 = \frac{\pi\epsilon_0}{\ln\frac{d}{a}}\,[F/m],\ (d \gg a)$
가공 전선과 대지사이 정전용량	$V_{AB} = \frac{\lambda}{\pi\epsilon_0}\ln\frac{2h}{a}[V]$	$C_n = \frac{0.02413}{\log_{10}\frac{2h}{a}}[\mu F/km],\ (h \gg a)$

3-4 콘덴서

두 도체 사이에 유전율을 가지는 유전체를 삽입하여 정전용량을 가지도록 만든 소자를 콘덴서(condenser), 커패시터(capacitor) 또는 축전기라고 한다. 콘덴서의 구조에서 두 도체에 해당하는 것을 전극(electrode) 또는 극판이라고 하며 정전용량을 증가시키기 위하여 전극의 크기를 크게 만들고 있다. 전극의 크기를 크게 하면서 부피를 줄이기 위하여 두 전극판을 김밥처럼 말아서 사용하기도 한다. 전해콘덴서가 이에 해당된다. 그리고, 두 전극 사이의 정전용량을 증가시키는 다른 방법으로 진공 중의 유전율 ϵ_0와 함께 비유전율 ϵ_s가 큰 유전체를 두 전극 사이에 삽입하여 만들고 있다. 삽입하는 유전체로는 종이, 운모, 세라믹 등이 사용되고 있다. 일반적으로 유전체의 종류에 따라 종이콘덴서, 세라믹콘덴서, 마일러콘덴서, 탄탈콘덴서, 전해콘덴서 등의 형태로 구분되며 정전용량 값이 고정되어 있다. 그러나, 정전용량 값이 고정되어 있지 않는 콘덴서인 가변콘덴서(variable condenser)가 있다. 가변콘덴서는 두 전극 판의 대향 면적에 대한 크기를 변화시켜 정전용량을 변화시키고 있다. 그리고, 콘덴서의 직렬과 병렬 접속을 통하여 정전용량 값을 변화시키는 방법에 대하여 살펴보자.

3.4.1 콘덴서의 직렬 접속

그림 3-10과 같이 콘덴서 C_1, C_2, C_3를 직렬로 연결한 경우, 합성 정전용량 C를 구하여 보자.

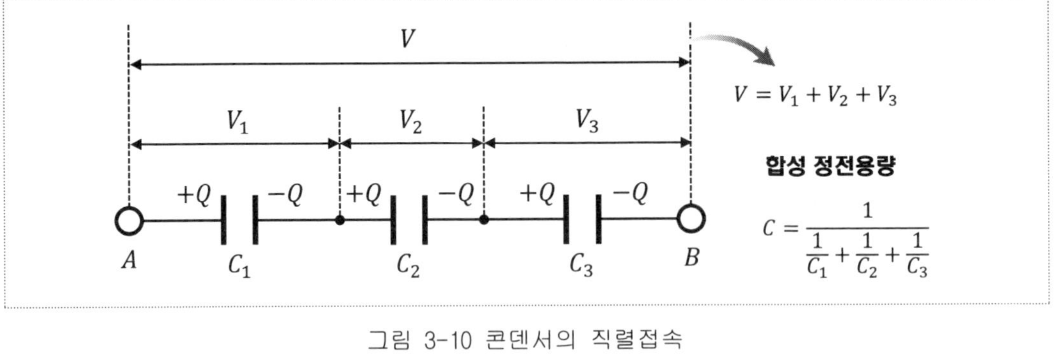

그림 3-10 콘덴서의 직렬접속

콘덴서 C_1, C_2, C_3를 직렬 접속하였을 경우, 단자 A, B 사이에 전압 V를 인가하면, 각각의 콘덴서 양 전극에는 $+Q$, $-Q$의 전하가 유도되어 전하량 $Q[C]$로 충전된다. 각 콘덴서의 단자 전압을 각각 V_1, V_2, V_3라 하면 각 전압은 다음과 같이 표현된다.

$$V_1 = \frac{Q}{C_1} \quad V_2 = \frac{Q}{C_2} \quad V_3 = \frac{Q}{C_3}$$

■ 두 도체 사이의 정전용량

☞ 두 도체: $\pm Q[C]$의 전하

☞ $C_{AB} = \frac{Q}{V_{AB}}[F]$

그리고, 인가된 전압 V와 콘덴서 각 단 사이의 전압 관계를 나타내면 다음과 같다.

$$V = V_1 + V_2 + V_3$$

■ 키르히호프의 전압법칙(KVL)

☞ $V = V_1 + V_2 + V_3$

상기 수식에 각 콘덴서의 단자 전압을 각각 V_1, V_2, V_3의 수식에 대입하면 아래 수식과 같다.

$$\begin{aligned} V &= V_1 + V_2 + V_3 \\ &= \frac{Q}{C_1} + \frac{Q}{C_2} + \frac{Q}{C_2} \\ &= \left(\frac{1}{C_1} + \frac{1}{C_2} + \frac{1}{C_2}\right)Q = \frac{Q}{C}[V] \end{aligned}$$

■ 전압, 전하, 정전용량 사이의 관계

☞ $Q = CV$, $V = \frac{Q}{C}$

여기서 $C[F]$를 합성 정전용량이라고 한다면, 다음 수식으로 나타낼 수 있다.

$$\frac{1}{C} = \frac{1}{C_1} + \frac{1}{C_2} + \frac{1}{C_2}$$

$$C = \frac{1}{\frac{1}{C_1} + \frac{1}{C_2} + \frac{1}{C_3}}$$

■ 콘덴서 직렬접속의 합성 정전용량

☞ $C = \frac{1}{\frac{1}{C_1} + \frac{1}{C_2} + \frac{1}{C_2}}$

따라서, 콘덴서를 직렬로 접속하게 되면 합성 정전용량은 각 콘덴서의 정전용량의 역수의 합으로 표현된다. 즉, 콘덴서의 직렬 접속에 대한 합성 정전용량 값은 각 콘덴서의 정전용량 값보다 작은 값을 가지게 된다. 상기 수식은 저항의 병렬연결에 대한 수식과 동일하다.

각 콘덴서 C_1, C_2, C_3 대신으로 C_1, C_2, C_3 $\cdots$ C_n의 n개 콘덴서를 직렬로 접속하였을 경우, 합성 정전용량을 구하면 다음과 같다.

<table>
<tr>
<td>

$$C=\frac{1}{\frac{1}{C_1}+\frac{1}{C_2}+\cdots+\frac{1}{C_n}}=\frac{1}{\sum_{i=1}^{n}\frac{1}{C_i}}$$

</td>
<td>■ n개 콘덴서 직렬연결의 합성 정전용량</td>
</tr>
</table>

그리고, 만약 2개의 콘덴서 C_1, C_2를 직렬로 접속하면, 합성 정전용량 C는 다음과 같다.

<table>
<tr>
<td>

$$C=\frac{1}{\frac{1}{C_1}+\frac{1}{C_2}}=\frac{1}{\frac{C_1+C_2}{C_1C_2}}=\frac{C_1C_2}{C_1+C_2}$$

</td>
<td>■ 2개 콘덴서 직렬연결의 합성 정전용량
☞ $C=\frac{C_1C_2}{C_1+C_2}$</td>
</tr>
</table>

그리고, 2개의 콘덴서 C_1, C_2를 직렬로 접속하였을 때, 각 콘덴서에 전압강하 V_1, V_2를 구하기 위하여 $Q=CV$를 대입하면 다음과 같다.

<table>
<tr>
<td>

$$V_1=\frac{Q}{C_1}=\frac{1}{C_1}CV=\frac{1}{C_1}\frac{C_1C_2}{C_1+C_2}V=\frac{C_2}{C_1+C_2}V$$

$$V_2=\frac{Q}{C_2}=\frac{1}{C_2}CV=\frac{1}{C_2}\frac{C_1C_2}{C_1+C_2}V=\frac{C_1}{C_1+C_2}V$$

</td>
<td>■ 콘덴서의 전압강하
☞ $V=\frac{Q}{C}$, $Q=CV$</td>
</tr>
</table>

만약 동일한 정전용량 값을 가지는 2개의 콘덴서를 직렬로 연결할 경우 합성 정전용량 값을 구하면 다음과 같다.

<table>
<tr>
<td>

$$C=\frac{1}{\frac{1}{C_1}+\frac{1}{C_1}}=\frac{1}{\frac{C_1+C_1}{C_1C_1}}=\frac{C_1C_1}{C_1+C_1}=\frac{1}{2}C_1$$

</td>
<td>■ 동일 콘덴서 2개의 합성 정전용량
☞ $C=\frac{1}{2}C_1$
☞ 정전용량 값이 절반으로 줄게 됨</td>
</tr>
</table>

즉, 동일한 정전용량 값을 가지는 콘덴서를 직렬로 연결하게 되면 합성 정전용량 값은 기존 정전용량 값의 절반으로 줄게 됨을 알 수 있다. 이것은 저항의 병렬연결과 동일한 결과로 나타나게 된다.

3.4.2 콘덴서의 병렬 접속

그림 3-11과 같이 콘덴서 C_1, C_2, C_3를 병렬로 연결한 경우, 합성 정전용량 C를 구하여 보자.

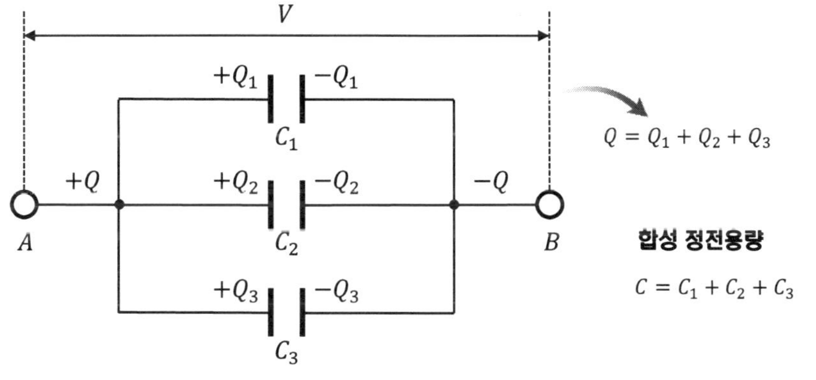

그림 3-11 콘덴서의 병렬접속

콘덴서 C_1, C_2, C_3를 병렬 접속하였을 경우, 단자 A, B 사이에 전압 V를 인가하면, 콘덴서의 양 전극에는 $+Q$, $-Q$의 전하가 유도되어 전하량 Q_1, Q_2, Q_3로 각각 전하가 충전된다. 각 콘덴서에 충전되는 전하량을 각각 Q_1, Q_2, Q_3라 하면 각 전하량은 다음과 같이 표현된다.

$$Q_1 = C_1 V \quad Q_2 = C_2 V \quad Q_3 = C_3 V$$

■ 두 도체 사이의 정전용량

☞ 두 도체: $\pm Q[C]$이 전하

☞ $C_{AB} = \dfrac{Q}{V_{AB}}\,[F]$

그리고, 단자 A, B 사이의 각 콘덴서에 충전되는 전하량은 Q_1, Q_2, Q_3로 전체 전하량은 다음 수식으로 표현된다.

$$Q = Q_1 + Q_2 + Q_3$$

■ 전체 전하량

☞ $Q = Q_1 + Q_2 + Q_3$

그리고, $C[C]$를 합성 정전용량이라고 한다면, $Q=CV$ 공식을 활용하여 상기 수식을 다시 표현하면 다음과 같다.

$$Q = CV = Q_1 + Q_2 + Q_3$$
$$= C_1V + C_2V + C_3V = (C_1 + C_2 + C_3)V$$
$$\therefore C = C_1 + C_2 + C_3$$

■ 콘덴서 병렬접속의 합성 정전용량
☞ $C = C_1 + C_2 + C_3$

따라서, 콘덴서를 병렬로 접속하게 되면 합성 정전용량은 각 콘덴서의 정전용량에 대한 합으로 표현된다. 즉 콘덴서의 병렬접속에 의한 합성 정전용량 값은 각 콘덴서의 정전용량 값보다 큰 값을 가지게 된다. 상기 수식은 저항의 직렬연결에 대한 수식과 동일하다.

각 콘덴서의 전하는 각 정전용량의 크기에 비례하여 전하량이 배분되어 있음을 알 수 있다. 그리고, 콘덴서 C_1, C_2, C_3 대신으로 C_1, C_2, C_3 … C_n의 n개 콘덴서를 병렬 접속하였을 경우, 합성 정전용량을 구하면 다음과 같다.

$$C = C_1 + C_2 + \cdots + C_n = \sum_{i=1}^{n} C_i$$

■ n개 콘덴서 병렬연결의 합성 정전용량

그리고, 2개의 콘덴서 C_1, C_2를 병렬로 접속하였을 때, 각 콘덴서에 전하량 Q_1, Q_2를 구하기 위하여 합성 정전용량과 관련된 $Q=CV$를 활용하여 구하면 다음과 같다.

$$Q_1 = C_1V = C_1\frac{Q}{C} = \frac{C_1}{C_1 + C_2}Q$$
$$Q_2 = C_2V = C_2\frac{Q}{C} = \frac{C_2}{C_1 + C_2}Q$$

■ 콘덴서의 전하량
☞ $V = \frac{Q}{C}$, $Q = CV$

만약 동일한 정전용량 값을 가지는 2개의 콘덴서를 병렬로 연결할 경우 합성 정전용량 값을 구하면 다음과 같다.

$$C = C_1 + C_1 = 2C_1$$

■ 동일 콘덴서 2개 병렬의 합성 정전용량
☞ $C = 2C_1$
☞ 정전용량 값이 2배로 늘어남

즉, 동일한 정전용량 값을 가지는 콘덴서를 병렬로 연결하게 되면 합성 정전용량 값은 기존 정전용량 값의 2배로 늘어남을 알 수 있다. 이것은 저항의 직렬연결과 동일한 결과로 나타나게 된다.

예제 3.19

▣ 그림과 같이 콘덴서 $C_1 = 0.5\,[\mu F]$와 $C_2 = 0.01[\mu F]$를 접속하여 C_1에 1,000$[V]$의 약 1/100전압이 걸리도록 하기 위하여 C_x를 C_1에 병렬로 접속하였다. C_x의 용량은 몇 $[\mu F]$인가?

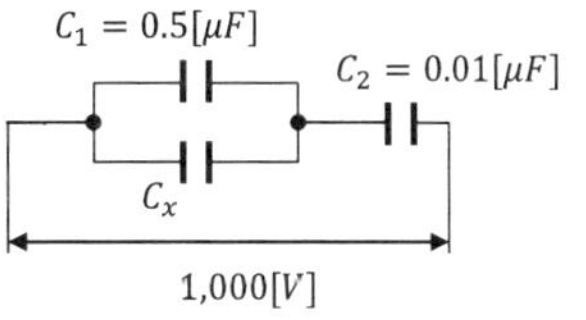

풀이

◉ 전하량 $Q = CV$, $C = \frac{Q}{V}$에서 $C \propto \frac{1}{V}$의 관계를 이용하면

▶ $(C_1 + C_x) : C_2 = 990 : 10$에서 $(0.5 + C_x) : 0.01 = 990 : 10$

$\rightarrow 10(0.5 + C_x) = 0.01 \times 990 \rightarrow 5 + 10C_x = 9.9 \rightarrow 10C_x = 9.9 - 5 = 4.9$

▶ 콘덴서 용량 $C_x = \frac{4.9}{10} = 0.49\,[\mu F]$

예제 3.20

▣ 그림에서 ab간의 합성 정전용량을 구하면 얼마가 되는가? (단, 단위는 모두 같다.)

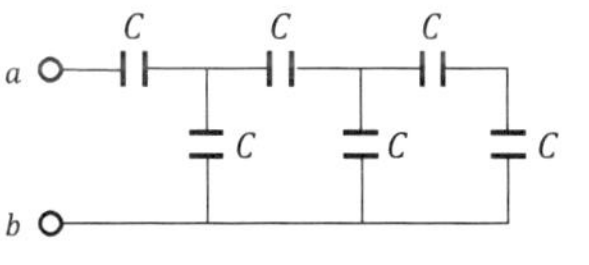

풀이

◉ 그림과 같이 등가화하여 정전용량을 구하면

▶ C_5와 C_6은 직렬접속이고 이들과 C_4는 병렬접속 관계이다 $C_a = \frac{C}{2} + C = \frac{3}{2}C$

▶ C_a와 C_3와는 직렬이고 이들과 C_2는 병렬 접속관계

$$C_b = C_2 + \frac{C_a \cdot C_3}{C_a + C_3} = C + \frac{\frac{3}{2}C \cdot C}{\frac{3}{2}C + C} = 1.6C$$

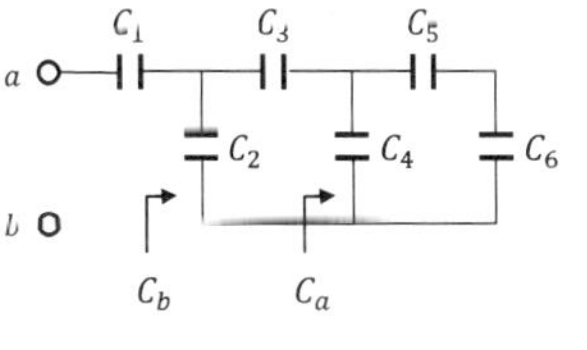

▶ C_b와 C_1은 직렬접속이므로

$$C_{ab} = \frac{C_1 \cdot C_b}{C_1 + C_b} = \frac{C \times 1.6C}{C + 1.6C} = \frac{1.6}{2.6}C = \frac{8}{13}C$$

3-5 콘덴서에 축적되는 정전에너지

3.5.1 정전에너지

콘덴서의 두 전극에 전압을 인가하게 되면 $Q=CV$의 전하가 축적되게 된다. 정전용량 $C[F]$를 가지는 콘덴서에 전압 $V[V]$를 인가하게 되면, 콘덴서에 전하량 $Q[C]$가 0에서부터 서서히 증가하게 되어 전하가 축적되게 된다. 이와 같이 콘덴서에 전하를 축적시키기 위하여서는 외부에서 전압이라는 에너지를 인가하여야 한다. 이와 같이 콘덴서에 전하를 축적하기 위하여 외부에서 인가하여 주는 에너지(또는 일)를 정전에너지라 한다. 그림 3-12와 같이 정전용량이 $C[F]$인 콘덴서에 전체 전하량 $Q[C]$중에서 $q[C]$이 대전되어 있다고 하면, 이 콘덴서에는 $v=\dfrac{q}{C}[V]$의 전위를 가지고 있다고 생각할 수 있다.

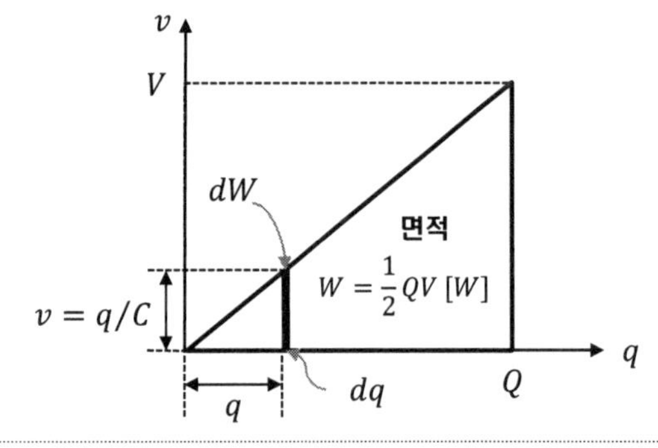

■ 미소전하 $dq[C]$만큼 증가시키기 위한 에너지 $dW[J]$

☞ $dW=v\,dq[J]$, $v=\dfrac{q}{C}[V]$

■ 콘덴서의 축적되는 정전에너지 $W[J]$

☞ $W=\dfrac{1}{2}QV[J]$

☞ 삼각형의 면적

그림 3-12 콘덴서에 축적되는 정전에너지

그리고, $q[C]$이 대전된 이 콘덴서에 미소전하 $dq[C]$만큼 증가시키기 위하여 필요한 에너지(또는 일)를 $dW[J]$라고 한다면 다음과 같이 표현할 수 있다.

$$dW=v\,dq=\frac{q}{C}dq[J]$$

■ 미소전하 $dq[C]$만큼 증가시키기 위한 에너지 $dW[J]$

이 콘덴서의 전하량을 전체 전하량인 $Q[C]$만큼 증가시키기 위하여 외부에서 인가하여 주어야 하는 정전에너지 $W[J]$는 아래 수식으로 표현할 수 있다.

$$W = \int dW = \int_0^Q v dq = \int_0^Q \frac{q}{C} dq = \frac{1}{C}\int_0^Q q dq$$
$$= \frac{1}{C}[\frac{1}{2}q^2]_0^Q = \frac{1}{C}(\frac{1}{2}Q^2) = \frac{1}{2}\frac{Q^2}{C}[W]$$

■ $\int x^n dx = \frac{x^{n+1}}{n+1}$ 의 적분공식에서

☞ $\int q dq = \frac{q^{1+1}}{1+1} = \frac{1}{2}q^2$

☞ $\int_0^Q q dq = \frac{1}{2}[q^2]_0^Q = \frac{1}{2}Q^2$

■ 전체 전하 $Q[C]$만큼 증가시키기 위한 에너지 $W[J]$, $W = \frac{1}{2}\frac{Q^2}{C}[J]$

$Q = CV$의 공식을 활용하여 정전에너지 $W[J]$에 대하여 상기 수식을 다르게 표현하면 다음과 같다.

$$W = \frac{1}{2}\frac{Q^2}{C} = \frac{1}{2}CV^2 = \frac{1}{2}QV[J]$$

■ 정전에너지 $W[J]$

☞ $W = \frac{1}{2}\frac{Q^2}{C} = \frac{1}{2}CV^2 = \frac{1}{2}QV[J]$

그리고, 그림 3-12에 x축은 전하 $q[C]$, y축은 전하 $V[V]$가 되도록 하여 상기의 정전에너지 $W[J]$를 그래프로 나타내었다. 즉 콘덴서에 $Q[C]$의 전하가 충전되도록 하기 위하여 외부에서 전압 $V[V]$를 인가하였을 때 콘덴서에 축적되는 정전에너지 $W[J]$는 삼각형의 면적에 해당된다.

3.5.2 정전에너지 밀도

평행 평판 콘덴서 구조에서 두 전극 사이의 거리를 $d[m]$, 전극의 면적을 $S[m^2]$라 하고, $S \gg d$라 하자, 그리고 진공 중의 유전율 ϵ_0를 가지는 평행 평판 구조의 콘덴서의 정전에너지 $W[J]$를 구하여 보면 다음과 같다. 평행 평판 구조의 콘덴서에서 다음을 알 수 있다.

$$V = Ed \qquad C = \frac{\epsilon_0}{d}S$$

■ 평행 평판 도체의 정전용량에서 전압과 전계, 전압과 전하 사이의 관계

☞ $V_{AB} = Ed[V]$

☞ $C = \frac{Q}{V_{AB}} = \frac{\epsilon_0 S}{d}[F]$

따라서, 평행 평판 구조의 콘덴서의 정전에너지 $W[J]$는 다음과 같이 나타 낼 수 있다.

$$W = \frac{1}{2}CV^2 = \frac{1}{2}\frac{\epsilon_0}{d}S(Ed)^2 = \frac{1}{2}\epsilon_0 SdE^2[J]$$

■ 정전에너지 $W[J]$

☞ $W = \frac{1}{2}\frac{Q^2}{C} = \frac{1}{2}CV^2 = \frac{1}{2}QV[J]$

■ 평행 평판 도체의 정전용량

☞ $V_{AB} = Ed[V]$

☞ $C = \frac{Q}{V_{AB}} = \frac{\epsilon_0 S}{d}[F]$

상기 수식에서 면적 $S[m^2]$와 두 전극 사이의 거리 $d[m]$의 곱인 $Sd[m^3]$는 평행 평판 구조의 콘덴서 체적을 나타내고 있으므로 단위체적당 축적되는 정전에너지를 $w[J/m^3]$라 하면 다음과 같이 표현될 수 있다.

$$w = \frac{W}{Sd} = \frac{1}{2}\epsilon_0 E^2[J/m^3]$$

■ 단위체적당 정전에너지 $w[J/m^3]$

☞ $w = \frac{1}{2}\epsilon_0 E^2[J/m^3]$

$w[J/m^3]$는 평행 평판 구조의 콘덴서인 두 전극 사이의 단위체적당 축적되는 에너지를 나타내는 것으로 정전에너지 밀도라고 한다. 정전에너지 밀도 $w[J/m^3]$는 E^2에 비례 $(w \propto E^2)$ 한다. 상기 수식을 $D = \epsilon_0 E$를 활용하여 다르게 표현하면 다음과 같다.

$$\omega = \frac{1}{2}\epsilon_0 E^2 = \frac{1}{2}\frac{D^2}{\epsilon_0} = \frac{1}{2}DE[J/m^3]$$

■ 전계와 전속밀도의 관계

☞ $D = \epsilon_0 E$

상기 수식의 정전에너지 밀도 $w[J/m^3]$는 도체 표면에 작용하는 힘의 결과인 단위면적당 작용하는 정전응력 $f = \frac{\sigma^2}{2\epsilon_0} = \frac{D^2}{2\epsilon_0} = \frac{1}{2}\epsilon_0 E^2 = \frac{1}{2}DE[N/m^2]$와 동일한 수식으로 표현되어 있다. 즉 정전에너지 밀도 $w[J/m^3]$는 정전응력 $F[N/m^2]$와 동일함을 알 수 있다. 따라서, 정전에너지 밀도 $w[J/m^3]$와 정전응력 $F[N/m^2]$를 이용하여 단위를 환산하여 보면 아래 수식과 같다.

$$[\frac{J}{m^3}] = [\frac{Nm}{m^3}] = [\frac{N}{m^2}]$$

■ 정전에너지 밀도와 정전응력은 같음
☞ $w[J/m^3]=f[N/m^2]$

예제 3.21

▣ $1[\mu F]$의 콘덴서를 $30[kV]$로 충전하여 $200[\Omega]$의 저항에 연결하면 저항에서 소모되는 에너지는 몇 $[J]$인가?

풀이	◉ 콘덴서에 충전된 에너지가 소비되므로 저항에 소모되는 에너지는 $\therefore \quad W=\frac{1}{2}CV^2=\frac{1}{2}\times 1\times 10^{-6}\times (30\times 10^3)^2=450\,[J]$

예제 3.22

▣ 정진용량이 $30\,[\mu F]$와 $50\,[\mu F]$인 두 개의 콘덴서를 직렬로 연결하여 충전시키는데 $400\,[J]$의 일이 필요했다면 $50\,[\mu F]$에 저축되는 에너지는 몇 $[J]$인가?

풀이	◉ 합성 정전용량 $C=\frac{C_1C_2}{C_1+C_2}=18.75\,[\mu F]$ ◉ 정전에너지 $W=\frac{1}{2}CV^2$에서 전압 $V=\sqrt{\frac{2W}{C}}=\sqrt{\frac{2\times 400}{18.75\times 10^{-6}}}=6532[V]=6.53\,[kV]$ ◉ $C_2=50\,[\mu F]$에 가해지는 전압 $V_2=\frac{C_1}{C_1+C_2}V=\frac{30}{30+50}\times 6532=2449.5[V]=2.45\,[kV]$ ◉ 에너지 $W=\frac{1}{2}C_2V_2^2$에서 $\therefore \quad W=\frac{1}{2}\times 50\times 10^{-6}\times 2449.5^2=150\,[J]$

예제 3.23

▣ 간격 $d=0.3[cm]$, 면적 $S=20[cm^2]$인 평판 콘덴서 $V=220[V]$의 전위차를 가하면 양판 사이에 작용하는 힘 $[N]$은 얼마인가?

풀이	◉ 단위면적당 작용하는 전정응력을 $f=\frac{\sigma^2}{2\epsilon_0}=\frac{D^2}{2\epsilon_0}=\frac{1}{2}\epsilon_0E^2=\frac{1}{2}DE[N/m^2]$에서 $f=\frac{1}{2}\epsilon_0E^2\,[N/m^2]$에서, $E=\frac{V}{d}$를 대입하면 $f=\frac{\epsilon_0}{2}\cdot\frac{V^2}{d^2}[N/m^2]$ 정전응력 $F[N]$를 구하면 $F[N]=f[N/m^2]\,S[m^2]$의 관계이므로 $F=\frac{\epsilon_0}{2}\cdot\frac{V^2}{d^2}S[N]$ ◉ 그러므로, 정전응력 $F[N]$에서 $F=\frac{\epsilon_0}{2}\cdot\frac{V^2}{d^2}S=\frac{8.855\times 10^{-12}}{2}\times\frac{220^2}{(0.3\times 10^{-2})^2}\times 20\times 10^{-4}=4.8\times 10^{-5}\,[N]$

연 습 문 제

1. 도체 Ⅰ, Ⅱ 및 Ⅲ이 있을 때 도체 Ⅱ가 도체 Ⅰ에 완전 포위되어 있음을 나타내는 것은?

① $P_{11} = P_{21}$ ② $P_{11} = P_{31}$ ③ $P_{11} = P_{33}$ ④ $P_{12} = P_{22}$

☞ 반지름 $a[m]$인 도체구 Ⅱ를 안 반지름 $b[m]$, 바깥 반지름 $c[m]$인 동심 도체구 Ⅰ로 포위하는 경우 도체 Ⅰ에만 $+Q$[C]가 주어지면 $V_1 = P_{11}Q$, $V_2 = P_{21}Q$의 관계식이 성립

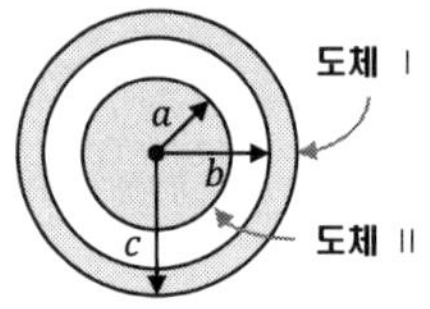

☞ 도체구 Ⅰ, Ⅱ 사이의 전위차=0이므로

$$P_{11} = \frac{V_1}{Q} = \frac{1}{4\pi\epsilon_0 c}$$

☞ 도체구 Ⅰ의 외부 표면 전위는 $\frac{Q}{4\pi\epsilon_0 c}$이고 전위계수는 $P_{21} = \frac{V_2}{Q} = \frac{1}{4\pi\epsilon_0 c}$가 된다. $\therefore P_{11} = P_{21}$

정답 ①

2. 그림과 같은 2개의 동심구에서 내구의 반지름이 $a[m]$, 외구의 안지름이 $b[m]$, 외구의 바깥지름이 $c[m]$일 때 전위 계수 P_{11}을 구하면 얼마인가?

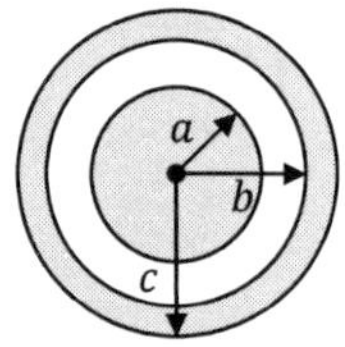

☞ 전위 $V_1 = P_{11}Q_1 + P_{12}Q_2$, $V_2 = P_{21}Q_1 + P_{22}Q_2$에서

$Q_1 = 1$, $Q_2 = 0$일 때 $V_1 = P_{11}$, $V_2 = P_{21}$

$Q_2 = 0$, $Q_2 = 1$일 때 $V_2 = P_{22}$, $V_1 = P_{12}$

☞ 내구에 $Q_1 = 1$을 줄 때 외구에는 -1, $+1$의 전하가 유기되므로 전위 및 전위계수는 각각 $V_1 = P_{11} = \frac{1}{4\pi\epsilon_0}\left(\frac{1}{a} - \frac{1}{b} + \frac{1}{c}\right)[1/F]$, $V_2 = P_{21} = \frac{1}{4\pi\epsilon_0 c}[1/F]$

☞ 외구에 $Q_2 = 1$을 줄 때 전위 및 전위계수는 $V_2 = P_{22} = \frac{1}{4\pi\epsilon_0 c}[1/F]$

3. $1[\mu F]$의 정전용량을 가진 구의 반지름 $[km]$은 얼마인가?

☞ 구의 정전용량 $C = 4\pi\epsilon_0 a = \frac{1}{9\times 10^9}\times a$에서

$\therefore$ 반지름 $a = 9\times 10^9 C = 9\times 10^9 \times 1\times 10^{-6} = 9\times 10^3[m] = 9[km]$

4. 용량계수와 유도계수에 대한 표현 중에서 옳지 않은 것은?

① 용량계수는 정(+)이다. ② 유도계수는 정(+)이다.

③ $q_{rs} = q_{sr}$ ④ 전위계수를 알고 있는 도체계에서는 q_{rr} , q_{rs}를 계산으로 구할 수 있다.

☞ q_{11} , q_{22} , q_{33} …… >0 : 용량계수(q_{ii})>0

☞ q_{12} , q_{21} , q_{31} …… $\leqq 0$: 유도계수(q_{ij})$\leqq 0$

☞ $q_{11} \geqq -(q_{21}+q_{31}+q_{41}+ \cdots\cdots +q_{n1})$

또는 $q_{11}+q_{21}+q_{31}+q_{41}+ \cdots\cdots +q_{n1} \geqq 0$

☞ 전위계수 $P_{12}=P_{21}$로 다음과 관계가 성립

$q_{12}=q_{21}$, 즉 $q_{ij}=q_{ji}$

정답 ②

5. 정전용량이 각각 C_1, C_2 그 사이의 유도 상호 계수가 M인 절연된 두 도체가 있다. 두 도체를 가는 선으로 연결할 경우 그 정전용량은 어떻게 되는가?

☞ $\begin{cases} Q_1 = q_{11}V_1 + q_{12}V_2 \\ Q_2 = q_{21}V_1 + q_{22}V_2 \end{cases}$에서 $\begin{cases} q_{11}=C_1, \ q_{22}=C_2 \\ q_{12}=q_{21}=M \end{cases}$

☞ 연결하면 등전위가 되어 $V_1=V_2=V$

$\begin{cases} Q_1 = (q_{11}+q_{12})V = (C_1+M)V \\ Q_2 = (q_{21}+q_{22})V = (M+C_2)V \end{cases}$

☞ 정전용량 $C=\dfrac{Q_1+Q_2}{V}=C_1+C_2+2M$

6. 정전용량 C_1, C_2, C_x의 3개 커패시터를 그림과 같이 연결하고 단자 ab 사이에 $100[V]$의 전압을 인가하였다. 그리고, $C_1 = 0.02[\mu F]$, $C_2 = 0.1[\mu F]$이며 C_1에 $90[V]$의 전압이 걸렸을 때 C_x는 몇 $[\mu F]$인가?

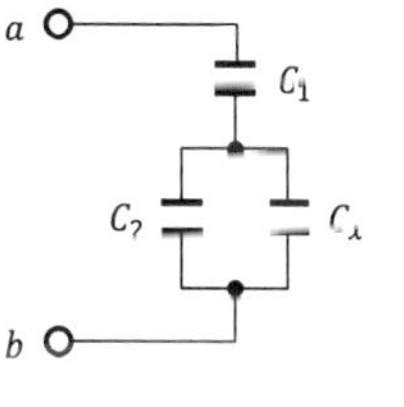

☞ C_2와 C_x를 등가용량으로 나타내면 $C'=C_2+C_x$

☞ C_1에 충전되는 전하 Q_1과 C'에 충전되는 전하를 Q'라면 서로 직렬접속되어 같다.

$C_1V_1 = C'V_2 = 0.02\times 90 = C'\times 10$

$C'=0.18=0.1+C_x$ 즉, $C_x=0.08[\mu F]$이 된다.

☞ 또는 콘덴서 직렬접속은 각 콘덴서에 걸리는 전압은 용량에 반비례 관계이므로

$V_1 : V_2 = \dfrac{1}{C_1} : \dfrac{1}{C'}$의 관계에 있다.

7. 그림과 같이 용량 $C_0[F]$으로 대전하고 있는 콘덴서의 정전 전압계를 직렬로 접속하였더니 정전 전압계 계기의 지시가 10 [%]로 감소하였다면 정전 전압계 계기의 정전용량은 몇 $[F]$인가?

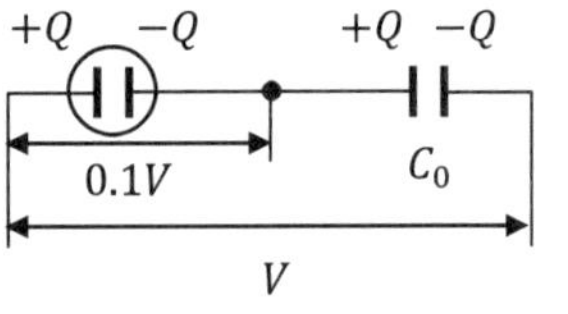

☞ 전위 $V=\dfrac{Q}{C}$에서 10 [%] 감소시 $0.1V=\dfrac{Q}{C}$가 되므로 $V-0.1V=\dfrac{Q}{C_0}$에서 전위는

$V=\dfrac{Q}{0.1C}=\dfrac{Q}{0.9C_0}$이므로 ∴ 정전용량은 $C=9C_0$

8. 그림에서 a, b 간의 합성 용량치는 얼마인가?

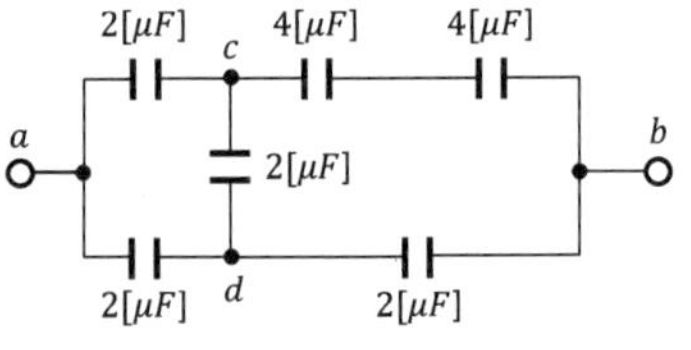

☞ 두 개의 $4[\mu F]$은 직렬연결이기 때문에 $\dfrac{4 \cdot 4}{4+4}=2\ [\mu F]$

☞ 브리지 평형조건이 성립되기 때문에 c와 d 사이의 콘덴서 $2[\mu F]$은 무시(단선 상태)하고 계산하면

∴ 합성정전용량 $C=\dfrac{2 \cdot 2}{2+2}+\dfrac{2 \cdot 2}{2+2}=2\ [\mu F]$

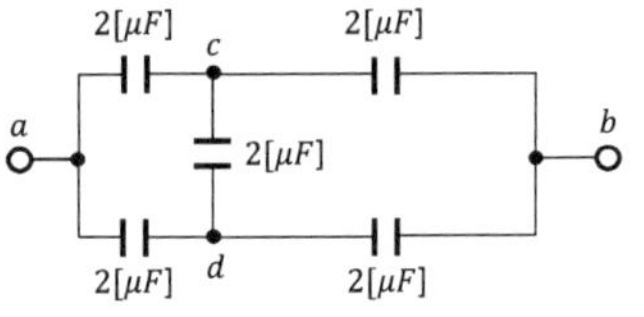

9. 전압 V로 충전된 용량 C의 콘덴서에 동일 용량 $2C$의 콘덴서를 병렬 연결한 후의 단자 전압은 얼마인가?

☞ 충전전하: $Q=CV$

☞ 합성용량: $C_0=C+2C=3C$

☞ 전위차: $V_0=\dfrac{Q}{C_0}=\dfrac{CV}{3C}=\dfrac{V}{3}$

10. 대향면적 $S=100[cm^2]$의 평행판 콘덴서가 비유전율 2.1, 절연내력 $1.2\times 10^5[V/cm]$인 기름 중에 있을 때 축적되는 최대 전하는 몇 $[C]$인가?

☞ 전하 $Q=CV=\dfrac{\epsilon_0\epsilon_s S}{d}\cdot Ed=\epsilon_0\epsilon_s SE$에서

$\therefore\ Q=(8.855\times 10^{-12})\times 2.1\times(100\times 10^{-4})\ \times(1.2\times 10^5\times 10^2)=2.23\times 10^{-6}[C]$

11. 콘덴서의 성질에 관한 설명 중 적절하지 못한 것은?

① 용량이 같은 콘덴서를 n개 직렬 연결하면 내압은 n배가 되고 용량은 $\frac{1}{n}$배가 된다.

② 용량이 같은 콘덴서를 n개 병렬 연결하면 내압은 같고 용량은 n배가 된다.

③ 정전용량이란 도체의 전위를 $1\,[V]$로 하는데 필요한 전하량을 말한다.

④ 콘덴서를 직렬 연결할 때 각 콘덴서에 분포되는 전하량은 콘덴서 크기에 비례한다.

☞ 콘덴서를 직렬 연결할 때 각 콘덴서에 분포되는 전하량은 콘덴서의 용량과 관계없이 일정하게 충전된다.	정답 ④

12. 진공 중에서 내구의 반지름 $a = 3\,[cm]$, 외구의 내반지름 $b = 9\,[cm]$인 두 동심구 사이의 정전용량은 몇 $[pF]$인가?

☞ 동심구 정전용량

$$C = \frac{4\pi\epsilon_0 ab}{b-a} = \frac{4\pi \times 8.855 \times 10^{-12} \times 3 \times 10^{-2} \times 9 \times 10^{-2}}{9 \times 10^{-2} - 3 \times 10^{-2}} = 5 \times 10^{-12}[F] = 5\,[pF]$$

13. 1변이 $50\,[cm]$인 정사각형 전극을 가진 평행판 콘덴서가 있다. 이 극판 간격을 $5\,[mm]$로 할 때 정전용량을 얼마인가? (단, $\epsilon_0 = 8.855 \times 10^{-12}\,[F/m]$이고 단말 효과는 무시한다.)

☞ 정전용량

$$C = \frac{\epsilon_0 S}{d} = \frac{8.855 \times 10^{-12} \times (5 \times 10^{-1})^2}{5 \times 10^{-3}} = 443\,[pF]$$

14. 공기콘덴서를 이느 진입으로 충선한 다음 전극 간에 유전체를 넣어 정전용량을 2배로 하였다면 축적되는 에너지는 어떻게 되는가?

① $\frac{1}{4}$배로 된다. ② $\frac{1}{2}$배로 된다. ③ $\sqrt{2}$배로 된다. ④ 2배로 된다.

☞ 에너지 $W = \frac{1}{2}CV^2 = \frac{Q^2}{2C} \propto \frac{1}{C}$로 에너지는 정전용량에 반비례하므로 에너지는 $\frac{1}{2}$배다.	정답 ②

15. 그림에서 $2[\mu F]$의 콘덴서에 축적되는 에너지 $[J]$는 얼마인가?

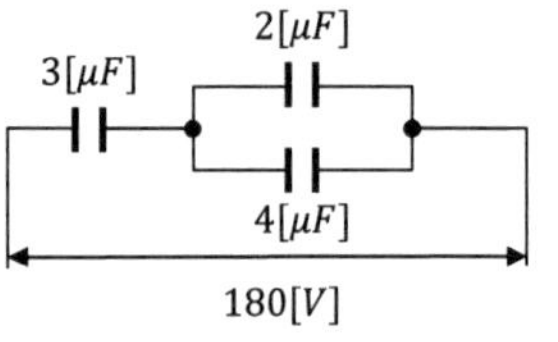

☞ $2[\mu F]$, $4[\mu F]$이 병렬연결이므로 $2+4=6[\mu F]$

☞ 등가 그림에서 전압 $V_2 = 180 \times \dfrac{3}{3+6} = 60\,[V]$

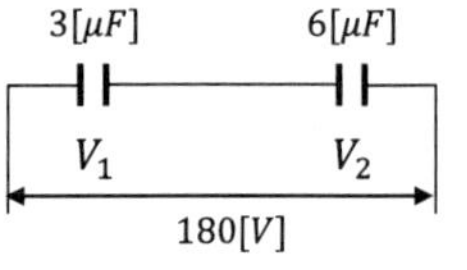

☞ 축적 에너지 $W = \dfrac{1}{2}CV_2^2 = \dfrac{1}{2} \times 2 \times 10^{-6} \times 60^2$

$= 0.0036 = 3.6 \times 10^{-3}\,[J]$

16. 한 쪽 지름이 다른 쪽 지름의 6배인 2개의 금속구가 가늘고 긴 전선으로 접속되어 대전되어 있다. 큰 쪽은 작은 쪽보다 몇 배의 정전 에너지가 축적되는가?

☞ 각 금속구의 정전용량

$C_1 = 4\pi\epsilon_0 a$, $C_2 = 4\pi\epsilon_0(6a) = 6C_1$

☞ 두 금속구을 전선으로 접속되어 공통전위 V라면 에너지는 각각

$W_1 = \dfrac{1}{2}C_1V^2$, $W_2 = \dfrac{1}{2}C_2V^2 = \dfrac{1}{2}(6C_1)V^2 = 6 \cdot \dfrac{1}{2}C_1V^2 = 6W_1$

∴ 즉 6배가 증가한다.

17. $10[\mu F]$의 콘덴서를 $100[V]$로 충전한 것을 단락시켜 $0.1[ms]$에 방전시켰다고 하면 평균 전력은 몇 $[W]$인가?

☞ 전력 $P = \dfrac{W}{t} = \dfrac{\frac{1}{2}CV^2}{t} = \dfrac{\frac{1}{2} \times 10 \times 10^{-6} \times 100^2}{0.1 \times 10^{-3}} = 500\,[W]$

18. 넓이 $4\,[m^2]$, 간격 $1\,[m]$의 진공 평행판 콘덴서에 $1\,[C]$의 전하를 충전하는 경우 평행판 사이의 힘$[N]$은 얼마인가?

☞ 정전에너지 $W = \dfrac{Q^2}{2C} = \dfrac{Q^2}{2\left(\dfrac{\epsilon_0 S}{d}\right)} = \dfrac{Q^2 d}{2\epsilon_0 S}\,[J]$

☞ 정전력 $F = \dfrac{\partial W}{\partial d} = \dfrac{Q^2}{2\epsilon_0 S}\,[N]$에서 $\therefore\ F = \dfrac{Q^2}{2\epsilon_0 S} = \dfrac{1^2}{2\epsilon_0 \times 4} = \dfrac{1}{8\epsilon_0}\,[N]$

19. 반지름이 $6[m]$ 되는 내부 도체구와 반지름이 $9[m]$인 외부 구도체로 된 동심구에서 내구를 접지할 때 이 도체의 전체 정전용량은 몇 $[F]$인가?

☞ 내구가 접지된 동심구의 정전용량은

$$\therefore\ C = 4\pi\epsilon_0\left(\frac{ab}{b-a}+b\right) = \frac{1}{9\times10^9}\left(\frac{9\times6}{9-6}+9\right) = 3\times10^{-9}[F]$$

20. x축 상에서 $x=1,\ 2,\ 3,\ 4\,[m]$인 각 점에 $2,\ 4,\ 6,\ 8\,[nC]$의 점전하가 존재할 때 이들에 의한 전계 내에 저장되는 정전 에너지는 몇 $[nJ]$인가?

☞ 중첩의 정리에 의한 각 전위

$$V_1 = \sum_i \frac{Q_i}{4\pi\epsilon_0 r_i} = \frac{1}{4\pi\epsilon_0}\left(\frac{4}{1}+\frac{6}{2}+\frac{8}{3}\right)\times10^{-9} = 87\,[V]$$

$$V_2 = \frac{1}{4\pi\epsilon_0}\left(\frac{2}{1}+\frac{6}{1}+\frac{8}{2}\right)\times10^{-9} = 108\,[V] \qquad V_3 = \frac{1}{4\pi\epsilon_0}\left(\frac{2}{2}+\frac{4}{1}+\frac{8}{1}\right)\times10^{-9} = 117\,[V]$$

$$V_4 = \frac{1}{4\pi\epsilon_0}\left(\frac{2}{3}+\frac{4}{2}+\frac{6}{1}\right)\times10^{-9} = 78\,[V]$$

☞ 전체 축적에너지

$$W = \Sigma\frac{1}{2}Q_iV_i = \frac{1}{2}(Q_1V_1+Q_2V_2+Q_3V_3+Q_4V_4)$$

$$= \frac{1}{2}(2\times87+4\times108+6\times117+8\times78)\times10^{-9} = 966\,[nJ]$$

21. 내압과 용량이 각각 $200[V]\ 5[\mu F]$, $300[V]\ 4[\mu F]$, $400[V]\ 3[\mu F]$, $500[V]\ 3[\mu F]$인 4개의 콘덴서를 직렬 연결하고 양단에 직류 전압을 가하여 전압을 서서히 상승시키면 최초로 파괴되는 콘덴서는? (단, 콘덴서의 재질이나 형태는 동일하다.)

① $200[V]\ 5[\mu F]$ ② $300[V]\ 4[\mu F]$ ③ $400[V]\ 3[\mu F]$ ④ $500[V]\ 3[\mu F]$

☞ 각 전하량

$$Q_1 = C_1V_1 = 5\times10^{-6}\times200 = 1\times10^{-3}\,[C]$$

$$Q_2 = C_2V_2 = 4\times10^{-6}\times300 = 1.2\times10^{-3}\,[C]$$

$$Q_3 = C_3V_3 = 3\times10^{-6}\times400 = 1.2\times10^{-3}\,[C]$$

$$Q_4 = C_4V_4 = 3\times10^{-6}\times500 = 1.5\times10^{-3}\,[C]$$

☞ 전하용량은 $Q_4 > Q_3 = Q_2 > Q_1$의 순으로 전하용량이 가장 작은 $200[V]$, $5[\mu F]$콘덴서가 가장 빨리 절연이 파괴된다.

정답 ①

22. $C_1 = 1[\mu F]$, $C_2 = 2[\mu F]$, $C_3 = 3[\mu F]$인 3개의 콘덴서를 직렬 연결하여 $600[V]$의 전압을 가할 때 C_1 양변 사이에 걸리는 전압 $[V]$은 얼마인가?

☞ C_1, C_2, C_3에 분배되는 전압을 V_1, V_2, V_3라 하면

☞ 합성 정전용량 C_0는

$$\frac{1}{C_0} = \frac{1}{C_1} + \frac{1}{C_2} + \frac{1}{C_3} = \frac{1}{1} + \frac{1}{2} + \frac{1}{3} = \frac{11}{6}[\mu F]$$

$$\therefore\ C_0 = \frac{6}{11}[\mu F]$$

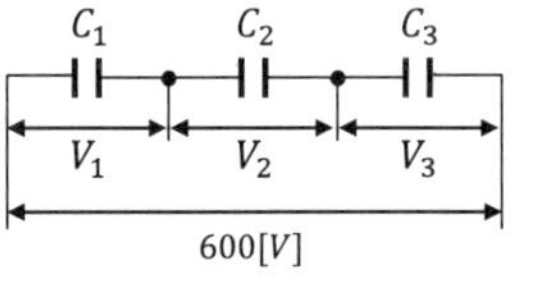

☞ 전압 $V_1 = \frac{C_0}{C_1}V = \frac{6}{11}V = \frac{6}{11} \times 600 = 327.27[V]$

23. 면전하 밀도가 $\sigma[C/m^2]$인 대전 도체가 진공 중에 놓여 있을 때 도체 표면에 작용하는 정전응력$[N/m^2]$은 얼마인가?

① σ^2에 비례한다. ② σ에 비례한다. ③ σ^2에 반비례한다. ④ σ에 반비례한다.

☞ 정전에너지

$$W = \frac{Q^2}{2C} = \frac{Q^2}{2\left(\frac{\epsilon_0 S}{d}\right)} = \frac{Q^2 d}{2\epsilon_0 S} = \frac{\sigma^2 d}{2\epsilon_0 S^3}[J]$$

☞ 정전응력 $F = -\frac{\partial W}{\partial d} = -\frac{\sigma^2}{2\epsilon_0 S^3}[N] \propto \sigma^2$에 비례

정답 ①

24. 직류 $500[V]$의 전압으로 충전된 $200[\mu F]$의 콘덴서가 있다. 이 콘덴서를 $2[\Omega]$의 저항을 통해서 방전할 때 저항에서 발생되는 열량$[cal]$은 얼마인가?

☞ 정전에너지

$$W = \frac{1}{2}CV^2 = \frac{1}{2} \times 200 \times 10^{-6} \times 500^2 = 25[J] = \frac{25}{4.2} = 6[cal]$$

25. 정전용량이 $5[\mu F]$인 평행판 콘덴서를 $20[V]$로 충전한 뒤에 극판 거리를 처음의 2배로 하였다. 이때 이 콘덴서의 전압은 몇 $[V]$가 되겠는가?

☞ 전위 $V = \frac{Q}{C} = \frac{Q}{\frac{\epsilon_0 S}{d}} = \frac{Qd}{\epsilon_0 S} \propto d$로 전위는 극판거리에 비례하므로

$\therefore$ 콘덴서 전압 $V' = 2V = 2 \times 20 = 40[V]$

제4장 유전체

4-1 유전체의 특성

진공 중의 유전율인 ϵ_0에 대하여 다양한 전기적인 현상을 살펴보았다. 유전율은 일반적으로 도체, 반도체, 부도체(절연체) 중에서 부도체(절연체)와 관련된 물리적인 특성이다. 정전용량에 대하여 살펴본 바와 같이 콘덴서 구조인 두 도체 사이에 절연체를 삽입한 경우에는 진공 중의 유전율 ϵ_0와 함께 절연체 고유의 물질적인 특성을 포함시켜 다양한 전기현상을 해석하여야 한다. 이러한 절연체를 유전체(dielectrics)라 한다.

그림 4-1과 같이 두 전극의 면적과 간격이 동일한 평행 평판형 콘덴서 구조를 가지는 것을 생각해보자.

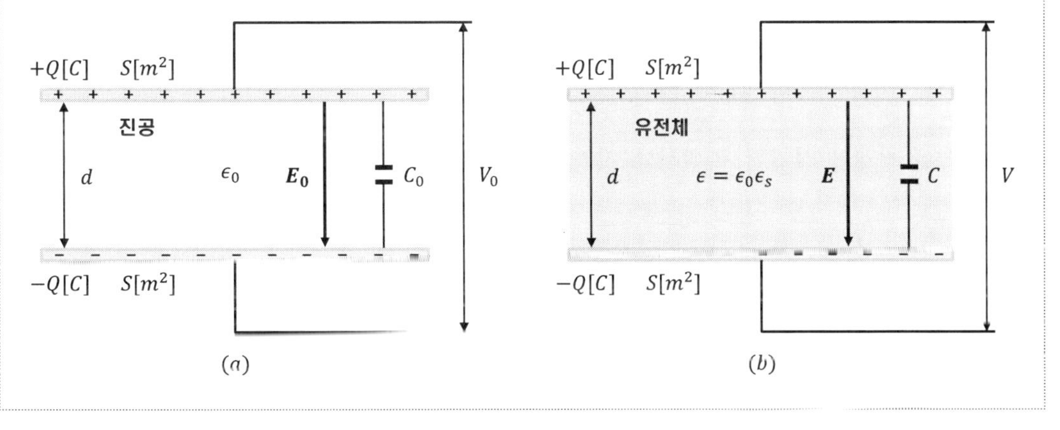

그림 4-1 유전체가 삽입된 평행 평판 콘덴서

콘덴서 누 전극에 동일한 전하량 $\pm Q[C]$이 동일하게 주어져 있다고 한다면 그림 4-1 (a)와 같이 두 전극 사이에 진공으로 구성된 콘덴서의 정전용량을 $C_0[F]$(진공 중의 유전율 ϵ_0), 전계의 세기를 $E_0[V/m]$, 전위차가 $V_0[V]$라 하고, 절연체인 유전체가 삽입된 콘덴서의 정전용량을 $C[F]$(유전율 $\epsilon=\epsilon_0\epsilon_s$), 전계의 세기를 $E[V/m]$, 전위차가 $V[V]$라고 하였을 때, 그 비를 나타내면 다음과 같이 표현할 수 있다.

$\dfrac{C}{C_0} = \epsilon_s \quad (\epsilon_s > 1)$	■ 진공 중 정전용량 $C_0[F]$ ☞ $C = \dfrac{Q}{V_{AB}} = \dfrac{\epsilon_0 S}{d}[F]$ ■ 유전체 중 정전용량 $C[F]$ ☞ $C = \dfrac{Q}{V_{AB}} = \dfrac{\epsilon_0 \epsilon_s S}{d}[F]$

상기 수식에서 ϵ_s를 비유전율(relative permitivity)이라 하며, C는 C_0 보다 ϵ_s배가 된다. 즉, 진공으로 구성된 콘덴서의 정전용량 C_0 보다 유전체가 삽입된 콘덴서의 정전용량 C의 값이 크다는 것을 나타낸다. 비유전율 ϵ_s는 콘덴서를 구성하는 두 도체인 전극의 형태와 무관하며, 유전체의 종류와 물리적인 상태(온도, 밀도 등) 등에 의하여 정하여지는 상수를 나타낸다. 두 전극 사이에 진공으로 구성된 콘덴서의 정전용량인 C_0를 다시 수식으로 나타내면 다음과 같다.

$C_0 = \dfrac{\epsilon_0}{d} S[F]$	■ 진공 중 정전용량 $C_0[F]$ ☞ $C = \dfrac{Q}{V} = \dfrac{\epsilon_0 S}{d}[F]$

그리고, 유전체가 삽입된 콘덴서의 정전용량 C를 다시 수식으로 나타내면 다음과 같다.

$C = \dfrac{\epsilon_0 \epsilon_s}{d} S = \dfrac{\epsilon}{d} S[F]$	■ 유전체 중 정전용량 $C[F]$ ☞ $C = \dfrac{Q}{V} = \dfrac{\epsilon_0 \epsilon_s S}{d}[F]$

여기서, $\epsilon = \epsilon_0 \epsilon_s$이며, ϵ을 유전율(dielectric permitivity)이라고 한다. 이와 같이 유전체를 두 전극 사이에 삽입한 콘덴서 구조는 정전용량이 진공 중의 정전용량에 비하여 ϵ_s배가 되어 정전용량 값을 크게 할 목적으로 콘덴서의 두 전극 사이에 유전체를 삽입하는 구조를 일반적으로 사용한다.

아래 표 5-1은 대표적인 물질의 비유전율 ϵ_s 값을 나타낸 것이다. 표 5-1에서 비유전율 값인 ϵ_s가 상당히 큰 물질인 로셸염, 티탄산바륨은 외부에서 전기적인 응력(변형)을 주게 되면 전기분극이 발생하여 전압을 유도시키는 압전현상을 나타내는 대표적인 물질이다.

표 4-1 유전체 종류에 따른 비유전율 값

유전체 종류	비유전율 값	유전체 종류	비유전율 값
진공	1.000	운모	2.5~6.6
공기	1.000586	유리	3.5~9.9
종이	1.2~2.6	물	80.7
폴리에틸렌	2.1~2.5	산화티탄	100
변압기유	2.2~2.4	로셀염(압전물질)	100~2,000
고무	2.3~2.6	티탄산바륨(압전물질)	1,200~3,000

그리고, 상기에 나타낸 그림 4-1에서 진공 및 유전체 중의 전하량 $Q[C]$를 구하면 아래 수식과 같다.

$$Q = C_0 V_0 = CV = C_0 \epsilon_s V[C]$$

■ 진공 중의 전하량 $Q[C]$

☞ $Q = C_0 V_0 [C]$

■ 유전체 중의 전하량 $Q[C]$

☞ $Q = CV[C]$

그리고, 진공 및 유전체 중의 두 전압 비를 이용하여 두 전계의 비를 구하면, 아래 수식과 같다.

$$\frac{V_0}{V} = \frac{E_0 d}{Ed} = \frac{E_0}{E} = \epsilon_s$$

■ 진공 중의 전압 $V_0[V]$

☞ $V_0 = E_0 d[V]$

■ 유전체의 중 전압 $V[V]$

☞ $V = Ed[V]$

따라서, 두 전압 비는 $\frac{V_0}{V} = \epsilon_s$가 된다. 즉, 일정한 전하 $Q[C]$가 주어져 있다면 유전체가 삽입된 콘덴서 구조의 전위차 $V[V]$와 전계의 세기 $E[V/m]$는 진공일 때보다 $\frac{1}{\epsilon_s}$배가 된다는 것을 나타내고 있다. 따라서, ϵ_s가 일반적으로 1 보다 크기 때문에 유전체가 삽입되어 있는 경우, 동일 전하를 충전하기 위하여서는 진공 중의 인가 전압보다 낮은 전압으로 충전이 가능하다는 것을 나타낸다.

예제 4.1

■ 평행판 콘덴서의 판 사이에 비유전율 ϵ_s의 유전체를 삽입하였을 때의 정전용량은 진공일 때 보다 어떻게 되는가?

① ϵ_s배로 증가 ② $\pi\epsilon_s$배로 증가 ③ $\dfrac{1}{\epsilon_s}$로 감소 ④ (ϵ_s+1)배로 증가

풀이

◉ 정전용량

진공 또는 공기 $C_0=\dfrac{\epsilon_0 S}{d}$, 유전체 $C=\dfrac{\epsilon_0\epsilon_s S}{d}$

◉ 비: $\dfrac{C}{C_0}=\epsilon_s$에서 $C=\epsilon_s C_0$이므로

∴ 유전체를 삽입하면 진공 또는 공기 중에 비해 정전용량을 ϵ_s배로 증가시킨다.

☞ ①

예제 4.2

■ 공기 중 두 점전하 사이에 작용하는 힘이 $5[N]$이었다. 두 전하 사이에 유전체를 넣었더니 힘이 $2[N]$으로 되었다면 유전체의 비유전율은 얼마인가?

풀이

◉ 쿨롱의 법칙에서

공기 중 $F_1=\dfrac{Q_1Q_2}{4\pi\epsilon_0 r^2}[N]$, 유전체 $F_2=\dfrac{Q_1Q_2}{4\pi\epsilon_0\epsilon_s r^2}[N]$, $\dfrac{F_1}{F_2}=\dfrac{\dfrac{Q_1Q_2}{4\pi\epsilon_0 r^2}}{\dfrac{Q_1Q_2}{4\pi\epsilon_0\varepsilon_s r^2}}=\epsilon_s$

즉, 유전체를 넣으면 힘은 진공일 때의 $1/\epsilon_s$배가 된다.

∴ 비유전율 $\epsilon_s=\dfrac{F_1}{F_2}=\dfrac{5}{2}=2.5$

예제 4.3

■ $C_1=2[\mu F]$, $C_2=4[\mu F]$인 공기 콘덴서의 직렬 연결에서 C_1에 종이($\epsilon_s=2$)를 채웠을 때 합성 용량은 몇 배로 증가하는가?

풀이

◉ 공기 콘덴서 C_1에 종이를 채웠을 때의 정전용량은

$C_1'=\epsilon_s C_1$. $C_1'=2C_1=2\times 2=4[\mu F]$

◉ 유전체를 채우기 전의 직렬 합성용량을 C

유전체를 채웠을 때의 직렬 합성 용량을 C'라면

∴ 비 $\dfrac{C'}{C}=\dfrac{\dfrac{C_1'C_2'}{C_1'+C_2'}}{\dfrac{C_1C_2}{C_1+C_2}}=\dfrac{\dfrac{4\times 4}{4+4}}{\dfrac{2\times 4}{2+4}}=1.5$

예제 4.4

▣ 정전용량이 C인 콘덴서에서 극판사이의 비유전율이 2인 유전체를 제거하고 공기로 채운 경우 그 때의 용량을 C_0라고 하면, C와 C_0의 관계는 어떻게 되는가?

① $C=2C_0$ ② $C=4C_0$ ③ $C=\dfrac{C_0}{4}$ ④ $C=\dfrac{C_0}{2}$

풀이

◉ 진공 또는 공기 중일 때 정전용량 $C_0=\dfrac{\epsilon_0 S}{d}$

◉ 비유전율이 2인 유전체의 정전용량 $C=\dfrac{\epsilon_0\epsilon_s S}{d}=2\dfrac{\epsilon_0 S}{d}$ 에서 $C=2C_0$이므로

∴ 유전체를 삽입하면 진공 또는 공기 중에 비해 정전용량을 비유전율 ϵ_s배, 즉 2배로 증가한다.

☞ ①

예제 4.5

▣ $\epsilon_s=10$인 유리 콘덴서와 동일 크기의 $\epsilon_s=1$인 공기콘덴서가 있다. 유리 콘덴서에 $200[V]$의 전압을 가할 때 동일한 전하를 축적하기 위하여 공기콘덴서에 필요한 전압 $[V]$은?

풀이

◉ 공기 콘덴서의 전하량과 유리 콘덴서의 전하량이 같아야 하므로

$Q_0=C_0V_0=Q=CV=C_0\epsilon_s V$에서

∴ 전압 $V_0=\epsilon_s V=10\times 200=2{,}000[V]$

【진공과 유전체의 공식 비교 정리】

항목	진공(ϵ_o)	유전체 ($\epsilon=\epsilon_o\epsilon_s$)	비유전율(ϵ_s)	비고
쿨롱의 법칙	$F_o=\dfrac{Q_1Q_2}{4\pi\epsilon_o r^2}$	$F'=\dfrac{Q_1Q_2}{4\pi\epsilon_o\epsilon_s r^2}$	$\epsilon_s=\dfrac{F_o}{F'}$	$\dfrac{1}{\epsilon_s}$배 감소
전계	$E_o=\dfrac{Q}{4\pi\epsilon_o r^2}$	$E=\dfrac{Q}{4\pi\epsilon_o\epsilon_s r^2}$	$\epsilon_s=\dfrac{E_o}{E}$	$\dfrac{1}{\epsilon_s}$배 감소
전위	$V_o=\dfrac{Q}{4\pi\epsilon_o r}$	$V=\dfrac{Q}{4\pi\epsilon_o\epsilon_s r}$	$\epsilon_s=\dfrac{V_o}{V}$	$\dfrac{1}{\epsilon_s}$배 감소
전속밀도	$D_o=\epsilon_o E_o=\dfrac{Q}{4\pi r^2}$	$D=\epsilon_o\epsilon_s E=\dfrac{Q}{4\pi r^2}$	불변	ϵ과 무관하게 일정
정전용량	$C_o=\dfrac{\epsilon_o}{d}S$	$C=\dfrac{\epsilon_o\epsilon_s}{d}S$	$\epsilon_s=\dfrac{C}{C_o}$	ϵ_s배 증가

4-2 분극현상

4.2.1 분극의 종류

두 평행 평판 구조의 두 전극 사이에 유전체를 삽입하고 두 전극에 전압을 인가하게 되면 유전체 내부에 변화가 일어나게 된다. 그림 4-2와 같이 유전체가 아닌 도체가 삽입되어 있다면 도체의 자유전자가 이동하여 전류가 흐르게 되지만 부도체인 유전체를 삽입하였기 때문에 전자의 이동이 아닌 전자의 궤도에 의한 왜곡현상이 발생한다. 원자핵을 중심으로 전자가 구형태의 궤도를 돌면서 전기적으로 중성을 나타내고 있으나, 외부 전압의 영향을 받아 구형태의 원자궤도가 왜곡되어 +전압 쪽으로 전자가 편향되어 중성이 아닌 +전하인 원자핵과 −전하인 전자가 미소거리를 두고 분리되어 나타나게 된다. 이를 전기쌍극자라 한다. 유전체 내부에는 이러한 전기쌍극자가 배열 형태로 존재하게 되어 유전체 표면에 전하가 나타나는 현상을 전기분극(electric polarization) 또는 유전분극이라 한다.

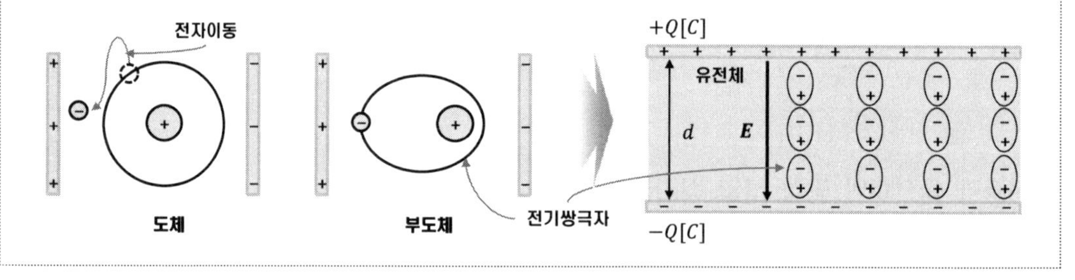

그림 4-2 유전체의 분극 현상

그림 4-3은 유전체 분극의 종류를 나타낸 것이다. 유전체의 분극에는 크게 세가지 종류로 구분이 되며, 전자분극(electronic polarization), 이온분극(ionic polarization), 배향분극(orientation polarization)으로 나눌 수 있다.

전자분극은 원자를 구성하는 모든 원자에서 발생하는 현상으로 외부의 전압에 의하여 전계가 영향을 받아 원자핵 주위를 도는 전자의 궤도가 왜곡이 되어 원자핵 중심의 전자궤도가 이동되어서 발생하는 현상을 나타낸다.

이온분극은 이온 재료인 결정($NaCl$ 등)에서 발생하는 것으로 외부의 전압에 의하여 전계의 영향으로 양이온과 음이온의 형태로 상대적인 변위가 발생하는 현상이다.

배향분극은 영구쌍극자를 가지고 있는 물질(물분자 등)에서 발생한다. 즉, 외부에서 전계를 인가하지 않아도 물질 그 자체로서 전기쌍극자를 형성하고 있는 것을 말한다. 그리고, 온도에 의한 열운동으로 영구쌍극자들이 임의 방향으로 배열되어 분극이 없는 것으로 보인다. 그러나, 외부 전계에 의하여 전계와 반대 방향으로 회전하여 분극을 일으킨다.

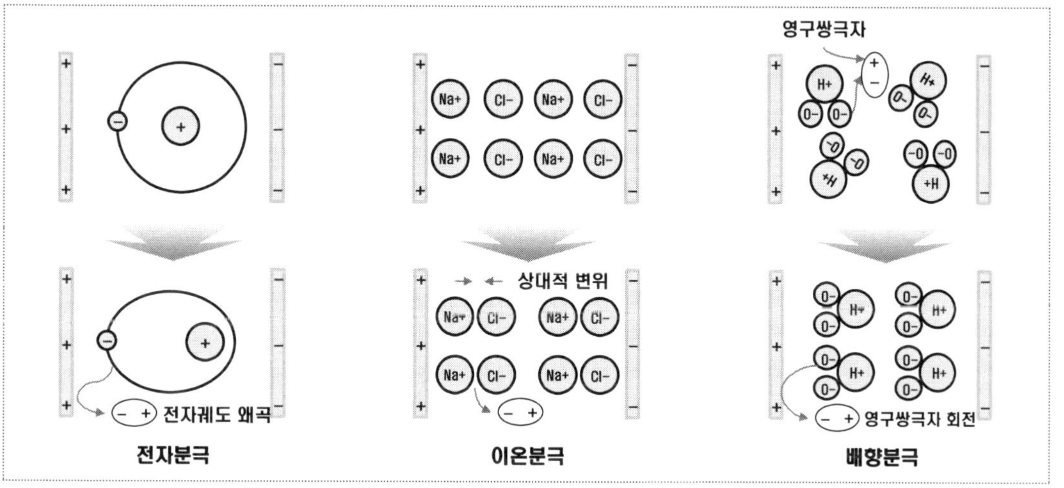

그림 4-3 분극의 종류

예제 4.6

▣ 분극 중 온도의 영향을 받는 분극은?

① 분자분극(electronic polarization)　② 이온분극(ionic polarization)
③ 배향분극(orientational polarization)　④ 전자분극과 이온분극

풀이

◉ 유극성 분자의 영구 쌍극자는 열운동에 의하여 임의의 방향을 가지기 때문에 물질 전체로 보면 분극은 "0"이 된다. 그러나 전계가 작용하면 영구 쌍극자는 전계와 반대 방향으로 회전력을 받아 분극을 일으키는 것을 배향분극이라 한다.

☞ ③

예제 4.7

▣ 다이아몬드와 같은 단결정 물체에 전장을 가할 때 유도되는 분극은?

① 전자 분극　② 이온 분극과 배향 분극
③ 전자 분극과 이온 분극　④ 전자 분극, 이온 분극, 배향 분극

풀이

◉ 전자 분극

▶ 원자 내의 전자와 핵의 상대적 변위로 발생
▶ 헬륨과 같은 단결정(다이아몬드)

☞ ①

4.2.2 분극의 수학적 표현

유전체에 전계를 인가하면 유전체 내에서 전하의 변위에 의하여 전기쌍극자가 발생한다. 유전체 내의 한 점에서 전계 방향에 수직인 단위면적을 통하여 변위되는 분극전하량 즉, 단위면적당 분극전하량을 그 점의 분극의 세기 또는 분극도라 한다. 전기쌍극자는 미소하기 때문에 미소면적에 대한 분극의 세기 $P[C/m^2]$를 수식으로 나타내면 다음과 같다.

$$P = \lim_{\Delta S \to 0} \frac{\Delta Q}{\Delta S} \, [C/m^2]$$

■ 분극의 세기 P

☞ 단위 면적당 분극 전하량

☞ $P = \frac{Q}{S}$

유전체에 전계를 인가하면 유전체 표면에 분극전하가 발생하기 때문에 단위면적당 전하량을 나타내는 분극 전하밀도 σ'는 분극의 세기 P와 같기 때문에 다음 관계식이 성립한다.

$$P = \sigma' \, [C/m^2]$$

■ 분극 전하밀도 σ'

☞ $\sigma' = \frac{Q}{S}$

그리고, 전기쌍극자의 미소면적 $\Delta S\,[m^2]$에 $\pm \Delta Q\,[C]$의 분극전하가 발생하면 전기쌍극자를 구성하기 위하여 원자핵인 $+\Delta Q\,[C]$와 전자인 $-\Delta Q\,[C]$사이의 미소거리를 $d[m]$라고 하면, 분극의 세기 P는 단위체적당 전기쌍극자 모멘트 $M[C \cdot m]$으로 정의할 수 있다.

$$P = \lim_{\Delta S \to 0} \frac{\Delta Q}{\Delta S} = \lim_{\Delta S \to 0} \frac{\Delta Q \cdot d}{\Delta S \cdot d} = \lim_{\Delta v \to 0} \frac{\Delta M}{\Delta v}$$

■ 자기쌍극자 모멘트 $\boldsymbol{M}$

☞ 크기: $M = Q\,d\,[C \cdot m]$

☞ 방향: $-Q$에서 $+Q$로

■ 분극의 세기 $\boldsymbol{P}$

☞ 크기: $P = \frac{Q}{S} = \sigma' \, [C/m^2]$

☞ 방향: − 분극전하에서 + 분극전하로

분극의 세기 $\boldsymbol{P}$는 전기쌍극자 모멘트 $\boldsymbol{M}$의 방향과 동일한 부(−)의 분극전하에서 정(+)의 분극전하로 향하는 벡터량을 나타내고 있다.

4.2.3 분극의 세기와 전계 사이의 관계

그림 4-4와 같이 진공 중의 평행 평판 콘덴서의 두 전극에 전압을 인가하여 단위면적당 전하밀도 $\pm\sigma\,[C/m^2]$를 형성시킨 다음, 두 전극 사이에 유전체를 삽입하였을 경우, 유전체 내부의 분극의 세기 $\boldsymbol{P}$와 전계의 세기 $\boldsymbol{E}$의 관계를 살펴보자.

외부에서 전계 $\boldsymbol{E_x}$를 인가하면 유전체 내부에서 분극이 발생하고 이 분극 전하에 의하여 분극의 세기 $\boldsymbol{P}$가 내부 전계의 세기 $\boldsymbol{E}$와 동일한 방향으로 형성되고, 분극의 세기 $\boldsymbol{P}$에 의하여 내부 전계의 세기 $\boldsymbol{E}$는 변화하게 된다.

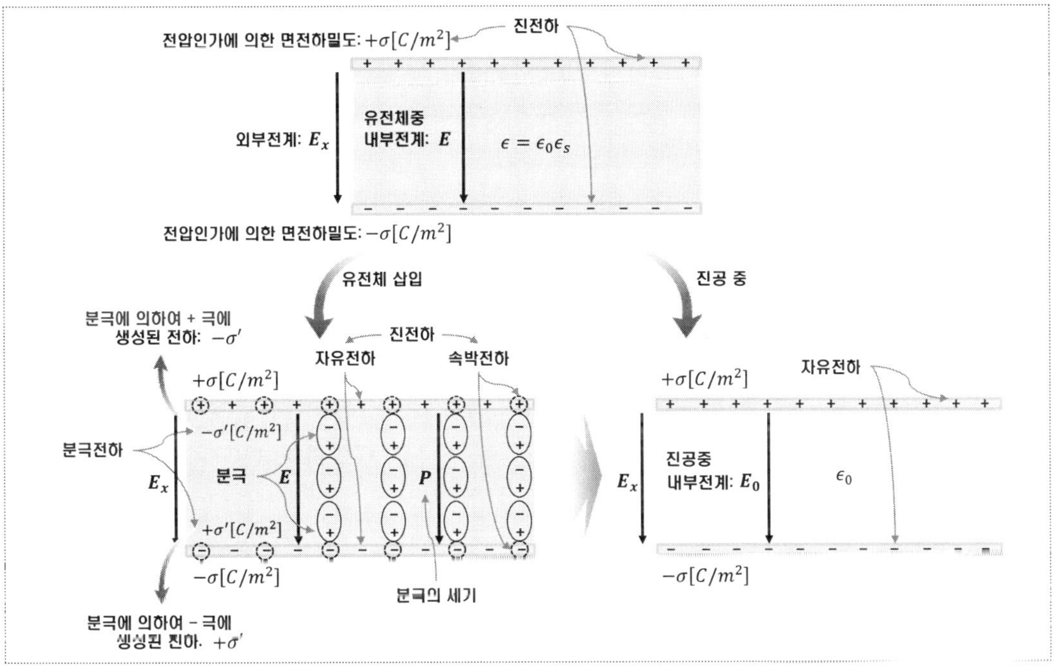

그림 4-4 분극의 세기와 전계 사이의 관계

평행 평판 콘덴서의 두 전극에 전압을 인가하여 전극에 단위면적당 전하밀도 $\pm\sigma\,[C/m^2]$가 공급된다. 초기에는 자유전하 형태의 단위면적당 전하밀도 $\pm\sigma\,[C/m^2]$인 +, −전하가 두 전극 양면에 유기된다. 그리고, 이 자유전하에 의하여 전계가 발생하게 되어 유전체 내부에 분극이 발생하고, 이 분극 현상에 의하여 유전체의 분극 전하(polarization charge)인 $+\sigma'\,[C/m^2]$가 음극에 유도되고, $-\sigma'\,[C/m^2]$가 양극에 유도된다. 이 유전체의 분극 전하에 대한 쿨롱력에 의하여 외부 전극에 인가된 전압에 의하여 초기의 자유전하는 속박전하

(bound charge, 분극에 의하여 자유전하 중에서 구속이 된 전하) ⊕, ⊖로 변화하게 된다.

이와 같이 속박전하와 자유전하를 합쳐서 진전하(true charge)라 하며, 평행 평판 콘덴서의 두 전극 사이에 단위면적당 전하밀도 $\pm\sigma\,[C/m^2]$가 형성된다. 그리고, 속박전하는 유전체 분극에 의하여 형성된 분극전하량과 같다. 이것은 ⊕의 전체 전하량 = 분극 전하 $-\sigma'\,[C/m^2]$, ⊖의 전체 전하량 = 분극 전하 $+\sigma'\,[C/m^2]$, 즉 분극의 세기 $P=\sigma'\,[C/m^2]$의 관계가 성립된다. 이 속박전하는 분극전하에 의하여 상호 인력인 쿨롱력이 작용하여 전압이 인가되지 않아도 존재하게 된다. 따라서, 유전체가 삽입된 평행 평판 콘덴서의 한 전극에 단위면적당 전하밀도 $\sigma\,[C/m^2]$가 인가되었을 경우, 유전체 내부에서는 분극전하 $\sigma'\,[C/m^2]$가 유도된다고 생각할 수 있다. 그러므로, 유전체를 제외한 평행 평판 콘덴서 즉, 진공 중의 평행 평판 콘덴서로 변환시킨다고 한다면, 전극 상부 +극에서는 $+\sigma\,[C/m^2]$와 $-\sigma'\,[C/m^2]$의 전하가 형성되고, 전극 하부 −극에서는 $-\sigma\,[C/m^2]$와 $+\sigma'\,[C/m^2]$의 전하가 형성되는 구조로 바꿀 수 있다. 그리고, 가우스 법칙을 이용하여 두 장의 무한 평판 도체 내부의 전계의 세기 E를 구한 수식을 나타내면 다음과 같다.

$$E=\frac{\sigma}{\epsilon_0}\,[V/m]$$

■ 두 장의 무한 평면 도체 내부의 전계 공식

상기 수식에서 두 장의 무한 평판 도체의 면전하밀도 σ 대신에 유전체가 삽입된 전극 상부인 +극에 발생한 $+\sigma\,[C/m^2]$와 $-\sigma'\,[C/m^2]$의 전하를 대입하면 다음 수식과 같다.

$$E=\frac{\sigma-\sigma'}{\epsilon_0}=\frac{\sigma-P}{\epsilon_0}\,[V/m]$$

■ 유전체 내부의 전계 E
☞ σ 대신에 $\sigma-\sigma'$를 대입
☞ $\sigma'=P$
☞ ϵ_0로 되어 있으나 유전체 삽입의 면전하 밀도를 반영

그리고, 유전체가 삽입된 두 장의 무한 평면도체 내부의 전계의 세기 E와 유전체가 없는 진공 중의 전계의 세기를 E_0라고 표현하면 다음과 같다.

$$E_0=\frac{\sigma}{\epsilon_0}\,[V/m]$$

■ 유전체를 제외한 진공 중의 전계 E_0

그리고, 단위면적당 전하밀도 $\sigma[C/m^2]$는 단위면적당 전하량인 전속밀도 $D[C/m^2]$와 같다고 할 수 있고, 이를 활용하여 유전체 내부의 전계 E와 유전체가 없는 진공 중의 내부의 전계 E_0 사이의 관계를 수식으로 나타내면 다음과 같다.

$E = \dfrac{E_0}{\epsilon_s} = \dfrac{\sigma}{\epsilon_0\epsilon_s} = \dfrac{\sigma}{\epsilon} = \dfrac{D}{\epsilon}\,[V/m]$ $\therefore \sigma = \epsilon_0\epsilon_s E[C/m^2]$ $\therefore D = \epsilon_0\epsilon_s E = \epsilon E[C/m^2]$	■ 유전체 내부 전계 E와 진공 중 전계 E_0 사이의 관계 ☞ $\dfrac{E_0}{E} = \epsilon_s \;\therefore\; E = \dfrac{E_0}{\epsilon_s}$ ☞ $E_0 = \dfrac{\sigma}{\epsilon_0}$ ■ 전속밀도 $D[C/m^2]$ ☞ $\sigma[C/m^2] = D[C/m^2]$ ☞ $E_0 = \dfrac{\sigma}{\epsilon_0} = \dfrac{D}{\epsilon_0}$

또한, 유전체 내부의 전계의 세기 E에 대한 수식을 다시 표현하면 다음과 같다.

$E = \dfrac{\sigma - \sigma'}{\epsilon_0} = \dfrac{\sigma - P}{\epsilon_0}\,[V/m]$ $\epsilon_0 E = \sigma - P$ $\epsilon_0 E - \sigma = -P$ $P = \sigma - \epsilon_0 E = D - \epsilon_0 E$ $P = \epsilon_0\epsilon_s E - \epsilon_0 E$ $P = (\epsilon_0\epsilon_s - \epsilon_0)E = (\epsilon - \epsilon_0)E = \chi E$	■ 면전하밀도, 전속밀도, 전계 사이의 관계 ☞ $\sigma = D = \epsilon_0\epsilon_s E = \epsilon E[C/m^2]$ ■ 분극률 χ(카이, chi) ☞ $\chi = \epsilon - \epsilon_0$

상기 분극의 세기 P에 대한 수식에서 비례상수 $\chi(\chi = \epsilon - \epsilon_0)$를 분극률(polarizability)이라 한다. 그리고, ϵ_0에 대한 비례상수 χ의 값 $\chi_s(\chi_s = \chi/\epsilon_0)$를 비분극률 또는 전기 감수율(electric susceptibility)이라 한다.

$\chi = \epsilon - \epsilon_0 = \epsilon_0\epsilon_s - \epsilon_0 = \epsilon_0(\epsilon_s - 1)\,[F/m]$ $\chi_s = \chi/\epsilon_0 = \epsilon_s - 1$	■ 분극률 $\chi[F/m]$ 값 ☞ 진공인 경우, 진공의 비유전율 $\epsilon_s = 1$ 이므로 분극률 χ는 0

분극률 χ와 비분극률 χ_s는 유전체 내부에서 분극이 얼마나 많이 발생하는 지에 대한 분극의 발생 정도를 나타내고 있다. 분극의 세기 P는 $P = \chi E$의 수식에 의하여 분극률이 클수록 분극이 잘 발생한다는 것을 알 수 있다. 그리고, 분극률 χ는 $\chi = \epsilon - \epsilon_0$의 수식에서 유전율 ϵ(또는 비유전율 ϵ_s) 값이 크면 클수록 분극률이 크게 됨을 알 수 있다. 따라서, 분극은 유전율에 관계가 있다. 즉, 비유전율 ϵ_s 값이 큰 로셀염이나 티탄산바륨은 분극률이 상당히 크다고 할 수 있다. 분극의 세기 P를 유전체 내부의 전계 E에 대한 수식으로 다시 작성하면 아래와 같다.

$$P = (\epsilon_0\epsilon_s - \epsilon_0)E = \epsilon_0(\epsilon_s - 1)E$$
$$= \epsilon_0(\epsilon_s - 1)\left(\frac{\sigma}{\epsilon_0\epsilon_s}\right)$$
$$= \frac{(\epsilon_s - 1)\sigma}{\epsilon_s} = \sigma\left(1 - \frac{1}{\epsilon_s}\right) = D\left(1 - \frac{1}{\epsilon_s}\right)$$

■ 분극의 세기 P

☞ $P = (\epsilon_0\epsilon_s - \epsilon_0)E = (\epsilon - \epsilon_0)E$

■ 유전체 내부의 전계 E

☞ $E = \frac{E_0}{\epsilon_s} = \frac{\sigma}{\epsilon_0\epsilon_s} = \frac{\sigma}{\epsilon}\,[V/m]$

☞ $E_0 = \frac{\sigma}{\epsilon_0}\,[V/m]$, $\sigma = D[C/m^2]$

상기 수식에서 분극의 세기 P를 살펴보면, 단위면적당 전하밀도 $\sigma\,[C/m^2]$에 비례하는 관계를 하고 있다. 그리고, 비유전율 ϵ_s 값이 크면 클수록 $1/\epsilon_s$ 값이 작아지기 때문에 1에 가까운 값으로 수렴하게 되어 단위면적당 전하밀도 $\sigma\,[C/m^2]$의 크기와 분극의 세기 P는 동일한 값을 가지게 된다. 즉, 비유전율 ϵ_s 값이 큰 유전체에서는 외부에서 인가하여 주는 단위면적당 전하밀도 $\sigma\,[C/m^2]$의 자유전하(+, − 전하) 전체가 속박전하 ⊕, ⊖로 변환되어 분극전하 $\sigma'\,[C/m^2]$가 점차적으로 커져 단위면적당 전하밀도 $\sigma\,[C/m^2]$와 분극전하에 의한 단위면적당 전하밀도 $\sigma'\,[C/m^2]$가 같아지게 된다. 즉, 분극의 세기 $P = \sigma'\,[C/m^2]$와 단위면적당 전하밀도 $\sigma\,[C/m^2]$가 같아짐($\sigma = \sigma'$)을 알 수 있다.

예제 4.8

■ 평등 전계 내에 수직으로 비유전율 $\epsilon_s = 2$인 유전체 판을 놓았을 경우 판 내의 면전하 밀도가 $\sigma = 4 \times 10^{-6}[C/m^2]$이었다. 유전체 내의 분극의 세기 $P[C/m^2]$는 얼마인가?

풀이

◉ 분극의 세기

$$P = \epsilon_0(\epsilon_s - 1)E = \sigma\left(1 - \frac{1}{\epsilon_s}\right) = 4 \times 10^{-6}\left(1 - \frac{1}{2}\right) = 2 \times 10^{-6}\,[C/m^2]$$

예제 4.9

▣ 비유전율 $\epsilon_s=5$인 등방 유전체의 한 점에서 전계의 세기가 $E=10^4\,[V/m]$일 때, 이 점의 분극률 $\chi\,[F/m]$는 얼마인가?

풀이

◉ 분극의 세기 $P=\epsilon_0(\epsilon_s-1)E$에서

$$\therefore \text{ 분극률 } \chi=\frac{P}{E}=\epsilon_0(\epsilon_s-1)=\frac{10^{-9}}{36\pi}\times(5-1)=\frac{10^{-9}}{9\pi}\,[F/m]$$

예제 4.10

▣ 두 평행판 축전기에 채워진 폴리에틸렌의 비유전율이 ϵ_s, 평행판간 거리 $d=1.5\,[mm]$일 때, 만일 평행판 내의 전계의 세기가 $10\,[kV/m]$라면 평행판간 폴리에틸렌 표면에 나타난 분극 전하밀도는 얼마인가?

풀이

◉ 분극 전하밀도 σ'는 분극의 세기 P와 같으므로

분극의 세기 $P=\sigma'=\epsilon_0(\epsilon_s-1)E$에서

$$\therefore\ P=\sigma'=\frac{1}{36\pi\times10^9}\times(\epsilon_s-1)\times10^4=\frac{\epsilon_s-1}{36\pi}\times10^{-5}\,[C/m^2]$$

여기서, $\epsilon_0=\dfrac{10^{-9}}{36\pi}=\dfrac{1}{36\pi\times10^9}=8.854\times10^{-12}\,[F/m]$

예제 4.11

▣ 평등전계 내에 수직으로 비유전율 $\epsilon_s=3$인 유전체판을 놓았을 경우 판 내의 전속밀도 $D=4\times10^{-6}\,[C/m^2]$이었다. 이 유전체의 비분극률은 얼마인가?

풀이

◉ 비유전율 $\epsilon_s=1+\dfrac{\chi}{\epsilon_0}=1+\chi_s$ 여기서, χ : 분극률, χ_s : 비분극률

◉ 비분극률은 $\chi_s=\epsilon_s-1=3-1=2$

예제 4.12

▣ 유전체 내의 전계의 세기 E와 분극의 세기 P와의 관계를 나타내는 식은?

① $P=\epsilon_0(\epsilon_s-1)E$ ② $P=\epsilon_0\epsilon_sE$ ③ $P=\epsilon_0(1-\epsilon_s)E$ ④ $P=(1-\epsilon_s)E$

풀이

◉ 전계 $E=\dfrac{\sigma-\sigma'}{\epsilon_0}=\dfrac{\sigma-P}{\epsilon_0}\,[V/m]$

◉ 분극의 세기

$$P=\sigma-\epsilon_0E=\epsilon_0\epsilon_sE-\epsilon_0E=(\epsilon_0\epsilon_s-\epsilon_0)E=\epsilon_0(\epsilon_s-1)E$$

$$=\epsilon_0(\epsilon_s-1)\left(\frac{\sigma}{\epsilon_0\epsilon_s}\right)=\frac{(\epsilon_s-1)\sigma}{\epsilon_s}=\sigma\left(1-\frac{1}{\epsilon_s}\right)$$

☞ ①

4.2.4 유전체 중의 전속밀도

외부에서 전계 $\boldsymbol{E_x}$를 인가하면 유전체 내부에서 분극이 발생하고 이 분극 전하에 의하여 분극의 세기 $\boldsymbol{P}$가 내부 전계의 세기 $\boldsymbol{E}$가 동일한 방향으로 형성되어 공존하게 된다. 도체 전극 사이의 유전체 내부에 대한 전속선 Φ[개]는 전체 전하량 $Q[C]$와 같다. 전체 전하량 $Q[C]$는 면적의 값이 주어지게 되면 단위면적당 전하밀도 $\sigma[C/m^2]$와 동일하다. 또한, 단위면적당 전하밀도 $\sigma[C/m^2]$는 유전체 내부의 단위면적당 전하량인 전속밀도 $D[C/m^2]$와 같다고 할 수 있다. 이를 수식으로 표현하면 다음과 같다.

$$\Phi\,[\text{개}] = Q\,[C]$$
$$D\,[C/m^2] = \frac{\Phi}{S} = \frac{Q}{S}$$
$$D\,[C/m^2] = \sigma\,[C/m^2]$$

■ 전속과 전하와 관계

☞ $\Phi = Q[C]$

■ 전속밀도 $D[C/m^2]$

☞ 단위면적당 전하량, $D = \frac{Q}{S} = \frac{\Phi}{S}$

■ 면전하 밀도와 전속밀도 관계

☞ $\sigma[C/m^2] = D[C/m^2]$

상기 수식에서 전속 Φ와 전속밀도 D는 유전체 종류에 관계없이 일정한 값을 가지며, 단위면적당 전하밀도 $\sigma[C/m^2]$와 같다. 따라서, 상기 수식을 다시 표현하면 아래와 같다.

$$D = \epsilon_0 E + P$$
$$\begin{aligned} D &= \epsilon_0 E + \epsilon_0(\epsilon_s - 1)E \\ &= \epsilon_0 E + \epsilon_0 \epsilon_s E - \epsilon_0 E \\ &= \epsilon_0 \epsilon_s E = \epsilon E \end{aligned}$$

■ 전계와 분극사이의 관계

☞ $E = \frac{\sigma - \sigma'}{\epsilon_0} = \frac{\sigma - P}{\epsilon_0}\,[V/m]$

$\epsilon_0 E = \sigma - P$

$\epsilon_0 E - \sigma = -P$

$P = \sigma - \epsilon_0 E$

☞ $D = \sigma$를 적용하면

☞ $P = D - \epsilon_0 E$

$D = \epsilon_0 E + P$

☞ $P = \epsilon_0(\epsilon_s - 1)E$

상기 수식에서 전속밀도 D를 유전율 ϵ과 전계의 세기 E로 나타내었다. 즉, 분극의 세기 P를 포함하고 있지 않기 때문에 진공 중의 유전율과 같은 형태로 유전체 중의 정전계 해석에 이용할 수 있다. 따라서, 유전체 내부의 전속밀도 D는 $D = \epsilon E$로 표현되고, 진공 중의 전속 밀도 D(분극의 세기 $P=0$)를 구하면 $D=\epsilon_0 E+P$에서 진공 중에서는 분극의 세기 P가 $P=0$이기 때문에 $D=\epsilon_0 E$로 진공 중에서 전속밀도를 구한 식과 동일한 값이 됨을 알 수 있다.

그리고, 아래 수식은 유전체 내에서의 전속밀도 D와 진공 중의 전속밀도 D를 각각 나타낸 것이다.

유전체 내의 전속밀도: $D=\epsilon_0 E+P=\epsilon E$ 진공 중의 전속밀도: $D=\epsilon_0 E+P(=0)$ $=\epsilon_0 E$	■ 유전체 내의 전속밀도 ☞ $D=\epsilon E$ ■ 진공 중의 전속밀도 ☞ $D=\epsilon_0 E$

예제 4.13

▣ 전계 E, 전속밀도 D, 유전율 ϵ 사이의 관계를 옳게 표시한 것은?

① $P=D+\epsilon_0 E$ ② $P=D-\epsilon_0 E$ ③ $\epsilon_0 P=D+E$ ④ $\epsilon_0 P=D-E$

풀이

◉ 전계 $E=\dfrac{\sigma-\sigma'}{\epsilon_0}=\dfrac{D-P}{\epsilon_0}[V/m]$, 전속밀도 $D=\epsilon_0 E+P\,[C/m^2]$

◉ 분극의 세기

$P=D-\epsilon_0 E=\epsilon_0\epsilon_s E-\epsilon_0 E=\epsilon_0(\epsilon_s-1)E\,[C/m^2]$

또는 $P=D-\epsilon_o E=D-\dfrac{D}{\epsilon_s}=D\left(1-\dfrac{1}{\epsilon_s}\right)$

☞ ②

예제 4.14

▣ 유전체의 분극도 표현으로 옳지 않은 것은?

① $P=D-\epsilon_0 E$ ② $P=D-\epsilon_0\left(\dfrac{D}{\epsilon}\right)$ ③ $P=D\left(1-\dfrac{1}{\epsilon_s}\right)$ ④ $P=E-\epsilon_0\left(\dfrac{D}{\epsilon}\right)$

풀이

◉ 분극의 세기

$P=D-\epsilon_0 E=\epsilon_0\epsilon_s E-\epsilon_0 E=\epsilon_0(\epsilon_s-1)E\,[C/m^2]$

또는 $P=D-\epsilon_o E=D-\epsilon_0\left(\dfrac{D}{\epsilon}\right)=D-\dfrac{D}{\epsilon_s}=D\left(1-\dfrac{1}{\epsilon_s}\right)[C/m^2]$

☞ ④

4-3 패러데이 관

전계의 세기에서 전계의 분포 상태를 전기력선 또는 전속선으로 나타낼 수 있었다. 그렇다면, 전속밀도도 전기력선 또는 전속선 형태로 표현할 수 있다고 생각할 수 있다. 그림 4-5와 같이 미소면적 $d\boldsymbol{S}$ 주변을 지나는 전속밀도 $\boldsymbol{D}$의 전속선으로 구성된 하나의 관이 생긴다.

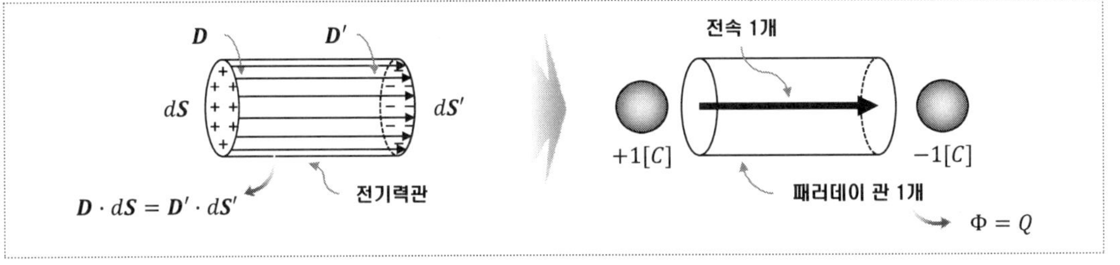

그림 4-5 전기력 관 및 패러데이 관의 개념

이와 같이 전속선에 의하여 생기는 관을 전기력 관(tube of electric force)이라고 한다. 전기력 관에서 전속선이 하나의 관 안에서만 지나고 외부로 나오지는 않는다. 즉, 전기력 관의 한쪽 미소면인 $d\boldsymbol{S}$를 통과한 전속밀도 $\boldsymbol{D}$로 구성된 전속선은 외부로 나오지 않고 관 안을 통과하여 반대편 미소면인 $d\boldsymbol{S}'$에 전속밀도 $\boldsymbol{D}'$의 형태로 통과한다는 것을 나타낸다. 이를 수식으로 표현하면 다음과 같다.

$$\boldsymbol{D} \cdot d\boldsymbol{S} = \boldsymbol{D}' \cdot d\boldsymbol{S}'$$

■ 전기력 관의 개념

☞ $\boldsymbol{D} \cdot d\boldsymbol{S} = \boldsymbol{D}' \cdot d\boldsymbol{S}'$

이 전기력 관은 $div\,\boldsymbol{D} = \rho$에 의하여 정전하에서 나와 부전하에서 끝나게 된다. 특히, 단위 전하에서 나오는 전속선의 전기력 관을 패러데이 관(Faraday tube)이라 하고, 그 양단에는 $\pm 1\,[C]$의 전하가 존재한다. 즉, 패러데이 관수는 전속선의 수와 같이 된다. 이를 수식으로 표현하면 아래와 같다.

$$+1[C] = 1\Phi = \boldsymbol{D} \cdot d\boldsymbol{S}$$

$$\Rightarrow \boldsymbol{D}' \cdot d\boldsymbol{S}' = 1\Phi = -1[C]$$

∴ 패러데이 관 수 = 전속선 수

■ 전속밀도 정의

☞ $D = \dfrac{\Phi}{S} = \dfrac{Q}{S}[C/m^2]$, $\Phi = Q = DS$

☞ 전속선 방향: $+1[C]$에서 $-1[C]$

그리고, 페러데이 관은 다음과 같은 일반적인 성질이 있다.

■ 페러데이 관 내에서 전속선의 수는 일정하다.

■ 진전하가 없는 점에서 페러데이 관은 연속적이다.

■ 패러데이 관의 양단에는 정(+)과 부(−)의 단위전하가 존재한다.

■ 패러데이 관의 밀도는 전속밀도와 같다.

예제 4.15

▣ 패러데이 관에서 전속선 수가 $5Q$[개]이면 패러데이 관 수는 몇 개인가?

풀이

◉ 패러데이 관 양단에는 정(+), 부(−)의 단위전하가 존재하며, 단위전하에 항상 선속 한 개가 출입하므로 그 수는 전속수와 서로 같다. 따라서 $5Q$[개]기 된다.

예제 4.16

▣ 패러데이 관의 설명 중 틀린 것은?

① $+1[C]$의 진전하에 $-1[C]$의 진전하로 끝나는 1개의 관으로 가정한다.

② 관의 양끝에는 정, 부의 단위 진전하가 있다.

③ 관의 밀도는 전속밀도와 동일하다.

④ 관속에 있는 전속수는 진전하가 있으면 일정하고 연속이다.

풀이

◉ 패러데이 관은 $+1[C]$의 진전하에서 나와서 $-1[C]$의 진전하로 들어가는 한 개의 관으로 패러데이 관수(전속수)는 관속에 진전하가 없으면 일정. 즉, 연속적이다.

☞ ④

예제 4.17

▣ 패러데이(Faraday) 관에 대한 설명 중 틀린 것은?

① 패러데이 관 내의 전속선 수는 일정하다.

② 진전하가 없는 점에서는 패러데이 관은 불연속적이다.

③ 패러데이 관의 밀도는 전속밀도와 같다.

④ 패러데이 관 양단에 정, 부의 단위 전하가 있다.

풀이

◉ 패러데이 관의 성질

▶ 패러데이 관 내의 전속수는 일정하다.

▶ 패러데이 관 양단에 정, 부의 단위 전하가 있다.

▶ 진전하가 없는 점에서 패러데이관은 연속적이다.

▶ 패러데이 관의 밀도는 전속 밀도와 같다.

☞ ②

4-4 유전체의 경계조건

평행 평판 콘덴서에서 하나의 유전체에 대하여 살펴보았다. 여기서는 서로 다른 유전율 ϵ_1, ϵ_2 인 두 종류의 유전체가 평행 평판 콘덴서의 두 전극 사이에 있고 유전율 ϵ_1, ϵ_2 가 접하는 경계면 상의 전속밀도 $\boldsymbol{D}$와 전계 $\boldsymbol{E}$의 경계조건에 대하여 살펴보자.

4.4.1 전속밀도의 경계조건

그림 4-6과 같이 유전율이 다른 ϵ_1, ϵ_2 인 두 종류의 유전체가 접하고 있는 경계면 양측의 두 전극에 면전하밀도 $\pm\sigma[C/m^2]$를 가지고 있으며, 전속밀도 D_1, D_2 가 유전체 경계면을 지나가고 있다고 하자. 그리고, 유전체 경계면에 원통형 가우스 면을 적용하여 보자.

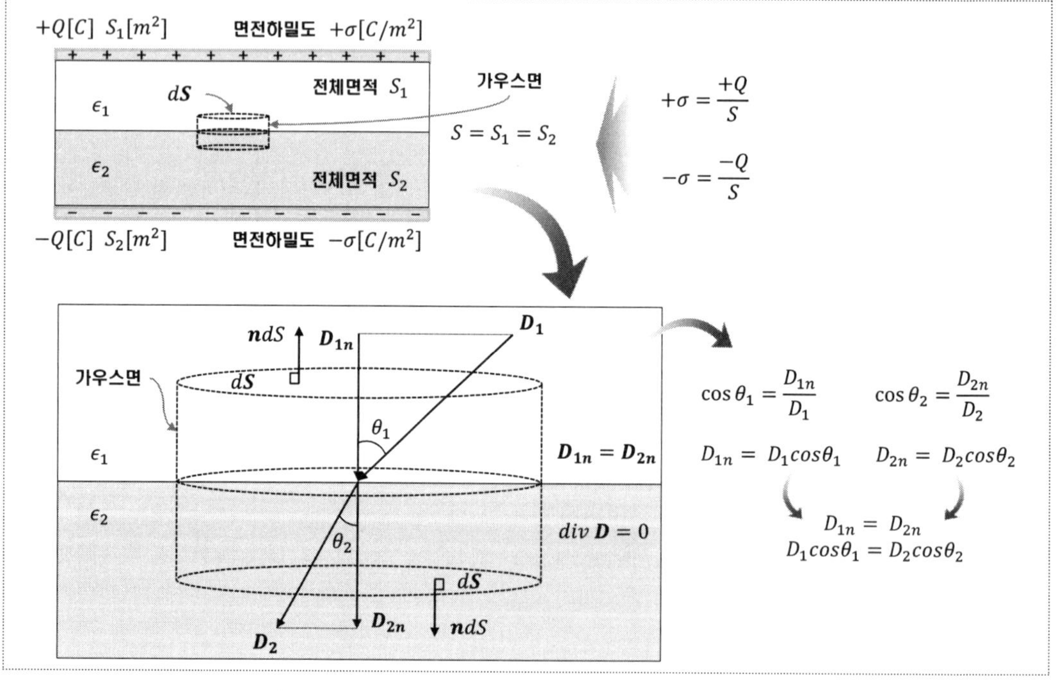

그림 4-6 서로 다른 유전체에서 전속밀도의 경계조건

전속밀도 D_1, D_2 의 법선 성분을 D_{1n}, D_{2n} 이라 하고, 이를 가우스 법칙을 적용하여 풀면 다음과 같다.

$$
\begin{aligned}
Q &= \sigma S = \sigma \oint_S dS = \oint_S \boldsymbol{D} \cdot d\boldsymbol{S} \\
&= \oint_S \boldsymbol{D} \cdot \boldsymbol{n} dS \\
&= \int_0^{S_1} D_{1n}\, dS \cos 180^\circ + \int_0^{S_2} D_{2n}\, dS \cos 0^\circ \\
&= -\int_0^{S_1} D_{1n}\, dS + \int_0^{S_2} D_{2n}\, dS \\
&= -D_{1n} \int_0^{S_1} dS + D_{2n} \int_0^{S_2} dS \\
&= -D_{1n} S_1 + D_{2n} S_2 \\
&= -D_{1n} S + D_{2n} S = S(-D_{1n} + D_{2n})
\end{aligned}
$$

$$\therefore \sigma S = S(-D_{1n} + D_{2n})$$

$$\therefore D_{2n} - D_{1n} = \sigma$$

■ 가우스 법칙 적용
- ☞ $Q = \sigma S = \sigma \oint_S dS = \oint_S \boldsymbol{D} \cdot d\boldsymbol{S}$

■ 면 벡터를 적용
- ☞ $d\boldsymbol{S} = \boldsymbol{n} dS$
- ☞ D_1과 $d\boldsymbol{S} = \boldsymbol{n} dS$ 반대 방향(180°)
- ☞ D_2와 $d\boldsymbol{S} = \boldsymbol{n} dS$ 같은 방향(0°)

■ $\int x^n dx = \dfrac{x^{n+1}}{n+1}$의 적분공식에서
- ☞ $\int 1\, dS = \int S^0 dS = \dfrac{S^{-0+1}}{-0+1} = S$

■ 전체 면적을 적용
- ☞ $S_1 = S_2 = S$

원통형 가우스 면의 내부에는 전하가 존재하지 않음으로 아래 수식으로 나타낼 수 있다.

$$D_{2n} - D_{1n} = \sigma = 0$$

$$\therefore D_{1n} = D_{2n}$$

■ 원통형 가우스 면 내부에는 전하가 없음
- ☞ $Q = 0 = \sigma S = \sigma \oint_S dS = \oint_S \boldsymbol{D} \cdot d\boldsymbol{S}$

상기의 최종 결과인 $D_{1n} = D_{2n}$의 관계는 서로 다른 유전체 ϵ_1, ϵ_2인 두 종류의 유전체가 접하고 있는 경계면 상에서 전속밀도의 법선 성분은 그 크기가 같고 연속이라는 것을 나타내고 있다. 그리고, 전속밀도 D_1, D_2와 법선 성분인 D_{1n}, D_{2n} 사이의 관계를 살펴보면 아래 수식과 같다.

$$\cos\theta_1 = \frac{D_{1n}}{D_1} \qquad D_{1n} = D_1 \cos\theta_1$$

$$\cos\theta_2 = \frac{D_{2n}}{D_2} \qquad D_{2n} = D_2 \cos\theta_2$$

$$\therefore D_1 \cos\theta_1 = D_2 \cos\theta_2$$

■ 서로 다른 유전체에 대한 전속밀도의 경계조건
- ☞ $D_{1n} = D_{2n}$
- ☞ 전속밀도는 법선 성분이 같음

4.4.2 전계의 경계조건

그림 4-7과 같이 유전율이 다른 ϵ_1, ϵ_2인 두 종류의 유전체가 접하고 있는 경계면의 양측에 있는 두 전극에 면전하밀도 $\pm\sigma[C/m^2]$를 가지고 있으며, 전계 E_1, E_2가 유전체 경계면을 지나가고 있다고 하자.

그리고, 유전체 경계면의 외부를 회전하는 직사각형 형태의 폐루프를 적용하여 전위의 변화를 살펴보자.

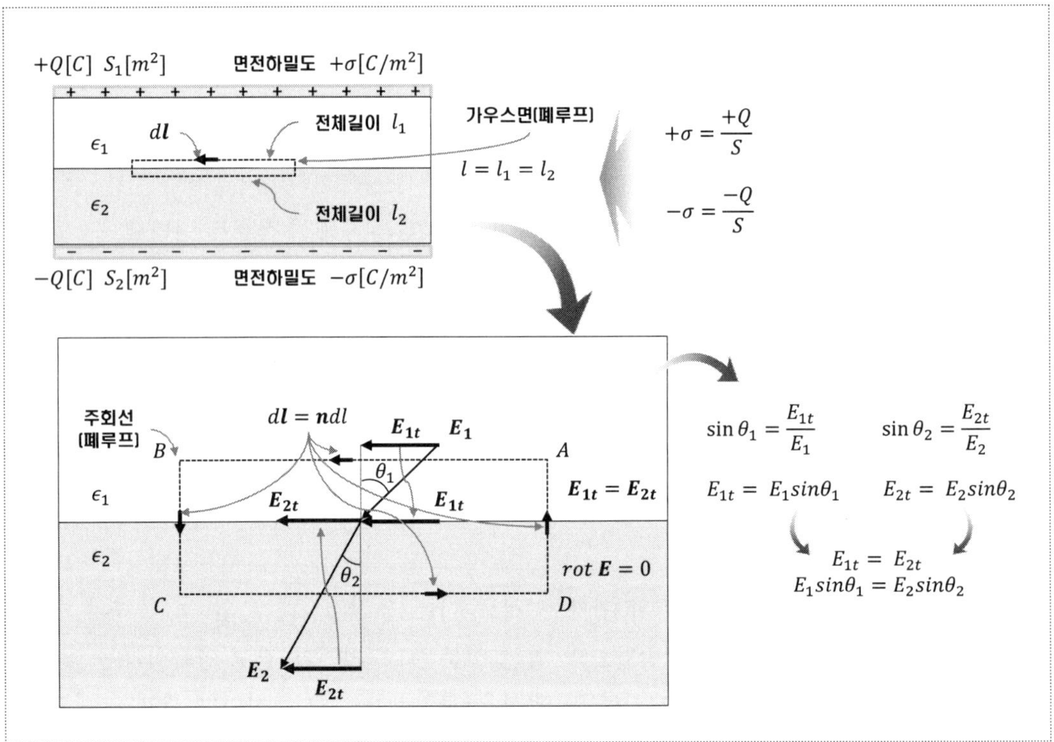

그림 4-7 서로 다른 유전체에서 전계의 경계조건

전계 E_1, E_2의 접선 성분을 E_{1t}, E_{2t}이라 하고, 그림 4-7에서와 같이 직사각형 형태의 주회선을 적용하여 직사각형 주위를 일주하면서 전위의 변화를 구하여 경계면에 대한 전계의 경계조건을 살펴보자. 그리고, 적분구간인 B, C와 D, A의 적분 경로가 매우 짧은 구간이라고 가정하여 이 두 적분 구간의 적분한 값을 무시할 수 있다고 가정한다.

그리고, 직사각형 형태의 폐 루프를 일주하면서 전위 공식을 적용하여 풀면 다음과 같다.

$$
\begin{aligned}
-V &= \oint \boldsymbol{E} \cdot dl = \oint \boldsymbol{E} \cdot ndl \\
&= \int_A^B \boldsymbol{E} \cdot ndl + \int_B^C \boldsymbol{E} \cdot ndl \\
&\quad + \int_C^D \boldsymbol{E} \cdot ndl + \int_D^A \boldsymbol{E} \cdot ndl \\
&= \int_A^B \boldsymbol{E} \cdot ndl + \int_C^D \boldsymbol{E} \cdot ndl \\
&= \int_A^B \boldsymbol{E}_{1t} \cdot ndl + \int_C^D \boldsymbol{E}_{2t} \cdot ndl \\
&= \int_A^B E_{1t}\, dl \cos 0^\circ + \int_C^D E_{2t}\, dl \cos 180^\circ \\
&= E_{1t} \int_A^B dl - E_{2t} \int_C^D dl = E_{1t} l_1 - E_{2t} l_2 \\
&= E_{1t} l - E_{2t} l = (E_{1t} - E_{2t}) l
\end{aligned}
$$

■ 전위차의 공식을 적용

☞ $V_{ab} = -\int_b^a \boldsymbol{E} \cdot dl$

☞ $\boldsymbol{E}_{1t}$와 $dl(A \rightarrow B)$: 같은 방향(0°)

☞ $\boldsymbol{E}_{2t}$와 $dl(C \rightarrow D)$: 반대 방향(180°)

☞ $\boldsymbol{E}_{1t}$, $\boldsymbol{E}_{2t}$와 $dl(B \rightarrow C,\ D \rightarrow A)$: 90°로 벡터의 내적은 0이 됨

■ $\int x^n dx = \frac{x^{n+1}}{n+1}$의 적분공식에서

☞ $\int 1\, dl = \int l^0 dl - \frac{l^{-0+1}}{-0+1} = l$

■ 주회선 A, B 사이의 거리는 l_1

☞ $\int_A^B dl = l_1$

■ 주회선 C, D 사이의 거리는 l_2

☞ $\int_C^D dl = l_2$

■ $l = l_1 = l_2$을 적용

$$
\begin{aligned}
&0 = -V = (E_{1t} - E_{2t}) l \\
&\therefore E_{1t} = E_{2t}
\end{aligned}
$$

■ 적분구간을 폐루프로 하면 전위차는 0이 됨

☞ $0 = V = -\oint \boldsymbol{E} \cdot dl$

상기 최종 결과인 $E_{1t} = E_{2t}$의 관계는 서로 다른 유전율 ϵ_1, ϵ_2인 두 종류의 유전체가 접하고 있는 경계면 상에서 전계의 접선 성분은 그 크기가 같고 연속이라는 것을 나타내고 있다. 그리고, 전계 E_1, E_2와 접선 성분인 E_{1t}, E_{2t} 사이의 관계를 살펴보면 아래 수식과 같다.

$$
\begin{aligned}
&\sin\theta_1 = \frac{E_{1t}}{E_1} \qquad E_{1t} = E_1 \sin\theta_1 \\
&\sin\theta_2 = \frac{E_{2t}}{E_2} \qquad E_{2t} = E_2 \sin\theta_2 \\
&\therefore E_1 \sin\theta_1 = E_2 \sin\theta_2
\end{aligned}
$$

■ 서로 다른 유전체에 대한 전계의 경계조건

☞ $E_{1t} = E_{2t}$

☞ 전계는 접선 성분이 같음

4.4.3 전속 및 전기력선의 굴절

유전율이 서로 다른 ϵ_1, ϵ_2인 두 종류의 유전체가 접하고 있는 경계에 유전율이 ϵ_1인 유전체에 전속밀도 D_1이 입사각 θ_1의 각도로 들어와서 경계면에서 굴절하여 유전율이 ϵ_2인 유전체로 굴절각 θ_2의 각도로 굴절하여 나가는 경우, 전속밀도의 경계조건을 살펴보자. 전속밀도 D_1, D_2와 법선 성분인 D_{1n}, D_{2n} 사이의 관계를 살펴보면 아래 수식과 같다.

$\cos\theta_1 = \dfrac{D_{1n}}{D_1} \qquad D_{1n} = D_1\cos\theta_1$ $\cos\theta_2 = \dfrac{D_{2n}}{D_2} \qquad D_{2n} = D_2\cos\theta_2$ $\therefore D_1\cos\theta_1 = D_2\cos\theta_2$	■ 서로 다른 유전체에 대한 전속밀도의 경계조건 ☞ $D_{1n} = D_{2n}$ ☞ $D_1\cos\theta_1 = D_2\cos\theta_2$

$D_1\cos\theta_1 = D_2\cos\theta_2$ $\epsilon_1 E_1\cos\theta_1 = \epsilon_2 E_2\cos\theta_2$	■ 전속밀도와 전계의 관계 ☞ $D = \epsilon E$

그리고, 전계 E_1, E_2와 접선 성분인 E_{1t}, E_{2t} 사이의 관계를 살펴보면 아래 수식과 같다.

$\sin\theta_1 = \dfrac{E_{1t}}{E_1} \qquad E_{1t} = E_1\sin\theta_1$ $\sin\theta_2 = \dfrac{E_{2t}}{E_2} \qquad E_{2t} = E_2\sin\theta_2$ $\therefore E_1\sin\theta_1 = E_2\sin\theta_2$	■ 서로 다른 유전체에 대한 전계의 경계조건 ☞ $E_{1t} = E_{2t}$ ☞ $E_1\sin\theta_1 = E_2\sin\theta_2$

위의 두식을 활용하여 $E_1\sin\theta_1 = E_2\sin\theta_2$의 수식을 다시 나타내면 다음과 같다.

$E_1\sin\theta_1 = E_2\sin\theta_2$ $\dfrac{E_1\sin\theta_1}{D_1\cos\theta_1} = \dfrac{E_2\sin\theta_2}{D_2\cos\theta_2}$	■ 0이 아닌 숫자를 더하거나 곱하거나 나누어도 등식은 변화하지 않는다. 를 적용 ☞ $D_1\cos\theta_1 = D_2\cos\theta_2$를 등식의 양변에 나누어 줌

$$\frac{E_1 \sin\theta_1}{\epsilon_1 E_1 \cos\theta_1} = \frac{E_2 \sin\theta_2}{\epsilon_2 E_2 \cos\theta_2}$$

$$\frac{1}{\epsilon_1}\tan\theta_1 - \frac{1}{\epsilon_2}\tan\theta_2, \quad \frac{\tan\theta_1}{\tan\theta_2} = \frac{\epsilon_1}{\epsilon_2}$$

■ 전속밀도와 전계의 관계

☞ $D = \epsilon E$

■ 삼각함수의 관계

☞ $\tan\theta = \dfrac{\sin\theta}{\cos\theta}$

상기 수식을 전속 및 전기력선에 대한 굴절의 법칙이라 한다. 아래 수식은 예시로 $\epsilon_1 = 1$, $\epsilon_2 = 2$라고 가정하였을 때, 굴절의 법칙을 적용한 예를 나타낸 것이다. 유전율이 작은 ϵ_1에서 전속 및 전기력선이 입사하였을 때, 입사각보다 유전율이 더 큰 ϵ_2에서 전속 및 전기력선의 굴절각이 더 커짐을 알 수 있다. 이것은 물 위(공기, 유전율이 작음)에서 물 속(유전율이 큼)에 다리를 넣고 위에서 보면 다리가 짧아 보이는 것(굴절각이 큼)과 같은 이치이다.

$$\frac{\tan\theta_1}{\tan\theta_2} = \frac{\epsilon_1}{\epsilon_2} = \frac{1}{2}$$

$$\therefore \tan\theta_2 = 2\tan\theta_1$$

$$\therefore \epsilon_1 > \epsilon_2 \Rightarrow \theta_1 > \theta_2$$

$$\therefore \epsilon_1 < \epsilon_2 \Rightarrow \theta_1 < \theta_2$$

■ 탄젠트 삼각함수의 그래프

☞

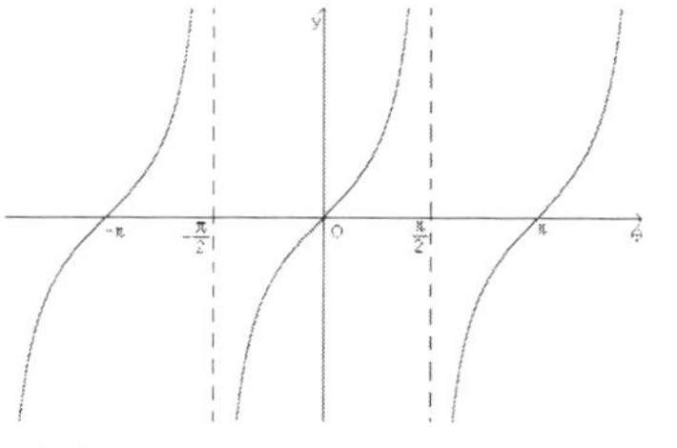

☞ 전속 및 전기력선의 입사각은 0°에서 90° 사이이기 때문에 탄젠트 값은 입사각의 각도가 크면 클수록 값이 증가

■ 예로 θ_1이 입사각 30°로 입사하게 되면 굴절각의 법칙에 의하여 계산해 보면

☞ $\tan 30° \doteq 0.57735$

☞ $2 \times \tan 30° \simeq 1.1547$

☞ $\theta_2 = \tan^{-1}(1.1547) = 49.1°$

☞ 즉, θ_2가 49.1°로 굴절각이 커짐

[1] 입사각 θ_1이 $0° < \theta_1 < 90°$인 경우 전속 및 전기력선의 굴절

그림 4-8은 유전율이 각각 ϵ_1, ϵ_2인 경계면에서 유전율의 관계가 $\epsilon_1 > \epsilon_2$이라고 한다면 전속 및 전기력선에 대한 굴절의 법칙에 의하여 유전율이 크면 전속 및 전기력선의 굴절각이 더 커지게 된다. 그러므로, $\epsilon_1 > \epsilon_2 \Rightarrow \theta_1 > \theta_2$인 조건에서 유전체 경계면에서 입사각 θ_1

이 $0° < \theta_1 < 90°$ 인 경우, 굴절각, 전속밀도 및 전계의 변화를 알아보자. 그림 4-8에서는 유전율의 관계가 $\epsilon_1 > \epsilon_2$ 일 경우에 대하여 전속밀도의 변화를 중심으로 전계의 변화를 살펴본 것이다.

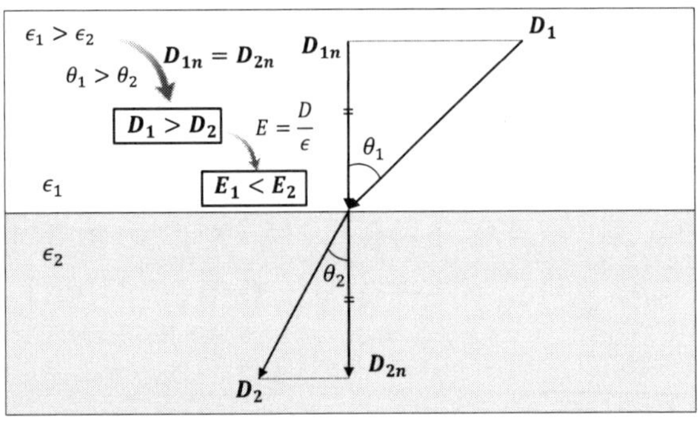

$\epsilon_1 > \epsilon_2$

$\therefore \epsilon_1 > \epsilon_2 \Rightarrow \theta_1 > \theta_2$

$\therefore D_1 > D_2$	$\therefore E_1 < E_2$
전속밀도는 유전율이 큰 쪽으로 몰린다.(불연속)	전계는 유전율이 작은 쪽으로 몰린다.(불연속)
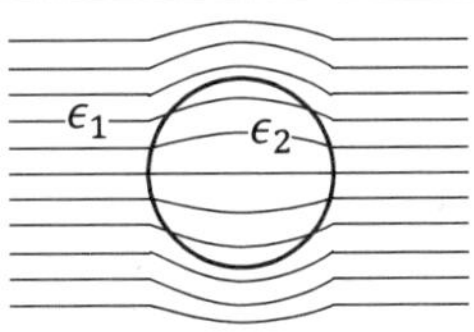	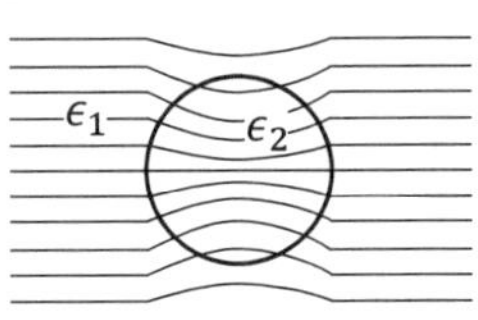
돋보기(볼록렌즈)	졸보기(오목렌즈)
굴절	굴절

■ 경계조건(입사 및 굴절각 관계)

☞ 유전율이 크면 굴절각이 큼

☞ $\epsilon_1 > \epsilon_2 \quad \therefore \epsilon_1 > \epsilon_2 \Rightarrow \theta_1 > \theta_2$

■ 서로 다른 유전체에 대한 전속밀도의 경계조건

☞ $D_{1n} = D_{2n}$

☞ $D_1 \cos\theta_1 = D_2 \cos\theta_2$에서 θ_1이 θ_2 보다 크다면($\therefore \theta_1 > \theta_2$)

☞ $\cos\theta_1 < \cos\theta_2$

☞ 코사인 삼각함수의 그래프

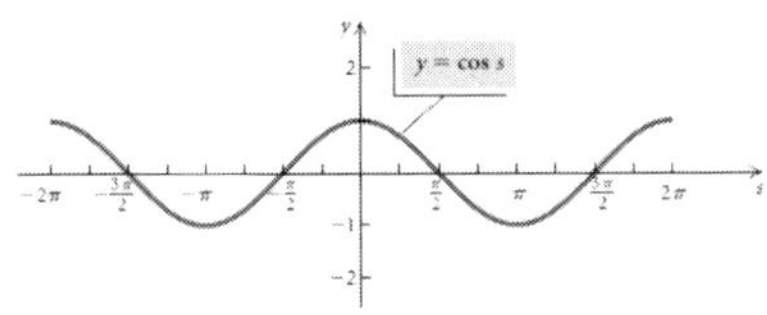

■ $D_1 \cos\theta_1 = D_2 \cos\theta_2$의 관계가 성립하려면

☞ $\cos\theta_1 < \cos\theta_2$이기 때문에

☞ $D_1 > D_2$의 관계가 되어야만 함

■ 전계와 전속밀도 관계

☞ $D = \epsilon E \Rightarrow \therefore E = \dfrac{D}{\epsilon}$ 관계가 성립

☞ E와 ϵ은 반비례 관계

☞ $\therefore \epsilon_1 > \epsilon_2 \quad \Rightarrow \quad E_1 < E_2$의 관계가 성립함

그림 4-8 경계면에서 전속의 굴절($\epsilon_1 > \epsilon_2$)

상기 수식의 최종 결과인 $D_1 > D_2$의 의미는 전속이 굴절하며, 전속밀도가 불연속(일정하지 않음)이라는 것을 나타내며, 역시 $E_1 < E_2$는 전기력선은 굴절하며, 전계가 불연속(일정하지 않음)이라는 것을 의미한다. 그림 4-9는 그림 4-8의 유전율 관계가 $\epsilon_1 > \epsilon_2$ 일 경우, 전속밀도의 변화를 중심으로 전계의 변화를 살펴본 것에 비하여 유전율의 관계가 $\epsilon_1 > \epsilon_2$

일 경우, 전계의 변화를 중심으로 전속밀도의 변화를 살펴본 것이다.

그림 4-9에서 유전율이 각각 ϵ_1, ϵ_2인 경계면에서 유전율의 관계가 $\epsilon_1 > \epsilon_2$이라고 한다면 전속 및 전기력선에 대한 굴절의 법칙에 의하여 유전율이 크면 전속 및 전기력선의 굴절각이 더 커지게 된다. 그러므로, $\epsilon_1 > \epsilon_2 \Rightarrow \theta_1 > \theta_2$인 조건에서 유전체 경계면에서 입사각 θ_1이 $0^\circ < \theta_1 < 90^\circ$인 경우, 굴절각, 전계를 중심으로 한 전속밀도의 변화를 살펴보자.

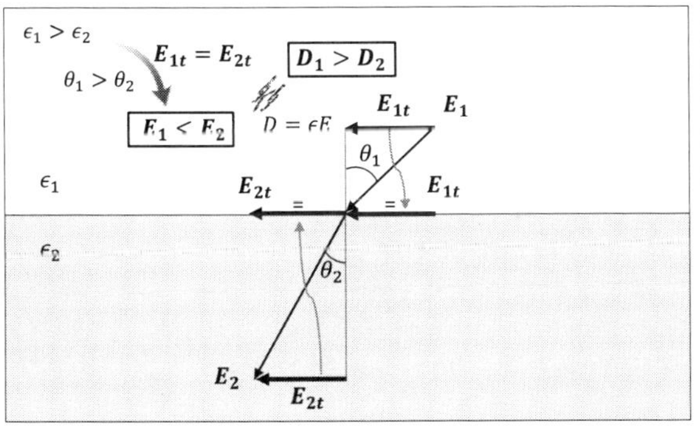

$\epsilon_1 > \epsilon_2$

$\therefore \epsilon_1 > \epsilon_2 \Rightarrow \theta_1 > \theta_2$

$\therefore E_1 < E_2$	$\therefore D_1 > D_2$
전계는 유전율이 작은 쪽으로 몰린다.(불연속)	전속밀도는 유전율이 큰 쪽으로 몰린다.(불연속)
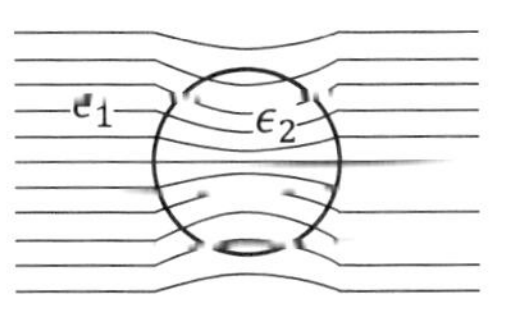	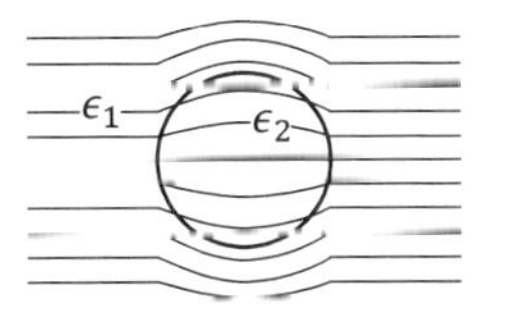
졸보기(오목렌즈)	돋보기(볼록렌즈)
굴절	굴절

■ 경계조건(입사 및 굴절각 관계)

☞ 유전율이 크면 굴절각이 큼

☞ $\epsilon_1 > \epsilon_2$ $\therefore \epsilon_1 > \epsilon_2 \Rightarrow \theta_1 > \theta_2$

■ 서로 다른 유전체에 대한 전계의 경계조건

☞ $E_{1t} - E_{2t}$

☞ $E_1 \sin\theta_1 = E_2 \sin\theta_2$에서 θ_1이 θ_2 보다 크다면($\therefore \theta_1 > \theta_2$)

☞ $\sin\theta_1 > \sin\theta_2$

☞ 사인 삼각함수의 그래프

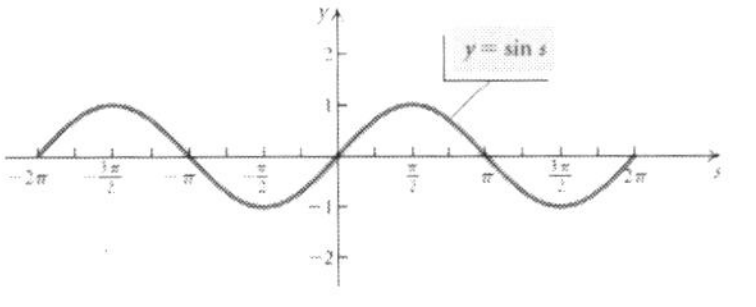

■ $E_1 \sin\theta_1 = E_2 \sin\theta_2$의 관계가 성립하려면

☞ $\sin\theta_1 > \sin\theta_2$이기 때문에

☞ $E_1 < E_2$의 관계가 되어야만 함

■ 전계와 전속밀도 관계

☞ $D = \epsilon E$ 관계가 성립

☞ D와 ϵ은 비례 관계

☞ $\therefore \epsilon_1 > \epsilon_2 \Rightarrow D_1 > D_2$의 관계가 성립함

그림 4-9 경계면에서 전기력선의 굴절($\epsilon_1 > \epsilon_2$)

상기 수식의 최종 결과인 $E_1 < E_2$의 의미는 전기력선은 굴절하며, 전계가 불연속(일정하지 않음)이라는 것을 나타내며, 역시 $D_1 > D_2$는 전속이 굴절하며, 전속밀도가 불연속(일정하지 않음)이라는 것을 의미한다. 이는 그림 4-8과 같은 결과이다.

[2] 입사각 θ_1이 수직($\theta_1 = 0^\circ$)인 경우 전속 및 전기력선의 굴절

그림 4-10은 유전율이 각각 ϵ_1, ϵ_2인 경계면에서 유전율의 관계가 $\epsilon_1 > \epsilon_2$이라고 한다면 전속 및 전기력선에 대한 굴절의 법칙에 의하여 유전율이 크면 전속 및 전기력선의 굴절각이 더 커지게 된다. 그러므로, $\epsilon_1 > \epsilon_2 \Rightarrow \theta_1 > \theta_2$인 조건에서 유전체 경계면에서 입사각 θ_1이 $\theta_1 = 0^\circ$인 경우, 굴절각, 전속밀도 및 전계의 변화를 살펴본 것을 나타낸 것이다.

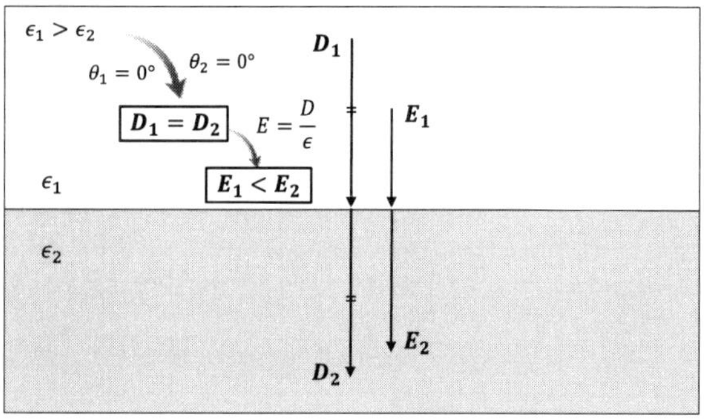

$\epsilon_1 > \epsilon_2$

$\therefore \epsilon_1 > \epsilon_2 \Rightarrow \theta_1 > \theta_2$

$D_1 \Rightarrow \theta_1 = 0^\circ,\ D_2 \Rightarrow \theta_2 = 0^\circ$

$\therefore D_1 = D_2$	$\therefore E_1 < E_2$
전속밀도는 일정하다.(연속)	전계는 유전율이 작은 쪽으로 몰린다.(불연속)
전속은 경계면에서 굴절하지 않고 직진	전기력선은 경계면에서 굴절하지 않고 직진

■ 경계조건(입사 및 굴절각 관계)

☞ 유전율이 크면 굴절각이 큼

☞ $\epsilon_1 > \epsilon_2 \quad \therefore \epsilon_1 > \epsilon_2 \Rightarrow \theta_1 > \theta_2$

■ 서로 다른 유전체에 대한 전속밀도의 경계조건

☞ $D_{1n} = D_{2n}$

☞ $D_1 \cos\theta_1 = D_2 \cos\theta_2$에서 $\theta_1 = 0^\circ$이라면

☞ $\cos\theta_1 = \cos 0^\circ = 1$

☞ 코사인 삼각함수의 그래프

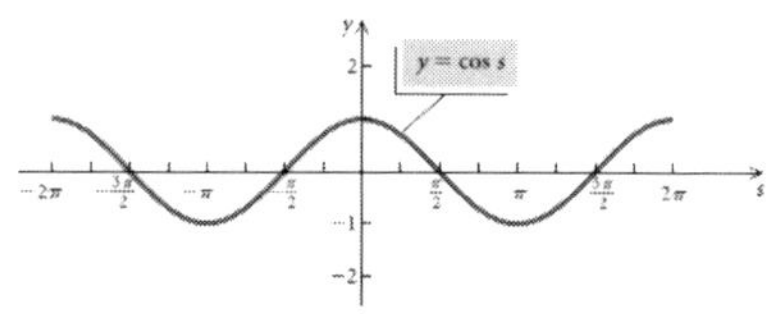

☞ $\therefore D_1 \times 1 = D_2 \cos\theta_2 \quad \therefore D_1 = D_2$

■ $D_1 = D_2$ 의 관계가 성립하려면

☞ $\cos\theta_2 = \cos 0^\circ = 1$이기 때문에

☞ $\therefore \theta_1 = 0^\circ = \theta_2$의 관계가 됨

■ 전계와 전속밀도 관계

☞ $D = \epsilon E \Rightarrow \therefore E = \dfrac{D}{\epsilon}$ 관계가 성립

☞ E와 ϵ은 반비례 관계이고

☞ $D_1 = D_2$이기 때문에

☞ $\epsilon_1 > \epsilon_2 \ \Rightarrow\ E_1 < E_2$의 관계가 성립

그림 4-10 경계면에 수직입사의 경우, 전속 및 전기력선의 굴절

상기 수식의 최종 결과인 $D_1 = D_2$의 의미는 전속은 굴절하지 않고 유전율이 다른 경계

면에서 직진하며 전속밀도는 연속(일정)이라는 것을 나타낸다. 그러나, $E_1 < E_2$는 전기력선이 굴절하지 않고 유전율이 다른 경계면에 직진하지만 전계는 불연속이라는 것을 의미한다.

[3] 입사각 θ_1이 평행($\theta_1 = 90^\circ$)인 경우 전속 및 전기력선의 굴절

그림 4-11은 유전율이 각각 ϵ_1, ϵ_2인 경계면에서 유전율의 관계가 $\epsilon_1 > \epsilon_2$이라고 한다면 전속 및 전기력선에 대한 굴절의 법칙에 의하여 유전율이 크면 전속 및 전기력선의 굴절각이 더 커지게 된다. 그러므로, $\epsilon_1 > \epsilon_2 \Rightarrow \theta_1 > \theta_2$인 조건에서 유전체 경계면에서 입사각 θ_1이 $\theta_1 = 90^\circ$인 경우, 굴절각, 전속밀도 및 전계의 변화를 살펴본 것을 나타낸 것이다.

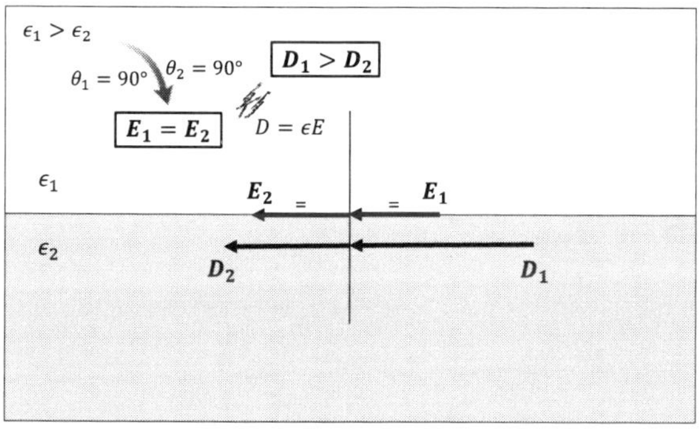

$\epsilon_1 > \epsilon_2$

$\therefore \epsilon_1 > \epsilon_2 \rightarrow \theta_1 > \theta_2$

$E_1 \Rightarrow \theta_1 = 90^\circ$, $E_2 \Rightarrow \theta_2 = 90^\circ$

$\therefore E_1 = E_2$	$\therefore D_1 > D_2$
전계는 일정하다.(연속)	전속밀도는 유전율이 큰 쪽으로 몰린다.(불연속)
전기력선은 경계면에서 굴절하지 않고 직진	전속은 경계면에서 굴절하지 않고 직진

■ 경계조건(입사 및 굴절각 관계)

☞ 유전율이 크면 굴절각이 큼

☞ $\epsilon_1 > \epsilon_2 \quad \therefore \epsilon_1 > \epsilon_2 \Rightarrow \theta_1 > \theta_2$

■ 서로 다른 유전체의 전계 경계조건

☞ $E_{1t} = E_{2t}$

☞ $E_1 \sin\theta_1 = E_2 \sin\theta_2$에서 $\theta_1 = 90^\circ$이라면

☞ $\sin\theta_1 = \sin 90^\circ = 1$

☞ 사인 삼각함수의 그래프

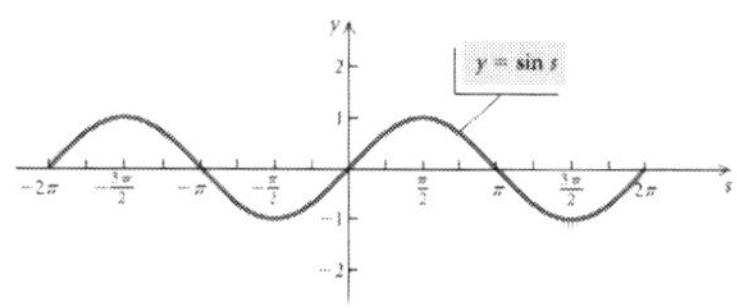

☞ $\therefore E_1 \times 1 = E_2 \sin\theta_2 \quad \therefore E_1 = E_2$

■ $E_1 = E_2$의 관계가 성립하려면

☞ $\sin\theta_2 = \sin 90^\circ = 1$이기 때문에

☞ $\therefore \theta_1 = 90^\circ = \theta_2$의 관계가 됨

■ 전계와 전속밀도 관계

☞ $D = \epsilon E$ 관계가 성립

☞ D와 ϵ은 비례 관계이고

☞ $E_1 = E_2$이기 때문에

☞ $\epsilon_1 > \epsilon_2 \Rightarrow D_1 > D_2$의 관계가 성립

그림 4-11 경계면에 평행입사의 경우, 전속 및 전기력선의 굴절

상기 수식의 최종 결과인 $E_1 = E_2$의 의미는 전기력선은 굴절하지 않고 유전율이 다른 경계면과 평행하게 직진하며 전계는 연속(일정)이라는 것을 나타낸다. 그러나, $D_1 > D_2$는 전속이 굴절하지 않고 유전율이 다른 경계면과 평행하게 직진하지만 전속밀도는 불연속이라는 것을 의미한다.

예제 4.18

▣ 공기 중의 전계 $E_1 = 10\,[kV/cm]$이 30°의 입사각으로 기름의 경계에 닿을 때, 굴절각 θ_2와 기름 중의 전계 $E_2[V/m]$는 어떻게 되는가? (단, 기름의 비유전율은 3이라 한다.)

① 60°, $\dfrac{10^6}{\sqrt{3}}$ ② 60°, $\dfrac{10^3}{\sqrt{3}}$ ③ 45°, $\dfrac{10^6}{\sqrt{3}}$ ④ 45°, $\dfrac{10^3}{\sqrt{3}}$

풀이

◉ 경계조건 : $\dfrac{\tan\theta_1}{\tan\theta_2} = \dfrac{\epsilon_1}{\epsilon_2} = \dfrac{1}{3} \rightarrow 3\tan\theta_1 = \tan\theta_2$에서

∴ 굴절각 $\theta_2 = \tan^{-1}(3\tan 30^\circ) = \tan^{-1}\left(\dfrac{3}{\sqrt{3}}\right) = 60^\circ$

◉ 전계 $E_2 = \dfrac{\sin\theta_1}{\sin\theta_2}E_1 = \dfrac{\sin 30^\circ}{\sin 60^\circ} \times E_1 = \dfrac{\frac{1}{2}}{\frac{\sqrt{3}}{2}} \times 10 \times \dfrac{10^3}{10^{-2}}$

$= \dfrac{1}{\sqrt{3}} \times 10^6 = \dfrac{10^6}{\sqrt{3}}\,[V/m] \fallingdotseq 577[kV]$

☞ ①

예제 4.19

▣ $x > 0$인 영역에서 $\epsilon_1 = 3$인 유전체, $x < 0$인 영역에서 $\epsilon_2 = 5$인 유전체가 있다. $x < 0$인 영역에서 전계 $\boldsymbol{E_2} = 20\boldsymbol{a_x} + 30\boldsymbol{a_y} - 40\boldsymbol{a_z}\,[V/m]$일 때 유전율 ϵ_1인 영역에서의 전계 $\boldsymbol{E_1}$은 몇 $[V/m]$인가?

풀이

◉ 경계조건에 의하여 법선성분 $D_{1x} = D_{2x}$이므로

$\epsilon_1 E_{1x} = \epsilon_2 E_{2x}$이다.

$E_{1x} = \dfrac{\epsilon_2}{\epsilon_1}E_{2x} = \dfrac{5}{3} \cdot 20a_x = \dfrac{100}{3}a_x$

◉ 경계조건에 의해 접선성분 $E_{1y} = E_{2y}$, $E_{1z} = E_{2z}$이므로

$E_{1y} = 30a_y$, $E_{1z} = -40a_z$

◉ 유전율 ϵ_1인 영역에서의 전계 E_1은

$\boldsymbol{E_1} = \dfrac{100}{3}\boldsymbol{a_x} + 30\boldsymbol{a_y} - 40\boldsymbol{a_z}\,[V/m]$

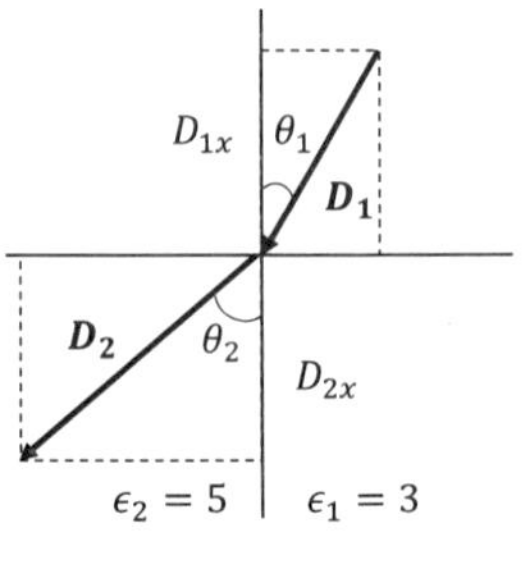

예제 4.20

■ 유전율이 각각 ϵ_1, ϵ_2인 두 유전체가 접해 있다. 각 유전체 중의 전계 및 전속밀도가 각각 E_1, D_1 및 E_2, D_2이고 경계면에 대한 입사각 및 굴절각이 θ_1, θ_2일 때 경계 조건으로 옳은 것은?

① $\dfrac{E_2}{E_1}=\dfrac{\sin\theta_2}{\sin\theta_1}$ ② $\dfrac{\cos\theta_2}{\cos\theta_1}=\dfrac{D_2}{D_1}$ ③ $\dfrac{\tan\theta_2}{\tan\theta_1}=\dfrac{\epsilon_2}{\epsilon_1}$ ④ $\tan\theta_2-\tan\theta_1=\epsilon_1\epsilon_2$

풀이

◉ $D_1\cos\theta_1 = D_2\cos\theta_2$, $E_1\sin\theta_1 = E_2\sin\theta_2$

◉ 굴절각은 $\dfrac{\tan\theta_1}{\tan\theta_2}=\dfrac{\epsilon_1}{\epsilon_2}$ 또는 $\dfrac{\tan\theta_2}{\tan\theta_1}=\dfrac{\epsilon_2}{\epsilon_1}$

☞ ③

예제 4.21

■ 그림과 같은 유전속(밀도) 분포에서 ϵ_1과 ϵ_2사이의 관계는?

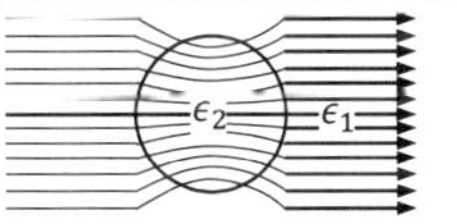

① $\epsilon_1 > \epsilon_2$ ② $\epsilon_2 > \epsilon_1$ ③ $\epsilon_1 = \epsilon_2$ ④ $\epsilon_2 \leqq \epsilon_1$

풀이

◉ 전속밀도(선)는 유전율이 큰 쪽으로 모이므로 $\epsilon_2 > \epsilon_1$에 해당된다.

(a) $\epsilon_1 > \epsilon_2$ (b) $\epsilon_1 < \epsilon_2$

<평등전계 중의 유전체구에 의한 전속분포>

◉ 전계(전기력선)는 유전율이 작은 쪽으로 몰린다.

(a) $\epsilon_1 > \epsilon_2$ (b) $\epsilon_1 < \epsilon_2$

<평등전계 중의 유전체구에 의한 전계분포>

☞ ②

예제 4.22

■ 두 유전체의 경계면에서 정전계가 만족하는 것은?

① 전속은 유전율이 작은 유전체로 모인다. ② 두 경계면에서의 전위는 서로 같다.

③ 전속밀도는 접선성분이 같다. ④ 전계는 법선성분이 같다.

풀이

◉ 전기력선 밀도는 유전율이 크면 작고, 전속은 유전율이 큰 쪽으로 모인다.

◉ 유전율이 서로 다른 경계면에서 전계(전속)가 입사되면, 경계면 양쪽에서 전계의 경계면에 접선 성분은 서로 같다.($E_{1t}=E_{2t}$)

◉ 전속밀도는 경계면의 법선 성분이 서로 같다.($D_{1n}=D_{2n}$)

◉ 두 경계면에서의 전위는 서로 같다.($V_1=V_2$)

☞ ②

4-5 복합 유전체의 정전용량

유전율이 서로 다른 ϵ_1, ϵ_2, ϵ_3 인 세 종류의 유전체가 접하고 있는 경계면 상의 전속밀도 D와 전계 E의 경계조건을 살펴보자.

4.5.1 직렬 복합 유전체

아래 그림 4-12와 같이 평행평판 전극의 면적이 $S[m^2]$이고, 두 전극 사이의 전체 두께가 $d[m]$이며, 두 전극 사이에 유전율이 서로 다른 ϵ_1, ϵ_2, ϵ_3 인 세 종류의 유전체 두께가 각각 $d_1[m]$, $d_2[m]$, $d_3[m]$로 하여 채워져 있다고 할 때, 두 전극의 단위면적당 전하밀도가 $\pm\sigma[C/m^2]$인 전하를 인가하였을 경우, 직렬 복합 유전체의 정전용량을 구하여 보자.

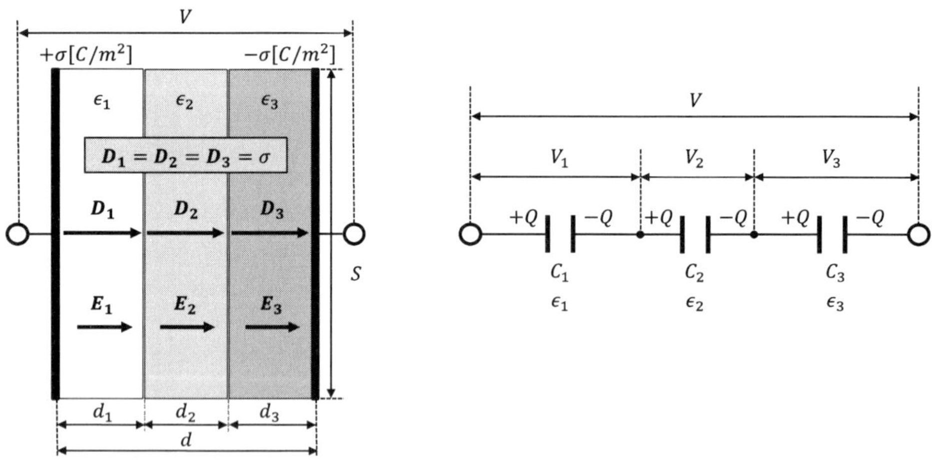

그림 4-12 서로 다른 유전체를 직렬로 연결한 복합 유전체

두 전극 사이의 전위차를 V라고 하면 아래 수식과 같다.

$$V = E_1 d_1 + E_2 d_2 + E_3 d_3$$

■ 평행평판 콘덴서의 전위와 전계 사이의 관계
☞ $V = Ed\,[V]$

각 유전체 내부의 전속밀도 D는 서로 다른 유전체에서 전속밀도의 경계조건인 법선성분이 같기 때문에 이 경계조건을 수식으로 표현하면 아래 수식과 같다.

$$D_1 = D_2 = D_3 = \sigma$$

■ 서로 다른 유전체의 전속밀도의 경계조건(법선성분이 같음)
☞ $D_{1n} = D_{2n}$
■ 전속밀도 $D[C/m^2]$와 면전하밀도 $\sigma[C/m^2]$는 같은 의미

그리고, 각 유전체 내부의 전계의 세기 E는 다음 수식과 같다.

$$E_1 = \frac{D_1}{\epsilon_1} = \frac{D}{\epsilon_1} = \frac{\sigma}{\epsilon_1}$$
$$E_2 = \frac{D_2}{\epsilon_2} = \frac{D}{\epsilon_2} = \frac{\sigma}{\epsilon_2}$$
$$E_3 = \frac{D_1}{\epsilon_3} = \frac{D}{\epsilon_3} = \frac{\sigma}{\epsilon_3}$$

■ 유전체의 전속밀도, 전계 관계
☞ $D = \epsilon E,\ E = \frac{D}{\epsilon}$
■ 전속밀도 $D[C/m^2]$와 면전하밀도 $\sigma[C/m^2]$는 같은 의미

두 전극 사이의 전위차 V를 구하면 아래 수식과 같다.

$$V = \frac{\sigma}{\epsilon_1}d_1 + \frac{\sigma}{\epsilon_2}d_2 + \frac{\sigma}{\epsilon_3}d_3$$
$$= \sigma\left(\frac{d_1}{\epsilon_1} + \frac{d_2}{\epsilon_2} + \frac{d_3}{\epsilon_3}\right)$$

■ 평행평판 콘덴서의 전위, 전계 관계
☞ $V = Ed\ [V]$
■ 유전체의 전속밀도, 전계 관계
☞ $D = \epsilon E,\ E = \frac{D}{\epsilon}$

각 극판의 총 전하량 $Q[C] = \sigma[C/m^2]S[m^2]$이기 때문에 이를 활용하면 다음과 같다.

$$\frac{1}{C} = \frac{V}{Q} = \frac{\sigma}{Q}\left(\frac{d_1}{\epsilon_1} + \frac{d_2}{\epsilon_2} + \frac{d_3}{\epsilon_3}\right)$$
$$= \frac{\sigma}{\sigma S}\left(\frac{d_1}{\epsilon_1} + \frac{d_2}{\epsilon_2} + \frac{d_3}{\epsilon_3}\right) = \frac{1}{S}\left(\frac{d_1}{\epsilon_1} + \frac{d_2}{\epsilon_2} + \frac{d_3}{\epsilon_3}\right)$$
$$= \frac{d_1}{\epsilon_1 S} + \frac{d_2}{\epsilon_2 S} + \frac{d_3}{\epsilon_3 S} = \frac{1}{C_1} + \frac{1}{C_2} + \frac{1}{C_3}$$

■ 정전용량
☞ $Q = CV,\ C = \frac{Q}{V},\ \frac{1}{C} = \frac{V}{Q}$
☞ $C = \frac{\epsilon S}{d},\ \frac{1}{C} = \frac{d}{\epsilon S}$

여기서, C_1, C_2, C_3는 각 유전체의 정전용량을 나타내고 있으며, 상기 수식에서 전체 합성 정전용량 C는 각 유전체의 정전용량 C_1, C_2, C_3를 직렬 접속한 것으로 생각할 수 있기 때문에 콘덴서의 직렬 접속인 등가회로로 나타낼 수 있다. C_1, C_2, C_3의 각 유전체에 대한 각각의 정전용량은 다음과 같이 나타낼 수 있다.

$$C_1 = \frac{\epsilon_1 S}{d_1}, C_2 = \frac{\epsilon_2 S}{d_2}, C_3 = \frac{\epsilon_3 S}{d_3}$$

■ 정전용량

☞ $C = \frac{\epsilon S}{d}$

4.5.2 병렬 복합 유전체

아래 그림 4-13과 같이 평행평판 전극의 면적이 $S[m^2]$이고 두께가 $d[m]$인 두 전극 사이에 유전율이 각각 다른 ϵ_1, ϵ_2, ϵ_3인 세 종류의 유전체가 세로로 채워져 있다고 할 때, 두 전극 사이에 전압 $V[V]$를 인가하였을 경우, 병렬 복합 유전체의 정전용량을 구하여 보자.

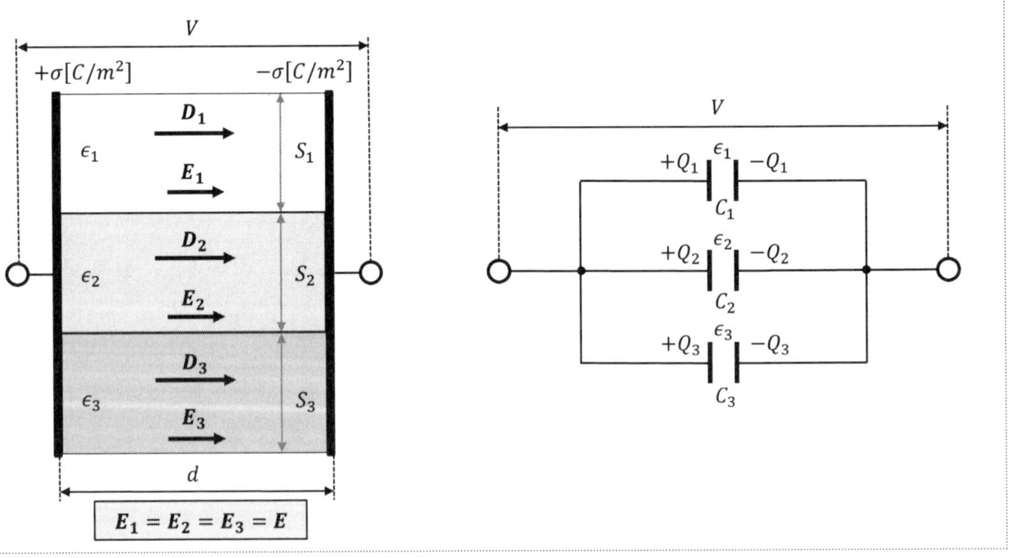

그림 4-13 서로 다른 유전체를 병렬로 연결한 복합 유전체

각 유전체 내부의 전계의 세기 E는 서로 다른 유전체에서 전계의 경계조건인 접선성분이 같기 때문에 이 경계조건을 수식으로 표현하면 아래 수식과 같다.

$$E_1 = E_2 = E_3 = E$$

■ 서로 다른 유전체의 전계의 경계조건(접선성분이 같음)

☞ $E_{1t} = E_{2t}$

두 전극 사이의 전위차를 V라고 하면 아래 수식과 같다.

$$E = E_1 = E_2 = E_3$$
$$E = \frac{V}{d} = \frac{D_1}{\epsilon_1} = \frac{D_2}{\epsilon_2} = \frac{D_3}{\epsilon_3}$$

■ 평행평판 콘덴서의 전위와 전계 사이의 관계

☞ $V = Ed, E = \frac{V}{d}$

■ 유전체의 전속밀도, 전계 관계

☞ $D = \epsilon E,\ E = \frac{D}{\epsilon}$

상기 수식에서 각 유전체 내부의 전계 세기 E는 일정하며, 전속밀도 D는 유전체의 값에 따라 서로 다르다는 것을 알 수 있다. 두 전극에 인가한 총 전하량 Q를 나타내면 $Q[C] = \sigma[C/m^2]S[m^2]$가 되고, 이를 활용하여 가우스 법칙을 적용하면 다음과 같다.

$$Q = \int \boldsymbol{D} \cdot d\boldsymbol{S} = D_1S_1 + D_2S_2 + D_3S_3$$
$$= \frac{V}{d}(\epsilon_1S_1 + \epsilon_2S_2 + \epsilon_3S_3)$$

■ 가우스 법칙

☞ $Q = \int \boldsymbol{D} \cdot d\boldsymbol{S}$

■ 전계, 전위, 전속밀도의 관계

☞ $V = Ed,\ E = \frac{V}{d}$

☞ $D = \epsilon E = \epsilon \frac{V}{d}$

각 극판의 전체 합성 정전용량 C를 구하면 다음과 같다.

$$C = \frac{Q}{V} = \frac{1}{V}\frac{V}{d}(\epsilon_1S_1 + \epsilon_2S_2 + \epsilon_3S_3)$$
$$= \frac{1}{d}(\epsilon_1S_1 + \epsilon_2S_2 + \epsilon_3S_3)$$
$$= \frac{\epsilon_1S_1}{d} + \frac{\epsilon_2S_2}{d} + \frac{\epsilon_3S_3}{d}$$
$$= C_1 + C_2 + C_3$$

■ 정전용량

☞ $Q = CV,\ C = \frac{Q}{V},\ \frac{1}{C} = \frac{V}{Q}$

☞ $C = \frac{\epsilon S}{d},\ \frac{1}{C} = \frac{d}{\epsilon S}$

여기서, C_1, C_2, C_3는 각 유전체의 정전용량을 나타내고 있으며, 상기 수식에서 전체 합성 정전용량 C는 각 유전체의 정전용량 C_1, C_2, C_3를 병렬 접속한 것으로 생각할 수 있기 때문에 콘덴서의 병렬 접속인 등가회로로 나타낼 수 있다. C_1, C_2, C_3의 각 유전체에 대한 각각의 정전용량은 다음과 같이 나타낼 수 있다.

$$C_1 = \frac{\epsilon_1 S_1}{d},\ C_2 = \frac{\epsilon_2 S_2}{d},\ C_3 = \frac{\epsilon_3 S_3}{d}$$

■ 정전용량

☞ $C = \dfrac{\epsilon S}{d}$

예제 4.23

▣ 정전용량이 $1[\mu F]$인 공기콘덴서가 있다. 이 콘덴서 극판간의 반인 두께를 갖고 비유전율 $\epsilon_s = 2$인 유전체를 콘덴서의 한 전극면에 접촉하여 넣었을 때 전체의 정전용량$[\mu F]$은 얼마인가?

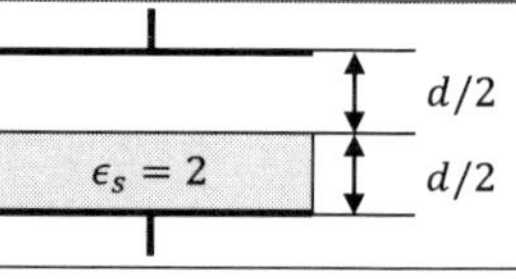

풀이

◉ 공기 중 정전용량 $C_0 = \dfrac{\epsilon_0 S}{d}$일 때

▶ 공기 측 정전용량 $C_1 = \dfrac{\epsilon_0 S}{\frac{d}{2}} = 2 \cdot \dfrac{\epsilon_0 S}{d} = 2C_0$

▶ 유전체 측 정전용량 $C_2 = \dfrac{\epsilon_0 \epsilon_s S}{\frac{d}{2}} = 2 \cdot \dfrac{\epsilon_0 \epsilon_s S}{d} = 2\epsilon_s C_0$

▶ 합성 정전용량 $C_t = \dfrac{C_1 C_2}{C_1 + C_2} = \dfrac{2C_0 \cdot 2\epsilon_s C_0}{2C_0 + 2\epsilon_s C_0} = \dfrac{2C_0}{1 + \frac{1}{\epsilon_s}}$

$\therefore\ C_t = \dfrac{2C_0}{1 + \frac{1}{\epsilon_s}} = \dfrac{2 \times 1 \times 10^{-6}}{1 + \frac{1}{2}} = \dfrac{4}{3} \times 10^{-6}[F] = \dfrac{4}{3}[\mu F]$

예제 4.24

▣ 그림과 같은 정전용량이 $C_0[F]$되는 평행판 공기 콘덴서의 판 면적의 $\dfrac{2}{3}$가 되는 공간에 비유전율 ϵ_s인 유전체를 채우면 공기 콘덴서의 정전용량 $[F]$은 얼마인가?

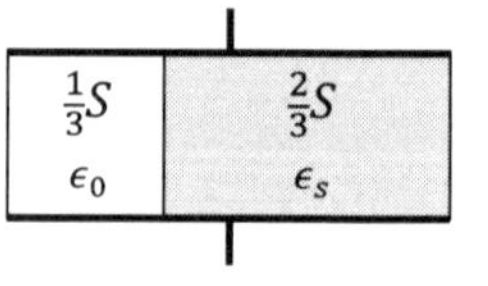

풀이

◉ 각 정전용량 $C_1 = \dfrac{\epsilon_0\left(\frac{1}{3}S\right)}{d} = \dfrac{1}{3}C_0$, $C_2 = \dfrac{\epsilon_0 \epsilon_s \left(\frac{2}{3}S\right)}{d} = \dfrac{2}{3}\epsilon_s C_0$

◉ C_1, C_2는 병렬접속이므로 ∴ 합성 정전용량 $C_t = C_1 + C_2 = \dfrac{1 + 2\epsilon_s}{3} C_0[F]$

4.5.3 동축 원통 도체의 유전체

그림 4-14와 같이 동축 원통 도체에 유전율이 ϵ_1, ϵ_2인 유전체가 채워져 있을 경우, 정전용량을 구하여 보자. 내부 도체에는 선전하밀도 $+\lambda[C/m^2]$, 외부 도체에는 선전하밀도 $-\lambda[C/m^2]$가 인가되어 있다고 하자. 동축 원통 도체의 내부에 각각 유전율이 ϵ_1, ϵ_2인 유전체가 채워져 있기 때문에 경계면에서 전속밀도 D는 경계면에 수직(법선방향)으로 입사하고 있으므로 유전체의 경계조건에 의하여 전속밀도 D는 연속(일정, $D_{1n} = D_{2n}$)하고 있으며, 전계 E는 불연속($\epsilon_1 > \epsilon_2$ 일 때, $\therefore E_1 < E_2$)임을 알 수 있다.

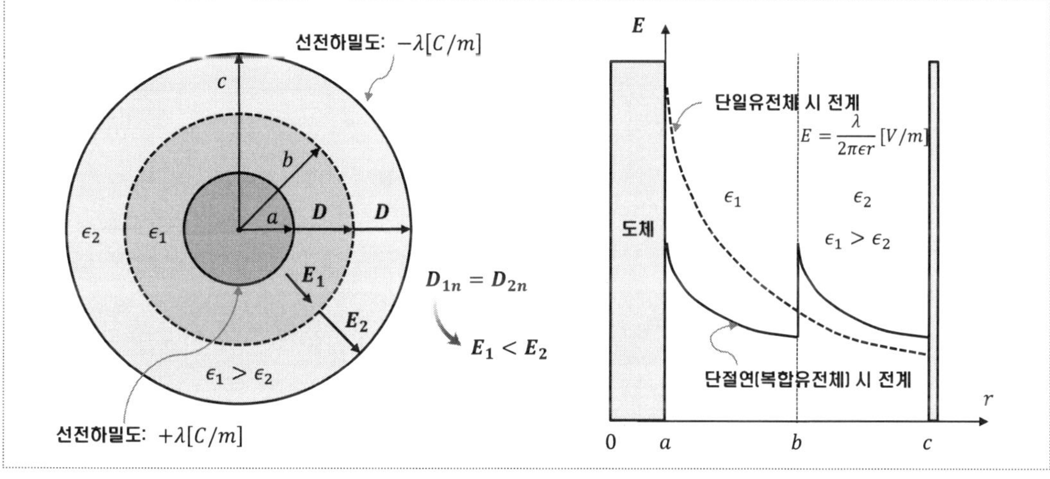

그림 4-14 동축 원통 도체의 정전용량

농축 원통 도체 중심에서 거리 r인 지점의 전계 E 및 전속밀도 D는 아래 수식과 같다.

$$E = \frac{\lambda}{2\pi\epsilon r}, \quad D = \frac{\lambda}{2\pi r}$$

■ 무한 원통형 대전체의 전계, 전속밀도

☞ $E_r = \frac{\lambda}{2\pi\epsilon_0 r}[V/m]$

☞ $D_r = \frac{\lambda}{2\pi r}[V/m]$

상기 수식을 활용하여 유전율이 ϵ_1, ϵ_2인 유전체 내에서 전계 E_1, E_2를 구하여 보면 아래 수식과 같다.

$$E_1 = \frac{\lambda}{2\pi\epsilon_1 r} \quad (a < r < b)$$
$$E_2 = \frac{\lambda}{2\pi\epsilon_2 r} \quad (b < r < c)$$

■ 무한 원통형 도체의 전계, 전속밀도

☞ $E = \frac{\lambda}{2\pi\epsilon r}$, $D = \frac{\lambda}{2\pi r}$

그리고, 동축 원통 도체 사이의 전위차 V를 구하면 아래 수식과 같다.

$$\begin{aligned} V &= -\int_c^b \frac{\lambda}{2\pi\epsilon_2 r}dr - \int_b^a \frac{\lambda}{2\pi\epsilon_1 r}dr \\ &= \frac{\lambda}{2\pi}\left(\frac{1}{\epsilon_2}\int_b^c \frac{1}{r}dr + \frac{1}{\epsilon_1}\int_a^b \frac{1}{r}dr\right) \\ &= \frac{\lambda}{2\pi}\left[\frac{1}{\epsilon_2}(\ln c - \ln b) + \frac{1}{\epsilon_1}(\ln b - \ln a)\right] \\ &= \frac{\lambda}{2\pi}\left(\frac{1}{\epsilon_2}\ln\frac{c}{b} + \frac{1}{\epsilon_1}\ln\frac{b}{a}\right) \\ &= \frac{\lambda}{2\pi}\left(\frac{1}{\epsilon_1}\ln\frac{b}{a} + \frac{1}{\epsilon_2}\ln\frac{c}{b}\right)[V] \end{aligned}$$

■ 전위

☞ $V = -\int \boldsymbol{E} \cdot d\boldsymbol{r}$

■ 적분공식

☞ $\int \frac{1}{x}dx = \ln x$

☞ $\int_{r_2}^{r_1} \frac{1}{r}dr = [\ln r]_{r_2}^{r_1} = \ln r_1 - \ln r_2$

■ 로그함수 정리

☞ $\ln\frac{x}{y} = \ln x - \ln y$

상기의 전위차 V를 활용하여 단위길이당 정전용량 $C[F/m]$를 구하면 다음과 같다.

$$\begin{aligned} C = \frac{\lambda}{V} &= \frac{\lambda}{\frac{\lambda}{2\pi}\left(\frac{1}{\epsilon_1}\ln\frac{b}{a} + \frac{1}{\epsilon_2}\ln\frac{c}{b}\right)} \\ &= \frac{2\pi}{\frac{1}{\epsilon_1}\ln\frac{b}{a} + \frac{1}{\epsilon_2}\ln\frac{c}{b}}\ [F/m] \end{aligned}$$

■ 정전용량(선 전하밀도)

☞ $Q = CV \Rightarrow \lambda = CV$

$C = \frac{\lambda}{V}$

상기 수식에서 선전하밀도 $\lambda\,[C/m]$를 구하면 아래 수식과 같다.

$$\lambda = CV = \frac{2\pi V}{\frac{1}{\epsilon_1}\ln\frac{b}{a} + \frac{1}{\epsilon_2}\ln\frac{c}{b}}\ [C/m]$$

■ 정전용량(선 전하밀도)

☞ $Q = CV \Rightarrow \lambda = CV$

$C = \frac{\lambda}{V}$

상기 수식을 이용하여 전계 $E_1[V/m]$, $E_2[V/m]$를 구하면 아래와 같다.

$$E_1 = \frac{\lambda}{2\pi\epsilon_1 r} = \frac{1}{2\pi\epsilon_1 r}\frac{2\pi V}{\frac{1}{\epsilon_1}\ln\frac{b}{a}+\frac{1}{\epsilon_2}\ln\frac{c}{b}}$$

$$= \frac{1}{r}\frac{V}{\ln\frac{b}{a}+\frac{\epsilon_1}{\epsilon_2}\ln\frac{c}{b}}\ [V/m]\ (a<r<b)$$

$$E_2 = \frac{\lambda}{2\pi\epsilon_2 r} = \frac{1}{2\pi\epsilon_2 r}\frac{2\pi V}{\frac{1}{\epsilon_1}\ln\frac{b}{a}+\frac{1}{\epsilon_2}\ln\frac{c}{b}}$$

$$= \frac{1}{r}\frac{V}{\frac{\epsilon_2}{\epsilon_1}\ln\frac{b}{a}+\ln\frac{c}{b}}\ [V/m]\ (b<r<c)$$

■ 무한 원통형 도체의 전계, 전속밀도

☞ $E = \frac{\lambda}{2\pi\epsilon r}$, $D = \frac{\lambda}{2\pi r}$

☞ $E_1 = \frac{\lambda}{2\pi\epsilon_1 r}\ (a<r<b)$

$E_2 = \frac{\lambda}{2\pi\epsilon_2 r}\ (b<r<c)$

상기 수식에서 구한 전계 E_1, E_2를 그림 4-14에 그래프로 나타내었다. 만약 단일 유전체를 사용하였을 경우에 유전체 내부의 전계는 $E = \frac{\lambda}{2\pi\epsilon r}$로 점선 형태로 나타내었다. 그리고, 각각 유전율이 ϵ_1, ϵ_2인 복합 유전체인 경우, $\epsilon_1 > \epsilon_2$의 조건을 가정하면 실선의 그래프 형태로 표시된다. ϵ_1이 큰 유전체를 사용하였기 때문에 유전체의 경계조건에 의하여 유전체 내부의 E_1이 E_2보다 전계의 크기가 작은 값을 나타낸다. 따라서, 단일 유전체를 사용할 경우에는 전계의 분포가 급격하여 절연파괴가 발생할 수 있으나, 같은 두께에 유전율이 다른 유전체를 삽입하여 전계의 분포를 평등화시킬 수 있으며, 내부 도체에 가까운 부분에 유전체가 큰 유전체를 사용하여 절연파괴를 감소시킬 수 있다. 이와 같이 유전율이 다른 유전체를 조합한 복합 유전체를 사용하여 절연파괴와 전계분포를 균일하게 하는 것을 단절연(graded insulation)이라 하며, 고압케이블의 절연효과를 높이기 위하여 사용한다.

예제 4.25

▣ 그림과 같이 단심 연피 케이블의 내외 도체를 단절연할 경우 두 도체간의 절연내력을 최대로 하기 위한 조건으로 옳은 것은? (단, ϵ_1, ϵ_2는 각각의 유전율이다.)

① $\epsilon_1 = \epsilon_2$로 한다. ② $\epsilon_1 > \epsilon_2$로 한다.

③ $\epsilon_2 > \epsilon_1$로 한다. ④ 유전율과는 관계없다.

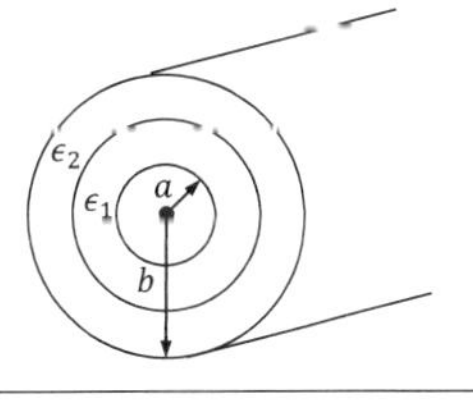

풀이

◉ 단심 연피 케이블 내의 전계 세기 $E = \frac{Q}{2\pi\epsilon r}[V/m]$로 $E \propto \frac{1}{\epsilon r}$의 관계에 있다. 전계가 일정하려면 ϵr도 일정해야 된다. 즉 $a<b$ 임을 생각한다면 $\epsilon_1 > \epsilon_2$가 되어야 E가 균일하게 되어 경제적인 절연이 된다. 내측으로 갈수록 비례해서 유전율이 커야 한다.

☞ ②

4-6 유전체에 작용하는 힘

4.6.1 전계가 경계면에 수직으로 입사하는 경우

그림 4-15와 같이 유전율이 서로 다른 ϵ_1, ϵ_2인 두 종류의 유전체가 있고, $\epsilon_1 > \epsilon_2$인 경계면에 전계가 수직으로 입사하는 경우, 유전체 경계면에 작용하는 힘을 알아보자.

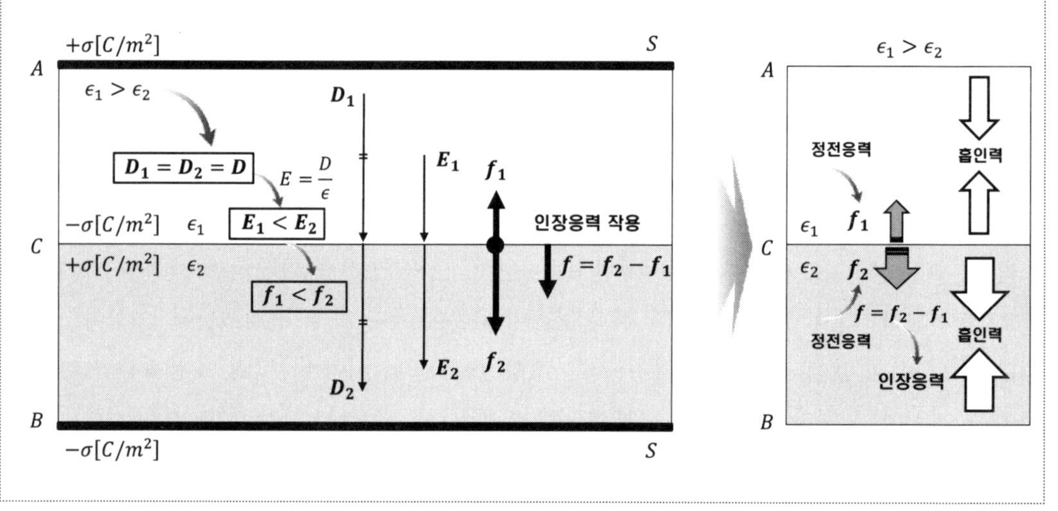

그림 4-15 전계가 경계면에 수직한 경우, 경계면에 작용하는 힘

전계가 유전체의 경계면에 수직으로 입사할 때, 전속밀도 D와 전계 E는 경계조건에 의하여 다음과 같다.

$$D_1 = D_2 = D,\ \text{일정}$$

$$E_1 = \frac{D}{\epsilon_1},\quad E_2 = \frac{D}{\epsilon_2},\quad E_1 < E_2$$

■ 경계면에서 전계와 전속밀도가 수직으로 입사

☞ $\epsilon_1 > \epsilon_2 \ \therefore \epsilon_1 > \epsilon_2 \Rightarrow \theta_1 > \theta_2$

$\theta_1 = 0^\circ \ \Rightarrow \theta_2 = 0^\circ$

$\therefore D_1 = D_2 \ \ \therefore E_1 < E_2$

그림 4-15의 구조는 콘덴서의 직렬 연결과 같은 것으로 생각할 수 있으므로 유전체의 경

계면에 전극 C가 존재한다고 생각하면, 두 개의 전극 AC를 가지는 콘덴서와 또 다른 두 개의 전극 CB를 가지는 콘덴서의 직렬 연결로 생각할 수 있다.

두 전극 AC, CB 사이의 콘덴서에서는 정전응력이 발생한다. 그리고, 전하가 +, −전하를 가지고 있기 때문에 전극 AC와 전극 CB 내부에서는 쿨롱력에 의하여 흡인력이 작용하고 있다. 즉, 전극 AC 사이의 콘덴서에서는 A 전극 방향으로 힘 f_1이 작용하며, 단위면적당 작용하는 힘 $f_1[N/m^2]$은 다음과 같다.

$$f_1 = \frac{1}{2}DE_1 = \frac{1}{2}\frac{D^2}{\epsilon_1} = \frac{1}{2}\frac{\sigma^2}{\epsilon_1}\,[N/m^2]$$

■ 정전응력

☞ $f = \frac{1}{2}DE\,[N/m^2]$

☞ $D = \epsilon E,\ E = \frac{D}{\epsilon}$

■ 면 전하밀도

☞ $\sigma[C/m^2] = D[C/m^2]$

그리고, 전극 CB 사이의 콘덴서에서는 B전극 방향으로 힘 f_2가 작용하며, 단위면적당 작용하는 힘 $f_2[N/m^2]$는 다음과 같다.

$$f_2 = \frac{1}{2}DE_2 = \frac{1}{2}\frac{D^2}{\epsilon_2} = \frac{1}{2}\frac{\sigma^2}{\epsilon_2}\,[N/m^2]$$

■ 정전응력

☞ $f = \frac{1}{2}DE = \frac{1}{2}\epsilon E^2\,[N/m^2]$

☞ $D = \epsilon E,\ E = \frac{D}{\epsilon}$

■ 면 전하밀도

☞ $\sigma[C/m^2] = D[C/m^2]$

그리고, 정전응력 f_1, f_2는 σ^2과 E에 비례하기 때문에 경계조건에서 살펴본 바와 같이 유전체의 유전율이 $\epsilon_1 > \epsilon_2$인 조건에서 전속밀도 $D_1 = D_2 = D$로 일정하기 때문에 전계는 $E_1 < E_2$의 관계가 성립함으로 $f_1 < f_2$인 관계가 성립됨을 알 수 있다.

두 전극 AC 사이의 유전율 ϵ_1인 곳에서 힘이 f_1인 흡인력이 작용하고, 두 전극 CB 사이의 유전율 ϵ_2인 곳에서 힘이 f_2인 흡인력이 각각 작용하고 있으나, $f_1 < f_2$의 관계에 의하여 전극 C의 경계에서 전극 B방향으로 작용하는 인장응력 f가 작용한다. 이 힘 $f[N/m^2]$를 구하면 다음과 같다.

$$f = f_2 - f_1$$
$$= \frac{1}{2}(E_2 - E_1)D = \frac{1}{2}(\frac{1}{\epsilon_2} - \frac{1}{\epsilon_1})D^2$$
$$= \frac{1}{2}(\frac{1}{\epsilon_2} - \frac{1}{\epsilon_1})\sigma^2 \, [N/m^2]$$

■ 정전응력

☞ $f = \frac{1}{2}DE \, [N/m^2]$

☞ $D = \epsilon E$, $E = \frac{D}{\epsilon}$

■ 면 전하밀도

☞ $\sigma[C/m^2] = D[C/m^2]$

즉, 유전체의 유전율이 작은 유전체(ϵ_2)가 유전율이 큰 유전체(ϵ_1)를 흡인(당기는)하는 힘이 작용한다. 이와 같이 전계 중의 두 유전체가 경계면에서 받는 변형력을 맥스웰 응력이라 한다.

예제 4.26

▣ 유전율이 ϵ_1, ϵ_2의 유전체 경계면에 수직으로 전계가 작용할 때 단위 면적당에 작용하는 수직력 f는 어떻게 되는가?(단, $\epsilon_1 > \epsilon_2$이다.)

① $2\left(\frac{1}{\epsilon_2} - \frac{1}{\epsilon_1}\right)D^2$의 힘이 ϵ_1에서 ϵ_2으로 작용한다.

② $\frac{1}{2}\left(\frac{1}{\epsilon_2} - \frac{1}{\epsilon_1}\right)D^2$의 힘이 ϵ_1에서 ϵ_2으로 작용한다.

③ $\frac{1}{2}\left(\frac{1}{\epsilon_2} - \frac{1}{\epsilon_1}\right)E^2$의 힘이 ϵ_2에서 ϵ_1으로 작용한다.

④ $2(\epsilon_2 - \epsilon_1)E^2$의 힘이 ϵ_2에서 ϵ_1으로 작용한다.

풀이

◉ 유전체 경계면에 작용하는 맥스웰 응력은 $f = f_2 - f_1$이고, 전계가 경계면에 수직으로 작용하는 경우 $D_1 = D_2 = D$

◉ 단위면적당 $f = \frac{1}{2}\left(\frac{1}{\epsilon_2} - \frac{1}{\epsilon_1}\right)D^2 \, [N/m^2]$의 힘은 유전율이 큰 쪽에서 작은 쪽으로 작용

☞ ②

예제 4.27

▣ 무한히 넓은 평행판 $2[cm]$의 간격으로 놓은 후 평행판 간에 일정한 전계를 인가하였더니 도체 표면에 $2\,[\mu C/m^2]$의 전하밀도가 생겼다. 이때 평행판 표면의 단위면적당 받는 정전 응력은 얼마인가?

풀이

◉ 정전응력 $f = \frac{D^2}{2\epsilon_0} = \frac{(2 \times 10^{-6})^2}{2 \times 8.855 \times 10^{-12}} = 0.226 = 2.26 \times 10^{-1} \, [N/m^2]$

4.6.2 전계가 경계면에 평행으로 입사하는 경우

그림 4-16과 같이 유전율이 다른 ϵ_1, ϵ_2 인 두 종류의 유전체가 있고, $\epsilon_1 > \epsilon_2$ 인 경계면에 전계가 수평으로 입사하는 경우, 유전체 경계면에 작용하는 힘을 알아보자.

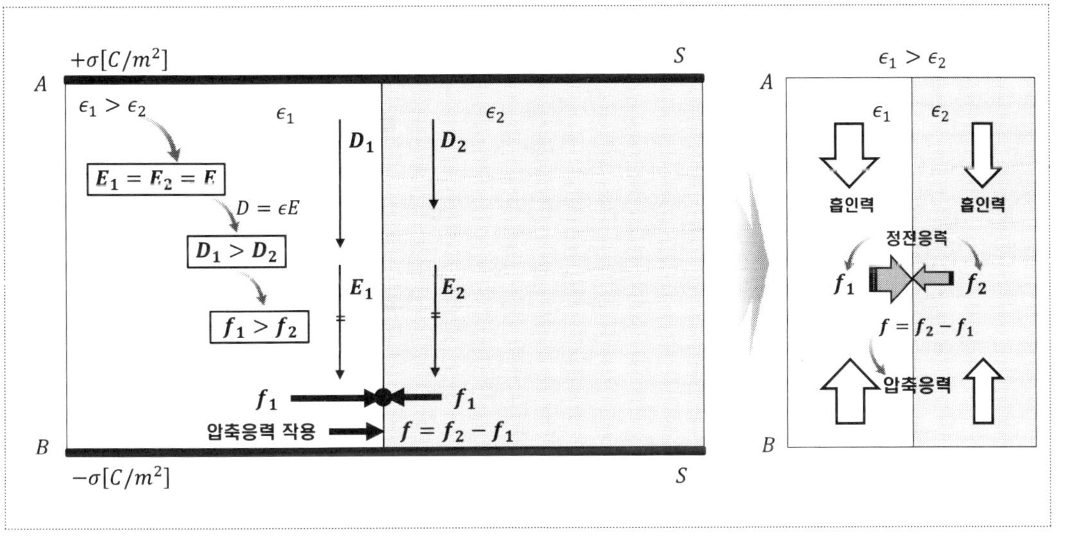

그림 4-16 전계가 경계면에 수평한 경우, 경계면에 작용하는 힘

전계가 유전체의 경계면에 수평으로 입사할 때, 전속밀도 D와 전계 E는 경계 조건에 의하여 다음과 같다.

$E_1 = E_2 = E$, 일정

$D_1 = \epsilon_1 E, \quad D_2 = \epsilon_2 E, \quad D_1 > D_2$

■ 경계면에서 전계와 전속밀도가 수평으로 입사

☞ $\epsilon_1 > \epsilon_2 \;\therefore \epsilon_1 > \epsilon_2 \Rightarrow \theta_1 > \theta_2$

$\theta_1 = 90^\circ \Rightarrow \theta_2 = 90^\circ$

$\therefore E_1 = E_2 \;\therefore D_1 > D_2$

그림 4-16의 구조는 콘덴서의 병렬 연결과 같은 것으로 생각할 수 있으므로 유전체의 경계면을 기준으로 전극 AB 사이에 유전율이 다른 콘덴서 두 개가 병렬로 연결된 것으로 생각할 수 있다.

유전율 ϵ_1 인 콘덴서와 유전율 ϵ_2 인 콘덴서가 각각 두 전극 AB 사이에서 정전응력이 발생하며, 전하가 +, − 전하를 가지고 있기 때문에 각각 쿨롱력에 의하여 흡인력이 작용하고 있다. 따라서, 두 전극 사이에 흡인력이 작용하기 때문에 전극 내부에 있는 유전체의 경계면에서 전극이 받는 힘(쿨롱력)인 흡인력에 의하여 수직 방향으로 힘이 작용하게 된다. 즉, 두 전극 사이에 작용하는 힘이 유전체의 경계면에 작용한다고 생각할 수 있다. 두 전극 AB 사이에 유전율 ϵ_1 인 유전체에 의한 경계면에서 우측방향으로 힘 f_1이 작용하며, 단위면적당 작용하는 힘 $f_1[N/m^2]$은 다음과 같다.

$$f_1 = \frac{1}{2}D_1E = \frac{1}{2}\epsilon_1 E^2\,[N/m^2]$$

■ 정전응력

☞ $f = \frac{1}{2}DE\,[N/m^2]$

☞ $D = \epsilon E,\ \ E = \frac{D}{\epsilon}$

■ 면 전하밀도

☞ $\sigma[C/m^2]$ = $D[C/m^2]$

그리고, 두 전극 AB 사이에 유전율 ϵ_2 인 유전체에 의한 경계면에서 좌측방향으로 힘 f_2가 작용하며, 단위면적당 작용하는 힘 $f_2[N/m^2]$는 다음과 같다.

$$f_2 = \frac{1}{2}D_2E = \frac{1}{2}\epsilon_2 E^2\,[N/m^2]$$

■ 정전응력

☞ $f = \frac{1}{2}DE = \frac{1}{2}\epsilon E^2\,[N/m^2]$

☞ $D = \epsilon E,\ \ E = \frac{D}{\epsilon}$

■ 면 전하밀도

☞ $\sigma[C/m^2]$ = $D[C/m^2]$

그리고, 정전응력 f_1, f_2는 전속밀도 D에 비례하기 때문에 경계조건에서 살펴본 바와 같이 유전체의 유전율이 $\epsilon_1 > \epsilon_2$ 인 조건에서 전계 $E_1 = E_2 = E$로 일정하기 때문에 전속밀도는 $D_1 > D_2$의 관계가 성립함으로 $f_1 > f_2$인 관계가 됨을 알 수 있다. 두 전극 AB 사이의 유전율 ϵ_1인 곳에서 힘이 f_1 인 흡인력이 작용하고, 두 전극 AB 사이의 유전율 ϵ_2인 곳에서 힘이 f_2 인 흡인력이 각각 작용하고 있으나, $f_1 > f_2$의 관계에 의하여 유전체의 경계면에서는 압축응력 f가 작용하게 된다. 유전체 경계면에 작용하는 압축응력인 힘 $f[N/m^2]$를 구하면 다음과 같다.

$$f = f_1 - f_2$$
$$= \frac{1}{2}(D_1 - D_2)E = \frac{1}{2}(\epsilon_1 - \epsilon_2)E^2 \,[N/m^2]$$

■ 정전응력
☞ $f = \frac{1}{2}DE\,[N/m^2]$
☞ $D = \epsilon E,\ E = \frac{D}{\epsilon}$
■ 면 전하밀도
☞ $\sigma[C/m^2] = D[C/m^2]$

즉, 유전체의 유전율이 큰 유전체(ϵ_1)가 유전율이 작은 유전체(ϵ_2) 방향으로 밀어내는 힘이 작용한다.

이상의 결과에서 전계가 유전체의 경계면에 수직 또는 평행으로 입사하는 경우에 유전체의 경계면에서 작용하는 힘은 유전율이 큰 쪽에서 유전율이 작은 쪽으로 힘이 작용하는 것을 알 수 있다.

예제 4.28

▣ 평행판 공기 콘덴서 극판간에 비유전율 6인 유리판을 일부만 삽입한 경우 내부로 끌리는 힘은 약 몇 $[N/m^2]$인가? (단, 극판간의 전위 경도 $30[kV/cm]$이고, 유리판의 두께는 판간 두께와 같다.)

풀이

◉ 두 유전체의 경계 조건 : 두 유전체의 경계면에 전속 및 전기력선이 평행으로 입사하므로 전계 E는 일정하다.

◉ 경계면에 작용하는 단위 면적당 힘 f는

$$f = \frac{1}{2}(D_2 - D_1)E = \frac{1}{2}(\epsilon_2 E - \epsilon_1 E)E = \frac{1}{2}(\epsilon_2 - \epsilon_1)E^2$$

$$\therefore\ f = \frac{1}{2}(6\epsilon_0 - \epsilon_0)E^2 = \frac{5}{2}\epsilon_0 E^2 = \frac{5}{2} \times 8.855 \times 10^{-12} \times (30 \times 10^5)^2 = 199\,[N/m^2]$$

예제 4.29

▣ 전극판 면적 $100\,[cm^2]$, 간격 $0.2\,[cm]$인 평행판 콘덴서에 $\epsilon_s = 2.5$인 폴리에틸렌 수지를 가득 채웠을 때 전극판 사이에 $100[V]$를 인가하면 극간 흡인력 $[N]$은 얼마인가?

풀이

◉ 힘 $F = f \times S = \frac{1}{2}\epsilon_0\epsilon_s E^2 \times S = \frac{1}{2}\epsilon_0\epsilon_s(\frac{V}{d})^2 \times S$

$$= \frac{1}{2} \times 8.855 \times 10^{-12} \times 2.5 \times (\frac{100}{0.2 \times 10^{-2}})^2 \times 100 \times 10^{-4} = 2.77 \times 10^{-4}\,[N]$$

4-7 유전체의 특수현상

4.7.1 압전 효과

그림 4-17과 같이 강유전체의 결정에 기계적 응력을 주면 그 결정 속에서 전기(유전) 분극(polarization)이 형성되어 외부로 분극의 전하가 전압으로 나타나며(정 압전 효과), 반대로 외부에서 전압을 인가하여 전류를 흐르게 하면 결정의 기계적인 변형이 발생하는 현상(역 압전 효과)을 압전 효과 또는 피에조 효과(piezoelectric effect)라 한다.

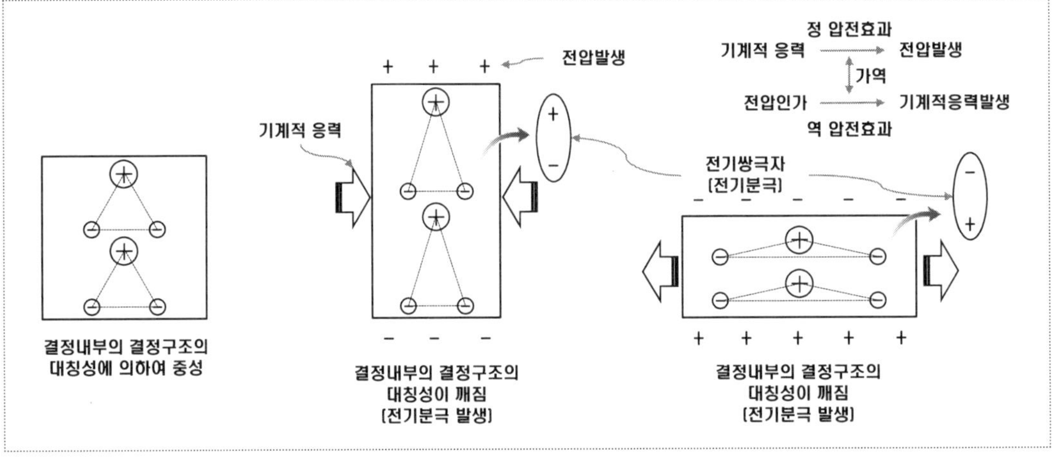

그림 4-17 압전 효과의 원리

1880년에 프랑스의 퀴리 형제(Jacque Curi, Pierre Curie)가 전기석을 통한 압전 효과를 처음 발견하였고, 그 이후에 전기석에서 역 압전 효과가 발생하는 실험이 수행되었다. 그리고, 이러한 현상은 결정의 특성에 따른 방향성을 가지고 있으며, 기계적 응력과 전기 분극이 동일한 방향으로 발생하는 종 효과와 기계적 응력과 전기분극이 수직 방향으로 발생하는 횡 효과로 구분된다.

압전 효과는 대부분 유전율 값이 높은 강유전체로 수정, 전기석, 로셀염, 티탄산바륨, *PZT*(티탄산납과 지르코산납을 일정한 비율로 혼합한 물질) 등이 있다. 그리고, 압전 효과의 공진(resonance) 현상을 이용하여 전자회로에서는 주로 수정 발진자, 마이크로폰, 초음파 발진자 등에 이용되고 있으며, 자동화 센서 시스템에서는 초음파센서를 이용한 거리 측정, 탐상용 초음파, 마이크 등과 의료용 초음파진단기, 군사용 소나(sonar) 등에 활용되고 있다.

4.7.2 파이로 전기(초전 효과)

일반적으로 강유전체는 외부의 전계(전압)를 인가하지 않아도 결정의 내부에 전기쌍극자들이 배열하여 분극을 일으키고 있는 자발분극 상태를 유지하고 있다. 자발분극은 퀴리온도라고 하는 임계온도 이하에서는 자발분극이 발생하나, 퀴리온도 이상이 되면 자발분극은 발생하지 않는다. 예로 강유전체인 티탄산바륨($BaTiO_3$)은 퀴리온도가 130[℃]로 이 이상의 온도에서는 자발분극이 발생하지 않으며, 이 이하의 온도에서는 자발분극이 발생하여 강유전체의 특성을 가진다.

자발분극 상태로 있는 결정을 공기 중에 두게 되면, 공기 중에서 이온을 띠고 있는 먼지입자 등이 표면에 부착하게 되어 전체적으로 전기적인 중성이 된다. 이러한 상태에서 외부에서 온도변화(주로 열적외선의 변화)를 주게 되면 결정 표면의 전하는 변화하지 않고 결정 내부의 자발분극의 방향이 순식간에 바뀌고 다시 원래 자발분극 형태로 되돌아가게 된다.

이와 같이 온도 변화에 따라 결정 내부에서 자발분극의 변화인 전기분극이 발생하여 전하가 유도되는 현상을 파이로 전기(pyro electricity) 또는 초전효과(pyroelectric effect)라 한다. 전기분극의 방향은 가열과 냉각에 따라 서로 반대 방향으로 나타난다. 그림 4-18은 파이로 전기(초전 효과)의 원리를 나타낸 것이다.

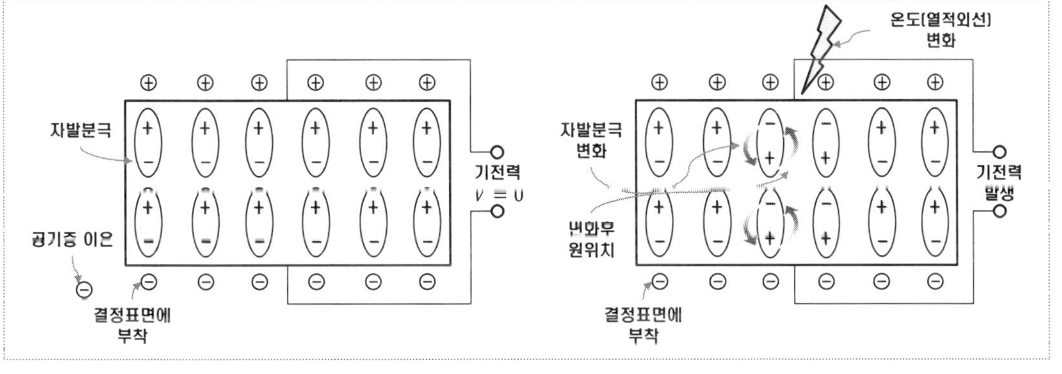

그림 4-18 파이로 전기(초전 효과)의 원리

초전 효과는 반드시 온도변화가 있어야 표면에 전하를 유기시킨다. 만약 온도변화가 없이 일정한 온도에서는 표면에 전하를 유기시키지 못한다. 이러한 단점을 극복하기 위하여 초전 물질 앞에 가림막(쵸퍼(chopper))을 설치하여 이를 적정 속도로 회전시켜 열적외선을 단속하여 감지할 수 있도록 하고 있다. 초전 효과를 나타내는 물질로는 $BaTiO_3$, $PbTiO_3$, PZT 등이 있으며 대부분 유전율 값이 큰 강유전체들이다. 초전 효과를 이용하여 열적외선을 감지할 수 있도록 만든 것이 초전센서이다. 따라서, 인체에서 나오는 열적외선을 감지할 수 있기 때문에 방범용이나, 아파트 현관, 복도 등의 천장에 부착하여 사람의 움직임을 감지하여 전등을 제어하는 자동화 센서 시스템에 사용되고 있다.

강유전체의 자발분극을 p라고 한다면, 자발분극 p의 변화를 유발하는 변수 사이의 관계를 아래 수식에 나타내었다.

$$p = \frac{\Delta P}{\Delta T} = \frac{\Delta Q}{A \Delta T}$$

■ 자발분극 p
☞ ΔT: 온도 변화
☞ ΔP: 자발분극의 세기 변화
☞ ΔQ: 전하량 변화

예제 4.30

▣ 전기석과 같은 결정체를 냉각시키거나 가열시키면 전기분극이 일어난다. 이와 같은 현상을 무엇이라 하는가?

① 압전기 현상(Piezoelectric phenomena) ② Pyro 전기(Pyro electricity)
③ 톰슨 효과(Thomson effect) ④ 강유전성(ferroelectric effect)

풀이
◉ 압전 현상 : 압력을 가하면 전기 분극이 발생
◉ 파일로 전기 : 열을 가하면 전기 분극이 발생
◉ 톰슨 효과 : 동일 종류 금속 접속면에서의 열전 현상
☞ ②

예제 4.31

▣ 다음 중 압전 효과를 이용한 것이 아닌 것은?

① 수정 발진기 ② crystal pick-up ③ 초음파 발생기 ④ 자속계

풀이
◉ 압전효과는 수정, 전기석, 로셀염 등의 압전기가 수정 발진자, 초음파 발진자, crystal pick-up(일정 주파수의 발진회로, 수중탐색, 금속 탐상) 등에 이용.
☞ ④

예제 4.32

▣ 압전기 현상에서 분극이 응력과 같은 방향으로 발생하는 현상을 무슨 효과라 하는가?

① 종효과 ② 횡효과 ③ 역효과 ④ 간접 효과

풀이
◉ 결정에 나타나는 압전 현상은 방향성을 가지고 있으며, 응력과 분극이 동일한 방향으로 발생할 때는 종 효과, 수직인 경우를 횡 효과라 한다.
☞ ①

연 습 문 제

1. 비유전률 ϵ_s에 대한 설명으로 옳은 것은?

① 진공의 비유전율은 0이고, 공기의 비유전율은 1이다. ② ϵ_s은 항상 1보다 작은 값이다.
③ ϵ_s은 절연물의 종류에 따라 다르다. ④ ϵ_s의 단위는 $[C/m]$이다.

해설	정답
☞ 비유전율 ϵ_s은 절연물의 종류에 따라 다르다.	정답 ③

2. 일정 전압을 가하고 있는 공기 콘덴서에 비유전율 ϵ_s인 유전체를 채웠을 때 일어나는 현상은 무엇인가?

① 극판간의 전계가 ϵ_s배 된다. ② 극판간의 전계가 $1/\epsilon_s$배 된다.
③ 극판의 전하량이 ϵ_s배 된다. ④ 극판의 전하량이 $1/\epsilon_s$배 된다.

해설	정답
☞ 전원을 인가하여 충전이 된 후 Q가 일정하면 전계의 세기는 $1/\epsilon_s$로 감소. 문제에서 전압을 가하고 있는 상태에서는 V가 일정하므로 전계의 세기 $E=\dfrac{V}{d}$도 일정하게 되어 변하지 않는다. ☞ $Q=CV$에서 V가 일정하므로 전하량 Q와 정전용량 C와 비례하고 또한 정전용량 $C(=\epsilon_s C_0)$가 유전율과 비례하므로 전하량은 $Q=CV=\epsilon_s C_0 V$로 되어 전하량은 ϵ_s배가 된다. 여기서, $C_0=\dfrac{\epsilon_0 S}{d}$는 진공 또는 공기중일 때 정전용량이다.	정답 ③

3. 공기 콘덴서의 극판 사이에 비유전율 5의 유전체를 채운 경우 같은 전위차에 대한 극판의 전하량은 얼마인가?

① 5배로 증가 ② 5배로 감소 ③ $10\epsilon_0$배로 증가 ④ 불변

해설	정답
☞ $Q=CV=\epsilon_s C_0' V=\epsilon_s Q_0$가 되므로 전하량은 ϵ_s에 비례하므로, 전하량은 5배가 증가된다.	정답 ①

4. 유전체의 분극률이 χ일 때 분극 벡터 $P=\chi E$의 관계가 있다고 한다. 비유전율 4인 유전체의 분극률은 진공의 유전율 ϵ_0의 몇 배인가?

> ☞ 분극률 $\chi=\epsilon_0(\epsilon_s-1)=\epsilon_0(4-1)=3\epsilon_0$
> ∴ 진공 또는 공기의 유전율에 3배가 된다.

5. 공기 콘덴서의 극판 사이의 비유전율 ϵ_s의 유전체를 채운 경우 동일 전위차에 대한 극판간의 전하량은 얼마인가?

① $\frac{1}{\epsilon_s}$로 감소 ② ϵ_s배로 증가 ③ 불변 ④ $\pi\epsilon_s$배로 증가

☞ 전하량 $Q=CV$에서 동일 전위차인 경우 전하량 Q는 C에 비례 ☞ 정전용량은 $C=\frac{\epsilon_0\epsilon_s S}{d}$로 유전율에 비례하므로 ϵ_s배로 증가	정답 ②

6. 지름이 각각 $2\,[cm]$ 및 $4\,[cm]$인 금속구가 비유전율 $\epsilon_s = 10$인 변압기유 속에 $1\,[m]$만큼 떨어져 있다. 각 구의 전위가 동일하게 $10\,[kV]$라면 두 금속구 사이에 작용하는 반발력 $[N]$은 얼마인가?

☞ 각 전하량

$$Q_a = C_a V_a = 4\pi\epsilon_0\epsilon_s a V_a = \frac{1}{9\times10^9}\times10\times1\times10^{-2}\times10\times10^3 = 1.11\times10^{-7}\,[C]$$

$$Q_b = C_b V_b = 4\pi\epsilon_0\epsilon_s b V_b = \frac{1}{9\times10^9}\times10\times2\times10^{-2}\times10\times10^3 = 2.22\times10^{-7}\,[C]$$

☞ 작용력 $F=\frac{1}{4\pi\epsilon_0\epsilon_s}\cdot\frac{Q_1Q_2}{r^2} = 9\times10^9\times\frac{1}{10}\times\frac{1.11\times10^{-7}\times2.22\times10^{-7}}{1^2}$

$= 2.22\times10^{-5}\,[N]$

7. 전지에 연결된 진공 평행판 콘덴서에서 진공 대신 어떤 유전체로 채웠더니 충전전하가 2배로 되었다면 전기 감수율(susceptibility) χ_s는 얼마인가?

☞ $\frac{Q}{Q_0}=\frac{CV}{C_0V}=\epsilon_s=2$, 분극의 세기 P는 전계의 세기 E에 비례하고, 비례상수 χ의 분극 발생 용이성을 나타내는 분극률. 또 $\frac{\chi}{\epsilon_0}$를 전기 감수율(비분극률) χ_s이라 한다.

☞ 분극의 세기 $P=\chi E=\epsilon_0(\epsilon_s-1)E=\epsilon_0\chi_s E$에서 분극률은 $\chi=\epsilon_0(\epsilon_s-1)$

☞ 전기 감수율은 $\chi_s=\frac{\chi}{\epsilon_0}=\epsilon_s-1=2-1=1$

8. 비유전율이 4이고 전계의 세기가 $20\,[kV/m]$인 유전체 내의 전속밀도 $[\mu C/m^2]$는?

☞ 전속밀도

$$D = \epsilon_0\epsilon_s E = 8.855\times10^{-12}\times4\times20\times10^3\times10^6 = 0.708 \fallingdotseq 0.71\,[C/m^2]$$

9. 그림과 같이 전속밀도 $D=1\,[C/m^2]$중에 $\epsilon_s=5$인 유전체가 놓여 있어서 균일하게 분극이 생겼다면 분극의 세기 $P\,[C/m^2]$는 얼마인가?

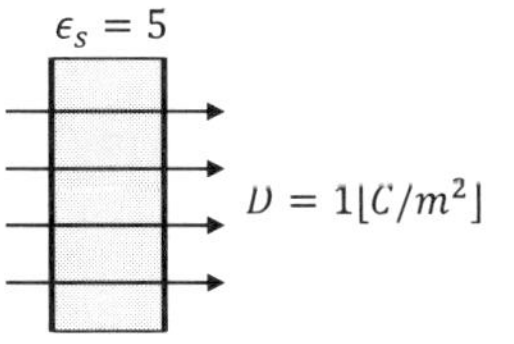

☞ 분극의 세기 $P=D-\epsilon_0 E = D\left(1-\frac{1}{\epsilon_s}\right)=1(1-\frac{1}{5})=0.8\,[C/m^2]$

10. 간격에 비해서 충분히 넓은 평행판 콘덴서의 판 사이에 비유전율 ϵ_s인 유전체를 채우고 외부에서 판에 수직 방향으로 전계 E_0를 인가할 때 분극 전하에 의한 전계의 세기는 몇 $[V/m]$인가?

① $\frac{\epsilon_s+1}{\epsilon_s}E_0$ ② $\frac{\epsilon_s-1}{\epsilon_s}E_0$ ③ $\frac{\epsilon_s}{\epsilon_s-1}E_0$ ④ $\frac{\epsilon_s}{\epsilon_s+1}E_0$

☞ 분극전하를 σ라면 분극의 세기

$$P=\sigma=\epsilon_0(\epsilon_s-1)E_0=D\left(1-\frac{1}{\epsilon_s}\right)=\frac{\epsilon_s-1}{\epsilon_s}\epsilon_0 E_0$$

☞ 평형평판 콘덴서에서 전계 $E=\frac{\sigma}{\epsilon_0}=\frac{\frac{\epsilon_s-1}{\epsilon_s}\epsilon_0 E_0}{\epsilon_0}=\frac{\epsilon_s-1}{\epsilon_s}E_0$

정답 ②

11. 면적 $19.6\,[cm^2]$, 두께 $5\,[mm]$의 판상 플라스틱 양면에 전극을 설치하고 정전용량을 측정하였더니 $21.8\,[pF]$이었다. 이 재료의 비유전율은 약 얼마 정도가 되는가?

☞ 정전용량 $C=\frac{\epsilon_0\epsilon_s S}{d}[F]$에서 비유전율은

$$\epsilon_s=\frac{Cd}{\epsilon_0 S}=\frac{21.8\times10^{-12}\times5\times10^{-3}}{8.855\times10^{-12}\times19.6\times10^{-4}}=6.28 \fallingdotseq 6.3\,[F/m]$$

12. $D=e^{-2}\sin x\,a_x-e^{-2}y\cos x\cdot a_y+5z a_z[C/m^2]$이고 미소 체적은 $\Delta v=10^{-12}[m^3]$일 때 Δv 내에 존재하는 전하의 근사값은 약 몇 $[C]$인가?

☞ $divD=\rho[C/m^2]$

$$\rho=div\,D=\nabla\cdot D=\frac{\partial Dx}{\partial x}+\frac{\partial Dy}{\partial y}+\frac{\partial Dz}{\partial z}=\frac{\partial}{\partial x}(e^{-2}\sin x)+\frac{\partial}{\partial y}(-e^{-2}y\cos x)+\frac{\partial}{\partial z}(5z)$$

$$=e^{-2}\cos x+(-e^{-2}\cdot\cos x)+5=5$$

☞ 미소체적내 전하량 $\Delta Q=\rho\cdot\Delta v=5\times10^{-12}[C]$

13. 내도체의 반지름이 $\frac{1}{4\pi\epsilon}$ $[cm]$, 외도체의 반지름이 $\frac{1}{\pi\epsilon}$ $[cm]$인 동심구 사이를 유전률이 ϵ $[F/m]$인 매질로 채웠을 때 도체 사이의 정전용량은 얼마인가?

☞ 정전용량 $C = \dfrac{4\pi\epsilon ab}{b-a} = \dfrac{4\pi\epsilon \cdot \dfrac{1}{4\pi\epsilon} \cdot \dfrac{1}{\pi\epsilon}}{\dfrac{1}{4\pi\epsilon} - \dfrac{1}{\pi\epsilon}} = \dfrac{\dfrac{1}{\pi\epsilon}}{\dfrac{3}{4\pi\epsilon}} = \dfrac{4}{3}$

☞ $[cm]$ 단위를 고려하면 정전용량은 $C = \frac{4}{3} \times 10^{-2}$ $[F]$

14. 분자 밀도 2×10^{20} $[개/m^3]$에 $E = 10^5$ $[V/m]$일 때 각 분자가 2×10^{-27} $[C \cdot m]$의 쌍극자 모멘트를 갖는 물질의 비분극률은 얼마인가?

☞ 분극의 세기는 단위체적당 발생하는 쌍극자모멘트로 $P = \epsilon_0(\epsilon_s - 1)E = \chi E$ $[C/m^2]$, 단위체적당 분자밀도가 2×10^{20} $[개/m^3]$, 한 개의 분자가 갖는 쌍극자모멘트가 2×10^{-27} $[C \cdot m]$ 이므로 분극의 세기 $P = 2 \times 10^{20} \times 2 \times 10^{-27} = 4 \times 10^{-7}$ $[C/m^2]$

☞ 비분극률 $\chi_s = \dfrac{\chi}{\epsilon_0} = \epsilon_s - 1 = \dfrac{P}{\epsilon_0 E} = \dfrac{4 \times 10^{-7}}{8.855 \times 10^{-12} \times 10^5} ≒ 0.45$

15. 반경 $a[m]$의 도체구와 내외반경이 각각 $b[m]$ 및 $c[m]$인 도체구가 동심으로 되어 있다. 두 도체구 사이에 비유전율 ϵ_s인 유전체를 채웠을 경우의 정전용량은 몇 $[F]$인가?

☞ 동심구의 내구에 $+Q[C]$, 외구에 $-Q[C]$을 준 경우

▶ 두 도체구 사이의 전위차 $V_{12} = \dfrac{Q}{4\pi\epsilon}\left(\dfrac{1}{a} - \dfrac{1}{b}\right)$ $[V]$

☞ 정전용량 $C = \dfrac{Q}{V_{12}} = \dfrac{4\pi\epsilon}{\dfrac{1}{a} - \dfrac{1}{b}} = \dfrac{4\pi\epsilon}{\dfrac{b-a}{ab}} = \dfrac{4\pi\epsilon ab}{b-a} = \dfrac{4\pi\epsilon_0\epsilon_s ab}{b-a} = \dfrac{\epsilon_s}{9 \times 10^9} \cdot \dfrac{ab}{b-a}$ $[F]$

16. 극판의 면적이 4 $[cm^2]$, 정전용량 10 $[pF]$인 종이 콘덴서를 만들려고 한다. 비유전율 2.5, 두께 0.01 $[mm]$의 종이를 사용하면 종이는 몇 장을 겹쳐야 되겠는가?

☞ 정전용량 $C = \epsilon\dfrac{S}{d} = \epsilon_0\epsilon_s\dfrac{S}{d}$ 에서

▶ 두께 d는 $d = \dfrac{\epsilon_0\epsilon_s S}{C} = \dfrac{2.5 \times 8.855 \times 10^{-12} \times 4 \times 10^{-4}}{10 \times 10^{-12}} = 0.885 \times 10^{-3}$ $[m] = 0.885$ $[mm]$

▶ 0.01 [mm] 두께의 종이로 쌓으면 종이 수는 $N = \dfrac{0.885}{0.01} = 88.5 ≒ 89$ [장]

17. 종이콘덴서는 그림과 같이 금속박과 종이를 겹쳐서 이것을 감아 원통으로 만든 것이다. 기름 감은 절연물을 첨부시킨 종이의 비유전율은 2.5이고, 폭이 30 $[mm]$, 두께가 0.02 $[mm]$이다. 이때 0.1 $[\mu F]$의 정전용량을 얻으려면, 종이의 길이를 얼마로 취해야 할 것인가?

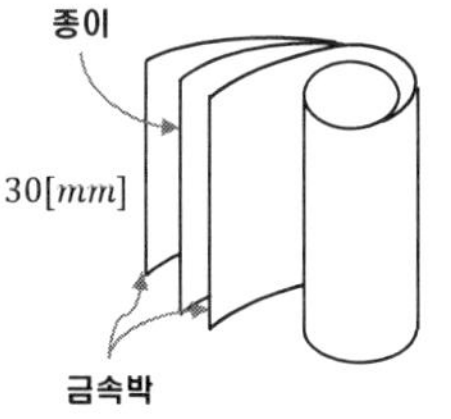

☞ 정전용량 $C=\dfrac{\epsilon S}{d}$에서 폭을 P, 면적 $S=$폭$\times$길이$=P\times l$이라면

$\therefore$ 길이 $l=\dfrac{d}{P\epsilon}C=\dfrac{dC}{P\epsilon_0\epsilon_s}=\dfrac{0.02\times10^{-3}\times0.1\times10^{-6}}{30\times10^{-3}\times8.855\times10^{-12}\times2.5}\fallingdotseq 3.012\,[m]$

18. 면적 $S[m^2]$의 평행한 평판전극 사이에 유전율이 $\epsilon_1\,[F/m]$, $\epsilon_2\,[F/m]$되는 두 종류의 유전체를 $\dfrac{d}{2}[m]$ 두께가 되도록 각각 넣으면 정전용량은 몇 $[F]$가 되는가?

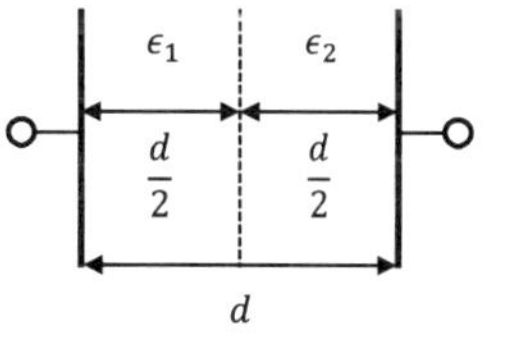

☞ 직렬 합성 정전용량

$$C=\frac{C_1C_2}{C_1+C_2}=\frac{\dfrac{\epsilon_1 S}{\frac{d}{2}}\cdot\dfrac{\epsilon_2 S}{\frac{d}{2}}}{\dfrac{\epsilon_1 S}{\frac{d}{2}}+\dfrac{\epsilon_2 S}{\frac{d}{2}}}=\frac{2S}{d\left(\dfrac{1}{\epsilon_1}+\dfrac{1}{\epsilon_2}\right)}[F]=\frac{2S\epsilon_1\epsilon_2}{d(\epsilon_1+\epsilon_2)}[F]$$

19. 두 유전체 ①, ②가 유전율 $\epsilon_1=2\sqrt{3}\epsilon_0$, $\epsilon_2=2\epsilon_0$이며, 경계를 이루고 있을 때 그림과 같이 전계가 입사하여 굴절하였다면 ② 유전체 내의 전계의 세기 $[V/m]$는 얼마인가?

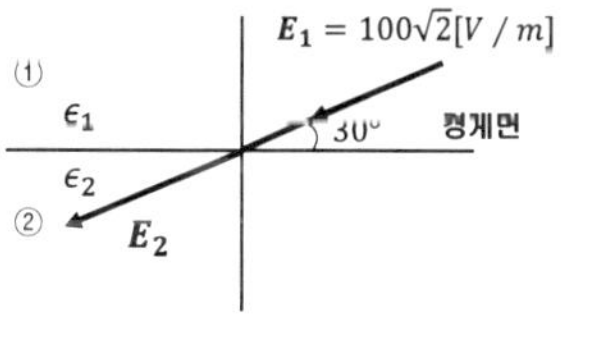

☞ 굴절의 법칙 $\dfrac{\tan\theta_1}{\tan\theta_2}=\dfrac{\epsilon_1}{\epsilon_2}=\dfrac{2\sqrt{3}\epsilon_0}{2\epsilon_0}=\sqrt{3}$에서 $\tan\theta_2=\dfrac{1}{\sqrt{3}}\tan\theta_1=\dfrac{1}{\sqrt{3}}\tan60^\circ=1$

$\therefore\ \theta_2=\tan^{-1}1=45^\circ$

☞ 전계는 $E_1\sin\theta_1=E_2\sin\theta_2$에서

$\therefore\ E_2=\dfrac{\sin\theta_1}{\sin\theta_2}E_1=\dfrac{\sin60^\circ}{\sin45^\circ}\times E_1=\dfrac{\sin60^\circ}{\sin45^\circ}\times100\sqrt{2}=100\sqrt{3}=173\,[V/m]$

20. 유전율 $\epsilon_1 > \epsilon_2$인 두 유전체 경계면에 전속이 수직일 때 경계면상의 작용력은?

① ϵ_2의 유전체에서 ϵ_1의 유전체 방향　② ϵ_1의 유전체에서 ϵ_2의 유전체 방향
③ 전속밀도의 방향　④ 전속밀도의 반대 방향

☞ 유전체에 작용하는 힘의 방향은 유전율이 큰 쪽에서 작은 쪽으로 향한다. ☞ 유전체 경계면에서 전계 또는 전속밀도는 유전율이 큰 쪽으로 크게 굴절한다.	정답 ②

21. 그림과 같이 판의 면적 $\frac{1}{3}S$, 두께 d와 판의 면적 $\frac{1}{3}S$, 두께 $\frac{1}{2}d$되는 유전체($\epsilon_s = 3$)를 끼웠을 경우의 정전용량은 처음의 몇 배인가?

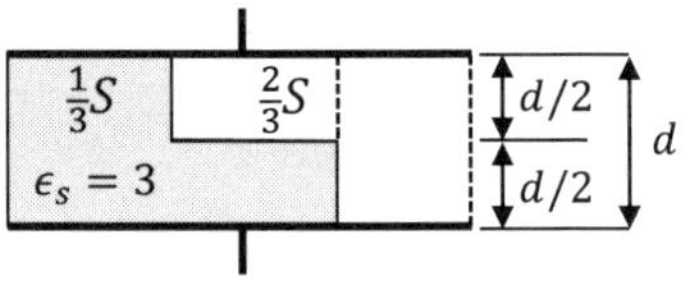

☞ 평행판 공기 콘덴서의 정전용량을 C_0라 하고 각 부분의 용량을 C_1, $C_2{}'$, C_2, C_3라면

▶ $C_1 = \frac{1}{3}C_0$

▶ $C_2' = 2C_1 = \frac{2}{3}C_0$,　$C_2 = 3C_2' = 2C_0$

C_2'와 C_2는 직렬접속이므로

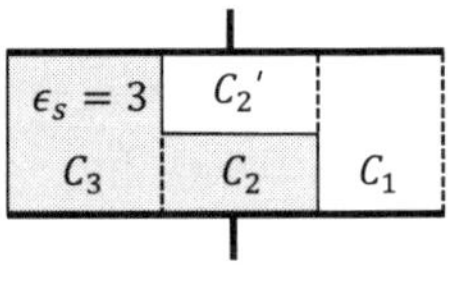

$$\text{전체 } C' = \frac{C_2 \cdot C_3}{C_2 + C_3} = \frac{\frac{2}{3}C_0 \cdot 2C_0}{\frac{2}{3}C_0 + 2C_0} = \frac{1}{2}C_0$$

▶ $C_3 = 3C_1 = C_0$

☞ 정전용량

$$C = C_1 + C' + C_3 = \frac{1}{3}C_0 + \frac{1}{2}C_0 + C_0 = \frac{11}{6}C_0$$

22. 단절연된 절연 케이블이 있다. 심선과 외피를 절연시키는 유전체의 유전율이 각각 ϵ_1, ϵ_2, ϵ_3일 때 절연 효과를 높이기 위하여 중심에서부터 채워야 되는 순서가 맞는 것을 고르면 어느 것인가? (단, $\epsilon_1 > \epsilon_2 > \epsilon_3$이다.)

① ϵ_1, ϵ_2, ϵ_3　② ϵ_2, ϵ_1, ϵ_3　③ ϵ_3, ϵ_2, ϵ_1　④ ϵ_1, ϵ_3, ϵ_2

☞ 유전율이 큰 것은 외경이 작은 부분에 있어야 하므로 중심에서 ϵ_1, ϵ_2, ϵ_3의 순으로 채워야 한다.	정답 ①

23. 공기 콘덴서를 $100[V]$로 충전한 다음 전극 사이에 유전체를 넣어 용량을 10배로 했다. 정전 에너지는 몇 배로 되는가?

① $\frac{1}{10}$배　② 10배　③ $\frac{1}{1000}$배　④ 1000배

☞ 정전에너지 $W = \frac{1}{2}CV^2 = \frac{Q^2}{2C} \propto \frac{1}{C} = \frac{1}{10}$, 즉 $\frac{1}{10}$배로 된다.	정답 ①

24. 평판 콘덴서에 어떤 유전체를 넣었을 때 전속밀도가 $2.4\times10^{-7}[C/m^2]$이고 단위 체적 중의 에너지가 $5.3\times10^{-3}[J/m^3]$이었다. 이 유전체의 유전율은 몇 $[F/m]$인가?

☞ 에너지 $W = \frac{1}{2}DE^2 = \frac{1}{2}\epsilon E^2 = \frac{D^2}{2\epsilon}[J/m^3]$에서

∴ 유전율은 $\epsilon = \frac{D^2}{2\cdot W} = \frac{(2.4\times10^{-7})^2}{2\times5.3\times10^{-3}} = 5.43\times10^{-12}[F/m]$

25. 극판의 면적 $S=10[cm^2]$, 간격 $d=1[mm]$의 평행한 콘덴서에 비유전율 $\epsilon_s=3$인 유전체를 채웠을 때 전압 $100[V]$를 인가하면 축적되는 에너지 $[J]$는 얼마인가?

☞ 정전용량 $C = \frac{\epsilon_0\epsilon_s}{d}S$

☞ 축적 에너지 $W = \frac{1}{2}CV^2 = \frac{1}{2}\frac{\epsilon_0\epsilon_s S}{d}V^2 = \frac{1}{2}\cdot\frac{8.855\times10^{-12}\times3\times10\times10^{-4}}{1\times10^{-3}}\cdot100^2$

$= 1.32\times10^{-7}[J]$

26. 평판 유전체($\epsilon_r \fallingdotseq 1.7321$)의 수직 방향에 내해 $45°$의 각도로 공기 중에서 전계 E가 가해지고 있을 때, 이 유전체 내부에서 전계 E와 평판 유전체의 수직 방향과 이루는 각도는 약 얼마인가?

① $30°$　② $45°$　③ $60°$　④ $90°$

☞ 굴절의 법칙 $\frac{\tan\theta_1}{\tan\theta_2} = \frac{\epsilon_1}{\epsilon_2} = \frac{\epsilon_0}{\sqrt{3}\epsilon_0}$에서 $\epsilon_0\tan\theta_2 = \sqrt{3}\epsilon_0\tan\theta_1$ → $\tan\theta_2 = \sqrt{3}\tan\theta_1 = \sqrt{3}\times\tan45° = \sqrt{3}$ ∴ $\theta_2 = \tan^{-1}\sqrt{3} = 60°$	정답 ③

27. 평행판 콘덴서의 극간 전압을 일정하게 하고 극판 사이에 극판 간격의 2/3 두께의 유리판 ($\epsilon_s = 10$)을 삽입할 때 극간의 흡인력은 공기가 극간에 있을 때에 비하여 어떻게 되는가?

☞ 공기 콘덴서 정전용량 $C_0 = \dfrac{\epsilon_0 S}{d}$

☞ 공극에 두께 t인 유리판을 넣은 경우의 정전용량을 각각 C_1, C_2라면

$$C_1 = \frac{\epsilon_0 S}{\frac{1}{3}d} = \frac{3\epsilon_0 S}{d},\quad C_2 = \frac{\epsilon_0 \epsilon_s S}{\frac{2}{3}d} = \frac{3\epsilon_0\epsilon_s S}{2d}$$

☞ 직렬접속이므로 전체 정전용량

$$C = \frac{1}{\frac{1}{C_1}+\frac{1}{C_2}} = \frac{3\epsilon_0 S}{d(1+\frac{2}{\epsilon_s})} = \frac{3\epsilon_0 S}{1+\frac{2}{\epsilon_s}}\ (d=1)$$

☞ 전압이 일정할 때 $W_0 = \frac{1}{2}C_0 V^2$, $W = \frac{1}{2}CV^2$를 이용한 비는

$$\frac{F}{F_0} = \frac{W}{W_0} = \frac{\frac{1}{2}CV^2}{\frac{1}{2}C_0 V^2} = \frac{C}{C_0} = \frac{\frac{3\epsilon_0 S}{1+\frac{2}{\epsilon_s}}}{\frac{\epsilon_0 S}{d}} = \frac{3\epsilon_0 S}{\epsilon_0 S(1+\frac{2}{\epsilon_s})} = \frac{3}{1+\frac{2}{\epsilon_s}}$$

$$= \frac{3}{\frac{\epsilon_s+2}{\epsilon_s}} = \frac{3\epsilon_s}{\epsilon_s+2} = \frac{30}{12} = 2.5$$

$\therefore\ F = 2.5F_0$, 즉 2.5배 증가

28. 면적이 300 $[cm^2]$, 판 간격 2 $[cm]$인 두 장의 평행판 금속 사이를 비유전율 5인 유전체로 채우고 두 판간에 20 $[kV]$의 전압을 가할 경우 판간에 작용하는 정전 흡인력 $[N]$은?

☞ 힘 $F = f\times S = \frac{1}{2}\epsilon_0\epsilon_s E^2\times S = \frac{1}{2}\epsilon_0\epsilon_s(\frac{V}{d})^2\times S$

$$= \frac{1}{2}\times 8.855\times 10^{-12}\times 5\times(\frac{20\times 10^3}{2\times 10^{-2}})^2\times 300\times 10^{-4} = 0.66\ [N]$$

29. 0.03 $[\mu F]$인 평행판 공기 콘덴서의 극판간에 그 간격이 절반 두께에 비유전율이 10인 유리판을 평행하게 넣었다면 이 콘덴서의 정전용량 $[\mu F]$은 얼마인가?

☞ 정전용량 $C = \dfrac{2C_0}{1+\frac{1}{\epsilon_s}} = \dfrac{2\times 0.03\times 10^{-6}}{1+\frac{1}{10}} = 0.055\ [\mu F]$

제5장 정전계의 특수해법

5-1 전기 영상법

정전계에서 전계를 구하는 방법으로는 쿨롱의 법칙, 가우스 법칙, 포아송 방정식 및 라플라스 방정식 등을 활용하여 구할 수 있으나, 도체계에서 전계를 구할 경우에는 정진유도 등에 의하여 도체계의 전하분포가 변화하기 때문에 상기의 방법으로는 해석이 복잡해진다. 따라서, 도체의 전하분포 및 경계조건을 교란시키지 않는 가상의 점전하인 영상 전하(imagc charge)를 두고 간단히 도체 주위의 전계를 해석하는 방법인 전기 영상법(electric image method)을 사용한다. 전기 영상법을 적용하기 위하여서는 가상의 영상 전하를 두어도 해석하고자 하는 기존의 공간전하 분포는 변화되지 않아야 한다. 또한 해석된 값이 주어진 경계조건을 만족하여야 한다. 전기 영상법을 활용하여 전계를 해석하여 보자.

5-2 전기 영상법을 이용한 정전계의 특수해법

5.2.1 무한 평판 도체와 점전하

그림 5-1과 같이 도체면 OT에서 거리 $d[m]$만큼 떨어진 점 P에서 점전하 $+Q[C]$가 존재할 경우의 전계를 전기 영상법을 활용하여 구하여 보자.

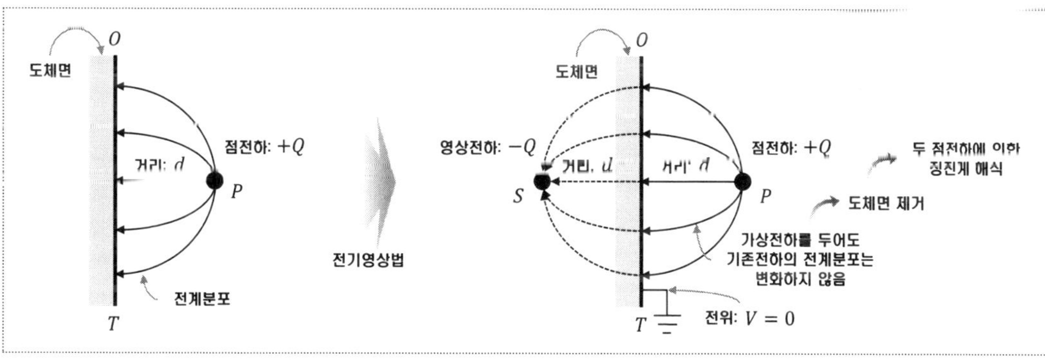

그림 5-1 무한 평판 도체와 점전하 사이의 전기 영상법 원리

그림 5-1과 같이 점 P의 점전하 $+Q[C]$에 의하여 도체 면에 전계분포가 형성된다. 여기서 가상 전하인 영상전하 $-Q[C]$를 동일한 거리 $d[m]$만큼 떨어진 지점인 점 S에 두었다고 생각한다면, 평면도체를 제거하여도 점전하 $+Q[C]$만 존재할 때와 동일한 전계분포를 나타내고 있다. 여기서 점 S를 영상점(image point)이라 한다. 그림 5-1에서 도체 면인 OT 직선 상의 전위는 두 점전하의 전하량과 거리가 같기 때문에 전위는 0이 된다. 따라서, OT의 평면을 무한 평면으로 바꾸어 놓아도 전계분포는 변화하지 않고 기존의 전계분포와 동일하다. 즉, 무한평면과 점전하가 있을 경우, 가상의 전하인 영상전하를 두고 도체를 제거하여도 전계분포가 변화하지 않기 때문에 두 점전하 사이의 정전계에 대한 해석을 적용할 수 있어 간단하게 된다. 이를 전기 영상법이라 한다.

그림 5-2와 같이 점 P에 점전하 $+Q[C]$가 있고 거리 $r[m]$만큼 떨어진 지점인 무한 평면 도체의 점 Z에서의 전계를 전기 영상법을 활용하여 구하여 보자.

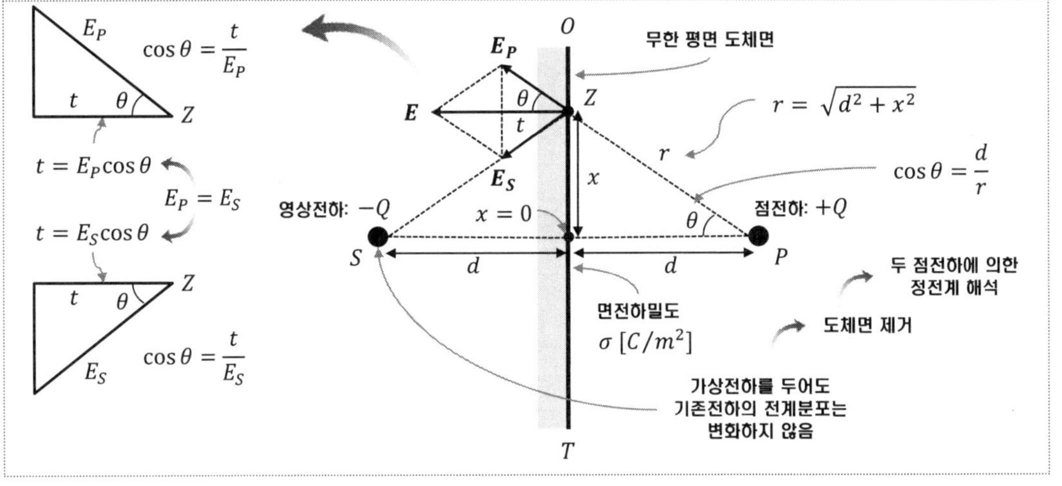

그림 5-2 무한 평면 도체와 점전하 사이의 전기 영상법 해석

전계 $\boldsymbol{E}$는 점전하인 $+Q[C]$에 의한 전계 $\boldsymbol{E_P}$와 영상전하인 $-Q[C]$에 의한 전계 $\boldsymbol{E_S}$와의 벡터 합으로 생각할 수 있다. 이를 수식으로 표현하면 다음과 같다.

$\boldsymbol{E} = \boldsymbol{E_P} + \boldsymbol{E_S}$	■ 점 Z의 전계 E ☞ 두 벡터의 합

그림 5-2에서 전계 $\boldsymbol{E}$의 크기는 전계 $\boldsymbol{E_P}$의 수직한 거리 $t(t = E_P\cos\theta)$와 전계 $\boldsymbol{E_S}$의 수

직한 거리 $t(t=E_S\cos\theta)$의 합으로 나타낼 수 있다. 그리고, $E_P=E_S$의 관계가 성립하여 아래 수식으로 표현될 수 있다.

$$E_P=E_S=\frac{Q}{4\pi\epsilon_0 r^2}$$
$$=\frac{Q}{4\pi\epsilon_0(\sqrt{d^2+x^2})^2}=\frac{Q}{4\pi\epsilon_0(d^2+x^2)}$$

■ 점 Z의 전계 $\boldsymbol{E_P}$, $\boldsymbol{E_S}$의 크기

☞ 쿨롱의 법칙

☞ $E=\dfrac{Q}{4\pi\epsilon_0 r^2}$, $r=\sqrt{d^2+x^2}$

전계 $\boldsymbol{E}$의 크기는 전계 $\boldsymbol{E_P}$의 수직한 거리 t와 전계 $\boldsymbol{E_S}$의 수직한 거리 t의 합인 $E=t+t$로 나타낼 수 있으므로 이를 수식으로 표현하면 다음과 같다.

$$E=t+t=E_P\cos\theta+E_S\cos\theta$$
$$=E_P\cos\theta+E_P\cos\theta=2E_P\cos\theta$$
$$=2\cdot\frac{Q}{4\pi\epsilon_0(d^2+x^2)}\cdot\cos\theta$$
$$=2\cdot\frac{Q}{4\pi\epsilon_0(d^2+x^2)}\cdot\frac{d}{\sqrt{d^2+x^2}}$$
$$=\frac{Qd}{2\pi\epsilon_0(d^2+x^2)^{\frac{3}{2}}}$$

■ 점 Z의 전계 $\boldsymbol{E}$의 크기

☞ $E=t+t$

☞ $t=E_P\cos\theta$, $t=E_S\cos\theta$

☞ $E_P=E_S=\dfrac{Q}{4\pi\epsilon_0 r^2}=\dfrac{Q}{4\pi\epsilon_0(d^2+x^2)}$

☞ $\cos\theta=\dfrac{d}{\sqrt{d^2+x^2}}$

상기 수식을 활용하여 무한 평면 도체 표면의 전하밀도를 구하여 보자. 무한 평면 도체에 면전하밀도 $\sigma[C/m^2]$가 분포하고 있다고 하면, 면전하밀도와 무한 평면 도체 표면의 전속밀도 $D[C/m^2]$ 사이의 관계는 아래 수식과 같다.

$$D=\sigma$$
$$D=\epsilon_0 E$$
$$\therefore \sigma=\epsilon_0 E$$
$$\sigma=\epsilon_0 E=\epsilon_0\cdot\frac{Qd}{2\pi\epsilon_0(d^2+x^2)^{\frac{3}{2}}}$$
$$=\frac{Qd}{2\pi(d^2+x^2)^{\frac{3}{2}}}\,[C/m^2]$$

■ 전속밀도 D

☞ 단위면적당 전속수를 의미

$D=\dfrac{\psi}{S}=\dfrac{Q}{S}[C/m^2]$

■ 면전하밀도 σ

☞ 단위면적당 전하량을 의미

☞ $\therefore D=\dfrac{\phi}{S}=\dfrac{Q}{S}=\sigma[C/m^2]$

■ 전계와 전속밀도 사이의 관계

☞ $D=\epsilon_0 E[C/m^2]$

그리고, 상기의 무한 평면 도체 표면의 전하밀도를 활용하여 무한 평면 도체 표면의 최대 전하밀도를 구하여보자. 그림 5-2에서 점 Z가 OT 면을 타고 변화하여 x가 0이 되는 지점이 최대 전하밀도인 $|\sigma|_{\max}$ 를 가지는 지점이다. 즉, $x=0$ 지점에 무한 평면 도체의 면전하밀도 $\sigma\,[C/m^2]$가 분포하고 있다고 하면, 최대 전하밀도와 무한 평면 도체 표면의 전속밀도 $D\,[C/m^2]$ 사이의 관계는 아래 수식과 같다.

$$|\sigma|_{\max} = \frac{Qd}{2\pi(d^2+x^2)^{\frac{3}{2}}} \quad (x=0\text{에서 최대값})$$

$$= \frac{Qd}{2\pi(d^2)^{\frac{3}{2}}} = \frac{Qd}{2\pi d^3} = \frac{Q}{2\pi d^2}\ [C/m^2]$$

■ 표면의 면 전하밀도 $\sigma\,[C/m^2]$
☞ 분모항이 최소가 될 때 σ는 최대값이 된다. $(x=0)$

$$\sigma = \frac{Qd}{2\pi(d^2+x^2)^{\frac{3}{2}}}\ [C/m^2]$$

상기 수식을 이용하여 무한 평면 도체의 유도 전하분포를 그리면 아래 그림 5-3과 같다. 그림 5-3에서 도체면 OT의 중점(전하가 존재하고 있는 점 P에서 최단거리 지점)에서 최대 전하밀도가 집중되고 있으며, 거리 x가 멀어져서 ∞가 되면 무한 평면 도체의 면전하밀도 $\sigma\,[C/m^2]$는 0이 된다.

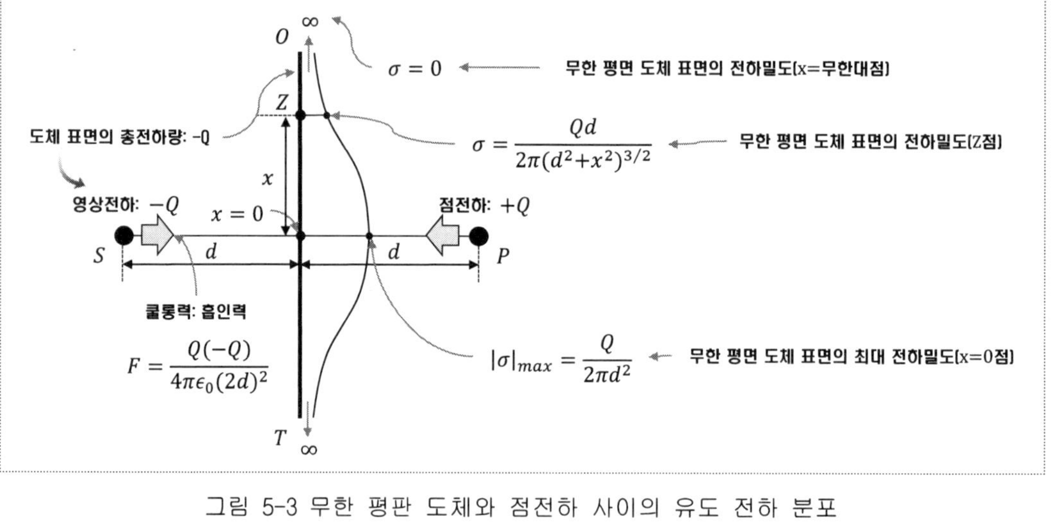

그림 5-3 무한 평판 도체와 점전하 사이의 유도 전하 분포

도체 표면에 유도된 총 전하량은 영상전하 $-Q[C]$와 같기 때문에 점 P에서 점전하 $+Q[C]$와 두 점전하 사이에 작용하는 힘 F를 쿨롱의 법칙에 의하여 구하면 다음과 같다.

$$F = \frac{Q(-Q)}{4\pi\epsilon_0 (2d)^2} = -\frac{Q^2}{16\pi\epsilon_0 d^2}\,[N]$$	■ 쿨롱의 법칙 ☞ $F = \frac{Q_1 Q_2}{4\pi\epsilon_0 r^2}[N]$ ■ 영상력 F의 방향 ☞ 힘 F의 값이 −라는 것은 흡인력을 의미 ☞ $-Q$와 $+Q$ 사이에 작용하는 힘으로 항상 흡인력이 작용

상기 수식에서 힘 $F[N]$를 영상력(image force)이라 하며, 무한 평면 도체가 받는 힘의 크기를 나타낸다. 그리고, 영상력은 영상전하 $-Q[C]$와 점전하 $+Q[C]$ 사이에 작용하는 힘으로 항상 흡인력이 작용한다.

예제 5.1

▣ 공기 중에서 무한 평면 도체 표면 아래의 $1[m]$ 떨어진 곳에 $1[C]$의 점전하가 있다. 전하가 받는 힘의 크기는 몇 $[N]$인가?

풀이

◉ 전기 영상법에 의하여 무한 평면도체에서 $1[m]$ 떨어진 점전하 $Q[C]$가 받는 힘은

$$F = \frac{1}{4\pi\epsilon_0}\frac{QQ'}{(2r)^2} = \frac{Q^2}{16\pi\epsilon_0 r^2} = \frac{1}{4}\times 9\times 10^9 \times 1 = \frac{9}{4}\times 10^9\,[N]$$

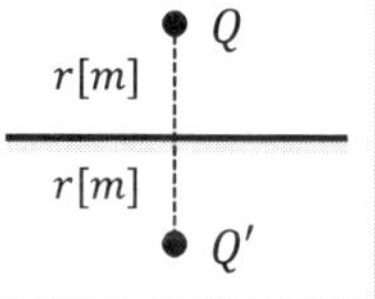

예제 5.2

▣ 무한 평면 도체로부터 거리 $a[m]$인 곳에 점전하 $Q[C]$이 있을 때 이 무한 평면 도체 표면에 유도되는 면밀도가 최대인 점의 전하 밀도는 몇 $[C/m^2]$인가?

① $-\frac{Q}{2\pi a^2}$　② $-\frac{Q^2}{4\pi a}$　③ $-\frac{Q}{\pi a^2}$　④ 0

풀이

◉ 무한 평면 도체상의 기준 원점으로부터 $x[m]$인 곳의 전하밀도 $[C/m^2]$는

$$\sigma = -D = -\epsilon_0 E = -\frac{Q\cdot a}{2\pi(a^2+x^2)^{3/2}}\,[C/m^2]$$

◉ 최대 전하밀도는

$$\sigma_{\max} = [\sigma]_{x=0} = -\frac{Q}{2\pi a^2}\,[C/m^2]$$

또한 $\sigma_{\min} = [\sigma]_{x=\infty} = 0$

☞ ①

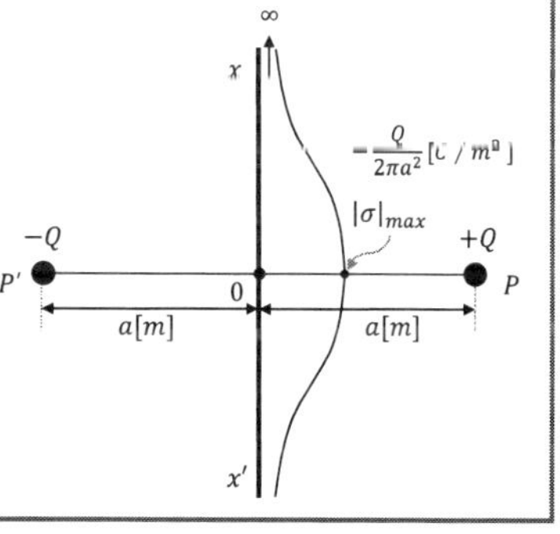

5.2.2 접지 도체구와 점전하

그림 5-4와 같이 반지름 $a[m]$인 접지된 도체구가 있다고 하고, 도체구 중심인 점 O에서 거리 $d[m]$인 지점의 점 P에 점전하 $+Q[C]$가 있을 경우, 쿨롱력을 해석하여 보자. 도체구의 구면상 모든 점에서 전위가 0이 되는 도체구의 내부의 한 점(영상점)을 점 S라 하고, 이 점에 영상전하 $Q'[C]$를 가상하여 놓았을 때, 전기 영상법으로 해석하여 보자.

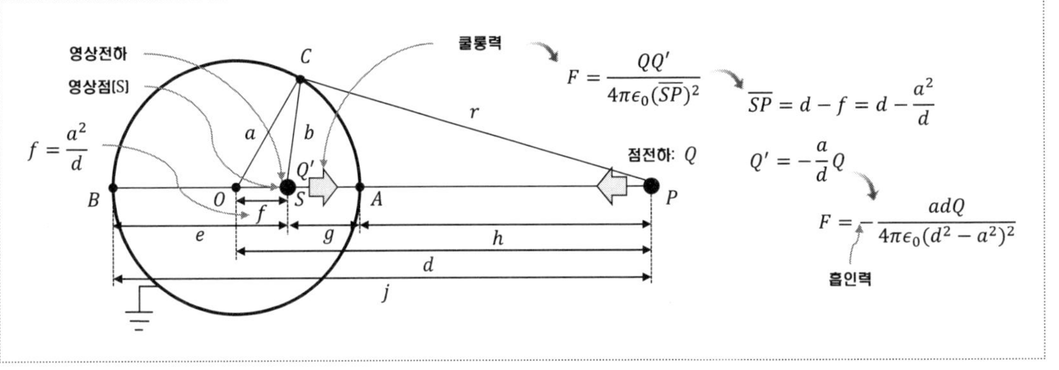

그림 5-4 접지 도체구와 점전하 사이의 전기 영상법 해석

점 A, B, C의 전위를 각각 V_A, V_B V_C라 한다면 도체구가 접지되어 있으므로 도체 구면상의 모든 점의 전위는 $V=0$이 된다. 이것을 수식으로 나타내면 다음과 같다.

$$V_C = \frac{1}{4\pi\epsilon_0}(\frac{Q'}{b} + \frac{Q}{r}) = 0$$

$$V_A = \frac{1}{4\pi\epsilon_0}(\frac{Q'}{g} + \frac{Q}{h}) = 0$$

$$V_B = \frac{1}{4\pi\epsilon_0}(\frac{Q'}{e} + \frac{Q}{j}) = 0$$

■ 전위

☞ $V = \frac{Q}{4\pi\epsilon_0 r}[V]$

☞ $\frac{1}{4\pi\epsilon_0} \neq 0$

그리고, 상기의 전위에 대한 수식에서 V_A, V_B V_C가 0이 되기 위하여서는 $\frac{1}{4\pi\epsilon_0} \neq 0$의 관계가 성립함으로 $(\frac{Q'}{b} + \frac{Q}{r}) = 0$, $(\frac{Q'}{g} + \frac{Q}{h}) = 0$, $(\frac{Q'}{e} + \frac{Q}{j}) = 0$이 되어야 한다. 따라서, 다음 수식으로 나타낼 수 있다.

$$\frac{Q'}{b}+\frac{Q}{r}=0 \Rightarrow \frac{Q'}{b}=-\frac{Q}{r}$$
$$\Rightarrow \frac{Q'}{Q}=-\frac{b}{r} \quad \therefore \frac{b}{r}=-\frac{Q'}{Q}$$
$$\frac{Q'}{g}+\frac{Q}{h}=0 \Rightarrow \frac{Q'}{g}=-\frac{Q}{h}$$
$$\Rightarrow \frac{Q'}{Q}=-\frac{g}{h} \quad \therefore \frac{g}{h}=-\frac{Q'}{Q}$$
$$\frac{Q'}{e}+\frac{Q}{j}=0 \Rightarrow \frac{Q'}{e}=-\frac{Q}{j}$$
$$\Rightarrow \frac{Q'}{Q}=-\frac{e}{j} \quad \therefore \frac{e}{j}=-\frac{Q'}{Q}$$
$$\therefore \frac{b}{r}=\frac{g}{h}=\frac{e}{j}=-\frac{Q'}{Q}$$

■ V_A, V_B V_C가 0이 되기 위한 조건

☞ $(\frac{Q'}{b}+\frac{Q}{r})=0$

☞ $(\frac{Q'}{g}+\frac{Q}{h})=0$

☞ $(\frac{Q'}{e}+\frac{Q}{j})=0$

그리고, 각 지점별 거리인 g, h, e, j를 다른 선분의 거리로 다시 나타내면 다음과 같다.

$$g=a-f,\ h=d-a,\ e=a+f,\ j=d+a$$

■ 쿨롱의 법칙에서 선분의 길이 $\overline{SP}$

☞ $\overline{SP}=d-f$에서 f의 길이를 구하기 위하여 수식을 풀이

상기 수식을 g, h, e, j에 대입하여 선분 $\overline{SP}$의 길이를 구하여 보자. 우선 선분 $\overline{OS}$ 길이인 f를 구하기 위하여 다시 풀면 아래와 같다.

$$\frac{b}{r}=-\frac{Q'}{Q}$$
$$\frac{g}{h}=\frac{a-f}{d-a}=-\frac{Q'}{Q}$$
$$\frac{e}{j}=\frac{a+f}{d+a}=-\frac{Q'}{Q}$$
$$\therefore \frac{b}{r}=\frac{a-f}{d-a}=\frac{a+f}{d+a}=-\frac{Q'}{Q}$$

■ 쿨롱의 법칙에서 선분 $\overline{OS}$인 f의 길이

☞ $g=a-f$
$h=d-a$
$e=a+f$
$j=d+a$

$\therefore \frac{a-f}{d-a} = \frac{a+f}{d+a}$ $(a-f)(d+a) = (a+f)(d-a)$ $ad + a^2 - fd - fa = ad - a^2 + fd - fa$ $a^2 + a^2 = fd + fd$ $2a^2 = 2fd$ $\therefore f = \frac{a^2}{d}$	■ 쿨롱의 법칙에서 선분 $\overline{OS}$인 f의 길이 ☞ $F = \frac{QQ'}{4\pi\epsilon_0(\overline{SP})^2}[N]$ ☞ $\overline{SP} = d - f$ ☞ $\overline{SP} = d - f$에서 f의 길이를 구하기 위하여 수식을 풀이 ☞ $f = \frac{a^2}{d}$

상기 수식의 선분 $\overline{OS}$의 길이인 f를 대입하여 선분 $\overline{SP}$의 길이를 구하면 아래와 같다.

$\overline{SP} = d - f = d - \frac{a^2}{d}$	■ 쿨롱의 법칙에서 선분 $\overline{SP}$의 길이 ☞ $\overline{SP} = d - f = d - \frac{a^2}{d}$

그리고, 영상점 S에 위치하고 있는 가상 전하인 영상전하 $Q'[C]$를 구하면 아래와 같다.

$\frac{b}{r} = -\frac{Q'}{Q} \quad \therefore Q' = -\frac{b}{r}Q$ $\frac{g}{h} = \frac{a-f}{d-a} = -\frac{Q'}{Q} \quad \therefore Q' = -\frac{g}{h}Q$ $\frac{e}{j} = \frac{a+f}{d+a} = -\frac{Q'}{Q} \quad \therefore Q' = -\frac{e}{j}Q$ $\therefore Q' = -\frac{b}{r}Q = -\frac{g}{h}Q = -\frac{e}{j}Q$ $Q' = -\frac{g}{h}Q = -\frac{a-f}{d-a}Q$ $= -\frac{a - \frac{a^2}{d}}{d-a}Q = -\frac{\frac{ad-a^2}{d}}{d-a}Q$ $= -\frac{a(d-a)}{d}\frac{1}{d-a}Q = -\frac{a}{d}Q$	■ 쿨롱의 법칙에서 영상전하 Q' ☞ $F = \frac{QQ'}{4\pi\epsilon_0(\overline{SP})^2}[N]$ ■ 다양한 거리 변수의 정리 ☞ $g = a - f$ $h = d - a$ $e = a + f$ $j = d + a$ ☞ $f = \frac{a^2}{d}$ ■ 영상전하 Q'와 전하 Q 사이의 관계 ☞ $Q' = -\frac{a}{d}Q$

선분 $\overline{SP}$ 사이에 작용하는 쿨롱력인 영상력 $F[N]$를 구하면 아래 수식과 같다. 수식의 결과에서 $-$값은 흡인력을 나타낸다.

$$F = \frac{QQ'}{4\pi\epsilon_0(\overline{SP})^2} = \frac{Q(-\frac{a}{d}Q)}{4\pi\epsilon_0(\frac{d^2-a^2}{d})^2}$$

$$= \frac{Q(-\frac{a}{d}Q)}{4\pi\epsilon_0\frac{(d^2-a^2)^2}{d^2}} = \frac{Q(-\frac{a}{d}Q)}{4\pi\epsilon_0}\frac{d^2}{(d^2-a^2)^2}$$

$$= \frac{Q(-aQ)}{4\pi\epsilon_0}\frac{d}{(d^2-a^2)^2} = -\frac{adQ^2}{4\pi\epsilon_0(d^2-a^2)^2}\ [N]$$

■ 쿨롱의 법칙(영상력)

☞ $F = \frac{QQ'}{4\pi\epsilon_0(\overline{SP})^2}\ [N]$

☞ $\overline{SP} = d - f = d - \frac{a^2}{d}$

☞ $Q' = -\frac{a}{d}Q$

☞ 흡인력이 작용

5.2.3 비접지(절연) 도체구와 점전하

그림 5-5와 같이 반지름 $a[m]$인 비접지(절연)된 도체구가 있다고 하자. 도체구 중심인 점 T에서 거리 $d[m]$인 지점의 점 P에 점전하 $+Q[C]$가 있을 경우, 쿨롱력을 해석하여 보자. 비접지 도체구는 점전하 $+Q[C]$에 의하여 정전유도 현상으로 점전하와 가까운 부분에는 $-$전하, 먼 곳은 $+$전하로 전하가 분리된다. 그리고, 전하가 분리되기 때문에 도체구 내부의 전체 총 전하량은 0이 되어야 한다.

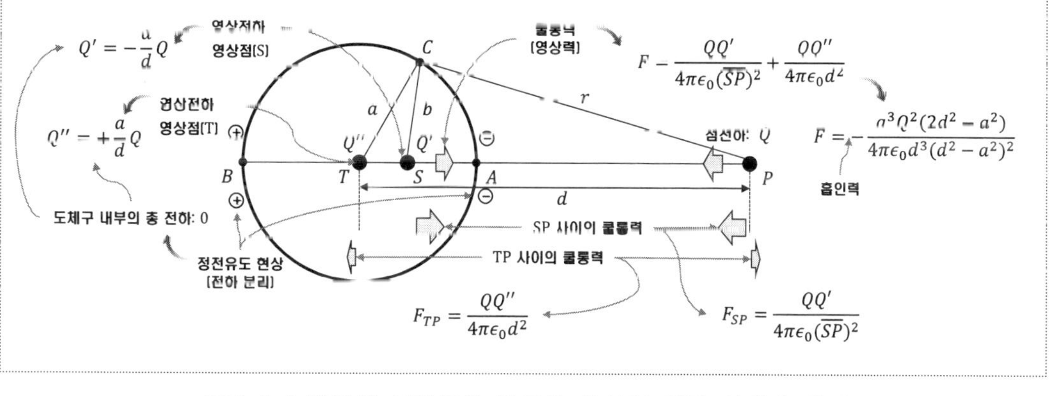

그림 5-5 비접지 도체구와 점전하 사이의 전기 영상법 해석

상기의 접지 도체구와 같은 위치인 점 S에 점전하 $+Q[C]$에 의하여 유도된 영상전하

$Q'[C](Q' = -\frac{a}{d}Q)$를 고려하고, 도체 내부의 총 전하량이 0이 되어야 하기 때문에 도체구 중심인 점 T에 또 다른 영상전하 $Q''[C](Q' = +\frac{a}{d}Q)$를 두어야 한다. 이때의 전계 또는 쿨롱력은 점전하 $+Q[C]$와 영상전하 $Q'[C]$, $Q''[C]$의 세 개의 점전하에 의하여 형성된다. 따라서, 도체구와 점전하 $+Q[C]$ 사이에 작용하는 힘인 쿨롱력(영상력)을 구하여 보자. 도체구와 점전하 $+Q[C]$ 사이에 작용하는 힘인 쿨롱력(영상력)은 점전하 $+Q[C]$와 영상전하 $Q'[C]$사이에 작용하는 힘과 점전하 $+Q[C]$와 영상전하 $Q''[C]$ 사이에 작용하는 힘의 합으로 계산할 수 있으므로 아래 수식으로 나타낼 수 있다.

$$F = F_{SP} + F_{TP} = \frac{QQ'}{4\pi\epsilon_0(\overline{SP})^2} + \frac{QQ''}{4\pi\epsilon_0 d^2}$$

■ 쿨롱의 법칙

☞ $F = \frac{Q_1Q_2}{4\pi\epsilon_0 r^2}[N]$

■ 쿨롱의 법칙(영상력)

☞ $F_{SP} = \frac{QQ'}{4\pi\epsilon_0(\overline{SP})^2}[N]$

☞ $F_{TP} = \frac{QQ''}{4\pi\epsilon_0 d^2}[N]$

상기 수식의 $F = F_{SP} + F_{TP}$를 다시 풀면 아래 수식과 같다.

$$\begin{aligned}
F &= \frac{QQ'}{4\pi\epsilon_0(\overline{SP})^2} + \frac{QQ''}{4\pi\epsilon_0 d^2} \\
&= \frac{Q(-\frac{a}{d}Q)}{4\pi\epsilon_0(\frac{d^2-a^2}{d})^2} + \frac{Q(+\frac{a}{d}Q)}{4\pi\epsilon_0 d^2} \\
&= \frac{1}{4\pi\epsilon_0}\left\{Q(-\frac{a}{d}Q)\frac{d^2}{(d^2-a^2)^2} + Q(+\frac{a}{d}Q)\frac{1}{d^2}\right\} \\
&= \frac{1}{4\pi\epsilon_0}\left\{\frac{-adQ^2}{(d^2-a^2)^2} + \frac{aQ^2}{d^3}\right\} \\
&= \frac{1}{4\pi\epsilon_0}\left\{\frac{-adQ^2d^3 + aQ^2(d^2-a^2)^2}{(d^2-a^2)^2d^3}\right\} \\
&= \frac{1}{4\pi\epsilon_0}\left\{\frac{-adQ^2d^3 + aQ^2(d^4-2d^2a^2+a^4)}{(d^2-a^2)^2d^3}\right\}
\end{aligned}$$

■ 쿨롱의 법칙(영상력)

☞ $F_{SP} = \frac{QQ'}{4\pi\epsilon_0(\overline{SP})^2}[N]$

☞ $F_{TP} = \frac{QQ''}{4\pi\epsilon_0 d^2}[N]$

☞ $\overline{SP} = d - \frac{a^2}{d}$

■ 영상전하

☞ $Q' = -\frac{a}{d}Q$

☞ $Q'' = +\frac{a}{d}Q$

☞ 도체구 내부의 총 전하는 0

$$= \frac{1}{4\pi\epsilon_0}\left\{\frac{-ad^4Q^2+ad^4Q^2-2a^3d^2Q^2+a^5Q^2}{(d^2-a^2)^2d^3}\right\}$$
$$= \frac{1}{4\pi\epsilon_0}\left\{\frac{-2a^3d^2Q^2+a^5Q^2}{(d^2-a^2)^2d^3}\right\}$$
$$= \frac{1}{4\pi\epsilon_0}\left\{\frac{-a^3Q^2(2d^2-a^2)}{(d^2-a^2)^2d^3}\right\}$$
$$= -\frac{a^3Q^2(2d^2-a^2)}{4\pi\epsilon_0 d^3(d^2-a^2)^2}\ [N]$$

■ 비접지 도체구에서 쿨롱의 법칙(영상력)

☞ $F = -\frac{a^3Q^2(2d^2-a^2)}{4\pi\epsilon_0 d^3(d^2-a^2)^2}\ [N]$

점전하 $+Q[C]$, 영상전하 $Q'[C]$, $Q''[C]$의 세 개의 점전하에 의한 쿨롱력(영상력)은 상기 수식과 같으며, 수식의 결과에서 $-$값은 흡인력을 나타낸다.

예제 5.3

▣ 반지름이 $0.01[m]$인 구도체를 접지시키고 중심으로부터 $0.1[m]$의 거리에 $10[\mu C]$의 점전하를 놓았다. 구도체에 유도된 총 전하량은 몇 $[\mu C]$인가?

① 0 ② -1.0 ③ -10 ④ $+10$

풀이

◉ 영상 전하량 $Q' = -\frac{a}{d}Q = -\frac{0.01}{0.1}\times 10\times 10^{-6} = -1.0\ [\mu C]$

☞ ②

예제 5.4

▣ 그림과 같이 무한 도체판에 반지름 $a[m]$인 반구가 돌출되어 있다. 점 P에 $Q[C]$의 전하가 놓여 있을 때 $Q[C]$의 전하에 의하여 생기는 영상 전하의 수는?

① 0 ② 1 ③ 2 ④ 3

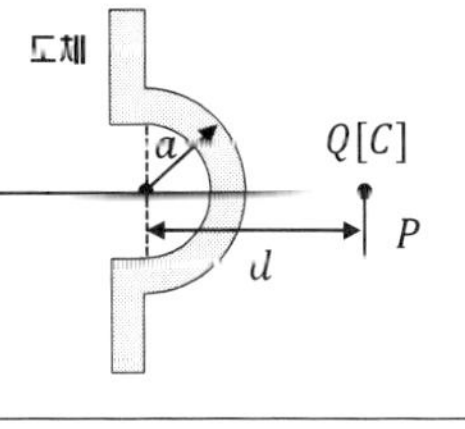

풀이

◉ 무한 평면과 도체구의 중첩이므로 $-Q$, $-\frac{a}{d}Q$가 존재하므로, 임의점 $x=a^2/d$에서 전위가 0이다.

◉ $-\frac{a}{d}Q$와 대칭위치의 전하 $Q'' = \frac{a}{d}Q$가 존재해야 모든 평면도체에서 전위가 0이므로 3개의 영상 전하가 존재한다.

☞ ④

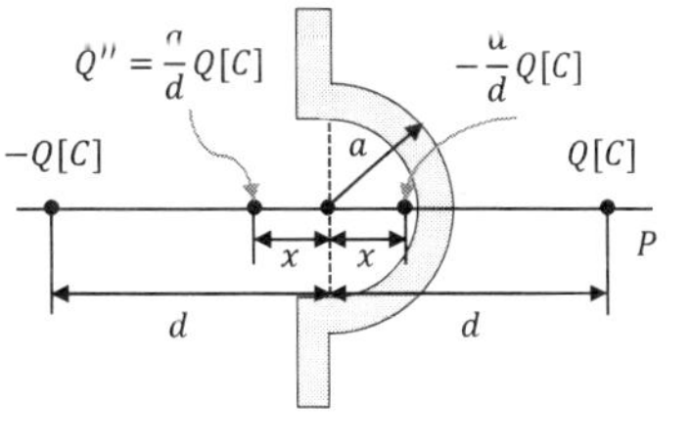

5.2.4 무한 평판 도체와 선전하

그림 5-6과 같이 무한 평판 도체와 높이 $h[m]$로 떨어진 지점에 선전하밀도 $\lambda[C/m]$를 가지는 반지름 $a[m]$인 무한 직선도체가 평행으로 놓여져 있는 경우, 정전계를 전기 영상법으로 해석하여 보자.

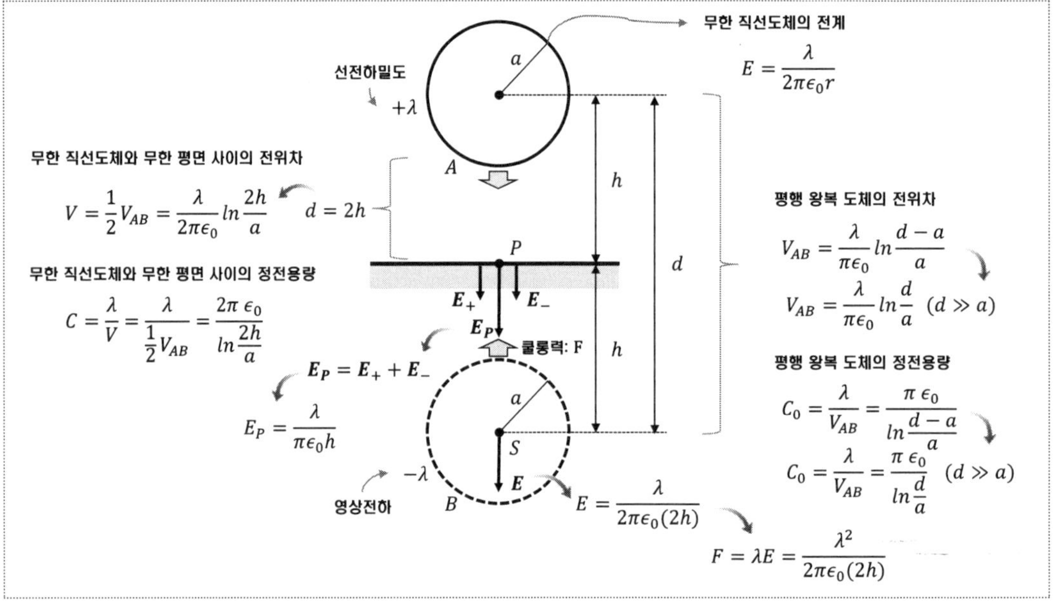

그림 5-6 무한 평판 도체와 선전하 사이의 전기 영상법 해석

무한 평판도체에 대칭점 S인 곳에 선전하밀도 $-\lambda[C/m]$를 가지는 반지름 $a[m]$인 무한 직선도체(영상도선)가 평행으로 놓여져 있다고 생각하고, 도체 표면의 중심 축 상의 점 P에서 전계의 세기 E_p는 E_+와 E_-의 합과 같다. 이를 수식으로 나타내면 다음과 같다.

$$E_P=E_++E_-=\frac{\lambda}{2\pi\epsilon_0 h}+\frac{\lambda}{2\pi\epsilon_0 h}$$
$$=\frac{2\lambda}{2\pi\epsilon_0 h}=\frac{\lambda}{\pi\epsilon_0 h}$$

■ 무한 직선도체의 전계 세기

☞ $E=\frac{\lambda}{2\pi\epsilon_0 r}[V/m]$

도체 표면에 유도되는 전하는 $-$값으로 이 점에서 전하는 최대로 유기되고 최대 전하밀도 $\sigma_{\max}[C/m^2]$는 다음 수식과 같다.

$$\sigma_{\max} = -\epsilon_0 E = -\epsilon_0 \frac{\lambda}{\pi\epsilon_0 h} = -\frac{\lambda}{\pi h}\,[C/m^2]$$	■ 무한 직선도체의 전계의 세기 ☞ $E = \frac{\lambda}{2\pi\epsilon_0 r}[V/m]$ ■ 면전하밀도 σ ☞ 단위면적당 전하량을 의미 ☞ $\therefore D = \frac{\phi}{S} = \frac{Q}{S} = \sigma[C/m^2]$ ■ 전계와 전속밀도 사이의 관계 ☞ $D = \epsilon_0 E[C/m^2]$

그리고, 선전하밀도 $\lambda[C/m]$인 직선도체 A가 무한 평면도체에 받는 힘의 크기는 영상도선의 선전하밀도 $-\lambda[C/m]$에 의한 흡인력과 같다고 할 수 있다. 그러므로, 선전하밀도 $\lambda[C/m]$와 영상도선의 선전하밀도 $-\lambda[C/m]$인 두 무한 직선도체 사이의 거리 $2h$인 전계의 세기 E를 구하면 다음과 같다.

$$E = \frac{\lambda}{2\pi\epsilon_0(2h)} = \frac{\lambda}{4\pi\epsilon_0 h}[V/m]$$	■ 무한 직선도체의 전계의 세기 ☞ $E = \frac{\lambda}{2\pi\epsilon_0 r}[V/m]$

무한 직선도체가 단위길이당 받는 힘의 크기 $F[N/m]$를 구하면 다음과 같다.

$$F = \lambda E = \lambda\frac{\lambda}{4\pi\epsilon_0 h} = \frac{\lambda^2}{4\pi\epsilon_0 h}[N/m]$$	■ 쿨롱력 ☞ $F = QE = \lambda E[N/m]$

무한 직선도체 A와 무한 평판도체 사이의 전위차 V는 무한 직선도체 A와 무한 직선도체 B로 구성된 평행 원통도체 사이의 전위차 $V_{AB}(V_{AB} = \frac{\lambda}{\pi\epsilon_0}\ln\frac{d-a}{a}\,[V])$에 대하여 1/2배가 된다. 그리고, 무한 직선도체 A와 무한 평판도체 사이의 정전용량 C는 무한 직선도체 A와 무한 직선도체 B로 구성된 평행 원통도체 사이의 정전용량 $C_0(C_0 = \frac{\lambda}{V_{AB}} = \frac{\pi\epsilon_0}{\ln\frac{d-a}{a}}[F/m])$에 대하여 전위차 V에 반비례($C = \frac{Q}{V}$, 여기서는 $C = \frac{\lambda}{V}$)하기 때문에 2배가 된다. 따라서 무한 직선도체와 무한 평판도체 사이의 정전용량 C를 구하면 다음과 같다.

$$V = \frac{1}{2} V_{AB} = \frac{\lambda}{2\pi\epsilon_0} \ln \frac{d-a}{a} = \frac{\lambda}{2\pi\epsilon_0} \ln \frac{d}{a} \ (d \gg a)$$
$$= \frac{\lambda}{2\pi\epsilon_0} \ln \frac{2h}{a} \ [V]$$

$$C = 2\, C_0 = 2 \frac{\pi\epsilon_0}{\ln \frac{d-a}{a}} = 2 \frac{\pi\epsilon_0}{\ln \frac{d}{a}} \ (d \gg a)$$
$$= 2 \frac{\pi\epsilon_0}{\ln \frac{(2h)}{a}} = \frac{2\pi\epsilon_0}{\ln \frac{2h}{a}} [F/m]$$

■ 평행 원통도체의 정전용량

☞ $V_{AB} = \frac{\lambda}{\pi\epsilon_0} \ln \frac{d-a}{a} \ [V]$

☞ $d = 2h$

☞ $C_0 = \frac{\lambda}{V_{AB}} = \frac{\pi\epsilon_0}{\ln \frac{d-a}{a}} [F/m]$

$d \gg a$

$C_0 = \frac{\lambda}{V_{AB}} = \frac{\pi\epsilon_0}{\ln \frac{d}{a}} \ [F/m]$

■ 정전용량

☞ $Q = CV \quad \Rightarrow C = \frac{Q}{V}$

상기의 수식은 3장에서 다룬 평행 원통 도체의 정전용량에서 구한 값과 동일하다. 즉, 무한 직선도체 A와 무한 평판도체 사이의 정전용량 C는 3장에서 살펴본 가공전선과 대지 사이의 정전용량 $C_n[F/m]$인 선로정수의 작용정전용량과 동일한 값을 나타내고 있다. 이 수식은 전력공학의 선로정수의 작용정전용량 값에서 사용되어진다.

$$V_{AB} = \frac{\lambda}{\pi\epsilon_0} \ln \frac{d-a}{a} [V]$$

$$C_0 = \frac{\pi\epsilon_0}{\ln \frac{d}{a}} [F/m], \ (d \gg a)$$

$$\therefore C_n = 2\, C_0$$

$$\therefore C_n = \frac{2\pi\epsilon_0}{\ln \frac{2h}{a}} = \frac{2\pi\epsilon_0 \log_{10} e}{\log_{10} \frac{2h}{a}}$$
$$= \frac{2.413 \times 10^{-11}}{\log_{10} \frac{2h}{a}} [F/m], \ (h \gg a)$$

■ 무한 평행 원통도체의 전위와 단위 길이 당 정전용량

☞ $V_{AB} = \frac{\lambda}{\pi\epsilon_0} \ln \frac{d-a}{a} [V]$

☞ $C_0 = \frac{\pi\epsilon_0}{\ln \frac{d}{a}} [F/m], \ (d \gg a)$

■ 작용 정전 용량값

☞ $\ln x = \log_e x = \frac{\log_{10} x}{\log_{10} e}$

☞ $\ln \frac{d}{a} = \log_e \frac{d}{a} = \frac{\log_{10} \frac{d}{a}}{\log_{10} e}$

☞ $C_n = \frac{0.02413}{\log_{10} \frac{2h}{a}} [\mu F/km]$

예제 5.5

■ 무한 평면 도체와 $d[m]$떨어져 평행한 무한장 직선 도체에 $\rho[C/m]$의 전하 분포가 주어졌을 때 직선 도체가 단위 길이당 받는 힘은 얼마인가? (단, 공간의 유전율은 ϵ이다.)

① $0\,[N/m]$ ② $\dfrac{\rho^2}{\pi\epsilon d}\,[N/m]$ ③ $\dfrac{\rho^2}{2\pi\epsilon d}[N/m]$ ④ $\dfrac{\rho^2}{4\pi\epsilon d}\,[N/m]$

풀이

◉ 지상높이 $d[m]$와 같은 깊이에 있는 도선의 선 전하밀도 $-\rho[C/m]$인 영상전하를 고려한다면

힘 $F = -\rho \cdot E = -\rho \cdot \dfrac{\rho}{2\pi\epsilon(2d)} = -\dfrac{\rho^2}{4\pi\epsilon d}\,[N/m]$

☞ ④

예제 5.6

■ 대지면에서 높이 $h[m]$로 평행 가설된 매우 긴 선전하가 지면으로부터 단위길이당 받는 힘$[N/m]$은 얼마인가? (단, 선전하 밀도는 $\rho_L[C/m]$라 한다.)

① $-18\times10^9\dfrac{\rho_L^2}{h}$ ② $-18\times10^9\dfrac{\rho_L}{h}$ ③ $-9\times10^9\dfrac{\rho_L^2}{h}$ ④ $-9\times10^9\dfrac{\rho_L}{h}$

풀이

◉ 지상높이 $h[m]$와 같은 깊이에 선전하밀도 $-\rho_L[C/m]$인 영상전하를 고려한 선전하간의 작용력을 구하면

$$f = -\rho_L E = -\rho_L \cdot \frac{\rho_L}{2\pi\epsilon_0(2h)} = -\frac{\rho_L^2}{4\pi\epsilon_0 h} = -9\times10^9 \cdot \frac{\rho_L^2}{h}\,[N/m]$$

☞ ③

예제 5.7

■ 대지면에서 높이 $h[m]$로 평행 가설된 매우 긴 선전하(선 전하밀도 $\lambda[C/m]$)가 지면으로부터 받는 힘 $[N/m]$은 얼마인가?

① h에 비례한다. ② h에 반비례한다. ③ h^2에 비례한다. ④ h^2에 반비례한다.

풀이

◉ 지상높이 $h[m]$, 선전하 밀도 $-\lambda[C/m]$인 영상 전하를 고려하여 선전하간 작용력

$$f = -\lambda E = -\lambda \cdot \frac{\lambda}{2\pi\epsilon_0(2h)} = \frac{-\lambda^2}{4\pi\epsilon_0 h}$$

▶ 이종 선전하간이라 흡인력 발생

▶ $f \propto \dfrac{1}{h}$: 힘은 거리 또는 높이에 반비례

☞ ②

연 습 문 제

1. 점전하 $+Q[C]$에 의한 무한 평면 도체의 영상 전하는?

① $-Q[C]$보다 작다. ② $Q[C]$보다 크다. ③ $-Q[C]$와 같다. ④ $Q[C]$와 같다.

☞ 무한 평면도체는 전위가 0이므로 조건을 만족하는 영상전하는 $-Q[C]$이고, 거리는 $+Q[C]$와 반대 방향이고 거리는 같다.	정답 ③

2. 무한평면도체 표면으로부터 $r[m]$ 거리의 진공 중에 전자 $e[C]$가 있을 때 이 전자의 위치 에너지는 얼마인가?

☞ 영상법에 의해 힘

$$F = \frac{-e \cdot e}{4\pi\epsilon_0(2r)^2} = -\frac{e^2}{16\pi\epsilon_0 r^2}[N]$$

☞ 전자의 위치에너지는

$$W = -\int_{\infty}^{r} F \cdot dr = \frac{e^2}{16\pi\epsilon_0}\int_{\infty}^{r}\frac{1}{r^2}\cdot dr = \frac{e^2}{16\pi\epsilon_0}\left[-\frac{1}{r}\right]_{\infty}^{r} = \frac{-e^2}{16\pi\epsilon_0 r}[J]$$

3. 평면 도체 표면에 $d[m]$의 거리에 점전하 $Q[C]$이 있을 때 이 전하를 무한원까지 운반하는데 요하는 일 $[J]$을 구하면 얼마인가?

☞ 작용력 $F = \dfrac{-Q^2}{4\pi\epsilon_0(2d)^2} = \dfrac{-Q^2}{16\pi\epsilon_0 d^2}[N]$

☞ 일 $W = -\int_{d}^{\infty} F \cdot dr = \dfrac{Q^2}{16\pi\epsilon_0}\int_{d}^{\infty}\dfrac{1}{d^2}dr$

$$= \frac{Q^2}{16\pi\epsilon_0}\left[-\frac{1}{d}\right]_{d}^{\infty} = \frac{Q^2}{16\pi\epsilon_0 d}[J]$$

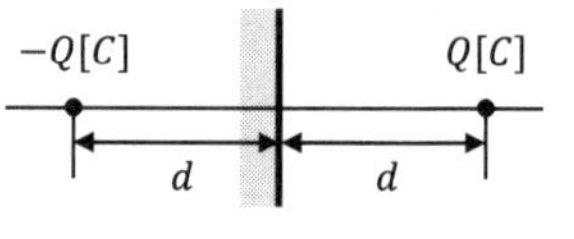

4. 접지 구도체와 점전하간의 작용력은?

① 항상 반발력이다. ② 항상 흡인력이다. ③ 조건적 반발력이다. ④ 조건적 흡인력이다.

☞ 접지 구도체에는 항상 점전하와 반대 극성인 전하가 유도되므로 항상 흡인력이 작용 ∴ 작용력 $F = -\dfrac{Q^2}{16\pi\epsilon_0 d^2}[N]$	정답 ②

5. 그림과 같이 무한 도체판으로 부터 $a[m]$ 떨어진 점에 $+Q[C]$의 점전하가 있을 때 $\frac{1}{2}a[m]$인 P 점의 전계의 세기$[V/m]$는 얼마인가?

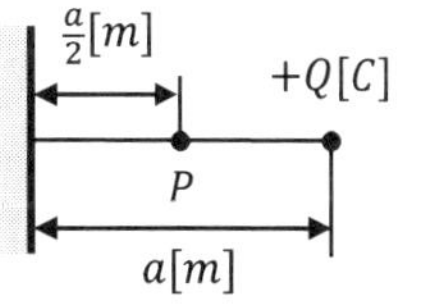

☞ 영상전하 $-Q[C]$를 그림과 같은 위치 점 P에서

▶ P점 합성 전계 $E_P = E_+ - E_-$($-Q[C]$ 때문에)

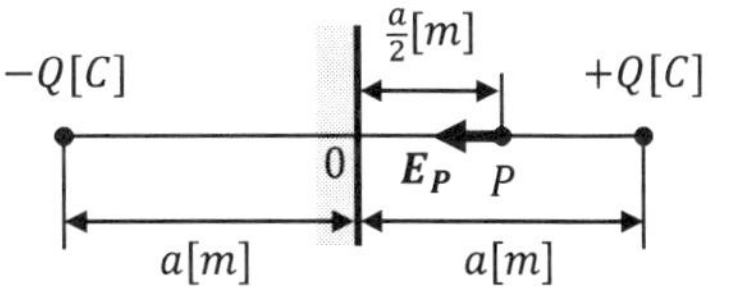

$$E_+ = \frac{Q}{4\pi\epsilon_0(\frac{a}{2})^2}, \quad E_- = \frac{-Q}{4\pi\epsilon_0(a+\frac{1}{2}a)^2}$$

$$E_P = \frac{Q}{4\pi\epsilon_0(\frac{a}{2})^2} + \frac{Q}{4\pi\epsilon_0(a+\frac{1}{2}a)^2} = \frac{Q}{\pi\epsilon_0 a^2} + \frac{Q}{9\pi\epsilon_0 a^2} = \frac{10Q}{9\pi\epsilon_0 a^2}\,[V/m]$$

▶ P점 전위

$$V_P = \frac{Q}{4\pi\epsilon_0(\frac{a}{2})} + \frac{-Q}{4\pi\epsilon_0(a+\frac{1}{2}a)} = \frac{Q}{3\pi\epsilon_0 a}\,[V]$$

6. 그림과 같은 직교 도체 평면상 P점에 $Q[C]$의 전하가 있을 때 P'점의 영상 전하는 무엇인가?

① Q^2 ② Q ③ $-Q$ ④ 0

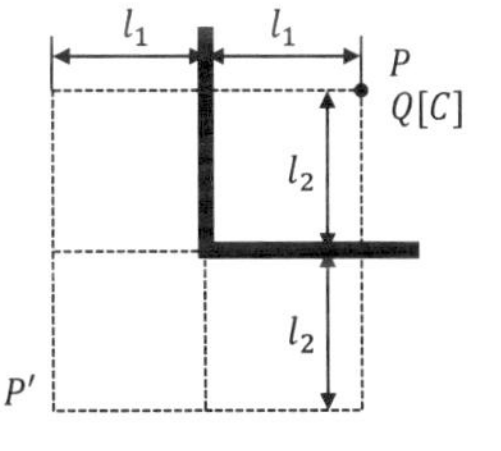

☞ 영상전하의 분포

▶ 2상안의 영상전하 $Q' = -Q$

▶ 3상안의 영상전하 $Q' = +Q$

▶ 4상안의 영상전히 $Q' = -Q$

▶ P'점 영상전하는 $Q[C]$이며, 영상전하는 3개

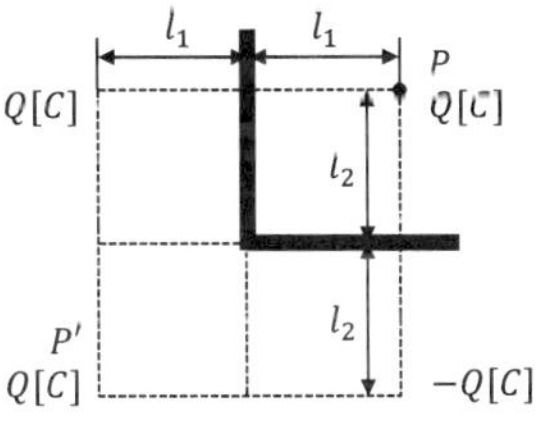

정답 ②

7. 유전체의 분극률이 χ일 때 분극 벡터 $P = \chi E$의 관계가 있다고 한다. 비유전율 4인 유전체의 분극률은 진공의 유전율 ϵ_0의 몇 배인가?

☞ 분극률 $\chi = \epsilon_0(\epsilon_s - 1) = \epsilon_0(4-1) = 3\epsilon_0$

∴ 진공 또는 공기의 유전율에 3배가 된다.

8. 전기 영상법에 대하여 옳지 않은 것은?

① 도체 평면 S 와 점전하 q가 대립되어 있을 때의 문제를 점전하 $+q$와 영상전하 $-q$가 대립되어 있는 문제로 풀 수 있다.

② $+q$, $-q$인 점전하가 대립되어 있을 때의 문제를 점전하 $+q$와 도체 평면 S 가 대립되어 있을 때의 문제로 풀 수 있다.

③ 도체 평면에 대한 점전하와 그 영상 전하는 항상 전하량이 같고 부호가 반대이다.

④ 도체 접지구에 관한 점전하와 그 영상 전하는 항상 전하량이 같고 부호가 반대이다.

☞ 도체 접지구의 영상전하의 크기 $Q' = -\frac{a}{d}Q$, 즉 영상전하는 Q의 $\frac{a}{d}$배가 되며 부호 반대이다.	정답 ④

9. 반지름 $a[m]$인 접지 도체구 중심으로부터 $d[m](>a)$인 곳에 점전하 $Q[C]$이 있으며 구도체에 유기되는 전하량$[C]$은 무엇인가?

① $-\frac{a}{d}Q$　　② $\frac{a}{d}Q$　　③ $-\frac{d}{a}Q$　　④ $\frac{d}{a}Q$

☞ 점 P'의 전하는 도체에 유기되는 영상 전하로 값은 $Q' = -\frac{a}{d}Q[C]$

☞ 중심에서 거리 $\overline{OP'} = \frac{a^2}{d}[m]$

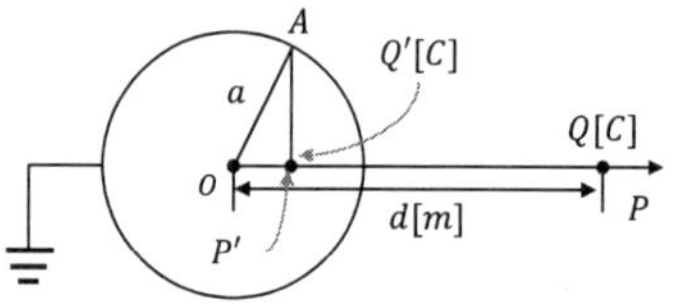

정답 ①

10. 비유전율이 ϵ_r인 유전체 표면에서 d_1 만큼 떨어져 있는 정전하 Q에 작용하는 힘의 크기와 유전체 표면에서 d_2만큼 떨어져 있는 점전하 $2Q$에 작용하는 힘의 크기가 같을 때 d_2는 얼마인가?

① $d_2 = 0.5d_1$　　② $d_2 = d_1$　　③ $d_2 = 1.5d_1$　　④ $d_2 = 2d_1$

☞ 작용력 $F = \frac{1}{4\pi\epsilon_0\epsilon_r} \cdot \frac{Q_1Q_2}{d^2}$에서

▶ 힘의 크기는 같으므로 $F_1 = F_2$

$$F_1 = \frac{1}{4\pi\epsilon_0\epsilon_r} \cdot \frac{Q^2}{d_1^2} \qquad F_2 = \frac{1}{4\pi\epsilon_0\epsilon_r} \cdot \frac{4Q^2}{d_2^2} = \frac{1}{4\pi\epsilon_0\epsilon_r} \cdot \frac{4Q^2}{(2d_1)^2}$$

▶ 전하가 2배일 때 힘이 같아지려면 거리도 2배가 되어야 된다.

정답 ④

11. 유전율 $\epsilon_1[F/m]$, $\epsilon_2[F/m]$인 두 유전체가 나란히 접하고 있고, 이 경계면에 나란히 유전체 $\epsilon_1[F/m]$ 내에 거리 $r[m]$인 위치에 선전하 밀도 $\lambda[C/m]$인 선상 전하가 있을 때, 이 선전하와 유전체 ϵ_2간의 단위 길이당 작용력은 몇 $[N/m]$인가?

① $\dfrac{\lambda^2}{16\pi\epsilon_1 r}\dfrac{\epsilon_1-\epsilon_2}{\epsilon_1+\epsilon_2}$ ② $\dfrac{\lambda^2}{16\pi\epsilon_2 r}\dfrac{\epsilon_1-\epsilon_2}{\epsilon_1+\epsilon_2}$ ③ $\dfrac{\lambda^2}{4\pi\epsilon_1 r}\dfrac{\epsilon_1-\epsilon_2}{\epsilon_1+\epsilon_2}$ ④ $\dfrac{\lambda^2}{4\pi\epsilon_2 r}\dfrac{\epsilon_1-\epsilon_2}{\epsilon_1+\epsilon_2}$

☞ 유전체 ϵ_1속의 선전하 λ에 대하여 경계면에 대칭인 위치의 ϵ_2속의 영상 선상 전하 λ'는 전기 영상법에 의하여 $\lambda'=\dfrac{\epsilon_1-\epsilon_2}{\epsilon_1+\epsilon_2}\lambda$가 된다. ☞ 두 선상 전하간의 단위길이당 작용력 f는 모든 매질을 ϵ_1으로 하고 그 속에서 λ, λ'의 거리 $d(=2r)$로 하여 λ'에 의한 ϵ_1속의 전계 E를 구한 다음 $f=\lambda E$를 적용 ∴ 작용력 $f=\dfrac{\lambda\lambda'}{2\pi\epsilon_1 r}=\dfrac{\lambda^2}{4\pi\epsilon_1 r}\cdot\dfrac{\epsilon_1-\epsilon_2}{\epsilon_1+\epsilon_2}$	정답 ③

12. 무한 평면 도체로부터 수직 거리 $a[m]$인 곳에 점전하 $Q[C]$이 있을 때 $Q[C]$과 무한 평면 도체간의 작용력 $[N]$은 얼마인가? (단, 공간 매질의 유전율은 $\epsilon[F/m]$이다.)

① $\dfrac{Q^2}{2\pi\epsilon_0 a^2}$ ② $\dfrac{-Q^2}{16\pi\epsilon_0 a^2}$ ③ $\dfrac{Q^2}{4\pi\epsilon a^2}$ ④ $\dfrac{-Q^2}{16\pi\epsilon a^2}$

☞ 점전하 $Q[C]$과 무한 평면도체간의 작용력은 영상전하 $-Q[C]$과의 작용력 $F=\dfrac{-Q^2}{4\pi\epsilon(2a)^2}=\dfrac{-Q^2}{16\pi\epsilon a^2}[N]$ 여기서, (−)는 흡인력이다. 매질이 공기(또는 진공)가 아니므로 ϵ_0가 아니니 ϵ임에 주의	정답 ④

13. 질량이 $10^{-3}[kg]$인 작은 물체가 전하 $Q[C]$을 가지고 무한 도체 평면 아래 $2\times10^{-2}[m]$에 있다. 전기 영상법을 이용하여 정전력이 중력과 같게 되는 데 필요한 Q의 값 $[C]$은?

☞ 작용력 $F=\dfrac{Q^2}{4\pi\epsilon_0 r^2}=\dfrac{Q^2}{4\pi\epsilon_0(2d)^2}=mg$에서 $\dfrac{Q^2}{16\pi\epsilon_0 d^2}=mg\ \rightarrow\ Q^2=16\pi\epsilon_0 d^2 mg$ ∴ 전하 $Q=\sqrt{16\pi\epsilon_0 d^2 mg}$ ☞ $m=10^{-3}[kg]$, $d=2\times10^{-2}[m]$를 대입하면 ∴ 전하는 $Q=\sqrt{16\pi\times8.855\times10^{-12}\times(2\times10^{-2})^2\times10^{-3}\times9.8}\fallingdotseq 4.2\times10^{-8}[C]$

제6장 정상 전류

6-1 전류

지금까지 전하가 정지되어 있는 정전계에 대하여 살펴보았으나, 전하가 외부의 전계에 의하여 이동하는 경우를 생각하여 보자.

어떤 도체의 단면을 수직방향으로 전하 $Q[C]$이 $t[\sec]$ 동안 이동하였을 경우 이 전하의 이동을 일반적으로 전류(electric current)라 한다. 이를 이용하여 전류를 미소시간 dt 동안 어떤 도체의 단면을 지나는 전하량의 비율로 정의할 수 있다. 이를 수식으로 표현하면 다음과 같다. 전류의 단위는 암페어(Ampere, $[A]$)로 나타낸다.

$$I = \frac{dQ}{dt}[A]$$

■ 전류의 정의

☞ $I[A] = \dfrac{Q[C]}{t[\sec]}$

그리고, 전류는 시간에 대하여 크기와 방향이 변화되지 않는 것을 직류(DC: direct current) 또는 정상전류(stationary current)라 하고, 일반적으로 건전지에서 나오는 전압은 직류이다. 그리고, 크기와 방향이 시간에 대하여 변화하는 것을 교류(AC: alternating current)라 하고, 일반적으로 가정용 전압은 교류이다. 이와 같은 분류는 전류를 가장 일반적으로 분류하는 방법이다.

그러나, 전자기학에서는 전류를 상기의 직류 및 교류 외에 금속 도체의 내부를 자유전자의 이동에 의하여 도체 내부를 흐르는 전도전류(conduction current), 전해액 또는 공간적으로 분포되어 있는 대전된 전하 입자의 이동에 의한 대류전류(convection current)와 진공 또는 유전체 등의 부도체 내에서 전속밀도의 시간적 변화에 의하여 발생하는 전류인 변위전류(displacement current) 등으로 구분할 수 있다.

특히, 부도체인 유전체에서는 전류가 흐르지 않아야 하지만 유전체에 흐르는 전류를 설명하기 위하여 변위전류의 개념을 도입하여 유전체에 흐르는 전류를 정의하고 있다. 맥스웰은 변위전류의 개념을 도입하여 전자파의 존재 및 해석의 기초를 마련하였다. 변위전류에 대하여서는 11장에서 상세히 설명한다.

예제 6.1	
▣ 전자가 매초 10^{10}개의 비율로 전선 내를 통과하면 이것은 몇 $[A]$의 전류에 해당하는가? (단, 전기량은 $1.602\times10^{-19}[C]$이다.)	
풀이	◉ 전기량 $Q=1.602\times10^{-19}\times10^{10}=1.602\times10^{-9}[C]$ ◉ 매초 통과하는 전류: $I=\dfrac{Q}{t}=\dfrac{1.602\times10^{-9}}{1}=1.602\times10^{-9}[A]$

6-2 전류밀도와 도전율

도체에 전계를 인가하여 도체 내부의 전하가 단면적 $S[m^2]$인 도체를 단면적과 각도 θ의 방향으로 속도 $v[m/s]$로 미소거리 $dl[m]$만큼 이동하였을 경우를 생각하여 보자. 전하 한 개가 $q[C]$이고, 단위체적당 전하의 수를 n[개]이라 하면 길이 $dl[m]$만큼 이동하는 미소전하 $dQ[C]$를 구하면 아래 수식과 같다.

$$dQ = nq\boldsymbol{S}\cdot dl$$

■ 미소전하 $dQ[C]$

☞ $dQ[C]=q[C/\text{개}]n[\text{개}/m^3]S[m^2]dl[m]$

상기 미소전하 $dQ[C]$를 이용하여 도체에 흐르는 전류 $I[A]$는 아래 수식으로 표현할 수 있다. 여기서, $q[C]$가 만약 전자라면 전자 1개의 전하량은 $e=1.602\times10^{-19}[C]$이 된다.

$$I=\frac{dQ}{dt}=\frac{nq\boldsymbol{S}\cdot dl}{dt}=nq\boldsymbol{S}\cdot\frac{dl}{dt}$$
$$=nq\boldsymbol{S}\cdot\boldsymbol{v}=nqSv\cos\theta[A]$$

■ 전류의 정의

☞ $I=\dfrac{dQ}{dt}[A]$

■ 속도의 정의

☞ $v=\dfrac{dl}{dt}[m/\sec]$

■ 벡터의 내적

☞ $\boldsymbol{A}\cdot\boldsymbol{B}=AB\cos\theta$

그리고, $\boldsymbol{S}$와 v의 벡터가 평행일 경우, 상기 수식을 다시 나타내면 아래 수식으로 나타낼 수 있다.

$$I = nqSv = \rho Sv[A]$$

■ 벡터의 내적 표시

☞ $\boldsymbol{A} \cdot \boldsymbol{B} = |\boldsymbol{A}||\boldsymbol{B}|\cos\theta = AB\cos\theta$

☞ θ가 $90°$인 경우: $\boldsymbol{A}$와 $\boldsymbol{B}$가 수직

$\boldsymbol{A} \cdot \boldsymbol{B} = |\boldsymbol{A}||\boldsymbol{B}|\cos 90° = 0$

☞ θ가 $0°$인 경우: $\boldsymbol{A}$와 $\boldsymbol{B}$가 평행

$\boldsymbol{A} \cdot \boldsymbol{B} = |\boldsymbol{A}||\boldsymbol{B}|\cos 0° = AB$

상기 수식에서 ρ는 $\rho = nq[C/m^3]$이므로 단위체적당 이동하는 전하량인 체적 전하밀도를 나타낸다. 그리고 상기 수식을 단위면적당 전류인 전류밀도 $i[A/m^2]$를 구하면 다음과 같다.

$$i = \frac{I}{S} = nqv = \rho v\ [A/m^2]$$

■ 전류밀도 i

☞ 단위면적당 흐르는 전류

☞ $i = \frac{I}{S}$

그리고, 속도 v는 전하의 이동속도(전하가 도체 내부를 이동하며, 이동시 전하 간 충돌 등에 의한 평균속도를 의미하기 때문에 드리프트 속도(drift velocity)라 한다.)이기 때문에 외부에서 인가하여 주는 전계 $\boldsymbol{E}$에 비례함으로 전하의 이동도를 나타내는 비례상수 μ를 사용하여 아래 수식으로 표현할 수 있다.

$$\boldsymbol{v} = \mu\boldsymbol{E}$$

■ 전하이동 속도 v

☞ $\boldsymbol{v} = \mu\boldsymbol{E}$

☞ μ: 전하의 이동도

여기서, 비례상수 μ는 하전입자의 이동도(mobility)를 나타낸다. 이 수식을 벡터 형태인 전류밀도 $\boldsymbol{i}$에 대입하여 다시 표현하면 다음과 같다.

$$i = nqv = \rho v, \quad \boldsymbol{v} = \mu\boldsymbol{E}$$

$$\therefore \boldsymbol{i} = nq\mu\boldsymbol{E} = \rho\mu\boldsymbol{E}\,[A/m^2]$$

■ 전하이동(드리프트) 속도 v

☞ $\boldsymbol{v} = \mu\boldsymbol{E}$

☞ 도전율: $\sigma = nq\mu = \rho\mu$

상기 수식을 도전율(conductivility) $\sigma(\sigma = nq\mu = \rho\mu\,[\Omega \cdot m]^{-1})$를 이용하여 벡터 형태로 다시 표현하면 다음과 같다.

$i = \sigma \boldsymbol{E}\,[A/m^2]$	■ 전류밀도 i(오옴 법칙의 미분형) ☞ $i = \sigma \boldsymbol{E}[A/m^2]$ ■ 도전율 σ ☞ $\sigma = nq\mu = \rho\mu\,[\Omega \cdot m]^{-1}$ ■ 오옴의 법칙 ☞ $I = \frac{V}{R} = \frac{V}{\rho} = \sigma V$

상기의 수식을 정상 전류계에서 오옴의 법칙(Ohm's law)의 미분형이라 한다.

예제 6.2

▣ 지름 $2[mm]$인 동선에 $20[A]$의 전류가 흐를 때 단위 체적 내에서 구리의 자유 전자수가 8.38×10^{28}[개]라 하면, 이때 전자의 평균 속도$[m/s]$는?(단, $e=1.602\times10^{-19}[C]$)

풀이

◉ 전류 $I = ne\boldsymbol{v}\cdot\boldsymbol{S}$에서 벡터 $\boldsymbol{v}$, $\boldsymbol{S}$가 평행이라면, 평균속도 $v = \frac{I}{neS} = \frac{I}{ne\pi r^2}$

◉ 속도 $v = \frac{20}{8.38\times10^{28}\times1.602\times10^{-19}\times\pi\times(1\times10^{-3})^2} = 4.74\times10^{-4}[m/s]$

예제 6.3

▣ 길이가 $1[cm]$, 지름이 $5[mm]$인 동선에 $1[A]$의 전류를 흘렸을 때 전자가 동선에 흐르는 데 걸린 평균 시간은 대략 얼마인가?(단, 동선에서 전자 밀도는 1×10^{28}[개$/m^3$]라고 한다.)

① 3초 ② 31초 ③ 314초 ④ 3147초

풀이

◉ 동선의 단위체적당 전자수 n, 전자 한개의 전하량 e. 총 전하량 $Q = neSl$

◉ 전류 $I = \frac{Q}{t}$에서 ∴ 시간 t는 $t = \frac{Q}{I} = \frac{neSl}{I} = \frac{ne\pi r^2 l}{I}[\sec]$

$= \frac{1\times10^{28}\times1.602\times10^{-19}\times\pi(2.5\times10^{-3})^2\times1\times10^{-2}}{1} \fallingdotseq 314[\sec]$

☞ ③

예제 6.4

▣ 지름 $2.6[mm]$의 동선에 $48[A]$의 전류가 흐를 때 전류 밀도는 약 몇 $[A/mm^2]$인가?

풀이

◉ 전류밀도 $i = \frac{I}{S} = \frac{I}{\pi r^2} = \frac{48}{\pi\times1.3^2} = 9\,[A/mm^2]$

6-3 오옴의 법칙과 전기저항

6.3.1 오옴의 법칙

그림 6-1과 같이 단면적이 $S[m^2]$이고, 길이가 $l[m]$인 도체 양단에 전압 $V[V]$를 인가하여 정상전류 $I[A]$가 흐르고 있다고 하자.

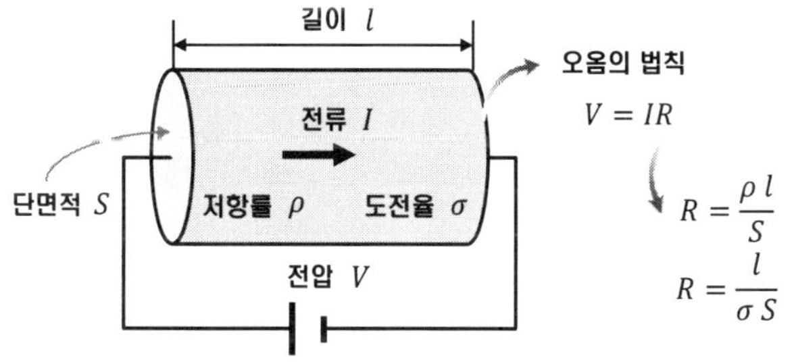

■ 전압과 전류 사이의 관계

☞ 전류: $I[A]$

☞ 전압: $V[V]$

☞ 오옴의 법칙: $V = IR$

그림 6-1 오옴의 법칙

그림 6-1에서 전압 V와 전류 I 사이의 관계는 아래 수식과 같다.

$$V = IR$$

■ 오옴의 법칙

여기서 비례상수 R은 전기저항이라 하며, 단위는 오옴[Ohm, Ω]을 사용하며, 아래 수식을 오옴의 법칙(Ohm's law)이라 한다. 상기 오옴의 법칙에서 전위 $V = El$, 전류밀도 $i[A/m^2]$, 오옴의 법칙 미분형인 $i = \sigma E$를 대입하여 풀면 다음과 같다.

$$V = IR$$

$$El = iSR = \sigma ESR$$

$$l = \frac{\sigma ESR}{E} = \sigma SR$$

$$\therefore R = \frac{l}{\sigma S} = \rho \frac{l}{S} [\Omega]$$

■ 오옴의 법칙 변환

☞ $V_{AB} = -\int_B^A \boldsymbol{E} \cdot d\boldsymbol{r} = -\int_B^A E dr \cos\theta [V]$

☞ $V = El$, $V = Ed$

☞ 전류밀도: $i = \frac{I}{S}$ $\therefore I = iS$

☞ 오옴의 법칙 미분형: $i = \sigma E$

여기서 ρ는 단위체적당의 저항을 의미하며, 저항률(resistivity) 또는 고유저항(specific resistance)이라 한다. 저항률 ρ는 물질의 종류에 따라 고유한 값을 가진다. 저항률의 단위는 $[\Omega \cdot m]$가 사용된다. 그리고, 저항률 ρ는 도전율 σ의 역수의 관계가 있다.

$\rho = \frac{1}{\sigma}[\Omega \cdot m] \quad \therefore \sigma = \frac{1}{\rho}[(\Omega \cdot m)^{-1}]$	■ 저항률 ρ(rho), 도전율 σ(sigma)

저항 R의 역수를 컨덕턴스(conductance), G로 표시하며, 단위는 $\frac{1}{\Omega}$, 모(mho, [℧]), 지멘스(siemens, [S])로 표현한다.

$G = \frac{1}{R} = \sigma\frac{S}{l} = \frac{S}{\rho l}[\frac{1}{\Omega}, ℧, S]$	■ 컨덕턴스 G ☞ 단위: 모(mho), 지멘스(siemens, [S])

예제 6.5

▣ 도체의 고유저항에 대한 설명 중 틀린 것은?

① 저항에 반비례한다. ② 길이에 반비례한다.
③ 도전율에 반비례한다. ④ 단면적에 비례한다.

풀이

◉ 전기저항: $R = \rho\frac{l}{S}[\Omega]$에서 저항은 길이에 비례하고 단면적에 반비례

◉ 고유저항: $\rho = \frac{RS}{l}\left[\frac{\Omega \cdot \text{m}^2}{\text{m}}\right] = \frac{S}{l}R[\Omega \cdot m]$이므로 고유저항은 도전율(전도율)의 역수로 저항과 단면적에 비례하고 길이에 반비례한다. 또는 고유저항 $\rho = \rho_0(1+\alpha T)$. 여기서 T는 온도변화이다.

☞ ①

예제 6.6

▣ 고유저항 $\rho[\Omega \cdot m]$, 한 변의 길이가 $r[m]$인 정육면체의 저항 $[\Omega]$은 얼마인가?

① $\frac{\rho}{\pi r}$ ② $\frac{\pi r^2}{\sqrt{\rho}}$ ③ $\frac{\rho}{r}$ ④ $\sqrt{\frac{2\pi r^2}{\rho}}$

풀이

◉ 전기저항 $R = \rho\frac{l}{S}[\Omega]$

◉ 정육면체 한 변의 길이가 $r[m]$, $S = r^2$, $l = r$을 대입하면

$\therefore$ 저항 $R = \rho\frac{l}{S} = \rho\frac{r}{r^2} = \frac{\rho}{r}$

☞ ③

6.3.2 온도계수와 저항과의 관계

일반적으로 모든 물질은 온도에 따라 특성이 약간씩 변화한다. 따라서, 금속 도체의 전기저항도 온도 상승과 함께 변화(금속일 경우, 온도 상승과 함께 전기저항 증가, 정(+)의 온도계수(PTC: positive temperature coefficient))하게 된다. 그 이유는 온도가 상승하게 되면 결정격자의 진동과 이동하는 전자도 진동하게 되어 서로 간에 충돌할 확률이 높기 때문에 전자 및 결정격자 간의 충돌에 의하여 전자의 이동이 어려워지게 되어 전기저항이 증가하게 된다. 이에 비하여 반도체 또는 절연체의 경우는 온도 상승과 함께 전기저항이 감소하는 특성(온도 상승과 함께 전기저항 감소, 부(−)의 온도계수(NTC: negative temperature coefficient))을 가지고 있다. 반도체의 경우, 온도가 상승하게 되면 원자모형에서 가전자대의 전자가 전도대로 상승하여 자유전자 수가 증가하게 되어 전기저항이 감소하게 된다.

금속일 경우, 임의의 온도 t[℃]에서 고유저항 ρ_t는 다음 수식으로 나타낼 수 있다.

$$\rho_t = \rho_{t_0}\{1+\alpha_{t_0}(t-t_0)+\beta_{t_0}(t-t_0)+\cdot\cdot\cdot\}$$

■ t[℃]에서 고유저항 ρ_t
☞ α_{t_0} β_{t_0}: t_0[℃]의 저항 온도계수
☞ 온도계수 단위: [1/℃]

여기서, α_{t_0}, β_{t_0}를 온도 t_0[℃]에서 저항의 온도계수(temperature coefficient)라 하며, 일반적으로 β_{t_0}는 α_{t_0}에 비하여 작기 때문에 무시하여 표현할 수 있다. 그리고, 상기 수식에서 온도 t_0[℃]를 20[℃]로 기준을 잡게 되면, 상기 수식은 다음과 같이 나타낼 수 있다.

$$\rho_t = \rho_{20}\{1+\alpha_{20}(t-t_0)\}$$

■ 고유저항 ρ_t
☞ 온도계수: $\alpha_{t_0} \gg \beta_{t_0}$

저항의 온도계수 α_{t_0}는 임의의 온도에서 1[℃] 상승할 때, 저항의 증가율을 나타낸다. 따라서, α_{20}은 온도 20[℃]에서 저항의 온도계수를 나타낸다. 그리고, 온도 t_0[℃]는 20[℃]를 기준으로 하고, 이때의 저항값을 R_{20}이라 한다면 임의의 온도 t[℃]에서의 저항 R_t는 다음과 같이 나타낼 수 있다.

$$R_t = R_{20}\{1+\alpha_{20}(t-t_0)\}$$

■ 임의의 온도 t[℃]에서의 저항 R_t
☞ R_{20}: 20[℃]에서의 저항

일반적으로 온도 t_1 및 t_2일 때 금속 도체의 저항을 각각 R_1, R_2라 하고, 온도 t_1에서 저항의 온도계수를 α_1이라 하면, 상기 수식을 이용하여 금속 도체의 저항과 온도계수와의 관계식을 표현하면 다음과 같다.

$$R_2 = R_1\{1+\alpha_1(t_2-t_1)\}$$

■ 금속 도체의 저항과 온도계수와의 관계식
☞ 온도 t_2에서 저항 R_2
☞ 온도 t_1에서 저항 R_1
☞ 온도 t_1에서 온도계수 α_1

만약 0[℃]에서의 온도계수 α_0를 알고 있을 경우, 아래의 수식으로 온도 t_1일 때의 저항의 온도계수 α_1을 구할 수 있다.

$$\alpha_1 = \frac{1}{\frac{1}{\alpha_0}+t_1} = \frac{1}{\frac{1+\alpha_0 t_1}{\alpha_0}} = \frac{\alpha_0}{1+\alpha_0 t_1}$$

■ t_1[℃]에서 저항 온도계수 α_1
☞ 0[℃]에서의 온도계수 α_0를 알고 있을 경우

여기서 예를 들어 도선으로 사용되는 구리는 0[℃]에서 저항의 온도계수 α_0 값이 $\alpha_0 = \frac{1}{234.5}$이라고 한다면 온도 t_1일 때의 저항의 온도계수 α_1을 구하면 아래와 같다.

$$\alpha_1 = \frac{1}{\frac{1}{\alpha_0}+t_1} = \frac{1}{234.5+t_1}$$

■ 20[℃]에서 구리의 저항온도계수 α_1
☞ $\alpha_1 = \frac{1}{\frac{1}{\alpha_0}+t_1}$
$= \frac{1}{234.5+t_1} = \frac{1}{234.5+20}$
$= 0.00393$

그리고, 저항 R_1과 저항 R_2가 직렬로 접속으로 연결되어 있을 때, 각 저항의 온도계수가 각각 α_1, α_2라고 한다면, 합성 저항의 온도계수 α_T를 구하여 보자.

우선 저항이 직렬로 연결되어 있으므로 합성저항 R은 $R = R_1 + R_2$가 된다. 이 합성저항

에 합성 저항의 온도계수 α_T를 곱한 값은 저항이 직렬로 연결되어 있는 저항값의 온도에 따른 전체 저항값의 변화를 나타낸다. 그리고, 이 저항값은 저항 R_1과 온도계수 α_1의 곱과 저항 R_2와 온도계수 α_2의 곱한 값을 더한 것과 같다. 이를 수식으로 표현하면 아래와 같다.

$$\alpha_T(R_1+R_2)=\alpha_1 R_1+\alpha_2 R_2$$

$$\therefore \alpha_T=\frac{\alpha_1 R_1+\alpha_2 R_2}{R_1+R_2}$$

■ 저항 R_1과 저항 R_2가 직렬 접속의 경우, 합성 온도계수 α_T

아래 표 6-1은 20[℃]에서 각종 금속의 저항률과 저항의 온도계수를 나타낸 것이다.

표 6-1 각종 금속의 저항률 및 온도계수

금속종류	$\rho_{20}[\Omega \cdot m]$	α_{20}	금속종류	$\rho_{20}[\Omega \cdot m]$	α_{20}
은	1.62×10^{-8}	0.00380	철	10.0×10^{-8}	0.00500
구리	1.69×10^{-8}	0.00393	백금	10.5×10^{-8}	0.00300
금	2.40×10^{-8}	0.00340	주석	11.4×10^{-8}	0.00420
알루미늄	2.62×10^{-8}	0.00390	납	21.9×10^{-8}	0.00390
텅스텐	5.48×10^{-8}	0.00450	망간	$35\sim100\times10^{-8}$	0.00001
아연	6.10×10^{-8}	0.00370	니크롬	$100\sim110\times10^{-8}$	0.00020

예제 6.7

▣ 20[℃]에서 저항 온도 계수 $\alpha_{20}=0.004$인 저항선의 저항이 100[Ω]이다. 이 저항선의 온도가 80[℃]로 상승할 때 저항은 몇 [Ω]이 되는가?

풀이

◉ 온도상승으로 인한 저항값 변화

$R_{80}=R_{20}\{1+\alpha_{20}(t_2-t_1)\}=100\{1+0.004(80-20)\}=124\,[\Omega]$

예제 6.8

▣ 저항 10[Ω], 저항의 온도계수 $\alpha_1=5\times10^{-3}[1/℃]$의 동선에 직렬로 저항 90[Ω], 온도계수 $\alpha_2\fallingdotseq 0[1/℃]$의 망간선을 접속하였을 때의 합성 저항 온도계수 [1/℃]는 얼마인가?

풀이

◉ 합성저항 온도계수 $\alpha_T=\dfrac{\alpha_1 R_1+\alpha_2 R_2}{R_1+R_2}$에서

$$\alpha_T=\frac{(10\times5\times10^{-3})+(90\times0)}{10+90}=0.0005=5\times10^{-4}$$

6-4 전력과 주울의 법칙

6.4.1 전력

저항이 있는 도체의 양 끝 부분에 전위차 $V[V]$를 인가하고, t[sec] 시간 동안에 도체에 전하 $Q[C]$을 이동시켜서 전류 $I[A]$가 흐를 경우, 전위차 $V[V]$에 의하여 전계 중에서 전하 $Q[C]$이 한 일을 $W[J]$이라고 한다면, 인가된 전위에 의하여 저항이 있는 도체 내에 소비되는 단위시간당의 일 $P[J/s]$를 구하면 다음 수식과 같다.

$$P = \frac{W}{t} = \frac{QV}{t} = V\frac{Q}{t} = VI\,[J/s]$$

■ 전위 V인 전계 중에서 전하 Q가 한 일

☞ $W = -Q\int_B^A \boldsymbol{E}\cdot dr = QV[J]$

$\Rightarrow W = QV$

■ 전류: 단위시간당 이동한 전하량

☞ $I = \frac{dQ}{dt}[A]$

상기 수식에서 $P[J/s]$를 전력(electric power)이라 한다. 전력은 전위차가 $V[V]$인 전계 중에서 전하량 $Q[C]$를 1[sec]동안 이동시킨 일로 정의할 수 있다. 그리고, 오옴의 법칙에서 전력 $P[W]$는 $P = VI$ 이므로 전력의 단위는 일반적으로 와트(watt, $[W]$)가 사용되며 상기 수식에서 단위시간당의 일 $P[J/s]$와 동일하기 때문에 $[W] = [J/s] = [VA]$의 관계가 성립된다. 따라서, 오옴의 법칙을 이용한 전력 $P[W]$를 다시 나타내면 아래 수식과 같다.

$$P = VI = I^2R = \frac{V^2}{R}\ [W]$$

■ 전기회로에서 전력 P

☞ $P = VI$

■ 오옴의 법칙

☞ $V = IR$

6.4.2 주울의 법칙

저항이 있는 도체에 전위차 $V[V]$를 인가하여 전류 $I[A]$가 흐를 경우, 도체에서는 전력 $P = VI$가 공급된다. 따라서, 일정 시간 t[sec] 동안에 일정한 전력 $P[W]$가 공급이 되었을 경우, 소비되는 전기에너지 $W[W \cdot sec]$를 구하면 아래와 같다.

$$W = Pt = VIt = I^2Rt = \frac{V^2}{R}t \quad [W \cdot sec], [J]$$

■ 전기회로에서 전력 P
☞ $P = VI$
■ 오옴의 법칙
☞ $V = IR$

상기 수식과 같이 전력 $P[W]$와 시간 $t[sec]$의 곱을 일 또는 에너지의 의미로 전력량이라 한다. 전력량은 도체 중에서 열에너지 형태로 변환되고 발열되어 소비된다. 전력량의 단위로는 $[W \cdot sec]$가 사용되나 $[W \cdot sec] = [J]$이 된다. 그러나, 일반적으로 전력량의 단위는 초([sec])단위를 사용하지 않고 시간 ($[h]$) 단위를 사용하여 $[Wh]$, $[kWh]$의 단위를 사용한다. $1[Wh] = 3{,}600[W \cdot sec] = 3{,}600[J] = 860[cal]$의 관계가 있다.

그리고, 일반적으로 $1[J]$의 일을 열량 $H[cal]$로 단위를 환산하여 나타내는 수식이 활용되고 있다. 따라서, $1[J] = 0.239[cal] \fallingdotseq 0.24[cal]$, $1[cal] = 4.186[J] \fallingdotseq 4.2[J]$의 관계가 성립하여 상기 수식을 다시 표현하면 다음과 같다.

$$\begin{aligned} H &= 0.24W \\ &= 0.24Pt = 0.24VIt \\ &= 0.24I^2Rt = 0.24\frac{V^2}{R}t\ [cal] \end{aligned}$$

■ 일과 열량과의 관계
☞ $1[J] = 0.24[cal]$
☞ 주울의 법칙

즉, 발열량은 주울 열이 되어 전력 손실을 발생시키게 된다. 이를 주울의 법칙(Joule's law)이라 한다. 주울 열은 금속 도체 내부의 자유전자가 외부 전위차에 의하여 원자 사이의 공간을 이동하면서 원자와 충돌하기 때문에 발열하게 되는 현상을 말한다. 열량의 단위인 $1[cal]$는 물 $1[g]$을 $1[℃]$상승시키는 데 필요한 열량을 나타낸다. 만약 전열기로 물을 가열하기 위한 전열기 용량을 계산하여 보자. 전열기의 효율이 $\eta[\%]$이고, 비열이 $C[cal/kg℃]$인 $m[kg]$(물인 경우 $m[l]$)의 물질을 온도 $\theta[℃]$ 상승시키기 위하여 시간 $t[hour]$동안 가열하였을 때 전열기의 용량 $P[kW]$는 상기 수식 $H[cal]$를 이용하여 나타낼 수 있다.

$$\begin{aligned} H &= 0.24Pt\eta = 0.24 \times (P \times 10^3) \times (t \times 3{,}600) \times \eta \\ &= C \times (m \times 1{,}000) \times \theta \end{aligned}$$

$$\therefore\ P = \frac{Cm\theta}{860\eta t}[kW]$$

■ 전열기의 용량 $P[kW]$
☞ 비열 $C[cal/kg℃]$, 무게 $m[kg]$
☞ 온도 $\theta[℃]$, 시간 $t[hour]$
☞ 효율 $\eta[\%]$

예제 6.9

■ 기전력 1.5[V]이고, 내부 저항 0.02[Ω]인 전지에 2[Ω]의 저항을 연결했을 때 저항에서 소모되는 전력은 약 몇 [W]인가?

① 1.1 ② 5 ③ 11 ④ 55

풀이

◉ 전류 $I=\frac{V}{R}=\frac{1.5}{2+0.02} \fallingdotseq 0.743\ [A]$

◉ 전력 $P=I^2R=0.743^2\times 2=1.103\ [W]$

☞ ①

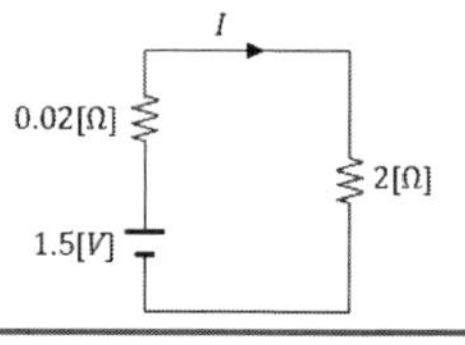

예제 6.10

■ 220[V] 30[W]인 백열전구와 220[V] 60[W]인 백열전구를 직렬로 접속하고, 200[V]의 전압을 인가하였을 때 어느 전구가 더 어두운가?(단, 전구의 밝기는 소비전력에 비례한다.)

① 둘 다 같다. ② 30[W]전구가 60[W]전구보다 더 어둡다.
③ 60[W]전구가 30[W]전구보다 더 어둡다. ④ 비교할 수 없다.

풀이

◉ $P=VI=\frac{V^2}{R}$ [W]에서 30[W] 전구의 저항: $R_{30}=\frac{V^2}{P}=\frac{200^2}{30}=1333.33\ [\Omega]$

◉ $P=VI=\frac{V^2}{R}$ [W]에서 60[W] 전구의 저항: $R_{60}=\frac{V^2}{P}=\frac{200^2}{60}=666.67\ [\Omega]$

◉ 두 개의 전구를 직렬로 접속하고 200[V]의 전압을 가할 경우(전압 분배법칙)

◉ 30[W] 전구에 걸리는 전압: $V_{30}=\frac{1333.33}{1333.33+666.67}\times 200=133.33\ [V]$

◉ 60[W] 전구에 걸리는 전압: $V_{60}=\frac{666.67}{1333.33+666.67}\times 200=66.67\ [V]$이다.

◉ 각각의 소비전력을 P_{30}, P_{60}라면

$$P_{30}=\frac{V_{30}^2}{R_{30}}=\frac{133.33^2}{1333.33}=13.33[W],\quad P_{60}=\frac{V_{60}^2}{R_{60}}=\frac{66.67^2}{666.67}=6.67[W]$$

∴ 60[W]전구가 30[W] 전구보다 더 어둡다. 반대로 30[W] 전구가 60[W] 전구보다 밝다. 라고 말할 수 있다.

☞ ③

예제 6.11

■ 10^6 [cal]의 열량은 어느 정도의 전력량에 상당하는가?

① 0.06[kWh] ② 1.16[kWh] ③ 2.27[kWh] ④ 4.17[kWh]

풀이

◉ 1 [kWh] = 860 [$kcal$], 10^6 [cal] = 10^3 [$kcal$] ∴ $\frac{10^3}{860}=1.16\ [kWh]$

☞ ②

예제 6.12

▣ 백열전구 P, Q를 전압 $E[V]$ 전원에 접속할 때 각각 $W_1[W]$, $W_2[W]$의 전력을 소비한다. 이를 직렬로 $V[V]$의 전원에 연결할 때 어느 전구가 더 밝은가? (단, $W_1 > W_2$이고 밝기는 소비전력의 크기에 비례한다고 가정한다.)

① P가 더 밝다. ② 똑같다. ③ Q가 더 밝다. ④ 수시로 변한다.

풀이

◉ $P = VI = \frac{V^2}{R}[W]$에서 백열전구 P의 저항 $R_1 = \frac{E^2}{W_1}$

◉ $P = VI = \frac{V^2}{R}[W]$에서 백열전구 Q의 저항 $R_2 = \frac{E^2}{W_2}$

$\therefore$ $W_1 > W_2$이면, $R_2 > R_1$이므로 전구 Q가 P보다 밝다.

☞ ③

예제 6.13

▣ 15[℃]의 물 4[l]를 용기에 넣어 1[kW]의 전열기로 가열하여 물의 온도를 90[℃]로 올리는데 30분이 필요하였다. 이 전열기의 효율은 약 몇 [%]인가?

풀이

◉ 전열기 용량 $P = \frac{Cm\theta}{860\eta t}[kW]$

◉ 효율은 $\eta = \frac{Cm\theta}{860Pt}$에서 $\therefore$ $\eta = \frac{1 \times 4 \times (90-15)}{860 \times 1 \times 0.5} = 0.697$, 또는 70[%]

예제 6.14

▣ 500[W]의 온수기로 20[℃]의 물 2[l]를 100[℃]까지 높이는데 약 몇 분이 소요되는가? (단, 온수기의 효율은 80[%]라 한다.)

풀이

◉ 전열기 용량 $P = \frac{Cm\theta}{860\eta t}[kW]$에서

$0.5 = \frac{1 \times 2 \times (100-20)}{860\eta \times \frac{t}{60}} \rightarrow \frac{t}{60} = \frac{1 \times 2 \times (100-20)}{860 \times 0.8 \times 0.5}$이므로 $\therefore$ $\frac{t}{60} = \frac{160}{344} = 0.465$

◉ 시간 $t = 27.9$[분], 약 28분 소요

예제 6.15

▣ 2[Ω]과 4[Ω]의 병렬 회로 양단에 40[V]를 가했을 때 2[Ω]에서 발생하는 열을 4[Ω]에서의 열의 몇 배인가?

풀이

◉ 열량 $H = 0.24\frac{V^2}{R}t[cal] \rightarrow H \propto \frac{1}{R}$로 열량은 저항에 반비례하는 관계

◉ 비 $\frac{H_2}{H_4} = \frac{1/2}{1/4} = 2 \rightarrow H_2 = 2H_4 \rightarrow \therefore$ 2[Ω]에서 4[Ω]보다 열이 2배 더 발생한다.

6-5 전류계

6.5.1 전류계의 발산

전하가 3차원 공간에 존재하고 있을 때 전기력선이 공간으로 분포되어 있는 것과 동일하게 금속 도체가 3차원 공간에 존재하고 있다고 한다면 금속 도체 내부를 흐르는 전류도 공간에 분포되어 있게 된다. 이를 정전계와 같이 전류의 장인 전류계로 생각할 수 있다.

아래 그림 6-2와 같이 정전계 중에서 체적 $V[m^3]$를 가지는 영역에서 임의의 폐곡면 $S[m^2]$로 둘러싸인 폐곡면에서 전류 밀도 $\boldsymbol{i}[A/m^2]$가 흘러 나간다고 하자.

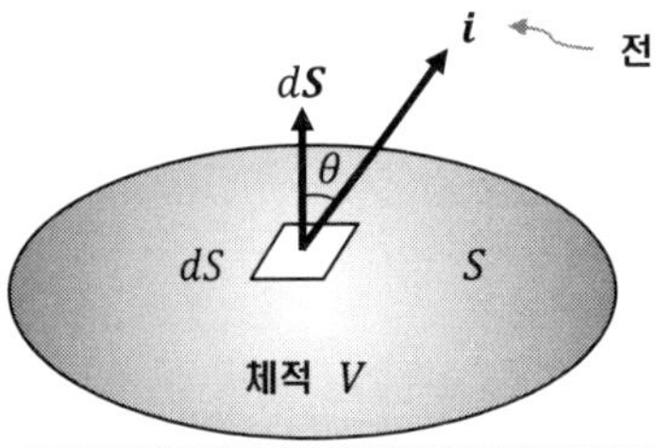

■ 전류밀도 벡터: $\boldsymbol{i}\,[A/m^2]$
■ 미소면적 벡터: $d\boldsymbol{S}\,[m^2]$

그림 6-2 전류계의 발산

전류 밀도 $\boldsymbol{i}[A/m^2]$를 활용하여 폐곡면의 미소면적 벡터 $d\boldsymbol{S}$를 통하여 흐르는 미소전류 dI를 수식으로 나타내면 다음과 같다.

$$dI = \boldsymbol{i} \cdot d\boldsymbol{S}$$

■ 전류밀도 i: 단위면적당 흐르는 전류

☞ $i = \dfrac{I}{S} \quad \therefore i = \dfrac{dI}{dS}$

그리고, 미소면적 벡터 $d\boldsymbol{S}$를 통하여 외부로 흘러 나가는 전체 전류 I는 다음과 같다.

$$I = \int_S dI = \int_S \boldsymbol{i} \cdot d\boldsymbol{S}$$

■ 전체 전류 I

☞ $I = \int_S dI$

그리고, 상기의 전체 전류 I를 구한 식은 면적분 형태로 표현되어 있다. 면적분을 체적적분의 형태로 변환시키는 발산 정리를 이용하여 체적적분으로 바꾸면 아래 수식과 같다.

$$I = \int_S dI = \int_S \boldsymbol{i} \cdot d\boldsymbol{S} = \int_v \nabla \cdot \boldsymbol{i}\, dv = \int_v div\ \boldsymbol{i}\ dv$$

■ 발산 정리

☞ $\oint_S \boldsymbol{D} \cdot d\boldsymbol{S} = \int_v \nabla \cdot \boldsymbol{D}\, dv$

전하는 생성과 소멸이 될 수 없다고 하는 전하 보존의 법칙에 의하여 폐곡면을 통하여 단위시간당 흘러 나가는 전류는 폐곡면 내의 단위시간당 전하량의 감소량과 같다고 할 수 있다. 그리고, 시간에 대한 상미분을 편미분으로 나타내면 다음 수식으로 나타낼 수 있다.

$$I = -\frac{dQ}{dt} = -\frac{\partial}{\partial t}\int_v \rho\, dv = \int_v -\frac{\partial \rho}{\partial t} dv$$

■ 전하 보존의 법칙

☞ $-\frac{dQ}{dt} = -\frac{\partial}{\partial t}\int_v \rho\, dv$

■ 감소 전류 I: 폐곡면 내의 단위 시간당 감소하는 전하량

☞ $I = -\frac{dQ}{dt}$

■ 전하량 $Q[C]$와 체적전하밀도 $\rho[C/m^3]$사이의 관계

☞ $Q = \int_v \rho\, dv$

그러므로, 미소면적 $d\boldsymbol{S}$를 통하여 외부로 흘러 나가는 전체 전류 I는 아래 수식으로 다시 표현할 수 있다.

$$I = \int_S \boldsymbol{i} \cdot d\boldsymbol{S} = \int_v \nabla \cdot \boldsymbol{i}\, dv$$

$$= \int_v div\ \boldsymbol{i}\ dv = \int_v -\frac{\partial \rho}{\partial t} dv$$

$$\therefore \int_v \nabla \cdot \boldsymbol{i}\, dv = \int_v div\ \boldsymbol{i}\ dv = \int_v -\frac{\partial \rho}{\partial t} dv$$

$$\therefore \nabla \cdot \boldsymbol{i} = div\ \boldsymbol{i} = -\frac{\partial \rho}{\partial t}$$

■ 발산 정리

☞ $\oint_S \boldsymbol{D} \cdot d\boldsymbol{S} = \int_v \nabla \cdot \boldsymbol{D}\, dv$

■ 전하 보존의 법칙

☞ $I = -\frac{dQ}{dt} = \int_v -\frac{\partial \rho}{\partial t} dv$

상기 수식은 단위체적에서 발산되는 전류밀도 $i[A/m^2]$는 체적 전하밀도 $\rho[C/m^3]$의 시간적 감소률과 같다는 것으로 전하보존의 법칙이 성립하며, 발산되는 전류밀도가 크다는 것은 체적 전하밀도의 감소율이 크다는 것을 의미한다. 이를 전류의 연속방정식(equation of continuity)이라 한다. 만약 도체 내에 시간에 대한 전하량의 변화가 없는 정상전류가 흐르는 경우에 체적 전하밀도 $\rho[C/m^3]$가 시간에 대하여 흘러 들어가는 양과 흘러 나오는 양이 항상 같아서 일정하기 때문에 전하량의 변화는 없다. 이를 수식으로 나타내면 아래 수식과 같고, 전류의 새로운 생성과 소멸이 없이 연속이라는 것을 나타낸다.

$$\therefore \nabla \cdot \boldsymbol{i} = div\, \boldsymbol{i} = 0$$

■ 정상전류: 시간에 따른 전하량의 변화가 없음

☞ $-\dfrac{\partial \rho}{\partial t} = 0$

☞ 전류의 연속성을 의미

6.5.2 정상 전류계의 전계와 전위

도체 내에 정상전류가 흐르고 있다고 한다면 전류밀도 $\boldsymbol{i}[A/m^2]$, 도전율 $\sigma[(\Omega \cdot m)^{-1}]$ 및 전계 $\boldsymbol{E}[V/m]$ 사이의 관계는 앞에서 구한 정상 전류계에서 오옴의 법칙의 미분형인 $\boldsymbol{i} = \sigma \boldsymbol{E}\ [A/m^2]$로 나타낼 수 있다. 그리고, 전계는 $\boldsymbol{E} = -grad\, V$의 관계를 이용하여 다음의 관계식을 유도할 수 있다.

$$\begin{aligned}\nabla \cdot \boldsymbol{i} &= div\, \boldsymbol{i} = div(\sigma \boldsymbol{E}) = \sigma\, div\, \boldsymbol{E} \\ &= \sigma\, div(-grad\, V) = -\sigma\, div\, grad\, V \\ &= -\rho \nabla^2 V = 0\end{aligned}$$

$$\therefore \nabla^2 V = 0$$

■ 정상전류: 시간에 따른 전하량의 변화가 없음

☞ $\nabla \cdot \boldsymbol{i} = div\, \boldsymbol{i} = 0$

■ 전류밀도 i

☞ $\boldsymbol{i} = \sigma \boldsymbol{E}\ [A/m^2]$

■ 전계와 전압과의 관계

☞ $\boldsymbol{E} = -grad\, V$

■ 라플라시안

☞ $\nabla \cdot \nabla = div\, grad = \nabla^2$

상기 수식의 개념을 살펴보자. $\boldsymbol{E} = -grad\, V$는 전위차의 기울기가 있으면 전계가 발생한다는 것을 의미한다. 즉, 상기 내용을 등고선을 비유하면 등고선의 간격이 작으면(전위차의 기울기가 크면) 급경사(전계가 세고)이고, 등고선의 간격이 넓으면(전위차의 기울기가 작으면) 완만한 경사(전계가 약하고)이라는 것을 뜻한다. 그리고, 이 전계를 미분(전위차를 2회 미분)한다는 것을 수식으로 나타내면 $\nabla \cdot \boldsymbol{E} = -\nabla^2 V$이고, 이 값이 0이라는 것은 전계가 변화하지 않고 일정하다는 것을 나타낸다.

즉, 전계가 변화하지 않는다는 것은 전류가 일정하게 흐르고 있다는 것을 뜻한다. 따라서, 정상전류(전하밀도 $\rho[C/m^3]$가 시간에 대하여 일정)가 흐른다는 것을 의미한다. 또는 전하밀도 $\rho[C/m^3]$가 시간에 따라 변화하지 않는다는 것을 나타낸다. 반대로 전계가 시간에 따라 변화하게 되면 전류의 크기가 시간에 따라 변화함을 나타낸다.

6.5.3 전류계와 정전계의 유사성

정상 선류계는 정전계와 여러 가지로 비교하여 보면 많은 유사성을 가지며, 일반적으로 정전계의 유전율 ϵ, 전속밀도 D를 정상 전류계에서 도전율 σ, 전류밀도 i로 각각 상호 변환시키면 정전계의 결과를 정상 전류계에 그대로 적용할 수 있다. 아래 표 6-2는 정상 전류계와 정전계의 유사성 및 상관관계를 나타낸 것이다.

표 6-2 정상 전류계와 정전계의 유사성 및 상관관계

<table>
<tr><th>정상 전류계</th><th>정전계</th><th>정상 전류계 오옴의 법칙</th></tr>
<tr><td>$\boldsymbol{i} = \sigma \boldsymbol{E}$</td><td>$\boldsymbol{D} = \epsilon \boldsymbol{E}$</td><td rowspan="4">■ 적분형
☞ $I = \int_S dI = \int_S \boldsymbol{i} \cdot d\boldsymbol{S} = 0$
■ 미분형
☞ $\nabla \cdot \boldsymbol{i} = div\, \boldsymbol{i} = 0$</td></tr>
<tr><td>$\boldsymbol{i} = -\sigma\, grad\, V$</td><td>$\boldsymbol{E} = -grad\, V$</td></tr>
<tr><td>$\nabla^2 V = 0$</td><td>$\nabla^2 V = 0$</td></tr>
<tr><td>$\nabla \cdot \boldsymbol{i} = div\, \boldsymbol{i} = 0$
(정상전류)</td><td>$\nabla \cdot \boldsymbol{D} = div\, \boldsymbol{D} = \rho$
$\nabla \cdot \boldsymbol{D} = div\, \boldsymbol{D} = 0\ (\rho = 0)$</td></tr>
</table>

6.5.4 전기저항, 정전용량 및 완화시간

그림 6-3과 같이 정상 전류계와 정전계의 유사성을 활용하여 물질의 도전율 σ와 유전율 ϵ을 알고 있으면 저항 $R[\Omega]$ 만을 측정하여 정전용량 $C[F]$를 구할 수 있다.

유전율이 ϵ인 유전체로 구성된 공간 내부에 전하 $\pm Q[C]$를 가진 두 개의 완전 도체가 있다고 하고, 이 두 도체 사이의 정전용량을 $C[F]$라고 하자. 그리고, 상기의 유전율이 ϵ인 유전체를 대신하여 도전율이 σ인 도전성 물질로 대치하고, 두 도체 사이에 전원 $V[V]$를 인가하여 정상전류 $I[A]$가 흐를 때, 저항을 $R[\Omega]$이라 하자.

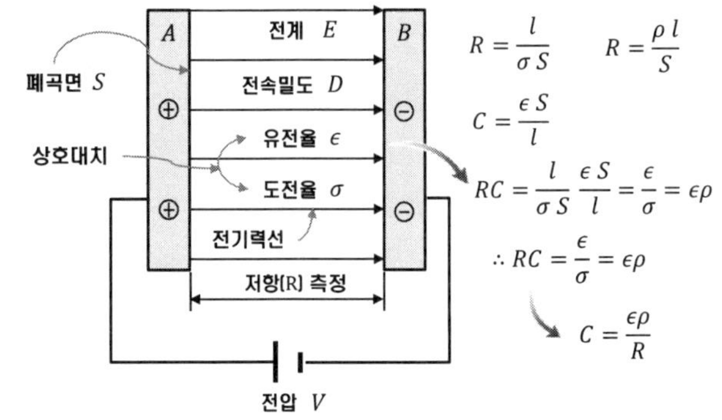

■ 저항을 활용한 정전용량 C

☞ 유전율: ϵ

☞ 도전율: σ

☞ 전기저항: R

그림 6-3 전기저항과 정전용량

상기의 두가지 경우 모두 전위차가 $V[V]$로 공통이라고 한다면, 유전율 ϵ인 공간과 도전율 σ인 공간에서 전계 분포와 전위 분포는 일치하게 된다.

그리고, $+Q[C]$를 가진 전극 A에서 나온 전기력선은 전극 B에 도달하게 된다. 따라서, 전극 A에서 단면적인 폐곡면 S에서 전기력선이 나오게 된다. 단위면적당 전속선수인 전속밀도 D를 활용하여 가우스 법칙을 적용하면 전체 전하량 $Q[C]$를 구할 수 있다.

그리고, 전체 전하량 $Q[C]$를 구하게 되면 전압과 전하량 사이의 관계식인 $Q=CV$를 활용하여 정전용량 $C[F]$를 구할 수 있다. 다음 수식은 이를 나타낸 것이다.

$$Q=\int \boldsymbol{D}\cdot d\boldsymbol{S}=\epsilon\int \boldsymbol{E}\cdot d\boldsymbol{S}$$

$$Q=CV \quad \therefore C=\frac{Q}{V}$$

$$C=\frac{Q}{V}=\frac{\epsilon\int \boldsymbol{E}\cdot d\boldsymbol{S}}{-\int \boldsymbol{E}\cdot dl}$$

■ 가우스 법칙

☞ $Q=\int \boldsymbol{D}\cdot d\boldsymbol{S}$

■ 전속밀도 D와 전계 E와의 관계

☞ $\boldsymbol{D}=\epsilon\boldsymbol{E}\ [A/m^2]$

■ 정전용량 C

☞ $Q=CV$

■ 전위 V

☞ $V=-\int \boldsymbol{E}\cdot dl$

그리고, 폐곡면의 단면적인 $S[m^2]$의 전 표면에서 흘러 나가는 전류 $I[A]$를 전류밀도 $i[A/m^2]$를 이용하여 구할 수 있다. 또한 전위차 V와 전류 I사이의 관계식인 오옴의 법칙 $V=IR$을 활용하여 전기저항 $R[\Omega]$을 구할 수 있다. 다음 수식은 이를 나타낸 것이다.

$$I = \int_S dI = \int_S \boldsymbol{i} \cdot d\boldsymbol{S} = \int_S \sigma \boldsymbol{E} \cdot d\boldsymbol{S} = \sigma \int_S \boldsymbol{E} \cdot d\boldsymbol{S}$$

$$V = IR \quad \therefore R = \frac{V}{I}$$

$$R = \frac{V}{I} = \frac{-\int \boldsymbol{E} \cdot dl}{\sigma \int \boldsymbol{E} \cdot d\boldsymbol{S}}$$

■ 전체 전류 I

☞ $I = \int_S dI$

■ 전류밀도 i

☞ $i = \frac{I}{S} \; \therefore i = \frac{dI}{dS}, \; \boldsymbol{i} = \sigma \boldsymbol{E} \; [A/m^2]$

■ 오옴의 법칙

☞ $V = IR$

■ 전위 V

☞ $V = -\int \boldsymbol{E} \cdot dl$

그리고, 상기의 두 수식을 이용하면 다음의 RC[sec] 관계를 얻을 수 있다.

$$RC = \frac{-\int \boldsymbol{E} \cdot dl}{\sigma \int \boldsymbol{E} \cdot d\boldsymbol{S}} \cdot \frac{\epsilon \int \boldsymbol{E} \cdot d\boldsymbol{S}}{-\int \boldsymbol{E} \cdot dl} = \frac{\epsilon}{\sigma} = \epsilon \rho$$

$$\therefore RC = \epsilon \rho \, [\text{sec}]$$

■ 도전율 σ, 저항률 ρ와의 관계

☞ $\sigma = \frac{1}{\rho}$

즉, 물질의 도전율 σ와 유전율 ϵ을 알고 있으면, 저항 $R[\Omega]$ 만을 측정하여 정전용량 $C[F]$를 구할 수 있다. 상기 수식에서 $RC = \epsilon \rho$를 완화시간이라 한다. 또한, 전기저항 $R[\Omega]$과 정전용량 $C[F]$의 관계식을 활용하여 상기와 동일한 수식을 구할 수 있다.

$$R = \frac{l}{\sigma S} = \rho \frac{l}{S} \, [\Omega], \qquad C = \frac{\epsilon}{d} S \, [F]$$

$$\therefore RC = \rho \frac{l}{S} \frac{\epsilon S}{l} = \rho \epsilon \, [\text{sec}]$$

■ 평행평판 도체의 정전용량

☞ $C = \frac{\epsilon S}{d} = \frac{\epsilon S}{l} [F]$

■ 전기저항

☞ $R = \frac{l}{\sigma S} = \rho \frac{l}{S} [\Omega]$

예제 6.16

▣ 대지의 고유저항이 $\rho[\Omega \cdot m]$일 때 반지름 $a[m]$인 반구형 접지극의 접지 저항은 얼마인가?

풀이	◉ 반구의 정전용량 $C = \frac{4\pi \epsilon a}{2} = 2\pi \epsilon a \, [F]$ ◉ 완화시간 $RC = \rho \epsilon$에서 $\therefore$ 저항 $R = \frac{\rho \epsilon}{C} = \frac{\rho \epsilon}{2\pi \epsilon a} = \frac{\rho}{2\pi a} [\Omega]$

예제 6.17

▣ 내경이 $2[cm]$, 외경이 $3[cm]$인 동심 구도체간에 고유저항이 $1.884\times10^2\ [\Omega\cdot m]$인 저항 물질로 채워져 있는 경우 내외 구간의 합성 저항은 약 몇 $[\Omega]$ 정도 되겠는가?

풀이

◉ 동심 구도체의 정전용량

$$C=\frac{4\pi\epsilon_0}{\frac{1}{a}-\frac{1}{b}}=\frac{\frac{1}{9\times10^9}}{\frac{1}{1\times10^{-2}}-\frac{1}{1.5\times10^{-2}}}=3.34\times10^{-12}[F]$$

◉ $RC=\rho\epsilon$에서 ∴ 저항 $R=\frac{\rho\epsilon_0}{C}=\frac{1.884\times10^2\times8.855\times10^{-12}}{3.34\times10^{-12}}=499.4\fallingdotseq500[\Omega]$

예제 6.18

▣ 액체 유전체를 넣은 콘덴서의 용량이 $22[\mu F]$이다. 여기서 $8855[V]$의 전압을 가했을 때 누설전류 $[A]$는 얼마인가? (단, 고유저항 $10^{10}[\Omega\cdot m]$, 비유전율 2.2이다.)

풀이

◉ $RC=\rho\epsilon$에서 저항 $R=\frac{\rho\epsilon}{C}[\Omega]$

◉ 전류 $I=\frac{V}{R}=\frac{CV}{\rho\epsilon}=\frac{CV}{\rho\epsilon_0\epsilon_s}$에서 ∴ $I=\frac{22\times10^{-6}\times8855}{10^{10}\times8.855\times10^{-12}\times2.2}=1[A]$

예제 6.19

▣ 반지름 $a, b(a<b)$인 동심원통 전극 사이에 고유저항 ρ의 물질이 충만되어 있을 때 단위 길이당의 저항은 얼마인가?

① $2\pi\rho\ln ba$ ② $\frac{\rho}{2\pi\ln\frac{b}{a}}$ ③ $\frac{\rho}{2\pi}\ln\frac{b}{a}$ ④ $2a\rho$

풀이

◉ $RC=\rho\epsilon$에서 ∴ 저항 $R=\frac{\rho\epsilon}{C}=\frac{\rho\epsilon}{\frac{2\pi\epsilon}{\ln\frac{b}{a}}}=\frac{\rho}{2\pi}\ln\frac{b}{a}=\frac{1}{2\pi\sigma}\ln\frac{b}{a}[\Omega]$

☞ ③

예제 6.20

▣ 임의 길이의 동축 원통 전극 사이에 고유 저항 $0.05[\Omega\cdot m]$의 액체를 넣었을 때 저항이 $10^{-2}[\Omega]$이었다. 이 액체를 유전율 ϵ인 기름으로 바꾸었더니 정전용량이 $50[pF]$이었다. 기름의 유전율$[F/m]$은 얼마인가?

풀이

◉ $RC=\rho\epsilon$에서 ∴ 유전율 $\epsilon=\frac{RC}{\rho}=\frac{10^{-2}\times50\times10^{-12}}{0.05}=10^{-11}[F/m]$

6-6 열전현상

열전 효과(thermoelectric effect)에는 제벡 효과(Seebeck effect), 펠티어 효과(Peltier effect), 톰슨 효과(Thomson effect)의 세 가지가 있으며, 이들 효과는 열과 전기 사이의 상관 관계를 나타내고 있다. 다양한 열전 효과에 대하여 알아보자.

6.6.1 제벡 효과

그림 6-4와 같이 두 가지의 다른 금속 A과 B를 접합하여 폐회로를 만든 다음 두 금속의 접합부에 온도차를 주었을 경우, 이 폐회로에 온도차에 비례하는 열기전력이 발생하여 열전류가 흐르게 된다. 이러한 현상을 제벡 효과(Seebeck effect)라 한다.

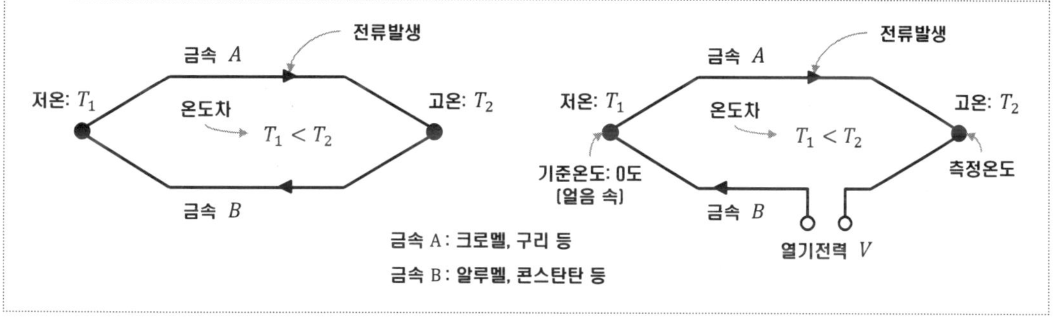

그림 6-4 제벡 효과

이 현상은 1821년 독일의 제벡이 실험을 통하여 발견하였다. 두 가지 다른 금속을 접합하여 폐회로를 형성시킨 한 쌍의 금속체를 열전대(thermocouple)라 한다. 열전대는 열에너지를 전기에너지로 변환하여 온도를 측정할 수 있는 온도센서의 대표적인 예이다. 일반적으로 열전대를 구성하는 금속의 재료에 따라 열기전력의 출력과 측정 온도범위가 다양하다. 일반적으로 측정 범위의 온도에 대하여 출력전압은 $100[mV]$이하 정도이다. 최근에는 금속에 비하여 제벡 계수가 1,000배 정도 되는 반도체를 활용하여 보다 많은 기전력이 발생하는 것이 개발되어 열전기, 발전기 등의 차세대 에너지원으로 활용되고 있다.

열기전력 V는 접합부의 온도차 T_1, T_2, 단 $T_2 > T_1$에 의하여 아래 수식으로 나타낼 수 있다. 여기서 a, b는 제벡 계수(Seebeck coefficient)이다. 제벡 효과는 두 금속의 접합부의 온도차가 크면 클수록 열기전력 발생이 증가하는 비례관계를 나타내고 있다.

$$V = a(T_2 - T_1) + \frac{b}{2}(T_2^2 - T_1^2)\,[V]$$

■ 열기전력 V
☞ a, b는 제벡 계수
☞ 온도차가 클수록 V가 큼

아래 표는 산업현장에서 사용되고 있는 대표적인 열전대의 종류와 특성을 나타낸 것이다.

표 6-3 열전대의 종류와 특징

열전대 종류	+ 재료	− 재료	사용온도	비고
B	Pt(70[%]) Rh(30[%])	Pt(94[%]), Rh(6[%])	0~1,700[℃]	고온측정용 고가, 감도가 낮음
K	크로멜	알루멜	-200~1,250[℃]	가장 널리 사용 측정온도범위 넓음
	Ni(90[%])	Ni(90[%])		
	Cr(10[%])	Al, Mn, Si 등		
E	크로멜	콘스탄탄 Cu(55[%]), Ni(45[%])	-200~900[℃]	감도 가장 우수 가격 저렴
T	Cu	콘스탄탄	-200~350[℃]	저온 측정용

6.6.2 펠티어 효과

그림 6-5와 같이 두 가지의 다른 금속 A과 B를 접합하여 폐회로를 만든 다음, 온도를 일정하게 유지시켜 놓은 상태에서 전류 I를 흐르게 하면 두 금속의 접합부에서 주울 열 이외의 열의 발생과 흡수가 발생한다. 이러한 현상을 펠티어 효과(Peltier effect)라 한다.

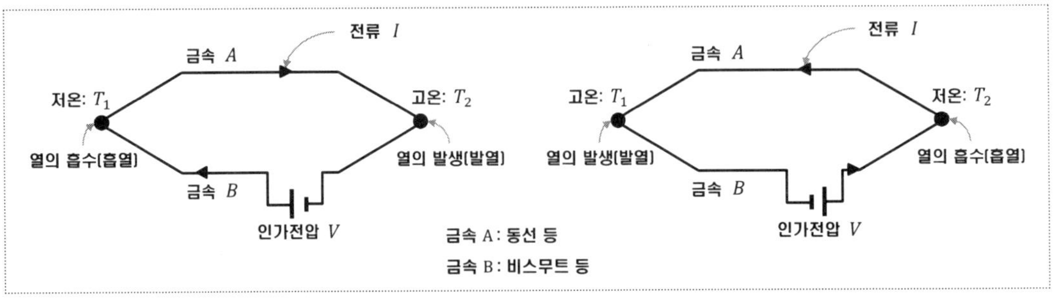

그림 6-5 펠티어 효과

그리고, 펠티어 효과는 인가하는 전류 I의 방향을 반대로 하면 열이 발생한 접합부가 열의 흡수로, 열을 흡수한 접합부는 열의 발생으로 변화한다. 이러한 현상은 1834년 프랑스의 펠티어가 발견하였다. 펠티어는 금속 A에 구리(동)선을 사용하였고, 금속 B에 비스무트 선을 사용하여 외부에서 전압을 인가하여 전류를 흘릴 때, 구리선에서 비스무트로 전류가 흐를 경우 접합부에서 온도가 증가(발열)하였고, 비스무트에서 구리선으로 전류가 흐를 경우 접합부에서 온도가 감소(흡열)하는 현상을 발견하였다.

두 금속의 접합부에서 한쪽 부분은 열이 발생하고 다른 한 쪽은 열을 흡수하는 현상을 이용하여 냉동기, 항온조, 상업용 열전기 냉장고 등에 활용되고 있다. 최근에는 펠티어 효과를 이용한 소자를 열전소자라 하며, 자동차 등에 냉매를 사용하지 않는 소형 냉온장고, 열선시트 등으로 활용되고 있다.

펠티어 효과는 제벡 효과의 반대 현상이다. 두 접합부의 발열과 흡열 현상은 폐회로에 인가하여 주는 전류의 방향을 반대로 하면 달라지게 된다. 이때 발생하는 총열량 $Q[cal]$는 다음과 같다. 여기서 P는 재료에 따라 정해지는 펠티어 계수를 나타낸다.

$$Q = 0.24\,P\int_0^t I\,dt\ [cal]$$

■ 총열량 Q
☞ P: 펠티어 계수

6.6.3 톰슨 효과

그림 6-6과 같이 동일한 금속 도선의 두 점 A과 B에 온도차를 주고 고온에서 저온으로 전류를 흐르게 하면, 주울 열 이외에 도선 속에서 열이 발생하거나 흡수가 일어난다. 이러한 현상을 톰슨 효과(Thomson effect)라 한다.

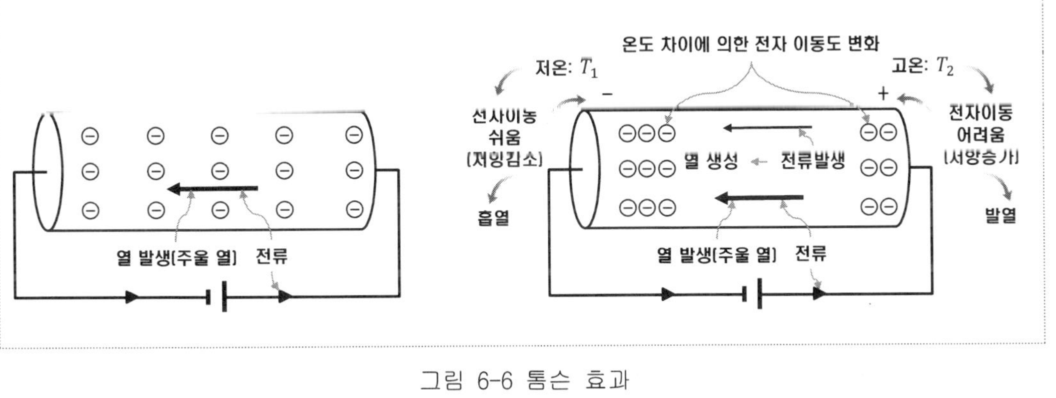

그림 6-6 톰슨 효과

이러한 현상을 1851년 영국의 톰슨이 발견하였다. 이후 톰슨은 열역학 법칙을 사용하여 제벡 효과, 펠티어 효과, 톰슨 효과의 상관관계를 연구하였다. 금속 내의 자유전자는 금속의 종류와 온도에 따라 특유의 에너지를 가지고 이동한다. 같은 종류의 금속이라도 고온과 저온의 온도차를 주면 전자에너지 차이로 인하여 전자 이동의 차이가 발생하여 전위차가 발생하게 된다. 이 전위차에 의하여 내부에 전류가 흘러 주울 열 이외의 발열 또는 흡열이 발생하게 된다. 톰슨 효과는 Pt, Ni, Fe의 금속에 고온에서 저온부로 전류를 흘릴 경우, 열을 흡수(흡열)하는 부(−)의 톰슨 효과와 Cu, Sb의 금속에 고온에서 저온부로 전류를 흘릴 경우, 열을 발생(발열)하는 정(+)의 톰슨 효과가 있다. 그리고, 펠티어 효과와 동일하게 전류의 방향을 반대로 하면 발열과 흡열이 반대로 된다. 단위시간당 발생한 발열량을 $Q[cal]$라고 한다면 아래 수식으로 나타낼 수 있다. 여기서 τ는 톰슨 계수라고 하며 발열 현상일 경우 +, 흡열 현상일 경우 −로 한다.

$$Q = \tau I d T [cal]$$

■ 총열량 Q
☞ τ(tau): 톰슨 계수

예제 6.21

▣ 두 종류의 금속으로 된 폐회로에 전류를 흘리면 양 접속점에서 한 쪽은 온도가 올라가고 다른 쪽은 온도가 내려가는 현상은?

① 볼타 효과 ② 펠티에 효과 ③ 톰슨 효과 ④ 제벡 효과

풀이

◉ 제벡 효과 : 서로 다른 두 종류의 금속선을 접합하여 폐회로를 만든 다음 두 접합점의 온도를 달리 하였을 때, 폐회로(열전대)에 열기전력이 발생하여 열전류가 흐름

◉ 펠티에 효과 : 두 종류 금속 접속면에 전류를 흘리면 접속점에서 열의 흡수, 발생이 일어나는 효과

◉ 톰슨 효과 : 동일 종류 금속이라도 그 도체 중의 두 점간에 온도차가 전류를 흘림으로써 열의 흡수, 발생이 일어나는 효과

☞ ②

예제 6.22

▣ 다른 종류의 금속선으로 된 폐회로의 두 접합점의 온도를 달리하였을 때 전기가 발생하는 효과는?

① 톰슨 효과 ② 핀치 효과 ③ 펠티에 효과 ④ 제벡 효과

풀이

◉ 제벡 효과 : 서로 다른 두 종류의 금속선을 접합하여 폐회로를 만든 다음, 두 접합부의 온도를 달리 하였을 때, 폐회로(열전대)에 열기전력이 발생하여 열전류가 흐름

☞ ④

연 습 문 제

1. 대기 중의 두 전극 사이에 있는 어떤 점의 전계의 세기가 $E=3.5[V/cm]$, 지면의 도전율이 $k=10^{-4}[℧/cm]$일 때 이 점의 전류 밀도는 몇 $[A/m^2]$인가?

① 1.5×10^{-2} ② 2.5×10^{-3} ③ 3.5×10^{-2} ④ 6.6×10^{-2}

☞ 전류밀도: $i=kE=10^{-4}\times\dfrac{3.5}{10^{-2}}=3.5\times10^{-2}[A/m^2]$

정답 ③

2. 직류 $500[V]$ 절연저항계로 절연저항을 측정하니 $2[M\Omega]$이 되었다면 누설전류는?

① $25[\mu A]$ ② $250[\mu A]$ ③ $1,000[\mu A]$ ④ $1,250[\mu A]$

☞ 전류 $I=\dfrac{V}{R}=\dfrac{500}{2\times10^6}=250\times10^{-6}[A]=250[\mu A]$

정답 ②

3. $1[\mu A]$의 전류가 흐르고 있을 때, 1초 동안 통과하는 전자수는 약 몇 개인가? (단, 전자 1개의 전하는 $1.602\times10^{-19}[C]$이다.)

☞ 전류 $I=\dfrac{Q}{t}$에서 전하량 $Q=It=1\times10^{-6}[C]$

☞ 전자수 $n=\dfrac{Q}{e}=\dfrac{1\times10^{-6}}{1.602\times10^{-19}}=6.24\times10^{12}$[개]

4. 다음 중 $20[℃]$에서 저항온도계수가 가장 큰 것은 무엇인가?

① Ag ② Cu ③ Al ④ Ni

☞ 은(Ag) 0.00405, 구리(Cu) 0.00393, 알루미늄(Al) 0.0042, 니켈(Ni) 0.0054

정답 ④

5. 유전율 $\epsilon[F/m]$, 고유저항 $\rho[\Omega\cdot m]$인 유전체로 채운 정전용량 $C[F]$이 콘덴서에 전압 $V[V]$를 가할 때 유전체 중의 t초 동안에 발생하는 열량은 몇 $[cal]$인가?

☞ $RC=\epsilon\rho$에서 전기저항 $R=\dfrac{\epsilon\rho}{C}[\Omega]$

☞ 열량 $Q=0.24I^2Rt=0.24\dfrac{V^2}{R}t=0.24\dfrac{V^2}{\dfrac{\rho\epsilon}{C}}t=0.24\times\dfrac{CV^2t}{\rho\epsilon}[cal]$

6. 공간 도체 중의 정상 전류 밀도가 i, 전하 밀도가 ρ일 때, 키르히호프의 전류 법칙을 나타내는 것은 무엇인가?

① $i = \frac{\partial \rho}{\partial t}$　② $div\, \boldsymbol{i} = 0$　③ $i = 0$　④ $div\, \boldsymbol{i} = -\frac{\partial \rho}{\partial t}$

☞ 키르히호프의 전류법칙 $\Sigma I = 0 = \int_s \boldsymbol{i} \cdot d\boldsymbol{S} = \int_v div \boldsymbol{i} \cdot dv$ $\therefore\ div\, \boldsymbol{i} = 0$: 단위 체적당 전류의 발산은 없다.(전류의 연속성)	정답 ②

7. $div\, \boldsymbol{i} = 0$에 대한 설명이 아닌 것은?

① 도체 내에 흐르는 전류는 연속적이다.　② 도체 내에 흐르는 전류는 일정하다.
③ 단위 시간당 전하의 변화는 없다.　④ 도체 내에 전류가 흐르지 않는다.

☞ $div \boldsymbol{i} = -\frac{\partial \rho}{\partial t}$에서 정상전류가 흐를 때 전하 축적 또는 소멸이 없으므로 $\frac{\partial \rho}{\partial t} = 0$ $\therefore\ div \boldsymbol{i} = 0$: 단위 체적당 전류의 발산은 없다.(전류의 연속성). ①, ②, ③의 의미를 가진다.	정답 ④

8. 원점 주위의 전류밀도가 $\boldsymbol{J} = \frac{2}{r}\boldsymbol{a}_r\,[A/m^2]$의 분포를 가질 때 반지름 $5[cm]$의 구면을 지나는 전 전류는 몇 $[A]$인가?

① 0.1π　② 0.2π　③ 0.3π　④ 0.4π

☞ 전류 $I = \int_s J ds = \int_s \frac{2}{r} ds$ $= \frac{2}{r}\int_s ds = \frac{2}{r}s = \frac{2}{r}4\pi r^2 = 8\pi r = 8\pi \times 5 \times 10^{-2} = 0.4\pi\,[A]$	정답 ④

9. 비유전율 $\epsilon_s = 2.2$, 고유저항 $\rho = 10^{11}\,[\Omega \cdot m]$인 유전체를 넣은 콘덴서의 용량이 $200[\mu F]$이었다. 여기에 $500[kV]$ 전압을 가하였을 때 누설전류는 약 몇 $[A]$인가?

☞ 완화시간 $RC = \rho\epsilon\,[s]$에서 전기저항 $R = \frac{\rho\epsilon}{C}\,[\Omega]$

☞ 누설전류 $I = \frac{V}{R} = \frac{CV}{\rho\epsilon} = \frac{CV}{\rho\epsilon_0\epsilon_s} = \frac{200\times10^{-6}\times500\times10^3}{10^{11}\times8.855\times10^{-12}\times2.2} = 51.3\,[A]$

10. 액체 유전체를 포함한 콘덴서 용량이 $C[F]$인 것에 $V[V]$ 전압을 가했을 경우에 흐르는 누설 전류는 몇 $[A]$인가? (단, 유전체의 비유전율은 ϵ_s이며 고유저항은 $\rho[\Omega]$이라 한다.)

① $\frac{CV}{\rho\epsilon}$ ② $\frac{CV^2}{\rho\epsilon}$ ③ $\frac{\rho\epsilon_s V}{C}$ ④ $\frac{\rho\epsilon_s}{C}$

☞ 완화시간 $RC=\rho\epsilon\,[s]$에서 ▶ 전기저항 $R=\frac{\rho\epsilon}{C}\,[\Omega]$ ▶ 전류 $I=\frac{V}{R}=\frac{V}{\rho\epsilon/C}=\frac{CV}{\rho\epsilon}\,[A]$	정답 ①

11. 직류 전원의 단자 전압을 내부 저항 $250\,[\Omega]$의 전압계로 측정하니 $50\,[V]$이고 $750\,[\Omega]$의 전압계로 측정하니 $75\,[V]$이었다. 전원의 기전력 E 및 내부 저항 r의 값은 얼마인가?

① $100\,[V]$, $250\,[\Omega]$ ② $100\,[V]$, $25\,[\Omega]$ ③ $250\,[V]$, $100\,[\Omega]$ ④ $125\,[V]$, $5\,[\Omega]$

☞ 내부저항이 $250\,[\Omega]$인 전압계를 사용할 때 전류, 전압 $I=\frac{50}{250}=\frac{E}{250+r} \rightarrow E=0.2r+50$ ⋯ ① ☞ 내부저항이 $750\,[\Omega]$인 전압계를 사용할 때 전류와 전압 $I=\frac{50}{750}=\frac{E}{750+r} \rightarrow E=0.1r+75$ ⋯ ② ☞ 식 ①, ②에서 내부저항 $r=250\,[\Omega]$ ☞ 기전력 $E=(0.2\times250)+50=100\,[V]$	정답 ①

12. 두 개의 저항 R_1, R_2를 직렬로 연결하면 $16[\Omega]$, 병렬로 연결하면 $3.75[\Omega]$이 된다. 두 저항값은 각각 몇 $[\Omega]$인가?

☞ 직렬 $R_1+R_2=16\,[\Omega]$, 병렬 $\frac{R_1R_2}{R_1+R_2}=3.75[\Omega]$

☞ 병렬을 이용하면 $\frac{R_1R_2}{R_1+R_2}=\frac{R_1R_2}{16}=3.75[\Omega]$

☞ $R_1R_2=3.75\times16=60$ $R_2=16-R_1$을 대입하면,

$R_1(16-R_1)=60 \rightarrow R_1^2-16R_1+60=0$에서 근의 공식 이용

$R_1=16\pm\frac{\sqrt{19^2-(4\times60)}}{2}=\frac{16\pm4}{2}$에서 R_1은 10, 6이다.

∴ $R_1=10$일 때 $R_2=6$이고, $R_1=6$일 때 $R_2=10$이 된다.

13. 내부 저항 r인 전원에서 저항 R인 부하에 전력을 공급할 경우, 최대 전력이 되기 위한 조건은 어떻게 되는가?

☞ $P_m = I^2R = \left(\dfrac{E}{r+R}\right)^2 R = \dfrac{RE^2}{r^2+2rR+R^2} = \dfrac{E^2}{\dfrac{r^2}{R}+2r+R}$

☞ 최대전력공급조건은 분모 $A = \dfrac{r^2}{R}+2r+R$를 R에 대해 미분,

즉 $\dfrac{\partial A}{\partial R} = 0$이 되면 A가 최소가 되므로 $\dfrac{\partial A}{\partial R} = -\dfrac{r^2}{R}+1=0$

∴ $r=R$일 때 최대전력이 된다. 즉 내부저항과 부하저항이 같을 때 최대전력을 공급한다.

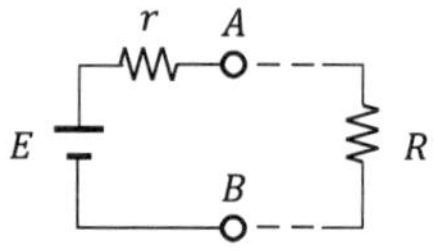

14. 내부 원통의 반지름 $a[m]$, 외부 원통의 안지름 $b[m]$, 길이 $l[m]$인 동축원통 도체간에 도전율 $k[℧/m]$인 물질을 채워놓고 내외 원통 도체간에 전압 $V[V]$를 걸었을 때에 전류는 몇 $[A]$인가?

① $\dfrac{\pi l Vk}{\ln\left(\dfrac{b}{a}\right)}$ ② $\dfrac{2\pi l Vk}{\ln\left(\dfrac{b}{a}\right)}$ ③ $\dfrac{4\pi l Vk}{\ln\left(\dfrac{b}{a}\right)}$ ④ $\dfrac{\pi l Vk}{2\ln\left(\dfrac{b}{a}\right)}$

☞ $RC=\rho\epsilon$에서

☞ 저항 $R = \dfrac{\rho\epsilon}{C} = \dfrac{\dfrac{\epsilon}{k}}{\dfrac{2\pi\epsilon l}{\ln\dfrac{b}{a}}} = \dfrac{\ln\dfrac{b}{a}}{2\pi kl}$, 전류 $I=\dfrac{V}{R}=\dfrac{V}{\dfrac{\ln\dfrac{b}{a}}{2\pi kl}}=\dfrac{2\pi kl V}{\ln\dfrac{b}{a}}[A]$

정답 ②

15. 그림에 표시한 반구형 도체를 전극으로 한 경우의 접지 저항은 얼마인가? (단, ρ는 대지의 고유저항이며 전극의 고유저항에 비해 매우 크다.)

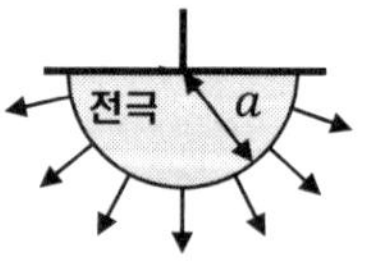

① $4\pi a\rho$ ② $\dfrac{\rho}{4\pi a}$ ③ $\dfrac{\rho}{2\pi a}$ ④ $2\pi a\rho$

☞ 반구의 정전용량 $C=\dfrac{4\pi\epsilon a}{2}=2\pi\epsilon a\,[F]$

☞ $RC=\rho\epsilon$에서 ∴ 저항 $R = \dfrac{\rho\epsilon}{C} = \dfrac{\rho\epsilon}{2\pi\epsilon a} = \dfrac{\rho}{2\pi a}\,[\Omega]$

정답 ③

16. 구리의 저항률은 20[℃]에서 $1.69\times10^{-8}[\Omega\cdot m]$이고 온도 계수는 0.0039이다. 단면적이 $2[mm^2]$인 구리선 200[m]의 50[℃]에서의 저항값은 몇 $[\Omega]$인가?

☞ 20[℃]에서 저항: $R_{20}=\rho\dfrac{l}{s}=1.69\times10^{-8}\dfrac{200}{2\times10^{-6}}=1.69[\Omega]$

☞ 50[℃]에서 저항: $R_{50}=R_{20}[1+\alpha(t_2-t_1)]=1.69[1+0.0039(50-20)]\fallingdotseq 1.89[\Omega]$

17. 길이 l이 동축 원통에서 내부 원통의 반지름 a, 외부 원통의 안지름 b, 바깥지름 c이고 내외 원통간에 저항률 ρ인 도체로 채워져 있다. 도체간의 저항은 얼마인가? (단, 도체 자체 저항은 0이다.)

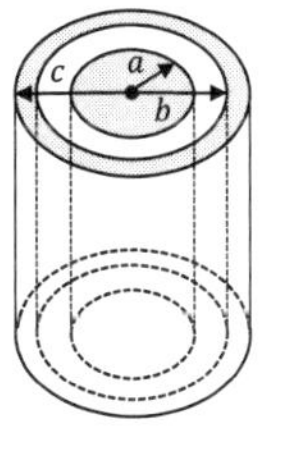

① $\dfrac{\rho}{\pi l}\log_{10}\dfrac{b}{a}$ ② $\dfrac{\rho}{2\pi l}\log_{10}\dfrac{b}{a}$ ③ $\dfrac{\rho}{\pi l}\log_e\dfrac{b}{a}$ ④ $\dfrac{\rho}{2\pi l}\log_e\dfrac{b}{a}$

☞ 저항 $R=\rho\dfrac{l}{S}$을 이용하면 $dR=\rho\dfrac{dr}{2\pi rl}$에서

$\therefore$ 저항 $R=\displaystyle\int_a^b dR=\int_a^b\rho\frac{dr}{2\pi rl}=\frac{\rho}{2\pi l}\int_a^b\frac{1}{r}dr$

$=\dfrac{\rho}{2\pi l}\log_e\dfrac{b}{a}=\dfrac{0.16\rho}{l}\log_e\dfrac{b}{a}=\dfrac{0.16}{\sigma l}\log_e\dfrac{b}{a}[\Omega]$

정답 ④

18. 액체 유전체를 넣은 콘덴서의 용량이 $30[\mu F]$이다. 여기서 $500[V]$의 전압을 가하면 누설 전류는 얼마인가? (단, 고유저항 $\rho=10^{11}[\Omega\cdot m]$, 비유전율 $\epsilon_s=2.2$이다.)

① $5.1[mA]$ ② $7.7[mA]$ ③ $10.2[mA]$ ④ $15.4[mA]$

☞ 완화시간 $RC=\rho\epsilon[s]$에서 전기저항 $R=\dfrac{\rho\epsilon}{C}[\Omega]$

☞ 전류 $I=\dfrac{V}{R}=\dfrac{CV}{\rho\epsilon}=\dfrac{CV}{\rho\epsilon_0\epsilon_s}=\dfrac{30\times10^{-6}\times500}{10^{11}\times8.855\times10^{-12}\times2.2}=0.0077[A]$

$=7.7[mA]$

정답 ②

19. 대기 중의 두 전극 사이에 있는 어떤 점의 전계의 세기가 $E=6[V/cm]$, 지면의 도전율이 $K=10^{-4}[℧/cm]$일 때 이 점의 전류 밀도는 몇 $[A/cm^2]$인가?

☞ 전류밀도 $i=KE=10^{-4}\times6=6\times10^{-4}[A/cm^2]$

20. 내반경 $a[m]$, 외반경 $b[m]$, 길이 $l[m]$인 동축 케이블의 내원통 도체와 외원통 도체간에 유전율 $\epsilon[F/m]$, 도전율 $\sigma[S/m]$인 손실유전체를 채웠을 때 양 원통간의 저항$[\Omega]$을 나타내는 식은 무엇인가?

① $R = \dfrac{0.16\sigma}{\epsilon l}\ln\dfrac{b}{a}[\Omega]$　　② $R = \dfrac{0.08}{\sigma l}\ln\dfrac{b}{a}[\Omega]$

③ $R = \dfrac{0.32}{\sigma l}\ln\dfrac{b}{a}[\Omega]$　　④ $R = \dfrac{0.16}{\sigma l}\ln\dfrac{b}{a}[\Omega]$

☞ 저항 $R=\rho\dfrac{l}{S}$을 이용하면 $dR = \rho\dfrac{dr}{2\pi rl}$에서 ∴ 저항 $R = \displaystyle\int_a^b dR = \int_a^b \rho\frac{dr}{2\pi rl} = \frac{\rho}{2\pi l}\int_a^b \frac{1}{r}dr$ $= \dfrac{\rho}{2\pi l}\ln\dfrac{b}{a} = \dfrac{0.16\rho}{l}\ln\dfrac{b}{a} = \dfrac{0.16}{\sigma l}\ln\dfrac{b}{a}[\Omega]$	정답 ④

21. 내구의 반지름 a, 외구의 반지름 b인 동심 구도체간에 고유 저항 ρ인 저항 물질이 채워져 있을 때의 내외구간의 합성 저항은?

① $\dfrac{\rho}{2\pi}\left(\dfrac{1}{a}-\dfrac{1}{b}\right)$　② $4\pi\rho\left(\dfrac{1}{a}-\dfrac{1}{b}\right)$　③ $\dfrac{\rho}{4\pi}\left(\dfrac{1}{a}-\dfrac{1}{b}\right)$　④ $2\pi\rho\left(\dfrac{1}{a}-\dfrac{1}{b}\right)$

☞ 구도체 a, b 사이의 정전용량 $C=\dfrac{Q}{V_a-V_b}=\dfrac{4\pi\epsilon}{\dfrac{1}{a}-\dfrac{1}{b}}[F]$ → 매질이 달라 전하 극성이 다르므로 부호가 －이다. ☞ 저항 $R = \dfrac{\rho\epsilon}{\dfrac{4\pi\epsilon}{\left(\dfrac{1}{a}-\dfrac{1}{b}\right)}} = \dfrac{\rho}{4\pi}\left(\dfrac{1}{a}-\dfrac{1}{b}\right)= \dfrac{1}{4\pi k}\left(\dfrac{1}{a}-\dfrac{1}{b}\right)[\Omega]$ 여기서, k는 도전율로 고유저항의 역수	정답 ③

22. 길이 $l[m]$, 반지름 $a[m]$인 두 평행 원통전극을 $d[m]$ 거리에 놓고 그 사이를 저항률 $\rho[\Omega\cdot m]$인 매질을 채웠을 때의 저항$[\Omega]$은 얼마인가? (단, $d \gg a$라 한다.)

① $\dfrac{\rho}{2\pi l}\ln\dfrac{d}{a}$　② $\dfrac{\rho}{\pi l}\ln\dfrac{d}{a}$　③ $\pi l\ln\dfrac{d}{a}$　④ $2\pi l\ln\dfrac{d}{a}$

☞ $RC=\rho\epsilon$에서 ∴ 저항 $R = \dfrac{\rho\epsilon}{C} = \dfrac{\rho\epsilon}{\dfrac{\pi\epsilon l}{\ln\dfrac{d}{a}}}=\dfrac{\rho}{\pi l}\ln\dfrac{d}{a}[\Omega]$	정답 ②

제7장 정자계

7-1 자석

영구자석이 주위의 철가루를 끌어당기고, 나침반이 지구의 북극과 남극을 지시하는 현상 등을 주위에서 쉽게 볼 수 있다. 이러한 현상을 자기 현상이라 한다. 자기 현상을 일으키는 대표적인 자성체로는 철, 니켈, 코발트 등이 있다. 이러한 자성체가 자기 현상을 일으키는 이유에 대하여서는 2장에서 살펴본 원자의 구조에 기인하고 있다. 그림 7-1은 원자구조에 의한 자기현상의 원리를 나타낸 것이다.

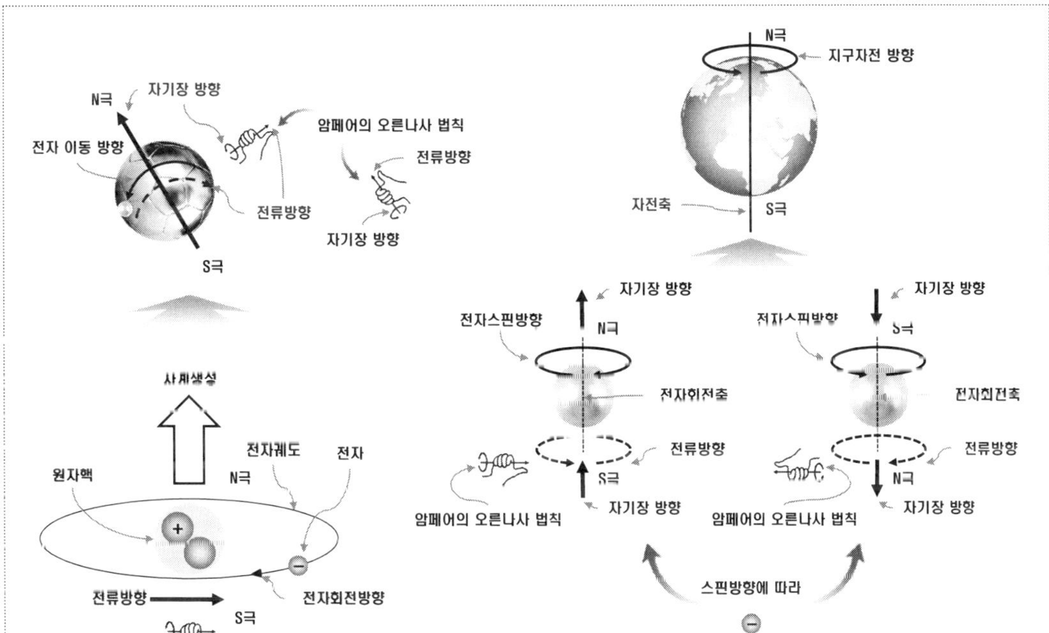

그림 7-1 원자구조에 의한 자기현상 원리

원자의 구조에서 원자는 원자핵과 원자핵 주위의 일정궤도를 회전하는 전자로 구성되어 있다. 전자는 원자핵 주위의 일정궤도를 회전하기 때문에 이러한 전자의 이동은 전류의 흐름(전자이동 방향의 반대 방향)으로 생각할 수 있다. 즉, 원자핵 주위를 일정한 전자궤도를 전자가 회전(공전)하고 있기 때문에 전류가 흐른다고 생각한다면, 암페어의 오른나사 법칙(향후 언급)에 의하여 전류(엄지손가락 방향)가 흐르면 주위에 회전하는 자계(나머지 손가락을 잡는 방향)가 발생하게 되어 자성을 띠게 된다.

그리고, 전자는 원자핵 주위를 일정궤도로 회전하면서 전자 스스로 회전(스핀 또는 자전) 운동을 한다. 따라서, 전자가 회전(스핀 또는 자전)하게 되면 반대방향으로 전류가 흐른다고 생각할 수 있다. 그러므로 전류의 흐름은 암페어의 오른나사 법칙에 의하여 전류가 흐르면 주위에 회전하는 자계가 발생하게 되어 자성을 띠게 된다. 이것은 지구의 자전운동에 의하여 남극과 북극의 자기장이 형성되는 것과 같다고 볼 수 있다. 이것을 자기쌍극자(magnetic dipole) 또는 자구(magnetic domain)라고 하며, N극(+자하), S극(−자하)을 발생시켜 자성을 띠게 된다.

즉, 자기 현상은 자성체에 자기장을 인가하게 되면 자기장의 영향을 받아 내부의 원자 구조에 의하여 자기쌍극자가 자기장의 방향을 맞추는 배열이 발생하게 된다. 이때 배열의 방향에 따라 N극, S극이 쌍으로 발생하게 된다. 이를 자극(magnetic pole)이라 하고, 자극이 지니는 자기량을 자하(magnetic charge)라고 하며, 단위로는 웨버(weber, $[Wb]$)를 사용한다. 이러한 현상을 자기유도(magnetic induction)이라 한다.

한 개의 막대자석을 절반으로 분리하여도 N극과 S극이 따로 분리되지 않고, N극과 S극을 가지는 두 개의 막대자석으로 되는 이유가 앞에서 살펴본 원자의 구조에서 전자의 회전에 의하여 자기쌍극자가 자극을 발생시키기 때문이다. 따라서, 자석은 단독으로 N극, S극이 존재할 수 없고, 항상 동시에 존재하게 된다. 즉, 정전계에서 살펴본 점전하의 형태인 $+Q[C]$, $-Q[C]$의 형태로 점자하(magnetic pole)를 이론적으로는 표현할 수 없다. 따라서, 길고 무한히 긴 자석을 가정하여 점자하 현태인 $+m[Wb], N$극, $-m[Wb], S$극으로 표현하고 있다.

자성체는 자기쌍극자 모멘트의 크기에 따라 강자성체(ferromagnetic material), 반자성체(antiferromagnetic material), 준강자성체(ferrimagnetic material), 초상자성체(super paramagnetic material)의 네 종류로 구분하고 있다. 그러나, 일반적으로는 강자성체, 상자성체, 반자성체, 반강자성체, 페리자성체 등으로도 구분하기도 한다.

강자성체는 강한 자기쌍극자 모멘트를 가진다. 강자성체는 외부에서 자기장을 제거하여도 자기쌍극자 모멘트가 처음의 원래 상태로 돌아가지 않고 자기장이 남아 있게 된다. 이러한 현상을 히스테리시스(hysteresis)라 하며, 이러한 히스테리시스에 의하여 히스테리시스 손

(hysteresis loss)인 열이 발생하게 된다. 대표적인 물질이 앞에서 살펴본 철, 니켈, 코발트 등이 있다.

자석은 같은 극인 N극과 N극, S극과 S극은 서로 반발하고, 서로 다른 극인 N극과 S극은 흡인력이 작용한다. 일반적으로 고온에서는 자력이 감소되고, 저온에서는 자력이 증가한다. 특히, 자석을 임계온도(퀴리온도) 이상으로 가열하게 되면 자석으로서의 성질이 없어지게 된다.

7-2 쿨롱의 법칙

정전계의 쿨롱의 법칙(Coulomb's law)이 정자계에 있어서도 동일하게 적용될 수 있다. 정전계의 쿨롱의 법칙은 두 전하 사이에 작용하는 힘의 크기를 계산한 것이라면 정자계의 쿨롱의 법칙은 두 자하(magnetic charge) 사이에 작용하는 힘의 크기를 구한 것이다. 그러나, 자하는 N극 단독의 자하 형태로 존재할 수 없기 때문에 S극의 영향을 상쇄할 수 있는 가늘고 매우 긴 자석을 가정(점자극: magnetic pole)하여 서로 영향을 미치지 않는 것으로 생각하여 쿨롱의 법칙을 고려한다. 점자극이 가지고 있는 자기량을 자하라고 하며, 단위는 웨버(weber, $[Wb]$)를 사용한다. 그리고, 정전계에서 $+$전하, $-$전하로 표현하는 것과 같이 정자계에서도 N극을 $+$로, S극을 $-$로 표현하여 나타내기도 한다. 정자계에서 쿨롱의 법칙에 대한 관계식을 표현하면 다음과 같이 나타낼 수 있다.

$$\boldsymbol{F} = K\frac{m_1 m_2}{r^2} r_0 [N]$$

■ 쿨롱의 법칙
☞ 자하: $m_1[Wb]$, $m_2[Wb]$
☞ 거리: $r[m]$, 비례상수: K
☞ 거리 방향 단위벡터: r_0

여기서 K는 비례상수이고, $m_1[Wb]$, $m_2[Wb]$는 두 자극의 자하량을 나타내고 있으며, $r[m]$은 두 자극 사이의 거리를 나타내고 있다. 그리고 r_0는 거리 $r[m]$ 방향의 단위벡터를 의미한다. 따라서 정자계의 쿨롱의 법칙에서 작용하는 힘 $\boldsymbol{F}$는 벡터량인 쿨롱의 힘을 나타내고 있다. 즉, 쿨롱의 힘은 두 자하량의 곱에 비례하여 커지나, 두 자하 사이의 거리의 제곱에 반비례하여 급격히 줄어든다는 것을 알 수 있다. 정자계에 있어서 쿨롱의 법칙에 대한 설명을 그림 7-2에 나타내었다.

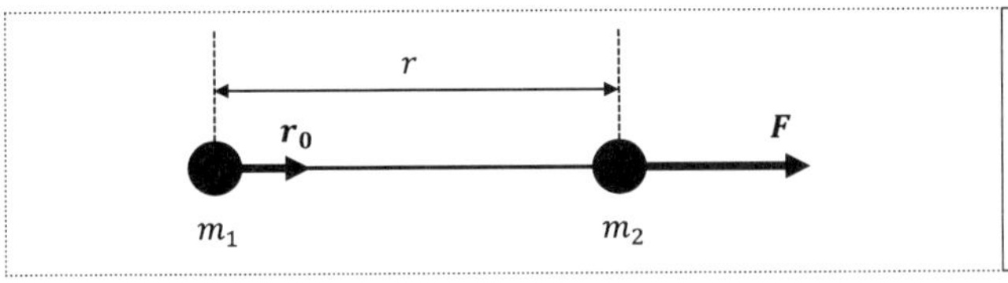

■ 쿨롱의 법칙

☞ $\boldsymbol{F} = K\dfrac{m_1 m_2}{r^2}\boldsymbol{r_0}[N]$

☞ 벡터량을 표시

그림 7-2 정자계에서 쿨롱의 법칙

그리고, 두 자성체의 자하의 종류에 따라 쿨롱의 법칙에서 작용하는 힘의 방향은 다르게 나타난다. 그림 7-3과 같이 동종의 자하(N극과 N극 또는 S극과 S극) 사이에는 반발력이 작용하며, 이종의 전하(N극과 S극) 사이에는 흡인력이 작용하고, 그 힘의 방향은 두 자성체의 자하를 연결한 직선상에 작용하며 그 힘의 크기는 쿨롱의 법칙에 따른다.

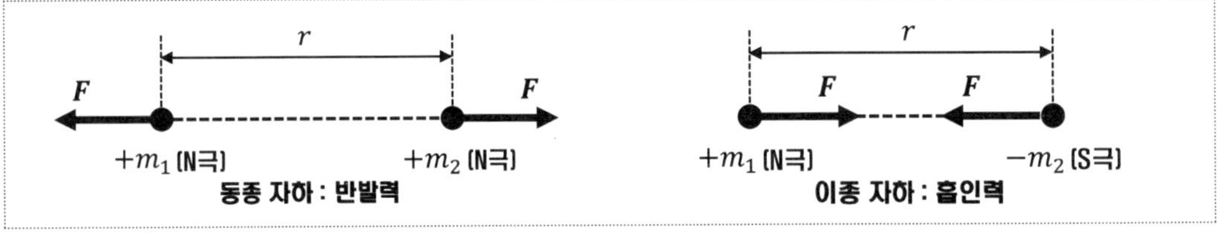

그림 7-3 쿨롱의 법칙(자하간의 작용하는 힘)

쿨롱의 법칙에 의한 두 자성체 사이에 작용하는 힘에 대하여 요약하여 보면 다음과 같다.

■ 두 점자하에 작용하는 힘은 두 자하의 자하량 곱에 비례한다.
■ 두 점자하에 작용하는 힘은 두 자하 사이의 거리의 제곱에 반비례한다.
■ 두 점자하가 동종 자하를 가지고 있으면 반발력이 작용하고, 이종 자하를 가지고 있으면 흡인력이 작용한다.
■ 두 자성체에 작용하는 힘은 두 자성체가 존재하는 매질 종류에 따라 다르게 나타난다.
■ 두 자성체에 작용하는 힘은 벡터량이며, 그 방향은 두 자하를 연결하는 직선 방향으로 작용한다.

여기서 비례상수 K는 자하가 위치하는 매질과 사용하는 단위계에 의하여 정하여지는 것으로 다음과 같이 표현될 수 있다.

$K = \frac{1}{4\pi\mu_0}$	■ 쿨롱의 법칙에서 비례상수 ☞ 진공 중의 투자율: $\mu_0 = 4\pi \times 10^{-7}[H/m]$ ☞ 단위가 $[H/m]$로 향후 인덕턴스 $L[H]$와 관련이 있음 ☞ 투자율(μ(mu))는 비투자율(μ_s)와 진공 중의 투자율(μ_0)의 곱으로 표현: $\mu = \mu_s \mu_0$

여기서, μ_0는 진공 중의 투자율(permeability)을 나타내고 있으며, 이를 수식으로 표현하면 다음과 같다.

$\mu_0 = \frac{1}{\epsilon_0 v_0^2} = \frac{1}{8.854 \times 10^{-12} \times (3 \times 10^8)^2} = \frac{1}{4\pi \times 6.33 \times 10^4} = 4\pi \times 10^{-7}[H/m]$	■ 진공 중의 투자율 ☞ 광속: $v_0 = c \fallingdotseq 3 \times 10^8[m/s]$ ☞ 진공 중의 유전율: $\epsilon_0 = 8.854 \times 10^{-12}[F/m]$ ☞ 진공 중의 유전율(ϵ_0)과 진공 중의 투자율(μ_0) 사이의 관계는 향후 전자파에서 광속을 나타냄. $c = \frac{1}{\sqrt{\epsilon_0 \mu_0}} = 3 \times 10^8\ [m/s]$

여기서, 진공 중의 투자율 μ_0의 단위는 $[H/m]$로 단위길이당 인덕턴스를 나타내고 있다. 그리고, 향후 전자파에서 다룰 내용이지만 진공 중의 유전율과 진공 중의 투자율 사이의 관계는 광속 $v_0[m/s]$와 관련을 가지고 있다. 광속은 전자파와 같은 성질을 가지고 있어 전계와 자계의 상호 연계성을 의미하고 있다.

$\frac{1}{\sqrt{\epsilon_0 \mu_0}} = v_0 = c(\text{광속}) \fallingdotseq 3 \times 10^8[m/s]$	■ 광속 v_0 ☞ 진공 중의 유전율(ϵ_0)과 진공 중의 투자율(μ_0)과 관계

상기의 진공 중의 투자율 μ_0 값을 대입하여 비례상수 K값을 구하면 아래와 같다.

$K = \frac{1}{4\pi\mu_0} = 6.33 \times 10^4$	■ 쿨롱의 법칙에서 비례상수 ☞ 진공 중의 투자율을 포함 계산

그러므로, 쿨롱의 법칙을 벡터량으로 다시 표현하면 다음과 같다.

$\boldsymbol{F}=\dfrac{m_1m_2}{4\pi\mu_0r^2}\boldsymbol{r}_0=6.33\times10^4\dfrac{m_1m_2}{r^2}\boldsymbol{r}_0[N]$	■ 쿨롱의 법칙 ☞ 비례상수 K 값 반영, 벡터표시

예제 7.1

▣ $10^{-5}[Wb]$와 $1.2\times10^{-5}[Wb]$의 점자극을 공기 중에서 $2[cm]$ 거리에 놓았을 때 극간에 작용하는 힘은 몇 $[N]$인가?

풀이

◉ 쿨롱의 힘

$$F=\frac{1}{4\pi\mu_0}\frac{m_1m_2}{r^2}=6.33\times10^4\times\frac{10^{-5}\times1.2\times10^{-5}}{(2\times10^{-2})^2}\fallingdotseq1.9\times10^{-2}[N]$$

7-3 자계

두 개의 자하가 존재하면 자하의 종류에 따라 반발력과 흡인력이 작용하게 되며, 이와 같이 두 자하에 의하여 힘이 발생하게 된다. 이와 같이, 자기적인 힘이 미치는 공간을 자계(magnetic field)라 한다. 자하가 공간에 정지되어 있는 상태에서의 자계를 정자계(magneto-static field)라고 한다.

정자계는 자하가 존재하고 있는 공간의 매질의 상태에 따라 다르게 나타낼 수 있다. 본장에서는 진공인 매질에 국한하여 생각하기로 한다.

7.3.1 자계의 세기

쿨롱의 법칙에서 두 자하에 의하여 발생하는 힘의 크기에 대한 기준을 결정하기 위하여 $m_1[Wb]$, $m_2[Wb]$의 두 자하 중에서 예를 들어 $m_2=1[Wb]$로 기준을 정하여 $1[Wb]$에 대하여 상대 자하의 크기에 따른 힘의 크기를 측정할 수 있다. 이를 자계의 세기(intensity of magnetic field)라 한다. 그림 7-4는 자계의 세기에 대한 개념을 설명한 것이다.

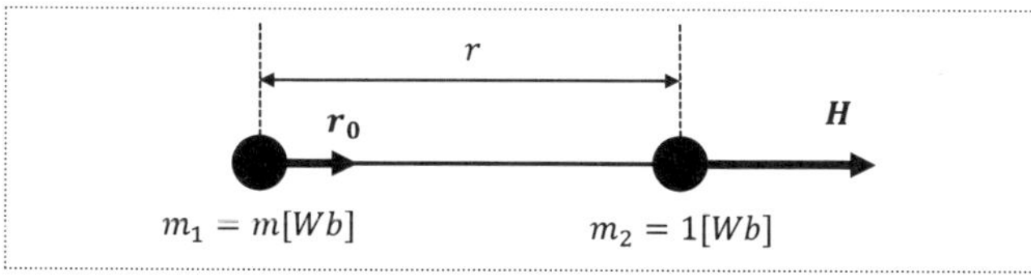

■ 자계의 세기

☞ $\boldsymbol{H}(=\boldsymbol{F}) = \dfrac{m}{4\pi\mu_0 r^2}\boldsymbol{r}_0[N]$

그림 7-4 자계의 세기

즉, 자계 내에서 임의의 한 점에 단위 자하인 $1[Wb]$를 놓았을 때, 상대 자하에 의하여 작용하는 힘의 크기(또는 자기력)를 자계의 세기라 한다. 자계의 세기도 쿨롱의 법칙에서 쿨롱력과 동일하게 벡터량을 나타내고 있다. 쿨롱의 법칙에서 $m_2 = 1[Wb]$인 단위 자하를 두었다고 생각한다면 쿨롱의 법칙에서 쿨롱력인 $\boldsymbol{F} = 6.33\times10^4 \dfrac{m_1 m_2}{r^2}\boldsymbol{r}_0[N]$에서 $m_2 = 1[Wb]$을 내입하여 이를 수식으로 나타내면 다음과 같다.

$$\boldsymbol{F} = \frac{m_1 \cdot 1}{4\pi\mu_0 r^2} = 6.33\times10^7 \frac{m_1 \cdot 1}{r^2}\boldsymbol{r}_0[N]$$

$$\Rightarrow \boldsymbol{H} = \frac{m}{4\pi\mu_0 r^2}\boldsymbol{r}_0 = 6.33\times10^4 \frac{m}{r^2}\boldsymbol{r}_0\ [N/Wb],[AT/m]$$

■ 쿨롱의 법칙에서 유도된 자계의 세기

☞ 단위 자하 $1[Wb]$가 받는 힘의 크기를 자계의 세기라 함

자계의 세기 H의 단위는 $[N/wb]$, $[AT/m, Ampere \cdot Turn/meter]$를 사용한다. 단위에서 알 수 있는 것과 같이 자계의 세기는 전류의 단위인 $[A, Ampere]$를 사용하고 있기 때문에 자계의 세기는 전류와 관계가 있음을 알 수 있다.

쿨롱의 법칙에 의하여 쿨롱력인 힘 $F[N]$와 단위 자하 $1[Wb]$를 놓았을 때 받는 힘의 크기인 자계의 세기 H와의 사이에 관계를 살펴보면 다음 수식을 구할 수 있다.

$$F = mH[N]$$

■ 쿨롱력, 자하 및 자계의 세기 사이의 관계식

쿨롱력이 벡터량이기 때문에 자계의 세기 또한 벡터량이 되기 때문에 이를 다시 표현하면 다음과 같다.

$$\boldsymbol{F} = m\boldsymbol{H}[N]$$

■ 쿨롱력의 벡터적 표현

예제 7.2

▣ 자극의 크기 $m=4\,[Wb]$의 점자극으로부터 $r=4\,[m]$ 떨어진 점의 자계의 세기 $[AT/m]$를 구하면 얼마인가?

풀이

◉ 자계 $H=\dfrac{m}{4\pi\mu_0 r^2}=6.33\times10^4\times\dfrac{4}{4^2}=1.58\times10^4 \fallingdotseq 1.6\times10^4\,[AT/m]$

예제 7.3

▣ 1,000 $[AT/m]$의 자계 중에 어떤 자극을 놓았을 때 $3\times10^2\,[N]$의 힘을 받았다고 한다. 자극의 세기$[Wb]$는 얼마인가?

풀이

◉ 힘 $F=mH$에서 ∴ 자극의 세기 $m=\dfrac{F}{H}=\dfrac{3\times10^2}{1000}=\dfrac{300}{1000}\fallingdotseq 0.3\,[Wb]$

예제 7.4

▣ 거리 $r\,[m]$를 두고, m_1, $m_2\,[Wb]$인 같은 부호의 자극이 놓여 있다. 두 자극을 잇는 선상의 어느 한 점에서 자계의 세기가 0인 점은 $m_1\,[Wb]$에서 몇 $[m]$떨어져 있는가?

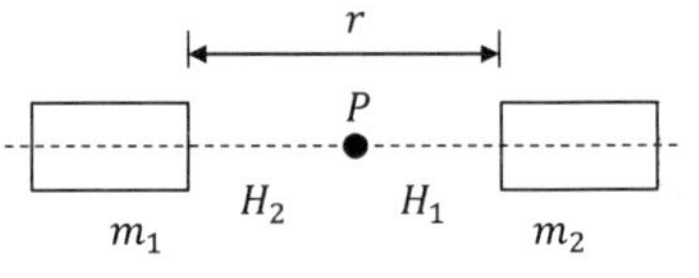

① $\dfrac{m_1 r}{m_1+m_2}$ ② $\dfrac{\sqrt{m_1 r}}{\sqrt{m_1+m_2}}$

③ $\dfrac{\sqrt{m_1}\,r}{\sqrt{m_1}+\sqrt{m_2}}$ ④ $\dfrac{m_1^2 r}{m_1^2+m_2^2}$

풀이

◉ m_1과 m_2의 부호가 같을 때는 두 자하 사이에 자계의 세기가 0인 점이 존재하는데 이때 $H_1=H_2$이며 방향은 반대이다. 자계가 0인 점을 P라 하고, m_1에서 P점까지의 거리를 x라면

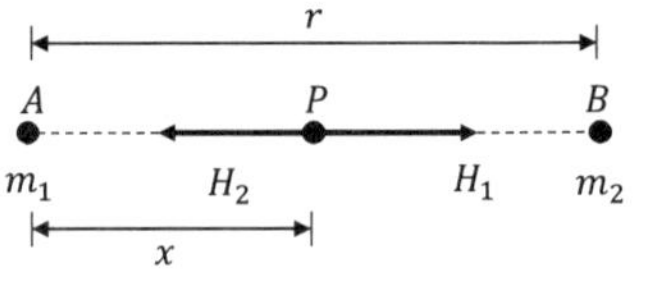

▶ 자계는 $H_1=H_2$이므로

$$H_1=\frac{m_1}{4\pi\mu_0 x^2}=H_2=\frac{m_2}{4\pi\mu_0(r-x)^2}\ \rightarrow\ \frac{m_1}{x^2}=\frac{m_2}{(r-x)^2},\quad m_2x^2=m_1(r-x)^2$$

▶ 양변에 $\sqrt{\ }$를 취하면

$$\sqrt{m_2}\,x=\sqrt{m_1}\,(r-x)=\sqrt{m_1}\,r-\sqrt{m_1}\,x,\quad \therefore\ x(\sqrt{m_1}+\sqrt{m_2})=\sqrt{m_1}\,r$$

▶ 거리 $x=\dfrac{\sqrt{m_1}\cdot r}{\sqrt{m_1}+\sqrt{m_2}}\,[m]$

☞ ③

7.3.2 자기력선

전계와 동일하게 자계의 분포를 알기 위하여 자계 내에서 $+1[Wb]$(또는 N극, $1[Wb]$)가 받는 자계의 크기와 방향을 그린 가상의 선을 자기력선(line of magnetic force)이라고 한다. 그리고, 자계의 세기가 크다면 자기력선이 많다는 것을 의미하며 이를 단위면적당의 자기력선의 수인 자기력선 밀도를 기본으로 자계의 세기를 상대적으로 알 수 있다. 그림 7-5는 자기력선의 개념을 나타낸 것이다.

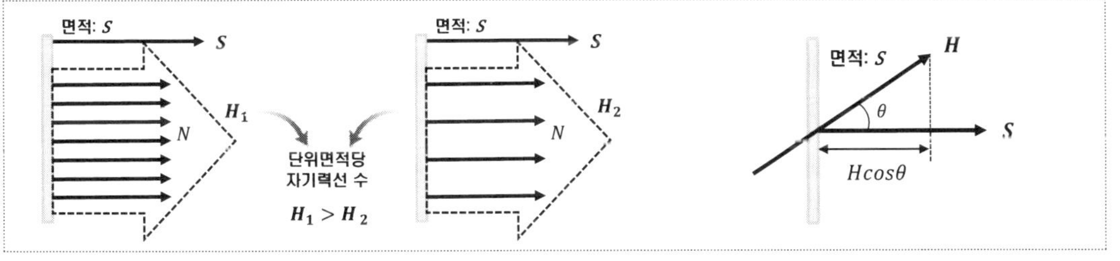

그림 7-5 자기력선의 개념

그림 7-5와 같이 단위 면적 $S[m^2]$당 자기력선의 수 $N[개, lines]$가 많으면 자계의 세기가 크다는 것을 나타내고 있기 때문에 자기력선의 밀도를 이용하여 자계를 수식으로 표현하면 다음과 같다.

$$H[AT/m] = \frac{N}{S}[개/m^2], \quad N = HS[개]$$

■ 자계의 세기
☞ 단위면적당 자기력선의 수

자계 벡터 $\boldsymbol{H}$가 면적 $S[m^2]$에 수직으로 자계가 통과할 경우, 자계 벡터 $\boldsymbol{H}$와 표면에서 나오는 면적 벡터 $\boldsymbol{S}$ 사이에 이루는 각도가 평행하기 때문에 두 벡터의 내적을 구하면 다음과 같이 표현할 수 있다.

$$N = \boldsymbol{H} \cdot \boldsymbol{S} = HS\cos\theta = HS$$

■ 자계와 면벡터가 평행인 자기력선수
☞ $\cos\theta = \cos 0^\circ = 1$

그리고, 자계 벡터 $\boldsymbol{H}$가 면적 $S[m^2]$에 수직이 아닌 일정한 각도 θ°를 이루어 자계가 통과할 경우에는 다음과 같이 자기력선의 수를 계산할 수 있다.

$N = \boldsymbol{H} \cdot \boldsymbol{S} = HS\cos\theta$	■ 자계와 면벡터가 일정 각도를 가진 자기력선수 ☞ $\cos\theta$ 값 반영

따라서, 자기력선의 수는 자계가 어떠한 면을 수직으로 관통하는(수직이 아닐 경우 이를 면에 수직인 벡터의 성분으로 변환시킨) 벡터의 전체 자기력선의 수를 의미하고 있다.

아래 그림 7-6과 같이 평면 뿐 만아니라 곡면 등 다양한 형태의 면에 대한 자기력선의 수를 계산하기 위하여서는 미소면적 dS와 미소 면적에 수직인 면 벡터 $d\boldsymbol{S}$를 이용하여 이 미소 단면을 통과하는 자계 $\boldsymbol{H}$와 면 벡터 $d\boldsymbol{S}$, 자계 $\boldsymbol{H}$가 이루는 각 θ의 벡터 내적으로 미소 면적에 대한 미소 자기력선 수 dN을 구할 수 있다.

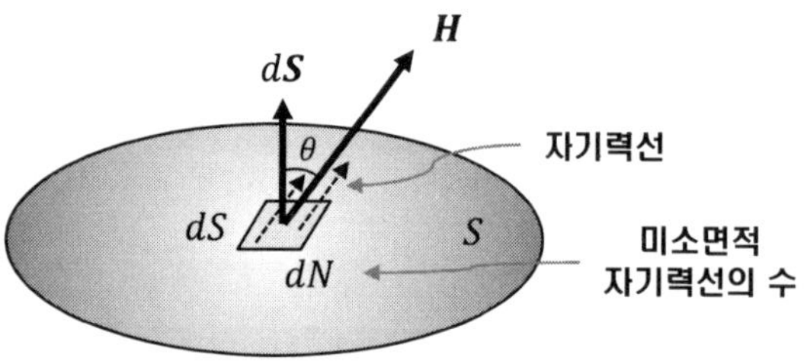

■ 미소면적의 자기력선 수
☞ $dN = \boldsymbol{H} \cdot d\boldsymbol{S} = HdS\cos\theta$

그림 7-6 미소면적의 자기력선 수

그리고, 이 dN을 적분하여 전체 면적에 대한 총 자기력선의 수를 계산할 수 있다. 이를 수식으로 표현하면 다음과 같다.

$N = \int dN = \int_S \boldsymbol{H} \cdot d\boldsymbol{S} = \int_S HdS\cos\theta$[개]	■ 총 자기력선 수 ☞ 적분을 통한 전체면적

그림 7-7과 같이 점자하 $m[Wb]$를 중심으로 반지름 $r = 1[m]$인 단위구의 표면에 가해지는 자계의 세기를 구하면 다음과 같다.

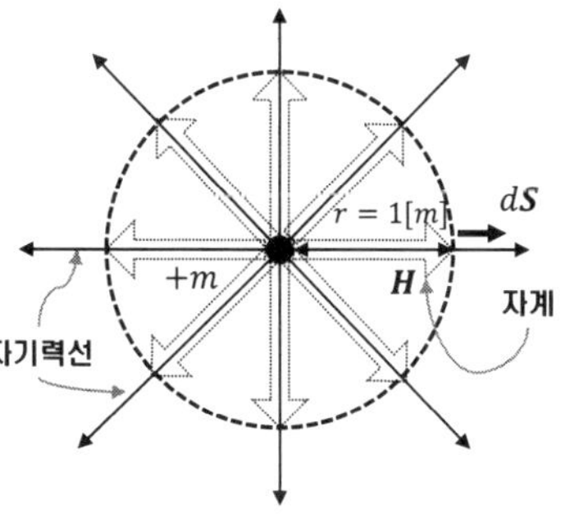

■ 단위구의 자기력선 수

☞ $H=\frac{m}{4\pi\mu_0(1)^2}=\frac{m}{4\pi\mu_0}[AT/m]$

☞ $N=\int_S \boldsymbol{H}\cdot d\boldsymbol{S}=\int_S HdS\cos\theta=\int_S HdS\cos0^o$

$=H\int_S dS=H\,4\pi(1)^2=\frac{m}{4\pi\mu_0}4\pi=\frac{m}{\mu_0}[개]$

☞ 구의 면적: $4\pi r^2$

그림 7-7 반지름 $1[m]$ 구의 자기력선 수

상기 수식에서 $m[Wb]$을 단위 자하인 $1[Wb]$으로 대치하면 단위 자하인 $1[Wb]$에서 나오는 자기력선의 수를 계산할 수 있다.

$$N=\frac{1}{\mu_0}=\frac{1}{4\pi\times10^{-7}}=795,775[개]$$

■ 단위자하 $1[Wb]$에서 나오는 자기력선의 수

그림 7-8에 자하의 종류별 자기력선의 모양을 나타낸 것이다. 이종 자하에서는 자기력선이 N극에서 S극으로 이어져 있어 흡인력이 작용함을 알 수 있으며, 동종자하(N극, N극)에서는 전기력선이 밖으로 튀어나와 서로 충돌이 발생하여 반발력이 작용함을 알 수 있다.

그림 7-8 자기력선의 모양

자기력선은 다음과 같은 성질을 가지고 있다.

■ 자기력선은 자석의 내부와 내부 모두 N극$(+m)$에서 나와서 S극$(-m)$으로 들어간다. 내부는 관통을 하지 못한다.

■ 자기력선의 밀도(단위면적당 자기력선의 수)는 자계의 세기와 같다.

■ 자기력선 총수: $\dfrac{dN}{dS}=H$에서 $dN=H\cdot dS$의 식으로 부터 양변을 면적 적분하면

진공 중에서 자기력선 총수:

$$N=\int_s \boldsymbol{H}\cdot d\boldsymbol{S} = \frac{m}{4\pi\mu_0 r^2}\times 4\pi r^2 = \frac{m}{\mu_0}=\frac{10^7}{4\pi}\cdot m$$

$$= \frac{1}{4\pi\times 10^{-7}}\times m = 7.958\times 10^5\times m[\text{개}]$$

■ 자기력선은 서로 교차하지 않으며, 자기력선의 방향은 자계의 방향을 나타낸다.

■ 자극 부분에서 자력선 밀도가 가장 크다.

■ 자기력선은 동극성 사이에는 서로 반발한다. 이극성 사이에는 흡인한다.

■ 자계의 방향은 자기력선의 위의 임의의 한 점에서 접선 방향이다.

■ 자기력선은 등자위면에서 수직으로 들어가고 나온다.

예제 7.5

▣ 등자위면의 설명으로 잘못된 것은?

① 등자위면은 자력선과 직교한다.

② 자계 중에서 같은 자위의 점으로 이루어진 면이다.

③ 자계 중에 있는 물체의 표면은 항상 등자위면이다.

④ 서로 다른 등자위면은 교차하지 않는다.

풀이

◉ 자계 중에서 자위가 같은 점끼리 이어서 만들어진 하나의 면을 등자위면이라 하며, 자계 중에 있는 물체의 표면을 등자위면이라 하지 않는다.

☞ ③

예제 7.6

▣ 두 개의 자력선이 동일 방향으로 흐르면 자계 강도는 한 개의 자력선에 비하여 어떻게 되는가?

① 더 약해진다.　② 주기적으로 약해졌다 강해졌다 한다.

③ 더 강해진다.　④ 강해졌다가 약해진다.

풀이

◉ 자력선이 동일방향이므로 서로 합성되어 더 강해진다.

☞ ③

예제 7.7

▣ 진공 중에서 $8\pi\,[Wb]$의 자하로부터 발산되는 총 자력선의 수는 얼마인가?

풀이

◉ 진공 중 $m\,[Wb]$의 자하로부터 나오는 자력선의 수는

$$N=\frac{m}{\mu_0}=\frac{8\pi}{\mu_0}=\frac{8\pi}{4\pi\times 10^{-7}}=2\times 10^7\,[\text{개}]$$

7.3.3 자속과 자속밀도

진공 중에서 $m[Wb]$의 자하에서 발생하는 자기력선의 수는 $\frac{m}{\mu_0}$[개]이다. 자기력선의 수는 자하량 $m[Wb]$과 진공 중의 투자율 μ_0와 관련이 있다. 진공 중의 투자율 μ_0는 일정한 값을 가지고 있으나, 실제는 진공이 아닌 다양한 매질 속의 자기력선의 수를 구할 수 있다. 따라서, 매질의 종류에 따른 투자율($\mu = \mu_0\mu_s$)은 진공 중의 투자율 μ_0와 비투자율 μ_s의 곱으로 구성되어 있다. 만약 $m[Wb]$의 자하에서 나오는 자기력선의 수를 구하면 다음과 같다.

$$N = \frac{m}{\mu} = \frac{m}{\mu_0\mu_s} = \frac{m}{\mu_s \times 4\pi \times 10^{-7}}[개]$$

■ 자하 $m[Wb]$의 자기력선수
☞ 다양한 매질: 비투자율 μ_s

비투자율 μ_s값은 매질에 따라 변화하기 때문에 자기력선의 수 N은 매질에 따라 변화하게 된다. 따라서, 매질에 따라 변화하지 않는 일정한 자기력선의 수를 도입할 필요가 있다. 이와 같이 매질의 종류에 무관하게 지하에서 나오는 자기력선의 수를 하나의 가상선으로 표현한 물리량으로 자속(magnetic flux)이 있다.

그림 7-9에 자속의 개념을 설명한 것을 나타내었다. $m = 1\,[Wb]$의 자하에서 매질의 영향을 포함한 자기력선의 수를 하나의 가상선(묶음, 1ϕ(phi))으로 표현한 것이다.

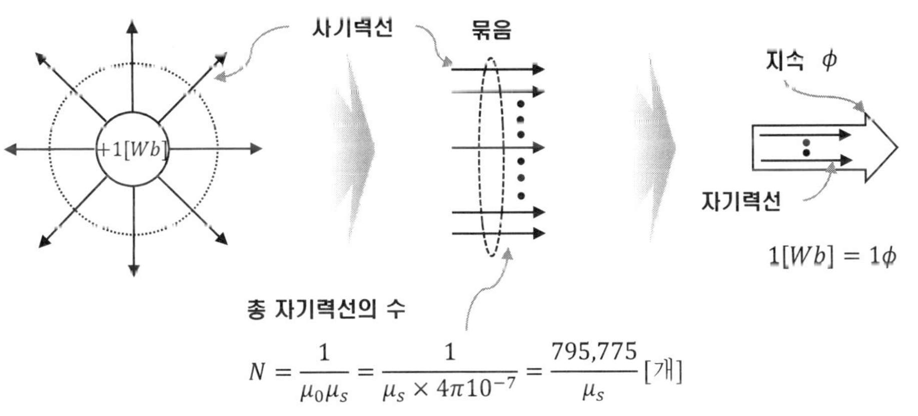

그림 7-9 자속의 개념

자속의 개념을 설명하기 위하여 그림과 같이 $1[Wb]$의 자하에서 나오는 자기력선의 수를 구하면 다음과 같다.

$N=\dfrac{1}{\mu_0\mu_s}=\dfrac{1}{\mu_s\times 4\pi\times 10^{-7}}=\dfrac{795,775}{\mu_s}[개]$	■ 자하 $m[Wb]$의 자기력선수 ☞ 다양한 매질: 비투자율 μ_s

비투자율 μ_s에 따라 자기력선의 수가 변화하지만, 비투자율 μ_s 값의 변화를 반영한 자기력선의 수를 하나의 묶음으로 생각하면 이를 하나의 가상선으로 표현한 것이 자속 ϕ라 할 수 있다. 즉, 다음 식으로 표현할 수 있다.

$1\phi=1[Wb] \qquad \therefore\ \phi=m[Wb]$	■ 자속 ϕ(phi) ☞ 진공 중에서 $1[Wb]$의 자하에서는 나오는 자기력선의 수는 795,775[개]의 자기력선이 나오며, 이를 하나로 묶은 것은 자속이라 함 ☞ 파 20개를 하나로 묶어 파 1단으로 파는 것과 같은 의미임

그리고, 단위 면적 $S[m^2]$에 대하여 가상의 선인 자속 ϕ가 몇 개인가를 나타내는 단위면적당 자속 수를 자속밀도(dielectric flux density) $B[Wb/m^2]$라 한다. 그리고 자속밀도 B의 단위는 $[Wb/m^2]$ 또는 $[Tesla,\ T]$로 표현한다. 이를 수식으로 표현하면 다음과 같다.

$B=\dfrac{\phi}{S}=\dfrac{m}{S}[Wb/m^2]$	■ 자속밀도 B ☞ 단위면적당 자속수를 의미함 ☞ 이는 인구 밀도와 같은 개념으로 단위면적당 인구수와 같은 의미임

그림 7-10과 같이 진공 중에 전하 $+m[Wb]$을 두고 거리 $r[\text{m}]$인 지점의 구면상에서 자계의 세기 H와 자속밀도 B를 구하면 아래와 같다.

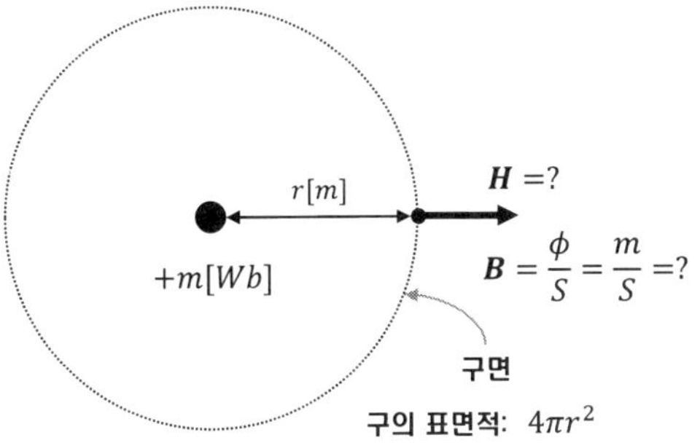

■ $1[Wb]$ 자하에서 $r[m]$ 떨어진 점의 자계와 자속밀도

☞ $H = \dfrac{m}{4\pi\mu_0 r^2}[AT/m]$

☞ $B = \dfrac{\phi}{S} = \dfrac{m}{S} = \dfrac{m}{4\pi r^2}[Wb/m^2]$

☞ $B = \mu_0 H[Wb/m^2]$

그림 7-10 점자하 $m[Wb]$에서 거리 $r[m]$에 대한 자계의 세기와 자속밀도

상기 수식에서 자계 H와 자속밀도 B 사이의 관계를 살펴보면, 다음의 관계가 성립한다.

$$B = \mu_0 H[Wb/m^2], \quad H = \frac{B}{\mu_0}[AT/m]$$

■ 자계와 자속밀도 사이의 관계

☞ $B = \mu_0 H[Wb/m^2]$

그리고, 자계 H와 자속밀도 B는 벡터량이기 때문에 벡터로 표시하면 다음과 같다.

$$\boldsymbol{B} = \mu_0 \boldsymbol{H}[Wb/m^2]$$

■ 자계와 자속밀도 사이의 벡터 관계

☞ $\boldsymbol{B} = \mu_0 \boldsymbol{H}[Wb/m^2]$

자속밀도 B의 수식을 다음과 같이 변환하여 표현할 수 있다. 그리고 이를 벡터로 나타내면 다음과 같다.

$$B = \frac{\phi}{S} = \frac{m}{S}[Wb/m^2], \quad \phi = BS, \ \phi = \boldsymbol{B} \cdot \boldsymbol{S}$$

■ 자속밀도 B

☞ 단위면적당 자속수를 의미

☞ $B = \dfrac{\phi}{S} = \dfrac{m}{S}[Wb/m^2]$

그리고, 자계 H가 미소면적 dS를 통과하고 있다고 가정한다면 미소 자속 $d\phi$를 아래 수식으로 나타낼 수 있다.

$$d\phi = \boldsymbol{B} \cdot d\boldsymbol{S}$$

■ 자속밀도 B

☞ 단위면적당 자속수를 의미

☞ $B = \frac{\phi}{S} = \frac{m}{S} [Wb/m^2]$

또한 미소면적 dS를 불균일한 곡면으로 확대하여 전체면적 S에 대하여 자속 ϕ를 구하면 다음 수식으로 표현될 수 있다.

$$\phi = \oint_S \boldsymbol{B} \cdot d\boldsymbol{S}$$

$$m = \oint_S \mu_0 \boldsymbol{H} \cdot d\boldsymbol{S} \qquad \frac{m}{\mu_0} = \oint_S \boldsymbol{H} \cdot d\boldsymbol{S}$$

$$N = \oint_S \boldsymbol{H} \cdot d\boldsymbol{S} = \frac{m}{\mu_0}$$

■ 자속과 자하의 관계

☞ $\phi = m [Wb]$

■ 자속밀도와 자계의 세기의 관계

☞ $\boldsymbol{B} = \mu_0 \boldsymbol{H} [Wb/m^2]$

상기 수식을 다시 나타내면 이 수식은 정전계의 가우스(Gauss) 법칙에 관한 수식과 유사한 정자계 중의 가우스 법칙이라 할 수 있다.

$$\oint_S \boldsymbol{B} \cdot d\boldsymbol{S} = m$$

$$\oint_S \boldsymbol{H} \cdot d\boldsymbol{S} = \frac{m}{\mu_0}$$

■ 전계의 가우스 법칙

☞ $\oint_S \boldsymbol{D} \cdot d\boldsymbol{S} = Q$

☞ $\oint_S \boldsymbol{E} \cdot d\boldsymbol{S} = \frac{Q}{\epsilon_0}$

그러나, 상기의 정자계 중의 가우스 법칙에서 간과한 것이 있다. 자하는 단독으로 존재할 수가 없다는 것이다. 즉, N극, S극이 단독으로 존재할 경우에는 상기 수식이 적용될 수 있으나, 자극인 N극은 단독으로 존재하지 못하고 항상 N극, S극이 같이 존재하기 때문에 N극에서 발생한 자기력선이 나와서 S극으로 모두 들어가기 때문에 정자계 중의 가우스 법칙에 대한 가우스(Gauss) 면에서 자기력선 수를 계산하면 항상 0이 된다. 이를 그림 7-11에 나타내었다.

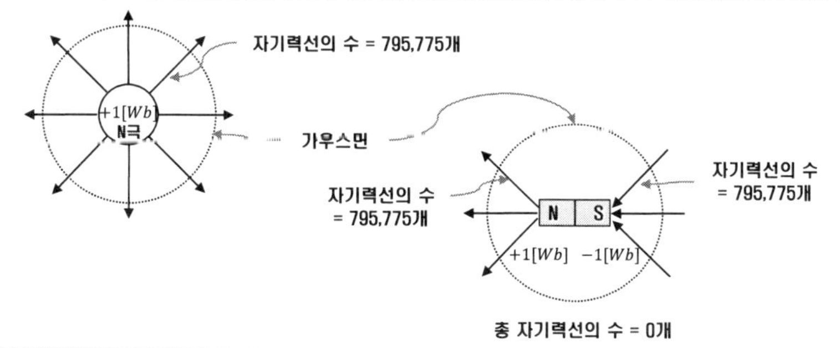

■ 자계의 가우스 법칙

☞ $\oint_S B \cdot dS = 0$

그림 7-11 자계의 가우스 법칙

그리고, 상기 수식을 발산 정리를 이용하여 다시 나타내면 다음과 같다. 자기력선은 발산의 원천이 단위체적당 자하가 없고 가우스 면을 지니는 연속의 폐곡선을 형성하고 있음을 나타낸다. 즉, 자하에서는 단독 자하가 존재하는 것이 불가능하기 때문에 단독의 자하는 존재하지 않고 항상 두 자극이 존재한다는 것을 의미하고 있다.

$$\oint_S \boldsymbol{B} \cdot d\boldsymbol{S} = \oint_v div\, \boldsymbol{B} dv = 0$$

$$\therefore div\, \boldsymbol{B} = 0$$

■ 자계의 발산 정리

☞ $div\, \boldsymbol{B} = 0$

☞ 항상 두 자극 존재

예제 7.8

■ 자성체가 균일하게 자화되어 있을 때의 자극의 상태로 옳은 것은?

① 자성체에는 자극이 나타나지 않는다. ② 자성체 전체에 자극이 골고루 분포되어 나타난다.

③ 자성체의 내부에 자극이 나타난다. ④ 자성체의 양단면에 자극이 나타난다.

풀이

◉ 자극은 자기 작용이 강한 자석의 양단에 나타나며 극성은 정반대($+m$, $-m$)

◉ 자성체 내부 현상으로 전자의 자전운동(스핀)에 의해 자기 쌍극자 모멘트가 생기므로 자성체 전체에 자극($+m$, $-m$)이 골고루 분포

◉ $\oint B \cdot d\boldsymbol{S} = 0$(즉, $div\, \boldsymbol{B} = 0$)항상 동량의 서로 다른 부호자하가 존재($+m$, $-m$)

☞ ②

예제 7.9

■ 공심 솔레노이드의 내부 자계의 세기가 $800[AT/m]$일 때, 자속밀도$[Wb/m^2]$는 약 얼마인가?

풀이 ◉ 자속밀도 $B = \mu_0 H = 4\pi \times 10^{-7} \times 800 = 0.001 = 1 \times 10^{-3}\ [Wb/m^2]$

7-4 자위, 자위차와 자위경도

7.4.1 자계 중의 일

그림 7-12에서 진공 중에 자하 $+m_1[Wb]$에 의하여 자계 H가 발생하는 자기장 속에서 자하 $m[Wb]$를 자계의 반대방향으로 미소거리 $dr[m]$ 만큼 이동시키기 위하여 필요한 일 $dW[J]$ 는 다음과 같은 수식으로 표현할 수 있다.

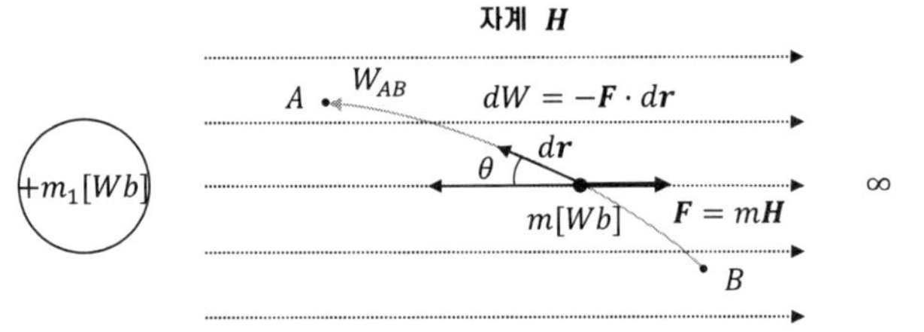

그림 7-12 자하를 이동시키기 위한 일

$$dW = -\boldsymbol{F} \cdot \boldsymbol{dr} = -F dr \cos\theta \, [J]$$

■ 자하 $m[Wb]$을 자계의 반대방향으로 $dr[m]$이동시키기 위한 일 $dW[J]$
☞ $dW = -\boldsymbol{F} \cdot \boldsymbol{dr} = -F dr \cos\theta \, [J]$

수식에서 부(−)의 의미는 자하 $m[Wb]$가 전하 $+m_1[Wb]$에 의하여 자계의 방향으로 힘을 받는 것을 거슬러 반대방향으로 힘을 주어 거리 $dr[m]$ 만큼 이동시키는 일을 한다는 것을 의미한다. 즉, 자하 $m[Wb]$가 에너지를 얻는다는 것(자위가 증가)을 나타낸다. 상기 수식에서 점 B에서 점 A까지 이동시키는데 필요한 일 W를 구하면 다음 수식과 같다.

$$W_{AB} = \int_B^A dW = -\int_B^A \boldsymbol{F} \cdot \boldsymbol{dr} = -\int_B^A F dr \cos\theta \, [J]$$

■ 자하 $m[Wb]$를 점 B에서 점 A로 이동시는 데 필요한 일
☞ 벡터의 스칼라 적

상기 수식을 쿨롱력인 $\boldsymbol{F}$를 자계의 세기 $\boldsymbol{H}$의 수식으로 표현하기 위하여 $\boldsymbol{F} = m\boldsymbol{H}$의 수식을 대입하면 다음과 같다.

$$W_{AB} = \int_B^A dW = -\int_B^A \boldsymbol{F} \cdot dr$$
$$= -m\int_B^A \boldsymbol{H} \cdot dr = -m\int_B^A H dr \cos\theta \, [J]$$

■ 자하 $m[Wb]$를 점 B에서 점 A로 이동시는 데 필요한 일
☞ 쿨롱력을 자계의 세기로 표현
☞ $\boldsymbol{F} = m\boldsymbol{H}$

그리고, 상기 수식을 활용하여 ∞ 점에서 점 B까지 이동시키는데 필요한 일 W_B를 구하면 다음과 같다.

$$W_B = \int_\infty^B dW = -\int_\infty^B \boldsymbol{F} \cdot dr$$
$$= -m\int_\infty^B \boldsymbol{H} \cdot dr = -m\int_\infty^B H dr \cos\theta \, [J]$$

■ 자하 $m[Wb]$를 ∞ 점에서 점 B로 이동시는 데 필요한 일
☞ 쿨롱력을 자계의 세기로 표현
☞ $\boldsymbol{F} = m\boldsymbol{H}$

또한, 상기 수식을 활용하여 ∞ 점에서 점 A까지 이동시키는데 필요한 일 W_A를 구하면 다음과 같다.

$$W_A = \int_\infty^A dW = -\int_\infty^A \boldsymbol{F} \cdot dr$$
$$= -m\int_\infty^A \boldsymbol{H} \cdot dr = -m\int_\infty^A H dr \cos\theta \, [J]$$

■ 자하 $m[Wb]$를 ∞ 점에서 점 A로 이동시는 데 필요한 일
☞ 쿨롱력을 자계의 세기로 표현
☞ $\boldsymbol{F} = m\boldsymbol{H}$

상기 수식의 일 W_A와 일 W_B를 이용하여 자하 $m[Wb]$을 점 B에서 점 A까지 이동시키는데 필요한 일 W_{AB}를 구하면 다음과 같다.

$$W_{AB} = W_A - W_B$$
$$= -\int_B^A \boldsymbol{F} \cdot dr - -m\int_B^A \boldsymbol{H} \cdot dr[J]$$

■ 자하 $m[Wb]$를 점 B에서 점 A로 이동시는 데 필요한 일
☞ 쿨롱력을 자계의 세기로 표현

상기 W_A 수식에서 $m[Wb]$ 대신에 $+1[Wb]$의 단위 자하를 대치하여 생각한 것을 자위(magnetic potential)라 한다. 즉, 자하 $+m_1[Wb]$에 의하여 자계가 형성되어 있는 자기장에서 자계의 방향을 거슬러 $+1[Wb]$의 단위 자하를 임의의 점 A 점까지 이동시키는 데 필요한 일을 자위라 한다.

$U_A = W_A = -\int_{\infty}^{A} \boldsymbol{F} \cdot dr = -\int_{\infty}^{A} \boldsymbol{H} \cdot dr$ $= -\int_{\infty}^{A} H dr \cos\theta \,[A], [J/Wb]$	■ 자하 $+1[Wb]$를 ∞ 점에서 점 A로 이동시는 데 필요한 일을 자위로 표현 ☞ $U_A = W_A$

자위의 단위는 $[J/Wb]$과 $[A]$의 두가지가 사용되나, 일반적으로 $[A]$단위를 사용한다. 그리고, 일 W와 자위 U와의 관계를 살펴보면 다음과 같다.

$W = -m\int_{B}^{A} \boldsymbol{H} \cdot dr = mU[J]$ $\therefore\ W = mU$	■ 일과 자위 사이의 관계 ☞ $W = mU$

7.4.2 자위차

자위차(magnetic potential difference)는 그림 7-13과 같이 자하 $+m\,[Wb]$이 형성하는 자계의 공간 내에서 임의의 한 점 B에서 다른 한 점 A로 $+1[Wb]$의 단위 자하를 이동시키는 데 필요한 일을 말한다. 즉, 상기의 수식 W_{AB}에서 m을 $+1[Wb]$의 단위 자하로 생각한 것이 두 점(점 A와 점 B) 사이의 자위차 U_{AB}로 표현할 수 있다.

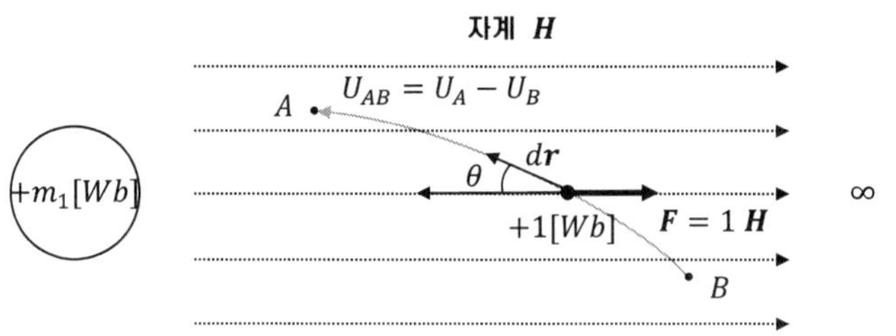

그림 7-13 자위차

자위차 U_{AB}를 수식으로 표현하면 다음과 같다.

$U_{AB} = U_A - U_B[A]$ $U_{AB} = -\int_{B}^{A} \boldsymbol{H} \cdot dr = -\int_{B}^{A} H dr \cos\theta [A]$	■ 자위차 U_{AB} ☞ $U_{AB} = U_A - U_B[A]$

7.4.3 자위

그림 7-14와 같이 진공 중에 자하 $+m\,[Wb]$을 두게 되면 자계 $\boldsymbol{H}$가 형성되고, 이 공간에서 거리 $r[m]$인 지점의 구면상에서 자위 $U[A]$를 구하여 보자.

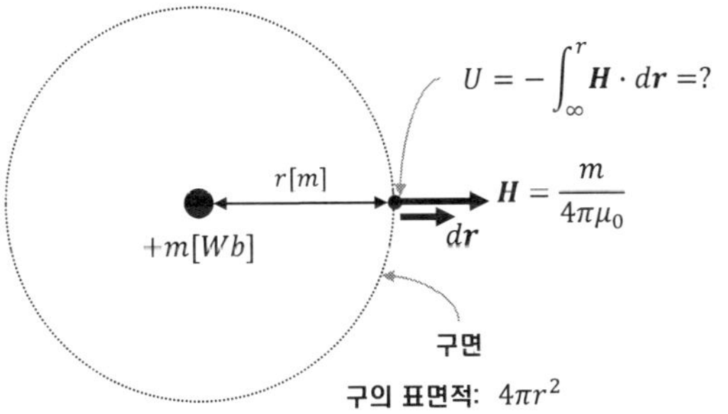

■ 쿨롱의 법칙

☞ $\boldsymbol{H}=\dfrac{Q}{4\pi\mu_0 r^2}\boldsymbol{r}_0\,[V/m]$

■ 자위 U

☞ $U=-\int_{\infty}^{r}\boldsymbol{H}\cdot \boldsymbol{dr}=-\int_{\infty}^{r}H\,dr$

☞ 벡터 $\boldsymbol{H}$와 벡터 $\boldsymbol{dr}$은 평행함으로 두 벡터의 내적은 $\boldsymbol{H}\cdot \boldsymbol{dr}=|\boldsymbol{H}||\boldsymbol{dr}|\cos\theta$에서 θ가 $0°$이고 $\cos 0°=1$이기 때문에 $\int_{\infty}^{r}H\,dr$로 나타낼 수 있음

그림 7-14 $+m[Wb]$에서 거리 $r[m]$의 자위

자계의 세기 $\boldsymbol{H}$와 거리 벡터 $\boldsymbol{dr}$이 평행하다고 한다면 $\boldsymbol{H}\cdot\boldsymbol{dr}$은 벡터의 내적을 나타내고 있으므로 $\boldsymbol{H}\cdot \boldsymbol{dr}=|\boldsymbol{H}||\boldsymbol{dr}|\cos\theta$가 된다. 여기서, 두 벡터가 이루는 각 θ는 두 벡터 $\boldsymbol{H}$와 $\boldsymbol{dr}$이 평행하기 때문에 θ가 $0°$이며, $\cos 0°=1$이기 때문에 $\int_{\infty}^{r}H\,dr$로 나타낼 수 있다. 상기 수식을 활용하여 자위 $U[A]$를 구하면 다음과 같다.

$$
\begin{aligned}
U&=-\int_{\infty}^{r}\boldsymbol{H}\cdot \boldsymbol{dr}=-\int_{\infty}^{r}H\,dr\\
&=-\frac{Q}{4\pi\mu_0}\int_{\infty}^{r}\frac{1}{r^2}dr\\
&=-\frac{m}{4\pi\mu_0}\left(-\frac{1}{r}\right)=\frac{m}{4\pi\mu_0 r}[A]
\end{aligned}
$$

■ 적분공식

☞ $$
\begin{aligned}
\int_{\infty}^{r}\frac{1}{r^2}dr&=\int_{\infty}^{r}r^{-2}dr\\
&=-[r^{-1}]_{\infty}^{r}=-\left[\frac{1}{r}\right]_{\infty}^{r}\\
&=-\left(\frac{1}{r}-\frac{1}{\infty}\right)=-\frac{1}{r}
\end{aligned}
$$

☞ $\int x^n dx=\dfrac{x^{n+1}}{n+1}$의 적분공식에서

$$\int r^{-2}dr=\frac{r^{-2+1}}{-2+1}=-r^{-1}=-\frac{1}{r}$$

7.4.4 자위경도

임의의 점에서 자위 $U[A]$ 값을 알고 있을 경우, 이를 활용하여 자계의 세기 $\boldsymbol{H}$를 구하여 보자. 앞에서 구한 자위차 U_{AB}의 수식을 양변을 미분하게 되면 아래 수식과 같다. 이를 미소 자위 dU_{AB}에 대한 수식으로 다시 쓰면 아래와 같다.

$$U_{AB} = -\int_B^A \boldsymbol{H} \cdot d\boldsymbol{r} = -\int_B^A H dr \cos\theta [A]$$
$$\therefore dU_{AB} = -H dr \cos\theta$$

■ 자위차 및 미소 자위차

☞ $U_{AB} = -\int_B^A \boldsymbol{H} \cdot d\boldsymbol{r} = -\int_B^A H dr \cos\theta [A]$

☞ 자위차의 양변을 미분: dU_{AB}

그리고, 상기 수식의 dU_{AB}를 미소자위 dU로 다시 나타내고, 거리 벡터인 변수를 $d\boldsymbol{r}$에서 $d\boldsymbol{l}$로 바꾸어 수식을 나타내면 아래 수식과 같다.

$$dU = -\boldsymbol{H} \cdot d\boldsymbol{l} = -H dl \cos\theta = 0$$

■ 미소자위 dU

☞ $dU = -H dl \cos\theta$ 에서 $H\cos\theta = H_l$

그림 7-15와 같이 상기 수식에서 자계 $\boldsymbol{H}$와 미소거리 벡터 $d\boldsymbol{l}$에 대하여 사이 각이 θ라고 하고 자계 $\boldsymbol{H}$에 대한 미소거리 벡터 $d\boldsymbol{l}$ 방향의 성분을 H_l이라고 한다면, $H_l = H\cos\theta$가 되므로 미소전위 dU는 $dU = -H dl \cos\theta = -H_l dl$이 된다. 그러므로 $H_l = -\dfrac{dU}{dl}$의 수식을 구할 수 있다.

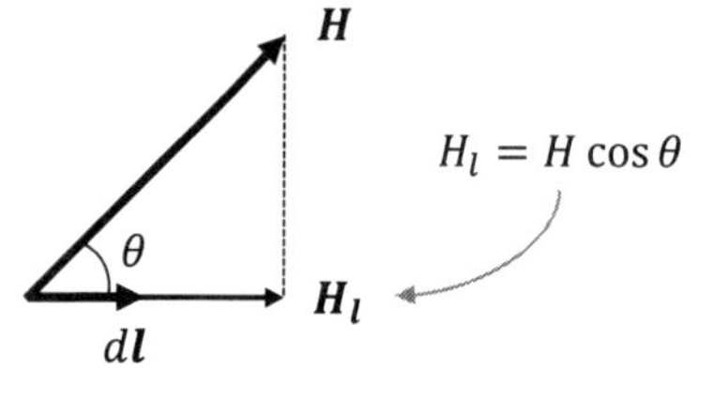

■ 미소전위 dU

☞ $dU = -H dl \cos\theta = 0$에서 $H\cos\theta = H_l$

■ dl 방향의 전계 H_l

☞ $dU = -H dl \cos\theta = -H_l dl$

☞ $\therefore H_l = -\dfrac{dU}{dl}$

그림 7-15 자계 $\boldsymbol{H}$의 미소거리 벡터 $d\boldsymbol{l}$ 방향의 성분

그러므로, 아래 수식의 의미는 단위길이에 대한 자위의 변화율을 나타내고 있다.

$$H_l = -\frac{dU}{dl}$$

■ dl 방향의 자계 H_l
☞ 단위길이당 자위의 변화율을 나타냄

상기 수식을 공간 좌표계에서의 자계의 세기 $\boldsymbol{H}$를 x, y, z방향의 성분으로 H_x, H_y, H_z 형태로 나타내면 자계의 각 방향에 대한 성분을 표시하면 아래 수식과 같다.

$$H_x = -\frac{\partial U}{\partial x},\ H_y = -\frac{\partial U}{\partial y},\ H_z = -\frac{\partial U}{\partial z}$$

■ dl 방향의 자계 H_l
☞ $H_l = -\frac{dU}{dl}$

그리고 자계의 세기 $\boldsymbol{H}$를 x, y, z방향의 성분으로 벡터 형태로 표현하면 상기 수식은 다음과 같다.

$$\begin{aligned}\boldsymbol{H} &= H_x\boldsymbol{i} + H_y\boldsymbol{j} + H_z\boldsymbol{k} \\ &= -\left(\frac{\partial U}{\partial x}\boldsymbol{i} + \frac{\partial U}{\partial y}\boldsymbol{j} + \frac{\partial U}{\partial z}\boldsymbol{k}\right) \\ &= -\left(\frac{\partial}{\partial x}\boldsymbol{i} + \frac{\partial}{\partial y}\boldsymbol{j} + \frac{\partial}{\partial z}\boldsymbol{k}\right)U \\ &= -\nabla U = -grad\,U\end{aligned}$$

■ 자계 $\boldsymbol{H}$의 x, y, z방향의 성분
☞ $H_x = -\frac{\partial U}{\partial x}, H_y = -\frac{\partial U}{\partial y}, H_z = -\frac{\partial U}{\partial z}$
■ 벡터의 미분연산자(del, nabla)
☞ $\nabla = \frac{\partial}{\partial x}\boldsymbol{i} + \frac{\partial}{\partial y}\boldsymbol{j} + \frac{\partial}{\partial z}\boldsymbol{k}$

상기 수식은 자계의 세기 $\boldsymbol{H}$와 자위경도(자위의 기울기) $grad\,U$와의 관계식을 나타낸 것이나. 상기 수식을 이용하여 자위 U를 이용하여 자계의 세기 $\boldsymbol{H}$를 구할 수 있다.

$$\boldsymbol{H} = -\nabla U = -grad\,U$$

■ $\boldsymbol{H} = -\nabla U = -grad\,U$ 의 의미
☞ 자위차(자위의 기울기, 자위경도)가 크면 자계의 세기 $\boldsymbol{H}$는 커짐을 나타냄
☞ 자계 $\boldsymbol{H}$와 자위경도의 방향이 반대

상기 수식은 자위경도(자위의 기울기)가 크다는 것은 같은 거리를 기준으로 자위차가 크

다는 것을 나타내고 있으며, 이것은 자계의 세기 $\boldsymbol{H}$가 커짐을 나타내고 있다. 그리고, 방향이 음(−)이라고 하는 것은 자계의 방향과 자위경도의 방향이 반대라는 것을 나타내고 있다.

아래 그림 7-16은 상기 자위경도에 대한 수식의 물리적 개념을 설명한 것이다.

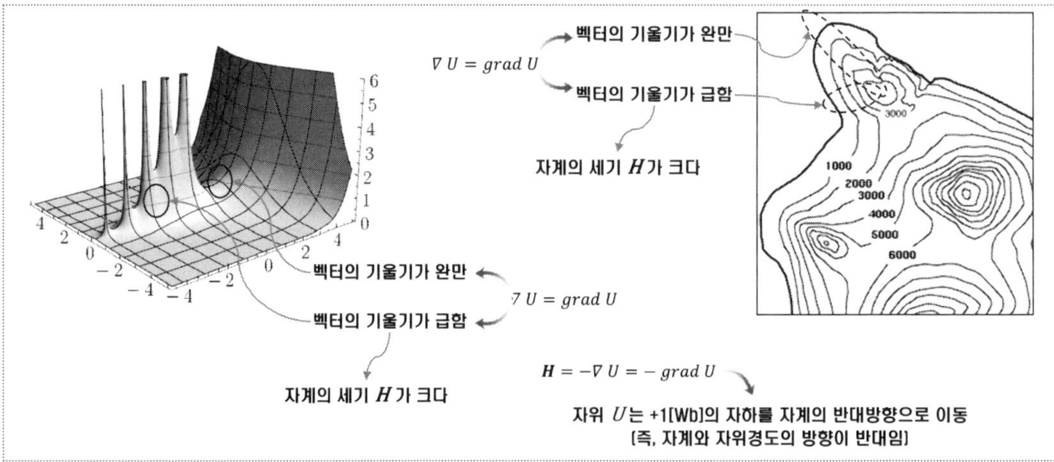

그림 7-16 자위경도의 물리적 개념

그림 7-16에서 등고선을 보면 어느 방향으로 올라가면 쉽고 어려운 지를 상식적으로 알 수 있다. 즉, 등고선 그림에서 좌측의 동그라미 표시 부분이 등고선이 조밀하다는 것은 기울기가 급하다는 것을 의미하며 $\nabla U = grad\, U$ 값이 크다는 것을 나타낸다.

그리고, 3차원으로 표현한 그림에서 왼편 동그라미 표시 부분은 경사가 급격하여 $\nabla U = grad\, U$의 값이 크다는 것을 알 수 있다. 따라서, 상기 수식은 임의의 공간에서 산의 경사, 위치에너지, 전위 등의 변화 정도를 알 수 있는 공식임을 알 수 있다.

예제 7.10

▣ $m[Wb]$의 점자극에 의한 자계 중에서 $r[m]$ 거리에 있는 점의 자위는 얼마인가?

① r에 비례한다. ② r^2에 비례한다.

③ r에 반비례한다. ④ r^2에 반비례한다.

풀이

◉ 자위 $U = -\int_{\infty}^{P} \boldsymbol{H} \cdot dl = \frac{m}{4\pi\mu_0 r} = 6.33 \times 10^4 \times \frac{m}{r}$

∴ 자위는 거리 r에 반비례

☞ ③

7-5 자기쌍극자와 자기이중층

7.5.1 자기쌍극자와 자기쌍극자 모멘트

자기쌍극자는 그림 7-17과 같이 $+m[Wb]$(N극) 자하와 $-m[Wb]$(S극) 자하가 아주 가까이에 거리 $d[m]$만큼 떨어져 있는 경우, $+m[Wb]$(N극), $-m[Wb]$(S극)이 구성하는 한쌍의 자하를 자기쌍극자(magnetic dipole)라고 한다. 일반적으로 쿨롱의 법칙에 의하면 $+m[Wb]$(N극) 자하와 $-m[Wb]$(S극) 자하가 아주 가까이에 있으면, 흡인력이 작용하여 두 전하가 접촉하는 것이 일반적이나 여기서는 접촉하지 않고 아주 미세한 거리를 두고 떨어져 있는 것을 말한다. 자기쌍극자 모멘트를 $\boldsymbol{M}[Wb \cdot m]$이라고 하면, $\boldsymbol{M}$은 벡터량으로 정의되어 다음 식으로 표현된다. 방향은 $-m[Wb]$(S극) 자하에서 $+m[Wb]$(N극) 자하 방향으로 진행하며, 크기는 $M = m\,d$의 크기를 가지는 값이다.

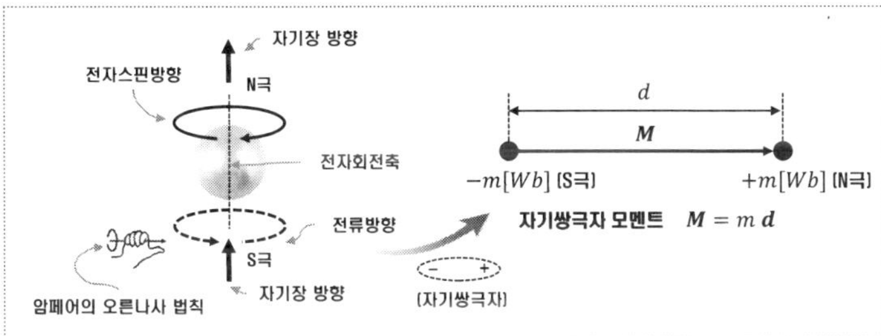

■ 자기쌍극자 모멘트
☞ $\boldsymbol{M} = m\boldsymbol{d}[Wb \cdot m]$
☞ $\boldsymbol{M}$은 벡터량
☞ 방향은 $-m[Wb]$에서 $+m[Wb]$ 쪽으로 진행

그림 7-17 자기쌍극자와 자기쌍극자 모멘트

7.5.2 자기쌍극자에 의한 자위 및 자계

상기에서 살펴본 자기쌍극자의 개념을 활용하여 자기쌍극자에 의한 자위 및 자계를 구하여 보자. 그림 7-18과 같이 $+m[Wb]$ 자하와 $-m[Wb]$ 자하가 아주 가까이에 거리 $d[m]$만큼 떨어져 있는 자기쌍극자를 생각하여 보자.

점 S에 위치한 $+m[Wb]$에서 거리 $r_1[m]$, 점 U에 위치한 $-m[Wb]$에서 거리 $r_2[m]$ 떨어진 점 P에서의 자위 $U[A]$와 자계의 세기 $H[A/m]$를 구하여 보자.

그림 7-18에서 점 S와 점 P사이의 자위를 U_{SP}라고 하고, 점 U와 점 P사이의 자위를 U_{UP}라고 한다면 $+m[Wb]$ 자하와 $-m[Wb]$ 자하로 이루어진 자기쌍극자에서 의한 점 P의 자위 $U[A]$를 구하면 다음과 같다.

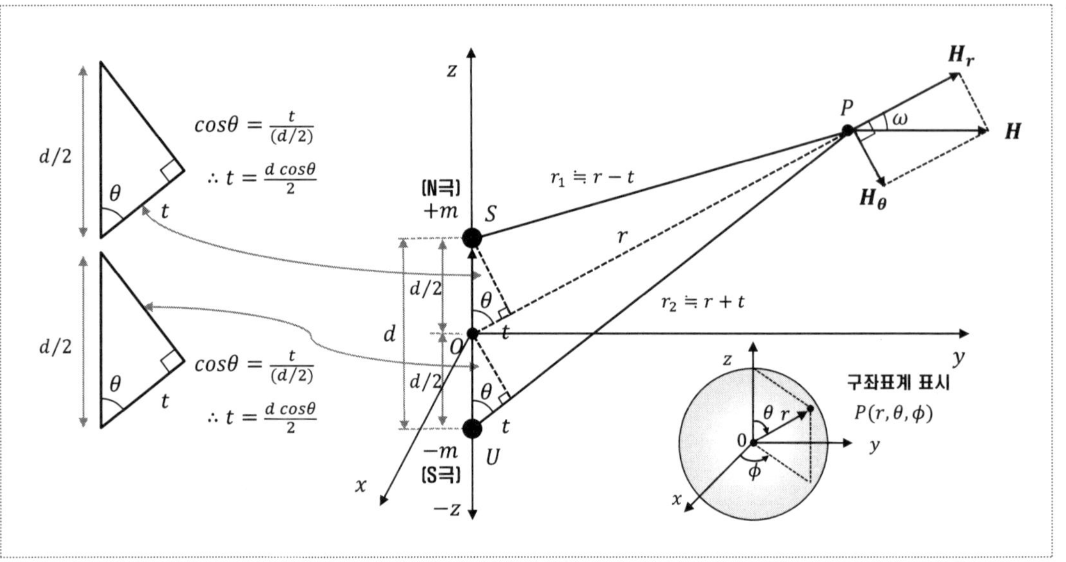

그림 7-18 자기쌍극자에 의한 자위 및 자계의 세기

$U = U_{SP} + U_{UP}$ $= \frac{m}{4\pi\mu_0 r_1} + \frac{-m}{4\pi\mu_0 r_2} = \frac{m}{4\pi\mu_0}(\frac{1}{r_1} - \frac{1}{r_2})[AT]$	■ 자위 공식 ☞ $U = \frac{Q}{4\pi\mu_0 r}[A]$

그리고, 자기쌍극자의 중점인 점 O에서 점 P사이의 거리를 $r[m]$이라고 하면, $+m[Wb]$ 자하와 $-m[Wb]$ 자하 사이의 미소거리 d는 $r \gg d$이고, 거리 r_1과 거리 r, 거리 r_2와 거리 r사이의 미소거리 차를 t라고 한다면, 거리 $r_1[m]$, 거리 $r_2[m]$는 각각 다음과 같이 나타낼 수 있다. 또한, 그림에서 거리 d와 t사이의 관계를 살펴보면 다음과 같다.

$r_1 \fallingdotseq r - t \qquad r_2 \fallingdotseq r + t$ $t = \frac{d}{2}\cos\theta$	■ 거리 r_1, r_2 표현 ☞ $r_1 \fallingdotseq r - t \qquad r_2 \fallingdotseq r + t$ ■ 미소거리 차 t ☞ $t = \frac{d}{2}\cos\theta$

상기 거리 $r_1[m]$, 거리 $r_2[m]$의 수식과 거리 d와 t 사이의 관계를 대입하여 자위 $U[A]$를 구하면 다음과 같다.

$$U = \frac{m}{4\pi\mu_0}(\frac{1}{r_1} - \frac{1}{r_2}) = \frac{m}{4\pi\mu_0}(\frac{1}{r-t} - \frac{1}{r+t})$$
$$= \frac{m}{4\pi\mu_0}(\frac{(r+t)-(r-t)}{(r-t)(r+t)}) = \frac{m}{4\pi\mu_0}(\frac{2t}{r^2-t^2})$$
$$= \frac{m}{4\pi\mu_0}(\frac{2(\frac{d}{2}\cos\theta)}{r^2-(\frac{d}{2}\cos\theta)^2})$$
$$= \frac{m}{4\pi\mu_0}(\frac{d\cos\theta}{r^2}) = \frac{md\cos\theta}{4\pi\mu_0 r^2}[AT]$$

■ 다양한 변수의 정의

☞ $r_1 \fallingdotseq r-t \quad r_2 \fallingdotseq r+t$

☞ $t = \frac{d}{2}\cos\theta$

☞ $r^2 - (\frac{d}{2}\cos\theta)^2 \fallingdotseq r^2 \quad (\because r \gg d)$

그리고, 상기 수식에서 자기쌍극자 크기 수식인 $M = m\,d$을 활용하면 다음 수식과 같다.

$$U = \frac{M\cos\theta}{4\pi\mu_0 r^2}[A]$$

■ $M = m\,d\,[Wb \cdot m]$

■ 자기 쌍극자($+m$, $-m$)의 자위

☞ $U \propto \frac{1}{r^2}$, 거리의 제곱에 반비례

■ 구 자하의 자위

☞ $U \propto \frac{1}{r}$, 거리에 반비례

■ 자기쌍극자에서의 자위는 거리가 멀어질수록 급격하게 감소하게 됨을 알 수 있음

■ 아주 멀리서 보게 되면 자기 쌍극자는 자하가 0($+m$와 $-m$의 자하가 상쇄)으로 보임

자기쌍극자의 중점인 점 O를 원점으로 하는 점 P는 직각좌표가 아닌 구좌표로 변환시켜 나타낼 수 있다. 따라서, 구좌표는 (r, θ, ϕ) 함수로 표현되기 때문에 점 P에서 자위 U를 이용하여 자계 H를 구하기 위하여서는 그림 7 18과 같이 자계 H의 r방향 성분인 H_r과 H_r에 수직한 θ 방향의 성분인 H_θ의 성분으로 분리하여 생각할 수 있다. ϕ 방향 성분은 변화가 없어 0으로 하여 고려하지 않는다.

그리고, 자계의 세기 H와 자위경도인 $grad\,U$와의 관계식인 $\boldsymbol{H} = -grad\,U = -\nabla U$를 활용하여 자계 $\boldsymbol{H}$를 아래와 같이 구할 수 있다.

$$H = -grad\,U = -\nabla U$$
$$= -\left(\frac{\partial U}{\partial r}\boldsymbol{a}_r + \frac{\partial U}{r\partial\theta}\boldsymbol{a}_\theta\right) = H_r\boldsymbol{a}_r + H_\theta\boldsymbol{a}_\theta\,[AT/m]$$

$$H_r = -\frac{\partial U}{\partial r} = -\frac{\partial}{\partial r}\left(\frac{M\cos\theta}{4\pi\mu_0 r^2}\right)$$
$$= -\frac{M\cos\theta}{4\pi\mu_0}\frac{\partial}{\partial r}\left(\frac{1}{r^2}\right) = -\frac{M\cos\theta}{4\pi\mu_0}\left(-2\frac{1}{r^3}\right)$$
$$= \frac{M\cos\theta}{2\pi\mu_0 r^3}\,[AT/m]$$

$$H_\theta = -\frac{\partial U}{r\partial\theta} = -\frac{\partial}{r\partial\theta}\left(\frac{M\cos\theta}{4\pi\mu_0 r^2}\right)$$
$$= -\frac{1}{r}\frac{M}{4\pi\mu_0 r^2}\frac{\partial}{\partial r}(\cos\theta)$$
$$= -\frac{M}{4\pi\mu_0 r^3}(-\sin\theta)$$
$$= \frac{M\sin\theta}{4\pi\mu_0 r^3}\,[AT/m]$$

■ 자계 세기와 자위 경도 사이의 관계
- ☞ $\boldsymbol{H} = -grad\,U = -\nabla U$
- ☞ 따라서 자계 H를 구하기 위하여서는 자위경도 ∇U를 구하여야 함

■ 자위 U는 거리 r과 각 θ에 따라 변화(ϕ는 일정)
- ☞ 직각좌표계로는 구할 수 없기 때문에 이를 원통좌표계 또는 구좌표계로 변화시켜야 함
- ☞ $|\nabla U| = \frac{dU}{dl}$ $\therefore dU = \nabla U \cdot dl$

■ 직각좌표계(x, y, z)에서의 자위경도 표시
- ☞ $dU = \frac{\partial U}{\partial x}dx + \frac{\partial U}{\partial y}dy + \frac{\partial U}{\partial z}dz$
  $\boldsymbol{dl} = dx\boldsymbol{i} + dy\boldsymbol{j} + dz\boldsymbol{k}$
  $\therefore \nabla U = \frac{\partial U}{\partial x}\boldsymbol{i} + \frac{\partial U}{\partial y}\boldsymbol{j} + \frac{\partial U}{\partial z}\boldsymbol{k}$

■ 구좌표계(x, θ, ϕ)에서의 자위경도 표시(아래 수식에서 ϕ 관련은 제외)
- ☞ $dU = \frac{\partial U}{\partial r}dr + \frac{\partial U}{\partial\theta}d\theta + \frac{\partial U}{\partial\varnothing}d\varnothing$
  $\boldsymbol{dl} = dr\boldsymbol{a}_r + rd\theta\boldsymbol{a}_\theta + rsin\theta d\varnothing\boldsymbol{a}_\varnothing$
  $\therefore \nabla U = \frac{\partial U}{\partial r}\boldsymbol{a}_r + \frac{\partial U}{r\partial\theta}\boldsymbol{a}_\theta + \frac{\partial U}{r\sin\theta\partial\varnothing}\boldsymbol{a}_\varnothing$

■ 미분
- ☞ $y = x^n \Rightarrow y' = nx^{n-1}$
- ☞ $y = \frac{1}{r^2} = r^{-2}$
  $y' = -2r^{-2-1} = -2r^{-3} = -2\frac{1}{r^3}$
- ☞ $y = \cos x \Rightarrow y' = -\sin x$

상기에서 구한 값을 활용하여 자계의 세기 $\boldsymbol{H}$를 구하여 보자. 자계 세기의 크기인 H는 r 방향에 대한 자계 $\boldsymbol{H}_r$과 θ 방향에 대한 자계 $\boldsymbol{H}_\theta$의 벡터 합으로 생각할 수 있고, 합성 자계 $\boldsymbol{H}$와 r 방향에 대한 자계 $\boldsymbol{H}_r$이 이루는 방향각을 ω라 한다면, 그림에서 $\tan\omega = \frac{H_\theta}{H_r}$로 구할 수 있다. 따라서, 다음과 같이 구할 수 있다.

$H = \sqrt{H_r^2 + H_\theta^2}$ $= \sqrt{(\frac{M\cos\theta}{2\pi\mu_0 r^3})^2 + (\frac{M\sin\theta}{4\pi\mu_0 r^3})^2}$ $= \sqrt{\frac{M^2\cos^2\theta}{2^2\pi^2\mu_0^2(r^3)^2} + \frac{M^2\sin^2\theta}{4^2\pi^2\mu_0^2(r^3)^2}}$ $= \sqrt{\frac{M^2}{4^2\pi^2\mu_0^2(r^3)^2}(4\cos^2\theta + \sin^2\theta)}$ $= \frac{M}{4\pi\mu_0 r^3}\sqrt{(4\cos^2\theta + \sin^2\theta)}$ $= \frac{M}{4\pi\mu_0 r^3}\sqrt{(3\cos^2\theta + \cos^2\theta + \sin^2\theta)}$ $= \frac{M}{4\pi\mu_0 r^3}\sqrt{(1 + 3\cos^2\theta)}$ $\tan\omega = \frac{H_\theta}{H_r} = \frac{\frac{M\sin\theta}{4\pi\mu_0 r^3}}{\frac{M\cos\theta}{2\pi\mu_0 r^3}} = \frac{\sin\theta}{2\cos\theta} = \frac{1}{2}\tan\theta$	■ 벡터 $\boldsymbol{A}$의 크기 ☞ $\lvert\boldsymbol{A}\rvert = A = \sqrt{A_x^2 + A_y^2 + A_z^2}$ ■ 삼각함수 공식 ☞ $\cos^2\theta + \sin^2\theta = 1$ ☞ $\frac{\sin\theta}{\cos\theta} = \tan\theta$ ■ 자기쌍극자의 자계 ☞ $H \propto \frac{1}{r^3}$, 거리의 세제곱에 반비례 ■ 구 전하의 자계 ☞ $H \propto \frac{1}{r^2}$, 거리의 제곱에 반비례 ■ 자기쌍극자에서의 자계는 거리가 멀어질수록 더욱 더 급격하게 감소하게 됨을 알 수 있음 ■ 아주 멀리서 보게 되면 자기 쌍극자는 자하가 0($+m$와 $-m$의 자하가 상쇄)으로 보임

예제 7.11

▣ 자석의 세기 0.2[Wb], 길이 10[cm]인 막대자석의 중심에서 60°의 각을 가지며 40[cm] 만큼 떨어진 점 A의 자위는 몇 [A] 인가?

풀이

◉ 자기 쌍극자에 의한 자위

$$U = \frac{md\cos\theta}{4\pi\mu_0 r^2} = 6.33 \times 10^4 \times \frac{M\cos\theta}{r^2}\ [A]$$

$$\therefore\ U = 6.33 \times 10^4 \times \frac{0.2 \times 10 \times 10^{-2} \times \cos 60}{(40 \times 10^{-2})^2} = 3956.3 ≒ 3.96 \times 10^3\,[A]$$

예제 7.12

▣ 자기 쌍극자에 의한 자계는 쌍극자 중심으로부터 거리의 몇 제곱에 반비례하는가?

① 1 ② 2 ③ 3 ④ 4

풀이

◉ 자기쌍극자의 자계

$$H = \sqrt{H_r^2 + H_\theta^2} = \frac{M}{4\pi\mu_0 r^3}\sqrt{\sin^2\theta + (2\cos\theta)^2}$$

$$= \frac{M}{4\pi\mu_0 r^3}\sqrt{1 + 3\cos^2\theta}\ \ [\mathrm{AT/m}],\quad \therefore\ H \propto \frac{1}{r^3}$$ 로 자계는 거리 r^3에 반비례

☞ ③

7.5.3 자기이중층(판자석)의 자위

자기이중층(판자석)은 그림 7-19와 같이 앞에서 살펴본 자기쌍극자가 얇은 판의 양면에 무수히 많이 존재하고 있는 것을 말한다. 그림 7-19와 같이 두께가 $d[m]$인 얇은 판의 양면에 면자하 밀도 $\pm\sigma[Wb/m^2]$인 자기이중층에서 미소면적을 $dS[m^2]$라고 하자.

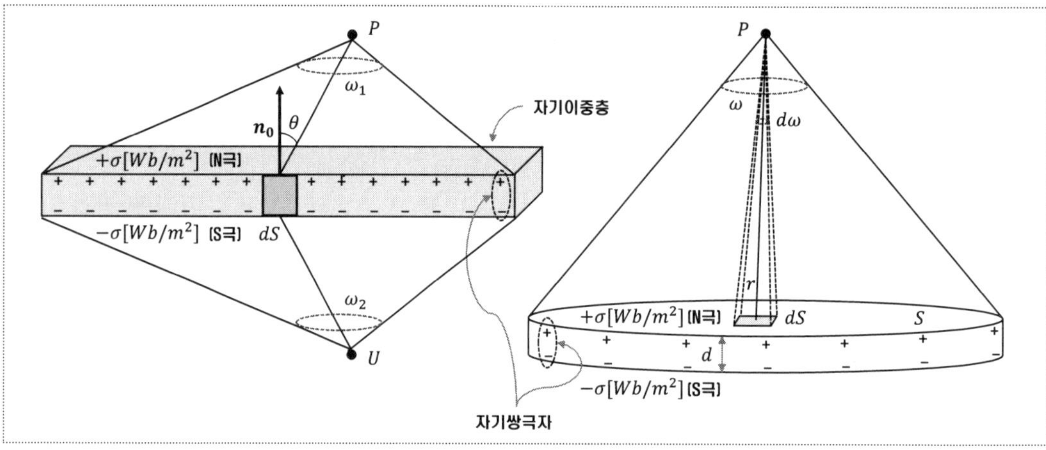

그림 7-19 자기이중층의 자계의 세기와 전위

그리고, $\sigma dS[Wb]$는 자하 $m[Wb]$에 해당되기 때문에 자기모멘트로 생각할 수 있어 미소면적 $dS[m^2]$에 대한 점 P의 자위 $dU[A]$는 다음과 같이 구할 수 있다.

$$dU = \frac{1}{4\pi\mu_0}\frac{(\sigma dS)d\cos\theta}{r^2} = \frac{\sigma d}{4\pi\mu_0}\frac{dS\cos\theta}{r^2}$$

$$dU = \frac{\sigma d}{4\pi\mu_0}d\omega$$

■ 자기쌍극자의 자위

☞ $U = \frac{M\cos\theta}{4\pi\mu_0 r^2}[A]$

■ 자기쌍극자 모멘트: $M = md[Wb \cdot m]$

■ 미소 자하량: $m = \sigma dS$

■ 입체각: $d\omega = \frac{dS\cos\theta}{r^2}$

면자하 밀도 $\sigma[Wb/m^2]$가 면 전체에 걸쳐서 일정하다고 한다면, 단위면적당 자기이중층의 모멘트 M_d는 $M_d = \sigma d[Wb/m]$로 생각할 수 있다. 이러한 단위면적당 자기이중층의 모멘트 M_d를 자기이중층의 세기(intensity of magnetic double layer) 또는 판자석의 세기라 한다. 자기이중층의 세기 $M_d = \sigma d[Wb/m]$를 상기 식에 적용하여 풀면 다음과 같다.

$$dU = \frac{\sigma d}{4\pi\mu_0} d\omega = \frac{M_d}{4\pi\mu_0} d\omega$$

$$U = \frac{M_d}{4\pi\mu_0} \int d\omega = \frac{M_d}{4\pi\mu_0} \omega \, [AT]$$

- ■ 자기이중층 세기: $M_d = \sigma d [Wb/m]$
- ■ 자기이중층의 자위 U는 거리에 무관하고 입체각인 ω에 의하여서 만 결정($U \propto \omega$)

입체각 ω는 면의 경계가 정해지면 면의 모양에는 무관하기 때문에 면이 어떠한 모양을 가지고 있더라도 항상 같은 자위를 가지게 된다. 그림 7-19에서 점 P의 자위는 $+\sigma[Wb/m^2]$의 면자하를 가진 면을 보고 있기 때문에 정(+)의 자위를 나타내고 있다. 그리고, 점 U의 자위는 $-\sigma[Wb/m^2]$의 면자하를 가진 면을 보고 있기 때문에 음(−)의 자위를 나타내고 있다. 아래 수식은 점 P의 자위 U_P와 점 U의 자위 U_U를 나타낸 것이다.

$$U_P = \frac{M_d}{4\pi\mu_0} \omega_1 [A]$$

$$U_U = -\frac{M_d}{4\pi\mu_0} \omega_2 [A]$$

- ■ 자기이중층의 자위 U는 거리에 무관하고 입체각인 ω에 의하여서 만 결정($U \propto \omega$)

점 P와 점 U를 자기이중층에 무한히 가까이 접근 시킬 때, 점 P와 점 U 사이의 자기이중층의 자위차 U_{PU}를 구하면 다음과 같다.

$$U_{PU} = U_P - U_U = \frac{M_d}{4\pi\mu_0} \omega_1 - \left(-\frac{M_d}{4\pi\mu_0} \omega_2\right)$$

$$= \frac{M_d}{4\pi\mu_0} (\omega_1 + \omega_2)$$

$$\omega_1 = 2\pi \quad \omega_2 = 2\pi$$

$$\therefore U_{PU} = \frac{M_d}{4\pi\mu_0} (2\pi + 2\pi) = \frac{M_d}{\mu_0} [A]$$

- ■ 점 P가 자기이중층에 가까이 접근하면 반구면을 이루고 있기 때문에 입체각은 ω_1은 2π가 됨
- ■ 점 U가 자기이중층에 가까이 접근하면 반구면을 이루고 있기 때문에 입체각은 ω_2은 2π가 된다.
- ■ $\omega_1 = 2\pi$, $\omega_2 = 2\pi$, $\omega = 2\pi(1-\cos\theta)$

예제 7.13

▣ 판자석의 세기 $M_d = 0.01[Wb/m]$, 반지름 $a = 5[cm]$인 원형 자석판이 있다. 자석의 중심에서 축상 $10[cm]$인 점에서의 자위의 세기 $[AT]$는 얼마인가?

풀이

◉ 자위 $U = \frac{M_d \omega}{4\pi\mu_0} = \frac{M_d}{4\pi\mu_0} \cdot 2\pi(1-\cos\theta) = \frac{M_d(1-\cos\theta)}{2\mu_0}$

$$= \frac{M_d\left(1 - \frac{x}{\sqrt{x^2+a^2}}\right)}{2\mu_0} = \frac{0.01 \times \left(1 - \frac{10}{\sqrt{5^2+10^2}}\right)}{2 \times 4\pi \times 10^{-7}} = 420[AT]$$

7-6 자기쌍극자 모멘트와 회전력

그림 7-35와 같이 평등자계 $\boldsymbol{H}[A/m]$내에서 자석의 길이가 $d[m]$이고, 자극의 세기가 각각 $+m[Wb]$과 $-m[Wb]$인 자석이 자계의 방향과 θ의 각을 이루고 있을 때, 자석이 받는 회전력(토크) $\boldsymbol{T}[N \cdot m]$를 구하여 보자.

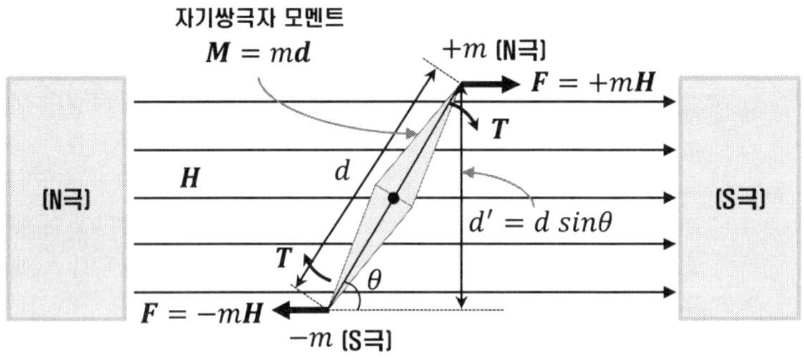

그림 7-35 평등자계 속에서 자석이 받는 회전력

자석의 길이가 $d[m]$이지만 평등자계의 수직에 해당되는 거리 d'는 $d' = d\sin\theta$로 되고, 회전력 T가 작용하게 되고, 자석이 회전하는 회전력 T는 $T = Fd' = Fd\sin\theta\,[N \cdot m]$ 가 된다. 이를 수식으로 나타내면 다음과 같다.

$$T = Fd' = Fd\sin\theta\,[N \cdot m]$$
$$= mHd\sin\theta\,[N \cdot m]$$

■ 회전력(토크) T
☞ $T = Fd$
■ 자계 속에 자하 m의 쿨롱력
☞ $F = mH$

그리고, 자석의 $+m[Wb]$(N극)은 자계 H와 동일한 방향으로 힘이 작용(외부 자계의 S극 방향으로)하며, 자석의 $-m[Wb]$(S극)은 자계 H와 반대 방향으로 힘이 작용(외부 자계의 N극 방향으로)하게 된다. 즉 평등자계 속의 자석은 크기가 같고 방향이 반대인 힘이 작용하게 되어 회전하게 된다.

그리고, 자기쌍극자 모멘트 $\boldsymbol{M} = md$와 자계의 세기 $\boldsymbol{H}$를 활용하여 상기 수식을 다시 벡터 형태로 나타내면 다음과 같다.

$$T = MH\sin\theta\,[N \cdot m]$$
$$\therefore\ \boldsymbol{T} = \boldsymbol{M} \times \boldsymbol{H}\ [N \cdot m]$$

■ 자기쌍극자 모멘트 $\boldsymbol{M}$
☞ $\boldsymbol{M} = md$
■ 벡터의 벡터적
☞ $\boldsymbol{A} \times \boldsymbol{B} = AB\sin\theta\boldsymbol{n}$

예제 7.14

▣ 자기쌍극자 모멘트가 $9.8 \times 10^{-5}[Wb \cdot m]$의 막대자석을 지구자계에 수평 성분 $10.5[AT/m]$의 곳에서 지자기 지오면으로부터 $90°$ 회전시키는데 필요한 일은 몇 $[J]$인가?

풀이

◉ 지구 자계가 자석에 작용하는 회전력 $T = MH\sin\theta$
◉ 각 θ만큼 회전시키는데 필요한 일

$$W = \int_0^\theta T \cdot d\theta = MH\int_0^\theta \sin\theta \cdot d\theta - MH[\ \cos\theta]_0^\theta - MH(1-\cos\theta)$$
$$= 9.8 \times 10^{-5} \times 10.5(1-\cos 90°) \fallingdotseq 1.03 \times 10^{-3}\,[J]$$

예제 7.15

▣ 자극의 세기 $4 \times 10^{-6}[Wb]$, 길이 $10[cm]$인 막대자석을 $150[AT/m]$의 평등 자계 내에 자계와 $60°$의 각도로 놓았을 때 자석이 받는 회전력 $[N \cdot m]$은 얼마인가?

풀이

◉ 회전력 $T = mdH\sin\theta = 4 \times 10^{-6} \times 10 \times 10^{-2} \times 150 \times \sin 60°$, $\left(\sin 60° = \frac{\sqrt{3}}{2}\right)$

$$= 3\sqrt{3} \times 10^{-5} = 5.2 \times 10^{-5}\,[N \cdot m]$$

예제 7.16

▣ 그림과 같이 자기 모멘트 $M = 10^{-6}[Wb \cdot m]$의 자침을 연직축의 주위로 회전할 수 있도록 수평으로 놓고, 이것을 지자기의 수평 분력 H_0의 방향에서 $\theta = 60°$의 위치로 회전시키는 데 요하는 일 $[J]$은 얼마인가? (단, $H_0 = 24[A/m]$이다.)

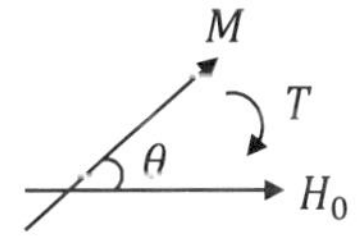

풀이

◉ 자침에 작용시키는 회전력 $T = MH_0\sin\theta\,[N \cdot m]$으로 이 회전력을 이기면서 $\theta = 0°$에서 θ까지 회전시키는 데 필요한 일은

$$W = -\int_\theta^0 T d\theta = -\int_\theta^0 MH_0 \sin\theta\, d\theta = -MH[-\cos\theta]_\theta^0 = MH(1-\cos\theta)$$ 이므로

$$\therefore\ W = 10^{-6} \times 24(1-\cos 60°) = 1.2 \times 10^{-5}\,[J]$$

7-7 정전계와 정자계의 비교

지금까지 살펴본 정자계의 다양한 공식을 앞에서 배운 정전계의 공식과 비교하여 아래에 나타내었다. 정전계와 정자계는 상호 유사성을 가지고 있음을 알 수 있다.

정전계		정자계	
전하 근원	전자의 이동, 단독존재	자하 근원	전자의 자전(회전), 단독존재못함
전하	$Q[C]$, + 전하, − 전하	자하	$m[Wb]$, N극, S극
쿨롱의 법칙	$\boldsymbol{F}=\dfrac{Q_1Q_2}{4\pi\epsilon_0 r^2}\boldsymbol{r_0}[N]$, $c=\dfrac{1}{\sqrt{\epsilon_0\mu_0}}$	쿨롱의 법칙	$\boldsymbol{F}=\dfrac{m_1m_2}{4\pi\mu_0 r^2}\boldsymbol{r_0}[N]$, $c=\dfrac{1}{\sqrt{\epsilon_0\mu_0}}$
유전율	$\epsilon_0=8.854\times10^{-12}[F/m]$, $\epsilon=\epsilon_0\epsilon_s$	투자율	$\mu_0=4\pi\times10^{-7}[H/m]$, $\mu=\mu_0\mu_s$
전계의 세기	$\boldsymbol{E}=\dfrac{Q}{4\pi\epsilon_0 r^2}\boldsymbol{r_0}[V/m]$, $\boldsymbol{F}=Q\boldsymbol{E}$	자계의 세기	$\boldsymbol{H}=\dfrac{m}{4\pi\mu_0 r^2}\boldsymbol{r_0}[AT/m]$, $\boldsymbol{F}=m\boldsymbol{H}$
전위	$V=\dfrac{Q}{4\pi\epsilon_0 r}[V]$, $\boldsymbol{E}=-grad\,V$	자위	$U=\dfrac{m}{4\pi\mu_0 r}[A]$, $\boldsymbol{H}=-grad\,U$
전기력선	$N=\dfrac{Q}{\epsilon_0}[개]$ $1[C]=112,943,302,462[개]$	자기력선	$N=\dfrac{m}{\mu_0}[개]$, $1[Wb]=795,775[개]$
전속	$1\Phi=1[C]\ \therefore\ \Phi=Q[C]$	자속	$1\phi=1[Wb]\ \therefore\ \phi=m[Wb]$
전속밀도	$D=\dfrac{\Phi}{S}=\dfrac{Q}{S}$, $\boldsymbol{D}=\epsilon_0\boldsymbol{E}[C/m^2]$	자속밀도	$B=\dfrac{\phi}{S}=\dfrac{m}{S}$, $\boldsymbol{B}=\mu_0\boldsymbol{H}[Wb/m^2]$
진공중 정전응력	$f_e=\dfrac{D^2}{2\epsilon_0}=\dfrac{1}{2}\epsilon_0E^2=\dfrac{1}{2}DE[N/m^2]$	공기중 전자석의 힘	$f_m=\dfrac{1}{2}\dfrac{B^2}{\mu_0}=\dfrac{1}{2}\mu_0H^2=\dfrac{1}{2}BH[N/m^2]$
전기쌍극자 (전기모멘트)	$V=\dfrac{M\cos\theta}{4\pi\epsilon_0 r^2}[V]$, $\boldsymbol{M}=Q\boldsymbol{d}[C\cdot m]$	자기쌍극자 (자기모멘트)	$U=\dfrac{M\cos\theta}{4\pi\mu_0 r^2}[A]$, $\boldsymbol{M}=m\boldsymbol{d}[Wb\cdot m]$
전기이중층	$V_P=\dfrac{M_d}{4\pi\epsilon_0}\omega_1[V]$, $V_{PU}=\dfrac{M_d}{\epsilon_0}[V]$ $M_d=\sigma\,d[C/m]$, $\omega=2\pi(1-\cos\theta)$	자기이중층	$U_P=\dfrac{M_d}{4\pi\mu_0}\omega_1[A]$, $U_{AB}=\dfrac{M_d}{\mu_0}[A]$ $M_d=\sigma\,d[Wb/m]$, $\omega=2\pi(1-\cos\theta)$
전위경도	$\boldsymbol{E}=-\nabla V=-grad\,V$	자위경도	$\boldsymbol{H}=-\nabla U=-grad\,U$
가우스 법칙 (적분형)	$\oint_S\boldsymbol{D}\cdot d\boldsymbol{S}=Q=\Phi$ $\oint_S\boldsymbol{E}\cdot d\boldsymbol{S}=\dfrac{Q}{\epsilon_0}=N$	주회적분 법칙 (적분형) 비오사바르 법칙	$\oint_c\boldsymbol{H}\cdot d\boldsymbol{l}=I[A]$ $\boldsymbol{H}=\dfrac{I}{4\pi}\int\dfrac{d\boldsymbol{l}\times\boldsymbol{r_0}}{r^2}[AT/m]$
가우스 법칙 (미분형,발산)	$div\,\boldsymbol{E}=\nabla\cdot\boldsymbol{E}=\dfrac{\rho}{\epsilon_0}$ $div\,\boldsymbol{D}=\nabla\cdot\boldsymbol{D}=\rho$	주회적분 법칙 (미분형,회전)	$rot\,\boldsymbol{H}=\nabla\times\boldsymbol{H}=\boldsymbol{i}$
정전에너지	$W=\dfrac{1}{2}\dfrac{Q^2}{C}=\dfrac{1}{2}CV^2=\dfrac{1}{2}QV[J]$	자계에너지	$W=\dfrac{1}{2}LI^2=\dfrac{1}{2}LII=\dfrac{1}{2}N\phi I[J]$
단위체적당 정전에너지	$\omega_e=\dfrac{1}{2}\dfrac{D^2}{\epsilon}=\dfrac{1}{2}\epsilon E^2=\dfrac{1}{2}DE[J/m^3]$	단위체적당 자계에너지	$\omega_m=\dfrac{1}{2}\dfrac{B^2}{\mu}=\dfrac{1}{2}\mu H^2=\dfrac{1}{2}BH[J/m^3]$
분극의 세기 (분극율)	$\boldsymbol{P}=\chi\boldsymbol{E}$ $\chi=\epsilon-\epsilon_0=\epsilon_0(\epsilon_s-1)[F/m]$ $D=\epsilon_0E+P=\epsilon E$	자화의 세기 (자화율)	$\boldsymbol{J}=\chi\boldsymbol{H}$ $\chi=\mu-\mu_0=\mu_0(\mu_s-1)[H/m]$ $B=\mu_0H+J=\mu H$

연 습 문 제

1. 다음 중 정상 자계(시불변 자계)의 원천이 아닌 것은 무엇인가?

① 도선을 흐르는 직류 전류 ② 영구자석
③ 가속도를 가지고 이동하는 전하 ④ 일정한 속도로 회전하는 대전원판

☞ 시불변 자계는 전류에 의한 자계의 세기가 일정한 자계를 말하며, 전하에 의한 것은 전계를 발생.

정답 ③

2. 그림과 같이 진공에서 $6\times10^{-3}[Wb]$의 자극을 가진 길이 $10[cm]$되는 막대자석의 정자극으로 부터 $5[cm]$ 떨어진 P점의 자계의 세기는 얼마인가?

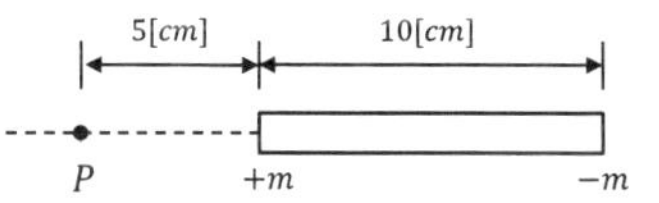

☞ 자계 $H_P = H_{AP} - H_{BP}$

$$= 6.33\times10^4\times\left[\frac{6\times10^{-3}}{(5\times10^{-2})^2} - \frac{6\times10^{-3}}{(15\times10^{-2})^2}\right]$$

$$= 13.3\times10^4\,[AT/m]$$

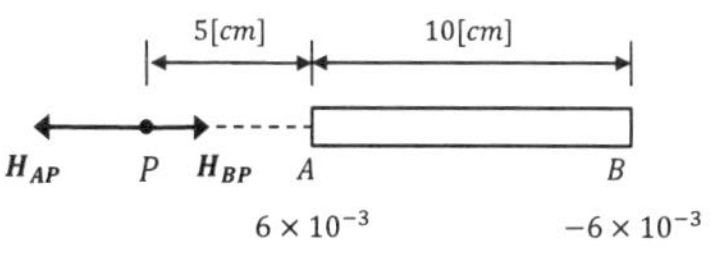

3. 길이 $l = 10[cm]$, 자극의 세기 $\pm 8\times10^{-6}[Wb]$인 막대자석이 있다. 자석의 중심 O에서 수직으로 $r = 2[cm]$만큼 떨어진 점 P의 자계의 세기$[N/Wb]$는 얼마인가? (단, $r \gg l$의 관계로 계산하여라.)

☞ $+m$에 의한 H_1과 $-m$에 의한 H_2는 같다.

$$H_1 = H_2 = \frac{m}{4\pi\mu_0 r^2} = \frac{m}{4\pi\mu_0(r^2 + \frac{l^2}{4})}\ [AT/m]$$

☞ 점 P의 자계 $\boldsymbol{H_P}$는

$+m$에 의한 $\boldsymbol{H_1}$과 $-m$에 의한 $\boldsymbol{H_2}$의 합: $\boldsymbol{H_p} = \boldsymbol{H_1} + \boldsymbol{H_2} = \boldsymbol{H_1} + \boldsymbol{H_1}$

$\boldsymbol{H_1}$의 $\boldsymbol{H_P}$에 대한 성분은 $H_1\cos\theta$이므로

$$\therefore H_P = 2H_1\cos\theta = 2\times\frac{m}{4\pi\mu_0 r^2}\times\frac{l/2}{\sqrt{r^2+(\frac{l}{2})^2}}$$

그리고, $r \gg \frac{l}{2}$ 이므로 $\therefore H_P = 2\times\frac{m}{4\pi\mu_0 r^2}\times\frac{l/2}{r} = \frac{ml}{4\pi\mu_0 r^3}\ [AT/m]$

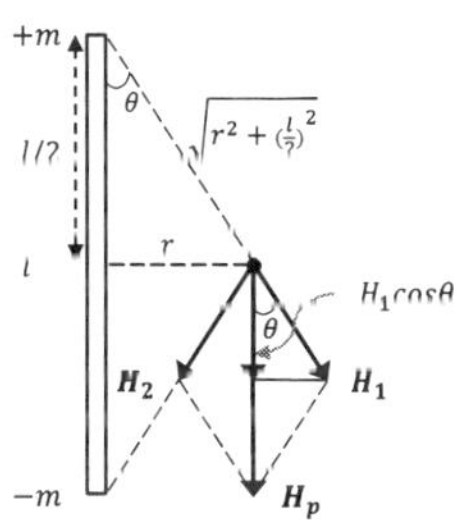

☞ $H_P = \frac{ml}{4\pi\mu_0 r^3} = \frac{8\times10^{-6}\times10\times10^{-2}}{4\pi\times4\pi\times10^{-7}\times(2\times10^{-2})^3} = \frac{1}{16\pi^2}\times10^6 = 6.33\times10^3\,[AT/m]$

$= 6.33\times10^3[N/Wb]$

4. 자계의 세기를 표시하는 단위와 관계없는 것은 무엇인가? (단, A : 전류, N : 힘, Wb : 자속, H : 인덕턴스, m : 길이의 단위이다.)

① $[A/m]$ ② $[N/Wb]$ ③ $[Wb/h]$ ④ $[Wb/H \cdot m]$

☞ 자계의 세기 단위는 $[AT/m]$

$$\left[\frac{N}{Wb}\right] = \left[\frac{N \cdot m}{Wb \cdot m}\right] = \left[\frac{J/Wb}{m}\right] = \left[\frac{A}{m}\right] = \left[\frac{Wb}{H \cdot m}\right]$$

정답 ③

5. 자기 쌍극자의 자위에 관한 설명 중 맞는 것은 무엇인가?

① 쌍극자의 자기 모멘트에 반비례한다. ② 거리제곱에 반비례한다.
③ 자기 쌍극자의 축과 이루는 각도 θ의 $\sin\theta$에 비례한다. ④ 자위의 단위는 $[Wb/J]$이다.

☞ 자기 쌍극자에 의한 자위

$$U = \frac{M\cos\theta}{4\pi\mu_0 r^2} = 6.33 \times 10^4 \times \frac{M\cos\theta}{r^2}\ [A]$$

▶ 자위는 자기모멘트 M에 비례하고, 거리의 제곱에 반비례한다.
▶ 자위는 자기 쌍극자의 축과 이루는 각도 θ, 즉 $\cos\theta$에 비례한다.
▶ 자위의 단위는 $[AT]$

정답 ②

6. 진공 중에서 자기 쌍극자의 축과 θ의 각을 이루고, 자기 쌍극자 중심에 $r[m]$ 떨어진 점의 자계의 세기를 설명한 것 중 맞는 것은?

① 자극의 세기 m에 비례한다. ② r^3에 반비례한다.
③ $\sin\theta$에 비례한다. ④ 두 점 자극을 잇는 거리에 반비례한다.

☞ 자기쌍극자의 자계

$$H = \sqrt{H_r^2 + H_\theta^2} = \frac{M}{4\pi\mu_0 r^3}\sqrt{\sin^2\theta + (2\cos\theta)^2}$$

$$= \frac{M}{4\pi\mu_0 r^3}\sqrt{1 + 3\cos^2\theta}\ [AT/m],$$

$\therefore H \propto \frac{1}{r^3}$로 자계는 거리 r^3에 반비례한다.

정답 ②

7. 진공 중에서 $4\pi\,[Wb]$의 자하로 부터 발산되는 총 자력선의 수는 얼마인가?

☞ 진공 중 $m\,[Wb]$에서 나오는 자력선의 수는

$$N = \frac{m}{\mu_0} = \frac{4\pi}{\mu_0} = \frac{4\pi}{4\pi \times 10^{-7}} = 10^7\ [개]$$

8. 공기 중에서 2.5×10^{-4} [Wb]와 4×10^{-3} [Wb]의 두 자극 사이에 작용하는 힘이 6.33 [N] 이었다면 두 자극간의 거리[cm]는 얼마인가?

☞ 작용력

$$F=\frac{1}{4\pi\mu_0}\cdot\frac{m_1m_2}{r^2}=6.33\times10^4\times\frac{m_1m_2}{r^2}\ [N]$$

☞ 거리 $r=\sqrt{\frac{6.33\times10^4\times m_1m_2}{F}}$

$$=\sqrt{\frac{6.33\times10^4\times2.5\times10^{-4}\times4\times10^{-3}}{6.33}}=10^{-1}[m]=10[cm]$$

9. 전류 $2\pi[A]$가 흐르고 있는 무한 직선도체로부터 $2[m]$만큼 떨어진 자유공간 내 P점의 자속 밀도 [Wb/m^2]는 얼마인가?

☞ 자속밀도

$$B=\mu_0H=\mu_0\cdot\frac{I}{2\pi r}=\mu_0\cdot\frac{2\pi}{2\pi\times2}=\frac{\mu_0}{2}\ [Wb/m^2]$$

10. 비투자율 μ_s, 자속 밀도 B인 자계 중에 있는 $m[Wb]$의 자극이 받는 힘은 얼마인가?

☞ 자계 중의 자극 m이 받는 힘은 $F=mH[N]$

☞ 자계 $H=\frac{B}{\mu_0\mu_s}[A/m]$를 $F=mH[N]$에 대입 ∴ 힘 $F=\frac{Bm}{\mu_0\mu_s}[N]$

11. 자극의 세기가 $8\times10^{-6}[Wb]$, 길이가 $3[cm]$인 막대자석을 $120[AT/m]$의 평등 자계 내에 자력선과 30° 의 각도로 놓으면 자석이 받는 회전력은 몇 [$N\cdot m$]인가?

☞ 회전력 $T=MH\sin\theta=mlH\sin\theta$

$$=8\times10^{-6}\times(3\times10^{-2})\times120\times\sin30°=1.44\times10^{-5}[N\cdot m]$$

12. 1×10^{-6} [$Wb\cdot m$]의 자기 모멘트를 가진 봉 자석을 자계의 수평 성분이 10 [AT/m]인 곳에서 자기 자오면으로부터 90° 회전하는 데 필요한 일은 몇 [J]인가?

☞ 일 $W=\int_0^\theta Td\theta=MH(1-\cos\theta)$

$$=1\times10^{-6}\times10\times(1-\cos90°)=10^{-5}[J]$$

13. 600[AT/m]의 자계 중에 어떤 자극을 놓았을 때 3×10^3[N]의 힘이 작용했다면 이때의 자극의 세기는 몇 [Wb]이겠는가?

☞ 자계 중의 자극이 받는 힘은 $F=mH[N]$에서

$\therefore$ 자극의 세기 $m = \dfrac{F}{H} = \dfrac{3\times10^3}{600} = 5\,[Wb]$

14. 한 변의 길이가 2[m]인 정방형 코일에 3[A]의 전류가 흐를 때 코일 중심에서의 자계의 세기는 몇 [AT/m]인가?

☞ 정사각형 중심의 자계의 세기: $H=\dfrac{2\sqrt{2}I}{\pi l}=\dfrac{2\sqrt{2}}{\pi}\cdot\dfrac{3}{2}=\dfrac{3\sqrt{2}}{\pi}\,[AT/m]$

15. 자극의 세기가 m인 판자석의 N극으로부터 r[m] 떨어진 점 P에서의 자위를 구하는 식을 구하시오? (단, 점 P에서 판자석을 보는 입체각을 ω라 한다.)

☞ 미소면적 dS인 소자석에 의한 점 P의 자위는

$dU=\dfrac{1}{4\pi\mu_0}\cdot\dfrac{m\,dS\cos\theta}{r^2}=\dfrac{m}{4\pi\mu_0}\cdot\dfrac{dS\cos\theta}{r^2}\,[A]$

☞ 판 전체에 의한 자위는 $U=\dfrac{m}{4\pi\mu_0}\displaystyle\int_s\dfrac{dS\cos\theta}{r^2}$에

$\displaystyle\int_s\dfrac{dS\cos\theta}{r^2}$는 판 S가 점 P에 대하여 이어지는 입사각 ω가

되므로 $\therefore$ 자위 $U=\dfrac{m}{4\pi\mu_0}\omega\,[A]$

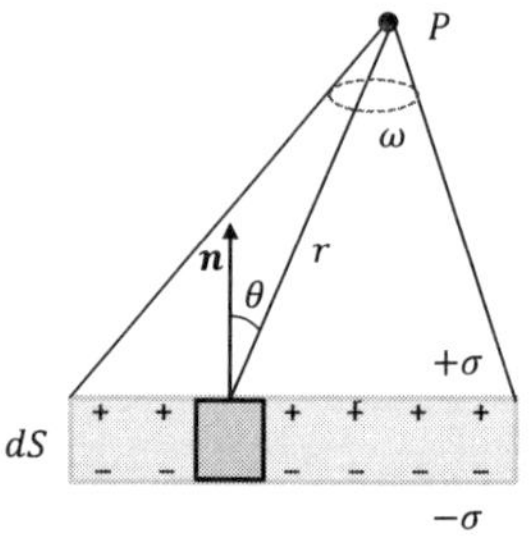

16. 그림과 같이 자기 모멘트 M[$Wb\cdot m$]인 판자석의 N과 S극 측에 입체각 ω_1, ω_2인 P점과 Q점이 판에 무한히 접근해 있을 때 두 점 사이의 자위차 [J/Wb]는 얼마인가? (단, 판자석의 표면밀도를 $\pm\sigma$ [Wb/m^2]라 하고 두께를 $\delta[m]$라 할 때 $M=\sigma\cdot\delta$ [Wb/m^2]이다.)

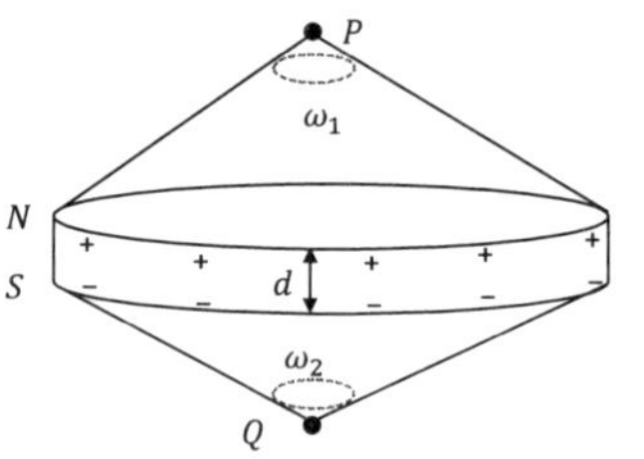

☞ 점 P, Q에서의 자위를 U_P, U_Q라면 $U_P=\dfrac{M}{4\pi\mu_0}\omega_1$, $U_Q=\dfrac{M}{4\pi\mu_0}(-\omega_2)$

☞ 자위차 $U_{PQ}=U_P-U_Q=\dfrac{M}{4\pi\mu_0}(\omega_1+\omega_2)$

점 P, Q가 판에 무한히 접근한 점이므로 입체각은 $\omega_1+\omega_2=4\pi$가 된다.

$\therefore$ 자위차 $U_{PQ}=\dfrac{M}{\mu_0}\,[A=J/Wb]$

제8장 전류에 의한 자계

8-1 전류에 의한 자기 작용

1800년에 볼타(Alessandro Volta)에 의하여 배터리가 만들어지면서 직류 전류가 사용되기 시작하였다. 일정한 속도로 움직이는 전하, 즉 직류 전류가 흐르면 주변에 자기장(magnetic field)을 발생시킨다. 이러한 현상은 1819년 에르스텟(Hans Christian Oersted)에 의하여 처음 발견되었다. 에르스텟은 전류가 흐르고 있는 곳에 자석을 가까이 두면 자석이 일정한 방향으로 회전하게 되고 전류의 방향을 바꾸면 자석의 회전 방향도 바뀌게 되는 현상을 발견하였다. 즉 자석에 영향을 주는 힘이 전류에 의하여 발생하는 자계라는 것을 알 수 있었다. 따라서, 자계 발생의 근원을 전류라고 생각하였다. 그 후 암페어(Andre Ampere)에 의하여 두 도선에 전류가 서로 다른 방향으로 흐르게 되면 두 도선을 서로 밀쳐내는 반발력이 발생하고, 두 도선에 전류가 서로 같은 방향으로 흐르게 되면 두 도선을 서로 당기는 흡인력이 발생한다는 사실을 발견하였다.

이후, 비오(Jean Baptiste Biot)와 사바르(Felix Savart)는 전류에 의하여 자기 다발 밀도(magnetic flux density)를 만들어낸다는 비오-사바르 법칙(Biot Savart law)을 발표하였다. 그리고, 1831년 패러데이(Michael Faraday)에 의하여 직류 전류가 자기장을 만들 뿐만 아니라 시간에 따라 변화하는 자기장은 전기장을 발생시켜 폐루프(close loop)에 전류를 흐르게 한다는 패러데이 법칙(Faraday's law)을 발표하였다. 패러데이는 시간에 따라 변화하는 교류 전류에 있어서 전기장과 자기장이 서로 상호 관계를 가지고 있다는 것을 발견하였다. 패러데이는 두 개의 코일을 감은 후, 하나의 코일에는 배터리 전압을 인가하고 다른 한 코일에는 갈바노메터(galvanometer)를 연결하여 실험하였다. 코일에 배터리가 연결되는 순간 다른 코일에 연결된 갈바노메터의 바늘이 움직이고, 코일에 배터리를 떼는 순간 다른 코일에 연결된 갈바노메터의 바늘이 반대 방향으로 움직이는 현상을 발견하였다. 그러나, 코일에 배터리가 연결되어 있으면 갈바노메터의 바늘이 움직이지 않는 현상도 발견하였다. 1873년에 맥스웰(James Clerk Maxwell)은 지금까지 발견된 다양한 법칙들을 종합하고 암페어 법칙에 추가한 몇 가지의 방정식을 만들어 전자기파(electromagnetic wave)가 존재한다고 예측하였으며, 이후 1887년 헤르츠(Heinrich Hertz)에 의하여 전자기파가 실제로 존재한다는 것을 실험으로 증명하였다. 이러한 전자기파는 현재 무선통신장치 개발의 근간이 되었다.

8-2 암페어의 오른나사 법칙

전류와 자기의 상호 연관성을 암페어(Ampere)는 실험적으로 전류와 자계 사이의 상호관계를 정량적으로 입증하였다. 상호관계는 오른나사가 진행하는 방향으로 전류가 흐를 때 나사의 회전방향으로 자계가 발생한다는 것으로 이를 암페어의 오른나사 법칙(Ampere's right hand rule)이라고 한다. 그림 8-1은 암페어의 오른나사 법칙을 나타낸 것이다.

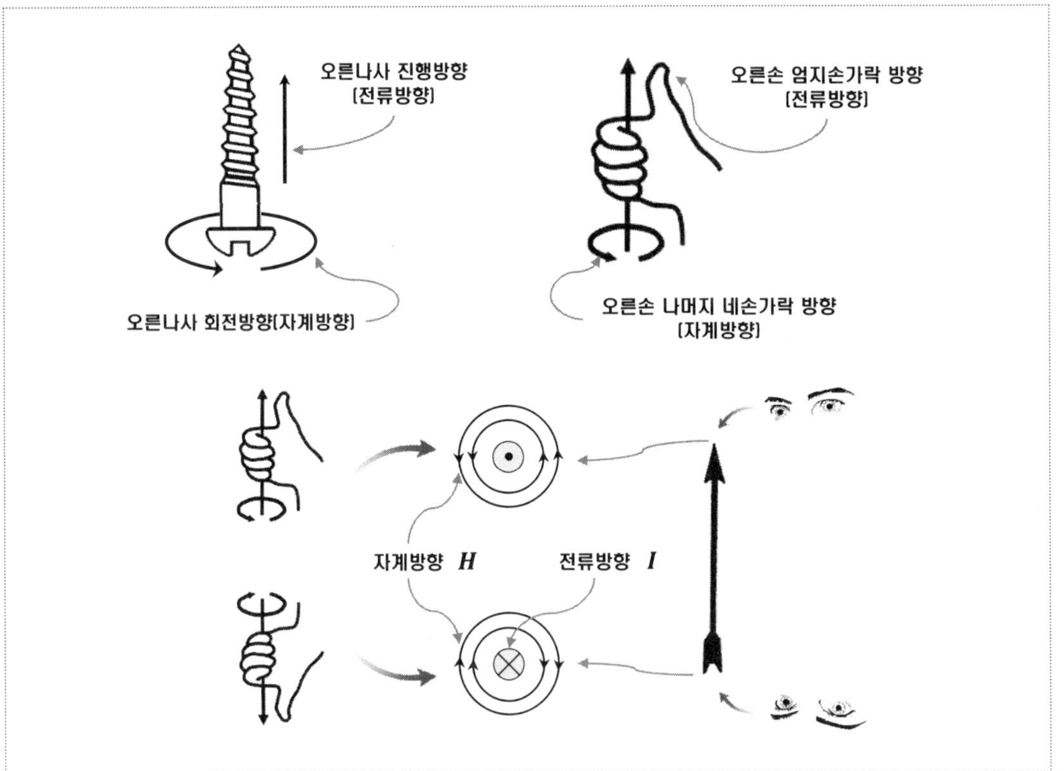

그림 8-1 암페어의 오른나사 법칙

상기 그림 8-1에서 직선 도체에 전류가 오른나사의 진행방향으로 흐르게 되면, 오른나사가 돌아가는 방향이 자기장의 방향이 된다. 이것은 오른손의 엄지손가락 방향이 전류 방향이고 나머지 손가락으로 감아쥐는 방향이 자기장의 방향이 된다는 것과 같다. 즉, 전류의 방향에 의하여 자기장의 방향이 결정된다는 것을 암페어의 오른나사 법칙이라 한다. 그리고, 전류의 방향을 화살에 비유하여 표시하는 경우가 일반적이다. 그림에서와 같이 화살을 앞에서 본 모양과 뒤에서 본 모양을 이용하여 전류의 방향을 정하여 그 주위에 자기장의 방향을 나타내기도 한다. ⊙ 모양은 화살을 앞에서 본 모양으로 전류가 나오는 방향을 나타낸다. 오른손 엄지손가락의 방향을 이 방향으로 하면 나머지 네 손가락의 방향이 자기장의 방향이 된다. ⊗ 모양은 화살을 뒤에서 본 모양으로 전류가 들어가는 방향을 나타낸다. 오른손 엄지손가락의 방향을 이 방향으로 하면 나머지 네 손가락의 방향이 자기장의 방향이 된다.

암페어의 오른나사 법칙은 직선전류가 아닌 원형 코일, 솔레노이드의 전류에도 적용이 가능하다. 그림 8-2는 원형 코일에 대한 암페어의 오른나사 법칙을 적용하여 자기장의 방향을 살펴본 것이다. 앞에서 살펴본 것과는 반대로 오른손의 네 손가락을 전류의 방향으로 잡고 오른손의 엄지손가락을 자기장의 방향으로 생각하여도 암페어의 오른나사 법칙이 성립한다.

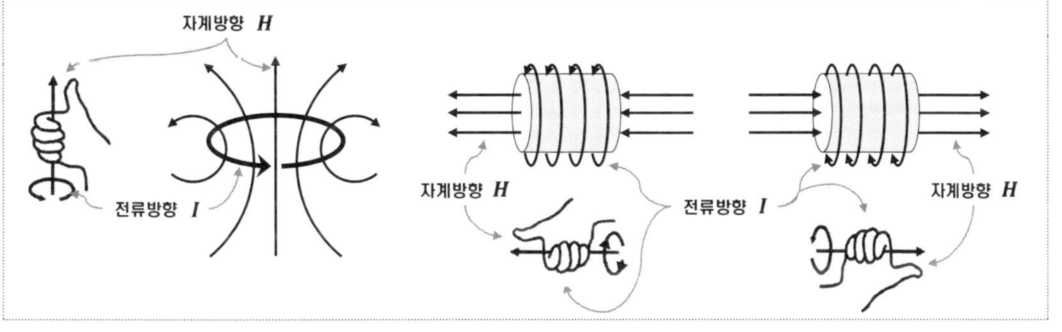

그림 8-2 원형 코일에 대한 암페어의 오른나사 법칙

8-3 암페어의 주회적분 법칙

정전계에서는 가우스 정리를 활용하여 다양한 전계를 해석하였으니, 정자계에서는 암페어의 주회적분의 법칙이 활용된다. 암페어의 오른나사 법칙에 의하여 직선 도체에 전류가 흐르게 되면 직선도체 주위에 자기장이 발생하게 된다. 발생하는 자기장은 직선 도체의 거리에 따라 자계의 세기가 변화하게 된다. 암페어의 주회적분 법칙은 이것을 이용한 것으로 직선 도체와 거리가 멀면(원주 길이가 커짐) 발생하는 자계의 세기는 작아진다. 반대로 직선 도체와 거리가 가까워지면(원주 길이가 작아짐) 발생하는 자계의 세기는 커진다. 이와 같이 원주 길이와 자계의 세기를 곱한 값은 항상 일정하며 그 값은 직선 도체에 흐르는 전류의 크기와 같다는 것이다. 따라서, 암페어의 주회적분 법칙은 임의의 폐곡선에 대한 자계의 세기를 선적분한 값은 이 폐곡선을 관통하는 전류와 같다. 라고 정의할 수 있다.

암페어의 주회적분의 법칙을 이용하여 만약 원주의 길이를 알고 그 원주 상의 자계의 세기를 측정(자기센서(자계의 세기 측정) 또는 패러데이의 전자유도 법칙을 이용하여 전압 측정)할 수 있다면 직선 도체에 흐르는 전류를 구할 수 있다는 것을 의미한다. 이를 이용한 장비가 누설전류 측정 등에 사용되는 클램프 메터(clamp meter) 또는 후크온 메터(hook-on meter)이다. 일반적으로 전류를 측정하기 위하여서는 회로를 단선시켜 전류계를 연결하여 전류를 측정하고 있으나, 클램프 메터는 회로의 단선 없이 도선에 감아서 전류를 측정하는 방식이다. 그림 8-3에 암페어의 주회적분의 법칙의 물리적인 개념을 나타낸 것이다.

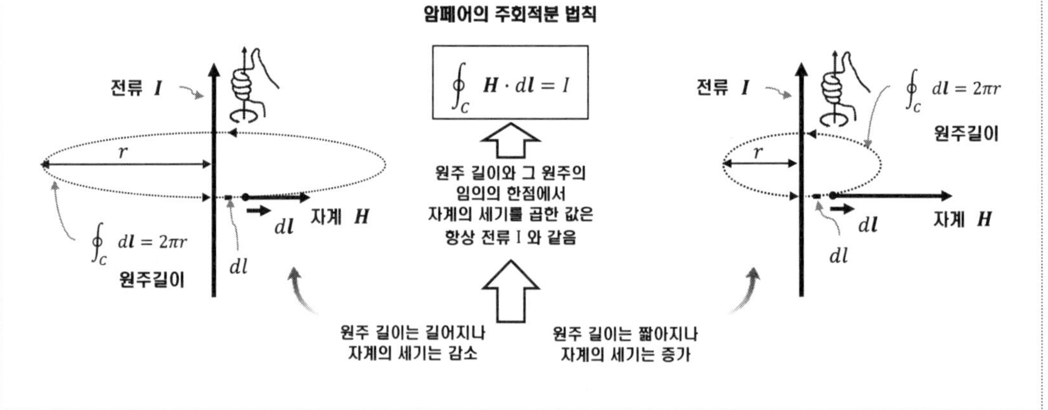

그림 8-3 암페어의 주회적분 법칙에 대한 물리적 개념

아래 수식은 암페어의 주회적분 법칙을 나타낸 것이다. 전류의 방향은 선적분을 취하는 폐곡선의 방향으로 오른나사를 돌릴 때 진행하는 방향과 일치한다.

$$\oint_c \boldsymbol{H} \cdot dl = I[A]$$

■ 암페어의 주회적분 법칙
☞ $\oint_c dl = 2\pi r$(원주)

아래 그림 8-4는 전류 I_1, I_2, I_3에 각각 다른 방향으로 전류가 흐를 경우와 코일의 턴수가 N인 솔레노이드 구조에 전류가 흐를 경우에 대한 암페어의 주회적분 법칙을 적용한 것을 나타낸 것이다.

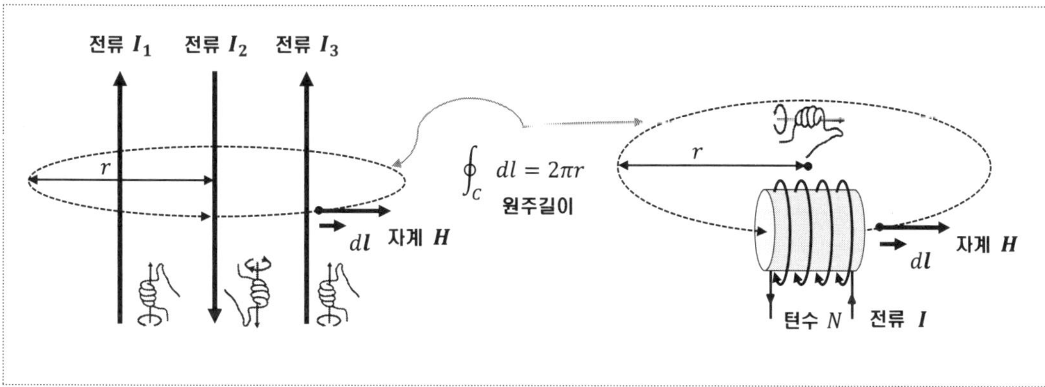

그림 8-4 전류방향이 다른 여러 전류와 솔레노이드에 대한 암페어의 주회적분 법칙

그림 8-4에서 전류 I_1, I_2, I_3에 각각 다른 방향으로 전류가 흐를 경우와 코일의 턴수가 N인 솔레노이드 구조에 전류가 흐를 경우에 대한 암페어의 주회적분의 법칙에 관한 관계를 아래에 수식으로 나타내었다.

$\oint_c \boldsymbol{H} \cdot dl = I[A]$ $\oint_c \boldsymbol{H} \cdot dl = I_1 - I_2 + I_3[A]$ $\oint_c \boldsymbol{H} \cdot dl = NI[AT]$	■ 암페어의 주회적분의 법칙 ☞ $\oint_c dl = 2\pi r$(원주)

8-4 전류에 의한 자계의 계산

8.4.1 무한장 직선 전류에 의한 자계

그림 8-5와 같이 무한장 직선 도체에 전류 $I[A]$가 흐르고 있고, 이 직선 도체에서 거리 $r[m]$ 떨어진 점의 자계의 세기 $H[A/m]$를 구하여 보자. 앞에서 살펴본 암페어의 주회적분 법칙인 $\oint_c \boldsymbol{H} \cdot dl = I$ 를 이용하여 무한장 직선 도체에 대한 자계의 세기 $H[A/m]$를 구할 수 있다.

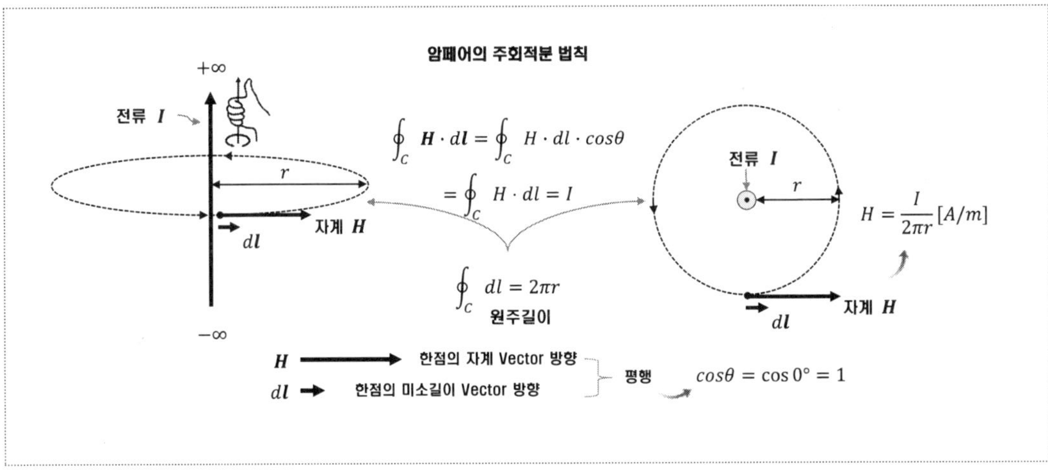

그림 8-5 무한장 직선 전류에 의한 자계

암페어의 주회적분의 법칙을 이용하여 수식을 나타내면 아래와 같다.

$$\oint_c \boldsymbol{H} \cdot dl = I[A]$$

$$\oint_c \boldsymbol{H} \cdot dl = \oint H\,dl\cos\theta$$

$$= \oint H\,dl = H\,2\pi r = I[A]$$

$$\therefore H = \frac{I}{2\pi r}\ [A/m]$$

■ 암페어의 주회적분 법칙

☞ $\oint_c \boldsymbol{H} \cdot dl = I$

■ 벡터의 스칼라적

☞ $\oint_c \boldsymbol{H} \cdot dl = \oint H\,dl\cos\theta$

☞ 자계와 미소길이의 벡터가 평행이므로 θ는 $0°$이기 때문에 $\cos\theta = 1$

■ 무한 직선 도체에서 자계의 세기는 거리에 반비례하고 투자율 μ와 무관

상기 수식의 결과를 살펴보면 무한장 직선 전류에 의한 자계의 세기 $H[A/m]$는 거리 $r[m]$에 반비례하고, 무한장 직선 전류가 존재하는 공간의 투자율 μ와는 관계가 없음을 알 수 있다.

예제 8.1

▣ $\pi[A]$가 흐르고 있는 무한장 직선 도체로부터 수직으로 $10[cm]$ 떨어진 점의 자계의 세기는 몇 $[AT/m]$인가?	
풀이	◉ 무한장 직선 전류에 의한 자계 $H = \dfrac{I}{2\pi r}[AT/m]$에서 $\therefore H = \dfrac{\pi}{2\pi \times 0.1} = 5[AT/m]$

예제 8.2

▣ 그림과 같이 평행한 두 개의 무한 직선 도선에 전류가 I, $2I$인 전류가 흐른다. 두 선 사이의 점 P의 자계 세기가 0이다. 이때 a/b는 얼마인가?

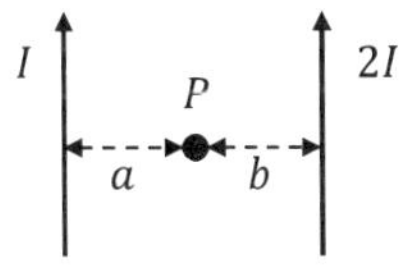

풀이

◉ 전류 I와 $2I$가 흐르는 도선의 자계

▶ I에 의한 자계 $H_I = \dfrac{I}{2\pi a}[AT/m]$, 자계 방향은 ⊗방향

▶ $2I$에 의한 자계 $H_{2I} = \dfrac{2I}{2\pi b}[AT/m]$, 자계 방향은 ⊙방향

▶ $H_I = H_{2I} \rightarrow \dfrac{I}{2\pi a} = \dfrac{2I}{2\pi b}$에서 ∴ 거리 비 $\dfrac{a}{b} = \dfrac{1}{2}$

예제 8.3

▣ 자유공간 중에서 $x=-2$, $y=4$를 통과하고, z축과 평행인 무한장 직선 도체에 $+z$축 방향으로 직류 전류 I가 흐를 때 점 $(2, 4, 0)$에서의 자계 $H[AT/m]$는 어떻게 표현되는가?

풀이

◉ 무한장 직선 도체에서 z축 방향 전류이면 y축 방향으로 발생하는 자계

$H = \dfrac{I}{2\pi r}[AT/m]$

◉ $r=4$($x=-2$에서 $x=2$까지 거리)일 때 자계

$\boldsymbol{H} = \dfrac{I}{2\pi r}\boldsymbol{a}_y \Big|_{r=4} \rightarrow \therefore \boldsymbol{H} = \dfrac{I}{8\pi}\boldsymbol{a}_y [AT/m]$

예제 8.4

▣ 전류 $4\pi[A]$가 흐르고 있는 무한직선 도체에 의해 자계가 $4[A/m]$인 점은 직선도체로부터 거리가 몇 $[m]$인가?

풀이

◉ 무한장 직선 전류에 의한 자계 $H = \dfrac{I}{2\pi r}[AT/m]$에서

∴ 거리 $r = \dfrac{I}{2\pi H} = \dfrac{4\pi}{2\pi \times 4} = \dfrac{1}{2} = 0.5[m]$

8.4.2 무한장 원주형 도체에 의한 자계

그림 8-6과 같이 무한장 원주형 도체에 전류가 흐른다고 할 때 자계의 세기 $H[A/m]$를 구하여 보자. 무한장 원주형 도체의 반지름이 $a[m]$인 원통형 도체에 균일하게 전류 $I[A]$가 흐를 경우, 거리 $r[m]$이 원주형 도체의 외부($r>a$), 표면($r=a$), 내부($r<a$)에 걸쳐서

변화한다고 한다면 각각의 조건에서 자계의 세기 $H[A/m]$를 구하여 보자.

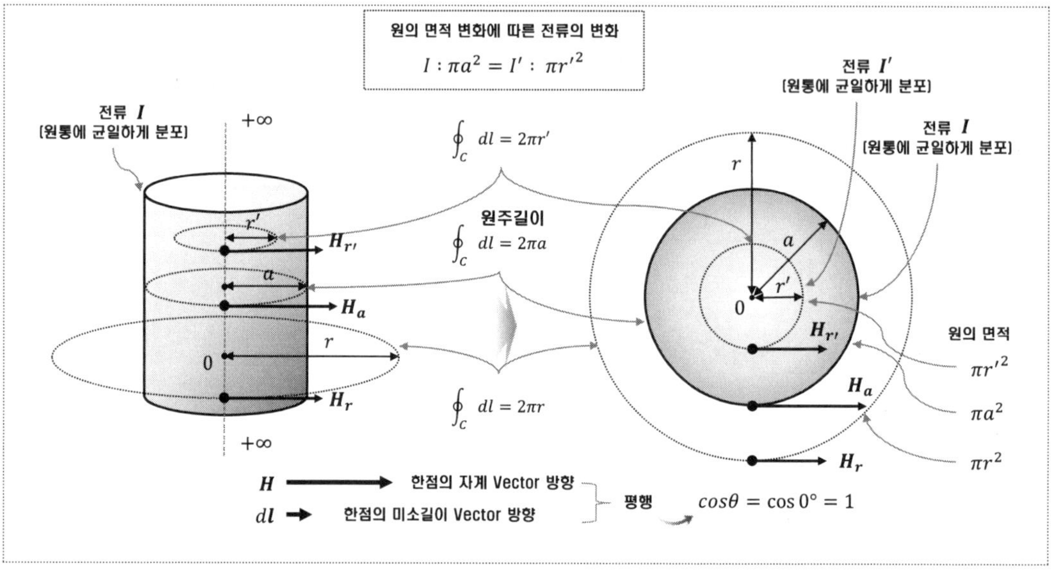

그림 8-6 무한장 원주형 도체에 의한 자계

[1] 원주형 외부의 자계 (r > a인 경우)

무한장 원주형 도체의 중심에서 거리 $r[m]$이 원주형 도체의 외부$(r > a)$인 지점에서 자계의 세기 $H_r[A/m]$을 암페어의 주회적분 법칙으로 풀면 아래와 같다.

$$\oint_c \boldsymbol{H_r} \cdot dl = I[A]$$

$$\oint_c \boldsymbol{H_r} \cdot dl = \oint H_r\, dl\cos\theta$$

$$= \oint H_r\, dl = H_r\ 2\pi r = I[A]$$

$$\therefore H_r = \frac{I}{2\pi r}\ [A/m]$$

■ 암페어의 주회적분 법칙

☞ $\oint_c \boldsymbol{H} \cdot dl = I$

■ 벡터의 스칼라적

☞ $\oint_c \boldsymbol{H} \cdot dl = \oint H dl\cos\theta$

☞ 자계와 미소길이의 벡터가 평행이므로 θ는 $0°$이기 때문에 $\cos\theta = 1$

■ 무한 직선 도체에서 자계의 세기는 거리에 반비례하고 투자율 μ와 무관

■ 원주형 도체 외부의 자계의 세기는 $H_r \propto \dfrac{1}{r}$의 관계로 거리에 반비례

[2] 원주형 표면의 자계 (r = a인 경우)

무한장 원주형 도체의 중심에서 거리 $r[m]$이 원주형 도체의 표면($r=a$)인 지점에서 자계의 세기 $H_a[A/m]$를 암페어의 주회적분 법칙으로 풀면 아래와 같다.

$$\oint_c \boldsymbol{H_a} \cdot dl = I[A]$$

$$\oint_c \boldsymbol{H_a} \cdot dl = \oint H_a\, dl = H_a\, 2\pi a = I[A]$$

$$\therefore H_a = \frac{I}{2\pi a}\ [A/m]$$

■ 암페어의 주회적분 법칙

☞ $\oint_c \boldsymbol{H} \cdot dl = I$

■ 벡터의 스칼라적

☞ $\oint_c \boldsymbol{H} \cdot dl = \oint H dl \cos\theta$

☞ 자계와 미소길이의 벡터가 평행이므로 θ는 $0°$이기 때문에 $\cos\theta = 1$

■ 원주형 도체 표면의 자계 세기는

$\therefore H_a = \frac{I}{2\pi a}\ [A/m]$

[3] 원주형 내부의 자계 (r < a인 경우)

무한장 원주형 도체의 중심에서 거리 $r[m]$이 원주형 도체의 내부($r<a$)인 지점에서 자계의 세기 $H_{r'}[A/m]$를 암페어의 주회적분 법칙으로 풀면 아래와 같다. 여기서 원주형 도체에 균일하게 전류 $I[A]$가 흐른다고 가정하였기 때문에 도체 내부($r<a$)에 흐르는 전류는 전류 $I[A]$보다 작은 $I'[A]$가 흐른다. 그리고, 도체 내부의 반지름을 $r'[m]$라고 가정하여 풀면 아래 수식과 같다.

$$\oint_c \boldsymbol{H_{r'}} \cdot dl = I'\ [A]$$

$$\oint_c \boldsymbol{H_{r'}} \cdot dl = \oint H_{r'}\, dl = H_{r'}\, 2\pi r' = I'\ [A]$$

$$\therefore H_{r'} = \frac{I'}{2\pi r'}\ [A/m]$$

■ 암페어의 주회적분 법칙

☞ $\oint_c \boldsymbol{H} \cdot dl = I$

■ 벡터의 스칼라적

☞ $\oint_c \boldsymbol{H} \cdot dl = \oint H dl \cos\theta$

☞ 자계와 미소길이의 벡터가 평행이므로 θ는 $0°$이기 때문에 $\cos\theta = 1$

또한, 원주형 도체에 균일하게 전류가 흐른다고 가정하였기 때문에 원주형 도체의 반지름이 $a[m]$일 때 전류 $I[A]$가 흐른다면, 도체 내부($r < a$)인 반지름을 $r'[m]$일 때 흐르는 전류는 전류 $I[A]$보다 작은 $I'[A]$가 흐르는 것을 비례식으로 표현하면 아래 수식과 같다.

$$I : \pi a^2 = I' : \pi r'^2$$
$$I \pi r'^2 = I' \pi a^2$$
$$\therefore I' = \frac{\pi r'^2}{\pi a^2} I = \frac{r'^2}{a^2} I$$

$$H_{r'} = \frac{I'}{2\pi r'} = \frac{1}{2\pi r'} \frac{r'^2}{a^2} I$$
$$= \frac{r'}{2\pi a^2} I \ [A/m]$$

■ 원의 면적과 전류와의 관계

☞ 반지름 a인 원의 면적: $\pi a^2 \to I$

☞ 반지름 r'인 원의 면적: $\pi r'^2 \to I'$

☞ 비례식으로 표현 $I : \pi a^2 = I' : \pi r'^2$

■ 원주형 도체 내부의 자계의 세기는 $H_{r'} \propto r'$의 관계로 거리에 비례

상기의 원주형 도체에 균일하게 전류가 흐를 경우, 거리 $r[m]$이 원주형 도체의 외부($r > a$), 표면($r = a$), 내부($r < a$)에 걸쳐서 변화할 때, 거리 $r[m]$에 따른 자계의 세기 $H[A/m]$를 아래 수식에 요약하였다.

$$\therefore H_r = \frac{I}{2\pi r} \ [A/m]$$
$$\therefore H_a = \frac{I}{2\pi a} \ [A/m]$$
$$\therefore H_{r'} = \frac{r'}{2\pi a^2} I \ [A/m]$$

■ 원주형 도체의 외부($r > a$)

☞ H_r: 무한 직선 도체와 동일

■ 원주형 도체의 표면($r = a$)

☞ H_a

■ 원주형 도체의 내부($r < a$)

☞ $H_{r'}$

원주형 도체에 균일하게 전류가 흐르지 않고 원주형 도체의 표면에만 전류가 흐른다고 한다면 도체 내부에는 전류가 흐르지 않기 때문에 암페어의 주회적분 법칙을 적용하게 되면 $\oint_c \boldsymbol{H} \cdot dl = I$에서 도체 내부에 흐르는 전류가 $0[A]$이기 때문에 $\oint_c \boldsymbol{H} \cdot dl = 0$이 되어 도체 내부의 자계의 세기 $H[A/m]$는 0이 된다. 아래 그림 8-7은 원주형 도체에 균일하게 전류가 흐를 경우와 원주형 도체 표면에만 전류가 흐를 경우에 대하여 거리 $r[m]$이 원주형 도체의 외부($r > a$), 표면($r = a$), 내부($r < a$)에 걸쳐서 변화할 때 구한 자계의 세기 $H[A/m]$를 그래프로 나타낸 것이다.

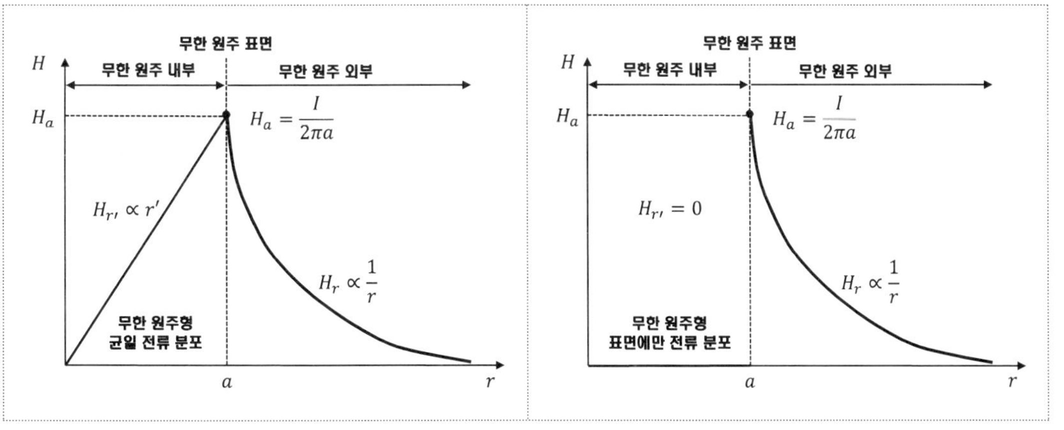

그림 8-7 무한장 원주형 도체에 의한 자계 분포 그래프

예제 8.5

■ 반지름 $r=a[m]$인 원통상 도선에 $1[A]$의 전류가 균일하게 흐를 때 $r=0.2a[m]$의 자계는 $r=2a[m]$인 자계의 몇 배인가?

풀이

◉ 원통상 도선의 자계(내부) $r=0.2a$: $H_{0.2}=\frac{rI}{2\pi a^2}=\frac{(0.2a)I}{2\pi a^2}=\frac{I}{10\pi a}$

◉ 원통상 도선의 자계(외부) $r=2a$: $H_2=\frac{I}{2\pi r}=\frac{I}{2\pi(2a)}=\frac{I}{4\pi a}$

◉ 자계의 비: $\frac{H_{0.2}}{H_2}=\frac{4}{10}=0.4$

예제 8.6

■ 난변 반지름 a인 원통 도체에 직류 전류 I가 균일하게 흐를 때 자계 H는 원통 축으로 부터 거리 r에 따라 어떻게 변하는가?

① 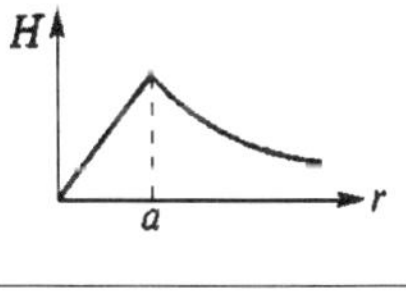

② 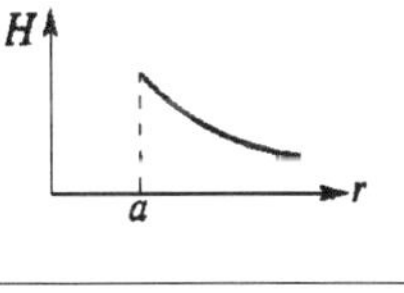

③ 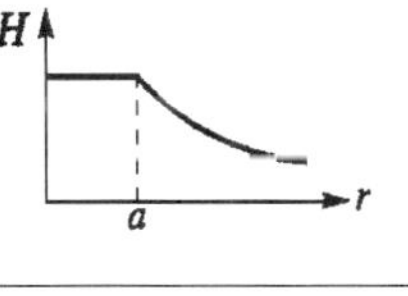

④ 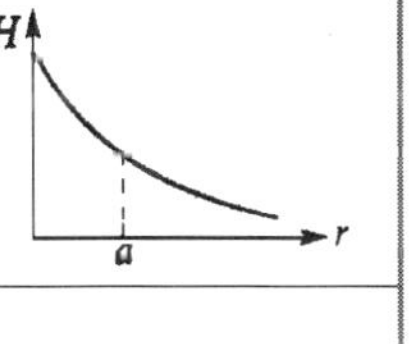

풀이

◉ 원주 외부 자계 $H_e(r>a)$는 $H_e=\frac{I}{2\pi r}[AT/m]$

◉ 원주 내부 자계 $H_i(r<a)$는 $H_i=\frac{Ir}{2\pi a^2}[AT/m]$

∴ 무한장 원주 전류에 의한 자계가 도체 내부에서는 중심으로부터의 거리에 비례하며, 도체 외부에서는 거리에 반비례한다.

☞ ①

8.4.3 무한장 솔레노이드에 의한 자계

원통 코일 모양의 도체를 솔레노이드(solenoid)라 한다. 솔레노이드가 무한장 길이를 가진다고 가정하였을 때 솔레노이드의 내부, 경계, 외부의 자계의 세기 $H[A/m]$를 구하는 과정을 그림 8-8에 나타내었다.

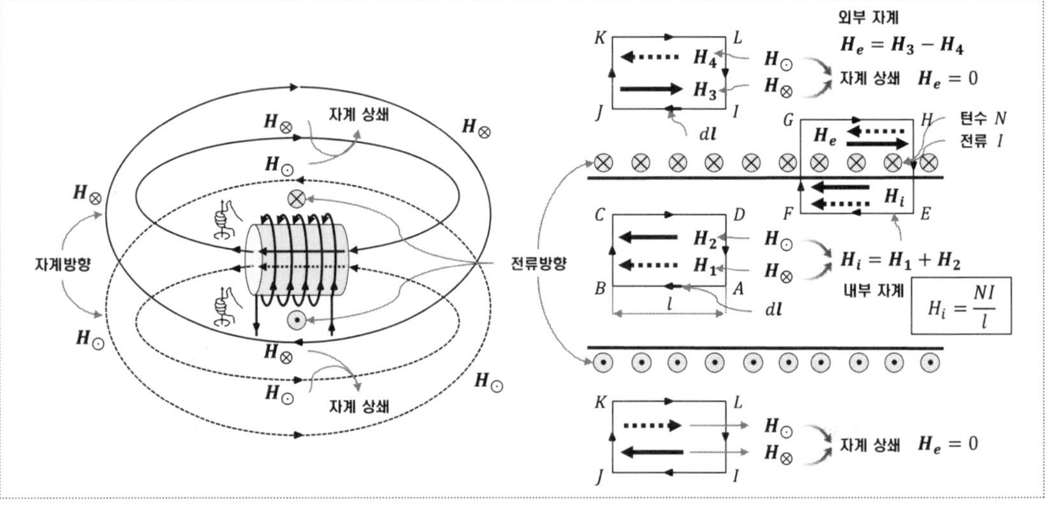

그림 8-8 무한장 솔레노이드에 의한 자계

무한장 솔레노이드의 코일에 의하여 전류가 흐르게 되면 암페어의 오른나사 법칙에 의하여 자기장이 발생하게 된다. 발생하는 자기장은 솔레노이드 우측에서 솔레노이드 내부를 관통하여 좌측으로 향하는 방향을 가진다.

그리고, 솔레노이드의 전류 방향이 ⊙인 솔레노이드 아래 부분의 자계는 암페어의 오른나사 법칙에 의하여 반 시계 바늘 방향(점선)의 자기장을 발생시킨다. 또한, 솔레노이드의 전류 방향이 ⊗인 솔레노이드 위쪽 부분의 자계는 암페어의 오른나사 법칙에 의하여 시계 바늘 방향(실선)의 자기장을 발생시킨다.

따라서, 솔레노이드 외부의 자계의 세기는 전류 ⊙와 전류 ⊗에 의하여 자기장 방향이 서로 반대이기 때문에 서로 상쇄되어 존재하지 않게 된다. 그리고, 솔레노이드 내부의 자계의 세기는 전류 방향 ⊙에 의한 자기장과 전류 방향 ⊗에 의한 자기장이 같이 작용하기 때문에 자기장의 방향이 서로 같아 강한 자계가 형성된다.

이와 같은 조건을 활용하여 암페어의 주회적분의 법칙으로 솔레노이드 내부, 외부, 경계 부분의 자계의 세기 $H[A/m]$를 구하여 보자.

[1] 솔레노이드 내부의 자계

무한장 솔레노이드 내부의 자계의 세기 $H[A/m]$를 암페어의 주회적분 법칙으로 풀면 아래 수식과 같다. 솔레노이드 내부에서 암페어의 주회적분 법칙을 적용하면 내부의 전류가 $0[A]$이기 때문에 $\oint_c \boldsymbol{H} \cdot dl = 0$을 적용한다.

$$\oint_c \boldsymbol{H} \cdot dl = \int_{AB} \boldsymbol{H_1} \cdot dl + \int_{BC} \boldsymbol{H_i} \cdot dl - \int_{CD} \boldsymbol{H_2} \cdot dl + \int_{DA} \boldsymbol{H_i} \cdot dl = 0$$

$$H = \frac{I}{4\pi a}(\sin\beta_1 + \sin\beta_2) = \frac{I}{4\pi a}(\cos\theta_1 + \cos\theta_2) = \frac{I}{4\pi a}(\cos(0^\circ) + \cos(0^\circ)) = \frac{I}{4\pi a}(1+1) = \frac{I}{2\pi a}\ [AT/m]$$

$$\therefore \oint_c \boldsymbol{H} \cdot dl = H_1 l - H_2 l = 0$$

$$\therefore H_1 = H_2$$

■ 벡터의 스칼라적

☞ 자계 H_1과 미소길이 dl의 벡터가 평행이고 같은 방향이므로 θ는 0°이기 때문에 $\cos\theta = 1$

$$\int_{AB} \boldsymbol{H_1} \cdot dl = \int_{AB} H_1\, dl \cos\theta = \int_{AB} H_1\, dl = H_1 l$$

☞ 자계 H_2와 미소길이 dl의 벡터가 평행이고 반대 방향이므로 θ는 180°이기 때문에 $\cos\theta = -1$

$$\int_{CD} \boldsymbol{H_2} \cdot dl = \int_{CD} H_2\, dl \cos\theta = -\int_{CD} H_2\, dl = -H_2 l$$

☞ 자계 H_i는 H_1과 H_2의 합을 나타내며, 미소길이 dl의 벡터와 수직이므로 θ는 90°이기 때문에 $\cos\theta = 0$

$$\int_{BC} \boldsymbol{H_i} \cdot dl = \int_{DC} H_i\, dl \cos\theta = 0$$

☞ 자계 H_i는 H_1과 H_2의 합을 나타내며, 미소길이 dl의 벡터와 수직이므로 θ는 270°이기 때문에 $\cos\theta = 0$

$$\int_{DA} \boldsymbol{H_i} \cdot dl = \int_{DA} H_i\, dl \cos\theta = 0$$

상기 수식에서 무한장 솔레노이드 내부의 자계의 세기 $H[A/m]$를 구한 결과, 솔레노이드의 전류 방향이 ⊙일 때 발생한 자계 H_1과 솔레노이드의 전류 방향이 ⊗일 때 발생한 자계 H_2는 크기가 서로 같고 방향이 같다는 것을 알 수 있다. 이때 솔레노이드 내부에 형성되는 자계 $H[A/m]$는 솔레노이드의 축 방향과 평행한 평등자계가 됨을 알 수 있다.

[2] 솔레노이드 외부의 자계

무한장 솔레노이드 외부의 자계의 세기 $H[A/m]$를 암페어의 주회적분 법칙으로 풀면 아래 수식과 같다. 솔레노이드 외부에서 암페어의 주회적분 법칙을 적용하면 외부의 전류가 $0[A]$이기 때문에 $\oint_c \boldsymbol{H} \cdot dl = 0$을 적용한다.

$$\oint_c \boldsymbol{H} \cdot dl = -\int_{IJ} \boldsymbol{H_3} \cdot dl + \int_{JK} \boldsymbol{H_e} \cdot dl - \int_{KL} \boldsymbol{H_4} \cdot dl + \int_{LI} \boldsymbol{H_e} \cdot dl = 0$$

$$\therefore \oint_c \boldsymbol{H} \cdot dl = -H_3 l - H_4 l = 0$$

$$\therefore -H_3 = H_4$$

■ 벡터의 스칼라적

☞ 자계 H_3와 미소길이 dl의 벡터가 평행이고 반대 방향이므로 θ는 $180°$이기 때문에 $\cos\theta = -1$

$$\int_{IJ} \boldsymbol{H_3} \cdot \boldsymbol{dl} = \int_{IJ} H_3\, dl \cos\theta = -\int_{IJ} H_3\, dl = -H_3 l$$

☞ 자계 H_4와 미소길이 dl의 벡터가 평행이고 반대 방향이므로 θ는 $180°$이기 때문에 $\cos\theta = -1$

$$\int_{KL} \boldsymbol{H_4} \cdot \boldsymbol{dl} = \int_{KL} H_4\, dl \cos\theta = -\int_{KL} H_4\, dl = -H_4 l$$

☞ 자계 H_e는 H_3와 H_4의 차를 나타내며, 자계 H_e와 미소길이 dl의 벡터와 수직이므로 θ는 $90°$이기 때문에 $\cos\theta = 0$

$$\int_{KJ} \boldsymbol{H_e} \cdot \boldsymbol{dl} = \int_{KJ} H_e\, dl \cos\theta = 0$$

$$\int_{LI} \boldsymbol{H_e} \cdot \boldsymbol{dl} = \int_{LI} H_e\, dl \cos\theta = 0$$

상기 수식에서 무한장 솔레노이드 외부의 자계의 세기 $H[A/m]$를 구한 결과, 솔레노이드의 전류 방향이 ⊙일 때 발생한 자계 H_4와 솔레노이드의 전류 방향이 ⊗일 때 발생한 자계 H_3는 크기가 서로 같으나 방향이 반대임을 알 수 있다. 따라서, 벡터의 합을 취하면 외부의 자계의 세기 $H[A/m]$는 0이 된다. 그러므로, 무한장 솔레노이드 외부의 자계의 세기는 0이 된다. 즉, 무한장 솔레노이드 외부에는 자계의 세기 H_3과 H_4에 의하여 상쇄되어 자기장이 존재하지 않는다.

[3] 솔레노이드 경계의 자계

무한장 솔레노이드 경계의 자계의 세기 $H[A/m]$를 암페어의 주회적분 법칙으로 풀면 아래 수식과 같나. 솔레노이드 경계에서 암페어의 주회적분 법칙을 적용하면 경계의 전류는 $I[A]$가 흐르는 전선이 $N[T]$가 있기 때문에 $\oint_c \boldsymbol{H} \cdot dl = NI[AT]$을 적용한다.

$$\oint_c \boldsymbol{H} \cdot dl = \int_{EF} \boldsymbol{H_i} \cdot dl + \int_{FG} \boldsymbol{H} \cdot dl - \int_{GH} \boldsymbol{H_e} \cdot dl + \int_{HE} \boldsymbol{H} \cdot dl = NI$$

$$\therefore \oint_c \boldsymbol{H} \cdot dl = H_i l = NI$$

$$\therefore H_i = \frac{NI}{l}\ [AT/m]$$

■ 벡터의 스칼라적

☞ 자계 H_i는 H_1과 H_2의 합을 나타내며, 자계 H_i와 미소길이 dl의 벡터와 평행이므로 θ는 $0°$이기 때문에 $\cos\theta = 1$

$$\int_{EF} \boldsymbol{H_i} \cdot dl = \int_{EF} H_i\, dl \cos\theta = \int_{EF} H_i\, dl = H_i l$$

☞ 자계 H_e와 미소길이 dl의 벡터에서 자계 H_e는 0이기 때문에 스칼라적은 0

$$\int_{GH} \boldsymbol{H_e} \cdot dl = \int_{GH} H_e\, dl \cos\theta = 0$$

☞ 자계 H는 경계면으로 H_i와 H_e 중의 하나를 나타내며, 미소길이 dl의 벡터와 수직이므로 θ는 $90°$이기 때문에 $\cos\theta = 0$

$$\int_{FG} \boldsymbol{H} \cdot dl = \int_{FG} H\, dl \cos\theta = 0$$

$$\int_{HE} \boldsymbol{H} \cdot dl = \int_{HE} H\, dl \cos\theta = 0$$

상기 수식에서 무한장 솔레노이드 경계의 자계의 세기 $H[A/m]$를 구한 결과, 솔레노이드 외부의 자계의 세기 H_e는 전류 방향이 ⊙일 때 발생한 자계 H_4와 솔레노이드의 전류 방향이 ⊗일 때 발생한 자계 H_3는 크기가 서로 같으나 방향이 반대이기 때문에 0이 된나. 그리고, 솔레노이드 내부의 자계의 세기 H_i는 전류 방향이 ⊙일 때 발생한 자계 H_1과 솔레노이드의 전류 방향이 ⊗일 때 발생한 자계 H_2는 크기가 서로 같고 방향이 같기 때문에 자계의 세기 H_i만 존재하게 된다. 따라서, 솔레노이드의 경계에서 전류 $I[A]$가 흐르는 전선이 N[개]가 있기 때문에 H_i는 $NI[AT/m]$에 비례함을 알 수 있다. 그리고, H_i의 수식에서 $l[m]$은 솔레노이드의 길이를 나타내고 있어 이를 활용하여 단위길이당($1[m]$) 코일의 권선수 $N[T]$을 $n[T/m]$이라고 한다면, 이를 수식으로 나타내면 아래와 같다.

$n = \dfrac{N}{l}\,[T/m]$	■ 단위길이당 권선수

단위길이당 권선수 $n[T/m]$를 사용하여 자계의 세기 H_i를 다시 표현하면 아래 수식과 같다.

$H_i = \dfrac{NI}{l}\,[AT/m]$ $\therefore H_i = nI\,[AT/m]$	■ 단위길이당 권선수 ☞ $n = \dfrac{N}{l}\,[T/m]$

예제 8.7

▣ $1[cm]$마다 권수가 100인 무한장 솔레노이드에 $20[mA]$의 전류를 유통시킬 때 솔레노이드 내부의 자계의 세기 $[AT/m]$는 얼마인가?

풀이

◉ 자계의 세기 $H = \dfrac{NI}{l} = \dfrac{100 \times 20 \times 10^{-3}}{10^{-2}} = 200\,[AT/m]$

예제 8.8

▣ 무한장 솔레노이드의 외부 자계에 대한 설명 중 옳은 것은?

① 솔레노이드 내부의 자계와 같은 자계가 존재한다.

② $\dfrac{1}{2\pi}$의 배수가 되는 자계가 존재한다.

③ 솔레노이드 외부에는 자계가 존재하지 않는다.

④ 권회수에 비례하는 자계가 존재한다.

풀이

◉ 무한장 솔레노이드의 외부자계 0

◉ 내부자계는 $H = \dfrac{nI}{l}$에서 단위길이당 자계의 세기는 $H = nI[AT/m]$로 거리에 관계없는 평등자계. 여기서 n는 단위길이당 코일 권수[회/m]

☞ ③

8.4.4 환상 솔레노이드에 의한 자계

도넛 모양의 원통 형태 코어에 코일이 감겨 있는 것을 환상 솔레노이드 또는 토로이드 코일(toroid coil)이라 한다. 그림 8-9와 같이 환상 솔레노이드의 내부에 투자율이 μ이고, 여기에 코일을 $N[T]$회 감고, 전류 $I[A]$를 흘려서 자속 $\phi[Wb]$가 발생하였을 때, 자속 ϕ의 길이를 $l[m]$이라고 하자. 암페어의 주회적분 법칙을 이용하여 환상 솔레노이드의 자계의 세기 $H[A/m]$를 구하여 보자.

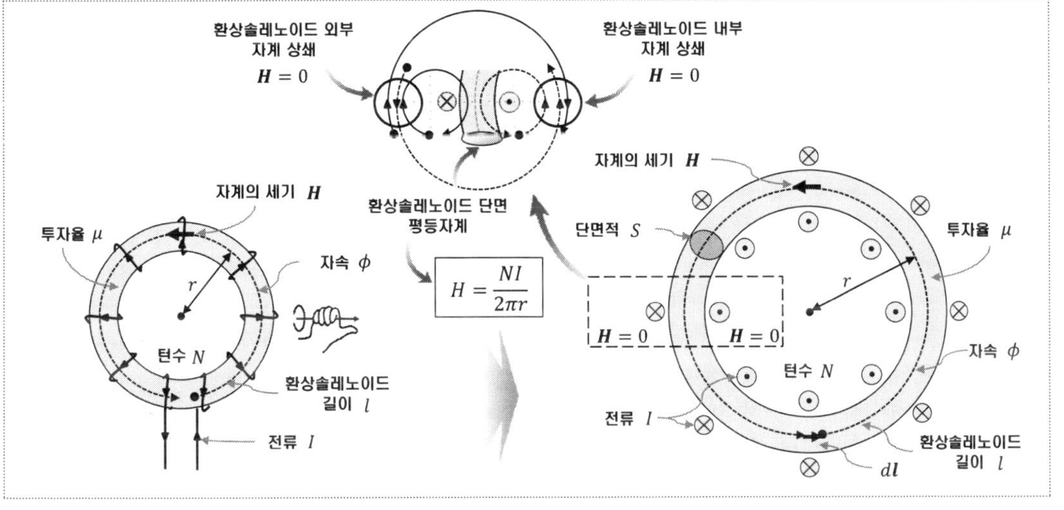

그림 8-9 환상 솔레노이드에 의한 자계

그림 8-9에서 환상 솔레노이드 외측과 내측의 자계를 생각하여 보자. 환상 솔레노이드의 주변에 감긴 코일을 살펴보면, 환상 솔레노이드 내측에 흐르는 전류는 ⊙ 방향으로 암페어의 오른나사 법칙을 작용하면 반 시계 바늘 방향으로 자기장(점선)이 형성된다. 그리고, 환상 솔레노이드 외측에 흐르는 전류는 ⊗ 방향으로 암페어의 오른나사 법칙을 작용하면 시계 바늘 방향으로 자기장(실선)이 형성된다. 따라서, 환상 솔레노이드의 내측와 외측의 자계의 세기 H는 서로 상쇄되어 0이 된다. 따라서, 환상 솔레노이드 내부인 반지름 $r[m]$인 환상 솔레노이드의 단면으로만 자기장이 존재하게 된다.

환상 솔레노이드에서 암페어의 주회적분 법칙을 적용하면 환상 솔레노이드 주변에 전류 $I[A]$가 흐르는 전선이 $N[T]$회 감겨 있기 때문에 $\oint_c \boldsymbol{H} \cdot dl = NI[AT]$를 적용한다. 환상 솔레노이드 단면의 자계를 암페어의 주회적분 법칙을 이용하여 풀면 아래와 같다.

$$\oint_c \boldsymbol{H} \cdot dl = H2\pi r\cos\theta = H2\pi r = NI$$

$$\therefore H = \frac{NI}{2\pi r} = \frac{NI}{l}\,[AT/m]$$

■ 벡터의 스칼라적

☞ $\oint_c \boldsymbol{H} \cdot dl = \oint Hdl\cos\theta$

☞ 자계 H와 미소길이 dl의 벡터가 평행이므로 θ는 $0°$이기 때문에 $\cos\theta = 1$

상기 수식에서 환상 솔레노이드 단면의 자계의 세기 H는 환상 솔레노이드의 재질의 종류(철심 또는 공심)와 관련된 투자율 μ와 무관하다. 따라서, 환상 솔레노이드에 코일을 감고 전류를 흘리게 되면 투자율 μ와 무관하기 때문에 철심 또는 공심의 단면에서도 자계의 세기 H는 동일함을 알 수 있다. 그러나, 자속밀도 B는 투자율 μ와 관계하고 있어 공심(진공)과 철심의 자속밀도 B를 구하면 아래 수식과 같다.

진공: $B = \mu_0 H = \dfrac{\mu_0 NI}{2\pi r} = \dfrac{\mu_0 NI}{l}\,[Wb/m^2]$

철심: $B = \mu H = \dfrac{\mu NI}{2\pi r} = \dfrac{\mu NI}{l}\,[Wb/m^2]$

■ 철심의 투자율 μ(mu)

☞ $\mu = \mu_0 \mu_s$

☞ 여기서, μ_s는 물질의 종류에 따라 특성이 주어지는 비투자율을 나타냄

그리고, 상기 수식을 활용하여 공심(진공) 및 철심의 단면에 걸리는 자속 ϕ를 구하면 아래 수식과 같다.

진공: $\phi = BS = \mu_0 HS = \dfrac{\mu_0 NI}{2\pi r} S = \dfrac{\mu_0 NI}{l} S\,[Wb]$

철심: $\phi = BS = \mu HS = \dfrac{\mu NI}{2\pi r} S = \dfrac{\mu NI}{l} S\,[Wb]$

■ 자속밀도

☞ 자속밀도 B는 단위면적당 자속수를 나타내고 있어 이를 수식으로 나타내면

☞ $B = \dfrac{\phi}{S}$ $\quad \therefore \phi = BS$

그리고, 상기 수식을 활용하여 앞으로 10장에서 다룰 자기인덕턴스 L($N\phi = LI$ 수식으로 L 값을 구함) 값을 구할 수 있다. 아래 수식을 이용하여 인덕턴스가 삽입된 회로의 설계에 필요한 원하는 자기 인덕턴스 L을 설계할 수 있다.

$$N\phi = LI \quad \therefore L = \frac{N\phi}{I}$$

진공: $L = \frac{N\phi}{I} = \frac{N}{I}BS = \frac{N}{I}\mu_0 HS$

$$= \frac{N}{I}\frac{\mu_0 NI}{2\pi r}S = \frac{\mu_0 N^2 S}{l}\ [Wb/A, H]$$

철심: $L = \frac{N\phi}{I} = \frac{N}{I}BS = \frac{N}{I}\mu HS$

$$= \frac{N}{I}\frac{\mu NI}{2\pi r}S = \frac{\mu N^2 S}{l}\ [Wb/A, H]$$

■ 자속 ϕ와 자기 인덕턴스 L 사이의 관계

☞ $N\phi = LI$

■ 정전용량 C

☞ $C = \frac{\epsilon_0 S}{d}$

■ 자기 인덕턴스

☞ $L = \frac{\mu_0 N^2 S}{l}$

예제 8.9

▣ 철심이 있는 평균 반지름 15[cm]인 환상 솔레노이드의 코일에 5[A]가 흐를 때 내부 자계의 세기가 1,600[AT/m]가 되려면 코일의 권수는 약 몇 회 정도 되는가?

풀이

◉ 환상 솔레노이드 내부자계 $H = \frac{NI}{2\pi r}$에서

$\therefore$ 권수 $N = \frac{2\pi rH}{I} = \frac{2\pi \times 15 \times 10^{-2} \times 1600}{5} = 301.44 \fallingdotseq 300$ [회]

예제 8.10

▣ 평균길이 1[m], 권수 1,000회의 환상 솔레노이드 코일에 비투자율 1,000의 철심을 넣고 자속밀도 1[Wb/m^2]을 얻기 위해 코일에 흘려야 할 전류는 몇 [A]인가?

풀이

◉ 환상 솔레노이드 자계 $H = \frac{NI}{l}[AT/m]$에서 전류는 $I = \frac{Hl}{N}$이므로

$\therefore I = \frac{l}{N} \times \frac{B}{\mu} = \frac{l}{N} \times \frac{B}{\mu_0\mu_s} = \frac{1 \times 1}{1000 \times 4\pi \times 10^{-7} \times 1000} = \frac{1}{4\pi \times 10^{-1}} = \frac{10}{4\pi} = 0.796[A]$

예제 8.11

▣ 평균 반지름 50[cm]이고 권수 100회인 환상 솔레노이드 내부의 자계가 200[AT/m]로 되도록 하기 위해서 코일에 흐르는 전류는 몇 [A]로 하여야 되는가?

풀이

◉ 환상 솔레노이드 자계 $H = \frac{NI}{l} = \frac{NI}{2\pi r}[AT/m]$에서

$\therefore$ 전류 $I = \frac{2\pi rH}{N} = \frac{2\pi \times 0.5 \times 200}{100} = 2\pi = 6.28\ [A]$

8.4.5 등가 판자석법을 이용한 원형 전류에 의한 자계

등가 판자석에 의한 자계의 세기를 구하는 방법은 그림 8-10과 같이 반지름 $a[m]$인 원형 폐회로에 전류 $I[A]$가 흐를 때, 암페어의 오른나사 법칙에 의거하여 자기력선의 분포가 형성되는 것을 외부의 자계의 세기 $H[A/m]$만을 생각하여 원형 폐회로 전류에 의하여 형성되는 자기력선과 동일한 얇은 판자석으로 대치하는 것을 나타낸다. 즉 원형 도체를 판자석으로 등가시켜 자위 $U[A]$를 구하고, 자계의 세기 $H[A/m]$를 구하는 방법이다. 이를 등가 판자석법이라 한다.

반지름 $a[m]$인 원형 전류를 많은 미소전류로 변환시키면 이 미소전류에 의하여 미소 자계가 형성된다. 이를 미소 자계를 자기쌍극자로 등가시키면 원형 도체의 반지름 $a[m]$에 의해 만들어지는 원형 판자석으로 등가시킬 수 있다. 이 등가 판자석법은 일반적으로 원형도체의 자계의 세기를 구할 경우에 주로 사용한다.

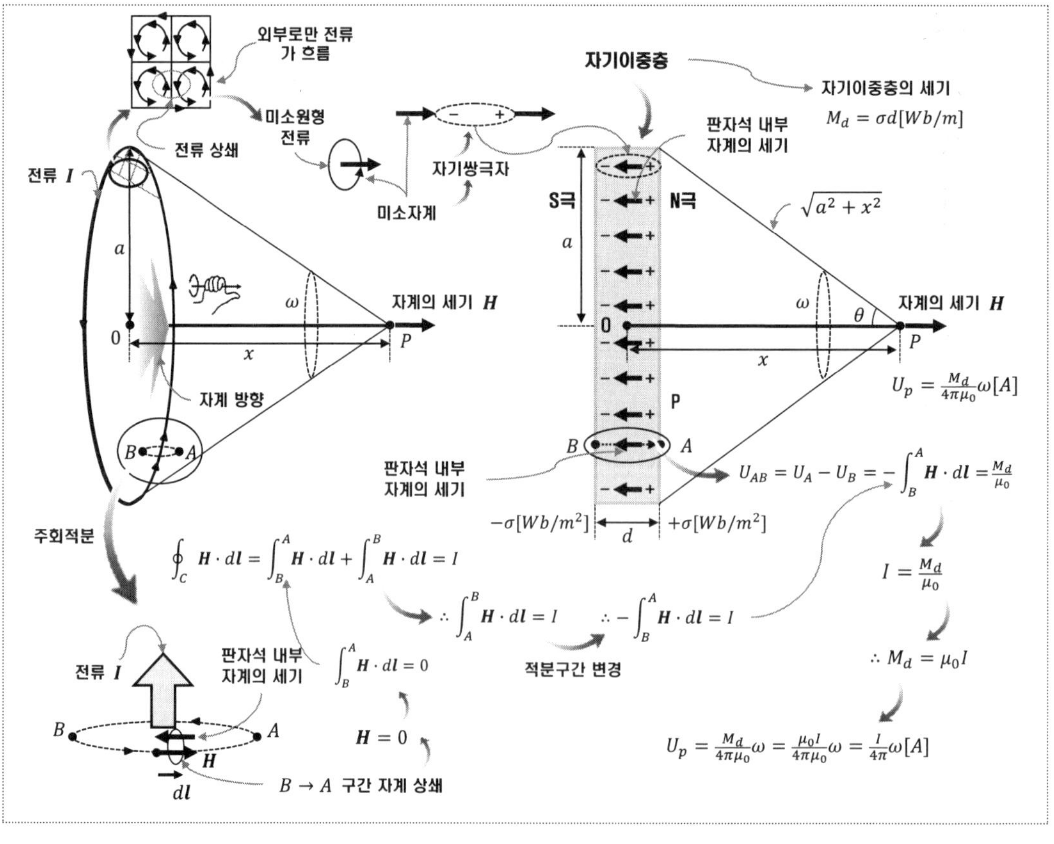

그림 8-10 원형 전류를 등가시킨 등가 판자석에 의한 자계

그림 8-10에서 반지름 $a[m]$인 원형 전류를 많은 미소 전류로 변환시키면 미소 전류의 내부는 전류 방향이 반대가 되어 서로 상쇄되어 많은 미소 전류로 분류하여도 전체 원형 전류가 흐르는 외부로만 전류가 흘러 원래의 원형 전류의 흐름과 동일하다. 이렇게 원형 전류를 미소 전류로 구분한 것은 이 미소 전류를 하나의 자기쌍극자로 변환시키기 위해서이다. 이와 같이 미소 전류에 의하여 미소 자계가 왼쪽에서 오른쪽 방향(→ 방향)으로 형성된다.

이와 같이 미소 자계를 자기쌍극자로 등가시키게 되면 반지름 $a[m]$인 원형 도체에 전류가 흐르는 것을 원형 판자석으로 등가시킬 수 있다. 또한 자기쌍극자의 극성은 자계의 방향을 기준으로 생각하면, 자계가 왼쪽에서 오른쪽 방향으로 형성되기 위해서는 자기쌍극자의 $S(-)$극이 왼쪽에 $N(+)$극이 오른쪽에 형성된 자기쌍극자로 생각할 수 있다. 그러므로, 자기쌍극자에 의하여 만들어진 원형 판자석의 내부 자계의 방향은 원형 판자석의 외부의 자계의 방향과 반대가 된다. 즉, 내부 자계의 방향은 $N(+)$극에서 $S(-)$극으로 향한다(← 방향).

그리고, 등가 원형 판자석의 점 P의 자위를 U_P라 할 때 U_P는 판자석(자기이중층)과 동일하기 때문에 판자석에서의 자위 U_P를 이용하여 구할 수 있으며, 등가 원형 판자석의 왼쪽인 점 B와 오른쪽인 점 A 사이의 자위차인 U_{AB}를 아래와 같이 구할 수 있다.

여기서, 원형 판자석 내부의 자계의 방향(오른쪽에서 왼쪽으로)과 반대방향(왼쪽에서 오른쪽으로)의 자위를 구하기 때문에 $U_{AB} = U_A - U_B = -\int_B^A \boldsymbol{H} \cdot dl$이 된다. 이를 수식으로 표현하면 다음과 같다.

$$U_P = \frac{M_d}{4\pi\mu_0}\omega\,[A]$$

$$U_{AB} = U_A - U_B = -\int_B^A \boldsymbol{H} \cdot dl = \frac{M_d}{\mu_0}[A]$$

■ 판자석(자기이중층)의 한점 자위

☞ $U_p = \frac{M_d}{4\pi\mu_0}\int d\omega = \frac{M_d}{4\pi\mu_0}\omega\,[A]$

☞ 여기서, 면자하 밀도 $\sigma[Wb/m^2]$이라 할 때, 자기이중층의 세기 $M_d = \sigma d\,[Wb/m]$

■ 판자석(자기이중층) 양측 자위차

☞ $U_{AB} = \frac{M_d}{\mu_0}[A]$

그리고, 등가 원형 판자석의 왼쪽인 점 B와 오른쪽인 점 A에 대하여 암페어의 주회적분 법칙을 적용하면 원형 전류 $I[A]$가 흐르고 있어 암페어의 오른나사 법칙에 의하여 반 시계 바늘 방향으로 자기장이 형성되게 된다. 여기서 암페어의 주회적분의 구간을 점 B에서 점 A로 이동시키고, 다시 점 A에서 점 B로 이동시켜 주회시킨다고 한다면, 점 B에서 점 A

로 이동시키는 적분구간에서는 자계의 방향과 원형 판자석 내부의 자계 방향이 반대가 되어 자계가 상쇄되어 $\int_B^A \boldsymbol{H} \cdot dl = 0$이 된다. 그러므로, $\int_A^B \boldsymbol{H} \cdot dl = I$가 된다. 이를 수식으로 나타내면 다음과 같다.

$$\oint_c \boldsymbol{H} \cdot dl = \int_B^A \boldsymbol{H} \cdot dl + \int_A^B \boldsymbol{H} \cdot dl = 0 + I$$

$$\int_A^B \boldsymbol{H} \cdot dl = I$$

$$\therefore\ -\int_B^A \boldsymbol{H} \cdot dl = I[A]$$

■ 암페어의 주회적분

☞ $\oint_c \boldsymbol{H} \cdot dl = \int_B^A \boldsymbol{H} \cdot dl + \int_A^B \boldsymbol{H} \cdot dl = I$

☞ B점에서 A점으로 주회 적분시, 자계 세기는 주회방향의 자계와 원형 판자석 내부의 자계방향이 반대이기 때문에 상쇄되어 0

☞ $\therefore \int_B^A \boldsymbol{H} \cdot dl = 0$

따라서, 상기에서 구한 수식을 활용하여 자위 U_P를 구하면 다음과 같다.

$$U_{AB} = -\int_B^A \boldsymbol{H} \cdot dl = \frac{M_d}{\mu_0} = I[A] \quad \therefore M_d = \mu_0 I$$

$$U_P = \frac{M_d}{4\pi\mu_0}\omega = \frac{\mu_0 I}{4\pi\mu_0}\omega = \frac{I}{4\pi}\omega\,[A]$$

■ 판자석(자기이중층) 양측 자위차

☞ $U_{AB} = -\int_B^A \boldsymbol{H} \cdot dl = \frac{M_d}{\mu_0}[A]$

■ 암페어의 주회적분 법칙

☞ $-\int_B^A \boldsymbol{H} \cdot dl = I[A]$

따라서, 상기에서 구한 자위 U_P를 입체각의 공식을 적용하여 다시 풀면 다음과 같다.

$$U_P = \frac{I}{4\pi}\omega = \frac{I\,2\pi(1-\cos\theta)}{4\pi} = \frac{I(1-\cos\theta)}{2}$$

$$\therefore U_P = \frac{I}{2}\left(1 - \frac{x}{\sqrt{a^2+x^2}}\right)$$

■ 입체각 공식

☞ $\omega = 2\pi(1-\cos\theta)$

■ $\cos\theta$

☞ $\cos\theta = \frac{x}{\sqrt{a^2+x^2}}$

상기에서 구한 자위 U_P를 이용하여 자계의 세기 $\boldsymbol{H}$를 구하면 다음과 같다.

$$\boldsymbol{H} = -\,grad\ U = -\nabla U$$
$$\boldsymbol{H} = H_x\boldsymbol{i} + H_y\boldsymbol{j} + H_z\boldsymbol{k}$$
$$= -\nabla U = -\left(\frac{\partial U}{\partial x}\boldsymbol{i} + \frac{\partial U}{\partial y}\boldsymbol{j} + \frac{\partial U}{\partial z}\boldsymbol{k}\right)$$

■ 자계와 자위경도

☞ $\boldsymbol{H} = -\,grad\ U = -\nabla U$

상기에서 자계의 세기 $\boldsymbol{H}$에서 자계 $\boldsymbol{H}$의 방향이 x축 방향으로만 작용함으로 y축과 z축 방향의 자계는 0으로 생각하여 x축 방향에 대한 자계의 세기 H_x를 구하면 다음과 같다.

$$H_x = -\frac{\partial U}{\partial x} = -\frac{\partial}{\partial x}\left[\frac{I}{2}\left(1 - \frac{x}{\sqrt{a^2+x^2}}\right)\right]$$
$$= \frac{\partial}{\partial x}\left(-\frac{I}{2}\right) + \frac{\partial}{\partial x}\left(+\frac{I}{2}\frac{x}{\sqrt{a^2+x^2}}\right)$$
$$= 0 + \frac{\partial}{\partial x}\frac{I}{2}\left[\frac{x}{(a^2+x^2)^{\frac{1}{2}}}\right]$$
$$= \frac{I}{2} \times \frac{1 \cdot \sqrt{a^2+x^2} - \frac{1}{2}(a^2+x^2)^{\frac{1}{2}-1}\,2x \cdot x}{[(a^2+x^2)^{\frac{1}{2}}]^2}$$
$$= \frac{I}{2} \times \frac{1 \cdot \sqrt{a^2+x^2} - (a^2+x^2)^{-\frac{1}{2}} \cdot x^2}{(a^2+x^2)}$$
$$= \frac{I}{2} \times \frac{\sqrt{a^2+x^2} - \frac{x^2}{\sqrt{a^2+x^2}}}{(a^2+x^2)}$$
$$= \frac{I}{2} \times \frac{\frac{a^2+x^2}{\sqrt{a^2+x^2}} - \frac{x^2}{\sqrt{a^2+x^2}}}{(a^2+x^2)}$$
$$= \frac{I}{2} \times \frac{\frac{(a^2+x^2)-x^2}{\sqrt{a^2+x^2}}}{(a^2+x^2)} = \frac{I}{2} \times \frac{\frac{a^2}{\sqrt{a^2+x^2}}}{(a^2+x^2)}$$
$$= \frac{I}{2} \times \frac{a^2}{\sqrt{a^2+x^2}}\frac{1}{(a^2+x^2)}$$
$$= \frac{I}{2}\frac{a^2}{(a^2+x^2)^{\frac{3}{2}}}\ [AT/m]$$

■ 자위 U는 x에 대한 함수

☞ $\frac{\partial U}{\partial y} = 0 \qquad \frac{\partial U}{\partial z} = 0$

☞ 그러므로, $H_y = 0, H_z = 0$이 되고 H_x만 구하면 됨

■ 분수함수의 미분

☞ $y = \frac{f(x)}{g(x)}$

$y' = \frac{f'(x)g(x) - f(x)g'(x)}{[g(x)]^2}$

■ 합성함수의 미분

☞ $y = [f(x)]^n$

$y' = n[f(x)]^{n-1}f'(x)$

■ 지수법칙

☞ $a^m \times a^n = a^{m+n}$

상기 수식에서 원통 전류의 중심인 점 O의 중심부$(x=0)$에 대한 자계의 세기 H_x를 구하면 다음과 같다.

$$H_x = \frac{I}{2}\frac{a^2}{(a^2+x^2)^{\frac{3}{2}}}$$

$$\therefore H_x = \frac{I}{2}\frac{a^2}{a^3} = \frac{I}{2a}\,[A/m],\ (x=0)$$

■ 원통 전류 중심의 자계

☞ $H_x = \frac{I}{2}\frac{a^2}{(a^2+x^2)^{\frac{3}{2}}}$

☞ $x=0$

그리고, 원형 전류 $I[A]$가 흐르고 있는 원형 도체를 N회 감아 $N[T]$으로 하였을 경우, 원통 전류의 중심인 점 O의 중심부$(x=0)$에 대한 자계의 세기 H_x를 구하면 다음과 같다.

$$H_x = \frac{NI}{2}\frac{a^2}{a^3} = \frac{NI}{2a}\,[AT/m],\ (x=0, N[T])$$

■ N회 감은 원통 전류 중심의 자계

☞ $H_x = \frac{I}{2}\frac{a^2}{(a^2+x^2)^{\frac{3}{2}}}$

☞ $x=0$, $N[T]$

예제 8.12

▣ 지름 $10[cm]$인 원형 코일 중심에서의 자계가 $1,000[AT/m]$이다. 원형 코일이 100회 감겨 있을 때, 전류는 몇 $[A]$인가?

풀이

◉ 원형 코일 중심의 자계 $H=\frac{NI}{2a}[AT/m]$에서

$\therefore$ 전류 $I=\frac{H\times 2a}{N}=\frac{1000\times 2\times 0.05}{100}=1\,[A]$, 여기서, 반지름 $a=5\times 10^{-2}[m]$

예제 8.13

▣ 반지름 $1[cm]$인 원형코일에 전류가 $10\,[A]$가 흐를 때, 코일의 중심에서 코일 면에 수직으로 $\sqrt{3}[cm]$ 떨어진 점의 자계의 세기는 몇 $[AT/m]$인가?

풀이

◉ 원형 코일에 의한 중심축 상 x거리의 자계의 세기는 등가 판자석으로 구한다.

▶ P점의 자위 $U=\frac{I}{4\pi}\omega=\frac{I}{4\pi}\cdot 2\pi(1-\cos\theta) = \frac{I}{2}\left(1-\frac{x}{\sqrt{a^2+x^2}}\right)$

▶ 자계의 세기 $H=-grad\,U$에 의해

자계는 $H=-\frac{dU}{dx}=\frac{a^2 I}{2(a^2+x^2)^{3/2}}$이고, $a=1\times 10^{-2}[m]$, $x=\sqrt{3}\times 10^{-2}[m]$

$$\therefore H=\frac{(1\times 10^{-2})^2\times 10}{2\times\left[\sqrt{(1\times 10^{-2})^2+(\sqrt{3}\times 10^{-2})^2}\right]^3} = \frac{1}{16}\times 10^3 = 62.5[AT/m]$$

8.4.6 비오-사바르의 법칙

암페어의 주회적분 법칙을 이용한 자계의 세기를 구하기 위하여서는 무한장 길이의 도선에 대한 조건으로 구하였다. 그러나, 비오-사바르의 법칙은 무한장 도선이 아닌 유한장 도선에 흐르는 전류에 의한 자계를 구하는 중요한 실험 법칙이다.

그림 8-11에 비오-사바르의 법칙에 대한 개념을 나타내었다. 비오-사바르 법칙은 암페어의 오른나사 법칙과 동일한 전류와 자계의 방향을 나타낸다. 점 A에서 점 B의 방향으로 전류가 흐르고 있다고 한다면 자계를 측정하고자 하는 점 P와 이루는 거리 $r[m]$의 단위벡터 $\boldsymbol{r}_0$와 전류 $I[A]$의 미소거리 벡터 $\boldsymbol{dl}$이 이루는 벡터의 벡터적을 구하는 것이다. 즉, 자계의 방향은 $\boldsymbol{dl} \times \boldsymbol{r}_0 = dl\, r_0 \sin\theta\, \boldsymbol{n}$으로 구할 수 있다. 여기서, 법선벡터 $\boldsymbol{n}$의 방향이 자계의 방향이 된다. 전류가 점 A에서 점 B의 방향으로 흐르면 암페어의 오른나사 법칙에 의하여 그림의 왼쪽은 자계의 방향이 ⊙이 되고, 오른쪽은 자계의 방향이 ⊗이 된다. 비오-사바르의 법칙에 의한 자계의 방향은 $\boldsymbol{dl} \times \boldsymbol{r}_0 = dl\, r_0 \sin\theta\, \boldsymbol{n}$에 의하여 법선벡터 $\boldsymbol{n}$의 방향이 그림의 왼쪽에서는 ⊙이 되고, 오른쪽에서는 ⊗이 되어 암페어의 오른나사 법칙과 동일하다.

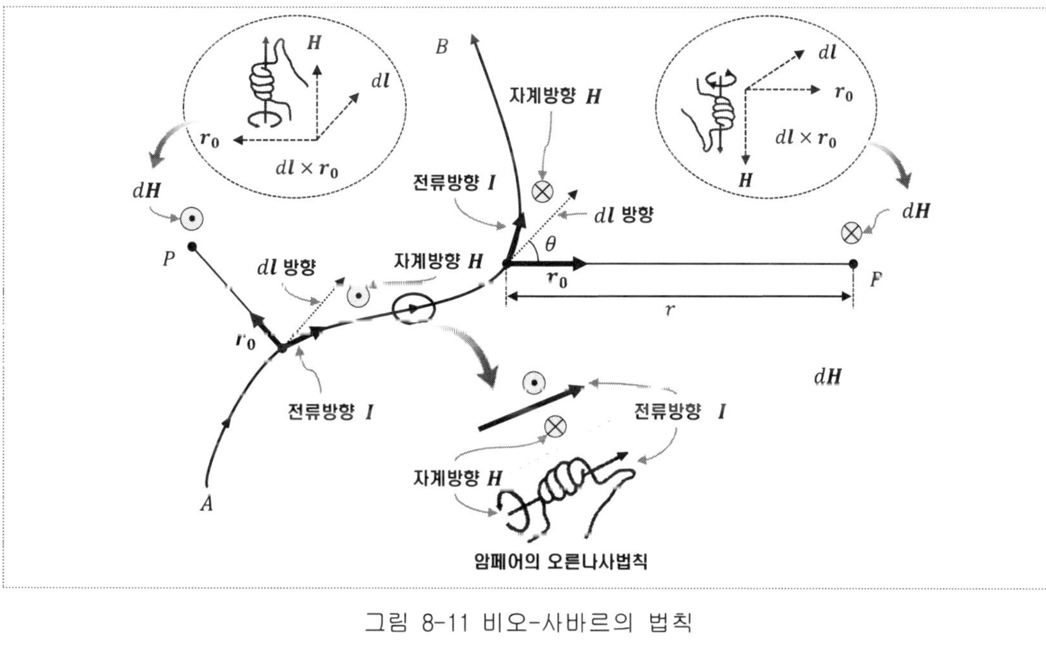

그림 8-11 비오-사바르의 법칙

그리고, 그림 8-11과 같이 임의의 형상의 도선에 전류가 흐르고 있을 때, 흐르는 전류 방향과 동일한 방향으로 미소 길이 dl을 설정하고 이를 벡터 $\boldsymbol{dl}$로 표현하고, 거리 $r[m]$만큼 떨어진 점 P에서 자계의 세기 $\boldsymbol{H}$를 구하여 보자. 거리 $r[m]$의 단위벡터를 $\boldsymbol{r}_0$라 하면, 벡터 dl과 $\boldsymbol{r}_0$ 사이에 이루는 각을 θ라고 한다면, 점 P에서의 미소의 자계의 세기 $d\boldsymbol{H}$를 구하는 식을 아래와 같이 표현할 수 있다. 그리고, 미소의 자계의 세기 $d\boldsymbol{H}$를 이용하여 자계의 세기 $\boldsymbol{H}$를 구할 수 있다.

$$d\boldsymbol{H} = \frac{I}{4\pi r^2} dl \times \boldsymbol{r}_0$$

$$d\boldsymbol{H} = \frac{I}{4\pi r^2} dl \times \frac{\boldsymbol{r}}{r} = \frac{I}{4\pi r^3} dl \times \boldsymbol{r}$$

$$d\boldsymbol{H} = \frac{I\,dl\,1\,\sin\theta}{4\pi r^2}\boldsymbol{n} \quad \therefore\ dH = \frac{I dl\,\sin\theta}{4\pi r^2}$$

$$\therefore\ \boldsymbol{H} = \frac{I}{4\pi}\int \frac{dl \times \boldsymbol{r}_0}{r^2}\ [AT/m]$$

■ 거리 r의 단위벡터 $\boldsymbol{r}_0$

☞ $\boldsymbol{r}_0 = \frac{\boldsymbol{r}}{r}$

■ 법선벡터 $\boldsymbol{n}$

☞ 여기서 $\boldsymbol{n}$은 벡터 dl과 벡터 $\boldsymbol{r}_0$ 사이의 벡터 외적이 나타내는 방향으로 자계의 방향을 의미

☞ θ는 벡터 dl과 벡터 $\boldsymbol{r}_0$ 사이각

8.4.7 유한장 직선 전류에 의한 자계

비오-사바르의 법칙을 이용하여 무한장 직선 도체가 아닌 유한장 직선 도체의 자계를 그림 8-12와 같이 구할 수 있다.

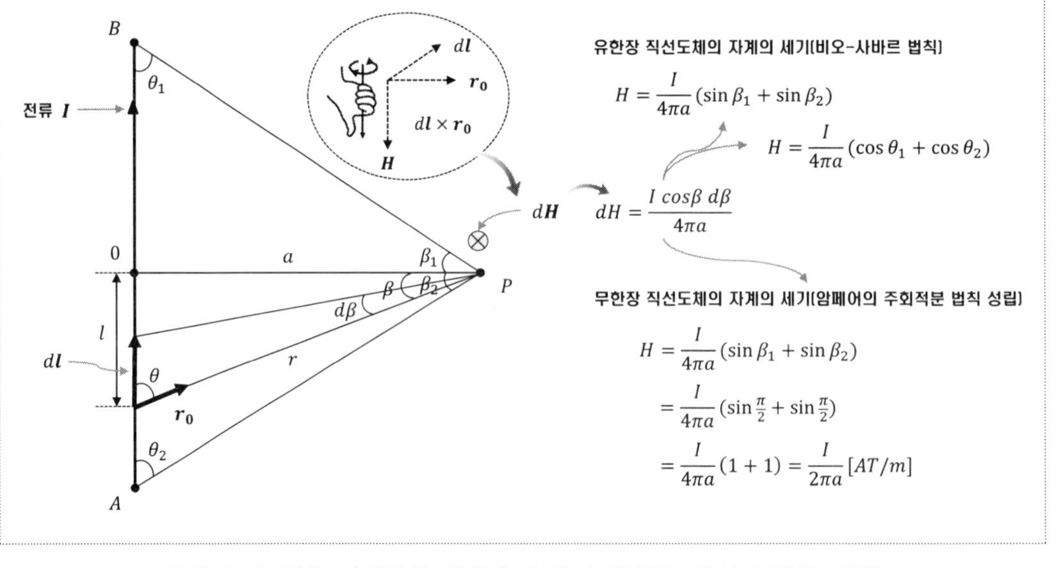

그림 8-12 비오-사바르의 법칙을 이용한 유한장 직선 도체의 자계

비오-사바르의 법칙을 이용하여 유한장 직선 도체에 전류 $I[A]$가 흐를 경우, 전류가 흐르는 직선 도체의 미소 길이 dl을 취한 다음, 거리 $r[m]$ 떨어진 점 P에 대한 미소 자계의 세기 dH를 구하면 아래 수식과 같다.

$$dH = \frac{Idl\sin\theta}{4\pi r^2}, \quad dH = \frac{Idl\cos\beta}{4\pi r^2}$$

$$dH = \frac{Idl\cos\beta}{4\pi r^2} = \frac{I(a\sec^2\beta\, d\beta)\cos\beta}{4\pi(\frac{a}{\cos\beta})^2}$$

$$= \frac{I(a(\frac{1}{\cos\beta})^2\, d\beta)\cos\beta}{4\pi(\frac{a}{\cos\beta})^2}$$

$$= \frac{I(a(\frac{1}{\cos\beta})^2\, d\beta)\cos\beta}{4\pi a^2(\frac{1}{\cos\beta})^2}$$

$$= \frac{I\cos\beta\, d\beta}{4\pi a}$$

■ 비오-사바르의 법칙

☞ $dH = \frac{Idl\sin\theta}{4\pi r^2}$

■ 그림 8-11에서 각 삼각함수의 값

☞ $\sin\theta = \frac{a}{r} \quad \cos\beta = \frac{a}{r}$

$\therefore \sin\theta = \cos\beta$

☞ $r = \frac{a}{\cos\beta}$

■ 변수 변환($l \to \beta$, $dl \to d\beta$)

☞ $\tan\beta = \frac{l}{a} \quad \therefore l = a\tan\beta$

☞ $l = a\tan\beta \quad \therefore dl = a\sec^2\beta\, d\beta$

■ $\tan\beta$ 미분

☞ $y = \tan\beta \to y' = \sec^2\beta d\beta$

☞ $\sec\beta = \frac{1}{\cos\beta}$

점 P의 미소 자계의 세기 dH를 구한 수식을 적분구간 $-\beta_2$에서 β_1까지 적분하여 자계의 세기 H를 구하면 아래 수식과 같다.

$$dH = \frac{I\cos\beta\, d\beta}{4\pi a}$$

$$\therefore H = \frac{I}{4\pi a}\int_{-\beta_2}^{\beta_1}\cos\beta\, d\beta$$

$$= \frac{I}{4\pi a}[\sin\beta]_{-\beta_2}^{\beta_1}$$

$$= \frac{I}{4\pi a}[\sin\beta_1 - \sin(-\beta_2)]$$

$$= \frac{I}{4\pi a}(\sin\beta_1 + \sin\beta_2)$$

■ 미소 자계 dH

☞ $dH = \frac{I\cos\beta\, d\beta}{4\pi a}$

■ $\cos\beta$ 적분

☞ $y = \int\cos\beta\, d\beta \to \sin\beta$

■ $\sin -\beta$ 의 삼각함수 정리

☞ $\sin -\beta = -\sin\beta$

앞에서는 유한장 직선 도체에 대하여 비오-사바르의 법칙을 활용하여 자계의 세기를 구하였다. 여기서는 앞에서 구한 수식에서 β_1과 β_2에 $90°$ $(\pi/2)$를 대입하여 풀게 되면 유한장 직선 도체가 무한장 직선 도체로 변환되어 무한장 직선도체에서 거리 $r[m]$ 떨어진 지점의 자계의 세기 $H[AT/m]$를 구할 수 있다.

$$H = \frac{I}{4\pi a}(\sin\beta_1 + \sin\beta_2)$$
$$= \frac{I}{4\pi a}\left(\sin\left(\frac{\pi}{2}\right) + \sin\left(\frac{\pi}{2}\right)\right)$$
$$= \frac{I}{4\pi a}(1+1) = \frac{I}{2\pi a}\ [AT/m]$$

$$H = \frac{I}{4\pi a}(\sin\beta_1 + \sin\beta_2)$$
$$= \frac{I}{4\pi a}(\cos\theta_1 + \cos\theta_2)$$
$$= \frac{I}{4\pi a}(\cos(0°) + \cos(0°))$$
$$= \frac{I}{4\pi a}(1+1) = \frac{I}{2\pi a}\ [AT/m]$$

■ 무한장 직선 도체로 변환

☞ $\beta_1 = \frac{\pi}{2}(=90°)$ $\beta_2 = \frac{\pi}{2}(=90°)$

☞ $\theta_1 = 0°$ $\theta_2 = 0°$

■ 그림 8-11에서 각 삼각함수의 값

☞ $\sin\theta = \frac{a}{r}$ $\cos\beta = \frac{a}{r}$ $\therefore \sin\theta = \cos\beta$

☞ $\sin\beta = \frac{l}{r}$ $\cos\theta = \frac{l}{r}$ $\therefore \sin\beta = \cos\theta$

■ 무한 직선 도체의 자계의 세기

☞ $H = \frac{I}{2\pi r}\ [AT/m]$: 주회적분의 법칙

☞ 비오-사바르의 법칙 결과와 동일

상기 수식에서 무한장 직선 도체에 의한 거리 $r[m]$ 떨어진 지점의 자계의 세기 H $[AT/m]$를 구한 값은 암페어의 주회적분 법칙으로 구한 값과 같다는 것을 알 수 있다. 즉, 비오-사바르의 법칙이 성립한다는 것을 뜻한다.

예제 8.14

▣ 그림과 같은 길이 $\sqrt{3}\,[m]$인 유한장 직선 도체 $\pi[A]$의 전류가 흐를 때 도선의 끝인 점 B에서 수직하게 $1[m]$되는 P점의 자계의 세기 $[AT/m]$는 얼마인가?

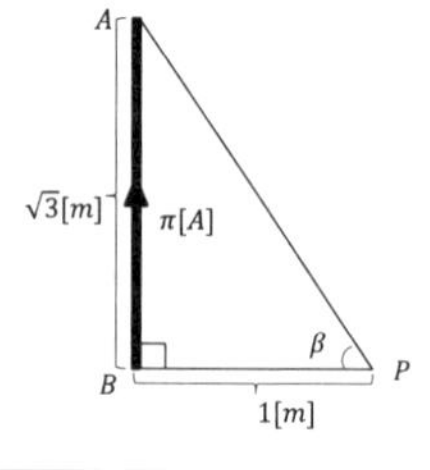

풀이

◉ $H = \frac{I}{4\pi a}(\sin\beta_1 + \sin\beta_2)$에서 $\beta_2 = 0$ $\therefore \sin 0° = 0$, 따라서 β_1에 대해서만 구함

$\therefore$ 자계 세기 $H = \frac{I}{4\pi a}\sin\beta_1 = \frac{\pi}{4\pi \times 1} \times \frac{\sqrt{3}}{\sqrt{1^2 + (\sqrt{3})^2}} = \frac{1}{4} \times \frac{\sqrt{3}}{2} = \frac{\sqrt{3}}{8}[AT/m]$

예제 8.15

■ 한 변의 길이가 l인 정삼각형 회로에 $I[A]$의 전류가 흐를 때, 삼각형 중심에서 자계의 세기 $[AT/m]$는 얼마인가?

풀이

◉ 한 변의 자계 $H_1 = \frac{I}{4\pi a}(\cos\theta_1 + \cos\theta_2)$, $\cos 30^\circ = \frac{\sqrt{3}}{2}$

a는 $\tan 30^\circ = \frac{a}{l/2} \rightarrow \therefore a = \frac{l}{2}\cdot\tan 30^\circ$

$\tan 30^\circ = \frac{1}{\sqrt{3}} \rightarrow \therefore a = \frac{l}{2\sqrt{3}}$

◉ 세변의 중심 자계: $H = 3H_1$

$$H = 3\times\frac{I}{4\pi a}(\cos 30^\circ + \cos 30^\circ) = 3\times\frac{I}{4\pi\frac{l}{2\sqrt{3}}}\left(\frac{\sqrt{3}}{2}+\frac{\sqrt{3}}{2}\right)$$

$$= \frac{9I}{2\pi l}[AT/m]$$

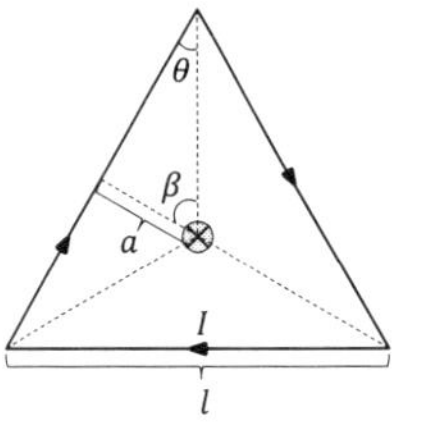

예제 8.16

■ 한변의 길이가 $l[m]$인 정방형(정사각형) 도체 회로에 전류 $I[A]$를 흘릴 때, 도체 회로의 중심점의 자계의 세기 $[AT/m]$는 얼마인가?

풀이

◉ 한 변 AB에 대한 중심점의 자계

$H_{AB} = \frac{I}{4\pi a}(\sin\beta_1 + \sin\beta_2)$, $\sin\beta_1 = \sin\beta_2 = \sin 45^\circ = \frac{1}{\sqrt{2}}$

a는 $\tan 45^\circ = \frac{a}{l/2} \rightarrow a = \frac{l}{2}\cdot\tan 45^\circ$, $\tan 45^\circ = 1 \rightarrow \therefore a = \frac{l}{2}$

◉ 자계의 세기는 $H_{AB} = \frac{I}{4\pi(\frac{l}{2})}\times 2\times\frac{1}{\sqrt{2}} = \frac{I}{\sqrt{2}\pi l}$ [AT/m]

◉ 전체 중심 자계 $H = H_{AB} + H_{BC} + H_{CD} + H_{DA} = 4H_{AB} = 4\times\frac{I}{\sqrt{2}\pi l} = \frac{2\sqrt{2}I}{\pi l}[AT/m]$

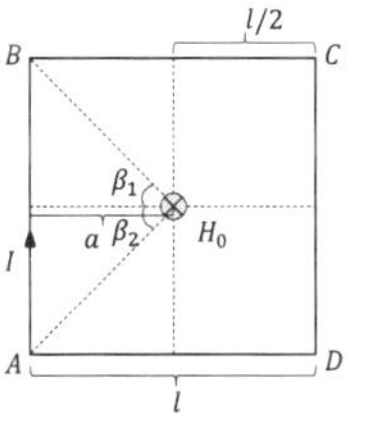

예제 8.17

■ 한변의 길이가 $l[m]$인 정 6각형 도체 회로에 전류 $I[A]$를 흘릴 때, 도체 회로의 중심점의 자계의 세기 $[AT/m]$는 얼마인가?

풀이

◉ 한 변 AB에 대한 중심점의 자계:

$H_{AB} = \frac{I}{4\pi a}(\sin\beta_1 + \sin\beta_2)$, $\sin\beta_1 = \sin\beta_2 = \sin 30^\circ = \frac{1}{2}$

a는 $\tan 60^\circ = \frac{a}{l/2} \rightarrow a = \frac{l}{2}\cdot\tan 60^\circ$

$\tan 60^\circ = \sqrt{3} \rightarrow \therefore a = \frac{\sqrt{3}l}{2}$

◉ 자계의 세기는 $H_{AB} = \frac{I}{4\pi(\frac{\sqrt{3}l}{2})}\times 2\times\frac{1}{2} = \frac{I}{2\sqrt{3}\pi l} = \frac{\sqrt{3}I}{6\pi l}[AT/m]$

◉ 전체 중심 자계 $H = 6H_{AB} = 6\times\frac{\sqrt{3}I}{6\pi l} = \frac{\sqrt{3}I}{\pi l}[AT/m]$

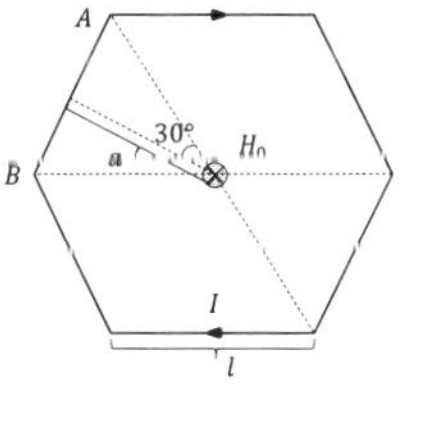

예제 8.18

■ 그림과 같이 반지름 $a[m]$인 원의 $\frac{3}{4}$ 되는 점 B, C에 반무한장 직선 BA 및 CD가 연결되어 있다. 이 회로에 $I[A]$를 흘릴 때, 원의 중심 O점의 자계의 세기 $[AT/m]$는 얼마인가?

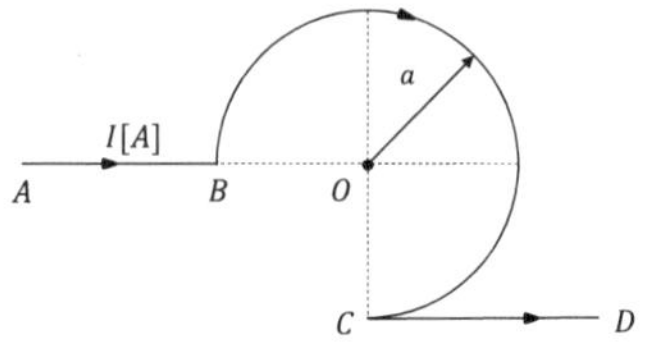

풀이

◉ 도체 AB, BC, CD에 의한 중심 자계를 H_{AB}, H_{BC}, H_{CD}라 하면

▶ 직선부분(AB)에 의한 O점의 자계는 H_{AB}는 $H_{AB} = \frac{I}{4\pi a}(\cos\theta_1 + \cos\theta_2)$

$\theta_1 = 180° \rightarrow \cos 180° = -1$, $\theta_2 = 0° \rightarrow \cos 0° = 1$ $\therefore H_{AB} = \frac{I}{4\pi a}(-1+1) = 0$

▶ 3/4 원 BC에 의한 자계는 H_{BC}는 원형 도선의 중심부의 자계는 $H = \frac{I}{2a}$에서 3/4에 해당되기 때문에 $H_{BC} = \frac{I}{2a} \times \frac{3}{4} = \frac{3I}{8a}$

▶ 직선부분(CD)에 의한 O점의 자계는 H_{CD}는 $H_{CD} = \frac{I}{4\pi a}(\cos\theta_1 + \cos\theta_2)$

$\theta_1 = 0° \rightarrow \cos 0° = 1$, $\theta_2 = 90° \rightarrow \cos 90° = 0$ $\therefore H_{CD} = \frac{I}{4\pi a}(1+0) = \frac{I}{4\pi a}$

▶ 전체 자계의 세기 $H = H_{AB} + H_{BC} + H_{CD} = 0 + \frac{3I}{8a} + \frac{I}{4\pi a} = \frac{(3\pi - 2)I}{8\pi a}$ $[AT/m]$

예제 8.19

■ 그림과 같이 반원과 두 개의 반무한장 직선 도선에 전류 $I[A]$가 흐를 때, 반원에 중심 O점의 자계의 세기 $[AT/m]$는 얼마인가?

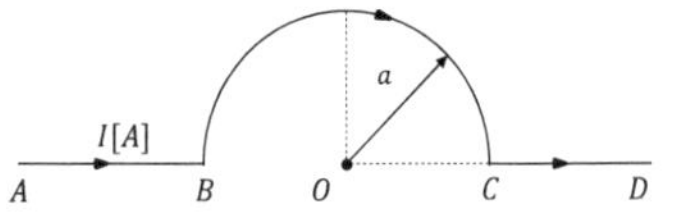

풀이

◉ 도체 AB, BC, CD에 의한 중심 자계를 H_{AB}, H_{BC}라 하면

▶ 직선부분(AB)에 의한 O점의 자계는 H_{AB}는 $H_{AB} = \frac{I}{4\pi a}(\cos\theta_1 + \cos\theta_2)$

$\theta_1 = 180° \rightarrow \cos 180° = -1$, $\theta_2 = 0° \rightarrow \cos 0° = 1$ $\therefore H_{AB} = \frac{I}{4\pi a}(-1+1) = 0$

▶ 반원 부분(BC)에 의하여 생기는 자계는 H_{BC}는 원형 도선의 중심부의 자계는 $H = \frac{I}{2a}$에서 1/2에 해당되기 때문에 $H_{BC} = \frac{I}{2a} \times \frac{1}{2} = \frac{I}{4a}$

▶ 직선부분(CD)에 의한 O점의 자계는 H_{CD}는 $H_{CD} = \frac{I}{4\pi a}(\cos\theta_1 + \cos\theta_2)$

$\theta_1 = 0° \rightarrow \cos 0° = 1$, $\theta_2 = 180° \rightarrow \cos 180° = -1$ $\therefore H_{CD} = \frac{I}{4\pi a}(1-1) = 0$

▶ 전체 자계의 세기 $H = H_{AB} + H_{BC} + H_{CD} = 0 + \frac{I}{4a} + 0 = \frac{I}{4a}$ $[AT/m]$

예제 8.20	
▣ 그림과 같이 반지름 $a[m]$인 원의 $\frac{3}{4}$되는 점 B, C에 반무한장 직선 BA 및 CD가 연결되어 있다. 이 회로에 $I[A]$를 흘릴 때, 원의 중심 O점의 자계의 세기 $[AT/m]$는 얼마인가? 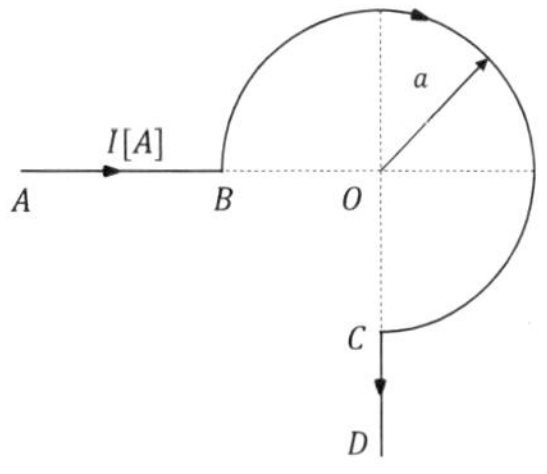	
풀이	◉ 도체 AB, BC, CD에 의한 중심 자계를 H_{AB}, H_{BC}, H_{CD}라 하면 ▶ 직선부분(AB)에 의한 O점의 자계는 H_{AB}는 $H_{AB} = \frac{I}{4\pi a}(\cos\theta_1 + \cos\theta_2)$ $\theta_1 = 180° \rightarrow \cos 180° = -1$, $\theta_2 = 0° \rightarrow \cos 0° = 1$ $\therefore H_{AB} = \frac{I}{4\pi a}(-1+1) = 0$ ▶ 3/4 원 BC에 의한 자계는 H_{BC}는 원형 도선의 중심부의 자계는 $H = \frac{I}{2a}$에서 3/4에 해당되기 때문에 $H_{BC} = \frac{I}{2a} \times \frac{3}{4} = \frac{3I}{8a}$ ▶ 직선부분(CD)에 의한 O점의 자계는 H_{CD}는 $H_{CD} = \frac{I}{4\pi a}(\cos\theta_1 + \cos\theta_2)$ $\theta_1 = 0° \rightarrow \cos 0° = 1$, $\theta_2 = 180° \rightarrow \cos 180° = -1$ $\therefore H_{CD} = \frac{I}{4\pi a}(1 + (-1)) = 0$ ▶ 전체 자계의 세기 $H = H_{AB} + H_{BC} + H_{CD} = 0 + \frac{3I}{8a} + 0 = \frac{3I}{8a}$ $[AT/m]$

【정삼각형, 정사각형, 정육각형, 정n각형의 중심 자계 요약 정리】

항목	특성
정삼각형	■ 중심 자계의 세기: $H_0 = \frac{I}{4\pi a}(\cos 30° + \cos 30°) \times 3$변 $= \frac{9I}{2\pi l}[AT/m]$ ■ 자속밀도: $B_0 = \mu H_0 = \frac{\mu 9I}{2\pi l}$ $[Wb/m^2]$
정사각형	■ 중심 자계의 세기: $H_0 = \frac{I}{4\pi a}(\cos 45° + \cos 45°) \times 4$변 $= \frac{2\sqrt{2}I}{\pi l}[AT/m]$ ■ 자속밀도: $B_0 = \mu H_0 = \frac{\mu 2\sqrt{2}I}{\pi l}$ $[Wb/m^2]$
정육각형	■ 중심 자계의 세기: $H_0 = \frac{I}{4\pi a}(\cos 60° + \cos 60°) \times 6$변 $= \frac{\sqrt{3}I}{\pi l}[AT/m]$ ■ 자속밀도: $B_0 = \mu H_0 = \frac{\mu\sqrt{3}I}{\pi l}$ $[Wb/m^2]$
정n각형	■ 중심 자계의 세기: $H_0 = \frac{nI}{2\pi a}\tan\frac{\pi}{n}[AT/m]$ ■ 자속밀도: $B_0 = \mu H_0 = \frac{\mu nI}{2\pi a}\tan\frac{\pi}{n}$ $[Wb/m^2]$

【전류에 의한 자계의 계산 요약 정리】

<table>
<tr><th colspan="3">구분</th><th colspan="3">관련 내용</th></tr>
<tr><td rowspan="9">무한장</td><td colspan="2">직선도체</td><td colspan="3">$H = \frac{I}{2\pi r}\ [A/m]$</td></tr>
<tr><td rowspan="4">원주형
도체</td><td>전류</td><td>$r > a$(외부)</td><td>$r = a$(표면)</td><td>$r < a$(내부)</td></tr>
<tr><td>균일</td><td>$H_r = \frac{I}{2\pi r}\ [A/m]$</td><td>$H_a = \frac{I}{2\pi a}\ [A/m]$</td><td>$H_{r'} = \frac{r'}{2\pi a^2} I\ [A/m]$</td></tr>
<tr><td>표면만</td><td>$H_r = \frac{I}{2\pi r}\ [A/m]$</td><td>$H_a = \frac{I}{2\pi a}\ [A/m]$</td><td>$H_{r'} = 0$</td></tr>
<tr><td></td><td colspan="3">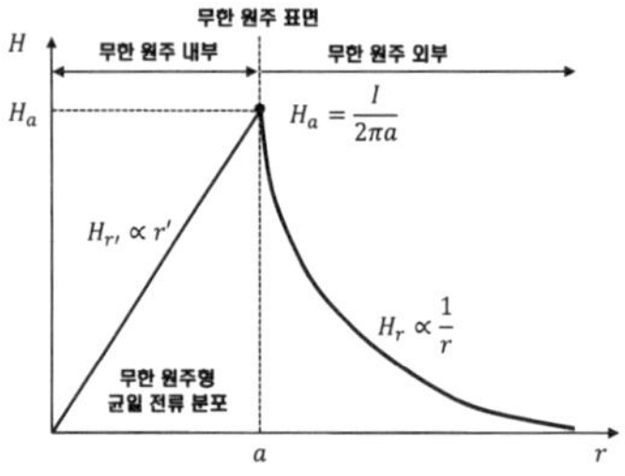 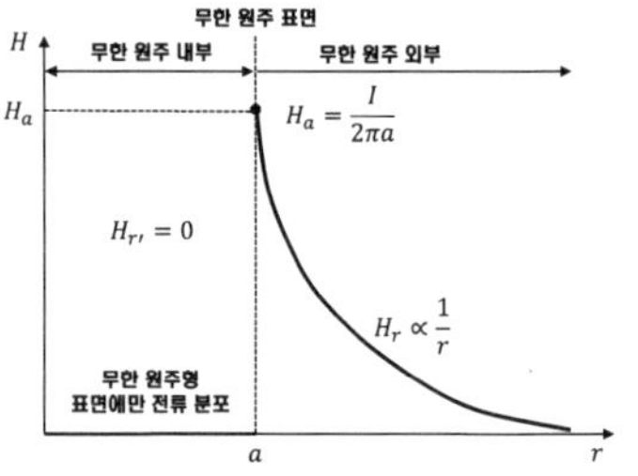</td></tr>
<tr><td colspan="2" rowspan="2">솔레노이드</td><td>내부</td><td>외부</td><td>경계</td></tr>
<tr><td>$H_1 = H_2$
$H_i = H_1 + H_2$</td><td>$-H_3 = H_4$
$H_e = 0$</td><td>$H_i = \frac{NI}{l}\ [AT/m]$
N: 권선수
$H_i = nI\ [AT/m]$
n : 단위길이당권선수</td></tr>
<tr><td colspan="2">환상
솔레노이드</td><td colspan="3">$H = \frac{NI}{2\pi r} = \frac{NI}{l}\ [AT/m]$
진공: $B = \mu_0 H = \frac{\mu_0 NI}{2\pi r} = \frac{\mu_0 NI}{l}\ [Wb/m^2]$
철심: $B = \mu H = \frac{\mu NI}{2\pi r} = \frac{\mu NI}{l}\ [Wb/m^2]$</td></tr>
<tr><td colspan="2">원형전류
(등가판자석법)</td><td colspan="3">$H_x = \frac{I}{2}\frac{a^2}{(a^2+x^2)^{\frac{3}{2}}}[A/m]$, $H_x = \frac{I}{2}\frac{a^2}{a^3} = \frac{I}{2a}\ [A/m]$, $(x=0)$
$H_x = \frac{NI}{2}\frac{a^2}{a^3} = \frac{NI}{2a}\ [AT/m]$, $(x=0, N[T])$</td></tr>
<tr><td>유한장</td><td colspan="2">직선전류
(비오-사바르
법칙)</td><td colspan="3">유한장:
$H = \frac{I}{4\pi a}(\sin\beta_1 + \sin\beta_2) = \frac{I}{4\pi a}(\cos\theta_1 + \cos\theta_2)$
무한장:
$H = \frac{I}{4\pi a}(\sin\beta_1 + \sin\beta_2) = \frac{I}{4\pi a}(\sin(\frac{\pi}{2}) + \sin(\frac{\pi}{2})) = \frac{I}{2\pi a}\ [AT/m]$</td></tr>
</table>

8-5 벡터계의 회전과 스토크스의 정리

8.5.1 벡터계의 회전

전계에서 전위 또는 전위차(eletric potential difference)는 전하 $Q[C]$이 형성하는 전계의 공간 내에 임의의 한 점에서 다른 한 점으로 $+1[C]$의 단위 전하를 이동시키는 데 필요한 일을 말한다. 전위차 V_{AB}는 점 B에서 점 A로 이동시키는 위치의 변화만을 나타내고 있기 때문에 경로에는 무관하게 일정한 값을 가지고 있으며, 이를 보존계(conservative field)라고 한다. 즉, 출발점에서 시작하여 다른 여러 위치를 거쳐 다시 출발점에 도착하게 되면 에너지의 흡수나 방출 없이 에너지 즉 한 일은 0으로 되는 공간을 말한다. 그림 8-13은 보존계에서 전위차를 나타낸 것이다. 따라서, 점 B에서 점 A로 이동시키는 전위차 V_{AB}와 점 A에서 점 B로 이동시키는 전위차 V_{BA}를 구하면 다음과 같다.

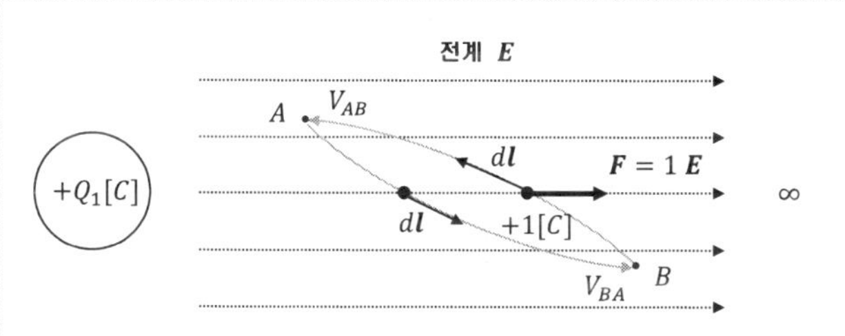

■ 전위차 V_{AB}와 V_{BA}

☞ $V_{AB} = V_A - V_B = -\int_B^A \boldsymbol{E} \cdot dl\,[V]$

☞ $V_{BA} = V_B - V_A = \int_B^A \boldsymbol{E} \cdot dl\,[V]$

그림 8-13 보존계에서 전위차

보존계이기 때문에 점 B에서 점 A로 이동시키는 전위차 V_{AB}와 점 A에서 점 B로 이동시키는 전위차 V_{BA}를 출발 위치에서 시작하여 출발 위치에 되돌아 왔기 때문에 각 이동별 전위차는 다음 수식으로 나타낼 수 있다.

$$V_{AB} + V_{BA} = 0$$

$$\oint \boldsymbol{E} \cdot dl = -\int_B^A \boldsymbol{E} \cdot dl + \int_B^A \boldsymbol{E} \cdot dl = 0$$

$$\therefore \oint \boldsymbol{E} \cdot dl = 0$$

■ 전위차 V_{AB}에서 V_{BA}로 이동

☞ $V_{AB} + V_{BA} = 0$

따라서, 단위전하 $+1[C]$의 전하가 전하 $+Q_1[C]$에 의하여 형성된 전계 내를 일주(출발점에서 시작하여 출발점으로 도착)하게 되면 한 일은 0이 되며, 전위차는 0으로 된다는 것을 의미한다.

그러나, 보존계가 아닌 자계에서 암페어의 주회적분을 한 것은 아래 수식과 같다. 아래 수식은 전계와 같은 보존계가 아닌 비보존계 또는 비보존장을 나타내고 있으며, 비보존계에서는 원주를 따라 형성된 자계(자기력선)을 따라 선적분한 값은 0이 아닌 유한한 값(전류 I)을 가진다. 즉, 회전장은 비보존계이라는 것을 알 수 있다.

$$\oint \boldsymbol{H} \cdot dl = I$$

■ 암페어의 주회적분의 법칙
☞ $H_1 2\pi r_1 = I$
☞ $H_2 2\pi r_2 = I$
☞ $H_3 2\pi r_3 = I$

그림 8-14는 암페어의 주회적분의 법칙과 벡터의 회전에 대한 물리적 개념에 대한 내용을 그림으로 나타낸 것이다.

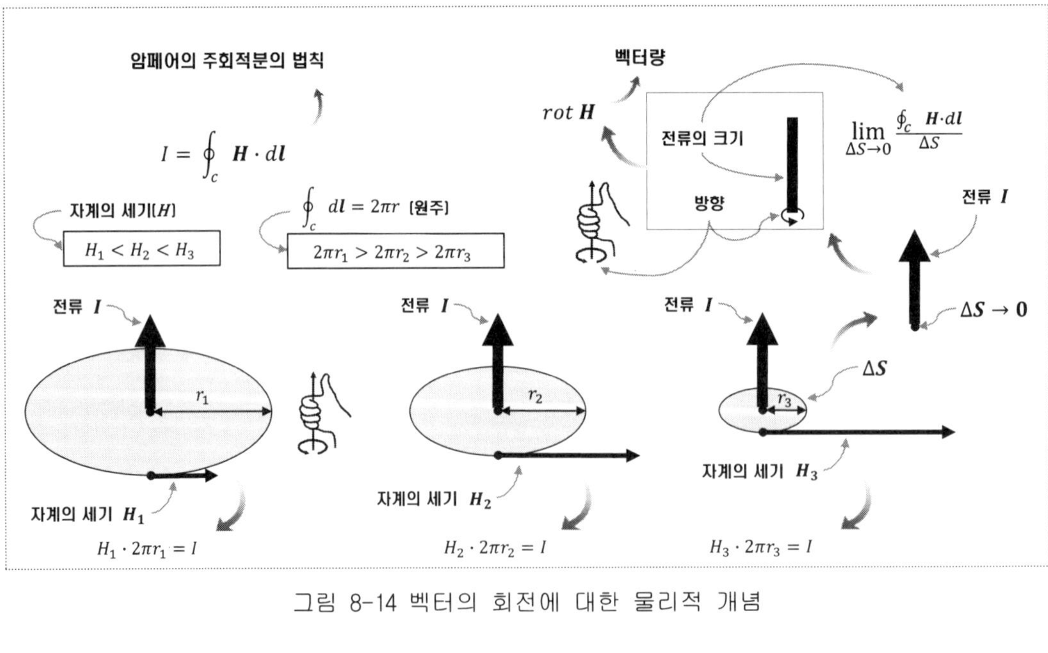

그림 8-14 벡터의 회전에 대한 물리적 개념

회전하고 있는 자계에서는 미소 길이의 주회적분을 취한 값($\oint dl = 2\pi r$)은 유한한 값(원주의 길이, $2\pi r$)을 가지고 있으며, 적분 경로의 크기에 따라 주회적분의 값(적분경로가 크면 주회적분 값은 큼)은 변화하게 된다. 또한, 자계의 세기도 적분 경로의 크기에 따라 주회적분의 값(적분경로가 크면 주회적분 값은 작음)은 변화하게 된다. 따라서, 적분경로의 크기에 따른 미소 길이의 주회적분을 취한 값($\oint dl = 2\pi r$)과 자계의 세기 $\boldsymbol{H}$와 벡터의 스칼라적을 취한 값은 항상 일정한 값(전류 I)이 된다. 이것이 암페어의 주회적분의 법칙에 대한 물리적 개념이다. 그리고, 벡터의 회전에 대한 물리적 개념을 살펴보자. 회전하고 있는 자기장의 공간에서 자계의 세기와 미소 적분 경로의 전체 폐경로에 따라 주회적분을 취한 값($\oint \boldsymbol{H} \cdot dl$)은 유한한 값인 전류 I($\oint \boldsymbol{H} \cdot dl = I$)로 표현된다. 그리고, 주회적분을 취한 값과 이 적분 경로가 이루는 미소 면적(ΔS)의 비는 항상 일정한 값으로 수렴($\lim_{\Delta S \to 0}$)하게 된다. 이를 수식으로 나타내면 아래와 같다. 아래 수식의 물리적 의미를 $rot\,\boldsymbol{H}$의 크기라 한다. $rot\,\boldsymbol{H}$의 크기가 크다는 것의 물리적 의미는 회전하는 자계의 세기 $\boldsymbol{H}$가 크다는 것을 나타내고 있으며, 이것은 회전하는 자기장의 발생 원인인 전류 I의 크기가 크다는 것을 나타낸다. 즉, $rot\,\boldsymbol{H}$가 크다는 것은 도선에 크기가 큰 전류 I가 흐른다는 것을 의미한다. 그림 8-13에 $rot\,\boldsymbol{H}$의 크기에 대한 설명을 그림으로 나타내었다.

$$\lim_{\Delta S \to 0} \frac{\oint \boldsymbol{H} \cdot dl}{\Delta S} = \text{일정}(rot\,\boldsymbol{H}\text{의 크기})$$

물리적 의미: $rot\,\boldsymbol{H}$의 크기
(전류 I, 전류밀도 i)

■ $rot\,\boldsymbol{H}$의 크기
☞ 회전의 크기를 나타내며 전류 I 에 해당(정확히는 전류밀도 i를 의미)
☞ 즉, 회전의 크기가 크다는 것은 자기장의 세기 H가 크며 그 근본인 전류 I 가 크다는 것을 나타냄

그리고, $rot\,\boldsymbol{H}$는 벡터량이기 때문에 방향을 가지고 있다. 따라서, $rot\,\boldsymbol{H}$의 방향은 암페어의 오른나사 법칙에 의하여 전류의 방향을 알면 자기장의 방향을 알 수 있다. 이를 아래와 그림 8-14에 $rot\,\boldsymbol{H}$의 방향을 그림으로 나타내었다.

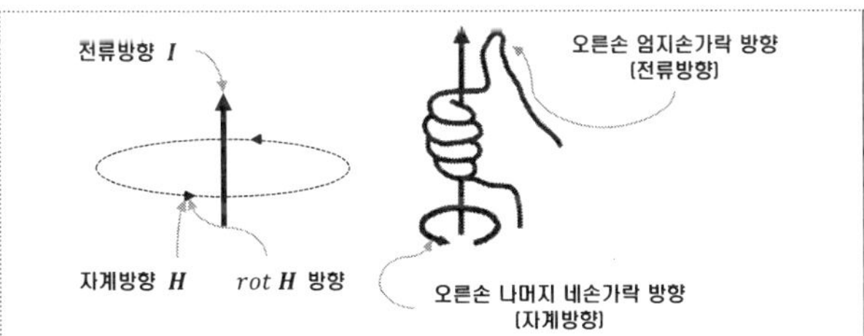

■ $rot\,\boldsymbol{H}$의 방향
☞ 암페어의 오른나사 법칙에 따름
☞ ΔS 주위를 오른나사 방향으로 회전

8.5.2 스토크스의 정리

그림 8-15는 선적분을 면적분으로 바꾸는 스토크스의 정리(Stoke's theorem)에 대한 물리적 개념을 나타낸 것이다.

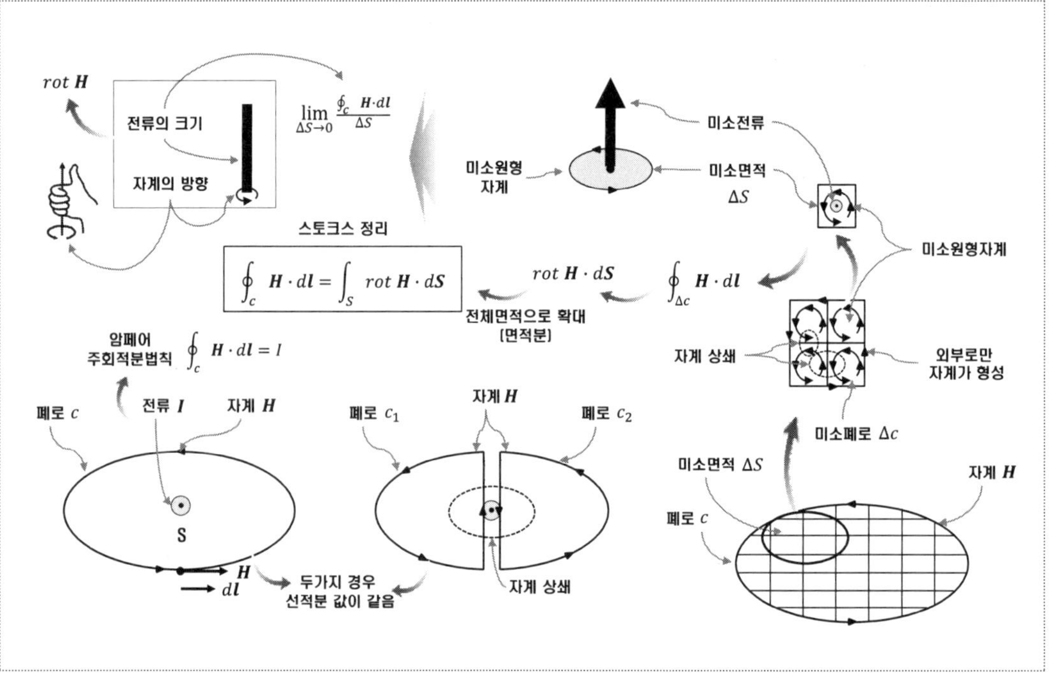

그림 8-15 스토크스의 정리에 대한 물리적 개념

그림 8-15와 같이 전류 I에 의하여 면적 S를 가지는 폐로 c에 자계 H가 형성되어 있는 경우, 면적 S를 두개로 나누어 폐로 c_1과 폐로 c_2에 각각 자계 H가 순환한다고 하다면, 폐로 c_1과 폐로 c_2에 의하여 분할된 경계면에서는 자계 H의 방향이 반대이기 때문에 경계면의 자계는 상쇄되어 소멸된다. 그러므로, 두개로 나누어진 폐로 c_1과 폐로 c_2주변에 대하여 각각 선적분하여 합하게 되어도 두 개의 폐로가 이루는 경계면의 선적분 값은 상쇄되기 때문에 처음의 폐로 c에 대한 선적분 값과 같다. 이를 수식으로 표현하면 다음과 같다.

$$\oint_c \boldsymbol{H} \cdot dl = \oint_{c_1} \boldsymbol{H} \cdot dl + \oint_{c_2} \boldsymbol{H} \cdot dl = I$$

■ 암페어의 주회적분 법칙

☞ $\oint_c \boldsymbol{H} \cdot dl = I$

그리고, 그림 8-15와 같이 폐로 c를 무한히 반복하여 미소 분할하여도 동일한 결과를 얻을 수 있다. 이와 같이 분할된 미소면적을 ΔS, 미소면적 주변의 미소 폐로를 Δc라고 하면 상기 수식의 선적분은 벡터의 회전과 같다는 관계가 성립한다. 미소면적인 ΔS의 주위에 미소 자계가 형성되어 ⊙ 방향의 전류 I가 흐르고 있다. 이것은 앞에서 살펴본 미소면적 ΔS에 대한 $rot\,\boldsymbol{H}$를 의미하고 있다. 그리고, 미소 폐로 Δc 주위에 회전하는 미소 자계의 선적분한 값은 서로 같아진다. 즉 이를 수식으로 표현하면 아래 수식과 같다.

$$\oint_{\Delta c} \boldsymbol{H} \cdot dl \fallingdotseq rot\,\boldsymbol{H} \cdot d\boldsymbol{S}$$

■ 암페어의 주회적분 법칙과 벡터의 회전과의 관계

그리고, 상기의 미소면적 ΔS에 대한 $rot\,\boldsymbol{H}$를 임의의 면적 S로 확내(Σ)한 것은 미소면적 ΔS 주변의 미소 폐로 Δc를 임의의 면적 S 주변의 폐로 c에 대한 선적분과 같다고 생각할 수 있다. 즉, 선적분과 벡터 회전 사이의 관계는 아래 수식과 같다.

$$\oint_c \boldsymbol{H} \cdot dl = \sum rot\,\boldsymbol{H} \cdot d\boldsymbol{S} = \int_S rot\,\boldsymbol{H} \cdot d\boldsymbol{S}$$

$$\therefore \oint_c \boldsymbol{H} \cdot dl = \int_S rot\,\boldsymbol{H} \cdot d\boldsymbol{S}$$

■ 스토크스의 정리

☞ 선적분을 면적분으로 변환하는 공식

상기 수식에서 자계의 세기 $\boldsymbol{H}$를 임의의 폐곡선에 대하여 선적분한 것은 암페어의 주회적분 법칙을 의미하고 있어 전류 I를 나타내고 있으며, 자계의 세기 $\boldsymbol{H}$의 회전벡터 $rot\,\boldsymbol{H}$를 그 폐곡면의 면적으로 면적분하는 것은 $rot\,\boldsymbol{H}$의 크기인 전류 I를 나타내고 있기 때문에 선적분한 값과 면적분한 값이 서로 같다. 이것을 스토크스의 정리(Stoke's theorem)라 한다. 이와 같이 스토크스의 정리는 선적분을 면적분으로 또는 면적분을 선적분으로 변환시킬 경우 사용하는 정리이다.

8.5.3 암페어의 주회적분 법칙에 대한 미분형

앞에서 살펴본 바와 같이 자계의 세기 $\boldsymbol{H}$를 임의의 폐곡선에 대하여 선적분한 것과 자계의 세기 $\boldsymbol{H}$의 회전벡터 $rot\,\boldsymbol{H}$를 그 폐곡면의 면적으로 면적분하는 것은 전류 I로 서로 같기 때문에 스토크스 정리를 암페어의 주회적분 법칙에 적용하면 아래 수식과 같다.

$$\oint_c \boldsymbol{H} \cdot dl = \int_S rot\,\boldsymbol{H} \cdot d\boldsymbol{S} = I[A]$$

■ 스토크스의 정리를 암페어 주회 적분 법칙에 적용

그리고, 상기 수식의 전류 $I[A]$를 단위 면적당의 전류인 전류밀도 $\boldsymbol{i}[A/m^2]$로 표현하면 아래 수식과 같다.

$$I = \int_S \boldsymbol{i} \cdot d\boldsymbol{S}$$

$$\therefore \int_S rot\,\boldsymbol{H} \cdot d\boldsymbol{S} = I = \int_S \boldsymbol{i} \cdot d\boldsymbol{S}$$

$$\therefore rot\,\boldsymbol{H} = \boldsymbol{i}\,,\ \nabla \times \boldsymbol{H} = \boldsymbol{i}$$

■ 전류밀도 $i[A/m^2]$

☞ 단위면적당 흐르는 전류량

☞ $i = \dfrac{I}{S} \Rightarrow i = \dfrac{\Delta I}{\Delta S}$

$\therefore \Delta I = i \cdot \Delta S$

$\therefore I = \int_S \boldsymbol{i} \cdot d\boldsymbol{S}$

상기 수식을 자계 $\boldsymbol{H}$와 전류밀도 $\boldsymbol{i}[A/m^2]$ 사이의 관계를 나타내는 식으로 암페어의 주회적분 법칙에 대한 미분형이라 한다. 즉, $rot\,\boldsymbol{H}$의 크기는 단위면적당 흐르는 전류량인 전류밀도 $\boldsymbol{i}[A/m^2]$와 같다는 것을 나타내며, 벡터의 방향은 암페어의 오른나사 법칙을 따른다는 것을 의미한다.

예제 8.21

▣ 그림과 같은 반지름 $\rho[m]$인 원형 영역에 걸쳐 균등 자속밀도가 $\boldsymbol{B} = B_0\boldsymbol{a}_z[Wb/m^2]$로 측정되었다면 그 원형 영역 내의 벡터포텐셜 $\boldsymbol{A}\,[Wb/m]$는 얼마인가?

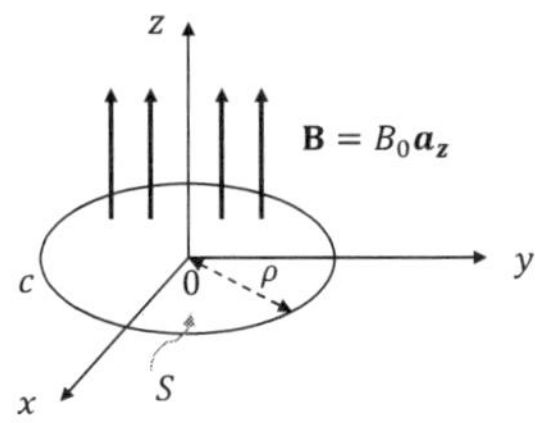

① $\dfrac{\rho B_0}{2\pi}\boldsymbol{a}_z$　② $\dfrac{\rho B_0}{2\pi}\boldsymbol{a}_\phi$　③ $\dfrac{\rho B_0}{2}\boldsymbol{a}_z$　④ $\dfrac{\rho B_0}{2}\boldsymbol{a}_\phi$

풀이

◉ 벡터포텐셜 $\boldsymbol{A}$: 자기장에 의해 정의되는 위치함수로 $\nabla \cdot \boldsymbol{B} = 0$, $\boldsymbol{B} = rot\boldsymbol{A}$로 표시

◉ 스토크스 정리를 이용하면 자속ϕ는 $\phi = B \cdot S = \int_s \boldsymbol{B} \cdot d\boldsymbol{S} = \int_s rot\boldsymbol{A} \cdot d\boldsymbol{S} = \int_c \boldsymbol{A} \cdot dl$

선적분 구간 $c=0$에서 $c=2\pi\rho$이므로 $\int_c \boldsymbol{A} \cdot dl = \int_0^{2\pi\rho} \boldsymbol{A} \cdot dl = A \times 2\pi\rho$

면적 $S = \pi r^2 = \pi\rho^2$이다. 따라서 자속 $\phi = B_0 \times \pi\rho^2 = A \times 2\pi\rho$이므로

$\therefore A = \dfrac{\phi\rho^2 B_0}{2\pi\rho} = \dfrac{\rho B_0}{2}$에서 $\boldsymbol{A} = A\boldsymbol{a}_\phi = \dfrac{\rho B_0}{2}\boldsymbol{a}_\phi$, 즉 면적 S주위를 회전하는 방향

☞ ④

[정전계와 정자계의 적분형과 미분형 요약 정리]

구분		적분형	미분형	관련내용
정전계	가우스 정리	$\oint_S \boldsymbol{D} \cdot d\boldsymbol{S} = Q$ $\oint_S \boldsymbol{E} \cdot d\boldsymbol{S} = \frac{Q}{\epsilon_0}$	$\oint_S \boldsymbol{D} \cdot d\boldsymbol{S}$ $= \int_v \nabla \cdot \boldsymbol{D}\, dv$ $= Q = \int_v \rho dv$ $\nabla \cdot \boldsymbol{D} = \rho$ $\nabla \cdot \boldsymbol{E} = \frac{\rho}{\epsilon_0}$	■ 전계와 전속밀도 ☞ $\boldsymbol{D} = \epsilon_0 \boldsymbol{E}$ ■ 발산 정리 ☞ $\oint_S \boldsymbol{D} \cdot d\boldsymbol{S} = \int_v \nabla \cdot \boldsymbol{D}\, dv$ ☞ $\nabla \cdot \boldsymbol{D} = \rho$ ☞ $\nabla \cdot \boldsymbol{E} = \frac{\rho}{\epsilon_0}$
	보존장	$V_{AB} = V_A - V_B$ $= -\int_B^A \boldsymbol{E} \cdot dl$ $\boldsymbol{E} = -\nabla \boldsymbol{V}$ $= -grad\, V$ $\oint_c \boldsymbol{E} \cdot dl = 0$	$\oint_c \boldsymbol{E} \cdot dl$ $= \int_S rot \boldsymbol{E} \cdot d\boldsymbol{S}$ $= 0$ $rot \boldsymbol{E} = \nabla \times \boldsymbol{E} = 0$	■ 스토크스 정리 ☞ $\oint_c \boldsymbol{E} \cdot dl = \int_S rot \boldsymbol{E} \cdot d\boldsymbol{S}$ ■ 전계의 임페어의 주회적분 법칙 ☞ 전계를 주회적분하면 전위차는 없다.(=0)
정자계	암페어 주회 적분의 법칙	$\oint_c \boldsymbol{H} \cdot dl = I$	$\oint_c \boldsymbol{H} \cdot dl$ $= \int_S rot \boldsymbol{H} \cdot d\boldsymbol{S}$ $= I = \int_S \boldsymbol{i} \cdot d\boldsymbol{S}$ $rot \boldsymbol{H} = \nabla \times \boldsymbol{H} = \boldsymbol{i}$	■ 스토크스 정리 ☞ $\oint_c \boldsymbol{H} \cdot dl = \int_S rot \boldsymbol{H} \cdot d\boldsymbol{S}$
	자속	$\phi = \oint_S \boldsymbol{B} \cdot d\boldsymbol{S} = 0$	$\oint_S \boldsymbol{B} \cdot d\boldsymbol{S}$ $= \int_v \nabla \cdot \boldsymbol{B}\, dv$ $= 0$ $\nabla \cdot \boldsymbol{B} = 0$	■ 발산 정리 ☞ $\oint_S \boldsymbol{B} \cdot d\boldsymbol{S} = \int_v \nabla \cdot \boldsymbol{B}\, dv$ ■ 자계의 가우스 법칙 ☞ 가우스면에 들어오는 자속수와 나가는 자속수는 같다.(=0)
정상 전류계	오옴의 법칙	$I = \int_S \boldsymbol{i} \cdot d\boldsymbol{S}$	$\int_S \boldsymbol{i} \cdot d\boldsymbol{S}$ $= \int_v \nabla \cdot \boldsymbol{i}\, dv$ $= I = -\frac{dQ}{dt}$ $= -\frac{\partial}{\partial t}\int_v \rho dv$ $= \int_v -\frac{\partial \rho}{\partial t} dv$ $\nabla \cdot \boldsymbol{i} = -\frac{\partial \rho}{\partial t}$ $\nabla \cdot \boldsymbol{i} = 0$	■ 발산 정리 ☞ $\int_S \boldsymbol{i} \cdot d\boldsymbol{S} = \int_v \nabla \cdot \boldsymbol{i}\, dv$ ☞ $\nabla \cdot \boldsymbol{i} = -\frac{\partial \rho}{\partial t}$ ■ 정상전류 ☞ 시간에 대하여 전하밀도 ρ가 일정 ☞ $\frac{\partial \rho}{\partial t} = 0$ ☞ $\nabla \cdot \boldsymbol{i} = 0$

8-6 자계 내의 전류에 작용하는 힘

8.6.1 자계 내에서 전류가 흐르는 도체가 받는 힘

그림 8-16과 같이 외부의 자석 N극, S극에 의하여 발생한 자계 H_1 내부에 전류 $I[A]$가 흐르는 도체가 존재할 때, 이 도체의 전류를 ⊙ 쪽 방향으로 인가하게 되면 암페어의 오른나사 법칙에 의하여 자계가 반시계 방향으로 형성되게 된다. 이와 같이 전류 $I[A]$에 의하여 형성된 자계 H_2와 외부 자석(N극, S극)에 의한 자계 H_1의 방향을 살펴보면 도체의 위쪽 부분은 자속밀도 B가 감소하게 되고, 도체의 아래쪽 부분은 자속밀도 B가 증가하게 된다. 이와 같이 자속밀도의 차이에 의하여 도체는 자속밀도가 작은 위쪽 방향으로 힘을 받게 된다. 이와 같이 자계 내에서 전류가 흐르는 도체가 받는 힘을 전자력(electromagnetic force)이라 한다. 그리고 이를 플레밍의 왼손법칙(Fleming's left hand law)이라 한다.

이를 활용하여 외부에서 인가하는 전기에너지를 도선의 움직임에 해당되는 기계적 에너지로 변환시킬 수 있다. 이와 같이 플레밍의 왼손법칙을 이용하여 전동기 등의 전기기기 설계 및 제작에 활용하고 있다.

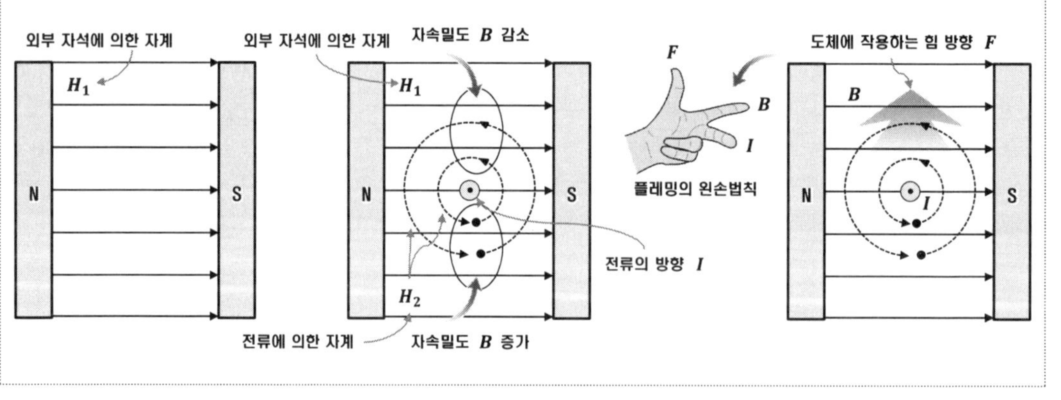

그림 8-16 플레밍의 왼손법칙에 대한 개념

상기의 내용에서 외부 자석 N극, S극에 의하여 발생한 자속밀도를 $\boldsymbol{B}[Wb/m^2]$, 도체에 인가하는 전류를 $\boldsymbol{I}[A]$, 자속밀도 $\boldsymbol{B}$에 영향을 받는 도체의 길이를 $l[m]$라고 하면, 이때 받는 힘을 $\boldsymbol{F}[N]$이라 할 때, 이를 수식으로 표현하면 다음과 같다.

$\boldsymbol{F} = (\boldsymbol{I} \times \boldsymbol{B})\, l \ \ [N]$ 또는 $\boldsymbol{F} = (\boldsymbol{I} \times \boldsymbol{B}) \ \ [N/m]$
$\boldsymbol{F} = I\ B\ l\ \sin\theta\, \boldsymbol{n} \ \ [N]$

■ 벡터의 벡터적으로 표현

☞ $\boldsymbol{A} \times \boldsymbol{B} = AB \sin\theta\, \boldsymbol{n}$

☞

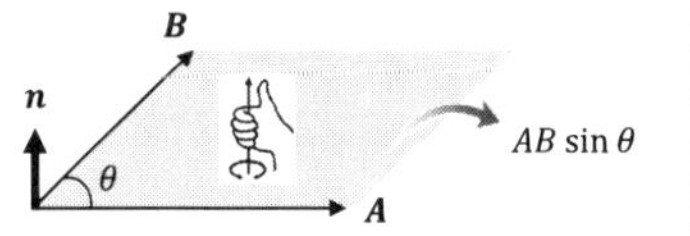

상기 수식의 의미를 그림 8-17에 나타내었다. 플레밍의 왼손법칙은 엄지가 힘 $\boldsymbol{F}$의 방향, 검지가 자속밀도 $\boldsymbol{B}$의 방향, 중지가 전류 $\boldsymbol{I}$의 방향을 나타내고 있다. 왼손의 중지를 전류 $\boldsymbol{I}$의 방향과 검지를 자계 $\boldsymbol{H}$ 또는 자속밀도 $\boldsymbol{B}$의 방향으로 놓게 되면 엄지가 가리키는 방향이 힘 $\boldsymbol{F}$의 방향을 나타낸다.

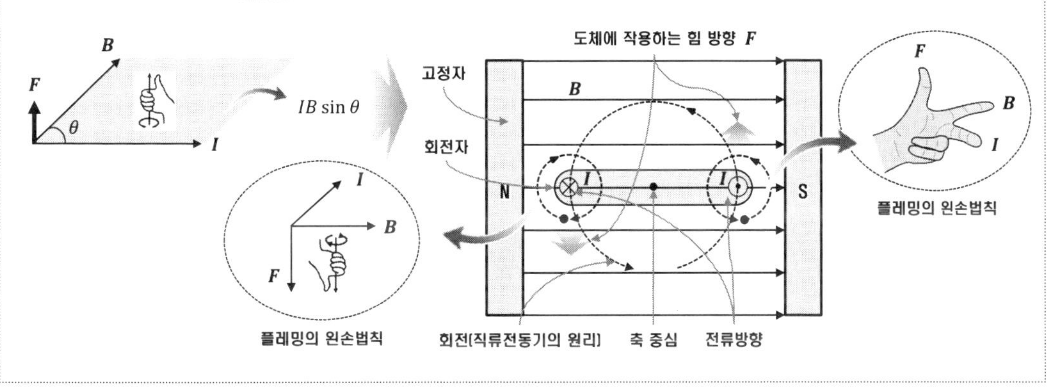

그림 8-17 플레밍의 왼손법칙에 의한 직류전동기의 원리

그리고, 전류 $\boldsymbol{I}$가 흐르는 도체와 외부 자석 N극, S극에 의하여 발생된 자계 $\boldsymbol{H}$가 이루는 각을 θ라고 할 때, 전류 $\boldsymbol{I}$와 자계 $\boldsymbol{H}$가 수직인 경우, $\theta = 90°$가 되어 힘 $\boldsymbol{F}$의 크기에 해당되는 $F = I\ B\ l\ \sin\theta\,[N]$에서 $\sin\theta = \sin 90° = 1$에서 최대의 힘이 작용하며, 전류 $\boldsymbol{I}$와 자계 $\boldsymbol{H}$가 평행인 경우, $\theta = 0°$가 되어 힘 $\boldsymbol{F}$의 크기에 해당되는 $F = I\ B\ l\ \sin\theta\,[N]$에서 $\sin\theta = \sin 0° = 0$이 되어 힘이 발생하지 않는다.

플레밍의 왼손법칙은 자계가 형성된 곳에 있는 도체에 전류를 인가하였을 때 받는 힘을 구하는 것으로 전동기(고정자인 내부의 자석으로 자계를 형성시킨 후, 회전자에 감긴 도선에 전원을 인가하여 전류를 흐르게 하면 회전자의 축이 회전)의 회전 원리를 나타내고 있다.

그림 8-17에서 플레밍의 왼손법칙을 이용하여 전류 $\boldsymbol{I}$의 방향이 ⊗인 점에서 힘 $\boldsymbol{F}$를 구하여 보면 아래쪽 방향으로 힘이 작용하고, 전류 I의 방향이 ⊙인 점에서 힘 $\boldsymbol{F}$를 구하여

보면 위쪽 방향으로 힘이 작용하여 축을 중심으로 회전자가 수평에서 반시계 방향으로 회전하게 된다. 그러나, 회전자가 수직으로 위치하게 되면 힘을 받지 못하여 정지하게 된다. 지속적인 회전을 위하여서는 도선에 흐르는 전류의 방향을 바꾸어 주어야 한다. 이와 같이 전류의 방향을 바꾸어 주는 장치를 정류자(commutator)라 하며 이 정류자에 의하여 지속적으로 회전자가 회전하게 된다. 이를 직류 전동기이라 한다.

예제 8.22

▣ $1[Wb/m^2]$의 자속 밀도에 수직으로 놓인 $10[cm]$의 도선에 $10[A]$의 전류가 흐를 때 도선이 받는 힘은 몇 $[N]$인가?

풀이

◉ 힘 $F = IBl\sin\theta = 10 \times 1 \times 10 \times 10^{-2} \times \sin 90^\circ = 1\,[N]$

예제 8.23

▣ 자계 내에서 도선의 전류를 흘려 보낼 때 도선을 자계에 대해 60° 각으로 놓았을 때 작용하는 힘은 30° 각으로 놓았을 때 작용하는 힘의 몇 배인가?

풀이

◉ 자계와 전류간의 작용력은 $\boldsymbol{F} = \boldsymbol{I} \times \boldsymbol{B}l\,[N]$에서 θ만큼 회전할 경우 힘

$F = BIl\sin\theta = \mu_0 HIl\sin\theta\,[N]$

◉ $\theta = 60^\circ$, $\theta = 30^\circ$일 때의 작용력 F_{60}, F_{30}이라 하면

$$F_{60} = BIl\sin 60^\circ = BIl \times \frac{\sqrt{3}}{2}\,[N], \quad F_{30} = BIl\sin 30^\circ = BIl \times \frac{1}{2}[N]$$

◉ 두 힘의 비: $\dfrac{F_{60}}{F_{30}} = \dfrac{\sin 60^\circ}{\sin 30^\circ} = \dfrac{\sqrt{3}/2}{1/2} = \sqrt{3} = 1.73$

예제 8.24

▣ z축과 일치하는 긴 도체에 z축 방향으로 $10[A]$ 전류를 흘릴 때 $\boldsymbol{B} = 3\boldsymbol{a}_x + 4\boldsymbol{a}_y$가 가해진 경우, 이 도체의 단위길이당 작용하는 힘 $\boldsymbol{F}[N/m]$의 벡터량은 어떻게 되는가?

① $40\boldsymbol{a}_x + 30\boldsymbol{a}_y + 50\boldsymbol{a}_z$ ② $-40\boldsymbol{a}_x + 30\boldsymbol{a}_y$ ③ $40\boldsymbol{a}_x - 30\boldsymbol{a}_y$ ④ $-40\boldsymbol{a}_x - 30\boldsymbol{a}_y + 50\boldsymbol{a}_z$

풀이

◉ 힘 $\boldsymbol{F} = \boldsymbol{I} \times \boldsymbol{B} = 10\boldsymbol{a}_z \times (3\boldsymbol{a}_x + 4\boldsymbol{a}_y) = \begin{vmatrix} \boldsymbol{a}_x & \boldsymbol{a}_y & \boldsymbol{a}_z \\ 0 & 0 & 10 \\ 3 & 4 & 0 \end{vmatrix} = -40\boldsymbol{a}_x + 30\boldsymbol{a}_y\,[N/m]$

☞ ②

예제 8.25

▣ 공기 중에서 $12\,[Wb/m^2]$인 평등 자계 내에 길이 $80[cm]$인 도선을 자계에 대하여 $30°$의 각을 이루는 위치에 두었을 때 $24[N]$의 힘을 받았다면 도선에 흐르는 전류는 몇 $[A]$인가?

풀이

◉ 힘 $F = IlB\sin\theta$에서 ∴ 전류 $I = \dfrac{F}{lB\sin\theta} = \dfrac{24}{0.8 \times 12 \times \sin 30^\circ} = 5[A]$

8.6.2 자계 내에서 운동하는 전하가 받는 힘

그림 8-18과 같이 자속밀도 $\boldsymbol{B}[Wb/m^2]$인 평등 자계 내에 전하 $+q[C]$가 속도 $\boldsymbol{v}[m/s]$로 자속밀도의 방향과 수직($\theta = 90°$)으로 이동하였을 경우, 이 전하에는 힘 $\boldsymbol{F}[N]$가 작용하게 된다. +전하의 이동 방향이 전류 방향과 동일하기 때문에 작용하는 힘은 플레밍의 왼손법칙을 적용할 수 있다. +전하가 이동하는 방향을 전류 $\boldsymbol{I}[A]$의 방향으로 왼손의 중지를 자속밀도 $\boldsymbol{B}$의 방향으로 왼손 검지를 잡으면, 그림과 같이 각각 4지점에 적용하게 되면, 원의 안쪽 방향으로 힘 $\boldsymbol{F}$의 방향을 나타내게 된다. 이 힘에 의하여 등속 원운동을 하게 된다.

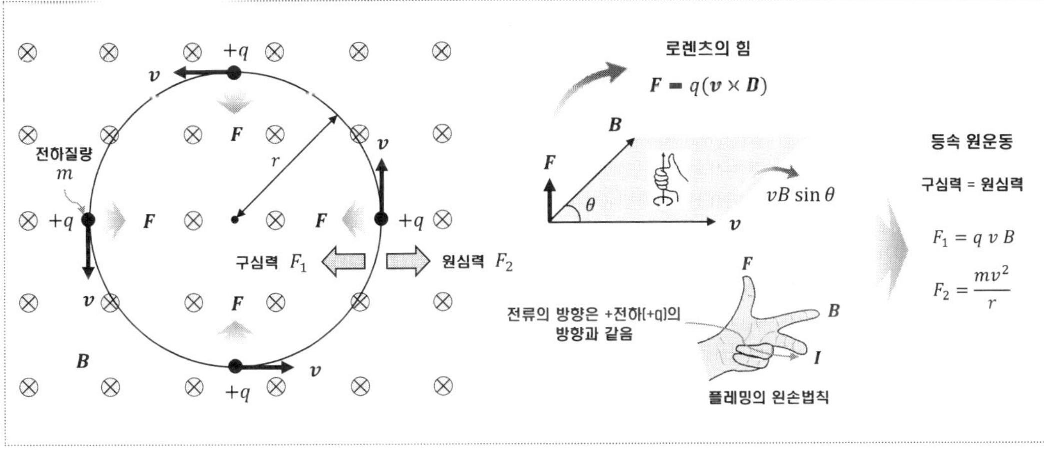

그림 8-18 자계 내에서 운동하는 전하가 받는 힘

전류 $\boldsymbol{I}$가 흐르는 도체가 받는 힘 $\boldsymbol{F}$의 크기를 구한 $\boldsymbol{F} = (\boldsymbol{I} \times \boldsymbol{B})\, l\ [N]$의 식을 이용하여 수식 변환을 하면 아래와 같다.

$$\boldsymbol{F} = (\boldsymbol{I} \times \boldsymbol{B})\, l\,[N]$$
$$\boldsymbol{F} = I\ B\ l\ \sin\theta\ \boldsymbol{n}\,[N]$$
$$\boldsymbol{F} = \frac{qv}{l}\ B\ l\ \sin\theta\ \boldsymbol{n}\,[N]$$
$$\therefore \boldsymbol{F} = q\ v\ B\ \sin\theta\ \boldsymbol{n}\,[N]$$

■ 전류 I

☞ 단위시간당 변화하는 전하량: $I = \frac{q}{t}$

■ 속도 v

☞ 단위시간당 변화하는 길이: $v = \frac{l}{t}$

☞ $\therefore t = \frac{l}{v} \quad \therefore \frac{1}{t} = \frac{v}{l}$

■ 전류 I

☞ $I = \frac{q}{t} \quad \therefore I = \frac{qv}{l}$

상기 수식은 자계 $\boldsymbol{H}$ 내부에서 운동 전하 $+q[C]$가 받는 힘 $\boldsymbol{F}[N]$의 크기를 나타내며 벡터적으로 표현하면 다음과 같다. 이 힘 $\boldsymbol{F}[N]$를 로렌츠의 힘(Lorentz's force)이라 한다. 만약, 음(−)전하를 가지는 $-e[C]$의 전자가 속도 $\boldsymbol{v}[m/s]$로 자속밀도 $\boldsymbol{B}[Wb/m^2]$인 공간에 입사한 경우에 있어서는 로렌츠의 힘 $\boldsymbol{F}[N]$의 방향은 반대가 된다.

$$\boldsymbol{F} = q\,v\,B\,\sin\theta\,\boldsymbol{n}\,[N]$$

$$\boldsymbol{F} = q\,(\boldsymbol{v} \times \boldsymbol{B})\,[N]$$, $+q[C]$의 전하인 경우

$$\boldsymbol{F} = -e\,(\boldsymbol{v} \times \boldsymbol{B})\,[N]$$, $-e[C]$의 전자인 경우

■ 벡터의 벡터적으로 표현

☞ $\boldsymbol{A} \times \boldsymbol{B} = AB\sin\theta\,\boldsymbol{n}$

☞

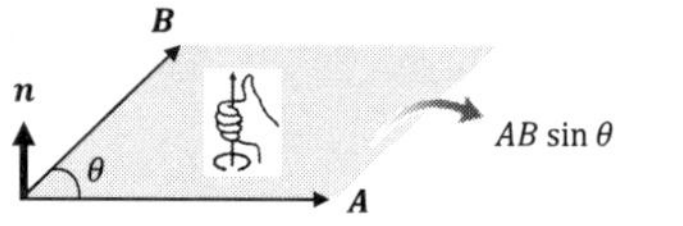

$+q[C]$의 전하가 속도 $\boldsymbol{v}[m/s]$로 자속밀도 $\boldsymbol{B}[Wb/m^2]$인 내부로 수직으로 입사하게 되면 운동방향인 속도 $\boldsymbol{v}[m/s]$와 직각으로 힘을 받아 등속 원운동을 하게 된다. 이와 같이 운동하는 전하는 자계 내에서 힘을 받아 등속 원운동을 하게 된다. 만약 $+q[C]$의 전하가 자속밀도 $\boldsymbol{B}[Wb/m^2]$ 속에서 등속 원운동을 한다고 하면, $+q[C]$가 자계에 의하여 받는 힘인 구심력 $F_1[N]$과 $+q[C]$의 회전에 의한 원심력 $F_2[N]$가 같아야 한다. 따라서, $+q[C]$가 등속 원운동을 하기 위한 다양한 조건들을 알아보자.

$$F_1 = q\,v\,B\,[N]$$

$$F_2 = \frac{mv^2}{r}[N]$$

$$F_1 = F_2 \quad \therefore\ qvB = \frac{mv^2}{r}$$

$$\therefore\ r = \frac{mv^2}{Bqv} = \frac{mv}{Bq}[m] \quad \therefore\ v = \frac{Bqr}{m}[m/s]$$

$$\therefore\ \omega = \frac{v}{r} = \frac{Bq}{m}[rad/s] \quad \therefore\ f = \frac{\omega}{2\pi} = \frac{Bq}{2\pi m}[Hz]$$

$$\therefore\ T = \frac{1}{f} = \frac{2\pi m}{Bq}[\sec]$$

■ 자계의 로렌츠의 힘

☞ $F_1 = q\,v\,B$

■ 원심력

☞ $F_2 = \frac{mv^2}{r}$

■ 원 운동시 원의 반지름, 속도

☞ $r = \frac{mv}{Bq}$, $v = \frac{Bqr}{m}$

■ 원 운동시 각속도, 주파수, 주기

☞ $\omega = \frac{v}{r}$, $\omega = 2\pi f$, $T = \frac{1}{f}$

또한, 속도 $\boldsymbol{v}[m/s]$로 전하 $+q[C]$가 전계 $\boldsymbol{E}$와 자계 $\boldsymbol{H}$가 동시에 작용하는 공간에 입사할 경우는 아래 수식에 해당되는 전자력(구심력)을 받게 된다. 이와 같이 전계와 자계가 동시에 작용하는 공간 내에서 운동하는 전하가 받는 힘을 로렌츠의 힘이라고 한다.

$$F = q(E + v \times B)[N]$$

■ 쿨롱력과 로렌츠의 힘
☞ $F = qE$
☞ $F = q(v \times B)$

예제 8.26

■ $0.2[C]$의 점전하가 전계 $E = 5a_y + a_z[V/m]$ 및 자속밀도 $B = 2a_y + 5a_z[Wb/m^2]$인 공간에 속도 $v = 2a_x + 3a_y[m/s]$로 이동할 때 점전하에 작용하는 힘 $F[N]$는 얼마인가?
(단, a_x, a_y, a_z는 단위 벡터이다.)

풀이

◉ $F = q[E + (v \times B)] = 0.2(5a_y + a_z) + 0.2[(2a_x + 3a_y) \times (2a_y + 5a_z)]$

$$= 0.2(5a_y + a_z) + 0.2\begin{vmatrix} a_x & a_y & a_z \\ 2 & 3 & 0 \\ 0 & 2 & 5 \end{vmatrix} = 0.2(5a_y + a_z) + 0.2(15a_x - 10a_y + 4a_z)$$

$$= 0.2(15a_x - 5a_y + 5a_z) = 3a_x - a_y + a_z\ [N]$$

예제 8.27

■ 평등자계와 직각 방향으로 일정한 속도로 발사된 전자의 원운동에 관한 설명 중 옳은 것은?

① 플레밍의 오른손 법칙에 의한 로렌쯔의 힘과 원심력의 평형 원운동이다.
② 원의 반지름은 전자의 발사속도와 전계의 세기의 곱에 반비례한다.
③ 전자의 원운동 주기는 전자의 발사 속도와 관계되지 않는다.
④ 전자의 원운동 주파수는 전자의 질량에 비례한다.

풀이

◉ 반지름 $r = \frac{mv}{e\mu_0 H} = \frac{mv}{eB}[m] \rightarrow r \propto v$에 비례, 전자의 전하를 e로 나타냄

◉ 각속도 $\omega = \frac{v}{r} = \frac{eBv}{mv} = \frac{eB}{m}[rad/s]$, 주파수 $f = \frac{\omega}{2\pi} = \frac{eB}{2\pi m}[Hz]$

◉ 주기 $T = \frac{2\pi}{\omega} = \frac{2\pi m}{eB}[s]$: 주기는 속도와 무관

☞ ③

예제 8.28

■ 균일한 자계에 수직으로 입사한 수소 이온의 원운동 주기는 $2\pi \times 10^{-5}[sec]$이다. 이 균일 자계의 자속 밀도는 몇 $[Wb/m^2]$인가?
(단, 수소 이온의 전하와 질량의 비는 $2 \times 10^7[C/kg]$이다.)

풀이

◉ 주기 $T = \frac{2\pi m}{qB}$ 공식, 그리고 전하와 질량비의 단위 $[C/kg]$은 q/m를 이용하면

$\therefore$ 자속밀도 $B = \frac{2\pi m}{qT} = \frac{m}{q} \cdot \frac{2\pi}{T} = \frac{1}{2 \times 10^7} \times \frac{2\pi}{2\pi \times 10^{-5}} = 0.005 = 5 \times 10^{-3}[Wb/m^2]$

8.6.3 평행 도체 상호 간에 작용하는 힘

그림 8-19와 같이 거리 $d[m]$로 떨어진 무한히 긴 두 평행 도체 A, B에 전류가 각각 $I_1[A]$, $I_2[A]$가 흐르고 있을 때, 도체 A, B 상호 간에 작용하는 힘 $F[N]$를 구하여 보자.

그림 8-19에서 전류 I_1, I_2가 같은 방향으로 흐를 때, 전류 I_1에 대한 암페어의 오른나사 법칙에 의하여 전류 I_1의 좌측에는 ⊙, 우측에는 ⊗ 방향의 자계가 형성된다. 그리고, 전류 I_2에 대한 암페어의 오른나사 법칙에 의하여 전류 I_2의 좌측에는 ⊙, 우측에는 ⊗ 방향의 자계가 형성된다. 그러므로, 두 평행 도체 A, B의 거리 $d[m]$ 내부에서는 자계 ⊙, ⊗의 방향이 상쇄되어 자속밀도 B가 감소하게 되고 두 평행 도체 A, B의 외부에서는 동일한 방향의 자계가 형성되어 자속밀도 B가 증가하게 되어 흡인력이 작용하게 된다.

그리고, 전류 I_1, I_2가 반대 방향으로 흐를 때, 전류 I_1에 대한 암페어의 오른나사 법칙에 의하여 전류 I_1의 좌측에는 ⊙, 우측에는 ⊗ 방향의 자계가 형성된다. 그리고, 전류 I_2에 대한 암페어의 오른나사 법칙에 의하여 전류 I_2의 좌측에는 ⊗, 우측에는 ⊙ 방향의 자계가 형성된다. 그러므로, 두 평행 도체 A, B의 거리 $d[m]$ 내부에서는 동일한 방향의 자계 ⊗의 방향이 증가하게 되어 자속밀도 B가 증가하게 되고 두 평행 도체 A, B의 외부에서는 자계 ⊙, ⊗의 방향이 상쇄되어 자속밀도 B가 감소하게 되어 반발력이 작용하게 된다. 이에 대한 내용을 수식을 통하여 알아보자.

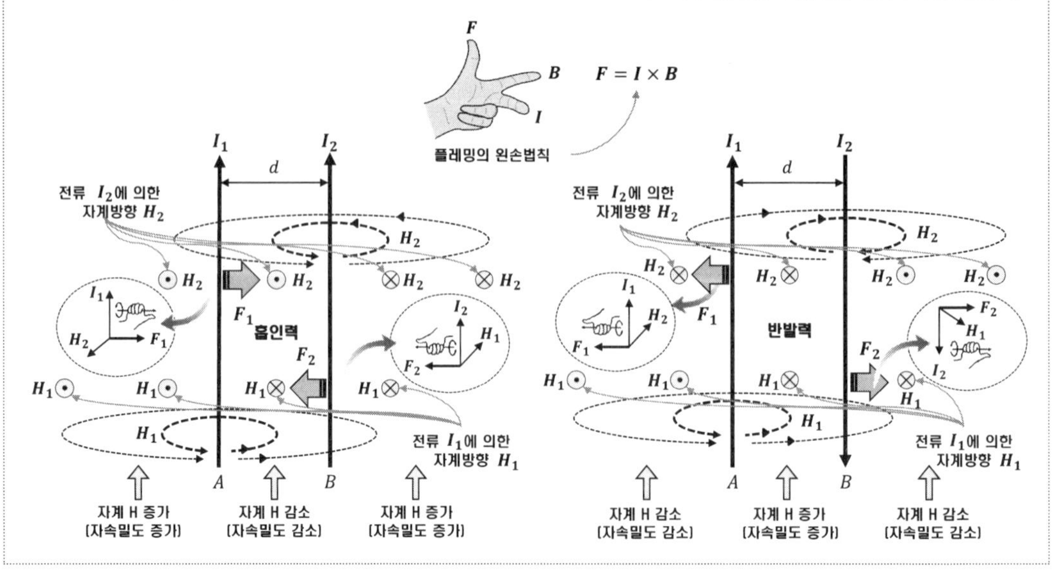

그림 8-19 평행 도체 상호간에 작용하는 힘

도체 A, 도체 B의 전류 방향이 같을 경우, 도체 B의 단위길이당 작용하는 힘 $\boldsymbol{F_2}[N/m]$를 구하면 다음과 같다. 우선 도체 A에 흐르는 전류 $\boldsymbol{I_1}$에 의하여 형성된 자계를 $\boldsymbol{H_1}$이라 하면, 무한 직선 도체 A에서 거리 $d[m]$ 만큼 떨어진 지점의 자계의 세기 $\boldsymbol{H_1}$은 암페어의 주회적분 법칙으로 다음과 같이 구할 수 있다.

$$\oint_c \boldsymbol{H_1} \cdot dl = I_1\,[A]$$

$$\oint_c \boldsymbol{H_1} \cdot dl = \oint H_1\, dl\cos\theta = \oint H_1\, dl = H_1\ 2\pi d = I_1\ [A]$$

$$\therefore H_1 = \frac{I_1}{2\pi d}\ [AT/m]$$

■ 암페어의 주회적분 법칙

☞ 무한 직선 도체에서 거리 r 만큼 떨어진 점의 자계의 세기

☞ $H = \dfrac{I}{2\pi r}\ [A/m]$

자계 $\boldsymbol{H_1}$ 내부에 전류 $\boldsymbol{I_2}$가 흐르고 무한 길이 도체 B가 있는 것으로 생각할 수 있으므로 자계 $\boldsymbol{H_1}$ 내부에 도체 B가 받는 힘 $\boldsymbol{F_2}[N/m]$의 크기를 아래와 같이 구할 수 있다.

$$\boldsymbol{F_2} = (\boldsymbol{I_2} \times \boldsymbol{B_1})\, l\ \ [N]$$

▶ 단위길이당 받는 힘의 크기는

$$\boldsymbol{F_2} = (\boldsymbol{I_2} \times \boldsymbol{B_1})\ \ [N/m]$$

$$\boldsymbol{F_2} = I_2\ B_1\ \sin\theta\, \boldsymbol{n}\ [N/m]$$

$\boldsymbol{F_2} = I_2\ B_1\, \boldsymbol{n}\ [N/m]$, 방향은 왼쪽 방향의 힘

$$\therefore F_2 = I_2 B_1 = I_2\, \mu_0 H_1 = \frac{\mu_0 I_1 I_2}{2\pi d}\ [N/m]$$

■ 벡터의 외적

☞ 전류 $\boldsymbol{I}$와 자속밀도 $\boldsymbol{B}$의 벡터가 수직이므로 θ는 90° 이기 때문에 $\sin\theta = \sin 90° = 1$

■ 벡터의 벡터적으로 표현

☞ $\boldsymbol{A} \times \boldsymbol{B} = AB\sin\theta\, \boldsymbol{n}$

☞ 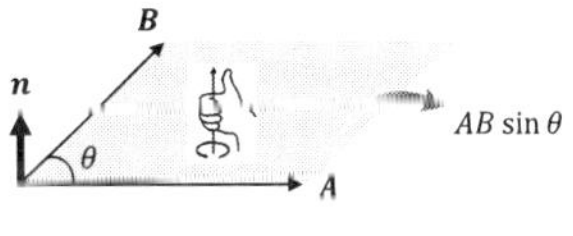

☞ 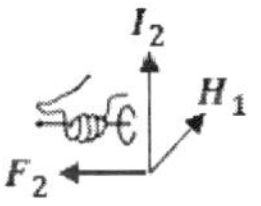

■ H_1의 크기

☞ $H_1 = \dfrac{I_1}{2\pi d}\ [AT/m]$

☞ $B_1 = \mu_0 H_1$

도체 A, 도체 B의 전류 방향이 같을 경우, 도체 A의 단위길이당 작용하는 힘 $\boldsymbol{F_1}[N/m]$을 구하면 다음과 같다. 우선 도체 B에 흐르는 전류 $\boldsymbol{I_2}$에 의하여 형성된 자계를 $\boldsymbol{H_2}$이라

하면, 무한 직선 도체 B에서 거리 $d[m]$ 만큼 떨어진 지점의 자계의 세기 $\boldsymbol{H_2}$는 암페어의 주회적분 법칙으로 다음과 같이 구할 수 있다.

$$\oint_c \boldsymbol{H_2} \cdot dl = I_2\,[A]$$

$$\oint_c \boldsymbol{H_2} \cdot dl = \oint H_2\, dl\cos\theta = \oint H_2\, dl = H_2\, 2\pi d = I_2\,[A]$$

$$\therefore H_2 = \frac{I_2}{2\pi d}\,[AT/m]$$

■ 암페어의 주회적분 법칙

☞ 무한 직선 도체에서 거리 r 만큼 떨어진 점의 자계의 세기

☞ $H = \dfrac{I}{2\pi r}\,[A/m]$

자계 $\boldsymbol{H_2}$ 내부에 전류 $\boldsymbol{I_1}$이 흐르고 무한 길이 도체 A가 있는 것으로 생각할 수 있으므로 자계 $\boldsymbol{H_2}$ 내부에 도체 A가 받는 힘 $\boldsymbol{F_1}[N/m]$의 크기를 아래와 같이 구할 수 있다.

$$\boldsymbol{F_1} = (\boldsymbol{I_1} \times \boldsymbol{B_2})\,l\ \ [N]$$

▶ 단위길이당 받는 힘의 크기는

$$\boldsymbol{F_1} = (\boldsymbol{I_1} \times \boldsymbol{B_2})\ \ [N/m]$$

$$\boldsymbol{F_1} = I_1\ B_2\ \sin\theta\,\boldsymbol{n}\ \ [N/m]$$

$\boldsymbol{F_1} = I_1\ B_2\,\boldsymbol{n}\ [N/m]$, 방향은 오른쪽 방향의 힘

$$\therefore F_1 = I_1 B_2 = I_1\,\mu_0\,H_2 = \frac{\mu_0 I_1 I_2}{2\pi d}\,[N/m]$$

■ 벡터의 외적

☞ 전류 $\boldsymbol{I}$와 자속밀도 $\boldsymbol{B}$의 벡터가 수직이므로 θ는 90° 이기 때문에 $\sin\theta = \sin 90^\circ = 1$

■ 벡터의 벡터적으로 표현

☞ $\boldsymbol{A} \times \boldsymbol{B} = AB\sin\theta\,\boldsymbol{n}$

☞

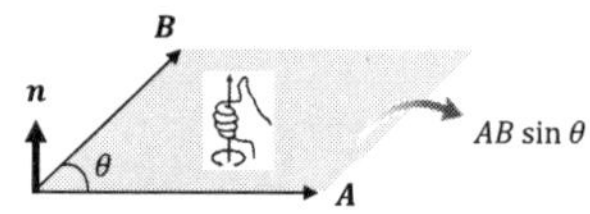

☞

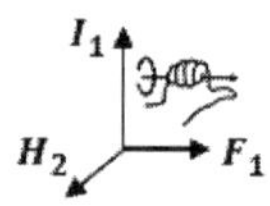

■ H_2의 크기

☞ $H_2 = \dfrac{I_2}{2\pi d}\,[AT/m]$

☞ $B_2 = \mu_0 H_2$

그러므로, $F_1[N/m]$과 $F_2[N/m]$는 같은 값이 되어 크기가 같다는 것을 알 수 있다. 그리고, $\boldsymbol{F_1}$ 힘의 방향은 오른쪽 방향으로 힘을 받고, $\boldsymbol{F_2}$는 왼쪽 방향으로 힘을 받아서 서로 흡인력이 작용함을 알 수 있다. 아래 수식은 앞에서 구한 F_1과 F_2를 다시 나타낸 것이다.

$$F_1 = I_1 B_2 = I_1 \mu_0 H_2 = \frac{\mu_0 I_1 I_2}{2\pi d}\,[N/m]$$

$$F_2 = I_2 B_1 = I_2 \mu_0 H_1 = \frac{\mu_0 I_1 I_2}{2\pi d}\,[N/m]$$

$$\therefore F_1 = F_2\,[N/m]$$

■ F_1, F_2의 방향: 흡인력이 작용

☞

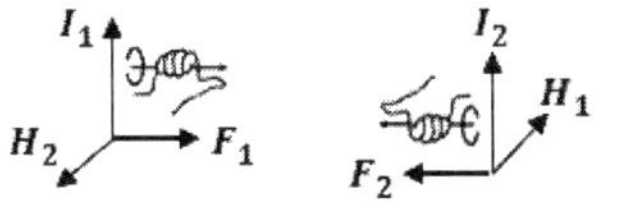

따라서, 무한히 긴 평행도체 사이에 전류의 방향이 같을 경우와 반대일 경우에 작용하는 힘의 크기는 아래 수식과 같이 동일하다. 그러나, 힘의 방향은 다르다. 도체 A와 도체 B의 전류 방향이 같을 경우에는 앞에서 살펴본 바와 같이 흡인력이 작용하게 된다. 그러나, 도체 A와 도체 B의 전류 방향이 반대일 경우에는 반발력이 작용하게 된다.

$$F = \frac{\mu_0 I_1 I_2}{2\pi d}\,[N/m]$$

■ 전류가 같은 방향: 흡인력

☞

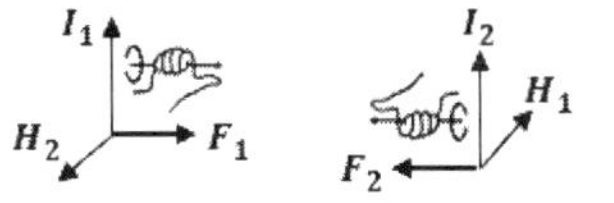

■ 전류가 반대 방향: 반발력

☞

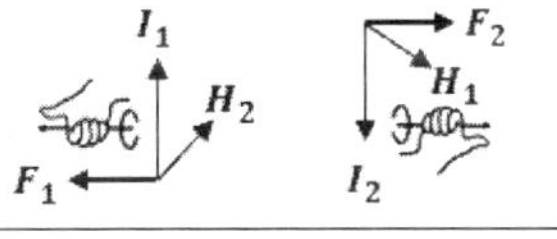

예제 8.29

▣ 2[cm]의 간격을 가진 두 평행 도선에 각각 1,000[A]의 전류가 흐를 때, 도선 1[m]마다 작용하는 힘 F[N/m]는 얼마인가?

풀이	◉ 힘 $F = \frac{\mu_0 I_1 I_2}{2\pi d} = \frac{\mu_0 I^2}{2\pi d} = \frac{4\pi \times 10^{-7} \times 1000^2}{2\pi \times 2 \times 10^{-2}} = 10\,[N/m]$

예제 8.30

▣ 진공 중에 선간거리 1[m]의 평행 왕복 도선이 있다. 이 두 선간에 작용하는 힘이 4×10^{-7} [N/m]이었다면 전선에 흐르는 전류 [A]는 얼마인가?

풀이	◉ 평행도선에 작용하는 힘: $F = \frac{\mu_0 I_1 I_2}{2\pi r} = \frac{(4\pi \times 10^{-7}) I_1 I_2}{2\pi} = \frac{2I^2}{r} \times 10^{-7}\,[N]$ ◉ 전류는 $I^2 = \frac{Fr}{2 \times 10^{-7}}$에서 $\therefore\ I = \sqrt{\frac{4 \times 10^{-7} \times 1}{2 \times 10^{-7}}} = \sqrt{2} = 1.414[A]$

예제 8.31

■ 일정한 간격을 두고 떨어진 두 개의 긴 평행 도선에 전류가 각각 서로 반대 방향으로 흐를 때 단위길이당 두 도선 간에 작용하는 힘은 어떻게 되는가?

① 두 전류의 곱에 비례하고 도선간의 거리의 제곱에 반비례하며 반발력이다.

② 두 전류의 곱에 비례하고 도선간의 거리에 반비례하며 반발력이다.

③ 두 전류의 곱에 비례하고 도선간의 거리의 3승에 반비례하며 흡인력이다.

④ 두 전류의 곱에 비례하고 도선간의 거리에 무관하고 흡인력이다.

풀이

◉ 평행도선 단위 길이당 작용하는 힘: $F=\dfrac{\mu_0 I_1 I_2}{2\pi r}=\dfrac{(4\pi\times 10^{-7})I_1 I_2}{2\pi}=\dfrac{2I^2}{r}\times 10^{-7}\,[N]$

◉ 두 전류의 곱에 비례하고, 간격에 반비례하여 두 전류의 방향이 같은 방향이면 흡인력, 다른 방향이면 반발력이 작용

☞ ②

예제 8.32

■ 간격이 $1.5[m]$이고 평행한 무한히 긴 단상 송전선로가 가설되었다. 여기에 $6{,}600[V]$, $3[A]$를 송전하면 단위 길이당 작용하는 힘은 얼마인가?

① $1.2\times 10^{-3}[N]$, 흡인력 ② $5.89\times 10^{-5}[N]$, 반발력

③ $1.2\times 10^{-6}[N]$, 반발력 ④ $6.28\times 10^{-7}[N]$, 반발력

풀이

◉ 평행도선에 작용하는 힘: $F=\dfrac{\mu_0 I_1 I_2}{2\pi r}=\dfrac{(4\pi\times 10^{-7})I_1 I_2}{2\pi}=\dfrac{2I^2}{r}\times 10^{-7}\,[N]$에서

$\therefore\ F=\dfrac{2\times 3^2}{1.5}\times 10^{-7}=1.2\times 10^{-6}\,[N]$

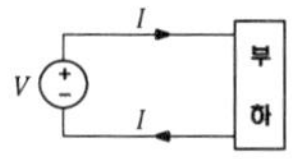

◉ 단상회로이므로 전류의 방향은 서로 반대이므로 반발력이 작용한다.

☞ ③

예제 8.33

■ 두 개의 길고 직선인 도체가 평행으로 그림과 같이 위치하고 있다. 각 도체에는 $10[A]$의 전류가 같은 방향으로 흐르고 있으며, 이격거리가 $0.2[m]$일 때 오른쪽 도체의 단위길이당 힘은 얼마인가?(단, $\boldsymbol{a}_x$, $\boldsymbol{a}_z$는 단위 벡터이다.)

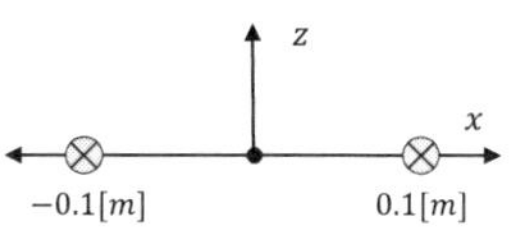

① $10^{-2}(-\boldsymbol{a}_x)\,[N/m]$ ② $10^{-4}(-\boldsymbol{a}_x)\,[N/m]$ ③ $10^{-2}(-\boldsymbol{a}_z)\,[N/m]$ ④ $10^{-4}(-\boldsymbol{a}_z)\,[N/m]$

풀이

◉ 평행도선에 작용하는 힘은 $F=F_1=F_2=\dfrac{\mu_0 I_1 I_2}{2\pi r}=\dfrac{2I_1 I_2}{r}\times 10^{-7}\,[N/m]$에서

$\therefore\ F=\dfrac{2\times 10\times 10}{0.2}\times 10^{-7}=10^{-4}\,[N/m]$

◉ 두 도체에 흐르는 전류가 같은 방향이므로 흡입력이 발생하므로 $\boldsymbol{r}_0=-a_x$ 방향으로 발생한다. $\boldsymbol{F}=F\cdot \boldsymbol{r}_0=10^{-4}(-\boldsymbol{a}_x)$

☞ ②

8-7 핀치 효과와 홀 효과

8.7.1 핀치 효과

그림 8-20과 같이 액체 도체에 전류를 흘리게 되면 전류 방향에 의하여 암페어의 오른나사 법칙에 의하여 자계가 형성된다. 그리고, 형성된 자계 내에 계속 전류가 흐른다고 한다면 자계 내의 전류가 받는 힘은 플레밍의 왼손법칙에 의하여 힘이 발생하게 된다.

이 힘의 방향은 액체 도체 내부로 향하는 힘이 발생하게 되어 액체 도체의 단면이 수축되는 작용을 하게 된다. 액체 도체의 단면이 수축되게 되면 전류가 흐르는 단면의 감소로 액체 도체의 저항이 증가하여 전류가 감소하게 된다. 전류가 감소하게 되면 자계의 세기가 약해져서 단면 내부로 작용하는 힘이 줄어들게 되어 수축력이 감소하기 때문에 액체 도체는 다시 원상태로 돌아가게 된다. 다시 전류가 증가하게 되면 수축력이 작용하여 이를 반복하게 된다. 이와 같이 전류는 도체의 중심 쪽으로 흐르려고 하는 집속(pinch) 현상이 발생한다. 이와 같은 현상을 핀치 효과(pinch effect)라고 한다.

이러한 핀치 효과를 활용하여 고온의 플라즈마 열에너지를 좁은 공간에 모을 수 있다. 그리고, 제철에서는 용융 금속을 일정한 굵기의 선으로 뽑기 위하여 사용한다.

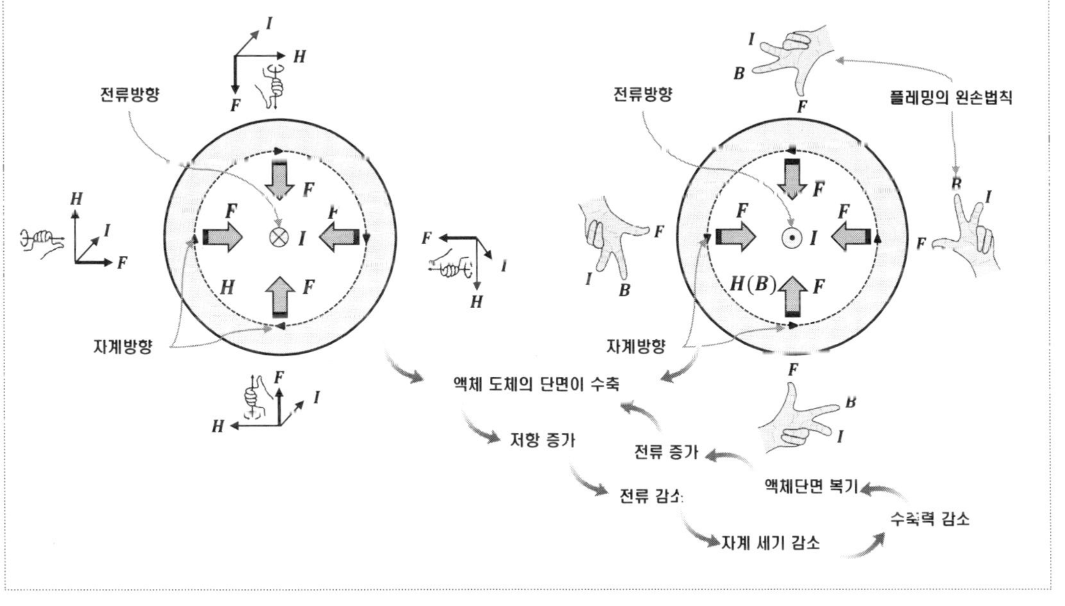

그림 8-20 핀치 효과

8.7.2 홀 효과

그림 8-21과 같이 자계 $\boldsymbol{H}[AT/m]$가 형성된 곳에 도체나 반도체를 놓아두고 외부에서 전압을 인가하여 자계의 방향과 수직으로 일정한 전류 $I[A]$를 흘린다고 하자.

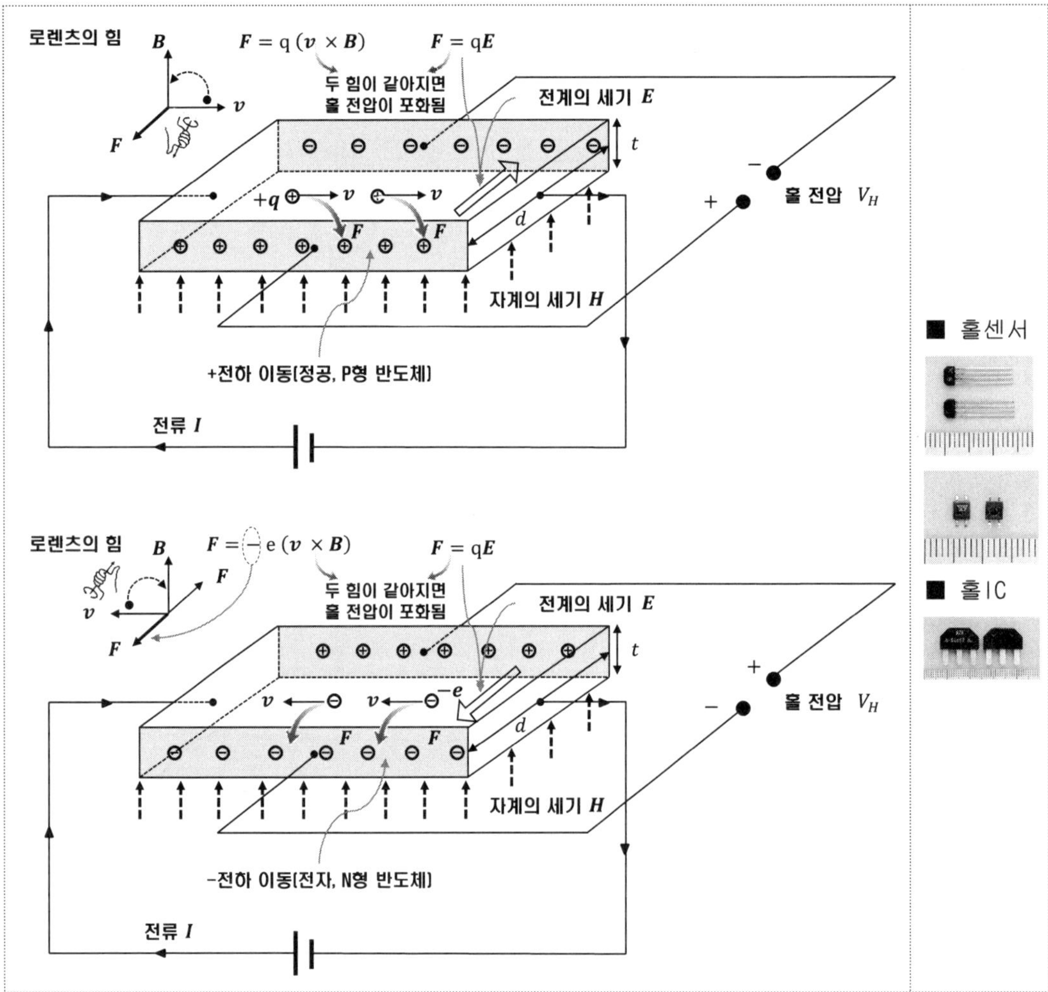

그림 8-21 홀 효과

그림 8-21에서 P형 반도체 시편이 자계 $\boldsymbol{H}$내에서 운동 전하 $+q[C]$(정공)가 받는 힘은 로렌츠의 힘 $\boldsymbol{F}=q(v\times\boldsymbol{B})[N]$에 의하여 $+q[C]$의 전하가 힘을 받아 P형 반도체의 앞쪽으로 이동하여 위치하게 되고, 반대쪽으로는 전자가 뒤쪽에 위치하게 되어 양 단자에 전압

$V_H[V]$가 유기되게 된다. 그리고, 양 단자에 유기된 홀 전압 $V_H[V]$에 의하여 P형 반도체 시편 내부에 전계 $\boldsymbol{E}$가 형성되어 $\boldsymbol{F} = q\boldsymbol{E}[N]$의 쿨롱력이 작용하여 $+q[C]$ 전하의 이동을 방해하게 된다. 따라서, 로렌츠의 힘과 쿨롱력이 같아지게 되면 홀 전압 $V_H[V]$는 포화되게 된다. 또한, N형 반도체 시편이 자계 $\boldsymbol{H}$내에서 운동 전하 $-e[C]$(전자)가 받는 힘은 로렌츠의 힘 $\boldsymbol{F} = -e(\boldsymbol{v} \times \boldsymbol{B})[N]$에 의하여 $-e[C]$의 전하가 힘을 받아 N형 반도체의 앞쪽으로 이동하여 위치하게 되고, 반대쪽으로는 정공이 뒤쪽에 위치하게 되어 양 단자에 전압 $V_H[V]$가 유기되게 된다. 그리고, 양 단자에 유기된 홀 전압 $V_H[V]$에 의하여 N형 반도체 시편 내부에 전계 $\boldsymbol{E}$가 형성되어 $\boldsymbol{F} = q\boldsymbol{E}[N]$의 쿨롱력이 작용하여 $-e[C]$ 전하의 이동을 방해하게 된다. 따라서, 로렌츠의 힘과 쿨롱력이 같아지게 되면 홀 전압 $V_H[V]$는 포화되게 된다. 이와 같은 현상을 홀 효과(Hall effect)라 한다.

홀 효과에 의해서 유기되는 전압을 홀 전압(또는 홀 기전력)이라 하며, 홀 저압은 전류의 세기와 자계의 세기가 강할수록 크게 나타나게 된다. 이를 아래 수식으로 나타내었다.

$$qE = qvB \quad \therefore E = vB$$

$$V_H = Ed = vBd$$

$$I = nqSv = nq(d \times t)v \quad \therefore vd = \frac{I}{nqt}$$

$$V_H = Bvd = \frac{IB}{nqt}[V]$$

$$\therefore V_H = R_H \frac{IB}{l}[V]$$

■ 쿨롱력과 로렌츠의 힘 관계: $qE = qvB$
■ 전압과 전계의 관계: $V = Ed$
■ 미소전하 $dQ[C]$
☞ $dQ[C] = q[C/\text{개}]n[\text{개}/m^3]S[m^2]dl[m]$
☞ $dQ = nq\boldsymbol{S} \cdot dl$
■ 전류의 정의: $I = \frac{dQ}{dt}[A]$
☞ $I = \frac{dQ}{dt} = \frac{nq\boldsymbol{S} \cdot dl}{dt} = nq\boldsymbol{S} \cdot \frac{dl}{dt}$
$= nq\boldsymbol{S} \cdot \boldsymbol{v} = nqSv\cos\theta = nqSv[A]$
☞ 단면적: $S = dt$, 속도: $v = \frac{dl}{dt}$
■ 홀 전압 V_H
☞ 전류: I, 자속밀도: B, 시편 두께: t
홀 상수: R_H
☞ $V_H \propto B$, 홀 전압은 자속밀도에 비례
■ 자기센서
☞ 홀 효과를 이용하여 자계의 세기를 측정
☞ 홀 센서: $V_H \propto B$의 출력을 얻는 소자
☞ 홀 IC: 자기장의 유무를 0과 1로 출력

여기서 R_H는 물질에 따라 결정되어지는 값으로 홀 상수라 하며, t는 도체나 반도체의 두께를 나타낸다. 홀 효과를 이용하여 홀 전압으로 자계의 세기를 측정할 수 있다. 이를 소자

로 만든 것이 홀 센서라고 한다. 그리고, 자계의 유무를 측정할 수 있도록 만든 것을 홀 IC라고 하며, 산업현장의 자동화 센서 시스템에 많이 활용되고 있다.

8.7.3 스트레치 효과

그림 8-22와 같이 자계가 있는 곳에 구부림이 좋은 직사각형의 도선에 전류를 인가하게 되면 전류가 흐르는 도선에 힘을 받아 도선의 모양이 원형으로 변화하는 것을 스트레치 효과(stretch effect)라고 한다. 도선에 흐르는 전류에 의하여 암페어의 오른나사 법칙에 의거하여 도선 주위에 자계가 형성되며, 형성된 자계는 기존에 있던 외부 자계의 자속밀도에 변화를 주게 된다. 그래서, 도선의 내부에는 자속밀도가 증가하게 되고, 도선 외부에서는 자속밀도가 감소하게 되어 도선을 외부로 밀어내게 되는 힘을 받아 사각형의 도선이 원형으로 변화하게 된다. 그리고, 받는 힘은 플레밍의 왼손법칙에 준하여 힘을 받는다.

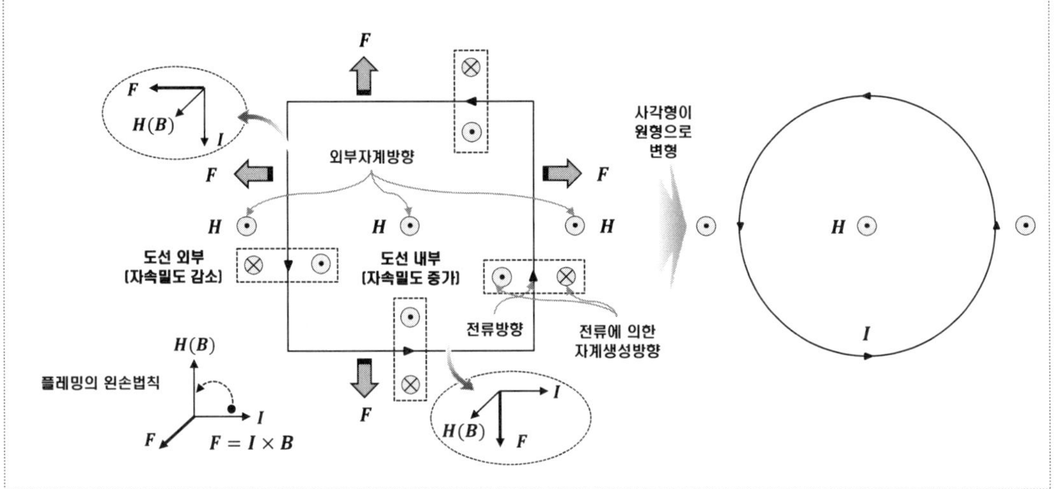

그림 8-22 스트레치 효과

예제 8.34

■ 전류가 흐르고 있는 도체에 자계를 가하면 도체 측면에는 정부의 전하가 나타나 두 면간에 전위차가 발생하는 현상은?

① 핀치 효과　② 톰슨 효과　③ 홀 효과　④ 제베크 효과

풀이	◉ 홀 효과: 전류가 흐르고 있는 도체에 자계를 가하면 로렌츠의 힘에 의하여 도체 내부 전하가 횡 방향으로 힘을 모아 도체 측면에 (+), (−) 전하가 나타나는 현상 ☞ ③

연 습 문 제

1. 반지름 $1\,[m]$의 원형 코일에 $1\,[A]$의 전류가 흐를 때 중심점의 자계의 세기 $[AT/m]$는?

> ☞ 원형코일 중심의 자계 세기 $H=\dfrac{NI}{2a}$ [AT/m], $N=1$
>
> $\therefore\ H=\dfrac{I}{2a}=\dfrac{1}{2\times 1}=\dfrac{1}{2}\,[AT/m]$

2. 길이 $l\,[m]$의 도체로부터 원형 코일을 만들어 일정 전류를 흘릴 때 M회 감았을 때의 중심 자계는 N회 감았을 때의 중심 자계의 몇 배인가?

> ☞ 전체 길이는 동일, $l=M(2\pi a_M)=N(2\pi a_N)$에서 $a_M=\dfrac{l}{2\pi M}$, $a_N=\dfrac{l}{2\pi N}$
>
> ▶ $H_M=\dfrac{M\cdot I}{2a_M}=\dfrac{M\cdot I}{2\cdot\dfrac{l}{2\pi M}}=\dfrac{\pi M^2 I}{l}$ $\qquad H_N=\dfrac{N\cdot I}{2a_N}=\dfrac{N\cdot I}{2\cdot\dfrac{l}{2\pi N}}=\dfrac{\pi N^2 I}{l}$
>
> ▶ 자계의 비: $\dfrac{H_M}{H_N}=\dfrac{\dfrac{\pi M^2 I}{l}}{\dfrac{\pi N^2 I}{l}}=\dfrac{M^2}{N^2}=\left(\dfrac{M}{N}\right)^2$

3. 그림과 같이 권수 1이고 반지름 $a\,[m]$인 원형전류 $I[A]$가 만드는 자계의 세기는 몇 $[AT/m]$인가?

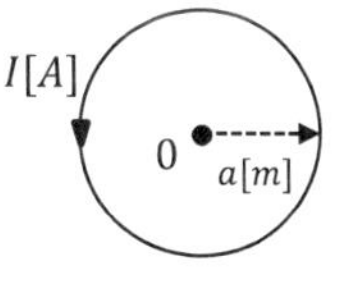

① $\dfrac{I}{a}$ ② $\dfrac{I}{2a}$ ③ $\dfrac{I}{3a}$ ④ $\dfrac{I}{4a}$

> ☞ 원형 코일 중심의 자계 세기 $H=\dfrac{NI}{2a}\,[AT/m]$에서
>
> $\therefore$ 자계 $H=\dfrac{1\times I}{2a}=\dfrac{I}{2a}\,[AT/m]$
>
> 정답 ②

4. 지름 $10[cm]$인 원형 코일에 $1[A]$의 전류를 흘릴 때 코일 중심의 자계를 $1,000[AT/m]$로 하려면 코일을 몇 회 감으면 되는가?

> ☞ 원형 코일 중심의 자계 세기 $H=\dfrac{NI}{2a}$에서
>
> $\therefore$ 권수 $N=\dfrac{2aH}{I}=\dfrac{2\times\dfrac{10\times 10^{-2}}{2}\times 1000}{1}=100\,[회]$

5. 그림과 같이 반지름 $2[m]$, 권수 100회인 원형 코일에 전류 $1.5[A]$가 흐른다면 중심점 0의 자계의 세기는 몇 $[AT/m]$인가?

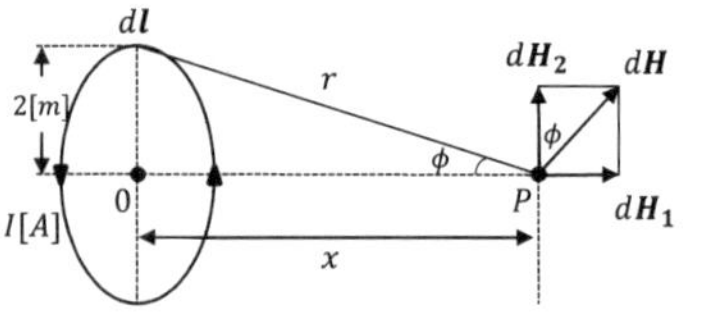

☞ 원형 코일 중심의 자계 세기 $H = \frac{NI}{2a} = \frac{100 \times 1.5}{2 \times 2} = \frac{150}{4} = 37.5\,[AT/m]$

6. $15[A]$의 무한장 직선 전류로부터 $50[cm]$떨어진 P점의 자계의 세기는 약 몇 $[AT/m]$인가?

☞ 무한장 직선전류에 의한 자계 $H = \frac{I}{2\pi r}[AT/m]$에서

$\therefore\ H = \frac{15}{2\pi \times 50 \times 10^{-2}} = 4.78[AT/m]$

7. 한 변의 길이가 $10[cm]$인 철선으로 정사각형을 만들고 직류 $5[A]$를 흘렸을 때 그 중심점의 자계의 세기 $[AT/m]$는 얼마인가?

☞ 중심 자계 $H_0 = \frac{2\sqrt{2}I}{\pi l} = \frac{2\sqrt{2} \times 5}{\pi \times 10 \times 10^{-2}} = \frac{\sqrt{2} \times 10^2}{\pi} = 45[AT/m]$

여기서, 한변의 길이 $l = 10 \times 10^{-2}[m]$

8. 반지름 $a[m]$인 무한장 원통형 도체에 전류가 균일하게 흐를 때 도체 내부의 자계의 세기는?

① 축으로부터의 거리에 비례한다.
② 축으로부터의 거리에 반비례한다.
③ 축으로부터의 거리의 제곱에 비례한다.
④ 축으로부터의 거리의 제곱에 반비례한다.

☞ 원주 도체 내부 자계 세기(($r < a$) $H_i = \frac{Ir}{2\pi a^2} \propto r$에서 내부 자계 세기 H_i는 거리 r에 비례한다.

정답 ①

9. 평균 반지름 $10[cm]$의 환상솔레노이드에 $5[A]$의 전류가 흐를 때 내부 자계가 $1,600[AT/m]$이었다. 권수는 약 얼마인가?

☞ 환상 솔레노이드 내부 자계 $H = \frac{NI}{2\pi r}$에서

$\therefore$ 권수 $N = \frac{2\pi r H}{I} = \frac{2\pi \times 10 \times 10^{-2} \times 1600}{5} \fallingdotseq 201\,[회]$

10. 그림과 같이 무한히 긴 두 개의 직선상 도선이 $1[m]$ 간격으로 나란히 놓여 있을 때 도선 ①에 $4[A]$, 도선 ②에 $8[A]$가 흐르고 있을 때, 두 선간 중앙점 P에 있어서의 자계의 세기는 몇 $[AT/m]$인가? (단, 지면의 아래쪽에서 위쪽으로 향하는 방향을 정(+)으로 한다.)

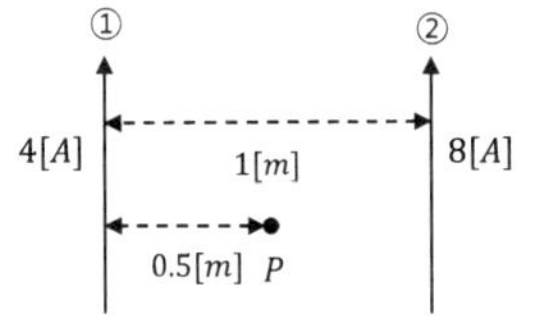

☞ $H_1 = \dfrac{I}{2\pi a} = \dfrac{4}{2\pi \times 0.5} = \dfrac{4}{\pi}[AT/m]$ (방향 : ⊗)

☞ $H_2 = \dfrac{I}{2\pi a} = \dfrac{8}{2\pi \times 0.5} = \dfrac{8}{\pi}[AT/m]$ (방향 : ⊙)

☞ 중앙점 P에서의 자계의 세기는 $H = H_2 - H_1 = \dfrac{8}{\pi} - \dfrac{4}{\pi} = \dfrac{4}{\pi}[AT/m]$

11. 공심 환상철심에서 코일의 권회수 500회, 단면적 $6[m^2]$, 평균 반지름 $15[cm]$, 코일에 흐르는 전류 $4[A]$라 하면 철심 중심에서의 자계의 세기는 약 몇 $[AT/m]$인가?

☞ 자계의 세기 $H = \dfrac{NI}{2\pi a} = \dfrac{500 \times 4}{2\pi \times 0.15} = 2{,}122[AT/m]$

12. 무한장 솔레노이드에 전류가 흐를 때 발생되는 자장에 관한 설명 중에서 옳은 것은?

① 내부 자장은 평등 자장이다. ② 외부와 내부 자장의 세기는 같다.
③ 외부 자장은 평등 자장이다. ④ 내부 자장의 세기는 0이다.

☞ 무한장 솔레노이드 내부 자계는 평등하며, 그 크기는 $H_i = n_0 I[AT/m]$
여기서 n_0는 단위 길이당 코일 권수[회/m]

☞ 외부 자계의 세기는 $H_e = 0[AT/m]$

정답 ①

13. 반지름 $a[m]$의 반원형 전류 $I[A]$에 의한 중심의 자계는 무한장 직선 도체에 전류 $I[A]$가 흐를 때 이로부터 수직하게 $a[m]$ 떨어진 점의 자계는 몇 배가 되는가?

☞ 반지름 $a[m]$인 반원형전류 $I[A]$에 의한 중심의 자계 H_0는 $H_0 = \dfrac{I}{4a}[A/m]$

☞ 무한장 직선 도선에 전류가 흐를 때 이로부터 $a[m]$되는 점의 자계 세기는

$$H = \frac{I}{2\pi a}[AT/m]$$

☞ 자계 비: $\dfrac{H_0}{H} = \dfrac{\dfrac{I}{4a}}{\dfrac{I}{2\pi a}} = \dfrac{\pi}{2}$

14. 길이 $1[cm]$마다 권수가 50인 무한장 솔레노이드에 $500[mA]$의 전류를 흘릴 때 내부의 자계는 몇 $[AT/m]$인가?

☞ 무한장 솔레노이드의 자계 $H = n_0 I[AT/m]$, 여기서 n_0는 단위길이당 코일 권수[회/m]

$\therefore\ H = 50 \times 100 \times 500 \times 10^{-3} = 2500\,[AT/m]$

15. 그림과 같이 평행 왕복 도선에 $\pm I[A]$가 흐르고 있을 때 점 P $(\theta = 90^\circ)$의 자계의 세기는 몇 $[AT/m]$인가?

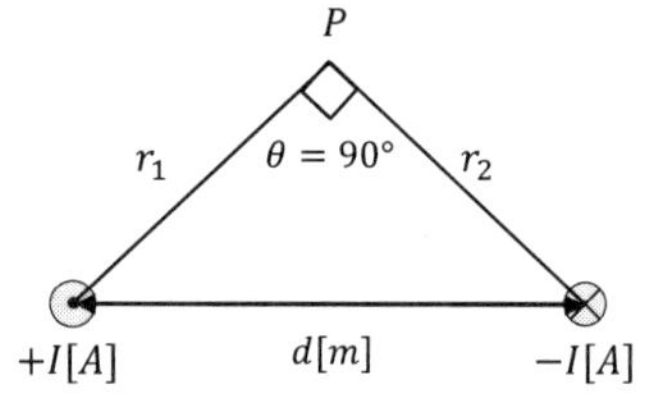

☞ A와 B도선에 의한 자계 H_A, H_B는 $H_A = \dfrac{I}{2\pi r_1}$, $H_B = \dfrac{I}{2\pi r_2}$

☞ 합성자계의 크기

$$H = \sqrt{H_A^2 + H_B^2} = \sqrt{\left(\frac{I}{2\pi r_1}\right)^2 + \left(\frac{I}{2\pi r_2}\right)^2}$$

$$= \sqrt{\frac{I^2 (r_1^2 + r_2^2)^2}{(2\pi r_1 r_2)^2}} = \sqrt{\frac{I^2 d^2}{(2\pi r_1 r_2)^2}} = \frac{Id}{2\pi r_1 r_2}\,[AT/m]$$

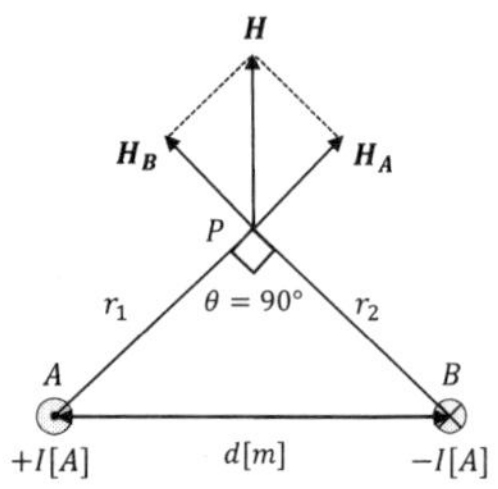

16. 평등 자계 내에 놓여 있는 직선 도선이 받는 힘에 대한 설명 중 옳지 않은 것은?

① 힘은 전류에 비례한다.

② 힘은 자장의 세기에 비례한다.

③ 힘은 도선의 길이에 반비례한다.

④ 힘은 전류의 방향과 자장의 방향과의 사이각의 정현에 관계된다.

☞ 힘 $F = BIl\sin\theta = \mu_0 HIl\sin\theta[N]$

$\therefore$ 힘은 자속밀도, 전류, 자계의 세기, 도선의 길이, $\sin\theta$에 비례한다.

정답 ③

17. 자속 밀도가 $B = 30\,[Wb/m^2]$인 자계 내에 $I = 5\,[A]$의 전류가 흐르고 있는 길이 $l = 1[m]$의 직선 도체를 자계의 방향에 대해서 60°의 각을 짓도록 놓았을 때 이 도체에 작용하는 힘$[N]$을 구하면 얼마인가?

☞ 힘 $F = IlB\sin\theta$에서 $\therefore\ F = 30 \times 5 \times 1 \times \sin 60^\circ = 75\sqrt{3} = 129.9\,[N]$

18. $2\,[C]$의 점전하가 전계 $\boldsymbol{E} = 2\boldsymbol{a}_x + \boldsymbol{a}_y - 3\boldsymbol{a}_z\,[V/m]$ 및 자계 $\boldsymbol{B} = -2\boldsymbol{a}_x + 2\boldsymbol{a}_y - \boldsymbol{a}_z\,[Wb/m^2]$ 내에서 속도 $\boldsymbol{V} = 4\boldsymbol{a}_x - \boldsymbol{a}_y - 2\boldsymbol{a}_z\,[m/\sec]$로 운동하고 있을 때 점전하에 작용하는 힘 F는 몇 $[N]$인가?

> ☞ 전계와 자계가 동시에 존재하는 계 내에서 운동전하가 받는 힘은
> 로렌츠의 힘: $\boldsymbol{F} = q[\boldsymbol{E} + (\boldsymbol{v} \times \boldsymbol{B})]$
> 여기서 $(\boldsymbol{v} \times \boldsymbol{B}) = \begin{vmatrix} \boldsymbol{a}_x & \boldsymbol{a}_y & \boldsymbol{a}_z \\ 4 & -1 & -2 \\ -2 & 2 & -1 \end{vmatrix} = 5\boldsymbol{a}_x + 8\boldsymbol{a}_y + 6\boldsymbol{a}_z$
> ∴ 힘 $\boldsymbol{F} = 2(2\boldsymbol{a}_x + \boldsymbol{a}_y - 3\boldsymbol{a}_z + 5\boldsymbol{a}_x + 8\boldsymbol{a}_y + 6\boldsymbol{a}_z) = 14\boldsymbol{a}_x + 18\boldsymbol{a}_y + 6\boldsymbol{a}_z\,[N]$

19. 평등 자계 내에 수직으로 돌입한 전자의 궤적은?

① 원운동을 하는데, 원의 반지름은 자계의 세기에 비례한다.
② 구면 위에서 회전하고 반지름은 자계의 세기에 비례한다.
③ 원운동을 하고 반지름은 전자의 처음 속도에 비례한다.
④ 원운동을 하고 반지름은 자계의 세기에 비례한다.

> ☞ $F = F_0 \rightarrow F = \mu_0 ev H = \dfrac{mv^2}{r}$ 에서
> ▶ 반지름 $r = \dfrac{mv}{e\mu_0 H} = \dfrac{mv}{eB}\,[m] \rightarrow r \propto v$에 비례
> ▶ 각속도 $\omega = \dfrac{v}{r} = \dfrac{eBv}{mv} = \dfrac{eB}{m}\,[rad/s]$
> ▶ 주기 $T = \dfrac{2\pi}{\omega} = \dfrac{2\pi m}{eB}\,[s]$: 주기는 속도와 무관
>
> 정답 ③

20. 평행 왕복 두 선의 전류 간의 전자력은? (단, 두 노선간의 거리를 $r\,[m]$라 한다.)

① $\dfrac{1}{r}$에 비례, 반발력　　② r에 비례, 흡인력
③ $\dfrac{1}{r^2}$에 비례, 반발력　　④ r^2에 비례, 흡인력

> ☞ 평행도선에 단위 길이당 작용하는 힘은
> $F = \dfrac{\mu_0 I^2}{2\pi r} = 2 \times 10^{-7} \times \dfrac{I^2}{r} \propto \dfrac{1}{r} \rightarrow$ 거리에 반비례
> ☞ 전류의 방향이 같으면 흡인력, 방향이 반대이면 반발력이 작용한다.
> ∴ 여기서는 왕복도선이므로 반발력 작용
>
> 정답 ①

21. 그림과 같이 코일의 권수 $N=50$이고, $I=1[mA]$가 흐르고 있는 장방형 코일이 평등 자계 $B=0.1[Wb/m^2]$ 내에 놓여 있다. 지금 코일 면을 자계와 $\theta=30°$로 기울여 놓았을 때 이 코일에 작용하는 토크$[N \cdot m]$는? (단, $a=1[cm]$, $b=1.5[cm]$라고 한다.)

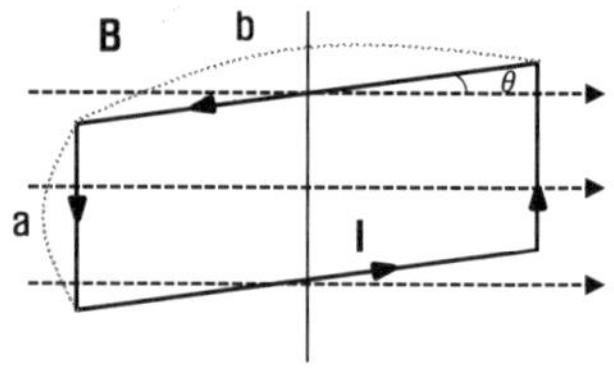

☞ 자속 $\phi=BS\cos\theta$에서 $\theta=0°$일 때 최대, $\theta=90°$일 때 최소

☞ a변과 반대편 a변에 작용하는 힘 F_1, F_2는 전류 I와 자속밀도 B가 이루는 각이 $\theta=90°$이기 때문에 자계 중의 도선이 받는 힘은

$F_1=F_2=IBa\sin\theta=IBa\sin 90°=IBa[N]$며,

F_1의 방향은 ⊙이고, F_2의 방향은 ⊗이기 때문에 회전력이 발생

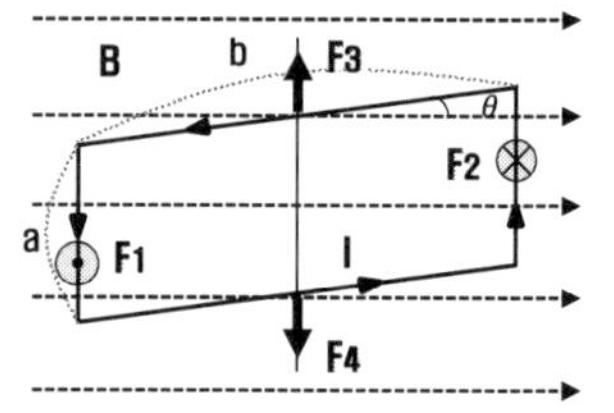

☞ b변과 반대편 b변에 작용하는 힘 F_3, F_4는

$F_3=F_4=IBb\sin\theta[N]$이며, F_3과 F_4의 방향이 반대이므로 회전력에 관여하지 않음

☞ 사각코일을 회전시키는 회전력(토크)은

$\boldsymbol{T}=\boldsymbol{F}\times\boldsymbol{l}=Fb\cos\theta\,\boldsymbol{n}[N \cdot m]$에서 회전 방향은 시계바늘 방향으로 회전, 여기서 $l=b\cos\theta$

회전력 $T=Fb\cos\theta=F_1 b\cos\theta=IBab\cos\theta[N \cdot m]$

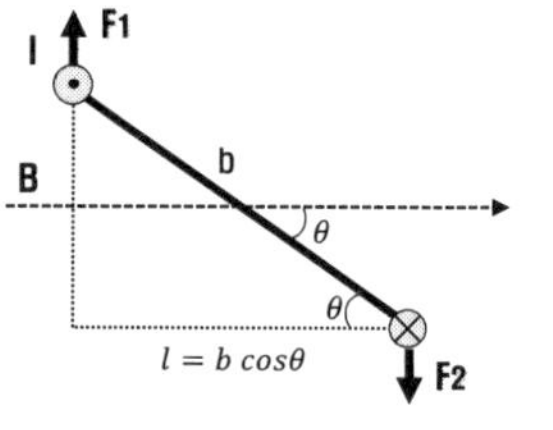

☞ 그리고, 코일의 권선수가 $N[T]$이라고 하면 회전력 T는 N배가 되어

$\therefore T=NIBab\cos\theta[N \cdot m]$

$\therefore T=NIBab\cos\theta=50\times1\times10^{-3}\times0.1\times1\times10^{-2}\times1.5\times10^{-2}\times\cos 30°$

$=7.5\times10^{-7}\times\dfrac{\sqrt{3}}{2}=6.49\times10^{-7}[N \cdot m]$

22. DC 전압을 가하면 전류는 도선 중심 쪽으로 흐르려고 한다. 이러한 현상을 무슨 효과라 하는가?

① Skin 효과 ② Pinch 효과 ③ 압전기 효과 ④ Peltier 효과

☞ 액체도체에 전류를 흘리면 전류의 방향과 수직방향으로 원형자계가 생겨 전류가 흐르는 액체에는 구심력의 전자력이 작용하면 액체 단면은 수축하여 저항이 커지기 때문에 전류의 흐름은 작게 된다. 또한 전류의 흐름이 작게 되면 수축력이 감소하여 액체 단면은 원상태로 복귀하고 다시 전류가 흐르게 되어 수축력이 작용한다. 이와 같은 현상을 핀치효과라 한다.	정답 ②

23. 공기 중에 $10[cm]$떨어져 평행으로 놓여 진 두 개의 무한히 긴 도선에 왕복전류가 흐를 때 단위길이당 $0.04[N]$의 힘이 작용한다면 이때 흐르는 전류는 약 몇 $[A]$인가?

☞ 평행도선에 작용하는 힘 $F=\dfrac{\mu_0 I_1 I_2}{2\pi r}=\dfrac{2I^2}{r}\times 10^{-7}\,[N]$

☞ 전류는 $I^2=\dfrac{Fr}{2\times 10^{-7}}$에서 $\therefore\ I=\sqrt{\dfrac{0.04\times 10\times 10^{-2}}{2\times 10^{-7}}}=141.4\,[A]$

24. $10[A]$가 흐르는 $1[m]$ 간격의 평행 도체 사이의 $1[m]$당의 작용하는 힘은 얼마인가?

☞ 평행도선에 작용하는 힘 $F=\dfrac{\mu_0 I_1 I_2}{2\pi r}=\dfrac{2I_1 I_2}{r}\times 10^{-7}\,[N/m]$에서

$\therefore\ F=\dfrac{\mu_0 I^2}{2\pi r}=\dfrac{2I^2}{r}\times 10^{-7}=\dfrac{2\times 10^2}{1}\times 10^{-7}=2\times 10^{-5}\,[N]$

25. 자속 밀도 $\boldsymbol{B}=\boldsymbol{a}_x+\boldsymbol{a}_y+\boldsymbol{a}_z\,[Wb/m^2]$인 자계 내에서 $2\,[C]$의 전하가 $\boldsymbol{v}=2\boldsymbol{a}_x+4\boldsymbol{a}_y+6\boldsymbol{a}_z\,[m/s]$의 속도로 운동할 때의 작용력은 몇 $[N]$인가?

☞ 전하 $q[C]$이 속도 $v[m/s]$로 자계 $B[Wb/m^2]$ 내에서 운동할 때 받는 힘은
$\boldsymbol{F}=qvB\sin\theta\,\boldsymbol{n}=q(\boldsymbol{v}\times\boldsymbol{B})$

$\therefore$ 힘 $\boldsymbol{F}=q(\boldsymbol{v}\times\boldsymbol{B})=2\begin{vmatrix}\boldsymbol{a}_x & \boldsymbol{a}_y & \boldsymbol{a}_z\\ 2 & 4 & 6\\ 1 & 1 & 1\end{vmatrix}=2\{\boldsymbol{a}_x(4-6)+\boldsymbol{a}_y(6-2)+\boldsymbol{a}_z(2-4)\}=-4\boldsymbol{a}_x+8\boldsymbol{a}_y-4\boldsymbol{a}_z$

26. 그림과 같이 직류 전원에서 부하에 공급하는 전류는 $50[A]$이고, 전원 전압은 $480[V]$이다. 도선이 $10[cm]$ 간격으로 평행하게 배선되어 있다면 $1[m]$당 두 도선 사이에 작용하는 힘은 몇 $[N]$이며, 어떻게 작용하는가?

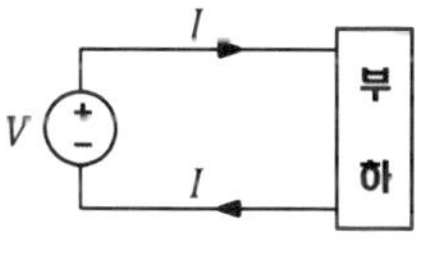

① 5×10^{-3}, 흡인력 ② 5×10^{-3}, 반발력 ③ 5×10^{-2}, 흡인력 ④ 5×10^{-2}, 반발력

☞ 평행도선에 작용하는 힘
$F=\dfrac{\mu_0 I_1 I_2}{2\pi r}=\dfrac{2I^2}{r}\times 10^{-7}\,[N]$에서 $\therefore\ F=\dfrac{2\times 50^2}{0.1}\times 10^{-7}=5\times 10^{-3}\,[N]$

☞ 두 도체에 흐르는 전류 방향이 서로 반대방향이므로 두 도체 사이에는 반발력이 작용한다. 여기서는 단상회로이므로 전류의 방향은 서로 반대이므로 반발력이 작용한다.

정답 ②

제9장 자성체

9-1 자화의 본질

9.1.1 자성체의 종류

자계 내에 물질을 놓으면 자계의 영향을 받아 자기적인 성질인 자성을 나타내는 것을 자화 현상 또는 자기 유도(magnetic induction)라 하며, 자화되는 물질은 자성체(magnetic substance), 자화되지 않은 물질을 비자성체(non-magnetic substance)라 한다.

그림 9-1에 자성체의 종류에 대하여 나타내었다. 자성체는 자화되는 성질에 따라 차이가 있으며, 외부 자계와 반대 방향으로 자화(외부 자계의 극성(N극)에 반대인 극성(S극)가 유도)되는 물질을 상자성체라 하며, 상자성체의 재료로는 백금(Pt), 알루미늄(Al), 산소(O_2), 나트륨(Na) 등이 해당된다. 외부 자계와 같은 방향으로 자화(외부 자계의 극성(N극)에 같은 극성(N극)이 유도)되는 물질을 반(역)자성체라 하며, 반자성체의 재료로는 은(Ag), 구리(Cu), 비스무트(Bi), 아연(Zn), 물(H_2O), 안티몬(Sb), 크롬(Cr) 등이 해당된다. 상자성체 중에서도 강하게 자화가 되는 자성체를 강자성체라 한다. 강자성체는 자화가 된 후에도 오랜 시간 자기 특성이 변화하지 않고 강하게 남아 있게 된다. 일반적으로 자성체라고 하면 강자성체를 의미한다. 강자성체의 재료로는 철(Fe), 니켈(Ni), 코발트(Co) 등이 해당된다. 그리고, 합금체인 페리자성체, 초강자성체, 반강자성체 등이 있다.

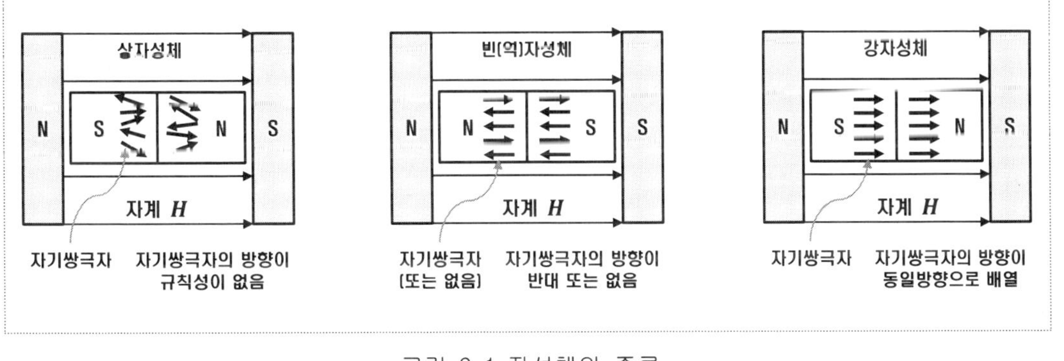

그림 9-1 자성체의 종류

상자성체는 자성체 내부의 자기쌍극자 배열이 불규칙하여 자기쌍극자의 방향들이 일관성이 없다. 이에 비하여 강자성체는 자기쌍극자 배열이 규칙적이어서 자기쌍극자의 방향들이 외부 자계의 방향과 일치한다. 이에 비하여 반자성체는 자기쌍극자가 존재하지 않으며, 반강자성체는 자기쌍극자가 존재하여도 자기쌍극자 방향들이 서로 반대방향으로 이루어져 있다.

예제 9.1

▣ 강자성체가 아닌 것은?

① 철　　② 니켈　　③ 백금　　④ 코발트

풀이	
	◉ 강자성체 : 철(Fe), 니켈(Ni). 코발트(Co)
	◉ 상자성체 : 백금(Pt), 알루미늄(Al), 산소(O_2), 망간(Mn), 텅스턴(W)
	◉ 반자성체 : 은(Ag), 구리(Cu), 비스무트(Bi), 물(H_2O)
	☞ ③

9.1.2 자화의 본질

자화는 전류에 의하여 발생하며, 전류는 전자의 이동에 의하여 발생한다. 물질 내에서 원자를 구성하는 원자핵과 전자 사이의 관계를 살펴보면, 원자핵 주위를 전자가 회전(공전)하는 전자의 궤도운동과 전자 자신이 회전(자전)하는 전자의 스핀운동이 발생한다. 즉, 전자의 궤도운동 및 스핀운동은 전자의 이동에 해당되기 때문에 전류의 흐름이라고 볼 수 있으며 이는 자화를 발생시키는 근원이 된다. 그림 9-2에 자화의 발생 원인을 나타내었다.

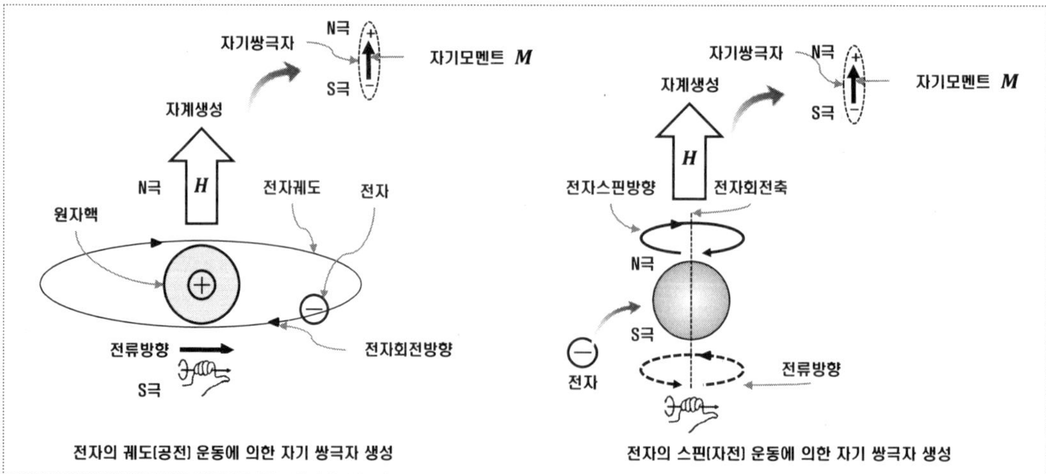

그림 9-2 자화의 발생 원인

이와 같이 전자의 이동에 의하여 발생하는 자속을 자기쌍극자, 자기모멘트라 한다. 자기쌍극자가 동일한 방향으로 정렬하고 있는 작은 영역을 자구(magnetic domain)라 한다. 따라서, 그림 9-2와 같이 원자핵 주위를 회전하고 있는 궤도(공전)운동에 의하여 자기쌍극자를 생성시켜 자기쌍극자 모멘트(궤도 자기모멘트)를 만들기도 하지만, 전자의 스핀(자전)운동에 의하여서도 자기쌍극자를 생성시켜 자기쌍극자 모멘트(스핀 자기모멘트)를 만든다. 이 두 가지의 자기모멘트의 벡터적 합성에 의하여 자성체가 구분이 된다. 일반적으로 자성체는 전자의 스핀(자전)에 의한 스핀 자기모멘트가 크고 궤도 자기모멘트는 무시할 정도로 작다.

물질에 따라서, 외부의 자계의 영향을 받아 궤도운동에 의한 자기쌍극자와 스핀운동에 의한 자기쌍극자가 서로 상쇄되어 자성이 사라지는 물질 또는 자기쌍극자가 존재하지 않는 물질을 반자성체라고 한다. 그리고, 외부의 자계의 영향을 받아 궤도운동에 의한 자기쌍극자와 스핀운동에 의한 자기쌍극자가 서로 대비되어 무질서한 방향으로 존재하거나 약한 자성이 나타나는 물질을 상자성체라고 한다. 이에 비하여 강한 자기쌍극자 모멘트를 가지는 물질을 강자성체라 한다.

강자성체에는 자기쌍극자가 동일한 방향으로 정렬하고 있는 작은 영역인 자구가 존재하며, 외부 자계의 영향으로 자계 방향으로 자기쌍극자가 일렬로 배열되어 전체 자구가 자계 방향으로 정렬되어 자기 포화(magnetic saturation)가 발생한다. 또한, 외부 자계를 제거하여도 자기쌍극자가 원상태로 돌아가지 못하여 잔류 자기를 남기는 히스테리시스(hysterisis) 현상이 나타난다. 강자성체는 투자율이 높고 잔류자기가 많이 남아 있는 물질을 말하며, 특히, 잔류자기와 보자력이 큰 물질은 영구자석(permanent magnet) 등에 많이 활용되고 있다.

예제 9.2

▣ 강자성체의 세 가지 특성이 아닌 것은?
① 와전류 특성 ② 히스테리시스 특성 ③ 고투자율 특성 ④ 포화 특성

풀이 ◉ 강자성체는 자기쌍극자가 일렬로 배열된 작은 영역인 자구를 형성하고 있다. 또한, 외부 자계가 제거되어도 자기쌍극자가 원상태로 돌아가지 못하여 잔류자기를 남기는 히스테리시스 현상과 자기포화특성이 있다. 그리고, 투자율이 높다.
☞ ①

예제 9.3

▣ 물질의 자화 현상은?
① 전자의 이동 ② 전자의 공전 ③ 전자의 자전 ④ 분자의 운동

풀이 ◉ 자화는 물질을 구성하는 원자 내의 핵과 전자의 운동으로 인한 미소전류 루프에 의한 것이며, 핵 주위를 회전하는 전자의 궤도(공전)운동과 전자의 자전(spin)운동에 의하여 발생한다. 외부자계의 영향으로 전자의 스핀운동에 의한 미소전류 루프가 자기쌍극자 모멘트 방향을 일정 방향으로 배열하게 되어 자화가 형성됨
☞ ③

9-2 자화의 세기

전계 내에 유전체를 놓으면 전계에 의하여 원자의 전자궤도가 왜곡되어 전기쌍극자가 발생하여 전기 분극이 발생하는 것과 같이 자계 내에 자성체를 놓으면 앞에서 살펴본 궤도 자기모멘트, 스핀 자기모멘트에 의하여 물체 내부에 자기쌍극자(자구)가 발생하게 되고, 자기쌍극자(자구)가 규칙적으로 배열된 분자자석으로 자화가 이루어진다.

이와 같이 자성체의 양 단면에 단위면적당 발생한 자하량을 자성체에 대한 자화의 세기 $J[Wb/m^2]$라고 한다. 이를 통하여 자성체의 자화의 정도를 정량적으로 표시할 수 있다. 그림 9-3에 자화의 세기를 구하기 위한 그림을 나타내었다.

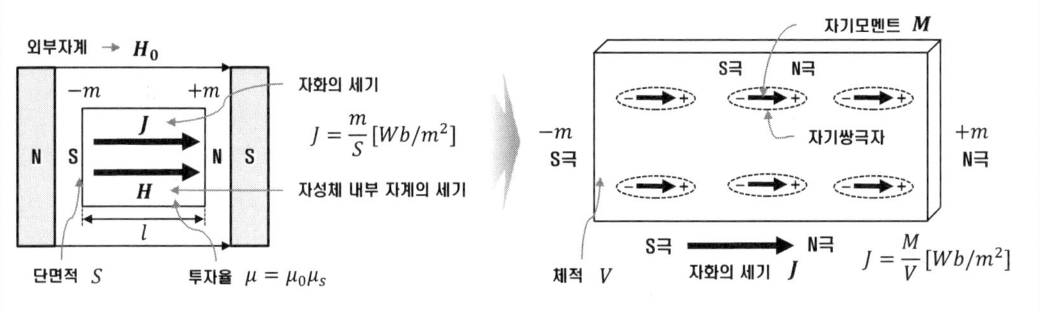

그림 9-3 자화의 세기

그림 9-3에서 자성체의 단면적을 $S[m^2]$, 자화된 자하량을 $m\,[Wb]$라 하면, 단위면적당 발생하는 자하량을 자화의 세기 $J[Wb/m^2]$로 나타낼 수 있다. 이를 아래 수식으로 나타내었다.

$$J = \frac{m}{S}\,[Wb/m^2]$$

■ 자화의 세기 J
☞ 단위면적당 발생하는 자하량

상기 수식에서 자성체의 단위면적이 아닌 단위체적 $V[m^3]$에 대하여 자화의 세기 J를 구하기 위하여 길이 $l\,[m]$을 상기 수식의 분모와 분자에 곱하면, 자화의 세기 J는 아래 수식으로 표현할 수 있다.

$$J = \frac{ml}{Sl} = \frac{M}{V}\,[Wb/m^2]$$

■ 자기 모멘트: M

☞ $M = md = ml\,[Wb \cdot m]$

즉, 자화의 세기 J는 단위체적당 자기모멘트의 크기로 정의할 수 있다. 그리고, 자화의 세기 J는 벡터량으로 방향은 자기모멘트의 방향과 동일하게 S극$(-m[Wb])$에서 N극$(+m[Wb])$으로 향한다. 자성체의 자화는 외부 자계 H_0에 의하여 자성체 내부의 자계 H에 비례하기 때문에 비례상수를 사용하여 이를 수식으로 나타내면 다음과 같다.

$$J = \chi H \qquad \boldsymbol{J} = \chi \boldsymbol{H}$$

■ 비례상수: χ(chi)

☞ 자화율

여기서 χ를 자화율(magnetic susceptibility)라 하며, 다음과 같이 정의한다.

$$\chi = \mu - \mu_0 = \mu_0\mu_s - \mu_0 = \mu_0(\mu_s - 1) = \mu_0\,\chi_s\,[H/m]$$

■ 비례상수: χ(chi)

☞ μ: 투자율

☞ μ_s: 비투자율

☞ χ_s: 비자화율

여기서 μ는 투자율(permeability)이라 하고, μ_s는 비투자율이라 한다. μ_s는 진공 중의 투자율 μ_0에 대한 투자율 μ의 비를 나타낸다. 그리고, 비자화율(자기 감수율) χ_s는 자화율 χ를 진공 중의 투자율 μ_0로 나눈 값으로 정의한다. 이를 수식으로 나타내면 아래와 같다.

$$\mu_s = \frac{\mu}{\mu_0} \quad \therefore\ \mu = \mu_0\,\mu_s\,[H/m]$$

$$\chi_s = \frac{\chi}{\mu_0} = \frac{\mu - \mu_0}{\mu_0} = \frac{\mu_0(\mu_s - 1)}{\mu_0} = \mu_s - 1$$

■ 비투자율: μ_s

■ 비자화율: χ_s

자화율 χ와 비자화율 χ_s의 의미는 물질의 자화 발생에 대한 용이성을 나타낸다. 즉, 자화율 χ, 비자화율 χ_s, 비투자율 μ_s값이 큰 물질일수록 자화발생이 쉽고 크게 나타난다. 자화의 세기 J를 다시 나타내면 다음 수식과 같다.

$J=\chi H=(\mu-\mu_0)H=(\mu_0\mu_s-\mu_0)H$ $=\mu_0(\mu_s-1)H=\mu_0\chi_s H$	■ 자화의 세기 J ☞ μ: 투자율 ☞ μ_s: 비투자율 ☞ χ_s: 비자화율

상기 수식에서 자속밀도 $B[Wb/m^2]$와 자화의 세기 J 사이의 관계는 다음과 같다.

$J=\chi H=(\mu-\mu_0)H=\mu H-\mu_0 H=B-\mu_0 H$ $\therefore B=\mu_0 H+J$	■ 자속밀도 B ☞ $B=\mu H$

상기 $J=\chi H=\mu_0(\mu_s-1)H=\mu_0\chi_s H$의 수식을 이용하여 물질의 종류에 따른 자화의 세기 J에 대하여 살펴보자. 비투자율 μ_s의 값은 자성체의 물질 종류에 따라 다르기 때문에 비자화율 $\chi_s(\chi_s=\mu_s-1)$도 물질의 종류에 따라 다르다. 따라서, 비투자율 μ_s와 비자화율 χ_s에 따른 상자성체, 반자성체와 강자성체의 성질을 살펴보자.

상자성체에서는 $J=\chi H$로부터 자화의 세기 J와 자계의 세기 H는 약하게 같은 방향으로 되기 때문에 자화율 χ 값은 $\chi(\chi_s)>0$의 관계가 있다. 일반적으로 상자성체의 χ 값은 $10^{-3}\sim 10^{-5}$정도이다. 따라서, $\chi_s=\mu_s-1$의 수식을 통하여 비투자율 μ_s는 $\mu_s>1$의 관계가 성립한다.

반상자성체에서는 $J=\chi H$로부터 자화의 세기 J와 자계의 세기 H는 반대 방향이 되기 때문에 자화율 χ 값은 $\chi(\chi_s)<0$의 관계가 있다. 일반적으로 반자성체의 χ 값은 -10^{-5} 정도이다. 따라서, $\chi_s=\mu_s-1$의 수식을 통하여 비투자율 μ_s는 $\mu_s<1$의 관계가 성립한다. 일반적으로 상자성체와 반자성체에서 자화율 χ는 온도변화에 변화되지 않고 일정하며, $J=\chi H$의 관계식에서 자화의 세기 J와 자계 H는 선형적인 관계를 가진다. 이것은 외부자계 H의 변화에 의하여 자성체 내부의 자속밀도 B의 변화곡선인 자화 곡선(그림 9-6 참조)을 살펴보면, $B=\mu_0 H+J$의 관계에서 자화의 세기 J가 거의 영향을 미치지 않기 때문에 $B=\mu_0 H$로 되어 일정한 값을 가지는 μ_0의 기울기를 가지는 일차함수로 볼 수 있기 때문에 선형적으로 변화한다.

강자성체에서는 비투자율 μ_s의 값이 수백 ~ 수천의 값을 가지며, $\chi=\mu_0\chi_s$, $\chi_s=\mu_s-1$의 관계식에서 자화율 χ는 $\chi(\chi_s)\gg 0$의 값으로 상당히 크다는 것을 알 수 있다. 일반적으로 강자성체의 χ 값은 $10^3\sim 10^6$정도이다. 즉, 앞에서 살펴본 바와 같이 자화율 χ와 비자화율 χ_s의 의미는 물질의 자화 발생에 대한 용이성을 나타내고 있기 때문에 자화율 χ의 값이 상당히 크다는 것은 외부 자계에 의하여 자화가 쉽게 일어난다는 것을 알 수 있다. 그리고, 강자성체의 자화율 χ와 비투자율 μ_s는 상자성체와 반자성체와 달리 온도 등의 조건에 따라 변화하기 때문에 $J = \chi H$의 관계식에서 J와 H는 비선형적인 관계를 가진다. 강자성체에서 자화율 χ는 주위의 온도에 반비례하는 성질인 퀴리-바이스 법칙(Curie-Weiss's law)을 따르고 있다.

퀴리-바이스 법칙에서 자화율 χ는 $\chi = \dfrac{C}{T - T_c}$이다. 여기서 C는 퀴리상수, T는 주위온도, T_c는 퀴리온도를 나타낸다. 따라서, 온도가 상승하게 되면 자화율 χ가 서서히 감소하여 어떠한 온도에서는 자성을 잃어버리고 상자성체로 변화되게 된다. 이렇게 자성을 잃어버리는 임계온도를 자기 변태점(magnetic transformation point) 또는 퀴리점(Curie point)이라 하며, 강자성체인 철(Fe)의 퀴리점은 약 770[℃] 정도이다. 그러므로, 외부 자계 H의 변화에 의하여 자성체 내부의 자속밀도 B의 변화곡선인 자화 곡선(그림 9-6 참조)을 살펴보면 $B = \mu_0 H + J$의 관계에서 자화의 세기 J가 상당히 큰 값을 가지고 있고, 온도변화 특성, 자기포화 현상이 있어 상자성체와 반자성체와 같이 $B = \mu_0 H$로 선형적으로 변화하지 않는다. 아래 표 9-1은 자성체의 종류에 따른 자화율, 비투자율, 투자율의 변화를 나타낸 것이다.

표 9-1 자성체의 종류에 따른 자화율, 비투자율, 투자율의 변화

자성체 구분	자화율	비투자율	투자율	$J = \chi H$
강자성체	$\chi(\chi_s) \gg 0$	$\mu_s \gg 1$	$\mu \gg \mu_0$	J와 H가 같은 방향, 비선형
상자성체	$\chi(\chi_s) > 0$	$\mu_s > 1$	$\mu > \mu_0$	J와 H가 같은 방향, 선형
반자성체	$\chi(\chi_s) < 0$	$\mu_s < 1$	$\mu < \mu_0$	J와 H가 반대 방향, 선형

아래 표 9-2는 자성체의 종류에 따른 비자화율 χ_s 및 비투자율 μ_s 값을 나타낸 것이다.

표 9-2 자성체의 종류에 따른 비자화율, 비투자율 값

구분	자성체	비자화율	비투자율	구분	자성체	비자화율	비투자율
반자성체	은	-2.6×10^{-5}	0.999974	상자성체	알루미늄	2.2×10^{-5}	1.000022
반자성체	구리	-0.96×10^{-5}	0.9999904	상자성체	백금	2.6×10^{-5}	1.000026
반자성체	물	-8.8×10^{-5}	0.9999912	강자성체	코발트	250	250
상자성체	진공	0	1.0	강자성체	니켈	600	600
상자성체	공기(N_2)	3.67×10^{-7}	1.0000004	강자성체	철	5×10^3	5×10^3

아래 표 9-3은 앞에서 살펴본 유전체와 자성체에 대한 분극의 세기 P, 자화의 세기 J 등을 비교하여 살펴본 것이다.

표 9-3 유전체의 분극의 세기와 자성체의 자화의 세기 비교

유전체의 분극	자성체의 자화
분극의 세기: $P=\chi E$ 분극율: $\chi=\epsilon-\epsilon_0=\epsilon_0(\epsilon_s-1)=\epsilon_0\chi_s[F/m]$	자화의 세기: $J=\chi H$ 자화율: $\chi=\mu-\mu_0=\mu_0(\mu_s-1)=\mu_0\chi_s[H/m]$
$P=\chi E=(\epsilon-\epsilon_0)E=\epsilon E-\epsilon_0 E=D-\epsilon_0 E$	$J=\chi H=(\mu-\mu_0)H=\mu H-\mu_0 H=B-\mu_0 H$
유전체의 전속밀도: $D=\epsilon_0 E+P,\ D=\epsilon E$	자성체의 자속밀도: $B=\mu_0 H+J,\ B=\mu H$

예제 9.4

▣ 비투자율이 400인 환상 철심 중의 평균 자계의 세기가 $300[AT/m]$일 때, 자화의 세기는 몇 $[Wb/m^2]$인가?

풀이 ◉ 자화의 세기 $J=\chi H=\mu_0(\mu_s-1)H=4\pi\times10^{-7}\times(400-1)\times300=0.15\ [Wb/m^2]$

예제 9.5

▣ 길이 $10[cm]$, 단면의 반지름 $a=1[cm]$인 원통형 자성체가 길이의 방향으로 균일하게 자화되어 있을 때 자화의 세기 $J=0.5[Wb/m^2]$이라면 이 자성체의 자기 모멘트$[Wb/m]$는?

풀이 ◉ 자화의 세기 $J=\frac{m}{S}=\frac{ml}{Sl}=\frac{M}{V}[Wb/m^2]$에서 자기모멘트

$M=JV=J\cdot\pi a^2\cdot l=0.5\times3.14\times(0.01)^2\times0.1=1.57\times10^{-5}[Wb/m]$

예제 9.6

▣ 비투자율 μ_s는 반자성체에서 다음 어느 값을 갖는가?

① $\mu_s=1$ ② $\mu_s<1$ ③ $\mu_s>1$ ④ $\mu_s=0$

풀이 ◉ 상자성체: $\mu_s>1(\chi_s>0)$, 역(반)자성체: $\mu_s<1\ (\chi_s<0)$, 강자성체: $\mu_s\gg1$ $(\chi_s\gg0)$ 여기서, χ_s은 비자화율$(\chi_s=\mu_s-1)$

☞ ②

예제 9.7

▣ 다음 중 비투자율이 가장 큰 것은?

① 백금 ② 은 ③ 구리 ④ 니켈

풀이 ◉ 백금: 1.000026, 은: 0.999974, 구리: 0.9999904, 니켈: 600

☞ ④

9-3 감자력

그림 9-4와 같이 평등자계 $H_0[AT/m]$인 자계 속에 비투자율 μ_s 값이 $\mu_s > 1$인 자성체를 놓으면 자성체의 양면에 $-m[Wb]$, (S)과 $+m[Wb]$, (N)의 자극이 생성되어 자화가 이루어진다. 자성체의 양면 중에서 왼쪽 면에는 $-m(S)$의 자극이 오른쪽 면에는 $+m(N)$의 자극이 생성되어 자성체의 내부에는 외부에서 인가한 평등자계 H_0와 반대 방향으로 자계 $H'[AT/m]$가 생성된다.

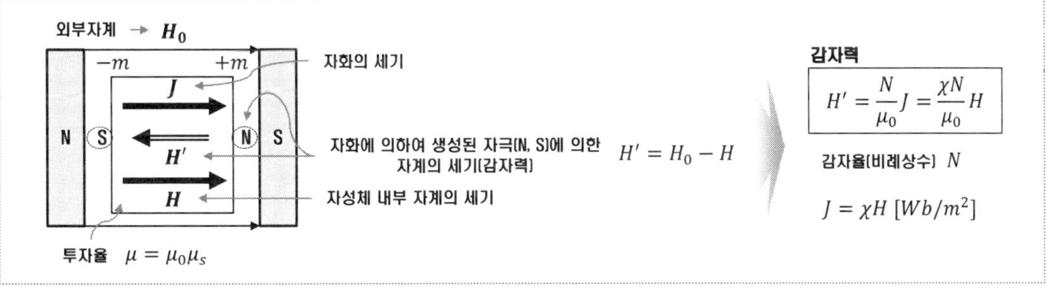

그림 9-4 감자력

이때 외부의 평등자계 H_0와 자극에 의한 자성체 내부의 자계 H'에 의하여 변화된 자성체 내부의 자계의 세기 $H[AT/m]$는 아래 수식으로 표현할 수 있다.

$$H = H_0 - H'$$

■ 감자력 H'
☞ 자성체 내부 자극 $\pm m$에 의하여 생성된 자계

여기서 자화에 의하여 발생된 자계 H'를 감자력(demagnetizing force) 또는 자기 감자력이라 한다. 감자력 H'는 자화의 세기 $J[Wb/m^2]$에 비례하며, 자성체의 형태에 따라 결정되며 아래 수식으로 정의된다. 수식에서 비례상수 N을 감자율(demagnetizing factor)이라 하며, N은 $0 \le N \le 1$의 값을 가진다.

$$H' = \frac{N}{\mu_0}J$$

■ 감자력 H' 정의
☞ 감자율 N, $0 \le N \le 1$

상기 수식에서 자화의 세기 $J = \chi H$를 대입하여 다시 나타내면 아래 수식과 같다.

$H' = \dfrac{\chi N}{\mu_0} H$	■ 자화의 세기 J ☞ $J = \chi H$

상기에서 구한 감자력 H'를 $H = H_0 - H'$의 수식에 대입하여 풀면 아래 수식과 같다.

$H = H_0 - H' = H_0 - \dfrac{\chi N}{\mu_0} H$ $H + \dfrac{\chi N}{\mu_0} H = H_0$ $(1 + \dfrac{\chi N}{\mu_0}) H = H_0$ $H = \dfrac{H_0}{(1 + \dfrac{\chi N}{\mu_0})} = \dfrac{H_0}{(1 + \dfrac{\mu_0(\mu_s - 1)N}{\mu_0})}$ $= \dfrac{H_0}{1 + (\mu_s - 1)N}$	■ 자화의 세기 J ☞ $J = \chi H$ ■ 자화율 ☞ $\chi = \mu - \mu_0 = \mu_0(\mu_s - 1)$ $= \mu_0 \chi_s [H/m]$

상기 수식의 변화된 자성체 내부의 자계의 세기 H를 이용하여 자성체 내부의 자화의 세기 J를 구하면 다음과 같다.

$J = \chi H = \chi \dfrac{H_0}{1 + (\mu_s - 1)N}$ $= \dfrac{(\mu - \mu_0)H_0}{1 + (\mu_s - 1)N} = \dfrac{\mu_0(\mu_s - 1)H_0}{1 + (\mu_s - 1)N}$	■ 자계의 세기 H ☞ $H = \dfrac{H_0}{1 + (\mu_s - 1)N}$ ■ 자화율 ☞ $\chi = \mu - \mu_0 = \mu_0(\mu_s - 1)$ $= \mu_0 \chi_s [H/m]$

그리고, 감자력 H'의 $H' = \dfrac{N}{\mu_0} J$의 수식에서 상기의 자성체 내부의 자화의 세기 J를 대입하여 풀면 아래 수식과 같다.

$$H' = \frac{N}{\mu_0} J = \frac{N}{\mu_0} \frac{\mu_0(\mu_s - 1)H_0}{1 + (\mu_s - 1)N} - \frac{N(\mu_s - 1)H_0}{1 + (\mu_s - 1)N}$$

■ 감자력 H' 정의

☞ $H' = \frac{N}{\mu_0} J$

■ 자화의 세기 J

☞ $J = \frac{\mu_0(\mu_s - 1)H_0}{1 + (\mu_s - 1)N}$

상기 수식을 활용하여 비례상수인 감자율 N을 구하면 다음과 같다.

$$H = \frac{H_0}{1 + (\mu_s - 1)N}$$

$$H[1 + (\mu_s - 1)N] = H_0$$

$$1 + (\mu_s - 1)N = \frac{H_0}{H}$$

$$(\mu_s - 1)N = \frac{H_0}{H} - 1$$

$$\therefore N = \frac{1}{\mu_s - 1}\left(\frac{H_0}{H} - 1\right)$$

■ 자성체 내부의 자계의 세기 H

☞ $H = \frac{H_0}{1 + (\mu_s - 1)N}$

■ 감자율 $N = 0$

☞ $H = H_0$ (공극 없이 서로 연결)

■ 감자율 $N = 1$

☞ $\frac{H_0}{H} = \mu_s \quad \therefore H_0 = \mu_s H$

■ 감자율 N

☞ $0 \le N \le 1$

상기 수식의 감자율 N의 의미를 살펴보자. 감자율 N의 값이 $N = 0$이 되었다고 한다면, 자성체의 비투자율 μ_s 값은 절대 0이 될 수 없기 때문에 $N = \frac{1}{\mu_s - 1}(\frac{H_0}{H} - 1)$의 수식에서 $(\frac{H_0}{H} - 1) = 0$이 되어야 한다. 그러므로 $H = H_0$가 되어야 한다. 즉, 외부의 평등자계인 H_0와 자성체 외부의 평등자계에 의하여 변화된 자성체 내부의 자계의 세기 H의 값이 같아야 한다. 즉, 자성체의 내부와 외부의 자계의 세기가 같아야 한다는 것을 나타내고 있다. 이와 같을 경우에 감자율은 $N = 0$이 된다. 즉, 자력이 하나도 감소하지 않는다는 것을 의미한다. 가장 이상적인 형태는 자극이 존재하지 않는 환상이 솔레노이드 형태로 구성하게 되면 감자율이 $N = 0$이 된다. 또는 가늘고 긴 막대 형태의 자성체가 외부의 평등자계 H_0와 평행하게 배치되어 있는 경우에는 감자율 N의 값이 거의 0에 가깝게 된다. 이에 대한 예로는 영구자석을 공기 중에 오래 두게 되면 감자작용에 의하여 서서히 자력이 감소하게 된다. 따라서, 이를 방지(감자율 $N = 0$)하기 위하여서는 자성체 내부 및 외부의 자계의 세기가 같아야 하기 때문에 철편(가늘고 긴 막대 형태) 등을 연결하여 붙여 놓거나, 또는 U자형 말굽

자석의 경우에는 철판을 말굽자석의 U자 부분에 연결하여 환상 솔레노이드 형태로 보관하게 되면 내부 감자력이 0이 되어 감자작용이 일어나지 않는다.

반대로 감자율 N의 값이 $N=1$이 되었다고 한다면, $N=\frac{1}{\mu_s-1}(\frac{H_0}{H}-1)$의 수식에서 $(\frac{H_0}{H}-1)=\mu_s-1$가 되어야 함으로 $\frac{H_0}{H}=\mu_s$ 그러므로, $H_0=\mu_s H$가 되어야 한다. 즉 외부의 평등자계 H_0의 값이 자성체 외부의 평등자계에 의하여 변화된 자성체 내부의 자계의 세기 H의 값에 비투자율 μ_s 값을 곱한 것과 같기 때문에 무한히 넓은 판상의 자성체가 평등자계 H_0와 수직으로 존재하는 비현실적인 형태를 가지고 있어야 한다.

예제 9.8

▣ 평등자계 H_0 중에 매우 얇은 철판(비투자율 μ_s)을 자계와 직각으로 놓았을 때의 철판 내 중앙부의 자계 H_1과 평행으로 놓았을 때의 철판 내 중앙부 자계 H_2의 비를 구하면?

풀이

◉ 외부자계 H_0, 자성체의 내부자계 H, 감자력 H', 감자율 N이라면

$$H=H_0-H'=H_0-(\frac{N}{N_0}J)\rightarrow H_0-\frac{N}{\mu_0}[\mu_0(\mu_s-1)H]\text{에서 } \therefore H=\frac{H_0}{1+N(\mu_s-1)}$$

▶ 철판을 외부자계 H_0와 직각으로 놓았을 때는 $N=1$이므로 내부자계는 $H_1=\frac{H_0}{\mu_s}$

▶ 철판을 외부자계 H_0와 평행으로 놓았을 때는 $N=0$이므로 내부자계는 $H_2=H_0$

▶ 자계 비는 $H_1=\frac{H_2}{\mu_s}$에서 $\therefore \frac{H_1}{H_2}=\frac{1}{\mu_s}$

예제 9.9

▣ 다음 중에서 감자력에 대한 올바른 설명은 무엇인가?

① 자계에 반비례한다. ② 자극의 세기에 반비례한다.
③ 자화의 세기에 비례한다. ④ 자속에 반비례한다.

풀이

◉ 감자력 $H'=\frac{N}{\mu_0}J$ $\therefore H'\propto J$ → 감자력은 자화의 세기에 비례

☞ ③

예제 9.10

▣ 감자력이 0인 것은 무엇인가?

① 가늘고 긴 막대 자성체 ② 구 자성체 ③ 굵고 짧은 막대 자성체 ④ 환상 철심

풀이

◉ 환상철심은 감자력이 없으므로 감자율이 0이다.

☞ ④

9-4 강자성체의 자화

9.4.1 자화곡선

지금까지 살펴본 자속밀도 $B[Wb/m^2]$와 자계의 세기 $H[AT/m]$ 사이의 관계, 자화의 세기 $J[Wb/m^2]$와 자계의 세기 H 사이의 관계를 살펴보면, 아래 수식과 같이 선형적인 관계를 나타내고 있다. 아래 수식은 상자성체에 해당되는 수식이다.

$$B = \mu H$$
$$J = \chi H$$

■ 상자성체에서의 관계
☞ 선형적 관계: $B = \mu H$, $J = \chi H$
☞ μ, χ는 일정

그러나, 강자성체에서는 상기 수식의 투자율 μ와 자화율 χ의 값이 온도 등의 외부 조건에 따라 일정한 값을 가지지 못하고 비선형적인 관계를 가지고 있다. 철, 니켈, 코발트 등의 금속이나 그 화합물 등의 강자성체에 외부 자계 $H_0[AT/m]$를 증가시키면, 강자성체 내부의 자화의 세기 J도 급격하게 증가하게 된다. 그러나, 외부 자계 H_0를 더욱 더 증가시켜도 강자성체 내부의 자화의 세기 J는 더 이상 증가하지 않고 일정한 값으로 포화되는 현상이 나타난다. 이를 자기포화라 한다. 그림 9-5는 자기포화에 대한 내용을 그림으로 나타내었다.

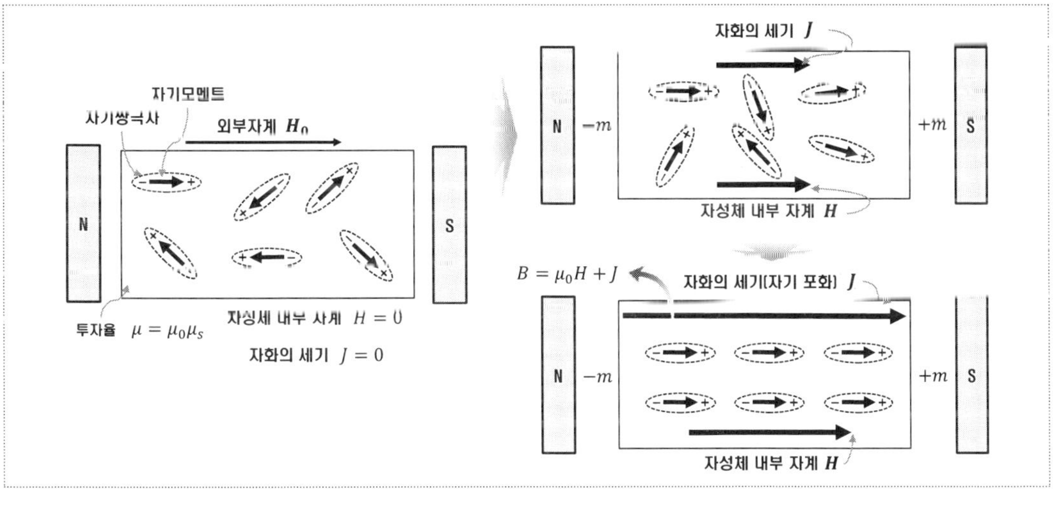

그림 9-5 자기포화

외부 자계 H_0에 의하여 자화 초기에는 자기쌍극자 모멘트가 외부 자계의 영향으로 회전을 하며 정렬이 시작되면서 관성에 의하여 서서히 진행되지만, 더욱 외부 자계 H_0를 증가시키면 자화는 급속히 진행되어 전체의 자기쌍극자 모멘트가 내부 자계 H방향으로 배열하게 되면 더 이상 자화가 일어나지 않는 자기포화가 이루어진다. 이때, 강자성체 내부의 자속밀도 B와 자화의 세기 J 사이의 관계를 살펴보면 다음과 같다.

$$B = \mu_0 H + J$$

■ 자속밀도 B와 자화의 세기 J 사이의 관계

☞ $J = \chi H = (\mu - \mu_0)H = \mu H - \mu_0 H = B - \mu_0 H$

☞ $B = \mu H$

상기의 강자성체 내부의 자속밀도 B와 자화의 세기 J 사이의 관계를 곡선으로 나타낸 것을 자화곡선(magnetization curve) 또는 $B-H$ 곡선이라 하며, 투자율 μ값이 변화하기 때문에 그림 9-6과 같이 비선형적인 곡선을 나타낸다. 그리고, 이 비선형적인 곡선을 세밀하게 살펴보면 자속밀도 B는 부드러운 곡선이 아닌 불연속적인 계단모양으로 변화하게 된다.

이것은 자성체 내에서 임의의 방향으로 배열되었던 자구가 외부 자장의 힘이 일정치 이상이 되면 순간적으로 회전하여 불연속적으로 자계 H의 방향으로 배열되기 때문에 작은 계단형으로 강자성체의 자구가 어떤 순간 급격히 회전하기 때문이다. 이를 바크하우젠 효과(Barkhausen's effect)라고 한다. 그림 9-6은 바크하우젠 효과를 설명한 것이다. 코일 내에 강자성체를 철심으로 감아 사용하면 파동음과 같은 잡음이 발생하며, 이 잡음은 자구의 급격한 회전에 의하여 단계적으로 자화가 발생하면서 생기는 소리가 마찰음으로 나타난다.

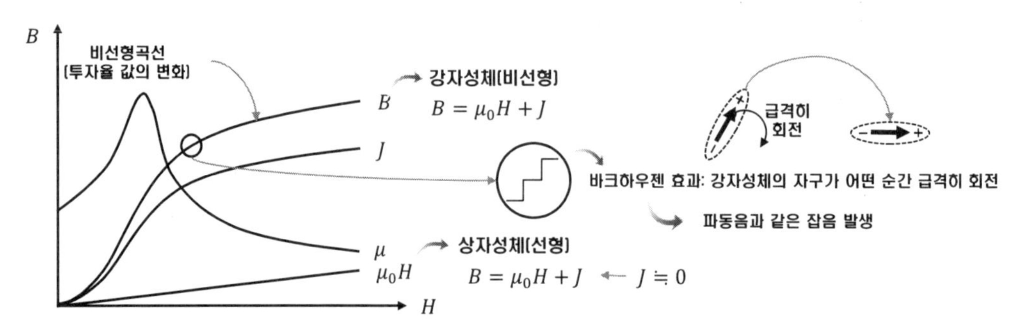

그림 9-6 자화곡선($B-H$ 곡선) 및 바크하우젠 효과

9.4.2 히스테리시스 곡선

자화되지 않은 강자성체에 외부 자계 $H[AT/m]$를 변화시키면 강자성체 내부의 자속밀도 $B[Wb/m^2]$는 아래 그림 9-7과 같은 자화곡선을 나타낸다. 초기에는 자화가 되지 않은 강자성체에 외부 자계 H를 서서히 증가시키게 되면 강자성체 내부의 자속밀도 B의 자화곡선이 원점(o점)에서 시작하여 a점에 도달하게 된다. 이 상태에서 외부 자계 H를 서서히 감소시키면 강자성체 내부의 자속밀도 B는 원래의 곡선(a점에서 원점인 o점으로 이동)을 따르지 않고 다른 곡선(a점에서 b점으로 이동, b점에서 d점으로 이동, d점에서 f점으로 이동, f점에서 a점으로 이동하여 환선으로 이동을 반복)을 따라 움직이게 되는 데 이를 자기이력 곡선 또는 히스테리시스 곡선(hysterisis loop)이라 한다.

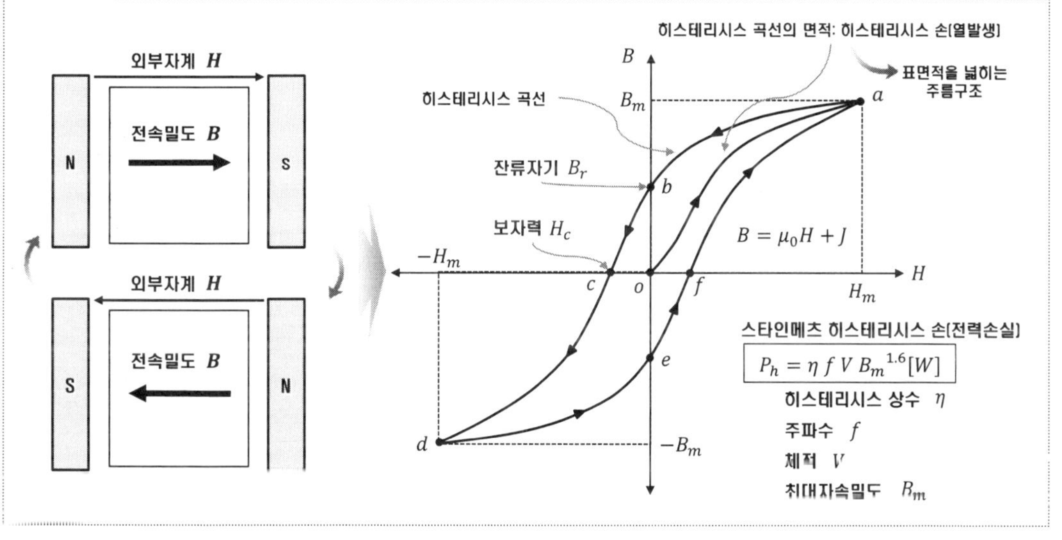

그림 9-7 히스테리시스 곡선

외부 자계 H를 o점에서 점차적으로 증가시켜 강자성체의 내부 자속밀도 B가 자화의 포화점인 a점에 도달한 이후, 외부 자계 H를 서서히 감소시키면 자속밀도 B는 a점에서 원점인 o점으로 이동하지 않고 a점에서 b점으로 이동하여 서서히 자속밀도 B가 감소하게 된다. 외부에서 인가하는 자계를 감소시켜 외부 자계 H가 0인 지점에서 자속밀도 B가 B_r인 b인 지점을 잔류자기(residual magnetism)이라고 한다.

외부 자계 H를 감소시켜 0에서 반대방향으로 자계 H를 점차적으로 증가($-H$인 방향)시켜 강자성체의 내부의 자속밀도 B가 0인 c인 지점의 역방향 자계 H_c를 보자력(coercive force)이라 한다. 그리고, 역방향으로 자계를 증가($-H$인 방향)시키면 강자성체 내부의 자속밀도 B가 포화되고, 역방향의 자계 H를 다시 감소시키면 d점에서 e점(역방향 자계 $H=0$)까지 이동하게 된다. 그리고, 자계 H를 순방향으로 점차적으로 증가시키면 e점에서 f점을 거쳐 자기 포화의 상태인 a점으로 이동하게 된다. 그리고, 자계 H의 변화를 동일하게 변화시키게 되면 이러한 곡선모양을 따라 반복적으로 이동하게 된다.

상기 $B-H$의 관계를 나타내는 현상을 자기이력 현상 또는 히스테리시스 현상이라고 한다. 즉, 같은 자계의 세기 H의 값이라도 과거의 이력에 의하여 강자성체 내부의 자속밀도 B의 값이 서로 달라지게 된다.

그리고, 그림 9-8은 히스테리시스 곡선의 특성에 따라 강자성체의 쓰임이 구분되는 것을 나타낸 것이다. 일반적으로 잔류자기 B_r과 보자력 H_c가 상당히 커서(또는, 잔류자기 B_r이 작으나 보자력 H_c가 상대적으로 큰 경우) 히스테리시스 면적이 큰 경우에는 영구자석의 재료로 사용되며 경철이 여기에 해당된다. 그리고, 잔류자기 B_r은 크나, 보자력 H_c가 작아 히스테리시스 면적이 작은 경우에는 잔류 자속밀도가 쉽게 소멸되어 자심재료로 사용되며 연철, 규소강판이 여기에 해당된다.

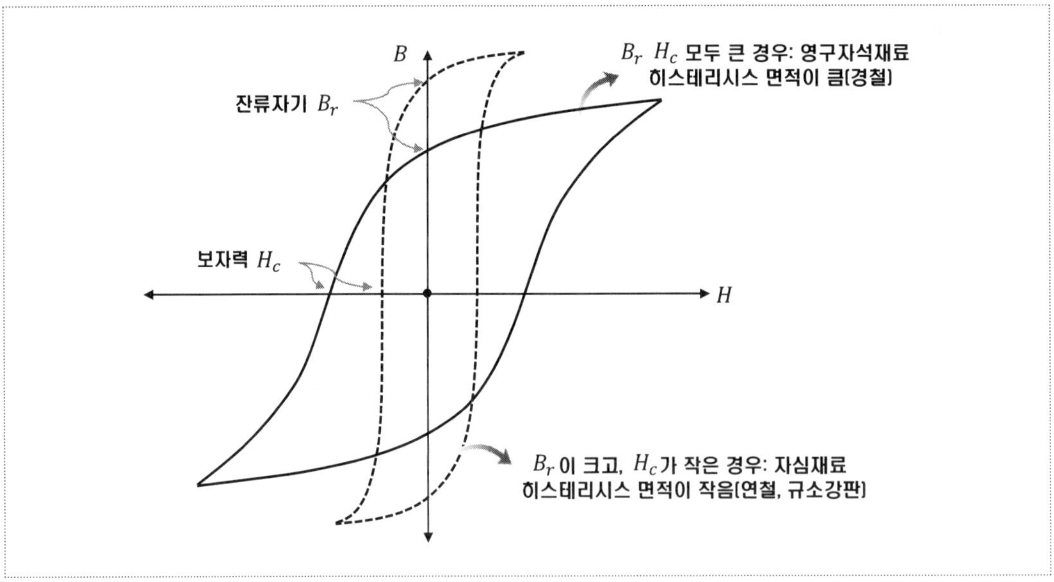

그림 9-8 히스테리시스 곡선에 따른 재질의 특성

히스테리시스 곡선을 가지는 강자성체에 외부의 인가 자계 H를 변화시키며 강자성체를 자화시키는 데 필요한 자계에너지 밀도 $\omega_m\ [J/m^3]$을 구하면 다음과 같다.

$$
\begin{aligned}
w_m &= \oint \boldsymbol{H} \cdot d\boldsymbol{B} \\
&= \int_a^b \boldsymbol{H} \cdot d\boldsymbol{B} + \int_b^d \boldsymbol{H} \cdot d\boldsymbol{B} \\
&\quad + \int_d^f \boldsymbol{H} \cdot d\boldsymbol{B} + \int_f^a \boldsymbol{H} \cdot d\boldsymbol{B}
\end{aligned}
$$

■ 자성체에 축적되는 자계에너지 ω_m

☞ $\omega_m = \int_0^{B_m} \boldsymbol{H} \cdot d\boldsymbol{B} [J/m^3]$

☞ ω_m: 히스테리시스 곡선의 면적을 의미하며, 이를 히스테리시스 손(열발생)이라 함

상기의 자계에너지 밀도 ω_m은 히스테리시스 곡선의 면적을 의미하고 있으며, 이를 히스테리시스 손(hysterisis loss)이라 한다. 이 히스테리시스 손의 면적 크기만큼 외부로 열이 발생하게 된다. 따라서, 변압기 등의 전기기기는 코일 내부에 철심인 강자성체를 사용하고 있으며, 외부에서 코일에 교류를 인가하여 외부 자계 H의 변화를 주기 때문에 철심인 강자성체의 내부는 매 주기마다 히스테리시스 곡선의 면적에 해당되는 열이 발생하게 된다. 그러므로, 히스테리시스 곡선의 면적에 해당되는 자계에너지 ω_m이 교류의 매 주기마다 히스테리시스 손인 열로 방출된다. 따라서, 이 히스테리시스 손인 열로 인하여 변압기가 뜨거운 이유이며, 이 열을 잘 방출할 수 있도록 하기 위하여 변압기 주변에 표면적을 넓히는 구조인 주름 구조를 채택하고 있다. 1891년 스타인메츠(Steinmetz)는 실험을 통하여 히스테리시스 곡선이 1회전할 때 발생하는 히스테리시스 손에 의한 전력 손실 $P_h[W]$를 아래 수식으로 구하였다.

$$P_h = \eta f V B_m^{1.6} \, [W]$$

■ 스타인메츠(Steinmetz)의 전력손실

☞ η(eta): 재료에 따른 값으로 히스테리시스 상수(일반강에서 약 3,000, 규소강판에서는 약 300정도)

☞ B_m: 최대 자속 밀도

☞ V: 자성체의 체적

☞ 1.6: 스타인메츠 정수

☞ f: 주파수

즉, 히스테리시스 손은 주파수 $f[Hz]$에 비례한다. 그러므로, 교류용 전기기기에서는 히스테리시스 손에 의하여 효율이 저하되고, 열에 의한 절연 재료의 열화 원인이 되기도 한다. 이를 무부하손인 철손(iron loss)라 한다. 따라서, 전기기기의 손실 중에서 철손에 해당되는 히스테리시스 손실을 감소시키기 위하여 철심에 규소를 $3 \sim 5[\%]$ 함유된 규소강판을 사용하고 있다. 즉, 스타인메츠의 전력손실 P_h에서 히스테리시스 상수 η값이 일반강에서는 약 3,000정도이며, 규소강판인 경우 약 300정도를 나타내고 있다. 따라서, 철손을 감소시키기

위한 방안으로 히스테리시스 상수 η값이 작은 규소강판을 사용하고 있다. 그리고, 직류에서는 주파수가 0으로 자계의 변화가 없기 때문에 철손인 히스테리시스 손이 발생하지 않는다.

예제 9.11

▣ 히스테리시스 곡선의 기울기는 다음의 어떤 값에 해당하는가?

① 투자율 ② 유전율 ③ 자화율 ④ 감자율

풀이

◉ 상자성체에서 $B=\mu H$로 선형관계를 가지며, 투자율 $\mu=\dfrac{B}{H}$는 일정한 값을 가진다.

◉ 강자성체인 경우 B와 H는 $B=\mu H$이나, 비선형 관계로 투자율은 $\mu = \dfrac{dB}{dH}$로 일정한 값이 아니며 $B-H$곡선의 기울기를 의미한다.

☞ ①

예제 9.12

▣ 영구자석 재료로서 가장 적당한 것은?

① 잔류 자속밀도가 크고 보자력이 작아야 한다.
② 잔류 자속밀도와 보자력이 모두 작아야 한다.
③ 잔류 자속밀도와 보자력이 모두 커야 한다.
④ 잔류 자속밀도가 작고 보자력이 커야 한다.

풀이

◉ 철심재료는 잔류 자속밀도 및 보자력이 작아서 히스테리시스 손이 작아야 좋지만, 영구자석 재료는 보자력 및 잔류 자속밀도가 모두 다 커야 한다. 텅스텐강, 코발트강 등이 쓰인다.

☞ ③

예제 9.13

▣ 강자성체의 자속밀도 $\boldsymbol{B}$의 크기와 자화의 세기 $\boldsymbol{J}$의 크기 사이에는 어떤 관계가 있는가?

① $\boldsymbol{J}$는 $\boldsymbol{B}$와 같다. ② $\boldsymbol{J}$는 $\boldsymbol{B}$보다 약간 작다.
③ $\boldsymbol{J}$는 $\boldsymbol{B}$보다 대단히 크다. ④ $\boldsymbol{J}$는 $\boldsymbol{B}$보다 약간 크다.

풀이

◉ 강자성체는 비투자율이 $\mu_s \gg 1$이므로 자화의 세기

$$J=\chi H=\frac{\chi B}{\mu}=\frac{\mu_0(\mu_s-1)B}{\mu_0\mu_s}=\frac{\mu_s-1}{\mu_s}B$$에서 $\dfrac{\mu_s-1}{\mu_s}$은 1보다 약간 작으므로 자화의 세기 J도 자속밀도 B보다 약간 작다.

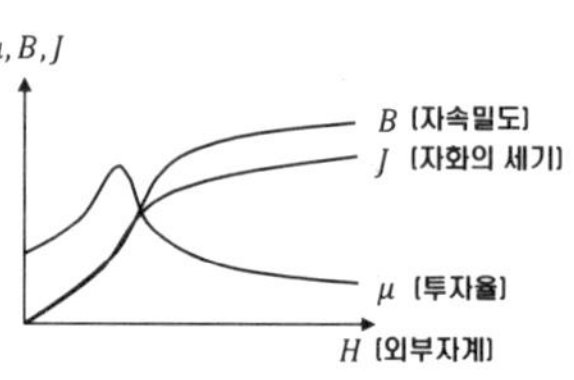

◉ 강자성체의 자화는 천천히 증가하지만 그 한계를 넘으면 자기 포화를 일으켜 외부자계 H가 증가하더라도 J는 일정하게 된다. 또한 강자성체는 포화현상이 있으므로 μ가 일정하지 않고 자화력은 H의 증가에 따라 최대값을 가지다가 감소한다.

☞ ②

9-5 영구자석과 자심재료의 특성

9.5.1 영구자석 및 전자석의 특성

강자성체에 자계를 인가하여 자기포화 상태까지 자화시킨 후, 외부의 자계를 제거하여도 강자성체에 자화의 상태가 장시간 영구적으로 남아 있는 강자성체를 영구자석(permanent magnet)이라 한다. 앞에서 살펴본 히스테리시스 곡선에서 영구자석은 일반적으로 잔류자기 B_r과 보자력 H_c가 상당히 커서 히스테리시스 면적이 큰 형태이며, 이러한 특성을 가지는 물질은 영구자석의 재료로 사용된다. 따라서, 영구자석의 재료로는 경철인 텅스텐강, 코발트강, 알루미늄강, 금속산화물 등이 주로 사용되고 있다. 자석이 될 수 있는 주요 원인은 잔류자기 B_r의 존재이나 자석의 재료인 자성체의 재질의 구조에 기공이 포함되어 있어 감자력이 작용하여 자력이 감쇄하기 때문에 보자력이 H_c가 큰 값을 가지는 물질을 사용하는 것이 유리하다. 그러나, 잔류자기 B_r과 보자력 H_c가 상당히 커서 히스테리시스 손실이 크다는 단점을 가지고 있다.

그리고, 잔류자기 B_r은 크나, 보자력 H_c가 작아 히스테리시스 면적이 작은 특성을 나타내는 자성체는 릴레이, 변압기 등의 자심재료로 사용되는 전자석으로 주로 사용되고 있다. 그 이유는 외부 교류 전원에 의하여 지속적으로 히스테리시스 손실인 열이 발생하고 있기 때문에 히스테리시스 손실을 최소화로 줄여서 열의 발생을 감소시키기 위하여 잔류자기 B_r은 크나, 보자력 H_c가 작아 히스테리시스 면적이 작은 자성체 재료를 주로 사용하고 있다. 전자석의 자심재료로는 연철, 규소강판이 주로 사용된다.

또한, 전기기기에 사용되는 자성체의 자심재료는 히스테리시스 손실과 10장에서 배울 와류손이 작은 특성을 가지는 재료를 선정하여 한다. 따라서, 투자율 μ가 커서 자속을 잘 통과시켜야 하며, 포화 자속밀도가 크고, 잔류자기 B_r과 보자력 H_c이 작아야 한다. 또한, 저항률이 크고, 기계적 및 전기적 충격에 대하여 인정한 특성을 가지는 재료를 사용하고 있다.

9.5.2 소자법

강자성체에 자계를 인가하면 자화가 발생되어 잔류자기 형태로 항상 자성을 보유하고 있다. 이러한 잔류자기를 제거하여 소실시키는 방법을 소자법이라 한다. 소자법은 크게 직류법, 교류법, 가열법 등이 있다.

직류법은 외부에서 직류 자계를 강자성체의 잔류자기에 대한 반대 방향으로 가하는 조작을 반복하여 자화가 0이 될 때까지 인가하여 잔류자기를 감소시키는 방법이다.

교류법은 직류법과 유사하게 외부에서 교류 자계를 강자성체의 잔류자기에 대한 반대 방향으로 가하는 조작을 반복하여 자화가 0이 될 때까지 인가하여 잔류자기를 감소시키는 방법이다.

그리고, 가열법은 강자성체에 온도를 퀴리온도(임계온도)인 퀴리점(Curie point) 이상이 될 때까지 상승시켜 자성을 잃어버리게 하는 방법이다.

일반적으로 퀴리-바이스 법칙인 $\chi = \dfrac{C}{T-T_c}$ (여기서 C는 퀴리상수, T는 주위온도, T_c는 퀴리온도)에 의해서 온도가 상승하게 되면 자화율 χ가 서서히 감소하여 어떠한 온도에서는 강자성을 잃어버리고 상자성체로 변화되게 되는 성질을 이용한 것이다. 따라서, 강자성체를 가열하면 690[℃] ~ 870[℃](순철 : 770[℃] ~ 790[℃])에서 급격히 강자성을 잃어버리고 상자성체가 되어 자성을 잃어버리게 된다.

예제 9.14

■ 강자성체를 소자시키는 방법으로 부적당한 것은?

① 처음에 준 자계와 같은 정도의 직류자계를 반대 방향으로 가하는 조작을 반복한다(직류법).

② 처음에 준 자계와 같은 방향으로 강한 자계를 준 후 급랭한다(급랭법).

③ 자화할 때와 같은 정도의 교류자계를 가하고 그 값이 0이 될 때 까지 점차로 감소시켜 간다(교류법).

④ 강자성체의 온도를 퀴리점 이상이 될 때까지 상승시킨다(가열법).

풀이

◉ 소자는 자성체의 자화를 0으로 만드는 것을 말함. 소자방법은

▶ 퀴리온도 이상으로 가열하여 외부 자장을 "0"으로 한 상태에서 냉각(열소자법)

▶ 정자장이 없는 장소에서 강한 교류 자장을 작용시켜 그 진폭을 "0"으로 점차 감소시키는 방법(교류소자법)

▶ 처음 자화시킨 방향의 반대 방향으로 직류 자계를 인가(직류소자법)

☞ ②

예제 9.15

■ 자화된 철의 온도를 높일 때 자화가 서서히 감소하다가 급격히 강자성이 상자성으로 변하면서 강자성을 잃어버리는 온도를 무엇이라 하는가?

① 켈빈(Kelvin)온도 ② 연화 온도(Transition) ③ 전이 온도 ④ 퀴리(Curie) 온도

풀이

◉ 퀴리-바이스 법칙 : 물질의 자화율은 절대온도 T에 반비례한다. $\chi = \dfrac{C}{T-T_c}$

여기서 C는 퀴리상수, T는 주위온도, T_c는 퀴리온도

☞ ④

9-6 자기회로

9.6.1 자기저항과 오옴의 법칙

자기회로를 알아보기 위하여 아래 그림 9-9와 같이 투자율 μ인 환상 솔레노이드의 철심에 권선수 N회인 코일을 감고, 코일에 전류 $I[A]$를 인가하게 되면 철심에 자화가 발생하고 철심 내부에 자속 $\phi[Wb]$가 흘러 자속밀도 $B[Wb/m^2]$가 된다. 이때, 자속이 통과하는 평균 자속길이 $l[m]$을 자기회로(magnetic circuit) 또는 자로라고 한다.

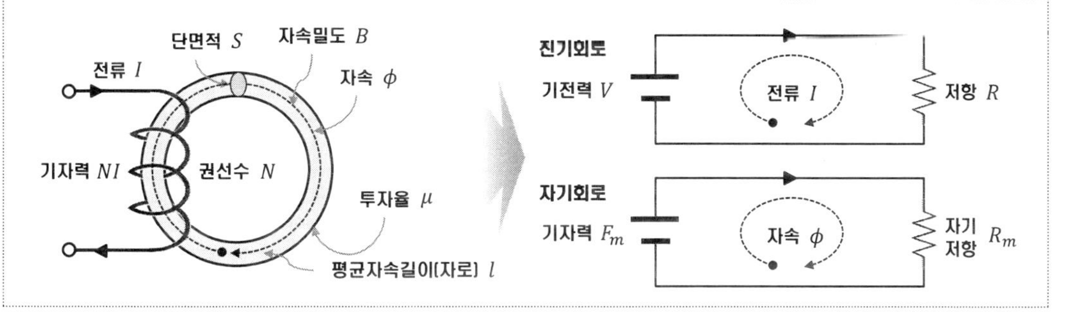

그림 9-9 환상 솔레노이드의 자기회로

암페어의 주회적분 법칙을 활용하여 자기회로의 자기저항 $R_m[AT/Wb]$을 구하여 보자. 아래 수식은 암페어의 주회적분 법칙을 나타낸 것이다.

$$\oint \boldsymbol{H} \cdot dl = NI$$

$$F_m = NI[AT]$$

$$\oint \boldsymbol{H} \cdot dl = H \oint dl$$

$$= Hl = \frac{\phi}{\mu S} l = \phi \frac{l}{\mu S} = \phi R_m$$

$$R_m = \frac{l}{\mu S}[AT/Wb]$$

■ 암페어의 주회적분 법칙

☞ $\oint \boldsymbol{H} \cdot dl = I$

■ 기자력: F_m

■ 자속밀도: B(단위면적당 자속수)

☞ $B = \frac{\phi}{S}$ $\therefore \phi = BS$

☞ $B = \mu H$ $\therefore \phi = BS = \mu HS$

☞ $\therefore H = \frac{\phi}{\mu S}$

■ 자기저항: R_m

☞ $R_m = \frac{l}{\mu S}$

여기서, $F_m[AT]$을 기자력(magnetomotive force)이라 하며, R_m을 자기저항(magnetic resistance, reluctance)이라 한다. 자기저항의 역수를 퍼미언스(permeance)라고 한다. 이는 전기회로에서 저항의 역수인 컨덕턴스 G와 동일한 의미이다.

$R_m = \dfrac{l}{\mu S}[AT/Wb]$	■ 자기저항: R_m ☞ $R_m = \dfrac{l}{\mu S}$

상기의 수식을 활용하여 자속 ϕ를 구하면 다음과 같다.

$F_m = NI = \oint \mathbf{H} \cdot dl = H\oint dl = Hl = \phi R_m$ $\therefore NI = \phi R_m$ $\therefore \phi = \dfrac{NI}{R_m}[Wb]$	■ 자속: ϕ ☞ $\phi = \dfrac{NI}{R_m}$ ■ 자기 및 전기회로의 오옴의 법칙 ☞ $NI = \phi R_m$ $V = IR$

상기 수식의 자속 ϕ를 구한 수식을 자기회로의 오옴의 법칙(Ohm's law)이라 한다. 아래 표 9-4는 전기회로와 자기회로를 비교한 것이다. 자기회로의 오옴의 법칙은 투자율 μ가 온도에 따라 변화하고 포화특성과 누설자속이 있어 완벽하게 오옴의 법칙을 만족하지 못한다.

표 9-4 전기회로와 자기회로의 비교

전기 회로		자기 회로	
기전력	▶$E[V]$	기자력	▶$F_m = NI[AT]$
전류	▶$I[A]$	자속	▶$\phi[Wb]$
전기저항	▶$R = \dfrac{\rho l}{S}[\Omega]$, $R = \dfrac{l}{\sigma S}[\Omega]$ ▶주울 열에 의한 손실	자기저항	▶$R_m = \dfrac{l}{\mu S}[AT/Wb]$ ▶히스테리시스 손 ▶자기저항은 정밀하지 못함
도전율	▶$\sigma[S/m]$: 일정 ▶전압과 전류관계 선형 ▶도체에만 전류 흐름	투자율	▶$\mu[H/m]$: 변화, 포화특성 ▶기자력과 자속관계 비선형 ▶누설자속이 존재
오옴의 법칙	▶$E = IR[V]$ $\therefore I = \dfrac{E}{R}[A]$	오옴의 법칙	▶$F_m = NI = \phi R_m[AT]$ $\therefore \phi = \dfrac{NI}{R_m} = \dfrac{F_m}{R_m}[Wb]$

아래 표 9-5는 전기회로와 자기회로의 차이점을 살펴본 것이다.

표 9-5 전기회로와 자기회로의 차이점

전 기 회 로	자 기 회 로
▶ $E=IR$: 직선	▶ $F=R_m\phi\ [AT]$: 비직선성(포화곡선)
▶ 누설전류가 거의 0(도체와 절연체 사이의 전도도의 차가 약 10^{20}배)이다. ▶ 오옴의 법칙이 성립한다.	▶ 누설자속이 많아서 공극에 의한 자기저항을 고려하여야 한다. ▶ 누설자속은 전기회로의 누설전류에 비해 대체로 많다.(자성체와 공기와의 투자율 비가 $10^2 \sim 10^5$배 정노, 오옴의 법칙 성립 않음)
▶ 저항손실(I^2R)이 발생하여 주울 열(동손)이 발생한다.	▶ 전기저항에 의한 주울 손실에 해당하는 동손이 없다. ▶ 히스테리시스 손(철손, 와류손)이 있다.
▶ L, C에 의한 전기회로 구성이 가능하다.	▶ L, C에 의한 자기회로 구성이 안 된다.

예제 9.16

▣ 철심이 든 환상 솔레노이드에서 $1000[AT]$의 기자력에 의하여 철심 내에 $5\times 10^{-5}[Wb]$의 자속이 통하면 이 철심 내의 자기저항은 몇 $[AT/Wb]$가 되겠는가?

풀이 ◉ 자기저항 $R_m = \dfrac{F}{\phi} = \dfrac{NI}{\phi} = \dfrac{1000}{5\times 10^{-5}} = 200\times 10^5 = 2\times 10^7\,[AT/Wb]$

예제 9.17

▣ 어떤 막대꼴 철심이 있다. 단면적이 $0.5\,[m^2]$, 길이가 $0.8\,[m]$, 비투자율이 20이다. 이 철심의 자기저항$[AT/Wb]$은 얼마인가?

풀이 ◉ 자기저항

$$R_m = \frac{l}{\mu_0\mu_s S} = \frac{0.8}{4\pi\times 10^{-7}\times 20\times 0.5} = 63{,}661.97 \fallingdotseq 6.37\times 10^4\,[AT/Wb]$$

예제 9.18

▣ 길이 $1[m]$, 단면적 $15\,[cm^2]$인 무단 솔레노이드에 $0.01[Wb]$의 자속을 통하는데 필요한 기자력은 얼마인가? (단, 철심의 비투자율을 1,000이라 한다.)

풀이 ◉ 기자력 $F=NI=R_m\phi$에서

$$F = R_m\phi = \frac{l}{\mu_0\mu_s S}\cdot\phi = \frac{1\times 0.01}{4\pi\times 10^{-7}\times 1000\times 15\times 10^{-4}} = \frac{1}{6\pi}\times 10^5\,[AT]$$

9.6.2 공극이 있는 자기회로

공극이 있는 자기회로를 알아보기 위하여 아래 그림 9-10과 같이 투자율 μ인 환상 솔레노이드의 철심에 권선수 N회인 코일을 감고, 코일에 전류 $I[A]$를 인가하게 되면 철심에 자화가 발생하고 철심 내부에 자속 $\phi[Wb]$가 흘러 자속밀도 $B[Wb/m^2]$가 된다. 그리고, 자속이 통과하는 전체 자로길이를 $l[m]$이라고 한다면, 공극부의 자로길이를 $l_g[m]$라고 할 때 자기회로를 해석하여 보자.

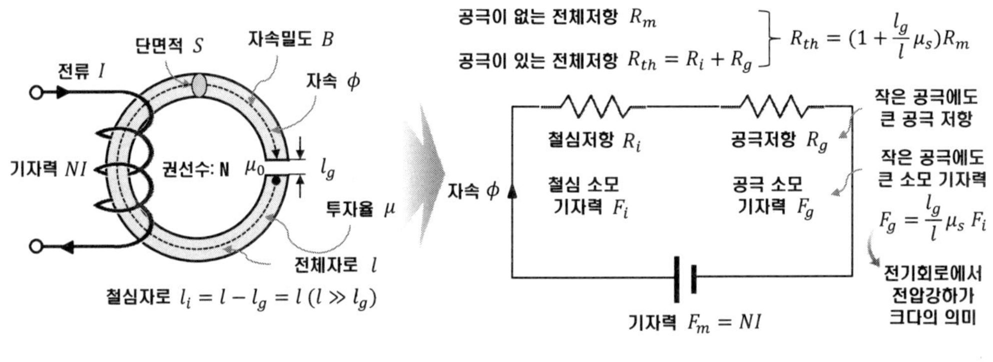

그림 9-10 공극이 있는 자기회로

전체 자로길이 l과 공극부의 자로길이를 l_g의 관계가 $l \gg l_g$이라고 가정한다면, 철심부의 자기저항 $R_i[AT/Wb]$, 공극의 자기저항 $R_g[AT/Wb]$를 아래 수식으로 나타낼 수 있다.

$$R_i = \frac{l - l_g}{\mu S} = \frac{l}{\mu S}[AT/Wb]\ (\because l \gg l_g)$$

$$R_g = \frac{l_g}{\mu_0 S}[AT/Wb]$$

■ 자기저항: R_m

☞ $R_m = \frac{l}{\mu S}$

그리고, 그림 9-10의 등가 회로에서와 같이 철심부의 자기저항 R_i와 공극의 자기저항 R_g로 구성된 두 개 저항이 직렬로 연결되어 있으므로 합성 전체 자기저항을 $R_{th}[AT/Wb]$라 한다면, 아래 수식으로 구할 수 있다.

$$R_{th} = R_i + R_g = \frac{l}{\mu S} + \frac{l_g}{\mu_0 S}$$

$$R_{th} = \frac{l}{\mu S}(1 + \frac{l_g}{l}\mu_s)\,[AT/Wb]$$

■ 철심저항: R_i

☞ $R_m = \frac{l}{\mu S}$

■ 공극저항: R_g

☞ $R_g = \frac{l_g}{\mu_0 S} = \frac{\mu_s l_g}{\mu_s \mu_0 S}$
$= \frac{\mu_s l_g l}{\mu_s \mu_0 S l} = \frac{\mu_s l_g l}{\mu S l}$
$= \frac{l}{\mu S}\frac{l_g}{l}\mu_s$

공극이 없는 경우 자기저항 R_m과 공극이 있는 경우의 자기저항 R_{th}를 비교하면 다음 수식과 같다. 그리고, 난면석 $S[m^2]$를 관통하는 자속 $\phi[Wb]$를 구하면 다음과 같다.

$$\frac{R_{th}}{R_m} = \frac{\frac{l}{\mu S}(1 + \frac{l_g}{l}\mu_s)}{\frac{l}{\mu S}} = 1 + \frac{l_g}{l}\mu_s$$

$$\frac{R_{th}}{R_m} = 1 + \frac{l_g}{l}\mu_s$$

$$\therefore R_{th} = (1 + \frac{l_g}{l}\mu_s)R_m$$

$$\phi = \frac{NI}{R_{th}} = \frac{NI}{\frac{l}{\mu S}(1 + \frac{l_g}{l}\mu_s)}$$
$$= \frac{\mu SNI}{l(1 + \frac{l_g}{l}\mu_s)}\,[Wb]$$

■ 공극 없는 자기저항(전체 철심): R_m

☞ $R_m = \frac{l}{\mu S}$

■ 공극 있는 전체 자기저항(철심+공극): R_{th}

☞ $R_{th} = \frac{l}{\mu S}(1 + \frac{l_g}{l}\mu_s)$

☞ $l_g = 0$, $\frac{R_{th}}{R_m} = 1 \quad \therefore R_{th} = R_m$

☞ $l_g \neq 0$, $\Rightarrow R_{th} = \triangle R_m$: 공극의 자기저항이 공극이 없는 자기저항의 △배 증가
$\frac{R_{th}}{R_m} = 1 + \frac{l_g}{l}\mu_s \quad \therefore R_{th} = (1 + \frac{l_g}{l}\mu_s)R_m$

■ 비투자율 $\mu_s = 1.000$, 자로길이 $l = 1[m]$, 공극의 길이 $l_g = 1[mm]$라고 하면

☞ $\frac{l_g}{l}\mu_s = \frac{0.001}{1} \times 1{,}000 = 1$

$\therefore (1 + \frac{l_g}{l}\mu_s) = 2$

☞ 즉, 1/1,000의 작은 크기의 공극 l_g에 의하여 자기저항은 2배가 될 정도로 현저하게 증가

상기 수식에서 하나의 예로 비투자율 μ_s가 $\mu_s = 1{,}000$, 자로길이 l이 $l = 1[m]$이고, 공극의 길이 l_g가 $l_g = 1[mm]$로 거의 $l \gg l_g$의 조건을 만족한다고 하자. 상기 수식의 전체 합성저항 R_{th}의 $R_{th} = (1 + l_g\mu_s/l)R_m$ 수식에서 $l_g\mu_s/l$를 구하면, $l_g\mu_s/l = 0.001 \times 1{,}000/1 = 1$이 되어 $(1 + l_g\mu_s/l) = 2$가 된다. 즉, 1/1,000의 작은 크기의 공극 l_g에 의하여 전체 합성저항 R_{th}와 공극이 없는 자기저항 R_m 사이의 관계는 $R_{th} = 2R_m$이 된다. 즉, 전체 합성자기저항은 R_m의 2배가 될 정도로 현저하게 증가한다는 것을 알 수 있다. 그러므로, 비투자율 μ_s의 값이 더욱 큰 경우에는 작은 공극에 대하여서도 자기저항이 더욱 더 커진다는 것을 알 수 있다. 철심부의 자계 H_i와 공극부의 자계 H_g의 관계는 철심부에서 공극부로 관통하는 자속 ϕ는 자성체의 경계 조건에 의하여 다르게 나타난다. 경계 조건에서 법선 성분인 자속밀도 B(또는 자속 ϕ)는 일정($B_{1n} = B_{2n}$)하지만, 자계 H는 접선 성분이 일정($H_{1t} = H_{2t}$)하기 때문에 철심부에서 공극부로 수직으로 자계가 입사(법선 성분)하기 때문에 자속 ϕ는 일정하나 자계 H는 다르게 된다. 따라서, 상기 조건을 이용하여 철심부의 자계 H_i와 공극부의 자계 H_g 사이의 관계를 구하여 보자.

▶ 철심부: $B_i = \mu H_i = \mu_0 \mu_s H_i$

▶ 공극부: $B_g = \mu_0 H_g$

▶ 경계조건: $B_i = B_g$

$$\therefore \ \mu_0 \mu_s H_i = \mu_0 H_g \quad \therefore \ H_g = \mu_s H_i$$

■ 공극부 자계: H_g

☞ 공극부 자계의 세기 H_g는 철심부의 자계의 세기 H_i의 비투자율인 μ_s배 만큼 증가

☞ 즉, 자기력선이 공극부에 집중되고 있음

상기 수식에서 공극부 자계의 세기 H_g는 철심부 자계의 세기 H_i의 비투자율인 μ_s배만큼 증가함을 알 수 있다. 즉, 자기력선은 전체 자로 길이 l과 공극부의 자로길이를 l_g의 관계가 $l \gg l_g$로 매우 미세하지만 공극부에 집중되고 있음을 알 수 있다. 그리고, 인가 기자력 $F_m[AT]$에 의하여 철심부의 기자력 $F_i[AT]$와 공극부의 기자력 $F_g[AT]$의 관계를 구하기 위하여 암페어의 주회적분 법칙과 오옴의 법칙을 이용하여 아래 수식을 나타낼 수 있다.

$$F_m = NI = \oint \boldsymbol{H} \cdot dl = H\oint dl = Hl = \phi R_m$$

■ 암페어 주회적분의 법칙

☞ $\oint \boldsymbol{H} \cdot dl = I$

■ 오옴의 법칙

☞ $F_m = NI = \phi R_m, \ V = IR$

그리고, 상기 수식을 이용하여 철심부의 기자력 F_i와 공극부의 기자력 F_g 사이의 관계를 구하면 다음과 같다.

$$F_i = \phi R_i = \frac{\phi l}{\mu S}$$
$$= \frac{\phi l}{\mu_0 \mu_s S} \quad [l_i = l - l_g \fallingdotseq l \ (l \gg l_g)]$$
$$F_g = \phi R_g = \frac{\phi l_g}{\mu_0 S}$$
$$\frac{F_g}{F_i} = \frac{\dfrac{\phi l_g}{\mu_0 S}}{\dfrac{\phi l}{\mu_0 \mu_s S}} = \frac{l_g}{\dfrac{l}{\mu_o}} = \frac{l_g}{l}\mu_s$$
$$\therefore \ F_g = \frac{l_g}{l}\mu_s F_i$$

■ 공극부 걸리는 기자력: F_g

☞ 공극부 걸리는 기자력 F_g는 강자성체의 일반적인 비투자율 μ_s가 수천인 것에 비하여 $\frac{l_g}{l}$의 값이 수천이 되지 않음

☞ 기자력의 관계는 $F_g \gg F_i$의 관계가 되어 인가 기자력 F_m의 대부분이 공극부에서 소모

☞ 저항의 직렬연결에서 인가 전압의 대부분이 저항이 큰 쪽에 걸림

상기 수식에서 공극부 걸리는 기자력 F_g는 강자성체의 일반적인 비투자율 μ_s 값이 수천인 것에 비하여 l_g/l의 값이 수천이 되지 않기 때문에 기자력의 관계는 $F_g \gg F_i$의 관계가 되어 인가 기자력 F_m의 대부분이 공극부에서 소모됨을 알 수 있다. 이것은 저항의 직렬연결에서 전압 분배법칙에 의하여 인가전압에 대한 각 저항의 전압강하는 저항이 큰 쪽에 큰 전압강하가 발생하는 것과 같다고 할 수 있다.

예제 9.19

■ 공극(air gap)이 있는 환상 솔레노이드에 권수는 1,000회, 철심의 길이 l은 $10[cm]$, 공극이 길이 l_g는 $2[mm]$, 난변적은 $3[cm^2]$, 철심의 비투자율은 800, 전류는 $10[A]$]라 했을 때, 이 솔레노이드의 자속은 약 몇 $[Wb]$인가? (단, 누설자속은 없다고 한다.)

풀이

◉ 철심 자기저항 $R_i = \frac{l}{\mu S}$, 공극 자기저항 $R_g = \frac{l_g}{\mu_0 S}$

◉ 합성 자기저항 $R_{th} = R_i + R_g = \frac{l}{\mu S} + \frac{l_g}{\mu_0 S} = \frac{l}{\mu_0 \mu_s S} + \frac{l_g}{\mu_0 S} = \frac{1}{\mu_0 S}\left(\frac{l}{\mu_s} + l_g\right)$

$$= \frac{1}{4\pi \times 10^{-7} \times 3 \times 10^{-4}}\left[\frac{10 \times 10^{-2}}{800} + (2 \times 10^{-3})\right] = 5636737.6$$

◉ 자속 $\phi = \frac{F_m}{R_{th}} = \frac{NI}{R_{th}} = \frac{1000 \times 10}{5636737.6} = 0.00177 = 1.77 \times 10^{-3}[Wb]$

예제 9.20

■ 두 자성체 경계면에서 정자계가 만족하는 것은 무엇인가?

① 양측 경계면상의 두 점간의 자위차가 같다. ② 자속은 투자율이 작은 자성체에 모인다.

③ 자계의 법선성분이 같다. ④ 자속밀도의 접선성분이 같다.

풀이

◉ 자속은 투자율이 큰 자성체에 모임. 자계의 접선성분, 자속밀도의 법선성분이 같다.

☞ ①

예제 9.21

■ 투자율 $1000\mu_0[H/m]$인 철심에 코일을 감고 일정한 전류 $15[A]$를 흘리고 있다. 지금 회로의 길이를 $l=1[m]$라 할 때 자기저항이 $R_1[AT/Wb]$이다. 만약 이 회로에 미소 공극 $1[mm]$를 만들어 자기저항이 R_2가 되었다면 미소 공극을 만듦으로써 자기저항은 처음의 몇 배가 되었는가?

풀이

◉ 투자율이 $1000\mu_0$인 철심의 자기저항 R_i는 $R_i=\dfrac{l}{\mu S}=\dfrac{l}{1000\mu_0 S}$ [AT/Wb]

◉ 미소공극 $l_g=1[mm]$를 만들었을 때의 전체 자기저항을 R_{th}이라 하면

$$R_{th}=R_1+R_2=\frac{l-l_g}{\mu S}+\frac{l_g}{\mu_0 S}=\frac{l-l_g}{1000\mu_0 S}+\frac{l_g}{\mu_0 S}[AT/Wb],\ l-l_g\fallingdotseq l\text{이므로}$$

미소공극이 있는 경우, 전체 자기저항 $R_{th}=\dfrac{l}{1000\mu_0 S}+\dfrac{l_g}{\mu_0 S}[AT/Wb]$

◉ 비: $\dfrac{R_{th}}{R_i}=1+\dfrac{1000l_g}{l}=1+\dfrac{1000\times1\times10^{-3}}{1}=2$

예제 9.22

■ 비투자율 $\mu_s=500$, 자로의 길이 l의 환상 철심 자기회로에 $l_g=\dfrac{l}{500}$의 공극을 내면 자속은 공극이 없을 때의 대략 몇 배가 되는가? (단, 기자력은 같다.)

풀이

◉ 공극이 없는 철심의 자기저항: $R_m=\dfrac{l}{\mu S}$

◉ 공극이 있는 철심의 자기저항: $R_i=\dfrac{l-l_g}{\mu S}$, S는 철심의 단면적 → $l\gg l_g$인 경우 $l-l_g\fallingdotseq l$이라 하면 자기저항 $R_i=\dfrac{l}{\mu S}$ 그리고, 미소공극 l_g에서 자기저항 $R_g=\dfrac{l_g}{\mu_0 S}$, 전체 자기저항 $R_{th}=R_i+R_g=\dfrac{l}{\mu S}+\dfrac{l_g}{\mu_0 S}$

◉ 공극이 발생한 후 자기저항 R_{th}가 발생 전 자기저항 R_m보다 증가한 비율을 η라 하면

$$\eta=\frac{R_{th}}{R_m}=\frac{\dfrac{l}{\mu S}+\dfrac{l_g}{\mu_o S}}{\dfrac{l}{\mu S}}=1+\frac{\dfrac{l_g}{\mu_o}}{\dfrac{l}{\mu}}=1+\frac{\mu l_g}{\mu_o l}=1+\frac{l_g}{l}\mu_s=1+\frac{l/500}{l}\times500=2\quad \therefore R_{th}=2R_m$$

◉ 공극없는 자속 $\phi_m=\dfrac{F_m}{R_m}$, 공극있는 자속 $\phi_{th}=\dfrac{F_m}{R_{th}}=\dfrac{F_m}{2R_m}$이므로 $\dfrac{1}{2}$배가 된다

9.6.3 자기회로의 키르히호프 법칙

자기회로에서도 누설자속이 없다고 가정한다면 전기회로와 같이 키르히호프의 법칙(Kirchhoff's law)이 성립한다. 일반적으로 키르히호프의 법칙은 키르히호프의 제 1법칙인 전류법칙(KCL: Kirchhoff's current law)과 제 2법칙인 전압법칙(KVL: Kirchhoff's voltage law)으로 대변된다. 키르히호프의 전류법칙은 임의의 한 점에 유입되는 총 전류의 합은 유출되는 총 전류의 합과 같다는 것이다. 그리고, 키르히호프의 전압법칙은 임의의 폐로에서 한 방향으로 일주하면서 인가된 전압의 총합은 각 부하에 걸리는 전압강하의 총합과 같다는 것이다. 그림 9-11에 자기회로에 대한 키르히호프의 법칙을 나타낸 것이다.

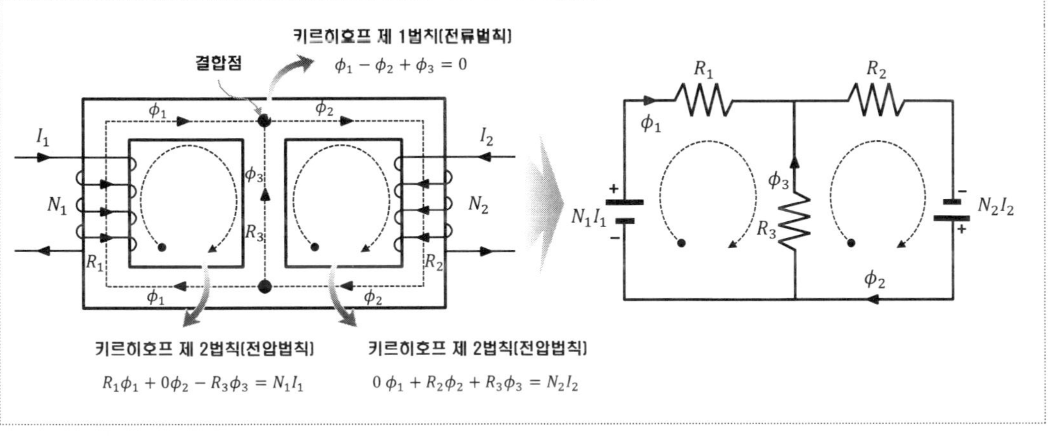

그림 9-11 자기회로의 키르히호프 법칙

전기회로의 키르히호프 법칙을 자기회로에 적용하면 자기회로의 키르히호프 제 1법칙(전류법칙)은 임의의 한 결합점에 유입되는 총 자속 ϕ의 합은 유출되는 총 자속 ϕ의 합과 같다는 것이다. 이를 수식으로 나타내면 다음과 같다.

$\phi_1 + \phi_3 = \phi_2$ $\therefore \phi_1 - \phi_2 + \phi_3 = 0$	■ 키르히호프의 제 1법칙(전류법칙) ☞ 임의의 한 결합점에 유입되는 총 자속의 합은 유출되는 총 자속의 합과 같다.

그리고, 자기회로의 키르히호프 제 2법칙(전압법칙)은 임의의 폐로에서 한 방향으로 일주하면서 인가된 기자력 NI의 총합은 각 자기저항 R과 자속 ϕ의 곱에 대한 대수적 총합과

같다는 것이다. 이것을 수식으로 나타내면 다음과 같다.

$$R_1\phi_1 + 0\phi_2 - R_3\phi_3 = N_1I_1$$
$$0\phi_1 + R_2\phi_2 + R_3\phi_3 = N_2I_2$$

■ 키르히호프의 제 2법칙(전압법칙)

☞ 임의의 폐로에서 한 방향으로 일주하면서 인가된 기자력의 총합은 각 자기저항과 자속의 곱에 대한 대수적 총합과 같다.

상기의 자기회로의 키르히호프 제 1법칙과 키르히호프 제 2법칙을 행렬 형태로 표현하면 아래 수식과 같다.

$$\begin{bmatrix} 1 & -1 & 1 \\ R_1 & 0 & -R_3 \\ 0 & R_2 & R_3 \end{bmatrix}\begin{bmatrix} \phi_1 \\ \phi_2 \\ \phi_3 \end{bmatrix} = \begin{bmatrix} 0 \\ N_1I_1 \\ N_2I_2 \end{bmatrix}$$

■ 자기회로의 키르히호프의 제 1법칙과 제 2법칙을 행렬로 표현

상기 수식에서 자속 ϕ_1, ϕ_2, ϕ_3를 구하기 위하여 크래머 공식(Cramer's rule)을 이용하여 풀면 아래 수식과 같다.

$$\phi_1 = \frac{\begin{vmatrix} 0 & -1 & 1 \\ N_1I_1 & 0 & -R_3 \\ N_2I_2 & R_2 & R_3 \end{vmatrix}}{\begin{vmatrix} 1 & -1 & 1 \\ R_1 & 0 & -R_3 \\ 0 & R_2 & R_3 \end{vmatrix}} = \frac{R_2N_1I_1 + R_3N_1I_1 + R_3N_2I_2}{R_1R_2 + R_1R_3 + R_2R_3}$$

$$\phi_2 = \frac{\begin{vmatrix} 1 & 0 & 1 \\ R_1 & N_1I_1 & -R_3 \\ 0 & N_2I_2 & R_3 \end{vmatrix}}{\begin{vmatrix} 1 & -1 & 1 \\ R_1 & 0 & -R_3 \\ 0 & R_2 & R_3 \end{vmatrix}} = \frac{R_1N_2I_2 + R_3N_1I_1 + R_3N_2I_2}{R_1R_2 + R_1R_3 + R_2R_3}$$

$$\phi_3 = \frac{\begin{vmatrix} 1 & -1 & 0 \\ R_1 & 0 & N_1I_1 \\ 0 & R_2 & N_2I_2 \end{vmatrix}}{\begin{vmatrix} 1 & -1 & 1 \\ R_1 & 0 & -R_3 \\ 0 & R_2 & R_3 \end{vmatrix}} = \frac{R_1N_2I_2 - R_2N_1I_1}{R_1R_2 + R_1R_3 + R_2R_3}$$

■ 크래머 공식

☞ $\begin{bmatrix} a_{11} & a_{12} & a_{13} \\ a_{21} & a_{22} & a_{23} \\ a_{31} & a_{32} & a_{33} \end{bmatrix}\begin{bmatrix} x_1 \\ x_2 \\ x_3 \end{bmatrix} = \begin{bmatrix} b_1 \\ b_2 \\ b_3 \end{bmatrix}$

☞ $x_1 = \frac{D_1}{D}$ $x_2 = \frac{D_2}{D}$ $x_3 = \frac{D_3}{D}$

☞ 행렬식 D, D_1, D_2, D_3

$$D = \begin{vmatrix} a_{11} & a_{12} & a_{13} \\ a_{21} & a_{22} & a_{23} \\ a_{31} & a_{32} & a_{33} \end{vmatrix} = a_{11}\begin{vmatrix} a_{22} & a_{23} \\ a_{32} & a_{33} \end{vmatrix} - a_{12}\begin{vmatrix} a_{21} & a_{23} \\ a_{31} & a_{33} \end{vmatrix} + a_{13}\begin{vmatrix} a_{21} & a_{22} \\ a_{31} & a_{32} \end{vmatrix}$$

$$D_1 = \begin{vmatrix} b_1 & a_{12} & a_{13} \\ b_2 & a_{22} & a_{23} \\ b_3 & a_{32} & a_{33} \end{vmatrix} \quad D_2 = \begin{vmatrix} a_{11} & b_1 & a_{13} \\ a_{21} & b_2 & a_{23} \\ a_{31} & b_3 & a_{33} \end{vmatrix}$$

$$D_3 = \begin{vmatrix} a_{11} & a_{12} & b_1 \\ a_{21} & a_{22} & b_2 \\ a_{31} & a_{32} & b_3 \end{vmatrix}$$

예제 9.23

■ 그림과 같은 자기회로에서 A부분에만 코일을 감아서 전류를 인가할 때의 자기저항과 B부분에만 코일을 감아서 전류를 인가할 때의 자기지항$[AT/Wb]$을 각각 구하면 어떻게 되는가?(단, 자기저항 $R_1 = 1$, $R_2 = 0.5$, $R_3 = 0.5[AT/Wb]$이다.)

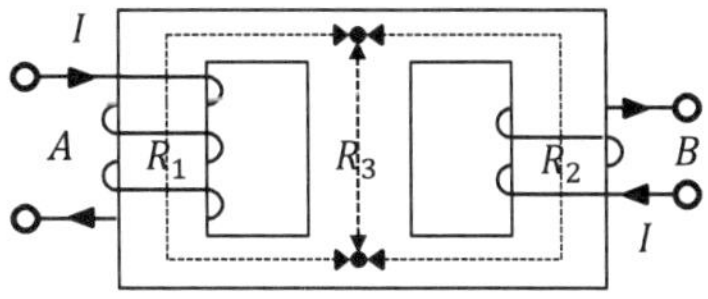

풀이

◉ A부분에만 코일이 감긴 경우 합성 자기저항

$$R_A = R_1 + \frac{R_2 R_3}{R_2 + R_3} = 1 + \frac{0.5 \times 0.5}{0.5 + 0.5} = 1.25[AT/Wb]$$

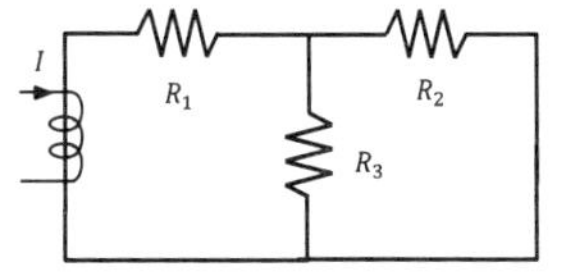

◉ B부분에만 코일이 감긴 경우 합성 자기저항

$$R_B = R_2 + \frac{R_1 R_3}{R_1 + R_3} = 0.5 + \frac{1 \times 0.5}{1 + 0.5} = 0.83[AT/Wb]$$

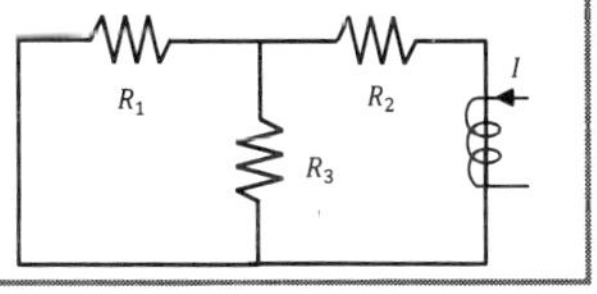

예제 9.24

■ 그림과 같은 자기 회로에서 $R_1 = 0.1[AT/Wb]$, $R_2 = 0.2[AT/Wb]$, $R_3 = 0.3[AT/Wb]$이고, 코일은 10[회] 감았다. 이때 코일에 $10[A]$의 전류를 흘리면 $\overline{ABC}$간에 투과하는 자속 $\phi[Wb]$는 얼마인가?

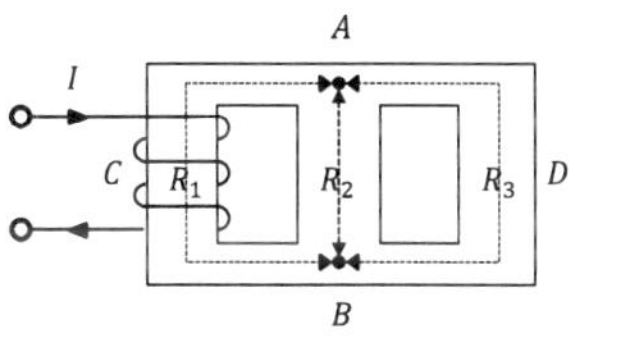

풀이

◉ 합성 자기저항: R_2와 R_3는 병렬연결, R_1과 $(R_2 // R_3)$와는 직렬연결

$$R = R_1 + \frac{R_2 R_3}{R_2 + R_3} = 0.1 + \frac{0.2 \times 0.3}{0.2 + 0.3} = 0.22[AT/Wb]$$

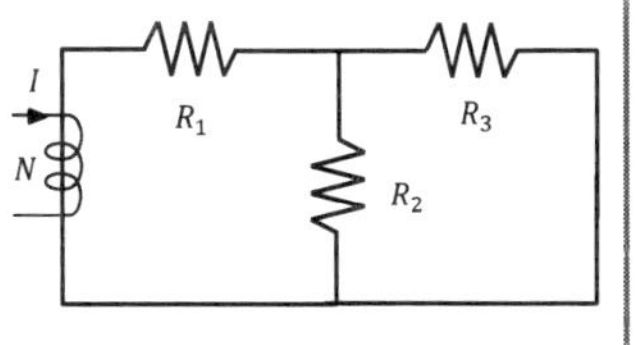

◉ 권수 $N = 10$, 전류 $I = 10[A]$일 때

$$\therefore \text{ 자속 } \phi = \frac{NI}{R} = \frac{10 \times 10}{0.22} = 4.54 \times 10^2[Wb]$$

예제 9.25

■ 다음 중 자기회로에서 키르히호프의 법칙으로 알맞은 것은?(단, R: 자기저항, ϕ: 자속, N: 코일 권수, I: 전류이다.)

① $\sum_{i=1}^{n} \phi_i = \infty$ ② $\sum_{i=1}^{n} N_i \phi_i = 0$ ③ $\sum_{i=1}^{n} R_i \phi_i = \sum_{i=1}^{n} N_i I_i$ ④ $\sum_{i=1}^{n} R_i \phi_i = \sum_{i=1}^{n} N_i L_i$

풀이

◉ 키르히호프의 제 2법칙(전압법칙): 임의의 폐 자기회로에서 각 부의 자기저항과 자속과의 곱에 대한 대수합은 폐 자기회로에 있는 기자력의 총합과 같다.

◉ $\sum_i F_i = \sum_i N_i I_i = \sum_j \phi_i R_i$

☞ ③

9-7 자기차폐

그림 9-12(a)와 같이 자성체 주위를 투자율이 높은 강자성체로 둘러싸면 외부의 자계에 대한 영향을 줄일 수 있다. 이것은 그림 9-12(b)와 같이 정전계에서 도체를 이용하여 외부의 전계 영향을 완전히 차단하는 정전차폐와 유사한 형태라고 할 수 있다. 즉, 대전도체인 도체 1을 외부도체인 도체 2로 완전히 둘러싸고 있으면, 대전 도체 1에서 전기력선이 외부 방향으로 나오고 있기 때문에 대전 도체 1에 의하여 정전유도 작용으로 외부 도체 2에 전하가 분리된다. 그리고, 이 외부 도체 2를 접지하게 되면 외부 도체 2의 대전 전하량이 내부 도체의 전하량과 같아 외부로 전기력선이 나오지 못하여 완전한 정전차폐가 이루어진다.

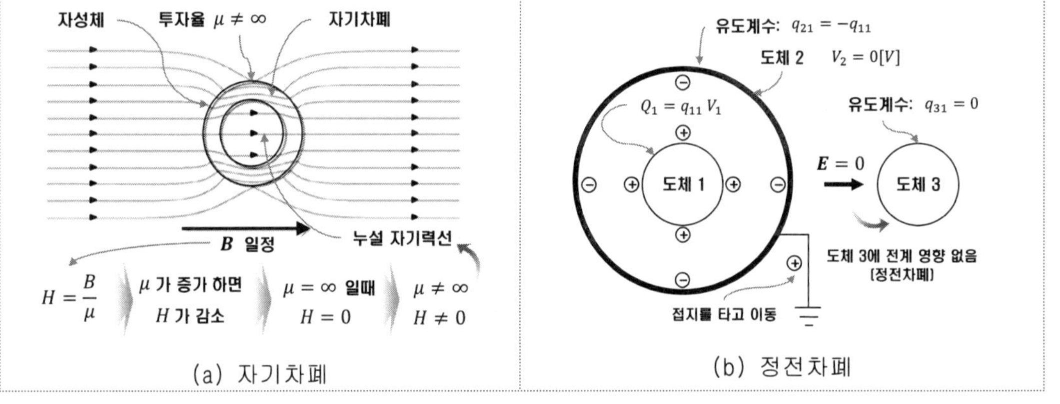

그림 9-12 자기차폐와 정전차폐의 비교

역시, 정자계에서 자성체 주위를 투자율이 높은 강자성체를 이용하여 둘러싸게 되면 외부의 자계의 영향을 차단할 수 있다. 이것을 자기 차폐(magnetic shielding)이라 한다.

$B = \mu H$에서 자속밀도 B가 일정하다고 한다면 투자율 μ값이 크면 클수록 자계 H는 $H = B/\mu$의 관계에 의하여 자계 H 값이 감소하게 된다. 자계 H 값이 0인 것을 완전 자기차폐라 하며, 완전 자기차폐가 되기 위하여서는 투자율 μ값이 ∞ 값이 되어야 한다. 그러나, 자기 차폐는 투자율이 ∞인 자성체가 존재하지 않기 때문에 누설 자기력선이 발생하여 완전한 자기차폐는 불가능하다. 따라서, 투자율이 높은 강자성체를 이용하여 자계를 어느 정도 차단할 수 있다.

그리고, 아래 수식은 앞에서 살펴본 외부자계 $H_0[AT/m]$와 강자성체 내부의 자계 $H[AT/m]$ 사이의 관계식을 감자율 N, 자화율 χ, 비투자율 μ_s로 나타낸 수식이다. 이 수식을 활용하여 자기 차폐에 대하여 알아보자. 아래 수식에서 강자성체 내부의 자계 H가 $H=0$인 완전 자기 차폐가 되기 위하여서는 비투자율 μ_s를 포함한 수식인 $(\mu_s-1)\gg 1$의 조건을 만족하여야 한다. 따라서 비투자율 μ_s 값이 상당히 큰 강자성체를 사용하여야 한다. 그리고, 감자율 N 값이 1에 가깝게 한다면 외부 자계 H_0의 영향을 많이 줄일 수 있다.

$$H=\frac{H_0}{(1+\frac{\chi N}{\mu_0})}=\frac{H_0}{(1+\frac{\mu_0(\mu_s-1)N}{\mu_0})}$$
$$=\frac{H_0}{1+(\mu_s-1)N}$$

▶ 완전 자기차폐: $H=0$

$\therefore (\mu_s-1)\gg 1 \rightarrow \mu_s \fallingdotseq \infty$

$\therefore N \fallingdotseq 1$

■ 외부자계 H_0와 강자성체 내부 자계 H 사이의 관계

☞ $H=\frac{H_0}{1+(\mu_s-1)N}$

☞ 자화율

$\chi=\mu-\mu_0=\mu_0(\mu_s-1)$
$=\mu_0\chi_s[H/m]$

☞ 감자율 $0\leq N\leq 1$

☞ 내부자계 $H=0$이기 위하여서는 $(\mu_s-1)\gg 1$, 즉 비투자율 μ_s가 상당히 큰 자성체를 사용하고, 감자율 N이 1에 가까운 형태를 고려

예제 9.26

■ 내부장치 또는 공간을 물질로 포위시켜 외부 자계의 영향을 차폐시키는 방식을 자기차폐라 한다. 자기차폐에 좋은 물질은 무엇인가?

① 강자성체 중에서 비투자율이 큰 물질 ② 강자성체 중에서 비투자율이 작은 물질

③ 비투자율이 1보다 작은 역자성체

④ 비투자율에 관계없이 물질의 두께에만 관계되므로 되도록 두꺼운 물질

풀이	◉ 투자율이 큰 자성체의 중공구를 평등자계 안에 놓으면 대부분의 자속은 자성체 내부로만 통과하므로 내부 공간의 자계는 외부자계에 비하여 대단히 작게 되는데, 이러한 현상을 자기차폐라 한다. ☞ ①

예제 9.27

■ 정전차폐와 자기차폐를 올바르게 비교한 것은 무엇인가?

① 정전차폐가 자기차폐에 비교하여 완전하다. ② 두 차폐 방법은 모두 완전하다.

③ 정전차폐가 자기차폐에 비교하여 불완전하다. ④ 두 차폐 방법은 모두 불완전하다.

풀이	◉ 정전차폐 : 완전 차폐. 정전계에서 전기력선은 도체를 통과할 수 없다. ◉ 자기차폐 : 불완전 차폐, 자성체로 주위의 자기력선을 끌어 모으나 완전히는 모을 수 없다. ☞ ①

9-8 자성체의 경계조건

평행 평판 형태의 자극 사이에 투자율이 각각 μ_1, μ_2인 두 종류의 자성체가 평행 평판 형태의 두 자극 사이에 있고 투자율 μ_1, μ_2가 접하는 경계면 상의 자속밀도 $\boldsymbol{B}$와 자계 $\boldsymbol{H}$의 경계조건에 대하여 살펴보자.

9.8.1 자속밀도의 경계조건

그림 9-13과 같이 투자율이 다른 μ_1, μ_2인 두 종류의 자성체가 접하고 있는 경계면의 양측의 두 전극에 면 자하밀도 $\pm\sigma[Wb/m^2]$를 가지고 있으며, 자속밀도 B_1, B_2가 자성체 경계면을 지나가고 있다고 하자. 그리고, 자성체 경계면에 원통형 가우스 면을 적용하여 보자.

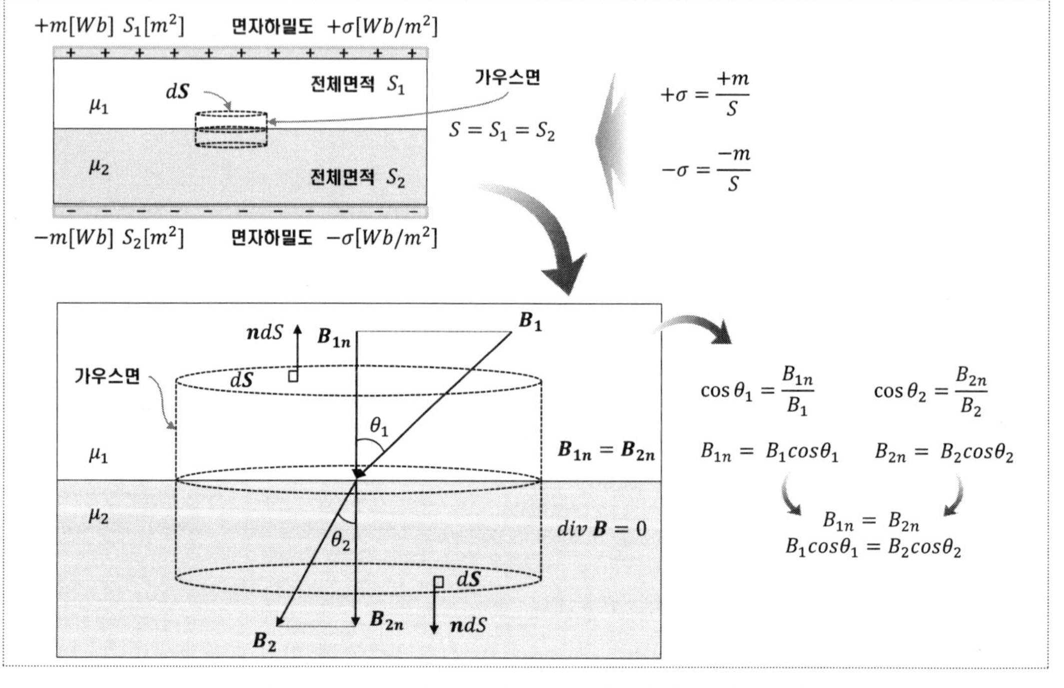

그림 9-13 서로 다른 자성체에서 자속밀도의 경계조건

자속밀도 B_1, B_2의 법선 성분을 B_{1n}, B_{2n}이라 하고, 이를 가우스 법칙을 적용하여 풀면 다음과 같다.

$$
\begin{aligned}
m &= \sigma S = \sigma \oint_S dS = \oint_S \boldsymbol{B} \cdot d\boldsymbol{S} \\
&= \oint_S \boldsymbol{B} \cdot \boldsymbol{n} dS \\
&= \int_0^{S_1} B_{1n}\, dS \cos 180^\circ + \int_0^{S_2} B_{2n}\, dS \cos 0^\circ \\
&= -\int_0^{S_1} B_{1n}\, dS + \int_0^{S_2} B_{2n}\, dS \\
&= -B_{1n} \int_0^{S_1} dS + B_{2n} \int_0^{S_2} dS \\
&= -B_{1n} S_1 + B_{2n} S_2 \\
&= -B_{1n} S + B_{2n} S = S(-B_{1n} + B_{2n})
\end{aligned}
$$

$$\therefore \sigma S = S(-B_{1n} + B_{2n})$$

$$\therefore B_{2n} - B_{1n} = \sigma$$

■ 가우스 법칙 적용

☞ $m = \sigma S = \sigma \oint_S dS = \oint_S \boldsymbol{B} \cdot d\boldsymbol{S}$

■ 면벡터를 적용

☞ $d\boldsymbol{S} = \boldsymbol{n} dS$

☞ B_1과 $d\boldsymbol{S} = \boldsymbol{n} dS$ 반대 방향(180°)

☞ B_2와 $d\boldsymbol{S} = \boldsymbol{n} dS$ 같은 방향(0°)

■ $\int x^n dx = \frac{x^{n+1}}{n+1}$의 적분공식에서

☞ $\int 1\, dS = \int S^0 dS = \frac{S^{-0+1}}{-0+1} = S$

■ 전체면적을 적용

☞ $S_1 = S_2 = S$

원통형 가우스 면의 내부에는 자하가 존재하지 않음으로 아래 수식으로 나타낼 수 있다.

$$B_{2n} - B_{1n} = \sigma = 0$$

$$\therefore B_{1n} = B_{2n}$$

■ 원통형 가우스 면 내부에는 자하가 없음

☞ $m = 0 = \sigma S = \sigma \oint_S dS = \oint_S \boldsymbol{B} \cdot d\boldsymbol{S}$

상기 최종 결과인 $B_{1n} = B_{2n}$의 관계는 서로 다른 투자율 μ_1, μ_2인 두 종류의 자성체가 접하고 있는 경계면상의 자속밀도의 법선 성분은 그 크기가 같고 연속이라는 것을 나타내고 있다. 그리고, 자속밀도 B_1, B_2와 법선 성분인 B_{1n}, B_{2n} 사이의 관계를 살펴보면 아래 수식과 같다.

$$\cos\theta_1 = \frac{B_{1n}}{B_1} \qquad B_{1n} = B_1 \cos\theta_1$$

$$\cos\theta_2 = \frac{B_{2n}}{B_2} \qquad B_{2n} = B_2 \cos\theta_2$$

$$\therefore B_1 \cos\theta_1 = B_2 \cos\theta_2$$

■ 서로 다른 자성체에 대한 자속밀도의 경계조건

☞ $B_{1n} = B_{2n}$

☞ 자속밀도는 법선 성분이 같음

9.8.2 자계의 경계조건

그림 9-14와 같이 투자율이 다른 μ_1, μ_2인 두 종류의 자성체가 접하고 있는 경계면의 양측에 있는 두 자극에 면 자하밀도 $\pm\sigma[Wb/m^2]$를 가지고 있으며, 자계 H_1, H_2가 자성체 경계면을 지나가고 있다고 하자.

그리고, 자성체 경계면에서 외부를 회전하는 직사각형 형태의 폐루프를 적용하여 자위의 변화를 살펴보자.

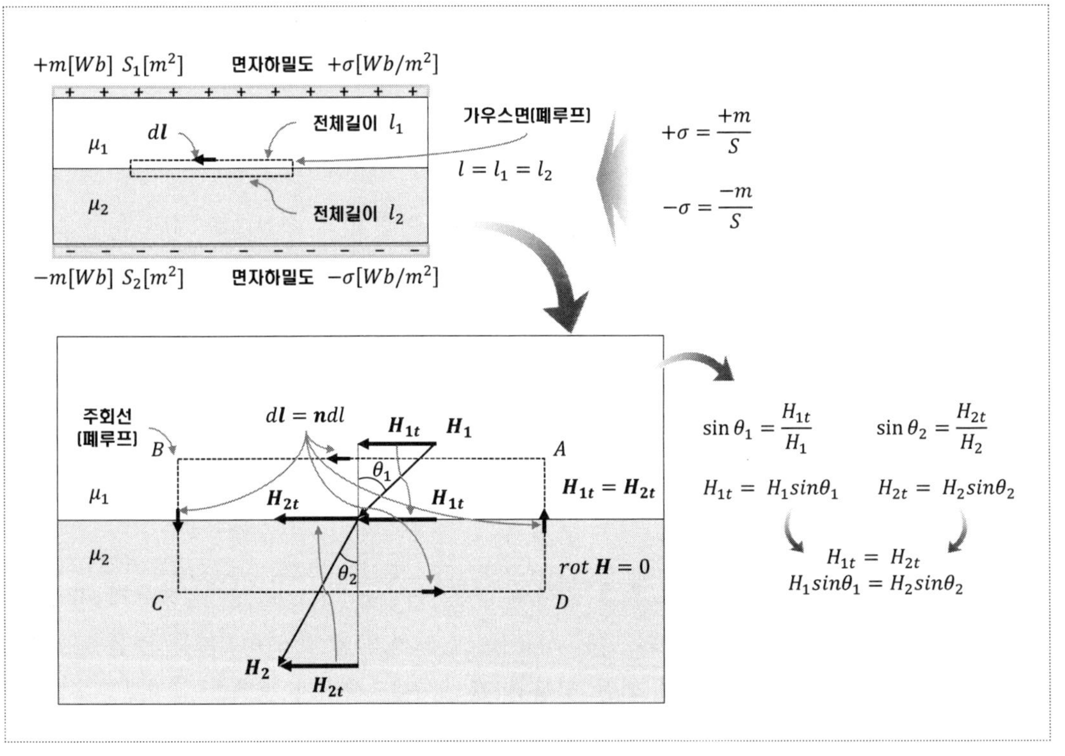

그림 9-14 서로 다른 자성체에서 자계의 경계조건

자계 H_1, H_2의 접선 성분을 H_{1t}, H_{2t}이라 하고, 그림 9-14에서와 같이 직사각형 형태의 주회선을 적용하여 직사각형 주위를 일주하면서 자위의 변화를 구하여 경계면에 대한 자계의 경계조건을 살펴보자. 그리고, 적분구간인 B, C와 D, A의 적분 경로가 매우 짧은 구간이라고 가정하여 이 두 적분 구간의 적분한 값을 무시할 수 있다고 가정한다.

그리고, 직사각형 형태의 폐 루프를 일주하면서 자위 공식을 적용하여 풀면 다음과 같다.

$$-U = \oint \boldsymbol{H} \cdot dl = \oint \boldsymbol{H} \cdot ndl$$
$$= \int_A^B \boldsymbol{H} \cdot ndl + \int_B^C \boldsymbol{H} \cdot ndl$$
$$+ \int_C^D \boldsymbol{H} \cdot ndl + \int_D^A \boldsymbol{H} \cdot ndl$$
$$= \int_A^B \boldsymbol{H} \cdot ndl + \int_C^D \boldsymbol{H} \cdot ndl$$
$$= \int_A^B \boldsymbol{H}_{1t} \cdot ndl + \int_C^D \boldsymbol{H}_{2t} \cdot ndl$$
$$= \int_A^B H_{1t}\, dl \cos 0^\circ + \int_C^D H_{2t}\, dl \cos 180^\circ$$
$$= H_{1t} \int_A^B dl - H_{2t} \int_C^D dl = H_{1t} l_1 - H_{2t} l_2$$
$$= H_{1t} l - H_{2t} l = (H_{1t} - H_{2t}) l$$

■ 자위차의 공식을 적용

☞ $U_{ab} = -\int_b^a \boldsymbol{H} \cdot dl$

☞ $\boldsymbol{H}_{1t}$와 $dl(A \to B)$: 같은 방향(0°)

☞ $\boldsymbol{H}_{2t}$와 $dl(C \to D)$: 반대 방향(180°)

☞ $\boldsymbol{H}_{1t}$, $\boldsymbol{H}_{2t}$와 $dl(B \to C,\ D \to A)$: 90°로 벡터의 내적은 0이 됨

■ $\int x^n dx = \frac{x^{n+1}}{n+1}$의 적분공식에서

☞ $\int 1\, dl = \int l^0 dl = \frac{l^{-0+1}}{-0+1} = l$

■ 주회선 A, B 사이의 거리는 l_1

☞ $\int_A^B dl = l_1$

■ 주회선 C, D 사이의 거리는 l_2

☞ $\int_C^D dl = l_2$

■ $l = l_1 = l_2$을 적용

$$0 = -U = (H_{1t} - H_{2t}) l$$
$$\therefore H_{1t} = H_{2t}$$

■ 적분구간을 폐루프로 하면 자위차는 0이 됨

☞ $0 = U = -\oint \boldsymbol{H} \cdot dl$

■ 암페어 주회적분의 법칙을 적용하여도 0이 됨

☞ $0 = I = \oint \boldsymbol{H} \cdot dl$

상기 최종 결과인 $H_{1t} = H_{2t}$의 관계는 서로 다른 투자율 μ_1, μ_2인 두 종류의 자성체가 접하고 있는 경계면상의 자계의 접선 성분은 그 크기가 같고 연속이라는 것을 나타내고 있다. 그리고, 자계 H_1, H_2와 접선 성분인 H_{1t}, H_{2t} 사이의 관계를 살펴보면 아래 수식과 같다.

$$\sin\theta_1 = \frac{H_{1t}}{H_1} \qquad H_{1t} = H_1 \sin\theta_1$$
$$\sin\theta_2 = \frac{H_{2t}}{H_2} \qquad H_{2t} = H_2 \sin\theta_2$$
$$\therefore H_1 \sin\theta_1 = H_2 \sin\theta_2$$

■ 서로 다른 자성체에 대한 자계의 경계조건

☞ $H_{1t} = H_{2t}$

☞ 자계는 접선 성분이 같음

9.8.3 자속 및 자기력선의 굴절

투자율이 서로 다른 μ_1, μ_2 인 두 종류의 자성체가 접하고 있는 경계에 투자율이 μ_1 인 자성체에 자속밀도 B_1 이 입사각 θ_1 의 각도로 들어와서 경계면에서 굴절하여 투자율이 μ_2 인 자성체로 굴절각 θ_2 의 각도로 굴절하여 나가는 경우, 자속밀도의 경계조건을 살펴보자. 자속밀도 B_1, B_2 와 법선 성분인 B_{1n}, B_{2n} 사이의 관계를 살펴보면 아래 수식과 같다.

$\cos\theta_1 = \dfrac{B_{1n}}{B_1}$ $\quad B_{1n} = B_1\cos\theta_1$ $\cos\theta_2 = \dfrac{B_{2n}}{B_2}$ $\quad B_{2n} = B_2\cos\theta_2$ $\therefore B_1\cos\theta_1 = B_2\cos\theta_2$	■ 서로 다른 자성체에 대한 자속밀도의 경계조건 ☞ $B_{1n} = B_{2n}$ ☞ $B_1\cos\theta_1 = B_2\cos\theta_2$

$B_1\cos\theta_1 = B_2\cos\theta_2$ $\mu_1 H_1\cos\theta_1 = \mu_2 H_2\cos\theta_2$	■ 자속밀도와 자계의 관계 ☞ $B = \mu H$

그리고, 자계 H_1, H_2 와 접선성분인 H_{1t}, H_{2t} 사이의 관계를 살펴보면 아래 수식과 같다.

$\sin\theta_1 = \dfrac{H_{1t}}{H_1}$ $\quad H_{1t} = H_1\sin\theta_1$ $\sin\theta_2 = \dfrac{H_{2t}}{H_2}$ $\quad H_{2t} = H_2\sin\theta_2$ $\therefore H_1\sin\theta_1 = H_2\sin\theta_2$	■ 서로 다른 자성체에 대한 자계의 경계조건 ☞ $H_{1t} = H_{2t}$ ☞ $H_1\sin\theta_1 = H_2\sin\theta_2$

위의 두식을 활용하여 $H_1\sin\theta_1 = H_2\sin\theta_2$ 의 수식을 다시 나타내면 다음과 같다.

$H_1\sin\theta_1 = H_2\sin\theta_2$ $\dfrac{H_1\sin\theta_1}{B_1\cos\theta_1} = \dfrac{H_2\sin\theta_2}{B_2\cos\theta_2}$	■ 0이 아닌 숫자를 더하거나 곱하거나 나누어도 등식은 변화하지 않는다. 를 적용 ☞ $B_1\cos\theta_1 = B_2\cos\theta_2$ 를 등식의 양변에 나누어 줌

$$\frac{H_1 \sin\theta_1}{\mu_1 H_1 \cos\theta_1} = \frac{H_2 \sin\theta_2}{\mu_2 H_2 \cos\theta_2}$$

$$\frac{1}{\mu_1}\tan\theta_1 = \frac{1}{\mu_2}\tan\theta_2, \quad \frac{\tan\theta_1}{\tan\theta_2} = \frac{\mu_1}{\mu_2}$$

■ 자속밀도와 자계의 관계

☞ $B = \mu H$

■ 삼각함수의 관계

☞ $\tan\theta = \frac{\sin\theta}{\cos\theta}$

상기 수식을 자속 및 자기력선에 대한 굴절의 법칙이라 한다. 아래 수식은 예시로 $\mu_1 = 1$, $\mu_2 = 2$라고 가정하였을 때, 굴절의 법칙을 적용한 예를 나타낸 것이다. 투자율이 작은 μ_1에서 자속 및 자기력선이 입사하였을 때, 입사각보다 투자율이 더 큰 μ_2에서 자속 및 자기력선의 굴절각이 더 커짐을 알 수 있다. 이것은 물 위(공기, 투자율이 작음)에서 물 속(투자율이 큼)에 다리를 넣고 위에서 보면 다리가 짧아 보이는 것(굴절각이 큼)과 같은 이치이다.

$$\frac{\tan\theta_1}{\tan\theta_2} = \frac{\mu_1}{\mu_2} = \frac{1}{2}$$

$$\therefore \tan\theta_2 = 2\tan\theta_1$$

$$\therefore \mu_1 > \mu_2 \Rightarrow \theta_1 > \theta_2$$

$$\therefore \mu_1 < \mu_2 \Rightarrow \theta_1 < \theta_2$$

■ 탄젠트 삼각함수의 그래프

☞ 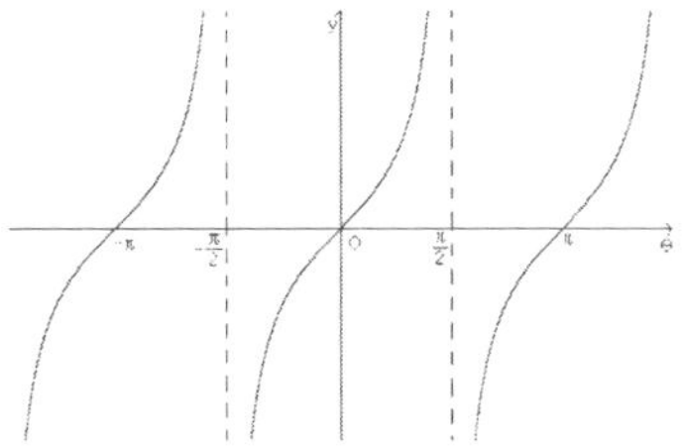

☞ 자속 및 자기력선의 입사각은 0°에서 90° 사이이기 때문에 탄젠트 삼각함수는 입사각의 각도가 크면 클수록 값이 증가

■ 예로 θ_1이 입사각 30°로 입사하게 되면 굴절각의 법칙에 의하여 계산해 보면

☞ $\tan 30° \simeq 0.57735$, $2 \times \tan 30° \simeq 1.1547$

☞ $\theta_2 = \tan^{-1}(1.1547) = 49.1°$

☞ 즉, θ_2가 49.1°로 굴절각이 커짐

[1] 입사각 $\theta_1(0° < \theta_1 < 90°)$인 경우 자속 및 자기력선의 굴절

그림 9-15는 투자율이 각각 μ_1, μ_2인 경계면에서 투자율의 관계가 $\mu_1 > \mu_2$이라고 한다면 자속 및 자기력선의 굴절의 법칙에 의하여 투자율이 크면 자속 및 자기력선의 굴절각이 더 커지게 된다. 그러므로, $\mu_1 > \mu_2 \Rightarrow \theta_1 > \theta_2$인 조건에서 자성체 경계면에서 입사각 θ_1이

$0^\circ < \theta_1 < 90^\circ$ 인 경우, 굴절각, 자속밀도 및 자계의 변화를 알아보자. 그림 9-15에서는 투자율의 관계가 $\mu_1 > \mu_2$ 일 경우에 대하여 자속밀도의 변화를 중심으로 자계의 변화를 살펴본 것이다.

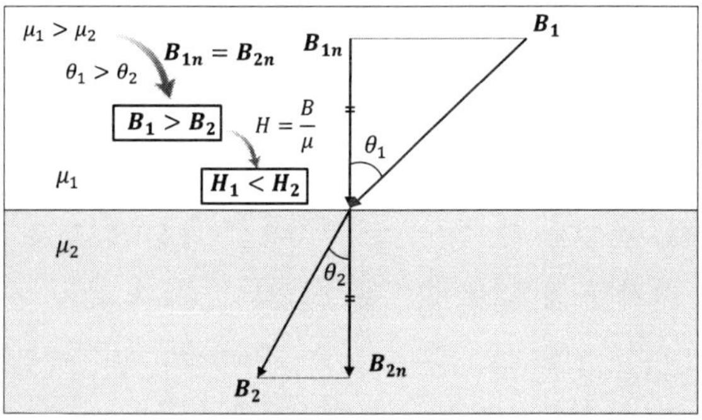

$\mu_1 > \mu_2$

$\therefore \mu_1 > \mu_2 \Rightarrow \theta_1 > \theta_2$

$\therefore B_1 > B_2$	$\therefore H_1 < H_2$
자속밀도는 투자율이 큰 쪽으로 몰린다.(불연속)	자계는 투자율이 작은 쪽으로 몰린다.(불연속)
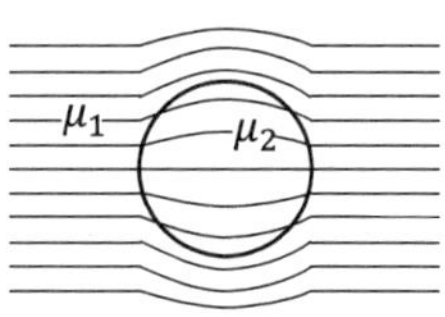	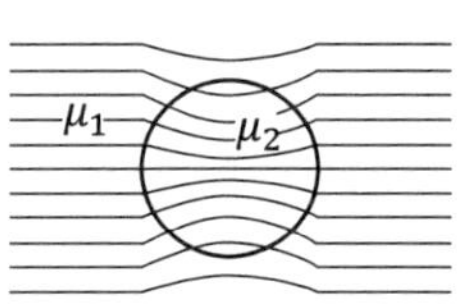
돋보기(볼록렌즈)	졸보기(오목렌즈)
굴절	굴절

■ 경계조건(입사 및 굴절각 관계)

☞ 투자율이 크면 굴절각이 큼

☞ $\mu_1 > \mu_2 \quad \therefore \mu_1 > \mu_2 \Rightarrow \theta_1 > \theta_2$

■ 서로 다른 자성체에 대한 자속밀도의 경계조건

☞ $B_{1n} = B_{2n}$

☞ $B_1 \cos\theta_1 = B_2 \cos\theta_2$에서 θ_1이 θ_2 보다 크다면($\therefore \theta_1 > \theta_2$)

☞ $\cos\theta_1 < \cos\theta_2$

☞ 코사인 삼각함수의 그래프

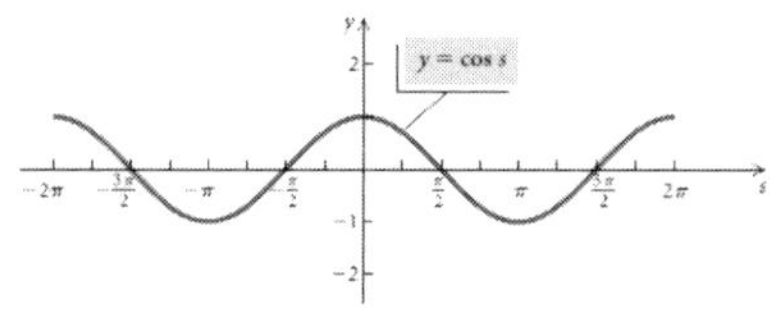

■ $B_1 \cos\theta_1 = B_2 \cos\theta_2$의 관계가 성립하려면

☞ $\cos\theta_1 < \cos\theta_2$이기 때문에

☞ $B_1 > B_2$의 관계가 되어야만 함

■ 자계와 자속밀도 관계

☞ $B = \mu H \Rightarrow \therefore H = \frac{B}{\mu}$ 관계가 성립

☞ H와 μ는 반비례 관계

☞ $\therefore \mu_1 > \mu_2 \;\Rightarrow\; H_1 < H_2$의 관계가 성립함

그림 9-15 경계면에서 자속의 굴절($\mu_1 > \mu_2$)

상기 수식의 최종 결과인 $B_1 > B_2$의 의미는 자속이 굴절하며, 자속밀도가 불연속(일정하지 않음)이라는 것을 나타내며, 역시 $H_1 < H_2$는 자기력선은 굴절하며, 자계가 불연속(일정하지 않음)이라는 것을 의미한다. 그림 9-16은 그림 9-15의 투자율 관계가 $\mu_1 > \mu_2$ 일 경우, 자속밀도의 변화를 중심으로 자계의 변화를 살펴본 것에 대비하여 투자율의 관계가 $\mu_1 > \mu_2$

일 경우, 자계의 변화를 중심으로 자속밀도의 변화를 살펴본 것이다.

그림 9-16에서 투자율이 각각 μ_1, μ_2인 경계면에서 투자율의 관계가 $\mu_1 > \mu_2$이라고 한다면 자속 및 자기력선의 굴절의 법칙에 의하여 투자율이 크면 자속 및 자기력선의 굴절각이 더 커지게 된다. 그러므로, $\mu_1 > \mu_2 \Rightarrow \theta_1 > \theta_2$인 조건에서 자성체 경계면에서 입사각 θ_1이 $0^\circ < \theta_1 < 90^\circ$인 경우, 굴절각, 자계를 중심으로 한 자속밀도의 변화를 살펴보자.

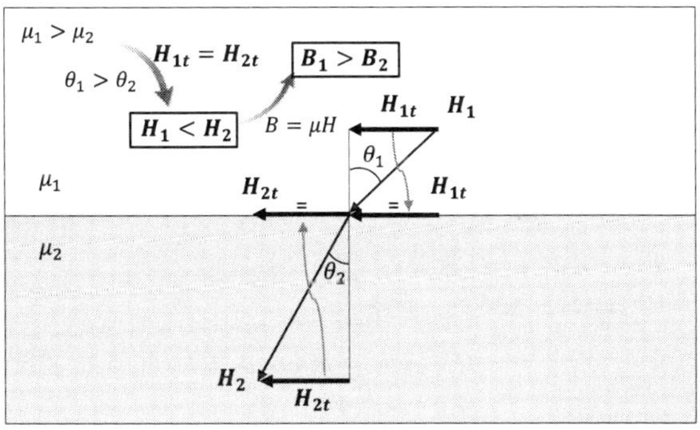

$\mu_1 > \mu_2$

$\therefore \mu_1 > \mu_2 \Rightarrow \theta_1 > \theta_2$

$\therefore H_1 < H_2$	$\therefore B_1 > B_2$
자계는 투자율이 작은 쪽으로 몰린다.(불연속)	자속밀도는 투자율이 큰 쪽으로 몰린다.(불연속)
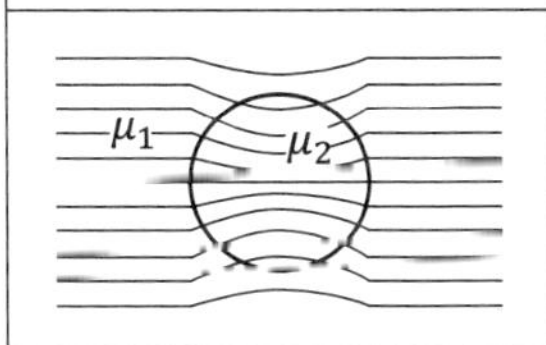	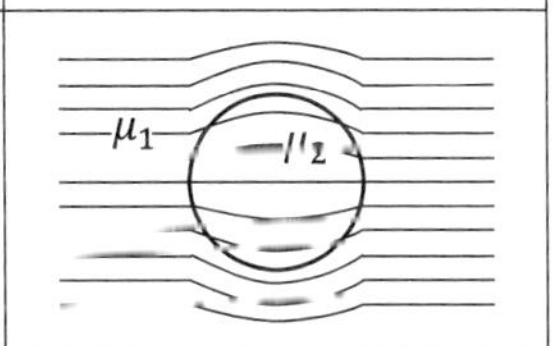
졸보기(오목렌즈)	돋보기(볼록렌즈)
굴절	굴절

■ 경계조건(입사 및 굴절각 관계)

☞ 투자율이 크면 굴절각이 큼

☞ $\mu_1 > \mu_2 \quad \therefore \mu_1 > \mu_2 \Rightarrow \theta_1 > \theta_2$

■ 서로 다른 자성체에 대한 자계의 경계조건

☞ $H_{1t} = H_{2t}$

☞ $H_1 \sin\theta_1 = H_2 \sin\theta_2$에서 θ_1이 θ_2 보다 크다면($\therefore \theta_1 > \theta_2$)

☞ $\sin\theta_1 > \sin\theta_2$

☞ 사인 삼각함수의 그래프

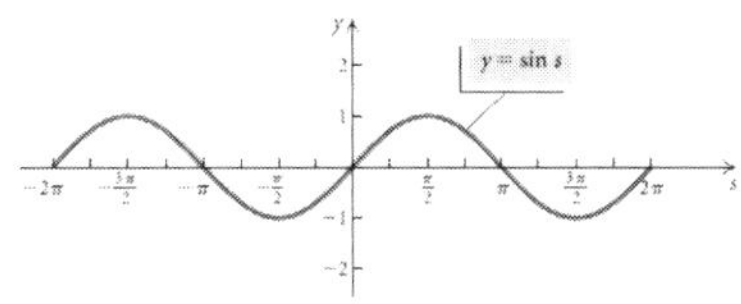

■ $H_1 \sin\theta_1 = H_2 \sin\theta_2$의 관계가 성립하려면

☞ $\sin\theta_1 > \sin\theta_2$이기 때문에

☞ $H_1 < H_2$의 관계가 되어야만 함

■ 자계와 자속밀도 관계

☞ $B = \mu H$ 관계가 성립

☞ H와 μ는 비례 관계

☞ $\therefore \mu_1 > \mu_2 \Rightarrow B_1 > B_2$의 관계가 성립함

그림 9-16 경계면에서 자기력선의 굴절($\mu_1 > \mu_2$)

상기 수식의 최종 결과인 $H_1 < H_2$의 의미는 자기력선은 굴절하며, 자계가 불연속(일정하지 않음)이라는 것을 나타내며, 역시 $B_1 > B_2$는 자속은 굴절하며, 자속밀도가 불연속(일정하지 않음)이라는 것을 의미한다. 이는 그림 9-15와 같은 결과이다.

[2] 입사각 θ_1이 수직($\theta_1 = 0^\circ$)인 경우 자속 및 자기력선의 굴절

그림 9-17은 투자율이 각각 μ_1, μ_2인 경계면에서 투자율의 관계가 $\mu_1 > \mu_2$이라고 한다면 자속 및 자기력선에 대한 굴절의 법칙에 의하여 투자율이 크면 자속 및 자기력선의 굴절각이 더 커지게 된다. 그러므로, $\mu_1 > \mu_2 \Rightarrow \theta_1 > \theta_2$인 조건에서 자성체 경계면에서 입사각 θ_1이 $\theta_1 = 0^\circ$인 경우, 굴절각, 자속밀도 및 자계의 변화를 살펴본 것을 나타낸 것이다.

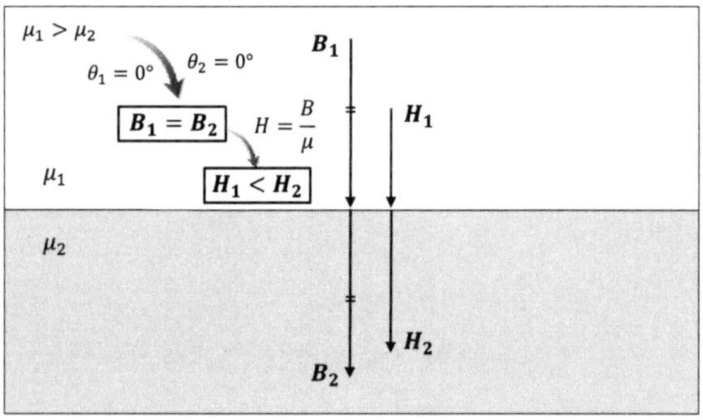

$\mu_1 > \mu_2$

$\therefore \mu_1 > \mu_2 \Rightarrow \theta_1 > \theta_2$

$B_1 \Rightarrow \theta_1 = 0^\circ$, $B_2 \Rightarrow \theta_2 = 0^\circ$

$\therefore B_1 = B_2$	$\therefore H_1 < H_2$
자속밀도는 일정하다.(연속)	자계는 투자율이 작은 쪽으로 몰린다.(불연속)
자속은 경계면에서 굴절하지 않고 직진	자기력선은 경계면에서 굴절하지 않고 직진

■ 경계조건(입사 및 굴절각 관계)

☞ 투자율이 크면 굴절각이 큼

☞ $\mu_1 > \mu_2 \quad \therefore \mu_1 > \mu_2 \Rightarrow \theta_1 > \theta_2$

■ 서로 다른 자성체에 대한 자속밀도의 경계조건

☞ $B_{1n} = B_{2n}$

☞ $B_1 \cos\theta_1 = B_2 \cos\theta_2$에서 $\theta_1 = 0^\circ$이라면

☞ $\cos\theta_1 = \cos 0^\circ = 1$

☞ 코사인 삼각함수의 그래프

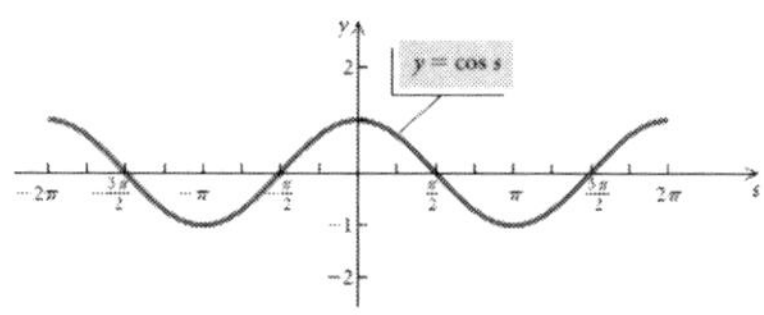

☞ $\therefore B_1 \times 1 = B_2 \cos\theta_2 \quad \therefore B_1 = B_2$

■ $B_1 = B_2$ 의 관계가 성립하려면

☞ $\cos\theta_2 = \cos 0^\circ = 1$이기 때문에

☞ $\therefore \theta_1 = 0^\circ = \theta_2$의 관계가 됨

■ 자계와 자속밀도 관계

☞ $B = \mu H \Rightarrow \therefore H = \dfrac{B}{\mu}$ 관계가 성립

☞ H와 μ는 반비례 관계이고

☞ $B_1 = B_2$이기 때문에

☞ $\mu_1 > \mu_2 \Rightarrow H_1 < H_2$의 관계가 성립

그림 9-17 경계면에 수직입사의 경우, 자속 및 자기력선의 굴절

상기 수식의 최종 결과인 $B_1 = B_2$의 의미는 자속은 굴절하지 않고 투자율이 다른 경계면

에서 직진하며 자속밀도는 연속(일정)이라는 것을 나타낸다. 그러나, $H_1 < H_2$는 자기력선이 굴절하지 않고 투자율이 다른 경계면에 직진하지만 자계는 불연속이라는 것을 의미한다.

[3] 입사각 θ_1이 평행($\theta_1 = 90°$)인 경우 자속밀도 및 자기력선의 굴절

그림 9-18은 투자율이 각각 μ_1, μ_2인 경계면에서 투자율의 관계가 $\mu_1 > \mu_2$이라고 한다면 자속 및 자기력선에 대한 굴절의 법칙에 의하여 투자율이 크면 자속 및 자기력선의 굴절각이 더 커지게 된다. 그러므로, $\mu_1 > \mu_2 \Rightarrow \theta_1 > \theta_2$인 조건에서 자성체 경계면에서 입사각 θ_1이 $\theta_1 = 90°$인 경우, 굴절각, 자속밀도 및 자계의 변화를 살펴본 것을 나타낸 것이다.

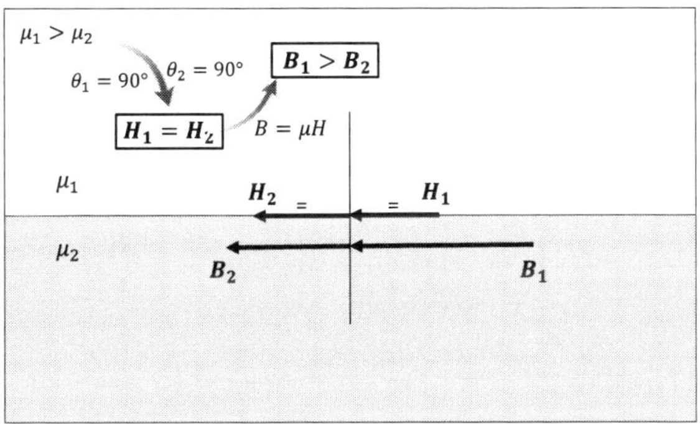

$\mu_1 > \mu_2$

$\therefore \mu_1 > \mu_2 \Rightarrow \theta_1 > \theta_2$

$H_1 \Rightarrow \theta_1 = 90°$, $H_2 \Rightarrow \theta_2 = 90°$

$\therefore H_1 = H_2$	$\therefore B_1 > B_2$
자계는 일정하다.(연속)	자속밀도는 투자율이 큰 쪽으로 몰린다.(불연속)
자기력선은 경계면에서 굴절하지 않고 직진	자속은 경계면에서 굴절하지 않고 직진

■ 경계조건(입사 및 굴절각 관계)

☞ 투자율이 크면 굴절각이 큼

☞ $\mu_1 > \mu_2$ $\therefore \mu_1 > \mu_2 \Rightarrow \theta_1 > \theta_2$

■ 서로 다른 자성체의 자계 경계조건

☞ $H_{1t} = H_{2t}$

☞ $H_1 \sin\theta_1 = H_2 \sin\theta_2$에서 $\theta_1 = 90°$이라면

☞ $\sin\theta_1 = \sin 90° = 1$

☞ 사인 삼각함수의 그래프

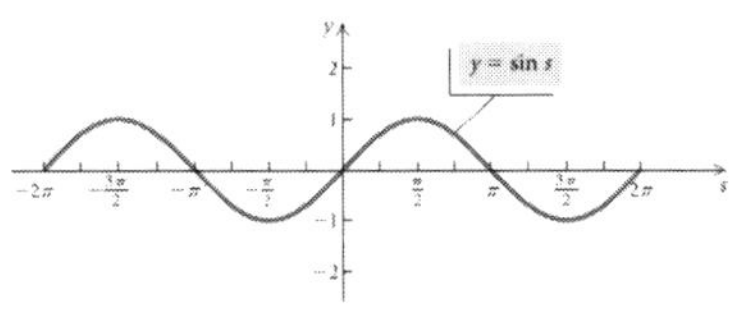

☞ $\therefore H_1 \times 1 = H_2 \sin\theta_2$ $\therefore H_1 = H_2$

■ $H_1 = H_2$의 관계가 성립하려면

☞ $\sin\theta_2 = \sin 90° = 1$이기 때문에

☞ $\therefore \theta_1 = 90° = \theta_2$의 관계가 됨

■ 자계와 자속밀도 관계

☞ $B = \mu H$ 관계가 성립

☞ B와 μ는 비례 관계이고

☞ $H_1 = H_2$이기 때문에

☞ $\mu_1 > \mu_2 \Rightarrow B_1 > B_2$의 관계가 성립

그림 9-18 경계면에 평행입사의 경우, 자속 및 자기력선의 굴절

상기 수식의 최종 결과인 $H_1 = H_2$의 의미는 자기력선은 굴절하지 않고 투자율이 다른 경계면과 평행하게 직진하며 자계는 연속(일정)이라는 것을 나타낸다. 그러나, $B_1 > B_2$는 자속이 굴절하지 않고 투자율이 다른 경계면과 평행하게 직진하지만 자속밀도는 불연속이라는 것을 의미한다.

예제 9.28

▣ 두 자성체의 경계면에서 경계 조건을 설명한 것 중 옳은 것은?

① 자계의 성분은 서로 같다. ② 자계의 법선 성분은 서로 같다.
③ 자속밀도의 법선성분은 서로 같다. ④ 자속밀도의 접선성분은 서로 같다.

풀이

◉ 자계세기: 접선 성분의 연속성, $H_1 \sin\theta_1 = H_2 \sin\theta_2$
◉ 자속밀도: 법선 성분의 연속성, $B_1 \cos\theta_1 = B_2 \cos\theta_2$
◉ 굴절의 법칙: $\dfrac{\tan\theta_1}{\tan\theta_2} = \dfrac{\mu_1}{\mu_2}$, 굴절각은 투자율에 비례한다.

☞ ③

예제 9.29

▣ 자성체 경계면에 전류가 없을 때의 경계 조건으로 틀린 것은?

① 자계 $\boldsymbol{H}$의 접선 성분 $H_{1t} = H_{2t}$ ② 경계면에서의 자력선의 굴절 $\dfrac{\tan\theta_1}{\tan\theta_2} = \dfrac{\mu_1}{\mu_2}$
③ 전속밀도 $\boldsymbol{D}$의 법선 성분 $D_{1n} = D_{2n} = \dfrac{\mu_2}{\mu_1}$ ④ 자속밀도 $\boldsymbol{B}$의 법선 성분 $B_{1n} = B_{2n}$

풀이

◉ 자계 세기의 접선 성분의 연속성: $H_1 \sin\theta_1 = H_2 \sin\theta_2 \rightarrow H_{1t} = H_{2t}$
◉ 자속밀도의 법선 성분의 연속성: $B_1 \cos\theta_1 = B_2 \cos\theta_2 \rightarrow B_{1n} = B_{2n}$
◉ 전속밀도의 법선 성분의 연속성: $D_1 \cos\theta_1 = D_2 \cos\theta_2 \rightarrow D_{1n} = D_{2n}$
◉ 굴절의 법칙: $\dfrac{\tan\theta_1}{\tan\theta_2} = \dfrac{\mu_1}{\mu_2}$, 굴절각은 투자율에 비례한다.

☞ ③

예제 9.30

▣ 자계의 경계 조건 가운데 다음 중 틀린 것은? (단, k(투자율 비)는 0이 아님)

① $B_{1n} = B_{2n}$ ② $H_{1n} \neq H_{2n}$ ③ $B_{1t} - B_{2t} = k$ ④ $H_{2n} = kH_{1n}$

풀이

◉ 경계조건: 자속밀도(B)는 법선 성분이 같고, 자계 세기(H)는 접선 성분이 같다.
$B_{1n} = B_{2n}$, $H_{1t} = H_{2t}$, 즉 $H_{1n} \neq H_{2n}$, $B_{1t} \neq B_{2t}$ 를 나타냄
◉ $B = \mu H$, $B_{1n} = B_{2n}$ 를 이용하면, $\mu_1 H_{1n} = \mu_2 H_{2n}$이므로 $\therefore H_{2n} = \dfrac{\mu_1}{\mu_2} H_{1n} = kH_{1n}$
◉ $H = \dfrac{B}{\mu}$와 $H_{1t} = H_{2t}$를 이용하면, $\dfrac{B_{1t}}{\mu_1} = \dfrac{B_{2t}}{\mu_2}$이므로 $\therefore B_{2t} = \dfrac{\mu_2}{\mu_1} B_{1t} = kB_{1t}$

☞ ③

9-9 자계에너지

평행 평판 구조의 콘덴서인 두 전극 사이에 전속밀도 $D[C/m^2]$와 전계의 세기 $E[V/m]$가 작용하고 있을 경우, 단위체적당 축적되는 에너지를 수식으로 나타내면 아래 수식과 같으며 이를 정전에너지 밀도라고 한다. 정전에너지 밀도 $\omega_e\,[J/m^3]$는 전계 E^2에 비례($\omega_e \propto E^2$)한다. 이 수식을 $D=\epsilon_0 E$를 활용하여 다양하게 표현하면 다음과 같다.

$$\omega_e = \frac{1}{2}\epsilon_0 E^2 = \frac{1}{2}\frac{D^2}{\epsilon_0} = \frac{1}{2}DE[J/m^3]$$

■ 정전에너지 $W[J]$

☞ $W = \frac{1}{2}\frac{Q^2}{C} = \frac{1}{2}CV^2 = \frac{1}{2}QV[J]$

■ 단위체적당 정전에너지 $w[J/m^3]$

☞ $w = \frac{1}{2}\epsilon_0 E^2[J/m^3]$

■ 전계와 전속밀도의 관계

☞ $D = \epsilon_0 E$

그림 9-19와 같이 자계에서도 강자성체를 자화시킬 때, 외부에서 자계의 세기 $H[AT/m]$를 인가하게 되면 자성체 내부의 자속밀도 $B[Wb/m^2]$가 증가하게 되고 dB/dt에 비례하는 기전력이 발생하기 때문에 외부에서 동일한 에너지를 공급하여야 한다.

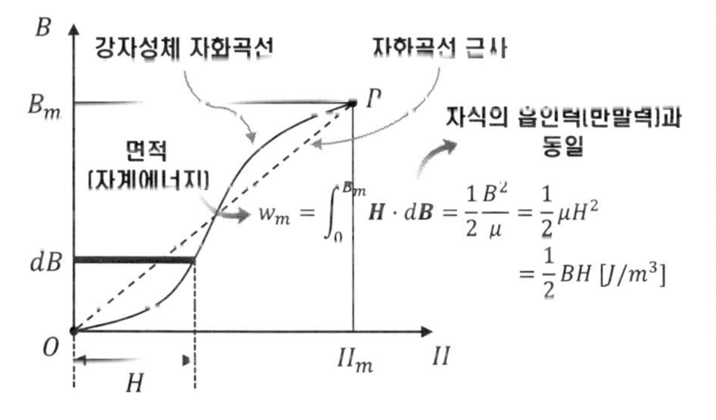

■ 자성체에 축적되는 자계에너지 ω_m

☞ $\omega_m = \int_0^{B_m} H \cdot dB[J/m^3]$

☞ 폐곡면의 위쪽 면적

그림 9-19 자성체에 축적되는 자계에너지

즉, 외부 자계 H에 의한 자성체 내부의 미소 자속밀도 dB의 변화를 위하여 단위체적당 공급되는 미소 자계에너지 dw_m을 수식으로 표현하면 다음과 같다.

$$d\omega_m = \boldsymbol{H} \cdot d\boldsymbol{B} [J/m^3]$$	■ 단위체적당 미소 에너지 dw_m ☞ $d\omega_m = \boldsymbol{H} \cdot d\boldsymbol{B} [J/m^3]$

상기 수식에서 단위체적당 미소 자계에너지를 단위체적당 자계에너지 $w_m [J/m^3]$으로 다시 나타내면 아래 수식과 같다.

$$\omega_m = \int_0^{B_m} \boldsymbol{H} \cdot d\boldsymbol{B} [J/m^3]$$	■ 단위체적당 미소 자계에너지 dw_m ☞ $d\omega_m = \boldsymbol{H} \cdot d\boldsymbol{B} [J/m^3]$

상기 수식의 단위체적당 자계에너지 w_m은 그림 9-19의 강자성체 자화곡선의 면적인 OPB_mO를 나타낸다. 이와 같이 강자성체를 자화시키기 위하여 공급되는 에너지인 w_m은 자성체 내부에서 자계에너지로 축적이 되며, 이를 단위체적당 자계에너지인 자계에너지 밀도가 된다. 그리고, 강자성체의 자화곡선이 직선 OP의 형태를 가지게 된다고 생각한다면, 기울기에 해당되는 비례상수를 투자율 μ라고 할 수 있기 때문에 직선의 방정식은 $B = \mu H$가 되어 자성체를 자화시키기 위한 자계에너지 밀도 w_m을 구하면 아래 수식과 같다.

$$\omega_m = \int_0^B \boldsymbol{H} \cdot d\boldsymbol{B} = \int_0^B \frac{B}{\mu} \cdot dB = \frac{1}{\mu} \int B \cdot dB = \frac{1}{2} \frac{B^2}{\mu} = \frac{1}{2} \mu H^2 = \frac{1}{2} BH [J/m^3]$$	■ 단위체적당 자계에너지 ω_m ■ 자계와 자속밀도의 관계 ☞ $B = \mu H$

상기 수식에서 자계에너지 밀도의 단위를 단위면적당 작용하는 힘의 단위로 변환하면 다음과 같다.

$$[\frac{J}{m^3}] = [\frac{Nm}{m^3}] = [\frac{N}{m^2}]$$	■ 자계에너지 밀도와 단위면적당 작용하는 힘은 같음 ☞ 자계에너지 밀도 ω_m ☞ 단위면적당 작용하는 힘(자석의 흡인력 또는 반발력) f ☞ $w_m [J/m^3] = f [N/m^2]$

따라서, 자계에너지 밀도 $\omega_m\,[J/m^3]$은 자석의 흡인력(또는 반발력)인 힘 $f_m\,[N/m^2]$과 동일하다. 아래 그림 9-20은 자계에너지 밀도 ω_m에 의하여 발생된 자계에너지를 가진 전자석이 물체를 끌어당기는 흡인력 f_m을 구하는 것을 나타낸 것이다.

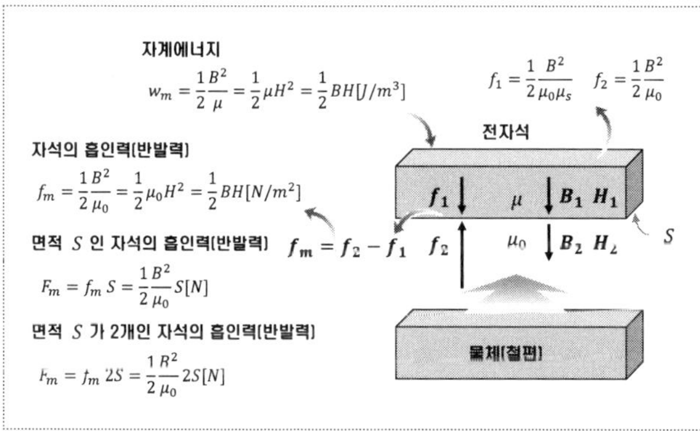

■ 단위체적당 자계에너지 ω_m

☞ $\omega_m = \dfrac{1}{2}\dfrac{B^2}{\mu} = \dfrac{1}{2}\mu H^2 = \dfrac{1}{2}BH[J/m^3]$

그림 9-20 자성체에 축적되는 자계에너지에 대한 전자석의 힘

그림 9-20에서 전자석과 공기 중의 경계면에 작용하는 힘을 계산하여 보면 아래 수식과 같다. 여기서, 전자석에서 작용하는 힘을 f_1이라 하고, 공기 중에 작용하는 힘을 f_2라고 한다면, 물체를 끌어당기는 흡인력 $f_m\,[N/m^2]$은 $f_m = f_2 - f_1$이 된다.

$$f_1 = \frac{1}{2}\frac{B^2}{\mu_0\mu_s} = \frac{1}{2}\mu_0\mu_s H^2 = \frac{1}{2}BH[N/m^2]$$

$$f_2 = \frac{1}{2}\frac{B^2}{\mu_0} = \frac{1}{2}\mu_0 H^2 - \frac{1}{2}BH[N/m^2]$$

$$\therefore f_1 < f_2$$

$$f_m = f_2 - f_1 = \frac{B^2}{2\mu_0}(1 - \frac{1}{\mu_s})$$

$1 \gg \dfrac{1}{\mu_s}$라면, $f_m = \dfrac{B^2}{2\mu_0}[N/m^2]$

■ 전자석의 힘

☞ $f_1 = \dfrac{B^2}{2\mu_0\mu_s}$

■ 공기 중의 힘

☞ $f_2 = \dfrac{B^2}{2\mu_0}$

■ 전자석과 공기 중의 힘 사이 관계

☞ f_1은 분모에 μ_s값이 0보다 크기 때문에 f_2보다 힘이 작음(맥스웰 응력)

☞ $f_1 < f_2$

그리고, 상기 수식에서 단면적 $S[m^2]$의 자극이 당기는 전체 흡인력 $F_m[N]$을 구하면 아래 수식과 같다.

▶ 단면적 $S[m^2]$가 1개인 자극의 흡인력 $F_m = \frac{B^2}{2\mu_0} S[N]$ ▶ 단면적 $S[m^2]$이 2개인 자극의 흡인력 $F_m = \frac{B^2}{2\mu_0} 2S[N]$	■ 단위면적당 전자석의 흡인력 ☞ $f_m = \frac{B^2}{2\mu_0}[N/m^2]$

아래 표 9-6은 정전계와 정자계에서의 정전에너지 밀도와 자계에너지 밀도를 비교한 것을 나타낸 것이다.

표 9-6 정전계의 정전에너지와 정자계의 자계에너지의 비교

구분	관계	내용
정전계	정전에너지밀도	$\omega_e = \frac{1}{2}\epsilon E^2 = \frac{1}{2}\frac{D^2}{\epsilon} = \frac{1}{2}DE[J/m^3]$
	정전응력	$f_e = \frac{\sigma^2}{2\epsilon_0} = \frac{D^2}{2\epsilon_0} = \frac{1}{2}\epsilon_0 E^2 = \frac{1}{2}DE[N/m^2]$ $\therefore F_e = f_e S[N]$
정자계	자계에너지밀도	$\omega_m = \frac{1}{2}\mu H^2 = \frac{1}{2}\frac{B^2}{\mu} = \frac{1}{2}BH[J/m^3]$
	자석흡인력	$f_m = \frac{\sigma^2}{2\mu_0} = \frac{B^2}{2\mu_0} = \frac{1}{2}\mu_0 H^2 = \frac{1}{2}BH[N/m^2]$ $\therefore F_m = f_m S[N]$: 공극(공극면적 S)이 1개인 경우 $\therefore F_m = 2f_m S[N]$: 공극(공극면적 S)이 2개인 경우

예제 9.31

▣ 그림과 같이 진공 중에 자극 면적이 $2[cm^2]$, 간격이 $0.1[cm]$인 자성체 내에서 포화 자속밀도가 $2[Wb/m^2]$일 때 두 자극 면 사이에 작용하는 힘의 크기 $[N]$는 얼마인가?

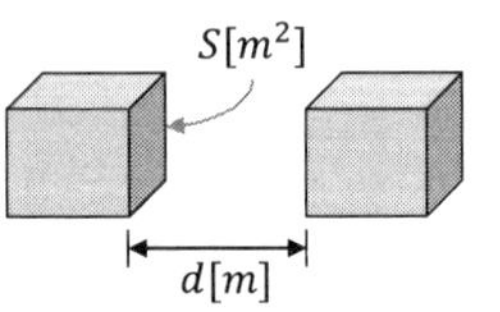

풀이 ◉ 단면적이 S인 극이 1개이므로, 힘 $F = \frac{B^2}{2\mu_0} \cdot S = \frac{2^2 \times 2 \times 10^{-4}}{2 \times 4\pi \times 10^{-7}} = 318.47[N]$

예제 9.32

■ 10톤의 철을 끌어올릴 수 있는 전자석을 설계하려고 한다. 자극 표면에서의 자속밀도를 $2\,[Wb/m^2]$으로 한다면 필요한 극의 면적은 약 몇 $[m]$인가?

풀이

◉ $f=\dfrac{B^2}{2\mu_0}\,[N/m^2]$에서 자극이 1곳이기 때문에 전체에 작용하는 힘 $F=f\cdot S=\dfrac{B^2}{2\mu_0}S$에서

∴ 면적 $S=\dfrac{2\mu_0 F}{B^2}=\dfrac{2\times 4\pi\times 10^{-7}\times 10\times 10^3\times 9.8}{2^2}=6.15\times 10^{-2}\,[m^2]$

예제 9.33

■ 비투자율이 2,500인 철심을 자속밀도 $5\,[Wb/m^2]$이고 철심의 부피가 $4\times 10^{-6}\,[m^3]$일 때, 이 철심에 저장된 자계에너지는 몇 $[J]$인가?

풀이

◉ 자성체 단위 체적당 자계에너지 $w=\dfrac{1}{2}BH=\dfrac{1}{2}\mu H^2=\dfrac{B^2}{2\mu}\,[J/m^3]$

◉ 철심에 저장된 자계에너지를 구하기 위하여 체적을 $V[m^3]$라 하면 $w\,[J]$은

$$w[J]=\frac{B^2}{2\mu}V=\frac{B^2}{2\mu_0\mu_s}V=\frac{5^2}{2\times 4\pi\times 10^{-7}\times 2{,}500}\times 4\times 10^{-6}=\frac{5}{\pi}\times 10^{-2}\,[J]$$

예제 9.34

■ 단면적 $S=100\times 10^{-4}\,[m^2]$인 전자석에 자속밀도 $B=2\,[Wb/m^2]$인 자속이 발생할 때, 철편의 흡인하는 힘$[N]$은 얼마인가?

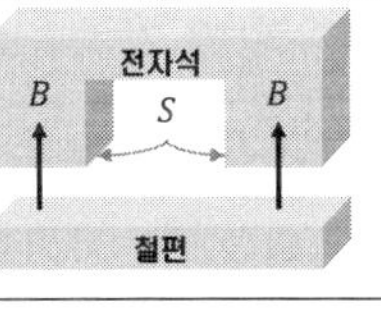

풀이

◉ 단위 면적당 작용하는 전자력이 $f=\dfrac{B^2}{2\mu_0}\,[N/m^2]$

◉ 면적이 $2S$(자극이 2곳이기 때문)인 경우 전체에 작용하는 힘은

$$F=f\cdot 2S=\frac{B^2}{2\mu_0}2S=\frac{2^2\times 2\times 100\times 10^{-4}}{2\times 4\pi\times 10^{-7}}=\frac{1}{\pi}\times 10^5\,[N]$$

예제 9.35

■ 비투자율이 2,000인 철심의 자속밀도가 $5\,[Wb/m^2]$일 때 이 철심에 축적되는 에너지 밀도는 몇 $[J/m^3]$인가?

풀이

◉ 자성체 단위 체적당 축적되는 에너지 밀도 $[J/m^3]$

◉ $w=\dfrac{B^2}{2\mu}=\dfrac{B^2}{2\mu_0\mu_s}=\dfrac{5^2}{2\times 4\pi\times 10^{-7}\times 2{,}000}\fallingdotseq 4{,}976\,[J/m^3]$

연 습 문 제

1. 다음 중 감자율이 0인 것은 무엇인가?

① 가늘고 짧은 막대 자성체 ② 굵고 짧은 막대 자성체

③ 가늘고 긴 막대 자성체 ④ 환상 솔레노이드

☞ 감자력은 자화의 세기에 비례하며, 비례상수를 감자율이라 한다. 감자율이 "0"이 되려면 잘려진 극이 존재하지 않으면 되는데, 환상 솔레노이드(toroid)가 무단철심이므로 이에 해당한다. 환상 솔레노이드를 제외하면, 가늘고 긴 막대 자성체가 자계와 평행으로 놓여 있을 때 감자율이 거의 "0"에 가깝다. 가늘고 긴 막대 자성체가 자계와 직각으로 놓여 있을 때는 감자율이 거의 "1"로 가장 크다. 구인 경우 감자율은 $N=1/3$ 정도이다.	정답 ④

2. 자기회로에 대한 키르히호프의 법칙 중 옳은 것은?

① 수개의 자기회로가 1점에서 만날 때는 각 회로의 기자력의 대수합은 0이다.

② 수개의 자기회로가 1점에서 만날 때는 각 회로의 자속과 자기저항을 곱한 것의 대수합은 0이다.

③ 하나의 폐 자기회로에 대하여 각 분로의 기자력과 자기저항을 곱한 것의 대수합은 폐 자기회로에 작용하는 자속의 대수합과 같다.

④ 하나의 폐 자기회로에 대하여 각 분로의 자속과 자기저항을 곱한 것의 대수합은 폐 자기회로에 작용하는 기자력의 대수합과 같다.

☞ 임의의 폐 자기회로서 각 부의 자기저항과 자속과의 곱의 합은 폐 자기회로에 있는 기자력의 총합과 같다. $\sum_i F_i = \sum_i N_i I_i = \sum_j \phi_i R_i$	정답 ④

3. 영구자석에 관한 설명 중 옳지 않은 것은?

① 히스테리시스 현상을 가진 재료만이 영구자석이 될 수 있다.

② 보자력이 클수록 자계가 강한 영구자석이 된다.

③ 잔류 자속밀도가 높을수록 자계가 강한 영구자석이 된다.

④ 자석 재료로 폐회로를 만들면 강한 영구자석이 된다.

☞ 외부에서 큰 자계를 가해야 자화되어 영구자석이 된다. 영구자석 재료는 보자력 및 잔류자속밀도가 다 커야 한다. 한번 자화된 다음에는 자기를 영구적으로 보존하는 자석이다. 텅스텐강, 코발트강 등이 쓰인다.	정답 ④

4. 비투자율 350인 환상철심 중의 평균자계의 세기가 280$[AT/m]$일 때 자화의 세기는 약 몇 $[Wb/m^2]$인가?

☞ 자화의 세기

$$J = \chi H = \mu_0(\mu_s - 1)H = 4\pi \times 10^{-7} \times (350-1) \times 280 = 0.123\,[Wb/m^2]$$

5. 구자성체의 감자율은 얼마인가?

☞ 평등 자계 H_0 중에서 구자성체의 내부에 대한 자계 H는 $H = \dfrac{3\mu_0}{2\mu_0 + \mu} H_0$

☞ 감자율 $N = \dfrac{1}{\mu_s - 1}\left(\dfrac{H_0}{H} - 1\right)$에서

$$\therefore\ N = \frac{1}{\mu_s - 1}\left(\frac{H_0}{\dfrac{3\mu_0}{2\mu_0 + \mu}H_0} - 1\right) = \frac{1}{\mu_s - 1}\left(\frac{2+\mu_s}{3} - 1\right) = \frac{1}{3}$$

6. 반지름 3$[cm]$의 원형 단면을 가진 환상의 연철심(비투자율 400)에 코일을 감고 이것에 전류를 흘린 결과 철심 중의 자계가 400$[AT/m]$로 되었다. 자화의 세기 $[Wb/m^2]$는?

☞ 자화율 : $\chi = \mu - \mu_0 = \mu_0(\mu_s - 1) = 4\pi \times 10^{-7}(400-1) = 5 \times 10^{-4}\,[H/m]$

☞ 자화의 세기 : $J = \chi H = 5 \times 10^{-4} \times 400 = 0.2\,[Wb/m^2]$

7. 비투자율이 50인 자성체의 자속밀도가 0.05$[Wb/m^2]$일 때 자성체의 자화의 세기는?

☞ 자화의 세기

$$J = \chi H = \frac{\chi B}{\mu} = \frac{\mu_0(\mu_s - 1)B}{\mu_0\mu_s} = (\mu_s - 1)\frac{B}{\mu_s} = (50-1) \times \frac{0.05}{50} = 0.049\,[Wb/m^2]$$

8. 다음 설명 중 옳은 것은?

① 상자성체는 자화율이 0보다 크고, 반자성체에서는 자화율이 0보다 작다.

② 상자성체는 투자율이 1보다 작고, 반자성체에서는 투자율이 1보다 크다

③ 반자성체는 자화율이 0보다 크고, 투자율이 1보다 크다.

④ 상자성체는 자화율이 0보다 작고, 투자율이 1보다 크다.

☞ 상자성체: $\mu_s > 1(\chi > 0)$

☞ 역자성체: $\mu_s < 1\ (\chi < 0)$

☞ 강자성체: $\mu_s \gg 1\ (\chi \gg 0)$

☞ 여기서, χ은 자화율

정답 ①

9. 자기회로에 대한 설명으로 틀린 것은?

① 전기회로의 정전용량에 해당되는 것은 없다.
② 자기저항에는 전기저항의 줄 손실에 해당되는 손실이 있다.
③ 기자력과 자속은 변화가 비직선성을 갖고 있다.
④ 누설자속은 전기회로의 누설전류에 비하여 대체로 많다.

☞ 자기저항에서는 전기저항의 줄 손실에 해당하는 손실은 없다.	정답 ②

10. 단면적 $S\,[m^2]$, 길이 $l\,[m]$, 투자율 $\mu\,[H/m]$의 자기회로에 N회의 코일을 감고 $I\,[A]$의 전류를 통할 때의 옴의 법칙은 무엇인가?

① $B = \dfrac{\mu SNI}{l}$ ② $\phi = \dfrac{\mu SI}{lN}$ ③ $\phi = \dfrac{\mu SNI}{l}$ ④ $\phi = \dfrac{l}{\mu SNI}$

☞ 자속 $\phi = \dfrac{NI}{R_m} = \dfrac{NI}{\dfrac{l}{\mu S}} = \dfrac{\mu SNI}{l}\,[Wb]$	정답 ③

11. 길이 $20\,[cm]$, 단면적의 반지름 $10\,[cm]$인 원통이 길이 방향으로 균일하게 자화되어 자화의 세기가 $200\,[Wb/m^2]$인 경우 원통의 양단에서의 전자극의 세기는 몇 $[Wb]$인가?

> ☞ 자화의 세기 $J = \dfrac{m}{S} = \dfrac{m}{\pi r^2}\,[Wb/m^2]$에서
>
> ∴ 자극의 세기 $m = J \cdot \pi r^2 = 200 \times \pi \times (10 \times 10^{-2})^2 = 2\pi\,[Wb]$

12. 자계의 세기 $1500\,[AT/m]$ 되는 점의 자속밀도가 $2.8\,[Wb/m^2]$이다. 이 공간의 비투자율은 얼마인가?

> ☞ 자속밀도 $B = \mu_0 \mu_s H$ 에서
>
> ∴ 비투자율 $\mu_s = \dfrac{B}{\mu_0 H} = \dfrac{2.8}{4\pi \times 10^{-7} \times 1500} = 1485.4 \quad = 1.48 \times 10^3\,[H/m]$

13. 단면적 $4\,[cm^2]$의 철심에 $6 \times 10^{-4}\,[Wb]$의 자속을 통하게 하려면 $2{,}800\,[AT/m]$의 자계가 필요하다. 철심의 비투자율은 얼마인가?

> ☞ 자속 $\phi = BS = \mu_0 \mu_s HS$에서
>
> ∴ 비투자율 $\mu_s = \dfrac{\phi}{\mu_0 HS} = \dfrac{6 \times 10^{-4}}{4\pi \times 10^{-7} \times 2800 \times 4 \times 10^{-4}} = 426.3 \fallingdotseq 426$

14. 비투자율 800의 환성 철심 중의 자계가 150[AT/m]일 때 철심의 자속밀도[Wb/m^2]는?

☞ 자속밀도 $B = \mu H = \mu_0 \mu_s H = 4\pi \times 10^{-7} \times 800 \times 150 = 15 \times 10^{-2}\,[Wb/m^2]$

15. 히스테리시스 곡선에서 횡축과 만나는 것은 다음 중 어느 것인가?

① 투자율 ② 잔류자기 ③ 자력선 ④ 보자력

☞ 횡축 : 자계(H) , 종축 : 자속밀도(B) ☞ 곡선과 종축이 만나는 점 : 잔류자기(잔류 자속밀도 B_r) ☞ 곡선과 횡축이 만나는 점 : 보자력(H_c)	정답 ④

16. 전기 기계기구의 자심재료로 규소강판을 사용하는 이유는 무엇인가?

① 동손을 줄이기 위해 ② 와전류손을 줄이기 위해

③ 히스테리시스손을 줄이기 위해 ④ 제작을 쉽게 하기 위해

☞ 저규소 강판: 규소 함유율 1 ~ 1.4[%] 정도 → 히스테리시스손 감소($P_h \propto fB_m^{1.6\sim2}$) ☞ 철심: 0.35 ~ 0.5[$mm$]의 저규소 강판을 성층 → 와류손 감소($P_e \propto t^2 f^2 B_m^2$)	정답 ③

17. 자기회로에서 단면적, 길이, 투자율을 모두 1/2배로 하면 자기저항은 몇 배가 되는가?

☞ 자기저항 $R_m = \dfrac{l}{\mu S} = \dfrac{l}{\mu_0 \mu_s S}\,[AT/Wb]$에서

S, l, μ를 1/2배일 때 $R'_m = \dfrac{\frac{1}{2}l}{\frac{1}{2}\mu \cdot \frac{1}{2}S} = 2\dfrac{l}{\mu S} = 2R_m$, ∴ 즉 2배가 된다.

18. 비투자율 500, 단면적 3[cm^2], 평균 자로 30[cm]의 환상 철심에 코일이 600회 감겨 있다. 이 코일에 10[A]의 전류를 흘릴 때 생기는 자기 저항[AT/Wb]과 자속[Wb]은? (단, 진공 중의 투자율 $\mu_0 = 1.257 \times 10^{-6}\,[H/m]$는 계산의 편의상 $1 \times 10^{-6}\,[H/m]$로 하여 계산한다.)

☞ 자기저항 $R_m = \dfrac{l}{\mu S} = \dfrac{l}{\mu_0 \mu_s S} = \dfrac{0.3}{1 \times 10^{-6} \times 500 \times 3 \times 10^{-4}} = 2 \times 10^6\,[AT/Wb]$

☞ 자속 $\phi = \dfrac{NI}{R_m} = \dfrac{600 \times 10}{2 \times 10^6} = 3 \times 10^{-3}\,[Wb]$

19. 평균길이 $1[m]$, 권수 1,000회의 솔레노이드 코일에 비투자율 1,000의 철심을 넣고 자속밀도 $1[Wb/m^2]$를 얻기 위하여 코일에 흘려야 할 전류는 얼마인가?

> ☞ 무한장 솔레노이드 자계 세기 $H=n_0I=\frac{NI}{l}$, 자속밀도 $B=\mu_0\mu_sH$
>
> ☞ 전류 $I=\frac{HI}{N}=\frac{Bl}{\mu_0\mu_sN}=\frac{1\times1}{4\pi\times10^{-7}\times1000\times1000}=0.8[A]$

20. 투자율이 다른 두 자성체가 평면으로 접하고 있는 경계면에서 전류 밀도가 0일 때 성립하는 경계조건은 무엇인가?

① $\mu_2\tan\theta_1=\mu_1\tan\theta_2$
② $\mu_1\cos\theta_1=\mu_2\cos\theta_2$
③ $B_1\sin\theta_1=B_2\cos\theta_2$
④ $\mu_1\tan\theta_1=\mu_2\tan\theta_2$

> ☞ 경계면에서 자력선의 굴절 법칙 $\frac{\tan\theta_1}{\tan\theta_2}=\frac{\mu_1}{\mu_2}$에서
>
> $\therefore\ \mu_2\tan\theta_1=\mu_1\tan\theta_2$
>
> 정답 ①

21. 투자율이 다른 두 자성체의 경계면에서의 굴절각을 바르게 설명한 것은 무엇인가?

① 투자율에 비례한다.
② 투자율에 반비례한다.
③ 자속에 비례한다.
④ 투자율에 관계없이 일정하다.

> ☞ 경계면에서 자력선에 대한 굴절의 법칙 $\frac{\tan\theta_1}{\tan\theta_2}=\frac{\mu_1}{\mu_2}$에서 굴절각은 투자율에 비례한다.
>
> 정답 ①

22. 환상 철심에 감은 코일에 $5[A]$의 전류를 흘리면 $2,000[AT]$의 기자력이 생기는 것으로 한다면 코일의 권수는 얼마로 하여야 하는가?

> ☞ 기자력 $F=NI$에서 ∴ 권수 $N=\frac{F}{I}=\frac{2000}{5}=400$[회]

23. 평균 자로의 길이 $80[cm]$의 환상 철심에 500회의 코일을 감고 여기에 $1[A]$의 전류를 흘렸을 때 기자력$[AT]$과 자화력$[AT/m]$(자계의 세기)은 어떻게 되는가?

> ☞ 기자력 $F=NI=Hl$에서 $F=NI=500\times4=2,000[AT]$
>
> ☞ $F=Hl$ → $2000=H\times0.8$에서 ∴ 자계 $H=\frac{2,000}{0.8}=2,500[AT/m]$

24. 자계의 세기 $H[AT/m]$, 자속밀도 $B[Wb/m^2]$, 투자율 $\mu[H/m]$인 곳의 자계의 에너지 밀도 $[J/m^3]$는 얼마인가?

① BH ② $\frac{1}{2\mu}H^2$ ③ $\frac{1}{2}\mu H$ ④ $\frac{1}{2}BH$

☞ 자성체 단위 체적당 축적되는 에너지 밀도 $[J/m^3]$ $w = \frac{BH}{2} = \frac{B^2}{2\mu} = \frac{1}{2}\mu H^2 [J/m^3]$	정답 ④

25. 공심 환상 솔레노이드의 단면적이 $10[cm^2]$, 평균 자로 길이가 $20[cm]$, 코일의 권수가 500회, 코일에 흐르는 전류가 $2[A]$일 때 솔레노이드의 내부 자속$[Wb]$은 약 얼마인가?

☞ 자속 $\phi = \frac{NI}{R_m} = \frac{NI}{\frac{l}{\mu_0 S}} = \frac{\mu_0 SNI}{l} = \frac{4\pi \times 10^{-7} \times 10 \times 10^{-4} \times 500 \times 2}{0.2} = 2\pi \times 10^{-6}[Wb]$

26. 길이 $l[m]$, 단면적의 지름 $d[m]$인 원통이 길이 방향으로 균일하게 자하되어 자화의 세기가 $J[Wb/m^2]$인 경우 원통의 양단에서의 전자극의 세기는 몇 $[Wb]$인가?

☞ 자화의 세기 $J = \frac{M}{V} = \frac{ml}{Sl} = \frac{m}{S}[Wb/m^2]$에서

∴ 자극의 세기 $m = J \cdot S = J \cdot \frac{\pi d^2}{4}[Wb]$

27. 단면적 $2[cm^2]$의 철심에 $5 \times 10^{-4}[Wb]$의 자속을 통하게 하려면 $2{,}000[AT/m]$의 자계가 필요하다. 철심의 비투자율은 약 얼마인가?

☞ 자속 $\phi = BS = \mu_0 \mu_s HS$에서

∴ 비투자율 $\mu_s = \frac{\phi}{\mu_0 HS} = \frac{5 \times 10^{-4}}{4\pi \times 10^{-7} \times 2{,}000 \times 2 \times 10^{-4}} = 994.7 ≒ 995$

28. 비투자율 $\mu_s = 1{,}000$, 단면적 $S = 10[cm^2]$, 길이 $l = 1[cm]$의 환상 철심이 있다. 이 철심에 코일을 2,000회 감아 $0.5[A]$의 전류가 흐르게 할 때 철심 내의 자속$[Wb]$은?

☞ 자속 $\phi = \frac{\mu_0 \mu_s SNI}{l} = \frac{4\pi \times 10^{-7} \times 1000 \times 10 \times 10^{-4} \times 2000 \times 0.5}{1 \times 10^{-2}} = 1.256 \times 10^{-1}[Wb]$

29. 그림과 같은 자기회로에서 R_1, R_2, R_3는 각 회로의 자기저항 ϕ_1, ϕ_2, ϕ_3는 각각 R_1, R_2, R_3에 투과되는 자속이라 하면 ϕ_3의 값은 얼마인가? (단, $R_1 \to \overline{acdb}$, $R_2 \to \overline{aefb}$, $R_3 \to \overline{ab}$ 이다.)

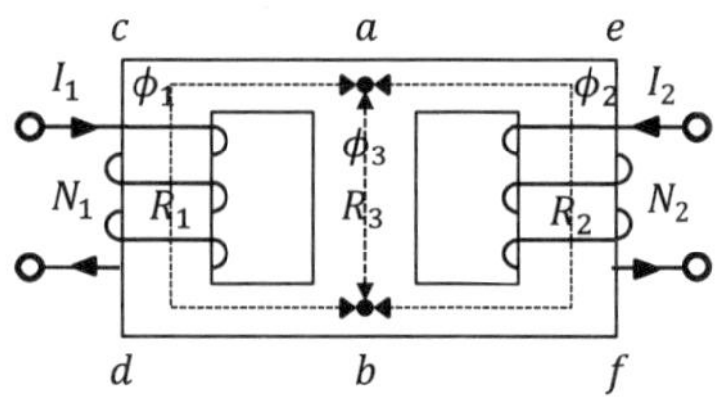

① $\dfrac{N_2I_2 - N_1I_1}{R_1 + R_2 + R_3}$ ② $\dfrac{(N_2I_2 - N_1I_1)R_3}{R_1R_2R_3}$ ③ $\dfrac{(N_2I_2 - N_1I_1)R_1R_2R_3}{R_3}$ ④ $\dfrac{R_1N_2I_2 - R_2N_1I_1}{R_1R_2 + R_1R_3 + R_2R_3}$

☞ 자기회로를 전기회로로 등가변환하고 밀만정리 이용

☞ 전압 $V_{ab} = \dfrac{\Sigma \dfrac{E}{R}}{\Sigma \dfrac{1}{R}} = \dfrac{-\dfrac{N_1I_1}{R_1} + \dfrac{0}{R_3} + \dfrac{N_2I_2}{R_2}}{\dfrac{1}{R_1} + \dfrac{1}{R_2} + \dfrac{1}{R_3}}$

$= \dfrac{-R_2R_3N_1I_1 + R_1R_3N_2N_2}{R_2R_3 + R_1R_3 + R_1R_2}$

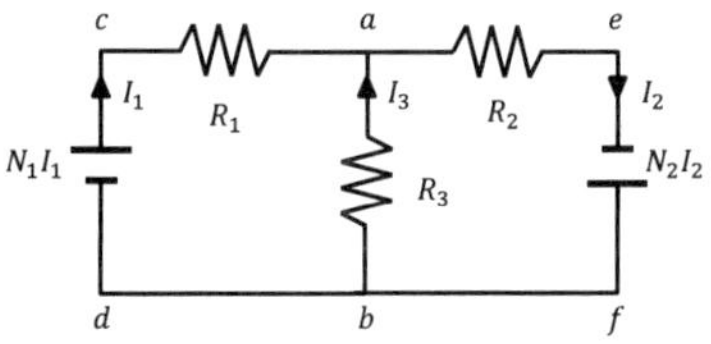

☞ 자속 $\phi_3 = \dfrac{V_{ab}}{R_3} = \dfrac{-R_2N_1I_1 + R_1N_2I_2}{R_2R_3 + R_1R_3 + R_1R_2}$

정답 ④

30. 비투자율이 4,000인 철심을 자화하여 자속밀도 0.1 $[Wb/m^2]$으로 되었을 때 철심의 단위 체적에 축적된 에너지는 몇 $[J/m^3]$인가?

☞ 자성체 단위 체적당 축적되는 에너지 밀도 $[J/m^3]$

$$w = \frac{B^2}{2\mu} = \frac{0.1^2}{2 \times 4\pi \times 10^{-7} \times 4000} \fallingdotseq 1[J/m^3]$$

31. 왼쪽 그림과 같은 비투자율 1,000, 평균 길이 l인 균일한 단면을 갖는 환상 철심에 N회 코일을 감아 $I[A]$의 전류를 흘렸을 때 철심 내를 통하는 자속이 $\phi[Wb]$이었다. 이 철심에 오른쪽 그림과 같이 간격 $l/1,000$인 공극을 만들었을 때, 동일 전류로 같은 자속을 얻자면 코일의 권수를 얼마로 하면 되는가?

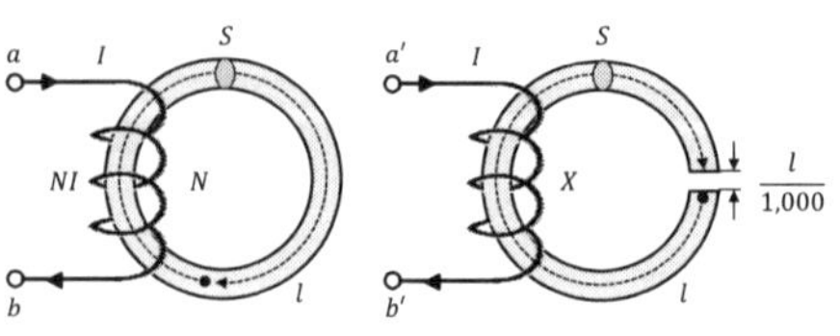

☞ $R_{th} = (1 + \frac{l_g}{l}\mu_s) R_m$에서 공극을 $\dfrac{l}{1,000}$만큼 만들었을 때 자기저항 R_{th}가 2배로 증가하므로 기자력 $F = NI = R_m \cdot \phi$에서 자기저항은 $R_m \propto N$ 이므로 $2N$[회] 즉, 2배로 한다.

32. 그림과 같이 직사각형의 자성체가 병렬로 연결된 경우 전체의 자기저항 R_T는 몇 $[AT/Wb]$가 되겠는가? (단, 가로방향 200 $[mm]$가 길이 l 방향을 나타내며, 전체 길이의 단위는 $[mm]$임)

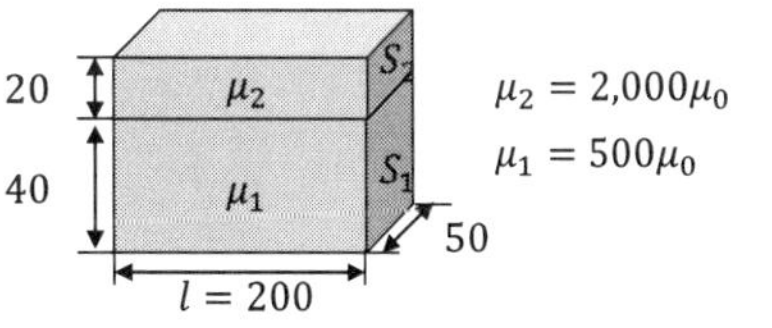

☞ $R_{m1} = \dfrac{l}{\mu S_1} = \dfrac{l}{\mu_0 \mu_s S_1} = \dfrac{200\times 10^{-3}}{4\pi\times 10^{-7}\times 500\times 40\times 10^{-3}\times 50\times 10^{-3}} \fallingdotseq 160\times 10^3$

☞ $R_{m2} = \dfrac{l}{\mu S_2} = \dfrac{l}{\mu_0 \mu_s S_2} = \dfrac{200\times 10^{-3}}{4\pi\times 10^{-7}\times 2000\times 20\times 10^{-3}\times 50\times 10^{-3}} \fallingdotseq 80\times 10^3$

☞ R_{m1}과 R_{m2}는 병렬 연결로 생각할 수 있기 때문에

$\dfrac{1}{R} = \sum_{i=1}^{n}\dfrac{1}{R_{mi}}$ 이므로 전체 자기지항 $R = \dfrac{1}{\dfrac{1}{160\times 10^3} + \dfrac{1}{80\times 10^3}} = 5.33\times 10^4\,[AT/Wb]$

33. 그림과 같은 모양의 자화곡선을 나타내는 자성체 막대를 충분히 강한 평등자계 중에서 매분 3,000회 회전시킬 때 자성체는 단위 체적당 약 몇 $[kcal/\sec]$의 열을 발생하는가? (단, $B_r = 2\,[Wb/m^2]$, $H_c = 500\,[AT/m]$, $B = \mu H\,[Wb/m^2]$에서 $\mu \neq$ 일정.)

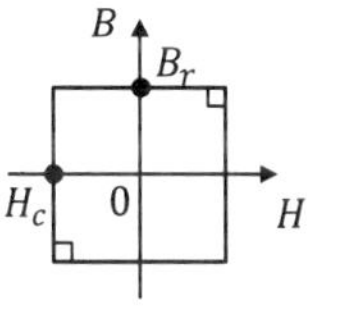

☞ 히스테리시스 곡선의 면적(체적당 면적)

$p = 4B_r H_c \times$ 회전수 $= 4\times 2\times 500\times \dfrac{3000}{60} = 200\,[kW/m^3]$

☞ 발열량 $H = \dfrac{200}{4.186} = 47.8\,[kcal/\sec]$

34. 그림과 같은 히스테리시스 루프를 가진 철심이 강한 평등자계에 의해 매초 60 $[Hz]$로 자화할 경우 히스테리시스 손실은 몇 $[W]$인가?(단, 철심의 체적 20 $[cm^3]$, $B_r = 5\,[Wb/m^2]$, $H_c = 2\,[AT/m]$)

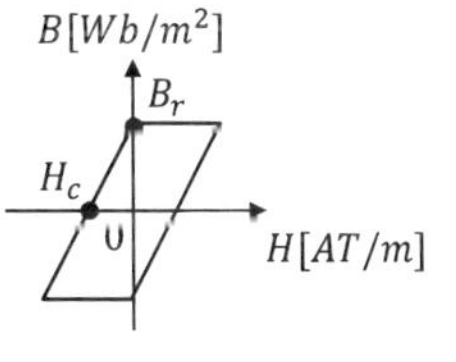

☞ 히스테리시스 손 $P_h = 4fVH_cB_r = 4\times 60\times 20\times 10^{-6}\times 2\times 5 = 4.8\times 10^{-2}\,[W]$

제10장 전자유도 현상과 인덕턴스

10-1 전자유도 현상

정자계가 아닌 시간에 대하여 자계가 변화하는 경우, 발생되는 자계현상에 대하여 알아보자. 에르스텟(Hans Christian Oersted)은 도선에 전류가 흐르면 도선 옆에 놓인 나침반의 바늘이 가리키는 방향이 바뀌는 현상을 발견하여 전류가 흐르는 도선 주위에 자계가 발생되는 현상을 발견하였다. 이와 반대로 시간에 따라 자계가 변화하는 것에 의하여 유도기전력이 발생하고 전류를 유도할 수 있다는 것을 1831년 영국의 물리학자인 패러데이(Faraday)가 발견하였다. 이러한 전자유도 현상에 대하여 살펴보자.

그림 10-1과 같이 코일을 고정하여 놓고 자석을 상하로 이동시켜 시간에 대한 쇄교 자속의 변화를 주게 되면 자석의 이동 방향에 대응하는 전류가 코일에 발생하게 된다. 그러나, 고정된 코일에 자석을 상하로 이동시키지 않고 정지시키게 되면 코일에는 전류가 발생하지 않는다. 또한, 고정된 코일에 자석을 가까이 이동시킬 때와 반대로 자석을 멀리 이동시킬 때, 코일에 유도되는 전류의 방향은 다르게 발생하게 된다.

이와 같이 자계의 시간적인 변화에 의하여 코일과 같은 전기회로에 전류가 유도되는 현상을 페러데이의 전자유도(electromagnetic induction) 현상이라 한다. 그리고, 코일에 흐르는 전류를 유도전류(induced current), 코일의 양단에 발생하는 전압을 유도기전력이라 한다.

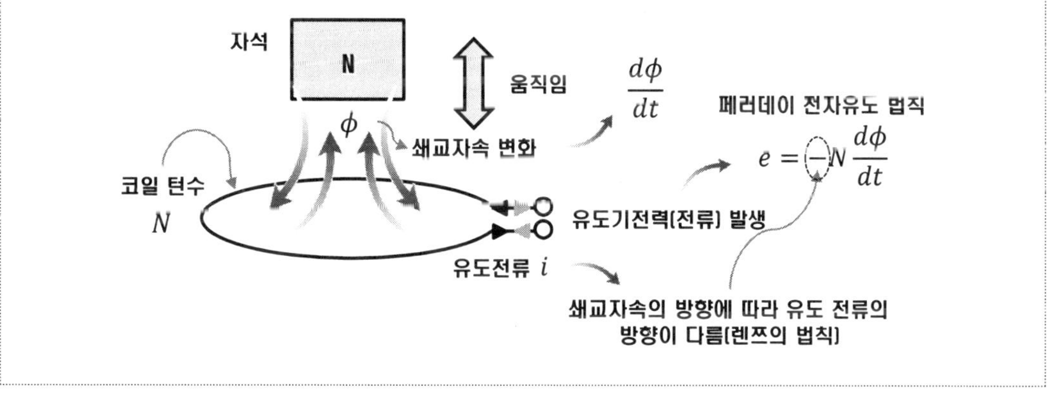

그림 10-1 전자유도 현상

10-2 전자유도 현상과 관련된 법칙

10.2.1 렌츠의 법칙

앞에서 고정된 코일에 자석을 가까이 이동시킬 때와 반대로 자석을 멀리 이동시킬 때, 코일에 유도되는 전류의 방향은 다르다고 설명하였다. 이와 같이 전자유도 현상에 의하여 발생하는 전류와 기전력의 방향은 자속변화를 방해하는 방향으로 전류와 기전력이 발생하게 된다. 이것을 렌츠의 법칙(Lenz's law)이라 한다. 렌츠의 법칙은 전자유도 현상에 의하여 발생되는 전류와 기전력의 방향을 결정하게 되는 법칙이다.

그림 10-2와 같이 고정된 코일에 자석을 코일에 가까이 움직이면 코일에 쇄교하는 자속수 $\phi[Wb]$가 증가하게 됨으로 쇄교하는 자속을 감소시키는 방향(자속변화를 방해하는 방향, 엄지손가락 방향)으로 암페어의 오른나사 법칙을 적용하여 전류 및 기전력의 방향(나머지 손가락 방향)이 결정되어 진다. 반대로 자석을 코일과 멀리 떨어지는 방향으로 움직이면 쇄교하는 자속 수 ϕ가 감소하게 됨으로 쇄교하는 자속을 증가시키는 방향(자속변화를 방해하는 방향, 엄지손가락 방향)으로 암페어의 오른나사 법칙을 적용하여 전류 및 기전력의 방향(나머지 손가락 방향)이 결정되어 진다.

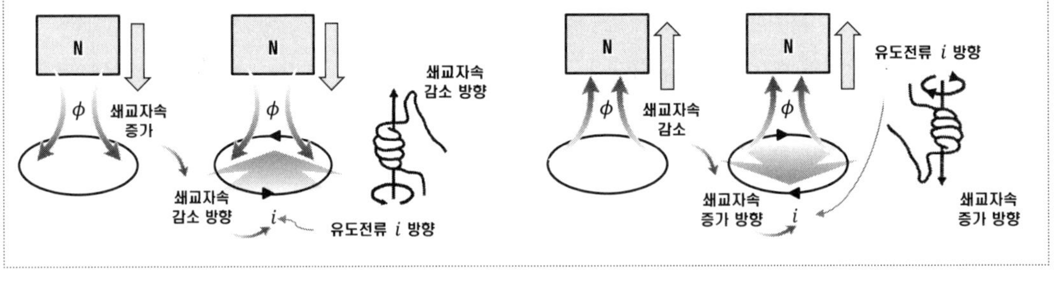

그림 10-2 렌츠의 법칙

10.2.2 패러데이의 법칙

렌츠의 법칙이 전자유도 현상에 의하여 유도되는 전류와 기전력의 방향을 결정하는 것이라면 유도되는 기전력의 크기에 대하여 패러데이는 실험을 통하여 다음과 같이 발표하였다. 전자유도 현상에 의하여 유도되는 기전력의 크기는 코일 속을 쇄교하는 자속의 시간적인 변화율에 비례하고, 코일의 감은 수에 비례한다. 이것을 패러데이의 법칙(Faraday's law)이라 하며, 유도기전력의 크기를 결정하고 있다. 유도기전력 $e[V]$를 자속 $\phi[Wb]$와 코일의 권선수 $N[T$, 회]을 사용하여 수식으로 표현하면 다음과 같다.

$e = N\frac{d\phi}{dt}[V]$	■ 페러데이의 법칙 ☞ 유도기전력은 코일의 권선수와 자속의 시간적 변화에 비례

상기 수식에 렌츠의 법칙을 적용하여 유도기전력 $e[V]$를 표현하면 다음과 같다.

$e = -N\frac{d\phi}{dt}[V]$	■ 페러데이의 법칙과 렌츠의 법칙 ☞ 유도기전력은 코일의 권선수와 자속의 시간적 변화에 비례 ☞ 유도기전력은 쇄교 자속 변화를 방해하는 방향으로 발생(−의미)

여기서, 음(−)의 부호는 렌츠의 법칙인 코일에 쇄교하는 자속수의 증가 또는 감소를 방해하는 방향으로 유도기전력의 방향이 결정되어진다는 것을 나타내고 있다.

예제 10.1

▣ 100회 감은 코일과 쇄교하는 자속이 1/10초 동안에 0.5[Wb]에서 0.3[Wb]로 감소했다. 이 때 유기되는 기전력은 몇 [V]인가?

풀이

◉ 기전력 $e = -N\frac{d\phi}{dt} = -100 \times \frac{(-0.2)}{1/10} = 200[V]$

예제 10.2

▣ 자속 밀도 $0.5[Wb/m^2]$인 균일한 자계 내에 반지름 10[cm], 권수 1,000[회]인 원형 코일이 매분 1,800[회] 회전할 때 이 코일의 저항이 100[Ω]일 경우 이 코일에 흐르는 전류의 최대값 [A]은 얼마인가?(여기서, 자속 $\phi = \phi_m \sin\omega t[Wb]$라고 한다.)

풀이

◉ 유도 기전력 $e = -N\frac{d\phi}{dt} = -N\frac{d}{dt}(\phi_m \sin\omega t) = -N\frac{d}{dt}(BS\sin\omega t) = -N\omega BS\cos\omega t$

$$= -E_m \cos\omega t[V]$$

◉ 최대 기전력

$$E_m = N\omega BS = N \cdot 2\pi f \cdot B \cdot \pi r^2 = 1000 \times 2\pi \times \frac{1,800}{60} \times 0.5 \times \pi \times 0.1^2 = 2,958[V]$$

◉ 최대 전류값 $I_m = \frac{E_m}{R} = \frac{2,958}{100} = 29.58[A]$

10-3 쇄교자속의 시간적 변화에 따른 유도기전력 발생

10.3.1 쇄교자속의 시간적 변화에 따른 고정 코일의 유도기전력

그림 10-3과 같이 코일의 권선수 N이 1[회]인 코일에 쇄교하는 자속수 $\phi[Wb]$가 시간적으로 변화하고 있다고 하면, 이 코일이 이루는 폐회로 c를 경계로 하는 임의의 면을 $S[m^2]$라고 가정하고 미소면적 dS에서 자속밀도를 $B[Wb/m^2]$라고 하자.

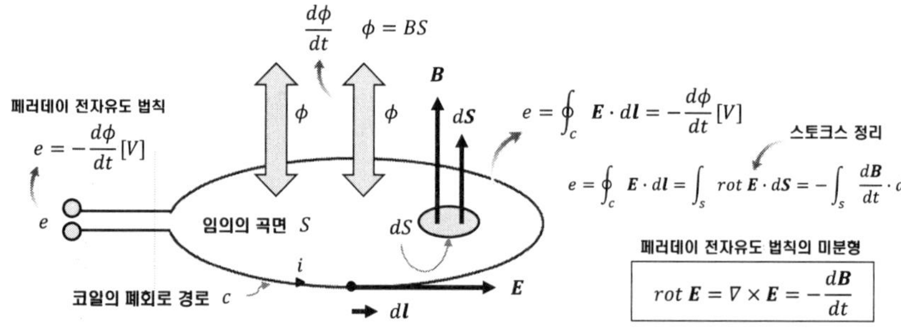

그림 10-3 고정 코일의 유도기전력

쇄교하는 자속 ϕ에 의하여 코일에 유도된 기전력 $e[V]$를 전계의 세기 $E[V/m]$에 대한 선적분의 형태로 수식을 표현하면 다음과 같다.

$$e = \oint_c \boldsymbol{E} \cdot dl = -\frac{d\phi}{dt}\,[V]$$

■ 페러데이 법칙의 유도기전력

☞ $e = -N\frac{d\phi}{dt}[V]$

전계에서 공부한 전위 $v[V]$는 $+1[C]$의 전하를 전계 $\boldsymbol{E}$가 존재하는 방향과 반대방향으로 길이 $l[m]$만큼 이동시켰을 때 이를 전위 v라고 정의하였다. 이를 다시 수식으로 나타내면 다음과 같다.

$$v = -\oint_c \boldsymbol{E} \cdot dl\,[V]$$

■ 전계에서의 전위 공식

☞ $V = -\oint_c \boldsymbol{E} \cdot dl\,[V]$

즉, 외부에서 에너지를 인가하여 전계 $\boldsymbol{E}$와 반대방향으로 $+1[C]$의 전하를 이동시킬 때 한 일을 나타내는 것으로 음(−) 부호의 의미는 에너지를 소비한 것을 나타낸다. 그러나, 유도기전력 e는 에너지를 소비한 것이 아니라 코일에 쇄교하는 자속 ϕ에 의하여 발생하는 기전력을 나타내고 있어 음(−) 부호가 생략된 것이다. 그리고, 쇄교하는 자속 ϕ를 자속밀도 B와 미소면적 dS에 대하여 수식으로 다시 표현하면 다음과 같다.

$$\phi = \int_S \boldsymbol{B} \cdot d\boldsymbol{S}\,[Wb]$$

■ 자속밀도 B

☞ 단위면적당 자속수

☞ $B = \dfrac{\phi}{S} \Rightarrow B = \dfrac{d\phi}{dS} \quad \therefore d\phi = B\,dS$

유도기전력 e에 대하여 상기 수식을 내입하여 수식을 다시 나타내면 다음과 같다.

$$e = \oint_c \boldsymbol{E} \cdot dl = -\frac{d\phi}{dt}$$

$$= -\frac{d}{dt}\int_S \boldsymbol{B} \cdot d\boldsymbol{S} = -\int_S \frac{d\boldsymbol{B}}{dt} \cdot d\boldsymbol{S}$$

■ 유도 기전력과 자속과의 관계

☞ $e = -N\dfrac{d\phi}{dt}[V]$

☞ $\phi = \displaystyle\int_S \boldsymbol{B} \cdot d\boldsymbol{S}\,[Wb]$

상기 수식을 스토크스 정리(선적분을 면적분으로 바꾸는 공식)를 적용하여 다시 나타내면 다음과 같다.

$$\oint_c \boldsymbol{E} \cdot dl = \int_S rot\boldsymbol{E} \cdot d\boldsymbol{S} = -\int_S \frac{d\boldsymbol{B}}{dt} \cdot d\boldsymbol{S}$$

$$rot\boldsymbol{E} = \nabla \times \boldsymbol{E} = -\frac{d\boldsymbol{B}}{dt}$$

■ 스토크스의 정리

☞ $\displaystyle\oint_c \boldsymbol{H} \cdot dl = \int_S rot\boldsymbol{H} \cdot d\boldsymbol{S}$

☞ 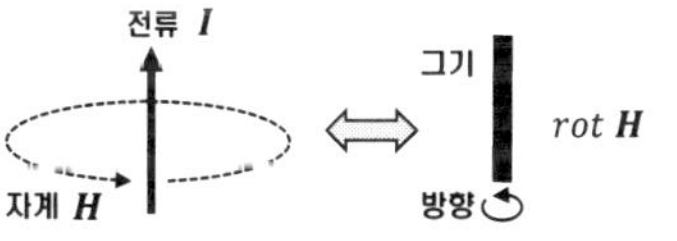

상기 수식을 패러데이 전자유도 법칙의 미분형이라 한다. 이 수식의 물리적인 의미는 자속밀도 $\boldsymbol{B}$가 시간적으로 변화하고 있는 곳에 폐회로를 형성하고 있는 도체(코일)가 존재한다면, 자속밀도 $\boldsymbol{B}$의 변화를 방해하는 방향(−부호의 의미)으로 회전하는 전계가 발생(유도기전력의 발생)한다는 것을 나타내고 있다. 따라서, 아래 그림 10-4는 패러데이 전자유도 법칙의 미분형에 대한 물리적 개념을 나타낸 것이다.

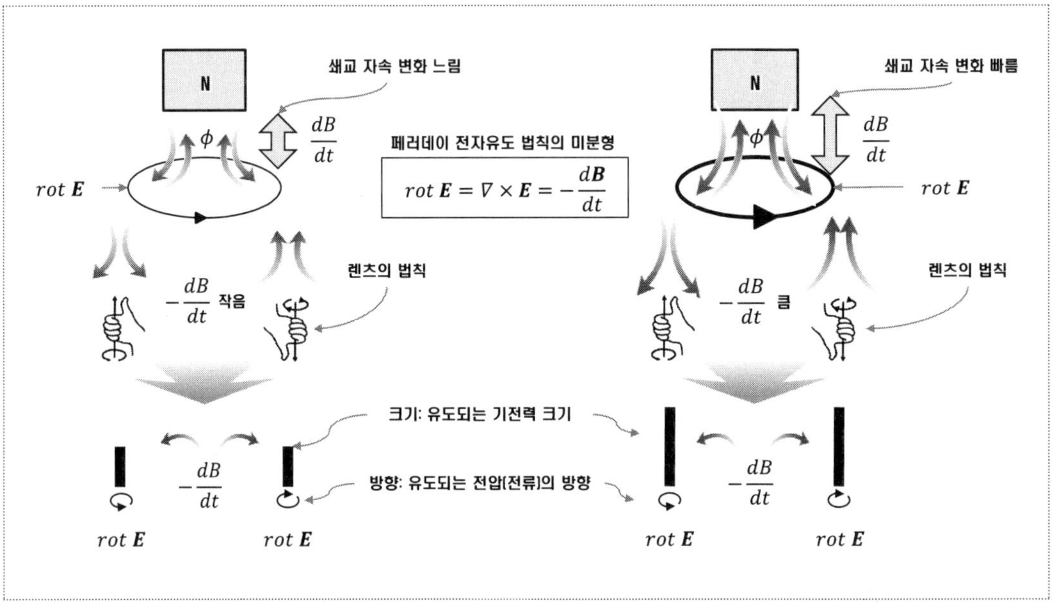

그림 10-4 패러데이 전자유도 법칙의 미분형에 대한 물리적 개념

10.3.2 고정 자속 내에서 운동 도체의 유도기전력

그림 10-5와 같이 균일한 자속이 이루는 자속 밀도 $B[Wb/m^2]$인 공간에 사각형 코일을 위치시키고, 원기둥 도체를 직각 좌표계의 y축 방향으로 속도 $v[m/s]$로 이동시킨다고 하자. 원기둥 도체의 이동에 의하여 사각형 코일의 면적이 감소하게 되어 자속밀도 B가 상대적으로 감소하게 된다. 렌츠의 법칙에 의하여 자속밀도 B의 감소를 보상하는 방향인 자속밀도 B를 증가시키는 방향(z축 방향, 자속 B방향)으로 암페어의 오른나사 법칙을 적용하면, b점에서 c점으로 이동하는 방향의 유도전류 $i[A]$가 발생한다. 코일이 폐회로를 구성하고 있기 때문에 $b \to c \to d \to a \to b$ 방향의 유도전류 i가 발생하게 된다. 따라서, 유도전류 i의 방향으로 유도 기전력 $e[V]$의 방향을 설정할 수 있다.

상기 과정을 오른손 손가락을 이용하여 표현하여 보자. 오른손의 엄지, 검지, 중지를 서로 직각이 되게 하여, 엄지를 원기둥 도체의 운동속도 v의 방향으로, 검지를 자속밀도 B의 방향으로 한다면 중지가 가리키는 방향이 유도기전력 e 또는 유도전류 i의 방향이 된다. 이와 같이 도체의 운동속도 v, 자속밀도 B, 유도기전력 e 사이의 관계를 플레밍의 오른손 법칙(Fleming's right hand rule)이라 한다. 플레밍의 오른손 법칙은 발전기의 원리이기도 하다.

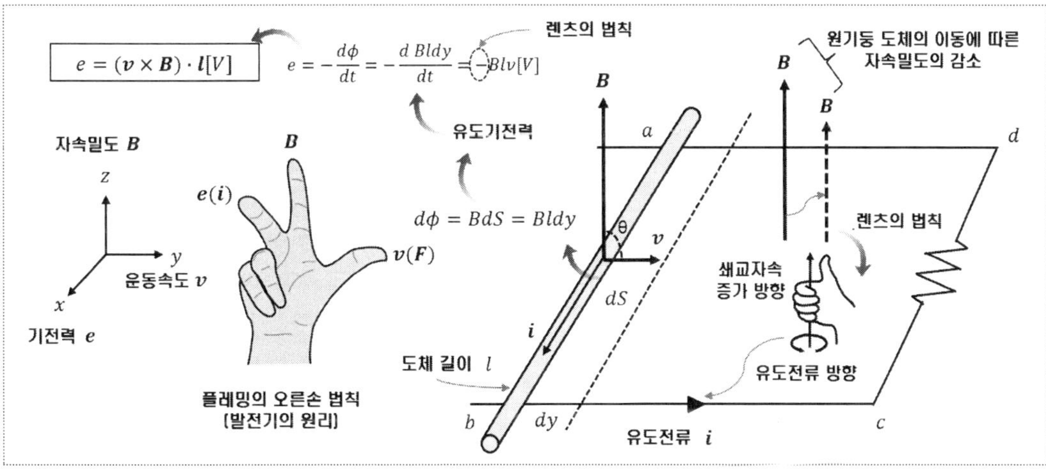

그림 10-5 플레밍의 오른손 법칙(발전기의 원리)

자속밀도 B로 일정한 자속 내에서 수직으로 도체 길이 $l[m]$인 원기둥 도체가 속도 v로 이동하여 이동한 미소 거리를 dy라고 한다면, 원기둥 도체의 미소 이동에 의하여 감소된 미소 자속을 $d\phi$라고 하면 아래 수식으로 나타낼 수 있다.

$d\phi = BdS = Bldy\,[Wb]$	■ 자속밀도 B ☞ 단위면적당 자속수 ☞ $B = \frac{\phi}{S} \Rightarrow B = \frac{d\phi}{dS} \quad \therefore d\phi = B\,dS$ ☞ $dS = l\,dy$

유도기전력 e는 패러데이의 전자유도 법칙에 의하여 아래 수식으로 구할 수 있다.

$e = -N\frac{d\phi}{dt}[V]$ 여기서, $N = 1$이라고 하면 $e = -\frac{d\phi}{dt} = -\frac{dBldy}{dt} = -Bl\frac{dy}{dt} = -Blv[V]$	■ 속도 v: 시간당 거리변화율 ☞ $v = \frac{dy}{dt}$

여기서, 유도기전력 e의 음(−) 부호의 의미는 원기둥 도체가 y축 방향으로 속도 v로 이동하였기 때문에 자속 ϕ가 감소하게 되고 이를 보상하기 위하여 감소한 자속 ϕ를 증가시키는 방향으로 암페어의 오른나사 법칙을 적용한 것을 나타낸다.

즉, 유도기전력 e는 $b \rightarrow c \rightarrow d \rightarrow a \rightarrow b$ 방향으로 유도전류 i가 흐르게 된다. 따라서, 유도기전력 e의 크기만을 나타내면, 다음 수식으로 표현할 수 있다.

$$e = Blv = vBl\,[V]$$

■ 벡터의 벡터적으로 표현

☞ $e = Blv = vBl = vBl sin\theta\,[V]$

☞ $\boldsymbol{A} \times \boldsymbol{B} = AB\sin\theta\,\boldsymbol{n}$

☞ v와 B가 이루는 각 90°

☞ $\sin 90^\circ = 1$

상기 수식을 벡터 형태로 다시 표현하면 다음과 같다.

$$e = (\boldsymbol{v} \times \boldsymbol{B}) \cdot \boldsymbol{l}\,[V]$$

■ 벡터의 벡터적으로 표현

☞ $\boldsymbol{A} \times \boldsymbol{B} = AB\sin\theta\,\boldsymbol{n}$

☞

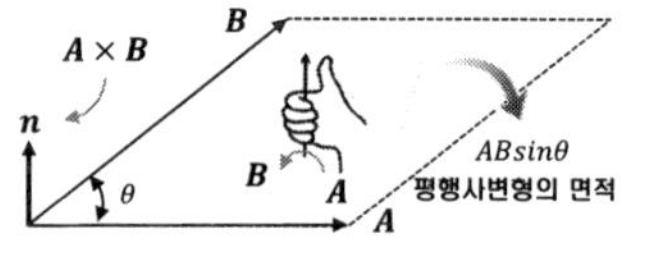

상기 수식의 원기둥 도체의 이동 속도 v와 자속밀도 B가 이루는 각도를 θ라고 하면 유도 기전력의 크기 e는 다음 수식으로 나타낼 수 있다.

$$e = vBl\sin\theta\,[V]$$

■ 벡터의 벡터적으로 표현

☞ $\boldsymbol{A} \times \boldsymbol{B} = AB\sin\theta\,\boldsymbol{n}$

☞

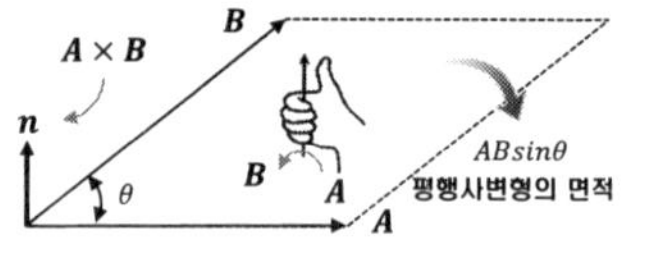

원기둥 도체의 이동 속도 $\boldsymbol{v}$와 자속밀도 $\boldsymbol{B}$가 이루는 각도 θ가 0°(자속밀도 B의 방향과 도체의 이동 방향이 평행인 경우)라고 하면 $\sin\theta$ 값이 0이 되어 유도기전력 e는 0이 되어 유도기전력은 발생하지 않게 된다. 그러나, 원기둥 도체의 이동 속도 $\boldsymbol{v}$와 자속밀도 $\boldsymbol{B}$가 이루는 각도 θ가 90°(자속밀도 B의 방향과 도체의 이동 방향이 수직인 경우)라고 하면 $\sin\theta$ 값이 1이 되어 유도기전력 e는 최대치인 vBl의 값으로 유도기전력이 발생한다.

예제 10.3

■ $0.2[Wb/m^2]$의 평등 자계 속에 자계와 직각 방향으로 놓인 길이 $30[cm]$의 도선을 자계와 $30°$ 각의 방향으로 $30[m/s]$의 속도로 이동시킬 때 도체 양단에 유기되는 기전력은 몇 $[V]$ 인가?

풀이	◉ 기전력 $e = Blv\sin\theta = 0.2\times30\times10^{-2}\times30\times\sin30° = 0.9[V]$

예제 10.4

■ 철도 궤도간 거리가 $1.5[m]$이며 궤도는 서로 절연되어 있다. 열차가 매시 $60[km]$의 속도로 달리면서 차축이 지구 자계의 수직 분력 $B = 0.15\times10^{-4}[Wb/m^2]$을 절단할 때 두 궤도 사이에 발생하는 유도기전력은 몇 $[V]$인가?

풀이

◉ 수직일 때 $\theta = 90°$이므로 유도기전력

$$e = vBl\sin\theta = \frac{60\times10^3}{3600}\times0.15\times10^{-4}\times1.5\times\sin90° = 3.75\times10^{-4}[V]$$

예제 10.5

■ 자속밀도 $1.5[Wb/m^2]$가 되는 균등한 자계 내에 길이 $20[cm]$의 도선을 자계에 수직한 방향으로 운동시킬 때 도선에 $90[V]$의 유도기전력이 발생한다면 이 도선의 속도$[m/s]$는?

풀이

◉ 기전력 $e = vBl\sin\theta[V]$에서

$$\therefore \text{ 속도 } v = \frac{e}{Bl\sin\theta} = \frac{90}{1.5\times20\times10^{-2}\times\sin90} = 300[m/s]$$

예제 10.6

■ 자계 중에 자계와 직각으로 놓인 도체에 $I[A]$의 전류를 흘릴 때 $f[N]$의 힘이 작용하였다. 이 도체를 $v[m/s]$의 속도로 자계와 직각으로 운동시킬 때의 유도기전력 $e[V]$는?

① $\dfrac{fv}{I_2}$ ② $\dfrac{fv}{I}$ ③ $\dfrac{fv^2}{I}$ ④ $\dfrac{fv}{2I}$

풀이

◉ 도체가 받는 힘 $f = IBl[N]$에서 $Bl = \dfrac{f}{I}$을 기전력 $e = vBl$에 대입하면

$$\therefore \text{ 기전력 } e = vBl = \frac{vf}{I}[V]$$

☞ ②

예제 10.7

■ 평등 자계 중에서 길이가 $50[cm]$인 직선 도체가 자계와 수직 방향으로 $1[m/s]$의 속도로 운동할 때의 최대 유도기전력이 $0.5[V]$이었다. 이때의 자속밀도$[Wb/m^2]$는 얼마인가?

풀이

◉ 기전력 $e = vBl\sin\theta[V]$에서

$$\therefore \text{ 자속밀도 } B = \frac{e}{vl\sin\theta} = \frac{0.5}{1\times50\times10^{-2}\times\sin90} = 1[Wb/m^2]$$

10.3.3 교류의 발생과 교류 발전기의 원리

그림 10-6과 같이 한 변의 길이가 $l[m]$인 정사각형의 코일을 자속밀도가 $B[Wb/m^2]$인 자계 속에 두었을 때, 코일의 권선수를 $N[T]$, 코일의 면적을 $S[m^2]$이라고 하자. 그리고, 정사각형의 코일을 자속밀도 B와 수직인 곳에서 정사각형 코일이 시계 바늘 방향으로 회전한다고 하였을 때, 정사각형의 코일에 발생하는 현상에 대하여 알아보자.

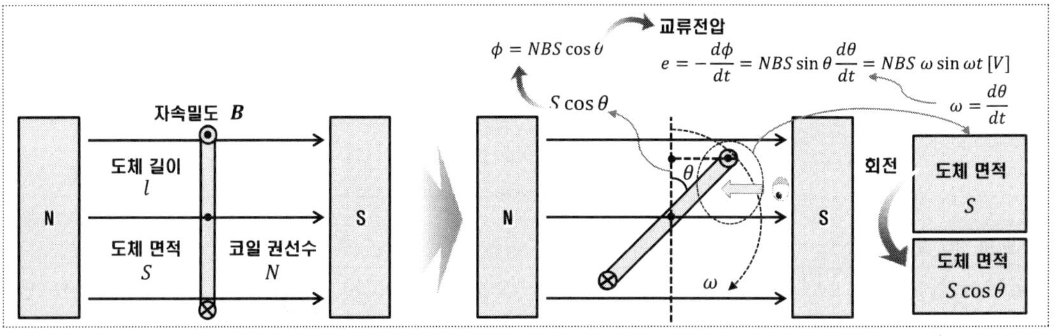

그림 10-6 교류 발전기의 원리

정사각형 코일의 중심축을 중심으로 시계 바늘 방향으로 회전시켰을 때 코일에 쇄교하는 자속 $\phi[Wb]$는 아래 수식과 같다.

$\phi = NBS\cos\theta[Wb]$	■ 도체가 회전하기 전의 자속 ☞ $\phi = NBS[Wb]$ ■ 도체가 회전하게 되면 자속 변화 ☞ 회전시 면적이 $S\cos\theta$로 축소, $\phi = NBS\cos\theta$

이때 코일에 유기되는 유도기전력 $e[V]$는 패러데이의 전자유도 법칙에 의하여 다음과 같이 수식으로 나타낼 수 있다.

$e = -\frac{d\phi}{dt} = -\frac{d}{dt}(NBS\cos\theta)$ $= -NBS\frac{d}{dt}(\cos\theta)$ $= NBS\sin\theta\frac{d\theta}{dt}[V]$	■ 삼각함수의 미분 ☞ $\frac{d}{dt}(\cos\theta) = -\sin\theta\frac{d\theta}{dt}$

그리고, 상기 수식을 각속도 $\omega[rad/s]$에 의하여 다시 표현하면 다음 수식과 같다.

$$e = NBS\sin\theta\frac{d\theta}{dt} = NBS\omega\sin\omega t[V]$$

$$e = E_m\sin\omega t[V]$$

■ 교류 전압의 표현

☞ $\omega = \frac{d\theta}{dt}$, $\theta = \omega t$

☞ $E_m = NBS\omega$

상기 수식의 유도기전력 e를 교류 전압(alternating voltage)이라고 한다. 이러한 파형을 정현파(sinewave)라 하고, 여기서 E_m을 교류 전압의 최대치(maximum value)라고 한다. 그리고, 시간에 대한 함수로 표현되어진 교류 전압을 순시치(instantaneous value)라고 한다. 이러한 교류 전압의 정현파를 그림으로 나타내면 아래 그림 10-7과 같다.

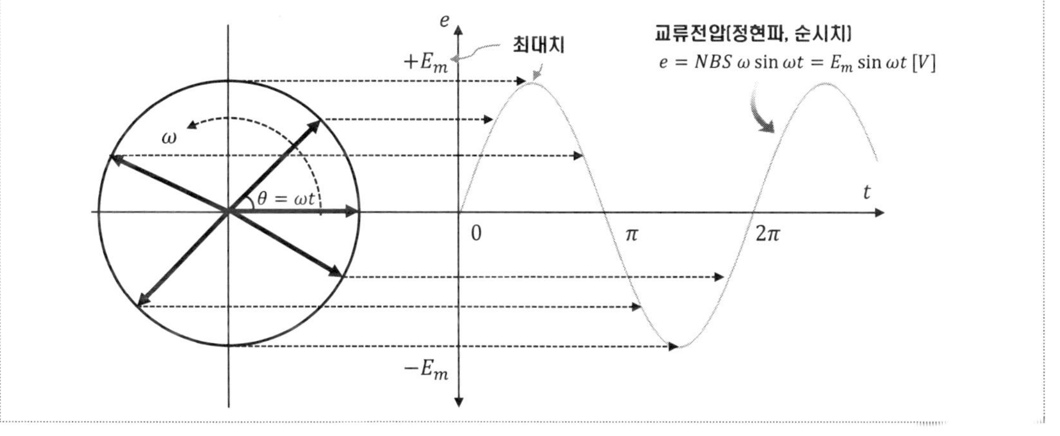

그림 10-7 교류 전압의 정현파

교류 전압의 정현파는 일정시간에 따라 주기적으로 반복되는 파형이 만들어진다. 따라서, 반복되는 주기를 $T[\sec]$, 주파수를 $f[Hz]$, 각속도를 $\omega[rad/s]$라고 하면, 이들 사이의 관계는 다음과 같다.

$$T = \frac{2\pi}{\omega}[\sec],\quad f = \frac{1}{T} = \frac{\omega}{2\pi}[Hz]$$

■ 교류 전압의 표현

☞ 각속도와 주파수 사이의 관계: $\omega = 2\pi f$

상기의 유도기전력 e의 정현파에 있어서 최대치 E_m값을 이용하여 정현파 교류의 1주기 또는 반주기를 평균한 값인 평균치(average value) E_{av}를 수식으로 표현하면 다음과 같다.

$$E_{av} = \frac{2E_m}{\pi} \fallingdotseq 0.637\,E_m\,[V]$$

■ 교류전압의 평균치 표현

☞ $E_{av} = \frac{1}{T/2}\int_0^{T/2} E_m \sin\theta\, d\theta$

$= \frac{1}{\pi}\int_0^{\pi} E_m \sin\theta\, d\theta$

$= \frac{E_m}{\pi}[-\cos\theta]_0^{\pi} = \frac{E_m}{\pi}(1+1)$

$= \frac{2}{\pi}E_m \fallingdotseq 0.637E_m$

그리고, 유도기전력 e의 정현파에 있어서 최대치 E_m값을 실효치(effective value, 교류값을 나타내는 방법으로 교류와 동일한 일을 하는 직류의 크기로 환산한 값, 테스터기로 교류전압을 측정하였을 때 측정값)인 E_{rms}를 수식으로 표현하면 다음과 같다.

$$E_{rms} = \frac{E_m}{\sqrt{2}} \fallingdotseq 0.707\,E_m\,[V]$$

■ 교류 전압의 실효치 표현

☞ $E_{rms} = \sqrt{\frac{1}{T/2}\int_0^{T/2}(E_m\sin\theta)^2 d\theta}$

$= \sqrt{\frac{1}{\pi}\int_0^{\pi}(E_m\sin\theta)^2 d\theta}$

$= \sqrt{\frac{1}{\pi}\int_0^{\pi}(E_m^2\sin^2\theta)\, d\theta}$

$= \sqrt{\frac{1}{\pi}E_m^2\int_0^{\pi}(\frac{1-\cos\theta}{2})\, d\theta}$

$= \sqrt{\frac{1}{\pi}E_m^2[\frac{1}{2}\theta - \frac{\sin\theta}{2}]_0^{\pi}}$

$= \sqrt{\frac{1}{\pi}E_m^2(\frac{\pi}{2}-0-0-0)}$

$= \sqrt{\frac{E_m^2}{2}} = \frac{E_m}{\sqrt{2}} \fallingdotseq 0.707E_m$

예제 10.8

▣ 자속 $\phi\,[Wb]$가 주파수 $f\,[Hz]$로 정현파 모양이 변화를 할 때, 즉 $\phi = \phi_m \sin 2\pi ft\,[Wb]$일 때, 이 자속과 쇄교하는 회로에 발생하는 유도기전력은 몇 $[V]$인가? (단, N은 코일의 권회수이다.)

풀이 ◉ 기전력 $e = -N\frac{d\phi}{dt} = -N\frac{d}{dt}(\phi_m \sin 2\pi ft) = -2\pi fN\phi_m \cos 2\pi ft\,[V]$

예제 10.9

■ 코일을 지나는 자속이 $\cos\omega t$에 따라 변화할 때 코일에 유도되는 유도기전력의 최대치는 주파수와 어떤 관계가 있는가?

① 주파수에 반비례 ② 주파수에 비례 ③ 주파수 제곱에 반비례 ④ 주파수 제곱에 비례

풀이

◉ 자속 $\phi = \phi_m \cos\omega t\,[Wb]$

◉ 기전력 $e = -N\dfrac{d\phi}{dt} = -N\dfrac{d}{dt}(\phi_m \cos\omega t) = N\phi_m\,\omega \sin\omega t = N\phi_m 2\pi f \sin\omega t\,[V]$

∴ $e \propto f$에 비례한다.

☞ ②

예제 10.10

■ N회의 권선에 최대값 $1\,[V]$, 주파수 $f\,[Hz]$인 기전력을 유기시키기 위한 쇄교 자속의 최대값 $[Wb]$은 얼마인가?

① $\dfrac{f}{2\pi N}$ ② $\dfrac{2N}{\pi f}$ ③ $\dfrac{1}{2\pi f N}$ ④ $\dfrac{N}{2\pi f}$

풀이

◉ 기전력 $E_m = \omega N\phi_m = 2\pi f N\phi_m\,[V]$에서 ∴ 최대 자속 $\phi_m = \dfrac{E_m}{2\pi f N} = \dfrac{1}{2\pi f N}\,[Wb]$

☞ ③

예제 10.11

■ 저항 $24\,[\Omega]$의 코일을 지나는 자속이 $0.3\cos 800t\,[Wb]$일 때 코일에 흐르는 전류의 최대값 $[A]$은 얼마인가?

풀이

◉ 유도기전력: $e = -N\dfrac{d\phi}{dt} = -\dfrac{d\phi}{dt} = -0.3\dfrac{d}{dt}\cos 800t = -0.3\times 800\times(-\sin 800t)$

$= 0.3\times 800\times(\sin 800t)$에서

◉ 최대 유도기전력: $0.3\times 800 = 240\,[V]$

◉ 최대 전류: $I_m = \dfrac{E_m}{R} = \dfrac{240}{24} = 10\,[A]$

예제 10.12

■ 자속 밀도 $B\,[Wb/m^2]$가 도체 중에서 $f\,[Hz]$로 변화할 때 도체 중에 유기되는 기전력 e는 무엇에 비례하는가?

① $e \propto \dfrac{B}{f}$ ② $e \propto \dfrac{B^2}{f}$ ③ $e \propto \dfrac{f}{B}$ ④ $e \propto Bf$

풀이

◉ 최대 유도기전력 $E_m = \omega NBS = 2\pi f NBS$에서

∴ 유도기전력은 $e \propto f\cdot B$에 비례한다.

☞ ④

10.3.4 원판 회전시 발생되는 유도기전력

그림 10-8과 같이 원판의 반지름이 $a[m]$이고, 자속밀도가 $B[Wb/m^2]$인 자계 속에서 각속도 $\omega[rad/s]$로 회전하는 원판 도체(투자율 μ)가 있다고 할 때 원판과 원통 축에 브러시를 부착하여 원판에 흐르는 유도전류 $I[A]$와 유도기전력 $e[V]$를 구하여 보자.

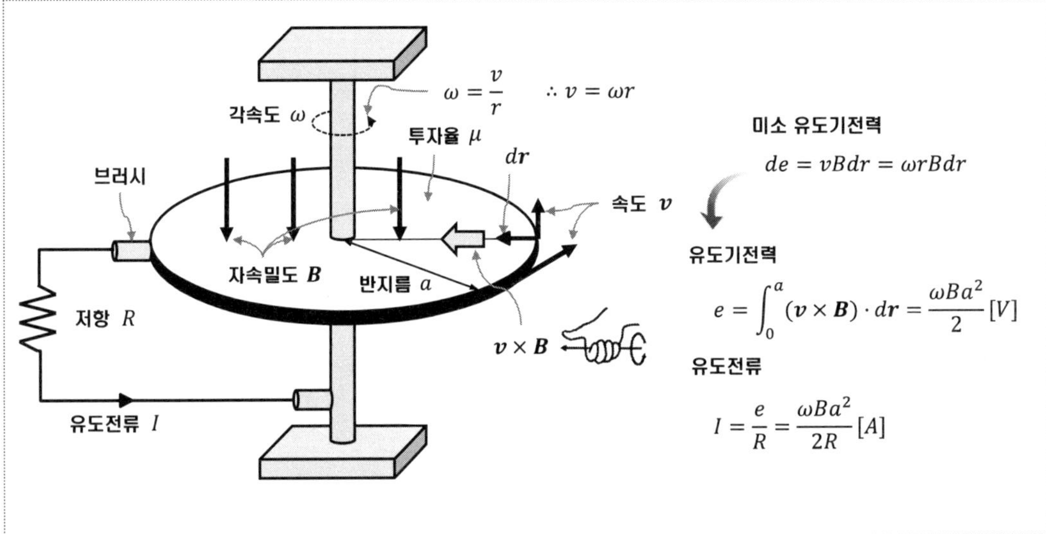

그림 10-8 원판 회전시 발생되는 유도기전력

자속밀도가 B인 자계 속에서 도체 중심에서 거리 $r[m]$에 있는 반지름의 미소 길이 dr의 이동 속도를 v라고 하면, 속도 $v = \omega r[m/s]$로 표현할 수 있으며, 플레밍의 오른손 법칙에 의하여 이 부분에 발생하는 미소 유도기전력의 크기 $de[V]$는 아래 수식으로 나타낼 수 있다.

$de = vBdr = \omega rBdr [V]$	■ 플레밍의 오른손 법칙 ☞ $e = vBl\sin\theta [V]$ ■ 선속도 v와 각속도 ω 사이 관계 ☞ $v = \omega r$

상기 수식을 플레밍의 오른손 법칙의 벡터적인 표현과 전체 유도기전력 e를 구하는 수식을 나타내면 아래 수식과 같다.

$$e = \int_0^a (\boldsymbol{v} \times \boldsymbol{B}) \cdot d\boldsymbol{r} = \int_0^a vB\boldsymbol{n} \cdot d\boldsymbol{r}$$

$$= \int_0^a vB\,dr = \int_0^a r\omega B\,dr = \omega B \int_0^a r\,dr$$

$$= \omega B\left[\frac{1}{2}r^2\right]_0^a = \omega B\frac{a^2}{2}$$

$$= \frac{\omega Ba^2}{2}\,[V]$$

■ 플레밍의 오른손 법칙

☞ $e = vBl\sin\theta[V]$

☞ $e = (\boldsymbol{v} \times \boldsymbol{B}) \cdot \boldsymbol{l}[V]$

■ $\boldsymbol{A} \times \boldsymbol{B} = AB\sin\theta\,\boldsymbol{n}$

☞

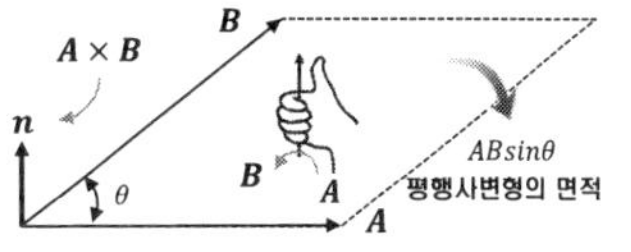

☞ $\boldsymbol{v}$와 $\boldsymbol{B}$는 수직 $\sin 90° = 1$

☞ 벡터 방향: 원판의 중심축 방향

■ $\boldsymbol{A} \cdot \boldsymbol{B} = AB\cos\theta$

☞ $\boldsymbol{v} \times \boldsymbol{B}$와 $d\boldsymbol{r}$은 평행 $\cos 0° = 1$

■ v와 ω 사이 관계: $v = \omega r$

상기 수식에서 자속밀도 B를 자계의 세기 $H[AT/m]$로 변환시키고, 각속도 $\omega[rad/s]$를 분당 회전수인 $N[rpm]$으로 변환시키면 다음 수식과 같다.

$$e = \frac{\omega Ba^2}{2}$$

$$= \frac{\omega\mu Ha^2}{2} = \frac{2\pi f \cdot \mu H \cdot a^2}{2}$$

$$= \frac{2\pi \cdot \dfrac{N}{60} \cdot \mu H \cdot a^2}{2}\,[V]$$

■ 원판의 유도기전력

☞ $e = \dfrac{\omega Ba^2}{2}$

■ 자속밀도와 자계의 세기 관계

☞ $B = \mu H$

■ 각속도 ω

☞ $\omega = 2\pi f,\ f = \dfrac{\omega}{2\pi}$

■ 분당 회전수: $N[rpm]$

☞ $N = \dfrac{60\omega}{2\pi},\ \omega = \dfrac{2\pi N}{60},\ f = \dfrac{N}{60}$

그리고, 회전하는 원판에 흐르는 유도전류 I를 상기 수식에서 구한 유도기전력 e를 이용하여 수식으로 나타내면 아래와 같다.

$$I = \frac{e}{R} = \frac{\omega Ba^2}{2R}\,[A]$$

■ 유도전류 I

☞ 원판 반지름: $a[m]$

☞ 외부 저항: $R[\Omega]$

예제 10.13

▣ 자속 밀도 $B[Wb/m^2]$의 평등 자계와 평행한 축 둘레의 각속도 $\omega[rad/s]$로 회전하는 반지름 $a[m]$의 도체 원판에 그림과 같이 브러시를 접촉시킬 때 저항 $R[\Omega]$에 흐르는 전류 $[A]$는 얼마인가?

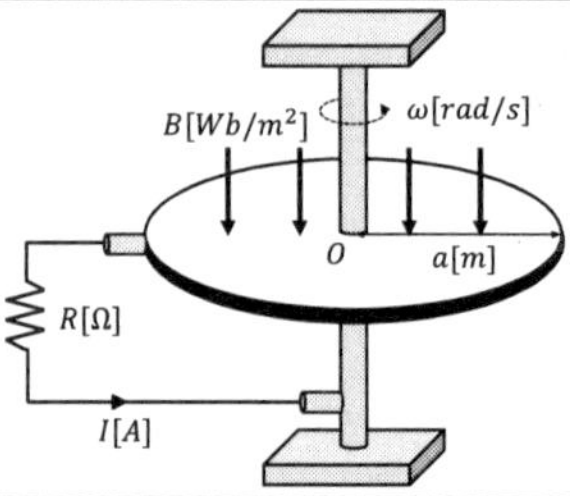

풀이

◉ 유도기전력: $e=\int_0^a de=\omega B\int_0^a r\,dr=\omega B\left[\frac{r^2}{2}\right]_0^a=\frac{\omega Ba^2}{2}\,[V]$

◉ 전류: $I=\frac{e}{R}=\frac{\omega Ba^2}{2R}\,[A]$

예제 10.14

▣ 그림과 같이 자속 밀도 $60\,[Wb/m^2]$의 평등 자계와 평행인 축 주위를 $1{,}000\,[rpm]$의 등각 속도로 회전하는 반지름 $10\,[m]$의 원판에 브러시를 접촉시키고 그 사이에 $2\,[\Omega]$의 외부 저항을 연결하였을 때 $2\,[\Omega]$에 흐르는 전류는 얼마인가? (단, 원판 저항은 무시한다.)

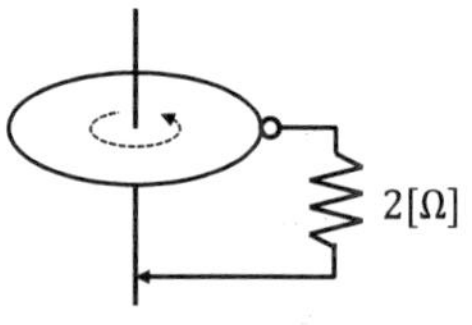

풀이

◉ 유도기전력: $e=\frac{\omega Ba^2}{2}=\frac{\left(\frac{2\pi N}{60}\right)Ba^2}{2}=\frac{2\pi\times 1000\times 10^2}{2}=\pi\times 10^5\,[V]$

◉ 전류: $I=\frac{e}{R}=\frac{\pi\times 10^5}{2}=\frac{\pi}{2}\times 10^5 = 1.57\times 10^5\,[A]$

예제 10.15

▣ 그림과 같이 반지름이 $20\,[cm]$인 도체 원판이 그 축에 평행하고, 세기가 $2.4\times 10^3\,[AT/m]$인 균일 자계 내에서 1분간 1,200회의 회전 운동을 하고 있다. 이 원판의 축과 원판 주위 사이에 $2\,[\Omega]$의 저항체를 접속시킬 때, 이 저항에 흐르는 전류는 몇 $[mA]$인가? (단, 원판의 저항은 무시하고, 원판의 투자율은 공기의 그것과 같다고 가정한다.)

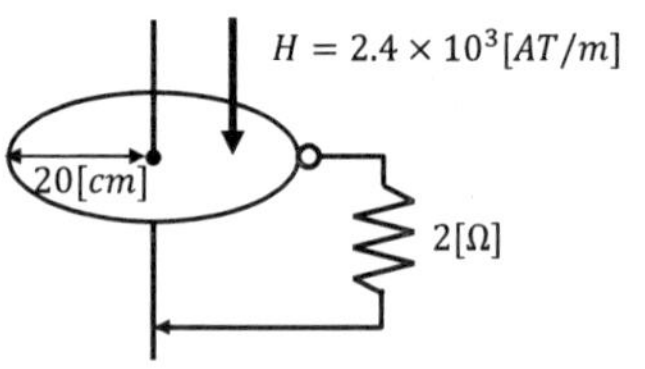

풀이

◉ 유도기전력

$$e=\frac{\omega Ba^2}{2}=\frac{\omega\mu_0 Ha^2}{2}=\frac{\left(\frac{2\pi N}{60}\right)\mu_0 Ha^2}{2}=\frac{\pi N\mu_0 Ha^2}{60}$$

$$=\frac{\pi\times 1200\times 4\pi\times 10^{-7}\times 2.4\times 10^3\times(20\times 10^{-2})^2}{60}=7.6\times 10^{-3}\,[V]=7.6\,[mV]$$

◉ 저항에 흐르는 전류: $I=\frac{e}{R}=\frac{7.6}{2}=3.8\,[mA]$

10-4 자기 인덕턴스

그림 10-9와 같이 권선수가 N인 코일에 스위치 S를 개폐하여 전류 $I[A]$를 단속시키면, 코일에 흐르는 전류의 변화에 의하여 코일 내부를 관통하는 쇄교 자속 $\phi[Wb]$가 시간에 대하여 변화가 발생하여 페러데이의 전자유도 법칙에 의하여 유도기전력 $e[V]$가 발생하게 된다. 만약 코일에 흐르는 전류 I가 일정하다면, 코일 내부를 관통하는 쇄교 자속 ϕ의 변화가 없어 시간에 대하여 일정하기 때문에 유도기전력 e는 발생하지 않는다. 이와 같이 스위치 S를 개폐하는 순간에는 전류 I가 급변하게 되고 이에 따라 코일의 쇄교 자속 ϕ가 변화하게 되어 유도기전력 e가 발생하게 되는 데 이러한 현상을 자기 유도(self induction)라 한다.

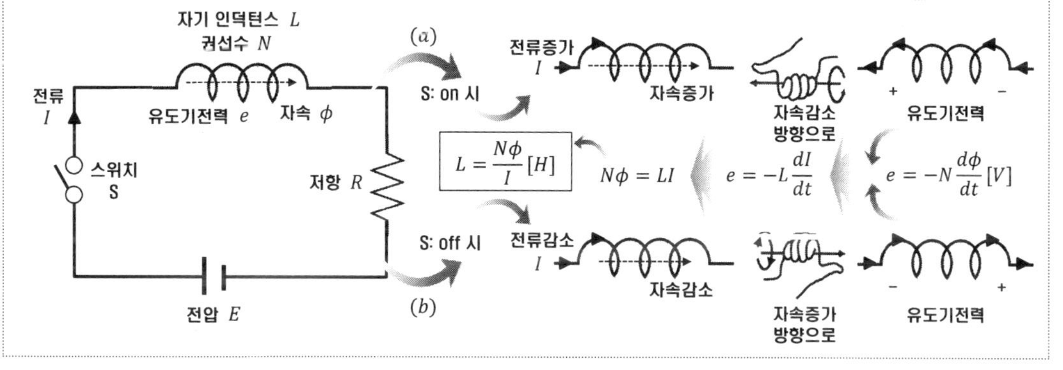

그림 10-9 자기 인덕턴스

유도기전력 e의 방향은 스위치 S를 on하게 되면 회로에 전류 I가 흐르기 시작하여 코일의 쇄교 자속 ϕ가 증가하게 되며, 렌츠의 법칙에 의하여 쇄교 자속 ϕ의 증가를 방해하는 반대 방향으로 암페어의 오른나사 법칙을 적용하게 되면 유도기전력 e는 상기 그림 10-9 (a)와 같이 발생하게 된다. 그리고, 스위치 S가 on 상태를 유지하고 있다가 반대로 스위치 S를 off하게 되면 코일에 흐르는 전류 I가 감소하게 되어 쇄교 자속 ϕ가 감소하게 되며, 렌츠의 법칙에 의하여 쇄교 자속 ϕ의 감소를 방해하는 반대 방향으로 암페어의 오른나사 법칙을 적용하게 되면 유도기전력 e는 상기 그림 10-9 (b)와 같이 발생하게 된다.

회로에서 스위치 S의 개폐에 의하여 전류 I가 시간에 대하여 변화하고, 이에 따라 페러데이의 전자유도 법칙에 의하여 코일에 유도기전력 e가 발생하게 된다. 유도기전력의 크기는 전류의 시간적 변화율이 크면 클수록 유도기전력의 크기가 커지는 비례관계가 성립하게 된다. 이를 비례상수 $L[H]$을 사용하여 나타내면 다음 수식과 같다.

$e = -L\dfrac{dI}{dt}\,[V]$	■ 자기 유도에 의한 유도기전력 ☞ L: 비례상수, 자기 인덕턴스

이 식에서 비례상수 L을 자기 인덕턴스(self inductance)라고 한다. L은 코일의 권수, 철심의 형상 및 재질에 의하여 결정되어지며, 단위로는 헨리($Henry, H$)를 사용하며, 전류에 대하여 쇄교 자속수가 $1[Wb]$일 때 $1[H]$라 한다.

그림 10-9와 같이 권선수가 N인 코일에 스위치 S를 개폐하여 전류 $I[A]$를 인가하였을 경우, 이 전류에 의하여 발생하는 쇄교 자속을 ϕ라 한다면 쇄교 자속 ϕ에 의하여 페러데이의 전자유도 법칙을 활용하여 다음 수식의 유도기전력 e를 구할 수 있다.

$e = -N\dfrac{d\phi}{dt}\,[V]$	■ 페러데이의 법칙과 렌츠의 법칙 ☞ $e = -N\dfrac{d\phi}{dt}[V]$

따라서, 상기 수식의 유도기전력 e가 동일하기 때문에 이를 수식으로 다시 표현하면 다음과 같다.

$-N\dfrac{d\phi}{dt} = e = -L\dfrac{dI}{dt}$, $\therefore N\phi = LI$ $\therefore L = \dfrac{N\phi}{I}\,[H]$	■ 페러데이의 법칙과 자기 유도 기전력 ☞ $e = -N\dfrac{d\phi}{dt}[V]$, $e = -L\dfrac{dI}{dt}\,[V]$

예제 10.16

▣ 자기 인덕턴스가 $50\,[mH]$인 코일에 흐르는 전류가 $0.01\,[s]$ 사이에 $5\,[A]$에서 $3\,[A]$로 감소하였다. 이 코일에 유기되는 기전력은 얼마인가?	
풀이	◉ 유도기전력 $e = -L\dfrac{di}{dt} = -50\times10^{-3}\times\dfrac{(3-5)}{10^{-2}} = +10\,[V]$, +이므로 전류와 같은 방향

예제 10.17

▣ 권수 600, 자기 인덕턴스 $1\,[mH]$인 코일에 $3\,[A]$의 전류가 흐를 때 이 코일면을 지나는 자속은 몇 $[Wb]$인가?	
풀이	◉ $LI = N\phi$에서 ∴ 자속 $\phi = \dfrac{LI}{N} = \dfrac{1\times10^{-3}\times3}{600} = 5\times10^{-6}\,[Wb]$

10-5 상호 인덕턴스

그림 10-10과 같이 권선수가 N_1, N_2인 두 코일을 공기를 매질로 하여 근접 배치하고 1차 코일에 스위치 S를 개폐하여 전류 $I_1[A]$을 인가하면, 이 전류에 의하여 쇄교 자속 $\phi_1[Wb]$이 발생한다. 그리고, 발생된 쇄교 자속 ϕ_1이 공기를 매질로 하여 2차 코일에 쇄교하는 자속을 $\phi_{12}[Wb]$라고 한다면 페러데이의 전자유도 법칙에 의하여 2차 코일에 유도기전력 $e_2[V]$가 발생하고 유도전류 $I_2[A]$가 흐르게 된다. 이와 같은 현상을 상호 유도(mutual induction)라 한다.

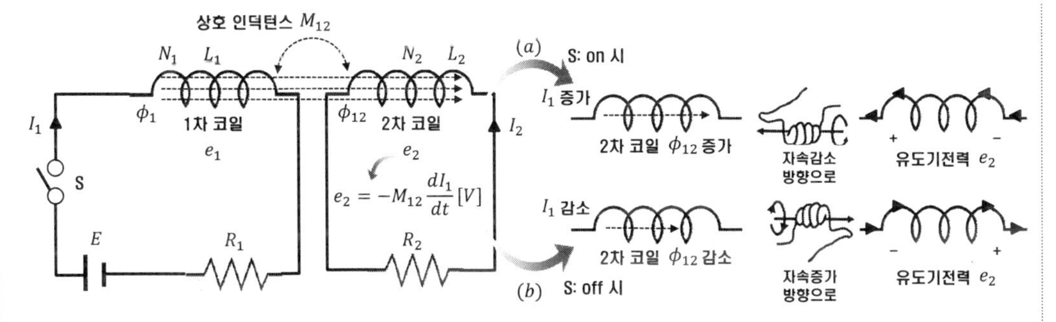

그림 10-10 상호 인덕턴스(1차 코일 중심)

유도기전력 e_2의 방향은 스위치 S를 on하게 되면 회로에 전류 I_1이 흐르기 시작하여 1차 코일에 자속 ϕ_1이 발생하게 되고 이 쇄교 자속 ϕ_1에 의하여 2차 코일에 전달되는 쇄교 자속 ϕ_{12}의 자속이 증가하게 된다. 렌츠의 법칙에 의하여 쇄교 자속 ϕ_{12}의 증가를 방해하는 반대 방향으로 암페어의 오른나사 법칙을 적용하게 되면 2차 코일에 유도되는 유도기전력 e_2는 상기 그림 10-10 (a)와 같이 발생하게 된다. 그리고, 스위치 S가 on 상태를 유지하고 있다가 반대로 스위치 S를 off하게 되면 코일에 흐르는 전류 I_1이 감소하게 되어 1차 코일의 쇄교 자속 ϕ_1이 감소하게 되고 이 감소하는 쇄교 자속 ϕ_1에 의하여 2차 코일에 전달되는 쇄교 자속 ϕ_{12}의 자속이 감소하게 된다. 쇄교 자속 ϕ_{12}가 감소하게 되면, 렌츠의 법칙에 의하여 쇄교 자속 ϕ_{12}의 감소를 방해하는 반대 방향으로 암페어의 오른나사 법칙을 적용하게 되어 유도기전력 e_2는 상기 그림 10-10 (b)와 같이 발생하게 된다.

1차 코일에 흐르는 전류 I_1에 의하여 발생하는 총 쇄교 자속 ϕ_1은 자기 인덕턴스 수식에 의하여 1차측 자기 인덕턴스는 다음과 같이 표현할 수 있다.

$N_1\phi_1 = L_1 I_1$, $\therefore L_1 = \dfrac{N_1\phi_1}{I_1}$	■ 자기 인덕턴스 ☞ $N\phi = LI \ \therefore L = \dfrac{N\phi}{I}\ [H]$

1차 코일의 자속 ϕ_1에 의하여 2차 코일에 쇄교하는 자속 ϕ_{12}는 1차 코일에 흐르는 전류 I_1의 크기에 비례하며, 이를 비례 상수 M_{12}를 사용하여 수식으로 나타내면 다음과 같다.

$N_2\phi_{12} = M_{12}\, I_1 \quad \therefore M_{12} = \dfrac{N_2\phi_{12}}{I_1}\ [H]$	■ 1차측에서 2차측으로 자속 관계 ☞ M: 비례상수, 상호 인덕턴스

따라서, 2차 코일 측에 유기되는 유도기전력 e_2는 다음 수식으로 표현할 수 있다.

$e_2 = -\ N_2\dfrac{d\phi_{12}}{dt} = -\ M_{12}\dfrac{dI_1}{dt}\ [V]$	■ 페러데이의 법칙과 자기유도기전력 ☞ $e = -N\dfrac{d\phi}{dt}[V]$, $e = -\ M\dfrac{dI}{dt}\ [V]$

상기 유도기전력 e_2에 의하여 그림 10-11과 같이 2차 코일의 전류 I_2로 인하여 쇄교 자속 ϕ_2가 발생하고, 쇄교 자속 ϕ_2가 공기를 매질로 하여 1차 코일에 쇄교하는 자속을 ϕ_{21}이라고 한다면 페러데이의 전자유도 법칙에 의하여 1차 코일에 유도기전력 e_1이 발생한다.

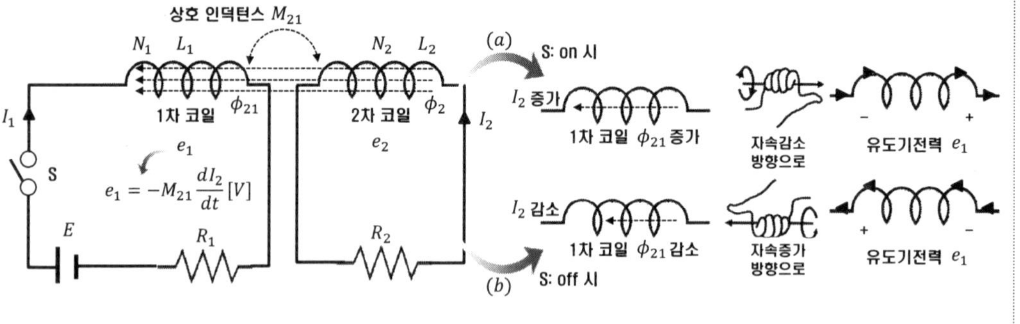

그림 10-11 상호 인덕턴스(2차 코일 중심)

2차 코일에 흐르는 전류 I_2에 의하여 발생하는 총 쇄교 자속 ϕ_2는 자기 인덕턴스 수식에 의하여 2차측 자기 인덕턴스는 다음과 같이 표현할 수 있다.

$N_2\phi_2 = L_2 I_2\ ,\ \therefore L_2 = \dfrac{N_2\phi_2}{I_2}$	■ 자기 인덕턴스 ☞ $N\phi = LI\ \therefore L = \dfrac{N\phi}{I}\,[H]$

2차 코일의 자속 ϕ_2에 의하여 1차 코일에 쇄교하는 자속 ϕ_{21}은 2차 코일에 흐르는 전류 I_2의 크기에 비례하며, 이를 비례 상수 M_{21}을 사용하여 수식으로 나타내면 다음과 같다.

$N_1\phi_{21} = M_{21}\,I_2 \quad \therefore M_{21} = \dfrac{N_1\phi_{21}}{I_2}\,[H]$	■ 2차측에서 1차측으로 자속 관계 ☞ M: 비례상수, 상호 인덕턴스

따라서, 1차 코일 측에 유기되는 유도기전력 e_1은 다음 수식으로 표현할 수 있다.

$e_1 = -\,N_1\dfrac{d\phi_{21}}{dt} = -\,M_{21}\dfrac{dI_2}{dt}\,[V]$	■ 페러데이의 법칙과 자기유도기전력 ☞ $e = -N\dfrac{d\phi}{dt}[V]$, $e = -\,M\dfrac{dI}{dt}\,[V]$

상기 수식의 비례 상수 M_{12}와 M_{21}을 상호 인덕턴스(mutual inductance)라 한다. 상호 인덕턴스는 권선수, 형상, 주위 매질의 투자율, 코일 상호간의 위치 등에 의하여 결정되어지며, 1차 측 코일에서 본 2차 측 코일의 상호 인덕턴스 M_{12}와 2차 측 코일에서 본 1차 측 코일의 상호 인덕턴스 M_{21}은 서로 같은 값이 되어 다음의 관계가 성립한다. 상호 인덕턴스의 단위도 자기 인덕턴스와 같이 헨리($Henry, H$)를 사용한다.

$M_{12} = M_{21} = M[H]$	■ 상호 인덕턴스 M

만약 1차 측과 2차 측 코일 사이에서 누설 자속이 없다고 한다면, 아래 수식으로 표현할 수 있다.

$\phi_1 = \phi_{12} = \phi_{21} = \phi_2$	■ 누설자속이 없을 경우 자속 관계

그리고, 상기 수식을 활용하여 유도기전력 e_1, e_2를 다시 표현하면 다음과 같다.

<table>
<tr>
<td>

$$e_1 = -N_1\frac{d\phi_{21}}{dt} = -N_1\frac{d\phi_2}{dt}$$
$$= -M_{21}\frac{dI_2}{dt} = -M\frac{dI_2}{dt}[V],\ (N_1\phi_2 = MI_2)$$

$$e_2 = -N_2\frac{d\phi_{12}}{dt} = -N_2\frac{d\phi_1}{dt}$$
$$= -M_{12}\frac{dI_1}{dt} = -M\frac{dI_1}{dt}[V],\ (N_2\phi_1 = MI_1)$$

</td>
<td>

■ 유도기전력

☞ $e = -N\frac{d\phi}{dt}[V]$, $e = -M\frac{dI}{dt}[V]$

☞ $\phi_1 = \phi_{12} = \phi_{21} = \phi_2$

☞ $M_{12} = M_{21} = M[H]$

</td>
</tr>
</table>

예제 10.18

▣ 상호 인덕턴스 $200[\mu H]$인 회로의 1차 코일에 $3[A]$의 전류가 $3[s]$ 동안에 $15[A]$로 변화하였다. 2차 코일에 유기되는 기전력은 몇 $[V]$가 되는가?

풀이

◉ 유도기전력 $e_2 = M\frac{dI_1}{dt}$에서

$$e_2 = 200\times10^{-6}\times\frac{15-3}{3} = 800\times10^{-6} = 8\times10^{-4}[V]$$

예제 10.19

▣ 코일 A 및 코일 B가 있다. 코일 A의 전류가 1/30초 간에 $10[A]$ 변화할 때 코일 B에 $10[V]$의 유도기전력을 유도한다고 한다. 이때의 상호 인덕턴스는 몇 $[H]$인가?

풀이

◉ 유도기전력 $e_B = M\frac{dI_A}{dt}$에서

∴ 상호 인덕턴스 $M = e_B\frac{dt}{dI_A} = 10\times\frac{\frac{1}{30}}{10} = \frac{1}{30} = 0.033[H]$

10-6 자기 인덕턴스와 상호 인덕턴스의 관계

그림 10-12와 같이 환상 철심에 두 개의 코일을 감고 1차 측 코일과 2차 측 코일에 각각 $I_1[A]$, $I_2[A]$의 전류를 인가하였을 경우, 자기 인덕턴스 $L[H]$과 상호 인덕턴스 $M[H]$ 사이의 상호 관계를 알아보자.

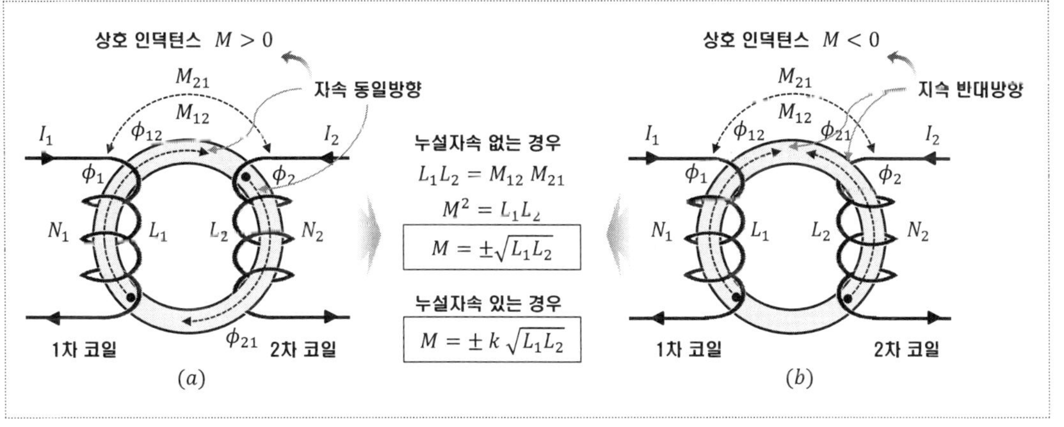

그림 10-12 자기 인덕턴스와 상호 인덕턴스의 관계

1차 측 코일과 2차 측 코일에 각각 I_1, I_2의 전류에 의한 자체 회로에 발생하는 자속을 각각 $\phi_1[Wb]$, $\phi_2[Wb]$라 하자. 그리고, 1차 측 코일에서 발생한 자속 ϕ_1 중에서 2차 측 코일에 쇄교하는 자속을 $\phi_{12}[Wb]$, 2차 측 코일에서 발생한 자속 ϕ_2 중에서 1차 측 코일에 쇄교하는 자속을 $\phi_{21}[Wb]$이라 한다면 자기 인덕턴스 L과 상호 인덕턴스 M 사이의 관계를 수식으로 나타내면 다음과 같다.

$$L_1I_1 = N_1\phi_1\,,\quad L_2I_2 = N_2\phi_2$$

$$M_{12}I_1 = N_2\phi_{12}\,,\quad M_{21}I_2 = N_1\phi_{21}$$

■ 자기 인덕턴스 L

☞ $N\phi = LI \quad \therefore L = \dfrac{N\phi}{I}\,[H]$

■ 상호 인덕턴스 M

☞ $N_1\phi_{21} = M_{21}I_2$

☞ $N_2\phi_{12} = M_{12}I_1$

상기 수식에서 환상 철심의 투자율이 매우 높아 누설자속이 없다고 가정한다면 자속 사이의 관계를 다음과 같이 표현할 수 있다.

$\phi_{12} = \phi_1\,,\ \ \phi_{21} = \phi_2$	■ 누설자속이 없을 경우 자속

상기 수식을 활용하여 자기 인덕턴스와 상호 인덕턴스를 다음과 같이 표현할 수 있다.

$L_1 I_1 = N_1 \phi_1\,,\ L_2 I_2 = N_2 \phi_2$ $M_{12} I_1 = N_2 \phi_1\,,\ M_{21} I_2 = N_1 \phi_2$	■ 상호 인덕턴스 ☞ $N_1\phi_{21} = M_{21} I_2$ ☞ $N_2\phi_{12} = M_{12} I_1$ ■ 누설자속이 없을 경우 자속 ☞ $\phi_{12} = \phi_1\,,\ \phi_{21} = \phi_2$

따라서, 상기 수식을 1차 측과 2차 측에 대하여 자기 인덕턴스 L_1, L_2와 상호 인덕턴스 M_{12}, M_{21}에 관한 수식으로 각각 다시 나타내면 다음과 같다.

$L_1 = \dfrac{N_1 \phi_1}{I_1}\,,\ L_2 = \dfrac{N_2 \phi_2}{I_2}$ $M_{12} = \dfrac{N_2 \phi_1}{I_1}\,,\ M_{21} = \dfrac{N_1 \phi_2}{I_2}$	■ 자기 인덕턴스 L ☞ $N\phi = LI \ \therefore L = \dfrac{N\phi}{I}\,[H]$ ■ 상호 인덕턴스 M ☞ $N_1\phi_{21} = M_{21} I_2\,,\ N_2\phi_{12} = M_{12} I_1$ ☞ $\phi_{12} = \phi_1\,,\ \phi_{21} = \phi_2$

상기 수식에서 자기 인덕턴스 L_1, L_2를 곱한 값과 상호 인덕턴스 M_{12}, M_{21}을 각각 곱한 값을 서로 비교하면 다음과 같다.

$L_1 L_2 = \dfrac{N_1 \phi_1}{I_1} \dfrac{N_2 \phi_2}{I_2}$ $M_{12} M_{21} = \dfrac{N_2 \phi_1}{I_1} \dfrac{N_1 \phi_2}{I_2}$ $\therefore L_1 L_2 = M_{12} M_{21}$	■ 자기 및 상호 인덕턴스의 곱 ☞ $L_1 L_2 = M_{12} M_{21}$

상기 관계에서 누설자속이 전혀 없다고 하는 조건에 의하여 $M_{12}=M_{21}=M$의 관계가 성립한다. 따라서 자기 인덕턴스와 상호 인덕턴스의 관계는 아래 수식으로 표현할 수 있다.

$$M^2 = L_1L_2,\ \therefore M = \pm\sqrt{L_1L_2}$$

■ 누설자속이 없을 경우
☞ $M_{12}=M_{21}=M$

자기 인덕턴스 L은 항상 양(+)의 값을 가진다. 그러나, 상호 인덕턴스 M은 전류의 방향과 쇄교 자속의 방향 사이의 상호적인 관계에 의하여 양(+) 또는 음(−)의 값을 가진다. 상기 그림 10-12 (a)와 같이 1차 코일과 2차 코일의 자속 방향이 같으면 상호 인덕턴스 M은 양(+)의 값을 가지며, 그림 10-12 (b)와 같이 1차 코일과 2차 코일의 자속 방향이 반대이면 상호 인덕턴스 M은 음(−)의 값을 가진다.

일반적으로 철심을 이용한 자기회로에서는 누설자속이 존재하고 있기 때문에 1차 측 코일에서 발생한 자속 ϕ_1 중에서 2차 측 코일에 쇄교하는 자속 ϕ_{12}가 작게 된다. 그리고, 2차 측 코일에서 발생한 자속 ϕ_2 중에서 1차 측 코일에 쇄교하는 자속 ϕ_{21}도 작게 되기 때문에 $\phi_1 > \phi_{12}$, $\phi_2 > \phi_{21}$의 관계가 성립한다. 그러므로, $L_1L_2 > M^2$으로 된다. 따라서, 자기 인덕턴스 L과 상호 인덕턴스 M 사이의 관계를 다음 수식으로 나타낼 수 있다.

$$k = \pm\frac{M}{\sqrt{L_1L_2}},\ M = \pm k\sqrt{L_1L_2}$$

■ 누설자속이 있는 경우
☞ $\phi_1 > \phi_{12}$, $\phi_2 > \phi_{21}$
☞ $L_1L_2 > M^2$

여기서, k를 결합계수(coupling factor)라고 한다. 이 결합계수는 2개의 코일에서 발생된 자속의 자기적 결합정도를 나타내고 있으며, 이 결합계수 k는 $0 \le k \le 1$ 사이의 값을 가진다. 상기 수식에서 ±값은 상호 인덕턴스의 상대적인 쇄교 자속의 방향을 나타내는 것이다.

표 10-1 결합계수의 물리적 의미

결합계수 k의 값	물리적 의미
$k=0$	자기적으로 결합이 전혀 되지 않은 상태($M=0$) 즉, 1차(2차) 코일에서 발생한 자속이 2차(1차) 코일에 전달이 되지 않음
$0<k<1$	일반적인 현실 상태의 자기적 결합 상태($M=k\sqrt{L_1L_2}$)
$k=1$	완전한 자기적 결합 상태($M=\sqrt{L_1L_2}$) 즉, 1차(2차) 코일에서 발생한 자속 전체가 2차(1차) 코일에 전달

예제 10.20

▣ 두 개의 코일이 있다. 각각의 자기 인덕턴스가 0.4[H], 0.9[H]이고, 상호 인덕턴스가 0.36[H]일 때 결합 계수는 얼마인가?

풀이

◉ 상호 인덕턴스 $M = k\sqrt{L_1 L_2}$에서 ∴ 결합계수 $k = \frac{M}{\sqrt{L_1 L_2}} = \frac{0.36}{\sqrt{0.4 \times 0.9}} = 0.6$

예제 10.21

▣ 두 개의 코일이 있다. 각각의 자기 인덕턴스가 $L_1 = 0.25$[H], $L_2 = 0.4$[H]일 때 상호 인덕턴스는 몇 [H]인가? (단, 결합 계수는 1이다.)

풀이

◉ 상호 인덕턴스 $M = k\sqrt{L_1 L_2}$에서 ∴ $M = 1 \cdot \sqrt{0.25 \times 0.4} = 0.316$ [H]

예제 10.22

▣ 자기 인덕턴스와 상호 인덕턴스와의 관계에서 결합계수 k의 값은 얼마인가?

① $0 \le k \le \frac{1}{2}$ ② $0 \le k \le 1$ ③ $1 \le k \le 2$ ④ $1 \le k \le 10$

풀이

◉ 결합계수($0 \le k \le 1$)

① $k = 0$: 자기적 결합이 전혀 되지 않음 ($M = 0$)

② $0 < k < 1$: 일반적인 자기 결합 상태 ($M = k\sqrt{L_1 L_2}$)

③ $k = 1$: 완전한 자기 결합 ($M = \sqrt{L_1 L_2}$)

☞ ②

예제 10.23

▣ 자기 인덕턴스가 각각 L_1, L_2인 A, B의 두 개 코일이 있다. 이때 상호 인덕턴스 $M = \sqrt{L_1 L_2}$라면 다음 중 옳지 않은 것은 무엇인가?

① A 코일이 만든 자속은 전부 B 코일과 쇄교된다.

② 두 코일이 만드는 자속은 항상 같은 방향이다.

③ A 코일에 1초 동안에 1[A]의 전류 변화를 주면 B코일에는 1[V]가 유도된다.

④ L_1, L_2는 (−)값을 가질 수 없다.

풀이

◉ 상호 인덕턴스 $M = k\sqrt{L_1 L_2}$에서 결합계수 $k = 1$

◉ $M = \sqrt{L_1 L_2}$에서 $L_1 > 0$, $L_2 > 0$ 이므로 $M > 0$이기 때문에 자속은 같은 방향이다.

◉ $M = 1$은 아니다.

☞ ③

10-7 인덕턴스의 접속

10.7.1 인덕턴스 직렬접속: 상호 인덕턴스가 없는 경우

그림 10-13과 같이 자기 인덕턴스가 $L_1[H]$, $L_2[H]$인 코일을 직렬로 접속하고 회로에 전류 $I[A]$를 인가하였을 때 각 코일에 유도되는 유도기전력을 $e_1[V]$, $e_2[V]$라고 하였을 때, 코일의 직렬접속에 대한 합성 인덕턴스 $L[H]$을 구하여 보자.

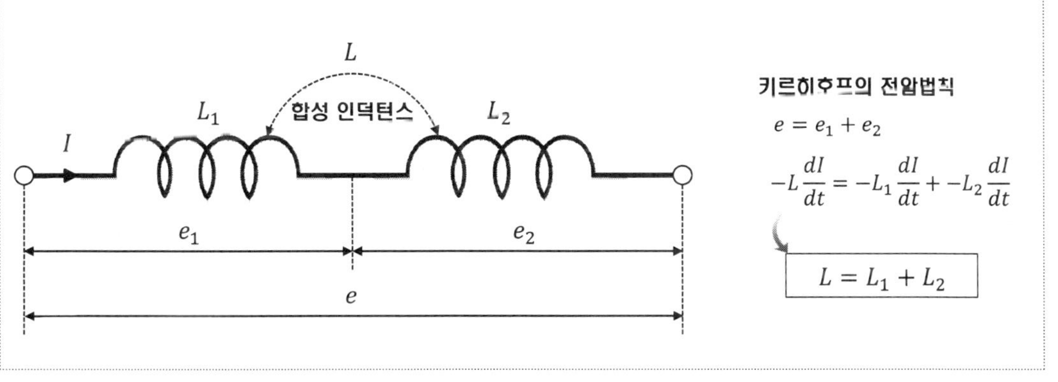

그림 10-13 인덕턴스의 직렬접속(상호 인덕턴스가 없는 경우)

자기 인덕턴스가 L_1, L_2인 코일을 직렬로 접속하고 회로에 전류 I를 인가하였을 때 각 코일에 유도되는 유도기전력 e_1, e_2 사이의 관계는 다음 수식으로 표현될 수 있다.

$$e = e_1 + e_2 \,[V]$$

■ 키르히호프의 전압법칙(KVL)
☞ $V = V_1 + V_2 + \cdots \,[V]$

그리고 각 코일에 유도되는 유도기전력 e_1, e_2를 구하면 다음과 같다.

$$e_1 = -L_1\frac{dI}{dt}\,[V],\quad e_2 = -L_2\frac{dI}{dt}\,[V]$$

■ 유도 기전력
☞ $e = -L\frac{dI}{dt}\,[V]$

여기서, 자기 인덕턴스가 L_1, L_2의 합성 인덕턴스를 L이라고 하면, 합성 인덕턴스 L에 유도되는 유도기전력 e는 다음 수식으로 표현할 수 있다.

$e = -L\frac{dI}{dt}\ [V]$	■ 유도기전력 ☞ $e = -L\frac{dI}{dt}\ [V]$

따라서, 유도 기전력 e를 다시 수식으로 나타내면 다음과 같다.

$e = e_1 + e_2$ $= -L_1\frac{dI}{dt} - L_2\frac{dI}{dt} = -L\frac{dI}{dt}\ [V]$ $\therefore -L\frac{dI}{dt} = -L_1\frac{dI}{dt} - L_2\frac{dI}{dt}\ [V]$ $\therefore L\frac{dI}{dt} = (L_1 + L_2)\frac{dI}{dt}\ [V]$	■ 키르히호프의 전압법칙(KVL) ☞ $e = e_1 + e_2\ [V]$ ■ 유도기전력 ☞ $e = -L\frac{dI}{dt}\ [V]$

그러므로, 합성 인덕턴스 L은 다음 수식으로 표현할 수 있다.

$L = L_1 + L_2$	■ 직렬의 합성 인덕턴스 ☞ $L = L_1 + L_2$

즉, 상기 수식에서 인덕턴스의 직렬접속은 저항의 직렬접속과 동일한 결과를 나타내고 있다는 것을 알 수 있다.

10.7.2 인덕턴스 병렬접속: 상호 인덕턴스가 없는 경우

그림 10-14와 같이 자기 인덕턴스가 $L_1[H]$, $L_2[H]$인 코일을 병렬로 접속하고 회로에 전류 $I[A]$를 인가하여 각 코일에는 전류 $I_1[A]$, $I_2[A]$가 분류되어 전류가 흐른다고 하였을 때, 코일의 병렬접속에 대한 합성 인덕턴스 $L[H]$을 구하여 보자.

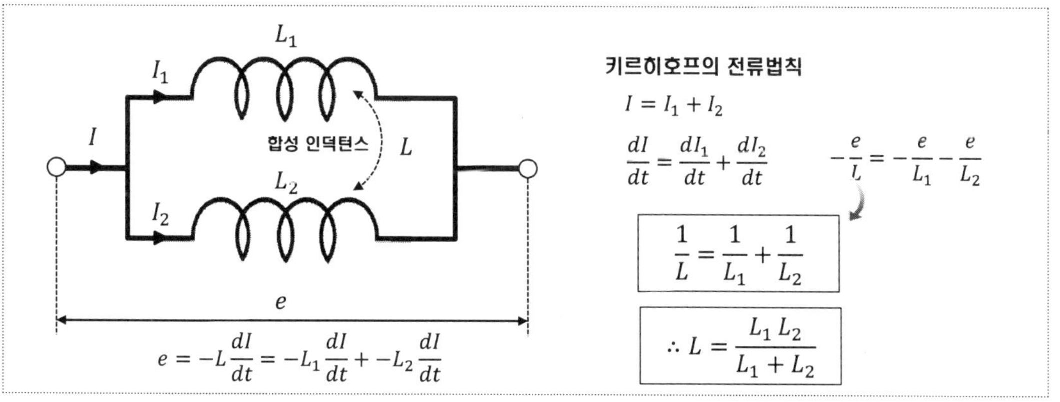

그림 10-14 인덕턴스의 병렬접속(상호 인덕턴스가 없는 경우)

자기 인덕턴스 L_1, L_2인 코일을 병렬로 접속하고 회로에 전류 I를 인가하게 되면 각 코일에 전류 I_1, I_2가 분류되어 전류가 흐르게 된다. 따라서 키프히호프의 전류법칙을 적용하면 다음과 같다.

$I = I_1 + I_2\ [A]$	■ 키르히호프의 전류법칙(KCL) ☞ $I = I_1 + I_2 + \cdots\ [A]$

자기 인덕턴스 L_1, L_2인 각 코일의 자기 인덕턴스는 병렬로 연결되어 있기 때문에 각 코일에 유기되는 유도기전력은 $e\,[V]$로 동일하다. 그리고, 각 코일의 자기 인덕턴스를 합한 합성 인덕턴스를 L이라고 하면 각 코일에 유기되는 유도기전력 e는 다음 수식으로 나타낼 수 있다.

$e = -L\frac{dI}{dt} = -L_1\frac{dI_1}{dt} = -L_2\frac{dI_2}{dt}\ [V]$ $\therefore \frac{dI}{dt} = -\frac{e}{L},\ \frac{dI_1}{dt} = -\frac{e}{L_1},\ \frac{dI_2}{dt} = -\frac{e}{L_2}$	■ 유도 기전력 ☞ $e = -L\frac{dI}{dt}\ [V]$

그리고, 상기의 키프히호프의 전류법칙 수식 $I = I_1 + I_2\ [A]$에서 양변을 시간 t에 대하여 미분하게 되면 다음 수식으로 나타낼 수 있다.

$$\frac{dI}{dt} = \frac{dI_1}{dt} + \frac{dI_2}{dt}\ [A]$$

■ 키르히호프의 전류법칙(KCL)

☞ $I = I_1 + I_2 + \cdots\ [A]$

■ 양변을 시간 t에 대하여 미분

이 수식에서 상기 수식의 유도기전력 e의 관계를 대입하면, 아래 수식과 같다.

$$-\frac{e}{L} = -\frac{e}{L_1} - \frac{e}{L_2}$$

$$\therefore \frac{1}{L} = \frac{1}{L_1} + \frac{1}{L_2},\quad L = \frac{L_1 L_2}{L_1 + L_2}$$

■ 유도 기전력

☞ $\frac{dI}{dt} = -\frac{e}{L},\ \frac{dI_1}{dt} = -\frac{e}{L_1},\ \frac{dI_2}{dt} = -\frac{e}{L_2}$

■ 병렬의 합성 인덕턴스

☞ $\frac{1}{L} = \frac{1}{L_1} + \frac{1}{L_2},\ L = \frac{L_1 L_2}{L_1 + L_2}$

즉, 상기 수식에서 인덕턴스의 병렬접속은 저항의 병렬접속과 동일한 결과를 나타내고 있다는 것을 알 수 있다.

10.7.3 인덕턴스 직렬접속: 상호 인덕턴스가 있는 경우

그림 10-15와 같이 자기 인덕턴스가 $L_1[H]$, $L_2[H]$인 코일에 환상 철심을 통하여 쇄교자속이 결합될 수 있도록 각 코일을 직렬로 연결하였다. 쇄교 자속이 동일한 방향과 반대방향이 되도록 각각의 코일을 연결하였다. 이때 합성 인덕턴스 $L[H]$을 구하여 보자.

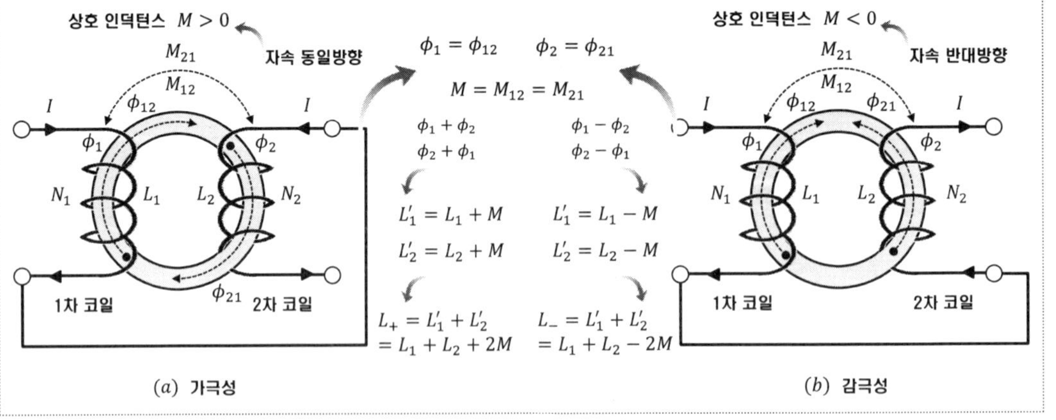

그림 10-15 인덕턴스의 직렬접속(상호 인덕턴스가 있는 경우)

(1) 상호 인덕턴스 M > 0인 경우 (가극성)

상기 그림 10-15 (a)와 같이 자기 인덕턴스가 $L_1[H]$, $L_2[H]$인 코일을 쇄교 자속이 동일한 방향으로 직렬접속하고 회로에 전류 $I[A]$를 인가하면 각 고일에서 유도되는 자속 $\phi_1[Wb]$, $\phi_2[Wb]$와 자기 인덕턴스 L_1, L_2 사이의 관계는 다음 수식으로 표현할 수 있다.

$L_1 I = N_1\phi_1$, $L_2 I = N_2\phi_2$ $\therefore L_1 = \dfrac{N_1\phi_1}{I}$, $L_2 = \dfrac{N_2\phi_2}{I}$	■ 자기 인덕턴스 L ☞ $N\phi = LI \ \therefore L = \dfrac{N\phi}{I}[H]$

전류 I를 인가하면 각 코일에서 유도되는 자속 ϕ_1, ϕ_2에 의하여 각각 1차 코일과 2차 코일에 쇄교하는 자속을 ϕ_{12}, ϕ_{21}이라고 하고, 상호 인덕턴스 M_{12}, M_{21}을 수식으로 나타내면 다음과 같다.

$N_2\phi_{12} = M_{12}I$, $N_1\phi_{21} = M_{21}I$ $\therefore M_{12} = \dfrac{N_2\phi_{12}}{I}$, $M_{21} = \dfrac{N_1\phi_{21}}{I}$	■ 상호 인덕턴스 M ☞ $N_1\phi_{21} = M_{21}I$ ☞ $N_2\phi_{12} = M_{12}I$

상기의 상호 인덕턴스 M_{12}, M_{21}에서 투자율이 매우 높고, 누설자속이 없다고 가정한다면 다음과 같은 관계가 성립하게 된다.

$\phi_1 = \phi_{12}$, $\phi_2 = \phi_{21}$	■ 누설자속이 없을 경우 자속 ☞ $\phi_{12} = \phi_1$, $\phi_{21} = \phi_2$

따라서, 상기 상호 인덕턴스 M_{12}, M_{21}의 수식을 다시 표현하면 다음과 같다.

$\therefore M_{12} = \dfrac{N_2\phi_1}{I}$, $M_{21} = \dfrac{N_1\phi_2}{I}$	■ 상호 인덕턴스 M ☞ $N_1\phi_{21} = M_{21}I$, $N_2\phi_{12} = M_{12}I$ ☞ $\phi_1 = \phi_{12}$, $\phi_2 = \phi_{21}$

1차 코일에 전류 I가 인가되어 코일에 전류가 흐르게 되면 암페어의 오른나사 법칙에 의하여 자속 ϕ_1이 발생하게 되고, 쇄교 자속 $\phi_{12}(=\phi_1)$는 2차 코일로 흘러 들어가게 된다. 또한, 2차 코일에 전류 I가 인가되어 코일에 전류가 흐르게 되면 암페어의 오른나사 법칙에 의하여 자속 ϕ_2가 발생하게 되고, 쇄교 자속 $\phi_{21}(=\phi_2)$은 1차 코일로 흘러 들어가게 된다.

따라서, 1차 코일의 자기 인덕턴스 L_1은 자속 ϕ_1과 ϕ_2의 합$(\phi_1+\phi_2)$에 의하여 새로운 자기 인덕턴스 값 L_1'로 표현할 수 있다. 그리고, 2차 코일의 자기 인덕턴스 L_2도 자속 ϕ_2와 ϕ_1의 합$(\phi_2+\phi_1)$에 의하여 새로운 자기 인덕턴스 값 L_2'로 표현할 수 있다. 이를 수식으로 나타내면 다음과 같다.

$L_1 = \dfrac{N_1\phi_1}{I}$ $\Rightarrow L_1' = \dfrac{N_1(\phi_1+\phi_2)}{I} = \dfrac{N_1\phi_1}{I} + \dfrac{N_1\phi_2}{I}$ $L_2 = \dfrac{N_2\phi_2}{I}$ $\Rightarrow L_2' = \dfrac{N_2(\phi_2+\phi_1)}{I} = \dfrac{N_2\phi_2}{I} + \dfrac{N_2\phi_1}{I}$	■ 자기 인덕턴스 L ☞ $N\phi = LI \;\therefore L = \dfrac{N\phi}{I}\,[H]$ ■ 자속 방향이 같을 경우 자속 변화 ☞ $\phi_1 = \phi_1 + \phi_2$ ☞ $\phi_2 = \phi_2 + \phi_1$

상기 수식에서 앞에서 구한 자기 인덕턴스 L_1, L_2와 상호 인덕턴스 M_{12}, M_{21} 값을 고려하면 다음과 같이 수식을 나타낼 수 있다.

$L_1' = \dfrac{N_1(\phi_1+\phi_2)}{I} = \dfrac{N_1\phi_1}{I} + \dfrac{N_1\phi_2}{I} = L_1 + M_{21}$ $L_2' = \dfrac{N_2(\phi_2+\phi_1)}{I} = \dfrac{N_2\phi_2}{I} + \dfrac{N_2\phi_1}{I} = L_2 + M_{12}$	■ 자기 인덕턴스 L ☞ $L_1 = \dfrac{N_1\phi_1}{I}$, $L_2 = \dfrac{N_2\phi_2}{I}$ ■ 상호 인덕턴스 M ☞ $M_{12} = \dfrac{N_2\phi_1}{I}$, $M_{21} = \dfrac{N_1\phi_2}{I}$

그리고, 상호 인덕턴스 M_{12}, M_{21}에서 투자율이 매우 높고, 누설자속이 없다고 가정한다면 다음과 같은 관계가 성립하게 된다.

$M_{12} = M_{21} = M$	■ 누설자속이 없을 경우 ☞ $M_{12} = M_{21} = M$

따라서, 상기 수식을 다시 나타내면 다음과 같다.

$$L_1' = L_1 + M_{21} = L_1 + M$$
$$L_2' = L_2 + M_{12} = L_2 + M$$

■ 누설자속이 없을 경우
☞ $M_{12} = M_{21} = M$

그리고, 코일이 직렬접속이면 합성 인덕턴스 $L[H]$은 자기 인덕턴스 L_1'와 L_2'의 합으로 표현할 수 있고 가극성 합성 인덕턴스 $L_+[H]$를 다음 수식으로 나타낼 수 있다.

$$L_+ = L_1' + L_2' = L_1 + L_2 + 2M\,[H]$$

■ 직렬의 가극성 합성 인덕턴스
☞ $L_+ = L_1' + L_2'$

(2) 상호 인덕턴스 M < 0인 경우 (감극성)

상기 그림 10-15 (b)와 같이 자기 인덕턴스가 $L_1[H]$, $L_2[H]$인 코일을 쇄교 자속이 반대 방향으로 직렬접속하고 회로에 전류 $I[A]$를 인가하면 각 코일에서 유도되는 자속 $\phi_1[Wb]$, $\phi_2[Wb]$와 자기 인덕턴스 L_1, L_2 사이의 관계는 다음 수식으로 표현할 수 있다.

$$L_1 I = N_1\phi_1\,,\ L_2 I = N_2\phi_2$$
$$\therefore L_1 = \frac{N_1\phi_1}{I}\,,\ L_2 = \frac{N_2\phi_2}{I}$$

■ 자기 인덕턴스 L
☞ $N\phi = LI\ \therefore L = \frac{N\phi}{I}\,[H]$

전류 I를 인가하면 각 코일에서 유도되는 자속 ϕ_1, ϕ_2에 의하여 각각 1차 코일과 2차 코일에 쇄교하는 자속을 ϕ_{12}, ϕ_{21}이라고 하고, 상호 인덕턴스 M_{12}, M_{21}을 수식으로 나타내면 다음과 같다.

$$N_2\phi_{12} = M_{12} I,\ N_1\phi_{21} = M_{21} I$$
$$\therefore M_{12} = \frac{N_2\phi_{12}}{I}\,,\ M_{21} = \frac{N_1\phi_{21}}{I}$$

■ 상호 인덕턴스 M
☞ $N_1\phi_{21} = M_{21} I$
☞ $N_2\phi_{12} = M_{12} I$

상기 상호 인덕턴스 M_{12}, M_{21}에서 투자율이 매우 높고, 누설자속이 없다고 가정한다면 다음과 같은 관계가 성립하게 된다.

$$\phi_1 = \phi_{12}\ ,\ \phi_2 = \phi_{21}$$

■ 누설자속이 없을 경우 자속

☞ $\phi_{12} = \phi_1\ ,\ \phi_{21} = \phi_2$

따라서, 상기 상호 인덕턴스 M_{12}, M_{21}의 수식을 다시 표현하면 다음과 같다.

$$\therefore M_{12} = \frac{N_2 \phi_1}{I}\ ,\ M_{21} = \frac{N_1 \phi_2}{I}$$

■ 상호 인덕턴스 M

☞ $N_1 \phi_{21} = M_{21} I\ ,\ N_2 \phi_{12} = M_{12} I$

☞ $\phi_1 = \phi_{12}\ ,\ \phi_2 = \phi_{21}$

1차 코일에 전류 I가 인가되어 코일에 전류가 흐르게 되면 암페어의 오른나사 법칙에 의하여 자속 ϕ_1이 발생하게 되고, 쇄교 자속 $\phi_{12}(=\phi_1)$는 2차 코일로 흘러 들어가게 된다. 또한, 2차 코일에 전류 I가 인가되어 코일에 전류가 흐르게 되면 암페어의 오른나사 법칙에 의하여 자속 ϕ_2가 발생하게 되고, 쇄교 자속 $\phi_{21}(=\phi_2)$은 1차 코일의 자속방향과 반대 방향으로 흘러 들어가게 된다.

따라서, 1차 코일의 자기 인덕턴스 L_1은 자속 ϕ_1과 ϕ_2의 차$(\phi_1 - \phi_2)$에 의하여 새로운 자기 인덕턴스 값 L_1'로 표현할 수 있다. 그리고, 2차 코일의 자기 인덕턴스 L_2도 자속 ϕ_2와 ϕ_1의 차$(\phi_2 - \phi_1)$에 의하여 새로운 자기 인덕턴스 값 L_2'로 표현할 수 있다. 이를 수식으로 나타내면 다음과 같다.

$$L_1 = \frac{N_1 \phi_1}{I}$$

$$\Rightarrow L_1' = \frac{N_1(\phi_1 - \phi_2)}{I} = \frac{N_1 \phi_1}{I} - \frac{N_1 \phi_2}{I}$$

$$L_2 = \frac{N_2 \phi_2}{I}$$

$$\Rightarrow L_2' = \frac{N_2(\phi_2 - \phi_1)}{I} = \frac{N_2 \phi_2}{I} - \frac{N_2 \phi_1}{I}$$

■ 자기 인덕턴스 L

☞ $N\phi = LI\ \ \therefore L = \frac{N\phi}{I}\ [H]$

■ 자속 방향이 다를 경우 자속 변화

☞ $\phi_1 = \phi_1 - \phi_2$

☞ $\phi_2 = \phi_2 - \phi_1$

상기 수식에서 앞에서 구한 자기 인덕턴스 L_1, L_2와 상호 인덕턴스 M_{12}, M_{21} 값을 고려하면 다음과 같이 수식을 나타낼 수 있다.

$$L_1' = \frac{N_1(\phi_1 - \phi_2)}{I} = \frac{N_1\phi_1}{I} - \frac{N_1\phi_2}{I} = L_1 - M_{21}$$

$$L_2' = \frac{N_2(\phi_2 - \phi_1)}{I} = \frac{N_2\phi_2}{I} - \frac{N_2\phi_1}{I} = L_2 - M_{12}$$

■ 자기 인덕턴스 L

☞ $L_1 = \frac{N_1\phi_1}{I}$, $L_2 = \frac{N_2\phi_2}{I}$

■ 상호 인덕턴스 M

☞ $M_{12} = \frac{N_2\phi_1}{I}$, $M_{21} = \frac{N_1\phi_2}{I}$

그리고, 상호 인덕턴스 M_{12}, M_{21}에서 투자율이 매우 높고, 누설자속이 없다고 가정한다면 다음과 같은 관계가 성립하게 된다.

$$M_{12} = M_{21} = M$$

■ 누설자속이 없을 경우

☞ $M_{12} = M_{21} = M$

따라서, 상기 수식을 다시 나타내면 다음과 같다.

$$L_1' = L_1 - M_{21} = L_1 - M$$

$$L_2' = L_2 - M_{12} = L_2 - M$$

■ 누설자속이 없을 경우

☞ $M_{12} = M_{21} = M$

그리고, 코일이 직렬접속이면 합성 인덕턴스 $L[H]$은 자기 인덕턴스 L_1'와 L_2'의 합으로 표현할 수 있고 감극성 합성 인덕턴스 $L_-[H]$를 다음 수식으로 나타낼 수 있다.

$$L_- = L_1' + L_2' = L_1 + L_2 - 2M\,[H]$$

■ 직렬의 감극성 합성 인덕턴스

☞ $L_- = L_1' + L_2'$

예제 10.24

▣ 두 자기 인덕턴스를 직렬로 하여 합성 인덕턴스를 측정하였더니 $75\,[mH]$가 되었다. 이때 한 쪽 인덕턴스를 반대로 접속하여 측정하니 $25\,[mH]$가 되었다면 두 코일의 상호 인덕턴스 $[mH]$는 얼마인가?

풀이

◉ 가극성 $L_+ = L_1 + L_2 + 2M = 75\,[mH]$, 감극성 $L_- = L_1 + L_2 - 2M = 25\,[mH]$

◉ $L_+ - L_-$로 M에 관해서 풀면 상호 인덕턴스 $\therefore M = \frac{L_+ - L_-}{4} = \frac{75-25}{4} = \frac{50}{4} = 12.5\,[mH]$

예제 10.25

■ 서로 결합된 2개의 코일을 직렬로 연결하면 합성 자기 인덕턴스가 $20[mH]$이고, 한쪽 코일의 연결을 반대로 하면 $8[mH]$가 되었다. 두 코일의 상호 인덕턴스는 얼마인가?

풀이

◉ $L = L_1 + L_2 \pm 2M$에서, $L_+ = L_1 + L_2 + 2M = 20$ ⋯ ① $L_- = L_1 + L_2 - 2M = 8$⋯ ②

▶ 식 ① - ②를 하면 $L_+ - L_- = 4M$

▶ 상호 인덕턴스 $M = \dfrac{L_+ - L_-}{4}$에서 ∴ $M = \dfrac{20-8}{4} = 3\,[mH]$

예제 10.26

■ 서로 결합하고 있는 두 코일의 자기 인덕턴스가 각각 $3[mH]$, $5[mH]$이다. 이들을 자속이 서로 합해지도록 직렬 접속할 때는 합성 인덕턴스가 $L[mH]$이고, 반대가 되도록 직렬 접속했을 때의 합성 인덕턴스 L'는 L의 60[%]였다. 두 코일 간의 결합 계수는 얼마인가?

풀이

◉ $L = L_1 + L_2 \pm 2M$에서, $L = 3+5+2M$ ⋯ ① $L' = 0.6L = 3+5-2M$ ⋯ ②

▶ 두 식에서 M을 소거$(L+L')$하면 $1.6L = 16 \rightarrow \therefore L = 10\,[mH]$

▶ 이것을 위 식 ①, ②에 대입하여 풀면 $10 = 3+5+2M$ ⋯ ③ $6 = 3+5-2M$ ⋯ ④

▶ ③식에서 ④식을 빼면 $4 = 4M \rightarrow \therefore M = 1\,[mH]$

▶ 상호 인덕턴스 $M = k\sqrt{L_1 L_2}$에서 ∴ 결합계수 $k = \dfrac{M}{\sqrt{L_1 L_2}} = \dfrac{1}{\sqrt{3\times 5}} = 0.258$

예제 10.27

■ 자기 인덕턴스 $L_1[mH]$, $L_2[mH]$인 2개 코일의 인덕턴스 합이 $41[mH]$일 경우 결합 계수가 0.739가 되도록 양자를 전자 결합시켰을 때 상호 인덕턴스가 $12[mH]$이었다. L_1 및 L_2의 값$[mH]$은 얼마인가?

풀이

◉ $L_1 + L_2 = 41\,[mH]$ ⋯ ① $M = k\sqrt{L_1 L_2} = 0.739\sqrt{L_1 L_2} = 12\,[mH]$ ⋯ ②

▶ $\sqrt{L_1 L_2} = \dfrac{12\times 10^{-3}}{0.739}$에서 $L_1 L_2 = 0.26[mH]$ ∴ $L_2 = \dfrac{0.26}{L_1}[mH]$ ⋯ ③

▶ ③식을 ①식에 대입 $L_1 + \dfrac{0.26}{L_1} = 41\,[mH]$ $\therefore L_1^2 - (41\times 10^{-3} L_1) + (0.26\times 10^{-3}) = 0$

▶ 근의 공식에서 L_1, L_2의 값은 $L_1 = 33[mH]$ 또는 $8[mH]$, $L_2 = 8[mH]$ 또는 $33[mH]$

예제 10.28

■ 같은 철심 위에 인덕턴스 L이 같은 두 코일을 같은 방향으로 감고 직렬로 연결하였을 때 합성 인덕턴스는 얼마인가? (단, 두 코일이 완전 결합한 경우이다.)

풀이

◉ 완전 결합이므로 $k=1$, $L_1 = L_2 = L$

▶ 상호 인덕턴스는 $M = k\sqrt{L_1 L_2} = 1\times\sqrt{L^2} = L$

▶ 합성 인덕턴스 $L_t = L_1 + L_2 + 2M = L + L + 2L = 4L$

10-8 전류에 의한 자계에너지

그림 10-16과 같이 환상 철심에 코일을 감고 전류 $I[A]$를 인가한다고 하자. 이때 코일에 의한 자기 인덕턴스 및 상호 인덕턴스를 갖는 회로에 전류 I를 증가시키게 되면 전자유도 법칙에 의하여 역기전력 $e[V]$가 발생한다. 그리고, 다시 전류 I를 증가시키게 되면 역기전력 e보다 더 많은 에너지를 외부에서 공급하여야 한다. 이 에너지는 코일에 연결된 전원에서 공급하는 전류 I와 전압 $V[V]$에 의하여 전력의 형태로 공급되게 되고, 코일에 흐르는 전류 I에 의하여 만들어진 자계에너지로 축적되게 된다. 이와 같은 에너지를 전자에너지(electromagnetic energy) 또는 자계에너지(magnetic energy)라 한다. 전류 I에 의하여 축적되는 자계에너지에 대하여 알아보자.

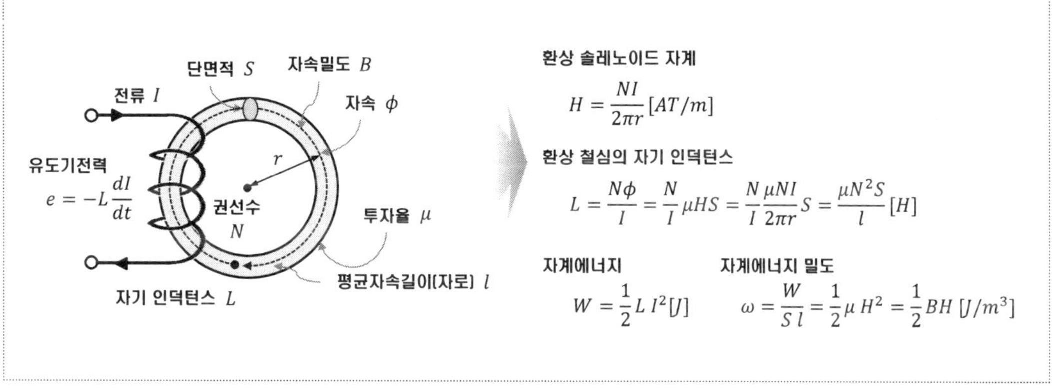

그림 10-16 전류에 의한 자계에너지

그림 10-16에서 자기 인덕턴스가 $L[H]$인 코일에 전류 I를 인가하였을 때 패러데이의 전자유도 법칙에 의하여 아래 수식과 같은 유도기전력 e가 발생한다.

$$e=-N\frac{d\phi}{dt}=-L\frac{dI}{dt}[V]$$

■ 패러데이의 전자유도 법칙

☞ $e=-N\frac{d\psi}{dt}=-L\frac{dI}{dt}[V]$

그리고, 이 유도기전력 e에 의하여 미소 전하 $dq[C]$를 이동시키기 위하여 필요한 일 $dW[J]$는 아래 수식으로 표현할 수 있다.

$dW = -edq = L\frac{dI}{dt}dq = L\frac{dq}{dt}dI = LIdI\,[J]$	■ 유도기전력에 의하여 전하 dq를 운반하는데 필요한 일 dW ☞ $dW = -e\,dq$ ☞ $v = -\int \boldsymbol{E} \cdot dl$과 유사 의미 ■ 페러데이의 전자유도 법칙 ☞ $e = -N\frac{d\phi}{dt} = -L\frac{dI}{dt}[V]$ ■ 전류: 시간당 변화하는 전하량 ☞ $I = \frac{dq}{dt}[A]$

상기 수식을 이용하여 자기 인덕턴스 L에 전류를 0에서 I까지 증가시키는 데 필요한 일 $W[J]$를 구하면 아래 수식과 같다.

$W = \int dW = \int_0^I LIdI = \frac{1}{2}LI^2\,[J]$	■ 자기 인덕턴스 L에 전류를 0에서 I까지 증가시는 데 필요한 일 W(자계 내 축적에너지) ☞ $W = \int_0^I dW$

상기 수식의 물리적 의미는 자기 인덕턴스 L에 흐르는 전류 I가 만드는 자계 내에서 축적되는 에너지를 나타내고 있다. 그리고, 상기 수식을 활용하여 단위체적당 축적되는 에너지, 즉 자계 에너지 밀도 $\omega\,[J/m^3]$를 구하면 다음과 같다.

$\omega = \frac{W}{Sl} = \frac{\frac{1}{2}LI^2}{Sl} = \frac{\frac{1}{2}(\frac{\mu SN^2}{l})I^2}{Sl}$ $= \frac{\mu N^2 I^2}{2l^2} = \frac{1}{2}\mu(\frac{NI}{l})^2$ $= \frac{1}{2}\mu H^2 = \frac{1}{2}BH = \frac{1}{2}\frac{B^2}{\mu}[J/m^3]$	■ 자계에너지 밀도(단위체적당 축적에너지 ω) ☞ $\omega = \frac{W}{v} = \frac{W}{Sl}$, $W = \frac{1}{2}LI^2[J]$ ■ 자기 인덕턴스 L ☞ $N\phi = LI \therefore L = \frac{N\phi}{I}$ ☞ 환상솔레노이드 자계: $H = \frac{NI}{2\pi r} = \frac{NI}{l}[AT/m]$ ☞ 철심: $L = \frac{N\phi}{I} = \frac{N}{I}BS = \frac{N}{I}\mu HS$ $= \frac{N}{I}\frac{\mu NI}{2\pi r}S = \frac{\mu N^2 S}{l}$ $[Wb/A, H]$

권선수 N인 전체 쇄교 자속을 Φ라고 한다면 자기 인덕턴스 L에 흐르는 전류 I가 만드는 자계 내에 축적되는 에너지인 자계 에너지 W는 아래의 수식으로 다시 나타낼 수 있다.

$\Phi = N\phi = LI \quad \therefore L = \dfrac{N\phi}{I} = \dfrac{\Phi}{I}$ $W = \dfrac{1}{2}LI^2 = \dfrac{1}{2}(LI)I = \dfrac{1}{2}(N\phi)I = \dfrac{1}{2}N\phi I[J]$ $\therefore W = \dfrac{1}{2}N\phi I = \dfrac{1}{2}\Phi I[J]$	■ 전체 쇄교 자속 Φ(phi) ☞ $\Phi = N\phi$ ■ 자계내 축적에너지: W ☞ $W = \int dW = \int_0^I LIdI = \dfrac{1}{2}LI^2[J]$

예제 10.29

▣ 자기 인덕턴스가 50[H]인 회로에 20[A]의 전류가 흐르고 있을 때 축적된 전자에너지는 몇 [J]인가?

풀이	◉ 전자(자계)에너지 $W = \dfrac{1}{2}LI^2 \rightarrow W = \dfrac{1}{2} \times 50 \times 20^2 = 10{,}000\,[J]$

예제 10.30

▣ 어떤 코일의 인덕턴스를 측정하였더니 4[H]이고, 여기에 직류 전류 I[A]를 흘려주니 이 코일에 축적된 에너지가 10[J]이었다면 전류 I는 몇 [A]인가?

풀이	◉ 자계에너지 $W = \dfrac{1}{2}LI^2$에서 $\therefore$ 전류 $I = \sqrt{\dfrac{2W}{L}} = \sqrt{\dfrac{2 \times 10}{4}} = \sqrt{5} = 2.24\,[A]$

예제 10.31

▣ 전원에 연결한 코일에 10[A]가 흐르고 있다. 순간적으로 전원을 떼고 코일에 저항을 연결하였을 때 저항에서 24[cal]의 열량이 발생하였다. 코일의 자기인덕턴스는 몇 [H]인가?

풀이	◉ 자계에너지 $W = \dfrac{1}{2}LI^2\,[J] = \dfrac{1}{2}LI^2 \times \dfrac{1}{4.2}[cal] = \dfrac{1}{8.4}LI^2\,[cal]$ ◉ 인덕턴스 $L = \dfrac{8.4\,W}{I^2} = \dfrac{8.4 \times 24}{10^2} = 2\,[H]$

예제 10.32

▣ 하나의 철심 위에 인덕턴스가 10[H]인 두 코일을 같은 방향으로 감아서 직렬 연결한 후에 5[A]의 전류를 흘리면 여기에 축적되는 에너지는 몇 [J]인가? (단, 두 코일의 결합 계수는 0.8이다.)

풀이	◉ 자계에너지 $W = \dfrac{1}{2}LI^2 = \dfrac{1}{2}(L_1 + L_2 + 2k\sqrt{L_1 L_2})I^2$ $= \dfrac{1}{2}(10 + 10 + 2 \times 0.8\sqrt{10 \times 10}) \times 5^2 = 450\,[J]$

10-9 인덕턴스의 계산

10.9.1 환상 솔레노이드

그림 10-17과 같이 단면적이 $S\,[m^2]$, 투자율이 μ, 코일의 권선수가 N인 환상 솔레노이드에 전류 $I\,[A]$를 인가한 경우 인덕턴스 $L\,[H]$을 구하여 보자.

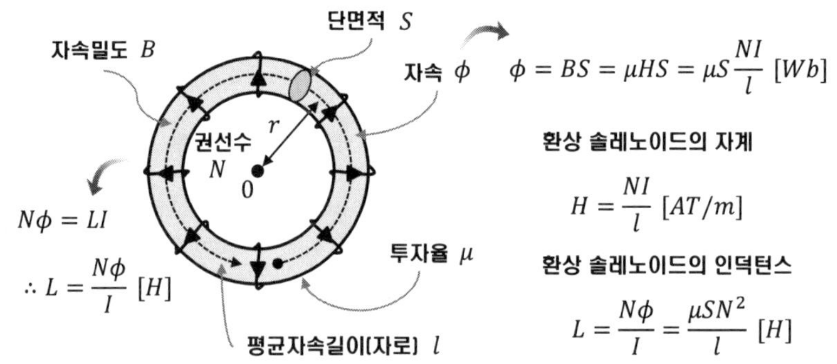

그림 10-17 환상 솔레노이드

8장에서 암페어의 주회적분 법칙으로 구한 환상 솔레노이드의 자계의 세기 $H\,[AT/m]$와 환상 솔레노이드의 내부 자속 $\phi[Wb]$를 수식으로 나타내면 다음과 같다.

$H = \dfrac{NI}{2\pi r} = \dfrac{NI}{l}\,[AT/m]$ $\phi = BS = \mu HS = \mu S\dfrac{NI}{l}\,[Wb]$	■ 환상 솔레노이드의 자계 세기 H ☞ $H = \dfrac{NI}{l}\,[AT/m]$ ■ 자속밀도 B(단위면적당 자속수) ☞ $B = \dfrac{\phi}{S}\,[Wb/m^2]$

상기 수식을 활용하여 자기 인덕턴스 L을 구하면 아래 수식과 같다.

$N\phi = LI$ $\Rightarrow L = \dfrac{N\phi}{I} = \dfrac{N}{I}\mu S\dfrac{NI}{l} = \dfrac{\mu SN^2}{l}\,[H]$	■ 자기 인덕턴스 L ☞ $N\phi = LI \;\therefore L = \dfrac{N\phi}{I}$

그리고, 상기 수식의 자기 인덕턴스 L을 활용하여 권선수 N을 구하면 아래 수식과 같다.

$$N = \sqrt{\frac{Ll}{\mu S}}$$

■ 권선수 N
☞ 면적: $S = \pi a^2$
☞ 자로길이: $l = 2\pi r$

예제 10.33

▣ 단면적 $100[cm^2]$, 비투자율 1,000인 환상 철심에 500회의 코일을 감고 여기에 $1[A]$의 전류를 흘릴 때 $1.28[AT/m]$였다면 자기 인덕턴스 $[mH]$는 얼마인가?

풀이

◉ 인덕턴스 $L = \frac{N\phi}{I} = \frac{N\mu_0\mu_s HS}{I} = \frac{500 \times 4\pi \times 10^{-7} \times 1000 \times 1.28 \times 100 \times 10^{-4}}{1}$

$= 8.04 \times 10^{-3}[H] = 8.04[mH]$

예제 10.34

▣ 길이 $10[cm]$, 반지름 $1[cm]$인 원형 단면을 갖는 공심 솔레노이드의 자기 인덕턴스를 $1[mH]$로 하기 위하여서는 솔레노이드의 권선수를 몇 회 정도로 하여야 하는가? (단, $\mu_s = 1$이다.)

풀이

◉ 인덕턴스 $L = \frac{\mu SN^2}{l}[H]$에서

$\therefore$ 권수 $N = \sqrt{\frac{L \cdot l}{\mu S}} = \sqrt{\frac{L \cdot l}{\mu_0 \mu_s \pi r^2}} = \sqrt{\frac{1 \times 10^{-3} \times 10 \times 10^{-2}}{4\pi \times 10^{-7} \times 1 \times \pi \times (1 \times 10^{-2})^2}} \fallingdotseq 503$

예제 10.35

▣ N회 감긴 환상 코일의 단면적이 $S[m^2]$이고 평균 길이가 $l[m]$이다. 이 코일의 권수를 반으로 줄이고 인덕턴스를 일정하게 하려면 어떻게 하여야 하는가?

① 길이를 $\frac{1}{4}$배로 한다.
② 단면적을 2배로 한다.
③ 전류의 세기를 2배로 한다.
④ 전류의 세기를 4배로 한다.

풀이

◉ 환상 코일의 자기 인덕턴스 $L = \frac{\mu SN^2}{l}[H]$이므로 권수를 $\frac{1}{2}$로 하면 L은 $\left(\frac{1}{2}\right)^2 = \frac{1}{4}$배로 되므로 S를 4배 또는 l을 $\frac{1}{4}$배로 하면 L은 일정하게 된다.

☞ ①

10.9.2 직선 솔레노이드

그림 10-18과 같이 길이가 $l[m]$이고, 길이가 반지름 $a[m]$보다 상당히 큰 직선 솔레노이드에 코일의 권수 N(n: 단위길이당 권선수)인 직선 솔레노이드(무한장 솔레노이드)에 전류 $I[A]$를 인가한 경우, 인덕턴스 $L[H]$ 을 구하면 다음과 같다.

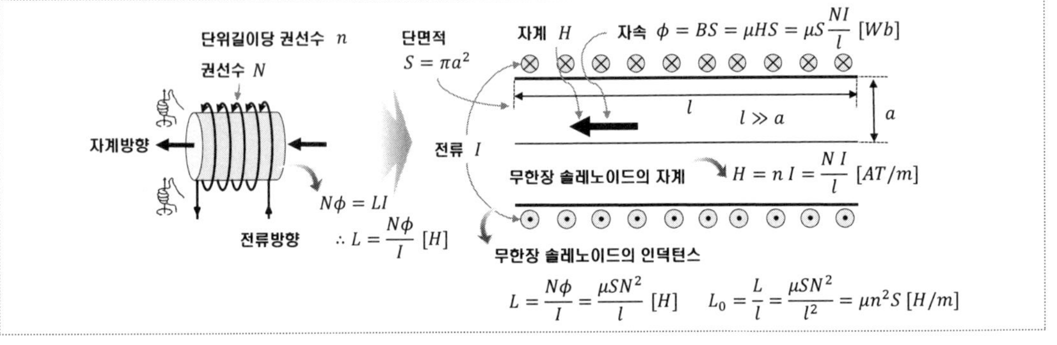

그림 10-18 직선 솔레노이드

8장에서 암페어의 주회적분 법칙으로 구한 무한장 솔레노이드의 자계의 세기 $H[AT/m]$와 무한장 솔레노이드의 내부 자속 $\phi[Wb]$를 수식으로 나타내면 다음과 같다.

$$H = nI = \frac{NI}{l}\,[AT/m]$$

$$\phi = BS = \mu HS = \mu S\frac{NI}{l} = \mu\frac{NI}{l}\pi a^2 = \mu nI\pi a^2\,[Wb]$$

■ 무한장 솔레노이드의 자계 세기 H

☞ $H = nI = \dfrac{NI}{l}\,[AT/m]$

☞ N: 권선수, n: 단위길이당 권선수

■ 자속밀도 B(단위면적당 자속수)

☞ $B = \dfrac{\phi}{S}\,[Wb/m^2]$

상기 수식을 활용하여 자기 인덕턴스 L을 구하면 아래 수식과 같다.

$$N\phi = LI$$

$$\Rightarrow L = \frac{N\phi}{I} = \frac{N}{I}\mu S\frac{NI}{l} = \frac{\mu SN^2}{l}\,[H]$$

■ 자기 인덕턴스 L

☞ $N\phi = LI \;\therefore L = \dfrac{N\phi}{I}$

상기 수식의 자기 인덕턴스 L을 활용하여 단위길이당 자기 인덕턴스 $L_0[H/m]$를 구하면 아래 수식과 같다.

$L_o = \frac{L}{l} = \frac{\mu N^2 S}{l^2} = \mu \frac{N^2}{l^2} \pi a^2$ $= \mu n^2 S = \mu n^2 \pi a^2 [H/m]$	■ 단위길이당 자기 인덕턴스 L_0 ☞ N: 권선수 ☞ n: 단위길이당 권선수

예제 10.36

▣ 지름이 $40[mm]$인 원형 종이관에 일정하게 2,000회의 코일이 감겨 있는 솔레노이드의 인덕턴스는 몇 $[mH]$인가? (단, 솔레노이드의 길이는 $50[cm]$, 투자율은 μ_0라고 한다.)

풀이

◉ 무한장 솔레노이드의 단위길이당 자기 인덕턴스 $L_0 = \mu S n^2 = \mu \pi a^2 n^2 [H/m]$

◉ 무한장 솔레노이드의 자기 인덕턴스 $L = L_0 l = \mu S n^2 l = \mu \pi a^2 n^2 l [H]$

◉ 단위길이당 권선수 $n = \frac{2,000}{0.5} = 4,000$회

◉ 반지름 $a = \frac{D}{2} = \frac{40 \times 10^{-3}}{2} = 20 \times 10^{-3} [m]$

◉ 인덕턴스 $L = \mu S n^2 = \mu \pi a^2 n^2 l = 4\pi \times 10^{-7} \times \pi \times (20 \times 10^{-3})^2 \times 4,000^2 \times 0.5$
$\fallingdotseq 0.0126 [H] = 12.6 [mH]$

예제 10.37

▣ 단면의 지름이 $D[m]$, 단위길이당 권선수가 n[회$/m$]인 무한장 솔레노이드에 전류 $I[A]$를 흘렸을 때 길이 $l[m]$에 대한 인덕턴스 $L[H]$은 얼마인가?

① $4\pi^2 \mu_s n D^2 l \times 10^{-7}$ ② $4\pi \mu_s n^2 D l \times 10^{-7}$ ③ $\pi^2 \mu_s n D^2 l \times 10^{-7}$ ④ $\pi^2 \mu_s n^2 D^2 l \times 10^{-7}$

풀이

◉ 인덕턴스 $L = \frac{N\phi}{I} = \frac{(nl)\mu HS}{\frac{Hl}{(nl)}} = \frac{(nl)^2 \mu S}{l} = n^2 l \mu S = n^2 l \mu_0 \mu_s S$

$= 4\pi \times 10^{-7} \times \mu_s n^2 l \times \frac{\pi D^2}{4} = \pi \mu_s n^2 D^2 l \times 10^{-7} [H]$

☞ ④

예제 10.38

▣ 지름 $a[m]$, 권수 N, 길이 $l[m]$인 무한히 긴 공심 솔레노이드의 인덕턴스는 몇 $[H]$인가?

풀이

◉ 인덕턴스 $L = \frac{N\phi}{I} [H]$에서 공심 솔레노이드에 전류 $I[A]$가 흐를 때

◉ 내부 자속은 $\phi = BS = \mu_0 (\frac{NI}{l}) \pi (\frac{a}{2})^2 = \frac{\mu_0 N I \pi a^2}{4l}$

◉ 인덕턴스 $L = \frac{N\phi}{I} = \frac{\mu_0 \pi a^2 N^2}{4l} [H]$

10.9.3 원형 코일

그림 10-19와 같이 반지름 $a[m]$, 원형 코일의 권선수 N인 원형 코일에 전류 $I[A]$를 인가한 경우 인덕턴스 $L[H]$을 구하면 다음과 같다.

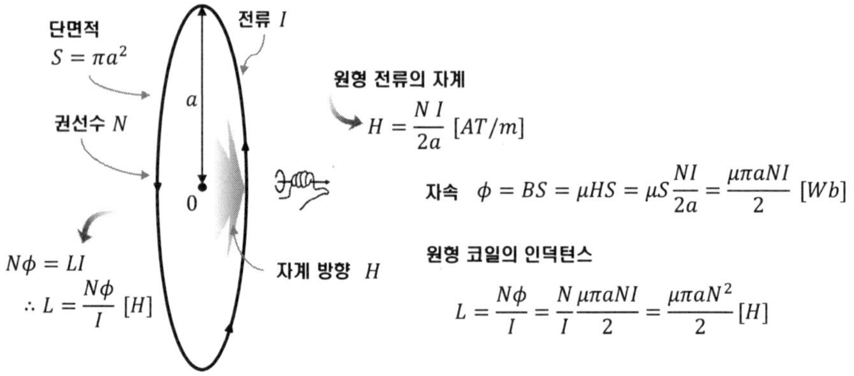

그림 10-19 원형 코일

원형 코일 중심부의 자계의 세기 $H[AT/m]$는 8장에서 등가 판자석법으로 구한 원주형 도체에 대한 자계의 세기 H와 자속 $\phi[Wb]$를 수식으로 나타내면 다음과 같다.

$$H = \frac{NI}{2a}\ [AT/m]$$

$$\phi = BS = \mu HS = \mu S\frac{NI}{2a} = \mu\pi a^2\frac{NI}{2a} = \frac{\mu\pi aNI}{2}\ [Wb]$$

■ 원주형 도체의 자계 세기 H

☞ 권선수 $N=1$회: $H = \frac{I}{2a}\ [AT/m]$

☞ 권선수 N회: $H = \frac{NI}{2a}\ [AT/m]$

☞ N: 권선수, n: 단위길이당 권선수

■ 자속밀도 B(단위면적당 자속수)

☞ $B = \frac{\phi}{S}\ [Wb/m^2]$

상기 수식을 활용하여 자기 인덕턴스 L을 구하면 아래 수식과 같다.

$$N\phi = LI$$

$$\Rightarrow L = \frac{N\phi}{I} = \frac{N}{I}\frac{\mu\pi aNI}{2} = \frac{\mu\pi aN^2}{2}\ [H]$$

■ 자기 인덕턴스 L

☞ $N\phi = LI \ \therefore L = \frac{N\phi}{I}$

10.9.4 동축 케이블

그림 10-20과 같이 동축 케이블의 내부 반지름이 $a[m]$, 외부 반지름이 $b[m](a<b)$인 동축 케이블의 자기 인덕턴스 $L[H/m]$을 구하여 보자. 내부 도체에 전류 $I[A]$가 흐르고, 외부 도체에 전류 $-I[A]$로 하여 반대 방향으로 전류가 흐른다고 가정하자. 동축 케이블 외부 도체의 외측 자속은 내부 및 외부 도체의 전류 크기가 같고, 반대 방향이므로 자속은 0이 된다. 또한, 외부 도체의 전류 $-I$는 b보다 작은 안쪽으로는 자속이 없다라고 가정한다면, 동축 케이블 내부와 외부 인덕턴스 $L_i[H/m]$, $L_e[H/m]$를 다음과 같이 구할 수 있다.

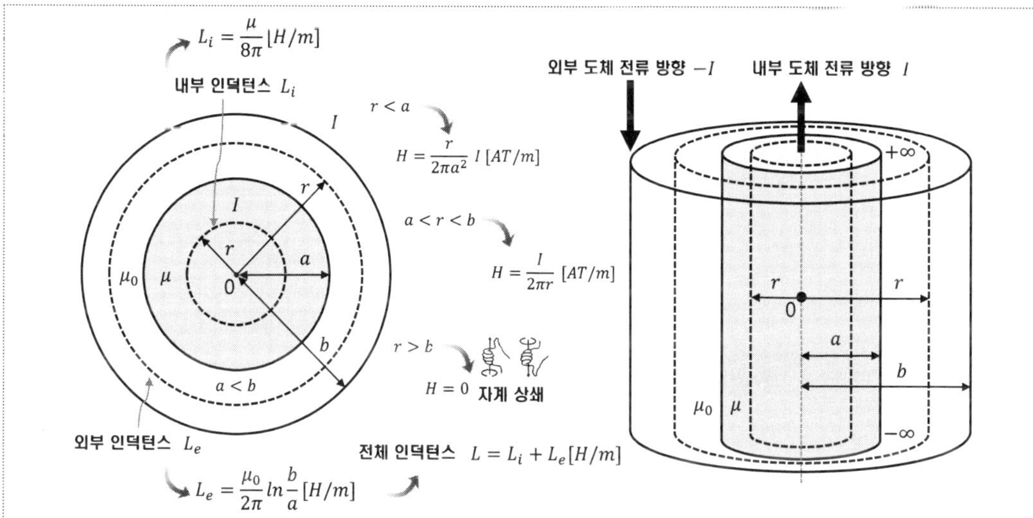

그림 10-20 동축 케이블

(1) 내부 인덕턴스

도체 내부의 단위길이당 내부 인덕턴스 $L_i[H/m]$는 자계 에너지를 이용하여 구할 수 있다. 도체 내부의 중심에서 $r[m](r<a)$인 거리에서 자계의 세기 $H[AT/m]$는 다음과 같다.

$$H = \frac{rI}{2\pi a^2}\ [AT/m]$$

■ 무한장 원주형 도체 내부 자계 H

☞ 도체 반지름 a, 도체내부에 균일하게 전류가 흐를 경우 거리 r인 지점의 자계

☞ $H = \frac{rI}{2\pi a^2}\ [AT/m]$

그리고, 단위체적당 자계 에너지(자계 에너지밀도) $\omega[J/m^3]$, 단위길이당 자계 에너지를 $W[J/m]$라 한다면 다음 수식의 관계가 성립한다.

$$W = \frac{\int_v \omega dv}{1} = \int_v \omega dv\,[J/m]$$

■ 자계 에너지 밀도와 단위길이당 자계 에너지 사이의 관계

☞ 단위체적당 자계 에너지: $\omega[J/m^3]$

$\omega[J/m^3] \cdot dv[m^3] = dW_{자계에너지}[J]$

☞ 단위길이당 자계 에너지: $W[J/m]$

$(\omega[J/m^3] \cdot dv[m^3])/1[m]$

$= dW_{단위길이당자계에너지}[J/m]$

상기 수식의 단위길이당 자계 에너지 $W[J/m]$에서 도체의 투자율을 μ라 하고, 단위체적당 자계 에너지(자계 에너지밀도) $\omega[J/m^3]$를 이용하여 풀면 다음과 같다.

$$W = \int_v \omega dv = \frac{1}{2}\int_v BHdv = \frac{1}{2}\int_v \mu H^2 dv$$

$$= \frac{1}{2}\int_0^a \mu\left(\frac{rI}{2\pi a^2}\right)^2 2\pi r dr$$

$$= \frac{1}{2}\frac{\mu I^2 2\pi}{4\pi^2 a^4}\int_0^a r^3 dr$$

$$= \frac{1}{2}\frac{\mu I^2 2\pi}{4\pi^2 a^4}\left[\frac{1}{4}r^4\right]_0^a$$

$$= \frac{1}{2}\frac{\mu I^2 2\pi}{4\pi^2 a^4}\frac{1}{4}a^4 = \frac{\mu I^2}{16\pi}[J/m]$$

■ 자계 에너지 밀도

☞ $\omega = \frac{W}{Sl} = \frac{\frac{1}{2}LI^2}{Sl} = \frac{\frac{1}{2}(\frac{\mu SN^2}{l})I^2}{Sl}$

$= \frac{\mu N^2 I^2}{2l^2} = \frac{1}{2}\mu(\frac{NI}{l})^2$

$= \frac{1}{2}\mu H^2 = \frac{1}{2}BH = \frac{1}{2}\frac{B^2}{\mu}[J/m^3]$

■ 무한장 원주형 도체 내부 자계 H

☞ $H = \frac{rI}{2\pi a^2}\,[AT/m]$

■ 원통의 체적

☞ $v = 2\pi r\, l$, ($l = 1[m]$, 단위길이)

$\therefore dv = 2\pi r\, 1\, dr = 2\pi r dr$

■ 미분과 적분

☞ $y = x^n \Rightarrow y' = nx^{n-1}$, $\int x^n dx = \frac{x^{n+1}}{n+1}$

상기 수식의 단위길이당 자계 에너지 $W[J/m]$를 활용하여 자계 내에 축적되는 에너지인 자계 에너지 $W[J]$는 아래의 수식으로 나타낼 수 있다. 그리고, 이를 활용하여 단위길이당

내부 인덕턴스 $L_i[H/m]$는 다음과 같이 구할 수 있다.

$W=\frac{1}{2}L_iI^2[J/m]$, $\therefore L_i=\frac{2W}{I^2}[H/m]$ $L_i=\frac{2W}{I^2}=\frac{2}{I^2}\frac{\mu I^2}{16\pi}=\frac{\mu}{8\pi}[H/m]$	■ 자계 내 축적에너지 W ☞ $W=\int dW=\int_0^I LIdI=\frac{1}{2}LI^2[J]$ ■ 단위길이당 자계 에너지를 $W[J/m]$ ☞ $W=\frac{\mu I^2}{16\pi}[J/m]$

상기 수식에서 단위길이당 내부 인덕턴스 $L_i[H/m]$는 도체의 단면적, 크기와 무관하며, 재질의 투자율 μ에 따라 결정된다는 것을 알 수 있다. 그리고, 단위길이당 내부 인덕턴스 L_i에서 동축 케이블의 전체 길이를 $l[m]$라고 하면, 전체 길이에 대한 내부 인덕턴스를 $L_i'[H]$라고 한다면 아래 수식으로 나타낼 수 있다.

$L_i'=\frac{\mu}{8\pi}l[H]$ $=\frac{4\pi}{8\pi}\times10^{-7}\times\mu_s\times l=\frac{\mu_s l}{2}\times10^{-7}[H]$	■ 전체 길이의 내부 인덕턴스 L_i' ☞ $L_i'=\frac{\mu}{8\pi}l[H]$

예제 10.39

■ 반지름 $2[mm]$, 길이 $25[m]$인 동선의 내부 인덕턴스 $[\mu H]$는 얼마인가?

풀이	◉ 내부 인덕턴스 $L_i'=\frac{\mu}{8\pi}l[H]$, 동선($\mu_s=0.999991$)의 경우는 $\mu\fallingdotseq\mu_0$이므로 $\therefore L_i'=\frac{4\pi\times10^{-7}}{8\pi}\times25=12.5\times10^{-7}=1.25\times10^{-6}[H]=1.25[\mu H]$

예제 10.40

■ 반지름 r의 직선상 도체에 전류 I가 고르게 흐를 때 도체 내의 전자에너지와 관계없는 것은 무엇인가?

① 투자율 ② 도체의 단면적 ③ 도체의 길이 ④ 전류의 크기

풀이	◉ 도체 내의 전자에너지는 $W_i=\frac{1}{2}L_iI^2l=\frac{1}{2}\cdot\frac{\mu l}{8\pi}I^2=\frac{\mu l}{16}I^2[J]$ 반지름 r과는 무관하므로 도체의 단면적과도 관계없다. ☞ ②

(2) 외부 인덕턴스

도체 외부의 단위길이당 인덕턴스 $L_e\,[H/m]$는 쇄교자속 방법을 이용하여 구할 수 있다. 도체 내부의 중심에서 $r[m](a<r<b)$인 거리에서 자계의 세기 $H\,[AT/m]$는 다음과 같다.

$$H = \frac{I}{2\pi r}\,[AT/m]$$

■ 무한장 원주형 도체 외부 자계 H

☞ 암페어의 주회적분 법칙

$H = \frac{I}{2\pi r}\,[AT/m]$

그리고, 자속 $\phi[Wb]$에서 단위길이당 자속 $d\phi[Wb/m]$를 구하면 아래 수식과 같다.

$$H = \frac{I}{2\pi r}\,[AT/m]$$

$$\phi = BS \Rightarrow d\phi = BdS = B(1\,dr) = Bdr[Wb/m]$$

■ 자속밀도 B(단위면적당 자속수)

☞ $B = \frac{\phi}{S}\,[Wb/m^2]$

■ 단위길이당 자속수 $d\phi$

☞ $d\phi = BdS = B(1\,dr)\,[Wb/m]$

또한, 내부 도체 단면의 반경을 $a[m]$, 도체 외부 $a[m]$와 $b[m]$사이의 단위길이당 자속 $\phi[Wb/m]$는 상기의 수식 $d\phi$를 이용하여 구할 수 있다.

그리고, 도체 외부 a와 b사이는 진공으로 되어 있다고 가정하여 진공 중의 투자율 μ_0를 사용한다.

$$\begin{aligned}\phi &= \int d\phi = \int_a^b Bdr = \int_a^b \mu_0 H dr \\ &= \int_a^b \mu_0 \frac{I}{2\pi r}dr = \frac{\mu_0 I}{2\pi}\int_a^b \frac{1}{r}dr \\ &= \frac{\mu_0 I}{2\pi}[\ln r]_a^b = \frac{\mu_0 I}{2\pi}(\ln b - \ln a) \\ &= \frac{\mu_0 I}{2\pi}\ln\frac{b}{a}\,[Wb/m]\end{aligned}$$

■ 무한장 원주형 도체 외부 자계 H

☞ $H = \frac{I}{2\pi r}\,[AT/m]$

■ 적분공식

☞ $\int_a^b \frac{1}{r}dr = [\ln r]_a^b = (\ln b - \ln a)$

■ 로그함수의 성질

☞ $\ln(\frac{x}{y}) = \ln x - \ln y$

상기의 단위길이당 자속 $\phi[Wb/m]$를 이용하여 단위길이당 외부 인덕턴스 $L_e[H/m]$를 구하면 아래 수식과 같다.

$$N\phi = L_e I,\ (N=1)$$

$$L_e = \frac{\phi}{I} = \frac{\frac{\mu_0 I}{2\pi}\ln\frac{b}{a}}{I} = \frac{\mu_0}{2\pi}\ln\frac{b}{a}\ [H/m]$$

■ 자기 인덕턴스 L

☞ $N\phi = LI \ \therefore L = \frac{N\phi}{I}$

상기 수식에서 단위길이당 외부 인덕턴스 $L_e[H/m]$는 내부 도체 단면의 반경 a, 도체 외부의 반경 b에 관계되고, 재질의 투자율 μ에 따라 결정된다는 것을 알 수 있다. 그리고, 단위길이당 외부 인덕턴스 L_e에서 동축 케이블의 전체 길이를 $l[m]$라고 하면, 전체 길이에 대한 외부 인덕턴스를 $L_e'[H]$라고 한다면 아래 수식으로 나타낼 수 있다.

$$L_e' = \frac{\mu_0 \cdot l}{2\pi}\ln\frac{b}{a}\ [H]$$

■ 전체 길이의 내부 인덕턴스 L_e'

☞ $L_e' = \frac{\mu_0 \cdot l}{2\pi}\ln\frac{b}{a}\ [H]$

그러므로, 동축 케이블의 단위길이당 전체 인덕턴스 $L[H/m]$은 내부 도체의 인덕턴스 $L_i[H/m]$와 외부 도체의 인덕턴스 $L_e[H/m]$의 합으로 구할 수 있다.

$$L = L_i + L_e = \frac{\mu}{8\pi} + \frac{\mu_0}{2\pi}\ln\frac{b}{a}\ [H/m]$$

■ 동축 케이블 단위길이당 인덕턴스 L

☞ $L_i = \frac{\mu}{8\pi}[H/m]$, $L_e = \frac{\mu_0}{2\pi}\ln\frac{b}{a}\ [H/m]$

예제 10.41

▣ 내경의 반지름 $1[mm]$, 외경의 반지름이 $3[mm]$인 동축케이블의 단위길이당 인덕턴스는 약 몇 $[\mu H/m]$인가?(단, 이때 $\mu_s = 1$이며, 내부 인덕턴스는 무시한다.)

풀이

◉ 동축케이블 전체 인덕턴스는 $L = L_i + L_e$에서 내부 인덕턴스 L_i를 무시 $\therefore L = L_e$

◉ 외부 인덕턴스 L_e를 구하면 $L_e = \frac{\phi}{I} = \frac{\mu_0}{2\pi}\ln\frac{b}{a}\ [H/m]$

$$\therefore L_e = \frac{\mu_0}{2\pi}\ln\frac{b}{a} = \frac{4\pi\times10^{-7}}{2\pi}\ln\frac{3}{1} = 0.22\times10^{-6}\ [H/m] = 0.22\ [\mu H/m]$$

10.9.5 평행 왕복 도선

그림 10-21과 같이 반지름 $a[m]$인 무한 원주(원통)형 도체에 균일하게 전류 $I[A]$가 흐르고 있을 때, 두 도체에 흐르는 전류 I의 방향은 반대이다. 두 도체간의 선간거리를 $d[m]$라고 한다면, 평행 왕복 도체의 단위길이당 자기 인덕턴스 $L[H/m]$을 구하면 다음과 같다.

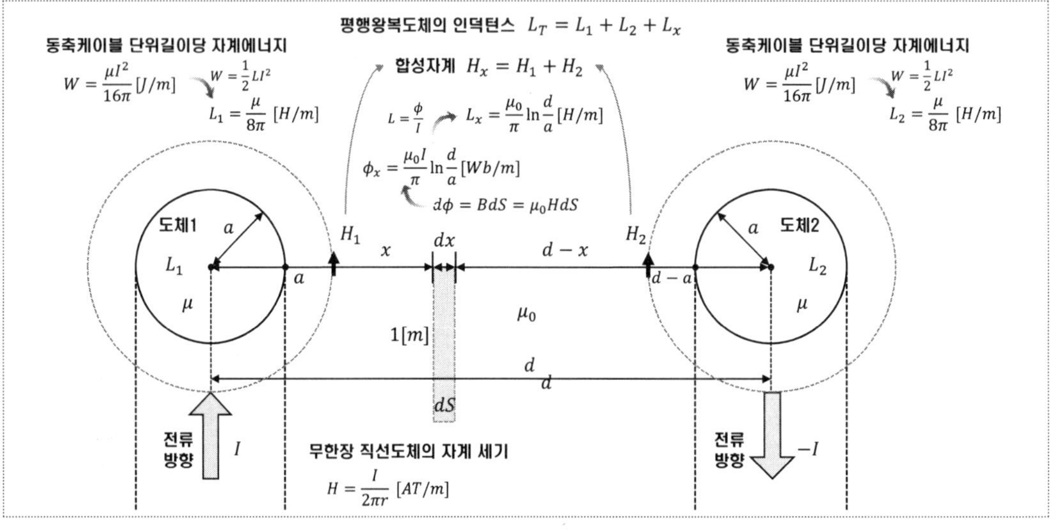

그림 10-21 평행 왕복 도선

자기 인덕턴스 $L[H]$을 구하기 위하여서는 아래의 수식을 활용할 수 있다.

$N\phi = LI \Rightarrow L = \frac{N\phi}{I} = \frac{\phi}{I}$	■ 자기 인덕턴스 L ☞ $N\phi = LI \therefore L = \frac{N\phi}{I}$ ☞ 직선도체이기 때문에 $N=1$

상기 수식에서 자기 인덕턴스 L값을 구하기 위하여서는 자속 $\phi[Wb]$의 값을 구하면 된다. 자속 ϕ를 구하기 위한 수식은 다음과 같다.

$\phi = BS \Rightarrow d\phi = BdS = \mu_0 HdS[Wb]$	■ 자속밀도 B ☞ $B = \frac{\phi}{S}$, $B = \mu_0 H$

그리고, $dx[m]$ 거리에 세로로 $1[m]$인 길이를 고려하면, 미소 면적 $dS[m^2]$는 다음과 같은 수식으로 표현할 수 있다.

$$\therefore \phi = \int BdS = \int B(dx \cdot 1)[Wb]$$

■ 미소 면적 dS
☞ $dS = dx \cdot 1$

상기 수식의 자속 $\phi[Wb]$를 단위길이당 자속 $\phi_x[Wb/m]$로 상기 수식을 다시 나타내고, 적분 구간인 도체 1의 외주 시작점인 a점에서 도체 2의 시작점인 $d-a$점을 적분 구간으로 잡으면 아래 수식으로 표현할 수 있다.

$$\therefore \phi_x = \int_a^{d-a} Bdx = \int_a^{d-a} \mu_0 Hdx\,[Wb/m]$$

■ 단위길이당 자속 $\phi_x[Wb/m]$
■ 자속밀도 B
☞ $B = \mu_0 H$

그리고, 상기 수식에서 $H[AT/m]$ 값을 구하여 이를 적분하면 자기 인덕턴스 $L[H]$을 구할 수 있다. 반지름이 $a[m]$인 무한 원주(원통)형 직선 도체의 외부($r > a$)인 거리 $r[m]$지점에서 자계의 세기 $H[AT/m]$는 다음과 같다.

$$H = \frac{I}{2\pi r}\,[AT/m]$$

■ 암페어의 주회적분 법칙(무한장 직선도체의 자계 세기)
☞ $H = \frac{I}{2\pi r}\,[AT/m]$

따라서, 평행 왕복 도체의 자기 인덕턴스를 구하기 위하여 도체 1의 자계 H_1과 도체 2의 자계 H_2는 동일한 방향임으로 합성 자계의 세기 $H_x[AT/m]$를 구하면 다음 수식과 같다.

$$H_x = H_1 + H_2 = \frac{I}{2\pi x} + \frac{I}{2\pi(d-x)}[AT/m]$$

■ 합성 자계의 세기 H_x
☞ H_1, H_2가 같은 방향 $\therefore H_1 + H_2$

상기 수식의 합성 자계의 세기 H_x를 이용하여 단위길이당 자속 $\phi_x[Wb/m]$를 구하기 위하여 적분을 수행하면 아래 수식과 같다.

$$\begin{aligned}\phi_x &= \int_a^{d-a} \mu_0 H_x dx \\ &= \int_a^{d-a} \mu_0 \left(\frac{I}{2\pi x} + \frac{I}{2\pi(d-x)}\right) dx \\ &= \int_a^{d-a} \frac{\mu_0 I}{2\pi}\left(\frac{1}{x} + \frac{1}{d-x}\right) dx \\ &= \frac{\mu_0 I}{2\pi}\int_a^{d-a}\left(\frac{1}{x} + \frac{1}{d-x}\right) dx \\ &= \frac{\mu_0 I}{2\pi}\left[\ln x - \ln(d-x)\right]_a^{d-a} \\ &= \frac{\mu_0 I}{2\pi}[\ln(d-a) - \ln(d-(d-a)] \\ &\quad - [\ln a - \ln(d-a)] \\ &= \frac{\mu_0 I}{2\pi}[\ln(d-a) - \ln(d-d+a) \\ &\quad - \ln a + \ln(d-a)] \\ &= \frac{\mu_0 I}{2\pi}[\ln(d-a) - \ln a - \ln a + \ln(d-a)] \\ &= \frac{\mu_0 I}{2\pi}[2\ln(d-a) - 2\ln a] \\ &= \frac{\mu_0 I}{2\pi}\left(2\ln\frac{d-a}{a}\right) \\ &= \frac{\mu_0 I}{\pi}\ln\frac{d-a}{a} \\ &\fallingdotseq \frac{\mu_0 I}{\pi}\ln\frac{d}{a}\ [Wb/m]\ (\text{단}, d \gg a)\end{aligned}$$

■ 합성 자계의 세기 H_x

☞ $H_x = H_1 + H_2$

■ 분수 함수의 적분

☞ $\int_a^b \frac{1}{r} dr = [\ln r]_a^b = (\ln b - \ln a)$

■ 로그함수의 성질

☞ $\ln\frac{a}{b} = \ln a - \ln b$

그리고, 상기에서 언급한 자기 인덕턴스를 구하는 공식에서 자기 인덕턴스 L값을 구하면 아래 수식과 같다.

$$N\phi = LI,\ (N=1) \Rightarrow L = \frac{\phi}{I}[H]$$

■ 자기 인덕턴스 L

☞ $N\phi = LI\ \therefore L = \frac{N\phi}{I}$

☞ 직선도체이기 때문에 $N=1$

상기 수식에서 선간의 단위길이당 자기인덕턴스를 $L_x[H/m]$라 하면 다음 수식으로 나타낼 수 있다.

$$L_x = \frac{\phi_x}{I} = \frac{\frac{\mu_0 I}{\pi}\ln\frac{d}{a}}{I} = \frac{\mu_0}{\pi}\ln\frac{d}{a}\,[H/m]$$

■ 단위 길이당 자속 $\phi_x\,[Wb/m]$

☞ $\phi_x = \frac{\mu_0 I}{\pi}\ln\frac{d-a}{a}$

$\fallingdotseq \frac{\mu_0 I}{\pi}\ln\frac{d}{a}\;[Wb/m]$ (단, $d \gg a$)

그리고, 도체 1과 도체 2의 내부 자기 인덕턴스 값을 구하기 위하여서는 두 왕복 도체의 내부의 자기 인덕턴스를 각각 $L_1[H/m]$, $L_2[H/m]$라 하면 다음 수식과 같이 구할 수 있다.

$$L_1 = \frac{2W}{I^2} = \frac{2}{I^2}\frac{\mu I^2}{16\pi} = \frac{\mu}{8\pi}[H/m]$$

$$L_2 = \frac{2W}{I^2} = \frac{2}{I^2}\frac{\mu I^2}{16\pi} = \frac{\mu}{8\pi}[H/m]$$

■ 자계내 축적에너지 W

☞ $W = \int dW = \int_0^I LIdI = \frac{1}{2}LI^2\,[J]$

■ 동축케이블 단위길이당 자계에너지

☞ $W = \frac{\mu I^2}{16\pi}[J/m]$

그러므로, 상기 왕복 도체의 인덕턴스 L_1, L_2값과 외부의 인덕턴스 L_x값을 합한 전체 평행 왕복 도체의 인덕턴스 $L_T[H/m]$ 값을 구하면 아래 수식과 같다.

$$\begin{aligned} L_T &= L_1 + L_x + L_2 \\ &= \frac{\mu}{8\pi} + \frac{\mu_0}{\pi}\ln\frac{d}{a} + \frac{\mu}{8\pi} \\ &= \frac{\mu}{4\pi} + \frac{\mu_0}{\pi}\ln\frac{d}{a}\,[H/m] \end{aligned}$$

■ 평행왕복 도체의 인덕턴스

☞ $L_{평행왕복} = \frac{\mu}{4\pi} + \frac{\mu_0}{\pi}\ln\frac{d}{a}\,[H/m]$

■ 동축케이블의 인덕턴스

☞ $L_{동축} = \frac{\mu}{8\pi} + \frac{\mu_0}{2\pi}\ln\frac{b}{a}\,[H/m]$

■ $\therefore L_{평행왕복} = 2L_{동축}$

그리고, 평행 왕복 도체의 자속 $\phi[Wb]$를 구하기 위한 수식은 상기에서 살펴본 것과 같이 다음과 같다.

$$\phi = BS \Rightarrow d\phi = BdS = \mu_0 HdS\,[Wb]$$

$$\therefore \phi = \int BdS = \int B\,(dx \cdot 1)\,[Wb]$$

■ 자속밀도 B

☞ $B = \mu_0 H$

■ 미소 면적 dS

☞ $dS = dx \cdot 1$

상기 수식 $d\phi$를 이용하여 x지점의 자속밀도 $B_x[Wb/m^2]$를 구하면 아래 수식과 같다.

$$d\phi = B_x dS = B_x(dx \times 1) = B_x dx$$
$$= [\frac{\mu I}{2\pi x} + \frac{\mu I}{2\pi(d-x)}]dx$$
$$= \frac{\mu I}{2\pi}(\frac{1}{x} + \frac{1}{d-x})dx = B_x dx$$
$$B_x = B_1 + B_2 = \mu_0 H_1 + \mu_0 H_2$$
$$= \frac{\mu_0 I}{2\pi x} + \frac{\mu_0 I}{2\pi(d-x)}[Wb/m^2]$$

■ 합성 자계의 세기 H_x

☞ $H_x = \frac{I}{2\pi x} + \frac{I}{2\pi(d-x)}[AT/m]$

예제 10.42

▣ 반지름 $a[m]$인 원형 단면을 가지고 중심 간격 $d[m]$인 평행 왕복 도선의 단위길이당 자기 인덕턴스 $[H/m]$는 얼마인가? (단, 도체는 공기 중에 있고 $d \gg a$로 한다.)

① $L = \frac{\mu_0}{\pi}\ln\frac{a}{d} + \frac{\mu}{4\pi}[H/m]$　② $L = \frac{\mu_0}{\pi}\ln\frac{a}{d} + \frac{\mu}{2\pi}[H/m]$

③ $L = \frac{\mu_0}{\pi}\ln\frac{d}{a} + \frac{\mu}{4\pi}[H/m]$　④ $L = \frac{\mu_0}{\pi}\ln\frac{d}{a} + \frac{\mu}{2\pi}[H/m]$

풀이

◉ 평행 왕복 도선의 단위길이당 자기 인덕턴스 $L = \frac{\mu_0}{\pi}\ln\frac{d}{a} + \frac{\mu}{4\pi}[H/m]$

◉ 길이 $l[m]$인 평형 왕복 도선에서 인덕턴스 $L = \frac{\mu_0 l}{\pi}\ln\frac{d}{a} + \frac{\mu l}{4\pi}[H]$

☞ ②

예제 10.43

▣ 반지름 $a[m]$, 선간 거리 $d[m]$의 평행 왕복 도선간의 자기 인덕턴스는 다음 중 어떤 값에 비례하는가?(단, 내부 인덕턴스를 무시한다)

① $\frac{\pi\mu_0}{\ln\frac{d}{a}}$　② $\frac{\pi\mu_0}{\ln\frac{a}{d}}$　③ $\frac{\mu_0}{2\pi}\ln\frac{a}{d}$　④ $\frac{\mu_0}{\pi}\ln\frac{d}{a}$

풀이

◉ 평행 왕복 도선의 자기 인덕턴스

$$L_T = L_1 + L_x + L_2 = \frac{\mu}{8\pi} + \frac{\mu_0}{\pi}\ln\frac{d}{a} + \frac{\mu}{8\pi} = \frac{\mu}{4\pi} + \frac{\mu_0}{\pi}\ln\frac{d}{a}[H/m], (d \gg a)$$

◉ 내부 인덕턴스를 무시하면 $L \propto \frac{\mu_0}{\pi}\ln\frac{d}{a}[H]$

☞ ④

10.9.6 환상 솔레노이드의 상호 인덕턴스

그림 10-22와 같이 투자율이 μ인 원형 철심에 권선수 N_1, N_2인 코일을 감고 전류 $I_1[A]$, $I_2[A]$를 인가하였을 경우 상호 인덕턴스 $M[H]$을 구하여 보자.

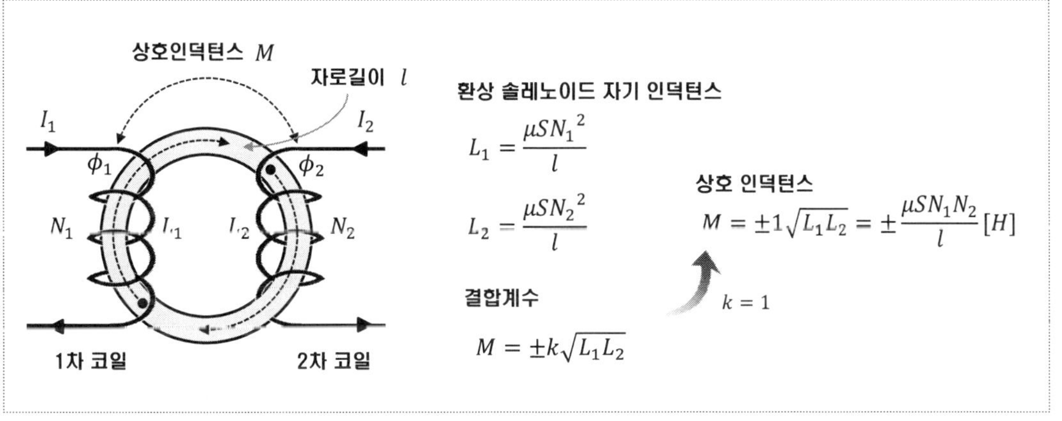

그림 10-22 환상 솔레노이드의 상호 인덕턴스

환상 솔레노이드의 상호 인덕턴스 M을 구하기 위하여 자기 인덕턴스와 환상 솔레노이드의 자기 인덕턴스를 구한 수식을 사용하면 된다. 아래 수식은 이를 다시 나타낸 것이다.

$$L_1 = \frac{N_1 \phi}{I} = \frac{\mu S N_1^2}{l}\,[H], \quad \therefore\ L_1 \propto N_1^2$$

$$L_2 = \frac{N_2 \psi}{I} = \frac{\mu S N_2^2}{l}\,[H], \quad \therefore\ L_2 \propto N_2^2$$

■ 자기 인덕턴스 L

☞ $N\phi = LI \ \therefore L = \frac{N\phi}{I}$

■ 환상 솔레노이드 자기 인덕턴스 L

☞ $L = \frac{\mu S N^2}{l}\,[H]$

누설자속이 없다고 하면 결합계수 $k=1$이기 때문에 상호 인덕턴스 M은 아래와 같이 구할 수 있다.

$$M = \pm k\sqrt{L_1 L_2}$$

■ 결합계수 k

☞ $k = \pm \frac{M}{\sqrt{L_1 L_2}}$, $M = \pm k\sqrt{L_1 L_2}$

상기의 상호 인덕턴스 M을 구하기 위하여 환상 솔레노이드의 자기 인덕턴스 L_1, L_2 값을 활용하여 수식을 다시 나타내면 아래 수식과 같다.

$$M = \pm 1\sqrt{L_1L_2} = \pm 1\sqrt{\frac{\mu SN_1^2}{l}\frac{\mu SN_2^2}{l}} = \pm 1\sqrt{\frac{\mu^2S^2N_1^2N_2^2}{l^2}} = \pm\frac{\mu SN_1N_2}{l}[H]$$

■ 누설자속이 없는 경우, 결합계수 k
☞ $k=1$

예제 10.44

▣ 원형 단면의 비자성 재료에 권수 $N_1=1{,}000$회의 코일에 균일하게 감긴 환상 솔레노이드의 자기 인덕턴스가 $L_1=1\,[mH]$이다. 그 위에 권수 $N_2=1{,}200$회의 코일이 감겨져 있다면 이 때의 상호 인덕턴스 $[mH]$는 얼마인가? (단, 결합 계수 $k≒1$이다.)

풀이

◉ $L\propto N^2$ 관계에서 $L_1:L_2=N_1^2:N_2^2 \rightarrow L_2=L_1\left(\frac{N_2}{N_1}\right)^2 \rightarrow L_2=(\frac{1{,}200}{1{,}000})^2\cdot 1$

◉ 상호 인덕턴스 $M=\sqrt{L_1\cdot L_2}=\sqrt{1\cdot(\frac{1200}{1000})^2\cdot 1}=1.2\,[mH]$

예제 10.45

▣ 원형 단면을 가진 비자성 재료에 균일하게 감긴 권수 $N_1=1{,}000$회인 환상 솔레노이드의 자기 인덕턴스가 $L_1=2\,[mH]$이다. 그 위에 $N_1=1{,}000$회의 코일을 감으면 상호 인덕턴스 $[mH]$는 얼마인가? (단, 누설 자속은 없는 것으로 본다.)

풀이

◉ $L\propto N^2$ 관계에서 $L_2=L_1\left(\frac{N_2}{N_1}\right)^2=2\times 10^{-3}\times\left(\frac{1{,}200}{1{,}000}\right)^2=2.88\,[mH]$

◉ 누설자속은 없으므로 $k=1$로 상호 인덕턴스
$M=k\sqrt{L_1L_2}=1\times\sqrt{2\times 2.88\times 10^{-6}}=2.4\,[mH]$

예제 10.46

▣ 환상철심에 권수 3,000회 A코일과 권수 200회 B코일이 감겨져 있다. A코일 자기 인덕턴스가 $360[mH]$일 때 A, B 두 코일의 상호 인덕턴스$[mH]$는? (단, 결합계수는 1이다.)

풀이

◉ $L\propto N^2$ 관계에서 $L_1:L_2=N_1^2:N_2^2 \rightarrow L_2=(\frac{N_2}{N_1})^2L_1$

◉ 상호 인덕턴스 $M=\sqrt{L_1\cdot L_2}=\sqrt{L_1\cdot(\frac{N_2}{N_1})^2\cdot L_1}=L_1\frac{N_2}{N_1}=360\times\frac{200}{3000}=24[mH]$

【인덕턴스의 계산 요약 정리】

<table>
<tr><th>항목</th><th colspan="6">관련 내용</th></tr>
<tr><td rowspan="2">환상
솔레노이드
(자기)</td><td colspan="3">자기 인덕턴스</td><td colspan="3">자계의 세기</td></tr>
<tr><td colspan="3">$L=\frac{\mu S N^2}{l}\ [H]$</td><td colspan="3">$H=\frac{NI}{l}\ [AT/m]$</td></tr>
<tr><td>직선
솔레노이드</td><td colspan="3">$L=\frac{\mu S N^2}{l}\ [H]$
$L_o=\frac{L}{l}=\frac{\mu N^2 S}{l^2}=\mu\frac{N^2}{l^2}\pi a^2$
$=\mu n^2 S=\mu n^2\pi a^2\,[H/m]$</td><td colspan="3">$H=nI=\frac{NI}{l}\ [AT/m]$
N: 권선수, n: 단위길이당 권선수</td></tr>
<tr><td>원형코일</td><td colspan="3">$L=\frac{\mu\pi a N^2}{2}\ [H]$</td><td colspan="3">권선수 $N=1$회: $H=\frac{I}{2a}\ [AT/m]$
권선수 N회: $H=\frac{NI}{2a}\ [AT/m]$
N: 권선수, n: 단위길이당 권선수</td></tr>
<tr><td rowspan="4">동축케이블</td><td colspan="3">자기 인덕턴스(동축 내도체)</td><td colspan="3">자기 인덕턴스(동축 내도체 외부)</td></tr>
<tr><td colspan="3">$L_i=\frac{\mu}{8\pi}[H/m]$
$L_i{}'=\frac{\mu}{8\pi}l\,[H]$</td><td colspan="3">$L_e=\frac{\mu_0}{2\pi}\ln\frac{b}{a}\ [H/m]$
$L_e{}'=\frac{\mu_0\cdot l}{2\pi}\ln\frac{b}{a}\ [H]$</td></tr>
<tr><td colspan="3">$H=\frac{rI}{2\pi a^2}\ [AT/m]$</td><td colspan="3">$H=\frac{I}{2\pi r}\ [AT/m]$</td></tr>
<tr><td colspan="6">$L_{동축}=L_i+L_e=\frac{\mu}{8\pi}+\frac{\mu_0}{2\pi}\ln\frac{b}{a}\ [H/m]$</td></tr>
<tr><td rowspan="4">평행왕복도선</td><td colspan="2">도체 1
자기 인덕턴스(내부)</td><td colspan="2">두 도체 사이(선간)
자기 인덕턴스</td><td colspan="2">도체 2
자기 인덕턴스(내부)</td></tr>
<tr><td colspan="2" rowspan="2">$L_i=\frac{\mu}{8\pi}[H/m]$</td><td colspan="2">$L_x=\frac{\mu_0}{\pi}\ln\frac{d}{a}\ [H/m]$</td><td colspan="2" rowspan="2">$L_i=\frac{\mu}{8\pi}[H/m]$</td></tr>
<tr><td colspan="2">$H=\frac{I}{2\pi r}\ [AT/m]$</td></tr>
<tr><td colspan="6">$L_{평행왕복}=L_1+L_x+L_2=\frac{\mu}{4\pi}+\frac{\mu_0}{\pi}\ln\frac{d}{a}\ [H/m]$, $\therefore\ L_{평행왕복}=2L_{동축}$</td></tr>
<tr><td>환상
솔레노이드
(상호)</td><td colspan="6">$M=\pm 1\sqrt{L_1L_2}=\pm\frac{\mu S N_1 N_2}{l}[H]$, 누설자속이 없는 경우($k=1$)</td></tr>
</table>

10-10 와전류와 표피효과

10.10.1 와전류

그림 10-23과 같이 단면적 $S\,[m^2]$인 철심에 코일을 감고 시간적으로 변화하는 교류 전류 $i\,[A]$를 흘리면 도체 단면을 통과하는 자속변화가 발생하고 페러데이의 전자유도 법칙에 의하여 맴돌이 형태의 유도전류가 흐른다. 그리고, 렌츠의 법칙에 의하여 자속을 감소시키는 방향으로 기전력이 유도되어 단면에 맴돌이 전류인 와전류(eddy current)가 흐르게 된다.

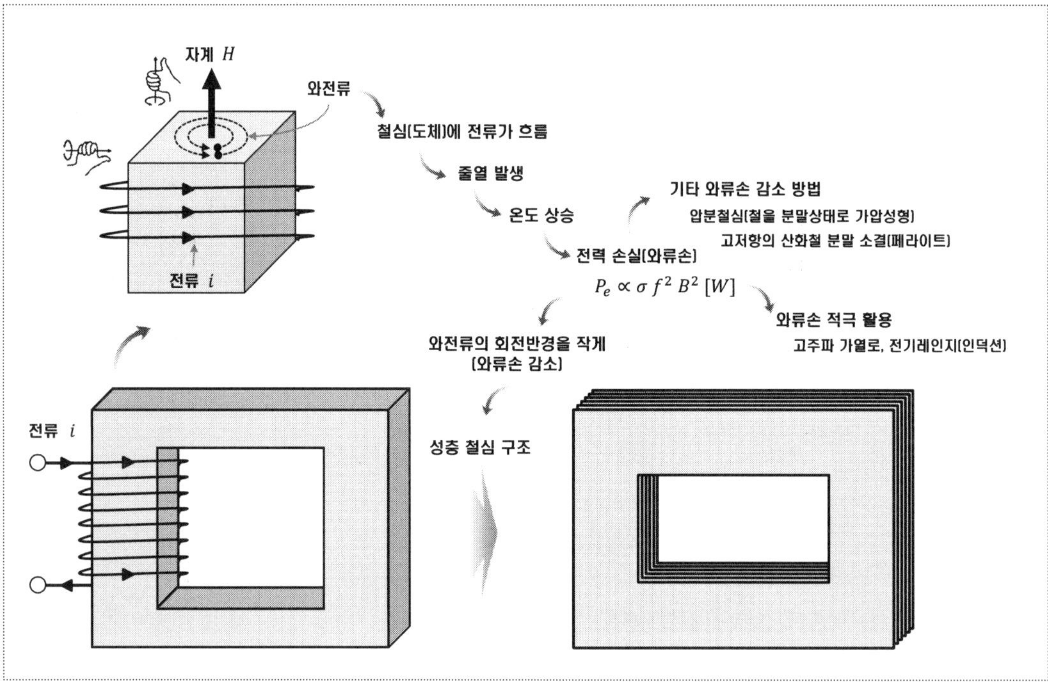

그림 10-23 와전류 및 와류손

철심은 도체이지만 일반적으로 저항을 가지고 있으므로 철심 내부에 와전류가 흐르면, 와전류에 의하여 줄열이 발생하여 철심의 온도를 상승시켜 전력의 손실을 발생시킨다. 이러한 전력 손실을 와류손(eddy current loss)라 한다. 이와 같이 와전류에 의하여 발생하는 손실인 와류손 $P_e\,[W]$는 외부에서 인가하는 교류 전류 $i\,[A]$에 의한 교번 자속의 주파수와 자속밀도의 제곱에 비례하며, 철심의 도전율을 σ라 한다면 와류손 P_e는 아래 수식과 같다.

$$P_e = K\sigma t^2 f^2 B_m^2 \ [W]$$	■ 와류손 P_e ☞ 비례상수: K, 도전율: $\sigma[S/m]$ ☞ 철판두께: $t[m]$, 주파수: $f[Hz]$ ☞ 자속밀도: $B_m[Wb/m^2]$

와류손 P_e는 히스테리시스 손과 함께 무부하 손인 철손이라 한다. 변압기, 전동기, 발전기 등의 교류 기기에서는 철심을 사용하고 있기 때문에 와전류에 의한 와류손이 매우 크게 발생한다. 따라서. 이러한 와전류에 의한 와류손을 감소시키기 위하여 $0.35 \sim 0.5[mm]$ 정도의 얇은 철판을 겹쳐 사용하는 데 이를 성층 철심(laminated core)라 한다.

고주파인 경우는 주파수가 매우 높아서 와류손이 더욱 커지기 때문에 이의 손실을 감소시키기 위하여 성층 철심 형태의 구조보다 철을 분말상태로 만들어 절연성 접착제로 가압 성형한 다음 열처리를 한 압분 철심(dust core)을 사용한다. 그리고, 철심재료를 고저항으로 하여 와전류에 의한 손실을 감소시킬 수 있는 데, 이러한 고저항의 산화철 분말을 소결한 페라이트를 사용하기도 한다. 이와 반대로 와전류에 의하여 발생하는 열과 맴돌이 형태의 유도전류를 적극 활용한 것이 공업용의 고주파 가열로, 유도전동기, 자기 브레이크와 가정용의 전기레인지(인덕션) 등이 있다.

예제 10.47

■ 와전류 손을 올바르게 나타낸 것은?

① 도전율이 클수록 작다. ② 주파수에 비례한다.
③ 최대 자속 밀도의 1.6승에 비례한다. ④ 주파수의 제곱에 비례한다.

풀이

◉ 와전류손 $P_e \propto f^2 B_m^2$ 이므로 주파수와 최대 자속밀도의 제곱에 비례한다.
☞ ④

예제 10.48

■ 와전류의 방향은 어떻게 되는가?

① 일정치 않다. ② 지력선 방향과 동일
③ 자계와 평행되는 면을 관통 ④ 자속에 수직되는 면을 회전

풀이

◉ 와전류는 도체내에 국부적으로 흐르는 맴돌이 전류로 자속의 변화를 방해하기 위한 역자속을 만드는 전류이다. 이 전류는 자속의 수직되는 면을 회전한다.
☞ ④

10.10.2 표피효과

그림 10-24는 표피 효과를 설명한 것이다. 일반적으로 단면적을 가지는 도선에 직류 전류 $I[A]$를 인가하게 되면, 도체의 단면에 흐르는 전류 분포가 균일하고 일정한 전류 밀도로 전류가 흐르게 된다. 그러나, 시간적으로 변화하는 교류 전류 $i[A]$를 도선에 인가하게 되면, 시간에 따라 변화하는 전류에 의하여 도체의 단면에 형성되는 자계의 세기가 시간적으로 변화하여 유도기전력 $e[V]$가 발생하게 되어 도체 내의 전류 흐름을 방해하게 된다. 또한, 시간적으로 변화하는 전류에 의하여 발생하는 자계의 세기 $H[AT/m]$는 도체의 중심부에 가까울수록 쇄교하는 자속 $\phi[Wb]$가 크게 되어 전류와 반대 방향의 역기전력인 유도기전력 e가 크게 발생하여 전류 감소가 크게 나타나게 된다.

이와 같이 시간적으로 변화하는 교류 전류에 의하여 도체 단면의 전류 밀도가 도체 중심부에서는 작아지고, 도체 표면으로 갈수록 커지는 현상을 표피 효과(skin effect)라고 한다. 이러한 표피 효과는 도체의 단면적이 클수록 주파수가 크면 클수록 커지게 된다. 또한, 도전율 σ 및 투자율 μ가 클수록 크게 나타나게 되어 도체 중심부보다 표면부에서 더욱 더 많은 전류가 흐르게 된다. 즉, 주파수가 높을수록 도체의 표피를 타고 전류가 흐른다.

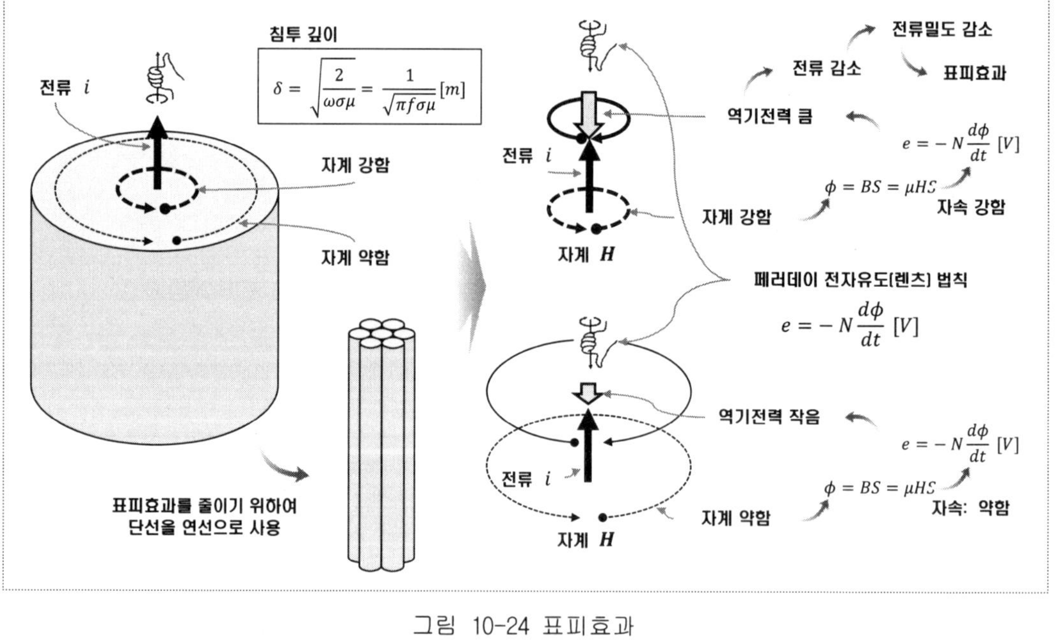

그림 10-24 표피효과

인가하는 교류 전류의 주파수를 $f[Hz]$, 도체의 도전율을 σ 및 투자율을 μ라고 할 때, 도체 표면에 흐르는 전류 밀도는 도체 중심부로 갈수록 지수 함수적으로 감소하게 되며, 도체 표면의 전류밀도가 $1/e$ 배가 되는 지점의 깊이(표피두께(skin depth) 또는 침투깊이)를 $\delta[m]$ 라 하며 다음 수식으로 나타낼 수 있다.

$$\delta = \sqrt{\frac{2}{\omega\sigma\mu}} = \frac{1}{\sqrt{\pi f \sigma \mu}} \ [m]$$

■ 침투깊이 δ(delta)
☞ 도전율: $\sigma[℧/m]$, 주파수: $f[Hz]$
☞ 투자율: $\mu[H/m]$

교류 전류의 주파수 f, 도체의 도전율 σ, 투자율 μ의 값이 크게 되면 상기 수식에서 침투깊이 δ가 작아지게 되어 도체의 표피를 통하여 흐르는 전류가 크게 되어 표피 효과가 크게 발생한다. 그러나, 실제 사용하는 도체에서는 도전율 σ, 투자율 μ의 값이 거의 일정하기 때문에 대부분 주파수 f에 의하여 표피효과의 크기가 결정된다고 생각할 수 있다. 따라서, 고주파에서 표피효과를 줄이기 위하여 큰 단면적을 가지는 한 개의 도선을 사용하지 않고, 작은 단면적을 가지는 가는 여러 가닥의 도선을 꼬아 놓은 연선을 도선으로 사용한다.

예제 10.49

▣ 고유저항이 $1.7\times10^{-8}[\Omega\cdot m]$인 구리에 있어서 $100[kHz]$의 주파수에 대한 표피 두께는 약 몇 $[mm]$인가?

풀이

◉ 침투깊이 $\delta = \sqrt{\frac{2}{\omega\sigma\mu}} = \sqrt{\frac{1}{\pi f \sigma \mu}}\ [m]$에서

$$\therefore\ \delta = \sqrt{\frac{\rho}{\pi f \mu}} = \sqrt{\frac{1.7\times10^{-8}}{\pi\times100\times10^{3}\times4\pi\times10^{-7}}} = 0.21\,[mm]$$

예제 10.50

▣ 고주파를 취급할 경우, 큰 단면적을 갖는 한 개의 도선을 사용하지 않고 전체로서는 같은 단면적이라도 가는 선을 모은 도체를 사용하는 주된 이유는 무엇인가?

① 히스테리시스 손을 감소시키기 위하여 ② 철손을 감소시키기 위하여
③ 과전류에 대한 영향을 감소시키기 위하여 ④ 표피 효과에 대한 영향을 감소시키기 위하여

풀이

◉ 침투깊이 $\delta = \sqrt{\frac{2}{\omega\sigma\mu}} = \sqrt{\frac{1}{\pi f \sigma \mu}}\ [m]$이므로 도체의 두께에 비해서 침투깊이가 작으면 자속 및 전류는 표면에만 집중되고, 도체의 두께에 비해 침투깊이가 크면 자속 및 전류는 도체에 균일하게 분포된다. 고주파를 취급할 경우 큰 단면적을 갖는 한 개의 도선을 사용하는 것 보다는 가는 선을 여러 가닥 꼰 도체를 사용하여 δ가 도체의 두께에 비해 크게 하면 표피효과를 억제할 수 있다.

☞ ④

연 습 문 제

1. 자장 중에서 도선에 발생되는 유도기전력의 방향은 어떤 법칙에 의하여 설명되는가?

① 패러데이(Faraday)의 법칙 ② 암페어(Ampere)의 오른나사 법칙
③ 렌츠(Lenz)의 법칙 ④ 가우스(Gauss)의 법칙

☞ 패러데이 법칙: 유도기전력의 크기를 결정 ☞ 렌츠의 법칙: 유도기전력의 방향을 결정 ☞ 유도기전력 $e = -N\dfrac{d\phi}{dt} = -L\dfrac{dI}{dt}[V]$	정답 ③

2. 다음 중 폐회로에 유기되는 유도기전력에 관한 설명 중 가장 알맞은 것은?

① 렌쯔의 법칙은 유도기전력의 크기를 결정하는 법칙이다.
② 자계가 일정한 공간 내에서 폐회로가 운동하여도 유도기전력이 유도된다.
③ 유도기전력은 권선수의 제곱에 비례한다.
④ 전계가 일정한 공간 내에서 폐회로가 운동하여도 유도기전력이 유도된다.

☞ 유도기전력 $e = -N\dfrac{d\phi}{dt} = -L\dfrac{dI}{dt}[V]$에서 ☞ 패러데이 법칙 : 유도기전력의 크기 결정(권선수 N 및 $\dfrac{d\phi}{dt}$에 비례) ☞ 렌쯔의 법칙 : 유도기전력 방향결정("−"부호 : 자속변화를 방해하는 방향) ☞ 유도기전력의 유도는 쇄교자속의 변화율이므로 자계 변화, 도체회로 운동 또는 자계 변화 및 폐회로 운동이 된다.	정답 ②

3. 패러데이의 법칙에 대한 설명으로 가장 적합한 것은?

① 전자유도에 의해 회로에 발생하는 기전력은 자속 쇄교수의 시간에 대한 증가율에 비례
② 전자유도에 의해 회로에 발생하는 기전력은 자속의 변화를 방해하는 반대 방향으로 기전력이 유도
③ 정전 유도에 의해 회로에 발생하는 기자력은 자속의 변화 방향으로 유도
④ 전자유도에 의해 회로에 발생하는 기전력은 자속 쇄교수의 시간에 대한 감쇠율에 비례

☞ 패러데이 법칙: 자속이 시간적으로 변화하면 유도기전력이 발생한다는 성질을 설명 ☞ 유도기전력 $e = -N\dfrac{d\phi}{dt} = -L\dfrac{dI}{dt}[V]$	정답 ④

4. 자기 인덕턴스 $0.05[H]$의 회로에 흐르는 전류가 매초 $530[A]$의 비율로 증가할 때 자기 유도 기전력 $[V]$은 얼마인가?

☞ 유도기전력 $e = -L\dfrac{dI}{dt} = -0.05 \times \dfrac{530}{1} = -26.5\,[V]$, $-$는 전류와 반대방향으로 발생

5. 송전선의 전류가 0.01초간에 $10[kA]$가 변화할 때 송전선과 평행한 통신선에 유도되는 전압은 얼마인가? (단, 송전선과 통신선간의 상호 유도계수는 $0.3[mH]$이다.)

☞ 유도기전력 $e = M\dfrac{dI}{dt} = 0.3 \times 10^{-3} \times \dfrac{10 \times 10^{3}}{0.01} = 300\,[V]$

6. 정현파 자속의 주파수를 3배로 높일 때 유기기전력은 어떻게 변화하는가?

☞ 자속 $\phi = \Phi_m \sin\omega t$

☞ 기전력 $e = -N\dfrac{d\phi}{dt} = -N\Phi_m\omega\cos\omega t = N\Phi_m\omega\sin(\omega t - \dfrac{\pi}{2})$

☞ $\therefore\ e = -N\phi_m 2\pi f\cos(2\pi f t) \rightarrow e \propto f$에 비례하므로 주파수가 3배 높이면 유기기전력도 3배 증가한다.

7. $l_1 = \infty\,[m]$, $l_2 = 1\,[m]$의 두 직선 도선을 $d = 50[cm]$의 간격으로 평행하게 놓고 l_1을 중심축으로 하여 l_2를 속도 $100\,[m/\sec]$로 회전시키면 l_2에 유기되는 전압은 몇 $[V]$인가? (단, l_1에 흐르는 전류 $I_1 = 50\,[mA]$이다.)

☞ 자계내 운동 도체에 유기되는 기전력은 $e = lvB\sin\theta = lv\mu_0 H\sin\theta\,[V]$, l_1에 흐르는 전류에 의한 l_2점에 자계는 $H_2 = \dfrac{I_1}{2\pi d}\,[A/m]$이지만, l_2가 원운동시 자계와 속도가 이루는 각은 $\theta = 0^\circ$ 또는 $\theta = 180^\circ$ 이므로 $\sin\theta = 0$으로 $e = 0$로 전압은 유기되지 않는다.

8. 권수 n, 가로 $a[m]$, 세로 $b[m]$인 구형 코일이 자속밀도 $B[Wb/m^2]$가 되는 평등 자계 내에서 각속도 $\omega[rad/s]$로 회전할 때 발생하는 유도기전력의 최대값 $[V]$은 얼마인가?

☞ 자속 $\phi = \phi_m \sin\omega t = nabB\sin\omega t$

☞ 유기기전력 $e = -n\dfrac{d\phi}{dt} = -\omega nabB\cos\omega t = -E_m\cos\omega t\,[V]$

$\therefore\ E_m = \omega nabB\,[V]$

9. 서로 절연되어 있는 폭 $2\,[m]$ 철길 위를 열차가 시속 $72\,[km]$ 속도로 달리면서 차바퀴가 지구 자계 수직분력 $B=0.20\times10^{-4}\,[Wb/m^2]$를 끊으면 철길 사이에 발생하는 기전력$[V]$은?

☞ 기전력 $e=vBl=0.2\times10^{-4}\times2\times\dfrac{72\times10^3}{3600}=8\times10^{-4}\,[V]$

10. 권수 1회의 코일에 $5\,[Wb]$의 자속이 쇄교하고 있을 때 $10^{-1}\,[s]$사이에 이 자속이 0으로 변하였다면 이때 코일에 유도되는 기전력 $[V]$은 얼마인가?

☞ 기전력 $e=-N\dfrac{d\phi}{dt}=-1\times\dfrac{(0-5)}{10^{-1}}=50\,[V]$

11. 자속 밀도 $10\,[Wb/m^2]$의 자계 중에 $10\,[cm]$의 도체를 자계와 30°의 각도로 $30\,[m/s]$로 움직일 때 도체에 유기되는 기전력은 몇 $[V]$인가?

☞ 기전력 $e=vBl\sin\theta=30\times10\times10\times10^{-2}\times\sin30^\circ=15\,[V]$

12. 어떤 자기 회로에 $3{,}000\,[AT]$의 기자력을 줄 때 $2\times10^{-3}\,[Wb]$의 자속이 통하였다. 이 자기 회로의 자화에 필요한 에너지 $[J]$는 얼마인가?

☞ 에너지 $W=\dfrac{1}{2}LI^2=\dfrac{1}{2}\cdot\dfrac{N\phi}{I}\cdot I^2=\dfrac{1}{2}IN\phi=\dfrac{1}{2}F\phi=\dfrac{1}{2}\times3000\times2\times10^{-3}=3\,[J]$

13. 도체에 교류가 흐르는 경우 표피효과에 대한 설명으로 가장 알맞은 것은?

① 도체표면의 전류밀도가 커지고 중심이 될수록 전류밀도가 작아지는 현상
② 도체표면의 전류밀도가 작아지고 중심이 될수록 전류밀도가 커지는 현상
③ 도체표면의 전류밀도가 커지고 중심이 될수록 전류밀도가 더욱 커지는 현상
④ 도체표면의 전류밀도가 작아지고 중심이 될수록 전류밀도가 더욱 작아지는 현상.

☞ 전류의 주파수가 증가할수록 도체내부의 전류 밀도가 지수 함수적으로 감소되는 현상을 표피효과라 한다.

☞ 침투깊이 $\delta=\sqrt{\dfrac{2}{\omega\sigma\mu}}=\sqrt{\dfrac{1}{\pi f\sigma\mu}}\,[m]$

여기서, 도전율 $\sigma=\dfrac{1}{2\times10^{-8}}[\mho/m]$, 투자율 $\mu=4\pi\times10^{-7}\,[H/m]$,

δ : 표피두께(skin depth) 또는 침투깊이

☞ 주파수, 도전율, 투자율이 높을수록 표피두께 δ가 감소하므로 표피효과는 증대되어 도체의 실효저항이 증가한다.

정답 ①

14. 그림에서 $l=100\,[cm]$, $S=10\,[cm^2]$, $\mu_s=100$, $N=$ 1,000회인 코일에 전류 $I=10\,[A]$를 흘렸을 때 축적되는 에너지 $[J]$는 얼마인가?

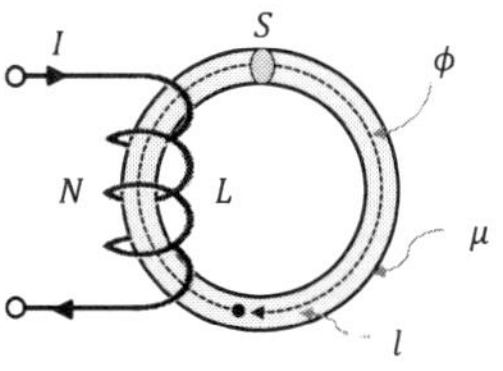

☞ 인덕턴스 $L=\dfrac{N\phi}{I}=\dfrac{N^2}{R_m}=\dfrac{\mu SN^2}{l}=\dfrac{4\pi\times10^{-7}\times100\times10\times10^{-4}\times(1000)^2}{100\times10^{-2}}$

$=4\pi\times10^{-2}\,[H]$

☞ 축적 에너지 $W=\dfrac{1}{2}LI^2=\dfrac{1}{2}\times4\pi\times10^{-2}\times10^2=2\pi\,[J]$

15. 도전율이 $5.8\times10^7\,[\mho/m]$, 비투자율이 1인 구리에 $50\,[Hz]$의 주파수를 갖는 전류가 흐를 때 표피두께는 몇 $[mm]$인가?

☞ 침투깊이 $\delta=\sqrt{\dfrac{2}{\omega\sigma\mu}}=\sqrt{\dfrac{1}{\pi f\sigma\mu}}\,[m]$에서

$=\sqrt{\dfrac{1}{\pi\times50\times4\pi\times10^{-7}\times5.8\times10^7}}=0.00935\,[m]=9.35\,[mm]$

16. 다음 중 자기 인덕턴스의 성질을 옳게 표현한 것은?

① 항상 부이다. ② 항상 정이다.

③ 항상 0이다. ④ 유도되는 기전력에 따라 정도 되고 부도 된다.

☞ 자기 인덕턴스란 자기회로의 단위 전류가 흐를 때의 자속 쇄교수로 항상 정(+)의 값을 갖는다. 상호 인덕턴스는 두 회로 사이의 관계로 두 코일에 흐르는 전류가 만드는 자속이 같은 방향이면 정(+), 반대 방향이면 부(−)의 값을 가진다.

정답 ②

17. 솔레노이드의 자기 인덕턴스는 권수를 N이라 한다면 어떻게 되는가?

① N에 비례 ② $\sqrt{N}$에 비례

③ N^2에 비례 ④ $\dfrac{1}{N^2}$에 비례

☞ $LI=N\phi$에서 인덕턴스

$\therefore L=\dfrac{NBS}{I}=\dfrac{N\mu HS}{I}=\dfrac{N\mu(\frac{NI}{l})S}{I}=\dfrac{N^2\mu HS}{l}\propto N^2$, 권수 제곱에 비례

정답 ③

18. 어느 코일의 전류가 0.04 [sec] 사이에 4 [A] 변화하여 기전력 2.5 [V]를 유기하였다고 하면 이 회로의 자기 인덕턴스는 몇 [mH]인가?

☞ 유도기전력 $e = L\dfrac{dI}{dt}$에서

∴ 자기 인덕턴스 $L = \dfrac{e \cdot dt}{dI} = \dfrac{2.5 \times 0.04}{4} = 0.025 = 25\,[mH]$

19. 환상 솔레노이드 코일에 흐르는 전류가 2 [A]일 때 자로의 자속이 3×10^{-2} [Wb]이었다고 한다. 코일의 권수를 500회라 하면, 이 코일의 자기 인덕턴스 몇 [H]인가? (단, 코일의 전류와 자로의 자속과의 관계는 정비례하는 것으로 한다.)

☞ $LI = N\phi$에서 ∴ 인덕턴스 $L = \dfrac{N\phi}{I} = \dfrac{500 \times 3 \times 10^{-2}}{2} = 7.5\,[H]$

20. 권수 600, 단면적 100 [cm^2]의 공심 코일에 전류 1 [A]를 흘릴 때 자계가 1.28 [AT/m]이었다. 자기 인덕턴스는 몇 [H]인가?

☞ 인덕턴스 $L = \dfrac{N\phi}{I} = \dfrac{NBS}{I} = \dfrac{N\mu_0 HS}{I}$에서

∴ $L = \dfrac{600 \times 4\pi \times 10^{-7} \times 1.28 \times 100 \times 10^{-4}}{1} = 9.65 \times 10^{-6}\,[H]$

21. 환상 솔레노이드의 자기 인덕턴스에서 코일 권수를 5배로 하였다면 인덕턴스의 값은 몇 배가 되는가?

☞ $LI = N\phi$에서

∴ 인덕턴스 $L = \dfrac{NBS}{I} = \dfrac{N\mu HS}{I} = \dfrac{N\mu(\frac{NI}{l})S}{I} = \dfrac{N^2 \mu_0 \mu_s S}{l} \propto N^2$, $L \propto N^2$

→ 코일의 권수를 5배로 하면 인덕턴스는 25배로 된다.

22. 반지름 a [m]이고 단위길이당 권수가 n인 무한장 솔레노이드의 단위길이당의 자기 인덕턴스는 몇 [H/m]인가?

☞ 인덕턴스 $L = \dfrac{N^2}{R_m} = \dfrac{\mu S n^2 l^2}{l} = \mu S n^2 l\,[H]$

☞ 단위길이당 인덕턴스 $L_0 = \mu S n^2 = \mu \pi a^2 n^2\,[H/m]$

23. 반지름 a인 원주 도체의 단위길이당 내부 인덕턴스 $[H/m]$는 얼마인가?

> ☞ 길이 $1\,[m]$당의 에너지 $W=\dfrac{\mu}{16\pi}I^2=\dfrac{1}{2}L_iI^2\,[J]$
>
> ☞ 내부 인덕턴스 $L_i=\dfrac{\mu}{8\pi}\,[H/m]$

24. 환상 솔레노이드 코일에 있어서 코일에 흐르는 전류가 $2\,[A]$일 때 자로의 자속이 1×10^{-2} $[Wb]$로 되었다고 한다. 코일의 권수를 500회라 할 때 이 코일의 자기 인덕턴스 $[H]$는 얼마인가? (단, 코일의 전류와 자로의 자속과 관계는 정비례하는 것으로 계산하여라.)

> ☞ $LI=N\phi$에서 ∴ 인덕턴스 $L=\dfrac{N\phi}{I}=\dfrac{500\times1\times10^{-2}}{2}=2.5\,[H]$

25. 1,000회의 코일을 감은 환상 솔레노이드의 단면적이 $3\,[cm^2]$, 평균 길이 $4\pi\,[cm]$이고, 철심의 비투자율이 500일 때, 자기 인덕턴스 $[H]$는 얼마인가?

> ☞ $LI=N\phi$에서 인덕턴스는 $L=\dfrac{N\phi}{I}=\dfrac{N\dfrac{NI}{R_m}}{I}=\dfrac{N^2}{R_m}$이므로
>
> $\therefore\ L=\dfrac{N^2}{R_m}=\dfrac{N^2}{\dfrac{l}{\mu S}}=\dfrac{\mu_0\mu_s SN^2}{l}=\dfrac{4\pi\times10^{-7}\times500\times3\times10^{-4}\times1000^2}{4\pi\times10^{-2}}=1.5\,[H]$

26. 단면적 $S\,[m^2]$, 단위 길이에 대한 코일의 권수가 n_0인 무한히 긴 철심이 든 솔레노이드의 자기 인덕턴스 $[H]$는 얼마인가? (단, 철심의 비투자율은 5이다.)

> ☞ 에너지 $W=\dfrac{1}{2}LI^2=\dfrac{1}{2}BHS=\dfrac{1}{2}\mu H^2S$ 에서
>
> ∴ 인덕턴스 $L=\dfrac{\mu H^2S}{I^2}=\mu S\left(\dfrac{H}{I}\right)^2=\mu S\left(\dfrac{n_0I}{I}\right)^2=\mu Sn_0^2$
>
> $=4\pi\times10^{-7}\times5\times Sn_0^2=2\pi\times10^{-6}Sn_0^2\,[H]$

27. 자기 인덕턴스 L_1, L_2와 상호 인덕턴스 M과의 결합 계수는 어떻게 표시되는가?

① $\dfrac{\sqrt{L_1L_2}}{M}$ ② $\dfrac{M}{\sqrt{L_1L_2}}$ ③ $\dfrac{M}{L_1L_2}$ ④ $\dfrac{L_1L_2}{M}$

☞ 상호 인덕턴스 $M=k\sqrt{L_1L_2}$에서 ∴ 결합 계수 $k=\dfrac{M}{\sqrt{L_1L_2}}$	정답 ②

28. 환상 철심에 권수 1,000회의 A 코일과 권수 N 회의 B 코일이 감겨져 있다. A 코일의 자기 인덕턴스가 100[mH]이고, 두 코일 사이의 상호 인덕턴스가 20[mH], 결합계수가 1일 때, B 코일의 권수 N 은 얼마인가?

☞ $\frac{N_1^2}{L_1}=\frac{N_2^2}{L_2}$에서 $N_2=\sqrt{\frac{L_2}{L_1}}N_1$이므로 상호인덕턴스 $M=\sqrt{L_1L_2}$, $(k=1)\to\ M^2=L_1L_2$

☞ 2차 자기 인덕턴스 $L_2=\frac{M^2}{L_1}=\frac{20^2}{100}=4$

☞ 2차측 코일의 권수 $N_2=\sqrt{\frac{L_2}{L_1}}N_1=\sqrt{\frac{4}{100}}\times 1{,}000=200$회

29. 환상 철심에 권수 100회인 A 코일과 권수 200회인 B 코일이 있을 때 A 의 자기 인덕턴스가 4[H]라면 두 코일의 상호 인덕턴스는 몇 [H]인가?

☞ $L\propto N^2$ 관계에서 $L_1:L_2=N_1^2:N_2^2$ $\quad L_2=L_1\left(\frac{N_2}{N_1}\right)^2\ \to\ L_2=(\frac{200}{100})^2\cdot 4$

☞ 상호 인덕턴스 $M=\sqrt{L_1\cdot L_2}=\sqrt{4\cdot(\frac{200}{100})^2\cdot 4}=8\,[H]$

30. 1차 코일과 2차 코일의 자기 인덕턴스가 각각 200[mH], 98[mH]일 때 누설 자속이 각각 10[%]이면 두 코일의 상호 인덕턴스 M[mH] 및 결합계수 k의 값은 얼마인가?

☞ 누설자속이 없는 경우의 상호 인덕턴스 $M=\sqrt{L_1L_2}=\sqrt{200\times 98}=140[mH]$

☞ 누설자속이 10[%]인 경우 상호 인덕턴스 $M'=k\sqrt{L_1L_2}=0.9M=0.9\times 140=126\,[mH]$

☞ 결합 계수 $k=\frac{M'}{\sqrt{L_1L_2}}=\frac{126}{\sqrt{200\times 98}}=0.9$

31. 직렬로 연결한 2개의 코일에 있어서 합성 자기 인덕턴스는 80[mH]가 되고 한쪽 코일의 연결을 반대로 하면 합성 자기 인덕턴스는 50[mH]가 된다. 두 코일 사이의 상호 인덕턴스는 얼마인가?

☞ $L_+=L_1+L_2+2M=80\,[mH]$ ①, $\quad L_-=L_1+L_2-2M=50\,[mH]$ ②

☞ 식 ① - ②를 하면 $L_+-L_-=4M$이므로

∴ 상호 인덕턴스 $M=\frac{L_+-L_-}{4}=\frac{80-50}{4}=7.5\,[mH]$

32. $10[mH]$의 두 가지 인덕턴스가 있다. 결합계수를 0.1로부터 0.9까지 변화시킬 수 있다면 이것을 접속시켜 얻을 수 있는 합성 인덕턴스의 최대값과 최소값의 비는?

☞ 결합계수 $k=0.9$일 때 합성인덕턴스 L_+, L_-의 최대값, 최소값의 비가 크므로

☞ $k=0.9$, $M=k\sqrt{L_1L_2}=0.9\times\sqrt{10\times10}=9\,[mH]$

☞ $L_{+MAX}=L_1+L_2+2M=10+10+(2\times9)=38\,[mH]$

☞ $L_{-MIN}=L_1+L_2-2M=10+10-(2\times9)=2\,[mH]$

$\therefore\ L_{+MAX}:L_{-MIN}=38:2=19:1$

33. 그림과 같이 직렬로 접속된 두 개의 코일이 있을 때, $L_1=20[mH]$, $L_2=80\,[mH]$, 결합계수 $k=0.8$이다. 여기에 $0.5[A]$의 전류를 흘릴 때 이 합성 코일에 축적되는 에너지 $[J]$는 얼마인가?

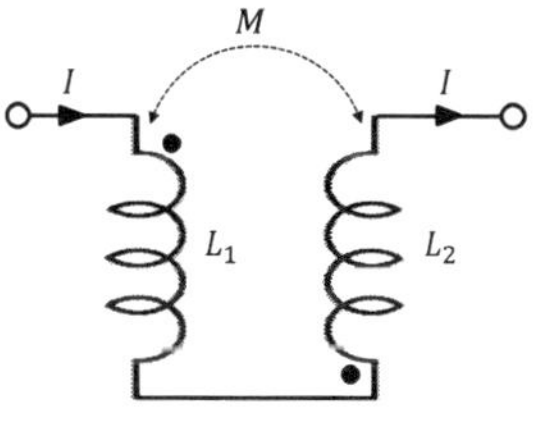

☞ 자속의 방향이 같으므로 $I_1=I_2=I$

에너지 $W=\frac{1}{2}(L_1+L_2+2M)I^2=\frac{1}{2}(L_1+L_2+2k\sqrt{L_1L_2})I^2\,[J]$

☞ 상호 인덕턴스 $M=k\sqrt{L_1L_2}=0.8\sqrt{20\times80\times10^{-6}}=32\,[mH]$

☞ 축적 에너지 $W=\frac{1}{2}[20+80+(2\times32)]\times10^{-3}\times0.5^2=20.5\times10^{-3}=2.05\times10^{-2}\,[J]$

34. 반지름 $a[m]$인 도체가 있다. 이 원통 도체의 길이가 $l\,[m]$일 때 내부 인덕턴스 $[H]$는 얼마인가? (단, 원통 도체의 투자율은 $\mu[H/m]$이다.)

☞ 인덕턴스 $L=\frac{2W}{I^2}[H]$, 에너지 $W=\frac{\mu}{16\pi}I^2l\,[J]$

☞ 내부 인덕턴스 $L=\frac{2W}{I^2}=\frac{2}{I^2}(\frac{\mu}{16}I^2l)=\frac{\mu}{8\pi}l\,[H]$

35. 자체 인덕턴스가 $100[mH]$인 코일에 전류가 흘러 $20\,[J]$의 에너지가 축적되었다. 이때 흐르는 전류 $[A]$는 얼마인가?

☞ 에너지 $W=\frac{1}{2}LI^2$에서

$\therefore$ 전류 $I=\sqrt{\frac{2W}{L}}=\sqrt{\frac{2\times20}{100\times10^{-3}}}=\sqrt{400}=20\,[A]$

제11장 전자계

11-1 변위전류

일반적으로 전원에 연결된 도선은 도체 내에 자유전자의 이동에 의하여 전류가 흐르게 된다. 이와 같이 자유전자의 이동에 의하여 도체 내부를 흐르는 전류를 특별히 전도전류(conduction current)라 한다. 지금까지 살펴본 전류는 대부분 전도전류이며, 전도전류에 의한 다양한 현상들을 살펴보았다. 그러나, 도선과 같은 도체가 아닌 콘덴서와 같이 유전체(부도체)에 흐르는 전류에 대하여 알아보고자 한다. 콘덴서는 유전체이기 때문에 자유전자와 같은 이동에 의하여 전하가 이동할 수 없기 때문에 상기에서 언급한 전도전류로 전류의 흐름을 설명할 수 없다.

따라서, 콘덴서와 같이 유전체가 삽입된 두 전극 사이에 흐르는 전류를 설명하기 위하여 맥스웰(J.C. Maxwell)은 변위전류(displacement current)의 개념을 생각하게 되었다. 그림 11-1은 맥스웰이 생각한 변위전류의 개념과 전자파의 발생에 대한 원리를 그림으로 나타낸 것이다.

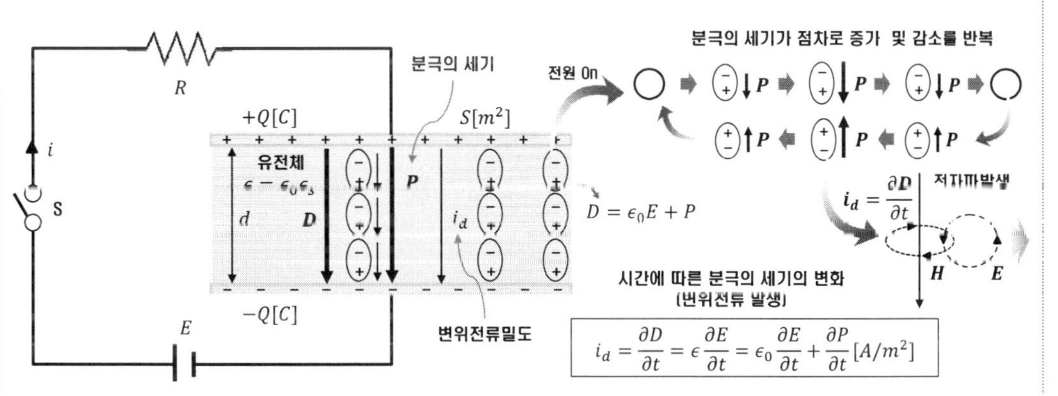

$$i_d = \frac{\partial D}{\partial t} = \epsilon\frac{\partial E}{\partial t} = \epsilon_0\frac{\partial E}{\partial t} + \frac{\partial P}{\partial t}\,[A/m^2]$$

그림 11-1 변위전류의 개념

그림에서 전속밀도 $D[C/m^2]$는 단위면적당 전속선의 수로 정의되어 있어 아래 수식으로 표현이 가능하다.

$$\Phi = DS \Rightarrow D = \frac{\Phi}{S}[C/m^2]$$

■ 전속밀도 D

☞ 단위면적당 전속수

☞ $D = \frac{\Phi}{S}[C/m^2]$

그리고, 전속은 매질에 관계없이 전하가 $Q[C]$일 때 Q개의 전속선이 나온다는 전하와 전속 사이의 관계를 수식으로 표현하면 다음과 같다.

$$D = \frac{\Phi}{S} = \frac{Q}{S} \Rightarrow Q = DS\,[C]$$

■ 전속과 전하량의 관계

☞ $\Phi = Q[C]$

그림 11-1과 같이 평행 평판 콘덴서에서 전극의 면적을 $S\,[m^2]$, 전극에 축적된 전하를 $Q[C]$, 전극의 표면전하밀도를 $\sigma[C/m^2]$로 표현하면 전극 사이의 전속밀도 D를 다음과 같이 표현할 수 있다.

$$D = \sigma[C/m^2]$$

■ 전속밀도와 표면전하밀도와의 관계

☞ $D = \sigma[C/m^2]$

즉, 전극의 표면전하밀도인 σ를 수식으로 표면하면 단위면적당 표면전하로 나타낼 수 있어 전속밀도와 같은 의미를 가지고 있다. 따라서, 전극에 축적된 전하를 Q를 다시 표현하면 다음과 같다.

$$Q = DS = \sigma S\,[C]$$

■ 전속밀도와 표면전하밀도와의 관계

☞ $D = \sigma[C/m^2]$

전극에 축적된 전하 Q가 시간적인 변화에 의하여 콘덴서에 유입되는 전류 $I[A]$를 유전체로 가득 찬 두 전극 사이에 흐르는 변위전류 $I_d[A]$의 흐름으로 생각할 수 있다. 그리고, 한변수가 아닌 다변수 미분으로 생각하여 이를 수식으로 표현하면 다음과 같다.

$$I_d = \frac{dQ}{dt} = S\frac{dD}{dt} \Rightarrow I_d = S\frac{\partial D}{\partial t}[A]$$

■ 전류: 단위시간당 이동한 전하량

☞ $I = \frac{dQ}{dt}[A]$, $\frac{d}{dt} \Rightarrow \frac{\partial}{\partial t}$(편미분)

그리고, 단위면적당 변위전류의 크기를 변위전류밀도(displacement current density)인 i_d $[A/m^2]$로 나타내면 상기 수식은 다음과 같이 나타낼 수 있다.

$i_d = \frac{I_d}{S} = \frac{1}{S} S \frac{\partial D}{\partial t} = \frac{\partial D}{\partial t} [A/m^2]$	■ 변위전류밀도 i_d ☞ 단위면적당 변위전류의 크기 ☞ $i_d = \frac{I_d}{S} [A/m^2]$, $I_d = S\frac{\partial D}{\partial t}[A]$

상기 수식에서 변위전류밀도 i_d는 전속밀도의 시간적 변화율을 의미하는 전류이다. 그리고, 암페어의 주회적분 법칙에 의하여 변위전류도 전도전류와 마찬가지로 그 주위에 자계를 발생시킨다. 그리고, 4장의 유전체 중의 정전계에서 살펴 본 유전체 중의 전속밀도 $\boldsymbol{D}$를 분극의 세기 $\boldsymbol{P}$를 이용하여 아래 수식으로 표현할 수 있다.

$\boldsymbol{D} = \epsilon \boldsymbol{E} = \epsilon_0 \boldsymbol{E} + \boldsymbol{P}$	■ 유전체 중의 전속밀도 D ☞ $\boldsymbol{D} = \epsilon \boldsymbol{E}$ ■ 분극의 세기 P ☞ $\boldsymbol{P} = (\epsilon - \epsilon_0)\boldsymbol{E}$

그러므로, 유전체 중의 전속밀도 $\boldsymbol{D}$에 대한 상기 수식을 이용하여 변위전류밀도 $\boldsymbol{i_d}$를 다시 나타내면 아래 수식과 같다.

$\boldsymbol{i_d} = \frac{\partial \boldsymbol{D}}{\partial t} = \epsilon \frac{\partial \boldsymbol{E}}{\partial t} = \epsilon_0 \frac{\partial \boldsymbol{E}}{\partial t} + \frac{\partial \boldsymbol{P}}{\partial t} [A/m^2]$	■ 변위전류밀도 i_d ☞ $i_d = \frac{\partial D}{\partial t} [A/m^2]$

따라서, 상기 수식에서 유전체에 흐르는 변위전류밀도 $\boldsymbol{i_d}$는 진공 중의 전계에 대한 시간적 변화율($\epsilon_0 \frac{\partial \boldsymbol{E}}{\partial t}$)과 전계의 시간적 변화에 의하여 유전체에서 전기쌍극자가 발생하고, 전기쌍극자의 분극 전하량(분극의 세기 $\boldsymbol{P}$)에 대한 시간적 변화율($\frac{\partial \boldsymbol{P}}{\partial t}$)을 합한 것으로 나타낼 수 있다. 그리고, 만약 전극 사이의 매질이 완전 유전체가 아니라 유전율 ϵ과 도전율 σ가 혼재되어 있다고 생각한다면 유전체의 매질 속에 흐르는 전류는 전도전류밀도 $i_c[A/m^2]$와

변위전류밀도 $i_d[A/m^2]$의 합으로 생각할 수 있다. 전도전류밀도 i_c는 6장의 전류밀도와 도전율에서 살펴 본 오옴 법칙의 미분형을 고려하면 다음 수식과 같이 나타낼 수 있다.

$i_c = \sigma \boldsymbol{E}\,[A/m^2]$	■ 전도전류밀도 i_c ☞ $i_c = \sigma \boldsymbol{E}[A/m^2]$ ☞ 오옴 법칙의 미분형

전도전류밀도 i_c와 변위전류밀도 i_d의 합인 유전체의 매질 속에 흐르는 전체 전류 i_T는 아래 수식으로 나타낼 수 있다.

$i_T = i_c + i_d = \sigma \boldsymbol{E} + \frac{\partial \boldsymbol{D}}{\partial t}$ $= \sigma \boldsymbol{E} + \epsilon \frac{\partial \boldsymbol{E}}{\partial t}$ $= \sigma \boldsymbol{E} + \epsilon_0 \frac{\partial \boldsymbol{E}}{\partial t} + \frac{\partial \boldsymbol{P}}{\partial t}[A/m^2]$	■ 전체 전류 i_T ☞ 전도전류밀도: $i_c = \sigma \boldsymbol{E}$ ☞ 변위전류밀도: $i_d = \epsilon_0 \frac{\partial \boldsymbol{E}}{\partial t} + \frac{\partial \boldsymbol{P}}{\partial t}$

상기 수식에서 변위전류밀도 i_d는 전속 밀도 $\boldsymbol{D}$가 시간적으로 변화할 경우에만 존재한다. 따라서, 직류나 낮은 주파수에서 변위전류밀도 i_d는 거의 무시할 수 있을 정도로 작은 값이 되어 전체 전류 i_T는 전도전류밀도 i_c와 동일하다. 그러나, 변위전류밀도 i_d가 발생하는 경우는 일반적으로 큰 고주파나 급격하게 전류를 단속시킬 때 발생하게 된다.

따라서, 유전체의 구속전자의 변위(시간에 따른 분극의 세기의 변화)에 의하여 나타나는 변위전류는 진공에서도 흐를 수 있기 때문에 변위전류에 의하여 암페어의 주회적분 법칙으로 주위에 자계를 발생시키게 되어 전자파를 발생시키게 된다. 그러므로, 상기 수식은 전자파의 존재 및 해석에 중요한 이론이 된다. 그림 11-1에서 간격 $d[m]$인 평행 평판 콘덴서의 외부에서 전계 $E = E_m \sin\omega t\,[V/m]$를 인가하였을 때, 전도전류밀도 i_c와 변위전류밀도 i_d를 구하여 보자. 전도전류밀도 i_c는 아래 수식으로 구할 수 있다.

$i_c = \sigma E = \sigma E_m \sin \omega t[A/m^2]$	■ 전도전류밀도 i_c ☞ $i_c = \sigma E[A/m^2]$

그리고, 변위전류밀도 i_d를 구하면 아래 수식과 같다.

$$i_d = \frac{\partial D}{\partial t} = \epsilon\frac{\partial E}{\partial t} = \epsilon\frac{\partial}{\partial t}(E_m \sin\omega t)$$
$$= \omega\epsilon E_m \cos\omega t = 2\pi f\epsilon E_m \cos\omega t [A/m^2]$$

변위전류의 크기: $|i_d| = 2\pi f\epsilon E$

■ 변위전류밀도 i_d

☞ $i_d = \frac{\partial D}{\partial t}[A/m^2]$, $D = \epsilon E$

■ 미분 공식

☞ $\frac{d}{dx}f(x)^n = nf(x)^{n-1}\frac{df(x)}{dx}$

☞ $y = \sin x \rightarrow y' = \cos x$

상기의 수식에서 전도전류밀도 i_c와 변위전류밀도 i_d의 위상차를 살펴보면 변위전류밀도 i_d는 $\cos\omega t$ 함수가 되어 전도전류밀도 i_c인 $\sin\omega t$ 함수보다 위상이 $90°$ 앞서는 것을 알 수 있다.

예제 11.1

▣ 변위전류와 가장 관계가 깊은 것은 무엇인가?

① 반도체 ② 유전체 ③ 자성체 ④ 도체

풀이

◉ 변위전류밀도 $\boldsymbol{i_d} = \frac{\partial \boldsymbol{D}}{\partial t} = \epsilon\frac{\partial \boldsymbol{E}}{\partial t}$ $[A/m^2]$, 즉, 유전율 ϵ에 관계된다.

☞ ②

예제 11.2

▣ 유전체에서 변위전류를 발생시키는 것은 무엇인가?

① 분극 전하 밀도의 시간적 변화 ② 전속 밀도의 시간적 변화

③ 자속 밀도의 시간적 변화 ④ 분극 전하밀도의 공간적 변화

풀이

◉ 변위전류밀도 $\boldsymbol{i_d} = \frac{\partial \boldsymbol{D}}{\partial t} = \epsilon\frac{\partial \boldsymbol{E}}{\partial t}$ $[A/m^2]$

즉, 변위전류는 전속밀도의 시간적 변화에 의해서 발생한다.

☞ ②

예제 11.3

▣ 간격 $d[m]$인 2개의 평행판 전극 사이에 유전율 ϵ의 유전체가 있다. 전극 사이에 전압 $v = V_m \cos\omega t\ [V]$를 가했을 때 변위전류밀도 $[A/m^2]$는 얼마인가?

① $\frac{\epsilon}{d}V_m\cos\omega t$ ② $-\frac{\epsilon}{d}\omega V_m \sin\omega t$ ③ $\frac{\epsilon}{d}\omega V_m\cos\omega t$ ④ $\frac{\epsilon}{d}V_m\sin\omega t$

풀이

◉ 변위전류밀도 $i_d = \frac{\partial D}{\partial t} = \frac{\partial(\epsilon E)}{\partial t} = \frac{\partial}{\partial t}\epsilon\left(\frac{v}{d}\right) = \frac{\epsilon}{d}V_m\frac{\partial}{\partial t}\cos\omega t$

$$= -\omega\frac{\epsilon}{d}V_m\sin\omega t\ [A/m^2]$$

☞ ②

11-2 맥스웰의 전자방정식

11.2.1 맥스웰의 전자방정식

일반적으로 시간에 대하여 변화가 없는 정전계, 전자계, 직류 전류의 흐름이 있는 공간을 정상계라 한다. 이에 비하여 시간에 대하여 변화하는 전계, 자계, 교류 전류의 흐름이 있는 공간을 비정상계라 한다. 지금까지는 시간에 따른 변화가 없는 정상계에 대하여 다양한 공식들을 배워 왔고 이를 활용하여 다양한 전자기학적인 현상들을 해석하여 왔다. 아래 표 11-1은 시간에 따른 변화가 없는 정상계의 정전계, 정자계, 전류계에 대하여 지금까지 공부한 공식들을 다양한 관련 정리들을 활용하여 적분형과 미분형으로 수식을 나타낸 것이다.

표 11-1 시간 불변인 정상계의 공식 요약

항목	적분형	미분형	관련 정리
정전계	$\oint_S \boldsymbol{D} \cdot d\boldsymbol{S} = Q$ $\oint_S \boldsymbol{E} \cdot d\boldsymbol{S} = \frac{Q}{\epsilon_0}$	$\nabla \cdot \boldsymbol{D} = \rho$ $\nabla \cdot \boldsymbol{E} = \frac{\rho}{\epsilon_0}$	■ 가우스 법칙 ■ 발산 정리(면→체적적분)
	$\oint_c \boldsymbol{E} \cdot dl = 0$	$rot\boldsymbol{E} = \nabla \times \boldsymbol{E} = 0$	■ 보존장 ■ 스토크스 정리(선→면적분)
정자계	$\oint_c \boldsymbol{H} \cdot dl = I$	$rot\boldsymbol{H} = \nabla \times \boldsymbol{H} = i$	■ 암페어의 주회적분의 법칙 ■ 스토크스 정리(선→면적분)
	$\oint_S \boldsymbol{H} \cdot d\boldsymbol{S} = 0$	$\nabla \cdot \boldsymbol{B} = 0$	■ 가우스 법칙 ■ 발산 정리(면→체적적분)
전류계	$\int_S i \cdot d\boldsymbol{S} = 0$	$\nabla \cdot i = 0$	■ 전하보존의 법칙 ■ 발산 정리(면→체적적분)

상기 수식을 살펴보면 시간에 따른 변화가 없는 정상계에서는 전계와 자계 사이의 상호 작용이 없는 관계라는 것을 알 수 있다. 즉, 전계와 자계가 상호 연결이 되어 있지 않은 상태라는 것을 알 수 있다. 아래 표 11-2는 상기 표 11-1의 공식에 대하여 스토크스 정리, 발산 정리 등을 활용하여 유도하는 방법을 나타낸 것이다.

표 11-2 시간 불변인 정상계의 공식 유도 과정

구분		적분형	미분형	관련내용
정전계	가우스정리	$\oint_S \boldsymbol{D} \cdot d\boldsymbol{S} = Q$ $\oint_S \boldsymbol{E} \cdot d\boldsymbol{S} = \frac{Q}{\epsilon_0}$	$\oint_S \boldsymbol{D} \cdot d\boldsymbol{S}$ $= \int_v \nabla \cdot \boldsymbol{D}\, dv$ $= Q = \int_v \rho dv$ $\nabla \cdot \boldsymbol{D} = \rho$ $\nabla \cdot \boldsymbol{E} = \frac{\rho}{\epsilon_0}$	■ 전계와 전속밀도 ☞ $\boldsymbol{D} = \epsilon_0 \boldsymbol{E}$ ■ 발산 정리 ☞ $\oint_S \boldsymbol{D} \cdot d\boldsymbol{S} = \int_v \nabla \cdot \boldsymbol{D}\, dv$ ☞ $\nabla \cdot \boldsymbol{D} = \rho$
	보존장	$V_{AB} = V_A - V_B$ $= -\int_B^A \boldsymbol{E} \cdot dl$ $\boldsymbol{E} = -\nabla \boldsymbol{V}$ $= -grad\, V$ $\oint_c \boldsymbol{E} \cdot dl = 0$	$\oint_c \boldsymbol{E} \cdot dl$ $= \int_S rot\, \boldsymbol{E} \cdot d\boldsymbol{S}$ $= 0$ $rot\, \boldsymbol{E} = \nabla \times \boldsymbol{E} - 0$	■ 스토크스 정리 ☞ $\oint_c \boldsymbol{E} \cdot dl = \int_S rot\, \boldsymbol{E} \cdot d\boldsymbol{S}$ ■ 전계에서 암페어 주회적분의 법칙 ☞ 전계를 주회적분하면 전위차는 없다.(=0)
정자계	암페어 주회적분의 법칙	$\oint_c \boldsymbol{H} \cdot dl = I$	$\oint_c \boldsymbol{H} \cdot dl$ $= \int_S rot\, \boldsymbol{H} \cdot d\boldsymbol{S}$ $= I = \int_S \boldsymbol{i} \cdot d\boldsymbol{S}$ $rot\, \boldsymbol{H} = \nabla \times \boldsymbol{H} = \boldsymbol{i}$	■ 스토크스 정리 ☞ $\oint_c \boldsymbol{H} \cdot dl = \int_S rot\, \boldsymbol{H} \cdot d\boldsymbol{S}$
	자속	$\phi = \oint_S \boldsymbol{B} \cdot d\boldsymbol{S} = 0$	$\oint_S \boldsymbol{B} \cdot d\boldsymbol{S}$ $= \int_v \nabla \cdot \boldsymbol{B}\, dv$ $= 0$ $\nabla \cdot \boldsymbol{B} = 0$	■ 발산 정리 ☞ $\oint_S \boldsymbol{B} \cdot d\boldsymbol{S} = \int_v \nabla \cdot \boldsymbol{B}\, dv$ ■ 자계에서 가우스 정리 ☞ 가우스면에 들어오는 자속수와 나가는 자속 수는 같다.(=0)
전산 전류계	오옴의 법칙	$I = \int_S \boldsymbol{i} \cdot d\boldsymbol{S}$	$\int_S \boldsymbol{i} \cdot d\boldsymbol{S}$ $= \int_v \nabla \cdot \boldsymbol{i}\, dv$ $= I = -\frac{dQ}{dt}$ $= -\frac{\partial}{\partial t} \int_v \rho dv$ $= \int_v -\frac{\partial \rho}{\partial t} dv$ $\nabla \cdot \boldsymbol{i} = -\frac{\partial \rho}{\partial t}$ $\nabla \cdot \boldsymbol{i} = 0$	■ 발산 정리 ☞ $\int_S \boldsymbol{i} \cdot d\boldsymbol{S} = \int_v \nabla \cdot \boldsymbol{i}\, dv$ ☞ $\nabla \cdot \boldsymbol{i} = -\frac{\partial \rho}{\partial t}$ ■ 정상전류 ☞ 시간에 대하여 전하밀도 ρ가 일정 ☞ $\frac{\partial \rho}{\partial t} = 0$

그러나, 시간적으로 변화하는 비정상계의 전계와 자계에서는 상기 표 11-1 및 11-2의 수식으로 표현되지 않는다. 그리고, 앞에서 살펴본 바와 같이 콘덴서와 같이 유전체가 삽입된 두 전극 사이에 흐르는 전류를 설명하기 위하여 맥스웰이 생각한 변위전류의 개념을 도입하면 전계와 자계가 아무런 관계가 없는 것이 아니라 상호 관련성이 있다는 것을 알 수 있다.

표 11-3은 시간에 따른 변화가 있는 비정상계에서 전계와 자계 및 전류에 대한 공식들을 다양한 관련 정리들을 활용하여 적분형과 미분형으로 수식을 나타낸 것이다.

표 11-3 시변인 비정상계의 공식 요약(맥스웰의 전자방정식)

항목	적분형	미분형	관련 정리
시변 전계	$\oint_S \boldsymbol{D} \cdot d\boldsymbol{S} = Q$ $\oint_S \boldsymbol{E} \cdot d\boldsymbol{S} = \frac{Q}{\epsilon_0}$	$\nabla \cdot \boldsymbol{D} = \rho$ $\nabla \cdot \boldsymbol{E} = \frac{\rho}{\epsilon_0}$	■ 가우스 법칙 ■ 발산 정리(면→체적적분)
	$\oint_c \boldsymbol{E} \cdot dl = -\int_S \frac{\partial \boldsymbol{B}}{\partial t} \cdot d\boldsymbol{S}$	$rot\boldsymbol{E} = \nabla \times \boldsymbol{E} = -\frac{\partial \boldsymbol{B}}{\partial t}$	■ 페러데이의 법칙 ■ 스토크스 정리(선→면적분)
시변 자계	$\oint_c \boldsymbol{H} \cdot dl$ $= \int_S \boldsymbol{i}_c \cdot d\boldsymbol{S} + \int_S \frac{\partial \boldsymbol{D}}{\partial t} \cdot d\boldsymbol{S}$	$rot\boldsymbol{H} = \nabla \times \boldsymbol{H} = \boldsymbol{i}_c + \frac{\partial \boldsymbol{D}}{\partial t}$	■ 암페어의 주회적분 법칙 ■ 스토크스 정리(선→면적분)
	$\oint_S \boldsymbol{H} \cdot d\boldsymbol{S} = 0$	$\nabla \cdot \boldsymbol{B} = 0$	■ 가우스 법칙 ■ 발산 정리(면→체적적분)
시변 전류계	$\int_S \boldsymbol{i} \cdot d\boldsymbol{S} = -\int_v \frac{\partial \rho}{\partial t} dv$	$\nabla \cdot \boldsymbol{i} = -\frac{\partial \rho}{\partial t}$	■ 전하보존의 법칙 ■ 발산 정리(면→체적적분)

상기 표 11-3에서 시간적으로 변화하는 비정상계의 시변 전계와 자계에서는 시간에 따라 변화하는 전계의 변화가 자계를 발생시키고, 시간에 따라 변화하는 자계의 변화가 전계를 발생시킨다는 것을 알 수 있다. 즉, 전계와 자계는 상호 관련성이 있다는 것을 알 수 있다. 이와 같은 관계는 맥스웰이 생각한 유전체 내부를 흐르는 변위전류의 개념인 변위전류밀도 $\boldsymbol{i}_d$와 전도전류밀도 $\boldsymbol{i}_c$를 고려하여야만 성립된다.

상기 표 11-3의 시변 전계와 자계에 대한 적분형과 미분형에 대한 수식을 맥스웰의 전자방정식(Maxwell's equation)이라고 한다. 상기의 맥스웰 전자방정식에 대한 유도과정을 살펴보면 다음과 같다.

[1] 시변 전계: 가우스 법칙의 미분형

전계에서 살펴본 가우스 법칙, 단위체적당 전하량 및 면 적분을 체적 적분으로 바꾸는 발산 정리를 이용하여 수식을 전개할 수 있다. 아래 수식은 전개과정을 나타낸 것이다.

$$\oint_S \boldsymbol{D} \cdot d\boldsymbol{S} = Q = \int_v \rho dv \equiv \int_v div \boldsymbol{D} dv$$

$$div \boldsymbol{D} = \nabla \cdot \boldsymbol{D} = \rho$$

$$div \boldsymbol{E} = \nabla \cdot \boldsymbol{E} - \frac{\rho}{\epsilon_0}$$

■ 가우스 법칙

☞ $\oint_S \boldsymbol{D} \cdot d\boldsymbol{S} = Q\,[C]$

■ $divD$와 단위체적당 전하량의 관계

☞ $divD = \lim_{\Delta v \to 0} \frac{\int_S \boldsymbol{D} \cdot d\boldsymbol{S}}{\Delta v} = \rho\,[C/m^3]$

■ 발산 정리

☞ $\oint_S \boldsymbol{D} \cdot d\boldsymbol{S} = \int_v div \boldsymbol{D} dv$

상기 수식의 의미는 전하량 Q의 단위 체적에서 발산되는 전속선(전기력선)의 수는 단위체적당 전하량 ρ와 같다는 것을 나타낸다. 즉, 단위체적당 전하량 ρ가 크면 전하량 Q의 단위 체적에서 발산되는 전속선의 수가 많으며, 이는 단위면적당의 전속선(전기력선) 수인 전속밀도 $\boldsymbol{D}$가 크다는 것을 나타낸다. 상기 수식을 가우스 정리의 미분형이라고 한다.

[2] 시변 전계: 패러데이 전자유도 법칙의 미분형

전계에서 살펴본 전위의 개념과 자계에서 살펴본 패러데이의 전자유도 법칙을 이용하여 수식을 전개할 수 있다. 아래 수식은 전개과정을 나타낸 것이다.

$$e = \oint_c \boldsymbol{E} \cdot dl - -\frac{d\phi}{dt}$$

$$= -\frac{d}{dt}\int_S \boldsymbol{B} \cdot d\boldsymbol{S} = -\int_S \frac{d\boldsymbol{B}}{dt} \cdot d\boldsymbol{S}$$

■ 전위

☞ $v = -\oint_c \boldsymbol{E} \cdot dl\,[V]$

■ 기전력

☞ $e = \oint_c \boldsymbol{E} \cdot dl = -\frac{d\phi}{dt}\,[V]$

■ 자속

☞ $\phi = \int_S \boldsymbol{B} \cdot d\boldsymbol{S}\,[Wb]$

그리고, 상기 수식에서 선 적분을 면 적분으로 바꾸는 스토크스의 정리를 이용하여 맥스웰의 전자방정식을 유도할 수 있다.

$$\oint_c \boldsymbol{E} \bullet dl = \int_S rot\boldsymbol{E} \bullet d\boldsymbol{S} = -\int_S \frac{d\boldsymbol{B}}{dt} \bullet d\boldsymbol{S}$$

$$rot\boldsymbol{E} = \nabla \times \boldsymbol{E} = -\frac{\partial \boldsymbol{B}}{\partial t}$$

$$rot\boldsymbol{E} = \nabla \times \boldsymbol{E} = -\mu_0 \frac{\partial \boldsymbol{H}}{\partial t}$$

■ 스토크스의 정리

☞ $\oint_c \boldsymbol{E} \cdot dl = \int_S rot\boldsymbol{E} \cdot d\boldsymbol{S}$

상기 수식의 의미는 회전하는 전계 $\boldsymbol{E}$는 시간적으로 변화하는 자계 $\boldsymbol{H}$를 발생시킨다고 할 수 있다. 또는, 시간적으로 변화하는 자계 $\boldsymbol{H}$는 자계 주위를 회전하는 전계 $\boldsymbol{E}$를 유도시킨다는 것을 나타내고 있다. 상기 수식을 페러데이 전자유도 법칙의 미분형이라고 한다.

[3] 시변 자계: 암페어 주회적분 법칙의 미분형

자계에서 살펴본 암페어의 주회적분 법칙, 선 적분을 면 적분으로 바꾸는 스토크스의 정리와 전류 및 전류밀도 사이의 관계를 이용하여 수식을 전개할 수 있다. 아래 수식은 전개 과정을 나타낸 것이다.

$$\oint_c \boldsymbol{H} \bullet dl = \int_S rot\boldsymbol{H} \bullet d\boldsymbol{S} = I = \int_S \boldsymbol{i} \bullet d\boldsymbol{S}$$

$$rot\boldsymbol{H} = \nabla \times \boldsymbol{H} = \boldsymbol{i}$$

■ 암페어의 주회적분 법칙

☞ $\oint_c \boldsymbol{H} \bullet dl = I\,[A]$

■ 전류와 전류밀도

☞ $I = \int_S \boldsymbol{i} \bullet d\boldsymbol{S}\,[A]$

■ 스토크스의 정리

☞ $\oint_c \boldsymbol{H} \cdot dl = \int_S rot\boldsymbol{H} \cdot d\boldsymbol{S}$

상기 수식에서 유전체가 삽입된 콘덴서에서는 전도전류밀도 $\boldsymbol{i}_c$와 변위전류밀도 $\boldsymbol{i}_d$의 합인 전체 전류 $\boldsymbol{i}_T$가 유전체의 매질 속을 흐르고 있기 때문에 이에 대한 관계와 선 적분을 면 적분으로 바꾸는 스토크스의 정리를 이용하여 아래 수식을 유도할 수 있다.

$$\oint_c \boldsymbol{H} \cdot dl = \int_S rot\boldsymbol{H} \cdot d\boldsymbol{S}$$
$$= i_T = \int_S i_c \cdot d\boldsymbol{S} + \int_S i_d \cdot d\boldsymbol{S}$$
$$= \int_S i_c \cdot d\boldsymbol{S} + \int_S \frac{\partial \boldsymbol{D}}{\partial t} \cdot d\boldsymbol{S}$$
$$rot\boldsymbol{H} = \nabla \times \boldsymbol{H} = i_c + i_d = i_c + \frac{\partial \boldsymbol{D}}{\partial t}$$

■ 전체전류, 변위전류, 전도전류

☞ $i_T = i_c + i_d = \sigma \boldsymbol{E} + \frac{\partial \boldsymbol{D}}{\partial t} [A/m^2]$

■ 전류와 전류밀도

☞ $I = \int_S i \cdot d\boldsymbol{S} [A]$

■ 스토크스의 정리

☞ $\oint_c \boldsymbol{H} \cdot dl = \int_S rot\boldsymbol{H} \cdot d\boldsymbol{S}$

상기 수식의 의미는 회전하는 자계 $\boldsymbol{H}$는 시간적으로 변화하는 전계 $\boldsymbol{E}$(수식에서는 전속밀도 $\boldsymbol{D}$)를 발생시킨다고 할 수 있다. 또는, 시간적으로 변화하는 전계 $\boldsymbol{E}$(수식에서는 전속밀도 $\boldsymbol{D}$)는 전계 주위를 회전하는 자계 $\boldsymbol{H}$를 유도시킨다는 것을 나타내고 있다.

따라서, 변위전류 i_d에 의하여 시간적으로 변화하는 전계 $\boldsymbol{E}$가 발생하고, 전계 $\boldsymbol{E}$의 변화에 의하여 주위에 회전하는 자계 $\boldsymbol{H}$를 발생시켜 전자파인 파동 형태로 진공 중에 전파되는 것을 나타낸다. 상기 수식을 암페어 주회적분 법칙의 미분형이라고 한다.

그리고, 상기 수식에서 진공 중을 고려하면 전도전류밀도 i_c는 0으로 생각할 수 있어 아래 수식으로 다시 나타낼 수 있다.

$$rot\boldsymbol{H} = \nabla \times \boldsymbol{H}$$
$$= i_c(=0) + i_d = \frac{\partial \boldsymbol{D}}{\partial t} = \epsilon_0 \frac{\partial \boldsymbol{E}}{\partial t}$$

■ 진공 중 전도전류밀도 i_c

☞ $i_c = 0$

■ 변위전류 i_d의 개념을 고려하지 않으면 변위전류밀도 i_d도 0이 되어 전계와 자계는 공존하지 못함($i_d = 0$, $\frac{\partial \boldsymbol{D}}{\partial t} = 0$)

■ 변위전류 i_d의 개념을 고려하게 되면 변위전류밀도 i_d가 존재하여 전계와 자계는 공존하게 됨($i_d = \frac{\partial \boldsymbol{D}}{\partial t} = \epsilon_0 \frac{\partial \boldsymbol{E}}{\partial t}$)

상기 수식에서 진공 중에서는 전도전류밀도 i_c가 0이 되어 변위전류에 대한 개념을 고려하지 않으면 변위전류밀도 i_d도 0으로 되어 회전하는 자계 $\boldsymbol{H}$가 발생하여도 시간적으로 변화하는 전계 $\boldsymbol{E}$를 발생시킬 수 없다는 것을 알 수 있다. 그러므로, 변위전류의 개념이 고려되어야만 전계 $\boldsymbol{E}$와 자계 $\boldsymbol{H}$가 공존하게 된다는 것을 알 수 있다.

[4] 시변 자계: 가우스 법칙의 미분형

전계에서 살펴본 가우스 법칙을 자계에 대한 가우스 법칙으로 바꾸어 생각하게 된다면 자계에서는 자극인 N극과 S극이 단독(단위 자하)으로 존재할 수 없기 때문에 자극인 N극과 S극이 공존하는 자하에 가우스 면을 가정하게 되면 S극으로 들어오는 자기력선 수와 N극에서 나가는 자기력선 수가 항상 같기 때문에 가우스 면의 전체 자기력선수는 0이 된다.

따라서, 이를 가우스 법칙에 적용하고, 면 적분을 체적 적분으로 바꾸는 발산 정리를 이용하여 수식을 전개할 수 있다. 아래 수식은 전개과정을 나타낸 것이다.

$$\oint_S \boldsymbol{H} \cdot d\boldsymbol{S} = \int_v div\, \boldsymbol{H} dv = 0$$

$$div\, \boldsymbol{H} = \nabla \cdot \boldsymbol{H} = 0$$

$$div\, \boldsymbol{B} = \nabla \cdot \boldsymbol{B} = 0$$

■ 전계의 가우스 법칙

☞ $\oint_S \boldsymbol{D} \cdot d\boldsymbol{S} = Q\,[C]$

■ 자계의 가우스 법칙

☞ $\oint_S \boldsymbol{H} \cdot d\boldsymbol{S} = 0$

■ 발산 정리

☞ $\oint_S \boldsymbol{H} \cdot d\boldsymbol{S} = \int_v div\, \boldsymbol{H} dv$

상기 수식의 의미는 가우스 면에서 외부로 발산하는 자계 $\boldsymbol{H}$(자속밀도 $\boldsymbol{B}$)가 존재하지 않는다는 것이 아니라, 자계 $\boldsymbol{H}$(자속밀도 $\boldsymbol{B}$)에 대한 발산의 원천은 존재하지 않고, 자기력선의 발생이나 소멸이 없는 항상 연속이라는 것을 의미한다. 즉, 자계에서는 전계와 같이 양전하와 음전하가 독립적으로 존재할 수 없음을 의미한다.

따라서, 자계에서는 독립된 자극은 존재하지 않고 항상 N극, S극이 동시에 존재하고 있으며, S극으로 들어오는 자기력선 수와 N극에서 나가는 자기력선 수가 항상 같기 때문에 가우스 면의 전체 자기력선 수는 0이 되어 항상 연속이라는 것을 의미한다.

[5] 시변 전류계: 전하 보존의 법칙

정상전류에서 살펴본 전류는 어떤 도체의 단면을 단위시간당 통과하는 전하량 Q를 의미하고 있다. 그리고, 전하는 생성과 소멸이 될 수 없다는 전하 보존의 법칙에 의하여 임의의 폐곡면을 통하여 유출되는 전류는 폐곡면 내 전하의 감소량과 같다는 것을 나타내고 있다. 즉, 임의의 폐곡면을 통하는 유출되는 전류량이 많다고 한다면, 폐곡면 내에 존재하는 전하의 감소량이 증가하였다는 것을 의미한다.

상기에서 언급한 내용과 면 적분을 체적 적분으로 바꾸는 발산 정리를 이용하여 수식을 전개할 수 있다. 아래 수식은 전개과정을 나타낸 것이다.

$$I = \int_S \boldsymbol{i} \cdot d\boldsymbol{S} = \int_v div\ \boldsymbol{i} dv = -\int_v \frac{\partial \rho}{\partial t} dv$$

$$div\ \boldsymbol{i} = -\frac{\partial \rho}{\partial t}$$

$$div\ \boldsymbol{i} = \nabla \cdot \boldsymbol{i} = -\frac{\partial \rho}{\partial t}$$

■ 전하 보존의 법칙

☞ $I = -\dfrac{dQ}{dt}$

$= -\dfrac{\partial}{\partial t}\displaystyle\int_v \rho dv = -\int_v \frac{\partial \rho}{\partial t} dv$

■ 발산 정리

☞ $\displaystyle\int_S \boldsymbol{i} \cdot d\boldsymbol{S} = \int_v div\ \boldsymbol{i} dv$

상기 수식의 의미는 전하 보존의 법칙에 의거하여 단위 체적에서 발산하는 전류는 전하량의 시간적 감소율과 같다는 전하 보존의 법칙을 나타내고 있다. 즉, 시변 전류계에서는 시간에 따라 전류의 크기가 변화(교류)하고 있기 때문에 전하량이 시간적 변화에 대하여 감소율이 변화한다는 것을 의미한다.

그러나, 도체 내에 정상전류가 흐르는 경우, 즉 시간에 대하여 전류의 크기가 변화하지 않는다(직류)고 하면, 전하밀도 ρ가 시간에 대하여 일정하기 때문에 $\nabla \cdot \boldsymbol{i} = 0$이 되어 상기 수식을 다시 표현하면 아래 수식과 같다.

$$div\ \boldsymbol{i} = \nabla \cdot \boldsymbol{i} = 0$$

■ 정상전류인 경우

☞ $\nabla \cdot \boldsymbol{i} = 0$

즉, 상기 수식에서 $\nabla \cdot \boldsymbol{i} = 0$의 의미는 새로운 전류의 발생이나 소멸이 없는 연속을 의미하고 있다.

11.2.2 맥스웰 전자방정식의 물리적 의미

상기 수식에서 시간적으로 변화하는 전계와 자계의 수식 중에서 미분형을 일반적으로 맥스웰의 전자방정식이라고 한다. 맥스웰의 전자방정식은 유전체에 흐르는 변위전류에 대한 개념이 전도전류와 합쳐져서 전계와 자계 사이의 공존관계를 설명하는 수식이다. 아래 표 11-4는 맥스웰의 전자방정식에 대한 물리적인 개념을 나타낸 것이다.

표 11-4 맥스웰의 전자방정식에 대한 물리적 의미

맥스웰의 전자방정식	물리적 의미
$rot\boldsymbol{E} = \nabla \times \boldsymbol{E} = -\dfrac{\partial \boldsymbol{B}}{\partial t}$	■ 페러데이의 전자유도 법칙에 의하여 자속의 변화는 유도기전력을 발생 ■ 유도기전력은 렌츠의 법칙에 의하여 기전력의 방향이 정하여 짐 ■ 자속의 변화에 의하여 기전력의 방향이 결정되어지는 회전하는 전계 $\boldsymbol{E}$가 발생
$rot\boldsymbol{H} = \nabla \times \boldsymbol{H} = \boldsymbol{i}_c + \dfrac{\partial \boldsymbol{D}}{\partial t}(= \boldsymbol{i}_d)$	■ 전류는 전도전류와 변위전류로 구성되어 있으며, 전도전류 $\boldsymbol{i}_c$는 도체를 통하여 흐르는 전류를 의미하며, 부도체에서는 전류가 흐르지 않음. 오옴 법칙의 미분형($\boldsymbol{i}_c = \sigma \boldsymbol{E}$)에 의하여 도전율 σ값(부도체에서는 $\sigma = 0$이기 때문에 전도전류는 흐르지 않음)에 따른 전류가 도체를 타고 전류가 흐름 ■ 변위전류는 부도체를 통하여 흐르는 전류를 의미하며, 변위전류 $\boldsymbol{i}_d$는 유전체의 분극의 세기 $\boldsymbol{P}$의 시간적 변화에 의하여 발생하는 것임 $\boldsymbol{i}_d = \dfrac{\partial \boldsymbol{D}}{\partial t} = \epsilon \dfrac{\partial \boldsymbol{E}}{\partial t} = \epsilon_0 \dfrac{\partial \boldsymbol{E}}{\partial t} + \dfrac{\partial \boldsymbol{P}}{\partial t} [A/m^2]$ ■ 따라서, 공기를 유전체라고 생각하면, 공기를 통하여서는 전도전류($\boldsymbol{i}_c = \sigma \boldsymbol{E}$)가 흐르지 않으며, 공기의 유전체에 외부의 전계(전속밀도)에 대한 시간적 변화에 의하여 유전체 내부의 분극의 위치가 변화하게 되어(변위) 유전체에 외부 전계(전속밀도)의 시간적 변화와 이에 따르는 유전체의 분극의 세기가 변화하게 되어 변위 전류 $\boldsymbol{i}_d$가 유전체 내부에 흐르게 됨 ■ 변위 전류 $\boldsymbol{i}_d$에 의하여 암페어의 주회적분 법칙에 의하여 변위전류의 시간적 변화에 기인하는 회전 자계 $\boldsymbol{H}$가 주위에 발생 ■ 그리고, 회전자계 $\boldsymbol{H}$에 의하여 암페어의 주회적분 법칙과 페러데이의 법칙으로 회전하는 전계 $\boldsymbol{E}$가 발생
$\nabla \cdot \boldsymbol{D} = \rho$	■ 단위체적에서 발산하는 전속선수는 단위체적당 전하량과 같음(단위체적당 전하가 크면 전속선수가 많음)
$\nabla \cdot \boldsymbol{B} = 0$	■ 자속(밀도)가 없다는 것이 아닌, 자속(밀도) 발산의 원천은 존재하지 않고, 항상 연속(자기력선의 발생이나 소멸이 없는 연속)을 의미

예제 11.4

▣ 자계의 세기 $\boldsymbol{H}=xy\boldsymbol{a}_y-xz\boldsymbol{a}_z\,[A/m]$일 때 점 $(2, 3, 5)$에서 전류밀도는 몇 $[A/m^2]$인가?

① $5\boldsymbol{a}_x+3\boldsymbol{a}_y$ ② $3\boldsymbol{a}_x+5\boldsymbol{a}_y$ ③ $5\boldsymbol{a}_x+3\boldsymbol{a}_z$ ④ $5\boldsymbol{a}_y+3\boldsymbol{a}_z$

풀이

◉ 전류밀도 $\boldsymbol{i}=rot\boldsymbol{H}=\nabla\times\boldsymbol{H}=\begin{vmatrix}\boldsymbol{a}_x & \boldsymbol{a}_y & \boldsymbol{a}_z\\ \frac{\partial}{\partial x} & \frac{\partial}{\partial y} & \frac{\partial}{\partial z}\\ Hx & Hy & Hz\end{vmatrix}=\begin{vmatrix}\boldsymbol{i} & \boldsymbol{j} & \boldsymbol{k}\\ \frac{\partial}{\partial x} & \frac{\partial}{\partial y} & \frac{\partial}{\partial z}\\ 0 & xy & -xz\end{vmatrix}=z\boldsymbol{j}+y\boldsymbol{k}=z\boldsymbol{a}_y+y\boldsymbol{a}_z$

◉ $x=2,\ y=3,\ z=5$를 대입하면 ∴ 전류밀도 $\boldsymbol{i}=5\boldsymbol{a}_y+3\boldsymbol{a}_z\,[A/m^2]$

☞ ④

예제 11.5

▣ 다음 중 전자계에 대한 맥스웰의 기본 이론이 아닌 것은?

① 자계의 시간적 변화에 따라 전계의 회전이 생긴다.

② 전도전류와 변위전류는 자계를 발생시킨다.

③ 고립된 자극이 존재한다. ④ 전하에서 전속선이 발산된다.

풀이

◉ $\nabla\cdot\boldsymbol{B}=div\,\boldsymbol{B}=0$: 독립된 자극이 존재하지 않는다. 회전장으로 자속의 연속성을 나타낸다.

☞ ③

예제 11.6

▣ 다음 중 미분 방정식 형태로 나타낸 맥스웰의 전자계 기초 방정식은?

① $rot\,\boldsymbol{E}=-\frac{\partial \boldsymbol{B}}{\partial t},\ rot\,\boldsymbol{H}=\boldsymbol{i}+\frac{\partial \boldsymbol{D}}{\partial t},\ div\,\boldsymbol{D}=0,\ div\,\boldsymbol{B}=0$

② $rot\,\boldsymbol{E}=-\frac{\partial \boldsymbol{B}}{\partial t},\ rot\,\boldsymbol{H}=\boldsymbol{i}+\frac{\partial \boldsymbol{D}}{\partial t},\ div\,\boldsymbol{D}=\rho,\ div\,\boldsymbol{B}=\boldsymbol{H}$

③ $rot\,\boldsymbol{E}=-\frac{\partial \boldsymbol{B}}{\partial t},\ rot\,\boldsymbol{H}=\boldsymbol{i}+\frac{\partial \boldsymbol{D}}{\partial t},\ div\,\boldsymbol{D}=\rho,\ div\,\boldsymbol{B}=0$

④ $rot\,\boldsymbol{E}=-\frac{\partial \boldsymbol{B}}{\partial t},\ rot\,\boldsymbol{H}=\boldsymbol{i},\ div\,\boldsymbol{D}=0,\ div\,\boldsymbol{B}=0$

풀이

◉ 맥스웰 방정식의 미분형

$rot\,\boldsymbol{E}=-\frac{\partial \boldsymbol{B}}{\partial t}$: 페러데이 법칙, $rot\,\boldsymbol{H}=\boldsymbol{i}+\frac{\partial \boldsymbol{D}}{\partial t}$: 암페어 주회적분 법칙

$div\,\boldsymbol{D}=\rho$: 가우스의 법칙, $div\,\boldsymbol{B}=0$: 가우스의 법칙, 고립된 자하 없다.

☞ ③

예제 11.7

▣ 자속의 연속성을 나타낸 식은 무엇인가?

① $div\,\boldsymbol{B}=\rho$ ② $div\,\boldsymbol{B}=0$ ③ $\boldsymbol{B}=\mu\boldsymbol{H}$ ④ $div\,\boldsymbol{B}=\mu\boldsymbol{H}$

풀이

◉ $\nabla\cdot\boldsymbol{B}=div\boldsymbol{B}=0$: 가우스의 법칙(자속(밀도)이 없다가 아닌 연속을 의미)

☞ ②

11-3 파동방정식

11.3.1 전자파

맥스웰의 4가지 전자 방정식 중에서 변위전류 i_d에 대한 개념이 포함된 아래 2가지 방정식을 맥스웰의 전자계 기본방정식이라 한다.

$$rot\boldsymbol{H} = \nabla \times \boldsymbol{H} = i_c(=0) + \frac{\partial \boldsymbol{D}}{\partial t}(= i_d) = \frac{\partial \boldsymbol{D}}{\partial t} = \epsilon_0 \frac{\partial \boldsymbol{E}}{\partial t}$$

$$rot\boldsymbol{E} = \nabla \times \boldsymbol{E} = -\frac{\partial \boldsymbol{B}}{\partial t} = -\mu_0 \frac{\partial \boldsymbol{H}}{\partial t}$$

■ 맥스웰의 전자계 기본방정식
■ 진공 중 전도전류밀도 i_c
☞ $i_c = 0$

상기 수식의 물리적 개념을 살펴보자. 진공 속에 있는 도체인 안테나 등과 같은 물질에 전류가 변화한다고 한다면 이 변위전류 i_d의 변화에 의하여 시간적으로 변화하는 전계 $\boldsymbol{E}$ ($\epsilon_0 \frac{\partial \boldsymbol{E}}{\partial t}$)를 유도시키게 되고 이 시변의 전계 $\boldsymbol{E}$가 도체 주위에 회전하는 자계 $\boldsymbol{H}$($rot\boldsymbol{H}$)를 발생시키게 된다. 그리고, 회전하는 자계 $\boldsymbol{H}$도 시간에 대하여 변화($-\mu_0 \frac{\partial \boldsymbol{H}}{\partial t}$)하고 있기 때문에 자계 $\boldsymbol{H}$ 주위에 회전하는 전계 $\boldsymbol{E}$($rot\boldsymbol{E}$)를 발생시키게 된다. 또한, 회전하는 전계 $\boldsymbol{E}$도 시간에 대하여 변화하고 있어 전계 $\boldsymbol{E}$ 주위에 또 다른 회전하는 자계 $\boldsymbol{H}$를 발생시키게 되어 진공 중으로 전계 $\boldsymbol{E}$와 자계 $\boldsymbol{H}$가 순차적으로 상호 간에 연계되어 전파된다. 이와 같이 전계 $\boldsymbol{E}$와 자계 $\boldsymbol{H}$가 도체 상의 전류로부터 진공 속에서 점차적으로 먼 곳으로 전파되어 나가게 된다. 이를 전자파(electromagnetic wave)라 한다. 맥스웰은 전자방정식을 통하여 전자파의 존재를 예언하였고 이후 헬쯔(Hertz)에 의하여 전자파가 실험적으로 검증이 되었다.

11.3.2 전자계의 파동방정식

전자파가 매질정수인 유전율 ϵ, 투자율 μ, 도전율 σ가 항상 일정하며, 공간에 진전하를 포함하지 않은 공간인 진공 또는 완전 유전체와 같은 공간의 비도전성 균질 매질(ϵ, μ, $\sigma = 0$, $i = 0$, $\rho = 0$)에 존재할 경우, $\boldsymbol{D} = \epsilon \boldsymbol{E}$, $\boldsymbol{B} = \mu \boldsymbol{H}$, $i = \sigma \boldsymbol{E}$의 관계를 이용하여 맥스웰의 전자방정식을 표 11-5와 같이 다시 쓸 수 있다.

표 11-5 완전 유전체(비도전성 균질 매질)에 대한 맥스웰의 전자방정식

맥스웰의 전자방정식	진공, 완전 유전체와 같은 공간의 비도전성 균질 매질 (ϵ, μ, $\sigma=0$, $\boldsymbol{i}=0$, $\rho=0$)
$rot\boldsymbol{E}=\nabla\times\boldsymbol{E}=-\frac{\partial \boldsymbol{B}}{\partial t}$	$rot\boldsymbol{E}=\nabla\times\boldsymbol{E}=-\mu\frac{\partial \boldsymbol{H}}{\partial t}$
$rot\boldsymbol{H}=\nabla\times\boldsymbol{H}=\boldsymbol{i}_c+\frac{\partial \boldsymbol{D}}{\partial t}$	$rot\boldsymbol{H}=\nabla\times\boldsymbol{H}=\boldsymbol{i}_c(=\sigma\boldsymbol{E}=0)+\boldsymbol{i}_d(=\frac{\partial \boldsymbol{D}}{\partial t})=\frac{\partial \boldsymbol{D}}{\partial t}=\epsilon\frac{\partial \boldsymbol{E}}{\partial t}$
$\nabla\cdot\boldsymbol{D}=\rho$ $\nabla\cdot\boldsymbol{E}=\frac{\rho}{\epsilon_0}$	$\nabla\cdot\boldsymbol{D}=\rho=0$ $\nabla\cdot\boldsymbol{E}=\frac{\rho}{\epsilon}=0$
$\nabla\cdot\boldsymbol{B}=0$ $\nabla\cdot\boldsymbol{H}=0$	$\nabla\cdot\boldsymbol{B}=0$ $\nabla\cdot\boldsymbol{H}=0$

진공 또는 완전 유전체와 같은 공간인 비도전성의 균질 매질에서 맥스웰 전자방정식은 전계 $\boldsymbol{E}$와 자계 $\boldsymbol{H}$로 구성된 1계 편미분방정식이다. 상기 1계 편미분방정식인 맥스웰 전자방정식의 수식 중에서 $rot\boldsymbol{E}=\nabla\times\boldsymbol{E}=-\mu\frac{\partial \boldsymbol{H}}{\partial t}$의 양변에 $rot(=\nabla\times)$의 연산을 취하여 2계 편미분방정식 형태로 수식을 다시 나타내면 다음과 같다.

$$\nabla\times\nabla\times\boldsymbol{E}=\nabla\times(-\mu\frac{\partial \boldsymbol{H}}{\partial t})=-\mu\frac{\partial}{\partial t}(\nabla\times\boldsymbol{H})$$

▶ 좌변 수식 전개

$$\nabla\times\nabla\times\boldsymbol{E}=\nabla(\nabla\cdot\boldsymbol{E})-\nabla^2\boldsymbol{E}$$

$$\rightarrow \nabla\times\nabla\times\boldsymbol{E}=-\nabla^2\boldsymbol{E}$$

▶ 우변 수식 전개

$$-\mu\frac{\partial}{\partial t}(\nabla\times\boldsymbol{H})=-\mu\frac{\partial}{\partial t}(\epsilon\frac{\partial \boldsymbol{E}}{\partial t})=-\mu\epsilon\frac{\partial^2 \boldsymbol{E}}{\partial t^2}$$

따라서, $-\nabla^2\boldsymbol{E}=-\mu\epsilon\frac{\partial^2 \boldsymbol{E}}{\partial t^2}$

$$\therefore \nabla^2\boldsymbol{E}=\mu\epsilon\frac{\partial^2 \boldsymbol{E}}{\partial t^2}$$

■ 벡터공식

☞ $\nabla\times\nabla\times\boldsymbol{A}=\nabla(\nabla\cdot\boldsymbol{A})-\nabla^2\boldsymbol{A}$

■ 상기 수식에서 활용

☞ $\nabla\cdot\boldsymbol{E}=\frac{\rho}{\epsilon}=0$

☞ $\nabla\times\boldsymbol{H}=\epsilon\frac{\partial \boldsymbol{E}}{\partial t}$

■ 벡터의 미분연산자: 나블라, 델

☞ ∇

☞ x, y, z축 방향의 변화율과 방향을 의미

☞ $\nabla=\frac{\partial}{\partial x}\boldsymbol{i}+\frac{\partial}{\partial y}\boldsymbol{j}+\frac{\partial}{\partial z}\boldsymbol{k}$

양변에 $rot(=\nabla\times)$의 연산을 취한 상기 수식은 시변 전계 $\boldsymbol{E}$만으로 구성되어진 2계 벡터 미분방정식으로 표현된다.

그리고, 상기와 동일한 방법으로 상기 1계 편미분방정식인 맥스웰 전자방정식의 수식 중에서 $rot\boldsymbol{H}=\nabla\times\boldsymbol{H}=\boldsymbol{i}_c(=\sigma\boldsymbol{E}=0)+\boldsymbol{i}_d(=\frac{\partial\boldsymbol{D}}{\partial t})=\frac{\partial\boldsymbol{D}}{\partial t}=\epsilon\frac{\partial\boldsymbol{E}}{\partial t}$의 양변에 $rot(=\nabla\times)$의 연산을 취하여 2계 편미분방정식 형태로 수식을 다시 나타내면 다음과 같다.

<table>
<tr><td>

$\nabla\times\nabla\times\boldsymbol{H}=\nabla\times[\boldsymbol{i}_c(=0)+\frac{\partial\boldsymbol{D}}{\partial t}]=\epsilon\frac{\partial}{\partial t}(\nabla\times\boldsymbol{E})$

</td><td rowspan="4">

■ 벡터공식
☞ $\nabla\times\nabla\times\boldsymbol{A}=\nabla(\nabla\cdot\boldsymbol{A})-\nabla^2\boldsymbol{A}$
■ 상기 수식에서 활용
☞ $\nabla\cdot\boldsymbol{H}=0$
☞ $\nabla\times\boldsymbol{E}=-\mu\frac{\partial\boldsymbol{H}}{\partial t}$
■ 벡터의 미분연산자: 나블라, 델
☞ ∇
☞ x, y, z축 방향의 변화율과 방향을 의미
☞ $\nabla=\frac{\partial}{\partial x}\boldsymbol{i}+\frac{\partial}{\partial y}\boldsymbol{j}+\frac{\partial}{\partial z}\boldsymbol{k}$

</td></tr>
<tr><td>

▶ 좌변 수식 전개
$\nabla\times\nabla\times\boldsymbol{H}=\nabla(\nabla\cdot\boldsymbol{H})-\nabla^2\boldsymbol{H}$
$\rightarrow\ \nabla\times\nabla\times\boldsymbol{H}=-\nabla^2\boldsymbol{H}$

</td></tr>
<tr><td>

▶ 우변 수식 전개
$\epsilon\frac{\partial}{\partial t}(\nabla\times\boldsymbol{E})=\epsilon\frac{\partial}{\partial t}(-\mu\frac{\partial\boldsymbol{H}}{\partial t})=-\epsilon\mu\frac{\partial^2\boldsymbol{H}}{\partial t^2}$

</td></tr>
<tr><td>

따라서, $-\nabla^2\boldsymbol{H}=-\epsilon\mu\frac{\partial^2\boldsymbol{H}}{\partial t^2}$
$\therefore\ \nabla^2\boldsymbol{H}=\epsilon\mu\frac{\partial^2\boldsymbol{H}}{\partial t^2}$

</td></tr>
</table>

양변에 $rot(=\nabla\times)$의 연산을 취한 상기 수식은 시변의 자계 $\boldsymbol{H}$만으로 구성되어진 2계 벡터 미분방정식으로 표현된다.

상기 $\nabla^2\boldsymbol{E}=\mu\epsilon\frac{\partial^2\boldsymbol{E}}{\partial t^2}$ 수식과 $\nabla^2\boldsymbol{H}=\epsilon\mu\frac{\partial^2\boldsymbol{H}}{\partial t^2}$ 수식들은 진공 또는 완전 유전체와 같은 공간인 비도전성의 균질 매질에서 전자파의 전계 $\boldsymbol{E}$와 자계 $\boldsymbol{H}$에 있어서 시간과 위치에 관한 관계를 나타내고 있으며, 이러한 2계 벡터 미분방정식을 전자계의 파동방정식(electromagnetic wave equation)이라 한다. 이러한 전자계의 파동방정식은 전자파, 음파 등의 파가 매질 속에서 전달되어 가는 물리적 현상을 나타내는 중요한 방정식이다.

상기 전계 $\boldsymbol{E}$로 표현된 전자계의 파동방정식인 $\nabla^2\boldsymbol{E}=\mu\epsilon\frac{\partial^2\boldsymbol{E}}{\partial t^2}$를 공간좌표계 x, y, z축에 대한 요소로 각 성분의 스칼라 함수 형태로 나타내면 다음 수식과 같다.

■ $\nabla^2 \boldsymbol{E}$

$$= (\frac{\partial^2}{\partial x^2} + \frac{\partial^2}{\partial y^2} + \frac{\partial^2}{\partial z^2})(E_x\boldsymbol{i} + E_y\boldsymbol{j} + E_z\boldsymbol{k})$$

$$= \frac{\partial^2}{\partial x^2}E_x\boldsymbol{i} + \frac{\partial^2}{\partial x^2}E_y\boldsymbol{j} + \frac{\partial^2}{\partial x^2}E_z\boldsymbol{k}$$

$$+ \frac{\partial^2}{\partial y^2}E_x\boldsymbol{i} + \frac{\partial^2}{\partial y^2}E_y\boldsymbol{j} + \frac{\partial^2}{\partial y^2}E_z\boldsymbol{k}$$

$$+ \frac{\partial^2}{\partial z^2}E_x\boldsymbol{i} + \frac{\partial^2}{\partial z^2}E_y\boldsymbol{j} + \frac{\partial^2}{\partial z^2}E_z\boldsymbol{k}$$

$$= (\frac{\partial^2}{\partial x^2}E_x + \frac{\partial^2}{\partial y^2}E_x + \frac{\partial^2}{\partial z^2}E_x)\boldsymbol{i}$$

$$+ (\frac{\partial^2}{\partial x^2}E_y + \frac{\partial^2}{\partial y^2}E_y + \frac{\partial^2}{\partial z^2}E_y)\boldsymbol{j}$$

$$+ (\frac{\partial^2}{\partial x^2}E_z + \frac{\partial^2}{\partial y^2}E_z + \frac{\partial^2}{\partial z^2}E_z)\boldsymbol{k}$$

■ $\mu\epsilon\frac{\partial^2 \boldsymbol{E}}{\partial t^2}$

$$= \mu\epsilon\frac{\partial^2}{\partial t^2}(E_x\boldsymbol{i} + E_y\boldsymbol{j} + E_z\boldsymbol{k})$$

$$= \mu\epsilon\frac{\partial^2 E_x}{\partial t^2}\boldsymbol{i} + \mu\epsilon\frac{\partial^2 E_y}{\partial t^2}\boldsymbol{j} + \mu\epsilon\frac{\partial^2 E_z}{\partial t^2}\boldsymbol{k}$$

■ $\nabla^2 \boldsymbol{E} = \mu\epsilon\frac{\partial^2 \boldsymbol{E}}{\partial t^2}$

$$\therefore \frac{\partial^2 E_x}{\partial x^2} + \frac{\partial^2 E_x}{\partial y^2} + \frac{\partial^2 E_x}{\partial z^2} = \mu\epsilon\frac{\partial^2 E_x}{\partial t^2}$$

$$\therefore \frac{\partial^2 E_y}{\partial x^2} + \frac{\partial^2 E_y}{\partial y^2} + \frac{\partial^2 E_y}{\partial z^2} = \mu\epsilon\frac{\partial^2 E_y}{\partial t^2}$$

$$\therefore \frac{\partial^2 E_z}{\partial x^2} + \frac{\partial^2 E_z}{\partial y^2} + \frac{\partial^2 E_z}{\partial z^2} = \mu\epsilon\frac{\partial^2 E_z}{\partial t^2}$$

상기 자계 $\boldsymbol{H}$로 표현된 전자계의 파동방정식인 $\nabla^2 \boldsymbol{H} = \epsilon\mu\frac{\partial^2 \boldsymbol{H}}{\partial t^2}$를 공간좌표계 x, y, z축의 요소로 각 성분의 스칼라 함수 형태로 나타내면 다음 수식과 같다.

■ $\nabla^2 \boldsymbol{H}$

$$= (\frac{\partial^2}{\partial x^2} + \frac{\partial^2}{\partial y^2} + \frac{\partial^2}{\partial z^2})(H_x\boldsymbol{i} + H_y\boldsymbol{j} + H_z\boldsymbol{k})$$

$$= \frac{\partial^2}{\partial x^2}H_x\boldsymbol{i} + \frac{\partial^2}{\partial x^2}H_y\boldsymbol{j} + \frac{\partial^2}{\partial x^2}H_z\boldsymbol{k}$$

$$+ \frac{\partial^2}{\partial y^2}H_x\boldsymbol{i} + \frac{\partial^2}{\partial y^2}H_y\boldsymbol{j} + \frac{\partial^2}{\partial y^2}H_z\boldsymbol{k}$$

$$+ \frac{\partial^2}{\partial z^2}H_x\boldsymbol{i} + \frac{\partial^2}{\partial z^2}H_y\boldsymbol{j} + \frac{\partial^2}{\partial z^2}H_z\boldsymbol{k}$$

$$= (\frac{\partial^2}{\partial x^2}H_x + \frac{\partial^2}{\partial y^2}H_x + \frac{\partial^2}{\partial z^2}H_x)\boldsymbol{i}$$

$$+ (\frac{\partial^2}{\partial x^2}H_y + \frac{\partial^2}{\partial y^2}H_y + \frac{\partial^2}{\partial z^2}H_y)\boldsymbol{j}$$

$$+ (\frac{\partial^2}{\partial x^2}H_z + \frac{\partial^2}{\partial y^2}H_z + \frac{\partial^2}{\partial z^2}H_z)\boldsymbol{k}$$

■ $\epsilon\mu\frac{\partial^2 \boldsymbol{H}}{\partial t^2}$

$$= \epsilon\mu\frac{\partial^2}{\partial t^2}(H_x\boldsymbol{i} + H_y\boldsymbol{j} + H_z\boldsymbol{k})$$

$$= \epsilon\mu\frac{\partial^2 H_x}{\partial t^2}\boldsymbol{i} + \epsilon\mu\frac{\partial^2 H_y}{\partial t^2}\boldsymbol{j} + \epsilon\mu\frac{\partial^2 H_z}{\partial t^2}\boldsymbol{k}$$

■ $\nabla^2 \boldsymbol{H} = \epsilon\mu\frac{\partial^2 \boldsymbol{H}}{\partial t^2}$

$$\therefore \frac{\partial^2 H_x}{\partial x^2} + \frac{\partial^2 H_x}{\partial y^2} + \frac{\partial^2 H_x}{\partial z^2} = \epsilon\mu\frac{\partial^2 H_x}{\partial t^2}$$

$$\therefore \frac{\partial^2 H_y}{\partial x^2} + \frac{\partial^2 H_y}{\partial y^2} + \frac{\partial^2 H_y}{\partial z^2} = \epsilon\mu\frac{\partial^2 H_y}{\partial t^2}$$

$$\therefore \frac{\partial^2 H_z}{\partial x^2} + \frac{\partial^2 H_z}{\partial y^2} + \frac{\partial^2 H_z}{\partial z^2} = \epsilon\mu\frac{\partial^2 H_z}{\partial t^2}$$

예제 11.8

▣ 맥스웰의 전자방정식(Maxwell's equations) 중 패러데이(Faraday) 법칙에 의하여 유도된 방정식은?

① $\nabla \times \boldsymbol{E} = -\dfrac{\partial \boldsymbol{B}}{\partial t}$ ② $\nabla \times \boldsymbol{B} = i_c + \dfrac{\partial \boldsymbol{B}}{\partial t}$ ③ $div\boldsymbol{B} = \rho$ ④ $div\boldsymbol{B} = 0$

풀이

◉ $rot\boldsymbol{E} = \nabla \times \boldsymbol{E} = -\dfrac{\partial \boldsymbol{B}}{\partial t}$: 패러데이 법칙

☞ ①

예제 11.9

▣ 맥스웰 전자 방정식의 설명 중 잘못 설명한 것은 무엇인가?

① 폐곡면에 따른 전계의 선적분은 폐곡선 내를 통하는 자속의 시간 변화율과 같다.
② 폐곡면을 통해 나오는 자속은 폐곡면 내의 자극의 세기와 같다.
③ 폐곡면을 통해 나오는 전속은 폐곡면 내의 전하량과 같다.
④ 폐곡면에 따른 자계의 선적분은 폐곡면 내를 통하는 전류와 전속의 시간적 변화율의 화와 같다.

풀이

◉ 폐곡면을 통과하는 자속은 0이다. 즉, $\nabla \cdot \boldsymbol{B} = div\,\boldsymbol{B} = 0$으로 연속적(독립된 자극이 존재하지 않는다. 회전장)

☞ ②

예제 11.10

▣ 매질이 완전 절연체인 경우 전자 파동방정식을 표시하는 것은 무엇인가?

① $\nabla^2 \boldsymbol{E} = \epsilon\mu \dfrac{\partial \boldsymbol{E}}{\partial t}$, $\nabla^2 \boldsymbol{H} = \epsilon\mu \dfrac{\partial \boldsymbol{H}}{\partial t}$ ② $\nabla^2 \boldsymbol{E} = -\epsilon\mu \dfrac{\partial^2 \boldsymbol{E}}{\partial t^2}$, $\nabla^2 \boldsymbol{H} = -\epsilon\mu \dfrac{\partial^2 \boldsymbol{H}}{\partial t^2}$

③ $\nabla^2 \boldsymbol{E} = \epsilon\mu \dfrac{\partial^2 \boldsymbol{E}}{\partial t^2}$, $\nabla^2 \boldsymbol{H} = \epsilon\mu \dfrac{\partial^2 \boldsymbol{H}}{\partial t^2}$ ④ $\nabla^2 \boldsymbol{E} = -\epsilon\mu \dfrac{\partial \boldsymbol{E}}{\partial t}$, $\nabla^2 \boldsymbol{H} = \epsilon\mu \dfrac{\partial \boldsymbol{H}}{\partial t^2}$

풀이

◉ 임의의 매질에서 ϵ, μ, σ가 일정하고 $\boldsymbol{E}$와 $\boldsymbol{H}$가 동시에 공존하는 균질공간 ($\boldsymbol{E}$와 $\boldsymbol{H}$가 시간적으로 일정하게 변화하는 공간)이라면

$$rot\boldsymbol{E} = \nabla \times \boldsymbol{E} = -\mu \frac{\partial \boldsymbol{H}}{\partial t}, \quad rot\boldsymbol{H} = \nabla \times \boldsymbol{H} = \sigma \boldsymbol{E} + \epsilon \frac{\partial \boldsymbol{E}}{\partial t}$$

◉ 전파 및 자파 방정식

$$\nabla^2 \boldsymbol{E} = \mu\sigma \frac{\partial \boldsymbol{E}}{\partial t} + \mu\epsilon \frac{\partial^2 \boldsymbol{E}}{\partial t^2}$$: 전파(전계) 방정식

$$\nabla^2 \boldsymbol{H} = \mu\sigma \frac{\partial \boldsymbol{H}}{dt} + \mu\epsilon \frac{\partial^2 \boldsymbol{H}}{\partial t^2}$$: 자파(자계) 방정식

◉ 공기 중인 매질이라면 도전률 $\sigma = 0$이므로

위의 식에서 $\nabla^2 \boldsymbol{E} = \mu\epsilon \dfrac{\partial^2 \boldsymbol{E}}{\partial t^2}$, $\nabla^2 \boldsymbol{H} = \mu\epsilon \dfrac{\partial^2 \boldsymbol{H}}{\partial t^2}$

☞ ③

11.3.3 전자계의 파동방정식 해법

상기의 전계 $\boldsymbol{E}$로 표현된 전자계 파동방정식인 2계 편미분방정식의 풀이를 통하여 일반해를 구하여 보자. 그러나, 2계 편미분방정식의 일반해를 구하는 것이 매우 어렵기 때문에 여러 가지 조건 중에서 중요한 의미를 가지는 조건으로 단순화시켜 일반해를 구하여 보고자 한다. 그리고, 일반해를 통하여 전자계의 파동방정식의 특성과 성질을 살펴보자.

우선 전계 $\boldsymbol{E}$로 표현된 전자계 파동방정식인 2계 편미분방정식의 수식은 위치 및 시변함수인 $\boldsymbol{E} = E(x, y, z, t)$로 표현될 수 있어 다양한 조건을 포함하고 있다. 이 수식의 변수 중에서 y, z축 성분이 0(즉, $E_y = E_z = 0$)이고 x축 성분만 가지고 있는 E_x를 가정하면, E_x는 좌표 x와 y에 무관(일정)하고 z와 t의 함수인 $E_x = f(z, t)$의 경우를 생각하자. 표 11-6은 단순화시키기 위한 제한 조건을 나타낸 것이다.

표 11-6 전자계 파동방정식을 단순화시키기 위한 제한조건

제한 조건	제한조건 반영 결과 식
■ 전계 $\boldsymbol{E}$는 x성분인 E_x만 관계 ☞ $E_y = E_z = 0$	$\boldsymbol{E} = E_x \boldsymbol{i} = E_x(x, y, z, t)\boldsymbol{i}$ $E_y = E_z = 0$
■ E_x는 x축, y축 방향에 대하여 일정 ☞ 시간 t에 따른 z축 방향으로만 변화되어 z, t의 함수	$\frac{\partial}{\partial x} = \frac{\partial}{\partial y} = 0$ $\boldsymbol{E} = E_x \boldsymbol{i} = E_x(z, t)\boldsymbol{i}$
■ 시간 t에 대하여 각주파수 ω에 따라 정현적으로 변화 ☞ $\cos\omega t$ 형태의 여현적 변화(여현함수)	$\boldsymbol{E} = E_x \boldsymbol{i} = E_x(z, t)\boldsymbol{i} = E_x(z)\cos\omega t \boldsymbol{i}$

전자계의 파동방정식은 앞에서 살펴본 바와 같이 시간 t에 대하여 각주파수 ω에 따라 정현적으로 변화하기 때문에 파형이 시간에 따라 변화하는 순시값으로 표현이 되어 여러 정현파의 가감 연산에서 불리하다.

따라서, 정현파를 실수와 허수를 가지는 복소수 형태로 변환시키면 일반적인 대수적 연산으로 쉽게 풀이가 가능하다는 이점이 있다. 그리고, 시간이 0인 순간을 극좌표 형태로 표현하여 시간에 따라 변화하지 않는 크기와 위상을 가진 페이저(phasor)를 사용하여 전자계의 파동방정식을 해석하여 보고자 한다.

(1) 순시 정현함수의 페이저 표현

전자계의 파동방정식은 시간 t에 대하여 각주파수 ω에 따라 정현적으로 변화하기 때문에 전자계의 파동방정식은 $E = E_0 \cos(\omega t + \theta)$의 순시함수로 표현된다는 것을 앞에서 살펴보았다. 이 순시함수를 오일러 공식(Euler's formula)과 페이저 함수(phasor function)의 표시에 의하여 다음 수식으로 표현할 수 있다.

▶ 순시함수의 페이저 표현 $E = E_0 \cos(\omega t + \theta)$ $= E_0 e^{j(\omega t+\theta)} = Re[E_0 e^{j\omega t} e^{j\theta}]$ $= Re[E_0 e^{j\theta} e^{j\omega t}] = Re[\boldsymbol{E}_s e^{j\omega t}]$ 여기서, 페이저: $\boldsymbol{E}_s = E_0 e^{j\theta} = E_0 \angle \theta$	■ 오일러 공식 ☞ $e^{\pm j\theta} = \cos\theta \pm j\sin\theta = 1\angle \pm\theta$ ■ 복소수 $\boldsymbol{A}$를 극좌표 형식, 삼각함수 형식, 지수함수 형식으로 페이저 표현 ☞ $\boldsymbol{A} = a + jb = A(\cos\theta + j\sin\theta) = A\angle\theta = Ae^{j\theta}$ ☞ 여기서, $A = \sqrt{a^2+b^2}, \theta = \tan^{-1}\frac{b}{a}$ ☞ 실수부: $a = A\cos\theta$, 허수부: $b = A\sin\theta$ ■ 페이저 표시: 실수부 ☞ $i = I_0 \cos(wt+\theta)$ $= Re[I_0 e^{j(wt+\theta)}] = Re[I_0 e^{j\theta} e^{jwt}]$ $= Re[\boldsymbol{I}_s e^{jwt}]$ ☞ 페이저: $\boldsymbol{I}_s = I_0 e^{i\theta} = I_0 \angle\theta$, 실효값 표시 ☞ 복소수의 실수부: $Re[e^{j\omega t}] = \cos\omega t$ ■ 페이저 표시: 허수부 ☞ $i = I_0 \sin(wt+\theta)$ $= Im[I_0 e^{j(wt+\theta)}] = Im[I_0 e^{j\theta} e^{jwt}]$ $= Im[\boldsymbol{I}_s e^{jwt}]$ ☞ 페이저: $\boldsymbol{I}_s = I_0 e^{i\theta} = I_0 \angle\theta$, 실효값 표시 ☞ 복소수의 허수부: $Im[e^{j\omega t}] = \sin\omega t$

상기 수식에서 페이저 $\boldsymbol{E}_s = E_0 e^{j\theta} = E_0 \angle\theta$의 의미는 시간 t에 따라 변화하는 순시함수를 시간 t에 무관하게 크기와 위상을 가진 복소수의 극좌표 형태로 표현되고 있다. 즉, 시간에 따라 변화하는 시변(순시)함수를 시간에 따라 변하지 않는 불시변함수인 페이저로 표현할 수 있다. 그리고, 불시변함수인 페이저를 이용하여 시변(순시)함수로 표현하기 위하여서는 페이저 $\boldsymbol{E}_s = E_0 e^{j\theta} = E_0 \angle\theta$에 $e^{j\omega t}$를 곱하여 주면 된다.

(2) 순시 정현함수의 미분에 대한 페이저 변환

전자계의 파동방정식의 일반해를 구하기 위하여서는 순시함수 $E = E_0\cos(\omega t + \theta)$를 미분하여야 한다. 따라서, 삼각함수의 미분 공식, 허수 j에 대한 연산을 이용하여 다음과 같은 수식으로 표현할 수 있다.

$$\begin{aligned}\frac{\partial E}{\partial t} &= \frac{\partial}{\partial t}E_0\cos(wt+\theta)\\ &= -\omega E_0\sin(wt+\theta)\\ &= -\omega E_0\cos(wt+\theta-\frac{\pi}{2})\\ &= -\omega E_0[-je^{j(wt+\theta)}]\\ &= j\omega E_0 e^{j\theta}e^{jwt}\\ &= j\omega \boldsymbol{E_s} e^{j\omega t}\end{aligned}$$

$$\therefore \frac{\partial E}{\partial t} = j\omega \boldsymbol{E_s}$$

페이저: $\boldsymbol{E_s} = E_0 e^{j\theta} = E_0\angle\theta$

■ 삼각함수 미분

☞ $y = \cos x \Rightarrow y' = -\sin x$

■ 삼각함수 공식

☞ $\cos(\frac{\pi}{2} \pm \theta) = \mp \sin\theta$

☞ $\cos(\theta - \frac{\pi}{2}) = \sin\theta$

■ j에 대한 연산

☞ $\boldsymbol{A} = Ae^{j\theta} = A\angle\theta$일 때

☞ $-j\boldsymbol{A} = A\angle(-\frac{\pi}{2}) = Ae^{-j\frac{\pi}{2}}$

■ 페이저 표현

☞ $\boldsymbol{E_s} = E_0 e^{j\theta} = E_0\angle\theta$

상기 수식에서 순시함수의 미분은 페이저 $\boldsymbol{E_s} = E_0 e^{j\theta} = E_0\angle\theta$에 $j\omega$를 곱한 것과 같다는 것을 알 수 있다. 그리고, 복소 평면상에서 원 복소수를 반시계방향으로 90° 회전시키는 것을 의미한다. 또한, 상기의 순시함수에 대한 2차 미분한 값을 구하면 아래 수식과 같다.

$$\frac{\partial E}{\partial t} = j\omega \boldsymbol{E_s}$$

$$\therefore \frac{\partial^2 E}{\partial t^2} = j^2\omega^2 \boldsymbol{E_s} e^{j\omega t} = -\omega^2 \boldsymbol{E_s} e^{j\omega t}$$

■ 순시함수의 미분

☞ 페이저 $\boldsymbol{E_s} = E_0 e^{j\theta} = E_0\angle\theta$에 $j\omega$를 곱한 값

■ j에 대한 연산

☞ $j^2 = -1$

(3) 순시 정현함수의 적분에 대한 페이저 변환

순시함수 $E = E_0\cos(\omega t + \theta)$를 상기의 미분과 동일한 형식으로 적분하여 보자. 그리고,

지수함수의 적분 공식을 이용하여 다음과 같은 수식으로 표현할 수 있다.

$$\int E\,dt = \int E_0\cos(wt+\theta)dt$$
$$= \int (E_0 e^{j\theta} \cdot e^{j\omega t})dt$$
$$= E_0 e^{j\theta}\int e^{j\omega t}dt = E_0 e^{j\theta}\frac{1}{j\omega}e^{j\omega t}$$
$$= \frac{1}{j\omega}\boldsymbol{E_s}\, e^{j\omega t}$$
$$\therefore \int E dt = \frac{1}{j\omega}\boldsymbol{E_s}$$

페이저: $\boldsymbol{E_s} = E_0 e^{j\theta} = E_0\angle\theta$

■ 순시함수의 표현

☞ $E = E_0\cos(wt+\theta)$
$= Re[E_0 e^{j(wt+\theta)}]$
$= Re[E_0 e^{j\theta}e^{jwt}]$
$= Re[\boldsymbol{E_s} e^{jwt}]$

■ 적분 공식

☞ $\int e^{ax}dx = \frac{1}{a}e^{ax}$

■ 페이저 표현

☞ $\boldsymbol{E_s} = E_0 e^{j\theta} = E_0\angle\theta$

상기 수식에서 순시함수의 적분은 페이저 $\boldsymbol{E_s} = E_0 e^{j\theta} = E_0\angle\theta$에 $j\omega$를 나눈 것과 같다는 것을 알 수 있다. 그리고, 복소 평면상에서 원 복소수를 시계방향으로 $90°$ 회전시키는 것을 의미한다.

(4) 전자계 파동방정식의 페이저 변환

상기 전계 $\boldsymbol{E}$로 표현된 전자계의 파동방정식인 $\nabla^2\boldsymbol{E} = \mu\epsilon\frac{\partial^2\boldsymbol{E}}{\partial t^2}$와 자계 $\boldsymbol{H}$로 표현된 전자계의 파동방정식인 $\nabla^2\boldsymbol{H} = \epsilon\mu\frac{\partial^2\boldsymbol{H}}{\partial t^2}$을 순시함수의 미분에 대한 페이저 형태로 표현하면 아래 수식과 같다.

전자계의 파동방정식	벡터 헬름홀쯔 방정식
$\nabla^2\boldsymbol{E} = \mu\epsilon\frac{\partial^2\boldsymbol{E}}{\partial t^2}$	$\nabla^2\boldsymbol{E} = \mu\epsilon\frac{\partial^2\boldsymbol{E}}{\partial t^2}$ $\therefore \nabla^2\boldsymbol{E_s} = \mu\epsilon(j\omega)^2\boldsymbol{E_s} = -\omega^2\epsilon\mu\boldsymbol{E_s}$
$\nabla^2\boldsymbol{H} = \epsilon\mu\frac{\partial^2\boldsymbol{H}}{\partial t^2}$	$\nabla^2\boldsymbol{H} = \epsilon\mu\frac{\partial^2\boldsymbol{H}}{\partial t^2}$ $\therefore \nabla^2\boldsymbol{H_s} = \epsilon\mu(j\omega)^2\boldsymbol{H_s} = -\omega^2\epsilon\mu\boldsymbol{H_s}$

■ 순시함수 미분의 페이저 표현

☞ $\frac{\partial E}{\partial t} = j\omega\boldsymbol{E_s}$

☞ $\frac{\partial^2 E}{\partial t^2} = j^2\omega^2\boldsymbol{E_s}e^{j\omega t}$
$= -\omega^2\boldsymbol{E_s}e^{j\omega t}$

■ 순시함수의 미분

☞ $\boldsymbol{E_s} = E_0 e^{j\theta} = E_0\angle\theta$에 $j\omega$곱

상기 수식은 시간에 따라 변화하는 순시함수인 전계 $\boldsymbol{E}$와 자계 $\boldsymbol{H}$를 순시함수의 미분에 대한 페이저 형태로 변환시킨 것을 나타내고 있다. 즉, $\boldsymbol{E_s}$와 $\boldsymbol{H_s}$는 시간에 따라 변화하지 않는 벡터계의 페이저 함수로 표현한 것이다. 이 페이저 벡터방정식을 벡터 헬름홀쯔 방정식(vector Helmholtz equation)이라고 한다. 벡터 헬름홀쯔 방정식을 간단히 벡터 파동방정식이라 한다. 그리고, 상기 수식을 공간좌표계 x, y, z의 각 성분에 대하여 스칼라 함수로 나타내면 다음과 같다.

$$\frac{\partial^2 E_{xs}}{\partial x^2}+\frac{\partial^2 E_{xs}}{\partial y^2}+\frac{\partial^2 E_{xs}}{\partial z^2} = -\omega^2\epsilon\mu E_{xs}$$
$$\frac{\partial^2 E_{ys}}{\partial x^2}+\frac{\partial^2 E_{ys}}{\partial y^2}+\frac{\partial^2 E_{ys}}{\partial z^2} = -\omega^2\epsilon\mu E_{ys}$$
$$\frac{\partial^2 E_{zs}}{\partial x^2}+\frac{\partial^2 E_{zs}}{\partial y^2}+\frac{\partial^2 E_{zs}}{\partial z^2} = -\omega^2\epsilon\mu E_{zs}$$

■ 페이저 표현
☞ $\boldsymbol{E_{xs}} = E_x e^{j\theta} = E_x \angle \theta$
☞ $\boldsymbol{E_{ys}} = E_y e^{j\theta} = E_y \angle \theta$
☞ $\boldsymbol{E_{zs}} = E_z e^{j\theta} = E_z \angle \theta$

상기 수식은 2계 편미분 방정식으로 표현된다. 이 방정식을 전자계에서는 스칼라 헬름홀쯔 방정식(scalar Helmholtz equation)이라고 한다. 상기의 두식을 헬름홀쯔 방정식이라 하며, 시간에 무관한 불시변 페이저 형태로 표현한 파동방정식을 나타낸다.

11.3.4 평면파

전자계 파동방정식의 전계 $\boldsymbol{E}$ 및 자계 $\boldsymbol{H}$에 대한 진행 특성을 해석하기 위하여 앞에서 살펴본 제한 조건을 활용하여 수식을 전개하여 보자. 앞에서 살펴본 바와 같이 수식의 변수 중에서 y, z축 성분이 0(즉, $E_y = E_z = 0$)이고 x축 성분만 가지고 있는 E_x를 가정하면, E_x는 좌표 x와 y에 무관(일정)하고 z와 t의 함수인 $E_x = f(z,t)$의 경우를 생각하자. $E_x = f(z,t)$ 함수의 파동에 대한 파면은 z축에 직각인 평면이 되기 때문에 이를 평면파(plane wave)라 한다. 균일한 평면파를 위한 가정으로 전계 $\boldsymbol{E}$는 x축 성분만 존재(E_x, $E_y = E_z = 0$, $\therefore \boldsymbol{E} = E_x \boldsymbol{i}$)하고, E_x는 x, y축 방향으로 일정($\frac{\partial}{\partial x} = \frac{\partial}{\partial y} = 0$)하고, 즉 z축 방향으로만 변화($E_x = f(z)$)되고, 시간 t에 대하여 각주파수 ω의 정현파 형태로 변화한다고 가정($E_x = f(z,t)$)한다면, 전자계 파동방정식 중에서 전계로 표시된 스칼라 헬름홀쯔 방정식 $\frac{\partial^2 E_{xs}}{\partial x^2}+\frac{\partial^2 E_{xs}}{\partial y^2}+\frac{\partial^2 E_{xs}}{\partial z^2} = -\omega^2\epsilon\mu E_{xs}$의 수식을 아래와 같이 변형할 수 있다.

$$\frac{\partial^2 E_{xs}}{\partial x^2} + \frac{\partial^2 E_{xs}}{\partial y^2} + \frac{\partial^2 E_{xs}}{\partial z^2} = -\omega^2 \epsilon\mu E_{xs}$$

$$\therefore \frac{\partial^2 E_{xs}(z)}{\partial z^2} = -\omega^2 \epsilon\mu E_{xs}(z)$$

$$\therefore \frac{\partial^2 E_{xs}(z)}{\partial z^2} + \omega^2 \epsilon\mu E_{xs}(z) = 0$$

■ 균일 평면파의 가정

☞ E_x, $E_y = E_z = 0$

☞ $\frac{\partial}{\partial x} = \frac{\partial}{\partial y} = 0$

☞ $E_x = f(z,t)$

상기 수식은 2계 편미분방정식 형태가 되어 상기 미분방정식을 해석하면 전자계 파동방정식의 전계 $\boldsymbol{E}$ 및 자계 $\boldsymbol{H}$의 진행 특성을 알 수 있다. 2계 편미분방정식을 해석하기 위하여서는 특성방정식(characteristic equation)으로 변환시킨 다음 특성근을 구하여 일반해의 표현방법으로 나타내면 된다. 상기 2계 편미분방정식을 풀어보면 아래와 같다.

▶ 스칼라 헬름홀쯔 방정식

$$\frac{\partial^2 E_{xs}(z)}{\partial z^2} + \omega^2 \epsilon\mu E_{xs}(z) = 0$$

▶ 특성방정식으로 변환

$\lambda^2 + \omega^2 \epsilon\mu = 0$, 여기서 $\frac{\partial^2 E_{xs}(z)}{\partial z^2} \Rightarrow \lambda^2$

$\therefore \lambda^2 = -\omega^2 \epsilon\mu$

▶ 특성방정식의 특성근

$\lambda = \pm j\omega\sqrt{\epsilon\mu}$

▶ 실수부는 없으며, 허수부만 존재 따라서 무감쇠 진동함수를 나타냄

특성근이 + 값일 경우, z축의 $-$방향으로 진행하는 파를 나타냄

특성근이 − 값일 경우, z축의 $+$방향으로 진행하는 파를 나타냄

■ 2계 편미분방정식의 해법

☞ 2계 편미분방정식

$$\frac{\partial^2 y}{\partial x^2} + a\frac{\partial y}{\partial x} + by = 0$$

☞ 특성방정식으로 변환

$\lambda^2 + a\lambda + b = 0$

여기서, ($\frac{\partial^2 y}{\partial x^2} \Rightarrow \lambda^2$, $\frac{\partial y}{\partial x} \Rightarrow \lambda$)

☞ 특성방정식의 근: λ_1, λ_2

☞ 특성방정식의 일반해

$y = A_1 e^{\lambda_1 x} + A_2 e^{\lambda_2 x}$

☞ 미정계수 A_1, A_2는 초기 및 경계 조건에 의하여 정함

■ 특성방정식의 특성근의 특성

☞ 실수부는 +값이 될 수 없다.

☞ 실수부의 −값은 감쇠함수

☞ 순허수 근: 무감쇠진동함수(−,+)

−, +값: −는 +방향 진행파

+는 −방향 진행파

☞ 복소수 근: 감쇠 진동함수

▶ 특성방정식의 일반해로 표현

$$E_{xs}(z) = A_1 e^{\lambda_1 z} + A_2 e^{\lambda_2 z}$$
$$\therefore E_{xs}(z) = A_1 e^{-jw\sqrt{\epsilon\mu}\,z} + A_2 e^{+j\omega\sqrt{\epsilon\mu}\,z}$$

▶ 미정계수 A_1, A_2는 $z=0$, $t=0$에서 각각 E_1, E_2라 하자. 그리고, $E_{xs}(z)$는 페이저 형태로 나타내고 있어 이를 시간 t에 대한 함수로 표현(순시값의 표현: 상기 페이저 수식에 $e^{j\omega t}$를 곱함)하고, $\boldsymbol{E} = E_x \boldsymbol{i}$의 형태로 나타내면 아래 수식과 같다.

$$\boldsymbol{E} = E_{xs}(z) e^{j\omega t} \boldsymbol{i}$$
$$= (E_1 e^{-jw\sqrt{\epsilon\mu}\,z} + E_2 e^{+j\omega\sqrt{\epsilon\mu}\,z}) e^{j\omega t} \boldsymbol{i}$$

▶ 순시 정현함수로 표현

$$E_x(z,t) = E_1 \cos(wt - \omega\sqrt{\epsilon\mu}\,z) + E_2 \cos(wt + \omega\sqrt{\epsilon\mu}\,z)$$

■ 페이저 표시: 실수부

☞ $i = I_0 \cos(wt+\theta) = Re[I_0 e^{j(wt+\theta)}] = Re[I_0 e^{j\theta} e^{jwt}] = Re[\boldsymbol{I_s} e^{jwt}]$

☞ 페이저: $\boldsymbol{I_s} = I_0 e^{i\theta} = I_0 \angle\theta$, 실효값

☞ 복소수의 실수부: $Re[e^{j\omega t}] = \cos\omega t$

■ 순시함수의 표현

☞ $E = E_0 \cos(\omega t + \theta) = E_0 e^{j(wt+\theta)} = Re[E_0 e^{j\omega t} e^{j\theta}] = Re[E_0 e^{j\theta} e^{j\omega t}] = Re[\boldsymbol{E_s} e^{j\omega t}]$

■ 페이저 표현

☞ $\boldsymbol{E_s} = E_0 e^{j\theta} = E_0 \angle\theta$

상기의 순시 정현함수로 변환($e^{j\omega t} = \cos\omega t$를 곱한 함수)시킨 함수를 일반적인 형태의 표시법으로 전자계 파동방정식을 다시 쓰면 아래 수식과 같다.

$$E_x(z,t) = E_1 \cos(wt - \omega\sqrt{\epsilon\mu}\,z) + E_2 \cos(wt + \omega\sqrt{\epsilon\mu}\,z)$$
$$\therefore E_x(z,t) = E_1 \cos w(t - \sqrt{\epsilon\mu}\,z) + E_2 \cos w(t + \sqrt{\epsilon\mu}\,z)$$
$$\therefore E_x(z,t) = E_{x1}(z,t) + E_{x2}(z,t)$$

■ 순시 정현함수로 표현

(1) 평면파의 첫째항에 대한 물리적 의미

상기의 순시 정현함수인 $E_x(z,t) = E_1 \cos(wt - \omega\sqrt{\epsilon\mu}\,z) + E_2 \cos(wt + \omega\sqrt{\epsilon\mu}\,z)$의 수식에서 우변의 첫째항에 대하여 물리적 의미를 살펴보자. 아래에 다시 나타내었다.

$$\therefore E_{x1}(z,t) = E_1 \cos(wt - \omega\sqrt{\epsilon\mu}\, z)$$

$$\therefore E_{x1}(z,t) = E_1 \cos\omega(t - \sqrt{\epsilon\mu}\, z)$$

■ 평면파

☞ $E_x(z,t) = E_1 \cos w(t - \sqrt{\epsilon\mu}\, z) + E_2 \cos w(t + \sqrt{\epsilon\mu}\, z)$

시간 t가 0일 경우, 상기 수식은 아래 수식으로 다시 표현할 수 있다.

$$E_{x1}(z,0) = E_1 \cos(-\omega\sqrt{\epsilon\mu}\, z)$$

■ 평면파

☞ $E_x(z,t) = E_1 \cos w(t - \sqrt{\epsilon\mu}\, z) + E_2 \cos w(t + \sqrt{\epsilon\mu}\, z)$

E_{x1}은 진폭이 E_1인 코사인파이고 t가 증가할 때, 코사인 함수의 인수가 일정한 값 ($(t - \sqrt{\epsilon\mu}\, z) =$ 일정)이 되려면 z의 값이 증가하여야 하므로, 이 파는 z축의 $+$방향으로 진행하는 순방향 진행파(forward-traveling wave)인 전진파의 파동방정식을 나타내고 있다. 그림 11-2는 상기 수식 $E_{x1}(z,0)$을 그림으로 나타낸 것이다. 이 그림은 시간에 따라 물결이 전파되는 물결의 움직임과 유사하다고 볼 수 있다. 즉, 물결의 꼭대기 점이 시간이 지남에 따라 외부로 전파되어 나아가는 것으로 생각할 수 있다.

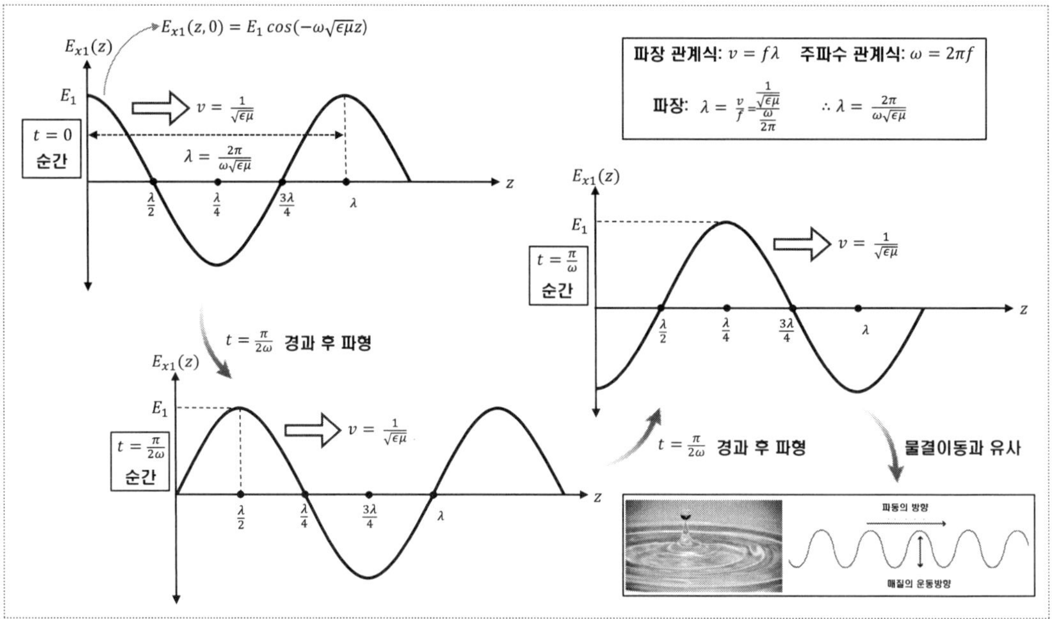

그림 11-2 순방향 진행파의 파동방정식 파형

그리고, 상기 수식 $E_{x1}(z,t) = E_1 \cos w(t - \sqrt{\epsilon\mu}\, z)$에서 $(t - \sqrt{\epsilon\mu}\, z)$를 살펴보자.

$(t - \sqrt{\epsilon\mu}\, z)$는 시간 t에 대한 함수를 나타내고 있으므로, $\sqrt{\epsilon\mu}\, z$도 시간 t에 대한 함수임을 알 수 있다.

따라서 거리 z를 시간 t에 대한 표현식(거리와 시간에 대하여 나타내고 있기 때문에 이를 속도 v로 표현이 가능)으로 나타내면, 아래 수식과 같다.

$$v = \frac{z}{t} \qquad \therefore t = \frac{z}{v}$$

■ 속도: 단위시간당 이동한 거리

☞ $v = \frac{z}{t}$

상기 수식은 일정한 점의 위상 θ가 이동하는 속도를 의미하며, 전자파가 이동하는 속도를 나타내고 있다. $\sqrt{\epsilon\mu}\, z$의 수식을 상기 수식 $t = \frac{z}{v}$의 형태로 표현하면, 다음과 같다.

$$t = \frac{z}{v} = \frac{z}{\frac{1}{\sqrt{\epsilon\mu}}}[\mathrm{sec}] \quad \therefore v = \frac{1}{\sqrt{\epsilon\mu}}\,[m/s]$$

■ $\sqrt{\epsilon\mu}\, z$ (시간 t 함수)을 다시 표현

☞ $\sqrt{\epsilon\mu}\, z = \frac{z}{\frac{1}{\sqrt{\epsilon\mu}}} = t$

■ $t = \frac{z}{v}$ 수식과 $\frac{z}{\frac{1}{\sqrt{\epsilon\mu}}}$ 비교

☞ $\therefore v = \frac{1}{\sqrt{\epsilon\mu}}$

그리고, $E_{x1}(z,t)$을 상기에서 구한 수식을 적용하여 다시 표현하면, 다음과 같다.

$$\begin{aligned} E_{x1}(z,t) &= E_1 \cos\omega(t - \sqrt{\epsilon\mu}\, z) \\ &= E_1 \cos w(t - \frac{z}{v}) = E_1 \cos w(t - \frac{z}{\frac{1}{\sqrt{\epsilon\mu}}}) \end{aligned}$$

■ $\sqrt{\epsilon\mu}\, z$을 다시 표현

☞ $\sqrt{\epsilon\mu}\, z = \frac{z}{\frac{1}{\sqrt{\epsilon\mu}}} = \frac{z}{v}$

상기 수식에서 속도 v는 시간 t가 증가하게 되면 z축의 $+$방향으로 진행하는 진행파의 속도를 나타내는 것으로 전파속도(velocity of propagation) 또는 위상속도(phase velocity)라

고 한다. 상기 속도 v를 진공 중의 값으로 환산한 것을 v_0라 하면, 다음과 같다.

$$\therefore v_0 = \frac{1}{\sqrt{\epsilon_0 \mu_0}} \fallingdotseq 3 \times 10^8 = c\,(\text{광속})[m/s]$$

■ ϵ_0, μ_0의 값

☞ $\epsilon_0 : 8.854 \times 10^{-12}\,[F/m]$

☞ $\mu_0 : 4\pi \times 10^{-7}\,[H/m]$

진공 중에서 전파속도 v_0는 광속과 일치하게 되며, 따라서, 광속과 전자파는 동일한 특성을 나타내고 있다. 만약 진공 중이 아닌 경우에 대한 전파속도 v를 구하면 다음과 같다.

$$\therefore v = \frac{1}{\sqrt{\epsilon\mu}} = \frac{1}{\sqrt{\epsilon_0 \epsilon_s \mu_0 \mu_s}} = \frac{\frac{1}{\sqrt{\epsilon_0 \mu_0}}}{\sqrt{\epsilon_s \mu_s}} = \frac{v_0}{\sqrt{\epsilon_s \mu_s}}\,[m/s]$$

■ 속도 v는 v_0보다 느림

☞ $\epsilon_s \geq 1,\ \mu_s \geq 1$

상기 수식에서 공기가 아닌 매질에서는 $\epsilon_s \geq 1,\ \mu_s \geq 1$의 관계이기 때문에 전파 속도 v는 공기에서 보다 속도가 느리게 된다. 상기 수식에서 $(t - \frac{z}{v})$ 또는 $(t + \frac{z}{v})$에서 z/v는 지연시간을 나타낸다. 파장 관계식인 $v = f\lambda$의 수식을 활용하면 z/v는 주파수와 시간영역 사이의 관계를 나타내는 수식이라 할 수 있다. 아래에 파장 λ에 대한 수식을 나타내었다.

$$v = f\lambda \quad \therefore \lambda = \frac{v}{f} = \frac{\frac{1}{\sqrt{\epsilon\mu}}}{\frac{\omega}{2\pi}} = \frac{2\pi}{\omega\sqrt{\epsilon\mu}}\,[m]$$

■ 파장 관계식: $v = f\lambda$

■ 주파수 관계식

☞ $\omega = 2\pi f$

(2) 평면파의 둘째항에 대한 물리적 의미

상기의 순시 정현함수인 $E_x(z,t) = E_1 \cos(wt - \omega\sqrt{\epsilon\mu}\,z) + E_2 \cos(wt + \omega\sqrt{\epsilon\mu}\,z)$의 수식에서 우변의 두 번째 항에 대하여 물리적 의미를 살펴보자. 아래에 다시 나타내었다.

$$\therefore E_{x2}(z,t) = E_2 \cos(wt + \omega\sqrt{\epsilon\mu}\,z)$$

$$\therefore E_{x2}(z,t) = E_2 \cos\omega(t + \sqrt{\epsilon\mu}\,z)$$

■ 평면파

☞ $E_x(z,t) = E_1 \cos w(t - \sqrt{\epsilon\mu}\,z) + E_2 \cos w(t + \sqrt{\epsilon\mu}\,z)$

시간 t가 0일 경우, 상기 수식은 아래 수식으로 표현할 수 있다.

$$E_{x2}(z,0) = E_2 \cos(\omega \sqrt{\epsilon\mu}\, z)$$

■ 평면파

☞ $E_x(z,t) = E_1 \cos w(t - \sqrt{\epsilon\mu}\, z) + E_2 \cos w(t + \sqrt{\epsilon\mu}\, z)$

E_{x2}는 진폭이 E_2인 코사인파이고 t가 증가할 때, 코사인 함수의 인수가 일정한 값 $((t+\sqrt{\epsilon\mu}\,z) = \text{일정})$이 되려면 z의 값이 감소하여야 하므로 이 파는 z축의 $-$방향으로 진행하는 역방향 진행파(backward-traveling wave)인 후진파의 파동방정식을 나타내고 있다. 그림 11-3은 상기 수식 $E_{x2}(z,0)$를 그림으로 나타낸 것이다. 이 그림은 $E_{x1}(z,0)$과 동일하게 시간에 따라 물결이 전파되는 물결의 움직임과 유사하다고 볼 수 있다. 즉, 물결의 꼭대기 점이 시간이 지남에 따라 외부로 전파되어 나아가는 것으로 생각할 수 있다.

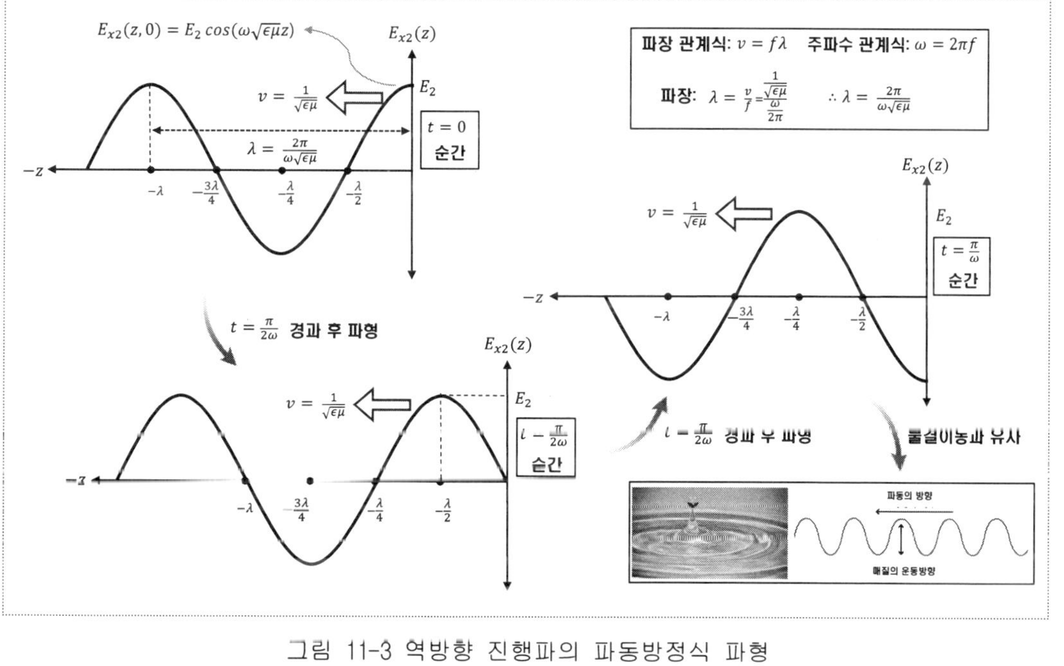

그림 11-3 역방향 진행파의 파동방정식 파형

상기 수식에서 z축의 $+$방향(전진파: 순방향 진행파)으로 진행하는 전진파의 파동방정식 E_{x1}과 z축의 $-$방향으로 진행하는 후진파(반사파: 역방향 진행파)의 파동방정식 E_{x2}에 대한 물리적 의미를 살펴본 것을 종합하여 보면, 전계 $\boldsymbol{E}$의 평면파인 순시 정현함수

$E_x(z,t) = E_1\cos(wt - \omega\sqrt{\epsilon\mu}z) + E_2\cos(wt + \omega\sqrt{\epsilon\mu}z)$의 파동방정식은 $+z$축 방향과 $-z$축 방향의 양쪽 방향으로 진행하는 파동성을 가진 전자파임을 알 수 있다. 이것은 물결의 움직임과 유사하게 안테나 등을 통하여 전자파가 양쪽 방향으로 전파됨을 의미한다. 실제로는 사방으로 전파되어 나아간다. 전계 $\boldsymbol{E}$의 평면파인 순시 정현함수의 전진파와 후진파는 물리적인 조건에 의하여 선택되어진다고 생각할 수 있다. 따라서, 전계 $\boldsymbol{E}$에 대한 파동방정식은 $+z$방향과 $-z$방향의 양쪽 방향으로 나아가는 진행파라 할 수 있으며, 파동성의 성질을 가지고 있음을 알 수 있다. 전계 $\boldsymbol{E}$는 시간의 변화에 따라 x축 방향으로 그림 11-2, 11-3의 물결 이동과 같이 매질이 아래와 위로 움직이는 형태인 증가와 감소를 반복하며 z축 방향으로 이동하게 된다. 이와 같이 물결과 같은 파면 위의 모든 점에서 진행 방향인 z축에 수직인 x축 방향으로 벡터의 크기 및 위상이 동일한 파를 평면파라 한다.

그리고, 다음에 살펴볼 자계 $\boldsymbol{H}$는 전계 $\boldsymbol{E}$의 벡터 크기 및 위상에 맞추어 y축 방향으로 물결 이동과 같이 매질이 아래와 위로 움직이는 형태인 증가와 감소를 반복하면서 z축 방향으로 이동하게 된다. 이와 같이 전계 $\boldsymbol{E}$ 또는 자계 $\boldsymbol{H}$는 각각 전자파의 진행방향인 z축과 수직인 x축과 y축 방향으로 벡터의 크기 및 위상이 같으며, 물결 이동과 같이 매질이 아래와 위로 움직이는 형태인 증가와 감소를 반복하면서 z축 방향으로 이동하게 된다. 이러한 전계 $\boldsymbol{E}$와 자계 $\boldsymbol{H}$의 전자파를 균일 평면파(uniform plane wave)라 한다. 또한, 전계 $\boldsymbol{E}$와 자계 $\boldsymbol{H}$가 이루는 x축 방향과 y축 방향의 평면이 z축 방향으로 가로지르는 파라는 의미에서 TEM파(transverse electromagnetic wave, 횡전자기파)라고 한다.

예제 11.11

■ 유전율 ϵ, 투자율 μ의 공간을 전파하는 전자파의 전파 속도 v는 무엇인가?

① $v = \sqrt{\epsilon\mu}$ ② $v = \sqrt{\dfrac{\epsilon}{\mu}}$ ③ $v = \sqrt{\dfrac{v}{\epsilon}}$ ④ $v = \dfrac{1}{\sqrt{\epsilon\mu}}$

풀이

◉ 전자파의 속도는 $v^2 = \dfrac{1}{\epsilon\mu}$에서

$$\therefore \text{ 속도 } v = \frac{1}{\sqrt{\epsilon\mu}} = \frac{1}{\sqrt{\epsilon_0\mu_0}} \cdot \frac{1}{\sqrt{\epsilon_s\mu_s}} = c\frac{1}{\sqrt{\epsilon_s\mu_s}} = \frac{3\times10^8}{\sqrt{\epsilon_s\mu_s}}\ [m/s]$$

☞ ④

예제 11.12

■ 자유공간에서 주파수 $5[MHz]$의 파장은 몇 $[m]$인가?

① $5\,[m]$ ② $15\,[m]$ ③ $60\,[m]$ ④ $100\,[m]$

풀이

◉ 파장 $\lambda = \dfrac{v}{f} = \dfrac{3\times10^8}{5\times10^6} = 60\ [m]$

☞ ③

예제 11.13

▣ 도전성이 없고, 유전율과 투자율이 일정하며, 전하 분포가 없는 균질 완전 절연체 내에서 전계 및 자계가 만족하는 미분 방정식의 형태는? (단, $\alpha = \sqrt{\epsilon\mu}$, $v = \frac{1}{\sqrt{\epsilon\mu}}$)

① $\nabla^2 \boldsymbol{E} = \boldsymbol{D}$ ② $\nabla^2 \boldsymbol{E} = \frac{1}{\alpha^2} \cdot \frac{\partial \boldsymbol{E}}{\partial t}$ ③ $\nabla^2 \cdot \boldsymbol{E} = \frac{1}{v^2} \cdot \frac{\partial^2 \boldsymbol{E}}{\partial t^2}$ ④ $\nabla^2 \boldsymbol{E} = \frac{1}{\alpha^2} \cdot \frac{\partial \boldsymbol{E}}{\partial t} + \frac{1}{v^2} \cdot \frac{\partial^2 \boldsymbol{E}}{\partial t^2}$

풀이

◉ $\nabla \times \boldsymbol{E} = -\frac{\partial \boldsymbol{B}}{\partial t} = -\mu_0 \frac{\partial \boldsymbol{H}}{\partial t}$ ①, $\nabla \times \boldsymbol{H} = \frac{\partial \boldsymbol{D}}{\partial t} = \epsilon_0 \frac{\partial \boldsymbol{E}}{\partial t}$ ②

▶ ② 식에 $curl$을 취하면, $\nabla \times \nabla \times \boldsymbol{A} = \nabla(\nabla \cdot \boldsymbol{A}) - \nabla^2 \boldsymbol{A}$에 의하여 좌변은

$\nabla \times \nabla \times \boldsymbol{H} = grad(div\, \boldsymbol{H}) - \nabla^2 \boldsymbol{H} = -\nabla^2 \boldsymbol{H}$ ($div\, \boldsymbol{H}$는 항상 0)

▶ ② 식 우변은

$$\nabla \times \left(\epsilon_0 \frac{\partial \boldsymbol{E}}{\partial t}\right) = \epsilon_0 \frac{\partial}{\partial t}(\nabla \times \boldsymbol{E}) = \epsilon_0 \frac{\partial}{\partial t}\left(-\mu_0 \frac{\partial \boldsymbol{H}}{\partial t}\right) = -\epsilon_0 \mu_0 \frac{\partial^2 \boldsymbol{H}}{\partial t^2}$$

◉ 좌변 = 우변: $\nabla^2 \boldsymbol{H} = \epsilon_0 \mu_0 \frac{\partial^2 \boldsymbol{H}}{\partial t^2}$ 또한 $\nabla^2 \boldsymbol{E} = \epsilon_0 \mu_0 \frac{\partial^2 \boldsymbol{E}}{\partial t^2}$의 관계도 얻을 수 있다.

◉ 속도 $v = \frac{1}{\sqrt{\epsilon_0 \mu_0}}$ 관계 적용 $\therefore \nabla^2 \boldsymbol{H} = \frac{1}{v^2} \frac{\partial^2 \boldsymbol{H}}{\partial t^2}$, $\therefore \nabla^2 \boldsymbol{E} = \frac{1}{v^2} \frac{\partial^2 \boldsymbol{E}}{\partial t^2}$

☞ ③

예제 11.14

▣ 안테나에서 파장 40 $[cm]$의 평면파가 자유 공간에서 방사될 때 발신 주파수는 몇 $[MHz]$인가?

풀이

◉ 전자파 속도를 $v\,[m/s]$ (자유공간 $v = 3 \times 10^8\,[m/s]$)

◉ 주파수를 $f\,[Hz]$라면 전자파의 파장 $\lambda = \frac{v}{f}\,[m]$

◉ 주파수 $f = \frac{v}{\lambda} = \frac{3 \times 10^8}{0.4} = 750 \times 10^6\,[Hz] = 750\,[MHz]$

예제 11.15

▣ 비유전율 $\epsilon_s = 3$, 비투자율 $\mu_s = 3$인 공간이 있다고 가정할 때, 이 공간에서의 전자파의 파장이 10 $[m]$였을 때 주파수 $[MHz]$는 얼마인가?

풀이

◉ 속도 $v = \frac{3 \times 10^8}{\sqrt{\epsilon_s \mu_s}} = \frac{3 \times 10^8}{\sqrt{3 \times 3}} = 10^8\,[m/s]$

◉ 주파수 $f = \frac{v}{\lambda} = \frac{10^8}{10} = 10^7\,[Hz] = 10\,[MHz]$

11.3.5 전계와 자계의 상호관계 및 전자파의 성질

균일 평면파에 대한 전계 $\boldsymbol{E}$는 x성분만 있고 시간 t에 대하여 정현적으로 변화할 때 특성방정식을 순시 정현함수와 페이저로 표현하게 되면 아래와 같이 나타낼 수 있다.

$$E_x(z,t) = E_1 \cos w(t - \sqrt{\epsilon\mu}\, z) + E_2 \cos w(t + \sqrt{\epsilon\mu}\, z)$$

$$\boldsymbol{E} = E_{xs}(z) e^{j\omega t} \boldsymbol{i} = (E_1 e^{-jw\sqrt{\epsilon\mu}\, z} + E_2 e^{+jw\sqrt{\epsilon\mu}\, z}) e^{j\omega t} \boldsymbol{i}$$

■ 평면파(순시 정현함수 표현)

☞ $E_x(z,t) = E_1 \cos w(t - \sqrt{\epsilon\mu}\, z) + E_2 \cos w(t + \sqrt{\epsilon\mu}\, z)$

■ 평면파(페이저 표현)

☞ $\boldsymbol{E} = E_{xs}(z) e^{j\omega t} \boldsymbol{i} = (E_1 e^{-jw\sqrt{\epsilon\mu}\, z} + E_2 e^{+jw\sqrt{\epsilon\mu}\, z}) e^{j\omega t} \boldsymbol{i}$

상기 수식을 활용하여 전계 $\boldsymbol{E}$와 자계 $\boldsymbol{H}$의 상호관계를 알아보고 자계의 경우에도 진행파인 전자파의 특성을 가지고 있는지 그리고, 전자파의 성질과 파형을 분석해 보고자 한다. 이를 위하여 아래 수식과 같이 페러데이 전자유도 법칙에 의한 맥스웰의 전자방정식에 대한 미분형을 사용하여 전계 $\boldsymbol{E}$와 자계 $\boldsymbol{H}$의 상호관계를 알아보자.

$$rot\boldsymbol{E} = \nabla \times \boldsymbol{E} = -\mu \frac{\partial \boldsymbol{H}}{\partial t}$$

■ 맥스웰의 전자방정식

☞ $rot\boldsymbol{E} = \nabla \times \boldsymbol{E} = -\dfrac{\partial \boldsymbol{B}}{\partial t}$

위 수식에서 전계 $\boldsymbol{E}$는 y, z축 성분이 0(즉, $E_y = E_z = 0$)이고, x축 성분만 존재한다고 E_x를 가정($E_x \quad \therefore \boldsymbol{E} = E_x \boldsymbol{i}$) 한다면, E_x는 x, y축 방향으로 일정($\dfrac{\partial}{\partial x} = \dfrac{\partial}{\partial y} = 0$)하고, 즉 z축 방향으로만 변화($E_x = f(z)$)되고, 시간 t에 대하여 각주파수 ω의 정현파 형태로 변화한다고 가정($E_x = f(z,t)$)하면 상기의 수식을 아래와 같이 변형할 수 있다.

$$rot\boldsymbol{E} = \nabla \times \boldsymbol{E} = \begin{vmatrix} \boldsymbol{i} & \boldsymbol{j} & \boldsymbol{k} \\ \dfrac{\partial}{\partial x} & \dfrac{\partial}{\partial y} & \dfrac{\partial}{\partial z} \\ E_x & E_y & E_z \end{vmatrix} = \begin{vmatrix} \boldsymbol{i} & \boldsymbol{j} & \boldsymbol{k} \\ 0 & 0 & \dfrac{\partial}{\partial z} \\ E_x & E_y & E_z \end{vmatrix}$$

■ 균일 평면파의 가정

☞ E_x, $E_y = E_z = 0$

☞ $\dfrac{\partial}{\partial x} = \dfrac{\partial}{\partial y} = 0$

☞ $E_x = f(z,t)$

$= \boldsymbol{i}[(0\times E_z)-\frac{\partial E_y}{\partial z}]-\boldsymbol{j}[(0\times E_z)-\frac{\partial E_x}{\partial z}]$ $+\boldsymbol{k}[(0\times E_y)-(0\times E_x)]$ $= -\frac{\partial E_y(=0)}{\partial z}\boldsymbol{i}+\frac{\partial E_x}{\partial z}\boldsymbol{j}$ $= \frac{\partial E_x}{\partial z}\boldsymbol{j}$	■ 균일 평면파의 가정 ☞ $E_x,\ E_y = E_z = 0$ ☞ $\frac{\partial}{\partial x} = \frac{\partial}{\partial y} = 0$ ☞ $E_x = f(z,t)$

상기 수식에서 구한 값을 페러데이 전자유도 법칙에 의한 맥스웰의 전자방정식에 대한 미분형에 적용하면 아래 수식과 같다.

$\therefore rot\,\boldsymbol{E} = \nabla\times\boldsymbol{E} = \frac{\partial E_x}{\partial z}\boldsymbol{j} = -\mu\frac{\partial \boldsymbol{H}}{\partial t}$	■ 맥스웰의 전자방정식 ☞ $rot\boldsymbol{E} = \nabla\times\boldsymbol{E} = -\frac{\partial \boldsymbol{B}}{\partial t}$ ■ 맥스웰 전자방정식에서 균일 평면파 가정 ☞ $rot\boldsymbol{E} = \nabla\times\boldsymbol{E} = \frac{\partial E_x}{\partial z}\boldsymbol{j}$

상기 수식에서 자계 $\boldsymbol{H}$의 벡터 방향을 살펴보면 $\boldsymbol{j}$의 값을 나타내고 있으며, 이것은 y축 방향의 단위벡터를 나타내고 있기 때문에 자계 $\boldsymbol{H}$의 방향은 y축 방향임을 알 수 있다.

또한, 전계 $\boldsymbol{E}$는 앞에서 살펴본 바와 같이 y, z축 성분이 0이기 때문에 $E_y = E_z = 0$이고, x축 성분만 존재한다고 E_x를 가정하였기 때문에 전계 $\boldsymbol{E}$를 벡터로 표현하면 $\boldsymbol{E} = E_x\boldsymbol{i}$로 나타낼 수 있다.

그러므로, 전계 $\boldsymbol{E}$는 x축 방향의 단위벡터인 $\boldsymbol{i}$를 나타내고 있어 전계 $\boldsymbol{E}$의 방향은 x축 방향임을 알 수 있다. 따라서, 전계 $\boldsymbol{E}$와 자계 $\boldsymbol{H}$의 방향은 x축과 y축으로 각각 수직 상태로 변화한다는 것을 알 수 있다. 즉, 전계 $\boldsymbol{E}$는 $\boldsymbol{E} = E_x\boldsymbol{i}$, 자계 $\boldsymbol{H}$는 $\boldsymbol{H} = H_y\boldsymbol{j}$의 형태로 표현할 수 있다. 따라서, 자계 $\boldsymbol{H}$의 y축 성분의 값인 H_y에 대하여 살펴보자. 이를 상기 수식에 반영하면 다음 수식과 같다.

$\frac{\partial E_x}{\partial z} = -\mu\frac{\partial H_y}{\partial t}$	■ 맥스웰 전자방정식에서 균일 평면파 가정 ☞ $rot\boldsymbol{E} = \nabla\times\boldsymbol{E} = \frac{\partial E_x}{\partial z}\boldsymbol{j} = -\mu\frac{\partial \boldsymbol{H}}{\partial t}$

상기 수식을 풀이하기 위하여 수식을 전개하여 아래 수식과 같이 자계 $\boldsymbol{H}$를 순시함수로 표현하여 해석하여 보자.

$$H_y = H_0\cos(\omega t+\theta)$$
$$= H_0 e^{j(wt+\theta)} = H_0 e^{j\omega t} e^{j\theta}$$
$$= H_0 e^{j\theta} e^{j\omega t} = \boldsymbol{H_s} e^{j\omega t}$$

여기서,

페이저: $\boldsymbol{H_s} = H_0 e^{j\theta} = H_0\angle\theta$

■ 순시함수의 표현

☞ $E = E_0\cos(\omega t+\theta)$
$= E_0 e^{j(wt+\theta)} = Re[E_0 e^{j\omega t} e^{j\theta}]$
$= Re[E_0 e^{j\theta} e^{j\omega t}] = Re[\boldsymbol{E_s} e^{j\omega t}]$

■ 페이저 표현

☞ $\boldsymbol{E_s} = E_0 e^{j\theta} = E_0\angle\theta$

그리고, 상기 수식을 $\dfrac{\partial E_x}{\partial z} = -\mu\dfrac{\partial H_y}{\partial t}$에 대입하여 풀면 아래 수식과 같다.

$$\frac{\partial E_x}{\partial z} = -\mu\frac{\partial H_y}{\partial t}$$
$$\frac{\partial H_y}{\partial t} = \frac{\partial}{\partial t}H_0\cos(wt+\theta) = -\omega H_0\sin(wt+\theta)$$
$$= -\omega H_0\cos(wt+\theta-\frac{\pi}{2})$$
$$= -\omega H_0 - je^{j(wt+\theta)}$$
$$= j\omega H_0 e^{j\theta} e^{jwt}$$
$$= j\omega \boldsymbol{H_{ys}} e^{j\omega t}$$

■ 삼각함수 미분

☞ $y = \cos x \Rightarrow y' = -\sin x$

■ 삼각함수 여각공식

☞ $\cos(\frac{\pi}{2}\pm\theta) = \mp\sin\theta$

☞ $\cos(\theta-\frac{\pi}{2}) = \sin\theta$

■ j에 대한 연산

☞ $\boldsymbol{A} = Ae^{j\theta} = A\angle\theta$일 때

☞ $-j\boldsymbol{A} = A\angle(-\frac{\pi}{2}) = Ae^{-j\frac{\pi}{2}}$

그러므로, 상기의 순시함수에 대한 페이저의 표현식을 페이저만으로 나타내어 수식을 다시 나타내면 아래와 같다.

$$\frac{\partial E_x}{\partial z} = -\mu\frac{\partial H_y}{\partial t} = -j\omega\mu\boldsymbol{H_{ys}}$$
$$\therefore \boldsymbol{H_{ys}} = \frac{1}{-j\omega\mu}\frac{\partial E_x}{\partial z} = \frac{j}{-j\omega\mu j}\frac{\partial E_x}{\partial z} = j\frac{1}{\omega\mu}\frac{\partial E_x}{\partial z}$$

■ j에 대한 연산

☞ $j^2 = -1,\ j = \sqrt{-1}$

그리고, 상기 수식에서 앞에서 구한 $\boldsymbol{E_{xs}}$ 값을 E_x에 대입하여 $\boldsymbol{H_{ys}}$를 구하면 아래 수식과 같다.

$$
\begin{aligned}
\boldsymbol{H_{ys}} &= \frac{1}{-j\omega\mu}\frac{\partial E_x}{\partial z} = \frac{1}{-j\omega\mu}\frac{\partial}{\partial z}\left(E_1 e^{-jw\sqrt{\epsilon\mu}z} + E_2 e^{+j\omega\sqrt{\epsilon\mu}z}\right) \\
&= \frac{1}{-j\omega\mu}[(-j\omega\sqrt{\epsilon\mu}E_1 e^{-j\omega\sqrt{\epsilon\mu}z}) + (j\omega\sqrt{\epsilon\mu}E_2 e^{j\omega\sqrt{\epsilon\mu}z})] \\
&= \frac{\sqrt{\epsilon\mu}}{\mu}E_1 e^{-j\omega\sqrt{\epsilon\mu}z} + \frac{\sqrt{\epsilon\mu}}{-\mu}E_2 e^{j\omega\sqrt{\epsilon\mu}z} \\
&= \sqrt{\frac{\epsilon}{\mu}}E_1 e^{-j\omega\sqrt{\epsilon\mu}z} - \sqrt{\frac{\epsilon}{\mu}}E_2 e^{j\omega\sqrt{\epsilon\mu}z} \\
&= \sqrt{\frac{\epsilon}{\mu}}E_{x1} - \sqrt{\frac{\epsilon}{\mu}}E_{x2} \\
&= H_{y1} - H_{y2}
\end{aligned}
$$

$$\therefore H_{y1} = \sqrt{\frac{\epsilon}{\mu}}E_{x1}$$

$$\therefore H_{y2} = -\sqrt{\frac{\epsilon}{\mu}}E_{x2}$$

■ 평면파 (순시 정현함수 표현)

☞ $E_x(z,t) = E_1\cos w(t-\sqrt{\epsilon\mu}z) + E_2\cos w(t+\sqrt{\epsilon\mu}z)$

☞ $\therefore E_x(z,t) = E_{x1} + E_{x2}$

■ 평면파(페이저 표현)

☞ $\boldsymbol{E} = E_{xs}(z)e^{j\omega t}\boldsymbol{i} = (E_1 e^{-jw\sqrt{\epsilon\mu}z} + E_2 e^{+j\omega\sqrt{\epsilon\mu}z})e^{j\omega t}\boldsymbol{i}$

■ 지수함수 미분

☞ $y = e^{-ax} \quad y' = -ae^{-ax}$

페이저로 나타낸 상기 페이저 형태의 $\boldsymbol{H_{ys}}$에 대한 수식을 순시치 형태의 정현함수로 나타내면 다음과 같다.

$$
\begin{aligned}
H_y(z,t) &= \sqrt{\frac{\epsilon}{\mu}}E_1\cos w(t-\sqrt{\epsilon\mu}z) \\
&\quad - \sqrt{\frac{\epsilon}{\mu}}E_2\cos w(t+\sqrt{\epsilon\mu}z) \\
&= H_{y1}(z,t) + H_{y2}(z,t)
\end{aligned}
$$

여기서,

$$H_{y1} = \sqrt{\frac{\epsilon}{\mu}}E_1\cos w(t-\sqrt{\epsilon\mu}z) = \sqrt{\frac{\epsilon}{\mu}}E_1 e^{-jw\sqrt{\epsilon\mu}z}$$

$$H_{y2} = -\sqrt{\frac{\epsilon}{\mu}}E_2\cos w(t+\sqrt{\epsilon\mu}z) = -\sqrt{\frac{\epsilon}{\mu}}E_2 e^{jw\sqrt{\epsilon\mu}z}$$

여기서, $E_{x1} = E_1\cos w(t-\sqrt{\epsilon\mu}z) = E_1 e^{-jw\sqrt{\epsilon\mu}z}$

$E_{x2} = E_2\cos w(t+\sqrt{\epsilon\mu}z) = E_2 e^{jw\sqrt{\epsilon\mu}z}$

■ 평면파 (순시정현함수 표현)

☞ $E_x(z,t) = E_1\cos w(t-\sqrt{\epsilon\mu}z) + E_2\cos w(t+\sqrt{\epsilon\mu}z)$

☞ $\therefore E_x(z,t) = E_{x1} + E_{x2}$

■ 평면파(페이저 표현)

☞ $\boldsymbol{E} = E_{xs}(z)e^{j\omega t}\boldsymbol{i} = (E_1 e^{-jw\sqrt{\epsilon\mu}z} + E_2 e^{+j\omega\sqrt{\epsilon\mu}z})\boldsymbol{i}$

■ 고유임피던스 η

☞ $\eta = \frac{E}{H} = \sqrt{\frac{\mu}{\epsilon}}$

손실이 없는 유전율 ϵ, 투자율 μ, 도전율 $\sigma = 0$인 매질에서 전계 E_x(전파: electric wave)와 자계 H_y(자파: magnetic wave)의 관계에 대하여 상기 수식을 통하여 물리적 의미를 살펴보자. 전계 E_x와 자계 H_y는 z축 방향으로 진행하고 있으며, 전계 E_x와 자계 H_y

의 위상은 동위상을 가지고 있다. 전계 $\boldsymbol{E}$는 $\boldsymbol{E} = E_x \boldsymbol{i}$, 자계 $\boldsymbol{H}$는 $\boldsymbol{H} = H_y \boldsymbol{j}$의 형태로 표현할 수 있기 때문에 전계 E_x의 크기는 x축에 대한 값, 자계 H_y의 크기는 y축에 대한 값을 가지고 있고 서로 90°의 각을 이루며, 각각의 x축, y축 방향에 항상 수직인 z축 방향으로 서로 공존하며 진행하고 있는 파임을 알 수 있다. 이를 전자파(electromagnetic wave)라 한다. 전계의 크기는 x축 방향으로 변화하고, 자계의 크기는 y축 방향으로 변화하며 동위상을 가지고 z축 방향으로 진행하는 것을 벡터의 수식으로 표현하면 아래 수식과 같다.

$\boldsymbol{E} = E_x \boldsymbol{i}$, $\boldsymbol{H} = H_y \boldsymbol{j}$일 때 $\boldsymbol{E} \times \boldsymbol{H} = EH\boldsymbol{k}$ 여기서, EH는 xy면의 직사각형 면적 $\boldsymbol{k}$는 z축 방향의 단위벡터	■ 벡터적 ☞ $\boldsymbol{A} \times \boldsymbol{B} = \lvert \boldsymbol{A} \times \boldsymbol{B} \rvert \boldsymbol{n} = AB\sin\theta\, \boldsymbol{n}$ ☞ θ가 90°인 경우 $\lvert \boldsymbol{A} \times \boldsymbol{B} \rvert = \lvert \boldsymbol{A} \rvert \lvert \boldsymbol{B} \rvert \sin 90^\circ = AB$ ☞ 방향: $\boldsymbol{i} \times \boldsymbol{j} = \boldsymbol{k}$, 즉 z축 방향

상기의 수식과 물리적 의미를 이용하여 전계 $\boldsymbol{E}$와 자계 $\boldsymbol{H}$에 의하여 형성되는 전자파의 $+z$축 방향으로 진행하는 전진파에 대한 그림을 나타내면 그림 11-4와 같다.

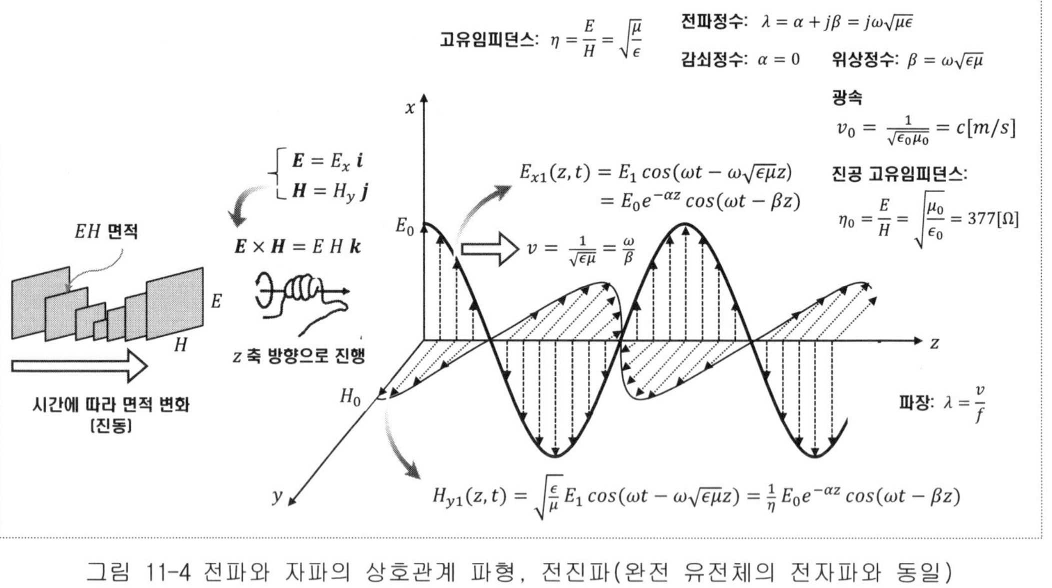

그림 11-4 전파와 자파의 상호관계 파형, 전진파(완전 유전체의 전자파와 동일)

그림 11-4에서와 같이 전계 $\boldsymbol{E}$와 자계 $\boldsymbol{H}$는 파동의 진행방향인 $+z$축 방향에 대하여 전계는 $\boldsymbol{E} = E_x \boldsymbol{i}$에서 x축 방향, 자계는 $\boldsymbol{H} = H_y \boldsymbol{j}$에서 y축 방향을 각각 나타내고 있기 때문

에 전계 $\boldsymbol{E}$와 자계 $\boldsymbol{H}$는 서로 수직 방향을 가진다. 그리고, $\boldsymbol{E}\times\boldsymbol{H}=EH\boldsymbol{k}$에 의하여 파동의 진행방향인 $\boldsymbol{k}$는 z축 방향의 단위벡터를 나타내고 있어 $+z$축 방향으로 진행하고 있으며, 전계 $\boldsymbol{E}$와 자계 $\boldsymbol{H}$는 $+z$축 진행방향에 대하여 수직 평면(벡터적의 물리적 의미인 EH)인 xy면상에서만 진동하기 때문에 균일 평면파라 하고, 특히, 이 평면파를 횡전자파(TEM: transverse electromagnetic wave)라고 한다. 그리고, 상기의 E_{x2}와 H_{x2}의 수식을 활용하여 전계 $\boldsymbol{E}$와 자계 $\boldsymbol{H}$에 의하여 형성되는 전자파는 $\boldsymbol{E}\times(-\boldsymbol{H})=-EH\boldsymbol{k}$의 형태이기 때문에 파동의 진행방향인 $-\boldsymbol{k}$는 $-z$축 방향의 단위벡터를 나타내고 있어 $-z$축 방향으로 진행하는 후진파를 나타내고 있다. 이를 수식으로 표현하면 다음과 같다.

$\boldsymbol{E}=E_x\boldsymbol{i}$, $\boldsymbol{H}=-H_y\boldsymbol{j}$일 때 $\boldsymbol{E}\times(-\boldsymbol{H})=-EH\boldsymbol{k}$ 여기서, EH는 xy면의 직사각형 면적 $-\boldsymbol{k}$는 $-z$축 방향 단위벡터	■ 벡터적 ☞ $\boldsymbol{A}\times\boldsymbol{B}=\lvert\boldsymbol{A}\times\boldsymbol{B}\rvert\,\boldsymbol{n}=AB\sin\theta\,\boldsymbol{n}$ ☞ θ가 90° 인 경우 $\lvert\boldsymbol{A}\times\boldsymbol{B}\rvert=\lvert\boldsymbol{A}\rvert\lvert\boldsymbol{B}\rvert\sin 90°=AB$ ☞ 방향: $\boldsymbol{i}\times-\boldsymbol{j}=-\boldsymbol{k}$, 즉 $-z$축 방향

상기의 수식과 물리적 의미를 이용하여 전계 $\boldsymbol{E}$와 자계 $\boldsymbol{H}$에 의하여 형성되는 전자파의 $-z$축 방향으로 진행하는 후진파에 대한 그림을 나타내면 그림 11-5와 같다.

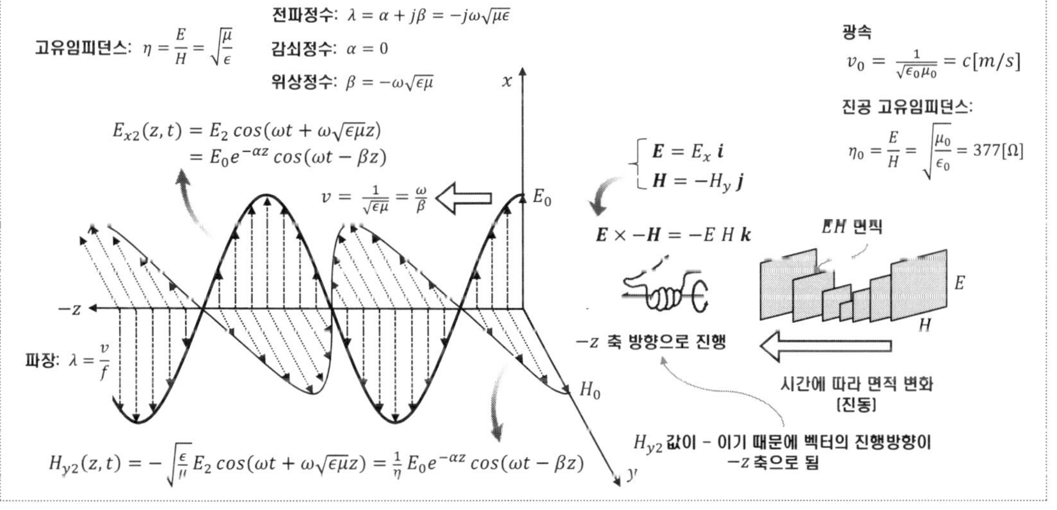

그림 11-5 전파와 자파의 상호관계 파형, 후진파(완전 유전체의 전자파와 동일)

앞에서 구한 전계 $\boldsymbol{E}$와 자계 $\boldsymbol{H}$의 관계식에서 전진파에 대한 전계 E_{x1}과 자계 H_{y1}의

비와 후진파에 대한 전계 E_{x2}와 자계 H_{y2}의 비를 구하면, 아래 수식과 같다.

$$\frac{E_{x1}[V/m]}{H_{y1}[A/m]} = \frac{E_{x1}e^{-jw\sqrt{\epsilon\mu}\,z}}{\sqrt{\frac{\epsilon}{\mu}}\,E_{x1}e^{-jw\sqrt{\epsilon\mu}\,z}} = \sqrt{\frac{\mu}{\epsilon}}\ [\Omega]$$

$$\therefore H_{y1} = \sqrt{\frac{\epsilon}{\mu}}\,E_{x1}$$

■ 평면파 전계 및 자계(전진파)

☞ $E_{x1} = E_1\cos w(t-\sqrt{\epsilon\mu}\,z) = E_1e^{-jw\sqrt{\epsilon\mu}\,z}$

☞ $H_{y1} = \sqrt{\frac{\epsilon}{\mu}}\,E_1\cos w(t-\sqrt{\epsilon\mu}\,z) = \sqrt{\frac{\epsilon}{\mu}}\,E_1e^{-jw\sqrt{\epsilon\mu}\,z}$

$$\frac{E_{x2}[V/m]}{H_{y2}[A/m]} = \frac{E_{x2}e^{jw\sqrt{\epsilon\mu}\,z}}{-\sqrt{\frac{\epsilon}{\mu}}\,E_{x2}e^{jw\sqrt{\epsilon\mu}\,z}} = -\sqrt{\frac{\mu}{\epsilon}}\ [\Omega]$$

$\therefore H_{y2} = -\sqrt{\frac{\epsilon}{\mu}}\,E_{x2}$, 여기서 $-$는 $-z$축 방향

■ 평면파 전계 및 자계(후진파)

☞ $E_{x2} = E_2\cos w(t+\sqrt{\epsilon\mu}\,z) = E_2e^{jw\sqrt{\epsilon\mu}\,z}$

☞ $H_{y2} = -\sqrt{\frac{\epsilon}{\mu}}\,E_2\cos w(t+\sqrt{\epsilon\mu}\,z) = -\sqrt{\frac{\epsilon}{\mu}}\,E_2e^{jw\sqrt{\epsilon\mu}\,z}$

그리고, 앞에서 구한 전계 $\boldsymbol{E}$와 자계 $\boldsymbol{H}$의 관계식에서 전계 E_x와 자계 H_y의 비를 구하면, 아래 수식과 같다.

$$\frac{E}{H} = \frac{\sqrt{E_{x1}^2+E_{x2}^2}}{\sqrt{H_{y1}^2+H_{y2}^2}} = \frac{\sqrt{E_{x1}^2\,e^{-2j\omega\sqrt{\epsilon\mu}\,z}+E_{x2}^2\,e^{2j\omega\sqrt{\epsilon\mu}\,z}}}{\sqrt{\frac{\epsilon}{\mu}E_{x1}^2\,e^{-2j\omega\sqrt{\epsilon\mu}\,z}+\frac{\epsilon}{\mu}E_{x2}^2\,e^{2j\omega\sqrt{\epsilon\mu}\,z}}} = \frac{\sqrt{E_{x1}^2\,e^{-2j\omega\sqrt{\epsilon\mu}\,z}+E_{x2}^2\,e^{2j\omega\sqrt{\epsilon\mu}\,z}}}{\sqrt{\frac{\epsilon}{\mu}}\sqrt{E_{x1}^2\,e^{-2j\omega\sqrt{\epsilon\mu}\,z}+E_{x2}^2\,e^{2j\omega\sqrt{\epsilon\mu}\,z}}} = \frac{1}{\sqrt{\frac{\epsilon}{\mu}}} = \sqrt{\frac{\mu}{\epsilon}}\ [\Omega]$$

■ 벡터 $\boldsymbol{A}$의 크기

☞ $|\boldsymbol{A}| = A = \sqrt{A_x^2+A_y^2}$

■ 지수함수 연산

☞ $(a^m)^n = a^{mn}$

■ 평면파 전계 및 자계

☞ $E_{x1} = E_1e^{-jw\sqrt{\epsilon\mu}\,z}$

☞ $H_{y1} = \sqrt{\frac{\epsilon}{\mu}}\,E_1e^{-jw\sqrt{\epsilon\mu}\,z}$

☞ $E_{x2} = E_2e^{jw\sqrt{\epsilon\mu}\,z}$

☞ $H_{y2} = -\sqrt{\frac{\epsilon}{\mu}}\,E_2e^{jw\sqrt{\epsilon\mu}\,z}$

상기 수식은 위치 z와 시간 t에 관계없이 모든 장소에서 일정한 값을 가지게 되며, 매질의 성질에 의해서만 결정되는 상수로 전계 $E=[V/m]$, 자계 $H=[A/m]$의 단위를 가지고

있기 때문에 $\frac{E}{H}=\frac{[V/m]}{[A/m]}=\frac{[V]}{[A]}=[\Omega]$이 되어 상기의 상수 단위는 저항의 단위인 $[\Omega]$임을 알 수 있다. 이를 다시 구체적으로 표현하면 다음과 같다.

$\eta=\frac{E}{H}=\sqrt{\frac{\mu}{\epsilon}}\ [\Omega]\ \Rightarrow E=\eta H$	■ 고유 임피던스 η(eta)

상기 수식에서 $\eta[\Omega]$를 매질의 고유임피던스(intrinsic impedance) 또는 파동임피던스(wave impedance)라고 한다. 그리고, 매질이 자유공간 또는 진공일 경우 고유임피던스를 표현하면 다음 수식과 같다.

$\eta_0=\frac{E}{H}=\sqrt{\frac{\mu_0}{\epsilon_0}}=377\ [\Omega]$ $\Rightarrow E=\eta_0 H=377H$	■ ϵ_0, μ_0의 값 ☞ ϵ_0 : $8.854\times10^{-12}[F/m]$ ☞ μ_0 : $4\pi\times10^{-7}[H/m]$ ■ 진공의 고유임피던스 $\eta_0=377[\Omega]$

상기 수식에서 자유공간 또는 진공일 경우 전파인 전계 E는 자파인 자계 H보다 377배로 매우 크기 때문에 전자파를 전파라고 한다. 그리고, 상기의 매질의 고유임피던스 $\eta[\Omega]$를 진공의 고유임피던스 $\eta_0[\Omega]$를 이용하여 수식을 다시 나타내면 아래 수식과 같다.

$\eta=\frac{E}{H}=\sqrt{\frac{\mu}{\epsilon}}=\sqrt{\frac{\mu_0\mu_s}{\epsilon_0\epsilon_s}}=\sqrt{\frac{\mu_0}{\epsilon_0}}\sqrt{\frac{\mu_s}{\epsilon_s}}=377\sqrt{\frac{\mu_s}{\epsilon_s}}\ [\Omega]$	■ 고유임피던스 η ☞ $\eta=\sqrt{\frac{\mu}{\epsilon}}=377\sqrt{\frac{\mu_s}{\epsilon_s}}$

예제 11.16

▣ 순수한 물($\epsilon_s \fallingdotseq 80$, $\mu_s \fallingdotseq 1$) 중에 있어서 고유임피던스는 몇 $[\Omega]$인가?

풀이

◉ 고유임피던스 $\eta=\frac{E}{H}=\sqrt{\frac{\mu}{\epsilon}}=\sqrt{\frac{\mu_0}{\epsilon_0}}\cdot\sqrt{\frac{\mu_s}{\epsilon_s}}$ 에서

$$\therefore\ \eta=\sqrt{\frac{4\pi\times10^{-7}}{8.855\times10^{-12}}}\cdot\sqrt{\frac{\mu_s}{\epsilon_s}}=377\sqrt{\frac{\mu_s}{\epsilon_s}}=377\sqrt{\frac{1}{80}}=42.15\ [\Omega]$$

예제 11.17

■ 평면파에서 x방향에 대한 전계 및 자계의 진행파가 아닌 것은?

① $E_x = F_x(y-ct)$ ② $E_y = F_y(x-ct)$ ③ $E_z = F_z(x-ct)$ ④ $H_z = \sqrt{\frac{\epsilon}{\mu}}\, F_y(x-ct)$

풀이

◉ 평면파에서 x의 정방향에 대한 전계와 자계의 진행파만을 표시하면($\boldsymbol{y} \times \boldsymbol{z} = \boldsymbol{x}$)

$E_y = F_y(x-ct)$, $E_z = F_z(x-ct)$, $H_y = -\sqrt{\frac{\epsilon}{\mu}}\, F_z(x-ct)$, $H_z = \sqrt{\frac{\epsilon}{\mu}}\, F_y(x-ct)$

$E = \sqrt{E_y^2 + E_z^2}$, $H = \sqrt{H_y^2 + H_z^2}$ 하여 고유 임피던스 $\eta = \frac{E}{H}$를 취하면

$$\therefore\ \eta = \frac{E}{H} = \sqrt{\frac{\mu}{\epsilon}} = \sqrt{\frac{\mu_0}{\epsilon_0}} \cdot \sqrt{\frac{\mu_s}{\epsilon_s}} = 377\sqrt{\frac{\mu_s}{\epsilon_s}}\ [\Omega]$$

☞ ①

예제 11.18

■ 평면 전자파의 전계의 세기가 $E = E_m \sin\omega\left(t - \frac{Z}{V}\right)[V/m]$일 때 수중에 있어서의 자계의 세기는 몇 $[AT/m]$인가? (단, 물의 ϵ_s는 80이고 μ_s는 1이다.)

① $1.19 \times 10^{-2} E_m \sin\omega t$ ② $1.19 \times 10^{-2} E_m \cos\omega\left(t - \frac{Z}{V}\right)$

③ $2.37 \times 10^{-2} E_m \sin\omega\left(t - \frac{Z}{V}\right)$ ④ $2.37 \times 10^{-2} E_m \cos\omega\left(t - \frac{Z}{V}\right)$

풀이

◉ 자계 $H_e = \sqrt{\frac{\epsilon_0 \epsilon_s}{\mu_0 \mu_s}}\, E_e = \sqrt{\frac{8.855 \times 10^{-12} \times 80}{4\pi \times 10^{-7} \times 1}}\, E_e = 2.37 \times 10^{-2} E_e$, ($H_e, E_e$: 실효값)

☞ ③

예제 11.19

■ 공기 중에서 전계의 진행파 진폭이 $10[mV/m]$일 때 자계의 진행파 진폭은 몇 $[mAT/m]$인가?

① 26.5×10^{-1} ② 26.5×10^{-3} ③ 26.5×10^{-5} ④ 26.5×10^{-6}

풀이

◉ 자계 $H = \sqrt{\frac{\epsilon_0}{\mu_0}}\, E = \sqrt{\frac{8.855 \times 10^{-12}}{4\pi \times 10^{-7}}}\, E = 2.65 \times 10^{-3} E$에 $E = 10\ [mV/m]$ 대입

$$\therefore\ H = 2.65 \times 10^{-3} \times 10 = 26.5 \times 10^{-3}\ [mAT/m]$$

☞ ②

예제 11.20

■ 자유 공간에서의 특성 임피던스$[\Omega]$는 얼마인가?

풀이

◉ 특성(고유) 임피던스

$$\eta_0 = \frac{E}{H} = \sqrt{\frac{\mu_0}{\epsilon_0}} = \sqrt{\frac{4\pi \times 10^{-7}}{\frac{1}{36\pi \times 10^9}}} = \sqrt{144\pi^2 \times 100} = 120\pi = 377\ [\Omega]$$

11-4 완전 유전체 내의 전자파

11.4.1 완전 유전체 내의 전자파 중에서 전파의 성질

앞에서 살펴본 균일 평면파의 해석 방법을 활용하여 유전율 ϵ, 투자율 μ, 도전율 σ(단, $\sigma = 0$)인 완전(무손실) 유전체 내에서 벡터 헬름홀쯔 방정식으로 전계만을 고려한 벡터 파동방정식을 다시 나타내면 다음과 같다.

$$\nabla^2 \boldsymbol{E} - \mu\epsilon \frac{\partial^2 \boldsymbol{E}}{\partial t^2}$$

$$\therefore \nabla^2 \boldsymbol{E}_s = \mu\epsilon \frac{\partial^2 \boldsymbol{E}_s}{\partial t^2}$$

$$\therefore \nabla^2 \boldsymbol{E}_s = \mu\epsilon (j\omega)^2 \boldsymbol{E}_s = -\omega^2 \epsilon\mu \boldsymbol{E}_s$$

■ 전자계의 파동방정식

☞ $\nabla^2 \boldsymbol{E} = \mu\epsilon \frac{\partial^2 \boldsymbol{E}}{\partial t^2}$

■ 벡터 헬름홀쯔 방정식

☞ $\nabla^2 \boldsymbol{E} = \mu\epsilon \frac{\partial^2 \boldsymbol{E}}{\partial t^2}$

$\therefore \nabla^2 \boldsymbol{E}_s = \mu\epsilon (j\omega)^2 \boldsymbol{E}_s = -\omega^2 \epsilon\mu \boldsymbol{E}_s$

균일 평면파에서 가정한 세가지 제한조건을 활용하여 벡터 헬름홀쯔 방정식을 스칼라로 다시 표현하면 아래 수식과 같다.

$$\frac{\partial^2 E_{xs}}{\partial x^2} + \frac{\partial^2 E_{xs}}{\partial y^2} + \frac{\partial^2 E_{xs}}{\partial z^2} = -\omega^2 \epsilon\mu E_{xs}$$

$$\therefore \frac{\partial^2 E_{xs}(z)}{\partial z^2} = -\omega^2 \epsilon\mu E_{xs}(z)$$

$$\therefore \frac{\partial^2 E_{xs}(z)}{\partial z^2} + \omega^2 \epsilon\mu E_{xs}(z) = 0$$

■ 균일 평면파의 가정

☞ $E_x,\ E_y = E_z = 0$

☞ $\frac{\partial}{\partial x} = \frac{\partial}{\partial y} = 0$

☞ $E_x = f(z, t)$

상기 수식은 2계 편미분방정식으로 표현되어 있다. 이 방정식의 해를 구하여 보자. 이 방정식의 일반해를 직접 구하는 대신에 세가지 제한 조건을 만족하는 일반적인 형태를 가지는 해를 가정하고, 상기 방정식을 이용하여 일반해가 가지는 변수들을 정하고자 한다. 우선 전계가 지수 함수적으로 감쇠한다고 가정한다면, 전계가 감쇠진동하면서 $+z$축 방향으로 나아가는 진행파인 감쇠 진동함수라고 생각할 수 있다. 그러므로, 2계 편미분방정식을 풀기 위한 특성방정식의 특성근 λ는 특성근의 특성에 있어서 실수부와 허수부가 표현된 복소수 형태가 되어야만 감쇠 진동함수가 된다. 즉, 특성방정식의 일반해가 감쇠 진동함수를 만족하려면 특성근 λ는 $\lambda = -\alpha - j\beta$($\alpha$, β는 양수, 실수부는 $-$값을 가짐(감쇠), 허수부의 $-$값은 $+z$축 방향 진행파를 의미)의 형식이 되어야 한다. 2계 편미분방정식에서 자연 응답 조건인 감쇠 진동을 만족하는 E_x에 대하여 일반해의 형식을 다시 나타내면 다음과 같다.

▶ 감쇄 진동함수의 페이저 표현

$$\boldsymbol{E_{xs}} = E_{xs}(z) = E_0 e^{\lambda z} = E_0 e^{(-\alpha - j\beta)z} = E_0 e^{-\alpha z} e^{-j\beta z}$$

$$\boldsymbol{E} = E_{xs}(z)\boldsymbol{i} = E_0 e^{\lambda z}\boldsymbol{i} = E_0 e^{(-\alpha - j\beta)z}\boldsymbol{i} = E_0 e^{-\alpha z} e^{-j\beta z}\boldsymbol{i}$$

▶ 감쇄 진동하는 순시함수 표현

$$E_x = E_x(z,t) = E_0 e^{\lambda z} e^{j\omega t} = E_0 e^{(-\alpha - j\beta)z} e^{j\omega t} = E_0 e^{-\alpha z} e^{j(\omega t - \beta z)} = E_0 e^{-\alpha z}\cos(\omega t - \beta z)$$

$$\therefore\ E_x(z,t) = E_0 e^{-\alpha z}\cos(\omega t - \beta z)$$

■ 2계 편미분방정식의 해법

☞ 2계 편미분방정식

$$\frac{\partial^2 y}{\partial x^2} + a\frac{\partial y}{\partial x} + by = 0$$

☞ 특성방정식으로 변환

$$\lambda^2 + a\lambda + b = 0 \ (\text{여기서, } \frac{\partial^2 y}{\partial x^2} \Rightarrow \lambda^2,\ \frac{\partial y}{\partial x} \Rightarrow \lambda)$$

☞ 특성방정식의 특성근: λ_1, λ_2

☞ 특성방정식의 일반해

$$y = A_1 e^{\lambda_1 x} + A_2 e^{\lambda_2 x}$$

☞ 미정계수 A_1, A_2는 초기 및 경계조건에 의해 정함

■ 특성방정식의 특성근의 특성

☞ 실수부는 + 값이 될 수 없다.

☞ 실수부의 − 값은 감쇠함수를 나타낸다.

☞ 순허수 근: 무감쇠 진동함수(−, +값)
(−는 +방향 진행파, +는 −방향 진행파)

☞ 복소수 근: 감쇠 진동함수(완전유전체)

■ 순시함수의 표현

☞ $E = E_0\cos(\omega t + \theta)$
$= E_0 e^{j(\omega t + \theta)} = E_0 e^{j\omega t} e^{j\theta} = E_0 e^{j\theta} e^{j\omega t} = \boldsymbol{E_s} e^{j\omega t}$

■ 페이저 표현

☞ $\boldsymbol{E_s} = E_0 e^{j\theta} = E_0 \angle \theta$

상기 수식에서 $e^{-\alpha z}$는 전파가 $+z$축 방향으로 전파됨에 따라 진폭이 감쇠하는 특성을 나타내고 있기 때문에 $\alpha\,[Np/m]$, $[neper/meter]$를 감쇠정수(attenuation constant)라고 한다. 여기서는 매질을 완전(무손실) 유전체로 손실이 없다고 가정하였기 때문에 감쇠정수 α는 0

이 되어야 한다. 그리고, $E_x(z,t) = E_0 e^{-\alpha z}\cos(\omega t - \beta z)$에서 β는 $+z$축 방향으로 단위길이 $(1[m])$당 위상변이량(phase shift)을 나타내기 때문에 $\beta[rad/m]$를 위상정수(phase constant)라고 한다. 일반적으로 α, β를 포함하는 복소수인 γ를 사용하여 나타내며, 이 γ를 전파정수(propagation constant)라 한다. 이를 다시 나타내면 아래 수식과 같다.

$\gamma = \alpha + j\beta$, (α, β는 +(양수))	■ 전파정수 γ(gamma) ☞ 감쇠정수 α, 위상정수 β

특성근 λ와 전파정수 γ의 관계를 살펴보면, 아래 수식과 같다. 이 수식에서 $\lambda = -\gamma$의 관계가 있음을 알 수 있다.

$\boldsymbol{E_{xs}} = E_{xs}(z) = E_0 e^{\lambda z} = E_0 e^{(-\alpha - j\beta)z} = E_0 e^{-(\alpha + j\beta)z} = E_0 e^{-\gamma z}$	■ 특성근 λ(lambda) ☞ $\lambda = -\alpha - j\beta$ ■ 전파정수 γ ☞ $\lambda = -\gamma$

그리고, 아래 2계 편미분방정식의 특성근 λ를 구하기 위하여 스칼라로 표현된 헬름홀쯔 방정식을 특성방정식으로 변환하면 아래 수식과 같다.

$\dfrac{\partial^2 E_{xs}(z)}{\partial z^2} + \omega^2 \epsilon\mu E_{xs}(z) = 0$ ▶ 특성방정식으로 표현 $\lambda^2 + \omega^2 \epsilon\mu = 0$ 여기서, $\dfrac{\partial^2 E_{xs}(z)}{\partial z^2} \Rightarrow \lambda^2$ $\lambda^2 + \omega^2 \epsilon\mu = 0$ $\lambda^2 = -\omega^2 \epsilon\mu$ $\therefore \lambda = \pm j\omega\sqrt{\epsilon\mu}$	■ 전자계의 파동방정식 ☞ $\nabla^2 \boldsymbol{E} = \mu\epsilon \dfrac{\partial^2 \boldsymbol{E}}{\partial t^2}$ ■ 벡터 헬름 홀쯔 방정식 ☞ $\nabla^2 \boldsymbol{E} = \mu\epsilon \dfrac{\partial^2 \boldsymbol{E}}{\partial t^2}$ $\therefore \nabla^2 \boldsymbol{E_s} = \mu\epsilon (j\omega)^2 \boldsymbol{E_s} = -\omega^2 \epsilon\mu \boldsymbol{E_s}$ ■ 2계 편미분방정식의 해법 ☞ $\dfrac{\partial^2 E_{xs}(z)}{\partial z^2} + \omega^2 \epsilon\mu E_{xs}(z) = 0$ ☞ 특성방정식으로 변환 $\lambda^2 + \omega^2 \epsilon\mu = 0$ (여기서, $\dfrac{\partial^2 E_{xs}(z)}{\partial z^2} \Rightarrow \lambda^2$) ☞ 특성방정식의 특성근 $\lambda = \pm j\omega\sqrt{\epsilon\mu}$

상기 수식의 특성근 λ를 전파정수 γ의 형태로 변환시켜 표현하면 다음과 같다.

$\gamma = -\lambda = \mp j\omega\sqrt{\epsilon\mu}$	■ 특성근 λ, $\lambda = -\alpha - j\beta$ ☞ $\lambda = \pm j\omega\sqrt{\epsilon\mu}$, 완전 유전체($-$는 $+z$축 방향) ■ 전파정수 γ, $\gamma = \alpha + j\beta$ ☞ $\lambda = -\gamma$

상기 수식에서 전파정수 γ는 $\gamma = \mp j\omega\sqrt{\epsilon\mu}$로 나타낼 수 있으며, 감쇄정수를 나타내는 식인 $\gamma = \alpha + j\beta$, $(\alpha, \beta$는 $+$(양수))의 형태와 비교하면 감쇠정수 α는 0이며, 위상정수 β는 $\beta = \mp\omega\sqrt{\epsilon\mu}$로 나타낼 수 있다. 그리고, 전파정수 γ에서 위상정수 β의 부호에 대하여 생각하여 보자.

전파정수 γ에서 위상정수 β의 부호는 $+$가 되면 $+z$축 방향으로 전진하는 진행파(왜냐하면, 특성근 λ인 $\lambda = -\alpha - j\beta$에서 허수부의 $-$값은 $+z$방향 진행파를 의미하고 전파정수는 $\gamma = -\lambda$로 반대의 의미인 $+$값을 나타내기 때문)가 된다. 그리고, 전파정수 γ에서 위상정수 β의 부호가 $-$값이 되면 $-z$축 방향으로 진행하는 후진파(반사파)를 나타낸다. 여기서는 $+z$축 방향으로 진행하는 파인 진행파의 전파정수 γ를 상기의 감쇠정수 α, 위상정수 β를 포함하여 다시 나타내면 다음과 같다.

$\gamma = +j\omega\sqrt{\epsilon\mu} \quad (\alpha = 0, \beta = \omega\sqrt{\epsilon\mu})$ $\gamma^2 = +j^2\omega^2(\sqrt{\epsilon\mu})^2 = -\omega^2\epsilon\mu$	■ 전파정수 γ $(\alpha = 0, \beta = \mp\omega\sqrt{\epsilon\mu})$ ☞ $\gamma = -\lambda = \mp j\omega\sqrt{\epsilon\mu}$ ☞ $+$ β값: $+z$ 방향 진행파(전진파) ☞ $-$ β값: $-z$ 방향 진행파(후진파)

매질의 전파정수 γ를 이용하여 파동방정식의 일반해를 나타내는 전계의 페이저 함수에 대하여 벡터를 이용하여 다시 표현하면 다음과 같다.

▶ 페이저 표현 $\boldsymbol{E_{xs}} = E_{xs}(z) = E_0 e^{\lambda z}$ $= E_0 e^{(-\alpha - j\beta)z} = E_0 e^{-\alpha z} e^{-j\beta z}$ ▶ 일반해를 이용한 페이저의 벡터 표현 $\boldsymbol{E} = E_{xs}(z)\boldsymbol{i} = E_0 e^{-\gamma z}\boldsymbol{i}$ $= E_0 e^{-j\beta z}\boldsymbol{i} = E_0 e^{-j\omega\sqrt{\epsilon\mu}z}\boldsymbol{i}$	■ 페이저 표현 ☞ $\boldsymbol{E_s} = E_0 e^{j\theta} = E_0\angle\theta$ ■ 완전 유전체의 전파정수 γ(전진파) ☞ $\gamma = -\lambda = \mp j\omega\sqrt{\epsilon\mu}$ ☞ $\gamma = \alpha + j\beta$, $\alpha = 0$, $\beta = \omega\sqrt{\epsilon\mu}$

매질의 전파정수 γ를 이용하여 파동방정식의 일반해를 나타내는 전계의 순시함수에 대하여 벡터를 이용하여 다시 표현하면 다음과 같다.

▶ 순시함수 표현

$$E_x = E_x(z,t) = E_0 e^{\lambda z} e^{j\omega t} = E_0 e^{(-\alpha - j\beta)z} e^{j\omega t}$$
$$= E_0 e^{-\alpha z} e^{j(\omega t - \beta z)} = E_0 e^{-\alpha z} \cos(\omega t - \beta z)$$
$$\therefore E_x(z,t) = E_0 e^{-\alpha z} \cos(\omega t - \beta z)$$

▶ 일반해를 이용한 순시함수의 벡터 표현

$$\boldsymbol{E} = E_x(z,t)\,\boldsymbol{i} = E_0 e^{-\gamma z} e^{j\omega t}\,\boldsymbol{i} = E_0 e^{-j\beta z} e^{j\omega t}\,\boldsymbol{i}$$
$$= E_0 e^{j(\omega t - \beta z)}\,\boldsymbol{i} = E_0 \cos(\omega t - \beta z)\,\boldsymbol{i}$$
$$= E_0 \cos(\omega t - \omega\sqrt{\epsilon\mu}\,z)\,\boldsymbol{i}$$

■ 순시함수의 표현

☞ $E = E_0 \cos(\omega t + \theta)$
$= E_0 e^{j(\omega t + \theta)} = E_0 e^{j\omega t} e^{j\theta}$
$= E_0 e^{j\theta} e^{j\omega t} = \boldsymbol{E_s} e^{j\omega t}$

☞ $\boldsymbol{E_s} = E_0 e^{j\theta} = E_0 \angle \theta$

■ 완전 유전체의 전파정수 γ(전진파)

☞ $\gamma = -\lambda = \mp j\omega\sqrt{\epsilon\mu}$

☞ $\gamma = \alpha + j\beta, \quad \alpha = 0, \ \beta = \omega\sqrt{\varepsilon\mu}$

따라서, 완전(무손실) 유전체인 경우에는 감쇠정수 $\alpha = 0$이고 전도전류인 $\boldsymbol{i_c}(\sigma = 0)$가 흐르지 않기 때문에 손실 없는 무감쇠 진동을 하면서 $+z$축 방향으로 진행하는 것을 알 수 있다. 그리고, 상기 순시함수의 벡터 파동방정식에서 전파정수 γ를 사용하여 벡터 헬름홀쯔 방정식으로 나타내면 아래 수식과 같다. 완전 유전체의 전파 파형은 그림 11-4, 5와 같다.

$$\nabla^2 \boldsymbol{E} = \mu\epsilon \frac{\partial^2 \boldsymbol{E}}{\partial t^2}$$
$$\therefore \nabla^2 \boldsymbol{E_s} = \mu\epsilon(j\omega)^2 \boldsymbol{E_s} = -\omega^2 \epsilon\mu \boldsymbol{E_s} = \gamma^2 \boldsymbol{E_s}$$
$$\therefore \nabla^2 \boldsymbol{E_s} - \gamma^2 \boldsymbol{E_s} = 0$$

■ 전자계의 파동방정식

☞ $\nabla^2 \boldsymbol{E} = \mu\epsilon \dfrac{\partial^2 \boldsymbol{E}}{\partial t^2}$

■ 벡터 헬름 홀쯔 방정식

☞ $\nabla^2 \boldsymbol{E} = \mu\epsilon \dfrac{\partial^2 \boldsymbol{E}}{\partial t^2}$
$\therefore \nabla^2 \boldsymbol{E_s} = \mu\epsilon(j\omega)^2 \boldsymbol{E_s} = -\omega^2 \epsilon\mu \boldsymbol{E_s}$

■ 완전 유전체의 전파정수 γ(전진파)

☞ $\gamma^2 = +j^2\omega^2(\sqrt{\epsilon\mu})^2 = -\omega^2\epsilon\mu$

상기 수식은 전파정수 γ를 사용하여 나타낸 벡터 파동방정식의 형식이다. 앞에서 살펴 본 전파속도 v는 아래 수식과 같다.

$$v = \frac{1}{\sqrt{\epsilon\mu}} = \frac{c}{\sqrt{\epsilon_s \mu_s}} [m/s]$$

■ 전파속도 v

☞ $v = \dfrac{1}{\sqrt{\epsilon\mu}}, \quad c = \dfrac{1}{\sqrt{\epsilon_0 \mu_0}}$: 광속

상기의 전파속도 v를 이용하여 위상정수 β 사이의 관계를 아래 수식에 나타내었다.

$$\beta = \omega\sqrt{\epsilon\mu} \quad \therefore \frac{\beta}{\omega} = \sqrt{\epsilon\mu}$$

$$\therefore \frac{1}{\sqrt{\epsilon\mu}} = \frac{\omega}{\beta} = v$$

$$\therefore \beta = \frac{\omega}{v} = \frac{\omega}{f\lambda} = \frac{2\pi f}{f\lambda} = \frac{2\pi}{\lambda}[rad/m]$$

■ 전파속도 v

☞ $v = \dfrac{1}{\sqrt{\epsilon\mu}}$

■ 완전 유전체의 전파정수 γ(전진파)

☞ $\gamma = \alpha + j\beta$, (α, β는 $+$(양수))

☞ $\gamma = +j\omega\sqrt{\epsilon\mu}$ $(\alpha = 0, \beta = \omega\sqrt{\epsilon\mu})$

■ 파장 λ, 주파수 f, 속도 v 관계

☞ $\lambda = \dfrac{v}{f}$ $\therefore v = f\lambda$, $\omega = 2\pi f$

상기 수식에서 위상정수 β를 사용하여 전파속도 v를 구한 값이 앞에서 구한 전자파의 전파속도 v를 만족함을 알 수 있다. 그리고, 완전(무손실) 유전체에서 전파하는 전파속도 v와 파장 λ의 관계를 구하면 다음과 같다.

$$v = \frac{\omega}{\beta} = \frac{\omega}{\omega\sqrt{\epsilon\mu}} = \frac{1}{\sqrt{\epsilon\mu}}$$

$$= \frac{1}{\sqrt{\epsilon_0\epsilon_s\mu_0\mu_s}} = \frac{1}{\sqrt{\epsilon_0\mu_0}}\frac{1}{\sqrt{\epsilon_s\epsilon_s}}$$

$$= \frac{c}{\sqrt{\epsilon_s\mu_s}}[m/s]$$

$$\lambda = \frac{v}{f} = \frac{1}{f}\frac{c}{\sqrt{\epsilon_s\mu_s}} = \frac{c}{f\sqrt{\epsilon_s\mu_s}} = \frac{\lambda_0}{\sqrt{\epsilon_s\mu_s}}[m]$$

■ 전파속도 v

☞ $v = \dfrac{1}{\sqrt{\epsilon\mu}}$

■ 광속

☞ $v_0 = \dfrac{1}{\sqrt{\epsilon_0\mu_0}}$

$\fallingdotseq 3\times 10^8 = c$(광속)$[m/s]$

■ 완전 유전체의 전파정수 γ(전진파)

☞ $\gamma = +j\omega\sqrt{\epsilon\mu}$ $(\alpha = 0, \beta = \omega\sqrt{\epsilon\mu})$

■ 파장 λ, 주파수 f, 속도 v 관계

☞ $\lambda = \dfrac{v}{f}$ $\therefore v = f\lambda$

■ 진공 중의 파장 λ_0

☞ $\lambda_0 = \dfrac{v}{f} = \dfrac{c}{f}$

상기 수식에서 λ_0는 진공 또는 자유공간에서의 파장을 나타낸다. 그리고 $\epsilon_s\mu_s > 1$이기 때문에 완전(무손실) 유전체의 매질 내에서는 자유공간 또는 진공에서보다 속도 v가 광속 v_0보다 감소하고 파장 λ도 진공 중의 파장 λ_0보다 짧아지고 있음을 알 수 있다.

11.4.2 완전 유전체 내의 전자파 중에서 자파의 성질

앞에서 완전(무손실) 유전체 내에서 전계 $\boldsymbol{E}$에 대한 전파의 특성을 살펴본 것과 같이 완전(무손실) 유전체 내에서 자계 $\boldsymbol{H}$에 대한 자파의 특성을 살펴보자. 전계 $\boldsymbol{E}$와 자계 $\boldsymbol{H}$와의 관계를 나타내고 있는 아래의 맥스웰의 진자 방정식을 활용하여 구하여 보자.

$$rot\boldsymbol{E} = \nabla \times \boldsymbol{E} = -\mu\frac{\partial \boldsymbol{H}}{\partial t}$$

■ 맥스웰의 전자방정식

☞ $rot\boldsymbol{E} = \nabla \times \boldsymbol{E} = -\frac{\partial \boldsymbol{B}}{\partial t}$

균일 평면파에서 가정한 세가지 제한조건을 활용하여 상기 맥스웰이 전자방정식을 다시 표현하면 아래 수식과 같다.

$$rot\boldsymbol{E} = \nabla \times \boldsymbol{E} = \begin{vmatrix} \boldsymbol{i} & \boldsymbol{j} & \boldsymbol{k} \\ \frac{\partial}{\partial x} & \frac{\partial}{\partial y} & \frac{\partial}{\partial z} \\ E_x & E_y & E_z \end{vmatrix} = \begin{vmatrix} \boldsymbol{i} & \boldsymbol{j} & \boldsymbol{k} \\ 0 & 0 & \frac{\partial}{\partial z} \\ E_x & E_y & E_z \end{vmatrix}$$
$$= \boldsymbol{i}[(0\times E_z) - \frac{\partial E_y}{\partial z}] - \boldsymbol{j}[(0\times E_z) - \frac{\partial E_x}{\partial z}]$$
$$+ \boldsymbol{k}[(0\times E_y) - (0\times E_x)]$$
$$= -\frac{\partial E_y(=0)}{\partial z}\boldsymbol{i} + \frac{\partial E_x}{\partial z}\boldsymbol{j} = \frac{\partial E_x}{\partial z}\boldsymbol{j}$$

■ 균일 평면파의 가정

☞ $E_x,\ E_y = E_z = 0$

☞ $\frac{\partial}{\partial x} = \frac{\partial}{\partial y} = 0$

☞ $E_x = f(z, t)$

상기 맥스웰의 전자방정식 수식을 페이저로 표시하면 아래 수식과 같다.

$$rot\boldsymbol{E} = \nabla \times \boldsymbol{E} = \frac{\partial E_x}{\partial z}\boldsymbol{j} = -\mu\frac{\partial \boldsymbol{H}}{\partial t}$$
$$\therefore \frac{\partial E_x}{\partial z} = -\mu\frac{\partial H_y}{\partial t}$$

▶ 페이저 만으로 맥스웰 전자방정식 표현

$$\frac{\partial E_x}{\partial z} = -\mu\frac{\partial H_y}{\partial t} = -j\omega\mu \boldsymbol{H_{ys}}$$

$$\therefore \boldsymbol{H_{ys}} = \frac{1}{-j\omega\mu}\frac{\partial E_x}{\partial z} = \frac{j}{-j\omega\mu j}\frac{\partial E_x}{\partial z} = j\frac{1}{\omega\mu}\frac{\partial E_x}{\partial z}$$

■ 맥스웰 전자방전식에서 균일 편면파 가정

☞ $rot\boldsymbol{E} = \nabla \times \boldsymbol{E} = \frac{\partial E_x}{\partial z}\boldsymbol{j}$

■ 미분의 페이저 표현

☞ $\frac{\partial E}{\partial t} = j\omega \boldsymbol{E_s}$: 페이저에 $j\omega$곱

☞ $\frac{\partial^2 E}{\partial t^2} = j^2\omega^2 \boldsymbol{E_s} e^{j\omega t} = -\omega^2 \boldsymbol{E_s} e^{j\omega t}$

상기 수식에 11.4.1에서 살펴본 완전(무손실) 유전체의 전파에 대한 특성에서 구한 수식인 $\boldsymbol{E_{xs}} = E_{xs}(z) = E_0 e^{-\gamma z} = E_0 e^{-(\alpha + j\beta)z} = E_0 e^{-\alpha z} e^{-j\beta z}$를 대입하여 풀면 다음과 같다.

$$\boldsymbol{H_{ys}} = \frac{1}{-j\omega\mu}\frac{\partial E_x}{\partial z} = \frac{1}{-j\omega\mu}\frac{\partial}{\partial z}(E_0 e^{-\gamma z})$$
$$= \frac{\gamma}{j\omega\mu}E_0 e^{-\gamma z} = \frac{j\omega\sqrt{\epsilon\mu}}{j\omega\mu}E_0 e^{-\gamma z}$$
$$= \frac{\omega\sqrt{\epsilon\mu}}{\omega\mu}E_0 e^{-\gamma z} = \frac{\beta}{\omega\mu}E_0 e^{-\gamma z} = \frac{\beta}{\omega\mu}\boldsymbol{E_{xs}}$$

▶ 또는

$$\boldsymbol{H_{ys}} = \frac{1}{-j\omega\mu}\frac{\partial E_x}{\partial z} = \frac{1}{-j\omega\mu}\frac{\partial}{\partial z}(E_0 e^{-\gamma z})$$
$$= \frac{\gamma}{j\omega\mu}E_0 e^{-\gamma z} = \frac{j\omega\sqrt{\epsilon\mu}}{j\omega\mu}E_0 e^{-\gamma z}$$
$$= \frac{\sqrt{\epsilon\mu}}{\mu}E_0 e^{-\gamma z} = \frac{\sqrt{\epsilon}}{\sqrt{\mu}}E_0 e^{-\gamma z}$$
$$= \sqrt{\frac{\epsilon}{\mu}}\,E_0 e^{-\gamma z}$$
$$= \frac{1}{\eta}E_0 e^{-\gamma z} = \frac{1}{\eta}\boldsymbol{E_{xs}}$$

■ 맥스웰 전자방정식에서 균일 평면파 가정

☞ $rot\boldsymbol{E} = \nabla \times \boldsymbol{E} = \frac{\partial E_x}{\partial z}j$

■ 미분의 페이저 표현

☞ $\frac{\partial E}{\partial t} = j\omega \boldsymbol{E_s}$: 페이저에 $j\omega$곱

☞ $\frac{\partial^2 E}{\partial t^2} = j^2\omega^2 \boldsymbol{E_s} e^{j\omega t} = -\omega^2 \boldsymbol{E_s} e^{j\omega t}$

■ 특성근 λ와 전파정수 γ의 관계

☞ $\boldsymbol{E_{xs}} = E_{xs}(z) = E_0 e^{-\gamma z} = E_0 e^{-(\alpha + j\beta)z}$

■ 지수함수 미분

☞ $y = e^{-ax}$ $y' = -ae^{-ax}$

■ 완전 유전체 전파정수 γ(전진파)

☞ $\gamma = +j\omega\sqrt{\epsilon\mu}$ $(\alpha = 0, \beta = \omega\sqrt{\epsilon\mu})$

■ 매질의 고유 임피던스 η

☞ $\eta = \frac{E}{H} = \sqrt{\frac{\mu}{\epsilon}}$ $[\Omega]$ $\Rightarrow E = \eta H$

상기 수식에서 η는 앞에서 살펴본 매질의 고유 임피던스를 나타내고 있으며, 완전(무손실) 유전체의 고유 임피던스 η는 아래 수식과 같다.

$$\eta = \frac{\boldsymbol{E_{xs}}}{\boldsymbol{H_{ys}}} = \sqrt{\frac{\mu}{\epsilon}} = \frac{j\omega\mu}{\gamma}\ [\Omega]$$

$$\Rightarrow \boldsymbol{E_{xs}} = \eta \boldsymbol{H_{ys}}$$

■ 고유임피던스 η

☞ $\eta = \frac{E}{H} = \sqrt{\frac{\mu}{\epsilon}}$ $[\Omega]$ $\Rightarrow E = \eta H$

■ 자계의 파동방정식

☞ $\boldsymbol{H_{ys}} = \frac{\gamma}{j\omega\mu}E_0 e^{-\gamma z} = \frac{\gamma}{j\omega\mu}\boldsymbol{E_{xs}}$

상기 수식에서 $+z$방향으로 진행하는 자계의 y축 방향 성분을 나타낸 H_y의 페이저 및 순시함수 수식을 벡터를 사용하여 다시 나타내면 다음과 같다.

▶ 일반해를 이용한 H_y 페이저의 벡터 표현

$$\boldsymbol{H} = H_{ys}(z)\boldsymbol{j} = \frac{1}{\eta}E_{xs}(z)\boldsymbol{j} = \frac{1}{\eta}E_0 e^{-\gamma z}\boldsymbol{j}$$
$$= \frac{1}{\eta}E_0 e^{-j\beta z}\boldsymbol{j} = \frac{1}{\eta}E_0 e^{-j\omega\sqrt{\epsilon\mu}z}\boldsymbol{j}$$

일반해를 이용한 E_x 페이저의 벡터 표현

$$\boldsymbol{E} = E_{xs}(z)\boldsymbol{i} = E_0 e^{-\gamma z}\boldsymbol{i}$$
$$= E_0 e^{-j\beta z}\boldsymbol{i} = E_0 e^{-j\omega\sqrt{\epsilon\mu}z}\boldsymbol{i}$$

▶ 일반해를 이용한 H_y 순시함수의 벡터 표현

$$\boldsymbol{H} = H_y(z,t)\boldsymbol{j} = \frac{1}{\eta}E_x(z,t)\boldsymbol{j} = \frac{1}{\eta}E_0 e^{-\gamma z}e^{j\omega t}\boldsymbol{j}$$
$$= \frac{1}{\eta}E_0 e^{-j\beta z}e^{j\omega t}\boldsymbol{j} = \frac{1}{\eta}E_0 e^{j(\omega t-\beta z)}\boldsymbol{j}$$
$$= \frac{1}{\eta}E_0\cos(\omega t-\beta z)\boldsymbol{j}$$
$$= \frac{1}{\eta}E_0\cos(\omega t-\omega\sqrt{\epsilon\mu}z)\boldsymbol{j}$$

일반해를 이용한 E_x 순시함수의 벡터 표현

$$\boldsymbol{E} = E_x(z,t)\boldsymbol{i} = E_0 e^{-\gamma z}e^{j\omega t}\boldsymbol{i} = E_0 e^{-j\beta z}e^{j\omega t}\boldsymbol{i}$$
$$= E_0 e^{j(\omega t-\beta z)}\boldsymbol{i} = E_0\cos(\omega t-\beta z)\boldsymbol{i}$$
$$= E_0\cos(\omega t-\omega\sqrt{\epsilon\mu}z)\boldsymbol{i}$$

■ 순시함수의 표현

☞ $E = E_0\cos(\omega t+\theta)$
$= E_0 e^{j(\omega t+\theta)} = E_0 e^{j\omega t}e^{j\theta}$
$= E_0 e^{j\theta}e^{j\omega t} = \boldsymbol{E_s}e^{j\omega t}$

■ 페이저 표현

☞ $\boldsymbol{E_s} = E_0 e^{j\theta} = E_0\angle\theta$

■ 완전유전체 전파정수 γ(전진파)

☞ $\gamma = -\lambda = \mp j\omega\sqrt{\epsilon\mu}$

☞ $\gamma = \alpha + j\beta,\quad \alpha = 0,\ \beta = \omega\sqrt{\epsilon\mu}$

■ 고유임피던스 η

☞ $\eta = \dfrac{\boldsymbol{E_{xs}}}{\boldsymbol{H_{ys}}} = \sqrt{\dfrac{\mu}{\epsilon}} = \dfrac{j\omega\mu}{\gamma}\,[\Omega]$
$\Rightarrow \boldsymbol{E_{xs}} = \eta\boldsymbol{H_{ys}}$

☞ $\therefore \boldsymbol{H_{ys}} = \dfrac{1}{\eta}\boldsymbol{E_{xs}}$

상기에서 살펴본 완전(무손실) 유전체 내에서의 전계 $\boldsymbol{E}$에 대한 전파와 자계 $\boldsymbol{H}$에 대한 자파를 살펴보면, E_x와 H_y는 서로 직각(E_x는 단위벡터 $\boldsymbol{i}$, H_y는 단위벡터 $\boldsymbol{j}$)이며, 전파 방향인 $+z$축과도 직각이 되며 모든 장소에서 위상이 같다. 벡터로 생각하면 전계 $\boldsymbol{E}$와 자계 $\boldsymbol{H}$의 벡디적인 $\boldsymbol{E}\times\boldsymbol{H}$의 방향($\boldsymbol{i}\times\boldsymbol{j}=\boldsymbol{k}$, 즉 $+z$ 축 방향)으로 전자파가 진행한다. 완전 유전체의 지피 피형은 그림 11-4, 5와 같다.

예제 11.21

▣ 어떤 TV 방송의 전자파의 주파수를 190 $[MHz]$의 평면파로 보고 $\mu_s = 1$, $\epsilon_s = 64$인 물 속에서의 전파 속도 $[m/s]$와 파장 $[m]$을 구하면 얼마인가?

풀이

◉ 전파 속도 $v = \dfrac{c}{\sqrt{\epsilon_s\mu_s}} = \dfrac{3\times10^8}{\sqrt{64\times1}} = 0.375\times10^8\,[m/s]$

◉ 파장 $\lambda = \dfrac{v}{f} = \dfrac{0.375\times10^8}{190\times10^6} = 0.19\,[m]$

예제 11.22

■ 자유공간에서 전파 $\boldsymbol{E}(z,t)=10^3\sin(\omega t-\beta z)\boldsymbol{a}_y[V/m]$일 때 자파 $\boldsymbol{H}(z,t)[A/m]$는?

① $\frac{10^3}{120\pi}\sin(\omega t-\beta z)\boldsymbol{a}_z$　② $\frac{10^3}{120\pi}\sin(\omega t-\beta z)\boldsymbol{a}_x$

③ $-\frac{10^3}{120\pi}\sin(\omega t-\beta z)\boldsymbol{a}_z$　④ $-\frac{10^3}{120\pi}\sin(\omega t-\beta z)\boldsymbol{a}_x$

풀이

◉ 전파 E의 크기는 $\boldsymbol{a}_y$방향(y축 방향), 진행파는 $\boldsymbol{a}_z$방향(z축 방향), 따라서 전자파의 진행방향은 $\boldsymbol{E}\times\boldsymbol{H}$ 방향($\boldsymbol{a}_y\times(-\boldsymbol{a}_x)=\boldsymbol{a}_z$)이므로 자파 $\boldsymbol{H}$의 방향은 $-\boldsymbol{a}_x$

◉ 자파 H의 최대값 H_m은 특성임피던스 $\eta=\frac{E_m}{H_m}$　$\therefore \frac{E_m}{H_m}=\sqrt{\frac{\mu_0}{\epsilon_0}}=120\pi$

◉ $\therefore H_m=\frac{E_m}{120\pi}=\frac{10^3}{120\pi}\sin(\omega t-\beta z)(-\boldsymbol{a}_x)$, 벡터 $\boldsymbol{H}(z,t)=-\frac{10^3}{120\pi}\sin(\omega t-\beta z)\boldsymbol{a}_x$

☞ ④

예제 11.23

■ 비유전율 $\epsilon_s=4$, 비투자율 $\mu_s=1$인 매질 내에서 주파수가 $1[GHz]$인 전자기파의 파장은 몇 $[m]$인가?

풀이

◉ 속도 $v=\frac{1}{\sqrt{\epsilon\mu}}=\frac{1}{\sqrt{\epsilon_0\mu_0}}\cdot\frac{1}{\sqrt{\epsilon_s\mu_s}}=\frac{3\times10^8}{\sqrt{\epsilon_s\mu_s}}=\frac{3\times10^8}{\sqrt{4\times1}}=1.5\times10^8\,[m/s]$

◉ 파장 $\lambda=\frac{v}{f}=\frac{1.5\times10^8}{1\times10^9}=0.15[m]$

예제 11.24

■ 도체 내의 전자파 속도 v, 감쇠정수 α, 위상정수 β, 각속도 ω일 때 전자파의 속도 v는?

① $\frac{\beta}{\alpha}$　② $\frac{\omega}{\beta}$　③ $\frac{\alpha}{\omega}$　④ $\frac{\omega}{\alpha}$

풀이

◉ 전파속도 $v=\frac{1}{\sqrt{\epsilon\mu}}\times\frac{\omega}{\omega}$, $v=\frac{\omega}{\omega\sqrt{\epsilon\mu}}=\frac{\omega}{\beta}$ 여기서, ω: 각속도, β : 위상정수

☞ ②

예제 11.25

■ 유전율 $\epsilon=8.855\times10^{-12}\,[F/m]$인 진공 중을 전자파가 전파할 때 진공 중의 투자율$[H/m]$은 얼마인가?

풀이

◉ 진공 중의 전자파의 속도 $c=\frac{1}{\sqrt{\epsilon_0\mu_0}}=3\times10^8\,[m/s]$

◉ 투자율 $\mu_0=\frac{1}{\epsilon_0c^2}=\frac{1}{8.855\times10^{-12}\times(3\times10^8)^2}=12.56\times10^{-7}\,[H/m]$

11-5 손실 유전체 내의 전자파

앞장에서 유전율 ϵ, 투자율 μ, 도전율 σ(단, $\sigma=0$)인 완전(무손실) 유전체 내에서 헬름홀쯔 방정식으로 전계 $\boldsymbol{E}$와 자계 $\boldsymbol{H}$의 벡터 파동방정식을 구하였다. 그 결과로 전파정수 $\gamma=\alpha+j\beta$에서 감쇠정수 $\alpha[Np/m],[neper/meter]$와 위상정수 $\beta[rad/m]$를 구한 결과, $\alpha=0$, $\beta=\omega\sqrt{\epsilon\mu}$임을 알 수 있었고, 이것은 완전(무손실) 유전체 내에서 전자파가 진행하면서 감쇠가 발생하지 않고($\alpha=0$) 완전 진동을 하고 있음을 알 수 있었다.

일반적으로 모든 유전체는 약간의 도전율 σ를 가지고 있다. 따라서, 도전율 σ가 $\sigma\neq 0$인 유전체 내에서는 전자파의 손실이 발생하며 진행된다는 것을 알 수 있다. 따라서, 유전율 ϵ, 투자율 μ, 도전율 σ(단, $\sigma\neq 0$)인 손실이 있는 유전체 내에서 벡터 헬름홀쯔 방정식으로 전계 $\boldsymbol{E}$와 자계 $\boldsymbol{H}$의 벡터 파동방정식을 구하고, 전파정수 $\gamma=\alpha+j\beta$를 구하여 보자.

도전율 σ가 $\sigma\neq 0$인 손실 유전체에서는 변위전류 i_d와 함께 전도전류 $i_c=\sigma\boldsymbol{E}$가 같이 존재하기 때문에 이에 대하여서도 고려하여야 한다. 이와 관련된 맥스웰의 전자방정식을 다시 쓰면 다음과 같다.

$$rot\boldsymbol{E}=\nabla\times\boldsymbol{E}=-\frac{\partial\boldsymbol{B}}{\partial t}=-\mu\frac{\partial\boldsymbol{H}}{\partial t}$$

$$rot\boldsymbol{H}=\nabla\times\boldsymbol{H}=i_c+\frac{\partial\boldsymbol{D}}{\partial t}(=i_d)=\sigma\boldsymbol{E}+\epsilon\frac{\partial\boldsymbol{E}}{\partial t}$$

■ 맥스웰의 전자방정식

☞ $rot\boldsymbol{E}=\nabla\times\boldsymbol{E}=-\frac{\partial\boldsymbol{B}}{\partial t}$

☞ $rot\boldsymbol{H}=\nabla\times\boldsymbol{H}=i_c+\frac{\partial\boldsymbol{D}}{\partial t}(=i_d)$

■ 오옴의 법칙 미분형

☞ $i_c=\sigma\boldsymbol{E}$

앞에서와 같이 상기 방정식은 전계 $\boldsymbol{E}$와 자계 $\boldsymbol{H}$로 구성된 1계 편미분방정식이다. 첫번째 1계 미분방정식의 양변에 $rot(=\nabla\times)$의 연산을 취하면 다음과 같다.

$$\nabla\times\nabla\times\boldsymbol{E}=\nabla\times\left(-\frac{\partial\boldsymbol{B}}{\partial t}\right)=-\mu\frac{\partial}{\partial t}(\nabla\times\boldsymbol{H})$$

▶ 좌변 수식 전개

$$\nabla\times\nabla\times\boldsymbol{E}=\nabla(\nabla\cdot\boldsymbol{E})-\nabla^2\boldsymbol{E}$$

$$\rightarrow\ \nabla\times\nabla\times\boldsymbol{E}=-\nabla^2\boldsymbol{E}$$

■ 벡터공식

☞ $\nabla\times\nabla\times\boldsymbol{A}=\nabla(\nabla\cdot\boldsymbol{A})-\nabla^2\boldsymbol{A}$

■ 맥스웰의 전자방정식

☞ $\nabla\cdot\boldsymbol{E}=\frac{\rho}{\epsilon}=0$

☞ $\nabla\times\boldsymbol{H}=\sigma\boldsymbol{E}+\epsilon\frac{\partial\boldsymbol{E}}{\partial t}$

$$\nabla\times\nabla\times\boldsymbol{E}=\nabla\times(-\frac{\partial\boldsymbol{B}}{\partial t})=-\mu\frac{\partial}{\partial t}(\nabla\times\boldsymbol{H})$$

▶ 우변 수식 전개

$$-\mu\frac{\partial}{\partial t}(\nabla\times\boldsymbol{H})=-\mu\sigma\frac{\partial\boldsymbol{E}}{\partial t}-\mu\frac{\partial}{\partial t}(\epsilon\frac{\partial\boldsymbol{E}}{\partial t})$$

$$=-\mu\sigma\frac{\partial\boldsymbol{E}}{\partial t}-\mu\epsilon\frac{\partial^2\boldsymbol{E}}{\partial t^2}$$

▶ 좌변 = 우변

$$\therefore -\nabla^2\boldsymbol{E}=-\mu\sigma\frac{\partial\boldsymbol{E}}{\partial t}-\mu\epsilon\frac{\partial^2\boldsymbol{E}}{\partial t^2}$$

$$\therefore \nabla^2\boldsymbol{E}=\mu\sigma\frac{\partial\boldsymbol{E}}{\partial t}+\mu\epsilon\frac{\partial^2\boldsymbol{E}}{\partial t^2}$$

■ 벡터공식

☞ $\nabla\times\nabla\times\boldsymbol{A}=\nabla(\nabla\cdot\boldsymbol{A})-\nabla^2\boldsymbol{A}$

■ 맥스웰의 전자방정식

☞ $\nabla\cdot\boldsymbol{E}=\frac{\rho}{\epsilon}=0$

☞ $\nabla\times\boldsymbol{H}=\sigma\boldsymbol{E}+\epsilon\frac{\partial\boldsymbol{E}}{\partial t}$

그리고, 두번째 1계 미분방정식의 양변에 $rot(=\nabla\times)$의 연산을 취하면 다음과 같다.

$$\nabla\times\nabla\times\boldsymbol{H}=\nabla\times(\boldsymbol{i}_c+\frac{\partial\boldsymbol{D}}{\partial t})$$

$$=(\nabla\times\sigma\boldsymbol{E})+\frac{\partial}{\partial t}(\nabla\times\epsilon\boldsymbol{E})$$

▶ 좌변 수식 전개

$$\nabla\times\nabla\times\boldsymbol{H}=\nabla(\nabla\cdot\boldsymbol{H})-\nabla^2\boldsymbol{H}$$

$$\rightarrow \nabla\times\nabla\times\boldsymbol{H}=-\nabla^2\boldsymbol{H}$$

▶ 우변 수식 전개

$$(\nabla\times\sigma\boldsymbol{E})+\frac{\partial}{\partial t}(\nabla\times\epsilon\boldsymbol{E})$$

$$=\sigma(\nabla\times\boldsymbol{E})+\epsilon\frac{\partial}{\partial t}(\nabla\times\boldsymbol{E})$$

$$=\sigma(-\mu\frac{\partial\boldsymbol{H}}{\partial t})+\epsilon\frac{\partial}{\partial t}(-\mu\frac{\partial\boldsymbol{H}}{\partial t})$$

$$=-\sigma\mu\frac{\partial\boldsymbol{H}}{\partial t}-\epsilon\mu\frac{\partial^2\boldsymbol{H}}{\partial t^2}$$

▶ 좌변 = 우변

$$\therefore -\nabla^2\boldsymbol{H}=-\sigma\mu\frac{\partial\boldsymbol{H}}{\partial t}-\epsilon\mu\frac{\partial^2\boldsymbol{H}}{\partial t^2}$$

$$\therefore \nabla^2\boldsymbol{H}=\mu\sigma\frac{\partial\boldsymbol{H}}{\partial t}+\mu\epsilon\frac{\partial^2\boldsymbol{H}}{\partial t^2}$$

■ 맥스웰 전자방정식

☞ $rot\boldsymbol{H}=\nabla\times\boldsymbol{H}=\boldsymbol{i}_c+\frac{\partial\boldsymbol{D}}{\partial t}(=\boldsymbol{i}_d)$의

양변에 $rot(=\nabla\times)$의 연산

■ 벡터공식

☞ $\nabla\times\nabla\times\boldsymbol{A}=\nabla(\nabla\cdot\boldsymbol{A})-\nabla^2\boldsymbol{A}$

■ 맥스웰의 전자방정식

☞ $\nabla\cdot\boldsymbol{H}=0$

☞ $\nabla\times\boldsymbol{E}=-\mu\frac{\partial\boldsymbol{H}}{\partial t}$

이와 같이 상기 수식은 시변 전계 $\boldsymbol{E}$와 자계 $\boldsymbol{H}$만으로 구성되어진 2계 벡터 미분방정식으로 표현된다. 이러한 2계 벡터 미분방정식을 전자계 파동방정식(electromagnetic wave equation)이라 한다.

이 파동방정식은 전자파, 음파 등의 파가 전달되어 가는 물리적 현상을 나타내는 중요한 방정식이다. 상기 수식을 시간에 따라 변화하는 함수인 전계 $\boldsymbol{E}$와 자계 $\boldsymbol{H}$를 벡터계의 페이저 함수로 표현하는 벡터 헬름홀쯔 방정식(벡터 파동방정식)으로 표현하면 다음과 같다.

전자계의 파동방정식	벡터 헬름홀쯔 방정식
$\nabla^2\boldsymbol{E} = \mu\sigma\frac{\partial\boldsymbol{E}}{\partial t}+\mu\epsilon\frac{\partial^2\boldsymbol{E}}{\partial t^2}$	$\nabla^2\boldsymbol{E} = \mu\sigma\frac{\partial\boldsymbol{E}}{\partial t}+\mu\epsilon\frac{\partial^2\boldsymbol{E}}{\partial t^2}$ $\therefore \nabla^2\boldsymbol{E}_s = \mu\sigma j\omega\boldsymbol{E}_s+\mu\epsilon(j\omega)^2\boldsymbol{E}_s = j\omega\mu(\sigma+j\omega\epsilon)\boldsymbol{E}_s$
$\nabla^2\boldsymbol{H} = \mu\sigma\frac{\partial\boldsymbol{H}}{\partial t}+\mu\epsilon\frac{\partial^2\boldsymbol{H}}{\partial t^2}$	$\nabla^2\boldsymbol{H} = \mu\sigma\frac{\partial\boldsymbol{H}}{\partial t}+\mu\epsilon\frac{\partial^2\boldsymbol{H}}{\partial t^2}$ $\therefore \nabla^2\boldsymbol{H}_s = \mu\sigma j\omega\boldsymbol{H}_s+\mu\epsilon(j\omega)^2\boldsymbol{H}_s = j\omega\mu(\sigma+j\omega\epsilon)\boldsymbol{H}_s$

■ 순시함수 미분의 페이저 표현

☞ $\frac{\partial E}{\partial t} = j\omega\boldsymbol{E}_s$

☞ $\frac{\partial^2 E}{\partial t^2} = j^2\omega^2\boldsymbol{E}_s e^{j\omega t} = -\omega^2\boldsymbol{E}_s e^{j\omega t}$

■ 순시함수의 미분

☞ $\boldsymbol{E}_s = E_0 e^{j\theta} = E_0\angle\theta$에 $j\omega$를 곱한 값

따라서, 손실 유전체인 경우에는 감쇠정수 α가 0이 아니기 때문에 전도전류 $\boldsymbol{i}_c$가 흘러 손실이 발생하는 감쇠진동을 하면서 $+z$축과 $-z$축 방향으로 진행하는 것을 알 수 있다. 그리고 상기의 벡터 파동방정식에서 전파정수 γ를 사용하여 다시 나타내면 아래 수식과 같다.

$$\nabla^2\boldsymbol{E} = \mu\sigma\frac{\partial\boldsymbol{E}}{\partial t}+\mu\epsilon\frac{\partial^2\boldsymbol{E}}{\partial t^2}$$

$$\therefore \nabla^2\boldsymbol{E}_s = \mu\sigma j\omega\boldsymbol{E}_s+\mu\epsilon(j\omega)^2\boldsymbol{E}_s = j\omega\mu(\sigma+j\omega\epsilon)\boldsymbol{E}_s = \gamma^2\boldsymbol{E}_s$$

$$\therefore \nabla^2\boldsymbol{E}_s - \gamma^2\boldsymbol{E}_s = 0$$

■ 전자계의 손실 유전체 파동방정식

☞ $\nabla^2\boldsymbol{E} = \mu\sigma\frac{\partial\boldsymbol{E}}{\partial t}+\mu\epsilon\frac{\partial^2\boldsymbol{E}}{\partial t^2}$

■ 벡터 헬름홀쯔 방정식

☞ $\nabla^2\boldsymbol{E}_s = \mu\sigma j\omega\boldsymbol{E}_s+\mu\epsilon(j\omega)^2\boldsymbol{E}_s = j\omega\mu(\sigma+j\omega\epsilon)\boldsymbol{E}_s = \gamma^2\boldsymbol{E}_s$

■ 손실 유전체의 전파정수 γ

☞ $\gamma^2 = j\omega\mu(\sigma+j\omega\epsilon)$

상기 수식에서 손실 유전체에서의 전파정수 γ는 아래와 같이 나타낼 수 있다.

$$\gamma^2 = j\omega\mu(\sigma + j\omega\epsilon)$$

$$\therefore \gamma = \pm\sqrt{j\omega\mu(\sigma + j\omega\epsilon)} = \pm\sqrt{j^2\omega^2\mu(\frac{\sigma}{j\omega} + \epsilon)}$$

$$= \pm\sqrt{j^2\omega^2\mu(\frac{\epsilon\sigma}{j\omega\epsilon} + \epsilon)} = \pm\sqrt{j^2\omega^2\mu\epsilon(\frac{\sigma}{j\omega\epsilon} + 1)}$$

$$= \pm\sqrt{j^2\omega^2\mu\epsilon(\frac{j\sigma}{j\omega\epsilon j} + 1)} = \pm\sqrt{j^2\omega^2\mu\epsilon(1 - j\frac{\sigma}{\omega\epsilon})}$$

$$= \pm j\omega\sqrt{\mu\epsilon}\sqrt{1 - j\frac{\sigma}{\omega\epsilon}}$$

■ 손실 유전체의 전파정수 γ

☞ $\gamma^2 = j\omega\mu(\sigma + j\omega\epsilon)$

☞ $\gamma = \alpha + j\beta, (\alpha, \beta: +)$

■ j에 대한 연산

☞ $j^2 = -1, j = \sqrt{-1}$

그리고, 상기 수식에서 손실 유전체의 전파정수 γ에 대한 ± 부호의 의미를 생각하여 보자. 전파정수 γ에서 부호가 $+$로 되면 감쇠정수 α가 0이 아니기 때문에 $+z$축 방향으로 감쇠하면서 전진하는 진행파가 된다. 전파정수 γ에서 부호가 $-$값이 되면 $-z$축 방향으로 감쇠하면서 진행하는 후진파(반사파)를 나타낸다. 따라서, 상기 수식은 완전 유전체, 진공 또는 도체 등의 매질에 따른 전파정수를 각각의 매질의 조건에 대입하여 구할 수 있는 일반적인 전파정수 공식이 된다. 아래 수식은 상기 손실 유전체의 전파정수 γ를 이용하여 감쇠정수 α와 위상정수 β의 값을 구한 것을 나타내었다. 그리고, 감쇠정수 α와 위상정수 β의 값을 통하여 손실 유전체에 대한 전자파의 특성을 알아보자.

$$\gamma^2 = (\alpha + j\beta)^2 = \alpha^2 + 2j\alpha\beta + (j\beta)^2$$

$$= \alpha^2 + 2j\alpha\beta - \beta^2 = (\alpha^2 - \beta^2) + 2j\alpha\beta$$

$$\gamma^2 = j\omega\mu(\sigma + j\omega\epsilon) = j\omega\mu\sigma + j^2\omega^2\mu\epsilon$$

$$= j\omega\mu\sigma - \omega^2\mu\epsilon = -\omega^2\mu\epsilon + j\omega\mu\sigma$$

$$\therefore \alpha^2 - \beta^2 = -\omega^2\mu\epsilon$$

$$\gamma^2 = -\omega^2\mu\epsilon + j\omega\mu\sigma$$

$$\therefore \gamma = \pm\sqrt{-\omega^2\mu\epsilon + j\omega\mu\sigma} = \pm\sqrt{j^2\omega^2\mu\epsilon + j\omega\mu\sigma}$$

$$= \pm\sqrt{j\omega\mu(j\omega\epsilon + \sigma)} = \pm\sqrt{j\omega\mu(\sigma + j\omega\epsilon)}$$

$$\therefore \gamma = \pm\sqrt{j^2\omega^2\mu\epsilon + j\omega\mu\sigma}$$

$$= \pm\sqrt{j^2\omega^2\mu\epsilon(1 + \frac{j\omega\mu\sigma}{j^2\omega^2\mu\epsilon})}$$

$$= \pm\sqrt{j^2\omega^2\mu\epsilon(1 - \frac{j\sigma}{\omega\epsilon})} = \pm j\omega\sqrt{\mu\epsilon}\sqrt{1 - j\frac{\sigma}{\omega\epsilon}}$$

■ 손실 유전체의 전파정수 γ

☞ $\gamma = \alpha + j\beta$

☞ $\gamma^2 = j\omega\mu(\sigma + j\omega\epsilon)$

☞ $\gamma = \pm\sqrt{j\omega\mu(\sigma + j\omega\epsilon)}$

☞ $\gamma = \pm j\omega\sqrt{\mu\epsilon}\sqrt{1 - j\frac{\sigma}{\omega\epsilon}}$

☞ + 값: $+z$ 방향 진행파(전진파)

☞ - 값: $-z$ 방향 진행파(후진파)

■ j에 대한 연산

☞ $j^2 = -1, j = \sqrt{-1}$

상기 수식에서 전파정수 γ^2이 실수와 허수로 표시된 것을 활용하여 전파정수 γ^2의 절대값(실수축과 허수축을 이루는 벡터의 크기)을 구하면 아래와 같다.

$$
\begin{aligned}
|\gamma^2| &= \sqrt{(\alpha^2-\beta^2)^2+(2\alpha\beta)^2} \\
&= \sqrt{(\alpha^2)^2-2\alpha^2\beta^2+(\beta^2)^2+(2\alpha\beta)^2} \\
&= \sqrt{(\alpha^2)^2+2\alpha^2\beta^2+(\beta^2)^2} \\
&= \sqrt{(\alpha^2+\beta^2)^2} = \alpha^2+\beta^2
\end{aligned}
$$

$$
\begin{aligned}
|\gamma^2| &= \sqrt{(-\omega^2\mu\epsilon)^2+(\omega\mu\sigma)^2} \\
&= \sqrt{(\omega^2)^2\mu^2\epsilon^2+\omega^2\mu^2\sigma^2} \\
&= \sqrt{\omega^2\mu^2(\omega^2\epsilon^2+\sigma^2)} \\
&= \omega\mu\sqrt{\sigma^2+\omega^2\epsilon^2}
\end{aligned}
$$

$$\therefore \alpha^2+\beta^2 = \omega\mu\sqrt{\sigma^2+\omega^2\epsilon^2}$$

■ 손실 유전체의 전파정수 γ

☞ $\gamma^2=(\alpha^2-\beta^2)+2j\alpha\beta,\ \gamma^2=-\omega^2\mu\epsilon+j\omega\mu\sigma$

☞ $\gamma=\pm\sqrt{j\omega\mu(\sigma+j\omega\epsilon)}$

☞ $\gamma=\pm j\omega\sqrt{\mu\epsilon}\sqrt{1-j\dfrac{\sigma}{\omega\epsilon}}$

■ 복소수 $\boldsymbol{A}$를 극좌표, 삼각함수, 지수함수 표현

☞ $\boldsymbol{A}=a+jb=A(\cos\theta+j\sin\theta)=A\angle\theta=Ae^{j\theta}$

☞ 여기서, $A=\sqrt{a^2+b^2},\theta=\tan^{-1}\dfrac{b}{a}$

☞ 실수부: $a=A\cos\theta$, 허수부: $b=A\sin\theta$

그리고, 상기 두 수식 $\alpha^2-\beta^2=-\omega^2\mu\epsilon$과 $\alpha^2+\beta^2=\omega\mu\sqrt{\sigma^2+\omega^2\epsilon^2}$의 결과를 이용하여 연립방정식을 풀면 다음과 같다. 우선 두 수식을 합하는 연산을 취하면 다음과 같다.

▶ 연립방정식 풀이(두 수식의 합)

$$(\alpha^2+\beta^2)+(\alpha^2-\beta^2)=\omega\mu\sqrt{\sigma^2+\omega^2\epsilon^2}+(-\omega^2\mu\epsilon)$$

$$2\alpha^2=\omega\mu\sqrt{\sigma^2+\omega^2\epsilon^2}+(-\omega^2\mu\epsilon)$$

$$\alpha^2=\frac{1}{2}[\omega\mu\sqrt{\sigma^2+\omega^2\epsilon^2}+(-\omega^2\mu\epsilon)]$$

$$
\begin{aligned}
\alpha &= \pm\sqrt{\frac{1}{2}[\omega\mu\sqrt{\sigma^2+\omega^2\epsilon^2}-\omega\mu(\omega\epsilon)]} \\
&= \pm\sqrt{\frac{1}{2}[\omega\mu(\sqrt{\sigma^2+\omega^2\epsilon^2}-\omega\epsilon)]} \\
&= \pm\sqrt{\frac{1}{2}\omega\mu(\sqrt{\frac{\omega^2\epsilon^2}{\omega^2\epsilon^2}\sigma^2+\omega^2\epsilon^2}-\omega\epsilon)} \\
&= \pm\sqrt{\frac{1}{2}\omega\mu[\sqrt{\omega^2\epsilon^2(\frac{1}{\omega^2\epsilon^2}\sigma^2+1)}-\omega\epsilon]} \\
&= \pm\sqrt{\frac{1}{2}\omega\mu(\omega\epsilon\sqrt{\frac{1}{\omega^2\epsilon^2}\sigma^2+1}-\omega\epsilon)} \\
&= \pm\sqrt{\frac{1}{2}\omega\mu\omega\epsilon(\sqrt{\frac{1}{\omega^2\epsilon^2}\sigma^2+1}-1)} \\
&= \pm\sqrt{\frac{1}{2}\omega^2\mu\epsilon(\sqrt{\frac{\sigma^2}{\omega^2\epsilon^2}+1}-1)} \\
&= \pm\omega\sqrt{\frac{\mu\epsilon}{2}[\sqrt{1+(\frac{\sigma}{\omega\epsilon})^2}-1]}
\end{aligned}
$$

■ 두 수식의 결과

☞ $\alpha^2+\beta^2=\omega\mu\sqrt{\sigma^2+\omega^2\epsilon^2}$

☞ $\alpha^2-\beta^2=-\omega^2\mu\epsilon$

☞ 감쇠정수 α, 위상정수 β

■ 손실 유전체의 전파정수 γ

☞ $\gamma^2=(\alpha^2-\beta^2)+2j\alpha\beta$

$\gamma^2=-\omega^2\mu\epsilon+j\omega\mu\sigma$

☞ $\gamma=\pm\sqrt{j\omega\mu(\sigma+j\omega\epsilon)}$

☞ $\gamma=\pm j\omega\sqrt{\mu\epsilon}\sqrt{1-j\dfrac{\sigma}{\omega\epsilon}}$

■ 감쇠정수 α

☞ $\alpha=\pm\omega\sqrt{\dfrac{\mu\epsilon}{2}[\sqrt{1+(\dfrac{\sigma}{\omega\epsilon})^2}-1]}$

상기 두 수식 $\alpha^2-\beta^2=-\omega^2\mu\epsilon$과 $\alpha^2+\beta^2=\omega\mu\sqrt{\sigma^2+\omega^2\epsilon^2}$의 합을 통한 연립방정식에 대한 풀이로 감쇠정수 α에 대한 값을 구할 수 있다.

그리고, 상기 두 수식 $\alpha^2-\beta^2=-\omega^2\mu\epsilon$과 $\alpha^2+\beta^2=\omega\mu\sqrt{\sigma^2+\omega^2\epsilon^2}$의 결과를 이용하여 연립방정식을 풀면 다음과 같다. 우선 두 수식의 차에 대한 연산을 취하면 다음과 같다.

▶ 연립방정식 풀이(두 수식의 차)

$$(\alpha^2+\beta^2)-(\alpha^2-\beta^2)=\omega\mu\sqrt{\sigma^2+\omega^2\epsilon^2}-(-\omega^2\mu\epsilon)$$
$$2\beta^2=\omega\mu\sqrt{\sigma^2+\omega^2\epsilon^2}+\omega^2\mu\epsilon$$
$$\beta^2=\frac{1}{2}(\omega\mu\sqrt{\sigma^2+\omega^2\epsilon^2}+\omega^2\mu\epsilon)$$

$$\begin{aligned}\beta&=\pm\sqrt{\frac{1}{2}[\omega\mu\sqrt{\sigma^2+\omega^2\epsilon^2}+\omega\mu(\omega\epsilon)]}\\&=\pm\sqrt{\frac{1}{2}[\omega\mu(\sqrt{\sigma^2+\omega^2\epsilon^2}+\omega\epsilon)]}\\&=\pm\sqrt{\frac{1}{2}\omega\mu(\sqrt{\frac{\omega^2\epsilon^2}{\omega^2\epsilon^2}\sigma^2+\omega^2\epsilon^2}+\omega\epsilon)}\\&=\pm\sqrt{\frac{1}{2}\omega\mu[\sqrt{\omega^2\epsilon^2(\frac{1}{\omega^2\epsilon^2}\sigma^2+1)}+\omega\epsilon]}\\&=\pm\sqrt{\frac{1}{2}\omega\mu(\omega\epsilon\sqrt{\frac{1}{\omega^2\epsilon^2}\sigma^2+1}+\omega\epsilon)}\\&=\pm\sqrt{\frac{1}{2}\omega\mu\omega\epsilon(\sqrt{\frac{1}{\omega^2\epsilon^2}\sigma^2+1}+1)}\\&=\pm\sqrt{\frac{1}{2}\omega^2\mu\epsilon(\sqrt{\frac{\sigma^2}{\omega^2\epsilon^2}+1}+1)}\\&=\pm\omega\sqrt{\frac{\mu\epsilon}{2}[\sqrt{1+(\frac{\sigma}{\omega\epsilon})^2}+1]}\end{aligned}$$

■ 두 수식의 결과

☞ $\alpha^2+\beta^2=\omega\mu\sqrt{\sigma^2+\omega^2\epsilon^2}$

☞ $\alpha^2-\beta^2=-\omega^2\mu\epsilon$

☞ 감쇠정수 α, 위상정수 β

■ 손실 유전체의 전파정수 γ

☞ $\gamma^2=(\alpha^2-\beta^2)+2j\alpha\beta$

$\gamma^2=-\omega^2\mu\epsilon+j\omega\mu\sigma$

☞ $\gamma=\pm\sqrt{j\omega\mu(\sigma+j\omega\epsilon)}$

☞ $\gamma=\pm j\omega\sqrt{\mu\epsilon}\sqrt{1-j\frac{\sigma}{\omega\epsilon}}$

■ 위상정수 β

☞ $\beta=\pm\omega\sqrt{\frac{\mu\epsilon}{2}[\sqrt{1+(\frac{\sigma}{\omega\epsilon})^2}+1]}$

상기 두 수식 $\alpha^2-\beta^2=-\omega^2\mu\epsilon$과 $\alpha^2+\beta^2=\omega\mu\sqrt{\sigma^2+\omega^2\epsilon^2}$의 차를 통한 연립방정식에 대한 풀이로 위상정수 β에 대한 값을 구할 수 있다. 앞 장에서 살펴본 완전(무손실) 유전체에서의 고유임피던스 η를 다시 나타내면 아래 수식과 같다. 그리고, 이를 활용하여 본 장에서 구한 손실 유전체의 전파정수 γ인 $\gamma=\pm\sqrt{j\omega\mu(\sigma+j\omega\epsilon)}$를 대입하여 손실이 있는 유전체에서의 고유임피던스 η를 구하면 아래 수식과 같다.

▶ 완전 유전체의 고유임피던스

$$\eta = \frac{\boldsymbol{E}_{xs}}{\boldsymbol{H}_{ys}} = \sqrt{\frac{\mu}{\epsilon}} = \frac{j\omega\mu}{\gamma}\ [\Omega]$$

$$\rightarrow \boldsymbol{E}_{xs} - \eta \boldsymbol{H}_{ys}$$

■ 완전 유전체의 고유임피던스 η

☞ $\eta = \frac{\boldsymbol{E}_{xs}}{\boldsymbol{H}_{ys}} = \sqrt{\frac{\mu}{\epsilon}} = \frac{j\omega\mu}{\gamma}\ [\Omega]$

$\Rightarrow \boldsymbol{E}_{xs} = \eta \boldsymbol{H}_{ys}$

■ 자계 파동방정식

☞ $\boldsymbol{H}_{ys} = \frac{\gamma}{j\omega\mu} E_0 e^{-\gamma z} = \frac{\gamma}{j\omega\mu} \boldsymbol{E}_{xs}$

▶ 손실 유전체의 고유임피던스

$$\eta = \frac{\boldsymbol{E}_{xs}}{\boldsymbol{H}_{ys}} = \sqrt{\frac{\mu}{\epsilon}} = \frac{j\omega\mu}{\gamma} = \frac{j\omega\mu}{\sqrt{j\omega\mu(\sigma + j\omega\epsilon)}}$$

$$= \frac{j\omega\mu}{\sqrt{j\omega\mu(\frac{j\omega\epsilon}{j\omega\epsilon}\sigma + j\omega\epsilon)}}$$

$$= \frac{j\omega\mu}{\sqrt{j\omega\mu j\omega\epsilon(\frac{1}{j\omega\epsilon}\sigma + 1)}}$$

$$= \frac{j\omega\mu}{\sqrt{j^2\omega^2\mu\epsilon(\frac{j}{j\omega\epsilon j}\sigma + 1)}}$$

$$= \frac{j\omega\mu}{j\omega\sqrt{\mu\epsilon}\sqrt{1 - j\frac{\sigma}{\omega\epsilon}}}$$

■ 완전 유전체의 고유임피던스 η

☞ $\eta = \frac{\boldsymbol{E}_{xs}}{\boldsymbol{H}_{ys}} = \sqrt{\frac{\mu}{\epsilon}} = \frac{j\omega\mu}{\gamma}\ [\Omega]$

$\Rightarrow \boldsymbol{E}_{xs} = \eta \boldsymbol{H}_{ys}$

☞ $\therefore \boldsymbol{H}_{ys} = \frac{1}{\eta} \boldsymbol{E}_{xs}$

■ 손실 유전체의 전파정수 γ

☞ $\gamma = \pm\sqrt{j\omega\mu(\sigma + j\omega\epsilon)}$

☞ $\gamma = \pm j\omega\sqrt{\mu\epsilon}\sqrt{1 - j\frac{\sigma}{\omega\epsilon}}$

☞ + 값: $+z$ 방향 진행파(전진파)

☞ - 값: $-z$ 방향 진행파(후진파)

상기 수식을 복소수 형태의 손실 유전체의 고유임피던스 η로 다시 쓰면 아래와 같다.

$$\eta = \frac{j\omega\mu}{j\omega\sqrt{\mu\epsilon}\sqrt{1 - j\frac{\sigma}{\omega\epsilon}}} = \frac{\mu}{\sqrt{\mu\epsilon}\sqrt{1 - j\frac{\sigma}{\omega c}}}$$

$$= \frac{\sqrt{\mu^2}}{\sqrt{\mu\epsilon}\sqrt{1 - j\frac{\sigma}{\omega\epsilon}}} = \frac{\sqrt{\frac{\mu^2}{\mu c}}}{\sqrt{1 - j\frac{\sigma}{\omega\epsilon}}}$$

$$- \frac{\sqrt{\frac{\mu}{\epsilon}}}{\sqrt{1 - j\frac{\sigma}{\omega\epsilon}}} = |\eta| \angle \theta$$

■ 완전 유전체 고유임피던스 η

☞ $\eta = \frac{E}{H} = \sqrt{\frac{\mu}{\epsilon}}\ [\Omega] \Rightarrow E = \eta H$

☞ 실수값 만 가짐: 전계, 자계 동위상

■ 손실 유전체 고유임피던스 η

☞ $\eta = \frac{\sqrt{\frac{\mu}{\epsilon}}}{\sqrt{1 - j\frac{\sigma}{\omega\epsilon}}} = |\eta| \angle \theta$

☞ 실수와 허수값을 가지는 복소수: 전계와 자계는 위상차 $\theta°$ 를 가짐

상기 수식에서 손실 유전체에서의 고유임피던스 $\boldsymbol{\eta}$는 실수와 허수값을 가지는 복소수이기 때문에 전계 $\boldsymbol{E}$와 자계 $\boldsymbol{H}$는 동위상이 아니라 위상차 $\theta°$를 가지고 있다. 그러나, 완전 유전체에서 고유임피던스 η는 $\eta = \dfrac{E}{H} = \sqrt{\dfrac{\mu}{\epsilon}}\ [\Omega]$로 복소수가 아닌 실수이기 때문에 전계 $\boldsymbol{E}$와 자계 $\boldsymbol{H}$는 동위상을 나타낸다. 그리고, 상기의 손실 유전체의 고유임피던스 $\boldsymbol{\eta}$는 손실 유전체뿐 만 아니라 완전 유전체, 진공 또는 도체 등의 다양한 매질에 따른 고유 임피던스 값을 구할 수 있기 때문에 이를 고유임피던스의 일반식이라 한다. 상기 손실 유전체의 고유임피던스 $\boldsymbol{\eta}$의 수식에서 완전 유전체일 경우, $\sigma = 0, \epsilon \neq 0, \mu \neq 0$의 조건을 대입하면 완전 유전체의 고유 임피던스 η와 동일하게 표현된다. 아래에 계산 수식을 나타내었다. 이와 같이 유전체의 손실이 큰가 또는 작은가를 판단하는 기준이 되는 것이 손실 유전체에서의 고유임피던스 $\boldsymbol{\eta}$의 수식에서 $\sigma/\omega\epsilon$의 값이다. 즉, $\sigma/\omega\epsilon$이 1에 비해서 얼마나 큰 크기를 갖는가에 의하여 정해진다. 따라서, $\sigma/\omega\epsilon$를 손실각(loss tangent)이라 하며, $\tan\delta$로 표시한다.

$$\boldsymbol{\eta} = \frac{\sqrt{\dfrac{\mu}{\epsilon}}}{\sqrt{1 - j\dfrac{\sigma}{\omega\epsilon}}} = |\eta| \angle \theta$$

$$\eta = \frac{\sqrt{\dfrac{\mu}{\epsilon}}}{\sqrt{1 - j\dfrac{0}{\omega\epsilon}}} = \frac{\sqrt{\dfrac{\mu}{\epsilon}}}{\sqrt{1}} = \sqrt{\frac{\mu}{\epsilon}}$$

■ 손실 유전체 고유임피던스 $\boldsymbol{\eta}$

☞ $\boldsymbol{\eta} = \dfrac{\sqrt{\dfrac{\mu}{\epsilon}}}{\sqrt{1 - j\dfrac{\sigma}{\omega\epsilon}}}$, 손실각: $\tan\delta = \dfrac{\sigma}{\omega\epsilon}$

■ 완전 유전체 고유임피던스 η

☞ $\sigma = 0, \epsilon \neq 0, \mu \neq 0$

☞ $\eta = \dfrac{E}{H} = \sqrt{\dfrac{\mu}{\epsilon}}\ [\Omega] \Rightarrow E = \eta H$

지금까지 구한 변수들을 활용하여 $+z$축 방향으로 진행하는 전계의 x성분인 E_x를 활용하여 전계 벡터 $\boldsymbol{E}$로 페이저 및 순시함수로 표현하면 아래 수식과 같다.

▶ E_x 페이저 표현

$$\boldsymbol{E_{xs}} = E_{xs}(z) = E_0 e^{\lambda z} = E_0 e^{(-\alpha - j\beta)z} = E_0 e^{-\alpha z} e^{-j\beta z}$$

▶ 일반해를 이용한 E_x 페이저의 벡터 표현

$$\boldsymbol{E} = E_{xs}(z)\boldsymbol{i} = E_0 e^{\lambda z}\boldsymbol{i} = E_0 e^{(-\alpha - j\beta)z}\boldsymbol{i} = E_0 e^{-\alpha z} e^{-j\beta z}\boldsymbol{i}$$

■ 페이저 표현

☞ $\boldsymbol{E_s} = E_0 e^{j\theta} = E_0 \angle \theta$

■ 전파정수 γ

☞ $\gamma = -\lambda, \quad \gamma = \alpha + j\beta$

■ 손실 유전체의 전파정수 γ

☞ $\gamma = \pm\sqrt{j\omega\mu(\sigma + j\omega\epsilon)}$

☞ + 값: $+z$ 방향 진행파(전진파)

☞ - 값: $-z$ 방향 진행파(후진파)

▶ E_x 순시함수 표현

$$E_x = E_x(z,t) = E_0 e^{\lambda z} e^{j\omega t} = E_0 e^{(-\alpha - j\beta)z} e^{j\omega t}$$
$$= E_0 e^{-\alpha z} e^{j(\omega t - \beta z)} = E_0 e^{-\alpha z} \cos(\omega t - \beta z)$$
$$\therefore\ E_x(z,t) = E_0 e^{-\alpha z} \cos(\omega t - \beta z)$$

▶ 일반해를 이용한 E_x 순시함수의 벡터 표현

$$\boldsymbol{E} = E_x(z,t)\,\boldsymbol{i} = E_0 e^{\lambda z} e^{j\omega t}\,\boldsymbol{i} = E_0 e^{(-\alpha - j\beta)z} e^{j\omega t}\,\boldsymbol{i}$$
$$= E_0 e^{-\alpha z} e^{j(\omega t - \beta z)}\,\boldsymbol{i} = E_0 e^{-\alpha z} \cos(\omega t - \beta z)\,\boldsymbol{i}$$

■ 순시함수의 표현

☞ $E = E_0 \cos(\omega t + \theta)$
$= E_0 e^{j(\omega t + \theta)} = E_0 e^{j\omega t} e^{j\theta}$
$= E_0 e^{j\theta} e^{j\omega t} = \boldsymbol{E_s} e^{j\omega t}$

■ 전파정수 γ

☞ $\gamma = -\lambda,\quad \gamma = \alpha + j\beta$

■ 손실 유전체 전파정수 γ

☞ $\gamma = \pm\sqrt{j\omega\mu(\sigma + j\omega\varepsilon)}$

☞ + 값: $+z$ 방향 진행파(전진파)

☞ - 값: $-z$ 방향 진행파(후진파)

지금까지 구한 변수들을 활용하여 $+z$축 방향으로 진행하는 자계 y성분 H_y를 자계 벡터 $\boldsymbol{H}$로 페이저 및 순시함수로 표현하면 아래 수식과 같다.

▶ 일반해를 이용한 E_x 페이저 벡터 표현

$$\boldsymbol{E} = E_{xs}(z)\,\boldsymbol{i} = E_0 e^{\lambda z}\,\boldsymbol{i}$$
$$= E_0 e^{(-\alpha - j\beta)z}\,\boldsymbol{i} = E_0 e^{-\alpha z} e^{-j\beta z}\,\boldsymbol{i}$$

▶ 일반해를 이용한 H_y 페이저의 벡터 표현

$$\boldsymbol{H} = H_{ys}(z)\,\boldsymbol{j} = \frac{1}{\eta} E_{xs}(z)\,\boldsymbol{j} = \frac{1}{\eta} E_0 e^{\lambda z}\,\boldsymbol{j}$$
$$= \frac{1}{\eta} E_0 e^{(-\alpha - j\beta)z}\,\boldsymbol{j} = \frac{1}{\eta} E_0 e^{-\alpha z} e^{-j\beta z}\,\boldsymbol{j}$$

▶ 일반해를 이용한 E_x 순시함수의 벡터 표현

$$\boldsymbol{E} = E_x(z,t)\,\boldsymbol{i} = E_0 e^{\lambda z} e^{j\omega t}\,\boldsymbol{i} = E_0 e^{(-\alpha - j\beta)z} e^{j\omega t}\,\boldsymbol{i}$$
$$= E_0 e^{-\alpha z} e^{j(\omega t - \beta z)}\,\boldsymbol{i} = E_0 e^{-\alpha z} \cos(\omega t - \beta z)\,\boldsymbol{i}$$

▶ 일반해를 이용한 H_y 순시함수의 벡터 표현

$$\boldsymbol{H} = H_y(z,t)\,\boldsymbol{j} = \frac{1}{\eta} E_x(z,t)\,\boldsymbol{j} = \frac{1}{\eta} E_0 e^{\lambda z} e^{j\omega t}\,\boldsymbol{j}$$
$$= \frac{1}{\eta} E_0 e^{-\alpha z} e^{-j\beta z} e^{j\omega t}\,\boldsymbol{j} = \frac{1}{\eta} E_0 e^{-\alpha z} e^{j(\omega t - \beta z)}\,\boldsymbol{j}$$
$$= \frac{1}{|\eta| \angle \theta} E_0 e^{-\alpha z} e^{j(\omega t - \beta z)}\,\boldsymbol{j}$$
$$= \frac{1}{|\eta| e^{j\theta}} E_0 e^{-\alpha z} e^{j(\omega t - \beta z)}\,\boldsymbol{j}$$
$$= \frac{1}{|\eta|} E_0 e^{-\alpha z} e^{-j\theta} e^{j(\omega t - \beta z)}\,\boldsymbol{j}$$

■ 순시함수의 표현

☞ $E = E_0 \cos(\omega t + \theta)$
$= E_0 e^{j(\omega t + \theta)} = E_0 e^{j\omega t} e^{j\theta}$
$= E_0 e^{j\theta} e^{j\omega t} = \boldsymbol{E_s} e^{j\omega t}$

■ 페이저 표현

☞ $\boldsymbol{E_s} = E_0 e^{j\theta} = E_0 \angle \theta$

■ 전파정수 γ

☞ $\gamma = -\lambda,\quad \gamma = \alpha + j\beta$

■ 손실 유전체 전파정수 γ

☞ $\gamma = \pm\sqrt{j\omega\mu(\sigma + j\omega\epsilon)}$

☞ $\gamma = \pm j\omega\sqrt{\mu\epsilon}\sqrt{1 - j\dfrac{\sigma}{\omega\epsilon}}$

☞ + 값: $+z$ 방향 진행파(전진파)

☞ − 값: $-z$ 방향 진행파(후진파)

■ 완전 유전체 고유임피던스 η

☞ $\eta = \dfrac{E}{H} = \sqrt{\dfrac{\mu}{\epsilon}}\ [\Omega] \Rightarrow H = \dfrac{1}{\eta} E$

■ 손실 유전체 고유임피던스 η

☞ $\eta = \dfrac{\sqrt{\dfrac{\mu}{\epsilon}}}{\sqrt{1 - j\dfrac{\sigma}{\omega\epsilon}}} = |\eta| \angle \theta = |\eta| e^{j\theta}$

$$= \frac{1}{|\eta|} E_0 e^{-\alpha z} e^{-j\theta} e^{j(\omega t - \beta z)} j$$
$$= \frac{1}{|\eta|} E_0 e^{-\alpha z} e^{j(\omega t - \beta z - \theta)} j$$
$$= \frac{1}{|\eta|} E_0 e^{-\alpha z} \cos(\omega t - \beta z - \theta) j$$

■ 페이저 표현

☞ $\boldsymbol{E_s} = E_0 e^{j\theta} = E_0 \angle \theta$

상기 수식을 이용하여 손실 유전체의 전파와 자파의 곡선을 그리면 아래 그림 11-6과 같다. 즉 손실 유전체에서 전자파는 $+z$축 방향으로 진행하면서 진폭이 $e^{-\alpha z}$만큼 감쇠하고 전계는 자계보다 위상이 $\theta°$ 만큼 앞선다.

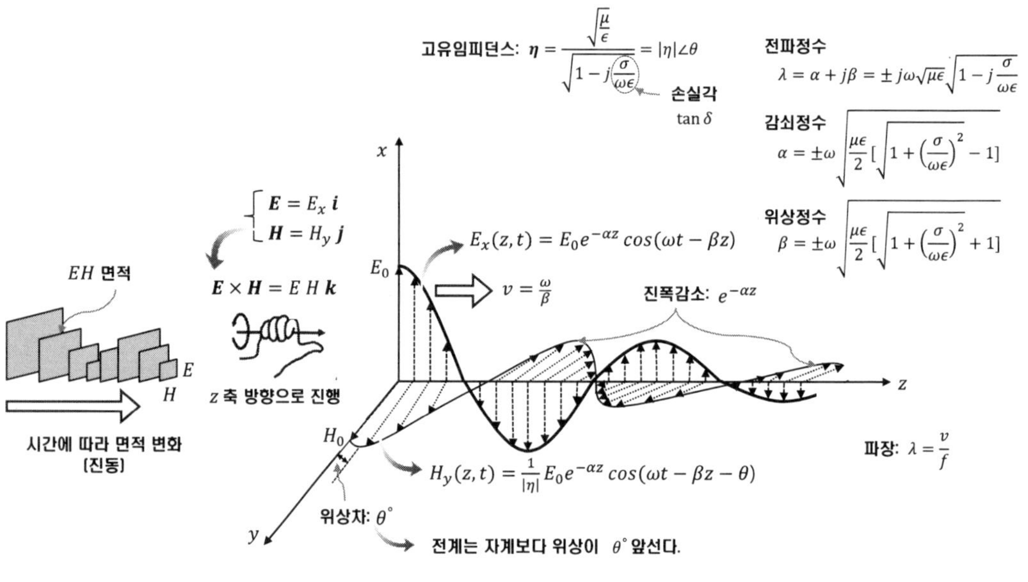

그림 11-6 손실 유전체 내의 전파와 자파의 상호관계 파형, 전진파

예제 11.26

▣ 라디오 방송의 평면파 주파수를 800 [kHz]라 할 때 이 평면파가 콘크리트 벽($\epsilon_s = 6$, $\mu_s = 1$) 속을 지날 때의 전파 속도는 몇 [m/sec]인가?

풀이 ◉ $v = \frac{3 \times 10^8}{\sqrt{\epsilon_s \mu_s}} = \frac{3 \times 10^8}{\sqrt{6 \times 1}} = 1.22 \times 10^8 \,[m/s]$

예제 11.27

■ 비유전율 $\epsilon_s = 50$, 비투자율 $\mu_s = 1$이고, 도전율 $\sigma = 20[S/m]$인 증류수 내에 주파수 $f = 15.9$ $[GHz]$인 전자기파를 인가하였을 때 전파정수에서 감쇠정수 α와 위상정수 β를 구하라.

풀이

◉ 각속도 ω는 $\omega = 2\pi f = 2\pi \times 15.9 \times 10^9 = 10^{11}[rad/s]$이다.

◉ 전파정수 γ는 $\gamma = j\omega\sqrt{\mu\epsilon}\sqrt{1 - j\dfrac{\sigma}{\omega\epsilon}}$에서 손실각 $\tan\delta = \dfrac{\sigma}{\omega\epsilon}$을 구하면

$$\tan\delta = \frac{\sigma}{\omega\epsilon} = \frac{20}{10^{11} \times 50 \times 8.854 \times 10^{-12}} = 0.452$$

◉ 전파정수 γ의 수식과 $v = \dfrac{1}{\sqrt{\epsilon\mu}} = \dfrac{1}{\sqrt{\epsilon_0\mu_0}\sqrt{\epsilon_s\mu_s}} = \dfrac{c}{\sqrt{\epsilon_s\mu_s}}$ $\therefore \sqrt{\epsilon\mu} = \dfrac{\sqrt{\epsilon_s\mu_s}}{c}$를 대입하고, 손실각 $\tan\delta = \dfrac{\sigma}{\omega\epsilon}$를 대입하면 아래 수식과 같다.

$$\gamma = j\omega\sqrt{\mu\epsilon}\sqrt{1 - j\frac{\sigma}{\omega\epsilon}} = j10^{11} \times \frac{\sqrt{1 \times 50}}{3 \times 10^8}\sqrt{1 - j0.452} = j2{,}360\sqrt{1{,}097\angle -24.3^\circ}$$

$$= 2{,}470\angle 77.8^\circ = 520 + j2{,}410$$

◉ 그러므로, 감쇠정수 $\alpha = 520[Np/m]$, 위상정수 $\beta = 2{,}410[rad/m]$

예제 11.28

■ 비유전율 $\epsilon_s = 1$, 비투자율 $\mu_s = 1$이고, 도전율 $\sigma = 5.8 \times 10^7[S/m]$인 구리 내에 주파수 $f = 1$ $[MHz]$인 전자기파를 인가하였을 때 고유임피던스를 구하라.

풀이

◉ 각속도 ω는 $\omega = 2\pi f = 2\pi \times 1 \times 10^6[rad/s]$이다.

◉ 전파정수 γ는 $\gamma = \sqrt{j\omega\mu(\sigma + j\omega\epsilon)}$을 활용하여 고유임피던스 η를 구하는 수식을 다시 쓰면, 아래와 같다.

$$\eta = \frac{E_{xs}}{H_{ys}} = \sqrt{\frac{\mu}{\epsilon}} = \frac{j\omega\mu}{\gamma} = \frac{j\omega\mu}{\sqrt{j\omega\mu(\sigma + j\omega\epsilon)}}$$

$$= \sqrt{\frac{j^2\omega^2\mu^2}{j\omega\mu(\sigma + j\omega\epsilon)}} = \sqrt{\frac{j\omega\mu}{\sigma + j\omega\epsilon}}$$

◉ 상기 수식에 제시된 값을 대입하면 다음과 같다.

$$\eta = \sqrt{\frac{j\omega\mu}{\sigma + j\omega\epsilon}} = \sqrt{\frac{j(2\pi \times 10^6 \times 1 \times 4\pi \times 10^{-7})}{5.8 \times 10^7 + j(2\pi \times 10^6 \times 8.854 \times 10^{-12} \times 1)}}$$

$$= \sqrt{1.36 \times 10^{-7}\angle 90^\circ} = 3.69 \times 10^{-4}\angle 45^\circ$$

11-6 도체 내의 전자파

앞장에서는 완전(무손실) 유전체, 손실 있는 유전체에 대한 전자파의 특성을 살펴보았다. 본 절에서는 도체 내의 전자파에 대한 특성을 살펴보고자 한다. 우선 도체의 매질 조건으로 유전율 ϵ_0, 투자율 μ, 도전율 σ(단, $\sigma=\infty$)이라 하고, 도체에서는 변위전류 $i_d=0$이고, 전도전류 i_c만 흐르고 있다고 가정하자. 전도전류 $i_c=\sigma\boldsymbol{E}$가 흐르는 경우에 대한 맥스웰의 전자방정식을 나타내면 다음 수식과 같다.

$$rot\boldsymbol{E}=\nabla\times\boldsymbol{E}=-\frac{\partial\boldsymbol{B}}{\partial t}=-\mu\frac{\partial\boldsymbol{H}}{\partial t}$$

$$rot\boldsymbol{H}=\nabla\times\boldsymbol{H}=i_c+\frac{\partial\boldsymbol{D}}{\partial t}=\sigma\boldsymbol{E}+\epsilon\frac{\partial\boldsymbol{E}}{\partial t}$$

$$\therefore rot\boldsymbol{H}=\nabla\times\boldsymbol{H}=i_c+(\frac{\partial\boldsymbol{D}}{\partial t}=i_d=0)=\sigma\boldsymbol{E}$$

■ 맥스웰의 전자방정식

☞ $rot\boldsymbol{E}=\nabla\times\boldsymbol{E}=-\frac{\partial\boldsymbol{B}}{\partial t}$

☞ $rot\boldsymbol{H}=\nabla\times\boldsymbol{H}=i_c+\frac{\partial\boldsymbol{D}}{\partial t}$

■ 오옴의 법칙 미분형

☞ $i_c=\sigma\boldsymbol{E}$

앞에서와 같이 상기 방정식은 $\boldsymbol{E}$, $\boldsymbol{H}$로 구성된 1계 편미분방정식이다. 상기의 1계 편미분방정식에서 첫번째 수식의 양변에 $rot(=\nabla\times)$의 연산을 취하면 다음 수식과 같다.

$$\nabla\times\nabla\times\boldsymbol{E}=\nabla\times(-\frac{\partial\boldsymbol{B}}{\partial t})=-\mu\frac{\partial}{\partial t}(\nabla\times\boldsymbol{H})$$

▶ 좌변 수식 전개

$$\nabla\times\nabla\times\boldsymbol{E}=\nabla(\nabla\cdot\boldsymbol{E})-\nabla^2\boldsymbol{E}$$

$$\rightarrow\ \nabla\times\nabla\times\boldsymbol{E}=-\nabla^2\boldsymbol{E}$$

▶ 우변 수식 전개

$$-\mu\frac{\partial}{\partial t}(\nabla\times\boldsymbol{H})=-\mu\sigma\frac{\partial\boldsymbol{E}}{\partial t}$$

$$\therefore -\nabla^2\boldsymbol{E}=-\mu\sigma\frac{\partial\boldsymbol{E}}{\partial t}$$

▶ 좌변 = 우변

$$\therefore \nabla^2\boldsymbol{E}=\mu\sigma\frac{\partial\boldsymbol{E}}{\partial t}$$

■ 맥스웰 전자방정식

☞ $rot\boldsymbol{E}=\nabla\times\boldsymbol{E}=-\frac{\partial\boldsymbol{B}}{\partial t}=-\mu\frac{\partial\boldsymbol{H}}{\partial t}$

의 양변에 $rot(=\nabla\times)$의 연산

■ 벡터공식

☞ $\nabla\times\nabla\times\boldsymbol{A}=\nabla(\nabla\cdot\boldsymbol{A})-\nabla^2\boldsymbol{A}$

■ 맥스웰의 전자방정식

☞ $\nabla\cdot\boldsymbol{E}=\frac{\rho}{\epsilon}=0$

☞ $\nabla\times\boldsymbol{H}=\sigma\boldsymbol{E}+(\epsilon\frac{\partial\boldsymbol{E}}{\partial t}=i_d=0)$

그리고, 두번째 수식의 양변에 $rot(=\nabla\times)$의 연산을 취하면 다음 수식과 같다.

$\nabla\times\nabla\times\boldsymbol{H}=\nabla\times(i_c+\frac{\partial \boldsymbol{D}}{\partial t})$ $=(\nabla\times\sigma\boldsymbol{E})+\frac{\partial}{\partial t}(\nabla\times\epsilon\boldsymbol{E})$	
▶ 좌변 수식 전개 $\nabla\times\nabla\times\boldsymbol{H}=\nabla(\nabla\cdot\boldsymbol{H})-\nabla^2\boldsymbol{H}$ $\rightarrow\nabla\times\nabla\times\boldsymbol{H}=-\nabla^2\boldsymbol{H}$ ▶ 우변 수식 전개 $(\nabla\times\sigma\boldsymbol{E})+\frac{\partial}{\partial t}(\nabla\times\epsilon\boldsymbol{E})$ $=\sigma(\nabla\times\boldsymbol{E})+\epsilon\frac{\partial}{\partial t}(\nabla\times\boldsymbol{E})$ $=\sigma(-\mu\frac{\partial \boldsymbol{H}}{\partial t})+\epsilon\frac{\partial}{\partial t}(-\mu\frac{\partial \boldsymbol{H}}{\partial t})$ $=-\sigma\mu\frac{\partial \boldsymbol{H}}{\partial t}-\epsilon\mu\frac{\partial^2 \boldsymbol{H}}{\partial t^2}$ ▶ 좌변 = 우변 $\therefore-\nabla^2\boldsymbol{H}=-\sigma\mu\frac{\partial \boldsymbol{H}}{\partial t}-\epsilon\mu\frac{\partial^2 \boldsymbol{H}}{\partial t^2}$ $\therefore\nabla^2\boldsymbol{H}=\mu\sigma\frac{\partial \boldsymbol{H}}{\partial t}+\mu\epsilon\frac{\partial^2 \boldsymbol{H}}{\partial t^2}$	■ 맥스웰 전자방정식 ☞ $rot\boldsymbol{H}=\nabla\times\boldsymbol{H}=i_c+\frac{\partial \boldsymbol{D}}{\partial t}(=i_d=0)$ 의 양변에 $rot(=\nabla\times)$의 연산 ■ 벡터공식 ☞ $\nabla\times\nabla\times\boldsymbol{A}=\nabla(\nabla\cdot\boldsymbol{A})-\nabla^2\boldsymbol{A}$ ■ 맥스웰의 전자방정식 ☞ $\nabla\cdot\boldsymbol{H}=0$ ☞ $\nabla\times\boldsymbol{E}=-\mu\frac{\partial \boldsymbol{H}}{\partial t}$

이와 같이 상기 수식은 시변 전계 $\boldsymbol{E}$와 자계 $\boldsymbol{H}$만으로 구성되어진 2계 벡터 미분방정식이 된다. 이러한 2계 벡터미분방정식을 전자계 파동방정식(electromagnetic wave equation)이라 한다. 상기 수식을 시간에 따라 변화하는 함수인 전계 $\boldsymbol{E}$와 자계 $\boldsymbol{H}$를 벡터계의 페이저 함수로 표현하는 벡터 헬름홀쯔 방정식(벡터 파동방정식)으로 표현하면 다음과 같다.

전자계의 파동방정식	벡터 헬름홀쯔 방정식	
$\nabla^2\boldsymbol{E}=\mu\sigma\frac{\partial \boldsymbol{E}}{\partial l}$	$\nabla^2\boldsymbol{E}=\mu\sigma\frac{\partial \boldsymbol{E}}{\partial t}$ $\therefore\nabla^2\boldsymbol{E}_s=\mu\sigma j\omega\boldsymbol{E}_s=j\omega\mu\sigma\boldsymbol{E}_s$	■ 순시함수 미분의 페이저 표현 ☞ $\frac{\partial E}{\partial t}=j\omega\boldsymbol{E}_s$ ☞ $\frac{\partial^2 E}{\partial t^2}=j^2\omega^2\boldsymbol{E}_s e^{j\omega t}$ $=-\omega^2\boldsymbol{E}_s e^{j\omega t}$
$\nabla^2\boldsymbol{H}=\mu\sigma\frac{\partial \boldsymbol{H}}{\partial t}+\mu\epsilon\frac{\partial^2 \boldsymbol{H}}{\partial t^2}$	$\nabla^2\boldsymbol{H}=\mu\sigma\frac{\partial \boldsymbol{H}}{\partial t}+\mu\epsilon\frac{\partial^2 \boldsymbol{H}}{\partial t^2}$ $\therefore\nabla^2\boldsymbol{H}_s=\mu\sigma j\omega\boldsymbol{H}_s+\mu\epsilon(j\omega)^2\boldsymbol{H}_s$ $=j\omega\mu(\sigma+j\omega\epsilon)\boldsymbol{H}_s$	■ 순시함수의 미분 ☞ $\boldsymbol{E}_s=E_0e^{j\theta}=E_0\angle\theta$에 $j\omega$를 곱한 값

따라서, 도체인 경우에는 감쇠정수 $\alpha\,[Np/m]$가 0이 아니기 때문에 전도전류 $\boldsymbol{i}_c$가 흘러 손실이 발생하는 감쇠진동을 하면서 $+z$축과 $-z$축 방향으로 진행하는 것을 알 수 있다. 그리고 상기의 벡터 파동방정식을 전파정수 γ를 사용하여 다시 나타내면 아래 수식과 같다.

$$\nabla^2 \boldsymbol{E} = \mu\sigma \frac{\partial \boldsymbol{E}}{\partial t}$$

$$\therefore\ \nabla^2 \boldsymbol{E}_s = \mu\sigma j\omega \boldsymbol{E}_s = j\omega\mu\sigma \boldsymbol{E}_s = \gamma^2 \boldsymbol{E}_s$$

$$\therefore\ \nabla^2 \boldsymbol{E}_s - \gamma^2 \boldsymbol{E}_s = 0$$

■ 전자계의 손실 유전체 파동방정식

☞ $\nabla^2 \boldsymbol{E} = \mu\sigma \frac{\partial \boldsymbol{E}}{\partial t} + \mu\epsilon \frac{\partial^2 \boldsymbol{E}}{\partial t^2}$

■ 벡터 헬름홀쯔 방정식

☞ $\nabla^2 \boldsymbol{E}_s = \mu\sigma j\omega \boldsymbol{E}_s + \mu\epsilon (j\omega)^2 \boldsymbol{E}_s = j\omega\mu(\sigma + j\omega\epsilon)\boldsymbol{E}_s = \gamma^2 \boldsymbol{E}_s$

■ 도체의 전파정수 γ

☞ $\gamma^2 = j\omega\mu\sigma$

상기 수식에서 도체의 전파정수 γ는 아래와 같이 나타낼 수 있다.

$$\gamma^2 = j\omega\mu\sigma$$

$$\therefore \gamma = \pm\sqrt{j\omega\mu\sigma} = \pm\sqrt{\omega\mu\sigma}\sqrt{j}$$

$$\begin{aligned}\gamma &= \pm\sqrt{j\omega\mu\sigma} = \pm\sqrt{\omega\mu\sigma}\sqrt{j} \\ &= \pm\sqrt{\omega\mu\sigma}\left(\frac{1}{\sqrt{2}} + j\frac{1}{\sqrt{2}}\right) \\ &= \pm\left(\frac{\sqrt{\omega\mu\sigma}}{\sqrt{2}} + j\frac{\sqrt{\omega\mu\sigma}}{\sqrt{2}}\right)\end{aligned}$$

■ 도체의 전파정수 γ

☞ $\gamma^2 = j\omega\mu\sigma$

■ 오일러 공식

☞ $e^{j\omega t} = \cos\omega t + j\sin\omega t$

☞ $e^{j\frac{\pi}{2}} = \cos\frac{\pi}{2} + j\sin\frac{\pi}{2} = 0 + j = j$

■ j 및 $\sqrt{j}$에 대한 연산

☞ $j^2 = -1\ \therefore j = \sqrt{-1}$

☞ $j = e^{j\frac{\pi}{2}}$ (허수축을 의미)

☞ $\sqrt{j} = j^{\frac{1}{2}} = (e^{j\frac{\pi}{2}})^{\frac{1}{2}} = e^{j\frac{\pi}{4}} = \cos\frac{\pi}{4} + j\sin\frac{\pi}{4} = \frac{1}{\sqrt{2}} + j\frac{1}{\sqrt{2}}$

그리고, 상기 수식에서 도체의 전파정수 γ에 대한 $\pm$ 부호의 의미를 생각하여 보자. 도체의 전파정수 γ에서 부호가 $+$로 되면 감쇠정수 α가 0이 아니기 때문에 $+z$축 방향으로 감쇠하면서 전진하는 진행파가 된다. 전파정수 γ에서 부호가 $-$값이 되면 $-z$축 방향으로 감쇠하면서 진행하는 후진파(반사파)를 나타낸다. 아래 수식은 상기 도체의 전파정수 γ를 이용하여 감쇠정수 α와 위상정수 β의 값을 구한 것을 나타내었다. 그리고, 감쇠정수 α와 위상정수 β의 값을 통하여 도체 내의 전진파에 대한 전자파의 특성을 알아보자.

$$\gamma = \alpha + \beta = \sqrt{\frac{\omega\mu\sigma}{2}} + j\sqrt{\frac{\omega\mu\sigma}{2}}$$
$$\therefore \alpha = \beta = \sqrt{\frac{\omega\mu\sigma}{2}} = \sqrt{\frac{(2\pi f)\mu\sigma}{2}} = \sqrt{\pi f\mu\sigma}$$

■ 도체의 전파정수 γ
☞ $\gamma^2 = j\omega\mu\sigma$
☞ $\gamma = \alpha + j\beta$, (α, β는 +(양수))
■ 각속도 ω
☞ $\omega = 2\pi f$

상기 위상정수 β를 활용하여 벡터 파동방정식의 전파속도 v를 구하면 다음 수식과 같다.

$$v = \frac{\omega}{\beta} = \frac{\omega}{\sqrt{\frac{\omega\mu\sigma}{2}}} = \sqrt{\frac{\omega^2}{\frac{\omega\mu\sigma}{2}}} = \sqrt{\frac{2\omega^2}{\omega\mu\sigma}} = \sqrt{\frac{2\omega}{\mu\sigma}} \text{ [m/sec]}$$

■ 전파속도 v
☞ $v = \frac{\omega}{\beta}$

도체의 도전율 σ는 $\sigma = \infty$이라고 가정하였기 때문에 손실 유전체의 고유임피던스 η의 수식에서 도체는 $\sigma \gg \omega\epsilon$의 관계가 성립하기 때문에 이를 적용하여 복소수 형태의 도체에 대한 고유임피던스 η를 구하면 다음 수식과 같다. 또는 상기에서 구한 도체의 전파정수 γ인 $\gamma = \pm\sqrt{j\omega\mu\sigma}$를 대입하여 풀어도 결과는 동일하다.

$$\eta = \frac{j\omega\mu}{\gamma} = \frac{j\omega\mu}{\sqrt{j\omega\mu(\sigma + j\omega\epsilon)}}$$
$$= \sqrt{\frac{j^2\omega^2\mu^2}{j\omega\mu(\sigma + j\omega\epsilon)}} = \sqrt{\frac{j\omega\mu}{(\sigma + j\omega\epsilon)}}$$
$$= \sqrt{\frac{j\omega\mu}{\sigma}} = \sqrt{\frac{\omega\mu}{\sigma}}\angle 45^\circ$$
$$\eta = \frac{j\omega\mu}{\gamma} = \frac{j\omega\mu}{\sqrt{j\omega\mu\sigma}} = \sqrt{\frac{j^2\omega^2\mu^2}{j\omega\mu\sigma}}$$
$$= \sqrt{\frac{j\omega\mu}{\sigma}} = \sqrt{\frac{\omega\mu}{\sigma}}\angle 45^\circ$$

$\sigma \gg \omega\epsilon \;\; \therefore \frac{\sigma}{\omega\epsilon} \gg 1$: 완전도체 의미

$\sigma \ll \omega\epsilon \;\; \therefore \frac{\sigma}{\omega\epsilon} \ll 1$: 완전유전체 의미

■ 손실 유전체의 고유임피던스 η
☞ $\eta = \frac{j\omega\mu}{\gamma} = \frac{j\omega\mu}{\sqrt{j\omega\mu(\sigma + j\omega\epsilon)}} = \sqrt{\frac{j\omega\mu}{(\sigma + j\omega\epsilon)}}$
■ j 및 $\sqrt{j}$에 대한 연산
☞ $\sqrt{j} = j^{\frac{1}{2}} = (e^{j\frac{\pi}{2}})^{\frac{1}{2}} = e^{j\frac{\pi}{4}} = 1\angle 45^\circ$
■ 복소수 A를 극좌표, 삼각함수, 지수함수 표현
☞ $A = a + jb = A(\cos\theta + j\sin\theta) = A\angle\theta = Ae^{j\theta}$
☞ 여기서, $A = \sqrt{a^2 + b^2}, \theta = \tan^{-1}\frac{b}{a}$
☞ 실수부: $a = A\cos\theta$, 허수부: $b = A\sin\theta$

상기에서 구한 변수들을 활용하여 $+z$축 방향으로 진행하는 전계 x성분 E_x를 활용하여 전계 벡터 $\boldsymbol{E}$를 페이저 및 순시함수로 표현하면 아래 수식과 같다.

▶ E_x 페이저 표현

$$\boldsymbol{E_{xs}} = E_{xs}(z) = E_0 e^{\lambda z} = E_0 e^{(-\alpha - j\beta)z} = E_0 e^{-\alpha z} e^{-j\beta z}$$

▶ 일반해를 이용한 E_x 페이저의 벡터 표현

$$\boldsymbol{E} = E_{xs}(z)\boldsymbol{i} = E_0 e^{\lambda z}\boldsymbol{i} = E_0 e^{(-\alpha - j\beta)z}\boldsymbol{i} = E_0 e^{-\alpha z} e^{-j\beta z}\boldsymbol{i}$$

▶ E_x 순시함수 표현

$$E_x = E_x(z,t) = E_0 e^{\lambda z} e^{j\omega t} = E_0 e^{(-\alpha - j\beta)z} e^{j\omega t} = E_0 e^{-\alpha z} e^{j(\omega t - \beta z)} = E_0 e^{-\alpha z}\cos(\omega t - \beta z)$$

$$\therefore\ E_x(z,t) = E_0 e^{-\alpha z}\cos(\omega t - \beta z)$$

▶ 일반해를 이용한 E_x 순시함수의 벡터 표현

$$\boldsymbol{E} = E_x(z,t)\boldsymbol{i} = E_0 e^{\lambda z} e^{j\omega t}\boldsymbol{i} = E_0 e^{(-\alpha - j\beta)z} e^{j\omega t}\boldsymbol{i} = E_0 e^{-\alpha z} e^{j(\omega t - \beta z)}\boldsymbol{i} = E_0 e^{-\alpha z}\cos(\omega t - \beta z)\boldsymbol{i}$$

■ 순시함수의 표현

☞ $E = E_0\cos(\omega t + \theta) = E_0 e^{j(\omega t + \theta)} = E_0 e^{j\omega t} e^{j\theta} = E_0 e^{j\theta} e^{j\omega t} = \boldsymbol{E_s} e^{j\omega t}$

■ 페이저 표현

☞ $\boldsymbol{E_s} = E_0 e^{j\theta} = E_0 \angle\theta$

■ 전파정수 γ

☞ $\gamma = -\lambda,\quad \gamma = \alpha + j\beta$

■ 도체의 전파정수 γ

☞ $\gamma^2 = j\omega\mu\sigma\ \therefore \gamma = \pm\sqrt{j\omega\mu\sigma}$

☞ $\gamma = \alpha + \beta = \sqrt{\dfrac{\omega\mu\sigma}{2}} + j\sqrt{\dfrac{\omega\mu\sigma}{2}}$

☞ + 값: $+z$ 방향 진행파(전진파)

☞ − 값: $-z$ 방향 진행파(후진파)

■ 도체 고유임피던스 η

☞ $\eta = \sqrt{\dfrac{j\omega\mu}{\sigma}} = \sqrt{\dfrac{\omega\mu}{\sigma}}\angle 45°$

상기에서 구한 변수들을 활용하여 $+z$축 방향으로 진행하는 자계 y성분 H_y를 자계 벡터 $\boldsymbol{H}$로 페이저 및 순시함수로 표현하면 아래 수식과 같다.

▶ 일반해를 이용한 E_x 페이저 벡터 표현

$$\boldsymbol{E} = E_{xs}(z)\boldsymbol{i} = E_0 e^{\lambda z}\boldsymbol{i} = E_0 e^{(-\alpha - j\beta)z}\boldsymbol{i} = E_0 e^{-\alpha z} e^{-j\beta z}\boldsymbol{i}$$

▶ 일반해를 이용한 H_y 페이저의 벡터 표현

$$\boldsymbol{H} = H_{ys}(z)\boldsymbol{j} = \frac{1}{\eta}E_{xs}(z)\boldsymbol{j} = \frac{1}{\eta}E_0 e^{\lambda z}\boldsymbol{j} = \frac{1}{\eta}E_0 e^{(-\alpha - j\beta)z}\boldsymbol{j} = \frac{1}{\eta}E_0 e^{-\alpha z} e^{-j\beta z}\boldsymbol{j}$$

▶ 일반해를 이용한 E_x 순시함수의 벡터 표현

$$\boldsymbol{E} = E_x(z,t)\boldsymbol{i} = E_0 e^{\lambda z} e^{j\omega t}\boldsymbol{i} = E_0 e^{(-\alpha - j\beta)z} e^{j\omega t}\boldsymbol{i} = E_0 e^{-\alpha z} e^{j(\omega t - \beta z)}\boldsymbol{i} = E_0 e^{-\alpha z}\cos(\omega t - \beta z)\boldsymbol{i}$$

■ 순시함수의 표현

☞ $E = E_0\cos(\omega t + \theta) = E_0 e^{j(\omega t + \theta)} = E_0 e^{j\omega t} e^{j\theta} = E_0 e^{j\theta} e^{j\omega t} = \boldsymbol{E_s} e^{j\omega t}$

■ 페이저 표현

☞ $\boldsymbol{E_s} = E_0 e^{j\theta} = E_0 \angle\theta$

■ 전파정수 γ

☞ $\gamma = -\lambda,\quad \gamma = \alpha + j\beta$

■ 고유임피던스 η

☞ $\eta = \dfrac{E}{H} = \sqrt{\dfrac{\mu}{\epsilon}}\ \therefore H = \dfrac{1}{\eta}E$

▶ 일반해를 이용한 H_y 순시함수의 벡터 표현

$$\begin{aligned}\boldsymbol{H} = H_y(z,t)\boldsymbol{j} &= \frac{1}{\eta}E_x(z,t)\,\boldsymbol{j} = \frac{1}{\eta}E_0 e^{\lambda z}e^{j\omega t}\,\boldsymbol{j} \\ &= \frac{1}{\eta}E_0 e^{-\alpha z}e^{-j\beta z}e^{j\omega t}\,\boldsymbol{j} = \frac{1}{\eta}E_0 e^{-\alpha z}e^{j(\omega t-\beta z)}\boldsymbol{j} \\ &= \frac{1}{|\eta|\angle 45^\circ}E_0 e^{-\alpha z}e^{j(\omega t-\beta z)}\boldsymbol{j} \\ &= \frac{1}{|\eta|e^{j\frac{\pi}{4}}}E_0 e^{-\alpha z}e^{j(\omega t-\beta z)}\boldsymbol{j} \\ &= \frac{1}{|\eta|}E_0 e^{-\alpha z}e^{-j\frac{\pi}{4}}e^{j(\omega t-\beta z)}\boldsymbol{j} \\ &= \frac{1}{|\eta|}E_0 e^{-\alpha z}e^{j(\omega t-\beta z-\frac{\pi}{4})}\boldsymbol{j} \\ &= \frac{1}{|\eta|}E_0 e^{-\alpha z}\cos(\omega t-\beta z-\frac{\pi}{4})\boldsymbol{j}\end{aligned}$$

■ 도체 전파정수 γ

☞ $\gamma^2 = j\omega\mu\sigma$
$\gamma = \pm\sqrt{j\omega\mu\sigma}$

☞ $\gamma = \alpha + \beta = \sqrt{\frac{\omega\mu\sigma}{2}} + j\sqrt{\frac{\omega\mu\sigma}{2}}$

☞ + 값: $+z$ 방향 진행파(전진파)

☞ - 값: $-z$ 방향 진행파(후진파)

■ 도체 고유임피던스 η

☞ $\eta = \sqrt{\frac{j\omega\mu}{\sigma}} = \sqrt{\frac{\omega\mu}{\sigma}}\angle 45^\circ$

도체 내의 전파와 자파 곡선은 아래 그림 11-7과 같다. 도체 내를 투과하는 전자파는 상기의 벡터 파동방정식에서 구한 전파속도 $v(v = \sqrt{2\omega/\mu\sigma}\,[m/\sec])$로 $+z$축 방향으로 진행하게 된다. 그리고, 전자파의 진폭은 감쇠정수 α값이 0이 아니기 때문에 $+z$축 방향으로 진행하면서 $e^{-\alpha z}$만큼 감쇠하게 된다. 그리고, 일반해를 이용한 전계 E_x와 자계 H_y의 순시함수 표현 결과에 따라 전계는 자계보다 위상이 45° 만큼 앞서게 됨을 알 수 있다.

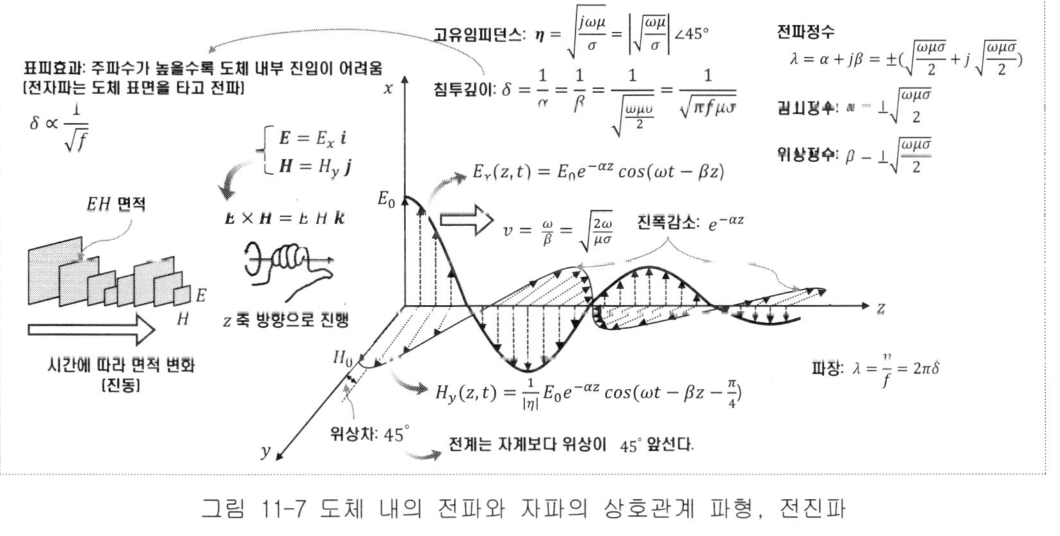

그림 11-7 도체 내의 전파와 자파의 상호관계 파형, 전진파

도체 내를 투과하는 전자파의 침투 깊이에 대하여 살펴보자. 우선 도체 밖에서 높은 주파수의 전자파가 전파되어 도체 표면에 도달하여 전자파가 도체 내부로 진입한다고 하자. 그리고, 전자파가 도체 표면에 도달하였을 경우를 $z=0$인 지점이라고 생각한다면, $z=0$인 도체 표면의 경계에서 전계를 함수로 나타내게 되면 전계는 $E_x(0,t)$로 표현이 가능하기 때문에 아래 수식으로 나타낼 수 있다.

$$E_x(z,t) = E_0 e^{-\alpha z}\cos(\omega t - \beta z)$$

$$\therefore E_x(0,t) = E_0 e^{-\alpha 0}\cos(\omega t - \beta 0) \equiv E_0 \cos\omega t$$

■ 지수함수

☞ $a^0 = 1$

이 전계 $E_x(0,t)$는 도체 표면($z=0$)에 도달하여 도체 내부로 침투하게 된다. 도체 내부로 침투한 전자파는 도체 내부의 방향인 $+z$축 방향으로 전파하게 되면서 거리 z가 증가함에 따라 감쇠정수 α값에 의하여 초기 진폭 E_0는 $e^{-\alpha z}$만큼 감쇠하게 된다.

즉, 전계가 도체 표면에 도달하여 초기 진폭 E_0로 도체 내부로 전파되어 진폭이 감쇠되어 초기 진폭 E_0 값의 약 37[%]($e^{-1}=0.368$) 만큼 감쇠되는 $+z$축 방향의 거리를 δ라고 하자. 그리고, 감쇠정수 α값에 의하여 감쇠되는 전계의 수식 $E_0 e^{-\alpha z}$에 $z=\delta$를 대입하게 되면 초기 진폭 E_0 값의 약 37[%] 만큼 감쇠되는 거리인 δ를 구할 수 있다.

즉, $E_0 e^{-\alpha\delta} = E_0 e^{-1}$의 관계에서 $\alpha\delta = 1$이므로 아래 수식으로 표현할 수 있다.

$$\alpha\delta = 1$$

$$\therefore \delta = \frac{1}{\alpha} = \frac{1}{\sqrt{\frac{\omega\mu\sigma}{2}}} = \frac{1}{\sqrt{\pi f\mu\sigma}} = \frac{1}{\beta}$$

■ 침투깊이 δ(delta)

☞ $\delta = \frac{1}{\sqrt{\pi f\mu\sigma}}$

■ 전파정수 γ

☞ $\gamma = \alpha + \beta = \sqrt{\frac{\omega\mu\sigma}{2}} + j\sqrt{\frac{\omega\mu\sigma}{2}}$

☞ $\alpha = \beta = \sqrt{\frac{\omega\mu\sigma}{2}} = \sqrt{\frac{(2\pi f)\mu\sigma}{2}} = \sqrt{\pi f\mu\sigma}$

상기 수식은 전계 $\boldsymbol{E}$ 및 자계 $\boldsymbol{H}$에서도 동일한 값을 가진다. 그리고, 상기 수식은 전자계 내에서 도체의 성질을 분석하기 위하여 중요한 변수이기도 하다. 여기서, 초기 진폭 E_0 값의 약 37[%] 만큼 감쇠하는 거리인 δ를 매질의 침투깊이 또는 표피두께(depth of penetration, skin depth)라고 한다. 이와 같이 전자파가 도체 내를 진행하면서 진폭이 감소하는 효과를 표피 효과(skin effect)라 한다.

그리고, 이 표피 효과를 이용하여 주파수에 따른 구리 도체의 침투깊이 δ를 알아보면 아래와 같다.

주파수(f)	침투깊이(δ)
$60[Hz]$	$8.53[mm]$
$1[MHz]$	$66.1[\mu m]$
$1[GHz]$	$2.09[\mu m]$

■ 구리의 특성

☞ $\mu = \mu_0 = 4\pi \times 10^{-7}\,[H/m]$

☞ $\sigma = 5.8 \times 10^{7}\,[\mho/m]$

☞ $\omega = 2\pi f$

■ 구리 도체의 침투깊이 δ

☞ $\delta = \dfrac{0.0661}{\sqrt{f}}$, $\delta = \dfrac{1}{\sqrt{\pi f \mu \sigma}}$

구리 도체의 침투 깊이는 주파수가 증가하면 그 주파수의 제곱근에 반비례하여 급격하게 작아진다는 것을 알 수 있다. 따라서, 도체는 일반적으로 전기가 잘 통하는 물질로 인식되어 전자파가 쉽게 통과할 것으로 생각되지만 상기 결과에 의하여 실제 도체 내에 전자파는 진입하기 어렵다는 것을 알 수 있다. 특히 주파수 f가 높을수록 전자파는 도체 내부로 진입하기가 어렵다. 즉, 전자파는 도체 내부로 전송되지 않고 도체 표면 주위의 매질에 의하여 전파되기 때문에 도체는 전자파의 전파 역할만을 한다고 생각할 수 있다.

특히, 마이크로파인 경우에는 표피두께가 상당히 작기 때문에 유리와 같은 기판 위에 구리 도체를 $2.54[\mu m]$ 정도의 두께로 증착시켜 배선을 하게 되면 마이크로파가 전파될 수 있다. 그리고, 도체 내에 전파되는 전자파의 파장 λ에 대하여 위상정수 β와의 관계를 활용하여 살펴보면 아래 수식과 같다.

$$\beta = \frac{2\pi}{\lambda}$$

$$\therefore \lambda = \frac{2\pi}{\beta} = \frac{2\pi}{\sqrt{\pi f \mu \sigma}} = 2\pi\delta$$

■ 파장 λ와 위상정수 β 사이 관계

☞ $\lambda = \dfrac{v}{f}$, $v = \dfrac{\omega}{\beta} = \dfrac{2\pi f}{\beta}$, $\therefore \beta = \dfrac{\omega}{v} = \dfrac{2\pi f}{v} = \dfrac{2\pi f}{\lambda f} = \dfrac{2\pi}{\lambda}$

■ 침투깊이 δ

☞ $\delta = \dfrac{1}{\sqrt{\pi f \mu \sigma}} = \dfrac{1}{\alpha} = \dfrac{1}{\beta}$

그리고, 상기 수식을 이용하여 주파수 f에 따른 구리 도체 내에 전파되는 전자파의 파장 λ를 알아보면 아래와 같다.

주파수(f)	파장(λ)
$60[Hz]$	$5.36[cm]$
$1[MHz]$	$0.41[mm]$
$1[GHz]$	$13.1[\mu m]$

■ 구리의 특성

☞ $\mu = \mu_0 = 4\pi \times 10^{-7}[H/m]$

☞ $\sigma = 5.8 \times 10^7 [\mho/m]$, $\omega = 2\pi f$

■ 구리 도체의 파장 λ

☞ $\lambda = \dfrac{2\pi}{\beta} = \dfrac{2\pi}{\sqrt{\pi f \mu \sigma}} = 2\pi\delta$

상기 결과에서 전자파의 주파수 f가 증가할수록 도체 내에서 전파되는 전자파의 파장 λ는 짧아짐을 알 수 있다. 또한, 도체 내의 전자파 전파속도 v는 $v = \sqrt{2\omega/\mu\sigma}\,[m/\sec]$의 관계를 가지고 있다. 따라서, 이 수식을 이용하여 다양한 주파수 f에 따른 구리 도체의 전자파에 대한 전파속도 v를 알아보면 아래와 같다.

주파수(f)	전자파 전파속도(v)
$60[Hz]$	$3.22[m/\sec]$(≪사람 뛰는 속도)
$1[MHz]$	$415[m/\sec]$(<음파속도)
$1[GHz]$	$13{,}131[m/\sec]$

■ 구리의 특성

☞ $\mu = \mu_0 = 4\pi \times 10^{-7}[H/m]$

☞ $\sigma = 5.8 \times 10^7 [\mho/m]$, $\omega = 2\pi f$

■ 전파속도 v

☞ $v = \sqrt{\dfrac{2\omega}{\mu\sigma}} = \omega\delta[m/\sec]$

즉, 상기 결과에서 주파수 f가 증가할수록 도체에서 전자파의 전파속도 v는 증가하게 됨을 알 수 있다. 그러나, 주파수가 $60[Hz]$인 경우, 전자파의 전파 속도 v는 $3.22[m/\sec]$로 사람이 뛰는 속도보다 훨씬 느린 속도로 전파됨을 알 수 있다.

예제 11.29

■ $\sigma = 5.1 \times 10^6 [\mho/m]$, $\mu_s = 200$인 동으로 만든 길이가 $300[m]$이고, 반경이 $2.5[mm]$인 원형 단면을 가지는 도체에 흐르는 전체 전류가 $I(t) = 1.5\cos(3 \times 10^4)t\,[A]$일 때 표피두께 δ와 직류전류에 의한 직류저항 R은 각각 얼마인가?

풀이

◉ 표피두께는 $\delta = \dfrac{1}{\sqrt{\pi f \mu \sigma}}$이고, $\omega = 2\pi f$에서 $f = \dfrac{\omega}{2\pi}$이므로

$$\delta = \frac{1}{\sqrt{\pi f \mu \sigma}} = \frac{1}{\sqrt{\pi \times \dfrac{3 \times 10^4}{2\pi} \times 4\pi \times 10^{-7} \times 200 \times 5.1 \times 10^6}} = 0.228[mm]$$

◉ 오옴의 법칙에서 전기저항은 $R = \dfrac{l}{\sigma S}$이고, 원통의 단면적은 πr^2 이므로

$$R = \frac{l}{\sigma S} = \frac{300}{5.1 \times 10^6 \times \pi \times (2.5 \times 10^{-3})^2} = 3.0[\Omega]$$

11-7 전자파의 반사와 투과

서로 다른 두 종류의 매질이 접하고 있는 경계면에 균일 평면파의 전자파가 입사시키게 되면 일부는 반사하게 되고 나머지는 굴절하면서 투과하게 되는 현상을 살펴보자. 이와 같은 현상은 전자파뿐만 아니라 광에서도 일어나는 현상으로 전자파가 광의 일종이라고 할 수 있다. 일반적으로 서로 다른 두 종류의 매질에 입사한 전자파는 경계조건에 따라 다른 특성을 가진다. 그리고, 이러한 경계조건은 앞에서 살펴본 유전체 및 자성체의 경계조건과 동일하게 적용될 수 있다. 전계 $\boldsymbol{E}$와 자계 $\boldsymbol{H}$는 경계면에서 접선 성분이 서로 같다.

즉, $E_{1t} = E_{2t}$, $H_{1t} = H_{2t}$의 조건이 성립한다. 이것은 서로 다른 두 종류의 매질의 경계면에서 연속이라는 것을 의미한다. 따라서, 전자파가 경계면에 수직으로 입사하는 경우에 대하여 반사 및 투과에 대한 현상을 살펴보자.

11.7.1 유전체의 경계면에 수직 입사하는 균일 평면파

균일 평면파인 전자파는 서로 다른 유전체의 경계면에 수직으로 입사할 때 일부는 반사하지만 나머지는 투과하게 된다. 경계면에서 입사파, 반사파, 투과파의 전계 $\boldsymbol{E}$와 자계 $\boldsymbol{H}$ 사이의 관계를 알아보자. 파의 진행방향을 $+z$축 방향으로 하고, 도체 표면을 $z=0$, 전계 $\boldsymbol{E}$의 크기에 대한 방향을 x축 및 자계 $\boldsymbol{H}$의 크기에 대한 방향을 y축으로 하여 살펴보자. 그림 11-8은 유전체 1과 유전체 2의 서로 다른 매질에 전자파가 입사하여 반사 및 투과를 하는 과정에 대한 그림을 나타내었다.

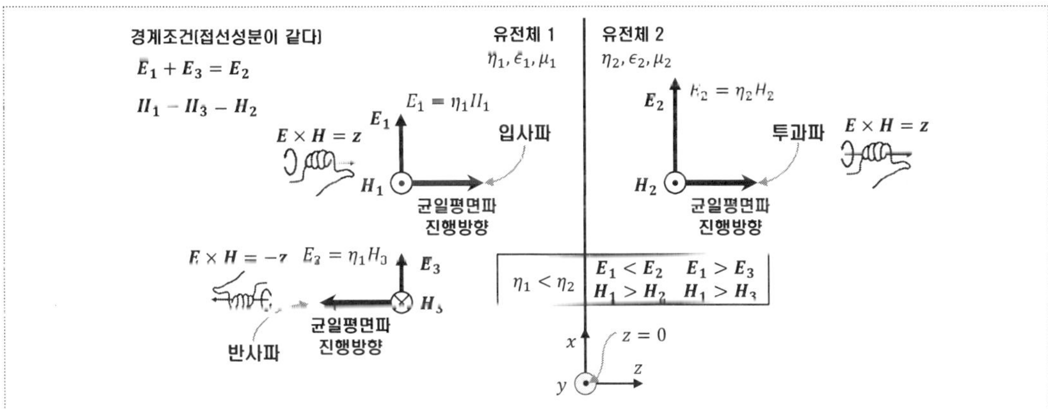

그림 11-8 유전체 경계면에서 전자파의 입사, 투과 및 반사($\eta_1 < \eta_2$)

그림 11-8에서 입사파를 $\boldsymbol{E}_1$, $\boldsymbol{H}_1$라 하고, 투과파를 $\boldsymbol{E}_2$, $\boldsymbol{H}_2$라 하고, 반사파를 $\boldsymbol{E}_3$, $\boldsymbol{H}_3$라고 표시하였다. 유전체의 고유임피던스가 $\eta_1 < \eta_2$인 조건에서 전계 $\boldsymbol{E}$와 자계 $\boldsymbol{H}$는 균일 평면파이기 때문에 경계조건에 의하여 경계면의 접선 성분은 서로 같아야 연속이 된다. 따라서, 그림 11-8에서 전계 $\boldsymbol{E}$와 자계 $\boldsymbol{H}$의 벡터 방향을 고려하면 아래 수식으로 표현할 수 있다.

$$\boldsymbol{E}_1 + \boldsymbol{E}_3 = \boldsymbol{E}_2 \qquad \boldsymbol{H}_1 - \boldsymbol{H}_3 = \boldsymbol{H}_2$$

■ 경계조건

☞ 전계의 세기와 자계의 세기는 경계면에서 접선성분이 같다.

☞ $E_{1t} = E_{2t}$, $H_{1t} = H_{2t}$

■ 벡터 방향

☞ $\boldsymbol{E}_1$, $\boldsymbol{E}_2$, $\boldsymbol{E}_3$: 동일방향

☞ $\boldsymbol{H}_1$, $\boldsymbol{H}_2$: 동일방향, $\boldsymbol{H}_3$: 반대방향

그리고, 유전체 1과 유전체 2의 고유 임피던스 η를 아래 수식에 나타내었다.

$$\eta_1 = \frac{\boldsymbol{E}_1}{\boldsymbol{H}_1} = \sqrt{\frac{\mu_1}{\epsilon_1}} \Rightarrow \boldsymbol{E}_1 = \eta_1 \boldsymbol{H}_1$$

$$\eta_2 = \frac{\boldsymbol{E}_2}{\boldsymbol{H}_2} = \sqrt{\frac{\mu_2}{\epsilon_2}} \Rightarrow \boldsymbol{E}_2 = \eta_2 \boldsymbol{H}_2$$

$$\eta_3 = \frac{\boldsymbol{E}_3}{\boldsymbol{H}_3} = \sqrt{\frac{\mu_1}{\epsilon_1}} = \eta_1 \Rightarrow \boldsymbol{E}_3 = \eta_1 \boldsymbol{H}_3$$

■ 고유임피던스 η

☞ $\eta = \dfrac{\boldsymbol{E}}{\boldsymbol{H}} = \sqrt{\dfrac{\mu}{\epsilon}}\ [\Omega] \Rightarrow \boldsymbol{E} = \eta \boldsymbol{H}$

상기 수식을 대입하여 연립방정식을 풀면 전계와 자계에 대한 투과파와 반사파를 구할 수 있다. 상기 수식을 활용하여 연립방정식의 풀이로 투과파를 아래와 같이 구하였다.

■ 연립방정식 풀이(투과파)

▶ $\boldsymbol{H}_1 - \boldsymbol{H}_3 = \boldsymbol{H}_2$에서

$$\therefore \boldsymbol{H}_1 - \boldsymbol{H}_2 = \boldsymbol{H}_3 \Rightarrow \frac{\boldsymbol{E}_1}{\eta_1} - \frac{\boldsymbol{E}_2}{\eta_2} = \frac{\boldsymbol{E}_3}{\eta_1}$$

$$\therefore \boldsymbol{E}_3 = \eta_1 \left(\frac{\boldsymbol{E}_1}{\eta_1} - \frac{\boldsymbol{E}_2}{\eta_2}\right)$$

■ 고유임피던스 η

☞ $\eta_1 = \dfrac{\boldsymbol{E}_1}{\boldsymbol{H}_1} = \sqrt{\dfrac{\mu_1}{\epsilon_1}} \Rightarrow \boldsymbol{E}_1 = \eta_1 \boldsymbol{H}_1 \Rightarrow \boldsymbol{H}_1 = \dfrac{\boldsymbol{E}_1}{\eta_1}$

☞ $\eta_2 = \dfrac{\boldsymbol{E}_2}{\boldsymbol{H}_2} = \sqrt{\dfrac{\mu_2}{\epsilon_2}} \Rightarrow \boldsymbol{E}_2 = \eta_2 \boldsymbol{H}_2 \Rightarrow \boldsymbol{H}_2 = \dfrac{\boldsymbol{E}_2}{\eta_2}$

☞ $\eta_3 = \dfrac{\boldsymbol{E}_3}{\boldsymbol{H}_3} = \sqrt{\dfrac{\mu_1}{\epsilon_1}} = \eta_1 \Rightarrow \boldsymbol{E}_3 = \eta_1 \boldsymbol{H}_3 \Rightarrow \boldsymbol{H}_3 = \dfrac{\boldsymbol{E}_3}{\eta_1}$

▶ $\boldsymbol{E}_1 + \boldsymbol{E}_3 = \boldsymbol{E}_2$에서

$$\therefore \boldsymbol{E}_3 = \boldsymbol{E}_2 - \boldsymbol{E}_1 \quad \Rightarrow \quad \eta_1 \left(\frac{\boldsymbol{E}_1}{\eta_1} - \frac{\boldsymbol{E}_2}{\eta_2} \right) = \boldsymbol{E}_2 - \boldsymbol{E}_1$$

$$\boldsymbol{E}_1 - \frac{\eta_1 \boldsymbol{E}_2}{\eta_2} = \boldsymbol{E}_2 - \boldsymbol{E}_1 \quad \Rightarrow \quad \boldsymbol{E}_1 + \boldsymbol{E}_1 = \boldsymbol{E}_2 + \frac{\eta_1 \boldsymbol{E}_2}{\eta_2}$$

$$2\boldsymbol{E}_1 = \frac{\eta_2}{\eta_2}\boldsymbol{E}_2 + \frac{\eta_1 \boldsymbol{E}_2}{\eta_2} \quad \Rightarrow \quad 2\boldsymbol{E}_1 = \frac{\eta_2 + \eta_1}{\eta_2}\boldsymbol{E}_2$$

$$\therefore \boldsymbol{E}_2 = \frac{2\eta_2}{\eta_1 + \eta_2}\boldsymbol{E}_1 = \frac{2\sqrt{\frac{\mu_2}{\epsilon_2}}}{\sqrt{\frac{\mu_1}{\epsilon_1}} + \sqrt{\frac{\mu_2}{\epsilon_2}}}\boldsymbol{E}_1$$

▶ $\boldsymbol{E}_1 + \boldsymbol{E}_3 = \boldsymbol{E}_2$에서

$$\therefore \boldsymbol{E}_3 = \boldsymbol{E}_2 - \boldsymbol{E}_1 \quad \eta_1 \boldsymbol{H}_3 = \eta_2 \boldsymbol{H}_2 - \eta_1 \boldsymbol{H}_1$$

$$\therefore \boldsymbol{H}_3 = \frac{\eta_2 \boldsymbol{H}_2 - \eta_1 \boldsymbol{H}_1}{\eta_1}$$

▶ $\boldsymbol{H}_1 - \boldsymbol{H}_3 = \boldsymbol{H}_2$에서

$$\therefore \boldsymbol{H}_1 - \boldsymbol{H}_2 = \boldsymbol{H}_3 \quad \Rightarrow \quad \boldsymbol{H}_1 - \boldsymbol{H}_2 = \frac{\eta_2 \boldsymbol{H}_2 - \eta_1 \boldsymbol{H}_1}{\eta_1}$$

$$\boldsymbol{H}_1 - \boldsymbol{H}_2 = \frac{\eta_2}{\eta_1}\boldsymbol{H}_2 - \boldsymbol{H}_1 \Rightarrow \boldsymbol{H}_1 + \boldsymbol{H}_1 = \frac{\eta_2}{\eta_1}\boldsymbol{H}_2 + \boldsymbol{H}_2$$

$$2\boldsymbol{H}_1 = \frac{\eta_2}{\eta_1}\boldsymbol{H}_2 + \frac{\eta_1}{\eta_1}\boldsymbol{H}_2 \Rightarrow 2\boldsymbol{H}_1 = \frac{\eta_2 + \eta_1}{\eta_1}\boldsymbol{H}_2$$

$$\therefore \boldsymbol{H}_2 = \frac{2\eta_1}{\eta_1 + \eta_2}\boldsymbol{H}_1$$

■ 고유임피던스 η

☞ $\eta_1 = \dfrac{\boldsymbol{E}_1}{\boldsymbol{H}_1} = \sqrt{\dfrac{\mu_1}{\epsilon_1}} \Rightarrow \boldsymbol{E}_1 = \eta_1 \boldsymbol{H}_1$

☞ $\eta_2 = \dfrac{\boldsymbol{E}_2}{\boldsymbol{H}_2} = \sqrt{\dfrac{\mu_2}{\epsilon_2}} \Rightarrow \boldsymbol{E}_2 = \eta_2 \boldsymbol{H}_2$

☞ $\eta_3 = \dfrac{\boldsymbol{E}_3}{\boldsymbol{H}_3} = \sqrt{\dfrac{\mu_1}{\epsilon_1}} = \eta_1$

$\Rightarrow \boldsymbol{E}_3 = \eta_1 \boldsymbol{H}_3$

■ 입사파와 투과파의 관계

☞ $\boldsymbol{E}_2 = \dfrac{2\eta_2}{\eta_1 + \eta_2}\boldsymbol{E}_1$

☞ $\boldsymbol{H}_2 = \dfrac{2\eta_1}{\eta_1 + \eta_2}\boldsymbol{H}_1$

상기 수식을 활용하여 연립방정식의 풀이로 반사파를 아래와 같이 구하였다.

■ 연립방정식 풀이(반사파)

▶ $\boldsymbol{H}_1 - \boldsymbol{H}_3 = \boldsymbol{H}_2$에서

$$\therefore \boldsymbol{H}_1 - \boldsymbol{H}_3 = \boldsymbol{H}_2 \Rightarrow \frac{\boldsymbol{E}_1}{\eta_1} - \frac{\boldsymbol{E}_3}{\eta_1} = \frac{\boldsymbol{E}_2}{\eta_2}$$

■ 고유임피던스 η

☞ $\boldsymbol{H}_1 = \dfrac{\boldsymbol{E}_1}{\eta_1}$, $\boldsymbol{H}_2 = \dfrac{\boldsymbol{E}_2}{\eta_2}$, $\boldsymbol{H}_3 = \dfrac{\boldsymbol{E}_3}{\eta_1}$

▶ $E_1 + E_3 = E_2$에서

$$\frac{E_1}{\eta_1} - \frac{E_3}{\eta_1} = \frac{E_2}{\eta_2} \Rightarrow \frac{E_1}{\eta_1} - \frac{E_3}{\eta_1} = \frac{E_1 + E_3}{\eta_2}$$

$$\frac{E_1 - E_3}{\eta_1} = \frac{E_1 + E_3}{\eta_2}$$

$$\eta_2(E_1 - E_3) = \eta_1(E_1 + E_3)$$

$$\Rightarrow \eta_2 E_1 - \eta_2 E_3 = \eta_1 E_1 + \eta_1 E_3$$

$$\therefore \eta_2 E_1 - \eta_1 E_1 = \eta_1 E_3 + \eta_2 E_3$$

$$\Rightarrow (\eta_2 - \eta_1)E_1 = (\eta_1 + \eta_2)E_3$$

$$\therefore E_3 = \frac{\eta_2 - \eta_1}{\eta_1 + \eta_2}E_1 = \frac{\sqrt{\frac{\mu_2}{\epsilon_2}} - \sqrt{\frac{\mu_1}{\epsilon_1}}}{\sqrt{\frac{\mu_1}{\epsilon_1}} + \sqrt{\frac{\mu_2}{\epsilon_2}}}E_1$$

▶ $E_1 + E_3 = E_2$에서

$$\therefore E_1 + E_3 = E_2 \Rightarrow \eta_1 H_1 + \eta_1 H_3 = \eta_2 H_2$$

▶ $H_1 - H_3 = H_2$에서

$$\eta_1 H_1 + \eta_1 H_3 = \eta_2 H_2$$

$$\eta_1 H_1 + \eta_1 H_3 = \eta_2 (H_1 - H_3)$$

$$\eta_1 H_1 + \eta_1 H_3 = \eta_2 H_1 - \eta_2 H_3$$

$$\eta_1 H_3 + \eta_2 H_3 = \eta_2 H_1 - \eta_1 H_1$$

$$(\eta_1 + \eta_2)H_3 = (\eta_2 - \eta_1)H_1$$

$$\therefore H_3 = \frac{\eta_2 - \eta_1}{\eta_1 + \eta_2}H_1 \ (-y축 방향)$$

그림 11-8에서 H_3와 H_1은 방향이 반대이므로, H_3를 H_1과 동일방향의 벡터로 고유임피던스를 표시하기 위하여 $H_3 \Rightarrow -H_3$를 대입한 결과

$$\therefore H_3 = \frac{\eta_1 - \eta_2}{\eta_1 + \eta_2}H_1 \ (+y축 방향)$$

■ 고유임피던스 η

☞ $\eta_1 = \dfrac{E_1}{H_1} = \sqrt{\dfrac{\mu_1}{\epsilon_1}} \Rightarrow E_1 = \eta_1 H_1$

☞ $\eta_2 = \dfrac{E_2}{H_2} = \sqrt{\dfrac{\mu_2}{\epsilon_2}} \Rightarrow E_2 = \eta_2 H_2$

☞ $\eta_3 = \dfrac{E_3}{H_3} = \sqrt{\dfrac{\mu_1}{\epsilon_1}} = \eta_1$

$\Rightarrow E_3 = \eta_1 H_3$

■ 자계 H_3과 자계 H_1 관계

☞ H_3와 H_1은 방향이 반대

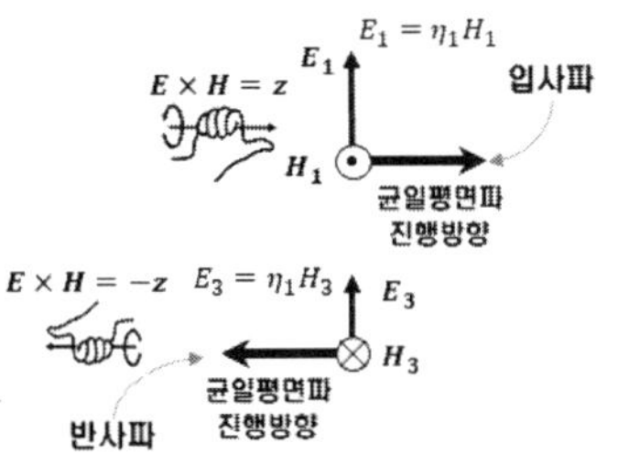

☞ H_3와 H_1은 방향을 동일하게

$$H_3 = \frac{\eta_2 - \eta_1}{\eta_1 + \eta_2}H_1$$

$$\therefore H_3 = \frac{\eta_1 - \eta_2}{\eta_1 + \eta_2}H_1$$

■ 입사파와 반사파의 관계

☞ $E_3 = \dfrac{\eta_2 - \eta_1}{\eta_1 + \eta_2}E_1$

☞ $H_3 = \dfrac{\eta_2 - \eta_1}{\eta_1 + \eta_2}H_1$

동일 방향: $H_3 = \dfrac{\eta_1 - \eta_2}{\eta_1 + \eta_2}H_1$

전계에서 입사파 E_1에 대하여 매질의 경계면을 통과하여 투과파 E_2의 진폭비를 투과계수(τ(tau), transmission coefficient)라 하고, 입사파 E_1에 대하여 매질의 경계에서 반사파 E_3의 진폭비를 반사계수(Γ(gamma), reflection coefficient)라 한다. 전계에서의 투과계수 τ와 반사계수 Γ를 수식으로 표현하면 아래와 같다.

▶ 투과계수

$$\tau = \frac{E_2}{E_1} = \frac{2\eta_2}{\eta_1 + \eta_2} \Rightarrow E_2 = \tau E_1$$

▶ 반사계수

$$\Gamma = \frac{E_3}{E_1} = \frac{\eta_2 - \eta_1}{\eta_1 + \eta_2} \Rightarrow E_3 = \Gamma E_1$$

■ 연립방정식 풀이 결과

☞ $$E_2 = \frac{2\eta_2}{\eta_1 + \eta_2} E_1 = \frac{2\sqrt{\frac{\mu_2}{\epsilon_2}}}{\sqrt{\frac{\mu_1}{\epsilon_1}} + \sqrt{\frac{\mu_2}{\epsilon_2}}} E_1$$

☞ $$E_3 = \frac{\eta_2 - \eta_1}{\eta_1 + \eta_2} E_1 = \frac{\sqrt{\frac{\mu_2}{\epsilon_2}} - \sqrt{\frac{\mu_1}{\epsilon_1}}}{\sqrt{\frac{\mu_1}{\epsilon_1}} + \sqrt{\frac{\mu_2}{\epsilon_2}}} E_1$$

자계에서 입사파 H_1에 대하여 매질의 경계면을 통과하여 투과파 H_2의 진폭비를 투과계수 τ라 하고, 입사파 H_1에 대하여 매질의 경계에서 반사파 H_3의 진폭비를 반사계수 Γ라 한 다. 전계에서의 투과계수 τ와 반사계수 Γ를 수식으로 표현하면 아래와 같다.

▶ 투과계수

$$\tau = \frac{H_2}{H_1} = \frac{2\eta_1}{\eta_1 + \eta_2} \Rightarrow H_2 = \tau H_1$$

▶ 반사계수

$$\Gamma = \frac{H_3}{H_1} = \frac{\eta_1 - \eta_2}{\eta_1 + \eta_2} \Rightarrow H_3 = \Gamma H_1$$

■ 연립방정식 풀이 결과

☞ $$H_2 = \frac{2\eta_1}{\eta_1 + \eta_2} H_1$$

☞ $$H_3 = \frac{\eta_1 - \eta_2}{\eta_1 + \eta_2} H_1$$

상기의 투과계수 τ와 반사계수 Γ를 나타낸 수식을 이용하여 유진체가 다른 두 매질의 고유임피던스 η_1, η_2의 관계에 따른 입사파, 반사파 및 투과파의 관계를 살펴보자. 전계와 자계에 대한 투과파 E_2, H_2는 상기 수식에서 유전체가 다른 두 매질의 고유임피던스 η는 유전율 ϵ과 투자율 μ의 관계에서 $\eta = E/H = \sqrt{\mu/\epsilon}$ $[\Omega]$이기 때문에 항상 $\eta > 0$의 관계가 성립한다 따라서, 전계와 자계에 대한 투과파는 $E_2 > 0$, $H_2 > 0$의 관계가 된다 즉, 유전체가 다른 두 매질에 입사파 E_1, H_1가 유전체의 경계면을 통과하지 못하게 되면 투과파는 존재하지 않게 되고, 경계면을 통과하게 되면 아래 그림 11-9(그림 11-8의 일부를 발췌)와 같이 전계와 자계에 대한 투과파 E_2, H_2는 모두 입사파 E_1, H_1과 같은 방향이 된다.

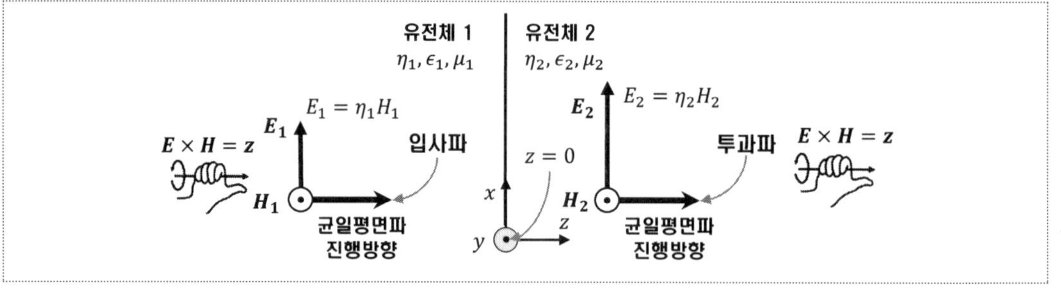

그림 11-9 유전체 경계면에서 전자파의 입사와 투과(그림 11-8 발췌, $\eta_1 < \eta_2$)

유전체가 다른 두 매질의 고유임피던스 η_1, η_2의 관계에 따른 입사파, 반사파 및 투과파의 관계를 구체적으로 살펴보자. 만약 $\eta_1 = \eta_2$일 경우, 입사파, 반사파 및 투과파의 관계를 아래에 나타내었다.

▶ $\eta_1 = \eta_2$일 경우, 투과계수

$$\tau = \frac{\boldsymbol{E}_2}{\boldsymbol{E}_1} = \frac{2\eta_2}{\eta_1 + \eta_2} = \frac{2\eta_1}{\eta_1 + \eta_1} = \frac{2\eta_1}{2\eta_1} = 1$$

$$\Rightarrow \therefore \boldsymbol{E}_2 = \boldsymbol{E}_1$$

$$\tau = \frac{\boldsymbol{H}_2}{\boldsymbol{H}_1} = \frac{2\eta_1}{\eta_1 + \eta_2} = \frac{2\eta_1}{\eta_1 + \eta_1} = \frac{2\eta_1}{2\eta_1} = 1$$

$$\Rightarrow \therefore \boldsymbol{H}_2 = \boldsymbol{H}_1$$

즉, 입사파 전체가 투과됨을 의미

▶ $\eta_1 = \eta_2$일 경우, 반사계수

$$\Gamma = \frac{\boldsymbol{E}_3}{\boldsymbol{E}_1} = \frac{\eta_2 - \eta_1}{\eta_1 + \eta_2} = \frac{\eta_1 - \eta_1}{\eta_1 + \eta_1} = 0$$

$$\Rightarrow \therefore \boldsymbol{E}_3 = 0$$

$$\Gamma = \frac{\boldsymbol{H}_3}{\boldsymbol{H}_1} = \frac{\eta_1 - \eta_2}{\eta_1 + \eta_2} = \frac{\eta_1 - \eta_1}{\eta_1 + \eta_1} = 0$$

$$\Rightarrow \therefore \boldsymbol{H}_3 = 0$$

즉, 입사파는 전혀 반사되지 않음을 의미

■ 투과계수

☞ $\tau = \dfrac{\boldsymbol{E}_2}{\boldsymbol{E}_1} = \dfrac{2\eta_2}{\eta_1 + \eta_2} \Rightarrow \boldsymbol{E}_2 = \tau \boldsymbol{E}_1$

$\tau = \dfrac{\boldsymbol{H}_2}{\boldsymbol{H}_1} = \dfrac{2\eta_1}{\eta_1 + \eta_2} \Rightarrow \boldsymbol{H}_2 = \tau \boldsymbol{H}_1$

■ 반사계수

☞ $\Gamma = \dfrac{\boldsymbol{E}_3}{\boldsymbol{E}_1} = \dfrac{\eta_2 - \eta_1}{\eta_1 + \eta_2} \Rightarrow \boldsymbol{E}_3 = \Gamma \boldsymbol{E}_1$

$\Gamma = \dfrac{\boldsymbol{H}_3}{\boldsymbol{H}_1} = \dfrac{\eta_1 - \eta_2}{\eta_1 + \eta_2} \Rightarrow \boldsymbol{H}_3 = \Gamma \boldsymbol{H}_1$

상기 수식에 의거하여 $\eta_1 = \eta_2$일 경우, 반사계수는 $\Gamma = 0$이기 때문에 반사파 $\boldsymbol{E}_3$, $\boldsymbol{H}_3$는 0이 되어 반사가 전혀 이루어지지 않음을 알 수 있다. 또한, 투과계수 $\tau = 1$이기 때문에 입사파는 반사되지 않고 $\boldsymbol{E}_2 = \boldsymbol{E}_1$, $\boldsymbol{H}_2 = \boldsymbol{H}_1$로 모두 투과하게 된다는 것을 알 수 있다.

그리고, $\eta_1 < \eta_2$일 경우, 입사파, 반사파 및 투과파의 관계를 아래에 나타내었다.

▶ $\eta_1 < \eta_2$ (예, $\eta_1 = 1, \eta_2 = 2$)일 경우, 투과계수

$$\tau = \frac{\boldsymbol{E}_2}{\boldsymbol{E}_1} = \frac{2\eta_2}{\eta_1 + \eta_2} = \frac{2 \times 2}{1+2} = \frac{4}{3}(+)\text{값}$$

$$\Rightarrow \therefore \boldsymbol{E}_2 = +\frac{4}{3}\boldsymbol{E}_1 \Rightarrow E_2 > E_1 \quad \therefore E_1 < E_2$$

즉, $\boldsymbol{E}_2$와 $\boldsymbol{E}_1$은 같은 방향

$$\tau = \frac{\boldsymbol{H}_2}{\boldsymbol{H}_1} = \frac{2\eta_1}{\eta_1 + \eta_2} = \frac{2 \times 1}{1+2} = \frac{2}{3}(+)\text{값}$$

$$\Rightarrow \therefore \boldsymbol{H}_2 = +\frac{2}{3}\boldsymbol{H}_1 \Rightarrow H_2 < H_1 \quad \therefore H_1 > H_2$$

즉, $\boldsymbol{H}_2$와 $\boldsymbol{H}_1$은 같은 방향

▶ $\eta_1 < \eta_2$ (예, $\eta_1 = 1, \eta_2 = 2$)일 경우, 반사계수

$$\Gamma = \frac{\boldsymbol{E}_3}{\boldsymbol{E}_1} = \frac{\eta_2 - \eta_1}{\eta_1 + \eta_2} = \frac{2-1}{2+1} = \frac{1}{3}(+)\text{값}$$

$$\Rightarrow \therefore \boldsymbol{E}_3 = +\frac{1}{3}\boldsymbol{E}_1 \Rightarrow E_3 < E_1 \quad \therefore E_1 > E_3$$

즉, $\boldsymbol{E}_3$와 $\boldsymbol{E}_1$은 같은 방향

$$\Gamma = \frac{\boldsymbol{H}_3}{\boldsymbol{H}_1} = \frac{\eta_1 - \eta_2}{\eta_1 + \eta_2} = \frac{1-2}{1+2} = -\frac{1}{3}(-)\text{값}$$

$$\Rightarrow \therefore \boldsymbol{H}_3 = -\frac{1}{3}\boldsymbol{H}_1 \Rightarrow H_3 < H_1 \quad \therefore H_1 > H_3$$

즉, $\boldsymbol{H}_3$와 $\boldsymbol{H}_1$은 반대 방향

■ 투과계수

☞ $\tau = \frac{\boldsymbol{E}_2}{\boldsymbol{E}_1} = \frac{2\eta_2}{\eta_1 + \eta_2} \Rightarrow \boldsymbol{E}_2 = \tau \boldsymbol{E}_1$

$\tau = \frac{\boldsymbol{H}_2}{\boldsymbol{H}_1} = \frac{2\eta_1}{\eta_1 + \eta_2} \Rightarrow \boldsymbol{H}_2 = \tau \boldsymbol{H}_1$

■ 반사계수

☞ $\Gamma = \frac{\boldsymbol{E}_3}{\boldsymbol{E}_1} = \frac{\eta_2 - \eta_1}{\eta_1 + \eta_2} \Rightarrow \boldsymbol{E}_3 = \Gamma \boldsymbol{E}_1$

$\Gamma = \frac{\boldsymbol{H}_3}{\boldsymbol{H}_1} = \frac{\eta_1 - \eta_2}{\eta_1 + \eta_2} \Rightarrow \boldsymbol{H}_3 = \Gamma \boldsymbol{H}_1$

상기 수식에 의거하여 $\eta_1 < \eta_2$일 때, 그림 11-8에서와 같이 전계의 입사파와 반사파 사이의 관계인 $E_1 > E_3$에 의하여 입사파 E_1보다 반사파 E_3의 크기가 작음을 알 수 있다. 그리고, 자계의 입사파와 반사파 사이의 관계인 $H_1 > H_3$에 의하여 입사파 H_1보다 반사파 H_3의 크기가 작음을 알 수 있다. 또한, 전계의 반사파 $\boldsymbol{E}_3$와 입사파 $\boldsymbol{E}_1$과의 관계가 +값을 나타내고 있어 두 파가 동일한 방향임을 알 수 있다. 그리고, 자계의 반사파 $\boldsymbol{H}_3$와 입사파 $\boldsymbol{H}_1$과의 관계가 −값을 나타내고 있어 두 파가 반대 방향임을 알 수 있다.

그리고, 그림 11-8에서와 같이 전계의 입사파와 투과파 사이의 관계인 $E_1 < E_2$에 의하여 입사파 E_1보다 투과파 E_2의 크기가 크다는 것을 알 수 있다. 그리고, 자계의 입사파와 투

과파 사이의 관계인 $H_1 > H_2$에 의하여 입사파 H_1이 투과파 H_2보다 크기가 크다는 것을 알 수 있다. 또한, 전계의 투과파 $\boldsymbol{E_2}$와 자계의 투과파 $\boldsymbol{H_2}$는 입사파 $\boldsymbol{E_1}$과 $\boldsymbol{H_1}$의 관계가 + 값을 나타내고 있어 동일한 방향임을 알 수 있다.

그리고, $\eta_1 > \eta_2$일 경우, 입사파, 반사파 및 투과파의 관계를 아래에 나타내었다.

▶ $\eta_1 > \eta_2$(예, $\eta_1 = 2, \eta_2 = 1$)일 경우, 투과계수

$$\tau = \frac{\boldsymbol{E_2}}{\boldsymbol{E_1}} = \frac{2\eta_2}{\eta_1 + \eta_2} = \frac{2 \times 1}{1+2} = \frac{2}{3}(+)\text{값}$$

$$\Rightarrow \therefore \boldsymbol{E_2} = +\frac{2}{3}\boldsymbol{E_1} \Rightarrow E_2 < E_1 \quad \therefore E_1 > E_2$$

즉, $\boldsymbol{E_2}$와 $\boldsymbol{E_1}$은 같은 방향

$$\tau = \frac{\boldsymbol{H_2}}{\boldsymbol{H_1}} = \frac{2\eta_1}{\eta_1 + \eta_2} = \frac{2 \times 2}{1+2} = \frac{4}{3}(+)\text{값}$$

$$\Rightarrow \therefore \boldsymbol{H_2} = +\frac{4}{3}\boldsymbol{H_1} \Rightarrow H_2 > H_1 \quad \therefore H_1 < H_2$$

즉, $\boldsymbol{H_2}$와 $\boldsymbol{H_1}$은 같은 방향

▶ $\eta_1 > \eta_2$(예, $\eta_1 = 2, \eta_2 = 1$)일 경우, 반사계수

$$\Gamma = \frac{\boldsymbol{E_3}}{\boldsymbol{E_1}} = \frac{\eta_2 - \eta_1}{\eta_1 + \eta_2} = \frac{1-2}{2+1} = -\frac{1}{3}(-)\text{값}$$

$$\Rightarrow \therefore \boldsymbol{E_3} = -\frac{1}{3}\boldsymbol{E_1} \Rightarrow E_3 < E_1 \quad \therefore E_1 > E_3$$

즉, $\boldsymbol{E_3}$와 $\boldsymbol{E_1}$은 반대 방향

$$\Gamma = \frac{\boldsymbol{H_3}}{\boldsymbol{H_1}} = \frac{\eta_1 - \eta_2}{\eta_1 + \eta_2} = \frac{2-1}{2+1} = +\frac{1}{3}(+)\text{값}$$

$$\Rightarrow \therefore \boldsymbol{H_3} = +\frac{1}{3}\boldsymbol{H_1} \Rightarrow H_3 < H_1 \quad \therefore H_1 > H_3$$

즉, $\boldsymbol{H_3}$와 $\boldsymbol{H_1}$은 같은 방향

■ 투과계수

☞ $\tau = \frac{\boldsymbol{E_2}}{\boldsymbol{E_1}} = \frac{2\eta_2}{\eta_1 + \eta_2} \Rightarrow \boldsymbol{E_2} = \tau \boldsymbol{E_1}$

$\tau = \frac{\boldsymbol{H_2}}{\boldsymbol{H_1}} = \frac{2\eta_1}{\eta_1 + \eta_2} \Rightarrow \boldsymbol{H_2} = \tau \boldsymbol{H_1}$

■ 반사계수

☞ $\Gamma = \frac{\boldsymbol{E_3}}{\boldsymbol{E_1}} = \frac{\eta_2 - \eta_1}{\eta_1 + \eta_2} \Rightarrow \boldsymbol{E_3} = \Gamma \boldsymbol{E_1}$

$\Gamma = \frac{\boldsymbol{H_3}}{\boldsymbol{H_1}} = \frac{\eta_1 - \eta_2}{\eta_1 + \eta_2} \Rightarrow \boldsymbol{H_3} = \Gamma \boldsymbol{H_1}$

상기 수식에 의거하여 $\eta_1 > \eta_2$일 때, 전계의 입사파와 반사파 사이의 관계인 $E_1 > E_3$에 의하여 입사파 E_1보다 반사파 E_3의 크기가 작음을 알 수 있다. 그리고, 자계의 입사파와 반사파 사이의 관계인 $H_1 > H_3$에 의하여 입사파 H_1보다 반사파 H_3의 크기가 작음을 알 수 있다. 또한, 전계의 반사파 $\boldsymbol{E_3}$와 입사파 $\boldsymbol{E_1}$과의 관계가 −값을 나타내고 있어 반대 방향임을 알 수 있다. 그리고, 자계의 반사파 $\boldsymbol{H_3}$와 입사파 $\boldsymbol{H_1}$과의 관계가 +값을 나타내고 있어 동일한 방향임을 알 수 있다.

그리고, 전계의 입사파와 투과파 사이의 관계인 $E_1 > E_2$에 의하여 입사파 E_1보다 투과파 E_2의 크기가 작다는 것을 알 수 있다. 그리고, 자계의 입사파와 투과파 사이의 관계인 $H_1 < H_2$에 의하여 입사파 H_1보다 투과파 H_2의 크기가 크다는 것을 알 수 있다. 또한, 전계의 투과파 $\boldsymbol{E_2}$와 자계의 투과파 $\boldsymbol{H_2}$는 입사파 $\boldsymbol{E_1}$과 $\boldsymbol{H_1}$의 관계가 +값을 나타내고 있어 동일한 방향임을 알 수 있다. 이에 대한 관계를 그림 11-10에 나타내었다.

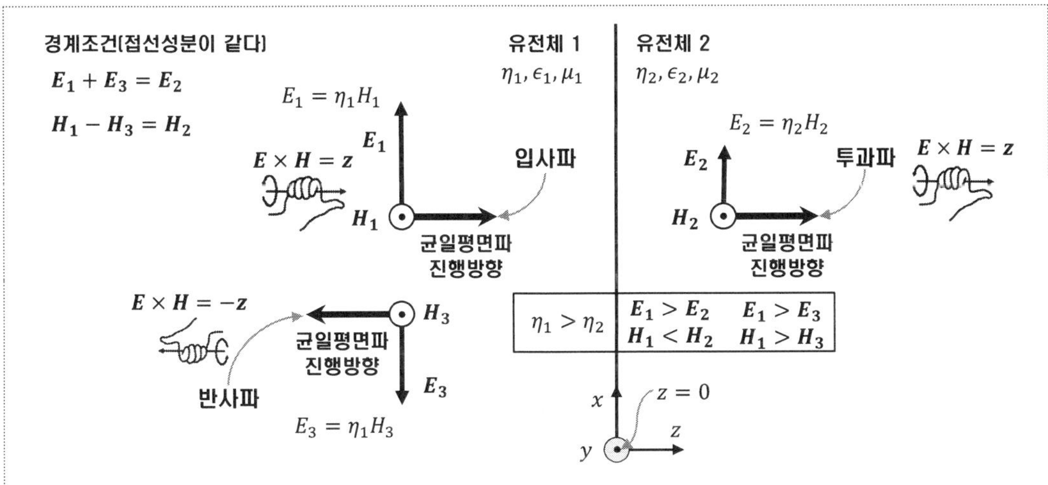

그림 11-10 유전체 경계면에서 전자파의 입사, 투과 및 반사($\eta_1 > \eta_2$)

유전체 2의 고유임피던스가 $\eta_2 = 0$(완전 도체)일 때, 반사계수 및 투과계수 사이의 관계를 살펴보면 아래와 같다.

▶ $\eta_2 = 0$(예, $\eta_1 = 1, \eta_2 = 0$)일 경우, 투과계수

$$\tau = \frac{E_2}{E_1} = \frac{2\eta_2}{\eta_1 + \eta_2} = \frac{2 \times 0}{1+0} = 0 \Rightarrow \therefore E_2 = 0$$

즉, E_2인 투과파가 존재하지 않음

$$\tau = \frac{H_2}{H_1} = \frac{2\eta_1}{\eta_1 + \eta_2} = \frac{2 \times 1}{1+0} = 2(0) \rightarrow \therefore H_2 = 0$$

상기 수식에서 투과파가 존재하는 것으로 계산되나, 투과파인 전계 E_2가 없고, 표피효과로 인하여 H_2인 투과파가 존재하지 않음 $\therefore H_2 = 0$

■ 투과계수

☞ $\tau = \frac{E_2}{E_1} = \frac{2\eta_2}{\eta_1 + \eta_2} \rightarrow E_2 = \tau E_1$

$\tau = \frac{H_2}{H_1} = \frac{2\eta_1}{\eta_1 + \eta_2} \Rightarrow H_2 = \tau H_1$

■ 도체 고유임피던스 η

☞ $\eta = \sqrt{\frac{j\omega\mu}{\sigma}} = \sqrt{\frac{\omega\mu}{\sigma}} \angle 45^\circ$

☞ 완전도체 $\sigma = \infty$, $\therefore \eta = 0$

▶ $\eta_2 = 0$(예, $\eta_1 = 1, \eta_2 = 0$)일 경우, 반사계수 $\Gamma = \dfrac{\boldsymbol{E}_3}{\boldsymbol{E}_1} = \dfrac{\eta_2 - \eta_1}{\eta_1 + \eta_2} = \dfrac{0-1}{1+0} = -1\,(-)$값 $\Rightarrow \therefore \boldsymbol{E}_3 = -1\boldsymbol{E}_1 \Rightarrow E_3 = E_1$ 즉, $\boldsymbol{E}_3$와 $\boldsymbol{E}_1$은 반대 방향 $\Gamma = \dfrac{\boldsymbol{H}_3}{\boldsymbol{H}_1} = \dfrac{\eta_1 - \eta_2}{\eta_1 + \eta_2} = \dfrac{1-0}{1+0} = +1(+)$값 $\Rightarrow \therefore \boldsymbol{H}_3 = +1\boldsymbol{H}_1 \Rightarrow H_3 = H_1$ 즉, $\boldsymbol{H}_3$와 $\boldsymbol{H}_1$은 같은 방향	■ 반사계수 ☞ $\Gamma = \dfrac{\boldsymbol{E}_3}{\boldsymbol{E}_1} = \dfrac{\eta_2 - \eta_1}{\eta_1 + \eta_2} \Rightarrow \boldsymbol{E}_3 = \Gamma \boldsymbol{E}_1$ $\Gamma = \dfrac{\boldsymbol{H}_3}{\boldsymbol{H}_1} = \dfrac{\eta_1 - \eta_2}{\eta_1 + \eta_2} \Rightarrow \boldsymbol{H}_3 = \Gamma \boldsymbol{H}_1$

상기 수식에서 $\eta_2 = 0$일 경우, 전계와 자계의 투과계수 τ가 $\tau = 0$이고 전계의 반사계수 Γ는 $\Gamma = -1$, 자계의 반사계수 Γ는 $\Gamma = +1$이기 때문에 입사파는 투과 없이 모두 반사된다는 것을 알 수 있다. 또한, 전계의 반사파 $\boldsymbol{E}_3$와 입사파 $\boldsymbol{E}_1$과의 관계가 $-$값을 나타내고 있어 반대 방향임을 알 수 있다. 그리고, 자계의 반사파 $\boldsymbol{H}_3$와 입사파 $\boldsymbol{H}_1$과의 관계가 $+$값을 나타내고 있어 동일한 방향임을 알 수 있다. 유전체 2의 고유임피던스가 $\eta_2 = 0$이라는 것의 물리적인 의미는 완전 도체를 나타낸다. 따라서, 투과파가 존재하지 않기 때문에 표피두께는 0이라고 생각할 수 있으며 완전 도체의 도전율은 $\sigma = \infty$이라고 볼 수 있다. 그러므로, 입사파 전체가 반사되는 전반사를 발생시킨다고 생각할 수 있다.

이와 같이 투과계수 τ와 반사계수 Γ는 입사파가 투과하는 유전체 1과 유전체 2의 고유임피던스 η에 의하여 결정되고 전파속도는 관계되지 않는다.

입사파와 투과파의 크기 관계는 $E = \eta H$로 부터 $\eta_1 < \eta_2$일 때, 전계는 $E_1 < E_2$, 자계는 $H_1 > H_2$가 되어 전계의 투과파는 입사파보다 크며, 자계의 투과파는 입사파보다 작다는 것을 알 수 있다. 또한, 입사파와 반사파의 관계는 반사파에서 전계는 $E_1 > E_3$, 자계는 $H_1 > H_3$로 항상 입사파보다 작은 것을 알 수 있다.

그리고, $\eta_1 > \eta_2$일 때, 전계는 $E_1 > E_2$, 자계는 $H_1 < H_2$이 되어 전계의 투과파는 입사파보다 작으며, 자계의 투과파는 입사파보다 크게 된다. 또한, 입사파와 반사파의 관계는 반사파에서 전계는 $E_1 > E_3$, 자계는 $H_1 > H_3$로 항상 입사파보다 작은 것을 알 수 있다.

또한, $\eta_1 = \eta_2$일 때, 입사파는 전체가 투과되어 반사파는 존재하지 않게 된다. 그리고, $\eta_2 = 0$일 때, 입사파는 전체가 반사되어 투과파는 존재하지 않게 된다. 상기에서 언급한 서로 다른 두 유전체의 고유임피던스 η의 변화에 대한 입사파, 반사파, 투과파의 크기와 방향의 관계를 표 11-7에 나타내었다.

표 11-7 고유임피던스 η 값에 따른 입사파, 투과파 및 반사파의 관계

고유임피던스 관계	입사파, 투과파, 반사파의 관계			
	입사파(E_1, H_1)와 투과파(E_2, H_2)		입사파(E_1, H_1)와 반사파(E_3, H_3)	
$\eta_1 = \eta_2$	$E_1 = E_2$	$H_1 = H_2$	$E_3 = 0$	$H_3 = 0$
	같은 방향	같은 방향	반사파 없음	반사파 없음
$\eta_1 < \eta_2$	$E_1 < E_2$	$H_1 > H_2$	$E_1 > E_3$	$H_1 > H_3$
	같은 방향	같은 방향	같은 방향	반대 방향
$\eta_1 > \eta_2$	$E_1 > E_2$	$H_1 < H_2$	$E_1 > E_3$	$H_1 > H_3$
	같은 방향	같은 방향	반대 방향	같은 방향
$\eta_2 = 0$	$E_2 = 0$	$H_2 = 0$	$E_3 = E_1$	$H_3 = H_1$
	투과파 없음	투과파 없음	반대 방향	같은 방향

상기의 투과계수 τ와 반사계수 Γ 사이의 관계를 알기 위하여 전계 및 자계의 투과계수 τ에 대하여 전계 및 자계의 반사계수 Γ을 뺀 값을 구하면 다음의 관계를 얻을 수 있다.

▶ 전계 중심

$$\tau - \Gamma = \frac{2\eta_2}{\eta_1 + \eta_2} - \frac{\eta_2 - \eta_1}{\eta_1 + \eta_2} = \frac{2\eta_2 - \eta_2 + \eta_1}{\eta_1 + \eta_2}$$

$$= \frac{\eta_2 + \eta_1}{\eta_1 + \eta_2} = 1 \quad \therefore \tau - \Gamma = 1 \quad \therefore 1 + \Gamma = \tau$$

▶ 자계 중심

$$\tau - \Gamma = \frac{2\eta_1}{\eta_1 + \eta_2} - \frac{\eta_1 - \eta_2}{\eta_1 + \eta_2} = \frac{2\eta_1 - \eta_1 + \eta_2}{\eta_1 + \eta_2}$$

$$= \frac{\eta_1 + \eta_2}{\eta_1 + \eta_2} = 1 \quad \therefore \tau - \Gamma = 1 \quad \therefore 1 + \Gamma = \tau$$

▶ 투과계수(전계, 자계)

☞ $\tau = \dfrac{\boldsymbol{E_2}}{\boldsymbol{E_1}} = \dfrac{2\eta_2}{\eta_1 + \eta_2}, \ \dfrac{\boldsymbol{H_2}}{\boldsymbol{H_1}} = \dfrac{2\eta_1}{\eta_1 + \eta_2}$

▶ 반사계수(전계, 자계)

☞ $\Gamma = \dfrac{\boldsymbol{E_3}}{\boldsymbol{E_1}} = \dfrac{\eta_2 - \eta_1}{\eta_1 + \eta_2}, \ \dfrac{\boldsymbol{H_3}}{\boldsymbol{H_1}} = \dfrac{\eta_1 - \eta_2}{\eta_1 + \eta_2}$

■ 투과계수 τ와 반사계수 Γ 사이의 관계

☞ $1 + \Gamma = \tau$

투과계수 τ와 반사계수 Γ는 모두 단위가 없으나, 복소수 형태를 가질 수도 있다. 그리고, 반사계수 Γ는 일반적으로 $0 \leq |\Gamma| \leq 1$의 값을 가지며, 반사계수 $\Gamma = 0$은 입사파가 전혀 반사되지 않고 전부 투과한다는 것을 나타내며, 반사계수 $\Gamma = 1$, 또는 $\Gamma = -1$은 입사파가 투과되지 않고 전부 반사되는 전반사를 나타내고 있다.

예제 11.30

▣ 그림과 같이 ϵ_1, μ_1의 매질 중을 진행하는 전자파 E_1, H_1이 ϵ_2, μ_2의 매질과의 경계면에 직각으로 입사할 때 $\eta_1 = \sqrt{\frac{\mu_1}{\epsilon_1}}$, $\eta_2 = \sqrt{\frac{\mu_2}{\epsilon_2}}$라 하면 반사파 $E_1{}'$의 크기는 얼마인가?

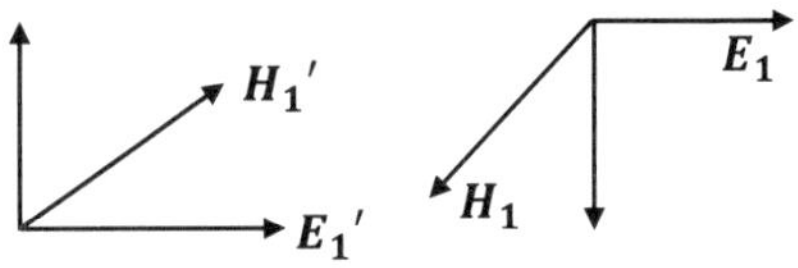

① $E_1{}' = \frac{\eta_2 - \eta_1}{\eta_1 + \eta_2} E_1$ ② $E_1{}' = \frac{\eta_1 - \eta_2}{\eta_1 + \eta_2} E_1$ ③ $E_1{}' = \frac{2\eta_2}{\eta_1 + \eta_2} E_1$ ④ $E_1{}' = \frac{2\eta_1}{\eta_1 + \eta_2} E_1$

풀이

◉ 반사율$(\Gamma) = \frac{\text{반사 전계 세기}(E_1{}')}{\text{입사 전계 세기}(E_1)} = \frac{\eta_2 - \eta_1}{\eta_1 + \eta_2}$

◉ 반사 전계 세기 $E_1{}'$ = 반사율 × 입사 전계 크기 $= \frac{\eta_2 - \eta_1}{\eta_1 + \eta_2} E_1$

☞ ①

예제 11.31

▣ 매질의 유전율과 투자율이 각각 ϵ_1과 μ_1인 매질에서 전자파가 ϵ_2와 μ_2인 매질에 수직으로 입사할 경우, 입사 전계 $\boldsymbol{E_1}$과 입사 자계 $\boldsymbol{H_1}$이 비하여 투과 전계 $\boldsymbol{E_2}$와 투과 자계 $\boldsymbol{H_2}$의 크기는 각각 어떻게 되는가? (단, $\sqrt{\frac{\mu_1}{\epsilon_1}} > \sqrt{\frac{\mu_2}{\epsilon_2}}$ 임)

① $\boldsymbol{E_2}, \boldsymbol{H_2}$ 모두 $\boldsymbol{E_1}, \boldsymbol{H_1}$에 비하여 크다. ② $\boldsymbol{E_2}, \boldsymbol{H_2}$ 모두 $\boldsymbol{E_1}, \boldsymbol{H_1}$에 비하여 적다.

③ $\boldsymbol{E_2}$는 $\boldsymbol{E_1}$에 비하여 크고, $\boldsymbol{H_2}$는 $\boldsymbol{H_1}$에 비하여 적다.

④ $\boldsymbol{E_2}$는 $\boldsymbol{E_1}$에 비하여 적고, $\boldsymbol{H_2}$는 $\boldsymbol{H_1}$에 비하여 크다.

풀이

◉ 전계의 투과계수: $\boldsymbol{E_2} = \frac{2\eta_2}{\eta_1 + \eta_2} \boldsymbol{E_1}$에서 $\frac{E_2}{E_1} = \frac{2\eta_2}{\eta_1 + \eta_2} = \frac{2\sqrt{\frac{\mu_2}{\epsilon_2}}}{\sqrt{\frac{\mu_1}{\epsilon_1}} + \sqrt{\frac{\mu_2}{\epsilon_2}}} = \frac{2 \times 1}{2+1} = \frac{2}{3}$ (예)

◉ 자계의 투과계수: $\boldsymbol{H_2} = \frac{2\eta_1}{\eta_1 + \eta_2} \boldsymbol{H_1}$에서 $\frac{H_2}{H_1} = \frac{2\eta_1}{\eta_1 + \eta_2} \frac{2\sqrt{\frac{\mu_1}{\epsilon_1}}}{\sqrt{\frac{\mu_1}{\epsilon_1}} + \sqrt{\frac{\mu_2}{\epsilon_2}}} = \frac{2 \times 2}{2+1} = \frac{4}{3}$ (예)

◉ $\sqrt{\frac{\mu_1}{\epsilon_1}} > \sqrt{\frac{\mu_2}{\epsilon_2}}$ 인 예로 $\sqrt{\frac{\mu_1}{\epsilon_1}} = 2$, $\sqrt{\frac{\mu_2}{\epsilon_2}} = 1$이라 하면 $E_1 > E_2$, $H_2 > H_1$이 된다.

☞ ④

11.7.2 완전 도체의 경계면에 수직 입사하는 균일 평면파

앞에서는 서로 다른 유전체에서 전자파가 수직으로 입사한 경우에 대하여 다양한 특성을 살펴보았고 여기서는 약간 특수한 경우인 무손실 유전체와 완전 도체의 경계면에 평면파인 전자파가 수직으로 입사한 경우에 대하여 생각하여 보자. 완전 도체인 경우, 완전 도체의 유전율을 ϵ, 투자율을 μ, 도전율을 σ(단, $\sigma = \infty$, $\sigma \gg \omega\epsilon$)라고 하고, 입사파와 반사파의 관계를 아래 그림 11-11에 나타내었다.

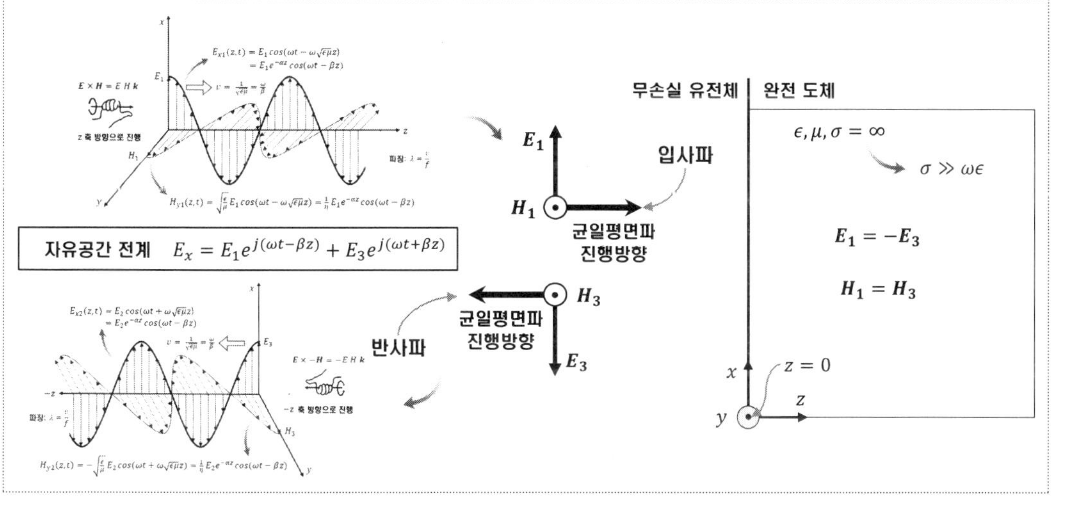

그림 11-11 완전 도체 경계면에서 전자파의 입사, 투과 및 반사

자유 공간에서의 입사되는 전자파의 전계 E_x는 아래 수식으로 표현할 수 있다.

$$E_x = E_1 e^{j(\omega t - \beta z)} + E_3 e^{j(\omega t + \beta z)}$$

■ 균일 평면파 특성방정식의 일반해 표현

☞ 페이저로 표현

$$\boldsymbol{E} = E_{xs}(z) e^{j\omega t} \boldsymbol{i} = (E_1 e^{-j\omega\sqrt{\epsilon\mu}\, z} + E_2 e^{+j\omega\sqrt{\epsilon\mu}\, z}) e^{j\omega t} \boldsymbol{i}$$

☞ 순시정현함수로 표현

$$E_x(z,t) = E_1 \cos(wt - \omega\sqrt{\epsilon\mu}\, z) + E_2 \cos(wt + \omega\sqrt{\epsilon\mu}\, z)$$

■ 완전 유전체의 전파정수 γ

☞ $\gamma = \pm j\omega\sqrt{\epsilon\mu} \quad (\alpha = 0, \beta = \omega\sqrt{\epsilon\mu})$

상기 수식에서 완전 유전체를 통과한 전자파의 전계가 도체 표면인 $z=0$에 도달하게 되면 앞에서 살펴본 바와 같이 고유임피던스가 $\eta_2=0$인 완전 도체이기 때문에 전계에서의 반사계수는 $\Gamma=-1$로 입사파 전체가 반사하게 된다. 따라서, 고유임피던스가 $\eta_2=0$인 완전 도체에 입사한 입사파 $\boldsymbol{E}_1$은 $E_1=E_3$이기 때문에 반사파 $\boldsymbol{E}_3$는 모두 반사(전반사)된다. 그리고, 벡터의 방향은 $\boldsymbol{E}_3=-\boldsymbol{E}_1$ 이기 때문에 입사파와 반사파는 반대 방향을 나타내고 있다. 따라서, 상기 요건에 의하여 E_x는 항상 0이 된다. 이를 수식으로 나타내면 다음과 같다.

$$
\begin{aligned}
E_x &= E_1 e^{j(\omega t-\beta z)} + E_3 e^{j(\omega t+\beta z)} \\
&= E_1 e^{-j\beta z} e^{j\omega t} + E_3 e^{j\beta z} e^{j\omega t} \\
&= (E_1 e^{-j\beta z} + E_3 e^{j\beta z}) e^{j\omega t} \\
&= (E_1+E_3) e^{j\omega t} = 0
\end{aligned}
$$

▶ 벡터 방향을 고려: $\boldsymbol{E}_3=-\boldsymbol{E}_1$

$\therefore\ \boldsymbol{E}_1+\boldsymbol{E}_3=0\ \ \therefore\ \boldsymbol{E}_1=-\boldsymbol{E}_3$

■ 도체표면 $z=0$

☞ $e^{-j\beta z}=e^{-j\beta 0}=1$

☞ $e^{j\beta z}=e^{j\beta 0}=1$

■ $\boldsymbol{E}_3=-\boldsymbol{E}_1$ 의 의미(전반사)

☞ 전계 E_1과 E_3는 방향이 반대

전자파의 전계 $\boldsymbol{E}$가 도체 표면에 도달하면 반사파 $\boldsymbol{E}_3$는 $\boldsymbol{E}_3=-\boldsymbol{E}_1$ 의 관계에 의하여 크기가 같고 방향이 반대인 전계가 도체 표면에서 반사되어 입사한 전계를 소멸시키기 때문에 전계의 접선 성분은 0이 된다. 그리고, 입사한 파가 $z=0$인 점에서 전반사가 발생하여 자유 공간인 $z<0$은 영역으로 향하게 된다. 따라서, 자유 공간인 $z<0$인 영역에서는 전계의 입사파와 반사파를 합한 값으로 된다. 이를 수식으로 나타내면 다음과 같다.

$$
\begin{aligned}
E_x &= E_1 e^{j(\omega t-\beta z)} + E_3 e^{j(\omega t+\beta z)} \\
&= E_1 e^{j(\omega t-\beta z)} + (-E_1) e^{j(\omega t+\beta z)} \\
&= E_1 e^{-j\beta z} e^{j\omega t} - E_1 e^{j\beta z} e^{j\omega t} = E_1 (e^{-j\beta z} - e^{j\beta z}) e^{j\omega t} \\
&= E_1 [\cos(-\beta z) + j\sin(-\beta z) - \cos(\beta z) - j\sin(\beta z)) e^{j\omega t} \\
&= E_1 [\cos(\beta z) - j\sin(\beta z) - \cos(\beta z) - j\sin(\beta z)] e^{j\omega t} \\
&= E_1 [-j\sin(\beta z) - j\sin(\beta z)] e^{j\omega t} \\
&= -2jE_1 \sin(\beta z) e^{j\omega t}
\end{aligned}
$$

$$
\begin{aligned}
E_x &= -2jE_1 \sin(\beta z) e^{j\omega t} \\
&= -2jE_1 \sin(\beta z)(\cos\omega t + j\sin\omega t) \\
&= -2jE_1 \sin(\beta z)\cos\omega t - 2jE_1 \sin(\beta z)\, j\sin\omega t \\
&= -2jE_1 \sin(\beta z)\cos\omega t - 2j^2 E_1 \sin(\beta z)\sin\omega t \\
&= -2jE_1 \sin(\beta z)\cos\omega t + 2E_1 \sin(\beta z)\sin\omega t
\end{aligned}
$$

■ 입사파와 반사파 관계

☞ $\boldsymbol{E}_3=-\boldsymbol{E}_1$

■ 오일러 공식

☞ $e^{j\theta}=\cos\theta+j\sin\theta$

☞ $e^{j\omega t}=\cos\omega t+j\sin\omega t$

■ 삼각함수 음각 공식

☞ $\sin(-\theta)=-\sin\theta$

☞ $\cos(-\theta)=\cos\theta$

☞ $\tan(-\theta)=-\tan\theta$

■ j에 대한 연산

☞ $j^2=-1$

상기 복소수 형태의 전계 수식을 시간 영역의 형태인 실수 형식으로 나타낸 수식에서 실수부를 다시 나타내면 아래 수식과 같다.

$$E_x = -2jE_1 \sin(\beta z)\cos\omega t + 2E_1 \sin(\beta z)\sin\omega t$$

실수부: $\therefore E_x = 2E_1 \sin(\beta z)\sin\omega t$

■ 복소수 $\boldsymbol{A}$

☞ $\boldsymbol{A} = a + jb = A(\cos\theta + j\sin\theta)$

☞ 실수부 $a = Acos\theta$, 허수부 $b = Asin\theta$

상기 시간영역의 수식은 진폭이 $2E_1 \sin\beta z$이며, 이는 거리 z에 따라 값(포락선(envelope: 어떤 단일 매개 변수에 따라 정의된 무한개 곡선 중에서 조건을 만족하는 곡선))이 분포되어 있으며, 이 파형이 시간 t에 따라서 $\sin\omega t$ 형태로 진동한다. 즉, 시간에 대하여 정현적으로 진폭이 변화하고 있는 것을 나타내고 있다. 그리고, 변수인 시간 t와 거리 z의 관계가 독립적으로 되어 있기 때문에(즉, 포락선이 움직이지 않고 위, 아래로 진동하는 서 있는 파동) 진행파가 아님을 알 수 있다. 따라서, 파형의 일정한 점에서 정지한 채로 진행하지 않고 진폭만 시간에 따라 변화하고 있기 때문에 이를 정재파(standing wave)라 한다.

또한, 파장 λ와 위상정수 β 사이의 관계를 이용하여 상기 수식을 다시 나타내면 아래 수식과 같다. 그리고, 아래 수식의 거리 z값의 변화에 따른 전계의 정재파 파형을 그림 11-12에 나타내었다.

$$E_x = 2E_1 \sin(\beta z)\sin\omega t$$

$$\therefore E_x = 2E_1 \sin\left(\frac{2\pi}{\lambda}z\right)\sin\omega t$$

■ 파장 λ와 위상정수 β 관계

☞ $\beta = \frac{2\pi}{\lambda}[rad/m]$

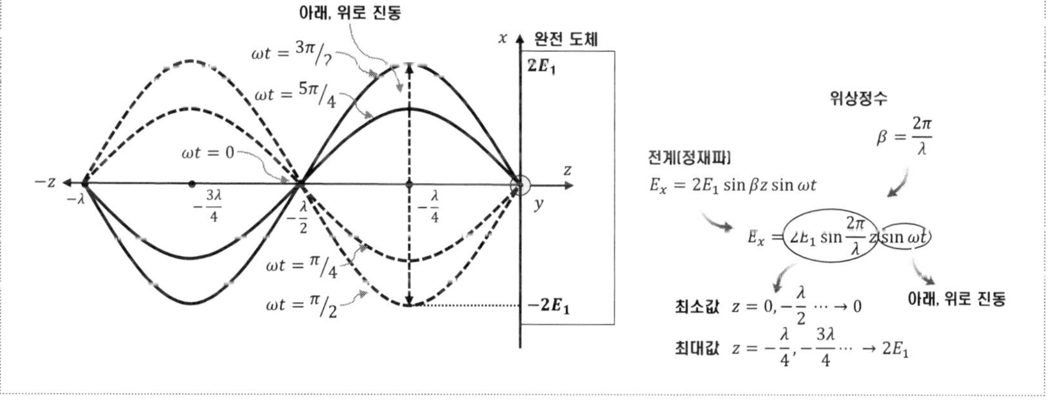

그림 11-12 전계의 정재파 파형

상기 수식 $E_x = 2E_1 \sin(\frac{2\pi}{\lambda}z) \sin\omega t$에서 거리 z 값이 $z=0, -\frac{\lambda}{2}, -\lambda, -\frac{3\lambda}{2}, \cdots$ 으로 변화하게 되면 진폭 $2E_1 \sin\beta z$는 항상 값이 0이 된다. 그리고, 거리 z 값이 $z = -\frac{\lambda}{4}, -\frac{3\lambda}{4}, \cdots$ 으로 변화하면 진폭 $2E_1 \sin\beta z$는 최대값 $2E_1$이 된다. 이를 그림 11-12에서 확인할 수 있다.

앞에서 구한 전계 E_x와 동일하게 자유 공간에서 입사되는 전자파의 자계 H_y는 아래 수식으로 표현할 수 있다.

$$H_y = H_1 e^{j(\omega t - \beta z)} + H_3 e^{j(\omega t + \beta z)}$$

■ 균일 평면파 특성방정식의 일반해 표현

☞ 페이저로 표현

$$\boldsymbol{E} = E_{xs}(z)e^{j\omega t}\boldsymbol{i} = (E_1 e^{-j\omega\sqrt{\epsilon\mu}z} + E_2 e^{+j\omega\sqrt{\epsilon\mu}z})e^{j\omega t}\boldsymbol{i}$$

☞ 순시정현함수로 표현

$$E_x(z,t) = E_1\cos(wt - \omega\sqrt{\epsilon\mu}z) + E_2\cos(wt + \omega\sqrt{\epsilon\mu}z)$$

■ 전파정수 γ

☞ $\gamma = +j\omega\sqrt{\epsilon\mu} \quad (\alpha = 0, \beta = \omega\sqrt{\epsilon\mu})$

상기 수식에서 완전 유전체를 통과한 전자파의 자계가 도체 표면인 $z=0$에 도달하게 되면 앞에서 살펴본 바와 같이 고유임피던스가 $\eta_2 = 0$인 완전 도체이기 때문에 자계에서의 반사계수는 $\Gamma = 1$로 입사파 전체가 반사하게 된다. 따라서, 고유임피던스가 $\eta_2 = 0$인 완전 도체에 입사한 입사파 $\boldsymbol{H_1}$은 $H_1 = H_3$이기 때문에 반사파 $\boldsymbol{H_3}$는 모두 반사(전반사)된다. 그리고, 벡터의 방향은 $\boldsymbol{H_3} = \boldsymbol{H_1}$ 이기 때문에 입사파와 반사파는 동일한 방향을 나타내고 있다. 따라서, 상기 요건에 의하여 H_y는 항상 0이 된다. 이를 수식으로 나타내면 다음과 같다.

$$\begin{aligned} H_y &= H_1 e^{j(\omega t - \beta z)} + H_3 e^{j(\omega t + \beta z)} \\ &= H_1 e^{-j\beta z} e^{j\omega t} + H_3 e^{j\beta z} e^{j\omega t} \\ &= (H_1 e^{-j\beta z} + H_3 e^{j\beta z}) e^{j\omega t} \\ &= (H_1 + H_3) e^{j\omega t} = 0 \end{aligned}$$

▶ 벡터 방향을 고려: $\boldsymbol{H_3} = \boldsymbol{H_1}$

$\therefore \boldsymbol{H_1} - \boldsymbol{H_3} = 0 \quad \therefore \boldsymbol{H_1} = \boldsymbol{H_3}$

■ 도체표면 $z=0$

☞ $e^{-j\beta z} = e^{-j\beta 0} = 1$

☞ $e^{j\beta z} = e^{j\beta 0} = 1$

■ $\boldsymbol{H_3} = \boldsymbol{H_1}$ 의 의미(전반사)

☞ 자계 H_1과 H_3는 방향이 같음

전자파의 자계 $\boldsymbol{H}$가 도체 표면에 도달하면 반사파 $\boldsymbol{H_3}$는 $\boldsymbol{H_3} = \boldsymbol{H_1}$의 관계에 의하여 크기가 같고 방향이 동일한 자계가 도체 표면에서 반사되어 입사한 자계를 소멸시키기 때문에 자계의 접선 성분은 0이 된다. 그리고, 입사한 파가 $z=0$인 점에서 전반사가 발생하여 자유 공간인 $z<0$은 영역으로 향하게 된다. 따라서, 자유 공간인 $z<0$인 영역에서는 자계의 입사파와 반사파를 합한 값이 된다. 이를 수식으로 나타내면 나음과 같다.

$$
\begin{aligned}
H_y &= H_1 e^{j(\omega t - \beta z)} + H_3 e^{j(\omega t + \beta z)} \\
&= H_1 e^{j(\omega t - \beta z)} + H_1 e^{j(\omega t + \beta z)} \\
&= H_1 e^{-j\beta z} e^{j\omega t} + H_1 e^{j\beta z} e^{j\omega t} \\
&= H_1 (e^{-j\beta z} + e^{j\beta z}) e^{j\omega t} \\
&= H_1 [\cos(-\beta z) + j\sin(-\beta z) + \cos(\beta z) + j\sin(\beta z)) e^{j\omega t} \\
&= H_1 [\cos(\beta z) - j\sin(\beta z) + \cos(\beta z) + j\sin(\beta z)] e^{j\omega t} \\
&= H_1 [\cos(\beta z) + \cos(\beta z)] e^{j\omega t} \\
&= 2H_1 \cos(\beta z) e^{j\omega t}
\end{aligned}
$$

$$
\begin{aligned}
H_y &= 2H_1 \cos(\beta z) e^{j\omega t} = 2H_1 \cos(\beta z)(\cos\omega t + j\sin\omega t) \\
&= 2H_1 \cos(\beta z)\cos\omega t + 2jH_1 \cos(\beta z)\sin\omega t
\end{aligned}
$$

■ 입사파와 반사파 관계

☞ $\boldsymbol{H_3} = \boldsymbol{H_1}$

■ 오일러 공식

☞ $e^{j\theta} = \cos\theta + j\sin\theta$

☞ $e^{j\omega t} = \cos\omega t + j\sin\omega t$

■ 삼각함수 음각 공식

☞ $\sin(-\theta) = -\sin\theta$

☞ $\cos(-\theta) = \cos\theta$

☞ $\tan(-\theta) = -\tan\theta$

■ j에 대한 연산

☞ $j^2 = -1$

상기 복소수 형태의 자계 수식을 시간 영역의 형태인 실수 형식으로 나타낸 수식에서 실수부를 나타내면 아래 수식과 같다.

$$H_y = 2H_1 \cos(\beta z)\cos\omega t + 2jH_1 \cos(\beta z)\sin\omega t$$

실수부 : $\therefore H_y = 2H_1 \cos(\beta z)\cos\omega t$

$$\therefore H_y = 2\frac{E_1}{\eta}\cos(\beta z)\cos\omega t$$

$$\therefore H_y = 2\sqrt{\frac{\epsilon}{\mu}} E_1 \cos(\beta z)\cos\omega t$$

■ 오일러 공식

☞ $e^{j\omega t} = \cos\omega t + j\sin\omega t$

■ 복소수 A

☞ $A = a + jb = A(\cos\theta + j\sin\theta)$

☞ 실수부 $a = A\cos\theta$, 허수부 $b = A\sin\theta$

■ 고유임피던스 η

☞ $\eta_1 = \dfrac{E_1}{H_1} = \sqrt{\dfrac{\mu_1}{\epsilon_1}} \Rightarrow E_1 = \eta_1 H_1$

상기 시간영역의 수식은 진폭이 $2\sqrt{\frac{\epsilon}{\mu}} E_1 \cos\beta z$이며, 이는 거리 z에 따라 값(포락선)이 분포되어 있으며, 이 파형이 시간 t에 따라서 $\cos\omega t$ 형태로 진동한다. 즉, 시간에 대하여 정현적으로 진폭이 변화하고 있는 것을 나타내고 있다. 그리고, 변수인 시간 t와 거리 z의 관계가 독립적으로 되어 있기 때문에(즉, 포락선이 움직이지 않고 위, 아래로 진동하는 서 있는 파동) 진행파가 아님을 알 수 있다. 따라서, 자기장도 전기장과 같이 정재파(standing wave)이다.

또한, 파장 λ와 위상정수 β 사이의 관계를 이용하여 상기 수식을 다시 나타내면 아래 수식과 같다.

$$H_y = 2\sqrt{\frac{\epsilon}{\mu}}E_1\cos(\beta z)\cos\omega t$$
$$= 2\sqrt{\frac{\epsilon}{\mu}}E_1\cos(\frac{2\pi}{\lambda}z)\cos\omega t$$

■ 파장 λ와 위상정수 β 관계

☞ $\beta = \frac{2\pi}{\lambda}[rad/m]$

그리고, 상기 수식의 거리 z값의 변화에 따른 자계의 정재파 파형을 그림 11-13에 나타내었다.

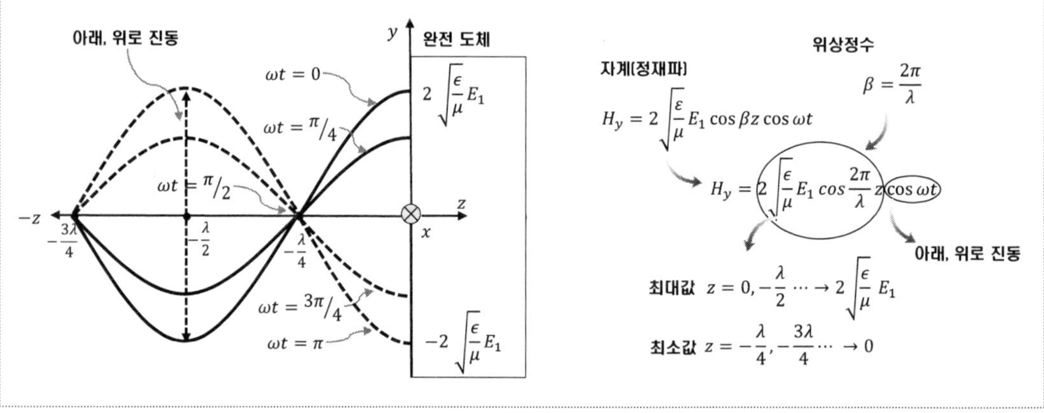

그림 11-13 자계의 정재파 파형

상기 수식 $H_y = 2\sqrt{\frac{\epsilon}{\mu}}E_1\cos(\frac{2\pi}{\lambda}z)\cos\omega t$에서 거리 z 값이 $z = -\frac{\lambda}{4}, -\frac{3\lambda}{4}$, • • • 으로 변화하게 되면 진폭 $2\sqrt{\frac{\epsilon}{\mu}}E_1\cos\beta z$는 항상 값이 0이 된다. 그리고, 거리 z 값이 $z = 0, -\frac{\lambda}{2}, -\lambda, -\frac{3\lambda}{2}$, • • • 으로 변화하면 진폭 $2\sqrt{\frac{\epsilon}{\mu}}E_1\cos\beta z$는 최대값이 된다.

11.7.3 정재파비

상기에서 살펴본 바와 같이 무손실 유전체를 통과하여 완전 도체의 경계면에 평면파인 전자파가 수직으로 입사한 경우에 전계와 자계는 z값의 변화에 따라 서로 $90°$의 위상차를 가지며 일정한 점에서 정지한 채로 진행하지 않고 진폭만이 시간에 따라 변화하는 정재파를 나타내고 있다. 따라서, z값의 변화에 따라 전계와 자계의 최대값과 최소값의 비를 구할 수 있다. 이를 정재파비(standing wave ratio, SWR)라 하며 아래 수식으로 표현할 수 있다.

$S = \dfrac{\lvert \boldsymbol{E}_1 \rvert_{\max}}{\lvert \boldsymbol{E}_1 \rvert_{\min}} = \dfrac{\lvert \boldsymbol{H}_1 \rvert_{\max}}{\lvert \boldsymbol{H}_1 \rvert_{\min}} = \dfrac{1+\lvert\Gamma\rvert}{1-\lvert\Gamma\rvert}$ $\lvert S \rvert[dB] = 20\log_{10}S$	■ 정재파비 S ☞ $\lvert\Gamma\rvert$: 반사계수의 크기 ☞ $0 \leq \lvert\Gamma\rvert \leq 1$ ■ 정재파비 S의 데시벨 표현 ☞ $\lvert S \rvert[dB] = 20\log_{10}S$

상기 정재파비 $S[dB]$는 반사계수 Γ가 $0 \leq \lvert\Gamma\rvert \leq 1$이기 때문에 항상 +값을 가지며, 1 또는 1보다 큰 값을 가진다. 만약 반사계수 $\lvert\Gamma\rvert = 1$이면, 반사파는 입사파와 크기가 같아지고 입사파의 에너지는 전부 반사되어 정재파비 S는 무한대(∞)가 된다. 고유임피던스의 관계가 $\eta_1 = \eta_2$인 경우에는 반사계수 $\lvert\Gamma\rvert = 0$이기 때문에 입사파의 반사가 발생하지 않으며, 정재파비 S는 $S=1$이 되어 전계와 자계의 최대값과 최소값에 대한 크기가 같아지게 된다. 다음은 정재파 비에서 반사계수의 크기 $\lvert\Gamma\rvert$를 구한 수식을 나타낸 것이다.

$S(1-\lvert\Gamma\rvert) = 1+\lvert\Gamma\rvert$ $S - S\lvert\Gamma\rvert = 1+\lvert\Gamma\rvert$ $S-1 = (\lvert\Gamma\rvert + S\lvert\Gamma\rvert) = \lvert\Gamma\rvert(S+1)$ $\therefore \lvert\Gamma\rvert = \dfrac{S-1}{S+1}$	■ 반사계수의 크기 $\lvert\Gamma\rvert$ ☞ $0 \leq \lvert\Gamma\rvert \leq 1$이기 때문에 정재파의 비는 $1 \leq S \leq \infty$의 범위

예제 11.32

■ 반사계수가 $\Gamma = 0.8$일 때 정재파비 S를 데시벨 $[dB]$로 표시하면 어떻게 되는가?

① $10\log_{10}\dfrac{1}{9}$　　② $10\log_{10}9$　　③ $20\log_{10}\dfrac{1}{9}$　　④ $20\log_{10}9$

풀이

◉ 정재파 $S = 20\log_{10}\dfrac{1+\Gamma}{1-\Gamma}[dB]$에서 $\therefore\ S = 20\log_{10}\dfrac{1+0.8}{1-0.8} = 20\log_{10}9\,[dB]$

☞ ④

11-8 전자계 에너지와 포인팅 정리

매질의 유전율 ϵ, 투자율 μ를 가지는 매질에서 전계의 세기를 $\boldsymbol{E}$, 자계의 세기를 $\boldsymbol{H}$라고 한다면 이 매질에서 전계 $\boldsymbol{E}$에 의하여 단위체적당 축적되는 정전 에너지 밀도를 $\omega_e\,[J/m^3]$, 자계 $\boldsymbol{H}$에 의하여 단위체적당 축적되는 자계 에너지 밀도를 $\omega_m\,[J/m^3]$이라 한다면, 이에 대한 수식은 아래와 같다.

$$\omega_e = \frac{1}{2}\boldsymbol{D} \cdot \boldsymbol{E} = \frac{1}{2}\epsilon E^2\ [J/m^3]$$

$$\omega_m = \frac{1}{2}\boldsymbol{B} \cdot \boldsymbol{H} = \frac{1}{2}\mu H^2\ [J/m^3]$$

■ 단위체적당 정전에너지

☞ $\omega = \frac{1}{2}\boldsymbol{D} \cdot \boldsymbol{E} = \frac{1}{2}\epsilon E^2\ [J/m^3]$

■ 단위체적당 자계에너지

☞ $\omega = \frac{1}{2}\boldsymbol{B} \cdot \boldsymbol{H} = \frac{1}{2}\mu H^2\ [J/m^3]$

상기의 수식에서 임의의 매질 내에 평면파인 전자파가 전파된다고 한다면, 매질 내에서 시간적으로 변화하는 전계가 존재하게 되고 그 주위에 자계가 발생하게 된다. 따라서, 전계의 변화는 정전에너지 밀도를 변화시키고, 또한 자계의 변화는 자계에너지 밀도를 변화시켜 매질 내에 정전 및 자계에너지 밀도가 동시에 공존하게 된다. 따라서, 임의의 매질 내에서 변화하는 전체 단위체적당 에너지밀도 $\omega\,[J/m^3]$를 구하면 다음과 같다.

$$\begin{aligned}\omega &= \omega_e + \omega_m \\ &= \frac{1}{2}\epsilon E^2 + \frac{1}{2}\mu H^2 = \frac{1}{2}(\epsilon E^2 + \mu H^2)\ [J/m^3]\end{aligned}$$

■ 매질내 전체 단위체적당 에너지밀도

☞ $\omega = \omega_e + \omega_m$

평면파인 전자파는 전계 $\boldsymbol{E}$와 자계 $\boldsymbol{H}$에 의하여 형성되는 단위체적당 에너지 밀도 ω를 가지며 전계 $\boldsymbol{E}$와 자계 $\boldsymbol{H}$는 수직 방향인 z축 방향으로 전파속도 $v = 1/\sqrt{\epsilon\mu}\ [m/\sec]$로 진행하기 때문에 단위 시간 동안에 단위면적을 통과하여 이동하는 에너지(단위면적당 전력)를 $P\,[W/m^2]$라고 한다면 이를 수식으로 나타내면 다음과 같다.

$$P = \omega v\ [W/m^2]$$

$$[\frac{J}{m^3}][\frac{m}{\sec}] = [\frac{J}{m^2\sec}] = [\frac{J}{\sec}][\frac{1}{m^2}] = [W][\frac{1}{m^2}] = [\frac{W}{m^2}]$$

■ 단위면적당 전력 $P\,[W/m^2]$

☞ $P = \omega v\,[W/m^2]$

☞ $\omega\,[J/m^3]$, $v\,[m/\sec]$

상기 수식에서 단위체적당 에너지 밀도 ω와 매질 내의 전파속도 v를 대입하여 다시 수식으로 표현하면 다음 수식과 같다.

$$
\begin{aligned}
P &= \omega v \\
&= \frac{1}{2}(\epsilon E^2 + \mu H^2)\frac{1}{\sqrt{\mu\epsilon}} \\
&= \frac{1}{2}(\frac{\epsilon}{\sqrt{\mu\epsilon}}E^2 + \frac{\mu}{\sqrt{\mu\epsilon}}H^2) \\
&= \frac{1}{2}(\frac{\epsilon}{\sqrt{\mu\epsilon}}E^2 + \frac{\mu}{\sqrt{\mu\epsilon}}H^2) \\
&= \frac{1}{2}(\sqrt{\frac{\epsilon}{\mu}}E^2 + \sqrt{\frac{\mu}{\epsilon}}H^2) \\
&= \frac{1}{2}(\sqrt{\frac{\epsilon}{\mu}}EE + \sqrt{\frac{\mu}{\epsilon}}HH) \\
&= \frac{1}{2}[\sqrt{\frac{\epsilon}{\mu}}(\sqrt{\frac{\mu}{\epsilon}}H)E + \sqrt{\frac{\mu}{\epsilon}}(\sqrt{\frac{\epsilon}{\mu}}E)H] \\
&= \frac{1}{2}(EH + EH) = EH
\end{aligned}
$$

■ 단위면적당 전력 $P\,[W/m^2]$

☞ $P = \omega v\,[W/m^2]$

■ 매질내 전체 단위체적당 에너지 ω

☞ $\omega = \frac{1}{2}(\epsilon E^2 + \mu H^2)\ [J/m^3]$

■ 매질내 전파속도 v

☞ $v = \frac{1}{\sqrt{\epsilon\mu}}\,[m/\sec]$

■ 고유임피던스 η

☞ $\eta = \frac{\boldsymbol{E}_{xs}}{\boldsymbol{H}_{ys}} = \sqrt{\frac{\mu}{\epsilon}}\ [\Omega] \Rightarrow \boldsymbol{E}_{xs} = \eta \boldsymbol{H}_{ys}$

☞ $\boldsymbol{E}_{xs} = \sqrt{\frac{\mu}{\epsilon}}\boldsymbol{H}_{ys},\ \boldsymbol{H}_{ys} = \sqrt{\frac{\epsilon}{\mu}}\boldsymbol{E}_{xs}$

상기 수식에서 단위면적당 전력 P는 전자파의 이동에 의하여 발생하는 것이기 때문에 전자파의 진행방향과 같은 방향으로 단위면적을 통과하게 된다. 따라서 평면파인 전자파의 경우, 전계 $\boldsymbol{E}$와 자계 $\boldsymbol{H}$는 서로 수직이므로 전계 $\boldsymbol{E}$와 자계 $\boldsymbol{H}$는 서로 직교하고 진행방향은 $\boldsymbol{E} \times \boldsymbol{H}$의 방향이 된다. 이와 같이 전계 $\boldsymbol{E}$와 자계 $\boldsymbol{H}$가 직교하면서 z축 방향으로 단위면적당 전력 P가 흘러가는 것(전력의 흐름)을 벡터로 수식을 다시 표현하면 다음과 같다.

$$\boldsymbol{P} = \boldsymbol{E} \times \boldsymbol{H}$$

$$\boldsymbol{P} = \boldsymbol{E} \times \boldsymbol{H} = EH\sin\theta\,\boldsymbol{n}\ [W/m^2]$$

■ 포인팅 벡터

☞ $\boldsymbol{P} = \boldsymbol{E} \times \boldsymbol{H}$

■ 벡터의 외적

☞ $\boldsymbol{A} \times \boldsymbol{B} = AB\sin\theta\,\boldsymbol{n}$

☞

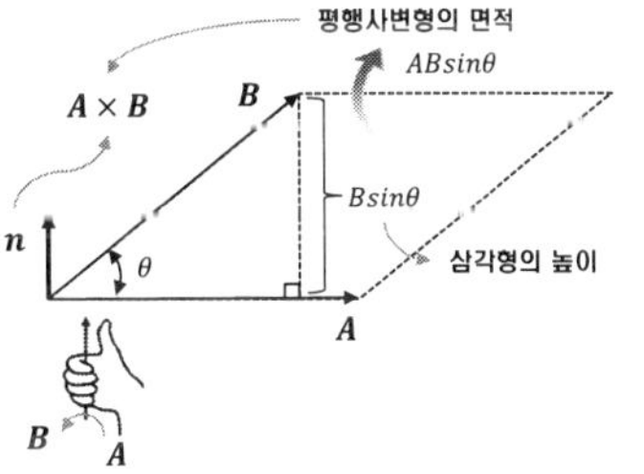

상기 수식과 같이 전계 $\boldsymbol{E}$와 자계 $\boldsymbol{H}$에 의한 단위면적당 전력의 흐름을 포인팅 벡터(Poynting vector) $\boldsymbol{P}$라 한다. 포인팅 벡터는 전자계 내의 한 점을 통과하는 에너지 흐름인 단위면적당 전력 또는 전력 밀도를 의미하며, 단위 벡터 $\boldsymbol{n}$은 전계 $\boldsymbol{E}$가 x 방향, 자계 $\boldsymbol{H}$가 y 방향을 나타내고 있으므로 $+z$ 방향으로 진행하는 것을 나타낸다. 일반적으로 폐곡면으로 둘러싸인 면적 $\boldsymbol{S}$를 단위시간에 통과하는 전자계 에너지인 방사전력 $W[W]$를 구하면 다음 수식과 같다. 이 수식의 전계 $\boldsymbol{E}$와 자계 $\boldsymbol{H}$에 의한 관계를 포인팅 정리(Poynting's theorem)라 한다.

$W=\int_S \boldsymbol{P}\cdot d\boldsymbol{S}=\int(\boldsymbol{E}\times\boldsymbol{H})\cdot d\boldsymbol{S}\ [W]$ $\therefore W=PS\,[W]$ $\therefore P=\dfrac{W}{S}=\dfrac{W}{4\pi r^2}\,[W/m^2]$	■ 방사전력 W ☞ $W=\int_S \boldsymbol{P}\cdot d\boldsymbol{S}$ $=\int(\boldsymbol{E}\times\boldsymbol{H})\cdot d\boldsymbol{S}\ [W]$ ☞ $W=PS[W]$, $\therefore P=\dfrac{W}{S}\,[W/m^2]$ ☞ 폐곡면 $S=4\pi r^2[m^2]$

단위면적당 전력 $\boldsymbol{P}$를 활용하여 전계 $\boldsymbol{E}$와 자계 $\boldsymbol{H}$ 사이의 관계를 구하여 보자. 앞에서 구한 단위면적당 전력 $\boldsymbol{P}$를 진공 중의 고유임피던스 η_0를 사용하여 다시 나타내면 다음과 같다.

$P=\omega v=EH[W/m^2]$ ▶ 전계 E와 P사이의 관계 $P=EH\rvert_{H=\frac{E}{377}}=\dfrac{1}{377}E^2$ $\therefore E^2=377P \rightarrow \therefore E=\sqrt{377P}\ [V/m]$ $\therefore E=\dfrac{1}{2r}\sqrt{\dfrac{377W}{\pi}}\,[V/m]$ ▶ 자계 H와 P사이의 관계 $P=EH\rvert_{E=377H}=377H^2$ $\therefore H^2=\dfrac{P}{377} \rightarrow \therefore H=\sqrt{\dfrac{P}{377}}\ [AT/m]$ $\therefore H=\dfrac{1}{2r}\sqrt{\dfrac{W}{377\pi}}\,[AT/m]$	■ 단위면적당 전력 $P[W/m^2]$ ☞ $P=\omega v=EH[W/m^2]$ ☞ $P=\dfrac{W}{S}=\dfrac{W}{4\pi r^2}\,[W/m^2]$ ■ 진공의 고유임피던스 ☞ $\eta_0=\dfrac{E}{H}=\sqrt{\dfrac{\mu_0}{\epsilon_0}}=377\,[\Omega]$ $\Rightarrow E=\eta_0 H=377H$ ☞ $\eta_0=377[\Omega]$

예제 11.33

■ $100\,[kW]$의 전력이 안테나에서 사방으로 균일하게 방사될 때 안테나에서 $1\,[km]$ 거리에 있는 점의 전계의 실효값은 얼마인가? (단, 공기의 유전율은 $\epsilon_0 = \dfrac{10^{-9}}{36\pi}\,[F/m]$이다.)

풀이

◉ 포인팅 벡터 $P = \dfrac{W}{S}$에서 $W = P \cdot S = EHS|_{H=\frac{E}{\eta_0}=\frac{E}{377}} = \dfrac{E^2}{\eta_0} \cdot S$이므로

$$E^2 = \frac{W \cdot \eta_0}{S} = \frac{W \times 377}{4\pi r^2} = \frac{100 \times 10^3 \times 377}{4\pi \times (10^3)^2} = 3 \rightarrow \therefore \text{ 전계 } E = \sqrt{3} = 1.73\,[V/m]$$

예제 11.34

■ 전계 $E[V/m]$, 자계 $H[AT/m]$가 평면파를 이루고 $c\,[m/\sec]$의 속도로 자유공간에 전파된다면 진행방향에 수직되는 단위면적을 단위시간에 통과하는 에너지는 몇 $[W/m^2]$인가?

① $\dfrac{1}{2}EH$ ② EH ③ EH^2 ④ E^2H

풀이

◉ 단위 면적을 단위 시간에 통과하는 에너지는

$$P = w \cdot v = \sqrt{\epsilon\mu}\,EH \times \frac{1}{\sqrt{\epsilon\mu}} = EH\,[J/s \cdot m^2] = EH\,[W/m^2]$$

평면 전자파는 $\boldsymbol{E}$와 $\boldsymbol{H}$가 수직이므로 이것을 벡터로 표시하면 $\boldsymbol{P} = \boldsymbol{E} \times \boldsymbol{H}\,[W/m^2]$

☞ ②

예제 11.35

■ 전계의 실효치가 $377[V/m]$인 평면전자파가 진공을 진행하고 있다. 이때 이 전자파에 수직되는 방향으로 설치된 단면적 $10\,[m^2]$의 센서로 전자파의 출력을 측정하려고 한다. 센서가 $1\,[W]$의 전력을 측정했을 때 $1\,[mA]$의 전류를 외부로 흘려준다면 전자파의 전력을 측정했을 때 외부로 흘려주는 전류는 몇 $[mA]$인가?

풀이

◉ 전력 $P = \dfrac{W}{S} \rightarrow W = PS = EHS = \sqrt{\dfrac{\epsilon_0}{\mu_0}}\,E^2S = \dfrac{1}{377} \times 377^2 \times 10 = 3{,}770\,[W]$

여기서, W: 방사전력, P: 포인팅 벡터

◉ $1\,[W]$ 전력을 측정했을 때 $1\,[mA]$ 전류를 외부로 흘려주므로 $3{,}770\,[W]$의 전력을 측정했을 때 외부로 흘려주는 전류는 $3{,}770\,[mA]$이다.

예제 11.36

■ $10\,[mW]$, $20\,[kHz]$의 송신기가 자유공간 내에서 사방으로 균일하게 전파를 발사할 때 송신기로부터 $10\,[km]$지점에서의 포인팅 벡터는 약 몇 $[W/m^2]$인가?

풀이

◉ 전력 $P = \dfrac{W}{S} = \dfrac{W}{4\pi r^2} = \dfrac{10 \times 10^{-3}}{4\pi \times (10 \times 10^3)^2} = 8 \times 10^{-12}\,[W/m^2]$

연 습 문 제

1. 전도 전자나 구속 전자의 이동에 의하지 않는 전류는 무엇인가?

① 전도 전류 ② 대류 전류 ③ 분극 전류 ④ 변위전류

☞ 전도전류: 도체 내에서 전계의 작용으로 자유 전자의 이동으로 생기는 것 ☞ 대류전류: 진공 내에 전자, 전해액 중의 이온 등과 같은 하전 입자의 운동에 의한 것 ☞ 분극전류: 분극 전하의 시간적 변화에 의한 것 ☞ 변위전류: 전속밀도와 시간적 변화에 의한 것으로 하전입자에 의하지 않는 전류	정답 ④

2. 전속밀도의 시간적 변화율을 무엇이라 하는가?

① 전계의 세기 ② 변위전류밀도 ③ 에너지밀도 ④ 유전율

☞ 변위전류밀도 $\boldsymbol{i_d} = \frac{\partial \boldsymbol{D}}{\partial t} = j2\pi f \boldsymbol{D} = \epsilon \frac{\partial \boldsymbol{E}}{\partial t}$ $[A/m^2]$ 즉, 변위전류는 전속밀도의 시간적 변화에 의해서 발생한다.	정답 ②

3. 변위전류 또는 변위전류밀도에 대한 설명 중 틀린 것은 무엇인가?

① 변위전류밀도는 전속 밀도의 시간적 변화율이다.

② 자유공간에서 변위전류가 만드는 것은 자계이다.

③ 변위전류는 주파수와 관계가 있다.

④ 시간적으로 변화하지 않는 계에서도 변위전류는 흐른다.

☞ 변위전류밀도 $\boldsymbol{i_d} = \frac{\partial \boldsymbol{D}}{\partial t} = j2\pi f \boldsymbol{D} = \epsilon \frac{\partial \boldsymbol{E}}{\partial t}$ $[A/m^2]$ ☞ 즉, 변위전류는 전속밀도의 시간적 변화에 의해서 발생한다. ☞ 회전자계 $rot \boldsymbol{H} = \nabla \times \boldsymbol{H} = \boldsymbol{i_c} + \frac{\partial \boldsymbol{D}}{\partial t}$	정답 ④

4. 간격 $d[m]$인 두 개의 평행판 전극 사이에 유전율 ϵ의 유전체가 있을 때 전극 사이에 전압 $v = V_m \sin\omega t$를 가하면 변위전류밀도 $[A/m^2]$는 얼마인가?

☞ 변위전류밀도 $i_d = \frac{\partial D}{\partial t} = \frac{\partial}{\partial t}\epsilon(E) = \frac{\partial}{\partial t}\epsilon\left(\frac{v}{d}\right) = \frac{\epsilon}{d} V_m \frac{\partial}{\partial t}\sin\omega t = \frac{\omega\epsilon}{d} V_m \cos\omega t\,[A/m^2]$

5. 공기 중에서 $E[V/m]$의 전계를 $i_d[A/m^2]$의 변위전류로 흐르게 하려면 주파수 $[Hz]$는 얼마가 되어야 하는가?

☞ 변위전류밀도 $i_d = \frac{\partial D}{\partial t} = \frac{\partial(\epsilon E)}{\partial t} = \epsilon\frac{\partial E}{\partial t} = j\omega\epsilon E[A/m^2]$ ($E = E_m \sin\omega t$의 형태로 가정하면)

☞ $\omega = 2\pi f = \frac{i_d}{\epsilon E}$에서 ∴ 주파수 $f = \frac{i_d}{2\pi\epsilon E}[Hz]$

6. 변위전류에 의하여 전자파가 발생되었을 때 전자파의 위상은 어떻게 되는가?

① 변위전류보다 90° 빠르다. ② 변위전류보다 90° 늦다.
③ 변위전류보다 30° 빠르다. ④ 변위전류보다 30° 늦다.

☞ 전계와 자계는 90° 위상차를 이루며, 전자파가 변위전류보다 90° 늦다.

정답 ②

7. 시변 전자파에 대한 설명 중 틀린 것은 무엇인가?

① 전자파는 전계와 자계가 동시에 존재한다.
② TEM파에서는 전파의 진행 방향으로 전계와 자계가 존재한다.
③ 포인팅 벡터의 방향은 전자파의 진행 방향과 같다.
④ 수직편파는 대지에 대해서 전계가 수직면에 있는 전자파이다.

☞ 전자파의 성질
- ▶ 전자파는 전계와 자계가 동시에 존재.
- ▶ TEM파(횡전자파)는 전계와 자계가 전파의 진행방향과 수직으로 존재.
- ▶ 수평전파는 대지에 대해 전계가 수평면에 있는 전자파이다.
- ▶ 수직편파는 대지에 대해 전계가 수직면에 있는 전자파이다.
- ▶ 포인팅벡터($\boldsymbol{P} = \boldsymbol{E} \times \boldsymbol{H}$)의 방향은 전자파의 진행 방향과 같다.

정답 ②

8. 무손실 유전체 또는 완전유전체에서 전계와 자계의 위상 관계는 어떻게 되는가?

① 위상이 서로 같다. ② 전계가 자계보다 90° 빠르다.
③ 전계가 자계보다 90°늦다. ④ 전계가 자계보다 45° 빠르다.

☞ 파동 임피던스 $\eta = \frac{E}{H} = \sqrt{\frac{\mu}{\epsilon}}$, 전계 $E = \eta H$에서 η가 실수이므로 E와 H는 동상이다. 전계와 자계와 벡터적(외적, $\boldsymbol{E} \times \boldsymbol{H}$)은 서로 직교하며 동상으로 진행한다. 이때 벡터적의 방향($+z$)이 전자파의 진행방향이 된다.

정답 ①

9. 지구는 태양으로부터 $P[kW/m^2]$의 방사열을 받고 있다. 지구 표면에서의 전계의 세기는 몇 $[V/m]$인가?

① $377P$　② $\dfrac{P}{377}$　③ $\sqrt{\dfrac{P}{377}}$　④ $\sqrt{377P}$

☞ 자계 $H=\sqrt{\dfrac{\epsilon_0}{\mu_0}}E[A/m]$, 포인팅 벡터 $P=EH=E^2\sqrt{\dfrac{\epsilon_0}{\mu_0}}$ ☞ 전계와 포인팅 벡터와 관계 $E^2=\sqrt{\dfrac{\mu_0}{\epsilon_0}}\cdot P=\sqrt{\dfrac{4\pi\times10^{-7}}{8.855\times10^{-12}}}\cdot P=377\cdot P \quad \therefore\ E=\sqrt{377P}$	정답 ④

10. 맥스웰의 전자방정식 중 패러데이 법칙에서 유도된 식은 무엇인가? (단, $\boldsymbol{D}$: 전속밀도, ρ : 공간 전하밀도, $\boldsymbol{B}$: 자속밀도, $\boldsymbol{E}$: 전계의 세기, $\boldsymbol{J}$: 전류밀도, $\boldsymbol{H}$: 자계의 세기)

① $div\boldsymbol{D}=\rho$　② $div\boldsymbol{B}=0$　③ $\nabla\times\boldsymbol{H}=\boldsymbol{J}+\dfrac{\partial\boldsymbol{D}}{\partial t}$　④ $\nabla\times\boldsymbol{E}=-\dfrac{\partial\boldsymbol{B}}{\partial t}$

☞ 패러데이 법칙에 유도된 맥스웰 전자방정식 : $curl\,\boldsymbol{E}=rot\,\boldsymbol{E}=\nabla\times\boldsymbol{E}=-\dfrac{\partial\boldsymbol{B}}{\partial t}$	정답 ④

11. 맥스웰(Maxwell)의 전자파 방정식이 아닌 것은 무엇인가?

① $rot\,\boldsymbol{H}=\boldsymbol{i}+\dfrac{\partial\boldsymbol{D}}{\partial t}$　② $rot\,\boldsymbol{E}=-\dfrac{\partial\boldsymbol{B}}{\partial t}$　③ $div\boldsymbol{B}=\boldsymbol{i}$　④ $div\boldsymbol{D}=\rho$

☞ $\nabla\cdot\boldsymbol{B}=div\boldsymbol{B}=0$: 가우스 법칙	정답 ③

12. 전계와 자계와의 관계식으로 옳은 것은 무엇인가?

① $\sqrt{\epsilon H}=\sqrt{\mu E}$　② $\sqrt{\epsilon\mu}=EH$　③ $\sqrt{\mu}H=\sqrt{\epsilon}E$　④ $\epsilon\mu=EH$

☞ $\eta=\dfrac{E}{H}=\sqrt{\dfrac{\mu}{\epsilon}}\ \rightarrow\ \sqrt{\epsilon}E=\sqrt{\mu}H$	정답 ③

13. 자계 분포 $\boldsymbol{H}=xy\boldsymbol{j}-xz\boldsymbol{k}\,[A/m]$를 발생시키는 점 $(1,\,1,\,1)\,[m]$에서의 전류밀도 $[A/m^2]$는 얼마인가?

☞ $\nabla\times\boldsymbol{H}=\begin{vmatrix}\boldsymbol{i} & \boldsymbol{j} & \boldsymbol{k}\\ \dfrac{\partial}{\partial x} & \dfrac{\partial}{\partial y} & \dfrac{\partial}{\partial z}\\ 0 & xy & -xz\end{vmatrix}=\left(\dfrac{\partial(-xz)}{\partial y}-\dfrac{\partial(xy)}{\partial z}\right)\boldsymbol{i}-\left(\dfrac{\partial(-xz)}{\partial x}-\dfrac{\partial(0)}{\partial z}\right)\boldsymbol{j}+\left(\dfrac{\partial(xy)}{\partial x}-\dfrac{\partial(0)}{\partial y}\right)\boldsymbol{k}$

$=-(-z)\boldsymbol{j}+y\boldsymbol{k}=\boldsymbol{j}z+\boldsymbol{k}y$에서 $\quad\therefore\ [rot\,\boldsymbol{H}]_{x=1,\,y=1,\,z=1}=\sqrt{1+1}=\sqrt{2}\ [A/m^2]$

14. 맥스웰(Maxwell)의 전자계에 관한 제 1 기본 방정식은 무엇인가?

① $rot\boldsymbol{D} = \boldsymbol{i} + \dfrac{\partial \boldsymbol{H}}{\partial t}$ ② $rot\boldsymbol{H} = \boldsymbol{i} + \dfrac{\partial \boldsymbol{D}}{\partial t}$ ③ $rot\, \boldsymbol{i} = \boldsymbol{H} + \dfrac{\partial \boldsymbol{D}}{\partial t}$ ④ $rot\left(\boldsymbol{i} + \dfrac{\partial \boldsymbol{D}}{\partial t}\right) = \boldsymbol{H}$

☞ 암페어의 주회적분의 법칙

$$\oint \boldsymbol{H} \cdot dl = \Sigma \boldsymbol{I} = \boldsymbol{I}_c + \boldsymbol{I}_d = \int_s \left(\boldsymbol{i} + \frac{\partial \boldsymbol{D}}{\partial t}\right) \cdot \boldsymbol{n}\, d\boldsymbol{S}$$

$\oint \boldsymbol{H} \cdot dl$을 Stokes 정리로 변환

$$\oint \boldsymbol{H} \cdot dl = \int rot\boldsymbol{H} \cdot \boldsymbol{n}\, d\boldsymbol{S} = \int \left(i + \frac{\partial \boldsymbol{D}}{\partial t}\right) \cdot \boldsymbol{n}\, d\boldsymbol{S}$$

양변을 미분하면 $rot\boldsymbol{H} = \nabla \times \boldsymbol{H} = \boldsymbol{i} + \dfrac{\partial \boldsymbol{D}}{\partial t}$

▶ 이 식이 맥스웰의 전자 방정식 중 첫째 식으로 암페어의 주회적분 법칙에서 유도한 식임

▶ 둘째 식은 패러데이의 전자유도 법칙에서 유도한 식

▶ 유기 기전력은 $e = -\dfrac{d\phi}{dt} = -\displaystyle\int \frac{\partial \boldsymbol{B}}{\partial t} \cdot \boldsymbol{n}\, d\boldsymbol{S}[V]$

$e = \oint \boldsymbol{E} \cdot dl$을 Stokes의 정리로 변환

$$e = \oint \boldsymbol{E} \cdot dl = \int rot\boldsymbol{E} \cdot \boldsymbol{n}\, d\boldsymbol{S} = -\int \frac{\partial \boldsymbol{B}}{\partial t} \cdot \boldsymbol{n}\, d\boldsymbol{S}$$

양변 미분하면 $rot\boldsymbol{E} = \nabla \times \boldsymbol{E} = -\dfrac{\partial \boldsymbol{B}}{\partial t}$

정답 ②

15. 자유 공간의 고유 임피던스 $\sqrt{\dfrac{\mu_0}{\epsilon_0}}$ 의 값은 몇 $[\Omega]$인가?

☞ 특성(고유) 임피던스 $\eta_0 = \dfrac{E}{H} = \sqrt{\dfrac{\mu_0}{\epsilon_0}} = \sqrt{\dfrac{4\pi \times 10^{-7}}{\dfrac{1}{36\pi \times 10^9}}} = \sqrt{144\pi^2 \times 100} = 120\pi = 377\,[\Omega]$

16. 최대 전계 $E_m = 6\,[V/m]$인 평면 전자파가 수중을 전파할 때 자계의 최대치는 약 몇 $[AT/m]$인가? (단, 물의 비유전율 $\epsilon_s = 80$, 비투자율 $\mu_s = 1$이다.)

☞ 특성(고유) 임피던스 $\eta = \dfrac{E}{H} = \sqrt{\dfrac{\mu}{\epsilon}} = \sqrt{\dfrac{\mu_0}{\epsilon_0}} \cdot \sqrt{\dfrac{\mu_s}{\epsilon_s}} = 377\sqrt{\dfrac{\mu_s}{\epsilon_s}} = 377\sqrt{\dfrac{1}{80}}\,[\Omega]$

☞ 최대자계 $\dfrac{E_m}{H_m} = \dfrac{377}{\sqrt{80}} \rightarrow H_m = \dfrac{\sqrt{80}\,E_m}{377} = \dfrac{\sqrt{80} \times 6}{377} = 0.142\,[AT/m]$

17. 전계 $E=\sqrt{2}E_e \sin\omega\left(t-\dfrac{z}{V}\right)[V/m]$의 평면 전자파가 있다. 진공 중에서의 자계의 실효값 $[AT/m]$은 얼마인가?

> ☞ 특성(고유) 임피던스 $\eta_0=\dfrac{E}{H}=\sqrt{\dfrac{\mu_0}{\epsilon_0}}=120\pi=377\,[\Omega]$
>
> ☞ 자계 $H=\dfrac{E}{\eta_0}=\dfrac{1}{377}E_e=2.65\times10^{-3}E_e$

18. 전계와 자계가 서로 직각 방향을 갖는 평면 전자파가 있다. 이때 공간의 전계 에너지 밀도 W_e와 자계 에너지 밀도 W_m 사이에는 어떤 관계가 있는가? (단, η는 고유 임피던스이다.)

> ☞ $\eta=\dfrac{E}{H}=\sqrt{\dfrac{\mu}{\epsilon}}=\sqrt{\dfrac{\mu_0}{\epsilon_0}}\cdot\sqrt{\dfrac{\mu_s}{\epsilon_s}}=377\sqrt{\dfrac{\mu_s}{\epsilon_s}}\,[\Omega]$
>
> ☞ $\eta=\dfrac{W_e}{W_m}$에서 $\therefore\ W_e=\eta W_m$

19. 전자계에서 전파속도와 관계없는 것은 무엇인가?

① 도전율 ② 유전율 ③ 비투자율 ④ 주파수

> ☞ 전파속도 $v=\dfrac{1}{\sqrt{\epsilon\mu}}=\dfrac{1}{\sqrt{\epsilon_0\mu_0}}\cdot\dfrac{1}{\sqrt{\epsilon_s\mu_s}}\,[m/s]$, $v=f\lambda$.
>
> ☞ 두 식에서 전파속도는 유전율(ϵ), 투자율(μ), 주파수(f), 파장(λ)에 관계 있다.
>
> 정답 ①

20. 진공 중에서 빛의 속도와 일치하는 전자파의 전파 속도를 얻기 위한 조건은 무엇인가?

① $\epsilon_s=\mu_s=0$ ② $\epsilon_s=0$, $\mu_s=1$ ③ $\epsilon_s=\mu_s=1$ ④ ϵ_s와 μ_s는 관계가 없다.

> ☞ 전파속도 $v=\dfrac{1}{\sqrt{\epsilon\mu}}=\dfrac{1}{\sqrt{\epsilon_0\mu_0}}\cdot\dfrac{1}{\sqrt{\epsilon_s\mu_s}}=c\cdot\dfrac{1}{\sqrt{\epsilon_s\mu_s}}=\dfrac{3\times10^8}{\sqrt{\epsilon_s\mu_s}}\,[m/s]$
>
> ☞ 빛의 속도 $c=\dfrac{1}{\sqrt{\epsilon_0\mu_0}}=3\times10^8\,[m/s]$
>
> v와 c가 일치하려면 $\epsilon_s=\mu_s=1$이어야 한다.
>
> 정답 ③

21. 비유전율 4, 비투자율 1인 공간에서 전자파의 전파 속도는 몇 $[m/sec]$인가?

> ☞ 속도 $v=\dfrac{3\times10^8}{\sqrt{\epsilon_s\mu_s}}=\dfrac{3\times10^8}{\sqrt{4\times1}}=1.5\times10^8\,[m/s]$

22. $15[MHz]$의 전자파의 파장은 몇 $[m]$인가?

☞ 파장 $\lambda = \dfrac{v}{f} = \dfrac{3 \times 10^8}{15 \times 10^6} = 20\ [m]$

23. 전계 $E\,[V/m]$ 및 자계 $H[AT/m]$의 에너지가 자유 공간 중을 $c\,[m/s]$의 속도로 전파될 때 단위 시간당 단위면적을 지나가는 에너지 $[W/m^2]$는 얼마인가?

① $\sqrt{\epsilon\mu}\,EH$ ② EH ③ $\dfrac{EH}{\sqrt{\epsilon\mu}}$ ④ $\dfrac{1}{2}(\epsilon E^2 + \mu H^2)$

풀이	정답
☞ 단위 면적을 단위 시간에 통과하는 에너지는 $P = w \cdot c = \sqrt{\epsilon\mu}\,EH \times \dfrac{1}{\sqrt{\epsilon\mu}} = EH[J/s \cdot m^2] = EH\,[W/m^2]$ ☞ 평면 전자파는 $\boldsymbol{E}$와 $\boldsymbol{H}$가 수직이므로 이것을 벡터로 표시하면 $\boldsymbol{P} = \boldsymbol{E} \times \boldsymbol{H}\,[W/m^2]$	정답 ②

24. 자계 실효값이 $1\,[mA/m]$인 평면 전자파가 공기 중에서 이에 수직되는 수직 단면적 $10\ [m^2]$을 통과하는 전력 $[W]$은 얼마인가?

☞ 전력 $W = PS = EHS = \sqrt{\dfrac{\mu_0}{\epsilon_0}}\,H^2S = 377 \times (10^{-3})^2 \times 10 = 3.77 \times 10^{-3}\,[W]$

25. $10[kW]$의 전력으로 송신하는 전파 안테나에서 $10[km]$ 떨어진 점의 전계의 세기는 몇 $[V/m]$인가?

☞ 전력 $P = \dfrac{W}{S} = \dfrac{10 \times 10^3}{4\pi \times (10 \times 10^3)^2} = 7.96 \times 10^{-6}\ [W/m^2]$

☞ 자계 $H = \sqrt{\dfrac{\epsilon_0}{\mu_0}}\,E = 2.65 \times 10^{-3} \cdot E\,[AT/m]$.

☞ $P = EH$에서 $7.96 \times 10^{-6} = 2.65 \times 10^{-3}E^2$이므로

$\therefore$ 전계 $E = \sqrt{\dfrac{7.96 \times 10^{-6}}{2.65 \times 10^{-3}}} = \sqrt{3 \times 10^{-3}} = 5.5 \times 10^{-2}\,[V/m]$

26. 진공 중의 점 A에서 출력 $50[kW]$의 전자파를 방사하여 이것이 구면파로서 전파할 때 점 A에서 $100[km]$ 떨어진 점 B에 있어서의 포인팅 벡터 값은 약 몇 $[W/m^2]$인가?

☞ 전력 $P = \dfrac{W}{S} = \dfrac{W}{4\pi r^2} = \dfrac{50 \times 10^3}{4\pi \times (100 \times 10^3)^2} = 3.98 \times 10^{-7}\,[W/m^2]$

여기서, W : 방사전력, P : 포인팅 벡터

부 록

부록 1 수치 단위, 물리 상수 및 그리스 문자

[1] 수치 단위의 표준 접두 기호

배수	접두어	기호	배수	접두어	기호
10^{21}	제타(zetta)	Z	10^{-1}	데시(deci)	d
10^{18}	엑사(exa)	E	10^{-2}	센티(centi)	c
10^{15}	페타(peta)	P	10^{-3}	밀리(milli)	m
10^{12}	테라(tera)	T	10^{-6}	마이크로(micro)	μ
10^{9}	기가(giga)	G	10^{-9}	나노(nano)	n
10^{6}	메가(mega)	M	10^{-12}	피코(pico)	p
10^{3}	킬로(kilo)	K	10^{-15}	펨토(femto)	f
10^{2}	헥토(hecto)	h	10^{-18}	아토(atto)	a
10^{1}	데카(deca)	da	10^{-21}	젭토(zepto)	z

[2] 물리 상수

구분	물리 상수
전자의 전하량	$e = -1.60219 \times 10^{-19}[C]$
전자의 정지 질량	$m = 9.10955 \times 10^{-31}[kg]$
양자의 질량	$m_p = 1.67252 \times 10^{-27}[kg]$
$1[kg]$의 분자수	$N = 6.004 \times 10^{26}$
아보가드로 수	$N_a = 6.002216 \times 10^{23}[mole^{-1}]$
중력 가속도	$g = 9.80665[m/sec^2]$
프랑크 상수	$h = 6.62619 \times 10^{-34}[J \cdot sec]$
볼츠만 상수	$k = 1.38062 \times 10^{-23}[J \cdot deg^{-1}]$
광(전자파) 속도	$c = 2.997925 \times 10^{8}[m/s]$
진공의 유전율	$\epsilon_0 = \frac{10^7}{4\pi c} = 8.85419 \times 10^{-12}[F/m]$
진공의 투자율	$\mu_0 = 4\pi \times 10^{-7} = 1.256637 \times 10^{-6}[H/m]$

[3] 그리스 문자

대문자	소문자	그리스명(읽는 법)		자주 사용하는 용어
Α	α	alpha	알파	각도, 계수, 감쇠상수, 흡수율, 면적, CB 전류이득
Β	β	beta	베타	각도, 계수, 위상상수, CE전류이득
Γ	γ	gamma	감마	전파상수, 비중, 각도
Δ	δ	delta	델타	증가분 또는 감소분, 밀도, 각도, 표피두께
Ε	ε	epsilon	엡실론	유전상수, 유전율, 자연대수의 밑
Ζ	ζ	zeta	제타	계수, 좌표, 임피던스(대문자)
Η	η	eta	에타	효율, 표면전하밀도, 히스테리시스계수, 좌표
Θ	θ	theta	세타	각도, 시상수, 자기저항
Ι	ι	iota	이오타	단위 벡터
Κ	κ	kappa	카파	자화율, 결합계수
Λ	λ	lambda	람다	퍼미언스, 파장, 감쇠상수
Μ	μ	mu	뮤	투자율, 증폭률, 접두어(마이크로로 읽는다)
Ν	ν	nu	뉴	자기 저항율, 주파수
Ξ	ξ	xi	크사이	좌표
Ο	ο	omicron	오미크론	
Π	π	pi	파이	원주율(3.1416)
Ρ	ρ	rho	로	저항율, 자표
Σ	σ	sigma	시그마	총합, 전파상수, 도전률, 누설계수
Τ	τ	tau	타우	시상수, 체적 저항율, 투과율, 밀도
Υ	υ	upsilon	입실론	
Φ	φ	phi	파이	스칼라 전위(대문자), 자속, 각도
Χ	χ	chi	카이	자화율, 각도
Ψ	ψ	psi	프사이	유전속, 위상차, 각도
Ω	ω	omega	오메가	각속도, 저항(대문자), 입체각(대문자)

부록 2 주요 수학 공식

[1] 이차방정식

2차방정식 : $ax^2 + bx + c = 0$

$$x = \frac{-b \pm \sqrt{b^2 - 4ac}}{2a}$$

1) $b^2 - ac > 0$ 2근은 실수이고 같지 않음
2) $b^2 - ac = 0$ 2근은 실수이고 서로 같음
3) $b^2 - ac < 0$ 2근은 허수임

[2] 로그함수(대수함수)

대수 : $\log_a y = x$는 $a^x = y$인 x, y의 관계를 표시한다.

1) $\log_a a = 1$
2) $\log_a 1 = 0$
3) $\log_a xy = \log_a x + \log_a y$
4) $\log_a \frac{y}{x} = \log_a y - \log_a x$
5) $\log_a x^n = n \log_a x$
6) $\log_a \sqrt[n]{x} = \frac{1}{n} \log_a x$
7) $\ln x$ 를 지연대수, $\log_{10} x$ 를 상용대수라 하면

   $\log_{10} x - M \ln x$에서 $M = \frac{1}{\ln 10} = 0.43429\cdots$, $\frac{1}{M} = \ln 10 = 2.30258$

   $e_1 = 1 + \frac{1}{1!} + \frac{1}{2!} + \frac{1}{3!} + \cdots + \frac{1}{n!} = 2.71828$
8) $e^{jx} - \cos x + j\sin x$
9) $\sinh x = \frac{1}{2}(e^x - e^{-x})$, $\cosh x = \frac{1}{2}(e^x - e^{-x})$
10) $(1 + x)^n = 1 + nx + \frac{1}{2} n(n-1)x^2 + \cdots$

[3] 삼각함수

1. 삼각함수 사이의 관계

1) $\begin{cases} \sin A \operatorname{cosec} A = 1 \\ \tan A \cot A = 1 \\ \cos A \sec A = 1 \end{cases}$ 2) $\tan A = \dfrac{\sin A}{\cos A}$ 3) $\begin{cases} \sin^2 A + \cos^2 A = 1 \\ \sec^2 A = 1 + \tan^2 A \\ \operatorname{cosec} A = 1 + \cot^2 A \end{cases}$

2. 두 각의 합과 차

1) $\sin(A \pm B) = \sin A \cos B \pm \cos A \sin B$

2) $\cos(A \pm B) = \cos A \cos B \pm \sin A \sin B$

3. 합과 곱의 관계

1) $\sin A + \sin B = 2\sin\frac{1}{2}(A+B) \cdot \cos\frac{1}{2}(A-B)$

$\sin A - \sin B = 2\cos\frac{1}{2}(A+B) \cdot \sin\frac{1}{2}(A-B)$

$\cos A + \cos B = 2\cos\frac{1}{2}(A+B) \cdot \cos\frac{1}{2}(A-B)$

$\cos A - \cos B = -2\sin\frac{1}{2}(A+B) \cdot \sin\frac{1}{2}(A-B)$

2) $\sin A \cos B = \frac{1}{2}\{\sin(A+B) + \sin(A-B)\}$

$\cos A \sin B = \frac{1}{2}\{\sin(A+B) - \sin(A+B)\}$

$\sin A \sin B = \frac{1}{2}\{\cos(A-B) - \cos(A+B)\}$

$\cos A \cos B = \frac{1}{2}\{\cos(A-B) + \cos(A+B)\}$

4. 2배각의 관계

1) $\sin 2A = 2\sin A \cos A$

2) $\cos 2A = 2\cos^2 A - 1 = 1 - 2\sin^2 A = \cos^2 A - \sin^2 A$

5. 반각 및 2배각에 관한 공식

1) $\sin A = 2\sin\frac{A}{2}\cos\frac{A}{2}$, $\cos A = 2\cos^2\frac{A}{2} - \sin^2\frac{A}{2}$

2) $\begin{cases} 2\sin^2 A = 1 - \cos 2A \\ 2\cos^2 A = 1 + \cos 2A \end{cases}$ $\begin{cases} 2\cos^2\frac{A}{2} = 1 - \cos A \\ 2\cos^2\frac{A}{2} = 1 + \cos A \end{cases}$

6. $a\sin A + b\cos A = \sqrt{a^2 + b^2}\sin(A + \Phi)$, $\Phi = \tan^{-1}\frac{b}{a}$

[4] 미분공식

1) $y=x^m,\quad y'=mx^{-1}$

2) $y=\sin x,\quad y'=\cos x$

3) $y=\cos x,\quad y'=-\sin x$

4) $y=\tan x,\quad y'=\dfrac{1}{\cos^2 x}$

5) $y=\cot x,\quad y'=-\dfrac{1}{\sin^2 x}$

6) $y=e^x,\quad y'=e^x$

7) $y=a^x,\quad y'=a^x\ln a$

8) $y=\ln x,\quad y'=\dfrac{1}{x}$

9) $\dfrac{df(\phi)}{dx}=\dfrac{df(\phi)}{d\phi}\dfrac{d\phi}{dx}$

10) $\dfrac{d}{dx}\ln f(\phi)=\dfrac{1}{f(\phi)}\dfrac{df(\phi)}{dx}$

11) $\dfrac{d}{dx}[f(x)]^n=n[f(x)]^{n-1}\dfrac{df(x)}{dx}=n[f(x)]^{n-1}\cdot f'(x)$

12) $\dfrac{d}{dx}[f(x)\pm g(x)]=\dfrac{df(x)}{dx}\pm\dfrac{dg(x)}{dx}=f'(x)\pm g'(x)$

13) $\dfrac{d}{dx}[f(x)\cdot g(x)]=\dfrac{df(x)}{dx}g(x)+f(x)\dfrac{dg(x)}{dx}=f'(x)\cdot g(x)+f(x)\cdot g'(x)$

14) $\dfrac{d}{dx}[\dfrac{f(x)}{g(x)}]=\dfrac{\dfrac{df(x)}{dx}g(x)-f(x)\dfrac{dg(x)}{dx}}{[g(x)]^2}=\dfrac{f'(x)\cdot g(x)-f(x)\cdot g'(x)}{[g(x)]^2}$

[5] 적분공식(적분상수 생략)

1) $\int u\dfrac{dv}{dx}dx=uv-\int v\dfrac{du}{dx}dx$

2) $\int x^n dx=\dfrac{x^{n+1}}{n+1}$

3) $\int(a+bx)^n dx=\dfrac{(a+bx)^{n+1}}{(n+1)b}$

4) $\int\dfrac{dx}{x+a}=\ln(x\pm a)$

5) $\int\sqrt{x^2\pm a^2}\,dx=\dfrac{x}{2}\sqrt{x^2\pm a^2}\pm\dfrac{a^2}{2}\ln(x+\sqrt{x^2\pm a^2})$

6) $\int\dfrac{dx}{a^2+x^2}=\dfrac{1}{a}\tan^{-1}\dfrac{x}{a}$

7) $\int\dfrac{dx}{a^2-x^2}=\dfrac{1}{2a}\ln\dfrac{a+x}{a-x}=\dfrac{1}{a}\tanh^{-1}\dfrac{x}{a}$

8) $\int\dfrac{xdx}{1\pm x^2}=\pm\dfrac{1}{2}\ln(1\pm x^2)$

9) $\int\dfrac{dx}{\sqrt{a^2-x^2}}=\sin^{-1}\dfrac{x}{a}$

10) $\int\dfrac{dx}{\sqrt{x^2\pm a^2}}=\ln(x+\sqrt{x^2\pm a^2})$

11) $\int\sin ax\,dx=-\dfrac{\cos ax}{a}$

12) $\int\cos ax\,dx=\dfrac{\sin ax}{a}$

13) $\int\sin^2 x\,dx=\dfrac{x}{2}-\dfrac{\sin 2x}{4}$

14) $\int \cos^2 x\, dx = \frac{x}{2} + \frac{\sin 2x}{4}$

15) $\int \ln x\, dx = x \ln x - x$

16) $\int e^{ax} dx = \frac{e^{ax}}{a}$

17) $\int xe^x dx = e^x(x-1)$

18) $\int \frac{dx}{1+e^x} = \ln \frac{e^x}{1+e^x}$

19) $\int \frac{dx}{1+\cos x} = \tan \frac{x}{2}$

20) $\int \frac{dx}{a+b\cos x} = \frac{2}{\sqrt{a^2-b^2}} \tan^{-1} \left(\sqrt{\frac{a-b}{a+b}} \tan \frac{x}{2} \right) \quad (a > b)$

[6] 벡터공식

1) $(\boldsymbol{A} \times \boldsymbol{B}) \cdot \boldsymbol{C} = (\boldsymbol{B} \times \boldsymbol{C}) \cdot \boldsymbol{A} = (\boldsymbol{C} \times \boldsymbol{A}) \cdot \boldsymbol{B} = -(\boldsymbol{A} \times \boldsymbol{C}) \cdot \boldsymbol{B}$

2) $\boldsymbol{A} \times (\boldsymbol{B} \times \boldsymbol{C}) = (\boldsymbol{A} \cdot \boldsymbol{C})\boldsymbol{B} - (\boldsymbol{A} \cdot \boldsymbol{B})\boldsymbol{C}$

3) $\nabla(V+W) = \nabla V + \nabla W$

4) $\nabla \cdot (\boldsymbol{A}+\boldsymbol{B}) = \nabla \cdot \boldsymbol{A} + \nabla \cdot \boldsymbol{B}$

5) $\nabla(VW) = W\nabla V + V\nabla W$

6) $\nabla \cdot (V\boldsymbol{A}) = \boldsymbol{A} \cdot \nabla V + V\nabla \cdot \boldsymbol{A}$

7) $\nabla(\boldsymbol{A} \cdot \boldsymbol{B}) = (\boldsymbol{A} \cdot \nabla)\boldsymbol{B} + (\boldsymbol{B} \cdot \nabla)\boldsymbol{A} + \boldsymbol{A} \times (\nabla \times \boldsymbol{B}) + \boldsymbol{B} \times (\nabla \times \boldsymbol{A})$

8) $\nabla \cdot (\boldsymbol{A} \times \boldsymbol{B}) = \boldsymbol{B} \cdot (\nabla \times \boldsymbol{A}) - \boldsymbol{A}(\nabla \times \boldsymbol{B})$

9) $\nabla \times (\boldsymbol{A} \times \boldsymbol{B}) = \boldsymbol{A}\nabla \cdot \boldsymbol{B} - \boldsymbol{B}\nabla \cdot \boldsymbol{A} + (\boldsymbol{B} \cdot \nabla)\boldsymbol{A} - (\boldsymbol{A} \cdot \nabla)\boldsymbol{B}$

10) $\nabla \cdot \nabla V = div \cdot grad\ V = \nabla^2 V$

11) $\nabla \times \nabla V = rot \cdot grad\, V = 0$

12) $\nabla\nabla \cdot \boldsymbol{A} = grad\ div\ \boldsymbol{A} = \nabla^2 \boldsymbol{A}$

13) $\nabla \cdot \nabla \times \boldsymbol{A} = div \cdot rot\ \boldsymbol{A} = 0$

14) $\nabla \times \nabla \times \boldsymbol{A} = \nabla(\nabla \cdot \boldsymbol{A}) - \nabla^2 \boldsymbol{A}$

15) $\nabla \times (V\boldsymbol{A}) = \nabla V \times \boldsymbol{A} + V\nabla \times \boldsymbol{A}$

16) Stoke's theorem

$$\oint_c \boldsymbol{A} \cdot dl = \int_s rot\, \boldsymbol{A} \cdot d\boldsymbol{S} = \int_s \nabla \times \boldsymbol{A} \cdot d\boldsymbol{S}$$

17) Divergence theorem

$$\oint_s \boldsymbol{A} \cdot d\boldsymbol{S} = \int_v div\, \boldsymbol{A}\ dv = \int_s \nabla \cdot \boldsymbol{A}\ dv$$

[7] 각 좌표계의 grad, div, curl, Laplacian

1. Gradient

1) Cartesian $\nabla V = \frac{\partial V}{\partial x}\boldsymbol{a}x + \frac{\partial V}{\partial y}\boldsymbol{a}_y + \frac{\partial V}{\partial z}\boldsymbol{a}_z$

2) Cylindrical $\nabla V = \frac{\partial V}{\partial r}\boldsymbol{a}_r + \frac{1}{r}\frac{\partial V}{\partial \phi}\boldsymbol{a}_\phi + \frac{\partial V}{\partial z}\boldsymbol{a}_z$

3) Spherical $\nabla V = \frac{\partial V}{\partial r}\boldsymbol{a}_r + \frac{1}{r}\frac{\partial V}{\partial \theta}\boldsymbol{a}_\theta + \frac{1}{r\ \sin\theta}\frac{\partial V}{\partial \phi}\boldsymbol{a}_\phi$

2. Divergence

1) Cartesian $\nabla \cdot \boldsymbol{D} = \frac{\partial D_x}{\partial x} + \frac{\partial D_y}{\partial y} + \frac{\partial D_z}{\partial z}$

2) Cylindrical $\nabla \cdot \boldsymbol{D} = \frac{1}{r}\frac{\partial}{\partial r}(rD_r) + \frac{1}{r}\frac{\partial D_\phi}{\partial \phi} + \frac{\partial D_z}{\partial z}$

3) Spherical $\nabla \cdot \boldsymbol{D} = \frac{1}{r^2}\frac{\partial}{\partial r}(r^2 D_r) + \frac{1}{r\sin\theta}\frac{\partial}{\partial \theta}(D_\theta \sin\theta) + \frac{1}{r\sin\theta}\frac{\partial D_\phi}{\partial \phi}$

3. Curl

1) Cartesian $\nabla \times \boldsymbol{H} = \left(\frac{\partial H_z}{\partial y} - \frac{\partial H_y}{\partial z}\right)\boldsymbol{a}_x + \left(\frac{\partial H_z}{\partial z} - \frac{\partial H_z}{\partial x}\right)\boldsymbol{a}_y + \left(\frac{\partial H_y}{\partial x} - \frac{\partial H_x}{\partial y}\right)\boldsymbol{a}_z$

2) Cylindrical

$$\nabla \times \boldsymbol{H} = \left[\frac{1}{r}\frac{\partial H_z}{\partial \phi} - \frac{\partial H_\phi}{\partial z}\right]\boldsymbol{a}_r + \left[\frac{\partial H_r}{\partial z} - \frac{\partial H_z}{\partial r}\right]\boldsymbol{a}_r + \frac{1}{r}\left[\frac{\partial (rH_\phi)}{\partial r} - \frac{\partial H_r}{\partial \phi}\right]\boldsymbol{a}_x$$

3) Spherical

$$\nabla \times \boldsymbol{H} = \frac{1}{r\sin\theta}\left[\frac{\partial (H_\phi \sin\theta)}{\partial \theta} - \frac{\partial H_\theta}{\partial \phi}\right]\boldsymbol{a}_r + \frac{1}{r}\left[\frac{1}{\sin\theta}\frac{\partial H_r}{\partial \phi} - \frac{\partial (rH_\phi)}{\partial r}\right]\boldsymbol{a}_\theta$$

$$\frac{+1}{r}\left[\frac{\partial (rH_\theta)}{\partial r} - \frac{\partial H_r}{\partial \theta}\right]\boldsymbol{a}_\psi$$

4. Laplacian

1) Cartesian $\nabla^2 V = \frac{\partial^2 V}{\partial x^2} + \frac{\partial^2 V}{\partial y^2} + \frac{\partial^2 V}{\partial z^2}$

2) Cylindrical $\nabla^2 V - \frac{1}{r}\frac{\partial}{\partial r}\left(r\frac{\partial V}{\partial r}\right) + \frac{1}{r^2}\frac{\partial^2 V}{\partial \phi^2} + \frac{\partial^2 V}{\partial z^2}$

3) Spherical $\nabla^2 V = \frac{1}{r^2}\frac{\partial}{\partial r}\left(r^2\frac{\partial V}{\partial r}\right) + \frac{1}{r^2\sin\theta}\frac{\partial}{\partial \theta}\left(\sin\theta\ \frac{\partial V}{\partial \theta}\right) + \frac{1}{r^2\sin^2\theta}\frac{\partial^2 V}{\partial \phi^2}$

[8] 원운동

1. 등속 원운동

1) 속도 $v = \frac{2\pi r}{T} = r\omega$

2) 각속도 $\omega = \frac{v}{r} = \frac{2\pi}{T} = 2\pi f$

3) 주기 $T = \frac{2\pi}{\omega} = \frac{2\pi r}{v} = \frac{1}{f}$

4) 주파수 $f = \frac{1}{T} = \frac{\omega}{2\pi}$

5) 구심가속도 $a = \frac{v^2}{r} = r\omega^2$

6) 구심력 $F = ma = m\frac{v^2}{r} = mr\omega^2$

2. 원과 원호 사이의 관계

1) 원호 길이와 각 사이의 관계 $l = r\theta$

2) 원호 면적 $S = \frac{1}{2}rl = \frac{1}{2}r^2\theta$

참고 문헌

1. 권기진, 윤정식 공저: 반도체공정기술, 영진전문대학 출판부(2012. 2)
2. 변인수, 배영옥, 이준하, 권기진 공저: First Engineer 반도체공학, 동일출판사(2014. 3)
3. 권기진, 김영길, 변인수 공저: 의용전자공학, 카오스북(2013. 1)
4. 임헌찬 저 : 전기자기학, 동일출판사(2017. 1)
5. 강정진 저 : 최신 전기자기학, 기한재(2014. 8)
6. 박기수 역(William Hayt 원저) : 전자기학, 정문각(1987. 1)
7. 신용철 저 : 전기자기학, 보성각(2001. 2)
8. 유태훈, 육종관 역(Clayton R. Paul 원저): 공학도를 위한 전자기학, 생능출판(2015. 8)
9. 박건작 저: 쉽게 배우는 전자기학, 북스힐(2010. 3)
10. 김충년, 이정훈, 권기진 공저: 전기(산업)기사 전기자기학, 구민사(2016. 1)
11. 김충년, 이정훈, 권기진 공저: 전기(산업)기사 회로이론, 구민사(2016. 1)
12. 임헌찬, 박구범, 임현수, 이창호 공저: 알차게 배우는 대학 공업수학, 동일출판사(2018. 2)
13. 손병기 편저: 센서공학, 일진사(2003. 1)
14. 민남기 저: 센서공학 입문, 동일출판사(2016. 2)

전기자기학

지 은 이 | 권기진

펴 낸 이 | 김형근

펴 낸 곳 | 도서출판 기한재

주　　소 | 경기도 파주시 회동길 56
(파주출판도시)

전　　화 | 031)955-0900~2

팩　　스 | 031)955-0100

등　　록 | 1990년 3월 15일 제2-968호

발　　행 | 2022년 3월 10일 1판 3쇄

정　　가 | 37,000원

Published by Kihanjae Co.

ISBN 978-89-7018-801-0

http://www.kihanjae.com

E-mail : kihanjae@hanmail.net